DAS GROSSE BUCH DER
PASSAGIER
FLUGZEUGE

William Green/Gordon Swanborough/John Mowinski

DAS GROSSE BUCH DER PASSAGIER FLUGZEUGE

VERLAG STOCKER-SCHMID
MOTORBUCH-VERLAG

Deutsche Übersetzung von Heinz Auth

Zweite Auflage 1990

ISBN 3-7276-7080-0

Berechtigte Lizenzausgabe für die BRD:
Motorbuch-Verlag, Postfach 103743, 7000 Stuttgart 10
Ein Unternehmen der Paul Pietsch-Verlage GmbH & Co.

Die englische Ausgabe erschien 1987 unter dem Titel *Modern Commercial Aircraft;* © Copyright by Salamander Books Limited, London

Druck: G. Canale e C SpA, Turin

DIE AUTOREN

William Green begann mit dem Luftfahrtjournalismus zu Beginn des zweiten Weltkrieges bei der Air Training Corps Gazette (jetzt Air Pictorial) und hat sich einen internationalen Ruf wegen seiner zahlreichen Arbeiten bezüglich Luftfahrt erworben, die sich sowohl mit der Luftfahrtgeschichte als auch mit der heutigen Luftfahrtszene befassen. Nach der Militärzeit bei der RAF war er Europa-Korrespondent bei US-, kanadischen und südafrikanischen Luftfahrtjournalen und Britischer Korrespondent bei mehreren europäischen Publikationen. Er war Technischer Direktor bei der *RAF Flying Review*, danach Chefredakteur, als daraus das *Flying Review International* wurde. Im Jahre 1971 schufen er und Gordon Swanborough zusammen das monatliche *Air International*, das jetzt eines der bedeutendsten europäischen Luftfahrtjournale ist, und sie haben unter gemeinsamer Autorenschaft eine Reihe von Büchern produziert, darunter *The Illustrated Encyclopedia of the World's Commercial Aircraft, An Illustrated Anatomy of the World's Fighters* und *Flying Colours*.

Gordon Swanborough hat, mit Ausnahme einer einjährigen Beschäftigung im Jahre 1964 als Verkaufs- und Werbefachmann bei der British Aircraft Corporation, sein Arbeitsleben als Luftfahrtjournalist und Autor verbracht. Von 1943 bis 1963 war er Mitglied des Redaktionsstabes des Wochenmagazins *The Aeroplane*, wo er einen Grossteil dieser Zeit damit verbrachte, sich auf dem Gebiet des Lufttransportes zu spezialisieren. Im Jahre 1965 wurde er Herausgeber des *Flying Review International*, und im Jahre 1971 ging er zusammen mit William Green zur Luftwaffe, um das *Air International* zu gründen. Als Team sind diese beiden Autoren auch für die Produktion des *Air Enthusiast* verantwortlich, der alle drei Jahre erscheint und sich ausschliesslich der Luftfahrtgeschichte widmet, weiter für das jährlich erscheinende *RAF Yearbook* und eine Serie von massgeblichen Arbeiten sowohl über die heutigen Flugzeuge als auch verschiedene Aspekte der Luftfahrtgeschichte.

John Mowinski ist etablierter Mitarbeiter bei einer Anzahl von guten, bekannten Luftfahrtjournalen, Zeitungen und Büchern geworden, darunter zum Beispiel *Salamander's An Illustrated Guide to the World's Civil Airliners*, und schreibt Artikel über Themen, die von den Flugzeugherstellern und -betreibern bis zur Entwicklung und Anwendung von Hoch-Technologie-Materialien auf dem Gebiet der Raumfahrt reichen. In einem grossen Massstab ist er mit Militär-, Verkehrs- und Geschäftsflugzeug-Programmen beschäftigt gewesen. Im Moment arbeitet er für British Aerospace Inc. in den Vereinigten Staaten und wohnt mit seiner Frau Kirsti in Reston, Virginia.

MITARBEITER

Roy Braybrook ist freier Luftfahrtschriftsteller und Gutachter. Er war früher leitender Projektingenieur bei Hawker Aircraft, dann Leiter der Verkaufs- und Werbeabteilung bei Hawker Siddeley Aviation in Kingston und Technischer Marketing-Berater bei Kingston-Brough Division of British Aerospace.

Ken Fulton ist momentan bei Fokker Aircraft mit der Verkaufsförderung der Fokker 50 und 100 beschäftigt. Nach einer Beschäftigung beim Redaktionsstab von The Aeroplane ist er in letzter Zeit mit Public-Relations-Aufgaben in der Industrie befasst und steuert regelmässig Artikel und Nachrichten-Kolumnen für Luftfahrtpublikationen auf beiden Seiten des Atlantiks bei.

Bill Gunston ist ehemaliger RAF-Flugzeugführer und -Fluglehrer. Ein grosser Teil seiner Arbeit bestand darin, eine Fülle von Informationen bezüglich Raumfahrt-Technologie und -geschichte anzusammeln. Er war Technischer Redakteur bei *Flight International* und ist jetzt Kompilierer-Assistent bei *Jane's All The World's Aircraft* und Autor zahlreicher Bücher über Raumfahrt und Verteidigung.

Don Parry verbrachte einige Jahre als Flugingenieur bei der RAF, bei BOAC und British Airways. Jetzt ist er als freier Schriftsteller tätig und spezialisiert sich auf dem Gebiet der Raumfahrt, Verteidigung und Elektronik.

Brian Walters ist, nach einer Zeit als Verkaufsagent einer Luftverkehrsgesellschaft und späteren Verpflichtungen bei verschiedenen Journalen, freier Schriftsteller. Als aktiver Pilot erhält er sich ein weitgestecktes Interesse an allen Luftfahrtthemen aufrecht. Er schreibt oft über technische Themen auf anderen Gebieten.

INHALT

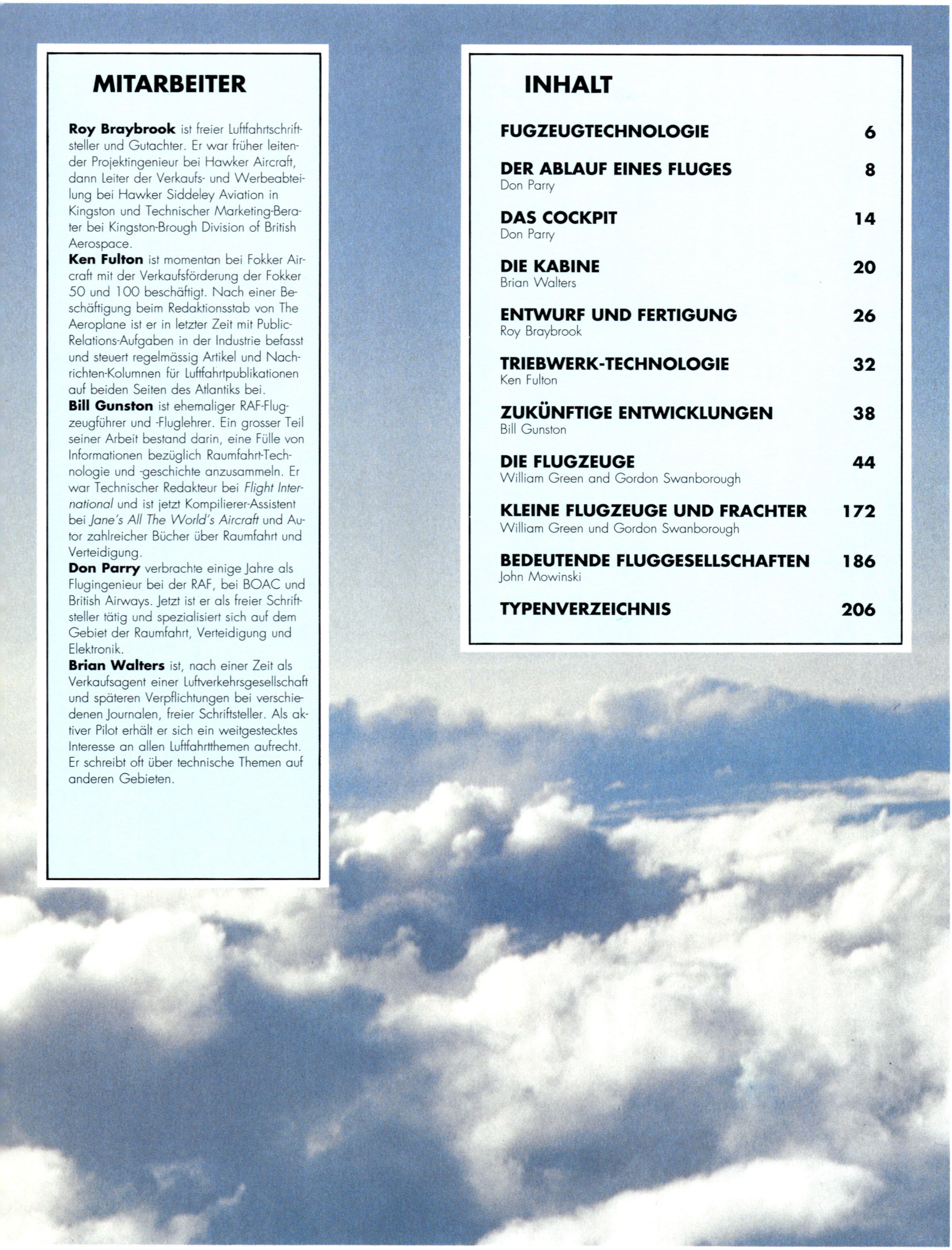

Flugzeugtechnologie

Seit der Einführung des Düsenflugzeuges in den fünfziger Jahren hat sich die Gestalt des zivilen Verkehrsflugzeuges wenig geändert. Die meisten Flugpassagiere in der Welt fliegen in Flugzeugen, die unter eine der wenigen, gut etablierten und bewährten Konfigurationen fallen. Tatsächlich ähneln sich einige Flugzeugtypen, die vielleicht aus Fabriken vom anderen Ende der Welt stammen, so sehr, dass sie nur schwer zu unterscheiden sind. Es wäre jedoch falsch zu unterstellen, dass die Technologie in den letzten drei Dekaden zum Stillstand gekommen sei. Der Zweck der sechs Kapitel, die diesen ersten Abschnitt ausmachen, ist es deshalb, aufzuzeigen, welche Fortschritte auf dem Gebiet der Flugzeuggestaltung, -konstruktion und des Flugbetriebes gemacht werden.

Unter der Flugzeughaut – die jetzt oft aus einem der neuen «Verbundstoff»-Materialien besteht – hat sich vieles geändert. Computer haben die Flugzeugkontrolle übernommen und helfen so, das Flugzeug sicherer und komfortabler zu fliegen, wie auch immer das Wetter ist. Im Cockpit verrichten jetzt zwei Mann die Arbeit von vier, leichter und genauer. Die Passagiere geniessen bessere Einrichtungen in grösseren Kabinen, zahlen jedoch – in Mark und Pfennig ausgedrückt – dank der ausgefeilten Gestaltungsveränderungen, die durch Aerodynamiker zur Verbesserung der betrieblichen Wirtschaftlichkeit eingebracht worden sind, weniger pro Meile oder pro Kilometer als jemals zuvor.

Wie in den entsprechenden Kapiteln beschrieben wird, stehen noch mehr erregende Entwicklungen bevor. Die Formgebung der Flugzeuge verändert sich, die Flächen bekommen «winglets» (Flügelendscheiben), und die Rümpfe entwickeln «nose planes» (Nasenflächen). Und während diese Veränderungen vor sich gehen, können noch radikalere Entwicklungen auf dem Gebiet des Vortriebs vorausgesehen werden, wo der Begriff «propfan» zum Schlagwort der achtziger Jahre geworden ist. Die Propfan-Triebwerke, eine innige Verbindung von Propeller und Düsentriebwerkstechnologie, in der Entwicklung, als dieses Buch vorbereitet wurde, halten das Versprechen für den nächsten grossen Schritt nach vorne im Lufttransport, wodurch sichergestellt wird, dass der Luftverkehr eine der dynamischsten Industrien des zwanzigsten Jahrhunderts bleibt.

FLIGHT TEST
UDF

DER ABLAUF EINES FLUGES

Für die einzelnen Personen, aus denen sich die Besatzung des Fluges 123 zusammensetzt, beginnt der Tag genau wie jeder andere. Das Flugzeug, das sie – oder genauer gesagt, das die Besatzung – nach New York bringen soll, ist, während sie sich auf den Weg machen, noch in der Luft, am Ende eines Fluges von Australien. Die Besatzung hat Einzelheiten von mechanischen Problemen oder Defekten, falls vorhanden, übergeben, und der Ingenieurs-Trupp beginnt damit, das Flugzeug für den nächsten Flug bereitzustellen.
Im Flugbetriebszentrum der Fluggesellschaft hat die Flugplangruppe bereits den Computer nach den Flugplaneinzelheiten abgefragt, und diese werden ausgedruckt, um innerhalb der gegebenen Beschränkungen der zur Verfügung stehenden Nordatlantik-Flug-Systeme die treibstoffsparendste Flugdurchführung anzubieten. Ungefähre Passagier-Zahlen werden in Ansatz gebracht, um die Menge an Fracht bestimmen zu können, die zusätzlich in den Unterflur-Laderäumen untergebracht werden kann.
Die Leute vom Borddienst überwachen das Verladen der Catering Trays, der Verpflegung und Getränke in metallenen Containern. Obwohl die gesamte Kabinenbesatzung während der nächsten knappen Stunde als ein gut trainiertes Team in einem eng zusammengeknüpften Umfeld arbeitet, sehen sie bei der Ankunft am Flughafen nur wenig von einander. Die Mitglieder der Kabinenbesatzung treffen sich unter der Leitung des Chefstewards bei der Einsatzbesprechung und werden von der Anzahl der Passagiere und besonderen Wünschen und Anforderungen in Kenntnis gesetzt.
Die drei Besatzungsmitglieder des Cockpits (Kapitän, Kopilot und Flugingenieur) treffen sich im Flugplanungsbüro. Oft sind sie sich völlig fremd, und es ist ein bemerkenswertes Zeugnis für die Standardisierung und die Ausbildungsverfahren, dass sie innerhalb einer Stunde nach ihrem ersten Zusammentreffen im vollen Vertrauen auf des jeweils anderen Fähigkeiten in der Lage sind, ein gewaltiges, 362'880 kg schweres Flugzeug in die Luft zu bringen.

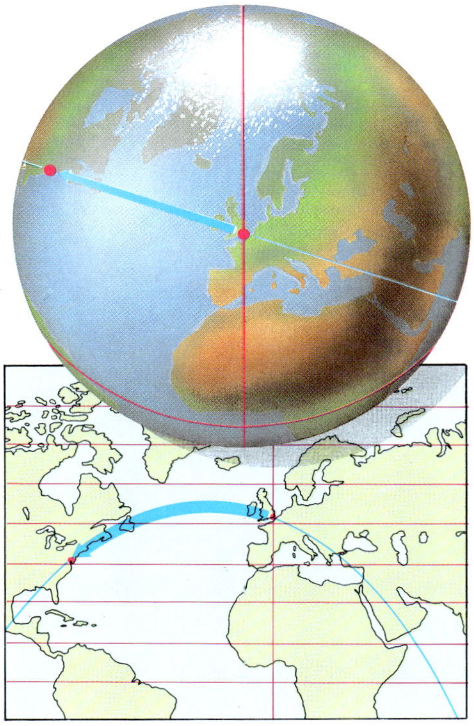

Oben: Viele Passagiere, die sich im Bord-Magazin die Streckenkarte von London nach New York genauer ansehen, fragen sich, warum die Strecke einem nach Norden gebogenen Weg über Kanada zu folgen scheint. Bei Betrachtung des Globus kann man sehen, dass dieser Flugweg in Wirklichkeit eine gerade Linie zwischen beiden Punkten darstellt.

Unten: Londons Hauptflughafen ist einer der verkehrsreichsten in Europa und steht jedes Jahr Millionen von Passagieren zur Verfügung.

Der Flugplan wird der Besatzung zur Überprüfung vorgelegt, und die meteorologischen Berichte werden sorgfältig durchgesehen. Heute sieht das Wetter gut aus, und abgesehen von leichter Turbulenz in wolkenfreier Luft (CAT = clear air turbulence) ungefähr Mitte des Atlantiks, gibt es keine Probleme. Für das gesamte Gebiet von New York lautet die Wettervorhersage: gut und warm. Nichtsdestoweniger gibt es eine kleine Komplikation, der die Besatzung ihre Aufmerksamkeit widmen muss. In der vergangenen Nacht hatte ein Flugzeug, das von Miami nach London flog, einen Triebwerkausfall und wich nach New York aus, wo ein Ersatztriebwerk gelagert war. Jetzt ist es erforderlich, dieses Austauschtriebwerk in New York zu ersetzen, und der heutige Flug von London ist als Überbringer dafür ausgesucht worden.

Ersatz-Triebwerk

Wenn überhaupt, dann werden nur wenige Passagiere bemerken, dass bei dieser Gelegenheit das Flugzeug, in dem sie fliegen, ein fünfmotoriges Flugzeug zu sein scheint. Das Ersatztriebwerk ist in eine stromlinienförmige, motorgondelartige Verkleidung eingepasst und an Bolzen unter der Flächenwurzel angebracht, wo es geringfügig und asymmetrisch den Gesamtwiderstand vergrössert. Für die Cockpitbesatzung bedeutet das, dass die Kalkulationen der Flugzeug-Leistungsdaten revidiert und die Reisegeschwindigkeit reduziert werden muss. Daraus ergibt sich eine geringfügig längere Flugzeit als normal, aber ansonsten ist weder im Cockpit noch in der Kabine von dieser zusätzlichen Beladung etwas zu bemerken.
Da die Zeit für den Start näher rückt, ist die komplette Zuladungszahl durch das Kontroll-Zentrum bestimmt worden, und das gibt dem Kapitän die Möglichkeit, die endgültige Treibstoffmenge zu kalkulieren und zu genehmigen. Eine vorläufige Mengenangabe ist bereits der Auftankmannschaft überbracht worden, die inzwischen damit begonnen hat, die vielen Tonnen Treibstoff aufzufüllen, die erforderlich sind, um das

Oben: Während der Kapitän und seine Besatzung für das Führen des Flugzeuges vom Start bis zur Landung verantwortlich sind, wird ein Grossteil der notwendigen Planung auf dem Boden erledigt. Fluggesellschaften mit Flotten von Dutzenden oder gar Hunderten von Flugzeugen müssen Flugplanungs- und -Betriebszentren unterhalten.

Flugzeug über eine Strecke von ungefähr 4'830 km über den Atlantik zu fliegen und die Reserven sicherzustellen, die vielleicht benötigt werden, wenn ein unvorhergesehener Umstand zu einem weiterführenden Flug zwingt.

Zu diesem Zeitpunkt begibt sich der Flugingenieur zum Flugzeug, um mit den Vor-Abflugsüberprüfungen zu beginnen. Die zwei Piloten widmen sich der restlichen Papierarbeit, und der Kapitän selbst macht sich mit einem schnellen Durchlesen mit dem Inhalt der «vertraulichen» Liste bekannt. Diese Liste enthält Einzelheiten für Sicherheitsverfahren oder verwandte Themen; hierdurch werden das ständige Engagement und die Sorgfalt unterstrichen, die heute die Luftverkehrsgesellschaften auf sich nehmen, um die Probleme des internationalen Terrorismus zu minimieren. Der Flugingenieur versichert sich, dass die endgültige Treibstoffmenge bestätigt ist, und er wird vom leitenden Bodeningenieur über den Zustand des Flugzeuges informiert. Allfällige Probleme oder Defekte sind ausnahmslos aufgeführt unter der Bezeichnung «snags» (Kleinfehler bekannt), und diese werden jetzt einer genauen Überprüfung unterzogen. Es ist geübte Praxis, die es erlaubt, gewisse Defekte, die in keiner Hinsicht die Flugsicherheit gefährden, zu übernehmen («Acceptable Deferred Defects» ADDs = annehmbare, aufgeschobene Defekte). Typischerweise beziehen sich diese auf Teile einer Küche, Beleuchtung oder eine gebrochene Armlehne, die in der vor dem planmässigen Abflug zur Verfügung stehenden Zeit nicht ersetzt werden können. Gelegentlich kann ein komplexerer Kleinfehler im Buch eingetragen sein, und dieser muss überprüft werden, um sicherzustellen dass diese Fehlerquelle keine Betriebseinschränkung mit sich bringt.

Der Flugingenieur beginnt jetzt mit der kurzen Sicherheitsüberprüfung, eine Methode, die garantiert, dass dem Flugzeug pneumatische oder elektrische Energie zugeführt werden kann, ohne dass per Zufall irgendwelche Systeme aktiviert werden. Er überprüft ebenfalls die drei Einheiten des Trägheits-Navigations-Systems und gibt die Koordinaten der momentanen Position (in diesem Fall das Flughafen-Vorfeld) ein, die aus einem Handbuch ersichtlich sind. Dies ist ein wichtiger Aspekt bei der Flugvorbereitung, denn das Trägheits-Navigations-System benötigt einige Zeit zur Beschleunigung und Ausrichtung. Dieser Prozess kann nicht begonnen werden, bevor die Einheiten die Anfangseingabe vom Flugingenieur oder vom Piloten bekommen. Nachdem die zwei Flugzeugführer jetzt an Bord gekommen sind, beginnt der Kopilot mit seiner eigenen Reihenfolge von Überprüfungen. Alle Vor-Abflugüberprüfungen sind aufgeteilt zwischen dem Kopiloten und dem Flugingenieur, während der Kapitän sich versichert, dass alle erforderlichen Papiere und Unterlagen in Ordnung sind, dann dazu übergeht, in die drei Einheiten des Trägheitsnavigations-Systems die aus dem Flugplan herausgenommenen Streckenpunkte einzugeben: das sind die vorausberechneten Punk-

Oben: Auf den ersten Blick sieht die Boeing 747 wie ein fünfmotoriges Flugzeug aus. In der fünften Gondel ist nur ein Ersatztriebwerk.

Unten: Der Kapitän (links) und der Erste Offizier bereiten sich in einer Boeing 767 zum Start vor, indem sie eine sorgfältig vorbereitete und gut eingeübte Reihenfolge von Vor-Abflugüberprüfungen vornehmen. Moderne Cockpit-Technologie ermöglicht es, dass auch grösste Düsenflugzeuge von einer Zwei-Mann-Cockpit-Besatzung geflogen werden können.

Oben: Der Borddienst ist eine fortgeschrittene Wissenschaft.

Rechts: Die meisten Reisenden verbringen in den Flughäfen so viel Zeit wie während des Fluges. Hier das Abfertigungsgebäude 4 des Flughafens Heathrow.

te entlang des geplanten Kurses, die das Trägheitsnavigations-System benutzt, um das Flugzeug genau von London nach New York zu fliegen.

Der Flugingenieur verlässt das Cockpit, um eine Aussenüberprüfung durchzuführen, und widmet dabei besondere Aufmerksamkeit der fünften Gondel, die jetzt unter der Fläche fest «verbolzt» ist. Das Auftanken ist beinahe beendet, aber es ist bemerkt worden, dass einer der Reifen einen tiefen Einschnitt am Scheitelpunkt hat. Man einigt sich, dass dieser Reifen vor dem Start gewechselt werden muss. Nach der Rückkehr ins Cockpit beginnt der Flugingenieur mit der Instrumentenbrett-Überprüfung und versichert dem Kapitän, dass alle Vor-Abflug-Vorbereitungen in Ordnung und programmässig vor sich gehen. Während dieser Zeit geht die Kabinenbesatzung daran, das Flugzeug «herauszuputzen», die Magazine auszulegen, das Beladen von Verpflegung und sonstigen Annehmlichkeiten zu überwachen und sicherzustellen, dass das gesamte Equipment ordnungsgemäss arbeitet. Das legt schnell ein Problem offen: ein Auftauofen in einer der hinteren Küchen arbeitet nicht. Der Chefsteward eilt ins Cockpit, um diese Beanstandung weiterzureichen. Auf dem Wege dorthin wird ihm von einer Stewardess gemeldet, dass die Spülung auf einer der Toiletten nicht funktioniert. Der Chefsteward reicht diese Fehler weiter an den Ingenieur und weist darauf hin, dass bei einem voll ausgebuchten Flugzeug notwendigerweise sämtliche Toiletten benutzbar sein müssen. Das einzig Schlechte an einer Boeing 747 ist vielleicht einfach die Grösse des Flugzeuges. Die Besatzungsmitglieder können eine Menge Gewicht verlieren beim Treppensteigen und beim Versuch, andere Besatzungsmitglieder zu finden. Glücklicherweise haben alle Luftverkehrsgesellschaften nützliche Radioverbindungen mit ihren entsprechenden Kontroll- und Wartungsabteilungen, die sogenannte «Company-Frequenz». Diese Frequenz wird jetzt vom Flugingenieur benutzt, um einen Ersatz für den Auftauofen anzufordern und auf die defekte Toilette aufmerksam zu machen.

Inzwischen erscheinen die ersten Passagiere an Bord, und die Kabinenbesatzung schwingt hinüber in ihre gut-trainierte Routine höflicher Festigkeit und auf Abstand bedachte Vertraulichkeit. In einem Wirbel von Aktivität erscheinen plötzlich drei Angehörige des Bodenpersonals der Fluggesellschaft im Cockpit; der Tankwart, der verantwortliche Ingenieur und eine junge Dame mit dem ausgefüllten Ladeplan. Das Unterschreiben dieser Dokumente repräsentiert die Übergabe des Flugzeuges in die Kontrolle des Kapitäns; alle drei Besatzungsmitglieder nehmen daran teil, wobei besonderer Wert auf das Trägheitsnavigations-System gelegt wird. Einige Boeing 747 sind bereits mit einem Flight Management System (FMS = Flugdurchführungssystem) ausgerüstet, welches einen Grossteil der Flugplanung und der Verfahren für den Reiseflug automatisiert – ein weiterer Schritt auf dem Wege zur vollständigen Automation.

Fertig zum Rollen

Der Kopilot erhält jetzt vom Kontrollturm die Freigabe zum Anlassen der Triebwerke, gleichzeitig mit der Freigabe der ersten Luftstrassen, die Erlaubnis, sich auf den Weg zu machen. Das ist unter dem Begriff Standard-Instrument-Abflugverfahren (SID = Standard Instrument Departure) bekannt, und wird von allen drei Besatzungsmitgliedern sorgfältig nachgeprüft.

Während dem Anlassen der Triebwerke und dem Abrollen versorgt die Kabinenbesatzung die Passagiere in der Kabine mit den Informationen für Notverfahren. Ein Ritual, das oft das Interesse der Passagiere erregt, ist der Ruf vom Cockpit: «alle Türen auf automatisch»! Durch einen Handgriff werden die Notrutschmechanismen an den Türen auf Bereitschaft gestellt. Sollte eine schnelle Evakuierung erforderlich werden, kann durch einfaches Türöffnen mit dem Druck von Pressluft die Notrutsche ausgefahren und das Aufbla-

sen eingeleitet werden. Während das Modell 747 zum Wartepunkt der Startbahn rollt, werden weitere Überprüfungen vorgenommen, einschliesslich des Ausfahrens der Landeklappen und der nochmaligen Kontrolle, ob alles für den Start klar ist. Die Höhe des Cockpits des Musters 747 über dem Boden bedeutet, dass das Abschätzen der Rollgeschwindigkeit nicht immer leicht ist. Hier ist das Trägheitsnavigations-System insofern nützlich, als es dem Piloten auf einer Anzeige im Cockpit die Rollgeschwindigkeit (Geschwindigkeit über Grund) anzeigt. Der Kopilot hat bei seinen Vor-Abflugkalkulationen einen Satz von Geschwindigkeiten ausgearbeitet, die sich nach den vorherrschenden Bedingungen richten. Diese ziehen variable Grössen in Betracht, wie zum Beispiel das Gewicht des Flugzeuges, die meteorologischen Bedingungen (Temperatur, Wind nach Richtung, Geschwindigkeit usw.), die Länge der Startbahn und die Höhe des Flughafens. Anhand einer grafischen Darstellung für jede Startbahn und jeden Flugplatz kann eine Reihe von Grössen abgeleitet werden. Sie sind als VR, V1 und V2 bekannt, bedeuten kritsche Aspekte des Flugleistungsbereiches während des Startvorganges und werden mit Hilfe von kleinen Plastikschiebern («Wanzen») zwecks schnellerer visueller Identifizierung am Eigengeschwindigkeits-Anzeigegerät markiert.

Vom Kontrollturm des Flugplatzes erhält man die endgültige Freigabe für den Start, und das Flugzeug wird am Ende der Startbahn sorgfältig ausgerichtet. Ein letzter Blick nach allen Seiten, der Kapitän schiebt die Gashebel ein wenig nach vorn, der Flugingenieur überprüft sorgfältig die Reaktion der Triebwerke, achtet auf alle Parameter und ruft: «Triebwerke stabilisiert». Die Triebwerksleistung wird dann erhöht, der Flugingenieur stellt unter der Hand des Kapitäns sorgfältig die Gashebel ein, um sicherzustellen, dass die maximalen Triebwerksleistungen für die vorherrschenden Bedingungen nicht überschritten werden. Während das Flugzeug auf der Startbahn beschleunigt, meldet der Kopilot die Geschwindigkeiten: V1, die Geschwindigkeit, ab welcher der Startvorgang auch im Falle eines Triebwerkschadens nicht mehr abgebrochen werden darf; VR die Rotationsgeschwindigkeit, bei der das Bugrad angehoben wird, um das Flugzeug in die Abhebe-Fluglage zu bringen; V2, die niedrigste Geschwindigkeit, mit der das Flugzeug sicher von der Startbahn abheben kann.

Während der Steigflug fortgesetzt wird und die Landeklappen eingezogen werden, wird auf Autopilot (Selbststeueranlage) geschaltet, und die Besatzung richtet sich auf ein fünf- bis sechsstündiges Arbeitspensum sorgfältiger Kontrollen und Verfahren in enger Zusammenarbeit ein. Der Flug wird auf der eingereichten Flugfläche durchgeführt, die für das momentane Gewicht des Flugzeuges optimal ist. Mit dem Kraftstoffverbrauch auf der Strecke reduziert sich das Gewicht, und in einer Reihe von Abstufungen wird das Flugzeug auf grössere Höhe gebracht, um den effizientesten Treibstoffverbrauch zu erreichen. Zu diesem Zeitpunkt ist die Arbeitsbelastung im Cockpit reduziert, und wenn notwendig, kann jeweils ein Besatzungsmitglied das Cockpit für einige Minuten zum Ausruhen oder zum Essen verlassen. Die zwei verbleibenden Besatzungsmitglieder können immer noch alle notwendigen Kontrollhebel erreichen, um mit einer eventuell ent-

Links: Der Kontrollturm ist ein wichtiger Teil auf dem Flugplatz, die Kontrolle der Flugroute wird jedoch in verdunkelten Radarräumen in Flugsicherungszentren durchgeführt. Der Kontrollraum mit Sichtkontakt – hier derjenige von Aberdeen – befasst sich nur mit Fluzeugen beim Endanflug, Start und Rollen am Boden.

Oben: Das Flugsicherungs-Zentrum in London, wo man sich um die Flugzeuge kümmert, die auf den vorgeschriebenen Luftstrassen über fast ganz England fliegen. Die abgebildete Gruppe gehört zu einem der Nahverkehrsbereiche, die für den Luftverkehr auf den 4 Flughäfen um London verantwortlich sind.

Das Diagramm zeigt die Luftstrassen im Raum Grossbritannien bis in eine Höhe von 7'467m. Sie sind aufgeteilt in zwei Fluginformationsgebiete, London und Scottish. Die Flugzeuge werden zu jeder Zeit des Fluges von einer der Zentralen, London, Manchester oder Scottish, überwacht. Die Luftstrassen verbinden die Nahbereichskontrollen, die den Luftraum um verkehrsreiche Kreuzungen und Flughäfen abdekken. Die Flughäfen haben eigene Kontrollzonen bis in ca. 7'620m Höhe. Die Luftstrassen sind etwa 16 km breit, und die Flugzeuge fliegen mit sorgfältig kontrollierten Abständen, wobei eine Höhenstaffelung von 300 m bei entgegengesetzter Flugrichtung angewendet wird.

Luftstrassen im Luftraum über Grossbritannien

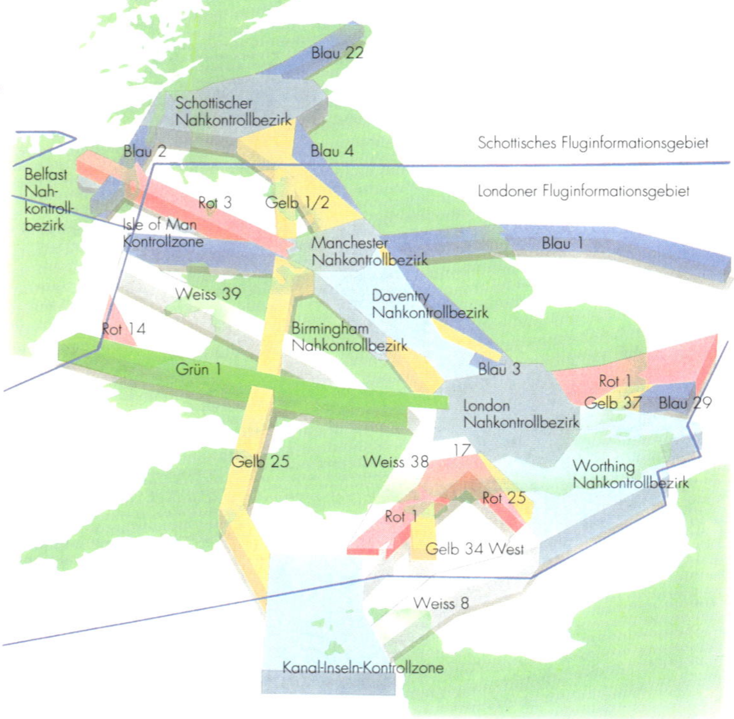

stehenden Notsituation fertig zu werden. Während der Flug weitergeht und sorgfältige Navigations-Überprüfungen gemacht werden, zeigt ein Ablesen der Treibstoffverbrauchsmenge an, dass alles in Ordnung ist, ja, dass sogar davon ausgegangen werden kann, dass gegenüber den ursprünglich kalkulierten Zahlen ein wenig Treibstoff eingespart werden kann. Sobald ein Streckenpunkt erreicht ist, ruft der Kopilot das zuständige Flugsicherungs-Zentrum, um die Position anzugeben, und verlangt, wenn angezeigt, einen Höhenwechsel. Das Trägheitsnavigations-System (INS = Inertial Navigation System, im folgenden nur als INS bezeichnet) kann gleichzeitig bis zu neun Streckenpunkte speichern, und ungefähr auf halbem Wege über dem Atlantik muss das System mit einem neuen Datensatz für den Rest des Fluges «aufgefüllt» werden. Genau wie schon in London, wird dieses Verfahren von jedem Besatzungsmitglied sorgfältig überprüft. Funksprechverkehr über dem Atlantik ist nur auf Kurzwelle möglich, trotzdem ist ein Ultrakurzwellen-Gerät konstant auf die Notfrequenz geschaltet, und mindestens ein Besatzungsmitglied hört immer rein. Bei Flügen über den Atlantik ist das eine Auflage, aber auch über dünn besiedelten Landgebieten ist es nicht weniger wichtig.

Sobald die Landmasse Nordamerikas am Horizont erscheint, beginnt die Besatzung mit den Vorbereitungen für die Ankunft in New York. Die unterwegs aufgenommenen Wettermeldungen haben die guten Erwartungen bestätigt, und das einzige, das die Besatzung jetzt beschäftigt, ist die Möglichkeit grosser Verspätungen durch die Flugsicherung. Sobald Boston vorbeigleitet, wird auf der Frequenz der Fluggesellschaft (company frequency) mit New York Kontakt hergestellt. Es wird bestätigt, dass die gegebenen Verspätungen minimal sind, und die Nummer des Abstellplatzes wird zur Verfügung gestellt. Die Besatzung hat die Prüfliste für das Anflugverfahren abgeschlossen. Der Flugingenieur hat einen neuen Satz Leistungsdaten zusammengestellt, darunter genaue Angaben über die Menge des Treibstoffes, die für ein Ausweichen zur Verfügung steht, falls es aus irgendeinem Grund nicht möglich sein sollte, wie geplant in New York zu landen. Ungefähr dreissig Minuten vor der geschätzten Ankunftszeit wird durch die Flugsicherung die Freigabe für den Sinkflug erteilt, und die Motorleistung wird reduziert, sobald das Baumuster 747 die Nase senkt. Die Passagiere bemerken kaum eine Veränderung der Fluglage, obwohl ein lautes Zischen der Triebwerkabzapfluft-Ventile einen deutlichen Hinweis auf das Geschehen gibt. Die meisten grösseren Flughäfen in der Welt bieten eine Einrichtung, die unter der Bezeichnung «Automatische Flugplatz-Information» bekannt ist (ATIS: Automatic Terminal Information Service). Es handelt sich hierbei um eine auf Band aufgenommene, immer auf den neuesten Stand gebrachte Sendung, die Einzelheiten über die Platzwetter-Bedingungen, die Gebrauchslandebahn und irgendwelche ungewöhnliche Zustände gibt. ATIS nimmt auf diese Art den Lotsen einen Teil der Sprechfunk-Belastung ab. Die Meldung von heute ist kurz, die Besatzung bereitet sich auf eine Periode hoher Konzentration vor. Prüflisten werden in vorgeschriebener Reihenfolge gelesen, und während der gesamten Zeit schaut man aufmerksam nach draussen, denn es handelt sich hier um verkehrsdichtes Gebiet. In regelmässigen Abständen kommt die Flugsicherung mit einer kurzen Meldung «Flugzeug 12 Uhr – Höhe unbekannt» heraus. Durch sorgfältiges Absuchen entdeckt man ein kleines Flugzeug weit unterhalb der Boeing 747.

Rechts: Die sichere Durchführung eines Fluges von A nach B verlangt die Integration vieler Dienstleistungen, sowohl innerhalb als auch ausserhalb des Flugzeuges. In den letzten Augenblicken eines Anfluges ist der Sichtkontakt mit der Landebahnbefeuerung eine lebenswichtige Sache.

Unten: Fliegen mag für einige noch ein aufregendes Erlebnis sein, aber für viele ist es langweilig, die Unterhaltung an Bord ist eine Selbstverständlichkeit geworden. Filme, Videofilme und Musikberieselung werden auf langen Flügen angeboten.

Ankunft

Sobald der Flughafen in Sicht kommt, kann man sehen, dass unser Flug lediglich einer von vielen Anflügen ist, die, von der Flugsicherung gekonnt in eine lange Linie von Flugzeugen eingefädelt, jetzt über See anfliegen. Die letzten Prüflisten für die Landung sind erledigt, Fahrwerk und Landeklappen sind ausgefahren

Warteflug

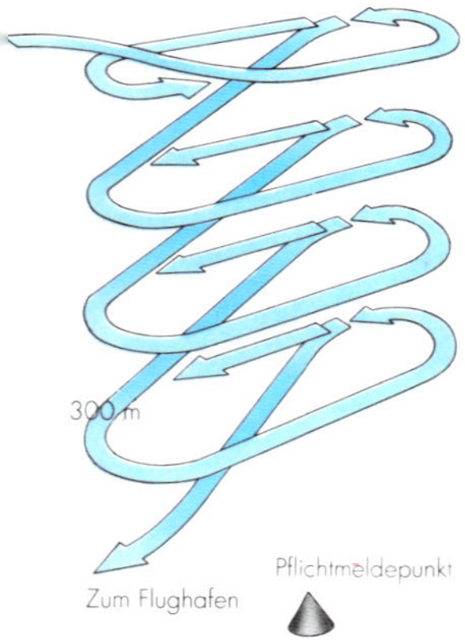

Links: Manchmal versuchen Flugzeuge eher zu landen, als die Flugplätze selbst mit zwei voneinander unabhängigen Bahnen sie aufnehmen können. In solchen Fällen werden die Flugzeuge angewiesen, in bestimmten ovalen «Wartespiralen» zu kreisen, bis der Landeplatz freigegben wird.

und die Gashebel eingestellt. Obwohl das Wetter gut ist, wird die gesamte Ausrüstung, einschliesslich des Instrumenten-Lande-Systems, angewendet, um eine entsprechende Kontrolle zu gewährleisten und zu verhindern, dass das Flugzeug auf eine falsche Landebahn ausgerichtet wird. Die Intensität der gesamten Operation wird durch die Geschwindigkeit unterstrichen, mit der die Flugzeuge landen und die Landebahn räumen, damit die Flugsicherung dem folgenden Flugzeug die Freigabe zur Landung geben kann.
Der Radiohöhenmesser zeigt ein regelmässiges Sinken an, alle Zeiger zeigen in die richtige Richtung, die Systeme sind für die Landung vorbereitet. Da ist nur noch ein Flugzeug voraus, und beim Aufsetzen markiert eine grosse blaue Wolke die Stelle, an der das Gummi den Boden trifft. Es rollt die Startbahn runter, sichtlich langsamer werdend, und versucht, den ersten Schnellabrollweg zu erwischen. Plötzlich jedoch scheint es zu bremsen, wird ganz langsam und kommt zum Stehen, wobei das Leitwerk in die Gebrauchslandebahn hineinragt. Als die Flugsicherung «Durchstarten – Flugzeug mit geplatzem Reifen auf der Landebahn» ruft, wird die Operation präzise, beherrscht und gemäss eintrainierter «Griffe» durchgeführt. Die Triebwerksleistung für Durchstarten wird gesetzt, die Nase angehoben und die Klappen werden «auf 20» (zwanzig-Grad-Einstellung) gefahren. Sobald der Kopilot «positive Steigrate» feststellt, wird das Fahrwerk eingefahren. Für die Besatzung ist dieser Zwischenfall eher ärgerlich als unbequem; er wird den Flug um weitere 20 Minuten verlängern und den Treibstoff, der während der Überquerung durch sorgfältige Verfahrensanwendung eingespart worden war, verbrauchen. Die Flugsicherung bringt das Baumuster 747 durch eine Serie schneller Instruktionen zurück in eine Lücke, von wo aus die Besatzung in der Lage ist, das Flugzeug noch einmal in das Instrumenten-Lande-System zu bringen und eine erfolgreiche Landung durchzuführen.
Sobald die Landebahn geräumt ist, wird das flugzeugeigene Hilfsenergie-Aggregat angelassen, um nach dem Abstellen der Motoren elektrische Energie zur Verfügung zu haben. Die allerletzten Prüflisten werden durchgegangen, um das Abstellen des Flugzeuges vorzubereiten. Sobald man sich dem Parkplatz nähert, richtet die Cockpit-Besatzung das Flugzeug sorgfältig nach einem Lichtsystem aus, um es mit grosser Sorgfalt in die genaue Position zu schieben. Nachdem der Kapitän die Bremsen gesetzt hat, schaltet der Flugingenieur alle Versorgungssysteme auf das bordeigene Energie-Versorgungs-Aggregat und stellt die Triebwerke ab. Der Rest der Prüflisten wird gelesen und der Papierkrieg erledigt. Alle aufgetretenen Defekte werden eingetragen, die Gesamtzeit seit Anlassen der Triebwerke wird sorgfältig im Logbuch registriert.

Oben: Die Ausbreitung des Luftverkehrs hat den Ausbau von Bodeneinrichtungen weit hinter sich gelassen, aber moderne Flugzeuge sind so konstruiert, dass sie auch auf kleinen und schlecht ausgerüsteten Flugplätzen sicher starten und landen können.

Unten: Die Passagiere eines Fluges mit einer portugiesischen Fluggesellschaft steigen in Lissabon aus. Die Arbeitszeiten für Piloten werden sorgfältig kontrolliert. Auf sehr langen Flügen muss eine zusätzliche Besatzung mitgenommen werden.

Rechts: Viele Flugpassagiere zeigen Besorgnis, während sie am Flughafen auf ihr Gepäck warten. Nur wenigen «Viel-Fliegern» ist es erspart geblieben, einmal ein Gepäckstück zu verlieren. – Im allgemeinen sind die Leistungen der Airlines gut.

DAS COCKPIT

Dem Laien vermittelt der erste Blick in das Cockpit eines grossen Verkehrsflugzeuges oft den Eindruck einer ziemlich zusammengewürfelten Masse von Zeigern, Anzeigegeräten, Schaltern, Kontrollhebeln und Warnlichtern. Ihre Anordnung scheint das Ergebnis von irgend jemandes Laune zu sein, und die Steuersäulen sind offensichtlich in bequemen Abständen voneinander angebracht.

Die Wahrheit ist jedoch, dass die Gestaltung auf jahrelanger Erfahrung und der Anwendung gesunder, ergonomischer Prinzipien bezüglich Gestaltung, Darstellung, Ausstattung und operationeller Erfordernisse beruht. Dies ist deswegen erforderlich, weil das Cockpit oder die Pilotenkanzel in jedem Flugzeug eine Sammelstelle für eine ungeheure Menge von Informationen ist. Detektoren, Sensoren und Empfänger, die über die gesamte Zelle verteilt angebracht sind, sammeln einen grossen Teil von Daten, die kontinuierlich zum Vorteil der Besatzung angezeigt werden. Zur Unterstützung des Assimilationsprozesses wird die Information in sogenannten Blöcken zur Verfügung gestellt, wobei jeder sich auf ein spezifisches Gebiet oder System bezieht.

Nimmt man zum Beispiel das Cockpit einer heute in Betrieb befindlichen Boeing 747, dann ist die Übersicht am besten aus der Position des Kapitänsitzes, der linke der beiden nach vorne gerichteten Sitze, zu beschreiben. Bis vor kurzem sind die meisten grossen Flugzeuge von einer Drei-Mann-Cockpit-Besatzung geflogen worden, aber heute besteht ein ganz klarer Trend hin zu einem Zwei-Mann-Cockpit-Betrieb, sogar in einem so grossen wie der Boeing 747.

Unmittelbar vor dem Kapitän ist eine Anordnung von Instrumenten, die sich in der selben Form und Anordnung auch auf der Kopiloten-Seite befinden. Sie sind die moderne Version dessen, was man als Blindflug-Instrumentierung zu bezeichnen pflegt. Diese Gruppe von Instrumenten vermittelt den Piloten die lebensnotwendigen Hinweise von Kurs, Geschwindigkeit und Fluglage. Die modernen Instrumente benutzen elektronische Techniken zur zusätzlichen Verfeinerung und bieten Auswahlmöglichkeiten, wodurch es möglich wird, unterschiedliche Arten von Informationen bei Bedarf abzurufen. Das einzige Instrument, das scheinbar der elektronischen Revolution entwischt ist, ist das Variometer, das die Steig- oder Sinkrate anzeigt. Eine zusätzliche Informationsquelle bezüglich der Höhe steht mit dem Radio-Höhenmesser zur Verfügung; dieser kommt beim Endanflug und während einer automatischen Landung zur Geltung.

Weiter sind auf diesem Instrumentenbrett automatische Flugwarngeräte, Instrumentenwarngeräte und Computer-Selektoren zu finden, wodurch der beachtliche Grad von Automation in modernen Flugzeugen unterstrichen wird.

Das Instrumentenbrett des Kopiloten ist tatsächlich identisch. Zusätzlich weist es ein grosses Anzeigegerät für die Kontrolle der Steuerelemente, eine Lufttemperatur-Anzeige und ein Anzeigegerät für den Hydraulikdruck auf.

Diese beiden Instrumenten-Panels sind durch ein grosses zentrales Instrumentenbrett voneinander getrennt, das Anzeigegeräte für die hauptsächlichsten Triebwerkparameter enthält. Diese zeigen die Triebwerksdrehgeschwindigkeiten, Temperaturen und den Treibstoffverbrauch an. Ein zusätzlicher künstlicher Horizont ist ebenfalls hier angebracht, wodurch dem dritten Besatzungsmitglied (Flugingenieur) die Möglichkeit gegeben wird, alle drei Fluglagenanzeige-Geräte zu kontrollieren. Sollte eines der Instrumente bei den Flugzeugführern «verrückt» spielen, kann das falsch anzeigende Gerät unter Bezug auf dieses zusätzliche Instrument schnell identifiziert werden.

In diesem Teil befindet sich auch ein zentrales Warninstrumenten-Panel, das alle Primär-Systeme abdeckt. Jeder auftretende Defekt aktiviert eines der darauf angebrachten Lichter, um die Aufmerksamkeit der Besatzung zu erregen. Die Klappenanzeige-Geräte zeigen die Stellung der Vorflügel und der Landeklappen durch eine Kombination von Doppel-Zeigern und Lichtern an. Das ausgeprägte Merkmal vieler Boeing-Verkehrsflugzeuge ist der grosse Hebel für die Fahrwerksbetätigung mit den dazugehörigen Warnlichtern zur Kontrolle korrekten Fahrens.

Das Muster 747 hat eine Anzahl bordeigener Computer und zusätzlich einen kleinen Computer, der mit Basisinformationen gespeist ist, um die Triebwerksleistungswerte für alle Aspekte des Flugleistungsbereichs ablesen zu können. Dieser Ablesebildschirm ist ebenfalls im Zentral-Panel untergebracht, wo er, besonders während des Steigfluges, ohne Schwierigkeiten beobachtet werden kann, um sicherzustellen, dass die Maximalwerte nicht überschritten werden.

Unmittelbar darüber ist am Windschutzscheiben-Süll das Panel für die Wahlschaltung und Kontrolle des Autopiloten angebracht. Das Flugzeug ist gewöhnlich mit einer dreifachen Autopilot-Anlage ausgestattet. Hierdurch kann eine vollautomatische Landung selbst bei sehr stark reduzierter Sicht bis auf den Boden durchgeführt werden. Nicht nur alle Kommandos an die Autopiloten können an diesem Panel erteilt werden, sondern auch alle dazugehörigen Navigations-Einrichtungen können hier gewählt werden. Es verdient besondere Erwähnung, dass es sogar eine Schaltung für Fliegen mit Autopilot bei Turbulenz gibt. An jeder Seite dieses Instrumenten-Panels sind UKW-Navigationsschalter angebracht, um die korrekte Frequenz für die Navigationshilfen oder das Instrumenten-Lande-System setzen zu können.

Oben: Ein Blick auf den Pilotenarbeitsplatz einer Saab SF-340. Der Kapitän eines Flugzeuges sitzt immer auf der linken Seite.

Unten: Das Cockpit einer British Aerospace 146 zeigt die Technologie Anfang der achtziger Jahre, und zwar das beste, was mit «Uhren»-Typ-Instrumenten erreicht werden konnte. Die nächste Stufe war die Einführung elektronischer Anzeigegeräte.

Triebwerks-Kontrollen

Zwischen den beiden Piloten-Sitzen befindet sich eine zentrale Konsole. Am auffälligsten ist hier der Satz von vier Gas- oder Schubhebeln, womit die Leistungsabgabe der Triebwerke kontrolliert wird und der Umkehrschub bei der Landung gesetzt werden kann. Andere Kontrollhebel beziehen sich auf die Klappenwahl und das Vorwählen des Umkehrschubes. Boeing war stets darum besorgt, dass sowohl die Vorflügel als auch die Landeklappen in korrekter Reihenfolge gefahren werden. Um diese gewünschte Situation zu erreichen, steuert der Klappenwahlhebel einen programmierten Schalter während dessen Bewegung, um sicherzustellen, dass die Klappen immer in richtiger Reihenfolge aus- und eingefahren werden.

Besonders wichtig auf dieser Konsole sind auch die Kontroll- und Anzeigegeräte für die drei Trägheits-Navigations-Systeme. Das Baumuster 747 war das erste Verkehrsflugzeug, das dieses System als voll integriertes Element einführte. Frühere Flugzeuge, wie die Boeing 707 und die Douglas DC 8, waren mit Trägheits-Navigations-Systemen ausgerüstet, die jedoch nur zusätzliche Hilfsmittel waren, was nicht die beste ergonomische Lösung darstellte.

Auf dieser Konsole sind auch noch andere Frequenzwahlschalter für das Navigations- und Kommunikationssystem vorhanden. Sie sind so nahe an den Sitzen der drei Besatzungsmitglieder angebracht, dass sie von überall leicht bedient werden können.

Bei einer Drei-Mann-Cockpit-Version ist auf der rechten Seite, unmittelbar hinter den Pilotensitzen, der Arbeitsplatz des Flugingenieurs montiert. Hierdurch wird die Kontrolle über alle Flugzeugsysteme ermöglicht, wie zum Beispiel das Hilfsaggregat, die elektrische

Cockpit einer Boeing 747-200

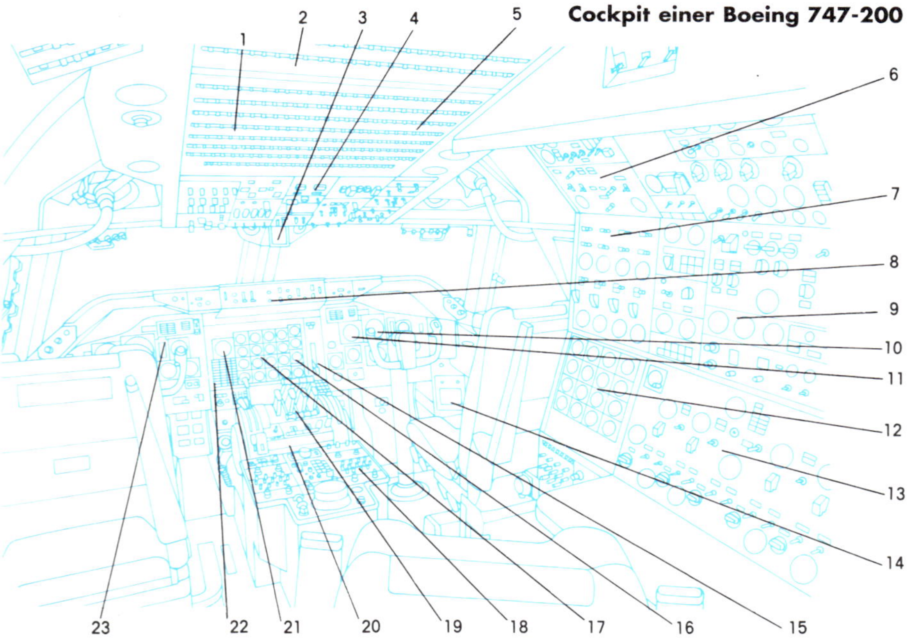

Oben/unten: Das Cockpit der Boeing 747-200 spiegelt den Standard der 70er Jahre wider und ist für eine 3-Mann-Besatzung ausgelegt. Die neuen 747 werden für 2-Mann-Betriebsführung entwickelt.

1 Sammelschienen für unentbehrliche Systeme
2 Sicherungen
3 Ersatzkompass
4 Systemkontrolle
5 Radio-Sammelschiene
6 Hilfsenergie-Aggregat und Kontroll-Panel
7 Kontroll-Panel für elektrische Energie
8 Autopilotschalter
9 Panel für Klimaanlagenkontrolle
10 Fluglageanzeige- und Steuerbefehlsgabe
11 Schallgeschw.Anzeiger
12 Triebwerksinstrumente
13 Schalttafel Treibstoffsyst.
14 Wetter-Radar-Bildschirm
15 Fahrwerkswahlhebel
16 Klappen-Positions-Anz.
17 Triebwerksinstrumente
18 Radar/Kommunikation
19 Gashebel
20 Autopilot-Kontrolle
21 zus. Fluglageanzeige- und Steuerbefehlsgerät
22 Hauptwarn-Tafel
23 Hauptfluginstrumente des Kapitäns

Links: Die BAe Jetstream 31. Selbst solche kleinen Flugzeuge müssen voll ausgerüstete Cockpits haben, wenn sie sicher in der Umgebung internationaler Luftverkehrsgesellschaften operieren sollen.

Rechts: Die Embraer Brasilia zeigt ein Cockpit-Layout, das dem der Jetstream überraschend ähnlich ist. Man beachte jedoch die sparsame Anwendung von Bildschirmen für die Primär-Flug-Informationen der beiden Piloten.

Unten: Im Vergleich mit den links und rechts gezeigten Typen demonstriert die ATR 42 eine Weiterentwicklung. Auffällig die grössere Weite von Zelle und Cockpit, die Instrumenten-Ausstattung ist ähnlich.

Anlage, die hydraulische Anlage, die Treibstoffverteilung, die Luftdruckanlage, die Klimaanlage und die Druckkabine.

Über Kopf an der Decke enthält ein anderes grosses Instrumentenbrett zusätzliche Wahlhebel, darunter die Hebel zum Anlassen der Triebwerke und die überaus wichtigen Feuerhandgriffe. Im Falle eines Triebwerkbrandes ertönt eine Warnglocke, und der entsprechende Triebwerkshebel leuchtet mit einem roten Licht auf, das nichts Gutes verheisst.

Eine Anzahl von Sicherungs-Tafeln, die die vielen Stromkreise überwachen, sind ebenfalls an der Decke angebracht. Weitere Cockpitsysteme umfassen die Sauerstoffausrüstung, die Gegensprechanlage und die Ausrüstung für den Notfall. Zur letzteren gehören die Schwimmwesten und Seile mit Fliehkraftbremsen; mit ihnen kann sich die Besatzung durch eine Luke im Dach auf den Boden runterlassen. Dieser notwendigerweise kurze Überblick über die Gestaltung des Cockpits deckt die erhebliche Menge der Instrumente auf. Früher basierten diese Instrumente auf elektromechanischer Technologie, sie nahmen sehr viel Platz ein und erwiesen sich oft als weniger verlässlich als erwünscht. Ergonomisch gesehen stellt sich ein solches System selbst in Frage, denn die Besatzung ist nur an ungefähr zehn Prozent der insgesamt verfügbaren Information interessiert. Die verbleibenden neunzig Prozent sind nicht nur unerwünscht, sondern können ablenken und verwirren bei der Kontrolle der gewünschten Daten. Im Hinblick auf die erheblich weiter entwickelten Cockpits, die jetzt allmählich zur Verfügung stehen, werden deshalb zur Gewährleistung maximaler operationeller Effizienz eine Reihe von Ausbildungsmethoden und Verfahren eingeführt.

Die Verwertung der beachtlichen Fülle an Informationen, die die Besatzung dauernd erhält, ist reine Kalkulationsarbeit und deshalb ein ideale Aufgabe für den Computer. Computer sind zudem frei von «menschlichen» Problemen wie Arbeitsbelastung, Stress, Gefühle und Ermüdung, wovon jeder einzelne Faktor zu einer Fehlerquelle bei den Kalkulationen werden kann. Vielleicht entwickelte sich das grosse Umdenken in der Luftverkehrsphilosophie während der Ölkrise Anfang der siebziger Jahre. Bis zu diesem Zeitpunkt war der Treibstoffpreis in den gesamten direkten Betriebskosten von relativ geringer Bedeutung. Der massive Anstieg des Ölpreises in sehr kurzer Zeit führte zu einem drastischen Umdenken bezüglich kaufmännischer Betriebsführung. Auf Seite der Luftverkehrsgesellschaften löste das eine starke Bewegung hin zu grösserer Effizienz und Kostenbewusstsein aus. Zufällig und gleichzeitig war die elektronische Revolution auf dem Vormarsch, und die Digitaltechnik in Verbindung mit Miniaturisierung bot neue Typen von Ausrüstung an, leicht, kompakt, von hoher Leistungsfähigkeit, extrem zuverlässig, mit einem geringen Energieverbrauch

und relativ billig in der Herstellung. Dieses Computerpotential brachte die Möglichkeit für eine Neubewertung der Zusammensetzung und Arbeitsbelastung der Cockpitbesatzung. Die Absicht dabei war, einen höheren Grad von Automation zu entwickeln und, als Konsequenz, die Personalstärke zu reduzieren bei dem gleichzeitigen Versuch, die Kosten zu senken.
Solche Denkart erweckte viele der alten Kontroversen bezüglich der Besatzungsstärke im Cockpit wieder zum Leben. Die Zusammensetzung der Besatzung war in den fünfziger und frühen sechziger Jahren zu einer strittigen Frage geworden und führte zu beträchtlicher gewerkschaftlicher Unruhe, als zuerst die Navigatoren und dann die Funker entlassen wurden.
Die alten Verkehrsflugzeuge mit Kolbenmotoren erforderten eine Anzahl hoch spezialisierter Besatzungsmitglieder. Abgesehen von der grundsätzlichen Aufgabe, das Flugzeug zu fliegen, wurde ein Spezialist für weitreichende Kommunikation benötigt, und die ununterbrochene Navigationsauflage erforderte ebenfalls einen Spezialisten in der Besatzung. Bestimmte Luftverkehrsgesellschaften betrachteten die Flüge über den Nordpol als normalen Teil ihres Programmes, obwohl, und das ist weniger bekannt, solche Flüge laut Auflage zwei Navigatoren im Cockpit haben mussten, um die hohe Arbeitsbelastung, gelegentlich verursacht durch die Launen der natürlichen magnetischen Erscheinungen in hoher Breite, bewältigen zu können.
Zudem machten die komplexen Systeme in der Flugzeugzelle und die Kolbenmotoren einen Flugingenieur erforderlich. Ende des Zweiten Weltkrieges hatten Verkehrsflugzeuge eine fünf- bis sechsköpfige Besatzung. Der Krieg hatte ebenfalls die Entwicklung elektronisch gestützter Systeme beschleunigt, und es war bereits offensichtlich geworden, dass Funksprechverkehr auf Langstrecken mit automatisch abstimmbaren Radiogeräten durchgeführt werden könnte. Das bereitete die Szenerie für die Entlassung des Funker-Spezialisten vor, da die Piloten den Funksprechverkehr während des Fluges übernahmen.

«Glas»-Cockpits

Mit der Zeit übernahm die Elektronik die Vorherrschaft, und mit der Einführung des Trägheits-Navigations-Systems wurde der Abschied von der klassischen Navigation eingeleitet. Auf den grossen Flugzeugen reduzierte sich die Besatzung auf zwei Piloten und einen Flugingenieur. Heute scheint es so, dass die Flugzeugindustrie nur noch zwei Piloten vorsieht, da Computer einen immer grösseren Teil der Management-Aufgaben im Cockpit übernehmen.
Moderne Computer können eine ungeheure Menge an Informationen speichern und sogar gewisse Prioritäten setzen. Durch den Einsatz entsprechender Bildschirme können diese Informationen, welcher Art und wann auch immer, den Piloten sichtbar dargestellt werden, wobei die unwesentlichen Daten zurückgehalten werden. Das System kann auch so eingestellt werden, dass auf dem Bildschirm zusätzliche Daten wie Darstellungen des Wetter-Radars, Prüflisten und Flugplatz-Landekarten erscheinen. Sollte sich ein Problem in einem System entwickeln, wird der Pilot über diese Situation vorgewarnt, und die zu ergreifende Massnahme erscheint gleichfalls automatisch auf dem Bildschirm. Auf diese Weise ist der Wirrwar im Cockpit drastisch reduziert worden, Unklarheit wird vermieden und eine grössere Effizienz bei der Informationsauswertung erreicht.
Wie bei jeder neuen Entwicklung ist der Übergang nicht so rapide, wie einmal vorhergesagt. Diese Ausrüstung ist nicht billig, und die Wartungskosten werden immer noch eingehend ausgewertet. Einige Kritik basiert auf der Tatsache, dass die kontinuierliche Anzeige auf den alten elektro-mechanischen Instrumenten eine frühzeitige Warnung sich entwickelnder Probleme gab: so konnte durch ein erfahrenes Besatzungsmitglied eine sich anbahnende Entwicklung erkannt werden – ein wertvoller Hinweis bei der Beobachtung des Triebwerkszustandes. Der Computer reagiert nur, wenn eine vorbestimmte Schwelle oder Grösse erreicht ist, wodurch die Besatzung überrascht werden kann und weniger Zeit für Gegenmassnahmen und Wahlmöglichkeiten übrig bleibt.
Trotz dieser Faktoren werden die neuen Typen von Cockpit mehr und mehr zur Selbstverständlichkeit, sowohl bei neuen Mustern als auch bei Nachrüstungen.

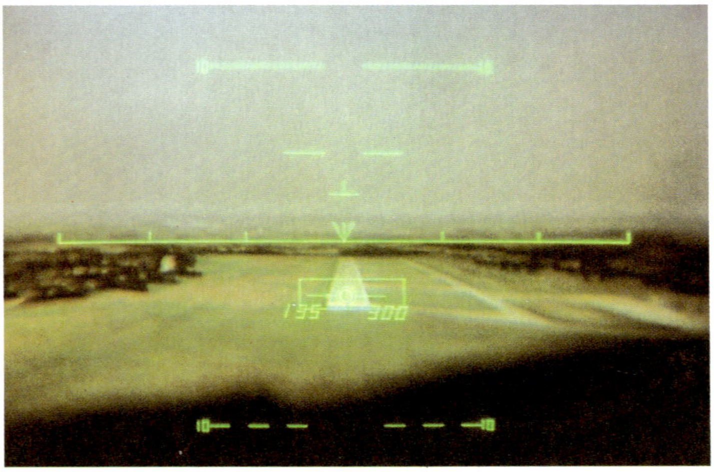

Links: Einige Hersteller haben militärische Technologie in ihre Verkehrsflugzeuge übernommen. Hier ein head-up-display (Blickfeld-Darstellungs-Gerät). Der Pilot erhält die Fluginformation, während er nach vorne schaut.

Unten: Das Zwei-Mann-Cockpit der Boeing 767 zeigt den klaren Überblick durch die neue Instrumentierung, einschliesslich der sog. «Glas»-Bildschirme.

Die Boeing 747 ist einer radikalen Revision unterzogen worden, und eine Langstreckenversion, die Boeing 747-400, taucht jetzt auf mit einem voll-computerisierten «Glas»-Cockpit und mit einer Zwei-Mann-Besatzung.

Bezeichnenderweise hat jedoch eine Luftverkehrsgesellschaft sich dafür entschieden, die ältere Art der Instrumentierung selbst in dem neuen Flugzeug beizubehalten, und diese Entscheidung mag sehr wohl durch die Realität der örtlichen Lohnkosten beeinflusst worden sein. Das Beisiel belegt jedoch auch die augenblickliche Wendigkeit in der Industrie.

Der Luftverkehr hat sich über ungefähr sechs Jahrzehnte entwickelt und auf diesem Wege so manche bittere Erfahrung einstecken müssen. Es gibt da einen angeborenen Konservatismus, der nicht immer von jedem Aspekt technischer Innovation begeistert ist. Das trifft besonders dann zu, wenn diese mit einem starken Anstieg der Anschaffungskosten beim Betreiber verbunden ist. Angesichts rapide eskalierender Treibstoffkosten war das einmal akzeptabel. Mitte der achtziger Jahre sind die Treibstoffkosten von vierzig Prozent oder mehr wieder auf gerade 20 Prozent der Gesamtbetriebskosten gefallen. Diese zyklische Instabilität ist in der Luftfahrt eine neue Erfahrung, aber es kann unterstellt werden, dass in nächster Zukunft die Betonung höchstwahrscheinlich mehr auf der Reduzierung der Anschaffungskosten neuer Flugzeuge liegt als auf den Bemühungen, den Treibstoffverbrauch durch neue Triebwerktechnologie oder durch verbesserte Betriebseffizienz zu reduzieren.

Die vielleicht kontroverseste dieser Bemühungen bestand darin, zweimotorige Flugzeuge für Langstreckenflüge über den Atlantik anzubieten. Das ist ein emotionsgeladenes Thema, das am besten durch einen alten Flieger auf einen kurzen Nenner gebracht worden ist, der zugab, dass er nur deshalb in einem viermotorigen Flugzeug über den Atlantik fliegt, weil es keine sechsmotorigen gibt.

Airbus A320

Um eine maximale Sicherheit zu gewährleisten, werden laufend neue Sicherheits-Systeme angebracht, und viel Vertrauen wird in die extrem hohe Zuverlässigkeit moderner Düsentriebwerke gesetzt. Es kann kein Zweifel darüber bestehen, dass die Bedeutung der Avionik-Ausrüstung weiterhin zunehmen wird, denn deren Fähigkeiten werden weiterhin wachsen und wirkliche Fortschritte auf dem Gebiet der Flugsicherheit bringen. Das beste Beispiel für diese Entwicklung ist der Airbus A 320, der den bisher wichtigsten Fortschritt im Cockpit und in den Verfahren bringt.

Die Anordnung der elektronischen Instrumente schafft eine klare, unkomplizierte Übersicht, die in diesem Falle durch das Fehlen der traditionellen Steuersäule noch unterstrichen wird. Stattdessen gibt es einen kleinen,

A 320 Avionik-System

Rechts: Die hauptsächlichsten Elemente, die im Flight Management and Guidance System (Flugbetriebs- und Führungssystem) und dem Fly-By-Wire-System (elektrisches Flugsteuerungssystem) eingearbeitet sind.

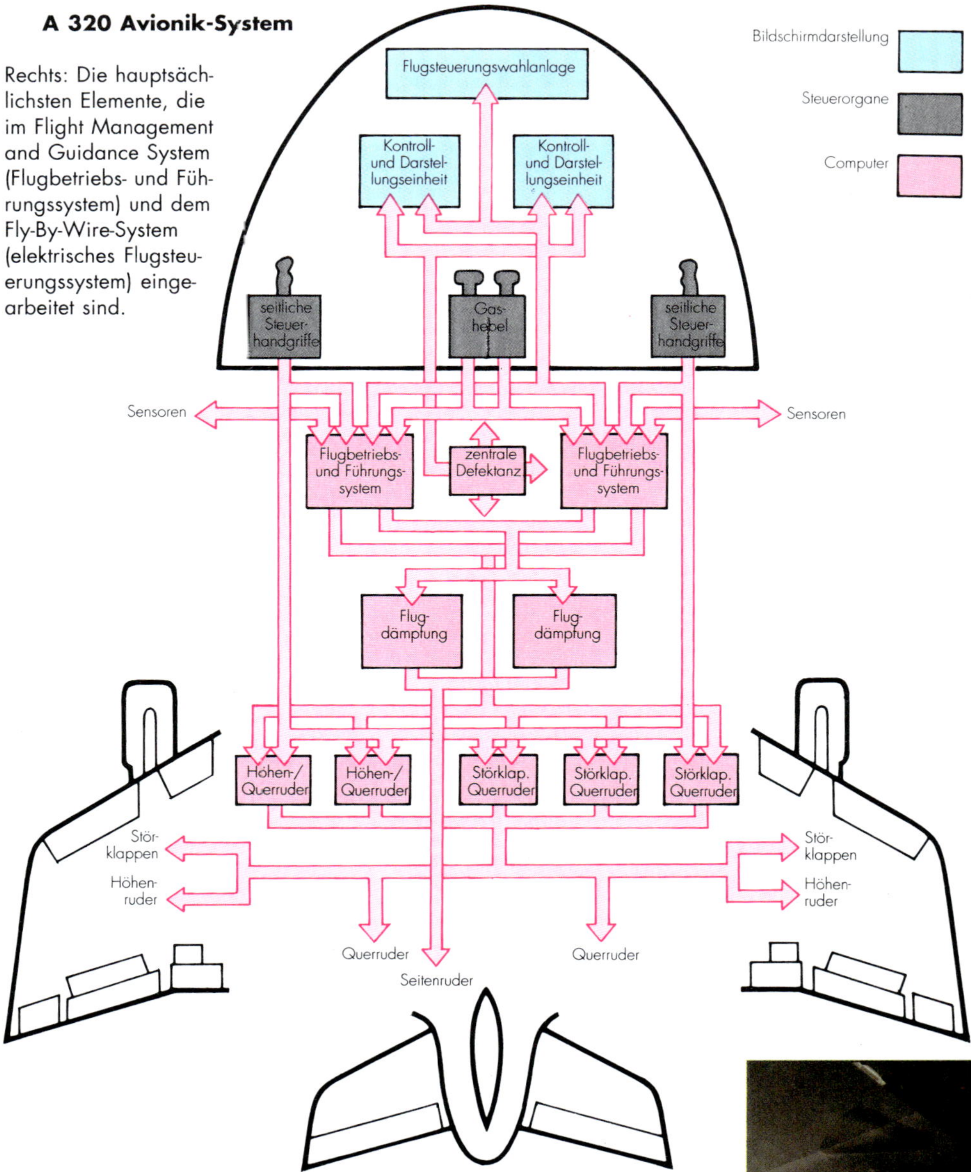

Unten: Das Cockpit eines Airbus A 310 zeigt einige fortschrittliche Besonderheiten und gehört zu einem der ersten Cockpits mit dem Forward Facing Crew Cockpit Concept (alle Sitze nach vorne ausgerichtet).

Unten: Die seitlich angebrachten Steuerhandgriffe in einer A 320. Das Diagramm zeigt, wie die Eingaben in das SSC (Side-Stick-Controller: Steuerhandgriff) verarbeitet werden. Steuerflächen werden über flight computer dirigiert.

Rechts: Das Cockpit der A 320 vermittelt klare Übersicht dank der seitlich angebrachten Steuerhandgriffe und der «Glas»-Bildschirme mit 6 Farbkathodenstrahlröhren. Jeder Pilot hat 2 Kathodenstrahlröhren für die Bildschirmanzeige.

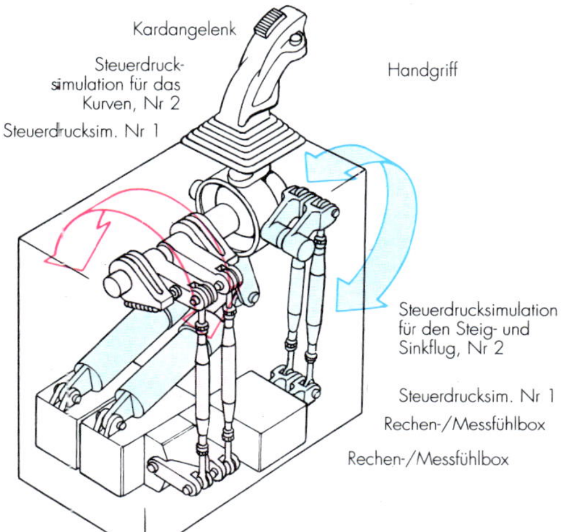

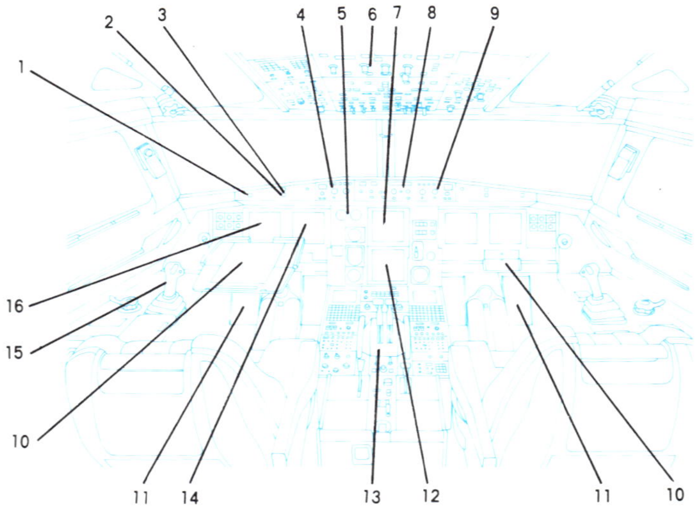

Oben: Cockpit des Airbus A 320; beachten Sie, dass die Primärflugsteuerungsbildschirme und -Kontrollen in der gleichen Weise auf der Seite des Kopiloten wie beim Kapitän angebracht sind.

1 Kontrollschaltung für automatische Landung
2 Hauptwarnlicht «gelb»
3 Hauptwarnlicht «rot»
4 EFIS (Electrical Flight Instrument System: elektrisches Fluginstrumenten-System beim Kapitän)
5 ASI (Air Speed Indicator) Geschwindigkeitsanzeiger, d. h. zusätzlicher Geschwindigkeitsanzeiger, Höhenmesser und künstlicher Horizont nach «Uhren»-System
6 Armaturenbrett für Systemkontrolle und Treibstoffverbrauchsregelung
7 Triebwerksanzeige und -Warnbildschirme, Teil des elektronisch gesteuerten Flugzeugüberwachungssystems
8 Flugsteuerungsanlage zum Vorwählen des erforderlichen Kurses, der Geschwindigkeit, Höhe und Steig- und Sinkrate
9 elektrisches Fluginstrumenten-System beim Kopiloten
10 Ausziehtisch, rechts eingeschoben, links in Gebrauch
11 Seitenruder-Pedale
12 Systembildschirm, Teil des Flugzeugüberwachungs-Systems
13 Gashebel
14 Navigationsbildschirm, einer für jeden Piloten
15 seitlich angebrachter Steuerhandgriff, auf beiden Seiten für Kapitän und Kopilot
16 Bildschirm für die Hauptsteuerungsanlage, je einer für jeden Piloten

Oben: Bei der im Jahre 1987 in Dienst gestellten F50 ist durch die Anwendung fortschrittlicher Instrumente und Systeme ein hochmodernes Cockpit mit einem weniger «unordentlichen» Erscheinungsbild entstanden.

unauffälligen Steuerhandgriff, der auf einer schmalen Leiste neben jedem Pilotensitz auf der linken und auf der rechten Seite des Cockpits angebracht ist. Diese Anordnung ist der augenfälligste Hinweis auf das revolutionäre Fly-by-wire (elektrisch gesteuertes) -System, das eine genaue, kontrollierte und sichere Computer-Steuerung aller Flugbedingungen bietet. Die Entscheidung für dieses System bringt zusätzlich eine signifikante Gewichtseinsparung durch die Reduzierung mechanischer Teile. Die Hauptsteuerflächen werden unter Computerkontrolle elektrisch beaufschlagt. Da in die Datenbänke alle Geschwindigkeiten, Fluglagen und zulässigen Manöver des Flugleistungsbereiches eingegeben sind, kann das Flugzeug nie zu schnell fliegen, zu hoch belastet werden oder einen Strömungsabriss bekommen.

Die Konstruktion und die Systeme der A 320 weisen in die Zukunft. Bisher wurden die meisten Flugzeuge so konstruiert, dass sie grössere Belastungen als jemals erwartet verkraften können. Das ist ein Zugeständnis an den Menschen, der möglicherweise durch sorgloses Verhalten oder durch Zufall die Zelle zu hoch belastet. Dies bedingt eine «Über»-Konstruktion, was unvermeidlich das Strukturgewicht erhöht und somit die aerodynamische Effizienz verringert.

Die Einführung des Fly-by-wire-Systems und computergesteuerter Flugleistungsbereiche gibt dem Konstrukteur die Gelegenheit, ein Flugzeug zu bauen, das effizienter ausgelastet und deshalb kostengünstiger eingesetzt werden kann. Diese Entwicklung führt unvermeidlich zu einer Diskussion der Rolle des Piloten in Verkehrsflugzeugen der Zukunft. Für die aeronautische Ingenieurskunst liegt es natürlich im Bereich des Möglichen, ein völlig automatisiertes Flugzeug zu bauen, aber es liegt auf der Hand, dass eine solche Entwicklung sozial unakzeptabel ist, zumindest innerhalb der nächsten Jahrzehnte. Der Pilot wäre dann ein System-Manager, der einen hochautomatisierten Prozess überwacht, aber immer bereit ist, einzugreifen, wenn etwas von der Norm abzuweichen droht.

Unglücklicherweise ist der Mensch über eine lange Zeitspanne und in einer Umgebung, in der sich vieles wiederholt, kein sehr leistungsstarker Kontrolleur. Es gibt bereits Berichte über Vorfälle, die durch Unaufmerksamkeit verursacht worden sind, angeblich hervorgerufen durch die Atmosphäre des neuen Cockpits. Das ist an sich nichts Neues, denn die Aufmerksamkeit der Besatzung ist seit langem ein Problem. In der Vergangenheit wurde dieses Problem durch eine konstante und oft extrem variable Arbeitsbelastung und grosse Besatzungen gemildert. Heute scheinen kleine (Zwei-Mann) Besatzungen, lange Flüge und Automation zum Normalfall zu werden. Und doch, obwohl die technischen Fähigkeiten eines Flugzeuges zweifellos grösser als jemals zuvor sind, bleibt der Mensch das fehlbare schwache Glied im Regelkreis.

DIE KABINE

Wenn ein Verkehrsflugzeug nach Beendigung des Fluges zum Passagierabfertigungsgebäude rollt und der Kapitän die Triebwerke abstellt, wird das Flugzeug schnell von vielen Fahrzeugen umgeben. Dass sie mit ungehindertem Zugang zum Flugzeug ihren Aufgaben nachgehen können, ist ein Massstab für die Sorgfalt, mit der man bei der Auslegung des Flugzeuges vorgegangen ist. Laster für Gepäck und Fracht, Spezialwagen für Wassernachfüllung und die Toiletten, Einheiten für Energiezufuhr und Klimaanlage, Spezial-Lebensmittel-Laster mit einer Hebebühne – diese und noch mehr Fahrzeuge werden auf das Vorfeld gefahren, damit das Passagierflugzeug für den nächsten Streckenabschnitt schnell bereit ist.
Die meisten Passagiere sind sich der beinahe militärischen Präzision nicht bewusst, die notwendig ist, um die Bodenzeit für die erneute Bereitstellung des Verkehrsflugzeuges möglichst kurz zu halten. Der Schlüssel zum Erfolg dieser Verfahrensweise ist lange vorher erstellt worden – in den Konstruktionsbüros der Flugzeughersteller. Gestaltung und Einzelheiten des Flugzeuges werden dort genau festgelegt.
Die Frage der Sicherheit muss immer an erster Stelle stehen: gibt es zum Beispiel genügend Notausgänge, um eine schnelle Evakuierung der Kabine sicherzustellen? Mag sein, dass den Auflagen der Sicherheitsvorschriften Genüge getan ist, aber wenn die Sitze zu dicht zusammengerückt sind, ist vielleicht nicht genügend Platz für die Passagiere und für die Kabinenbesatzung, um die Gänge zur selben Zeit zu benutzen. Die Antwort auf jedes Problem muss immer ein Kompromiss sein. Jedoch machen die Fortschritte in der Technologie solche Kompromisse immer leichter. Der Trend geht heute in der Tat zur Flexibilität: mit einfachen Anpassungen ist es möglich, die Auslegung der Kabine gemäss unterschiedlicher Anforderungen schnell zu verändern. Einheitliche Baueinheiten (Mo-

757-Versorgung am Boden

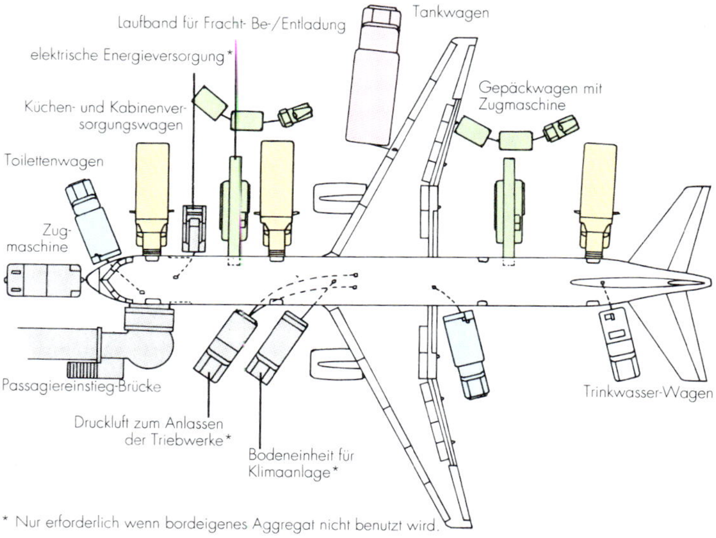

* Nur erforderlich wenn bordeigenes Aggregat nicht benutzt wird.

Links: Wenn ein Flugzeug auf das Vorfeld eines Flugplatzes rollt und an einer Passagier-«Brücke» andockt, erscheint ein Schwarm von Fahrzeugen, um eine Vielzahl unterschiedlicher Aufgaben wahrzunehmen.

Unten: Die Sitzversion auf zwei Etagen ist eine Möglichkeit, die Passagierkapazität zu vergrössern, ohne den Rumpf zu verlängern. Bis heute hat nur die Boeing 747 davon Gebrauch gemacht. Abgebildet das Oberdeck der 747-400.

Unten: Da die Flugzeuge grösser werden, ist eine Anordnung mit zwei Gängen möglich geworden. Die abgebildete Boeing 767 hat zudem vergrösserte, zuklappbare Handgepäckablagen an der Decke.

Rechts: Die Küche des modernen Passagierflugzeuges – hier die einer Boeing 767 – muss geräumig genug sein, um vorgefertigte Essen und Getränke für Hunderte von Passagieren zu fassen.

Unten: Die Anforderungen an die Küche von Zubringer-Flugzeugen, wie hier bei der de Havilland Canada Dash 8, sind geringer als bei grossen Flugzeugen, weil hier weniger Passagiere sind und nur kleine Imbisse und Getränke auf kurzen Flügen benötigt werden.

dule) ermöglichen den Luftverkehrsgesellschaften, Änderungen der gewünschten Art herzustellen, was eine Angelegenheit von Stunden ist.

Komfort und Sicherheit

Obwohl die meisten Passagiere sich der erforderlichen Flugsicherheit bewusst sind, sind sie doch äusserst erpicht auf Komfort und Bequemlichkeit. Jedoch hat irgendeiner irgendwo bereits den Kompromiss geschlossen, der weitgehend über die Auslegung entschieden hat. Wenn die Flugdauer normalerweise kurz ist, vielleicht eine Stunde oder so, ist es wahrscheinlich, dass die Luftverkehrsgesellschaft auf rückklappbare Sitze verzichtet. Und wenn es sich um eine Ferien-Charter-Gesellschaft handelt, die die Passagiere auf eine etwas längere Flugreise an Bord nimmt, dürfte man davon ausgegangen sein, dass die Passagiere an dem geringeren Komfort keinen Anstoss nehmen, zugunsten eines sehr niedrigen Flugpreises. Andererseits muss ein Linienflug, der länger als zwei Stunden dauert, einen höheren Komfort bieten, mit mehr Abstand zwischen den Sitzen und mehr Beinfreiheit. Eine wirklich lange Flugreise dagegen, sagen wir zum anderen Ende der Welt, ist sogar für die erfahrensten Passagiere ermüdend, so dass in einem solchen Fall ein möglichst hoher Komfort erforderlich ist, der allerdings mit der Wirtschaftlichkeit in Einklang gebracht werden muss.

Auf richtigen Langstrecken-Flügen ist noch mehr Raum für die Küche erforderlich, denn die Passagiere erwarten – und benötigen – warme Mahlzeiten und eine Menge an Erfrischungen. Auf einer kürzeren «Geschäftsreise» sind eine Tasse Kaffee und ein Päckchen Kekse so ziemlich alles, was die meisten Gesellschaften anbieten – und nur wenige Passagiere erwarten mehr. Man kann sagen, dass die Art des Komforts durch die Länge der Reise und den von den Passagieren aufzubringenden Flugpreis bestimmt wird. Seit den frühesten Tagen der Verkehrsfliegerei haben sich die Passagiere in einer Art Röhre wiedergefunden, weil das der beste Kompromiss ist, den die Konstrukteure haben finden können. Auch die lange, runde Röhre der Concorde ist auf diese Weise gestaltet, so dass sie Geschwindigkeiten von mehr als zwei Mach (Schallgeschwindigkeit) erreichen kann. Die riesige Boeing 747 fliegt jedoch im Unterschallbereich, so dass der Konstrukteur in der Lage war, ein dreistöckiges Flugzeug zu bauen (mit Passagieren auf zwei dieser Etagen und Fracht in der unteren).

Viele Wünsche und Auflagen werden an den Flugzeughersteller gestellt, um wirtschaftliche Verkehrsflugzeuge herzustellen. So ist heute ein grosszügiger Unterflur-Raum für Gepäck und Fracht unerlässlich. Durch das Mitführen von Fracht in Passagierflugzeugen neben dem Passagiergepäck können die Airlines ihre Erträge erheblich steigern. Es ist in der Tat so, dass die Boeing 747 in ihrem «Bauch» (Unterflur-Laderaum) mehr Fracht unterbringen kann als die «Nur-Fracht»-Version der früheren Boeing 707 in der Hauptkabine. Ausschliesslich der Boeing Jumbo kann auch noch 69 Passagiere in einer höher gelegenen Kabine, die sich über dem Hauptpassagierdeck und hinter dem Cockpit befindet, aufnehmen und so den grosszügig zur Verfügung stehenden Raum optimal ausnutzen.

Der Druck auf die Flugzeugkonstrukteure, immer mehr aus ihren Flugzeugen herauszuholen, vermindert sich gewiss nicht. Leichtgewichtige Materialien und Erfindergeist ermöglichen, dass mehr Passagiere und noch mehr Fracht bei gegebener Grösse eines Flugzeuges mitgenommen werden können, ohne dass der Komfortstandard darunter leiden muss. Die jetzt angewandte fortschrittliche Technologie wird sicherstellen, dass die Komfort-Standards sich noch erhöhen – manchmal an «unsichtbaren» Orten, wie bei der Klimaanlage oder durch «Ausbügeln» von Böen, die einen Flug sehr unangenehm gestalten können. Die Flugzeuge von morgen, wie der Airbus A 320, werden über Turbulenz-Dämpfungssysteme verfügen, indem ein Computer automatisch und schneller, als der Pilot es jemals bewerkstelligen könnte, auf die Turbulenz reagiert und Steuerflächen aktiviert, um den Flug sanfter zu gestalten. Bereits im Entwurfsstadium werden Computer eingesetzt, um zum Beispiel die beste Position für die Auslassventile der Klimaanlage zu bestimmen und dadurch eine durchzugsfreie Zirkulation in der Kabine offerieren zu können. Sowohl Airbus als auch Boeing haben Computer-Techniken auf diese Art angewendet, um den angenehmsten Luftdurchsatz zu erreichen. Boeing hat auch computergesteuerte Modellierung angewandt, um die beste Methode zur Entfernung von Zigarettenrauch herauszufinden; auf diese Weise wurde bei dem neuesten Kurzstreckenflugzeug für die 90er Jahre ein Ableitungssystem gefunden, das sich direkt unter den Handgepäckstauräumen befindet.

Eine andere unsichtbare Hilfe für den Komfort in der Kabine ist das Druckkabinen-System. Im Anfang hatten die Verkehrsgesellschaften diese Einrichtung nicht und mussten deshalb in dem oft turbulenten Wetter in relativ niedrigen Höhen fliegen. Die Konstruktion einer widerstandsfähigen Druckkabine ermöglicht das Fliegen «über dem Wetter» mit normalen Druckverhältnissen in der Kabine. In einem modernen Verkehrsflugzeug ist der grundsätzlichste Komfort-Aspekt vielleicht der Sitz, und auch hier ist ein Kompromiss unumgänglich, denn die von den Herstellern angebotenen Muster müssen nicht nur so leicht wie möglich und gleichzeitig strapazierfähig und bequem sein, sondern auch den sehr strengen Sicherheits-Standard-Bestimmungen entsprechen. Die ersten Sitze bei den Luftverkehrsgesellschaften vor dem Zweiten Weltkrieg waren einfache Rohrstühle, die nicht einmal fest am Kabinenboden verankert waren. Heute jedoch ist der Sitz zu einer hochtechnischen Angelegenheit geworden mit einem Rückklappmechanismus und sorgfältig plazierten Kissen, die allen Körperteilen die grösstmögliche Unterstützung geben sollen. Die Grösse des Sitzes variiert entsprechend der «Reiseklasse». Wirklichen Luxus kann man in der exklusiven Atmosphäre der Erstklasskabine finden, wo normalerweise ein Sitzabstand von 96,5 cm oder mehr zwischen den Sitzreihen gegeben ist, wohingegen Economy-Passagiere einen Abstand von etwa 76 cm erwarten können. Die vor kurzem eingeführte Business- oder Coach-Klasse ist, wie man sich denken kann, irgendwo dazwischen, mit einem typischen Trennraum von 86 cm zwischen den Sitzreihen. Bei einigen Luftverkehrsgesellschaften können Erstklasspassagiere auf «sleeperette»-Sitzen (Schlafsitzen) während der Nacht gut schlafen; das ist jedoch keine neue Entwicklung, denn in den Anfangszeiten der «Kolben-Motor»-Fliegerei sind bereits richtige Betten (oder besser gesagt Kojen) bereitgestellt worden.

Bequeme Gepäckstauräume (zuklappbare Gepäckablagen über Kopfhöhe in der Kabine) sind ebenfalls ein Aspekt von Passagierkomfort. Die Möglichkeit, das Handgepäck aus dem Weg zu räumen und zu verstauen, schafft einen aufgeräumten Boden und gibt dadurch nicht nur mehr Beinfreiheit, sondern auch eine grössere Sicherheit. Beachtliche Gedankenarbeit geht in den Entwurf des Stauraums ein, und die Hersteller schauen sich gegenseitig auf die Finger, um eben noch ein bisschen mehr Raum als die Konkurrenz zur Verfügung zu stellen. Einige Airlines brüsten sich sogar mit ihrem Angebot, genügend Raum in den über Kopf angebrachten Gepäckablagen für Skier zu haben. Sowjetische Gesellschaften offerieren unterschiedliche Lösungen für das Handgepäck-Problem: die Iljuschin 86 bietet zum Beispiel einen Unterflur-Gepäckraum an, durch den die einsteigenden Passagiere auf ihrem Weg in die Kabine passieren.

Luftreisen können langweilig sein – die meisten sind es in der Tat, denn aus einer Höhe von 9'000 m ist nur wenig zu sehen, selbst die majestätischen Wolken verlieren nach einer Weile ihre Attraktion. Daher haben die Luftverkehrsgesellschaften mehrere Möglichkeiten zur angenehmeren Gestaltung der Reise geschaffen. Die Verpflegung ist eine der offensichtlichsten Methoden, den Passagieren die Zeit zu vertreiben (besonders auf langen Flügen).

Als die Verkehrsflugzeuge in den Pionierstagen der Luftfahrt ihren Weg in niedrigen Höhen und bei geringer Fahrt abrumpelten, konnten die Passagiere kaum mehr als ein Sandwich erwarten, das vom Steward in einer winzigen Küche vorbereitet wurde. Die Hauptmahlzeiten wurden in einem Hotel am Boden eingenommen, weil die gemächliche Geschwindigkeit auf längeren Flügen häufige Zwischenaufenthalte für den Service und die Ruhezeit der Besatzung erforderlich machte. Heute bieten immer mehr Verkehrsflugzeuge selbst über sehr lange Distanzen die Möglichkeit von Non-stop-flügen. Genau wie Transatlantik-Nonstopflüge seit langem eine Selbstverständlichkeit sind, sind heute Flüge nach Singapur, Johannesburg oder San Francisco zur Routine geworden. Auf diesen sehr langen Flügen ist es notwendig, jedem Passagier wenigstens eine warme Mahlzeit und vielleicht des öftern einen kleinen Imbiss anzubieten. Mit all dem muss vor Beginn des Fluges das Flugzeug beladen werden. Die Kabinenbesatzung muss hart arbeiten, damit diese Dinge sorgfältig vorbereitet sind, bevor sie serviert werden. Mit der Ausnahme von Erste-Klasse-Mahlzeiten bei einigen Fluggesellschaften wird die gesamte Verpflegung in einer Flughafenküche lange Zeit vor dem Servieren vorbereitet, wobei jeder Bestandteil entsprechend dem Handbuch der Luftverkehrsgesellschaft zugemessen wird, so dass alle Portionen so gleich wie eben möglich sind.

Die Mahlzeiten umfassen manchmal Hummer, Kaviar oder eine andere ausgewählte Köstlichkeit, um eine Atmosphäre von Luxus zu erzeugen – aber das Ziel, ei-

Airbus A 320 Kabinen-Auslegungen

Rot: Erste Klasse; blau: Business-Klasse; grün: Economy-Klasse.

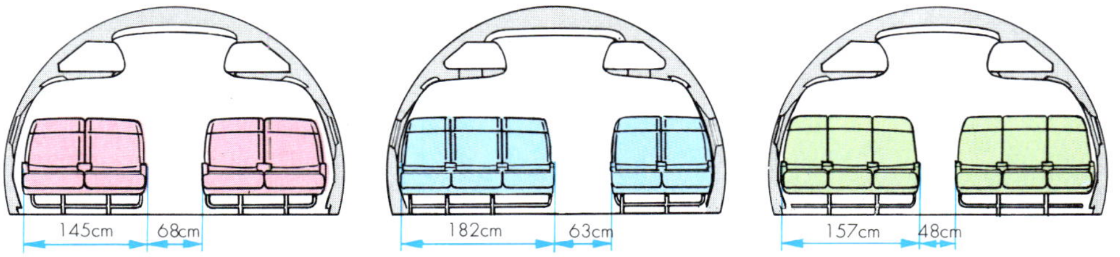

12 Super-Erste-Klasse-Sitze, Sitzabstand 91,5 cm; 138 Economy-Sitze, Sitzabstand 81 cm

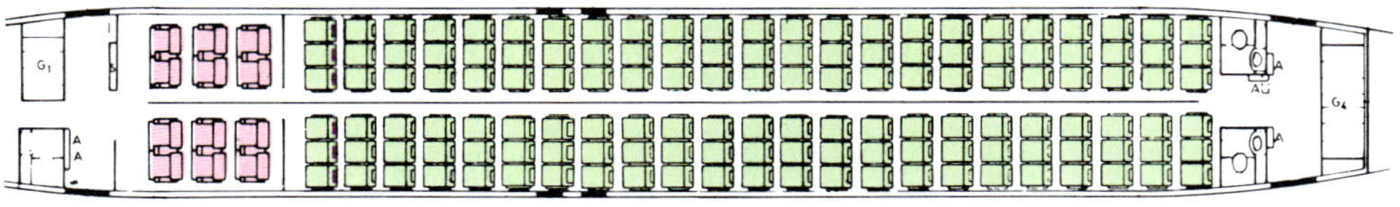

16 Super-Erste-Klasse-Sitze, Sitzabstand 91,5 cm; 30 Business-Klasse-Sitze, Sitzabstand 91,5 cm und 89 Economy-Sitze, Sitzabstand 81 cm

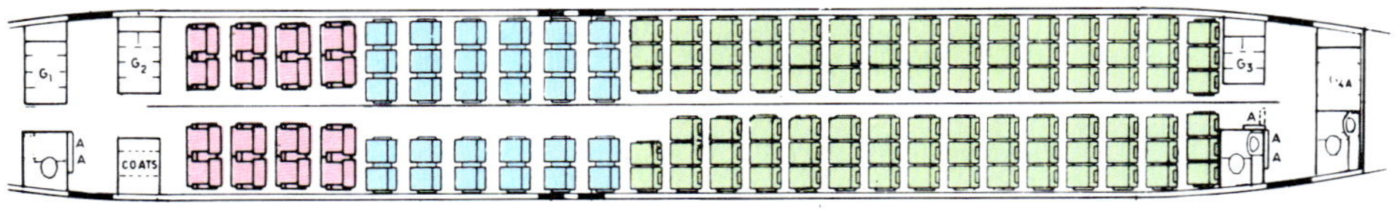

164 Economy-Sitze, Sitzabstand 81 cm

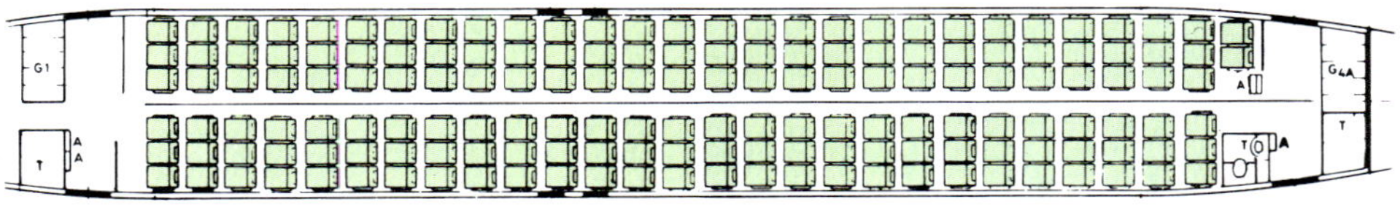

Oben: Mehrere unterschiedliche Passagiersitzauslegungen sind in modernen Flugzeugen anwendbar. Die Wahl der Anordnung hängt von den Strecken ab, auf denen das Flugzeug eingesetzt werden soll.

Links: Auf langen Flügen bieten einige Verkehrsgesellschaften Sitze an, die bequem und gross genug sind, um in ihnen schlafen zu können. Die auf diesem Bild gezeigten «sleeperettes» sind in einer Boeing 747 der Air France installiert.

Vergleiche von Kabinenausmassen

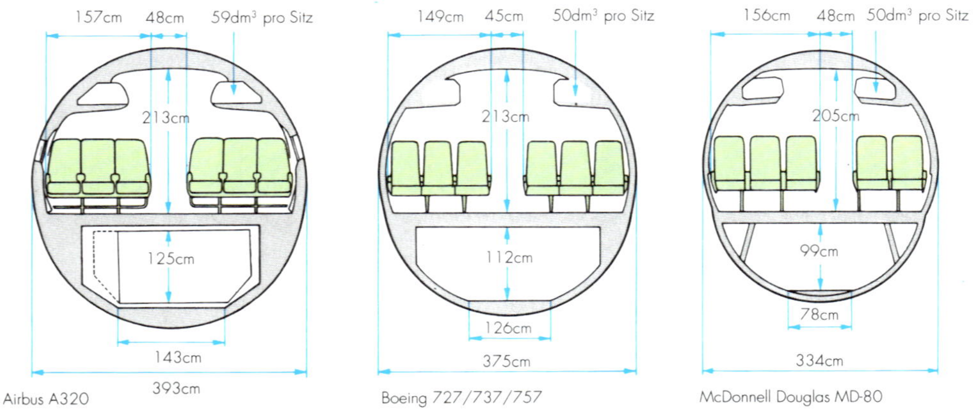

Oben: Kabinen-Gestalter neigen dazu, die Kabine langgestreckt zu machen, um bei den Passagieren den Eindruck zu vermeiden, dass das Flugzeug überbesetzt sei. Hier ein Vergleich zwischen dem Airbus A 320 (links), der Boeing 727/737/757 und der MD-80 (rechts).

Links: Obwohl die A 320 eine dichte Anordnung in der Economy-Klasse hat, zeigt diese Nachbildung, dass die Ingenieure in der Lage sind, einen geräumigen Eindruck zu erreichen.

Unten: Das Erste-Klasse-Abteil der A 320 bietet einen schlagenden Kontrast zu der Economy-Kabine.

ne appetitanregende, heisse Mahlzeit anzubieten, kann daneben gehen, wenn das Essen nur ein wenig zu lange aufgeheizt worden ist. Trotzdem ist es eine beachtenswerte Leistung, Hunderte von Mahlzeiten (oft mit einer Wahlmöglichkeit) mehrere Male während eines langen Fluges zur Verfügung zu stellen.
Die moderne Technologie hat einen langen Weg zurückgelegt, seit die ersten Küchen in den Flugzeugen eingeführt worden sind. Einige grossräumige Flugzeuge, wie zum Beispiel die DC-10 und Tristar, haben Unterflur-Küchen, die mit einem Lift erreicht werden, so dass ein paar Besatzungsmitglieder die Mahlzeiten im «Keller» vorbereiten können, während andere sie vom Servierwagen aus anbieten. Genauso wie die fortschrittlichste Technologie bei der Anordnung der Kabinensitzkonfiguration und der Klimaanlage angewandt wird, unterliegen auch die Küchen einer permanenten Entwicklung mit dem Ziel, die leichtestmögliche Einrichtung auf kleinstmöglichem Raum unterzubringen. In diesen Tagen heisst das Schlagwort bei der Kabinengestaltung Flexibilität, also werden häufig Küchen nach Modul-Technik fabriziert, um die Fluggesellschaften in die Lage zu versetzen, sie auszutauschen oder zugunsten zusätzlicher Sitze auszubauen, falls sie nicht benötigt wird.

Unterhaltung an Bord

Eine andere Methode zur Vertreibung der Langeweile auf langen Flügen besteht in dem Unterhaltungsangebot, entweder in Form von Filmen oder Musik auf Band. Auch das ist nicht so neu, denn musikalische Unterhaltung wurde zuerst auf einem Aluminium-Piano in den grossen Zeppelin-Luftschiffen der dreissiger Jahre geboten, und sogar 16-mm-Filmprojektoren konnte man auf einigen Flugzeugen dieser Periode entdecken. Auf den riesigen Jumbos von heute gibt es jedoch viele Passagiere, die nicht aus dem Fenster schauen können, so dass eine Filmvorführung als unbedingt notwendig erachtet wird, obwohl einige Luftverkehrsgesellschaften tatsächlich Raum in der Kabine zur Verfügung stellen für Passagiere, die es vorziehen zu arbeiten oder zu lesen.
Die meisten Filmvorführ-Systeme auf Flugzeugen benutzen Leinwand und Projektoren, die in die Decke eingezogen werden, aber es gibt zunehmend die Tendenz hin zum Gebrauch von fernsehähnlichen Bildschirmen, die an verschiedenen Punkten in der Kabine angebracht werden. Unterhaltungsprogramme mit diesen Systemen schliessen immer mehr Werbespots ein (genau wie beim Fernsehen zu Hause), die mit dazu beitragen, dass die Ausrüstung sich auszahlt, und es ist anzunehmen, dass dieses Medium bald dazu benutzt wird, Sicherheitsmassnahmen zu zeigen anstelle der von der Kabinenbesatzung traditionell veranstalteten Demonstrationen. Einige Fluggesellschaften benutzen bereits die Kabinenkanäle, um Reklame für die zollfreien Waren an Bord und für ihre eignen zukünftigen Flüge zu machen. Eine extremere Form von Kabinenunterhaltung wurde vor einigen Jahren mit Topless-Stewardessen auf einigen Spezial-Charterflügen von einem deutschen Betreiber versucht!
Toiletten, Waschräume, Puderräume – wie auch immer man sie nennen mag, diese Einrichtungen sind ein unverzichtbarer Aspekt von Komfort in der Kabine eines Verkehrsflugzeuges. Grösstmöglicher Nutzen wird aus dem kleinstmöglichen Raum gezogen; Spiegel und indirekte Beleuchtung schaffen eine angenehme Atmosphäre, aber auch an Bedürfnisse wie z. B. Tische zum Windelwechseln muss gedacht werden.
Selbst der erfahrenste Reisende kann die Gefahren nicht ganz verdrängen, mit denen er eines Tages auf einem Flug konfrontiert werden könnte. Trotz gelegentlicher tragischer Unfälle steigt der Sicherheitsstandard jedoch Jahr für Jahr an. Bei den Flugzeug-Konstruktions-Teams stehen die Sicherheitsaspekte an der Spitze der Prioritätenskala, und nicht ein einziger von

ihnen würde das anders sehen. Es muss jedoch zugegeben werden, dass bei der Kabinenauslegung auch Kompromisse geschlossen werden müssen. Zum Beispiel bestehen einige Experten darauf, dass es für die Passagiere sicherer ist, in Sitzen mit dem Rücken nach vorne untergebracht zu werden als in den üblicheren Sitzen mit der Blickrichtung nach vorne. Aber nur einige militärische Betreiber haben tatsächlich auf ihren Flugzeugen eine solche Konfiguration angewandt. Es ist logisch, dass im Falle einer Notlandung die Passagiere in rückwärtig angebrachte Sitze hineingedrückt statt hinausgeschleudert werden. Die Verkehrsgesellschaften benutzen jedoch im allgemeinen das Argument, dass die Passagiere eine solche Sitzauslegung nicht akzeptieren würden, da sie als unnatürlich angesehen wird. Also versuchen die Ingenieure, auf andere Weise sichere Sitze zu konstruieren. Die Sitzfabrikanten haben neue Modelle in Kohle-Faser-Laminierung entwickelt, die sehr leicht, aber auch sehr strapazierfähig sind. Ebenso legen die Behörden sehr strenge Vorschriften bei der Festigkeit der Verankerung im Kabinenfussboden fest.

Sehr viel gedankliche Arbeit und Forschung ist auch in die Entwicklung sicherer Kissen und Sitzverkleidungen eingegangen. Materialien, von denen man vorher angenommen hatte, dass sie sicher sind, haben sich in Wirklichkeit als gefährlich bei Bränden erwiesen, denn an sich harmlose Gase, die von unterschiedlichen Komponenten in der Kabine ausgehen, haben sich manchmal zu einer tödlichen Mischung vereinigt. Die gute altmodische Wolle gewinnt als eines der sichersten Materialien an Popularität, und ihr natürlicher Entflammungswiderstand kann durch eine Spezialbehandlung mit einem Additiv, wie zum Beispiel Zirpro, verstärkt werden. Dies ist durch die Behörden in sieben Ländern, in denen grössere Flugzeuge produziert werden, getestet worden, und man hat herausgefunden, dass sie sicherer ist als so mancher Kunststoff (der die Tendenz zum Schmelzen hat).

Heutzutage machen die Genehmigungsbehörden zur Auflage, dass in die Sitze «Feuerblockierer» eingebaut werden, die die Ausbreitung des brennenden Materials eindämmen. Die Polyurethan-Schaumkissen, die in den meisten Sitzen verwendet werden, sind hochentflammbar; wenn sie jedoch mit solchen feuerblockierenden Materialien bedeckt sind, kann die Entzündung für lebenswichtige Sekunden verzögert oder gänzlich verhindert werden. Bei einem in den USA durchgeführten Versuch wurde abgeschätzt, dass die Überlebenszeit in einer Kabine, deren Sitze mit feuerblockierenden Überzügen ausgestattet waren, um vierzig Sekunden erhöht wurde. Einige Gesellschaften haben für künstlich hergestellte Materialien wie Polyester und Nylon Flammgeschwindigkeits-Verzögerer entwickelt. Eine andere Lösung ist durch ein Flammengitter erreicht worden, das entflammte Tropfen auslöscht, welche oft die Quelle von Folgefeuern innerhalb der Kabine eines Flugzeuges sind.

Bezüglich der in der Kabine verwendeten Materialien ist eine beachtliche Forschungsarbeit in verschiedenen Teilen der Welt betrieben worden, und allmählich sind die richtigen Kombinationen entdeckt worden. Sowohl Boeing wie auch Airbus spielen eine Pionier-

Rechts: Zwei British-Aerospace-146-Flugzeuge, die zur Flotte der Königin gehören, sind mit einem hohen Standard ausgerüstet. Sie zeigen was möglich ist, wenn Raum zur Verfügung steht und die Kosten keine Rolle spielen.

Unten: Auch kleine Flugzeuge – in diesem Fall eine Beechcraft Super King Air 300 – können mit bequemen Sitzen ausgerüstet werden. Solche Flugzeuge werden manchmal für Geschäftsreisen eingesetzt.

rolle bei der Erstellung von Rauch- und Giftigkeitsstandards des Kabinenmaterials. Airbus hat mehr als 20'000 Materialproben überprüft und seine eigenen Spezifikationen erstellt, die jetzt in der Flugzeugindustrie als Standard angenommen worden sind. Tatsächlich wendet Airbus einige Plastikmaterialien in der Kabine nicht an, obwohl sie leicht und stark sind, aber Rauch und Gas mit niedrigen Entzündungstemperaturen erzeugen. Viele Unfälle, die in der Vergangenheit Todesopfer gefordert haben, wären ohne die Ausbreitung von Rauch und Gas, wodurch die Passagiere daran gehindert wurden, die Notausgänge zu finden, «überlebbar» gewesen. Um bei Feuer die Evakuierung der Kabine zu beschleunigen, wird jetzt in den Flugzeugen am Boden eine Notbeleuchtung installiert. Damit sie von der flugzeugeigenen Energieversorgung, die bei einem Unfall abgerissen werden könnte, unabhängig ist, wird sie von einer Batterie gespeist.

Links: Die Feuerwehrschule der britischen Aufsichtsbehörde für zivile Luftfahrt ist führend in ihrem Fach. Auch Feuerwehren von weit entfernten Flughäfen wie Saudi-Arabien und Hongkong werden hier in County Durham ausgebildet.

Unten: Diese Tafel gibt der Kabinenbesatzung die Möglichkeit, viele der Kabineneinrichtungen von einer Stelle aus zu kontrollieren. Es handelt sich um eine neu eingeführte Vorrichtung beim Airbus A 320.

Da Feuer in Flugzeugtoiletten die Ursache für einen Unfall sein können, wurde ein automatisches Feuerbekämpfungs-System entwickelt. Dieses System wird bei Erreichen einer bestimmten Temperatur aktiviert, worauf Halon-Gas auf das überhitzte Gebiet gesprüht wird.

Es kommt selten vor, dass in einem Verkehrsflugzeug das Luftdrucksystem ausfällt, aber alle modernen Flugzeuge sind mit einem Notfall-Sauerstoff-System ausgerüstet, wobei Masken oberhalb der Passagiere aus der Decke herunterfallen, so dass diese schnell mit Sauerstoff versorgt werden können. Als weitere Sicherheitsmassnahme für den Fall eines plötzlichen Druckverlustes in grosser Höhe, sind die Flugzeuge in der Kabine mit Ventilen ausgerüstet, um sicherzustellen, dass sich kein explosiver Druck aufbaut.

Aufblasbare Notrutschen sind eine andere Besonderheit der Notausrüstung eines Flugzeuges: sie sind so ausgelegt, dass die Passagiere bei einem Unfall die Kabine schnell verlassen können. Zusätzlich zu den Schwimmwesten, die unter jedem Sitz untergebracht sind, führen Flugzeuge, die über weite Strecken über Wasser operieren, zudem grosse aufblasbare Schlauchboote mit. Auf diese Weise stehen in dem unwahrscheinlichen Fall einer Wasserlandung eines Verkehrsflugzeuges auf See eine Anzahl von Notausrüstungen schnell zur Verfügung.

Zukünftige Entwicklungen

Viele neue Entwicklungen werden dafür sorgen, dass das Flugzeug von morgen sowohl sicherer als auch komfortabler sein wird. Zum Beispiel kann es für einen behinderten Passagier schwierig sein, an Bord zu kommen. Deshalb hat Airbus einen Spezialrollstuhl, der den Zugang zur Kabine erheblich erleichtert, konstruiert. Tatsache ist, dass es auf der A 320 eine Toilette mit einer faltbaren Wand gibt, die den Zugang eines Rollstuhles oder eines Passagiers auf einer Bahre ermöglicht. Als British Airways die Boeing 747-Flotte modernisierte, wurden speziell für behinderte Passagiere entworfene Toiletten eingebaut. Airbus hat zudem ein Kontroll-Panel entwickelt, das in Zukunft das Leben der Kabinenbesatzung erleichtern wird. In der A 320 vermittelt eine Anordnung von Lichtern und Knöpfen auf einem Panel den Mitgliedern der Kabinenbesatzung eine Sichtanzeige über den Zustand solcher Dinge wie Kabinenbeleuchtung und Wasservorrat. Bendix hat etwas eingeführt, das man als Integriertes-Daten-Management-System bezeichnet, mit einem Kabinen-Management-Terminal als Bestandteil. Das versetzt die Kabinenbesatzung in die Lage, direkte elektronische Verbindung mit dem Boden herzustellen und aufrecht zu erhalten. Dinge wie Bordverkaufs-Ergebnisse, Vorräte, Meldungen über Verpflegung und Angaben über Besatzungs-Arbeitszeit können vervollständigt und vor der Landung weitergegeben werden. Zusätzlich können besondere Passagierwünsche, Anschlussinformationen und Reservierungen ohne Einbeziehung der Cockpit-Crew erledigt werden. Das Daten-Management-System umfasst zudem ein Terminal für zollfreie Waren, das die Verkäufe auflisten, Wechselkurse berechnen und Zolldokumente drucken kann. Weitere elektronische Vorrichtungen zum direkten Vorteil der Passagiere schliessen Bordtelefone ein, wodurch Geschäftsleute ihre Kontaktperson vor der Ankunft anrufen können oder in ihren Büros nachfragen können, um sicher zu gehen, dass alles in Ordnung ist. Trotz des Trends zu immer grösseren Flugzeugen (Boeing redet von 600- bis 800-sitzigen Passagierflugzeugen) wird sich die moderne Technologie in zunehmendem Masse darum kümmern, dass sowohl der Sicherheits-Standard als auch die Höhe des Komforts laufend verbessert werden.

Die Kunst, ein erfolgreiches Verkehrsflugzeug zu entwerfen, besteht darin, dass das Produkt die richtige Grösse hat, um gegenwärtigen und zukünftigen Marktbedingungen zu entsprechen, und dass moderne Technologien auf Gebieten wie zum Beispiel Triebwerksanlage, Aerodynamik, Strukturmaterialien, Flugzeugsysteme und Herstellungsverfahren angewandt werden, um eine lohnende Reduzierung (d. h. 10 Prozent) der direkten Betriebskosten zu erreichen. Bei der Auswahl der Triebwerksanlage zum Beispiel ist einer der entscheidenden Faktoren, wie der Treibstoffpreis sich während der Verkaufsperiode des Flugzeuges verändern wird. Mitte der 70er Jahre wurde vorhergesagt, dass die Treibstoffpreise kontinuierlich ansteigen würden, da die Ölreserven während der 90er Jahre auszutrocknen drohten, und dass schon Mitte der 80er Jahre der Treibstoff mit 44 Prozent der direkten Betriebskosten zu Buche schlagen würde. In der Zwischenzeit haben sich die Treibstoffpreise stabilisiert, und die Treibstoff-Kosten machen heute typischerweise nur 25 Prozent der direkten Betriebskosten aus. Die Stabilisierung der Treibstoffkosten hat für den Flugzeugplaner eine Reihe indirekter Folgen gehabt. Da die Auswahl der Triebwerke bei jedem Entwurf die fundamentalste Entscheidung ist, erschwert diese Tatsache erheblich die Rechtfertigung eines völlig neuen Triebwerk-Konzeptes (wie zum Beispiel das unducted propfan), das besonders eine grössere Reduzierung des Treibstoffverbrauches zur Zielsetzung hat. Die geringere Berücksichtigung der Treibstoffkosten veranlasst den Planer, anderen Aspekten der direkten Betriebskosten, nämlich den Wartungskosten, grössere Aufmerksamkeit zu widmen. Abgesehen von mechanisch-technischen Aspekten, werden die Wartungskosten von einer neuen Generation hochzuverlässiger Avionic-Instrumente (Flugführungsinstrumente), automatischer Zustands-Kontroll-Systeme und Datenbus-Systeme, die riesige Bündel von Kabeln ersetzen, profitieren. Die Grundauslegung eines Flugzeuges ist das Ergebnis vieler unterschiedlicher Überlegungen. Das fängt an bei der Notwendigkeit, die vorherbestimmte Anzahl von Passagieren und Menge von Fracht in einem Rumpf unterzubringen, der zur Erleichterung der Fertigung einen weitgehend konstanten Querschnitt mit einem Kabinen-Interieur kombiniert, das das reisende Publikum anspricht. Der Nutzlast/Reichweiten-Leistungsbereich des fertigen Produktes diktiert sein Startgewicht (bei einem vorgegebenen Technologie-Stand), das wiederum die erforderliche Flügel-Fläche bestimmt, um die gewünschte Anfluggeschwindigkeit und den Landungsleistungsbereich zu erreichen. Für die vorgegebene Flügelfläche wird die Spannweite ausgesucht, um einen vernünftigen Kompromiss zwischen auftriebsinduziertem Widerstand und Strukturgewicht herzustellen.

Flügelstreckung

Zwischen den mittsiebziger und mittachtziger Jahren ermutigte der hohe Treibstoffpreis zur Anwendung relativ hoher Flügel-Streckungen (d. h. eine grosse Spannweite im Verhältnis zur mittleren Flügelsehne), trotz der dadurch nötigen höheren Flügelgewichte; aber dieser Trend mag sich jetzt wieder umkehren. Flügelpfeilung und Flügeldicke/Sehnen-Verhältnis werden als Kombination gewählt, um bei einem vertretbaren Strukturgewicht die vorbestimmte Reisegeschwindigkeit zu erreichen. Wegen der signifikanten möglichen Einsparungen bei der Blockzeit ist man bei den Langstreckenflugzeugen natürlich um die höchstmachbare Reise-Geschwindigkeit bemüht. Daher gibt es zum Beispiel bei der Boeing 747-SP die Zielsetzung, die Fluggeschwindigkeit von 0,85 auf 0,9 Mach zu erhöhen, obwohl das eine enorme Herausforderung bedeutet. Sobald die Flügelfläche ausgewählt worden ist (und damit auch die Flächenbelastung), bestimmt der Start-Leistungsbereich das erforderliche

Rechts: Der Treibstoffpreis hat einen grossen Einfluss auf den Entwurf des Flugzeuges und auf die Auswahl des Triebwerks. Diese Grafik zeigt den Anstieg der Preise ab Mitte der 70er Jahre.

Unten: Das moderne Flugzeug umfasst viele bautechnische Disziplinen. Dieses Bild gibt eine Vorstellung von der Menge der elektrischen Kabel, die in einer Fokker 100 untergebracht werden.

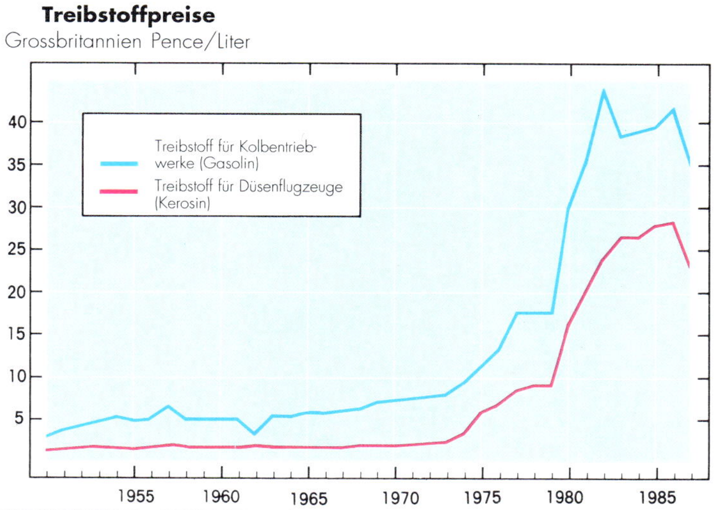

Links: Am Heck angebrachte Triebwerke, z. B. bei der MD-80, haben viele Vorteile, sind jedoch, wie hier zu sehen, für routinemässige Wartung nur schwer zugänglich.

Unten: Auf der Suche nach besserer Leistung und Wirtschaftlichkeit haben die Flugzeugbauer jede denkbare Konfiguration ausprobiert. Die Auslegung der dreimotorigen Boeing 727 hat sich als Klassiker erwiesen.

Schub/Gewicht-Verhältnis; der Architekt wird aber auch darauf sehen, dass dieses Verhältnis die geplante Reiseflughöhe sicherstellt. Sobald der erforderliche Schub bekannt ist, kann der Konstrukteur die Triebwerke auswählen und sich überlegen, wie sie an der Zelle montiert werden können. Je grösser die Anzahl der Triebwerke ist, umso besser sollte das Flugzeug den Ausfall eines Triebwerks überstehen und umso sicherer sind die Passagiere. Trotzdem werden zweimotorige Flugzeuge zunehmend auf langen Überwasserstrecken eingesetzt, und es wird Druck ausgeübt, die Vorschriften zu lockern, die die Zeitspanne spezifizieren (gewöhnlich 60 oder 90 Minuten), in der das Flugzeug bei einem Motorausfall einen Flugplatz erreichen sollte. Trotzdem ist es jedoch höchstwahrscheinlich, dass eine beträchtliche Anzahl von Passagieren darauf besteht, dass für lange Flüge über Ozeanstrecken wenigstens dreimotorige Flugzeuge eingesetzt werden, gleichgültig, wie sicher zweimotorige Flugzeuge statistisch gesehen sind. In Notsituationen sind drei Motoren im allgemeinen besser als zwei. Andererseits ist es schwierig, eine wirklich zufriedenstellende Installation für das mittlere Triebwerk zu finden. Wenn es innerhalb des Rumpfendes untergebracht ist, kann der Zugang schwierig sein, und die Sicherstellung eines ausreichenden Luftstromes ist problematisch. Wenn das Triebwerk im Seitenleitwerk untergebracht ist, benötigt das Wartungspersonal eine Spezialausrüstung, um an das Triebwerk heranzukommen. Vor Verlassen des Themas über drei- oder zweimotorige Flugzeuge sollte erwähnt werden, dass für den Fall eines Triebwerkausfalls während des Startvorganges ein zweimotoriges Flugzeug vergleichsweise über-«powert» ist. Mit beiden intakten Triebwerken erreicht daher dieses Flugzeug einen sehr hohen Steigwinkel beim Startvorgang und erzeugt so eine viel kleinere Lärmschleppe als ein drei- oder viermotoriges Flugzeug. Bei der Auswahl der Anbringungsstellen für die Triebwerke wird aus wirtschaftlichen Erwägungen die Aufhängung an den Tragflächen bevorzugt, da das Gewicht der Triebwerke die auftriebsinduzierten Biegemomente reduziert. Die durch die Triebwerke erzeugten Belastungen können darüber hinaus direkt

Links: Während aerodynamische und strukturelle Entwicklungen in den letzten Jahren zahlreich gewesen sind, haben sich die Flugzeug-Produktionstechniken weniger schnell entwickelt. Hier die Endmontage einer Havilland-Dash-8.

Rechts: Das Diagramm zeigt eine Anzahl von Flügelstreckungen bei Flugzeugen unterschiedlicher Konfiguration. Die Lockheed Electra (1) mit einer geraden Fläche und Turboprops hatte eine Flügelstreckung von 7,5, fast gleich mit derjenigen der Fokker F 28 Friendship (3) mit 8,0. Der Delta-Flügler Concorde (5) hat eine Flügelstreckung von ca. 2. Mit einer der höchsten Flügelstreckungen protzt die Shorts 360 (2) mit 12,4. Der Airbus A 320 (4) mit ca. 9,4 ist typisch für heute.

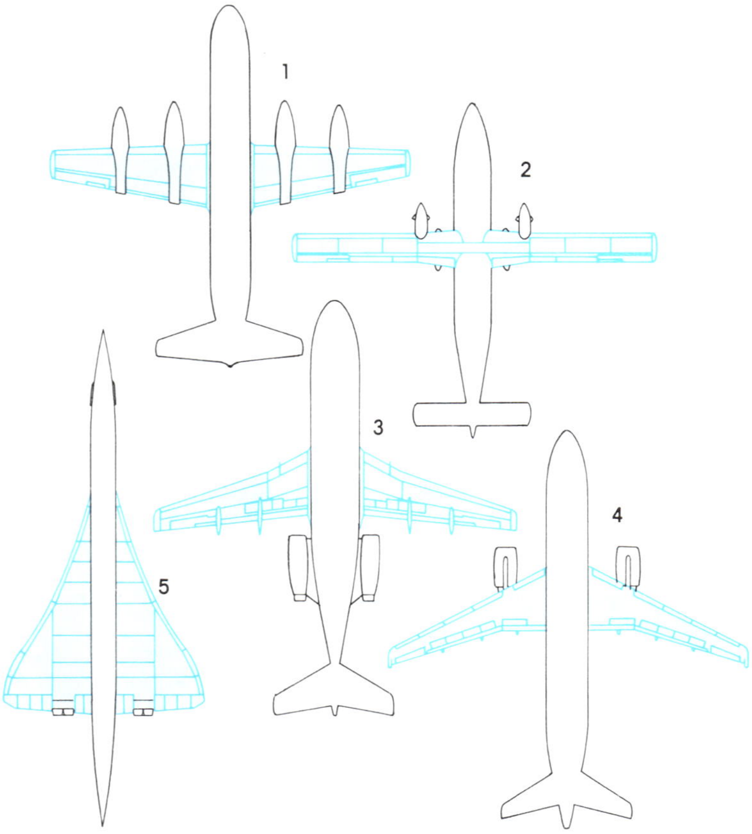

über die Flächenholme abgeleitet werden, wohingegen eine Anbringung am hinteren Ende der Zelle eine erhebliche Verstärkung an dieser Stelle erforderlich macht, um den Schub, das Gewicht und die Trägheitsbelastungen in die Struktur abzuleiten. An der Tragfläche angebrachte Triebwerke können jedoch den Anteil der hinteren Flügelkanten, der für die Lande-Klappen zur Verfügung steht, einschränken oder erheblich komplexere Klappen erforderlich machen, damit derselbe Auftriebskoeffizient erreicht wird. Als diese Anbringung zum erstenmal bei der Boeing 707 durchgeführt wurde, waren die (Turbo-Triebwerke verhältnismässig klein und hatten nur einen geringen Einfluss auf die Strömungsabriss-Charakteristika des Flugzeuges. Hingegen sind die Turbofan-Triebwerke der zweimotorigen Boeing 757 im Verhältnis zur Tragfläche viel grösser, so dass die Strömungsabriss-Charakteristika sehr sorgfältig überprüft werden mussten. Es kann das Argument angebracht werden, dass die Triebwerkanbringung am Rumpfende nicht nur den Lärm in der Kabine reduziert, sondern auch das Drehmoment bei einem Triebwerkausfall, was jedoch nicht heisst, dass Flugzeuge mit an den Flächen angebrachten Triebwerken nicht mit dem Ausfall der äusseren Triebwerke fertig werden. Ein Nachteil bei am Rumpfende angebrachten Triebwerken ist, dass der Konstrukteur gezwungen ist, das Höhenleitwerk sehr hoch anzubringen. Ein solches Höhenleitwerk kann bei hohen Anstellwinkeln durch die von der Tragfläche und den Triebwerks-Verkleidungen erzeugten Randwirbel unwirksam gemacht werden. Die Folge ist ein Überziehzustand, aus dem eine Normalisierung unmöglich werden kann. Um dies zu verhindern, muss in das Flugführungssystem ein stick-shaker (Knüppel-Rüttler) oder sogar eine automatische Überziehsicherung eingebaut werden. Umgekehrt stabilisiert ein tief angebrachtes Höhenleitwerk das Flugzeug mit zunehmendem Anstellwinkel, wird aber bei normalem Flugzustand in der Verwirbelungsebene der Fläche betätigt, was einiges Schütteln und eine nicht lineare Reaktion verursachen kann. Seitdem das erste mit Düsentriebwerken ausgerüstete Flugzeug (de Havilland Comet) 1952 in Dienst gestellt wurde, ist eine grosse Bandbreite von Konfigurationen angewendet worden. Einige Konzepte, wie zum Beispiel die in den Flächenwurzeln der Comet «eingebetteten» Triebwerke, haben sich überholt (in diesem Fal wegen des schwierigen Zugangs und Triebwerkwechsels), während andere Vorstellungen zur Norm geworden sind, besonders bei den Flugzeugen am oberen Ende der Gewichtsskala. Langstrecken-Flugzeuge haben verhältnismässig kleine Nutzlasten, weshalb dort bezüglich Gewichtsersparnis und aerodynamischer Verfeinerung die grössten Fortschritte notwendig gewesen sind.

Oben: Für die BAe 146 war die Wahl einer hoch angebrachten Fläche (Schulterdecker) ungewöhnlich; das Ergebnis ist jedoch ein bequemer Zugang zu den Triebwerkeinlässen.

Links: Die bei der Boeing 737 tief angebrachte Fläche bringt die Triebwerke sehr dicht an den Boden.

In diesem Zusammenhang gilt das Boeing-747-Arrangement mit vier hinter den Flächen angebrachten Triebwerken als unschlagbar, und es ist schwierig sich vorzustellen, dass irgend jemand heute eine Konfiguration mit am Rumpfende angebrachten Triebwerken vorschlägt, wie zum Beispiel bei der Vickers VC-10 oder der Iljuschin IL-62. Im Falle der BAe 146 wird das Argument vorgebracht, dass mit einer ununterbrochenen oberen Oberfläche des Flügels ein um 4 Prozent höherer Auftrieb erzeugt wird bei einem um 8 Prozent geringeren Widerstand bei hohem Anstellwinkel als bei einem Tiefdecker. Von BAe wird auch argumentiert, dass ein Schulterdecker den Triebwerken eine gute Bodenfreiheit gibt (und somit ein Ansaugen von Schutt und Steinen vermieden wird). Zudem besteht

Plazierung der Triebwerke

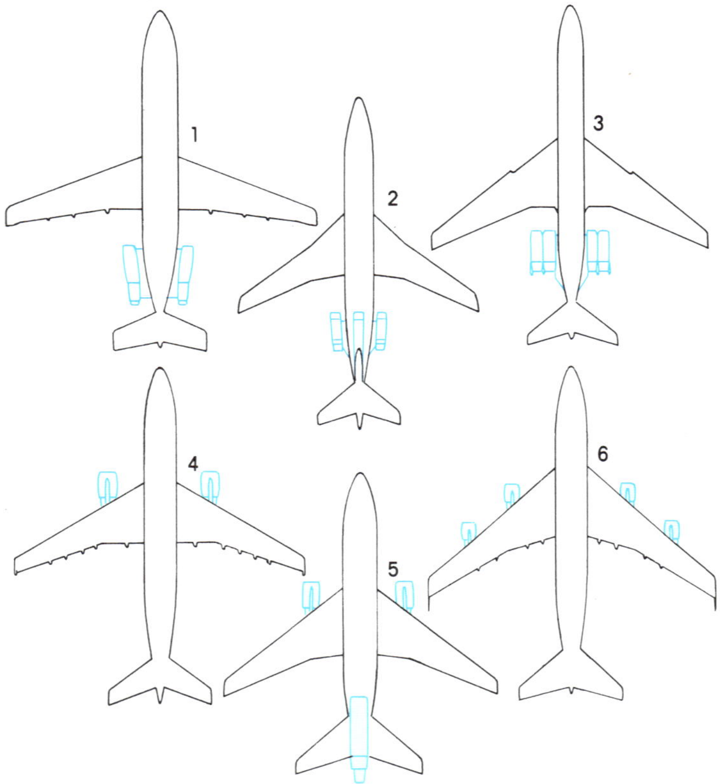

Leitwerk-Vergleich

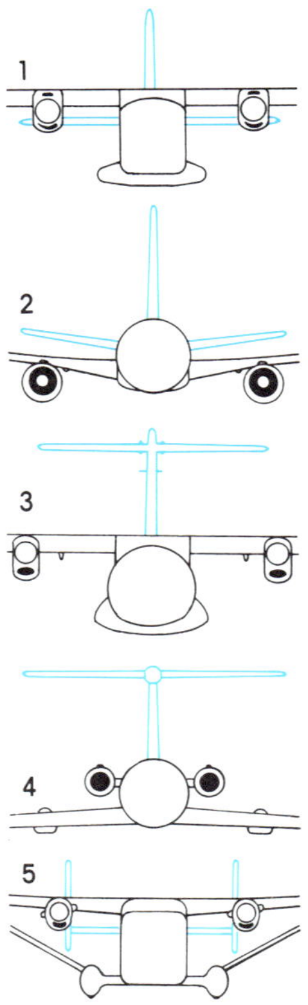

Oben: Die hier gezeigten Auslegungen beziehen sich auf die BAC One Eleven (1) , Boeing 727 (2), Iljuschin Il-62 (3), Airbus A 300 (4), McDonnell Douglas DC-10 (5) und Boeing 747 (6).

Unten: British Aerosp. 146 (1) und Fokker 100 (2), beides 100sitzige Flugzeuge für Kurz/Mittelstrekkenbereich. 4 Triebwerke und eine hoch angebrachte Fläche oder 2 Triebwerke und eine niedrig angebrachte Fläche erfüllen dieselbe Aufgabe.

Oben rechts: Leitwerke der Dornier 228 (1), Boeing 767 (2), ATR 42 (3) , Tupolev Tu-134 (4) und Shorts 330 (5). Die Leitwerk-Konfiguration variiert wie die Flächen- und Triebwerkanordnung und richtet sich nach dem Gesamtentwurf des Flugzeuges.

Unten: Die Vorsorge für den Transport von Fracht ist ein wichtiger Teil der Aufgabe des Konstrukteurs ziviler Transport-Flugzeuge, da die Fracht im gesamten Luftverkehr an Bedeutung gewinnt.

Stellung der Tragflächen

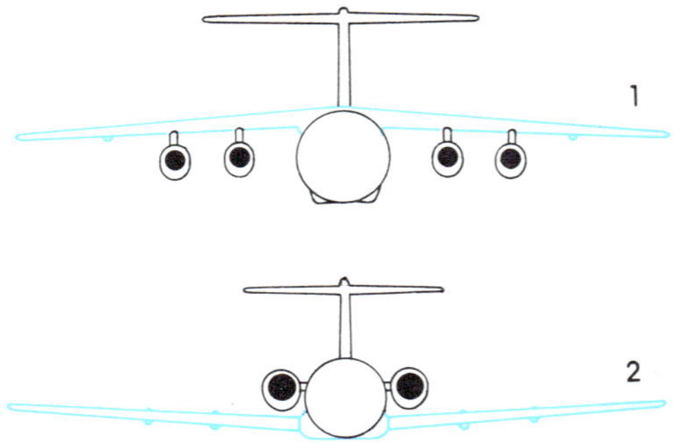

die Möglichkeit, relativ lange Aufhängungen zu verwenden, die dafür sorgen, dass die Triebwerkabgase weit unter der Tragfläche ausströmen, wodurch die Anbringung von Landeklappen über beinahe 80 Prozent der rückwärtigen Flächenkante möglich wird. In dieser Hinsicht sollte angemerkt werden, dass die am Flugzeug angebrachte Fowlerklappe einen Auftriebskoeffizienten von 3,38 erbringen sollte und dass ein Wert von 3,45 erreicht worden ist. Bei dem Entwurf der BAe 146 war es ein wichtiges Ziel, auf nicht befestigten Startbahnen in den unterentwickelten Gegenden der Welt operieren zu können, daher die hohen Triebwerkeinlässe und auch das kurze, im Rumpf untergebrachte Fahrwerk in der Art, wie es normalerweise in einem militärischen Transportflugzeug angebracht ist. Ein konventionelleres Flugzeug, wie die Boeing 737, war ursprünglich für den Einsatz auf glatten und befestigten Oberflächen konzipiert worden; daher war es völlig akzeptabel, die Triebwerke unter einer niedrig angebrachten Fläche (Tiefdecker) anzubringen, obwohl das die Anwendung von Landeklappen einschränkt. Es ist ebenso erwähnenswert, dass im Fall des Modells 737-300 mit grossen CFM-56-Turbofans die untere Kante des Triebwerkeinlasses abgeflacht werden musste, um die Bodenfreiheit zu erhöhen. Gegen Schulterdeckerflugzeuge spricht das Argument, dass ein langes, stielartiges in der Motorgondel angebrachtes Fahrwerk nicht für unebene Flächen geeignet ist. Andererseits hat ein Schulterdecker normalerweise eine niedrige Fussbodenhöhe und damit einen leichteren Zugang vom Boden aus, was ein bedeutender Faktor bei kleinen Flugplätzen sein kann. BAe argumentiert, dass durch die tief angebrachte Fläche der BAe 748 die im Flugzeugrumpf untergebrachten Flugzeugsysteme auf eine bequeme Höhe für den Bodenservice zu liegen kommen. Im Falle der abgeänderten ATP wird auch argumentiert, dass die niedrig angebrachte Fläche eine Anpassung an Rollwege und Fluggastbrücken auf modernen Flugplätzen ermöglicht.

Baupläne für Fracht

Die Mitnahme von Fracht ist zunehmend ein wichtiger Faktor beim Flugzeugentwurf, sowohl wegen des wachsenden Frachtverkehrs als auch der notwendigen operationellen Flexibilität. Boeings erster Entwurf in der Entwicklung des höchst erfolgreichen Modells 747 sah in der Tat ein Doppeldeck vor, da dies bei einem vorgegebenen Querschnitt die höchste Passagierzahl ergab. Als in den frühen 60er Jahren der Jet-Treibstoff ungefähr 10 Cent pro US-Gallone kostete, war man davon überzeugt, dass die Concorde und die nachfolgenden Überschallflugzeuge den grössten Anteil des Passagier-Langstrecken-Luftverkehrs an sich ziehen würden. Boeing änderte entsprechend den Entwurf für das Modell 747 ab, um ihm das bestmögliche Potential für den Frachttransport zu geben. Die Doppeldeckanordnung wurde zugunsten einer Einfachdeckanordnung aufgegeben, die breit genug war, 10 Sitze in einer Reihe (US-Touristenklasse) oder zwei

Frachtcontainer 8 mal 8 Fuss (2,44 mal 2,44 Meter) nebeneinander aufzunehmen. Bei der Container-Verladeart dachte die Gesellschaft an schwenkbare oder aufklappbare Rumpfspitzen, wobei das Cockpit entweder unter- oder oberhalb des Kabinen-Bodens liegen sollte. Am Ende entschied man sich dafür, das Cockpit oberhalb der Hauptkabine unterzubringen, obwohl hierdurch eine lange Profilierung hinter dem Cockpit notwendig wurde, um einen vertretbaren Widerstand bei der geplanten Reisegeschwindigkeit zu erreichen. Der dadurch entstehende Raum wurde ursprünglich als Abteil für Erste-Klasse-Passagiere benutzt und später als Kabine für bis zu 32 zusätzliche Passagiere. Im Fall des Modells 747-300 mit gestrecktem Oberdeck ist diese zweite Kabine um 7,1 Meter erweitert worden, um bis zu 69 Economy-Passagiere aufzunehmen. Ein zufälliger Vorteil des gestreckten Oberdecks besteht darin, dass die Verfeinerung des aerodynamischen «Buckels» die optimale Reiseflug-Geschwindigkeit von 0,84 Mach (für den Standard-Rumpf) auf 0,86 Mach verbessert. Zur Diskussion über die grundlegende Flugzeugkonfiguration gehören zwei Änderungen, die noch vor Ende des Jahrhunderts auftreten könnten. Erstens, obwohl (nach Auffassung des Verfassers) an den Flächen angebrachte Triebwerke weiterhin allgemein bevorzugt werden mögen, könnte die Einführung von unducted propfans (nicht ummantelte Gebläsetriebwerke mit Untersetzungsgetriebe) eine Rückkehr zur Aufhängung am Rumpfende erzwingen, um eine vertretbare Kabinensicherheit zu erreichen. Die einzelnen Schaufeln des Gebläsetriebwerks könnten so viel kinetische Energie entwickeln, dass Sicherheits-Vorschriften deren Anbringung hinter der Druckkabine zur Auflage machen müssten. Andererseits stellt zumindest ein Hersteller (Rolls-Royce) Überlegungen über die Anwendung interner Verbindungsstücke an, die die Schaufel nach einem Bruch der Primärstruktur zurückhalten sollen, was die Anwendung auf der Fläche montierter unducted propfans erlauben würde. Zweitens ist es möglich, dass einige Flugzeuge nach der Canard-Konfiguration entworfen werden, so dass alle horizontalen Flächen positiven Auftrieb erzeugen, wodurch auch der Leistungsbereich im Flughafenumfeld verbessert würde. Zur Trimmung erzeugt ein konventionelles Höhenleitwerk normalerweise eine nach unten gerichtete Kraft, während vorne angebrachte Steuerflächen einen positiven Auftrieb erzeugen. Andererseits scheint es so zu sein, dass im Falle eines natürlich stabilen Flugzeuges der höchst erreichbare Auftriebskoeffizient durch den Strömungsabriss dieser vorne angebrachten Steuerflächen eingeschränkt ist und dass der Schwerpunkt-Spielraum eines Canard-Flugzeuges sehr wohl kleiner sein kann als bei am Rumpfende angebrachten Steuerflächen. Unter diesen Umständen erscheint eine weitverbreitete Anwendung von Canard-Auslegungen unwahrscheinlich.

Fortschrittliche Technologien

Zahlreiche Verbesserungen werden zur Steigerung der Wirtschaftlichkeit der heutigen Flugzeuggeneration angewendet. Einer der wichtigsten Fortschritte bezieht sich auf computer-gestützte Entwürfe von Tragflächen, die (bei gegebener Pfeilung) noch nie dagewesene Kombinationen Flügeldicke/Profilsehne-Verhältnis und Auftrieb/Widerstand-Verhältnis bei hohen Geschwindigkeiten im Unterschallbereich erreichen. Herkömmliche Tragflächen hatten dreieckige Auftriebsverteilungen mit dem grössten Auftriebsmoment weit vorne, wobei örtlich hohe Geschwindigkeiten und ein starker Verdichtungsstoss weit im vorderen Bereich sich ausbildeten. Moderne Tragflächen erzeugen einen vergleichsweise abgeflachten Auftrieb über dem grössten Teil der Oberseite der Fläche mit einem schwachen Verdichtungsstoss weit hinten, und die Unterseite der Tragfläche ist so geformt, dass sie positiven Auftrieb im Bereich der Landeklappen erzeugt. Auf diese Weise arbeitet die gesamte Flächentiefe effektiv, und eine viel höhere Effizienz wird dadurch erzeugt. Darüber hinaus ist es normal, die grösste Flächendicke nach vorne an die Flächenwurzel zu verlagern, um der Fläche den höchstwirksamen Pfeilungswinkel zu geben. Die vergleichsweise dicken Sektionen, die durch diese «superkritische» Annäherung an den Flächenentwurf ermöglicht wurden, haben einen günstigen Einfluss auf das Strukturgewicht und ermöglichen die Anwendung einer vergrösserten Flügelstreckung. Andere mögliche aerodynamische Verfeinerungen schliessen die Fläche mit variablem Profil ein, die ihre Form ändert, um sich dem jeweiligen Flugzustand anzupassen. Bei diesem Konzept bleibt jedoch noch viel Arbeit zu tun. Intensivere Versuche sind mit Flächenzäunen durchgeführt worden, die den induzierten Widerstand reduzieren, und zwar ohne die Biegemomente, die normalerweise durch die lang gestreckten Flächenenden erzeugt werden. Flächenzäune reduzieren den Rotationsfluss um die Flügelspitzen und können eine kleine Vorwärtsschub-Komponente erzeugen. Eine radikalere Form von Widerstandsreduzierung ist die Anwendung der Laminar-Fluss-Kontrolle (LFC=Laminar Flow Control), die dadurch erreicht wird, dass durch eine Vielzahl von kleinen Löchern die Grenzschicht an der Oberseite der Tragfläche abgesaugt wird. McDonnell-Douglas fördert die Entwicklung einer «Hybrid LFC» (gemischte Laminar-Fluss-Kontrolle), bei der das Absaugen nur über einen kleinen Teil der Flügelsehne angewendet wird, hinter der durch einen günstigen Druckgradienten ein grosses Gebiet natürlichen laminaren Luftstroms erreicht wird. Treibstoffeinsparungen von 15 Prozent werden vorausgesagt. Der Trimm-Widerstand kann auf verschiedene Arten reduziert werden, einschliesslich der Anwendung entgegengesetzter Wölbung auf den inneren Sektionen einer gepfeilten Fläche. Der Schwerpunkt sollte so weit wie möglich nach hinten verlagert werden, wodurch die Verwendung des Höhenleit-

Rechts: Die grossen Zeichenbüros gehören bald der Vergangenheit an. Immer häufiger werden computer-gestützte Entwurfs-Verfahren angewendet, wie hier bei der ATR 42.

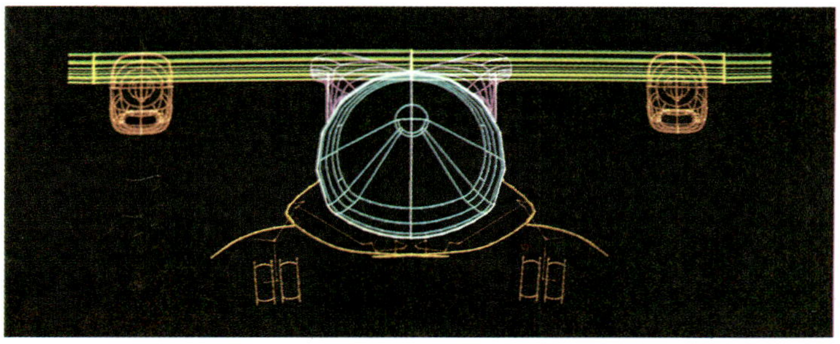

Unten: Windkanäle sind wertvolle Hilfsmittel, um während der Anfangsstadien eines Flugzeugentwurfes die Basis-Konfiguration zu erstellen.
Getestet wird hier ein wirklichkeitsgetreues Modell der MD-91X .

Rechts: Airbus Industrie hat mit vielen Innovationen die Fronten für sicheres kommerzielles Fliegen vorwärts getrieben und neue Dimensionen gesetzt.

Oben: In der Herstellungsphase, wie hier am Flächenpanel einer Boeing 757 gezeigt wird, unterstützen Computer die Präzisionsfertigung.

werks als Trimm-Tank angeregt wird. Das Umpumpen von Treibstoff zur Anpassung des Schwerpunktes wurde von der Concorde eingeführt. Die neuentwickelten Materialien für die Zelle spiegeln die Bedeutung wider, die man der Gewichtsersparnis zumisst. Verbund-Werkstoffe werden zunehmend auch bei der Primärstruktur verwendet. Die letzten Versuche umfassen ein Seitenleitwerk für eine DC-10 und 5 Leitwerke für Boeing 737 mit Gewichtsersparnissen in der Grössenordnung von 20 Prozent. Kohlenstoffverstärkte Bremsen bringen grössere Ersparnisse. Aluminium-Lithium-Legierungen offerieren eine Gewichtsreduzierung von 8 Prozent gegenüber den heute gebräuchlichen Aluminium-Legierungen. Computerunterstützte Fertigung macht eine vermehrte Automation möglich. Boeing plant eine vermehrte Anwendung von thermoplastischen Materialien, mit denen komplexe Teile wie zum Beispiel Flügelrippen als ein einziges Stück produziert werden können, anstatt aus zwanzig oder mehr Teilen mit bis zu 500 Befestigungsstücken, und das mit einer Kostenersparnis von 30 bis 40 Prozent. Neue Verfahren wie superplastisches Formen und Diffusionsabbindung versprechen eine Gewichts- und Kostenersparnis. Das Flugzeug der Zukunft wird sich in seinem Erscheinungsbild wenig ändern, aber Materialien und Herstellungsmethoden dürften sich von denen der heutigen Flugzeuge unterscheiden.

TRIEBWERK-TECHNOLOGIE

Seit der Einführung der bahnbrechenden zivilen Turbinentriebwerke Anfang der 50er Jahre hat das Flugzeugtriebwerk einen langen und schwierigen Entwicklungsweg zurückgelegt, begleitet von vielen technischen Herausforderungen. Die meisten Triebwerke in jener Periode waren angepasste Triebwerke von militärischen Kampfflugzeugen. Die ersten wirklich zivilen Triebwerke, die auf eigener Erfahrung mit Turbinen-Triebwerken im Linienluftverkehr beruhten und von Anfang an für den Passagier-Transport entworfen wurden, waren die Rolls-Royce-Triebwerke Tyne Turboprop und Spey Turbofan, entworfen Mitte bis Ende 1950. Von diesem Zeitpunkt an tauchte so nach und nach eine zunehmende Zahl von völlig «flüggen» zivilen Turbinen-Triebwerken auf, hierzu gehörte der grosse Pratt-&-Whitney-JT9D-Turbofan, der Ende der 60er Jahre für die Boeing 747 entwickelt worden war und vielleicht den grössten Schritt nach vorne darstellte. General Electric, die einen verspäteten, aber höchst erfolgreichen Eintritt in den Luftverkehrsmarkt machten, brachen nicht vollkommen mit der vorherigen Praxis; ihre CF6-Serie der grossen Turbofans war anfangs von dem TF39-Turbofan abgeleitet, der die Lockheed C-5A antrieb, obwohl dieses Triebwerk auf jeden Fall mit voller Absicht als Triebwerk für zivile Transportflugzeuge gebaut worden ist. Was diese zivilen Triebwerke der späteren Generation von ihren Vorgängern so unterschiedlich machte, waren der Leistungsbereich und die Betriebskriterien, die bei deren Entwurf angewendet wurden. Die Fluggesellschaft verlangt geringen Treibstoffverbrauch, hohe Zuverlässigkeit, Haltbarkeit, Wartungsfreundlichkeit, niedrige Lärmentwicklung und Abgasemissionen sowie ein konkurrenzfähiges Preisniveau. Nachdem über mehr als 30 Jahre militärische Triebwerke viele der früheren Verkehrsflugzeuge angetrieben haben, hat die gegenseitige Befruchtung heute das Gegenteil bewirkt: P&W JT9D, PW 2037, GE CF6-50, GE/Snecma CFM 56 und Rolls-Royce RB.211 – sie alle, in erster Linie für den zivilen Gebrauch entwickelt, haben bei militärischen Transportflugzeugen Anwendung gefunden.

Turboprop

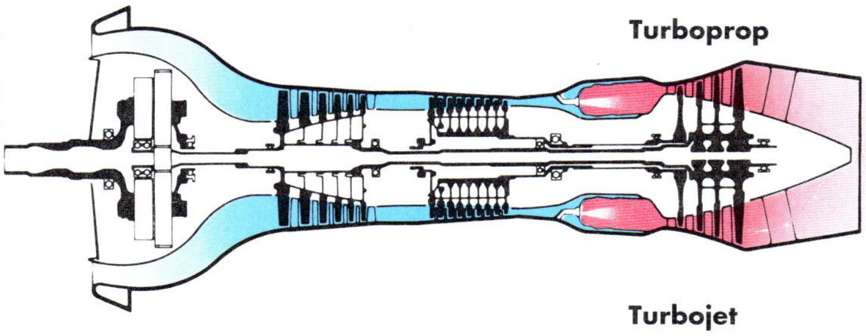

Turbojet

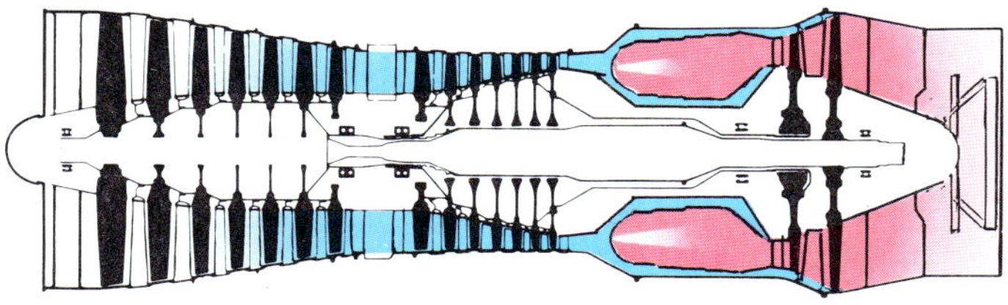

Turbofan

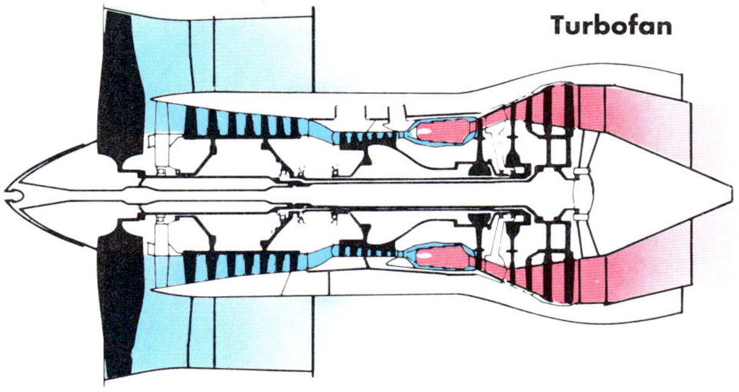

Rechts: Der Turboprop, der für einen Vortrieb bei Geschwindigkeiten von ca. 0,6 Mach ausgelegt ist, besteht aus einer Gasturbine, die über ein Getriebe einen Propeller antreibt. Der grosse, sich relativ langsam bewegende Propellerstrahl erbringt den grössten Teil des Triebwerkschubes.

Der Turbojet stösst einen geringen Luftmassenfluss von Abgasen mit hoher Geschwindigkeit zur Schuberzeugung aus. Er ist am geeignetsten für wirtschaftlichen Vortrieb bei Überschallgeschwindigkeiten.

Der Turbofan benutzt sein Gebläse, um Nebenstrom um das Triebwerk zu beschleunigen, und bewirkt einen effizienten Vortrieb im Unterschallbereich.

Oben: Eines der aussergewöhnlichsten Triebwerke, der Turboprop Rolls-Royce Dart war seit 1953 bis 1986 ununterbrochen in der Produktion. In dieser Zeit wurden mehr als 7'000 Einheiten gebaut. Mehr als 110 Millionen Stunden hat er im Flugdienst absolviert. Eine der letzten Versionen war der Dart Mk552 mit 2'330 Wellenvergleichs-PS (hier installiert in einer F27 Friendship).

Zivile Triebwerkstypen

Seit der Einführung der Vickers Viscount Mitte der 50er Jahre, die mit einem Rolls-Royce-Dart-Turboprop ausgerüstet war, hat der Flugzeugantrieb eine radikale Serie von Änderungen durchlaufen. Der Turpoprop wurde schon bald hauptsächlich auf die Kurzstrecken-Einsätze verbannt, da der Turbojet und schliesslich der Turbofan den als überholt angesehenen Propellerantrieb ersetzten. Die Treibstoffpreise waren in den 60er Jahren so niedrig, dass weder der günstigere Treibstoffverbrauch des Turboprops noch seine schwächere Lärmentwicklung ausreichten, um ihn in der Frontlinie des Flugzeugantriebes zu halten. Umgekehrt war der unwirtschaftliche Treibstoffverbrauch des Turbojets

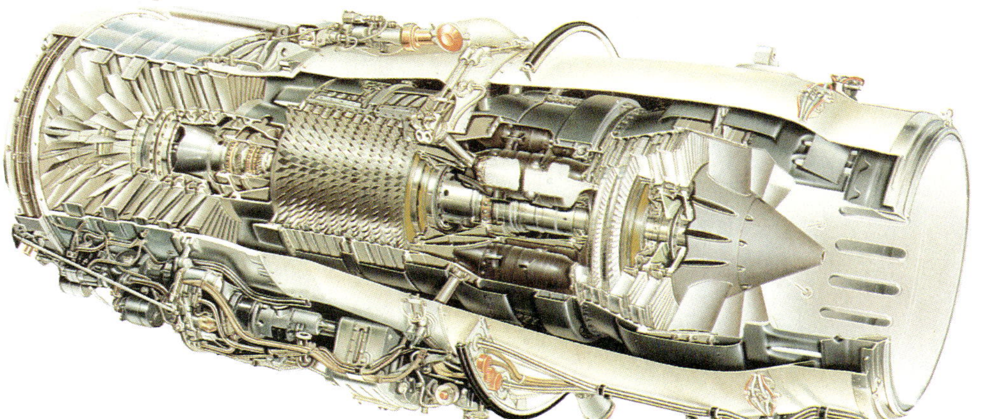

Rolls-Royce Spey

Links: Der erste Turbinen-Flugmotor, der von Anfang an für den zivilen Luftverkehr ausgelegt wurde, war der Rolls-Royce Spey Turbofan, der im Dez. 1960 in Betrieb genommen wurde. Eine auf höhere Leistung gebrachte, mit einem neuen Fan ausgerüstete Weiterentwicklung, der Rolls-Royce Tay, hat ein um mehr als das Dreifache grösseres Nebenstromverhältnis als der Spey.

in Verbindung mit seinem exzessiven Abgaslärm letztlich der Grund dafür, dass er ziemlich schnell durch den ruhigeren und treibstoffeffizienteren Turbofan ersetzt wurde. Heute ist der Turbojet praktisch von der zivilen Luftfahrtszene verschwunden. Im Moment ist der Turbofan der meistverwendete Vortrieb ziviler Verkehrsflugzeuge. Jedoch taucht jetzt eine völlig neue Art des Vortriebs auf, der Propfan, der Anfang der 90er Jahre in Dienst gestellt werden soll. Der Grund für das erwartete Eindringen des Propfans in den als stabil erscheinenden Markt des Turbofans, kann in den unterschiedlichen Vortriebs- Charakteristiken der miteinander konkurrierenden Triebwerkstypen gefunden werden. Abgesehen von den Bauteil- und thermischen Leistungsfähigkeiten des Kerngehäuses des Triebwerks (der Haupt-Kompressor für die Gaserzeugung, Brennkammer und Turbine), die weitgehend zwischen dem einen und dem anderen Hersteller vergleichbar sind, ist es die Basis-Konfiguration und die Vortriebs-Effizienz des gesamten Triebwerk-Systems, die die Ansiedlung eines Triebwerks im Vortriebsspektrum beeinflussen. Ein Parameter von grösserer Bedeutung in der Konfiguration ist das Nebenstromverhältnis, das das Verhältnis zwischen der externen, vom System beschleunigten Luftmasse und der Luft, die durch das Triebwerk geht, darstellt. Das höchste Nebenstromverhältnis überhaupt hat in der Tat die Kolbenmotor-Propeller-Kombination, wo das Verhältnis bis 200:1 sein kann. Es folgt der Turboprop mit einem Verhältnis zwischen 70:1 und 100:1. Bei diesen beiden Triebwerksystemen besteht die primäre Charakteristik in ihrer mässigen Beschleunigung einer relativ grossen Luftmasse durch den Propellerkreis. In Bezug auf die Vortriebs- Effizienz eignen sich die Propeller-Motor-Kombinationen für Reisefluggeschwindigkeiten bis zu 0,75 Mach. Jenseits dieser Flugbedingung beginnen beim Propeller Verdichtungsprobleme aufzutreten (die Geschwindigkeit der Luftschraubenspitze ist bedeutend höher als die Vorwärtsgeschwindigkeit des Flugzeuges), und seine Effizienz bei der Beschleunigung der Luft nach hinten wird zunehmend geringer. Obwohl durch Anwendung fortschrittlicher Technologie bei den Propellern die limitierende Mach-Zahl etwas angehoben worden ist, bleibt diese grundsätzliche Begrenzung beim Propellervortrieb bestehen. Der Turbojet, bei dem die gesamte Vortriebsluft durch den Kern des Triebwerks geführt wird, befindet sich am Ende der Skala der Nebenstrom-Verhältnisse, er hat ein Nebenstromverhältnis von Null. Abgesehen von der Effizienz der Kernsektion bedeutet dies, dass der Turbojet einen relativ kleinen Luftmassenfluss auf eine sehr hohe Austrittsgeschwindigkeit beschleunigt und dass die Vortriebseffizienz ausser bei sehr hohen Flugzeuggeschwindigkeiten sehr gering ist. Daher die bewusste Anwendung in der Concorde und sein praktisches Verschwinden aus den Unterschallbereichen für Flugzeugantrieb. Der Turbofan wurde speziell als ein Mittel zur Überwindung dieser fundamentalen Begren-

Vergleichende Lärmsignatur

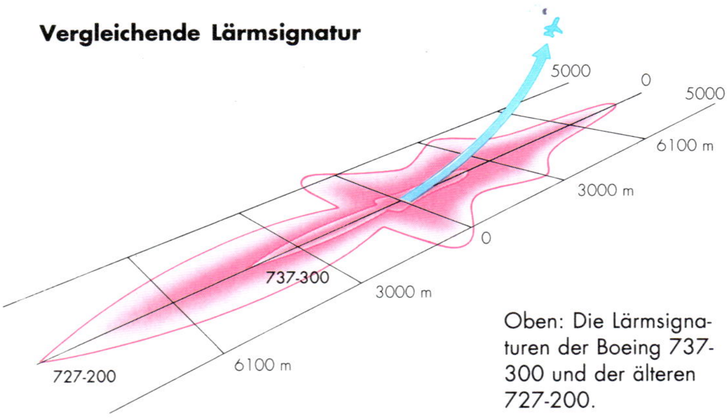

Oben: Die Lärmsignaturen der Boeing 737-300 und der älteren 727-200.

Unten: Das Pratt-&-Whitney-JT9D-Triebwerk (hier die JT9D-7R4-Version), führte Turbofans mit hohem Nebenstromverhältnis und Schub ein und bewirkte wirtschaftlichen Treibstoffverbrauch und ruhigen Flugbetrieb. Es wurde 1970 als Triebwerk der Boeing 747 in Dienst gestellt. Konkurrierend: General-Electric-CF6-Serie, Rolls-Royce-RB211-Familie.

Rolls-Royce Olympus

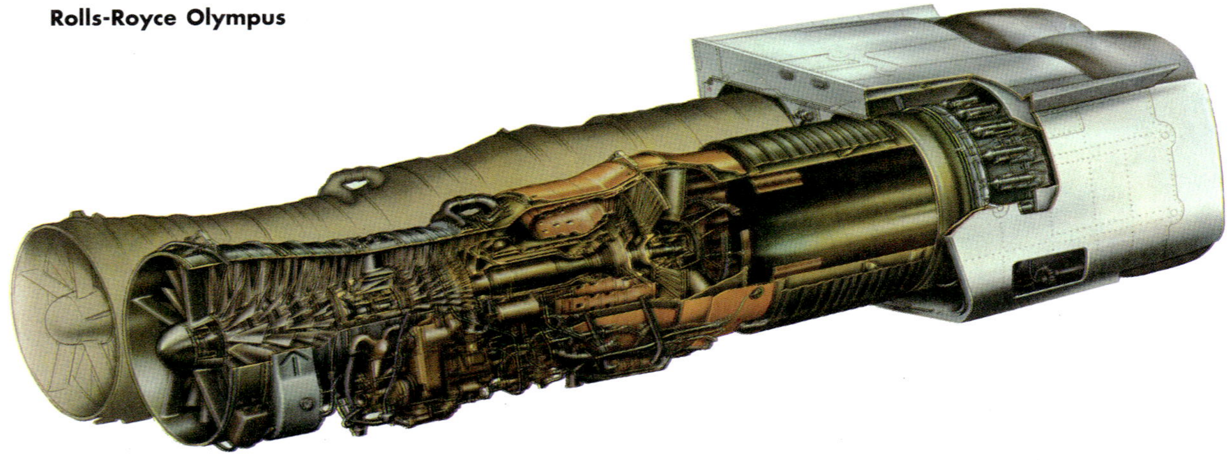

Rechts: Einziges Turbinentriebwerk im Überschall-Passagier-Luftverkehr ist der Rolls-Royce-Olympus-Turbojet mit einem von Snecma entwickelten Nachbrenner. Der Olympus 593 erzeugt beim Startvorgang einen Schub von 17'235 kp. Trotz der Bauweise als Turbojet hat das Triebwerk bei Überschall-Geschwindigkeiten einen konkurrenzfähigen Treibstoffverbrauch.

zungen beim Turbojet eingeführt. Während Fortschritte bei der Bauteile-Effizienz, höhere Kompressordruck-Verhältnisse und Turbineneingangstemperaturen mehr oder weniger ungeachtet des Triebwerktyps den thermischen Wirkungsgrad steigerten, konzentrierte sich der Turbofan auf die Verbesserung der Vortriebswirksamkeit durch Erhöhung des Nebenstromverhältnisses. Da der Treibstoffverbrauch eines Flugmotors von seiner thermischen und Vortriebs-Wirksamkeit abhängt, bot dieses Vorgehen potentiell grosse Vorteile im schallnahen Bereich. Die ersten zivilen Turbofans, der Rolls-Royce Conway und der Pratt & Whitney JT3D, hatten niedrige Nebenstromverhältnisse im Bereich von 0,3:1 bis 1,4:1. Die Vorteile, die sie gegenüber den Avon- und JT3D-Turbojets boten, waren gerade noch erkennbar und keinesfalls dramatisch. Sogar die nächste Generation der speziell für die zivile Luftfahrt gebauten Turbofans, der R-R Spey und der P&W JT8D, hatten noch Nebenstromverhältnisse von weniger als 1:1, diese Triebwerke wurden jedoch in der Folge mit neuen Gebläsen versehen und erreichten, wie der Tay und der JT8D-200, Nebenstromverhältnisse von ungefähr 2:1. Der wirklich grosse Schritt nach vorne wurde im Jahre 1960 mit dem bahnbrechenden P&W JT9D getan, der ein Verhältnis von 5:1 hatte. Dies brachte eine 25prozentige Reduzierung beim spezifischen Treibstoffverbrauch im Vergleich mit anderen Triebwerken dieser Periode. Die GE-CF6- und R-R-RB.211-Turbofan-Serien folgten im Sog des JT9D. Neuere Generationen von Turbofans mit Nebenstromverhältnissen von ungefähr 5:1 und 6:1 (die völlig neuen Pratt-&-Whitney-Triebwerke PW2000 und PW4000, die internationalen Flugmotoren V2500 und das weitgehend neue CFM International CFM56) haben weitere Verbesserungen beim spezifischen Treibstoffverbrauch geboten. Die Reduzierung des Treibstoffverbrauchs durch die Modelle V2500 und später CFM56 – beide im harten Wettstreit um Aufträge zum Antrieb der Airbus Industrie A320 – beläuft sich auf ungefähr 20 bis 25 Prozent im Vergleich zu heutigen Serienturbofans. Als Anfang der 80er Jahre der Rohölpreis ungefähr 25 US-Dollar pro Barrel erreichte, stellte die Treibstoffrechnung einer Fluggesellschaft etwa 30 Prozent der Betriebskosten dar. Im Jahre 1984 wurde mit der Entwicklung des GE UDF (unducted fan = nicht ummanteltes Gebläse-Triebwerk mit Untersetzungsgetriebe) begonnen, ein Triebwerk mit einem Nebenstromverhältnis von 35:1. Durch die Anwendung dünner, stark gebogener Schaufeln, die so ausgelegt sind, dass sie den Beginn der Verdichtungseffekte verzögern, ist das UDF für den Vortrieb bei Reisegeschwindigkeiten im Bereich von 0,85 Mach optimiert, wodurch es mit dem heutigen Turbofan-Ange-

Rechts: Der erfolgreichste zivile Turbofan ist das Pratt-&-Whitney-Triebwerk JT8D mit mehr als 12'000 gebauten Einheiten und mit der weitergeführten Produktion der mit einem neuen Fächer ausgerüsteten JT8D-200-Serie für die McDonnell-Douglas-Familie.

Unten: Der Rolls-Royce-RB.211-Turbofan hat eine dreispulige Auslegung, wodurch Treibstoffeffizienz und Gashebelreaktion vergrössert werden. Hier der 28'305 kp schubstarke RB.211-524D4D.

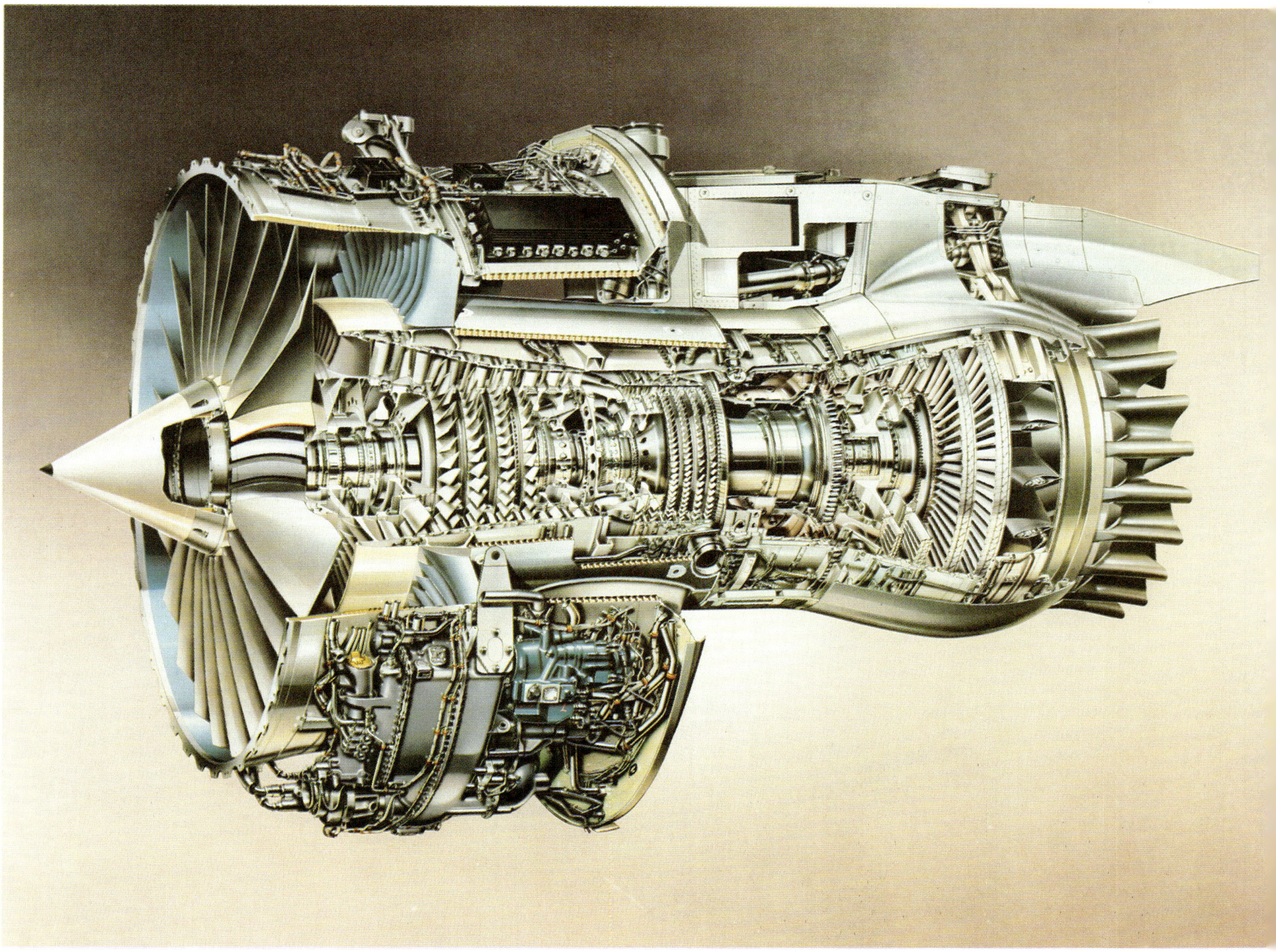

Vergleichende Triebwerkschübe
Rechts: Die verschiedenen Bauweisen und Grössen von Turboprop, Turbojet und Turbofan, mit drei Grössen des Turbofans, dargestellt mit unterschiedlichen Grössen des Nebenstromverhältnisses.
Von oben nach unten: Pratt & Whitney Canada PW124 Turboprop mit einem Nebenstromverhältnis (NV) von 70:1 bis 100:1; Rolls-Royce/Snecma Olympus 593 Turbojet mit Nachbrenner mit Null-NV; Rolls-Royce RB.211-524D4D Turbofan mit NV 4,4:1; Pratt & Whitney JT8D-219 Turbofan mit einem NV von 1,77:1; und Avco Lycoming Textron ALF502R-7 Turbofan mit einem NV von 5,7:1. Die Länge des Rechteckes hinter jedem Triebwerk ist proportional zu dem Schub. Die Höhe des Rechtecks zeigt den relativen Durchmesser des Propeller-Luftstroms oder der Abgase des Triebwerks an. Die Farbe stellt die Temperatur des Luftstromes dar, von *kalt* (blau) beim Turboprop über malvenfarben bei den Turbofans bis *heiss* (rot) beim Turbojet.

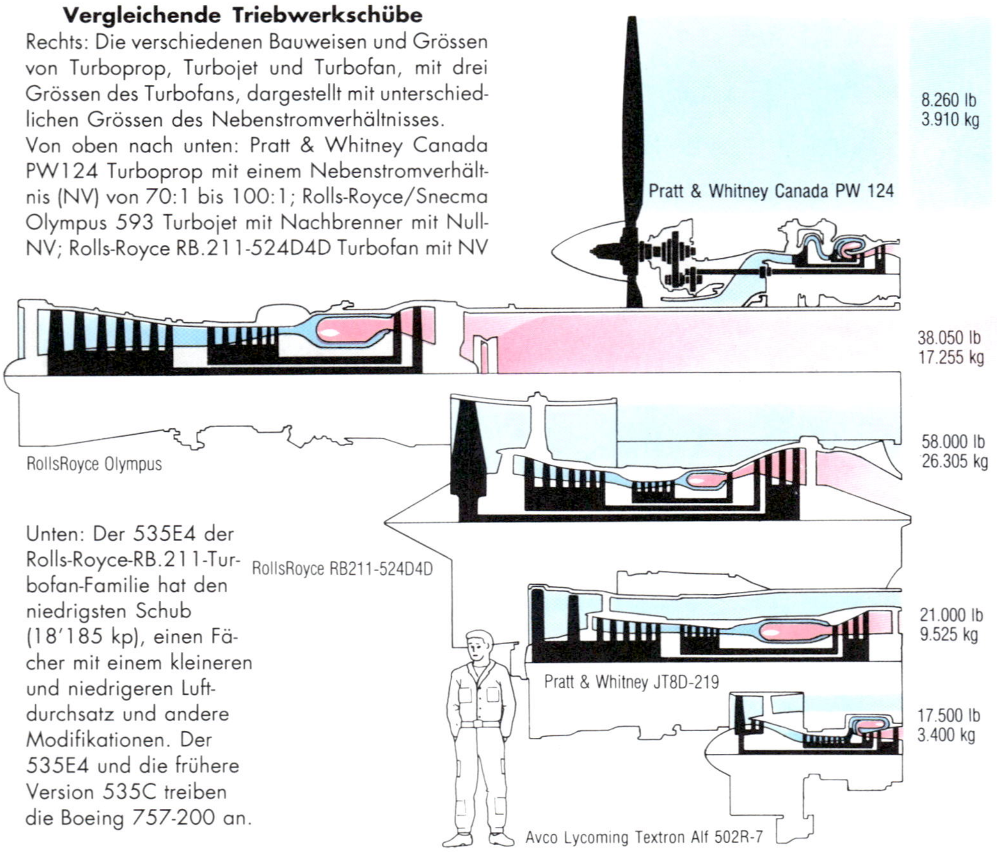

Unten: Der 535E4 der Rolls-Royce-RB.211-Turbofan-Familie hat den niedrigsten Schub (18'185 kp), einen Fächer mit einem kleineren und niedrigeren Luftdurchsatz und andere Modifikationen. Der 535E4 und die frühere Version 535C treiben die Boeing 757-200 an.

Triebwerks-Reiseflug-Leistungsbereiche
Unten: Vergleich (Höhe/Geschw./spez. Treibstoffverbrauch) von (1) Olympus 598 in der Concorde; (2) JT8D-219 in der McDonnell-Douglas MD-80; (3) RB211-524D4D in der Boeing 747; (4) ALF502R-7 in der BAe 146; und (5) PW124 in der BAe ATP.

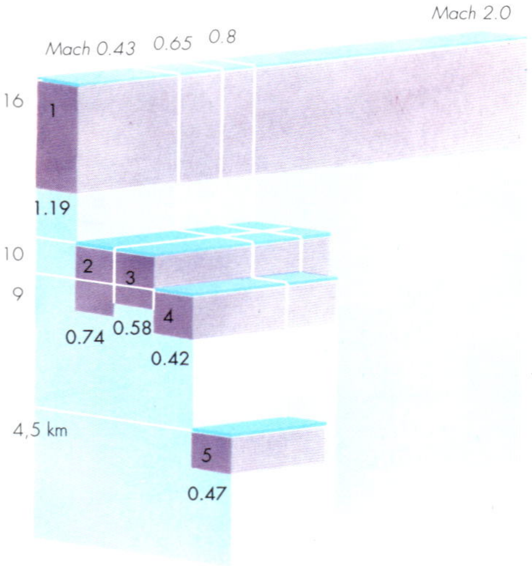

bot konkurrenzfähig wird. Die Förderung des Propfan-Triebwerks durch General Electric (das UDF soll das neue 150sitzige Boeing-Verkehrsflugzeug 7J7 antreiben) hat dazu geführt, dass auch andere Triebwerkhersteller mit ihren eigenen Projekten beginnen. Im Gegensatz zu den Turbofan-Triebwerken der verschiedenen Hersteller, die sich immer ähnlicher werden, hat der Propfan bereits zu einer Vielzahl von unterschiedlichen Konfigurationen inspiriert. Im Vergleich zu heute im Luftverkehr eingesetzten Triebwerken werden die Treibstoff-Ersparnisse mit dem Propfan auf beeindruckende 25 bis 35 Prozent geschätzt.

Der Turbofan
Turbofans treiben die grosse Mehrzahl der heute im Dienst befindlichen Verkehrsflugzeuge an und decken einen Leistungsbereich von 3'040 kp Schub (Avco Lycoming Textron ALF502 im Zubringerjet British Aerospace 146) bis 26'760 kp Schub (General Electric CF6-80C2 in der Boeing 747 und 767 und den Grossraum-Flugzeugen A300 und A310 von Airbus

Propfan

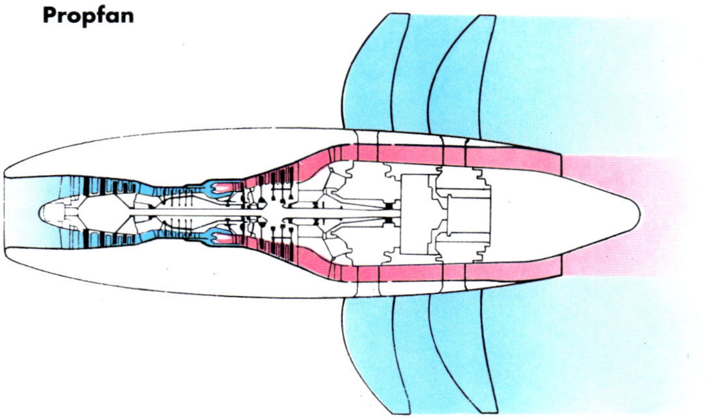

UHB-Turbofan

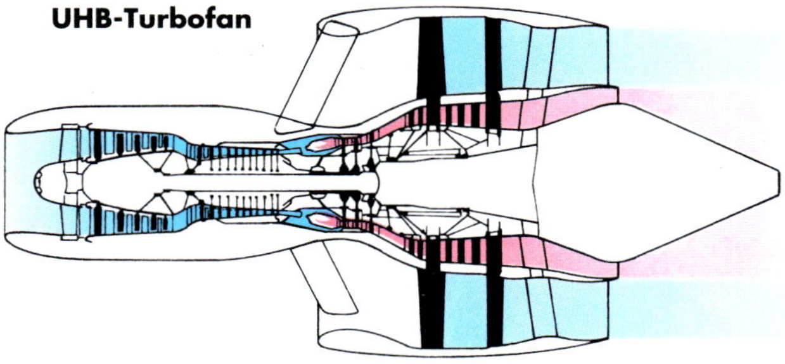

Oben links: Attrappe des projektierten Rolls-Royce-Gegenlauf-Fan mit einem Turbofan mit hohem Nebenstromverhältnis (Leistung 22'675-29'480 kp). Unten: Attrappe des 10'000 Wellenvergleichs-PS starken PW-Allison-Engines-578-DX-Propfan-Triebwerks mit gegenläufigem Hamilton-Standard-Propfan hinten. In der Mitte sind die Abgasauslässe.

Zeichnungen oben: Propfan mit doppelspuligem Gasgenerator und nach hinten verlagertem Getriebe, das einen offenen, gegenläufigen Fan nach der Druckmethode antreibt. UHB-(Ultra-high-bypass)-Turbofan mit hohem Nebenstromverhältnis, vorne montierten Gasgeneratoren und einem «getriebelosen», gegenläufigen, ummantelten Fan.

Industrie) ab. Die typische Bauweise ist doppelachsig mit einem einstufigen Verdichter plus Turbine am Niederdruck-Rotor und dem Kerngehäuseteil, das einen Axial-Kompressor (und Brennkammer) plus eine Turbine am Hochdruck-Rotor umfasst. Eine Ausnahme bei dieser Auslegung ist der RB.211, der drei Achsen hat; Kompressor und Hochdruck-Turbine sind getrennt in Zwischen- und Hochdruck-Rotoren. Andere Besonderheiten von Turbofans sind: die Anwendung des Umkehr-Schubes, normalerweise ein Kaskaden-Typ, der sich den Fächer-Luftstrom zunutze macht; Modul-Bauart, um zu vermeiden, dass das ganze Triebwerk im Falle eines einzelnen Komponentendefektes gewechselt werden muss; Einrichtungen zur Sicherstellung des einwandfreien Zustandes des Triebwerkes und Zustandsüberwachung an der Brennkammer und den hauptsächlichen beweglichen Bauteilen, um Fehlerquellen schon in der Entwicklungsphase erkennen zu können; und in zunehmendem Masse kompliziertere Triebwerksüberwachungssysteme, die zu vollautomatischen digitalen Triebwerkskontrollen führen.

Der Propfan

Der Wissensstand bei Propfans ist noch in einer frühen Phase. General Electric begann mit der Testserie am Boden zur Überprüfung des konzept-getreuen UDF-Schubs von 11'340 kp im Jahre 1985 und mit Testflügen an einer Boeing 727 im August 1986. Dieses 4'080-7'260 kp schubstarke Allison/Pratt-&-Whitney Modell-578-DX-Propfan und bestimmte Entwurf-Studien von Rolls-Royce sind insofern alle von vergleichbarem Konzept, als jedes einzelne durch gegenläufige Schaufeln gekennzeichnet ist, die am hinteren Ende offen (nicht ummantelt) angebracht sind. Im Inneren unterscheiden sich die Einheiten jedoch ganz bemerkenswert. General Electric baut im UDF kein Untersetzungs-Getriebe zwischen der Niederdruck-Turbine und dem Propfan ein, und die Turbine ist insofern ungewöhnlich, als sie miteinander vernetzte gegenläufige Rotoren hat. In seinem Entwurf ist der Allison 578-DX der konventionellste der drei Typen, indem er den Triebwerkskern zur Energieübertragung auf eine Druckturbine benutzt, die über ein Getriebe die Rotoren antreibt. Nach dem Ausstossen in die Atmosphäre fliessen die Abgase der Druckturbine über die Wurzeln der Fanschaufeln. Diese letztere Auslegung wird bei den neueren Entwürfen von R-R dadurch vermieden, dass die Turbinen-Abgase innen über turbinenartig geformte Naben mit einer weiten Profilsehne, die die Fanschaufeln tragen, geführt werden. Die bis jetzt aufgeführten Propfan-Entwürfe wenden alle «Druck»-Fans an, die sicherstellen, dass die Triebwerkeinlässe «saubere» Luft einlassen. Die Anfälligkeit von Fans für Fremdkörper-Schäden bedeutet, dass praktisch alle diese Triebwerke am Rumpfende montiert werden müssen, wobei die Schaufeln sich hinter dem Schott der Druckkabine befinden. Als eine alternative Anordnung kann das Allison-Modell 501-M78 angesehen werden, das einen gleichläufigen Propfan antreibt, und einige R-R-Studien machen sich die Anwendung von «Zug»-Fans zunutze, die auf den Flächen montiert werden können. Im Gegensatz dazu zielt eine Gruppe von Propfan-Entwürfen darauf hin, die Lärm-, Vibrations- und Sicherheitsprobleme des offenen Fans abzumildern, und verwendet einzelläufige, ummantelte Fans, die in den meisten Fällen über ein Getriebe angetrieben werden. Diese Einheiten entsprechen den Turbofans mit aussergewöhnlich hohen Nebenstromverhältnissen (der hierfür typische Bereich liegt bei 15:1 bis 25:1), und die Ummantelung sorgt sowohl für das Auffangen weggeschleuderter Schaufeln als auch für einen effizienteren Leistungsbereich bei hohen Geschwindigkeiten. Die niedrigeren Nebenstromverhältnisse bedeuten jedoch, dass die Reduzierung beim spezifischen Treibstoffverbrauch geringer

Rolls-Royce Dart Mk 552

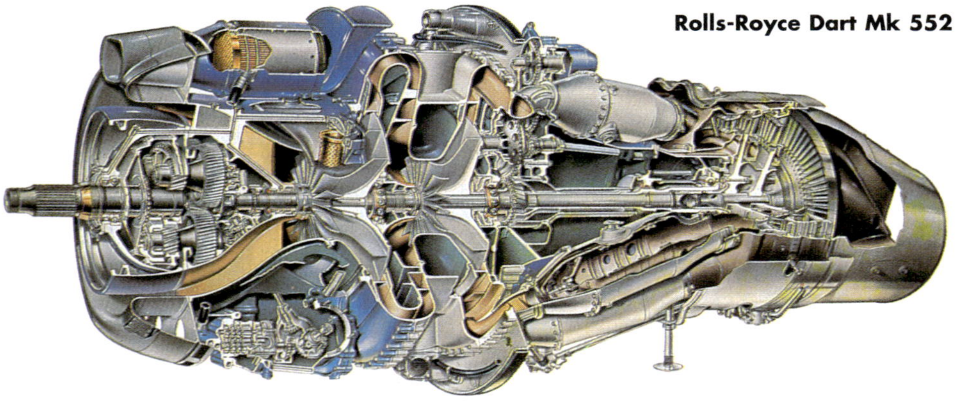

Oben: Repräsentativ für Turboprops kleiner oder mittlerer Leistung. Von links nach rechts: Getriebe, Kompressor, Brennkammer, Turbine.

Rechts: Pratt & Whitney PW 124 Turboprop mit einer sechsblättrigen Luftschraube BAe/Hamilton Standard.

Unten: Rolls-Royce-Tay-Turbofan auf einem R-R-Triebwerks-Lärm-Prüfstand. Der 5'635-6'850 kp schubstarke Tay treibt die Fokker 100 und Gulfstream GIV an und versetzt beide Flugzeuge in die Lage, allen internationalen Lärmvorschriften zu entsprechen.

ist als beim UDF-Konzept. Pratt & Whitney und Motoren- und Turbinen-Union (MTU) arbeiten auf dem Forschungsgebiet für diese Konfiguration eng zusammen. Das entsprechende Konzept von Rolls-Royce hebt sich durch einen gegenläufigen, ummantelten Fan hervor, der in der Mitte oder am Rumpfende angebracht wird, und bei einigen «getriebelosen» Entwürfen arbeitet R-R GEs Formgebung einer vernetzten gegenläufigen Fanturbine ein. Alles in allem geht der Trend dahin, dass offene Fans auf die Anwendung bei Kurz-/Mittelstrecken-Flugzeugen limitiert werden, wohingegen ummantelte Fans eher für jumboartige Langstrecken-Verkehrsflugzeuge geeignet sind, wo auf der Fläche montierte Triebwerke erwartungsgemäss bevorzugt werden. Das deutet an, dass offene Fans wahrscheinlich im mittleren Schubbereich sein werden und ummantelte Fans im hohen Schubbereich. Es gilt als fast sicher, dass der erste Propfan, der beim Passagier-Luftverkehr eingeführt wird, General Electrics bahnbrechendes UDF-Triebwerk sein wird, das die 150sitzige Boeing 7J7 antreibt, deren Indienststellung im Jahre 1992 geplant ist.

Der Turboprop

Bis heute ist die am weitesten angewandte Konfiguration eines Turboprops die einachsige Ausführung gewesen, wie sie typisch ist für den R-R Dart (4'000-5'000 Wellenvergleichs-PS / 1'500-2'240 kW) und das Allison-Modell 501/T56 (4'000-5'000 Wellenvergleichs-PS / 2'985-3'730 kW). Ersterer benutzt einen Zentrifugal-Kompressor und ein integrales Getriebe und das letztere einen Axial-Kompressor und ein fest verstrebtes Getriebe. Für den Zubringer- und Kurzstrecken-Einsatz sind zwei- und dreiachsige Turbinenauslegungen im niedrigen bis mittleren Kraftentwicklungs-Bereich in der letzten Zeit in Dienst gestellt worden. Im Hochleistungs-Bereich hat sich die R-R Tyne (5'000-8'000 Wellenvergleichs-PS / 3'730-5'970 kW) mit der Anwendung eines doppelspuligen Kompressors und einem integralen Getriebe als einzigartig erwiesen. Für die Zukunft besteht die Möglichkeit, dass die Wellenleistungsturbinen von Pratt & Whitney PW3005 und/oder General Electric GE27 (5'000 Wellenvergleichs-PS / 3'730 kW), die mit militärischer Finanzhilfe als Demonstration moderner Technologie entwickelt worden sind, als zivile Turboprop-Triebwerke modifiziert werden können.

Zukünftige Entwicklungen

Die NASA kam 1986 bei der Überprüfung der zukünftigen Möglichkeiten des Flugzeugantriebs zu folgender Wertung: Erstens Weiterentwicklung, zweitens neue Entwicklungen bei Hochtemperatur-Triebwerken und drittens revolutionäre Konzepte, die radikale Veränderungen in der Struktur der Raumfahrtindustrie erfordern. Die auf die heutigen zivilen Triebwerke anwendbare Stufe heisst «Weiterentwicklung», und hier sah die NASA im Leistungsbereich eher grosse als kleine zu erreichende Verbesserungen. Die drei erfolgversprechendsten Wege führen über fortschrittliche Aerodynamik, innovatives Design und neue Materialien. Fortschritte auf dem Gebiet der Aerodynamik kann man in dem stetigen Anstieg bei den Kompressor-Druckverhältnissen sehen, mit einem angestrebten Verhältnis von 40:1 bei vergleichbarer Anzahl von Stufen wie bei Triebwerken mit einem heutigen Verhältnis von 30:1. Aerodynamik schliesst auch das ein, was R-R als aerotherme Technologie bezeichnet, die sich insbesondere auf die Kühlung der Turbinenschaufeln bezieht. R-R ist hierdurch bereits in die Lage versetzt worden, beim RB.211-523DAD Turbineneintrittstemperaturen von 1'377 Grad Celsius zu erreichen. Die Hochtemperatur-Demonstrations-Einheit von Rolls-Royce ist nahe bei 1'577° C gefahren worden, und ausgangs der 80er Jahre werden zur Demonstration Temperaturen von 1'727° C geplant.

Dieses Kapitel, das so weit nach vorne schaut, wie man überhaupt zu versuchen wagt, nämlich in das 21ste Jahrhundert, befasst sich in der Hauptsache mit dem Markt des Passagier-Massenverkehrs. Wie die meisten grossen Flugzeuge, können grosse Passagiertransporter unter vier Untertiteln untersucht werden: Aerodynamik, Struktur, Vortrieb und Systeme. Vor fünfzig Jahren hat die DC-3-Ära die freitragende Eindeckerfläche als die widerspruchslose Auftriebsfläche für die meisten Flugzeuge etabliert, und praktisch alle diese Tragflächen haben Klappen, um beim Start den Auftrieb und bei der Landung Auftrieb und Widerstand zu erhöhen. Mit dem Aufkommen der Düsenflugzeuge in den 50er Jahren wurden die Flächen im allgemeinen dünner; zumindest wurde das Verhältnis der Dicke (gemessen von oben nach unten) zur Profilsehne (Distanz von der Vorderkante bis zur Hinterkante) erheblich reduziert, von rund 17 Prozent auf kaum die Hälfte dieses Wertes. Dies wurde zum Teil dadurch erreicht, dass die Flächen in einem Winkel von ungefähr 35 Grad gepfeilt wurden. Der Trend schien zu dünneren Flächen und grösserer Pfeilung zu gehen, tatsächlich ist aber – mit Ausnahme des Überschallflugzeuges Concorde – das Gegenteil eingetreten.

Aerodynamik

Fortschrittliche Düsenflugzeuge von heute haben Flächen mit einem grösseren Dicke/Flügelsehne-Verhältnis, typisch ist ungefähr 12 Prozent, und eine auf zwischen 15 und 28 Grad reduzierte Pfeilung. Andererseits ist die Flügelstreckung (die Schlankheit des Flügel-Grundrisses, die als Quadrat der Spannweite, geteilt durch die Flügeloberfläche definiert wird) immer grösser geworden: 6,96 für die Boeing 747; 7,77 bei der Boeing 757; 7,9 bei der Boeing 767; 8,8 beim Airbus A 310 und 9,39 für die A 320. All das ist durch die sogenannten «superkritischen» Tragflächen-Profile ermöglicht worden, wodurch die Tragflächen bei Mach-Zahlen von ungefähr 0,80-0,85 relativ dicker sein können, ohne zusätzlichen Widerstand zu erzeugen. Dies wiederum reduziert das Strukturgewicht, lässt mehr Platz für Treibstoff und hat andere Vorteile. Grössere Flügelstreckung hat einen direkten Effekt auf den Wirkungsgrad im Reiseflug, so dass die Reichweite bei einer vorgegebenen Menge an Treibstoff erhöht wird. Es gibt keinen Grund, daran zu zweifeln, dass mit verbesserten Materialien Flügelstreckungen mit dem Wert 12 erreicht werden. Kombiniert mit einer verbesserten thermodynamischen Triebwerks-Effizienz, würde das die «Meilen-pro-Gallone»-Zahl um 25-35 Prozent verbessern. Dies hat bereits die Streckendistanzen revolutioniert, die bei der gegebenen Flugzeuggrösse wirtschaftlich geflogen werden können. Nach dem Zweiten Weltkrieg galt ein Flugzeug, das Strecken von mehr als 1'610 km fliegen konnte, als Langstrecken-Flugzeug. Ohne nachzutanken war es praktisch unmöglich, über den Nordatlantik zu fliegen. Mit riesigen Flugzeugen, wie zum Beispiel der Bristol Brabazon, konnte man es mit völlig unwirtschaftlicher Nutzladung eben nur versuchen. Heute können schwere Passagier- und Frachtlasten mit ganz bescheidenen zweimotorigen Flugzeugen über

Unten: Stetige Bemühungen von Ingenieuren haben in den letzten Jahren zu einer Anzahl kleiner, aber bedeutender Innovationen geführt. Eine davon ist der Grenzzaun oder an diesem Airbus A 310 ein Flächen-End-Zaun, der die Flügelstreckung erhöht.

Oben: Airbus A 320. Dank vieler fortschrittlicher Merkmale in seinem aerodynamischen Entwurf, der Herstellung, den strukturellen Ideen und Systemen, kann er mit Recht für sich in Anspruch nehmen, das fortschrittlichste Verkehrsflugzeug der 80er Jahre zu sein.

Flugzustandsangepasste Tragfläche

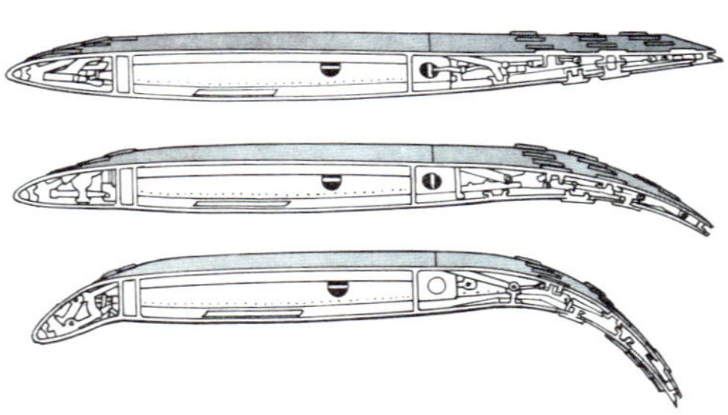

Links: Dank der Verformbarkeit neuer, nicht metallischer Materialien, die für strukturelle Teile verwendet werden, war Boeing in der Lage, diese dem jeweiligen Flugzustand angepasste Fläche zu entwickeln, die im Flug ihr Profil ändern kann.

Oben: Die von Boeing entwickelte, dem jeweiligen Flugzustand angepasste Fläche wird bei der NASA an einer modifizierten P-111 A im Flug getestet.

Links: Die NASA hat diesen Jetstar eingesetzt, um auf Flächenteilen die Laminarfluss-Kontrolle zu testen.

den Nordatlantik geflogen werden, und eine Strecke von 1'610 km ist Kurzstrecke, Mittelstrecke 4'830 km, und die Langstrecken fangen erst bei 9'665 km an – eine Distanz, die vor vierzig Jahren weit jenseits selbst der Zukunftspläne eines Menschen war, der Flugzeuge entworfen hat.

Es ist oft betont worden, dass das einzige, was das Flugzeug anzubieten hat, die Geschwindigkeit ist. Bis ungefähr 1960 traf das zu. Die Erbauer von mit Kolbentriebwerken ausgerüsteten Flugzeugen suchten, auf jede mögliche Art mehr Geschwindigkeit zu erreichen, verloren jedoch gegenüber dem Turboprop, der seinerseits von den Düsenflugzeugen fast hinweggefegt worden ist. Designer von Jet-Flugzeugen haben manchmal schlimm versagt, wenn sie versuchten, mehr Geschwindigkeit herauszuschlagen; der klassische Fall hierfür ist die Convair CV-990 Coronado. Heute ist nicht nur der Propeller zu den Flugplätzen der Welt zurückgekehrt, auch das Düsenflugzeug hat die gewünschten Geschwindigkeiten und wird daher ganz in solch neue Richtungen hin entwickelt wie grössere Zuverlässigkeit, reduzierter Treibstoffverbrauch, weniger Lärm, verbesserte digitale Fluginstrumente und vor allem reduzierte Kosten. Vom aerodynamischen Standpunkt aus betrachtet, bedeutet dies Widerstandsreduzierung am gesamten Flugzeug. Viele frühere Anbringungen, wie zum Beispiel Flächenzäune, Vortillons (Zäune an der Unterseite der Tragfläche bei der MD-80) und Vortex Generators (Wirbelerzeuger), werden eliminiert, während das Winglet (Flügelendscheibe) oder der wing-tip-fence (Flächen-Spitzen-Zaun), wie Airbus ihn bezeichnet, definitiv im Kommen sind. Aber ein grösseres, fundamentales Ziel ist das Erreichen eines laminaren (nicht verwirbelten) Luftstromes. Die dünne Luftschicht, die die heutigen Flugzeuge umgibt, ist fast immer hochturbulent, was den Widerstand erheblich erhöht. Wenn diese sogenannte Grenzschicht laminar gemacht werden kann, kann der Widerstand um mehr als die Hälfte reduziert werden. Vor fast vierzig Jahren versuchten Ingenieure schon, ein Flugzeug mit Laminarfluss zu entwerfen; typisch hierfür war das Absaugen der Grenzschicht nach innen in das Flugzeug durch poröse oder fein perforierte Bespannungen. Dies hat sich als sehr schwierig zu erreichen herausgestellt, und schon die geringste Unregelmässigkeit auf der Fläche (wie zum Beispiel eine Fliege, die beim Start gegen die Vorderkante der Fläche zerquetscht wurde) verursachte eine schwere Turbulenz. Obwohl äusserlich nicht erkennbar, werden zukünftige Verkehrsflugzeuge mit Sicherheit ausgeklügeltere Flächen haben als jene, die heute fliegen. Die A 330 und A 340 läuten eine neue Ära ein, in welcher eine Tragflächensektion oder ein Profil während der gesamten Dauer des Fluges unter Computer-Kontrolle variiert werden kann, um das höchste Auftrieb/Widerstand-Verhältnis aller Zeiten zu erreichen. Diese neuen europäischen Flugzeuge nutzen zu diesem Zweck einfach die Landeklappen, aber die ideale Lösung ist ein völlig variables Profil ohne irgendwelche Gelenke oder Unterbrechungen, das mit der Profilvariation einer Vogelschwinge rivalisieren kann. Die Boeing Military Co. hat eine grobe Form einer solchen Fläche mit der Bezeichnung Mission Adaptive Wind (flugzustandsangepasste Fläche) an einer F-111 angebracht, und es könnte sein, dass so um 2010 die Flugzeug-Designer in Begriffen einer verfeinerten flugzustandsangepassten Fläche denken werden. Heute ist der Kampf um das Flugzeug mit laminarer Luftströmung wieder entbrannt, und es sieht so aus, als ob dieser Kampf weit vor dem Jahr 2000 gewonnen werden kann. In der Tat ist es theoretisch möglich, durch die Anwendung radikal neuer Flügelprofile mit geringer oder Null-Pfeilung einen natürlichen Laminarfluss zu erreichen, ohne dass Energie für Absaugen oder Blasen verwendet werden muss. Schon wenn dieses Buch erscheint, könnte sich jemand dazu entschlossen haben, ein solches Flächenstück in natürlicher Grösse im Fluge zu testen. In der Zwischenzeit kann bei normalen Düsenflugzeugen der Widerstand dadurch reduziert werden, dass man entlang der Oberseite der Tragfläche genau vor dem Verdichtungsstoss einen Schlitz einschneidet und einen zweiten Schlitz genau hinter dem Verdichtungsstoss und dann die beiden Schlitze unter der Oberfläche der Tragfläche miteinander verbindet: Druckunterschiede lassen die Luft zu einem Schlitz einfliessen und zum anderen wieder rausfliessen, schwächen so den Verdichtungsstoss und stabilisieren seine Position. Der grosse Vorteil besteht darin, dass der schwache Verdichtungsstoss nicht mehr eine solch massive Ablösung der abfliessenden Grenzschicht von der Fläche bewirkt. Dies könnte den Widerstand um 2-3 Prozent reduzieren, und eine genau so grosse Widerstandsreduzierung könnte durch limitierten Laminarfluss an den Motorgondeln und Teilen der Zelle erreicht werden.

Strukturen

Eine allgemeine Regel ist, dass Zivilflugzeuge in der Einführung neuer Technologien den Kampfflugzeugen etwa drei bis 15 Jahre hintennach hinken. Von dieser Regel ausgegangen, wird die Struktur des Verkehrsflugzeuges des Jahres 2000 wahrscheinlich in der Hauptsache aus weiterentwickelten Verbundwerkstoffen hergestellt werden. Letztere kann man sich entweder als durch sehr starke Fasern verstärkte Plastikmate-

Neue Materialien

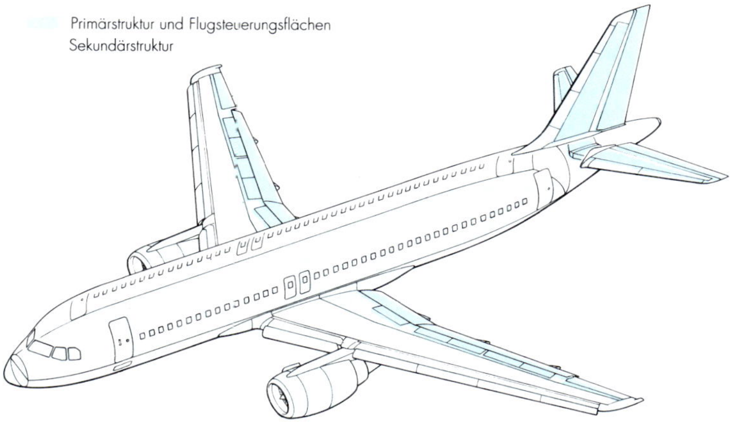

Links: Die Bezeichnung «Verbundwerkstoffe» umfasst eine Anzahl von neuen, nicht metallenen Materialien wie Kohlefaser-Verbundstoff oder glasfaserverstärktes Plastikmaterial. Sie können bei einer grossen Anzahl von Flugzeug-Teilen verwendet werden.

Unten: Die Embraer Brasilia, ein gutes Beispiel für die Anwendung von Verbundwerkstoffen nach dem Wissensstand der 80er Jahre.

Unten: In den 80er Jahren haben die Flugzeug-Designer mit vielen neuen Ideen experimentiert, z. B. mit nichtmetallenen Materialien, die bei niedrigem Gewicht grosse Stärke offerieren. Die Beechcraft Starship ist ein Beispiel für diese Bauweisen. Sie hat als besonderes Merkmal Flächen in Schalenbauweise mit Flügelspitzen-Stabilisatoren aus Verbundwerkstoff und variable vordere Steuerflächen.

Oben: An der Nase angebrachte Steuerflächen (Canards) sind Mitte der 80er Jahre bei gossen Geschäftsflugzeugen in Mode gekommen, wie bei der Beechcraft Starship (unten links) und der Piaggio Avanti (oben).

Links: Propfan oder nicht ummantelter Fan-Motor, hier auf einem Testflug an einer Boeing 727 zu sehen. Propfans werden möglicherweise im Jahre 1992 in der Luftfahrt in Dienst gestellt.

rialien vorstellen oder alternativ als Millionen von Fasern, die mit einem Bindemittel zusammengefügt werden, wobei letzteres gewöhnlich ein Epoxylin-Harz, ein Polyamid oder ein anderes «Plastik»-Material ist. Im allgemeinen sind Verbundwerkstoffe genau so stark wie die stärksten Metall-Legierungen, und sie wiegen zudem weniger als die Hälfte. Oft sind die Fasern sehr teuer, aber die Produktionskosten der Bauteile sind viel geringer, weil es weniger separate Teile gibt, wohingegen in den Flugzeugen von heute Hunderte von Teilen durch Nieten, Bolzen und Schweissnähte miteinander verbunden werden müssen. Bis jetzt haben die am weitesten entwickelten Flugzeuge, wie die A 320, das gesamte Leitwerk aus Verbundwerkstoff, was die grösste auf Kohlefaser-Verbundstoff basierende Anwendung darstellt. Es ist ziemlich sicher, dass die nächste Generation der Verkehrsflugzeuge Flächen, Zelle und Motorgondeln haben wird, die zum grössten Teil aus Verbundstoff gefertigt sind, und hochbelastbarer Stahl verbleibt im Fahrwerk und in hochbelasteten Gelenken und natürlich in den Triebwerken. Seit Anfang der 70er Jahre sind Schritt für Schritt Aluminium-Lithium-Verbindungen bei Düsen-Verkehrsflugzeugen eingeführt worden, in der Hauptsache von Boeing. Die Ergebnisse blieben weit hinter der Erwartung zurück, und heute sind diese «Wunder-Metalle» nicht mehr aufregend, selbst wenn einige Dauerprobleme scheinbar gelöst worden sind.

Andererseits werden alle Grundmetalle hundert- bis tausendmal schwächer gemacht, als sie sein könnten, weil sie aus astronomischen Zahlen starker Kristalle zusammengesetzt sind, die alle mit sehr schwachen Verbindungen wahllos vermengt sind. Wenn zum Beispiel nur ein kompletter Flügelholm aus einem einzigen perfekten Kristall hergestellt werden könnte, könnte er ohne Verlust an Stärke vielleicht um 99 Prozent leichter gemacht werden als vorher. Bis jetzt können nur wenige kleine Teile, zum Beispiel Turbinenschaufeln, aus Ein-Kristall-Material hergestellt werden, und es besteht nicht viel Hoffnung, bald ein ganzes Flugzeug aus einem Ein-Kristall-Metall herzustellen. Zum gegenwärtigen Zeitpunkt muss man versuchen, kleinere Gewinne zu erzielen, und zwar aus solchen verbesserten Herstellungstechniken wie SPF/DB (superplastic forming and diffusion bonding = superelastische Formgebung und Diffusions-Abbindung), wodurch in der Tat starke Metalle in komplexe, dünnwandige Formen ohne Verbindungsstücke geformt werden können. Solche Merkmale sind äusserlich nicht sichtbar, im Gegensatz zu grösseren Änderungen in der Konfiguration. Der Autor hat immer schon hinten angebrachte Leitwerke (horizontale Flosse) und Höhenruder gehasst, die dem Flugzeug beim Startvorgang den Schwanz nach unten drücken und so im schwierigsten Moment des Fluges das Gewicht um viele Tonnen erhöhen. Es ist viel vernünftiger, eine Canardsteuerfläche zu benutzen, welche dieselbe Aufgabe durch Anheben der Nase erfüllt und als Folge einen Teil des Gewichtes von der Fläche wegnimmt; während jedoch die hoch-instabile Canard-Konfiguration für Jagdflugzeuge gut ist, ist sie für Verkehrsflugzeuge nicht so gut geeignet. Nichtsdestoweniger wird nach Ansicht des Autors das Passagier-Flugzeug des 21sten Jahrhunderts eine Canard-Konfiguration sein, zumindest mit verbesserter statischer Stabilität. Es gibt keinen Grund, daran zu zweifeln, dass der Luftverkehr weiterhin wachsen wird, was bedeutet, dass die Einheitengrösse der «Fahrzeuge» mitwachsen wird. Beim grössten Passagier-Flugzeug von heute, dem Modell 747-400, ist noch eine kleine Streckung möglich bis auf ein Maximum mit ungefähr 700 Passagieren, mit einem volldurchgezogenen Oberdeck. Bei Projektbeginn für das Modell 747 hat Boeing sehr sorgfältig eine Doppel-Röhren-Anordnung geprüft, entweder das traditionelle «Doppel-Libellen»-System mit übereinander angebrachten Röhren, die fast in gleicher Länge das Ober- und Unterdeck umfassen, oder das radikale Parallel-Röhren-Layout mit links und rechts je einem Rumpf, das zu einer Kabine von etwa 12 m Weite führen würde, mit einer Reihe von Pfeilern in der Mittellinie, um die oberen und unteren Kabinenbespannungen gegen Druckkräfte zusammen zu halten, die in Tausenden von Tonnen gemessen werden. Auch andere Architektengruppen haben sich mit dieser Anordnung befasst, die zu einem Grossraum wie dem Gesellschaftsraum auf einem grossen Passagier-Schiff führen würde. Da das Modell 747-400 und die zukünftigen Versionen des Modells 747-500 die «Doppel-Blasen»-Ausführung übernommen haben, werden die 1'000sitzigen Flugzeuge von morgen dieses System übernehmen, weil es die beste Auslegung zu sein scheint. Natürlich wird das Ungeheuer mit 1'000 Sitzen zwei übereinanderliegende Decks haben, trotz der Attraktivität eines 12m breiten Fussbodens. Vor 40 Jahren brachte Northrop die Idee eines Nur-Flügel-Flugzeugs, das die effizientest mögliche Formgebung zu sein schien. Natürlich erscheint es attraktiv, den Rumpf und das Leitwerk wegfallen zu lassen und die Motoren einzubetten, aber es bleibt die Tatsache, dass die effizientesten, jemals gebauten Flugzeuge alle grosse Rümpfe und relativ kleine Flächen haben.

Vortrieb

Vor vierzig Jahren glaubte man, der Turbojet sei nur auf Kurzstrecken brauchbar, der Turbofan (erfunden von Whittle in den 30er Jahren) wurde überhaupt nicht beachtet, und für lange Strecken suchte man die Antwort im Verbund-Diesel oder weiterentwickelten Turboprop. Heute hat der Turbofan jede gewünschte Reichweite möglich gemacht: Zum Beispiel kann die Boeing 747 der Cathay Pacific mit voller Zuladung an einem heissen Tag von Hong Kong nach London fliegen, ohne dass ein Zwischenhalt erforderlich wird. Die grossen Laminar-Flugzeuge von morgen werden London–Sydney schaffen, und viele Reisende würden wahrscheinlich einen Zwischenhalt willkommen heissen, um ihre Beine zu vertreten. Augenblickliche Bemühungen um höhere Nebenstromverhältnisse, insbesondere durch Propfan und unducted fan, zielen fast alle auf die Reduzierung des Treibstoffverbrauchs, jedoch nicht wegen dringend benötigter Reichweiten-Verlängerung. Es wäre möglich, ein Triebwerk mit einem hohen Nebenstromverhältnis und einem Gesamtdruckverhältnis von über 40 und einer Turbineneintrittstemperatur von 1'500° C zu bauen. Dieses könnte einen eindrucksvoll niedrigen Treibstoffverbrauch haben, vorausgesetzt, man könnte die lichte Höhe zusammenziehen und den Luft- und Gasverlust minimieren. Unglücklicherweise würde ein solches Triebwerk eine grosse Anzahl von extrem teuren Schaufeln haben, und seine Gesamtwirtschaftlichkeit würde wahrscheinlich schlechter sein als die eines einfacheren

Triebwerks mit scheinbar weniger aufregenden Entwurfsparametern. Es kann nicht deutlich genug betont werden, dass über das Jahr 2000 hinaus die Luftfahrtgesellschaften von den Triebwerksplanern nicht so sehr einen aufregenden Leistungsbereich als vielmehr absolute Zuverlässigkeit und unerschütterliche Betriebskosten erwarten. Der richtige Zeitpunkt für die Einführung der UDF-Triebwerks-Typen ist zum gegenwärtigen Zeitpunkt Gegenstand heftiger Diskussionen. Boeing versucht, den Bau der A 320 zu verzögern und die Welt dazu zu überreden, auf das mit einem UDF-Triebwerk ausgerüstete Modell 7J7 zu warten. Im Chor mit McDonnell Douglas und General Electric verkündet Boeing, dass das UDF Anfang 1992 im Luftverkehr in Dienst gestellt werden wird. Vielleicht ist dem so, aber es gibt noch mehrere wichtige Unbekannte, und dem Vertrag von 1956 zwischen Northwest und Airbus über bis zu 100 A 320 kann erhebliche Bedeutung zugemessen werden. Zugegeben, das Abkommen räumt dem amerikanischen Unternehmen die Möglichkeit ein, jedes dieser aufeinanderfolgenden Pakete von 15 Flugzeugen nach den ersten zehn zu stornieren, aber wenn Verkehrsgesellschaften sich einmal auf einen grösseren Typ festgelegt haben, machen sie selten eine Kehrtwendung. Ende der 90er Jahre werden das UDF und der Propfan wahrscheinlich sowohl höhere Leistungen beim Reiseflug (verglichen mit den heutigen Turbofans) als auch relativ höheren Schub beim Startvorgang liefern und so die Möglichkeit schaffen, dass das maximale Startgewicht für jede vorgegebene Platzlänge erhöht wird. Als Annäherung an den ersten Auftrag würden vier UDF-Triebwerke (viel grösser als jemals entworfen), die einen Treibstoffverbrauch in derselben Höhe wie die Triebwerke eines 747-Modells von 1987 haben, zu einem Flugzeug mit einem maximalen Startgewicht von 725'760 kg sehr gut passen. Auf lange Sicht gesehen mag es notwendig werden, zu den heutigen Treibstoffen eine Alternative zu finden, obwohl die Schreckens-Geschichten über die Ölverknappung schon lange kursieren. Ziemlich viel Flüge sind mit verflüssigtem Naturgas (LNG = Liquified Natural Gas) durchgeführt worden, das sauber verbrennt und keine schwerwiegenden Probleme darstellt, aber auch dieser Treibstoff hat einen begrenzten Vorrat. Schliesslich scheint es vor dem Jahr 2020 wenig Alternativen zum LH2 (Flüssig-Wasserstoff) zu geben. Dies ist in vieler Hinsicht ein überragender Treibstoff, und die NASA hat damit 30 Jahre lang Flugmotoren betrieben, angefangen mit einer J65 mit Verdampfungsbrennern der British Sapphire, die nur wenig verändert werden mussten. Dank einem breiten Hintergrund an Erfahrung mit Rocketdyne- und Pratt-&-Whitney-Raketen-Triebwerken (unter anderen) wäre der Technologie-Transfer zu den Fluggesellschaften «nur» eine Angelegenheit von einigen zehn Milliarden Dollar. Die Probleme bestehen darin, dass wegen der geringen Dichte von Flüssigwasserstoff die Flugzeuge ungeheuer anschwellen würden, entweder mit gigantischen Tanks vor und hinter der Passagier/Fracht-Sektion oder mit ungeheuren Treibstoffgondeln weit draussen an den Flächen. Das letztere würde sicherlich vorgezogen werden, denn die Passagiere wären wahrscheinlich nicht sehr davon begeistert, zwischen kolossalen Tanks voll Flüssigkeit mit Temperaturen von -253° C verpackt zu werden. Unter den Pläneschmiedern hat Lockheed-California am meisten über Flüssig-Wasserstoff auszusagen gehabt, und trotz der enormen Grösse der benötigten Tankanlage erscheint es durchaus plausibel, dass dieses Flugzeug erscheint. Aus Gründen der thermodynamischen Effizienz schlägt das SST-(Überschall)-Triebwerk alle Unterschall-Triebwerke, hauptsächlich wegen der riesigen, erreichbaren Gesamtdruckverhältnisse. Es wäre einfach, ein attraktives Überschallflugzeug mit 350 Sitzen mit besseren wirtschaftlichen Daten als die der Concorde zu entwerfen, aber die Investition wäre erschreckend hoch.

Systeme

Die Diskussion der Systeme kann recht kurz gehalten werden, obwohl das der erregendste Bereich ist. Mit der A 320 ist das wirklich fortgeschrittene, voll-digitale Flugzeug (mit total integrierter Datenbus-Vernetzung) schon verwirklicht worden. Es gibt kein fundamentales Problem beim Umstellen von Kabelsträngen auf Faseroptik oder Lichtleiter (sogenanntes FBL, fly-by-light = fliegen mit Lichtleitern). Solche Lichtleiter bringen eine extreme Gewichtsreduktion und sind in der Lage, jede Sekunde Milliarden von Datenbits zu übertragen, ausreichend für die bordeigene Betriebs- und Wartungsaufzeichnung des grössten und komplexesten Flugzeuges. So wird also der Kapitän von morgen von seinem Sitz aus in einem einfachen Cockpit auf einem sonderbaren Fernsehschirm sofort den Druck in allen Reifen, den Standort jedes einzelnen Mitgliedes der Kabinenbesatzung, den Zustand von jedem Riegel an jeder Tür oder Luke, die Temperatur und die Temperaturentwicklung jedes beliebigen Teiles des Flugzeuges überprüfen können. Es könnte sogar eingearbeitete Bruch-Detektoren für jeden nicht doppelt vorhandenen Teil in der Primärstruktur geben.

Auf lange Sicht – nicht vor dem Jahr 2000 – müssen die Designer ganz klar von der Vorstellung Abschied nehmen, dass das Vortriebssystem nur dazu da ist, das Flugzeug vorwärts zu treiben. Die beste Art, das Verbrennen von Treibstoff sowohl in nützlichen Auftrieb als auch Vortrieb umzusetzen, schien jahrelang das Anblasen der Flügeloberseite (USB, upper-surface-blowing) zu sein; dieses bahnbrechende Verfahren wurde durch die NASA und Boeing Company insbesondere

Rechts: Im Jahre 1985 zeigte Lockheed dieses Konzept für ein Flugzeug des 21sten Jahrhunderts. Man schätzt, dass ein solches Flugzeug mit vier Flüssigwasserstoff-Triebwerken 234 Passagiere mit einer Geschwindigkeit von 2,7 Mach über eine Distanz von 7'400 km transportieren kann.

Unten: Anblasen der Flügeloberfläche ist eines von mehreren Systemen, vom Verbrennen des Treibstoffs einen wirkungsvolleren Auftrieb abzuleiten. Die abgebildete Asuka (Japan) benutzt diese Idee.

Oben: Bell hat mit den Kipp-Rotor-Prototypen XV-15 der späten 70er Jahre gezeigt, dass dieses Konzept technisch machbar ist.

Rechts: Das BAe-HOTOL-Konzept für ein wiederverwendbares Einstufen-Fahrzeug, das Nutzlasten in eine niedrige Erdumlaufbahn bringt, könnte die Basis für den Entwurf eines hypersonischen Flugzeuges sein.

Rechts: Anblasen der Flächenoberseite. Luft, die mit grosser Geschwindigkeit vom Turbofan-Triebwerk ausgestossen wird, bleibt mit der gekrümmten Flächenoberseite verbunden und erzeugt Auftrieb, wenn sie beim Abströmen anschwillt.

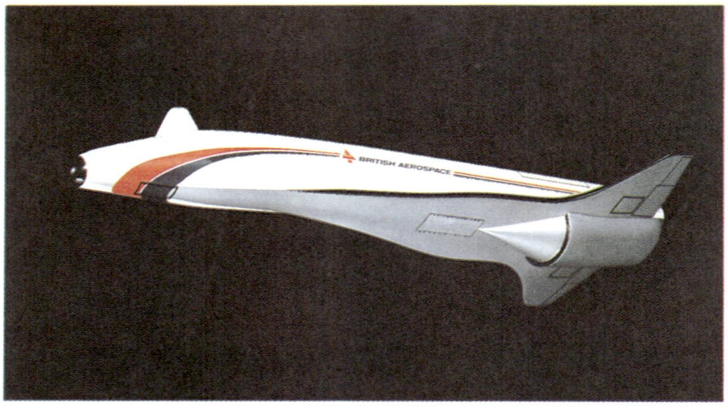

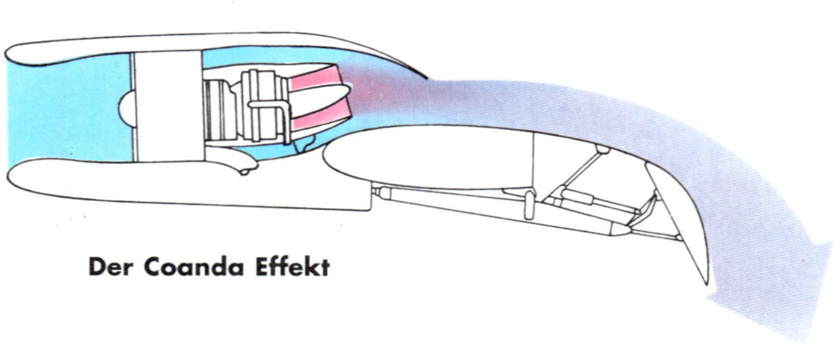

Der Coanda Effekt

mit der XC-14 und der QSRA (Quiet Short-haul Research Aircraft = ruhiges Kurzstart-Forschungsflugzeug) eingeführt. Es bestünde keine Schwierigkeit, ein 300sitziges Kurzstartflugzeug zu bauen, dem ein Landestreifen von 305 m Länge genügen würde, und zwar mit akzeptablen Umweltqualitäten, aber der Markt scheint kaum die notwendige Investition zu unterstützen. Was die Hubschrauber angeht, kann die kristallklare Vorhersage gemacht werden, dass es keine Zukunft für grosse Hubschrauber geben wird. Was der Hubschrauber wirklich bietet, ist die Fähigkeit zu schweben. Verkehrsflugzeuge schweben nicht: sie starten, fliegen von A nach B und landen. Für Flüge mit der Notwendigkeit des vertikalen Startens und Landens (VTOL = Vertikal take off and landing) ist das überlegene Fahrzeug das Kippflügelflugzeug oder das Kipprotorflugzeug, jetzt beispielhaft vorgeführt von der Bell/Boeing V.22 Osprey. Dieses Flugzeug hat eine bescheidene, aber wirtschaftlich noch vertretbare Grösse und ist mit 12'300 PS (9'172 kW) in der Lage, in einer zivilen Version 25 bis 30 Passagiere unterzubringen. Um das Jahr 2005 sollte es möglich sein, eine Nachfolge-Generation mit 90 Sitzen im planmässigen Flugdienst einzusetzen. Der Reiseflug-Wirkungsgrad ist doppelt so gut wie der eines Hubschraubers, ganz abgesehen von der Reisegeschwindigkeit von mehr als 628 km/h.

Die Flugzeuge

Jahr für Jahr nimmt die Anzahl der Flug-Passagiere überall in der Welt zu. Von Zeit zu Zeit erhält die Wachstumsrate zwar einen Dämpfer, so zum Beispiel im Jahre 1986, als die Spannungen im Nahen Osten und der Terrorismus sehr viele Touristen abschreckten. Aber der Trend geht weiterhin mit Entschiedenheit nach oben – und die Luftfracht hat sogar einen noch grösseren Zuwachs zu verzeichnen als der Passagier-Verkehr. Es ist daher verständlich, dass die Flugzeug-Hersteller dem Passagier-Flugzeug viel Aufmerksamkeit schenken. Marktforschungen rechnen damit, dass bis zum Ende des jetzigen Jahrhunderts Tausende von neuen Flugzeugen gekauft werden.

In diesem Teil sind Einzelheiten und Abbildungen der wichtigsten Flugzeugtypen zusammengestellt – in einem einheitlichen Format, um direkte Vergleiche zu ermöglichen. Diese Typen sind das Ergebnis früherer Marktforschungen, und ihre jeweiligen Gesamt-Produktions-Zahlen geben einigen Aufschluss über ihren Erfolg. Von den grössten «Jumbo»-Düsenflugzeugen bis zu kleinen Flugzeugen mit zwei Kolbentriebwerken, vom langsamen bis zum Überschallflugzeug, von Entwürfen, die ihren Ursprung vor dem Zweiten Weltkrieg haben bis zu jenen, die im Jahre 1988 auf dem Computer-Bildschirm Gestalt annahmen, soll hier die Rede sein. Obwohl die Produkte zahlreicher Flugzeug-Hersteller in vielen Ländern der Welt in diesem Buchteil eingeschlossen sind, wird das Geschäft durch wenige Giganten beherrscht: Boeing und McDonnell-Douglas in den Vereinigten Staaten; Airbus, British Aerospace und Fokker in Europa. Am unteren Ende der Skala herrscht jedoch kein Mangel an Konkurrenten, und auch ihren Produkten wird in diesem Buchteil die gebührende Aufmerksamkeit gewidmet.

AEROSPATIALE/BAC CONCORDE FRANKREICH/GROSSBRITANNIEN

Die Geschichte der Concorde geht bis in das Jahr 1955 zurück. In jenem Jahr nahmen Tochter-Gesellschaften von British Aerospace und Regierungsbeauftragte die vorbereitende Planungsarbeit über die Durchführbarkeit eines Überschallflugzeuges auf, was im Jahre 1956 zur Bildung des Supersonic Transport Aircraft Committee (STAC) führte. Unter den vom STAC untersuchten Entwürfen war der Bristol Typ 198 eine Projekt-Nummer, die mehrere unterschiedliche Flugzeug-Konfigurationen umfasste, deren vorteilhafteste einen schlanken Delta-Flügler mit acht Triebwerken und einer Reisegeschwindigkeit von 2,0 Mach darstellte. Im Laufe eines Prozesses kontinuierlicher Verfeinerung entwickelte sich dieser Entwurf zu dem kleineren Typ 223 mit vier Triebwerken und 110 Sitzen für einen Flugdienst zwischen London und New York. Während diese Arbeit in Grossbritannien vorangetrieben wurde, war ein ähnlicher Prozess in Frankreich in Gang gebracht worden, der um 1961 zu der Entwicklung eines Projektes mit der Bezeichnung Super Caravelle führte, das der Bristol 223 verblüffend ähnlich war. Durch Regierungsbeschluss wurden die britischen und französischen Designer auf ein einziges Projekt festgelegt, und am 29. November 1962 wurde zwischen den beiden Regierungen ein Übereinkommens-Protokoll unterschrieben. Die hauptsächlichen Firmen für die Zelle waren BAC und Aerospatiale, für das Triebwerk waren Rolls-Royce (die inzwischen Bristol Siddeley erworben hatten) und SNECMA verantwortlich.

Aérospatiale/BAC Concorde

1 schwenkbare Nase mit variabler Geometrie
2 Wetter-Radar
3 Feder-Paket/Einheit
4 Visier-Arbeitszylinder
5 «A»-Rahmen
6 obere Visier-Verriegelung
7 Visier-Gleitschienen u. Schlitten
8 Arbeitszylinder Hängenase
9 Führungssch. f. Hängenase
10 Hängenasen-Gelenk
11 Seitenruder-Pedale
12 Kapitän-Sitz
13 Instrumentenbrett-Abdeckung
14 vorderes Druckschott
15 rückziehbares Visier
16 Windschutzscheibe
17 regenabweisende Flüssigkeit für Windschutzscheibe und Scheibenwischer
18 Sitz des zweiten Piloten
19 Decken-Instrumentenbrett
20 Luftzuführung für Cockpit
21 Sitz f. 3. Besatzungsmitglied
22 Steuer-Relais-Zylinder
23 erster zusätzlicher Sitz
24 2. zusätzlicher, faltbarer Sitz
25 Regal für Radio und elektronische Instrumente (Kanal 2)
26 Regal für Radio und elektronische Instrumente (Kanal 1)
27 vordere Passagiertür
28 Stauraum für Rutschen/Schlauchboot-Paket
29 hochklappbarer Sitz für Kabinenbesatzung
30 vordere Kücheneinheiten (back- und steuerbord)
31 Toiletten (2)
32 Garderobe
33 Schlauchboote (à 26 Pers.)
34 Antenne für UKW 1
35 Deckenregale für Gepäck
36 Kabinenverkleidung (hitze- und geräuschisoliert)
37 vier in Reihe angebrachte Sitze einer Klasse
38 Armstützen
39 metallverkl. Bodenplatten
40 Bugrad-Schacht
41 Bugrad-Haupttüren
42 Bugrad-Federbein
43 Stossdämpfer
44 doppeltes Bugrad
45 Federbeinscheren
46 Steuermechanismus
47 Federbein-Verstrebung
48 seitliche Verspannungsstreben
49 Bugrad-Steuerzylinder
50 Unterflurleitungen Klimaanlage
51 Steuermotor für Bugradtür
52 sek. (hintere) Bugrad-Türen
53 Rumpfrahmen (Einzelflansch)
54 vorfabriziertes Fensterpanel
55 vorderer Unterflur-Gepäckraum, 6,72 m^3
56 Treibstoffleitungen
57 Gitter-Rippen
58 (vorderer, backbordseitiger) Trimmtank Nr. 9
59 Holm-Einzelversteifung
60 (vorderer, backbordseitiger) Trimmtank Nr. 10
61 mittlere Passagiertüren (back- und steuerbord)
62 Klappsitz für Flugbegleiter
63 Toiletten
64 Stauraum für Notradio
65 Bereitstellung für UKW 3
66 Decken-Gepäckregale
67 hintere Kabinensektion
68 Rumpfrahmen
69 Zuleitung für Tankentlüftung
70 vorderer Sammeltank Nr. 1
71 Verstrebungsrippen
72 Triebwerkversorgungs-Pumpen
73 Akkumulator
74 Treibstoff-Tank Nr. 5
75 Trimmungs-Überleitungskanal
76 Rippen für Flügelkante
77 zurückziehbare Flügelkanten-Sektionen
78 Dehnungsfugen d. Sektionen
79 Gerät für Inhaltsangabe
80 Einlass-Kontrollventil
81 Ausgleichspumpen
82 Luftzuführungskanal Cockpit
83 Rumpftank Nr. 8
84 Verdampfungsverschluss über dem Tank
85 Druckboden-Membranen
86 vorgestreckte, integral gef. Flügelbespannungs-Panele
87 Flächentank Nr. 8
88 vorderer Sammeltank Nr. 4
89 vorderer, steuerbordseitiger Trimm-Tank Nr. 10
90 vorderer, steuerbordseitiger Trimm-Tank Nr. 9
91 entfernbare Kontroll-Panels
92 Panels f. Sprühmatte (Enteisen d. Flügelvorderkanten)
93 Vereisungsschutzstreifen an Flügelvorderkante
94 Holmkasten mit Trägerbalken-Seitenstücken
95 Treibstoff-Tank Nr. 5
96 Treibstofftank Nr. 7a
97 Statik-Entlader
98 Höhen-Querruder
99 flexibles Verbindungsgelenk für Höhenquerruder
100 komb. sek. Düsen/Schubumkehrer-Aufhängung
101 Düsenbefestigungs-Muffen
102 Kabinenluft-Versorgung/Zuteilung
103 Inspektionspanels
104 Kaltluft-Einheit
105 treibstoffgekühlter Wärmeaustauscher
106 Treibstoff/Hydrauliköl-Wärme-Austauscher
107 Geräte f. Feuereindämmung
108 Hauptholm-Rahmen
109 Akkumulator
110 hinterer Sammeltank Nr. 3
111 Kontrollverbindung
112 punktverschweisste Längsversteifungen in «Z»-Sektion
113 Steiger z. Verteilungskanal
114 Druckschotts gegen Übersteuerung
115 (Unterflur-)Treibstofftank Nr. 6
116 vorgefertigte, unter Luftdruck stehende Kielbox
117 Zellenrahmen
118 Rahmen/Fussboden-Verbindungsstück
119 vorgefertigte Druckfussboden-Unterstützungsbalken
120 Fahrwerk-Schacht (backbord)
121 Hauptfahrwerkstür
122 Rumpf/Flächen-Verbindungen
123 Hauptholmrahmen
124 Einziehstange Hauptfahrwerk
125 Steuerventil Hauptfahrwerk
126 Querbalken
127 Gabelstange
128 Zugstrebe
129 Bein des Hauptfahrwerks
130 Stossdämpfer
131 Querachsendämpfer
132 vierrädriges Hauptfahrwerk
133 Fahrgestell-Balken
134 Federbeinscheren
135 Einlass Grenzschicht-Spalter
136 Nasen-Einlass-Sektion
137 Sprühmatte für Einlasskanten-Enteisung
138 Rampenmotor und Getriebe
139 vordere Rampe
140 hintere Rampe
141 Einlass-Klappe
142 Steuermotor für Überlauftür
143 Einlass-Kanal
144 Zuleitungskan. Tankentlüftung
145 vord. Triebwerkstützverbind.
146 Transversale Ausgleicher
147 Öltank
148 Primär-Wärmeaustauscher
149 Sek.-Wärmeaustauscher
150 Abgasluft-Wärmeaustauscher
151 Rolls-Royce/SNECMA-Olympus 593 Mk 610 Turbojet
152 Aussenflächenfixierung (340 hochzugversteifte Stahlbolzen)
153 Triebwerk-Hauptaufhängung
154 Anbringung der Leistungskontroll-Einheit
155 Treibstofftank Nr. 5a
156 Tankentlüftung
157 Überleitungspumpe
158 Verkleidung der Höhenquerruder-Kontroll-Einheit
159 statische Entlader
160 Höhenquerruder-Struktur
161 flexibles Verbindungs-Stück
162 Verkleidung der mittleren, backbordseitigen Drehachsenkontrolle für Höhenquerruder
163 Leistungskontroll-Einheit für zweimotorigen Output

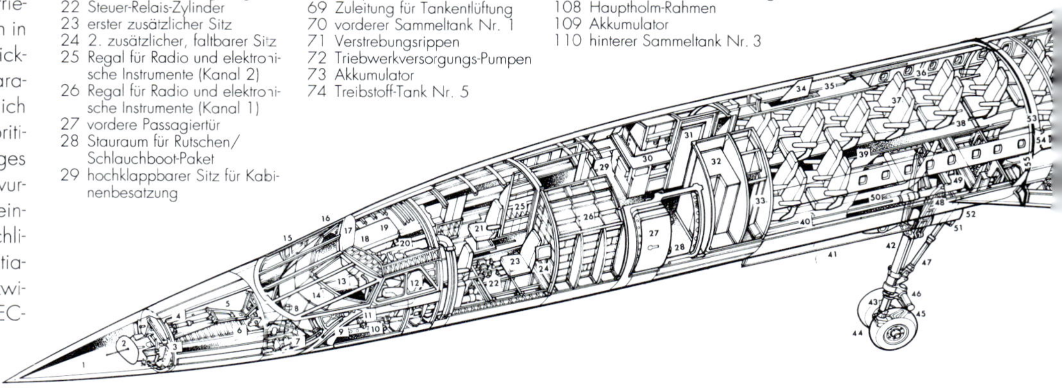

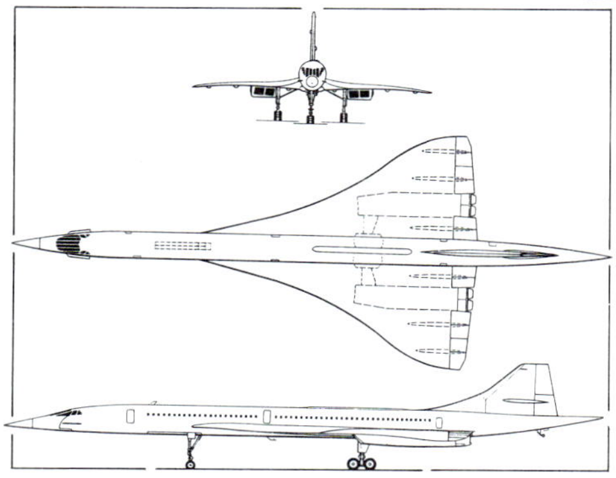

Oben: Dreisichtzeichnung der Concorde: eine unverkennbare Form am Himmel dank des schlanken Delta-Flügels und der langen Nase.

Unten: Die Registrierung G-BOAG kennzeichnet das siebte Concorde-Flugzeug in der British-Airways-Flotte.

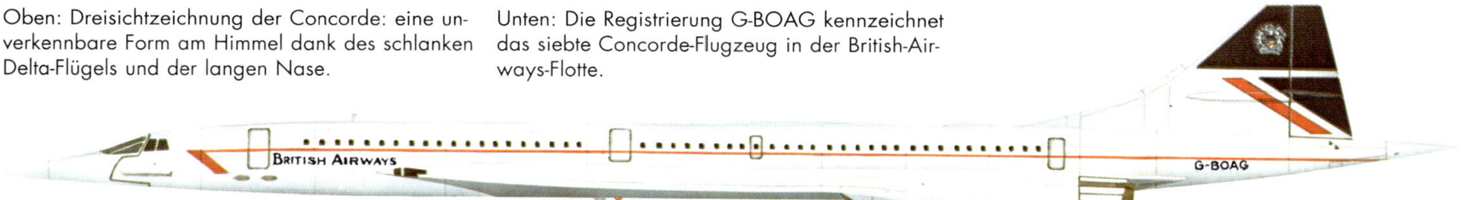

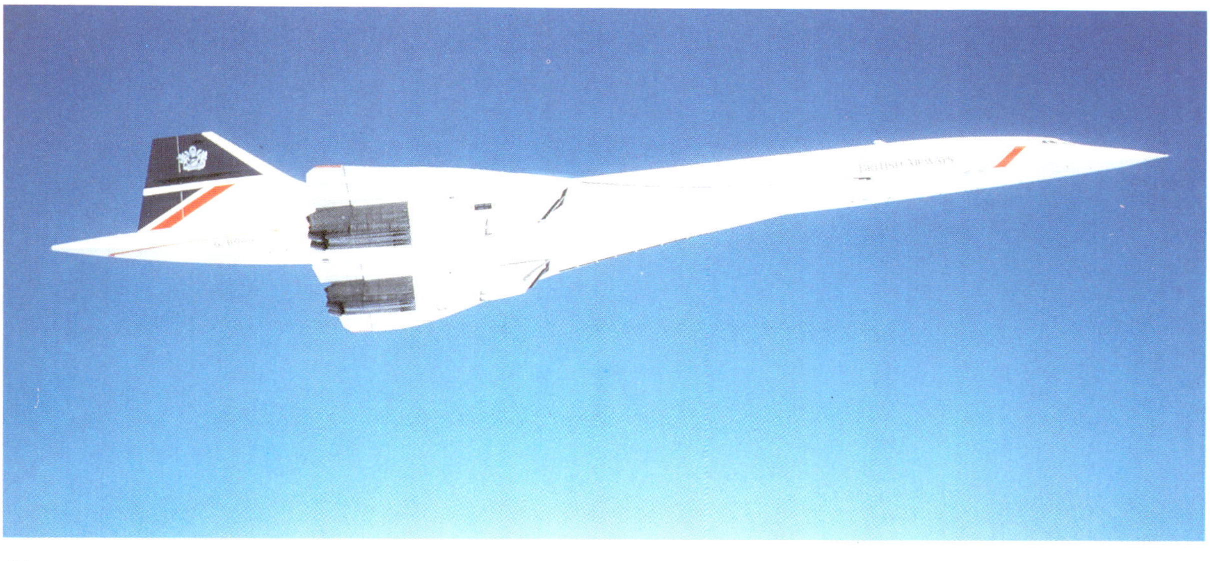

Links: Beide Betreiber der Concorde – British Airways und Air France – wählten für ihr Überschallflugzeug eine weisse Bemalung. British Airways änderte seit Inbetriebnahme einige Male ihr Firmenemblem; die Abbildung zeigt die jüngste Version. Wegen der Beliebtheit der Charter-Flüge kann man Concordes der British Airways fast überall auf der Welt antreffen.

164 Zugstangenverbindungskontr.
165 hintere Unterstützungsstange für Motorgondel
166 Hebel-Schraubensteuer-Zylinder f. Umkehrschubaufhängung
167 einziehbare Schalldämpferbögen («Spaten»)
168 variable (innere) Primärdüsen
169 pneum. Düsen-Steuerzylinder
170 Düsen an den Muffen

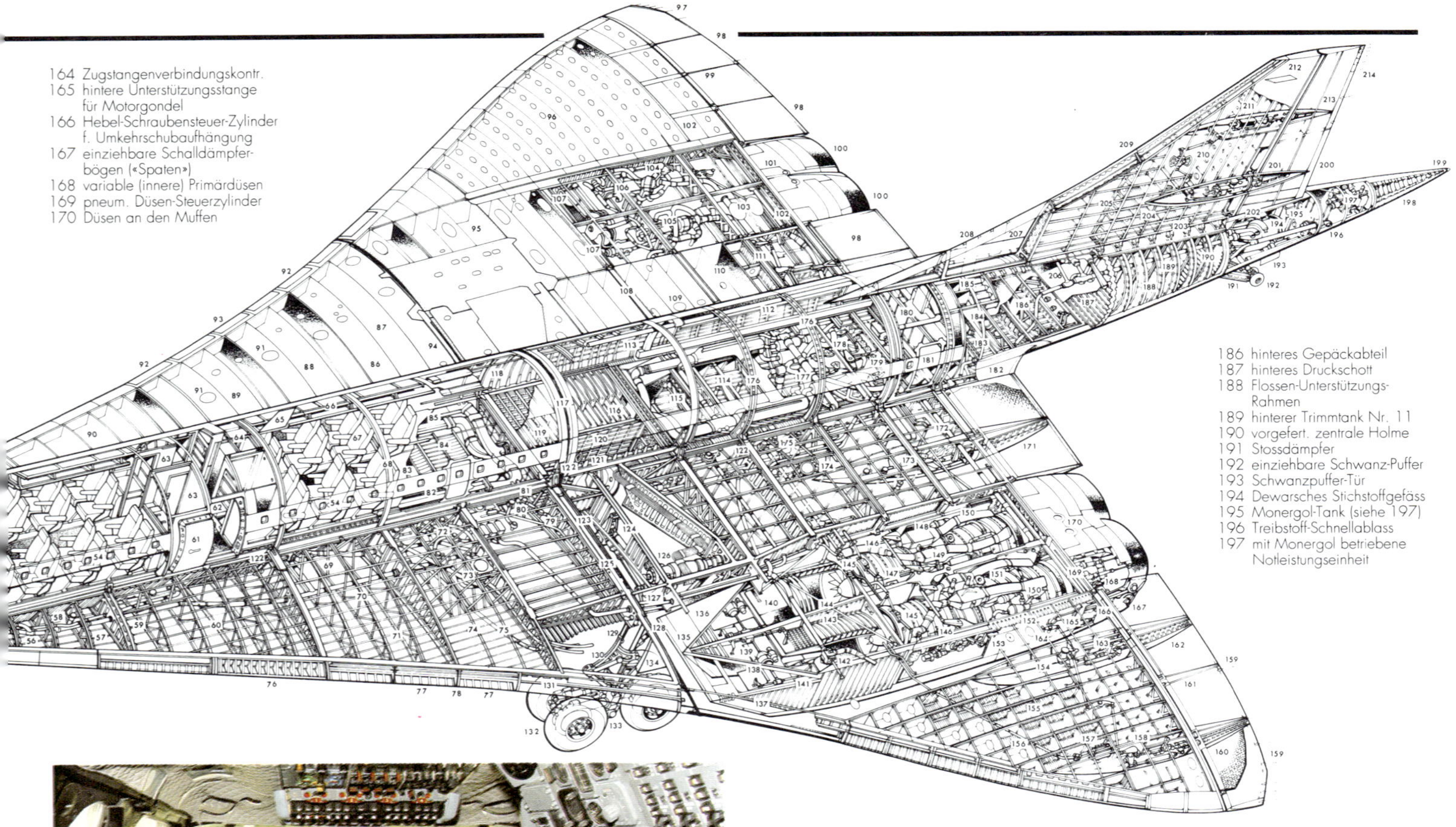

186 hinteres Gepäckabteil
187 hinteres Druckschott
188 Flossen-Unterstützungs-Rahmen
189 hinterer Trimmtank Nr. 11
190 vorgefert. zentrale Holme
191 Stossdämpfer
192 einziehbare Schwanz-Puffer
193 Schwanzpuffer-Tür
194 Dewarsches Stichstoffgefäss
195 Monergol-Tank (siehe 197)
196 Treibstoff-Schnellablass
197 mit Monergol betriebene Notleistungseinheit

Links: Für den Uneingeweihten sieht das Cockpit der Concorde sehr komplex aus, aber die Besatzungen hatten beim Wechsel auf das Überschall- Flugzeug wenig Schwierigkeiten. Die Concorde wird mit Dreier-Besatzung geflogen, mit einem Flugingenieur an der Steuerbord-Seite hinter dem zweiten Flugzeugführer.

171 Verkleidung für backbordseitige innere Drehmoment-Kontrolleinheit im Höhenquerruder
172 Gestängeverbindungskontr.
173 Kontrolle Reserve-Aggregat
174 Akkumulator
175 Entlüftungs- und Drucksystem
176 geschmiedete Flächen/Zellen-Hauptrahmen
177 Anschluss für vom Boden gelieferte Luft d. Klimaanlage
178 Mischgerät-Kontrolle
179 Gestängeverbindungs-Kontrolle (Höhenquerruder)
180 hintere Kücheneinheit
181 hintere Notausgänge
182 Auskehlung Flügel/Rumpf
183 Ablassventil Klimaanlage
184 Ablass/Überdruckventil
185 Sauerstoffzyl. für Erste Hilfe
198 konische Endkappe
199 rückwärt. Navigationslicht
200 untere Ruder-Sektion
201 Verkleidung Servo-Kontroll-Einheit (manuelle Reserve)
202 fester Ruderstutzen
203 Flossen-Holm-Verbindung
204 Flossenkonstruktion
205 Flossen-Holm
206 Leitung für Klimaanlage
207 Kurzwellen-Antenne
208 Verkleidung Flossenwurzel
209 Flossen-Kanten-Struktur
210 Schwellenwert-Winkelhebel für Rudermaschine
211 Verkleideidung der Servo-Kontrollen-Einheit
212 Antenne für VOR (gerichtetes Drehfunkfeuer)
213 obere Ruder-Sektion
214 Statik-Entlader

Das Concorde-Programm wurde in mehreren Stufen durchgeführt: Konstruktion und Überprüfung von zwei Prototypen, bekannt als Concorde 001 und 002; zwei Vorserien-Flugzeuge, ursprünglich als Concorde 001 und 002 bekannt, später als Concorde 101 und 102; eine Produktionsfolge, die mit der Concorde 201 begann. Durch die zwei Regierungen wurde die Produktion eines Erstpaketes von 16 Flugzeugen genehmigt, und die Fertigung grösserer Zellen- und Triebwerksteile wurde zwischen den Herstellern in Grossbritannien und Frankreich aufgeteilt. Endmontage-Strassen wurden in Toulouse und Filton aufgestellt und die Flugzeuge abwechselnd in Grossbritannien und Frankreich zusammengebaut. Die Concorde 001 machte ihren Erstflug in Toulouse am 2. März 1969, ihren ersten Überschallflug am 1. Oktober 1969 und ihren ersten Flug mit 2 Mach am 4. November.

Varianten

Die Concorde 001 und 002 waren geringfügig kleiner als diejenigen der Standard-Produktion, die eine vorne und hinten verlängerte Zelle, revidierte Nasenvisiere, Veränderungen an der Flächen-Geometrie und Triebwerke mit erhöhter Leistung erhielten. Diese neuen Konstruktionsmerkmale wurden Schritt für Schritt bei der Concorde 101, die erstmals am 17. Dezember 1971 von Toulouse aus geflogen wurde, und bei der Concorde 102, die am 10. Januar 1973 bei Filton geflogen wurde, eingeführt. Der endgültige Standard wurde durch die Concorde 201, die am 6. Dezember 1973 in Toulouse flog, und die Concorde 202, die am 13. Februar 1974 bei Filton geflogen wurde, dargestellt. Die Flugzeuge mit den Produktions-Nummern 203 bis 216 flogen abwechselnd von den beiden Endmontage-Strassen aus, die beiden letzten am 26. Dezember 1975 bzw. am 20. April 1979.

Indienststellung

Die Zulassung der Concorde für den Passagier-Beförderungs-Flugbetrieb wurde am 13. Oktober 1975 in Frankreich und am 5. Dezember 1975 in Grossbritannien erteilt; das führte zur gleichzeitigen Einführung in den Flugdienst bei British Airways und Air France am 21. Januar 1976. Die Routen waren London–Bahrein respektive Paris–Rio de Janeiro (über Dakar). Die Dienste nach Washington begannen am 24. Mai 1976, nach New York im Dezember 1977. BA flog in den Jahren 1979/80 einen Dienst von London nach Singapur (über Bahrein) zusammen mit Singapore Airlines. In der selben Periode mietete Braniff Flugzeugzeit von Air France und BA, um die Washington-Dienste nach Dallas/Fort Worth auszudehnen. Im Jahre 1985 führte British Airways einen Dienst von Washington nach Miami ein. Eine Zeit lang unterhielt Air France Dienste nach Caracas und Mexiko über Washington. Im Jahre 1987 standen sowohl British Airways als auch Air France je sieben Flugzeuge zur Verfügung, und flugplanmässige Dienste wurden von London und Paris nach New York und von London nach Washington und Miami geflogen.

Antrieb: 4 Rolls-Royce/SNECMA-Olympus-593-Mk 610-Turbojets mit Schalldämpfern und Umkehrschub, 17'260 kp Startschub. Treibstoffmenge: 119'786 l in Flächen-, Zellen- und Flossentanks.
Leistung: Grösste Reisegeschwindigkeit 2'179 km/h in 15'635 m Höhe; beste Reichweiten-Reisegeschwindigkeit 2,02 Mach; Anfangssteigflugrate 25,2 m/sec; Gipfelhöhe ungefähr 18'290 m; Startstrecke auf 10,7 m Höhe 3'415 m; Landestrecke aus 10,7 m Höhe 2'225 m; Reichweite mit max. Nutzlast 6'225 km mit 2,02 Mach; Reichweite mit max. Treibstoffmenge und 8'845 kg Nutzlast 6'225km.
Gewicht: Operationelles Leergewicht 78'700 kg; typische Nutzlast 11'340 kg; maximales Startgewicht 185'065 kg; maximales Landegewicht 111'130 kg; maximal zulässiges Fluggewicht mit leeren Flächentanks 92'080 kg.
Abmessungen: Spannweite 25,56 m; Länge 62,20 m; Höhe 11,40 m; 358,25 m².
Kabine: Kabinenlänge 39'32 m, maximale Breite 2,63 m, maximale Höhe 1,96 m; maximal 144 Passagiere, vier in einer Reihe mit 81 cm Abstand, Standardauslegung 125 Sitze mit einem Abstand von 86 cm (British Airways 100 Sitze). Gepäck/Fracht unterflur oder im hinteren Rumpf, Gesamtvolumen 19,74 m³.

AEROSPATIALE (SUD-EST) CARAVELLE FRANKREICH

Ende des Jahres 1952 wurde Sud-Est (eine der Gesellschaften im Staatsbesitz, die später in Aérospatiale aufging) durch das französische Luftfahrtministerium dazu ausgesucht, ein mit zwei Strahlturbinen ausgerüstetes ziviles Transportflugzeug für den Kurz-/Mittelstreckenbereich zu entwickeln. Die eingereichten Entwürfe erfüllten die im Jahre 1951 offiziell ausgeschriebene Spezifikation und entsprachen einer Anzahl konventioneller Anordnungen; der durch Sud-Est für eine weitere Entwicklung ausgewählte Entwurf zeichnete sich dadurch aus, dass die Triebwerke am hinteren Ende des Rumpfes montiert waren – eine innovative Idee zu jener Zeit. Zwei Prototypen wurden durch die französische Regierung finanziert und machten ihren ersten Flug am 27. Mai 1955 und am 6. Mai 1956. Sie waren mit Rolls-Royce-RA.26 Mk521-Triebwerken ausgerüstet. Kurz nach dem ersten Flug kamen die ersten Auftragseingänge (von Air France und SAS), die Sud-Est in die Lage versetzten, in ihrem Werk Toulouse-Blagnac, wo jetzt der Airbus zusammengesetzt wird, eine Endmontage-Strasse zu errichten. Die Produktion lief mit einer Gesamtzahl von 282 gebauten Flugzeugen bis März 1973.

Varianten

Die ersten Produktionsversionen waren die Caravelle I und IA mit dem Avon-RA.29 Mk522 beziehungsweise Mk526-Strahl-Turbinentriebwerk, die erstmals am 14. Mai 1958 und am 11. Februar 1960 geflogen wurden; 20 Srs I und 12 Srs IA wurden gebaut. Die Caravelle III, zum ersten Mal am 30. Dezember 1959 geflogen, hatte Avon-Mk527-Triebwerke und erhöhte Gewichte; hiervon wurden 78 Stück gebaut, und 31 Mk Srs I/IA wurden auf diesen Standard umgeändert. Eine weitere Änderung der Avon-Version (zum Mk531) brachte die Caravelle VI-N hervor, die zum ersten Mal am 10. September 1960 flog, und danach die Caravelle VI-R mit Umkehrschub am Avon-532R- oder 533R-Triebwerk; 53 respektive 56 wurden hiervon gebaut. Die Caravelle 10B1R oder 10R, zum ersten Mal am 18. Januar 1965 geflogen, war der Sre VI-R ähnlich, benutzte aber Pratt-&-Whitney-JT8D-1- oder -7-Triebwerke; hiervon wurden 20 gebaut. Der Caravelle-VII-Prototyp mit General-Electric-CJ805-23C-Triebwerken, geflogen am 29. Dezember 1960, führte zu der Caravelle 10A (auch als Caravelle Horizon oder Caravelle Super A bekannt) mit einem um 1 m verlängerten Rumpf, höher angesetzten Kabinenfenstern und Flächenabänderungen. Dieser Prototyp flog am 31. August 1962. Von der Sre 10B3 (oder Horizon B oder Susser B), ebenfalls mit JT8D-1- oder -9-Triebwerken ausgerüstet, wurden 22 gebaut, und der Erstflug erfolgte am 3. März 1964. Die Caravelle 11R war wie die Sre 10B1R mit JT8D-7-Triebwerken ausgerüstet und hatte eine vordere Seitentür für gemischten Passagier/Fracht-Einsatz; die erste von sechs dieses Typs flog am 21. April 1967. Die letzte Variante war die Caravelle 12, die mit einem um 3,23 m verlängerten Rumpf auf der Sre 10B3 basierte. Ihr erster Flug mit JT8D-9-Triebwerken war am 29. Oktober 1970, und 12 hiervon wurden gebaut.

Caravelle 10B3

Antrieb: Zwei Pratt & Whitney-JT8D-1- oder -7-Turbofan-Triebwerke, jedes mit einer Leistung von 6'350 kp Standschub für den Start und mit einem max. Dauer-Nennschub von 5'715 kp, oder zwei JT8D-9-Turbofan-Triebwerke, jedes mit einer Leistung von 6'577 kp Standschub für den Start. Grösste Treibstoffmenge 19'000 l in vier Flächen-Integral-Tanks und auf Anforderung 3'000 l im Mitte-Rumpf-Tank.
Leistung: Max. Betriebsgeschw. 612 km/h, angez. Eigengeschw. oder Machzahl = 0,81; max. Reisegeschwindigkeit (JT8D-1-Triebw.) 825 km/h in einer Höhe von 7'620 m; Sicherheits-Startstrecke 2'090 m; Landestrecke aus 15 m Höhe 1'580 m; Reichweite mit max. Nutzlast 2'685 m; Reichweite mit grösster Treibstoffmenge und 7'410 kg Nutzlast 3'640 km.
Gewicht: Grundbetriebsgewicht 30'055 kg max. Nutzlast 9'100 kg; max. Startgew. (JT8D-1) 52'000 kg, später erhöht auf 54'000 kg und mit JT8D-9 auf 49'500 kg; höchstes zulässiges Fluggew. mit leeren Flächentanks 39'500 kg.
Abmessungen: Spannweite 34,3 m; Gesamtlänge 33,01 m; Höhe 8,72 m.
Kabine: Kabinenlänge 23,45 m; max. Breite 3 m, max. lichte Höhe 2 m. Anordnung für 91 Passagiere (gemischte Klassen-Version) oder 89 Passagiere (in Ein-Klassen-Anordnung, 5er-Reihen) oder bis zu 110 Passagiere in einer 5er-Reihen-Anordnung. Gepäckraumes 4,2 m³. Drei-Mann-Cockpit-Besatzung.

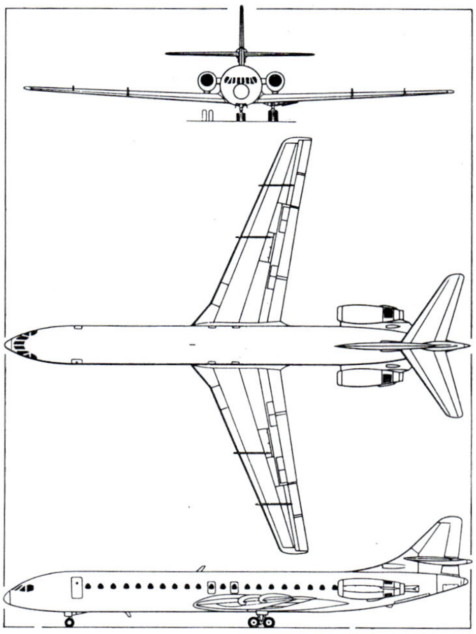

Oben: Caravelle 12, endgültige Produktions-Version.

Indienststellung

Die französische Erstzulassung wurde am 2. April 1959 erlangt, die Bestätigung durch die amerikanische Zulassungsbehörde (FAA) folgte am 8. April. Die erste Auslieferung an Kunden erfolgte am 2. April 1959 an Air France, der erste Flugdienst wurde am 6. Mai 1959 geflogen. Die Caravelle 10B1R (oder 10R) wurde am 23. Mai 1965 zugelassen und wurde am 31. Juli 1965 in Dienst gestellt (Alia Royal Jordanian Airlines). Die Caravelle 12 wurde 1971 zugelassen und (bei Sterling Airways) am 20. März 1971 in Dienst gestellt. Aufträge für Caravelle-Neubauten wurden von 33 Fluggesellschaften plaziert.

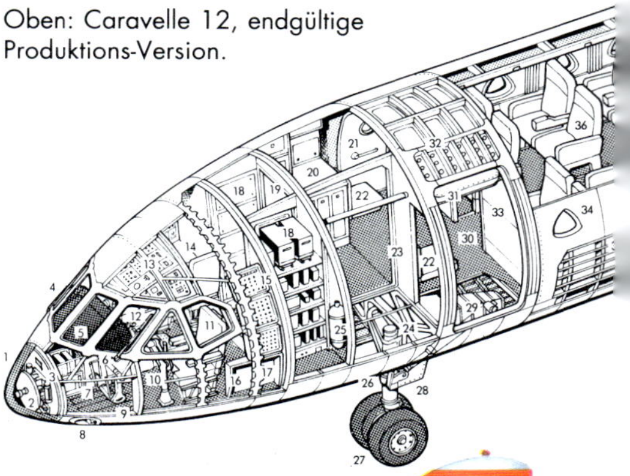

Unten: Caravelle 10R HB-ICI der Schweizer Chartergesellschaft CTA.

Oben: Città di Tizzano, eine Caravelle der Altair Linee Aeree, einer italienischen Verkehrsgesellschaft, die z. T. Pegasus Holiday gehört und hauptsächlich zwischen Grossbritannien und den Urlaubsorten am Mittelmeer verkehrt.

Oben: Die französische Charter-Gesellschaft Minerve begann ihren Dienst im Jahre 1975 mit einer einzigen Caravelle. Sie setzte im Jahre1987 zusätzlich noch zwei Flugzeuge des Typs Srs VI ein. Abgebildet eine F-BRGU.

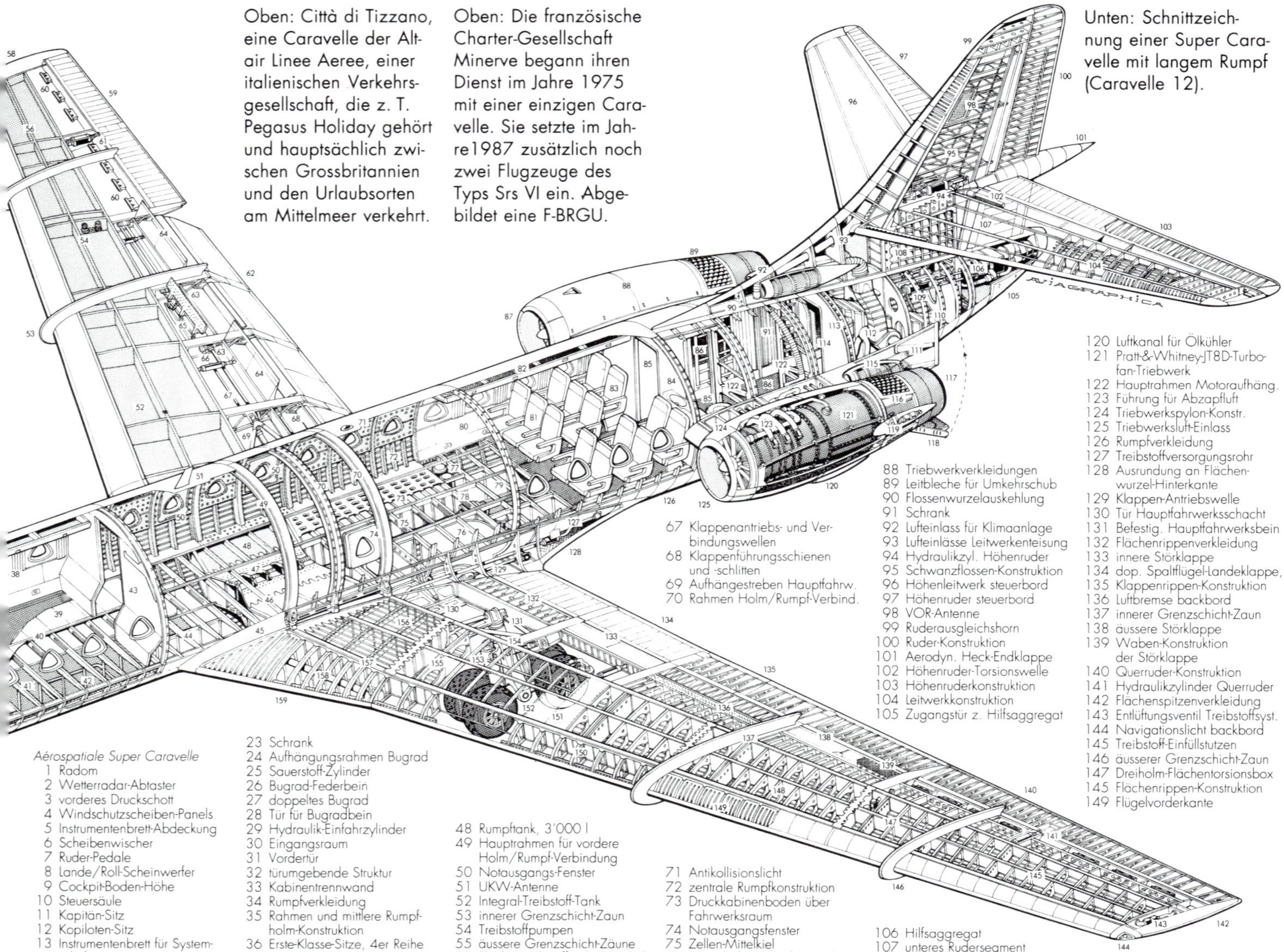

Unten: Schnittzeichnung einer Super Caravelle mit langem Rumpf (Caravelle 12).

Aérospatiale Super Caravelle

1 Radom
2 Wetterradar-Abtaster
3 vorderes Druckschott
4 Windschutzscheiben-Panels
5 Instrumentenbrett-Abdeckung
6 Scheibenwischer
7 Ruder-Pedale
8 Lande/Roll-Scheinwerfer
9 Cockpit-Boden-Höhe
10 Steuersäule
11 Kapitän-Sitz
12 Kopiloten-Sitz
13 Instrumentenbrett für Systemschaltung
14 Position des Flugingenieurs
15 Sicherungspanels für elektrische Systeme
16 Schrank (Besatzungsgepäck)
17 Verbindungsrahmen für Cockpitteil
18 Regale für Radio- und elektrische Ausrüstung
19 Cockpittür
20 Küche
21 Servicetür/Notausgang
22 Klappsitze für Flugbegleiter
23 Schrank
24 Aufhängungsrahmen Bugrad
25 Sauerstoff-Zylinder
26 Bugrad-Federbein
27 doppeltes Bugrad
28 Tür für Bugradbein
29 Hydraulik-Einfahrzylinder
30 Eingangsraum
31 Vordertür
32 türumgebende Struktur
33 Kabinentrennwand
34 Rumpfverkleidung
35 Rahmen und mittlere Rumpfholm-Konstruktion
36 Erste-Klasse-Sitze, 4er Reihe
37 Gepäckablage
38 Fensterpanel
39 Kabinen-Fussboden-Täfelung
40 Schienen für Sitzmontierung
41 vorderer Unterflur-Frachtraum
42 Tür für Rumpffrachtraum
43 bewegl. Kabinenaufteilung
44 Fussbodenträger-(Holm)-Konstruktion
45 Flächenwurzelauskehlung
46 durchgezogener Flächenteil
47 Panel für zentrale Beplankungsverbindung
48 Rumpftank, 3'000 l
49 Hauptrahmen für vordere Holm/Rumpf-Verbindung
50 Notausgangs-Fenster
51 UKW-Antenne
52 Integral-Treibstoff-Tank
53 innerer Grenzschicht-Zaun
54 Treibstoffpumpen
55 äussere Grenzschicht-Zäune
56 Flächentreibstofftank, 19'000l
57 Navigationslicht steuerbord
58 Verkleidung für Flächenspitze
59 Querruder steuerbord
60 Querruderausgleichs-Gew.
61 Querruder-Hydraulikzylinder
62 doppelte Spaltflügel-Landeklappe, ausgefahren
63 Klappenspindel-Zylinder
64 Steuerbordstörklappen
65 Luftbremse, obere und untere Flächen geöffnet
66 Hydraulikzylinder Störklappe
67 Klappenantriebs- und Verbindungswellen
68 Klappenführungsschienen und -schlitten
69 Aufhängestreben Hauptfahrw.
70 Rahmen Holm/Rumpf-Verbind.
71 Antikollisionslicht
72 zentrale Rumpfkonstruktion
73 Druckkabinenboden über Fahrwerksraum
74 Notausgangsfenster
75 Zellen-Mittelkiel
76 Schacht für Hauptfahrwerk
77 Abteil Hydraulikausrüstung
78 zentr. Klappenantriebsmotor
79 hinterer Unterflur-Frachtraum
80 Kabinenwandverkleidung
81 Sitzanordnung für Touristenklasse, 5er-Reihe
82 Gepäck-Stauraum
83 vier Sitze in einer Reihe
84 hintere Kabinentrennwand
85 Toilettenräume
86 hinteres Gepäckabteil
87 Triebwerk-Lufteinlass
88 Triebwerkverkleidungen
89 Leitbleche für Umkehrschub
90 Flossenwurzelauskehlung
91 Schrank
92 Lufteinlass für Klimaanlage
93 Lufteinlässe Leitwerkenteisung
94 Hydraulikzyl. Höhenruder
95 Schwanzflossen-Konstruktion
96 Höhenleitwerk steuerbord
97 Höhenruder steuerbord
98 VOR-Antenne
99 Ruderausgleichshorn
100 Ruder-Konstruktion
101 Aerodyn. Heck-Endklappe
102 Höhenruder-Torsionswelle
103 Höhenruderkonstruktion
104 Leitwerkkonstruktion
105 Zugangstür z. Hilfsaggregat
106 Hilfsaggregat
107 unteres Rudersegment
108 Leitwerk-Stützkonstruktion
109 Hydraulikzyl. Seitenruder
110 hinterer Einleittunnel
111 Abgasableitungen für Luftsystem-Wärmeaustauscher
112 Motor für Klimaanlage
113 hinteres Druckschott
114 hintere Eingangstür
115 Primär-Wärmeaustauscher
116 Leitbleche für Umkehrschub
117 Triebwerk-Abgasdüsen
118 einziehbare Trittleitern
119 Steuermotor Umkehrschub
120 Luftkanal für Ölkühler
121 Pratt-&-Whitney-JT8D-Turbofan-Triebwerk
122 Hauptrahmen Motoraufhäng.
123 Führung für Abzapfluft
124 Triebwerkspylon-Konstr.
125 Triebwerksluft-Einlass
126 Rumpfverkleidung
127 Treibstoffversorgungsrohr
128 Ausrundung an Flächenwurzel-Hinterkante
129 Klappen-Antriebswelle
130 Tür Hauptfahrwerksschacht
131 Befestig. Hauptfahrwerksbein
132 Flächenrippenverkleidung
133 innere Störklappe
134 dop. Spaltflügel-Landeklappe,
135 Klappenrippen-Konstruktion
136 Luftbremse backbord
137 innerer Grenzschicht-Zaun
138 äussere Störklappe
139 Waben-Konstruktion der Störklappe
140 Querruder-Konstruktion
141 Hydraulikzylinder Querruder
142 Flächenspitzenverkleidung
143 Entlüftungsventil Treibstoffsyst.
144 Navigationslicht backbord
145 Treibstoff-Einfüllstutzen
146 äusserer Grenzschicht-Zaun
147 Dreiholm-Flächentorsionsbox
145 Flächenrippen-Konstruktion
149 Flügelvorderkante
150 Vorderkanten-Nasenrippen
151 beplankte Flächenbespann.
152 Hauptfahrwerk
153 Federbein Hauptfahrwerk
154 hydraulischer Einfahrzylinder
155 Einfüllstutzen für inneren integralen Flächentank
156 Flächenversteifungen
157 innere verjüngte Holm-Sekt.
158 Luftführung für Flächenvorderkanten-Enteisung
159 Flächenkantensektion

AEROSPATIALE 262 (UND MOHAWK 298) FRANKREICH (USA)

Dieses Flugzeug wurde nach einem Entwurf von Max Holste entwickelt. Am 20. Mai 1959 flog ein Prototyp, der mit Pratt-&-Whitney-Wasp-Sternmotoren ausgerüstet war und auf einer quadratischen Rumpfsektion basierte. Dieses Flugzeug wurde unter der Bezeichnung MH-250 bekannt, ihm folgte der Typ MH-260 mit Bastan-Turboprops. Mit der Unterstützung von Nord Aviation wurden dann 10 MH-260 gebaut (für den Einsatz bei Wideroes Flyveselskap und Air Inter). Die staatseigene Nord (jetzt übergegangen in Aérospatiale) unternahm weitere Entwicklungen des Entwurfs und produzierte die Nord 262. Sie hatte eine runde Druckkabine und bot Platz für 24 bis 26 Passagiere. Ein Prototyp flog am 24. Dezember 1962 zusammen mit drei Vor-Serienmustern für das Zulassungsprogramm. Diese vier Flugzeuge waren als 262B bekannt. Endgültige Produktions-Version war die Nord 262A mit Bastan-VIC-Triebwerken.

Varianten

Nach der Nord 262A und 262B mit Bastan-VIC-Triebwerken wurden die Nord 262C und die 262D mit Bastan-VIIC-Triebwerken entwickelt. Eine mit einem neuen Motor ausgerüstete Zelle flog zum ersten Mal im Juli 1968, und die Zulassung wurde am 24. Dezember 1970 erteilt, aber die meisten Verkäufe erfolgten in militärischer Ausfertigung an die Armée de l'Air als Nord 262D Frégate. Die Bezeichnung Mohawk 298 wurde für eine in den USA entwickelte Variante übernommen. Eine Weiterentwicklung im Jahre 1974 von Allegheny Airlines – diese hatten bei der Übernahme der Lake Central Airlines eine Flotte von Nord 262A übernommen – benutzte Pratt-&-Whitney-Canada-PT6A-45-Turboprops anstelle der Bastan-Triebwerke. Das Abänderungsprogramm wurde durch Mohawk Air Services geleitet und die Arbeiten von Frakes Aviation in Cleburne, Texas, durchgeführt. Zusätzlich zu den neuen Triebwerken erhielten die

Oben: Die Nord 262 war eines der ersten kleineren zweimotorigen Turboprop-Transportflugzeuge, die für den Einsatz bei Regional-Flugdienstgesellschaften ausgelegt waren.

Rechts: Die Nord 262 in ihrer ursprünglichen Version mit Bastan-Motoren. Sie basierte auf einem Entwurf von Max Holste, wurde später bei Aérospatiale hergestellt und in einigen Varianten als Frégate bekannt. Die Mohawk 298 unterscheidet sich durch die Triebwerke und ist noch im Einsatz.

AIRBUS A330 UND A340 INTERNATIONAL

Rechts: Airbus-A330-Vorschlag (Modell), mit demselben Rumpfquerschnitt wie die gut eingeführten A300 und A310, aber einem fortschrittlichen Flügel mit Flächen-Endscheiben.

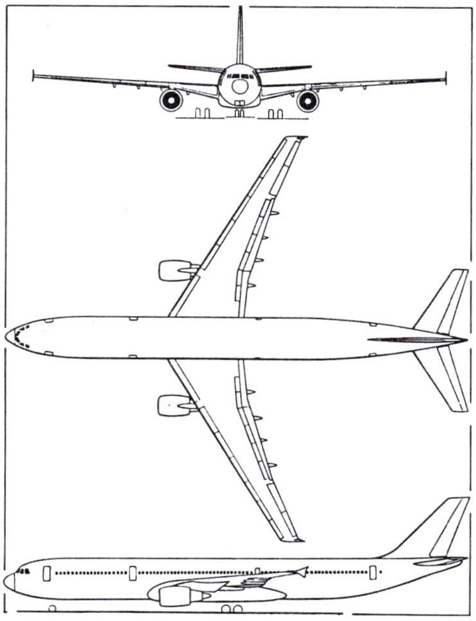

Unten: Drei-Sicht-Zeichnung der A330, wie sie Anfang 1987 geplant wurde. Die Zukunft der A330 war zu jener Zeit eng mit der der A340 verzahnt, die eine gleiche Fläche und einen ähnlichen Rumpf hat. Dieselben Triebwerksoptionen wie bei der A310 werden angewandt.

Nach gründlicher Überprüfung einer Anzahl möglicher gestreckter Versionen und anderer Ableitungen des ursprünglichen zweimotorigen Grossraumjets A300 hatte sich Airbus Industrie gegen Mitte 1980 auf zwei Varianten beschränkt. Im Entwurfsstadium wurden diese als TA9, ein Mittelstrecken-Flugzeug mit grossem Fassungsvermögen, und als TA11, eine viermotorige Langstrecker-Variante desselben Designs, bezeichnet. Wie die Bezeichnungen zu erkennen geben, hatten die Entwürfe zwei Gänge (aisles). Anfang des Jahres 1986 war Airbus zu der Einsicht gelangt, dass es notwendig sein würde, beide Typen der Produktionspalette hinzuzufügen, um die Wettbewerbsposition gegenüber den grossen US-Luftfahrzeug-Produktionsgesellschaften halten zu können, und dass die Markt-Entwicklung die Produktion beider Typen für die Indienststellung Anfang der 90er Jahre rechtfertigen würde. Bezeichnend dabei ist, dass von der Projekt-Definition bis zur vorläufigen Marketing-Phase bereits die Bezeichnungen A330 beziehungsweise A340 verwendet wurden (obwohl noch keine Entscheidung für einen formellen Planungsbeginn vorlag). Gegen Ende des Jahres 1986 wurden beide Typen im Design und Herstellungsniveau eng miteinander integriert, während Aufträge gesucht wurden und die notwendige finanzielle Absicherung der Airbus-Partner-Gesellschaften arrangiert wurde.

Varianten

Der Airbus-Vorschlag für die A330 und A340 ist ungewöhnlich, wenn nicht einzigartig, insofern, als geplant wird, ein und dieselbe Zelle mit grundsätzlich demselben Rumpf, derselben Fläche und demselben Leitwerk anzuwenden. Der Rumpf hat denselben Querschnitt wie die A300 und die A310, mit einem neuen und längeren Mittelstück, das an die neue Fläche angepasst ist und 5,2 m zusätzliche Länge zur Erhöhung der Sitzkapazität bietet. Die Fläche für die A330 und A340 ist eine völlig neue Konstruktion. Sie hat die höchste Flügelstreckung aller bisher geplanten Grossflugzeuge, und sie ist ebenfalls erwähnenswert wegen der Anwendung variabler Wölbungen, die durch kleine Bewegungen der Landeklappen, gesteuert durch einen Bord-Computer, massgeschneidert werden und sich so dem Gewicht, der Geschwindigkeit und der Flughöhe des Flugzeuges anpassen. Nur

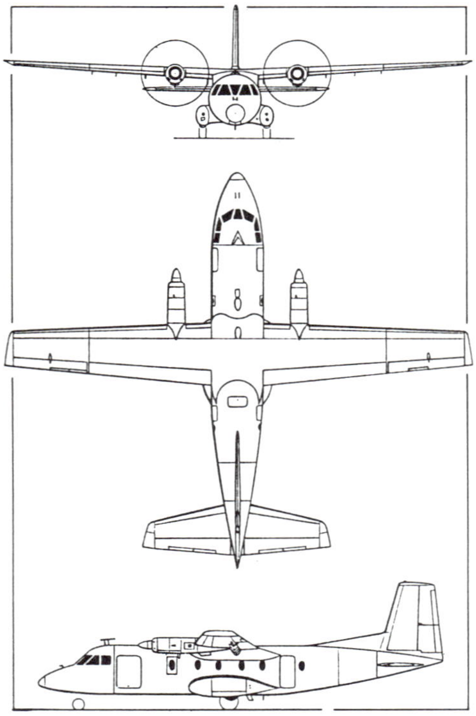

neuen Flugzeuge ein Hamilton-Standard-Klimaanlage-System, ein dem neuesten Stand entsprechendes Avionics-(Fluginstrumente)-System von Collins, neue elektrische Anlagen und ein revidiertes Kabinen-Layout. Neue Flächenspitzen konnten die Spannweite etwas erhöhen.
Der erste Flug eines umgerüsteten Flugzeuges wurde am 7. Januar 1975 durchgeführt. Die Produktion der Nord 262 (später auch bekannt als Aérospatiale 262) belief sich, einschliesslich jener auf Mohawk 298 umgerüsteten, auf insgesamt 110.

Indienststellung

Die Nord 262B wurde am 16. Juli 1964 zugelassen und bei Air Inter in Dienst gestellt. Die endgültige Version 262A wurde im März 1965 zugelassen und im August in Dienst gestellt, und die Nord 262C/D wurde am 24. Dezember 1970 zugelassen. Zivile Kunden für die Nord 262A waren Lake Central, Japan Domestic, Alisarda, Air Ceylon, Rousseau Aviation, Linjeflyg, Cimber Air, Krauss International, Air Madagascar, Air Comores, Tunis Air und Air Alsace. Die Muster Nord 262C wurden an Kunden in Gabon, Ost-Afrika und Haute Volta (jetzt Burkina Faso) verkauft. Zu Beginn des Jahres 1987 waren bei sieben Fluggesellschaften ungefähr 20 Nord 262 noch im Liniendienst eingesetzt.

Nord 262C
Antrieb: Zwei Turbomeca-Bastan-VIIA-Turboprops, je 843 kW für den Start und mit vierblättrigen Ratier-Forest-Luftschrauben von 3,2 m Durchmesser. Treibstoff: 2'000 l Standard oder 2'571 l mit Zusatztanks.
Leistung: maximale Betriebsgeschwindigkeit 397 km/h; maximale Reisegeschwindigkeit 415 km/h in 6'095 m Höhe; Anfangssteigflugrate 6,1 m/sec; Gipfelhöhe 7'160 m; Sicherheits-Startstrecke bis auf 10,7 m 820 m; Reichweite mit 26 Passagieren 1'020 km.
Gewicht: Basis-Betriebsgewicht 7'225 kg; maximale Nutzlast 3'075 kg; maximales Landegewicht 10'450 kg; maximales Flugleergewicht 10'300 kg.
Abmessungen: Spannweite 22,6 m; Gesamtlänge, 19,28 m; grösste Höhe, 6,21 m; keine Pfeilung; Flügelfläche (55,0 m^2).
Kabine: Kabinenlänge 10,61 m; Breite 2,15 m; lichte Höhe 1,8 m; Standard-Unterbringung für 26 (oder bis zu 29) Passagiere in einer 2+1-Anordnung mit einem Sitzabstand von 84 cm. Gepäckraum in vorderer Kabine, 4,5 m^3 Zwei-Mann-Cockpit-Besatzung.

Oben: Modell der A340, wie sie Ende 1986 vorgeschlagen war, mit vier CFM56-Turbofans.

Unten: Drei-Sicht-Zeichnung der A340-200-Konfiguration von 1986, mit CFM56-Triebwerken.

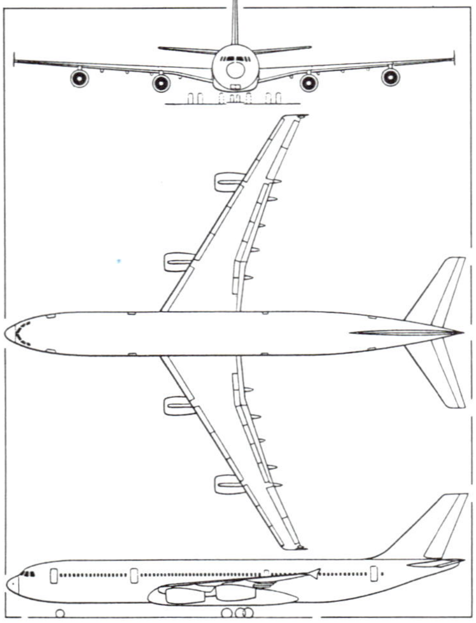

kleine aerodynamische Unterschiede sind wegen der wechselnden Anzahl der Triebwerke nötig. Die Struktur ist ebenfalls identisch mit Ausnahme einiger Unterschiede bei Bespannungsdicke und Triebwerkanbringung. Obwohl die A340 mit etwas höheren Gewichten als die A330 operieren wird, bleiben die Flächenbiegemomente gleich, dank der Entlastung durch die Triebwerks-Massenträgheit. Die leichtere A330 benötigt so viel Strukturstärke wie die A340, da sie zwar kürzere, zahlenmässig aber mehr Flüge macht. Beide Typen benutzen dieselbe kohlefaserverstärkte Verbundstoff-Flosse wie die A310 und einen Trimm-Tank aus demselben Material wie jener der A310-300. Cockpit und Systeme sind wie jenes der A330 mit elektrischer Flugzeugsteuerung, seitlichen Steuergriffen und digital integrierten Bildschirmen. Nachdem 1956/57 in Betracht gezogen worden war, das CFM56-5-S2-Triebwerk (13'000 kp Standschub) und das IAE-Superfan-Triebwerk (13'600 kp Standschub) zu benutzen, gab Airbus im April 1987 bekannt, dass für den Antrieb der A340 das CFM56-S-S3 und eine Weiterentwicklung des General Electric CF680C2 für die A330 gewählt worden waren.

Indienststellung

Die Airbusplanung für die A330 und A340 basiert auf einer Planungsbeginn-Entscheidung Anfang 1987 aufgrund von Bestellungen von wenigstens fünf Fluggesellschaften. Es wird erwartet, dass die A340 bis April 1992 in Dienst gestellt wird, ungefähr sechs Monate später die A330. Lufthansa war eine der ersten Luftverkehrsgesellschaften, die ein positives Interesse an der A340 erkennen liessen, und als mögliche Kunden werden Air France, UTA, Singapore International und Thai International angesehen.

Antrieb: (A330) Zwei General-Electric-CF6-80CZ-Turbofans, je 29'030 kp Standschub für den Start oder zwei Pratt-&-Whitney-PW4000-Turbofans, mit einem Standschub von je 27'216 kp für den Start, mit Umkehrschub. Treibstoff 111'380 l. (A340) vier CFM-International-CFM 56-5S3-Turbofans, je 13'880 kp Standschub für den Start, mit Umkehrschub.
Leistung: (A330) Entwurfsreichw. ca. 9'300 km mit einer Standard-Zwei-Klassen-Passagier-Nutzlast; (340-200) ca. 14'200 km mit normaler Drei-Klassen-Passagier-Nutzlast; (A340-300) ca. 12'700 km mit 295 Passagieren.
Gewicht: Leerrüstgewicht ca. 111'130 kg; max. Startgewicht (A330) 204'000 kg; (A340) ca. 246'000 kg.
Abmessungen: Spannweite (mit Flügelendscheiben) 58 m; Länge (A330) 62,6 m, (A340-200) 59,38 m, (A340-300) 63,6 m; Höhe 16,8 m; Flügelfläche ca. 325,2 m^2.
Kabine: Kabinenlänge ca. 45,5 m, grösste Breite 5,28 m, Höhe 2,54 m. Zwei-Klassen-Layout für Mittelstrecke (A330), 30 Erste-Klasse-Sitze mit sechs Sitzen in einer Reihe und einem Sitzabstand von 102 cm, plus 275-298 Economy-Klasse-Passagiere in Achter-Reihe mit einem Sitzabstand von 84/86 cm, alle mit zwei Gängen. Drei-Klassen-Auslegung für Langstrecke (A340-200), 18 Erste-Klasse-Sitze in Sechser-Reihe mit einem Sitzabstand von 150/152 cm, plus 74 Business-Klasse-Passagiere in Siebner-Reihe mit einem Sitzabstand von 91 cm, plus 170 Economy-Klasse-Passagiere in Achter-Reihe mit einem Sitzabstand von 86 cm, alle mit zwei Gängen. Einklassen-Auslegung für maximal 375 Sitze in Neuner-Reihe mit zwei Gängen.

Die A300 ist ein Produkt eines wirklich internationalen Entwicklungs-und Herstellungsprogramms. Der Entwurf begann im Jahre 1965 als englisch-französiche Initiative zur Entwicklung eines Verkehrsflugzeuges mit grosser Kapazität für BEA und Air France; die westdeutsche Beteiligung beruht auf einem Abkommen der drei Regierungen vom 26. September 1967. Das ursprüngliche Drei-Nationen-Projekt zielte auf ein 149'700 kg schweres Flugzeug mit zwei Rolls-Royce-RB.207-Triebwerken, aber dieses wurde auf kleinere Masse heruntergesetzt, nachdem die britische Regierung sich mit der Begründung zurückzog, dass ein Markt nicht garantiert werden könne, und es Hawker-Siddeley überliess, einen britischen Anteil auf privat finanzierter Basis aufrechtzuerhalten. Die kleinere A300B tauchte im Dezember 1968 mit einem Gesamtfluggewicht von 125'000 kg auf, mit zwei britischen oder amerikanischen Triebwerken, jedes mit einem ungefähren Standschub von 20'410 kp und einer Kabine für 252 Passagiere. Zwei Prototypen in dieser Konfiguration wurden unter der Bezeichnung A300B1 zum ersten Mal am 25. Oktober 1972 und am 5. Februar 1973 in Toulouse mit General-Electric-CF6-50A-Turbofans geflogen. Diese hatten eine um 2,65 m kürzere Rumpflänge als die der Produktionsmodelle. Die Produktion der A300-Familie ist zwischen Aérospatiale (Frankreich), MBB(Westdeutschland), British Aerospace (Grossbritannien) und CASA (Spanien) sowie Fokker (Niederlande) aufgeteilt. Die Endmontage findet in Toulouse statt, grössere Komponenten werden von anderen Produktionszentren eingeflogen.

Oben: Airbus Industrie hatte mit der A300 im Fernen Osten und Australien beachtliche Verkaufserfolge. Thai Airways International ist einer der Nutzer dieser Region.

Varianten

Die Produktion begann mit der A300B, später als A300B2-100 bekannt, mit CF6-50C- oder -C2-Triebwerken, erstmals am 28. Juni 1973 geflogen. Die A300B2K (später A300B2-200) führte Krüger-Vorderklappen an der Flächenwurzel zum besseren Leistungsverhalten ein, die erste flog am 30. Juli 1976. Pratt-&-Whitney-JT9D-59A-Triebwerke wurden an der A300B2-220 und an der A300B2-320 eingeführt, Erstflug am 28. April 1979. Die A300B4 (später A300-B4-100 mit CF6-Triebwerken, und A300B4-120 mit JT9D-Triebwerken) wurde als Langstrecken-Version eingeführt mit höherem Treibstoff-Fassungsvermögen und höheren Gewichten; der erste Flug dieser Variante wurde am 26. Dezember 1974 durchgeführt. Eine Option mit höherem Gewicht und verstärkter Struktur ist die A300B4-200, die ebenfalls mehr

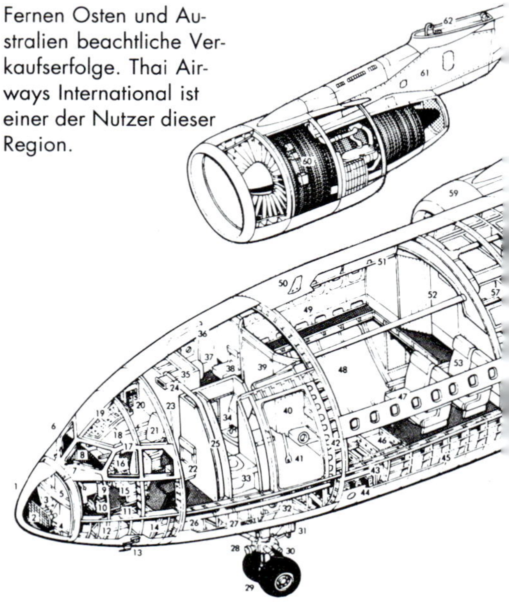

A 300-600

Antrieb: 2 General-Electric-CF6-80C2- oder Pratt-&-Whitney-JED9D-7R4H1-Turbofans mit je 25'402 kp Standschub. Treibstoff 62'900 l in Integral-Tanks, einschliesslich Mittelstück.

Leistung: Maximale Betriebsgeschwindigkeit 621 km/h angezeigte Eigengeschwindigkeit oder 0,82 Mach; höchste Reisegeschwindigkeit 890 km/h in 9'450 m; Langstrecken-Reisegeschwindigkeit 847 km/h in 12'190 m; Maximale Betriebshöhe 12'190 m; Sicherheits-Startstrecke (FAR) 2'315 m, Lande-Distanz (FAR) 1'530 m; Reichweite mit maximaler Nutzlast 4'285 km; Reichweite mit maximalem Treibstoff und 28'650 kg Nutzlast 8'120 km.

Gewicht: Leerbetriebsgewicht 89'715 kg; maximale Nutzlast 50'499 kg; maximales Startgewicht, Basis-Flugzeug, 165'000 kg; maximale Startgewichte 170'500 kg oder 140'000 kg; max. Flächentank-Leergewicht (für jedes angegebene Startgewicht) 130'000 kg.

Abmessungen: Spannweite 44,84 m; Gesamtlänge 54,08 m; Gesamthöhe 16,62; rückwärtige Pfeilung 28 Grad an Viertel-Profilsehne; Flügel-Fläche 260 m².

Kabine: Länge 40,21 m; maximale Breite 5,28 m; maximale lichte Höhe 2,54 m; Basisunterbringung 267 Passagiere in 6er-Sitzreihen, Sitzabstand 96,5 cm und 247 in 8er-Sitzreihen, Abstand 86,4 cm; maximale Ein-Klassen-Unterbringung für 375 Passagiere in 6er-, 7er, 8er- und 9er-Sitzreihen mit zwei Gängen. Unterflur-Gepäck/Fracht-Volumen 147,4 m³. Zwei-Mann-Besatzung, plus zwei Beobachter-Sitze.

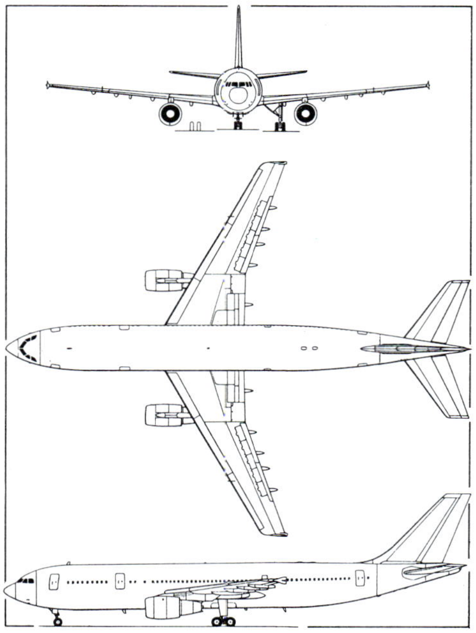

Oben: A300-600 in der 1987er Produktions-Version des ursprünglichen Airbus mit Flächenend-Scheiben und modernsten Triebwerken.

Oben: Airbus entwickelte ein Cockpit für die A300, in welchem der Flugingenieur hinter den zwei Piloten sitzt und nach vorne sieht.

Unten: Obwohl Italien kein Partner im Airbus-Konsortium ist, hat die Alitalia acht A300B4 mit I-BUS-Registrierungen in ihrer Flotte.

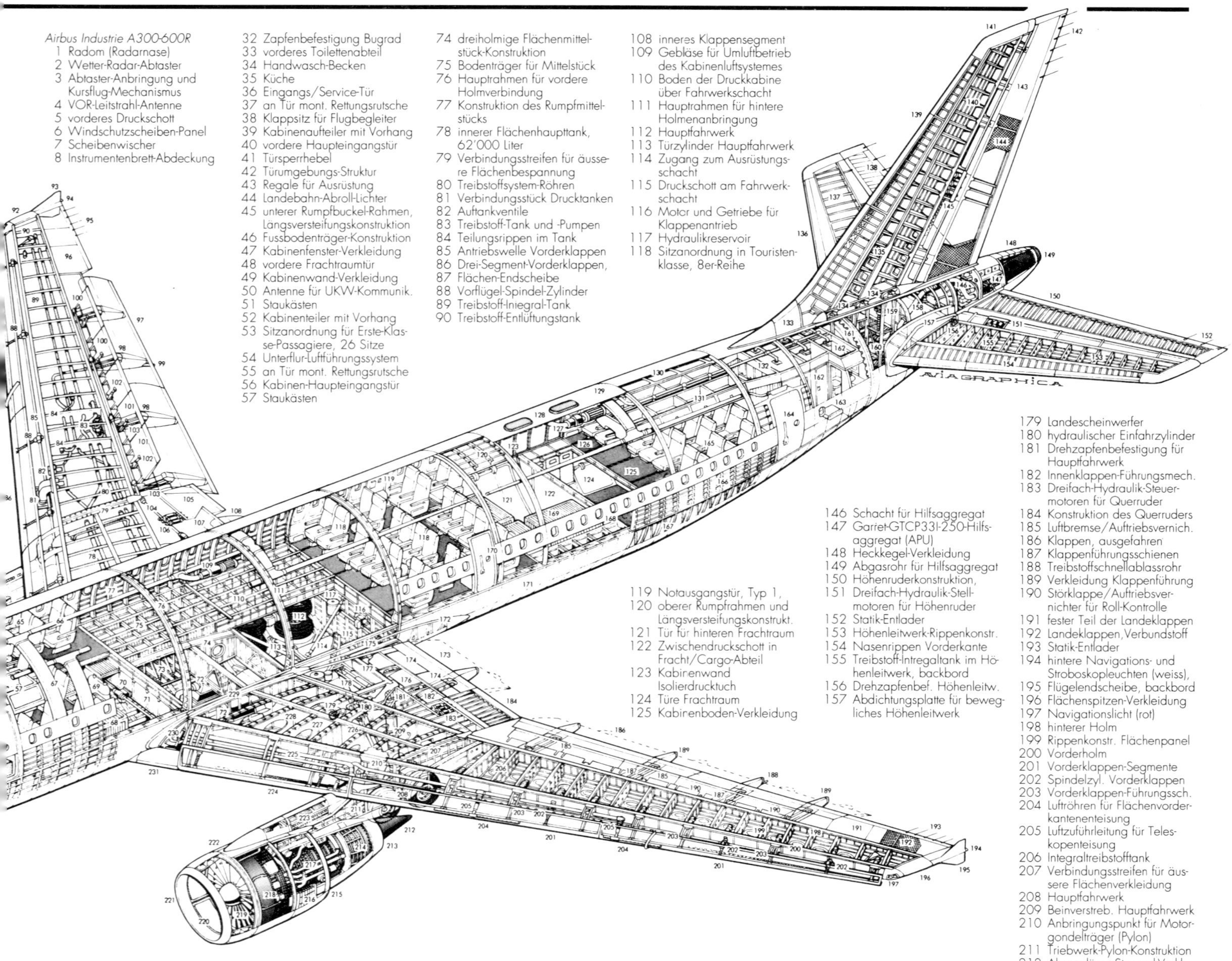

Airbus Industrie A300-600R
1 Radom (Radarnase)
2 Wetter-Radar-Abtaster
3 Abtaster-Anbringung und Kursflug-Mechanismus
4 VOR-Leitstrahl-Antenne
5 vorderes Druckschott
6 Windschutzscheiben-Panel
7 Scheibenwischer
8 Instrumentenbrett-Abdeckung
9 Steuersäule
10 Seitenruder-Pedale
11 Cockpitbodenhöhe
12 Antenne für Instrumenten-Lande-System
13 Staurohr
14 Leiter zum unteren Deck
15 Kapitän-Sitz
16 mittlere Kontroll-Konsole
17 seitliches Fensterpanel
18 Kopilotensitz
19 Instrumentenbrett Systemschalt.
20 Seitenbrett für Wartung
21 Sitz für Beobachter
22 Klappsitz
23 Cockpit-Trennwand
24 Luftführung für Klimaanlage
25 Garderobe Besatzung
26 Bugrad-Schacht
27 Hydraulik-Einfahr-Zylinder
28 Scheinwerfer für Rollen
29 doppeltes Bugrad
30 hydraulische Steuerzylinder
31 Türen für Bugradbein
32 Zapfenbefestigung Bugrad
33 vorderes Toilettenabteil
34 Handwasch-Becken
35 Küche
36 Eingangs/Service-Tür
37 an Tür mont. Rettungsrutsche
38 Klappsitz für Flugbegleiter
39 Kabinenaufteiler mit Vorhang
40 vordere Haupteingangstür
41 Türsperrhebel
42 Türumgebungs-Struktur
43 Regale für Ausrüstung
44 Landebahn-Abroll-Lichter
45 unterer Rumpfbuckel-Rahmen, Längsversteifungskonstruktion
46 Fussbodenträger-Konstruktion
47 Kabinenfenster-Verkleidung
48 vordere Frachtraumtür
49 Kabinenwand-Verkleidung
50 Antenne für UKW-Kommunik.
51 Staukästen
52 Kabinenteiler mit Vorhang
53 Sitzanordnung für Erste-Klasse-Passagiere, 26 Sitze
54 Unterflur-Luftführungssystem
55 an Tür mont. Rettungsrutsche
56 Kabinen-Haupteingangstür
57 Staukästen
58 zentrale Kücheneinheit
59 General-Electric-CF6-80-Triebwerkgondel
60 Pratt & Whitney-JT9D-7R4H1-oder -PW4156-Alternativ-Triebwerk
61 Gondel-Träger (Pylon)
62 Befestigungsglied für Aussenlastträger (Pylon)
63 Verkleidung für Aussenlastträger-Endstück
64 Pylon für Flächenmotor
65 Sitzanordnung der Touristenklasse, 241 Sitze
66 Zuführungsleitung Luftsystem
67 Zuführungsleitung Klimaanlage
68 LD3-Gepäck-Container
69 Wassertank
70 Motor und Getriebe für Vorklappenantriebswelle
71 Mittelstück des Flächenholms
72 Rumpfklimaanlage
73 Treibstofftank im Flächenmittelstück
74 dreiholmige Flächenmittelstück-Konstruktion
75 Bodenträger für Mittelstück
76 Hauptrahmen für vordere Holmverbindung
77 Konstruktion des Rumpfmittelstücks
78 innerer Flächenhaupttank, 62'000 Liter
79 Verbindungsstreifen für äussere Flächenbespannung
80 Treibstoffsystem-Röhren
81 Verbindungsstück Drucktanken
82 Auftankventile
83 Treibstoff-Tank und -Pumpen
84 Teilungsrippen im Tank
85 Antriebswelle Vorderklappen
86 Drei-Segment-Vorderklappen,
87 Flächen-Endscheibe
88 Vorflügel-Spindel-Zylinder
89 Treibstoff-Inegral-Tank
90 Treibstoff-Entlüftungstank
91 Steuerbord-Navigationslicht (grün)
92 Flächenspitzenverkleidung
93 Flächenendscheibe
94 Navigations- und Stroboskoplicht (weiss)
95 statische Entlader
96 fester Teil der Landeklappen
97 gespaltene Fowlerklappe
98 Klappen-Führungsschienen
99 Treibstoff-Schnellablassrohr
100 äussere Roll-Kontroll-Störklappen/2 Auftriebsvernichter
101 innere Luftbremsen/3 Auftriebsvernichter
102 Hydraulikzylinder für Störklappe/Auftriebsvernichter
103 Klappenspindel-Zylinder
104 Klappenantriebswelle
105 Querruder
106 Dreifach-Hydraulik-Steuermotoren für Querruder
107 Störklappen/2 Auftriebsvernichter an Flächenwurzel
108 inneres Klappensegment
109 Gebläse für Umluftbetrieb des Kabinenluftsystemes
110 Boden der Druckkabine über Fahrwerkschacht
111 Hauptrahmen für hintere Holmenanbringung
112 Hauptfahrwerk
113 Türzylinder Hauptfahrwerk
114 Zugang zum Ausrüstungsschacht
115 Druckschott am Fahrwerkschacht
116 Motor und Getriebe für Klappenantrieb
117 Hydraulikreservoir
118 Sitzanordnung in Touristenklasse, 8er-Reihe
119 Notausgangstür, Typ 1,
120 oberer Rumpfrahmen und Längsversteifungskonstrukt.
121 Tür für hinteren Frachtraum
122 Zwischendruckschott in Fracht/Cargo-Abteil
123 Kabinenwand Isolierdrucktuch
124 Türe Frachtraum
125 Kabinenboden-Verkleidung
126 Schienen für Sitzanbringung
127 Umluftgebläse hintere Kab.
128 Antennen für Funkpeilanlage
129 Rumpfverkleidung
130 Deckenlicht-Verkleidung
131 Gepäckablagen
132 hintere Küche
133 Flossenwurzel-Verkleidung
134 Verbindungsstücke für Tannenholm-Anbringung
135 dreiholmige Torsionsbox
136 Trimmflosse in Höhenleitwerk
137 Treibstofftank in Trimmflosse, zus. Kapazität 6'100 Liter
138 Höhenruder, steuerbord
139 Flossenvorderkante
140 Seitenflossenrippen
141 Seitenflossenspitzen-Verkl.
142 statische Entlader
143 Ruderverkleidung aus Kohlefaserstoff
144 wabenart. Innenkonstruktion
145 Dreifach-Hydraulik-Steuermotoren für Seitenruder
146 Schacht für Hilfsaggregat
147 Garrett-GTCP331-250-Hilfsaggregat (APU)
148 Heckkegel-Verkleidung
149 Abgasrohr für Hilfsaggregat
150 Höhenruderkonstruktion,
151 Dreifach-Hydraulik-Stellmotoren für Höhenruder
152 Statik-Entlader
153 Höhenleitwerk-Rippenkonstr.
154 Nasenrippen Vorderkante
155 Treibstoff-Intregaltank im Höhenleitwerk, backbord
156 Drehzapfenbef. Höhenleitw.
157 Abdichtungsplatte für bewegliches Höhenleitwerk
158 Mittelstück Höhenleitwerk
159 Zylinder für Trimmspindeln im Höhenleitwerk
160 Unterstützungsstruktur f. Flosse
161 hinteres Druckschott
162 hintere Toilettenräume (zwei)
163 Klappsitz für Flugbegleiter
164 hintere Eingangstür
165 hintere Passagierkabine
166 Rahmen Kabinenseitenwand
167 Unterflur-Frachtraum, 17.3m³
168 Kabinenfenster-Verkleidung
169 LD3-Gepäckcontainer
170 Notausgangstür Typ 1
171 untere Rumpfbespannung
172 Auskehlung an der Flächenwurzel-Hinterkante
173 gespaltene Landeklappe,
174 Störklappen/Auftriebsvernichter an Flügelwurzel
175 Klappenführungs-Schiene
176 Hydraulikzyl. Störklappe
177 Hilfsholm
178 Seitenstrebe Hauptfahrwerk
179 Landescheinwerfer
180 hydraulischer Einfahrzylinder
181 Drehzapfenbefestigung für Hauptfahrwerk
182 Innenklappen-Führungsmech.
183 Dreifach-Hydraulik-Steuermotoren für Querruder
184 Konstruktion des Querruders
185 Luftbremse/Auftriebsvernich.
186 Klappen, ausgefahren
187 Klappenführungsschienen
188 Treibstoffschnellablassrohr
189 Verkleidung Klappenführung
190 Störklappe/Auftriebsvernichter für Roll-Kontrolle
191 fester Teil der Landeklappen
192 Landeklappen, Verbundstoff
193 Statik-Entlader
194 hintere Navigations- und Stroboskopleuchten (weiss),
195 Flügelendscheibe, backbord
196 Flächenspitzen-Verkleidung
197 Navigationslicht (rot)
198 hinterer Holm
199 Rippenkonstr. Flächenpanel
200 Vorderholm
201 Vorderklappen-Segmente
202 Spindelzyl. Vorderklappen
203 Vorderklappen-Führungssch.
204 Luftröhren für Flächenvorderkantenenteisung
205 Luftzuführleitung für Teleskopenteisung
206 Integraltreibstofftank
207 Verbindungsstreifen für äussere Flächenverkleidung
208 Hauptfahrwerk
209 Beinverstreb. Hauptfahrwerk
210 Anbringungspunkt für Motorgondelträger (Pylon)
211 Triebwerk-Pylon-Konstruktion
212 Abgasdüsen-Stempel-Verkl.
213 Abgasdüse für Heissluftstrom aus Motorkern
214 Triebwerkturbinenteil
215 Austrittsführung für Gebläseluft, kalter Luftstrom
216 Umkehrstufenschaltung
217 Triebwerkabzapfluft
218 General-Electric-CF6-80C2-A1-Turbofan
219 Triebw.-Gebläseschaufeln
220 lärmhindernde Einlassführ.
221 Nasenring Einlassverkleid.
222 Motorverkleidungsstücke
223 Vorkühler für Abzapfluft-Sys.
224 innere Vorflügelklappe
225 Zuführungssystem Abzapfluft
226 dreiholmige Konstruktion des inneren Flügelpanels
227 innerer Integraltreibstofftank
228 innere Flügelrippen
229 Verbindungsstreifen für Flächenwurzel-Verkleidung
230 Steuermotor Flügelklappe
231 Krügerklappe

Treibstoff im hinteren Frachtraum haben könnte. Ein 2-Mann-Cockpit unterscheidet die A300B4-200FF (Erstflug 6. Oktober 1981). Eine umrüstbare Frachterversion wird als A300C4 bezeichnet, die auf der B4 basiert und eine vordere seitliche Frachttür und einen verstärkten Fussboden hat; das erste Muster flog Mitte 1979. Mit dem Planungs-Programm der A300-600, einer weiterentwickelten Version der B4, wurde im Jahre 1980 begonnen. Diese hat eine Anzahl Verbesserungen: Rumpf mit A310-Profil, wodurch zwei zusätzliche Sitzreihen in der Kabine aufgestellt werden können; Anwendung von Verbundwerkstoffen und vereinfachter Systeme zur Reduzierung des Strukturgewichtes; Triebwerke PW4156 mit einem Standschub von 25'402 kp, PW4158 mit einem Standschub von 26'309 kp und RB.211-524D4A mit einem Standschub von 24'041 kp. Die erste A300-600 flog am 8. Juli 1983 mit JT9D-7R4H1-Triebwerken, und eine A300-600 mit CF6-80C2-Triebwerken flog am 20. März 1985. Die 1986 eingeführte A300-600R hat kleine Flügelendscheiben, einen Trimmtank im Leitwerk und andere neue, interne Merkmale.

Indienststellung

Die französische und westdeutsche Zulassung der A300B2 wurde am 15. März 1974 erlangt, und die Indienststellung begann am 30. Mai 1974 bei Air France. Die erste A300B2K wurde am 23. November 1976 an South African Airways ausgeliefert. Die A300B4 wurde in Frankreich und der Bundesrepublik am 26. März 1975 und in den USA am 30. Juni 1976 zugelassen und zum ersten Mal am 1. Juni 1975 bei German Air in Dienst gestellt. Die A300B4-200FF wurde am 8. Januar 1982 zugelassen und bei Garuda in Dienst gestellt. Die verwandelbare A300C4 wurde Ende 1979 bei Hapag Lloyd in Dienst gestellt. Die erste A300-600 wurde am 26. März 1984 an Saudi Arabian Airlines ausgeliefert und die erste verbesserte A300-600-Version im Oktober 1985 an Thai Airways International. Zu Beginn des Jahres 1987 belief sich der Gesamtverkauf an A300 auf 282 Flugzeuge an 36 Kunden.

A310-300

Antrieb: Zwei Pratt-&-Whitney-JT9D-7R4E1-Turbofans, je 22'680 kp Standschub für den Start. Treibstoff 61'260 l, plus auf Wunsch 7'000 l im Frachtraum.

Leistung: Max. Flugbetriebsgeschwindigkeit 667 km/h angezeigte Eigengeschwindigkeit oder Mach 0,54; Höchste Reisegeschwindigkeit 897 km/h in 10'670 m; Langstrecken-Reisegeschwindigkeit 858 km/h in 11'280 m; Sicherheits-Startstrecke (FAR) 2'310 m; Landedistanz 1'525 m; Reichweite mit grösster Nutzlast 6'950 km; Reichweite mit max. Treibstoffvorrat und 23'960 kg Nutzlast 9'715 km.

Gewicht: Betriebsleergewicht 77'040 kg; maximales Treibstoffgewicht 44'236 kg oder auf Anforderung 49'452 kg; Maximale Nutzlast 34'200 kg; maximales Startgewicht 150'000 kg oder auf Wunsch 153'000 kg; maximales Landegewicht 123'000 kg ; maximales Leertankgewicht 113'000 kg.

Abmessungen: Spannweite 43,9 m; Gesamtlänge 46,66 m; höchste Höhe 15,81 m; Pfeilung 28 Grad bei Viertel-Flügelsehne; Flügelfläche 219 m².

Kabine: Länge 33,24 m, grösste Weite 5,28 m, maximale lichte Höhe 2,33 m. Typische Unterbringung 218 Passagiere, 18 in 6er-Reihe, Abstand 96,5 cm und 200 in 8er-Reihe, Abstand 86 cm; typische Einklassenunterbringung 236 und maximale Ein-Klassen-Unterbringung 280 Passagiere in 9er-Reihe mit Sitzabstand 76 cm. Gesamtvolumen für Unterflur-Gepäck/Fracht 102 m³. Zwei-Mann-Cockpit-Besatzung plus zwei Beobachtersitze im Cockpit.

Kurz nach Planungsbeginn für die A 300 untersuchte Airbus Industrie auch eine Anzahl von möglichen zukünftigen Ableitungen vom Basis-Flugzeug. Mit der A300B5 bekamen diese Varianten Bezeichnungen, und ungefähr ab 1974 konzentrierte sich das Interesse auf die B9 mit gestrecktem Rumpf, die rumpfverkürzte B10 und die B11 mit einer vergrösserten Fläche und vier Triebwerken. Von diesem Trio wurden die B9 und die B11 Gegenstand weiterer Entwicklung unter den Bezeichnungen TA9 und TA11 (jetzt die A330 und A340), während die B10 im Planungsprogramm zur A310 wurde. Mitte der 70er Jahre kristallisierte sich das Interesse an einem Kurz/Mittelstrecken-Flugzeug mit mittlerer Kapazität heraus. Um diese Frist einhalten zu können, holte Airbus im Juli 1978 «Vor-Verträge» von Swissair, Lufthansa und Air France herein. Die A310, wie die A300B10 jetzt benannt wurde, erhielt ihre endgültige Auslegung erst Ende des Jahres 1978 mit einer um 13 Rahmen kürzeren Rumpflänge als die Basis-A300, aber mit der Möglichkeit, die Sitzanordnung weiter nach hinten auszudehnen. Die Fläche musste strukturmässig derjenigen der A300 ähnlich bleiben, wurde aber durch Entwicklungsarbeiten bei British Aerospace in Hatfield aerodynamisch vollkommen neu gestaltet. Mit Regierungs-Zustimmung wurde British Aerospace (die inzwischen den ursprünglichen Anteil von Hawker-Siddeley an der A300 übernommen hatte) am 1. Januar 1979 ein vollwertiger Partner bei Airbus Industrie, und zwar mit einem Anteil von 20 Prozent. Die erste A310 flog in Toulouse am 3. April und die zweite am 13. Mai 1983, beide mit JT9D-Triebwerken ausgerüstet; das dritte Flugzeug, am 5. August 1983 geflogen, hatte CF6-80A3-Triebwerke.

Varianten

Kurz- und Mittelstrecken-Versionen der A310 wurden zuerst als A310-100 und A310-200 bezeichnet, mit maximalen Startgewichten von 121'000 kg beziehungsweise von 132'000 kg. Die A310-100 wurde jedoch fallen gelassen, und die A310-200 wurde weiter entwickelt, um die gewünschten höheren Gewichte von 138'600 kg und 142'000 kg zu erreichen, und zwar mit einem Treibstoff-Fassungsvermögen von 54'900 Liter in allen Versionen. Zur Vergrösserung der Reichweite des Basis-Flugzeuges wurde die A310-300 entwickelt, mit einem Trimmtank im Leitwerk zur Erhöhung des Treibstoff-Fassungsvermögens und wahlweise mit Rumpftanks. Die A310-300 ist, wie oben aufgelistet, mit zwei unterschiedlichen Gewichten erhältlich und hat kleine Flügelendscheiben, die im nachhinein auch an der A310-200 angewandt wurden. Die erste A310-300 mit JT9D-7R4E-Triebwerken flog am 8. Juli 1985 und die zweite mit CF6-80C2-Triebwerken am 6. September 1985. Triebwerk-Wahlmöglichkeiten für die A310-200 umfassen das JT9D-7R4E-Triebwerk mit einem Standschub von 21'773 kp, das JT9D-7R4E1-Triebwerk, das CF6-80C2- oder -80A3-Triebwerk mit einem Standschub von 22'680 kp und das PW4150-Triebwerk mit derselben Leistung. Jedes der Triebwerke mit Standschub von 22'680 kp kann in der A310-300 eingesetzt werden. Umrüstbare und Nur-Fracht-Varianten sind als A310C und A310F erhältlich.

Indienststellung

Die A310-200 wurde in Frankreich und der BRD am 11. März 1983 zugelassen, in Grossbritannien im Januar 1984 und in den USA Anfang 1985. Erste Auslieferungen an Swissair und Lufthansa erfolgten am 29. März 1983. Die A310-300 mit JT9D-Triebwerken erlangte die französische und bundesrepublikanische Zulassung am 5. Dezember 1985, und die Indienststellung bei Swissair begann einen Monat später. Die Verkäufe aller Versionen der A310 beliefen sich bis Januar 1987 auf insgesamt 129 an 24 Kunden.

Airbus Industrie A310
1 Radom (Radarnase)
2 Wetter-Radar-Abtaster
3 Radarabtaster-Anbringung
4 Antenne UKW-Leitstrahl (VOR)
5 vorderes Druckschott
6 Windschutzscheiben-Panels
7 Scheibenwischer
8 Instrumentenbrett-Abdeckung
9 Steuersäule
10 Seitenruderpedale
11 Cockpitbodenhöhe
12 Antenne Instrum.-Landesystem
13 Pitotröhren (Staurohr)
14 Zugangsleiter z. unteren Deck
15 Kapitän-Sitz
16 mittlere Kontroll-Konsole
17 Fensterpanel für Direktsicht
18 Kopilotensitz
19 Panel für System-Kontrolle
20 Wartungs-Seitenpanel
21 Beobachter-Sitz
22 vierter Sitz (Klappsitz)
23 Cockpit-Trennwand
24 Kanal für Klimaanlage
25 Garderobe Besatzung
26 Bugradschacht
27 hydraulischer Einfahrzylinder
28 Roll-Scheinwerfer
29 Steuerzylinder
30 Bugrad-Türen
31 vordere Toilette
32 Handwaschbecken
33 Küche
34 Eingangs/Servicetür
35 an Tür mont. Rettungs-Rutsche
36 Klappsitz für Flugbegleiter
37 Schrank/Garderobe
38 Haupteingangstür backbord
39 Türverriegelung
40 Tür-Umgebungsstruktur
41 Regale für Radio und elektronische Ausrüstung
42 Landebahn-Abroll-Lichter
43 Rumpfrahmen und Längsversteifungs-Konstruktion
44 Bodenträger-Konstruktion
45 vorderer Frachtraum
46 Frachtraumtür
47 Kabinenwand-Verkleidungen
48 UKW-Kommunikations-Ant.
49 Gepäckablage
50 Kabinenaufteiler mit Vorhang
51 Erste-Klasse-Abteil
52 Luftsystem-Kanal
53 Kabinenfenster-Verkleidungen
54 verschliessb. Gepäckablagen
55 Kücheneinheit
56 Gebläse Luftzirkulationssystem
57 Touristenklassen-Abteil
58 Zuführleitung für Klimaanlage
59 Wassertank
60 LD3 Gepäckcontainer
61 Getriebe für Flügelvorderklappen-Antriebswelle
62 Flügelmittelstück der durchgehenden Fläche
63 Gerätesätze für Klimaanlage

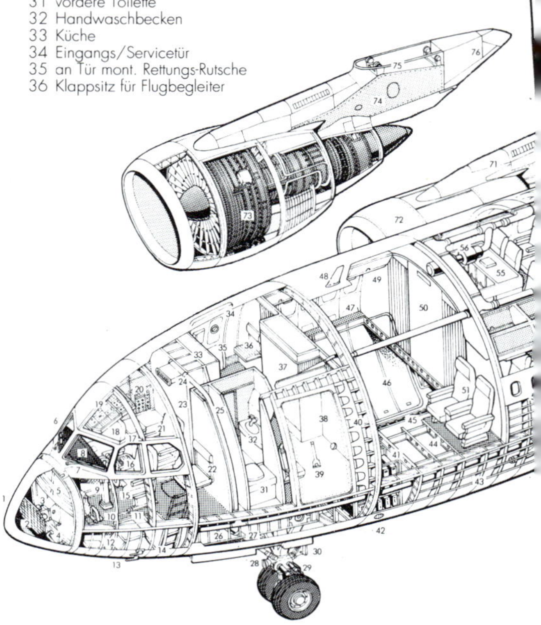

Links: Touristen-Klasse-Kabine der A310 mit einer Sitzversion in 8er-Reihe für 200 Passagiere. Doppelgänge erleichtern die Passagier-Versorgung.

Unten: Air India gehört zu den frühen Betreibern der A310-300 und hat sechs im Einsatz.

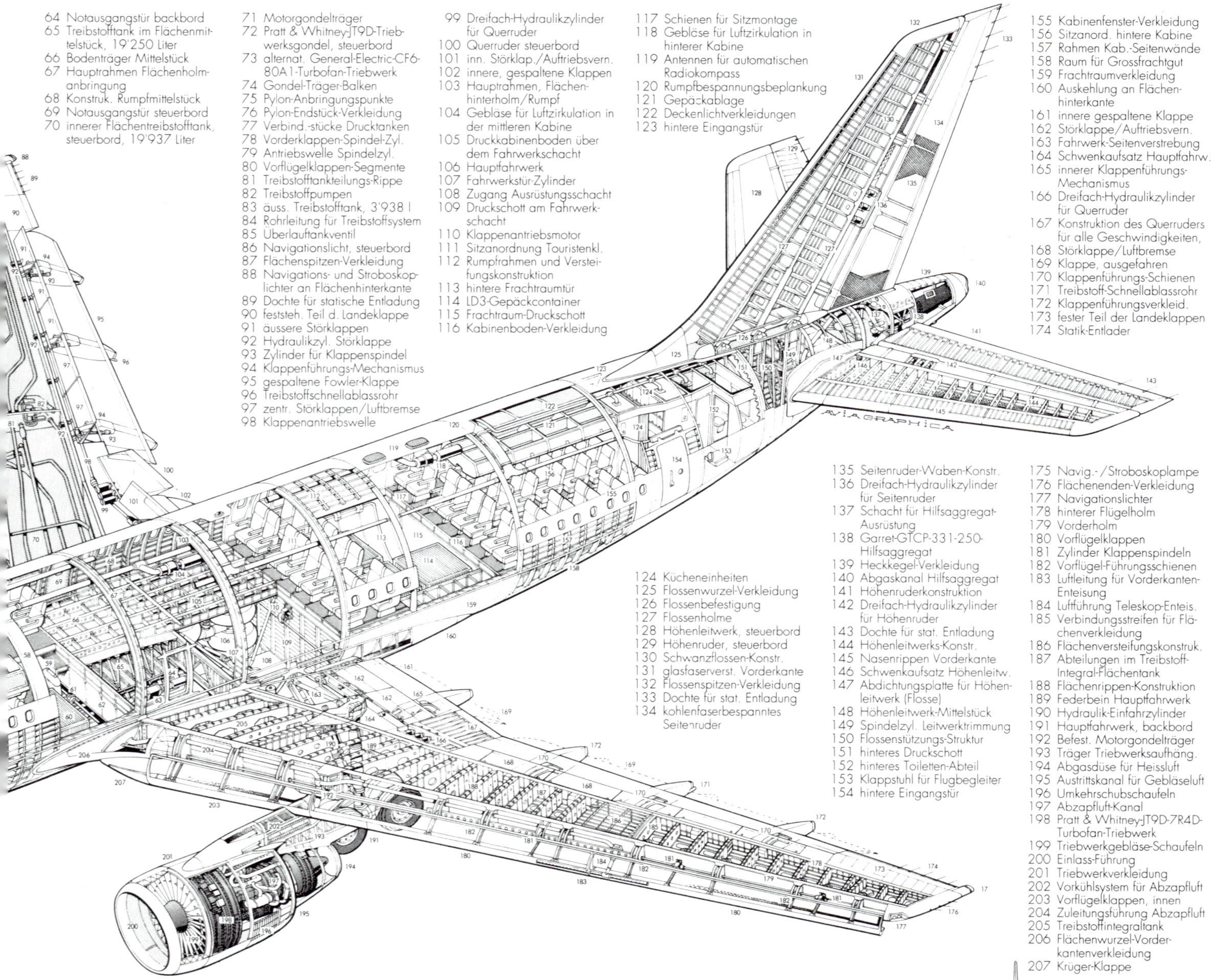

64 Notausgangstür backbord
65 Treibstofftank im Flächenmittelstück, 19'250 Liter
66 Bodenträger Mittelstück
67 Hauptrahmen Flächenholmanbringung
68 Konstruk. Rumpfmittelstück
69 Notausgangstür steuerbord
70 innerer Flächentreibstofftank, steuerbord, 19'937 Liter
71 Motorgondelträger
72 Pratt & Whitney-JT9D-Triebwerksgondel, steuerbord
73 alternat. General-Electric-CF6-80A1-Turbofan-Triebwerk
74 Gondel-Träger-Balken
75 Pylon-Anbringungspunkte
76 Pylon-Endstück-Verkleidung
77 Verbind.-stücke Drucktanken
78 Vorderklappen-Spindel-Zyl.
79 Antriebswelle Spindelzyl.
80 Vorflügelklappen-Segmente
81 Treibstofftankteilungs-Rippe
82 Treibstoffpumpen
83 äuss. Treibstofftank, 3'938 l
84 Rohrleitung für Treibstoffsystem
85 Überlauftankventil
86 Navigationslicht, steuerbord
87 Flächenspitzen-Verkleidung
88 Navigations- und Stroboskoplichter an Flächenhinterkante
89 Dochte für statische Entladung
90 feststeh. Teil d. Landeklappe
91 äussere Störklappen
92 Hydraulikzyl. Störklappe
93 Zylinder für Klappenspindel
94 Klappenführungs-Mechanismus
95 gespaltene Fowler-Klappe
96 Treibstoffschnellablassrohr
97 zentr. Störklappen/Luftbremse
98 Klappenantriebswelle
99 Dreifach-Hydraulikzylinder für Querruder
100 Querruder steuerbord
101 inn. Störklap./Auftriebsvern.
102 innere, gespaltene Klappen
103 Hauptrahmen, Flächenhinterholm/Rumpf
104 Gebläse für Luftzirkulation in der mittleren Kabine
105 Druckkabinenboden über dem Fahrwerkschacht
106 Hauptfahrwerk
107 Fahrwerkstür-Zylinder
108 Zugang Ausrüstungsschacht
109 Druckschott am Fahrwerkschacht
110 Klappenantriebsmotor
111 Sitzanordnung Touristenkl.
112 Rumpfrahmen und Versteifungskonstruktion
113 hintere Frachtraumtür
114 LD3-Gepäckcontainer
115 Frachtraum-Druckschott
116 Kabinenboden-Verkleidung
117 Schienen für Sitzmontage
118 Gebläse für Luftzirkulation in hinterer Kabine
119 Antennen für automatischen Radiokompass
120 Rumpfbespannungsbeplankung
121 Gepäckablage
122 Deckenlichtverkleidungen
123 hintere Eingangstür
124 Kücheneinheiten
125 Flossenwurzel-Verkleidung
126 Flossenbefestigung
127 Flossenholme
128 Höhenleitwerk, steuerbord
129 Höhenruder, steuerbord
130 Schwanzflossen-Konstr.
131 glasfaserverst. Vorderkante
132 Flossenspitzen-Verkleidung
133 Dochte für stat. Entladung
134 kohlenfaserbespanntes Seitenruder
135 Seitenruder-Waben-Konstr.
136 Dreifach-Hydraulikzylinder für Seitenruder
137 Schacht für Hilfsaggregat-Ausrüstung
138 Garret-GTCP-331-250-Hilfsaggregat
139 Heckkegel-Verkleidung
140 Abgaskanal Hilfsaggregat
141 Höhenruderkonstruktion
142 Dreifach-Hydraulikzylinder für Höhenruder
143 Dochte für stat. Entladung
144 Höhenleitwerks-Konstr.
145 Nasenrippen Vorderkante
146 Schwenkaufsatz Höhenleitw.
147 Abdichtungsplatte für Höhenleitwerk (Flosse)
148 Höhenleitwerk-Mittelstück
149 Spindelzyl. Leitwerktrimmung
150 Flossenstützungs-Struktur
151 hinteres Druckschott
152 hinteres Toiletten-Abteil
153 Klappstuhl für Flugbegleiter
154 hintere Eingangstür
155 Kabinenfenster-Verkleidung
156 Sitzanord. hintere Kabine
157 Rahmen Kab.-Seitenwände
158 Raum für Grossfrachtgut
159 Frachtraumverkleidung
160 Auskehlung an Flächenhinterkante
161 innere gespaltene Klappe
162 Störklappe/Auftriebsvern.
163 Fahrwerk-Seitenverstrebung
164 Schwenkaufsatz Hauptfahrw.
165 innerer Klappenführungs-Mechanismus
166 Dreifach-Hydraulikzylinder für Querruder
167 Konstruktion des Querruders für alle Geschwindigkeiten
168 Störklappe/Luftbremse
169 Klappe, ausgefahren
170 Klappenführungs-Schienen
171 Treibstoff-Schnellablassrohr
172 Klappenführungsverkleid.
173 fester Teil der Landeklappen
174 Statik-Entlader
175 Navig.-/Stroboskoplampe
176 Flächenenden-Verkleidung
177 Navigationslichter
178 hinterer Flügelholm
179 Vorderholm
180 Vorflügelklappen
181 Zylinder Klappenspindeln
182 Vorflügel-Führungsschienen
183 Luftleitung für Vorderkanten-Enteisung
184 Luftführung Teleskop-Enteis.
185 Verbindungsstreifen für Flächenverkleidung
186 Flächenversteifungskonstruk.
187 Abteilungen im Treibstoff-Integral-Flächentank
188 Flächenrippen-Konstruktion
189 Federbein Hauptfahrwerk
190 Hydraulik-Einfahrzylinder
191 Hauptfahrwerk, backbord
192 Befest. Motorgondelträger
193 Träger Triebwerksaufhäng.
194 Abgasdüse für Heissluft
195 Austrittskanal für Gebläseluft
196 Umkehrschubschaufeln
197 Abzapfluft-Kanal
198 Pratt & Whitney-JT9D-7R4D-Turbofan-Triebwerk
199 Triebwerkgebläse-Schaufeln
200 Einlass-Führung
201 Triebwerkverkleidung
202 Vorkühlsystem für Abzapfluft
203 Vorflügelklappen, innen
204 Zuleitungsführung Abzapfluft
205 Treibstoffintegraltank
206 Flächenwurzel-Vorderkantenverkleidung
207 Krüger-Klappe

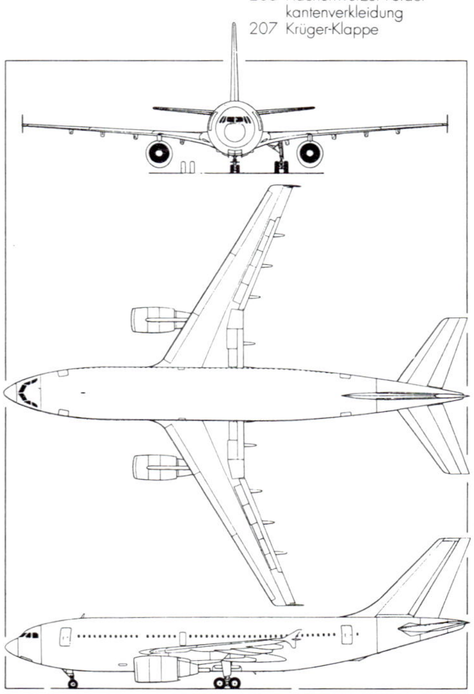

Oben: Drei-Sicht-Zeichnung des Airbus A310-300, die -100 und -200 sind ähnlich.

Links: Ende 1986 hatte Air France seiner Airbus-Flotte sechs A310-200 hinzugefügt.

Die Entscheidung, ein Entwicklungsprogramm für ein Kurz-/Mittelstrecken-Flugzeug in der 150-Sitze-Kategorie zu starten, wurde durch Airbus Industrie im Juni 1981 gefällt. Fast unmittelbarer Vorläufer der A320 war die Aérospatiale AS-200 – in Wirklichkeit eine Familie von Projektentwürfen, die die französische Gesellschaft Mitte der 70er Jahre untersuchte. Im Jahre 1977 tat sich Aérospatiale mit British Aerospace, MBB und VFW-Fokker in der Joint-European-Transport-(JET)-Studiengruppe zusammen, deren Zielsetzung es war, ein Transportflugzeug für den Kurz-Mittelstrecken-Bereich mit einem «neuen Massstab für Betriebsruhe, Treibstoff-Wirkungsgrad und betrieblicher Wirtschaftlichkeit» zu erstellen. Die JET-Arbeit wurde der Leitung von Airbus Industrie unterstellt, als am 1. Januar 1979 British Aerospace formell ein Airbus-Partner wurde. Die aus den Studien unter der Bezeichnung SA (Single Aisle = einzelner Gang) resultierenden SA-1, SA-2 und SA-3 hatten unterschiedliche Rumpflängen. Mit fortschreitender Entwurfsverfeinerung wurde Anfang des Jahres 1981 die Bezeichnung A320 angenommen, während die Frage der optimalen Grösse weiterhin untersucht wurde. Das Flugzeug wurde in groben Zügen als «150-Sitzer» beschrieben, weil das die typische Gemischt-Klassen-Kapazität sei, die im letzten Jahrzehnt dieses Jahrhunderts von den Fluggesellschaften wahrscheinlich als erforderlich angesehen würde. Zur Zeit der Einführung auf dem Markt gab es jedoch noch einiges Interesse an einer grösseren Kapazität, daher waren die A320-100 und die A320-200-Projekte mit unterschiedlichen Rumpflängen für eine Ein-Klassenunterbringung bei einem Sitzabstand von 81 cm und Sitzkapazitäten von 154 und 172 im Angebot. Air France hat als erste Fluggesellschaft eine Kaufabsicht für die A320 bekanntgegeben, und zwar in beiden Versionen aber im März 1984 wurde entschieden, sich auf eine einzige Rumpfgrösse für die Unterbringung von 162 Passagieren zu konzentrieren. Die Bezeichnungen -100 und -200 bezogen sich jetzt noch auf die unterschiedlichen Gewichte und unterschiedlichen Treibstoff-Fassungsvermögen. Obwohl die A320 ein völlig neuer Entwurf ist, beruht ihre Struktur auf den bewährten Prinzipien, wie sie in der A300 und A310 angewandt worden sind. In grossem Umfang sind die neuesten Materialien (einschliesslich Verbundwerkstoffe) und fortschrittliche Merkmale bei Systemen und Ausrüstung angewendet worden, wie zum Beispiel ein vierfach abgesichertes elektrisches Flugführungs-System, seitliche Steuergriffe für die zwei Piloten, computergestützte Kontroll-Funktionen, ein elektronisches Fluginstrumenten-System (EFIS, electrical flight instrument system) und eine elektr. Flugzeugzustands-Überwachung. Entwicklung und Konstruktion der A320 sind zwischen den Airbus Industrie-Partnern aufgeteilt: British Aerospace (24 Prozent des Arbeitsanteils), verantwortlich für die Fläche, Aérospatiale (34 Prozent) für den vorderen Rumpf und die Nase, Deutsche Airbus (35 Prozent) für Rumpfmittel- und -endstück, CASA (5 Prozent) für Rumpfendverkleidung und Leitwerk, Belairbus (2 Prozent) für die Flächenvorderkanten.

Oben: Diese Attrappe des Airbus-A320-Cockpits zeigt viele seiner fortschrittlichen Merkmale, einschl. der sechs elektronischen Bildschirme – zwei für jeden Piloten (primäre Flug- und Navigations-Informationen), zwei weitere zwischen den Piloten (Triebwerksinstrumente, Flugzeugüberwachung).

Airbus Industrie A320
1 Radom (Radarnase)
2 Wetterradar-Abtaster
3 Abtasterführungs-Mech.
4 Antenne für Drehfunkfeuer-Leitstrahl
5 vorderes Druckschott
6 Antenne für Gleitpfad des Instrumenten-Lande-Systems
7 vorderer Unterflurraum für elektronisches Gerät
8 Seitenruder-Pedale
9 elektronisches Fluginstrumenten-System, Thomson CSF
10 Instrumentenbrett-Abdeckung
11 Scheibenwischer
12 Windschutzscheiben-Panels
13 Instrumentenbrett für Systemschaltung
14 Kopilotensitz
15 mittlere Kontroll-Konsole
16 Panel für elektr. Sicherungen
17 Klappsitz für Beobachter
18 Kapitän-Sitz
19 seitl. Fensterpanel
20 seitliche Steuergriffe (elektrisches Flugführungs-System)
21 Sensoren-Einheiten
22 Schrank für Besatzung
23 Schacht für Bugrad
24 Bugrad-Türen
25 doppeltes Bugrad
26 hydraulische Steuerzylinder
27 Messier Bugradfederbein
28 Schwenkaufsatz für Bugrad
29 vorderes Toilettenabteil
30 Cockpit-Zugang
31 Kücheneinheit
32 Service-Tür, 81x183 cm
33 Eingangsvorraum
34 2 Klappsitze für Flugbegleiter
35 Türverriegelung
36 Vord. Eingangstür, 81x183cm
37 an der Tür angebrachte Rettungsrutsche
38 Trittleiter-Stauraum

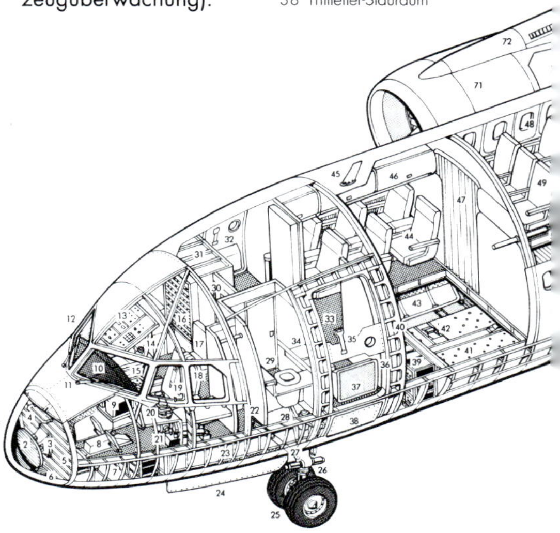

Antrieb: 2 CFM-International-CFM56-5- oder International-Aero-Engines-V2500-Turbofans, je 10'660-11'340 kp Standschub für den Start. Treibstoff (A320-100) 15'365 l oder (A330-200) 23'410 l im Flächenmittelstück.
Leistung: (A320-100) Maximale Betriebsgeschwindigkeit 649 km/h angezeigte Eigengeschwindigkeit oder Mach 0,82; höchste Reisegeschwindigkeit 903 km/h in 8'535 m; Langstreckenreisegeschwindigkeit 842 km/h in 11'280 m; Sicherheitsstartlänge (FAR) 1'715m; Lande-Distanz (FAR) 1'450 m; Reichweite mit maximaler Nutzlast 3'450 km; Reichweite mit grösstem Treibstoff-Vorrat und 15'550 kg Nutzlast 4'895 km.
Gewicht: (A320-100) Betriebsleergewicht 38'180 kg; höchstes Treibstoffgewicht 12'335 kg; grösste Nutzlast 18'840 kg; grösstes Startgew. 66'000 kg; grösstes Landegew. 61'000 kg; grösstes Tankleergewicht 57'000 kg. (A320-200) Betriebsleergewicht 38'830 kg; maximales Treibstoffgewicht 18'806 kg; grösste Nutzlast 18'200 kg; grösstes Startgewicht 72'000 kg; maximales Landegewicht 63'000 kg; grösstes Tankleer-Gewicht 59'000 kg.
Abmessungen: Spannweite 33,91 m; Gesamtlänge 37,58 m; höchste Höhe 11,76 m; Pfeilung 24,96 Grad bei Viertel-Flügelsehne; Flügelfläche 122,4 m².
Kabine: Länge 27,51 m; Breite 3,696 m, grösste lichte Höhe 2,22 m. Typische Gemischt-Klassen-Unterbringung für 150 Passagiere, davon 12 in 4er-Reihen mit Abstand von 91,5 cm und 138 in 6er-Reihen mit Abstand von 81 cm; maximale Ein-Klassen-Unterbringung 179 in 6er-Reihen mit Sitzabstand von 76 cm.

Varianten

Die ersten zwei bekannten Abweichungen der A320, wie oben angegeben, sind die A320-100 und A320-200, die dieselben Gesamtabmessungen haben, aber unterschiedliche Treibstoff-Kapazitäten und Betriebsgewichte. Die Erstauswahl der Triebwerke besteht zwischen dem CFM56-5, produziert von der General-Electric/SNECMA-Partnerschaft unter der CFM-International-Marketing-Organisation, und dem V2500, produziert von dem internationalen Aero-Engines-Konsortium.

Indienststellung

Der erste Flug des gesellschaftseigenen A320-Prototyps mit CFM56-5-Triebwerken wurde am 22. Februar 1987 durchgeführt. Zulassung und Flugerprobung sind unter Einsatz von vier Flugzeugen, alle anfänglich mit CFM56-Triebwerken ausgerüstet, ausser einem, das später mit V2500-Triebwerken umgerüstet werden soll, darauf angelegt, 1988 die Indienststellung zu ermöglichen. Die ersten Festbestellungen für die A320 wurden von Air France, Air Inter, BCal, Inex Adria, Cyprus Airways, Pan American, Lufthansa, Ansett, TAA (jetzt bekannt als Australian Airlines), Alia, All Nippon Airways und Northwest Airlines sowie von der US Leasing Company GATX plaziert.

Unten: A320 der Air-France, wie sie 1988 in Dienst gestellt wird. Von der französischen Gesellschaft sind 25 A320 bestellt worden.

39 Unterflurregale für Flugführungsinstrumente
40 türumgebende Struktur
41 Frachtraum, 13,87 m³
42 mech. Frachtabfertigungsdeck
43 Frachtraumtür, 182x125 cm
44 Erste-Klasse-Sitzandordnung (12 Passagiere)
45 Antenne UKW-Kommunik.
46 Handgepäckablagen
47 Kabinenaufteiler mit Vorhang
45 Kabinenwand-Verkleidung
49 Economy-Klasse-Sitzanordnung, 6er-Reihe (138 oder 164 Passagiere)
50 Luftzuführung aus Klimaanlage, über Kopf angebracht
51 Kabinenfenster-Verkleidung
52 Kabinenwandrahmen
53 unterer Buckelrahmen und Versteifungskonstruktion
54 Auskehlung der Flügelwurzel an Vorderkante
55 LD3-46-Gepäck/Fracht-Container (3 vorne, 4 hinten)
56 Getriebe für Vorflügelantriebswelle
57 Zuführungsleit. Klimaanlage
58 Holmmittelstück der durchgehenden Fläche
59 Rumpfkiel-Baugruppe
60 Gerätesätze für Klimaanlage im Rumpf (Liebherr-Aerotechnik und ABG-Semca)
61 Luken für Notausgänge backbord, 51 x 102 cm
62 Treibstofftank im Flächenmittelstück, 8'035 Liter
63 Hauptrahmen Flächenvorderholm/Rumpf
64 Mittelstück Fussbodenträger
65 Luken f. Notausgang steuerb.
66 mittlere Rumpfrahmen- und -versteifungskonstruktion
67 Flächenintegral-Treibstofftank, steuerbord, 15'906 Liter
68 nicht betankbarer Raum des Flächentanks
69 inneres Vorflügel-Segment
70 Klappentür für Umkehrschub
71 CFM-International-CFMS6-5-Triebwerkgondel, steuerbord
72 Gondelträger
73 äussere Vorflügel-Segmente
74 Vorflügel-Führungsschienen
75 Vorflügel-Führungswelle und Rotationsstellglieder
76 Druckbetankungsstutzen
77 Aufteilungsrippen für Treibstoff-Tank
78 Ventil am Überlauftank
79 Navigationslichter, steuerbord
80 Flächenspitzenverkleidung
81 Navigations/Stroboskoplicht.
82 Steuerbordquerruder
83 hydraulische Steuermotoren für Querruder
84 Störklappen für Längsachsenbewegung und Flächenentlastungskontrolle
85 Hydraulikzylinder Störklappen
86 Klappendrehstellglied und Schlittenmechanismus
87 einfach gespaltene Fowler-Klappen, steuerbord
88 Störklappen/Geschw.-Bremsen für Längsachsenkontrolle
89 inneres Klappensegment
90 innere Geschwindigkeitsbremse/Auftriebsvernichter
91 Klappenantriebswelle und Drehstellglied
92 Rumpfbespannung
93 Auskleidung Kabinenwand
94 Druckkabinenboden über Fahrwerkschacht
95 Hauptrahmen Flächenhinterholm/Rumpf
96 Hauptfahrwerk, eingezogen
97 zentraler Klappenantriebsmotor und Getriebe
98 Druckschott Fahrwerkschacht
99 Fussbodenträger-Konstruktion
100 Kabinenfussbodenverkleidung aus Verbundwerkstoff
101 Schienen für Sitzanbringung
102 Passagier-Sitzanordnung,
103 Antennen für automatischen Radiokompass
104 Frachtraum, 182x125 cm
105 mech. Frachtabfertig.-Deck
106 LD3-46-Container
107 Unterflur-Frachtr. 26,17m³
108 hintere Kabinensitz-Version
109 Einheiten für Passagierservice
110 Handgepäckablage
111 Kabinendachbespann.
112 Toilettenabteile
113 Kücheneinheit
114 Flossenwurzelrippe
115 Flossen-Verschraubung
116 dreiholmige Flossenkasten-Konstruktion
117 Trimmhöhenleitwerk
118 Höhenruder
119 Schwanzflossenkonstruktion aus Verbundwerkstoff
120 Statikentlader
121 Seitenruder
122 Seitenruderkonstruktion aus Verbundstoff
123 hydraulische Steuerzylinder für Seitenruder
124 Rahmen Leitwerkanbringung
125 Hilfsaggregat-Ausrüstung
126 Heckkegel-Verkleidung
127 Auspuff für Hilfsaggregat
128 Garret-GTP-36-300-Hilfsagg.
129 Höhenruder, Verbundwerkst.
130 Statik-Entlader
131 Trimmleitwerk-Konstruktion, Verbundwerkstoff
132 Hydraulik-Steuermotoren für Höhenruder
133 Drehzapfenaufsatz Leitwerk
134 Abdichtungsplatte Leitwerk
135 Leitwerk-Mittelstück
136 Flossenstützkonstruktion
137 Trimmspindelzyl. Leitwerk
138 hinteres Druckschott
139 Eingangs-/Service-Tür
140 Klappsitz für Flugbegleiter
141 Kabinenfenster-Verkleidung
142 Unterflur-Grossfrachtraum
143 Frachttür 361x218 cm
144 Rumpfbuckelverkleidung
145 Auskehlung an Flächenwurzelhinterkante
146 inneres Klappensegment
147 Klappenverkleidungskonstruktion aus Verbundwerkstoff
148 Klappenantriebswelle
149 Hauptfahrwerkschacht
150 Hydraulikeinfahrzylinder
151 seitl. Strebe Fahrwerksbein
152 Zapfenmont. Hauptfahrwerk
153 Dowty-Fahrwerksfederbein
154 Geschwindigkeitsbremse/Auftriebsvernichter
155 Klappenführungs-Verkleid.
156 äusseres Klappensegment
157 ausgefahrene Klappe
158 Klappenführungsschienen und Schlitten
159 Störklappen/Auftriebsvernichter für Rollkontrolle
160 Störklappen für Rollkontrolle und Lastenminderung
161 Hydrauliksteuermotoren für Querruder
162 Querruderkonstruktion aus Verbundwerkstoff
163 Navigat.-/Stroboskoplicht
164 Flächenspitzenverkleidung
165 Statik-Entlader
166 Navigationslichter
167 Ventil für äuss. Überlauftank
168 vorderer Holm
169 Vorflügel-Segmente
170 Vorflügelantriebswelle und Drehstellglieder
171 Vorflügel-Führungsschienen
172 Flächenrippen-Konstruktion
173 unt. Flächen-Verstärker-Panel
174 Hinterholm
175 Zugangspanels Treibstofftank
176 Flächenversteifungen
177 Luftführung für Flächenvorderkanten-Enteisung
178 Flächenbespannung
179 Vorflügelrippen-Konstruktion
180 Kohlenstoffbremse an Hauptfahrwerk (doppelt)
181 Flächenintegral-Treibstofftank
182 Rippen für Gondelträgeranbringung
183 Befestigungspunkt Lastenträg.
184 Gondelträger-Konstruktion
185 Abgas-Heckkegel
186 Abgasführung (Heissluftstrom) aus Triebwerkskern
187 Triebwerkturbinenteil
188 Abgasführung für Gebläseluft
189 4 Schubumkehrtüren, offen
190 Zylinder Umkehrschubtüren
191 Abzapfluft-Leitung
192 Hauptaufhängung Triebwerk
193 Triebwerk-Öltank
194 CFM-International-CFM56-5-Turbofan-Triebwerk
195 autom. dig. Triebwerkskontr.
196 Triebwerk-Gebläseschaufeln
197 Lufteinlass-Kanal
198 Triebwerkverkleidung-Panels
199 vordere Pylon-Verkleidung
200 Vorkühler für Abzapfluft
201 Leitung Triebwerkabzapfluft
202 innere Flächenrippen
203 Anbringungspunkt für Flächenwurzelrippe
204 inneres Vorflügel-Segment
205 Vorflügel-Führungsschienen
206 IAE-V-2500-Altern.-Triebwerk
207 Triebwerkszub.-Ausrüstung

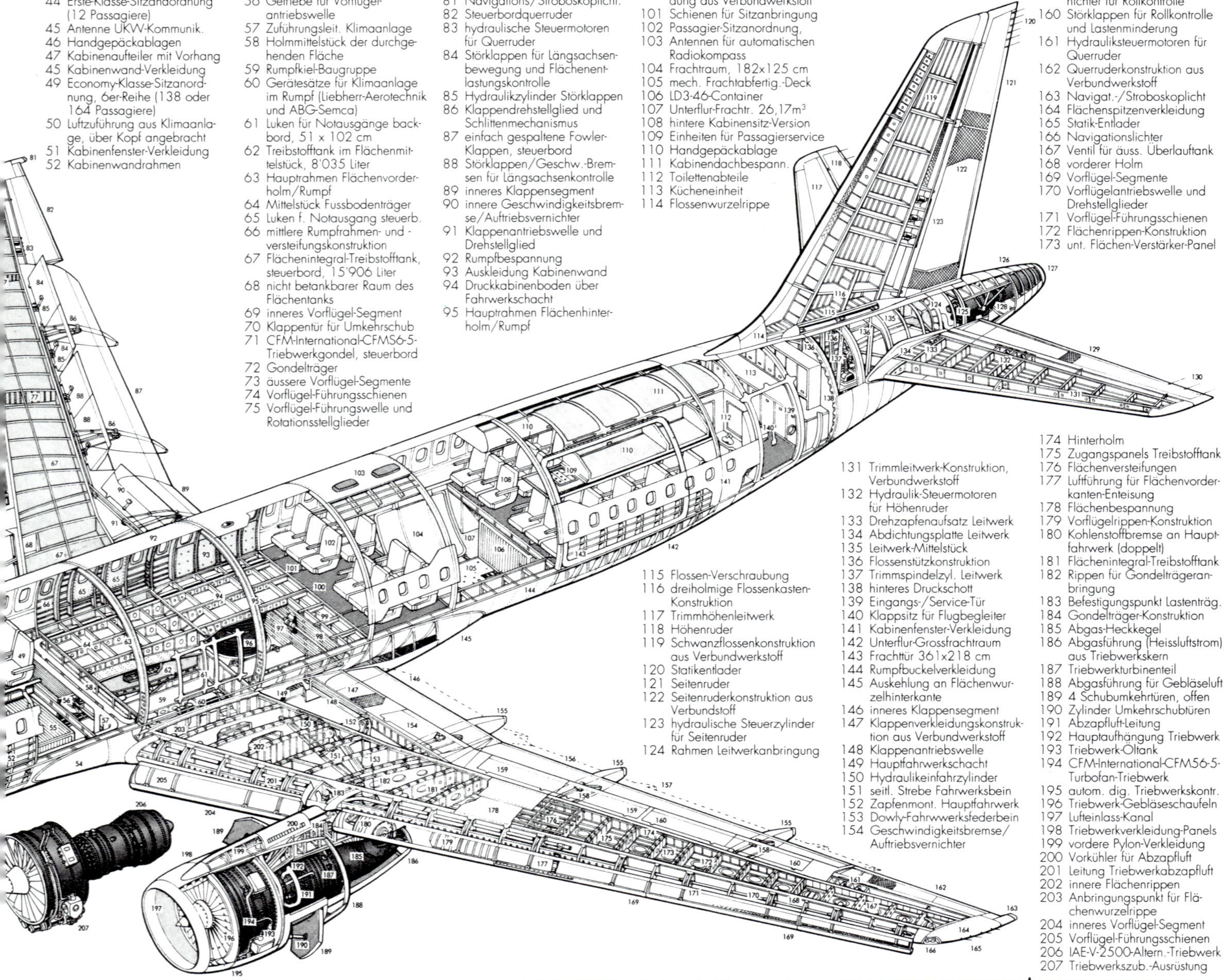

Links: Die Flugerprobung der A320 begann im Februar 1987 mit vier Flugzeugen, alle mit General-Electric/SNECMA-CFM56-Triebwerken ausgerüstet, und sollte etwa ein Jahr dauern.

Rechts: Dreisichtzeichnung der A320 in der ersten Produktionsform mit CFM56-Triebwerken. Die Serie 100 und 200 unterscheiden sich nur durch Treibstoffkapazität und Betriebsgewicht. Die IAE-V2500-Triebwerke sind geringfügig anders montiert.

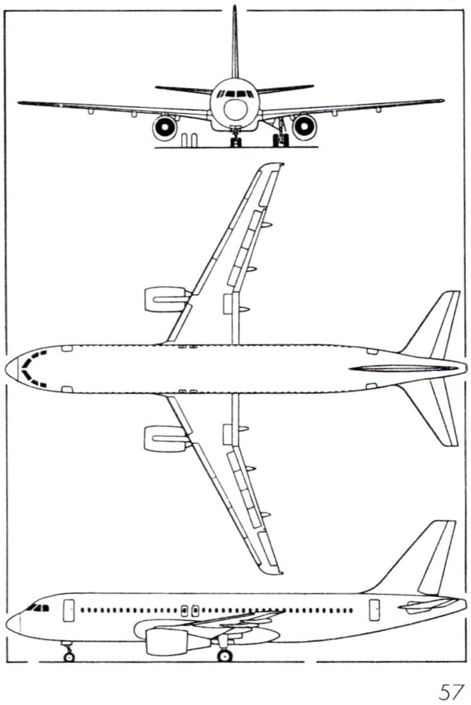

Links: Die Airtech CN-235 bietet eine Sitzanordnung für 40 Passagiere in Viererreihen mit einem Abstand von 81 cm. Da die Fläche über dem Rumpf positioniert ist, leidet die Kabine nicht unter der normalen Unbequemlichkeit in Schulterdeckerflugzeugen, wo die Hauptholme die Deckenlinie unterbrechen.

Airtech CN-235
1 Radom (Radarnase)
2 Wetterradarabtaster
3 Antennen für Gleitpfad des Instrumentenlandesystems
4 vorderes Druckschott
5 Staurohr backbord/steuerbord
6 Radar-Sender/Empfänger
7 Ruderpedale
8 Bugradschacht
9 Scheinwerfer zum Rollen (2)
10 Bugradtüren
11 einziehbares Bugrad
12 Unterflur-Steuergestänge
13 Cockpitboden
14 Steuersäule
15 Instrumentenbrett
16 Bildschirmdarstellungsgeräte
17 Instrumentenbrettverkl.
18 Scheibenwischer
19 Windschutzscheibenpanels
20 Reservekompass
21 Instrumentenbretter Systemschaltung
22 Copilotensitz
23 Cockpitdachrahmen
24 Seitenfenster für Direktsicht
25 Steuerrad für Bugfahrwerk
26 Staukasten für Dokumente
27 Kapitänsitz
28 Cockpit-Trennwand
29 Steuerkabel-Führung
30 Regale (Radio/elektr. Ausrüst.)
31 Sauerstoffflasche f. Besatzung
32 Kücheneinheit
33 Toilettenabteil
34 Antenne für UKW
35 Seitentüreingang, Freitreppe,
36 Steuer-Seilführungen
37 Klappsitz für Flugbegleiter
38 vordere Passagiersitzreihe
39 Bodenbeplankung/Kabine
40 Luke für Notausgang
41 Sitzmontageschienen
42 Kabinenfensterverkleidung
43 Passagiersitze (39)

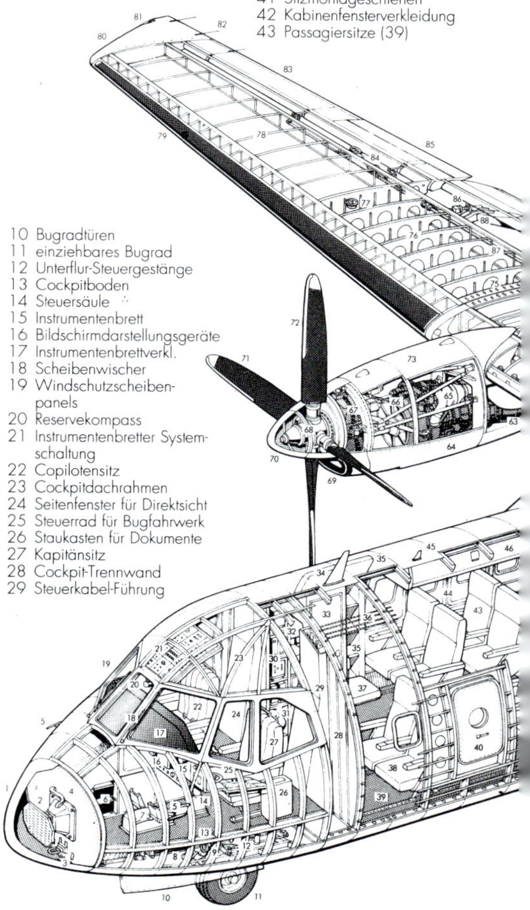

Einzelheiten der CN-235 wurden im Juni 1981 veröffentlicht, als Construcciones Aeronauticas SA (CASA) in Spanien und P T Nurtanio in Indonesien ihre Absicht bekanntgaben, das Flugzeug sowohl für zivile als auch für militärische Zwecke auf der Basis gleicher Beteiligung zu bauen. Darauf wurde in Madrid die Aircraft Technology Industries (Airtech) gegründet, um das Programm zu gestalten. Mit einer Unterbringung von bis zu 44 Passagieren oder 48 Soldaten betrat die CN-235 einen Markt, der übersättigt war. Ihr Vorteil gegenüber ihren zahlreichen Wettbewerbern war die gemischte Anwendung sowohl für militärische als auch für zivile Zwecke. Deshalb wurde ein grosser hinterer Rumpfladeraum und eine Bodenklapptür für die Beladung vorgesehen. Das einziehbare Tandemhauptfahrwerk sollte sich für Einsätze auf unebenem Gelände eignen. Die Grösse der Kabine mit einem runden Rumpf-Querschnitt war so gestaltet, um einen hohen Grad von Komfort in den Zubringer-Auslegungen anbieten zu können. Gleichzeitig ermöglichten die militärischen Aspekte des Entwurfes wahlweise einen gemischten Einsatz, einen Quick-change-Betrieb oder den Einsatz als ziviler Frachter, der zum Beispiel 18 Passagiere und zwei LD3-Container oder vier Standard-LD3-Container oder fünf LD2-Container aufnehmen konnte. Die CN-235 ist ursprünglich für sehr kurze Strecken entworfen worden, mit der Absicht, eine Anzahl von kurzen Strecken ohne Nachtanken zu betreiben: vier Abschnitte von je 185 km können mit Standard-Airline-Reserven bei voll ausgenutzter Tankkapazität geflogen werden. Laut Vertrag zwischen CASA und Nurtanio sind beide Gesellschaften zu je 50 Prozent für die Entwicklung und die Produktion der CN-235 verantwortlich, allerdings ohne Verdoppelung des Herstellungsaufwandes, aber mit einem Endmontageband bei den CASA-Werken in Madrid und einem bei IPTN (vormals Nurtanio) auf der Husein-Sastranegara-Luftwaffenbasis in Bandung in Indonesien. Was die Herstellung anbetrifft, ist CASA für die vorderen und mittleren Teile des Rumpfes, das Flächenmittelstück und die inneren Klappen verantwortlich. IPTN produziert die rückwärtige Rumpfsektion, die äusseren Flächen komplett mit Klappen und Querrudern und das gesamte Leitwerk. Bei der Herstellung von Komponenten und Bauteilgruppen benutzen beide Gesellschaften in hohem Mass zahlreiche Kontrollmaschinen. Die Entwurfsarbeiten für die CN-235 begannen im Januar 1980, die Produktion von zwei Prototypen im Mai 1981 und die endgültige Zusammensetzung im Jahre 1983. Beide Prototypen wurden am 10. September 1983 der Öffentlichkeit vorgestellt, der eine in Madrid und der andere in Bandung. Von diesen beiden Prototypen flog die von CASA montierte Maschine (ECT-100) als erste am 11. November 1983, die indonesische PK-XNC folgte am 30. Dezember desselben Jahres. Die ersten Flugerprobungen offenbarten eine Anzahl von Problemen, besonders bezüglich des Widerstandes, der höher als vorhergesagt war. Die im Laufe der Erprobungen durchgeführten Abänderungen am CASA-Prototyp wurden später auch bei der PK-XNC angewandt, um das Flugzeug auf denselben Standard zu bringen. Die erste Serienmaschine (ECT-135) flog am 19. August 1986 in Spanien.

Varianten

Die zivilen und militärischen Varianten sind in dem vorhergehenden Abschnitt beschrieben und haben vergleichbare Gesamtdimensionen und Gewichte. Im frühen Entwicklungsstadium der CN-235 wurde Vorsorge getroffen, um den Rumpf strecken zu können und so die Unterbringung auf ungefähr 60 Passagiere zu erhöhen, und solch eine Version wurde unter der Bezeichnung N-260 untersucht, zuerst durch die Firma IPTN.

Indienststellung

Die CN-235 ist zugelassen gemäss den FAR-Parts 25 und 36 und den europäischen JAR 25. Die FAA-Zulassung wurde am 3. Dezember 1986 erteilt. Die ersten Kunden waren Spaniens Aviaco mit einer Option von 16 und die indonesische Merpati Nusantara Airlines mit einer Bestellung von 15, plus Optionen von Bouraq (10), Dirgantara (10), Deraya Air Taxi (5) und Mandala (5). Zwei sind für die Luftstrassen-Vermessung in Spanien bestellt worden.

Antrieb: Zwei General-Electric-CT7-7A-Turboprops, je 268 kW für den Start mit einer vierblättrigen Hamilton-Standard-14-RF11-Luftschraube mit konstanter Drehzahl, Revers- und Segelstellung, Durchmesser 3,3 m. Treibstoff 5'268 l in der Fläche und im Flächenmittelstück.
Leistung: Maximale Betriebsgeschwindigkeit 326 km/h angezeigte Eigengeschwindigkeit; maximale Reisegeschwindigkeit 452 km/h in 4'570 m Höhe; anfängliche Steigflugrate 7,75 m/sec; Dienstgipfelhöhe 7'925 m; Sicherheitsstartstrecke bis auf 15 m Höhe 660 m; Landedistanz aus 15 m Höhe 585 m; Reichweite mit maximaler Nutzlast 386 km; Reichweite mit maximaler Treibstoffmenge 3'912 km.
Gewicht: Leerbetriebsgewicht 9'400 kg; grösste Treibstoffmenge 4'100 kg; max. Passagierzuladung 4'200 kg; max. Frachtzuladung 5'000 kg; max. Startgewicht 14'400 kg; max. Landegewicht 14'200 kg; max. Betriebsgewicht mit leeren Flächentanks 13'600 kg.
Abmessungen: Spannweite 25,81 m; Gesamtlänge 21,35 m; Gesamthöhe 8,18 m; Pfeilung 3 Grad 52 Min. bei Viertel-Flügelsehne; Flügelfläche, 60 m²
Kabine: Länge 9,65 m, Breite 2,7 m, Höhe 1,9 m. 40 Sitze in Viererreihen mit Mittelgang, Abstand 81 cm; maximal 44 Sitze, Abstand 76 cm. Gepäckraumvolumen 7 m³. 2-Mann-Besatzung im Cockpit, ein Flugbegleiter.

Unten: Die Drei-Sicht-Zeichnung der CN-235 zeigt die Flugzeugkonfigurationen der ersten Zulassung.

Oben: Die Schnittzeichnung der CN-235 gibt eine Vorstellung von der Passagiersitzanordnung in der zivilen Version und zeigt die Vorplanung für einen Frachtcontainer auf der Rampe auf Anforderung.

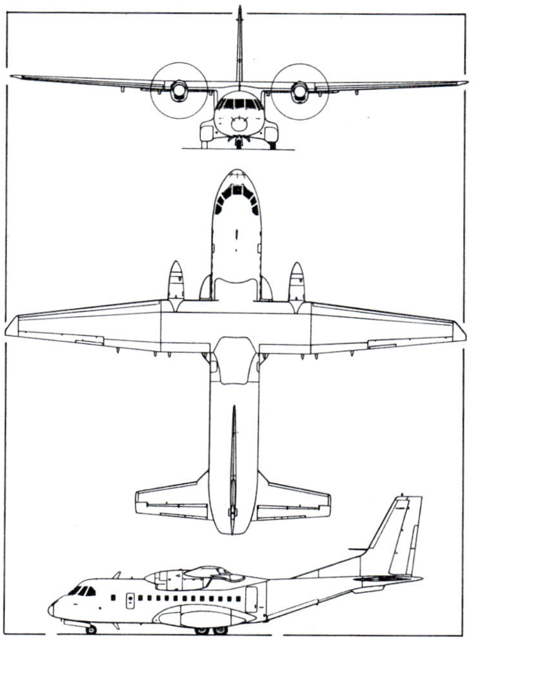

44 Kabinenwandverkleidungen
45 Antenne Funksprechverkehr
46 Handgepäckablagen
47 Antenne Entfernungsmesser
48 Feuerlöschflaschen
49 Rumpfrahmen- und Versteiferkonstruktion
50 Fussbodenträgerkonstruktion
51 Lufteinlass Wärmeaustauscher
52 Über-Kopf-Kanal für Passagierversorgungseinheit
53 Luftaustritt Wärmeaustauscher
54 Hauptrahmen Flächenholm/Rumpfverbindung
55 Holmverbindungspunkte
56 Versteifungsstrebe für Flächenmontierung
57 Rippenkonstruktion für Flügelmittelstückpanel
58 Führung Triebwerkabzapfluft
59 Klimaanlage-Gerätesatz
60 Verbundwerkstoffverkleidung der Flächenwurzelkonstruktion
61 Flächentreibstofftank 1'030 l
62 Triebwerkskontrollführungen im Vorderflügel
63 Triebwerkabgasführung
64 Motorgondel, steuerbord
65 Teilchenabscheid. b. Lufteinlass
66 General-Electric-CT-7-7-Turbowellentriebwerk
67 Getriebe Prop.-Drehzahlred.
68 Mech. für Anstelländerungswinkel in Propellernabe
69 Triebwerklufteinlass
70 Luftschraubennabenhaube
71 vierblättrige Hamilton-Standard-4RF-3-Luftschraube
72 Vorderkanten-Enteisung
73 Motorverkleidung
74 Flügelrippen Motoraufhängung
75 Verschraubung Flächenpanel
76 äusserer Flächentank 1'520 l
77 Tankverschluss
78 äusseres Flächenpanel
79 Flächenvorderkanten-Enteisung
80 Flächenspitzenverkleidung
81 Navigationslicht, steuerbord
82 Statikentlader
83 Querruder, steuerbord
84 Querruder-Gelenksteuerung
85 Querruderhilfsklappe
86 Spindelzylinder für Klappe
87 Antriebswelle Spindelzyl.
88 Klappenführungsschienen
89 zwei Segmene, einfach gespaltene Klappen
90 Klappenführungsverkleidungen
91 Rumpflandescheinwerfer
92 Keilriemenscheibe für inneren Querruderseilzug
93 zentraler Klappenantriebsmotor
94 Luke für hinteren Notausgang
95 hintere Sitzreihe
96 hintere Kabinentrennwand
97 Flächenwurzel-Hinterkantenverkl.
98 Zugangstür Frachtraum
99 Seilzüge-Leitwerksteuerung
100 hintere Rumpfverkleidung
101 Antennenkabel Kurzwelle
102 Flossenwurzelauskehlung aus Verbundwerkstoffen

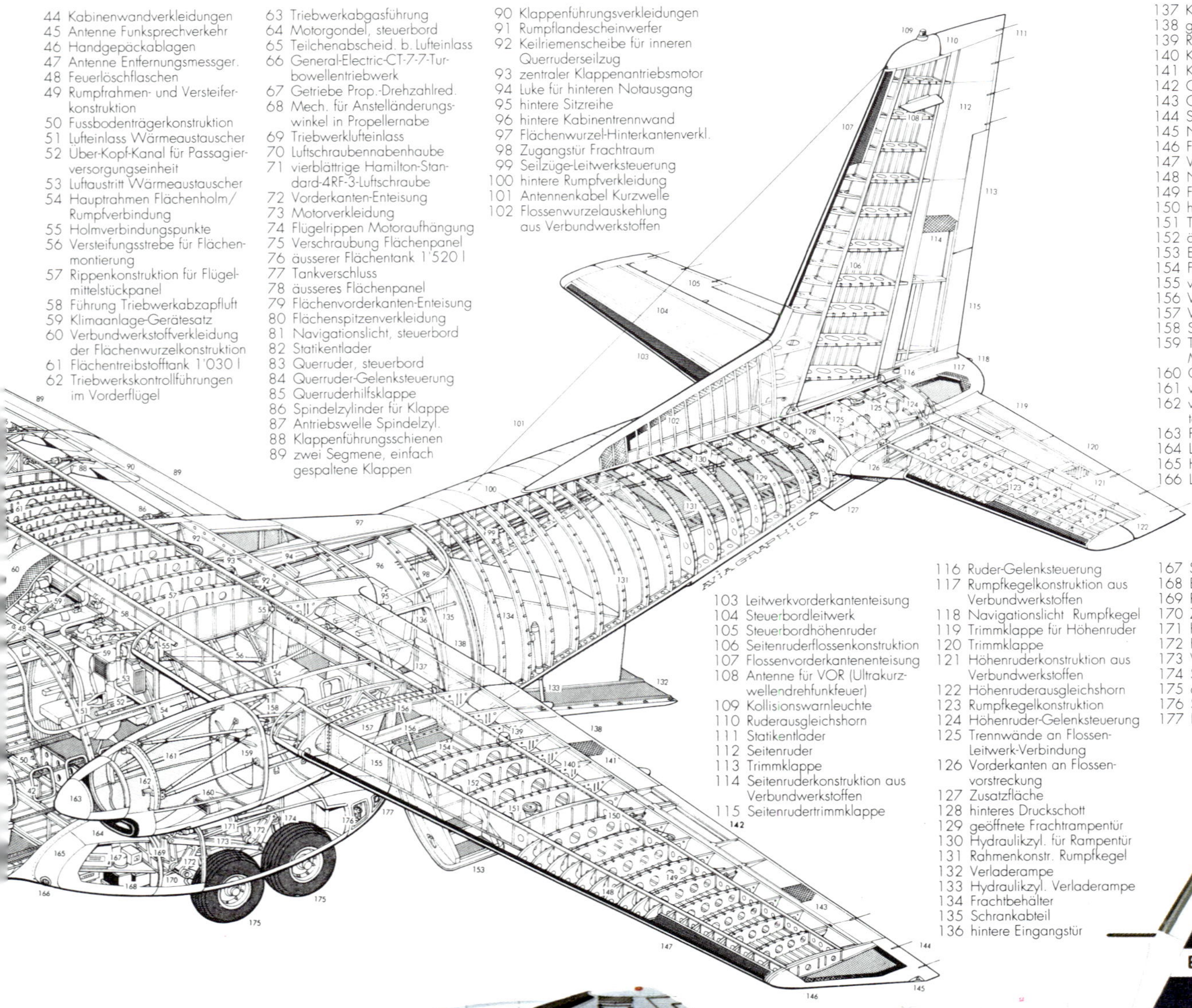

103 Leitwerkvorderkantenteisung
104 Steuerbordleitwerk
105 Steuerbordhöhenruder
106 Seitenruderflossenkonstruktion
107 Flossenvorderkantenenteisung
108 Antenne für VOR (Ultrakurzwellendrehfunkfeuer)
109 Kollisionswarnleuchte
110 Ruderausgleichshorn
111 Statikentlader
112 Seitenruder
113 Trimmklappe
114 Seitenruderkonstruktion aus Verbundwerkstoffen
115 Seitenrudertrimmklappe
116 Ruder-Gelenksteuerung
117 Rumpfkegelkonstruktion aus Verbundwerkstoffen
118 Navigationslicht Rumpfkegel
119 Trimmklappe für Höhenruder
120 Trimmklappe
121 Höhenruderkonstruktion aus Verbundwerkstoffen
122 Höhenruderausgleichshorn
123 Rumpfkegelkonstruktion
124 Höhenruder-Gelenksteuerung
125 Trennwände an Flossen-Leitwerk-Verbindung
126 Vorderkanten an Flossenvorstreckung
127 Zusatzfläche
128 hinteres Druckschott
129 geöffnete Frachtrampentür
130 Hydraulikzyl. für Rampentür
131 Rahmenkonstr. Rumpfkegel
132 Verladerampe
133 Hydraulikzyl. Verladerampe
134 Frachtbehälter
135 Schrankabteil
136 hintere Eingangstür
137 Klappsitz für Flugbegleiter
138 gespalt. Klappensegmente
139 Rumpfscheinwerfer
140 Klappenrippenverkleidung
141 Klappenkonstr. Verbundwrkst.
142 Querrudertrimmklappe
143 Querruderkonstruktion
144 Statikentlader
145 Navigationslicht, backbord
146 Flächenendenverkl. Glasfiber
147 Vorderkanten-Enteisung
148 Nasenrippen Vorderkante
149 Flächenpanelrippenkonstr.
150 hinterer Holm
151 Tankverschluss
152 äuss. Integraltreibstofftank
153 Eingangstür/Treppenleiter
154 Flächenhaut/Verstärkerpan.
155 vorderer Holm
156 Verschraub. Flächenpanel
157 Verkleid. Triebw.-abgasdüse
158 Streben Triebwerkaufhäng.
159 Trennwand (Brandschott) für Motorgondelanbringung
160 Ölkühler
161 vordere Trägerstreben
162 vorderer Ringrahmen für Motoraufhängung
163 Propellernabenhaube
164 Lufteinlass-Enteisung
165 Hauptfahrwerk-Verkleidung
166 Landebahnabrollicht
167 Schacht für elektr. Systeme
168 Batterien
169 Rahmen Fahrwerkaufhäng.
170 Zapflager Hauptfahrwerk
171 hydraul. Einfahrzylinder
172 Federbein Hauptfahrwerk
173 Verbindungsgl. Beinstrebe
174 Stossdämpferstrebe
175 doppeltes Hauptfahrwerk
176 Schacht für Hydraulik
177 Druckbetankungs-Stutzen

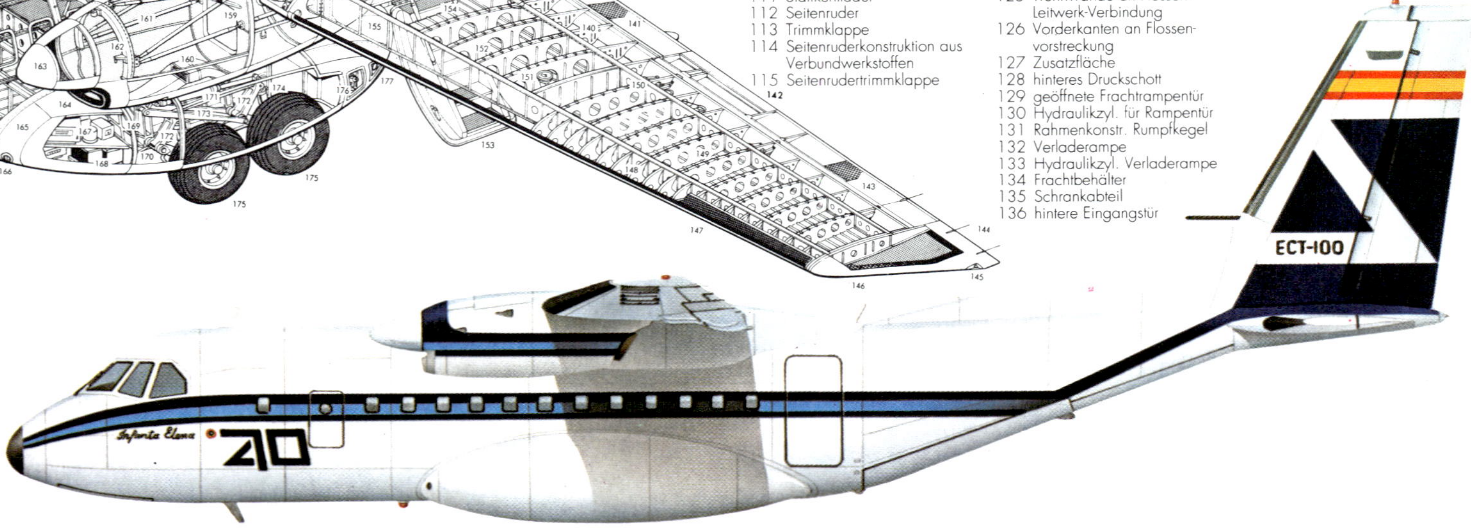

Oben: Dieser von der CASA gebaute Prototyp der CN-235 hatte die grosse Rückenflosse ohne Rumpfflossen oder Vorderkantenvorbauten am Leitwerk. Als «Infanta Elena» ist er in mehreren farblichen Aufmachungen geflogen.

Links: CASA flog die erste auf der spanischen Endmontagestrasse gebaute Serien-CN-235 am 19. August 1986, rechtzeitig für die Farnborough Air Show, wo diese Aufnahme gemacht worden ist. Die indon. Gesellschaft Merpati Nusantara übernahm die erste CN-235 im Dezember 1986.

ANTONOV AN-24 SOWJETUNION (CHINA)

Das Entwicklungsbüro unter der Leitung von Oleg K. Antonov begann im Jahre 1958 mit dem Entwurf eines zweimotorigen Turboprop-Transportflugzeuges, das die grosse Zahl der zweimotorigen Flugzeuge mit Kolbentriebwerken (Lisunov Li-2, Ilyushin Il-12 und Ilyushin Il-14), die auf den Inlandstrecken der Sowjetunion eingesetzt waren, ersetzen sollte. Die An-24, die zum ersten Mal im April 1960 geflogen wurde, ist ein einflächiger Schulterdecker, in Grösse und Konfiguration mit der Handley Page Herald und der Fokker F27 vergleichbar. Die An-24 war zuerst auf die Unterbringung von 32 bis 40 Passagieren ausgerichtet, aber während der Prototyp-Konstruktion revidierte Aeroflot ihre Forderungen, und die Kabine wurde auf 44/52 Sitze vergrössert. Für Statik- und Ermüdungstests wurden fünf Vorserien-Rümpfe gebaut. Während des Jahres 1963 wurden die Flugerprobungen abgeschlossen, die Zulassung erteilt und mit der Serienproduktion begonnen. Als Transportflugzeug mit Turbinentriebwerken der ersten Generation wurde die An-24 zusammen mit der früheren An-12 und der Ilyushin Il-18 einem wichtigen Modernisierungsprogramm für die Aeroflot unterzogen. Sie gehört zu den am häufigsten exportierten Nachkriegstransportflugzeugen.

Varianten

Die 50sitzige Standard-Produktionsversion des Antonov-Transportflugzeuges wurde als An-24V bezeichnet und mit AI-24-Triebwerken ausgerüstet, die eine Leistung von 1'902 kW haben. Es folgte in der Produktion die An-24V Seriiny II (Serie 2), die verbesserte AI-24A-Triebwerke (mit Wassereinspritzung), eine erhöhte Profilsehne im Flügelmittelstück und grössere Flächen hatte. Für den Einsatz in grossen Höhen und heissem Klima konnten AI-24T-Triebwerke mit 2'103 kW angebracht werden. Die Bezeichnung An-24T bezog sich auf eine spezielle Nur-Fracht-Variante, deren Verladetür am hinteren Kabinenfussboden sich nach oben in den hinteren Rumpfabschnitt öffnete. Um sowohl der An-24V als auch der An-24T die Möglichkeit zu geben, grössere Zuladungen aus schwierigen Flugplätzen herauszubringen, wurde in den Steuerbordtriebwerkgondeln der An-24RV- und An-24RT-Versionen ein RU-19-300-Hilfsturbojet eingebaut. Die An-24P, im Jahre 1971 entwickelt, war eine spezielle Feuerbekämpfungsversion mit der Möglichkeit, Feuerwehrleute und Ausrüstung per Fallschirm abzusetzen. Die An-26, die ursprünglich für militärische Zwecke vorgesehen war, basierte auf der An-24RT und wurde zum ersten Mal im Jahre 1969 in der Öffentlichkeit gesehen. Dieses Flugzeug hatte einen völlig neuen hinteren Rumpf mit einem «Biber-Leitwerk» und eine einzigartige rückwärtige Tür, die entweder auf konventionelle Art als Laderampe heruntergeklappt werden oder unter dem Rumpf nach vorne gleiten konnte, um einen sauberen Ausgang für Fallschirmspringer und Fallschirmlasten zu bieten. Eine spezialisierte Version der An-24 für Luftüberwachungsaufgaben wurde als An-30 bezeichnet und erschien im Jahre 1973. Sie unterscheidet sich von der An-24 vornehmlich durch ein erhöhtes Cockpit und eine tropfenförmigere, weiträumig transparente Nase, um dem Navigator ein grosses Sichtfeld zu bieten. Im Mai 1977 wurden Einzelheiten einer anderen Weiterentwicklung des Basisflugzeuges bekannt, der An-32, in Wahrheit eine «heisse und hohe» Version der An-26. Diese An-32, mit demselben hinteren Rumpf mit Verladerampe wie die letztere und ebenfalls ursprünglich für militärischen Einsatz als Personen- oder Nachschubtransportflugzeug gedacht, ist mit AI-20M-Triebwerken mit einer Leistung von 3'128 kW ausgerüstet oder, für eine noch bessere Einsatzleistung, mit AI-20DM-Turboprops mit 3'862 kW. In China wird bei der State Aircraft Factory in Xian eine Version der An-24 unter der Bezeichnung Y-7 oder Yun-7 produziert. Nachdem neun Vorserien-Exemplare gebaut worden waren, flog die erste Serien-Y-7 Anfang des Jahres 1984, und die Produktion läuft weiter mit einer Rate von sechs pro Jahr. Die Y-7 hat in Shanghai gebaute Wojiang-5A-1-Triebwerke, die auf dem AI-24A-Triebwerk basieren. Hong Kong Aircraft Engineering Co. erstellte im Jahre 1984 die erste Y-7-100, die sich durch ein modernisiertes Cockpit und eine modernisierte Kabine, Flächenendscheiben und andere neue Merkmale auszeichnet.

Antrieb: Zwei Ivchenko-AI-24A-Turboprops, je 1'902 kW für den Start, plus (in An-24RV) ein RU-19-300-Hilfsturbojet mit 900 kp in der Steuerbordmotorgondel. Treibstoff 5'550 l in Flächenintegraltanks.
Leistung: Normale Reisegeschwindigkeit 450 km/h in 6'000 m; Langstreckenreisegeschwindigkeit 450 km/h in 7'000 m; anfängliche Steiggeschwindigkeit 1,9 m/sec; Dienstgipfelhöhe 8'400 m; Sicherheitsstartstrecke 1'720 m; Landedistanz aus 15 m 1'590 m; Reichweite mit maximaler Nutzlast 550 km; Reichweite mit maximalem Treibstoffvorrat 2'400 km.
Gewicht: Leergewicht 13'300 kg; maximales Treibstoffgewicht 4'455 kg; maximale Nutzlast 5'500 kg; maximales Start- und Landegewicht 21'000 kg.
Abmessungen: Spannweite 29,2 m; Gesamtlänge 23,53 m; höchste Höhe 8,32 m; Pfeilung 6 Grad 50 Min. an Aussenpanels an Viertelflügelsehne; Flügelfläche 74,98 m².
Kabine: Länge 9,69 m, Breite 2,76 m, Höhe 1,91 m. Standardauslegung für 52 Passagiere in Viererreihe mit Mittel-Gang, Sitzabstand 72 cm. Alternative Auslegungen für 44 bis 46 Passagiere o. gemischt Passagier/Frachtladungen mit 36 Passagieren und 14 m³ vorderem Frachtraum. Hinterer Frachtraum 2,8 m³, oberhalb d. Fussbodens; kein Unterflurstauraum. Zwei Mann im Cockpit, ein Flugbegleiter in der Kabine.

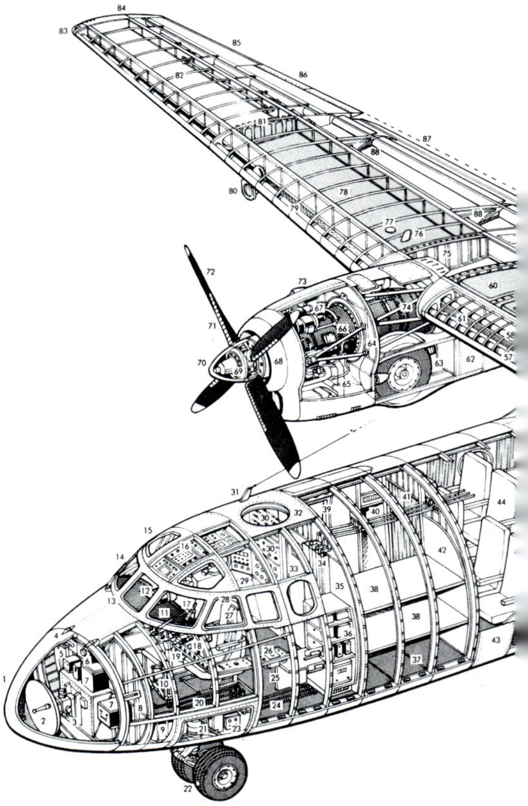

Indienststellung

Die An-24 wurde bei Aeroflot im September 1963 auf den Strecken zwischen Moskau, Voronezh und Sarotov in Dienst gestellt. Sie ist in der Sowjetunion weit verbreitet und wurde an rund 14 andere Fluggesellschaften exportiert, einschliesslich der meisten Nationen im Sowjetblock. Mit ungefähr 1'100 gebauten Exemplaren wurde die Produktion in der Sowjetunion 1978 beendet. Die chinesische CAAC ist eine der Fluggesellschaften, die Anfang 1970 An-24 erwarben, und im Jahre 1984 begann CAAC, die im eigenen Land gebauten Y-7-Versionen einzusetzen.

Unten: Die polnische Fluggesellschaft LOT ist eine der osteuropäischen Fluggesellschaften, die die An-24V einsetzen (1986 waren 16 24V im Dienst).

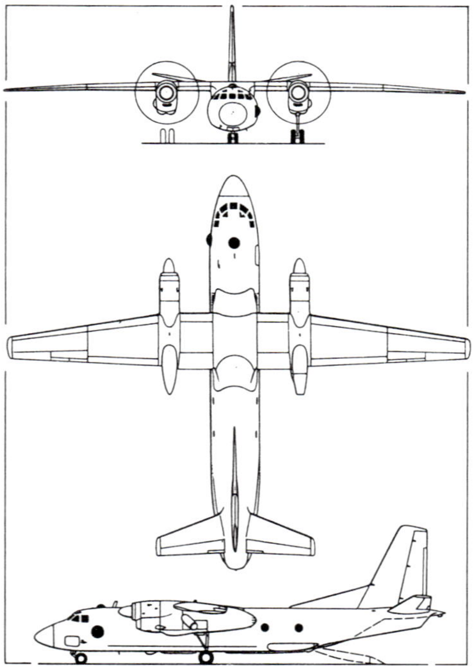

Oben: Dreisichtzeichnung der An-26. Diese Weiterentwicklung der An-24 unterscheidet sich im hinteren Rumpf mit Laderampe und Ladetür.

Oben links: Innenansicht der Antonov An-24V. Die Sitzanordnung in Viererreihen und die offenen Handgepäckregale über die gesamte Länge der Kabine muten etwas spartanisch an.

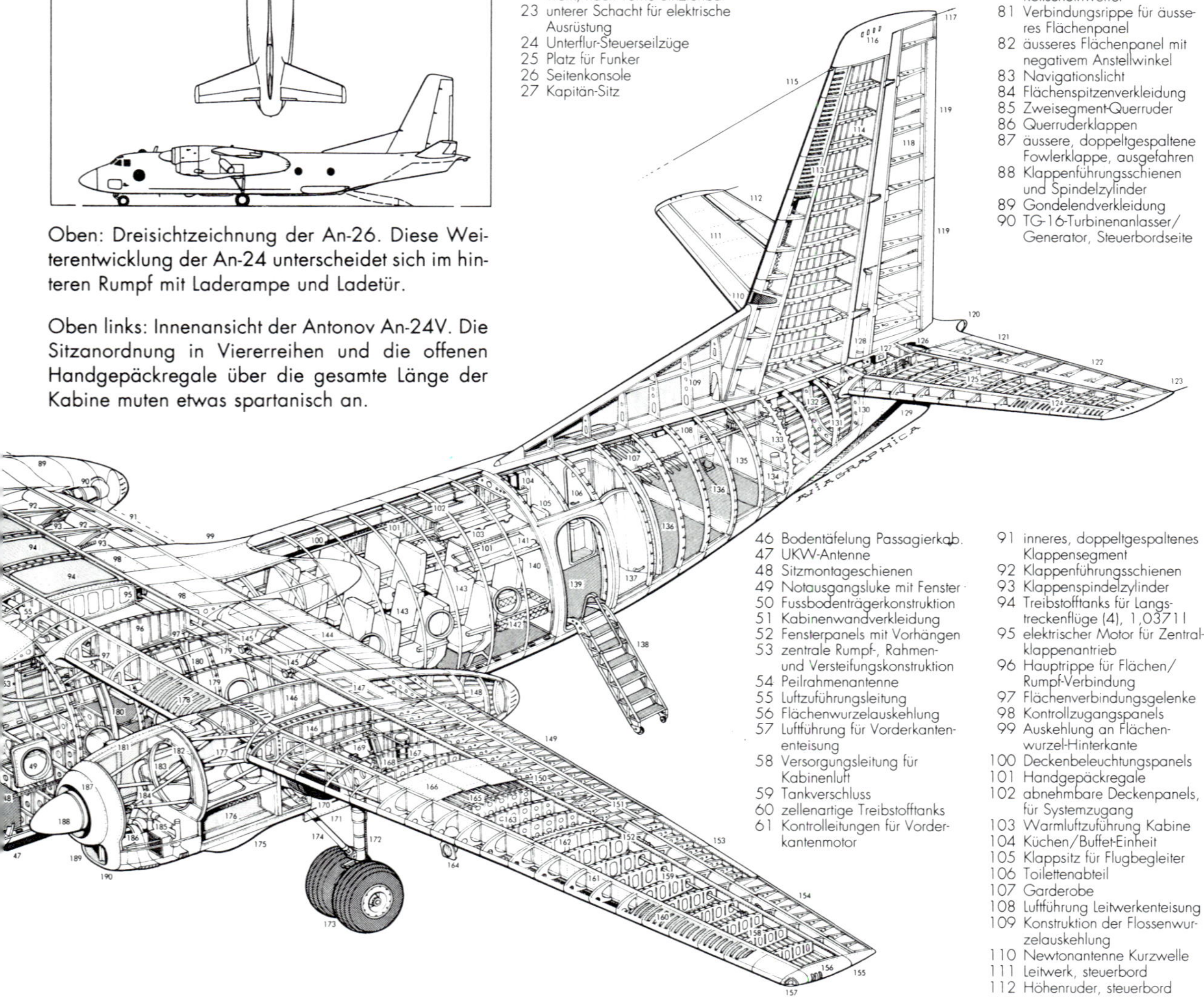

Antonov An-24V Serie II

1 Radom (Radarnase)
2 Wetterradar-Abtaster
3 Kursführungsmech. Abtaster
4 Radomscharniere
5 Antenne für Gleitpfad des Instrumentenlandesystems
6 Antenne für UKW-Drehfunkfeuer und Landekurs
7 Radarsender und -empfänger
8 vorderes Druckschott
9 Schacht für Bugrad
10 Ruderpedale
11 Instrumentenbrettverkleidung
12 Radarschirm
13 Windschutzscheibenpanels
14 Scheibenwischer
15 Cockpitstirnfenster
16 Panel Systemschaltung
17 Sitz für Copilot/Navigator/Funker
18 Instrumentenbrett
19 Steuersäule
20 Cockpitbodenhöhe
21 Zapflager
22 steuerbares Zwei-Rad-Bugfahrwerk, nach vorne einziehbar
23 unterer Schacht für elektrische Ausrüstung
24 Unterflur-Steuerseilzüge
25 Platz für Funker
26 Seitenkonsole
27 Kapitän-Sitz
28 Seitenfenster für Direktsicht
29 Platz für Flugingenieur
30 Panels mit Sicherungen
31 Antenneneinführung
32 Fluchtluke im Cockpitdach, austauschbar mit abwerfbarer Beobachtungsluke
33 Cockpittür
34 Kontrollverbindungsstück
35 rückwärtiges Cockpitschott oder Trennwand
36 Regale für Radio und elektronische Ausrüstung
37 Gepäckabteil
38 Ladegestelle für Gepäck
39 hochziehbare Seitengepäcktür, steuerbord
40 Schrank für Besatzung
41 Kabineneingang mit Vorhang
42 vordere Kabinentrennwand
43 doppelte Rumpfbespannung in Propellerebene
44 50 Sitze in der Touristenklasse, Viererreihen
45 Kabinenfensterverkleidung
46 Bodentäfelung Passagierkab.
47 UKW-Antenne
48 Sitzmontageschienen
49 Notausgangsluke mit Fenster
50 Fussbodenträgerkonstruktion
51 Kabinenwandverkleidung
52 Fensterpanels mit Vorhängen
53 zentrale Rumpf-, Rahmen- und Versteifungskonstruktion
54 Peilrahmenantenne
55 Luftzuführungsleitung
56 Flächenwurzelauskehlung
57 Luftführung für Vorderkantenenteisung
58 Versorgungsleitung für Kabinenluft
59 Tankverschluss
60 zellenartige Treibstofftanks
61 Kontrolleitungen für Vorderkantenmotor
62 Motorgondel, steuerbord
63 Hauptfahrwerk, steuerbord
64 Brandschott
65 Heissluftzufuhr Klimaanlage
66 Ivchenko-AI-24A-Turboprop-Triebwerk
67 Triebwerkzusatzausrüstung
68 Heisslufteintrittswulst
69 Anstelländerungsmechanismus in Propellernabe
70 Luftschraubennabenhaube
71 elektrische Enteisung der Blattwurzel
72 vierblättriger AV-72-Propeller mit konstanter Drehzahl
73 Motorverkleidung
74 Abgasführung, Abgase an äusserer Seite Motorhaube
75 Flächenpanelverbind.-rippe
76 Treibstoffentlüftung
77 Tankverschluss
78 äusserer Flächenintegraltreibstofftank, 5'550 l
79 Luftführung für Vorderkantenenteisung
80 einziehbarer Lande- und Rollscheinwerfer
81 Verbindungsrippe für äusseres Flächenpanel
82 äusseres Flächenpanel mit negativem Anstellwinkel
83 Navigationslicht
84 Flächenspitzenverkleidung
85 Zweisegment-Querruder
86 Querruderklappen
87 äussere, doppeltgespaltene Fowlerklappe, ausgefahren
88 Klappenführungsschienen und Spindelzylinder
89 Gondelendverkleidung
90 TG-16-Turbinenanlasser/Generator, Steuerbordseite
91 inneres, doppeltgespaltenes Klappensegment
92 Klappenführungsschienen
93 Klappenspindelzylinder
94 Treibstofftanks für Langstreckenflüge (4), 1,0371 l
95 elektrischer Motor für Zentralklappenantrieb
96 Hauptrippe für Flächen/Rumpf-Verbindung
97 Flächenverbindungsgelenke
98 Kontrollzugangspanels
99 Auskehlung an Flächenwurzel-Hinterkante
100 Deckenbeleuchtungspanels
101 Handgepäckregale
102 abnehmbare Deckenpanels, für Systemzugang
103 Warmluftzuführung Kabine
104 Küchen/Buffet-Einheit
105 Klappsitz für Flugbegleiter
106 Toilettenabteil
107 Garderobe
108 Luftführung Leitwerkenteisung
109 Konstruktion der Flossenwurzelauskehlung
110 Newtonantenne Kurzwelle
111 Leitwerk, steuerbord
112 Höhenruder, steuerbord
113 Enteisung der Ruderflossenvorderkante
114 Flossenrippen- und Versteiferkonstruktion
115 Antennenkabel Kurzwelle
116 Enteisungsluftaustritt
117 Statikentlader
118 Seitenruderkonstruktion
119 Seitenrudertrimmbleche
120 Navigationslicht Leitwerk
121 Höhenrudertrimmklappe
122 Höhenruderrippenkonstruk.
123 Statikentlader
124 Enteisung Leitw.-vorderkante
125 Leitwerkrippenkonstruktion
126 Höhenrudersteuerung
127 Radarhöhenmesser
128 Seitenrudertorsionswelle
129 Rumpfflosse
130 Hauptrahmen für Leitwerkflossenbefestigung
131 Rumpfkegelkonstruktion
132 Leitwerksteuerstangen
133 hinteres Druckschott
134 Leuchtkörperschächte
135 Rumpfkegelzugangstür
136 Gepäck/Garderobe-Abteil
137 Haupteingang, geöffnet
138 klappbare Leitern
139 Eingangstür
140 hintere Kabinentrennwand
141 Versorgungsleitung für Frischluft in Kabine
142 Kinderbettchen
143 Sitzanordnung hintere Kab.
144 innere, doppeltgespaltene Fowlerklappe
145 Klappenspindelzylinder
146 Hauptrippen Triebw.mont.
147 Kontrollzugangspanels
148 hintere Triebwerkverkl.
149 doppeltgespaltene Klappen
150 Klappenrippenverkleidung
151 Klappenrippenkonstruktion
152 hinterer Holm
153 Querrudertrimmbleche
154 Zweisegmentquerruder
155 Flächenspitzenverkleidung
156 Enteisungsluftauslass
157 Navigationslicht, backbord
158 Tragflächenpanelrippe
159 Querruderverb.-Segment
160 Enteisungsluftzuführungen an innerem Bespannungspane
161 Vorderholm
162 Verbindungsrippe für das äussere Flächenpanel
163 integraler Flächentank
164 Lande-/Rollscheinwerfer
165 Flächenversteifer
166 Flächenbespannungsteile
167 Hydrauliktank
168 Hauptfahrwerkzapfenlager
169 hydraulischer Einfahrzylinder
170 Triebwerkabgasrohr
171 Federbeintüren Hauptfahrw.
172 Federbein/Hauptfahrwerk
173 doppelrädriges Hauptfwk.
174 vordere Strebe Hauptfahrw.
175 Hauptfahrwerktüren
176 Hauptfahrwerkschacht
177 Trägerstreben
178 Luftzuführung für Enteisung der Vorderkante
179 innerer Flächen-Treibstofftank
180 Hauptrahmen für Flächen/Rumpf-Befestigung
181 Triebwerkgondelpanels
182 Brandschott
183 Hauptringrahmen für Triebwerkaufhängung
184 vordere Triebwerkstreben
185 Kaltluftsystem für Kabine und Druckluftzufuhr
186 Ölkühler
187 Triebwerk-Lufteinlass
188 Propellernabenhaube
189 Ölkühler/Einlass Luftsystem
190 Lufteinlass-Enteisung

Rechts: Diese Antonov An-24V CU-T877 ist im Dienst bei Cubana, die auch An-24RV- und An-26-Frachtflugzeuge in ihrer Flotte hat. Die meisten Exporte sowjetischer Verkehrsmaschinen gingen in osteuropäische Länder, aber auch Betreiber im Nahen Osten bauen auf Antonov-, Ilyushin- und Tupolev-Typen, genauso wie die kubanische Gesellschaft Cubana mit ihrer Flotte von 60 Flugzeugen (1986).

ANTONOV AN-28 SOWJETUNION

Die An-28 erschien im September 1969 unter der Bezeichnung An-14M und liess ihre Verwandtschaft mit dem leichten, mit Kolbenmotoren ausgerüsteten Transportflugzeug An-14 erkennen. Die letztere, als Nachfolger für den weitverbreiteten An-2-Doppeldecker gedacht, flog erstmals am 15. März 1958 und bot einen höheren Standard an Komfort und Leistung. Die An-14, bekannt unter dem Namen Pchelka (kleine Biene), durchlief eine längere Periode von Flugerprobung und Leistungsnachweis, bevor mehrere hundert Stück gebaut wurden, vornehmlich für den Einsatz bei der Aeroflot. Zusätzlich zu dem Basispassagierflugzeug umfassten die Versionen ein fünfsitziges Geschäftsflugzeug, einen leichten Frachter, Modelle für geologische Erkundung und Luftaufnahme und ein Ambulanzflugzeug, das in der Lage war, sechs Krankentragen und einen Sanitäter aufzunehmen. Die An-14, ein abgestrebter Hochdecker, deren Rumpf von der Tragflügelstrebe bis zum Leitwerkträger aus Ganzmetallhalbschalenbauweise bestand, hatte eine doppelholmige Fläche mit Vorflügeln über die gesamte Spannweite und doppeltgespaltenen Landeklappen und war für den Einsatz mit einem Piloten vorgesehen. Die An-28 mit einer ähnlichen Gesamtkonfiguration, einschliesslich einer hinteren Verladerampe/-tür im Rumpfende, war mit beinahe der doppelten Kapazität in der Kabine erheblich grösser. Der neue Entwurf, der gleichzeitig mit der Beriev Be-30 und Be-32 (die abgesehen von einer einfachen Flosse und einem einfachen Ruder in Grösse und Konfiguration vergleichbar waren) ausgewertet wurde, entsprach anfänglich nicht ganz den scharfen Auflagen der Aeroflot, und es scheint so, als ob der Prototyp fortlaufend Änderungen über sich ergehen lassen musste, wie aus den in der Sowjetunion freigegebenen Fotografien zu ersehen

Unten: Die Antonov An-28 hat ein einfaches, funktionelles Layout, wie hier bei Tests unter subarktischen Konditionen bei Komi gezeigt.

Rechts: In Polen in der PZL Mielec Factory gebaute An-28, wie sie bei der Aeroflot eingesetzt wird.

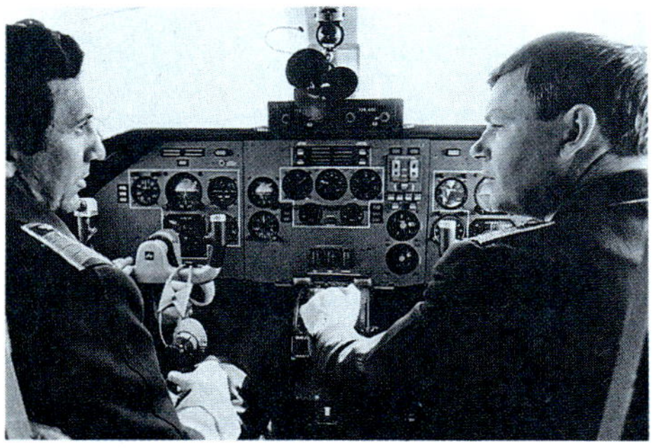

ANTONOV AN-72 UND AN-74 SOWJETUNION

Die An-72 scheint genausosehr für militärischen als auch für zivilen Einsatz entwickelt worden zu sein, obwohl alle bisher in der Sowjetunion zur Schau gestellten Muster die Kennzeichnungen der Aeroflot tragen. Für ein Flugzeug aus der Serienproduktion ist es einzigartig, dass es das Anblasen der Flügeloberseiten zur Erhöhung des Auftriebes benutzt und so Kurzstart- und Kurzlande-Eigenschaften bietet. Vor Erscheinen der An-72 war diese Konfiguration experimentell an mehreren anderen Flugzeugen angewandt worden, insbesondere durch Boeing bei den für das USAF-AMST-Programm gebauten YC-14-Prototypen. Genau wie die YC-14 hat die An-72 zwei Turbofans mit hohem Nebenstromverhältnis, montiert in Gondeln, die weit vor der Hochdeckerfläche den Vortrieb erzeugen. Dadurch können die Triebwerkabgase direkt über dem Flächenmittelstück ausgestossen werden, und zwar durch entsprechend geformte Öffnungsbohrungen, die einen «Coanda»-Effekt erzeugen. Als Ergebnis wird der Auftrieb der Fläche dadurch erhöht, dass der Luftfluss an der Oberseite der Fläche anliegend bleibt, selbst wenn die grossflächigen Landeklappen nach unten ausgefahren sind. Der Leistungsbereich bei niedriger Geschwindigkeit wird dadurch erhöht, und es ergibt sich eine gute Kurzstart- und Kurzlandeeigenschaft. Andererseits sind grossflächige vertikale und horizontale Leitwerkflächen erforderlich, um die Kontrolle über das Flugzeug bei den durch den hohen Auftriebskoeffizienten ermöglichten niedrigen Geschwindigkeiten aufrecht zu erhalten. Merkmale wie das vielbeinige Fahrwerk und die hintere Ladevorrichtung weisen auf militärische Anwendungen und die Erfordernis hin, dass das Flugzeug von unpräpariertem Gelände aus operieren kann. Drei Prototypen der An-72 sollen gebaut worden sein, einer davon für statische Druckversuche, und der erste flog am 22. Dezember 1977. Gegen Ende 1983 stellte eine An-72 insgesamt 17 Rekorde auf, für Flugzeuge in den Klassen C1 und C1k unter den von der FAI spezifizierten Bedingungen; es handelt sich hier um Startgewichte bis zu 25'000 kg beziehungsweise bis zu 35'000 kg. Bei dem niedrigen Gewicht stellte das Flugzeug bei der Höhenannäherungszeit einschliesslich der 18 Minuten 1,2 Sekunden bis auf 12'000 m einer absoluten Höhenrekord von 13'440 m auf und einen Nutzlasthöhenrekord mit 3'528 kg auf 2'000 m. Bei dem höheren Gewicht umfassten die Rekorde, abgesehen von einer Zeit von 27 Min. und 25,4 Sek. auf 12'000 m eine Höhe von 12'400 m und eine Nutzlast von 8'064 kg auf 2'000 m. NATO-Codenamen: «Coaler».

(Antonov An-72)
Antrieb: Zwei Lotarev-D-36-Turbofans mit hohem Nebenstromverhältnis, je 6'500 kp Standschub für den Start. Treibstoff in integr. Flächentanks zwischen den äusseren Flächenholmen.
Leistung: Max. Geschwindigkeit 760 km/h; max. Reisegeschwindigkeit 720 km/h; Dienstgipfelhöhe 11'000 m; normale Betriebshöhe 8'000 bis 10'000 m; Startstrecke 470 m; Startstrecke mit einem abgestellten Motor 1'200 m; Reichweite mit max. Zuladung 1'000 km; Reichweite mit max. Treibstoffzuladung und 30 Minuten Reserve 3'800 km.
Gewicht: Max. Zuladung für normale Einsätze 10'000 kg; Nutzlast für Kurzstart- und Kurzlandungseinsatz 3'500 kg; max. Startgewicht (ohne Startbahnbeschränkung) 33'000 kg; maximales Startgewicht auf einer 1'200 m langen Startbahn 30'500 kg; max Startgewicht auf einer Startbahnlänge von 1'000 m 26'500 kg.
Abmessungen: Spannweite 25,83 m; Gesamtlänge 26,58 m; Gesamthöhe 8,24 m; Pfeilung ungefähr 12 Grad an Viertelflügelsehne; Flügelfäche ungefähr 90 m².
Kabine: Länge 9 m, Breite 2,1 m, lichte Höhe 2,2 m. Typisch bis zu 32 Passagiere auf seitwärts gerichteten Sitzen entlang der Kabinenseiten oder 24 Kranke auf Tragen; Frachtzuladungen auf Paletten von bis zu 1,9 m x 2,42 m x 1,46 m oder in Containern bis 1,9 m x 2,44 m x 1,46 m. Dreimann-Cockpit-Besatzung (Kapitän, Copilot/Navigator und Flugingenieur).

Varianten

Während der Flugerprobung wurde die An-72 mehreren Änderungen am Profil des Rumpfendes unterworfen. Gemäss der ersten Darstellung hatte sie am Rumpfende auf jeder Seite der Rampentür zwei grosse Rumpfflossen mit zwei blattförmig ausgestülpten Luftbremsen, die das Rumpfende bildeten. Später erschien eine biberschwanzartige Rumpfendverkleidung mit einer revidierten Rampe und Tür, aber die letzte und voraussichtliche Serienform der An-72 hat ein eingearbeitetes Türarrangement, ähnlich dem der An-26. Diese Anordnung hat eine Rampe, die heruntergeschwenkt werden kann und so ein leichtes Beladen und Entladen von Versorgungsgütern ermöglicht. Sie kann aber auch so nach unten und vorne bewegt werden, dass sie bündig unter dem hinteren Rumpf liegt und eine Lastwagen-Brücke auf eine Ebene mit dem Kabinenboden zu liegen kommt. Im Jahre 1984 wurde in der sowjetischen Presse offiziell darauf hingewiesen, dass die An-74 speziell für den Einsatz in arktischen und antarktischen Regionen mit am Fahrwerk angebrachten Skiern entwickelt worden war. Laut diesen Berichten ist die An-74 für Allwetterbetrieb in polaren Regionen ausgerüstet, wo ihre Aufgabe das Einfliegen von Personal und Nachschubgütern für die wissenschaftlichen Stationen auf dem Treibeis, Nachschubabwürfe für Expeditionsteams und Treibeiserkundigungen umfasst. Als die An-74 zum ersten Mal ausserhalb der Sowjetunion im Jahre 1986 gesichtet wurde, offenbarte sie eine Anzahl von Unterschieden zu den Prototypen der An-72. Die Gesamtdimensionen sind erhöht worden auf eine Spannweite von 31,89 m und eine Länge von 28,07 m, und das Gesamtgewicht auf 34'500 kg. Mit denselben D-36-Triebwerken wie die An-72 hat die An-74 eine gemeldete maximale Geschwindigkeit von 705 km/

ist. Diese Aufnahmen zeigen Änderungen an der Fläche und ihren Hochauftriebshilfen, dem Leitwerk und den Stummelflächen, die die Haupteinheiten des Fahrwerks tragen. Anfänglich waren alle drei Teile des Landefahrwerks einziehbar, wobei das Hauptfahrwerk in die Verkleidung am unteren Rumpf eingezogen und das Bugrad in den Schacht der Rumpfnase eingeklappt wurde, aber alle späteren Muster kennzeichnen sich durch ein starres Schwinghebelfahrwerk. Wie die An-14 hat auch die An-28 doppeltgespaltene Klappen, die von der Flächenwurzel bis zum Flächenende reichen und einfach gespaltene Querruder einbeziehen. Störklappen auf den Flügeloberflächen vor den Querrudern werden nach einem Antonov-Patentsystem automatisch betätigt, indem bei Motorausfall die «entgegengesetzte» Störklappe sich öffnet, um das Flächenkippen zu verhindern. Man sagt der An-28 nach, dass sie wegen der automatischen Klappen nicht in den überzogenen Zustand gebracht werden kann; sie hat zudem einen ebenfalls patentierten, fest angebrachten Vorflügel am Leitwerk. NATO-Codenamen: «Cash».

Unten: Die An-28 mit dem endgültigen Arrangement des Fahrwerks, Leitwerks und der Flächen.

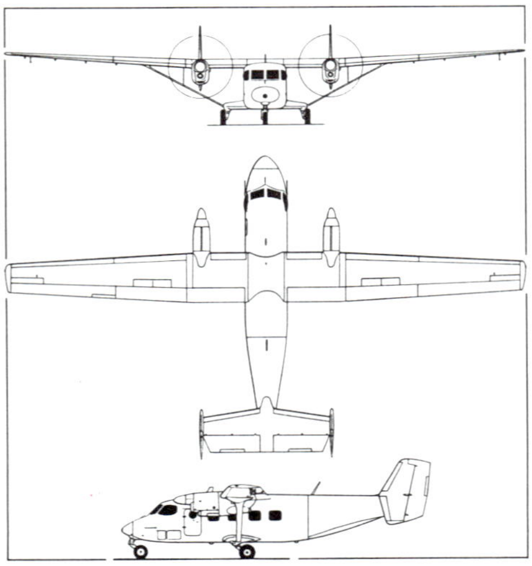

Antrieb: Zwei PZL-Rzeszow-TVD-10S-Turboprops, je 716 kW für den Start, mit dreiblättrigen PZL-Propellern, Segel- und Reversstellung. Treibstoff 1'960 l in den äusseren Flächenpanels.
Leistung: Maximale Reisegeschwindigkeit 350 km/h in 3'000 m Höhe; wirtschaftliche Reisegeschwindigkeit 335 km/h in 3'000 m Höhe; anfängliche Steigrate 11,7 m/sec; Dienstgipfelhöhe mehr als 6'000 m; Startdistanz auf 11,7 m 360 m; Landedistanz aus 15 m 315 m; Reichweite mit maximaler Nutzlast und keinen Reserven 560 km; Reichweite mit maximaler Treibstoffmenge, 1'000 kg Nutzlast und 30 Minuten Treibstoffreserve 1'365 km.
Gewicht: Leergewicht, ausgerüstet 3'750 kg; max. Treibstoffzuladung 1'567 kg; max. Nutzlast 2'000 kg; max. Start-/Landegew. 6'500 kg.
Abmessungen: Spannweite 22,07 m; Gesamtlänge 13,1 m; Gesamthöhe 14,9 m; keine Pfeilung; Flügelfläche 39,72 m².
Kabine: Länge 5,26 m, max. Breite 1,74 m, max. Höhe 1,6 m. Standardlayout für 17 Passagiere, Dreierreihe (2+1) mit versetztem Gang, Sitzabstand 72 cm. Einmanncockpit.

Varianten

Der Prototyp und zumindest eine Vorserien-An-28 hatten Isotov-TVD-850-Turboproptriebwerke mit einer Leistung von 604 kW, diese wurden aber später ersetzt durch die Glushenkov-TVD-10-Triebwerke mit einer Leistung von 716 kW, die auch die in Polen produzierten Serien-Flugzeuge antreiben.

Indienststellung

Der An-28 wurde am 4. Oktober 1978 eine vorläufige, für die Sowjetunion gültige Zulassung erteilt, die auf der Erprobung der Prototypen und der Vorserienmuster beruhte. Gemäss einem im Februar 1978 abgeschlossenen Vertrag fiel die gesamte nachfolgende Produktion unter die Verantwortung der PZL Mielec Factory in Polen. Erstauslieferungen an Aeroflot fanden 1985 statt. Nach der Fertigstellung von fünf Flugzeugen im Jahre 1984 lieferte die Mielec Factory 30 An-28 im Jahre 1985, und die Produktion wurde laufend erhöht bis auf 200 pro Jahr. Es ist vorgesehen, bis zum Jahre 1990 1200 An-28 zu bauen, wovon einige wahrscheinlich für militärische Aufgaben verwendet werden.

h und eine Reisegeschwindigkeit von 550 km/h. Eine Nutzlast von 5'000 kg kann über eine Distanz von 3'300 km transportiert werden, oder die zweifache Zuladung (max. Nutzlast) über eine Distanz von 1'150 km. Die grösste Reichweite beträgt 4'700 km.

Indienststellung

Alle Muster der An-72 und An-74 operieren unter Aeroflot-Kennzeichnungen. Angekündigte Umrüstungspläne haben sich auf den erwarteten Einsatz der An-72 bezogen, aber es ist wahrscheinlich, dass dieser eher für Spezialeinsätze, wie z. B. der Entwicklung entlegener Gebiete in Sibirien, als für planmässige inländische Luftverkehrsdienste vorgesehen ist.

Rechts: Der inzwischen verstorbene Oleg K. Antonov (links) ist hier im Kapitänsitz der An-72 mit seinem Chefdesigner Yakob G. Orlov zu sehen. Das Cockpit-Layout ist einfach und übersichtlich. Nicht sichtbar ist der Kartenbildschirm für das auf Dopplertechnik basierende autom. Navigationssystem.

Unten links: Zeichnung der Antonov 74, die sich im Detail wesentlich von der An-72 unterscheidet, während sie die Gesamtkonfiguration mit ihr teilt.

Unten: Diese An-72 wurde 1984 in England ausgestellt. Sie trägt die Registrierungsnummer CCCP-7200 und wird für ein Serienmuster gehalten.

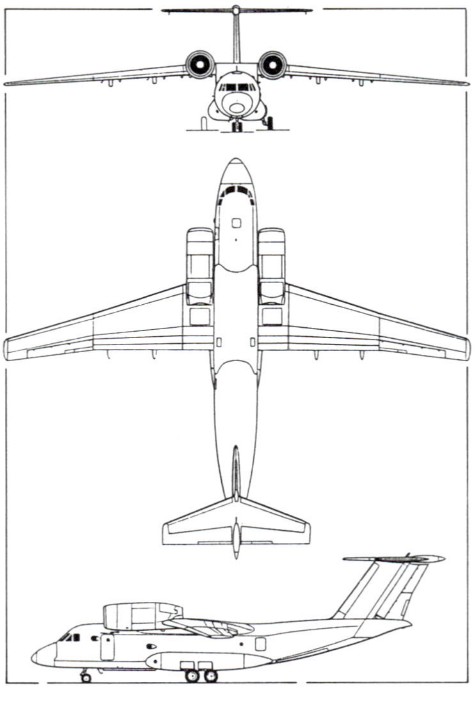

Die Gesellschaft Avions de Transport Regional wurde nach französischem Recht am 5. Februar 1982 als Groupement d'Interet Economique (GIE = Vereinigung wirtschaftlichen Interesses) gegründet, um das Entwicklungsprogramm und die Produktion eines regionalen Flugzeuges, bekannt unter dem Namen ATR 42, durchzuführen. Schon drei Monate früher, am 29. Oktober 1981, war das Entwicklungsprogramm für das fragliche Flugzeug als ein Gemeinschaftsprodukt von Aerospatiale in Frankreich und Aeritalia in Italien in Weiterführung eines von den zwei Gesellschaften im Juli 1980 abgeschlossenen vorbereitenden Abkommens in Angriff genommen worden. Vorher hatten beide Gesellschaften den Markt auf ein Regionalflugzeug mit 30 bis 40 Sitzen untersucht und Projektentwürfe unter den Bezeichnungen Aerospatiale AS-35 und Aeritalia AIT 320 vorgelegt. Diese Projekte sahen in etwa die gleiche Konfiguration vor, und die ATR 42 war eine Weiterentwicklung dieser Vorstellungen: ein Hochdecker, zwei Turbopropriebwerke, seitliche Rumpfausbuchtungen für das Hauptfahrwerk und ein T-Leitwerk. Die Grösse des Flugzeuges wurde nach sorgfältigen Untersuchungen auf 42 Sitze festgelegt. Die Arbeitsteilung zwischen den zwei Gesellschaften sieht für Aerospatiale die Herstellung der Fläche vor, während Aeritalia den Rumpf und das Leitwerk produziert. Die italienische Gesellschaft ist ausserdem für die Hydraulik, Klimaanlage und Druckbelüftungssysteme verantwortlich, während der französische Partner sich um das Cockpit, die Kabine, die Triebwerkanlage und die Flugkontrollsysteme kümmert. Die Endmontage und Flugerprobung der zivilen Passagierversionen der ATR 42 werden in Toulouse durchgeführt; die Endfertigung der ATM 42-R, eine militärische Frachtversion, und aller zivilen Frachtflugzeuge mit einer hinteren Laderampe findet in Neapel statt. Die Flugerprobung der ATR 42 begann am 16. August 1984, das zweite Entwicklungsflugzeug wurde am 31. Oktober desselben Jahres geflogen, und die Serienproduktion der ATR 42 begann am 30. April 1985.

Varianten

ATR 42-100 und ATR 42-200 waren die Bezeichnungen für die Versionen mit Gesamtgewichten von 14'900 kg beziehungsweise 15'750 kg, wobei die zweite Version einen abgeänderten Innenraumentwurf hatte, der ohne Änderung der externen Abmessungen die Möglichkeit schuf, die Unterbringung von 42 auf 50 Passagiere zu erhöhen.

Als die Auslieferung der Serienproduktion begann, war die ATR 42-200 das Standardflugzeug. Gleichzeitig stand auf Wunsch die ATR 42-300 mit einem hohen Gesamtgewicht von 16'150 kg, einer Reichweite von 1'650 km bei voller Passagierzuladung zur Verfügung. Im Jahre 1985 wurde das Entwicklungsprogramm der ATR 72 begonnen, deren besonderes Merkmal ein um 4,27 m verlängerter Rumpf war, um bis zu 74 Sitze mit einem Abstand von 76 cm zur Verfügung zu stellen. Ihre Spannweite wurde um 2,48 m vergrössert, und die PW124-Triebwerke haben eine Leistung von 1'790 kW. Bei Beginn der Auslieferungen Ende des Jahres 1988 hat die ATR 72 ein maximales Startgewicht von 19'990 kg, eine maximale Nutzlast von 7'000 kg und eine Reichweite mit 70 Passagieren von 1'669 km.

Rechts: Das innere Styling einer ATR 42.

ATR 42-200

Antrieb: 2 Pratt-&-Whitney-Canada-PW120-Turboprop-Triebwerke, je 1'342 kW für den Start, mit einer vierblättrigen 14SF-Hamilton-Standard-Luftschraube, verstellbar mit konstanter Drehzahl, Umkehrschub und Segelstellung, Durchmesser 3,96 m. Treibstoff 5'700 l in Integraltanks im Flächenverwindungsschacht.

Leistung: Max. Betriebsgeschw. 463 km/h o. 0,55 Mach; max. Reisegeschw. 497 km/h in 5'180 m; anfängliche Steigrate 10,6 m/sec; Dienstgipfelhöhe 7'620 m; Sicherheitsstartlänge 1'090 m; Landedistanz 960 m; Reichweite mit max. Passagierzuladung 1'195 km; Reichweite mit max. Treibstoffvorrat 4'615 km.

Gewicht: Betriebsleergewicht 9'973 kg; maximales Treibstoffgewicht 4'500 kg; maximale Zuladung 4'527 kg; maximales Startgewicht 15'750 kg; maximales Landegewicht 15'500 kg; maximales Tankleergewicht 14'500 kg.

Abmessungen: Spannweite 24,57 m; Gesamtlänge 22,67 m; Gesamthöhe 7,59 m; keine Pfeilung; Flügelfläche 54,5 m^2.

Kabine: Länge 13,85 m, max. Breite 2,57 m, max. Höhe 1,91 m. Standard 42 Passagiere in Viererreihe mit zentralem Gang und Sitzabstand 81 cm oder bis 50 Passagiere mit Sitzabstand 76 cm. Gepäck/Frachtabteile 9,1 m^3. Zweimann-Cockpit-Besatzung (auf Anforderung mit einem dritten Sitz).

Indienststellung

Die Zulassung der ATR 42-200 und ATR 42-300 wurde in Frankreich am 24. September 1985 erlangt und in Übereinstimmung mit den gemeinsamen europäischen JAR-Standardbestimmungen unmittelbar danach in Italien ratifiziert. Die US-Zulassung nach FAR 25 wurde am 25. Oktober 1985 bestätigt. Die Auslieferungen begannen am 3. Dez. 1985 an Air Littoral. Anschliessende Auslieferungen erfolgten an Cimber Air im Dez. 1985 und im Januar 1986 an Holland Air und Command Airways, wodurch letztere Gesellschaft in den USA der erste Betreiber dieses Typs war. Zu Beginn des Jahres 1987 waren ca. 75 ATR 42 fest bestellt mit einer Option für 25; Festbestellungen und Optionen für die ATR 72 mit gestrecktem Rumpf beliefen sich insges. auf 24. Ende 1986 waren 30 ATR 42 an 15 Luftverkehrsgesellschaften ausgeliefert worden.

Avions de Transport Regional ATR 42

1 Radom
2 Wetterradarabtaster
3 Mechanismus Kursabtaster
4 Antenne für Gleitpfad des Instrumentenlandesystems
5 vorderes Druckschott
6 Staurohre
7 Doppelfahrwerk
8 Tür für Bugradbein
9 Scheinwerfer für Rollen
10 Schacht für Bugrad
11 Seitenruderpedale
12 Statikdruckabnahme
13 Instrumentenbrett (elektronisches Fluginstrumentensystem)
14 Scheibenwischer
15 Instrumentenbrettverkleidung
16 Windschutzscheibenpanels
17 Überkopfinstrumentenbretter für Systemschaltung
18 Copilotensitz
19 Stauraum für Notausrüstung
20 mittlere Kontrollkonsole
21 Steuersäulen-Handrad
22 Seitenkonsolenpanel
23 Cockpitfussboden
24 Unterflursteuergestänge
25 Stauraum Pilotenfluglunterlage
26 Sauerstoffflasche
27 Sender für Anstellwinkel
28 Kapitänsitz
29 Regale für Avionikausrüstung
30 zentraler Sitz d. Beobachters
31 Regale für elektr. Ausrüstung
32 Fluchtluke im Cockpitdach
33 Cockpiteingang
34 UKW-Antenne
35 Steuerseilzüge
36 Gepäckhaltenetz
37 Kabinenhaupteingang
38 vorderes Gepäck-Fracht-Abteil
39 Gepäckladefläche
40 Buchse Aussenbordaggregat
41 Gepäck/Frachttür, offen
42 Türluke
43 Flächeninspektionslicht
44 Trennwand zur Hauptkabine
45 Viererreihen-Passagiersitzanordnung (46, 48 oder 50 Sitze)
46 Notluke mit Fenster
47 Umluftgebläse
48 Bodenträgerkonstruktion
49 Unterflurversorgungsleitung für Klimaanlage
50 doppeltverkleidetes Rumpfpanel/Propeller-Trümmerschotts
51 Rumpfrahmen und Verstärkerkonstruktion
52 Kabinenwandbespannung
53 Antennen für automatischen Peilrahmen
54 Rumpfverkleidung
55 Kabinenwandverkleidung
56 Deckenbeleuchtungspanels
57 zuklappbare Gepäckablagen
58 Fluggastsauerstoffmaske
59 Verteilungsleitung Kabinenluft
60 Zuführungsleit. Klimaanlage
61 Triebwerksabzapfluftführung zum Klimaanlage-Gerätesatz
62 Hauptrahmen für Flächen/Rumpfverbindung
63 Holmbefestigungspunkte
64 Rippenkonstruktion des Flächenmittelstückes
65 Trockenschacht im Mittelstück
66 Steuerkabelführungen zu den Triebwerken
67 Vorderkanten-Verkleidungsrahmen
68 Vorderkantenverkleidung
69 Treibstoffpumpen
70 Flächenintegraltreibstofftank
71 abnehmb. Flächenkantenstück
72 Triebwerkabzapfluftführung
73 Abgasdüse Motormittelstück
74 Motorgondel, steuerbord
75 Pratt-&-Whitney-Canada-PW120-Turboprop-Triebwerk
76 Triebwerkzubehör-Getriebe
77 digitale Triebwerksteuerung
78 Fremdkörperabscheider in Triebwerklufteinlass

Unten: Simmons Airlines (USA) setzt die ATR 42 bei ihren mit dem Netz von American Airlines verbundenen Diensten ein. Sie tragen American-Eagle-Kennzeichnung.

79 Ölkühler am Motorrumpf
80 Getriebe für Propellerdrehzahlreduzierung
81 vierblättrige Hamilton-Standard-Luftschraube mit veränderb. Anstellwinkel u. Revers
82 Luftschraubennabenhaube
83 Anstellwinkelveränderungsmechanismus in Propellernabe
84 Motorverkleidungspanels
85 verschraubte Verbindungspunkte d. äuss. Flügelpanels
86 äusserer Integraltreibstofftank
87 Kraftstoff-Leitungen
88 Druckbetankungsstutzen
89 Tankverschluss
90 Zugangspanel an Flächenoberseite
91 Querrudersteuergestänge
92 Rippen d. äuss. Flügelpanels
93 Gummiwulst für pneumatische Vorderkantenenteisung
94 Steuerbordnavigations- (rot) und Stroboskop-Lichter (weiss)
95 Querruderausgleichshorn
96 Statikentlader
97 Querruder backbord
98 Querruder-Trimmbleche
99 Querruderverkleidung aus Kohlefaserverbundstoff
100 offene Störklappe
101 doppelt gespaltene Klappe
102 Hydraulikzylinder f. Klappen
103 Klappenscharnierverkleid.
104 Klappenspaltenverschl.-pan.
105 inneres, doppelt gespaltenes Klappensegment
106 innerer Klappenzylinder
107 Flächenwurzelverkleidung
108 Verkleidungskonstruktion
109 Steuergestänge Querruder
110 Triebwerkfeuerlöschflaschen
111 zuklappbare Gepäckablage
112 Sitzanord. hintere Kabine
113 Schrank mit Vorhang
114 Kücheneinheit
115 Passagierkabinentrennwand
116 Service/Notausgangstür
117 Tür hinteres Gepäckabteil
118 Kontrollpanel Flugbegleiters
119 Bordsprechanlage
120 Klappsitz für Flugbegleiter
121 Tür für Toilettenabteil
122 Gepäck/Frachtabteil
123 hinteres Druckschott
124 Flossenwurzelauskehlung aus Glasfaser
125 ausgedehnter Flossenwurzelbereich aus Kevlar/Nomex-Wabenkonstruktion
126 Verbindungspunkte des Flossenholms
127 Höhenrudersteuergestänge
128 Leitwerkflossenkonstruktion aus drei Holmen
129 UKW-Antenne
130 Flossenvorderkante
131 Leitwerkverbindungspunkte
132 Leitwerk, steuerbord
133 Gummiwulst f. pneum. Enteisung der Leitwerkvorderkante
134 Höhenruder, steuerbord
135 Ruderausgleichshorn
136 Antikollisionslicht
137 Statikentlader
138 Seitenruder
139 Höhenruderdrehachsensteuer
140 Ruderblech
141 Wabenkonstr. Höhenruder
142 Höhenruderausgleichshorn
143 Leitwerkkonstruktion
144 Nasenrippen Vorderkante
145 Ruderkonstruktion
146 Ruderausgleichstrimmblech
147 transparenter Rumpfkegel
148 Leitwerknavigations- und -stroboskoplichter (weiss)
149 Rumpfkegelkonstruktion aus Verbundwerkstoff
150 Ruderdrehachsensteuerung
151 Rumpfkegelventil
152 Autopilotsteuerung
153 Trennwand an Rumpfkegel
154 Hauptrahmen für Flossenholmverbindung
155 Rumpfzugangsluke
156 Sprach-/Datenaufzeichner
157 Ventile für Druckkabine
158 Toilettenabteil
159 Wassertank
160 Waschbecken
161 Geländer
162 Gegendruckfeder
163 Passagiereingang
164 Vorraum
165 hinterer Rumpfrahmen, Versteifungskonstruktion
166 Kabinenfensterpanels
167 innere, doppeltgespaltene Klappen, backbord
168 Klappenverkleidungspanel
169 Hydraulikzyl. Innenbordklap.
170 Landeklappenabdeckschaufeln
171 Klappeninnenkonstruktion
172 doppelt gesp. Landeklappe
173 Störklappe, backbord
174 Hydraulikzyl. Störklappe
175 Hilfsruder für Querruder
176 Querruderrippenkonstruktion
177 Trimmklappe am Querruder
178 Statikentlader
179 Querruderhornausgleichsgewicht
180 Navigations- (rot)/Stroboskop-Lichter (weiss)
181 Konstr. äuss. Flächenpanel
182 Gummiwulst f. pneumatische Enteisung der Vorderkanten
183 Treibstofftankendrippe
184 Tankverschluss
185 Flächenintegraltreibstofftank
186 Ventil f. pneum. Enteisung
187 Flächenrippenkonstruktion

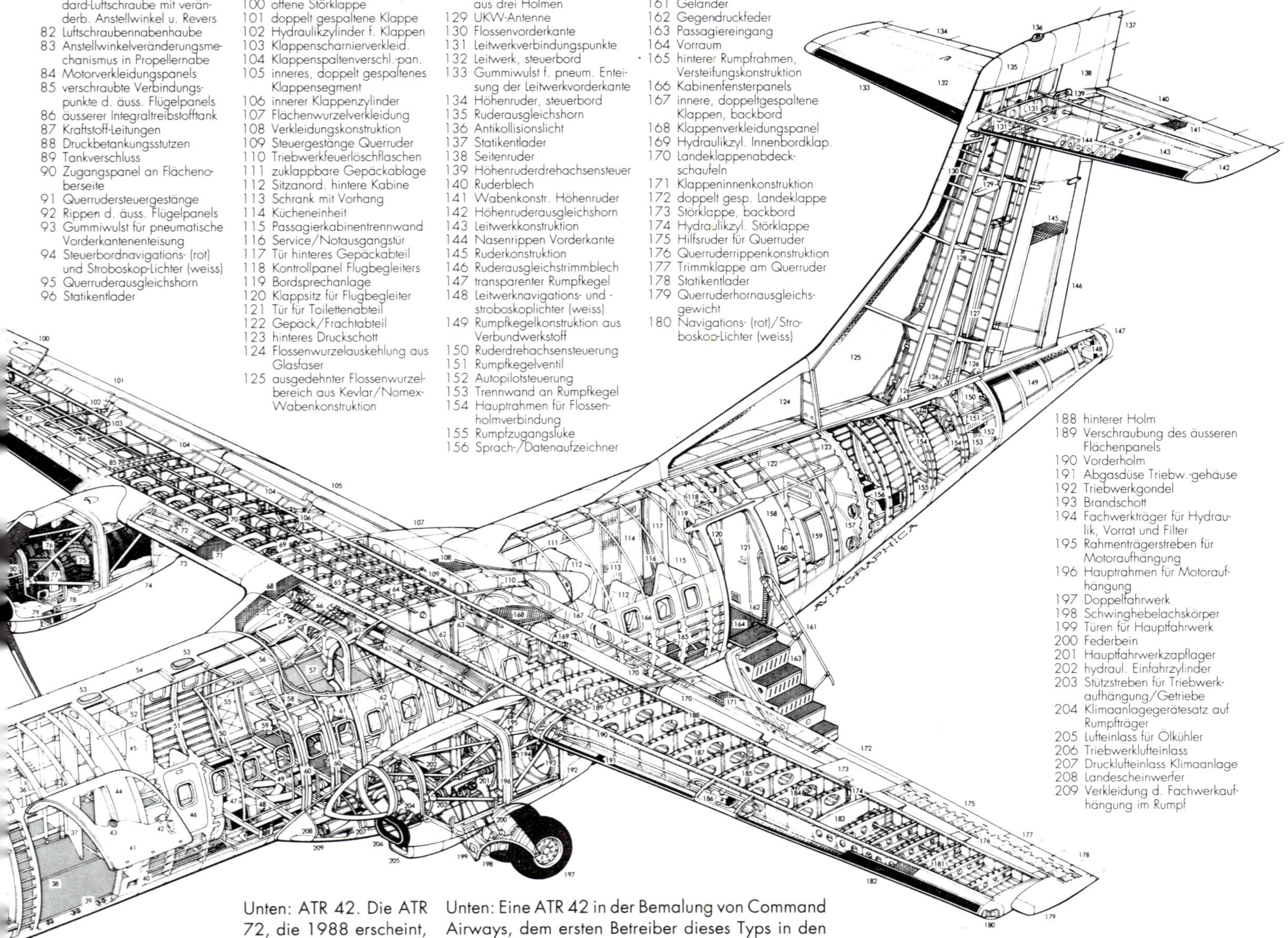

188 hinterer Holm
189 Verschraubung des äusseren Flächenpanels
190 Vorderholm
191 Abgasdüse Triebw.-gehäuse
192 Triebwerkgondel
193 Brandschott
194 Fachwerkträger für Hydraulik, Vorrat und Filter
195 Rahmenträgerstreben für Motoraufhängung
196 Hauptrahmen für Motoraufhängung
197 Doppelfahrwerk
198 Schwinghebelachskörper
199 Türen für Hauptfahrwerk
200 Federbein
201 Hauptfahrwerkzapflager
202 hydraul. Einfahrzylinder
203 Stützstreben für Triebwerkaufhängung/Getriebe
204 Klimaanlagegerätesatz auf Rumpfträger
205 Lufteinlass für Ölkühler
206 Triebwerklufteinlass
207 Drucklufteinlass Klimaanlage
208 Landescheinwerfer
209 Verkleidung d. Fachwerkaufhängung im Rumpf

Unten: ATR 42. Die ATR 72, die 1988 erscheint, wird einen längeren Rumpf und eine grössere Spannweite haben.

Unten: Eine ATR 42 in der Bemalung von Command Airways, dem ersten Betreiber dieses Typs in den USA(seit Januar 1986). Hier ein Flugzeug mit französischer Registrierung, die wegen der Abnahmeflüge in Toulouse angebracht worden ist.

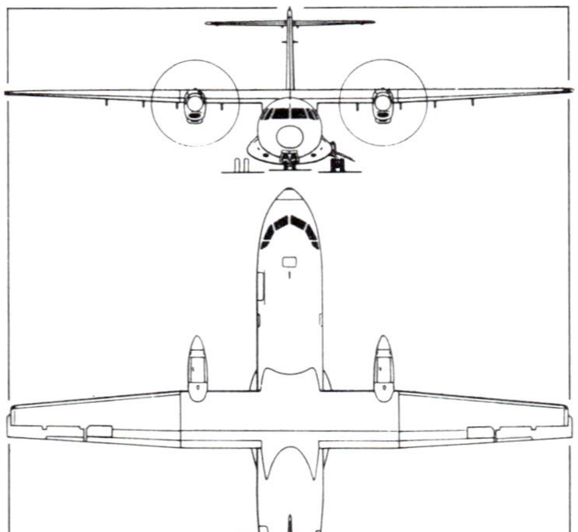

BEECHCRAFT C99 AIRLINER USA

Beech Aircraft betrat den Markt für Zubringerflugzeuge im Jahre 1965 mit der Entscheidung, ein kleines Transportflugzeug zu entwickeln, das auf der Erfahrung mit der Queen Air beruhte, einem zu dieser Zeit in Produktion befindlichen zweimotorigen Flugzeug mit Kolbenmotoren für den Einsatz bei Geschäfts- und Taxiflügen. Das neue Flugzeug, das eine ähnliche Fläche wie die Queen Air (und die spätere King-Air- und Super-King-Air-Serie) benutzte, wurde als Beechcraft Modell 99 bezeichnet und für den Transport von 15 Passagieren entworfen. Ein Standardmerkmal des Entwurfs war eine in der Hauptkabinentür eingearbeitete Trittleiter; eine grosse Tür für Frachtbeladung neben der Hauptpassagiertür wurde als Option angeboten. Beech machte 1965 Flugversuche mit einer Entwicklungszelle in Form einer Queen Air mit langem Rumpf und Kolbentriebwerken, und im Juli 1966 begann mit diesem Prototyp eine neue Versuchsserie mit Pratt-&-Whitney-Canada-PT6A-20-Turboprops. In dieser Form stellte der Prototyp das Modell 99 dar und erlangte die Zulassung am 2. Mai 1968. Die Beechcraft 99 ist ein freitragender Tiefdecker in Ganzmetallkonstruktion mit Anwendung von Magnesium für die Querruder. Die einfach gespaltenen Landeklappen sind aus Aluminiumlegierung konstruiert. Fahrwerk und Bremsen werden hydraulisch betätigt.

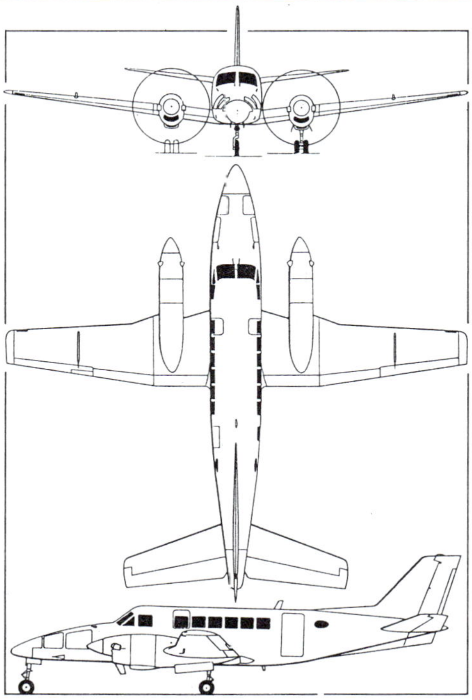

Links: Dreiseitenzeichnung einer Beechcraft C99 Airliner, die die endgültige Produktionsversion dieses Zubringerflugzeuges darstellt. Die Produktion wurde im Jahre 1979 nach einer fünfjährigen Pause wieder aufgenommen. Ca. 227 Beechcraft 99 sind in vier Hauptserien produziert worden.

Rechts: Eine Beechcraft B99 im Einsatz bei Baron Air, einem schwedischen Lufttaxibetreiber. Viele spätere C99 wurden an Zubringerfluggesellschaften in den USA geliefert, bei denen sie 1977 noch im Einsatz waren. Die kleinere, aber ähnliche King Air wird auf S. 174 gezeigt.

Varianten

Die erste Serienproduktion, die Beechcraft 99, war mit PT6A-20-Triebwerken mit einer Leistung von 410 kW ausgerüstet. Als die PT6A-27-Triebwerke mit einer Leistung von 507 kW eingeführt wurden, wurde die Bezeichnung auf A99 abgeändert, obwohl diese Triebwerke auf dieselbe Leistung der anfänglich benutzten PT6A-20 gedrosselt worden waren. Sowohl die Beechcraft 99 als auch die A99 haben ein maximales Startgewicht von 4 770 kg; die meisten wurden für den Einsatz bei Luftverkehrsgesellschaften ausgeliefert, aber Geschäftsflugversionen mit 8 bis 17 Sitzen standen ebenfalls zur Verfügung. Mit denselben PT6A-27-Triebwerken in der B99 stieg das maximale Gewicht auf 4'944 kg. Mit 164 Stück des Typs 99 endete die Produktion im Jahre 1974, aber eine neue Version, angekündigt als C99-Zubringer-Flugzeug, war im Beech-Aircraft-Plan für den Wiedereintritt in den Markt der Zubringerflugzeuge im Mai 1979 enthalten, zu einer Zeit, als das Entwicklungsprogramm des grösseren Zubringerflugzeuges 1900

BEECHCRAFT 1900 AIRLINER USA

Nachdem Beech Aircraft im Jahre 1975 die Produktion der Beechcraft 99 gestoppt hatte und sich so vom Markt für kleine Zubringerflugzeuge und Flugzeuge für den Regionalverkehr zurückgezogen hatte, gab sie im Jahre 1979 die Absicht bekannt, neue auf diesen Teil des Marktes zugeschnittene Flugzeugtypen zu entwickeln. Entwurfstudien für ein Flugzeug mit Druckkabine in der 30/40-Sitz-Kategorie waren bereits in Angriff genommen worden; dieses Flugzeug, wäre es gebaut worden, wäre bis auf den heutigen Tag das grösste Beechcraft-Flugzeug gewesen. Für einen unmittelbaren Wiedereintritt in den Markt der Regionalflugzeuge wurden jedoch Varianten der Super King Air 200 produziert. Eine dieser Varianten, bekannt als Versuchsmodell 1300, sollte dieselbe Zelle wie der Vorläufer mit einem Kabinenarrangement für 13 Passagiere (daher die Bezeichnung) benutzen, wohingegen das Modell 1900 einen verlängerten Rumpf (für 19 Passagiere) und leistungsstärkere Triebwerke haben sollte. Als Fluggesellschaften Interesse bekundeten, wurde die Entwicklung des Modells 1900 fortgesetzt. Jungfernflüge der ersten zwei Prototypen: 3. 9. bzw. 30. 11. 1982. Vor dem Erstflug des Prototyps begann die Überprüfung des PT6A-65-Triebwerks auf einem fliegenden Prüfstand in einer Super King Air am 30. April 1981. Da das Modell 1900 auf der Super King Air 200 basiert, hat es denselben Rumpfquerschnitt, wobei die parallele Sektion des Rumpfes um ungefähr 4,27 m verlängert ist. Die meisten anderen grösseren Komponenten sind, einschliesslich des Flügelmittelstücks und des Leitwerks, abmessungsmässig denen der Super King Air ähnlich, aber wo immer nötig stärker strukturiert, um Einsätze bei höheren Gewichten zu ermöglichen. Die PT6A-65B-Triebwerke haben eine gedrosselte Nennleistung, um eine konstante Leistung bei erhöhten Umgebungstemperaturen zu gewährleisten. Ein aussergewöhnliches Merkmal der Beechcraft 1900 ist die Anwendung von zusätzlichen, fest angebrachten horizontalen Schwanzsteuerflächen, bekannt als Beech-«Stabilons», an beiden Seiten des Rumpfendes, unmittelbar vor dem Leitwerk, das am oberen Ende der Seitenruderflosse montiert ist. Kleine vertikale «Flügelendflossen» sind unterhalb der Höhenleitwerk montiert.

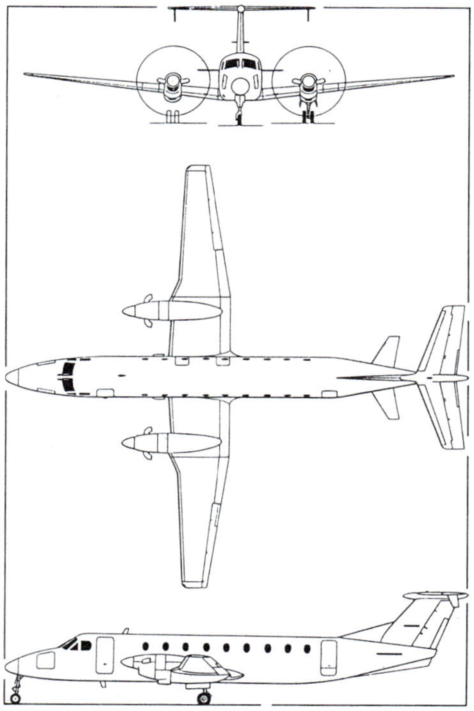

Links: Dreiseitenzeichnung der Beechcraft 1900 Airliner, von der 60 Stück bis Ende 1986 im Einsatz waren. Die Stabilons am hinteren Rumpfende und die Kielflossen am Leitwerk sind ein aussergewöhnliches Merkmal.

Unten: Innenansicht der Beechcraft 1900. Einzelsitze beidseits des Ganges. Wie auf dem Bild ersichtlich, verursacht der Flächenholm eine Stufe.

Varianten

Das ursprüngliche 19sitzige Zubringerflugzeug Modell 1900 Airliner (auch als 1900C bekannt) hat eine nach oben klappbare Frachtladetür an der Backbordseite des Rumpfendes. Das Modell 1900 Executive (anfänglich Modell 1200) hat in dieser Position eine Tür mit Standardgrösse und bietet Sitzplätze für 12 bis 18 Passagiere. Für das Modell 1900 ist auch eine «nasse» Fläche mit Integraltanks entworfen worden, die die fünf Gummifalttanks im ursprünglichen Entwurf ersetzen. Dies erhöht die Treibstoffkapazität um ungefähr 60 Prozent und ergibt eine Erweiterung der maximalen Reichweite um ungefähr 85 Prozent.

Antrieb: 2 Pratt-&-Whitney-Canada-PT6A-36-Turboprops, je 533 kW, mit dreiblättrigen Hartzellpropellern für Segelstellung/Umkehrschub. Treibstoff 1'412 l, Gummitanks in den Flächen.
Leistung: Höchste Horizontalgeschwindigkeit 497 km/h in 2'440 m Höhe; Reisegeschwindigkeit 454 km/h in 4'875 m Höhe; anfängl. Steigrate 11,1 m/sec; Dienstgipfelh. 8'560 m; Reichweite mit größter Nutzlast 1'072 km; Reichweite mit max. Treibstoffvorrat 1'687 km.
Gewicht: Leerbetriebsgewicht 2'946 kg; maximales Treibstoffgewicht 1'119 kg; maximale Nutzlast 1'474 kg; maximale Start- und Landegewichte 5'126 kg.
Abmessungen: Spannweite 13,98 m; Gesamtlänge 13,58 m; Gesamthöhe 4,37 m; keine Pfeilung, Flügelfläche 25,98 m².
Kabine: Länge (einschl. Cockpit und hinteres Gepäckabteil) 7,73 m, größte Breite 1,4 m, maximale lichte Höhe 1,45 m. Maximal 15 Passagiere in Einzelsitzen mit Mittelgang. Volumen des Nasen- und hinteren Gepäckabteils 1,72 m³ plus vorgesehene Gondel an der Rumpfunterseite für Gepäck und Fracht 1,68 m³.

aufgelegt wurde. Mit auf den neuesten Stand gebrachten Struktur und Systemen hatte die C99 dieselben Gesamtabmessungen und Charakteristika wie die B99, aber das maximale Startgewicht wurde auf 5'126 kg erhöht, und die PT6A-36-Triebwerke hatten eine Nennleistung von 533 kW. Der Prototyp C99 hatte eine umgearbeitete B99-Zelle und wurde zum ersten Mal am 20. Juni 1980 in Wichita geflogen. Die Bezeichnung Zubringer-(Commuter-) Flugzeug C99 wurde in C99 Verkehrsflugzeug umgeändert.

Indienststellung

Nach der Zulassung des ursprünglichen Modells 99 begannen die Auslieferungen im Mai 1968, und der erste Kunde war Commuter Airlines Inc. Einige der 164 gefertigten Beechcraft 99, A99 und B99 wurden an militärische Betreiber ausgeliefert. Die C99-Variante wurde im Juli 1981 zugelassen. Insges. wurden 63 Beech C99 verkauft, die Produktion endete 1985. Zu dieser Zeit lag der Preis für ein neues Flugzeug etwas unter zwei Millionen Dollar.

Indienststellung

Das Modell 1900 Airliner wurde unter den FAR-Part-41C-Vorschriften am 22. November 1983 mit gleichzeitiger Genehmigung für den Betrieb mit einem Piloten gemäss FAR-135-Vorschriften zugelassen. Die Auslieferungen für den Einsatz bei Luftverkehrsgesellschaften begannen im Februar 1984, und das erste Modell 1900 Exccutive wurde im Juli 1985 ausgeliefert. In seiner Eigenschaft als Zubringerflugzeug ist das Modell 1900 für Einsätze mit vielen Zwischenstops ohne Nachtanken entworfen, und da das maximale Landegewicht dem maximalen Startgewicht entspricht, muss keine Minimumdistanz geflogen werden, bevor der erste Stop durchgeführt werden kann. Typisch ist eine Reichweite von 752 km, unter der Voraussetzung einer Reiseflughöhe von 3'050 m und einer 45minütigen Kraftstoffreserve mit vier Zwischenlandungen. Bis zum Januar 1987 beliefen sich die Verkäufe der Beechcraft 1900 in allen Varianten auf insgesamt 60.

Antrieb: Zwei Pratt-&-Whitney-Canada-PT6A-65B-Turboprops, je 820 kW gedrosselte Nennleistung für den Start, mit vierblättrigen Hartzellpropellern, Segelstellung und Umkehrschub. Treibstoff 1'627 l in Integral- und Gummifalttanks in der Fläche.
Leistung: Maximale Reisegeschwindigkeit (typisches Reisegewicht) 475 km/h in 2'440 m, 469 km/h in 4'875 m Höhe und 436 km/h in 7'620 m Höhe; anfängliche Steigrate 11,8 m/sec; zugelassene Gipfelhöhe 7'620 m; Startdistanz auf 15 m 995 m; Landedistanz aus 15 m, 775 m; Reichweite mit maximalem Treibstoff und 45 Minuten Reserve 1'105 km in 2'440 m oder 1'472 km in 7'620 m Höhe.
Gewicht: Leergewicht 3'946 kg; maximales Treibstoffgewicht 1'292 kg; maximale Zuladung 2'404 kg; maximales Startgewicht 7'530 kg; maximales Landegewicht 7'303 kg; maximales Leertankgewicht 6'350 kg.
Abmessungen: Spannweite 16,61 m; Gesamtlänge 17,63 m; Gesamthöhe 4,54 m; keine Pfeilung, Flügelfläche 28,15 m².
Kabine: Länge (einschliesslich Cockpit und Gepäckabteile) 12,02 m, maximale Breite 1,37 m, maximale lichte Höhe 1,45 m. Standardzubringerkonfiguration 19 Sitze mit Mittelgang; Executive-Layout 12 bis 18 Sitze. Volumen des vorderen und hinteren Gepäckabteils 2,99 m³. Ein- oder Zwei-Mann-Cockpitbesatzung, abhängig vom Zulassungsstatus FAR P91 oder FAR P135.

Links: Die N1900J-Registrierung zeigt, dass diese Beechcraft 1900 für die Entwicklungs- und Zulassungs-Tests benutzt wurde.

Die Boeing 707, das erste Düsenverkehrsflugzeug dieses Herstellers und das erste Düsentransportflugzeug, das in den USA in Dienst gestellt wurde, hatte ihren Ursprung in den von der Gesellschaft Ende vierziger-/Anfang fünfziger Jahre durchgeführten Entwurfstudien für ein neues Tankerflugzeug für die US-Luftwaffe als Nachfolger der C-97/KC-97-Familie. Aus einer Anzahl von Turboprop- und Turbojetentwurfstudien wählte Boeing sein Modell 367-80 als Prototypkonstruktion, und dieses Flugzeug, das später als «Dash 80» bekannt wurde, machte seinen ersten Flug in Renton am 15. Juli 1954, ausgerüstet mit vier Pratt-&-Whitney-JT3C-Turbojets. Boeing entschied jedoch, dass für den Einsatz bei Luftverkehrsgesellschaften der Rumpfquerschnitt vergrössert werden müsse, so dass eine bequemere Sechserreihen-Sitzanordnung angeboten werden konnte, und das neue Zivilprojekt wurde als Modell 707 bezeichnet. Mit 5'897 kp starken JT3C-6-Triebwerken wurde das Modell 707 in «kurzrümpfiger» und «langrümpfiger» Version angeboten. Die letztere wurde von Pan American ausgewählt, als diese Luftverkehrsgesellschaft am 13. Oktober 1955 einen Entwicklungsauftrag plazierte (mehr als drei Jahre nachdem die de Havilland Comet als erstes Düsenverkehrsflugzeug der Welt im Einsatz war). Die zwei ersten für die Zulassungs-Prüfung eingesetzten Boeing 707 wurden am 20. Dezember 1957 und am 3. Februar 1958 geflogen, und Boeing führte eine Serie von Zusatzbezeichnungen ein, wobei die erste Ziffer einer dreistelligen Zahl die Modellvariante anzeigte und die zweite und dritte Ziffer zur Identifizierung des Kunden diente.

Varianten

Die meisten frühen Bestellungen betrafen die sogenannte «langrümpfige» Variante der Boeing 707-120; nur Qantas bestellte die «kurzrümpfige» Version (Modell 707-138). Mit derselben Rumpflänge wie die «langrümpfige» -120 führte das Modell 707-220 die 7'167 kp starken JT4A-3- oder -5-Triebwerke für «heisse und hohe» Leistungsbereiche ein und machte seinen ersten Flug am 11. Juni 1959. Genau dieselben Triebwerke – oder die 7'620 kp starken JT4A-9 oder die 7'938 kp starken JT4A-11 – wurden dann für das dritte Modell, die 707-320 eingeführt. Dies war die Intercontinentalversion des Flugzeuges, während die 120 das transcontinentale Modell war, und es hatte einen genügend langen Rumpf, um bis zu 189 Passagiere unterzubringen, und eine grössere Fläche zur Bewältigung der höheren Gewichte. Das erste Modell 707-320 flog am 11. Januar 1959, ihm folgte am 20. Mai 1959 das erste Modell 707-420, welches als besonderes Merkmal 7'484 kp Standschub starke Rolls-Royce-Conway-505-Triebwerke hatte. Im Jahre 1957 offerierte Boeing eine Kurz-/Mittelstreckenversion des Basisflugzeuges als Modell 720, das als besonderes Kennzeichen einen um 0,51 m längeren Rumpf als das von der Qantas eingesetzte Kurzrumpfmodell 707-120, eine leichtere Struktur, geringere Treibstoffkapazität, 5'443 kp Standschub starke JT3C-7-Triebwerke und an den inneren Flächenvorderkanten eine vergrösserte Profilsehne hatte. Das Modell 720 flog am 23. November 1959 zum ersten Mal. Im Jahre 1960 führte Boeing Versionen der Modelle 707 und 720 mit den neu entwickelten JT3D-Turbofantriebwerken ein, identifizierbar durch die Zusatzbezeichnung «B». Das Modell 707-120B, mit den aerodynamischen Verfeinerungen des Modells 720, flog zum ersten Mal am 22. Juni 1960, und das erste Modell 720B flog am 6. Oktober 1960. Das mit Turbofan-Triebwerken ausgerüstete Modell 707-320B, das zum ersten Mal am 31. Januar 1962 flog, hatte auch neue Flächenenden mit geringem Luftwiderstand, eine Spannweitenvergrösserung von 1 m, Vorflügelklappen und verbesserte Landeklappen. Die umrüstbare Passagier-/Fracht-Version mit einer seitlichen Frachtladetür wurde als Modell 707-320C bezeichnet und flog am 19. Februar 1963. Ein Modell der 707 wurde (beginnend am 27. November 1979) mit CFM56-Turbofantriebwerken geflogen, aber ein vorgeschlagenes Umrüstungsprogramm auf diese Triebwerke machte keine Fortschritte. Auch andere Varianten, einige mit verlängerten Rümpfen, verblieben ebenso im Projektstadium.

Boeing 707-320C

Antrieb: Vier Pratt-&-Whitney-JT3D-7 Turbofantriebwerke, je 8'618 kp Standschubleistung, oder JT8D-3-Turbofantriebwerke, je 8'165 kp; Treibstoff 90'299 l in ntegraltanks in Fläche und Rumpfmittelstück.

Leistung: Max. Betriebsgeschw. 695 km/h angezeigte Eigengeschw. oder 0,90 Mach; max. Reisegeschw. 973 km/h in 7'620 m Höhe; Langstreckenreisegeschw. 860 km/h in 10'670 m Höhe; anfängliche Steigrate 20,3 m/sec; Dienstgipfelhöhe 11'885 m; Sicherheitsstartstrecke (FAR) 3'055 m; Sicherheitslandestrecke (FAR) 1'950 m; Reichweite mit grösster Treibstoffmenge 9'270 km; Reichweite mit 36'287 kg Frachtnutzladung 5'840 km.

Gewicht: Betriebsleergew. 66'406 kg; max. Nutzlast 23'856 kg, max. Frachtnutzladung 42'229 kg; max. Treibstoffgew. 72'375 kg; max. Startgew. 151'315 kg; max. Landegew. 112'037 kg; max. Leertankgew. 104'330 kg.

Abmessungen: Spannweite 44,42 m; Länge 46,61 m; Höhe 12,93 m; Pfeilung 35 Grad bei Viertelprofilsehne; Flügelfläche 283,4 m².

Kabine: Länge 33,93 m, Weite 3,55 m, Höhe 2,34 m. Gemischtklassenauslegung für 14 Erste-Klasse-Passagiere in Viererreihen und einer viersitzigen Lounge, 133 Passagiere in der Touristenklasse in Sechserreihen; max. Ein-Klassen-Auslegung für 189 Passagiere in Sechserreihe, Sitzabstand 81 cm. Frachtvolumen im Oberdeck 161,21 m³; Unterflurfrachtgepäckvol. 48,15 m³. Drei-Mann-Cockpit-Besatzung.

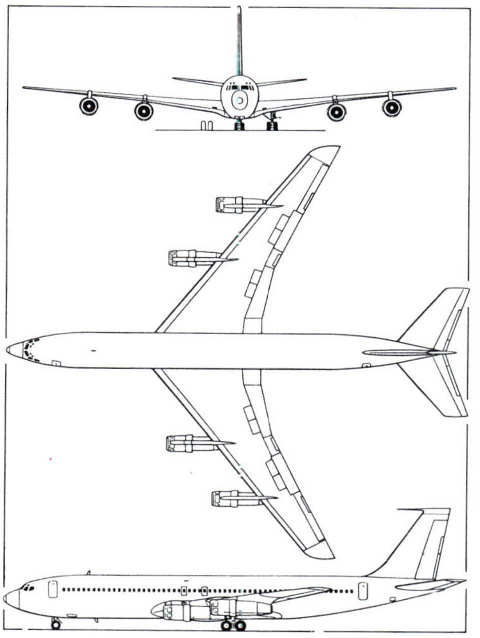

Boeing 707-320C

1 Nasenkegel
2 Wetterradarabtaster
3 Antenne für Gleidpfad
4 vorderes Druckschott
5 Pitotrohr
6 Nasenrahmen
7 Windschutzscheibenpanels
8 Stirnfenster
9 Überkopfkonsole
10 Copilotensitz
11 Kapitänsitz
12 vorderer Rahmen
13 Doppelbugrad
14 Türen für Bugrad
15 Bugradschacht
16 Knickstrebe
17 Navigatortisch
18 Beobachtersitz
19 Navigatorsitz
20 Navigatorüberkopfpanel
21 Flugingenieursitz
22 Instrumentenbrett Flugingen.
23 Cockpiteingangstür
24 Cockpitgarderobe
25 Besatzungstoilette
26 Besatzungsküche/Anrichte
27 Stauraum für Schwimmweste
28 Radio-(Not)Sender
29 Stauraum für 2 Rettungsboote
30 UKW-Antenne
31 rauch- und dunstabwehrender Vorhang
32 Eingangstür, 61 x 183 cm
33 Stauraum für Notrutsche
34 vorderer Unterflurfrachtraum
35 Kabinenfussbodenhöhe
36 sechs Frachtpaletten, Gesamtvolumen 125,3 m³
37 Rollentransportmatte (fünf Segmente)
38 Türöffnungszylinder
39 Hauptfrachttür (angehoben)
40 Triebwerklufteinlässe
41 Sekundäreinlasstüren
42 Einlässe für Turbokompressor
43 Auslässe für Turbokompressor
44 Gondellastträger
45 Flächenvorderklappen
46 Haupttank Nr. 3 (15'403 l)
47 Trockenkammer/Treibstoffsys.
48 Wirbelgeneratoren
49 Haupttank Nr. 4 (8'793 l)
50 Reservetank (1'662 l)
51 Überlauftankventil
52 Steuerbordflächenspitze
53 äusseres Querruder
54 Querruderausgleichsklappe
55 äussere Störklappe, ausgef.
56 äussere Landeklappe
57 Landeklappenführungen
58 Steuergestänge für Querruder/Störklappe
59 inneres Querruder
60 Steuerklappe
61 innere Landeklappe
62 innere Störklappe, ausgefahren
63 Stauraum für 4 Schlauchboote
64 Rettungsgurte
65 Fluchtluken/Notausgänge, 51 x 97 cm (4)
66 Befestigungsklammern für Schlauchboot
67 bewegliche Trennwand in der Kabine
68 Zugangstür (Laufweg)
69 Rumpfrahmen
70 Kabinenkonfiguration für 87 Passagiere Touristenklasse, Sitzabstand 86 cm

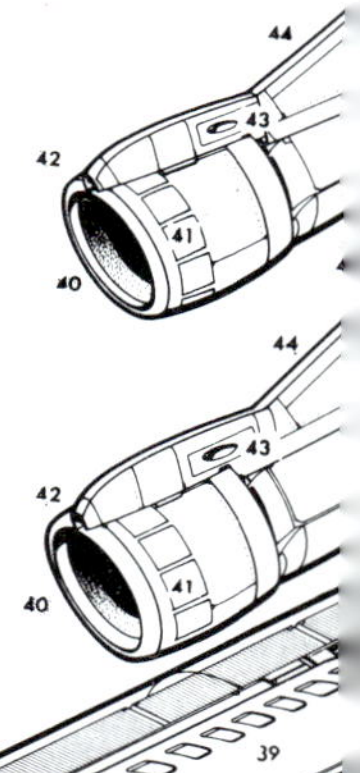

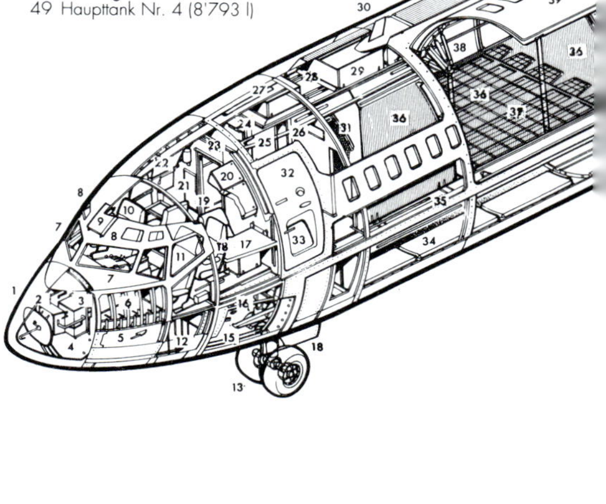

Oben: Dreisichtzeichnung einer Boeing 707-320B mit Comtran-Schalldämpfern, die den gegenwärtigen Lärmvorschriften entsprechen.

Links: Das Cockpit einer Boeing 707 mit typischer Dreimannanordnung mit einem zur Seite gerichteten Sitz für den Flugingenieur.

Indienststellung

Das erste Modell der Boeing 707 wurde am 23. September 1958 zugelassen, und der Ersteinsatz wurde von Pan American am 26. Oktober über den Nordatlantik durchgeführt. Schlüsseldaten für andere Varianten waren: Modell 707-220, zugelassen am 5. November 1959, Ersteinsatz bei Braniff am 20. Dezember 1959; Modell 707-320, zugelassen am 15. Juli 1959, Ersteinsatz bei Pan American am 10. Oktober 1959; Modell 707-420, zugelassen am 12. Februar 1960, Ersteinsatz bei BOAC im Mai 1960; Modell 720, zugelassen am 30. Juni 1960, Ersteinsatz bei United am 5. Juli 1960; Modell 707-120B, zugelassen am 1. März 1961, und Modell 720B, zugelassen am 3. März 1961, Ersteinsätze bei American Airlines am 12. März 1961; Modell 707-320B zugelassen am 31. Mai 1962, Ersteinsätze bei Pan American im Juni 1963. Boeing baute 917 Modelle der 707, und zwar 63 -120, 78 -120B, 5 -220, 69 -320, 174 -320B, 337 -320C, 37 -420, 65 -720 und 89 -720B.

Rechts: Die Boeing 707-351C9J-AEB, die bei der Zambia Airways eingesetzt ist

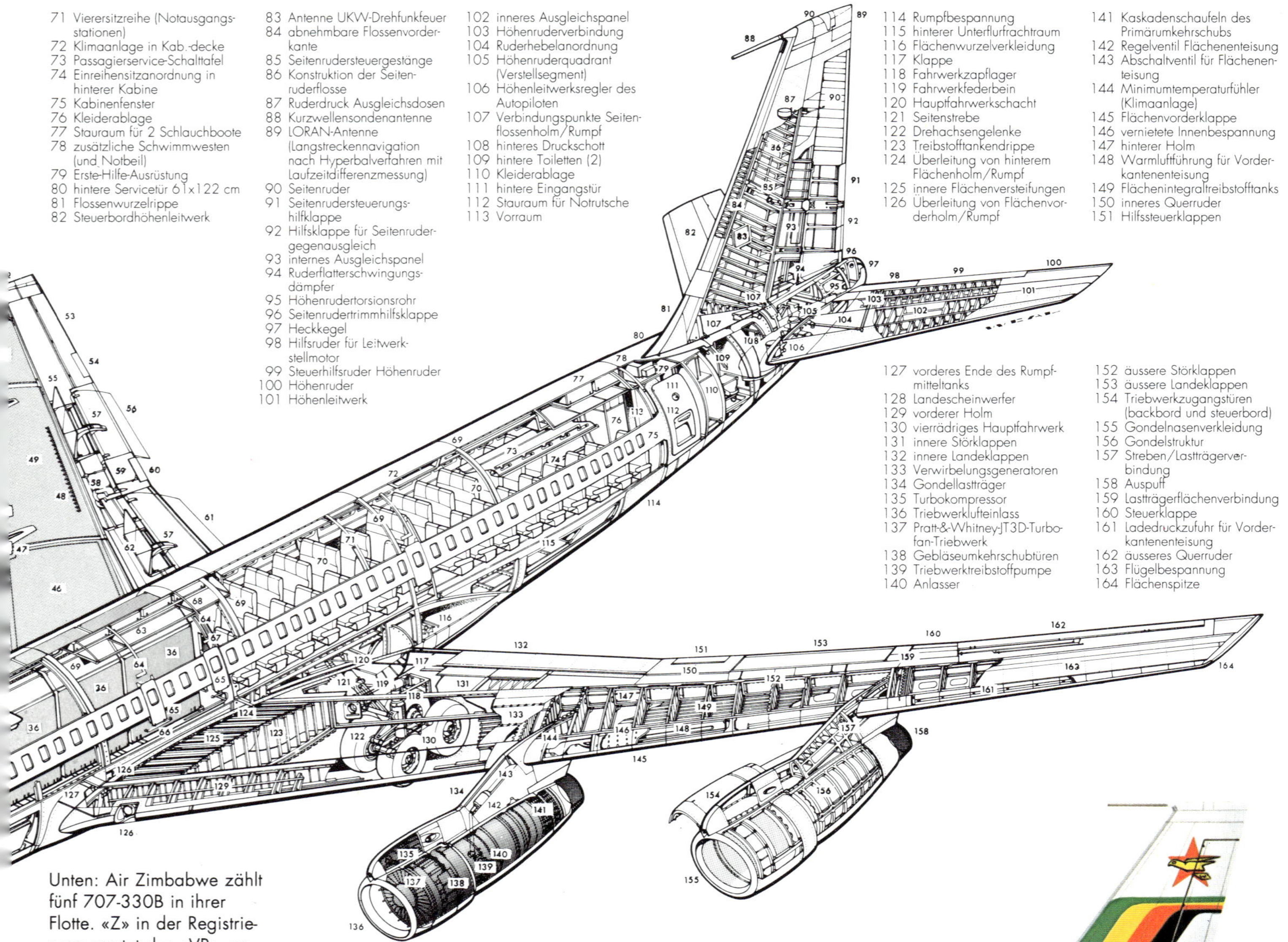

71 Vierersitzreihe (Notausgangsstationen)
72 Klimaanlage in Kab.-decke
73 Passagierservice-Schalttafel
74 Einreihensitzanordnung in hinterer Kabine
75 Kabinenfenster
76 Kleiderablage
77 Stauraum für 2 Schlauchboote
78 zusätzliche Schwimmwesten (und Notbeil)
79 Erste-Hilfe-Ausrüstung
80 hintere Servicetür 61x122 cm
81 Flossenwurzelrippe
82 Steuerbordhöhenleitwerk
83 Antenne UKW-Drehfunkfeuer
84 abnehmbare Flossenvorderkante
85 Seitenrudersteuergestänge
86 Konstruktion der Seitenruderflosse
87 Ruderdruck Ausgleichsdosen
88 Kurzwellensondenantenne
89 LORAN-Antenne (Langstreckennavigation nach Hyperbalverfahren mit Laufzeitdifferenzmessung)
90 Seitenruder
91 Seitenrudersteuerungshilfklappe
92 Hilfsklappe für Seitenrudergegenausgleich
93 internes Ausgleichspanel
94 Ruderflatterschwingungsdämpfer
95 Höhenrudertorsionsrohr
96 Seitenrudertrimmhilfsklappe
97 Heckkegel
98 Hilfsruder für Leitwerkstellmotor
99 Steuerhilfsruder Höhenruder
100 Höhenruder
101 Höhenleitwerk
102 inneres Ausgleichspanel
103 Höhenruderverbindung
104 Ruderhebelanordnung
105 Höhenruderquadrant (Verstellsegment)
106 Höhenleitwerksregler des Autopiloten
107 Verbindungspunkte Seitenflossenholm/Rumpf
108 hinteres Druckschott
109 hintere Toiletten (2)
110 Kleiderablage
111 hintere Eingangstür
112 Stauraum für Notrutsche
113 Vorraum
114 Rumpfbespannung
115 hinterer Unterflurfrachtraum
116 Flächenwurzelverkleidung
117 Klappe
118 Fahrwerkzapflager
119 Fahrwerkfederbein
120 Hauptfahrwerkschacht
121 Seitenstrebe
122 Drehachsengelenke
123 Treibstofftankendrippe
124 Überleitung von hinterem Flächenholm/Rumpf
125 innere Flächenversteifungen
126 Überleitung von Flächenvorderholm/Rumpf
127 vorderes Ende des Rumpfmitteltanks
128 Landescheinwerfer
129 vorderer Holm
130 vierrädriges Hauptfahrwerk
131 innere Störklappen
132 innere Landeklappen
133 Verwirbelungsgeneratoren
134 Gondellastträger
135 Turbokompressor
136 Triebwerklufteinlass
137 Pratt&Whitney-JT3D-Turbofan-Triebwerk
138 Gebläseumkehrschubtüren
139 Triebwerktreibstoffpumpe
140 Anlasser
141 Kaskadenschaufeln des Primärumkehrschubs
142 Regelventil Flächenenteisung
143 Abschaltventil für Flächenenteisung
144 Minimumtemperaturfühler (Klimaanlage)
145 Flächenvorderklappe
146 vernietete Innenbespannung
147 hinterer Holm
148 Warmluftführung für Vorderkantenenteisung
149 Flächenintegraltreibstofftanks
150 inneres Querruder
151 Hilfssteuerklappen
152 äussere Störklappen
153 äussere Landeklappen
154 Triebwerkzugangstüren (backbord und steuerbord)
155 Gondelnasenverkleidung
156 Gondelstruktur
157 Streben/Lastträgerverbindung
158 Auspuff
159 Lastträgerflächenverbindung
160 Steuerklappe
161 Ladedruckzufuhr für Vorderkantenenteisung
162 äusseres Querruder
163 Flügelbespannung
164 Flächenspitze

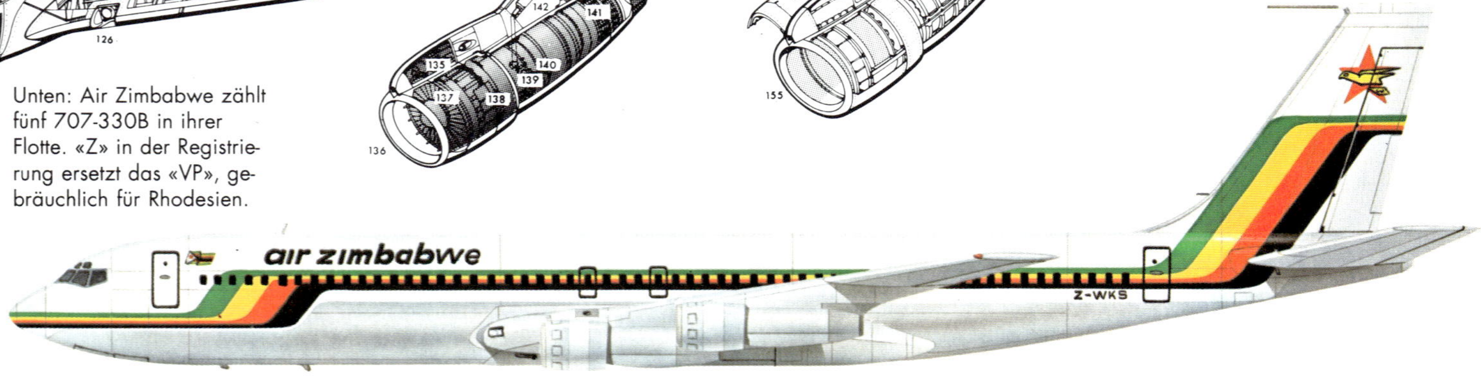

Unten: Air Zimbabwe zählt fünf 707-330B in ihrer Flotte. «Z» in der Registrierung ersetzt das «VP», gebräuchlich für Rhodesien.

Antrieb: Drei Pratt-&-Whitney-JT8D-Turbofantriebw., je 6'577 kp Standschubleistung (-9A) oder 16'804 kp (-11) oder 7'031 kp (-15) oder 7'258 kp (-17) oder 7'439 kp (-17R) plus 454 kp durch automatische Leistungsreserve. Treibstoff 30'623 l plus bis 9'387 l in zus. Tanks.
Leistung: Maximale Betriebsgeschwindigkeit 649 km/h angezeigte Eigengeschwindigkeit oder 0,88 Mach; maximale Reisegeschwindigkeit 983 km/h in einer Höhe von 7'620 m, Langstreckenreisegeschwindigkeit 866 km/h in einer Höhe von 10'060 m; anfängliche Reiseflughöhe 10'060 m; Sicherheitsstartstrecke (FAR, bei max. Gewichtswahl) 3'035 m; Landedistanz (FAR) 1'495 m; Reichweite mit max. Nutzlast 3'967 km; Reichweite mit max. Treibstoff und 12'474 kg Nutzlast 4'449 km.
Gewicht: Betriebsleergewicht 46'164 kg; max. Treibstoffgewicht 27'102 kg; max. Nutzlast 18'598 kg; max. Startgew., Basis 83'820 kg; max. Startgew. 86'405 kg oder 95'027 kg; max. Landegew. (bei den ersten zwei Startgewichten) 70'081 kg oder (max. Startgewicht auf Anforderung) 73'028 kg; max. Leertankgewichte für aufgeführte Startgewichte 62'595 kg, 63'500 kg und 65'315 kg.
Abmessungen: Spannweite 32,92 m; Länge 46,69 m; Höhe 10,36 m; Pfeilung 32 Grad bei Viertelprofilsehne; Flügelfläche 157,9 m².
Kabine: Länge 28,24 m; Weite 3,55 m; Höhe 2,11 m. Basisauslegung: 14 Erste-Klasse-Passagiere (Viererreihe), 131 Touristenklasse-Passagiere (Sechserreihe); Einklassenauslegung 189 Passagiere. 3-Mann-Cockpitbesatzung.

Oben: Da die Boeing 727 nur einige Jahre nach der Boeing 707 entworfen wurde, ist das Cockpit nur wenig fortschrittlicher. Die 3-Mann-Auslegung ist beibehalten worden.

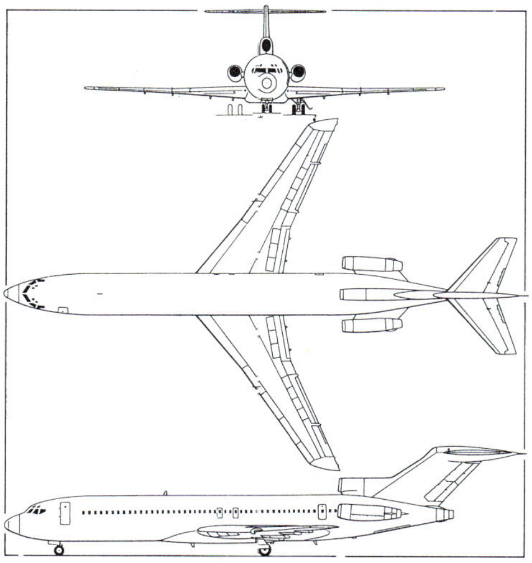

Links: Die Boeing 727-200. Die meisten der 1'832 Boeing 727 hatten diese Gesamtkonfiguration.

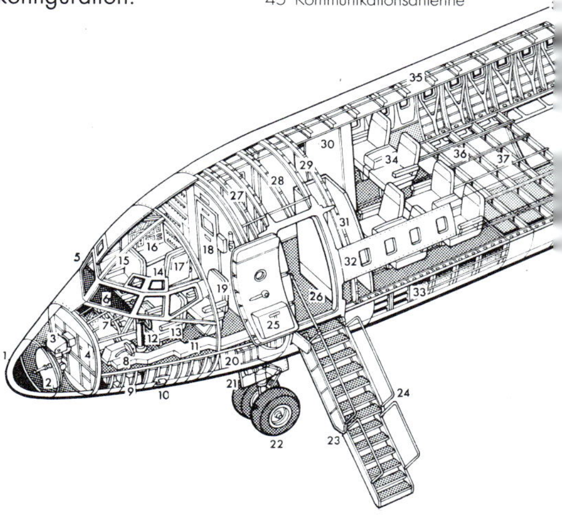

Boeing Advanced 727-200
1 Radom
2 Parabolreflektor für Radar
3 Aufhängung Radarabtaster
4 Druckschott
5 Windschutzscheibenpanels
6 Instrumentenbrettabdeckung
7 Rückseite Instrumentenbrette
8 Ruderpedale
9 Radarsender/-empfänger
10 Pitotrohr
11 Steuerkabelführung
12 Steuersäule
13 Kapitän-Sitz
14 Stirnfenster im Cockpit
15 Copilotensitz
16 Flugingenieurkontrollinstrumentenbrett
17 Flugingenieursitz
18 Cockpittür
19 Beobachtersitz
20 Bugradschacht
21 Bugradtüren
22 doppeltes Bugrad
23 einziehbare Trittleiter
24 Geländer
25 Notrutschenpaket
26 vordere Eingangstür
27 vordere Toilette
28 Küche
29 Küchenservicetür
30 Kabinentrennwand
31 Garderobe
32 Fensterrahmenpanel
33 Schacht für Radio und elektronische Ausrüstung
34 Erste-Klasse-Kabine
35 Kabinendeckenkonstruktion
36 Sitzschienen
37 Kabinenflurträger
38 Frachttür
39 Antikollisionslicht
40 Versorgungsleitung Klimaanl.
41 vorderer Frachtraum
42 vorderer Frachtraumboden
43 Gepäckpalletcontainer
44 Touristenklasse-Kabine
45 Kommunikationsantenne

Das Modell 727 erschien als zweites Mitglied der Boeing-Jet-Familie, nachdem die Entwurfsarbeit für einen «Juniorpartner» der Boeing-707-720-Serie volle zwei Jahre vor der Indienststellung des ersten Modells 707 begonnen hatte. Viele mögliche Konfigurationen waren untersucht worden, bevor Boeing sich dafür entschied, ein Triebwerk im Rumpfende und die beiden anderen an den Seiten des Pumpfendes in Gondeln zu montieren. Im Herbst 1959 war dieser Entwurf eingefroren worden, weil Allison drei Rolls-Royce-Speys gebaut hatte, die für die Hawker Siddeley Trident vorgesehen waren, deren Entwicklungsprogramm im Jahre 1958 mit einem beinahe identischen Layout aufgelegt worden war. Inzwischen war die Entscheidung für das Entwicklungsprogramm am 5. Dezember 1960 gefallen; bei 40 Festbestellungen, sowohl von Eastern als auch von United Air Lines plaziert, waren Pratt-&-Whitney-JT8D-Triebwerke ausgewählt worden, und in stärkeren Versionen sollten diese im 727-Modell verwendet werden. Das neue Verkehrsflugzeug wurde so entworfen, dass es möglichst viel Gemeinsamkeit mit dem Modell 707 hatte. Es konnten fast gleiche Kabinen-Layouts und Ausrüstungen verwendet werden konnten. Mit einer grösseren Flügelpfeilung als damals und heute gebräuchlich und einer Kombination von Hochauftriebshilfen an den Vorflügeln und Landeklappen zur Sicherstellung einer vernünftigen Einsatzleistung, hatte das Modell 727 während der Programmentwicklung die fortschrittlichste aerodynamische Auslegung. Der Erstflug des Modells 727 wurde am 9. Februar 1963 durchgeführt, das zweite Flugzeug folgte am 12. März 1963.

Varianten

Die ursprüngliche Serienausführung des Modells 727 hatte eine Gesamtlänge von 40,59 m und wurde später als Modell 727-100 bezeichnet; Triebwerkwahlmöglichkeiten waren das JT8D-1- oder -7-Triebwerk mit 6'350 kp und das JT8D-9 mit 6'577 kp Schub; das maximale Startgewicht wurde von 68'947 kg auf 72'575 kg gesteigert. Eine umrüstbare Passagier-/Frachtversion mit seitlicher Frachttür flog als Modell 727C (später 727-100C) am 30. Dezember 1965. Das «gestreckte» Modell 727-200 mit den oben angegebenen Abmessungen flog am 27. Juli 1967 und wurde zum Standardflugzeug, ursprünglich mit JT8D-7-Triebwerken und 76'655 kg max. Startgewicht, später jedoch mit den oben aufgelisteten Triebwerk- und Gewichtswahlmöglichkeiten. Nach Einführung einer Anzahl von Verfeinerungen, einer verbesserten Kabine und vergrösserter Treibstoffkapazität flog die Advanced 727 zum ersten Mal am 3. März 1972 mit JT8D-15-Triebwerken und einem Gesamtgewicht von 83'636 kg. Ein Nur-Frachter wurde 1983 als letzte Variante des Modells 727 gebaut, das Modell 727F mit einer maximalen Nutzlast von 26'650 kg.

Indienststellung

Die FAA-gemässe Genehmigung des Modells 727-100 wurde am 24. Dezember 1963 erlangt, und die ersten Einsätze wurden von Eastern am 1. Februar und von United am 6. Februar 1964 geflogen. Der erste Betreiber ausserhalb der Vereinigten Staaten war Lufthansa am 16. April 1964 Das Modell 727C wurde am 13. Januar 1966 zugelassen und kam am 23. April 1966 bei Northwest in den Einsatz. Boeing erhielt die Zulassung des Modells 727-200 am 29. November 1967, und Northwest flog den ersten Einsatz am 14. Dezember, während All Nippon Airways nach der Zulassung am 14. Juni als erste die Advanced 727 im Juli 1972 flog Das erste Modell 727 mit SE-Umschalter an den JT8D-17R-Triebwerken flog bei Hughes Airwest am 27. Mai 1976, und Federal Express übernahm das letzte gebaute 727-Modell am 18. September 1984, wodurch sich die Gesamtproduktion aller Varianten auf 1'832 Stück belief, 400 -100, 164 -100C und QC (Quick Change), 1'245 -200 und 15 -200F.

46 Konstruktion des Rumpfrahmens und Versteifer
47 Kabinenfensterrahmenpanels
48 Lufteinlass Klimaanlagesystem
49 Klimaanlagegerätesatz
50 Überkopfluftzuführung
51 Hauptrumpfrahmen
52 Fluchtluken
53 Treibstofftank Nr. 2
54 Versteiferkonstr. in Mittelstück
55 Kabinenbodenkonstruktion
56 Treibstofftank Nr. 3
57 innere Kruegerklappen
58 Hydraulikzyl f. Kruegerklappe
59 Vorderkantengrenzschichtzaun
60 Vorflügelsegmente
61 Hydraulikzyl. für Vorflügel
62 Ventil für Überlauftank
63 Navigationslichter
64 Flächenspitze, steuerbord
65 Treibstoffschnellablassrohr
66 Statikentlader
67 äusseres Querruder für niedrige Geschwindigkeit
68 Querruderausgleichshilfsruder
69 äussere Störklappen
70 äussere gespaltene Klappe
71 Arbeitszylindermechanismus für Klappenspindel
72 inneres Querruder für hohe Geschwindigkeiten
73 Trimmklappe
74 innere Störklappen
81 Handgepäckstaufächer
82 Kabinenwandverkleidungen
83 hintere Frachttür
84 Tür hinteres Frachtabteil
85 Passagierservicepanels
86 Servicetür/Notausgang
87 hintere Küchen
88 Garderobe
89 Toiletten
90 hintere Kabineneingangstür
91 Triebwerkverkleidung
92 Lufteinlass mittleres Triebw.
93 Einlassverkleidung zur Lärmdämpfung
94 Lufteinlass, S-Führung
95 Führungsrohrenteisung
96 Konstruktion der Flossenwurzelverkleidung
97 Flossenkonstruktion
98 Antenne UKW-Kursfunkfeuer
99 Steuersäule für Höhenruder
100 Trimmzyl. Höhenleitwerk
101 Höhenleitwerk, steuerbord
102 Höhenruderausgleichshorn
109 Höhenruder, backbord
110 Höhenleitwerkkonstruktion
111 Höhenleitwerk, backbord
112 obere Sektion Seitenruder
113 Seitenrudersteuerzylinder
114 untere Sektion Seitenruder
115 Trimmzyl. untere Sektion
116 Lastenträger für Aufhängung des mittleren Triebwerks
117 Abgasrohr mittleres Triebw.
118 Umkehrschub
119 mittleres Triebwerk
120 Konstruktion des Rumpfendes
121 Umkehrschub
122 Verkleid. Triebwerkpylon
123 hinteres Druckschott

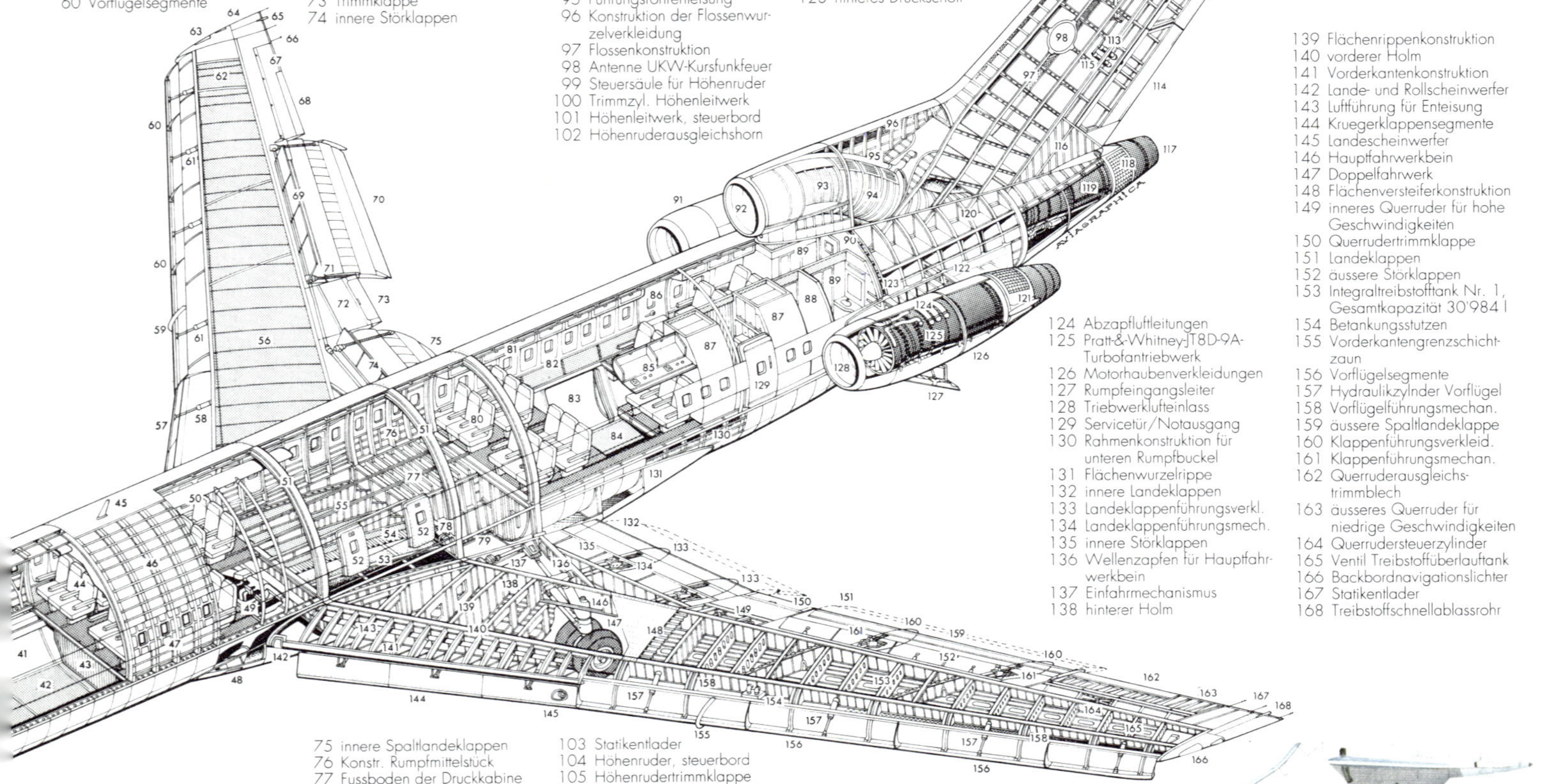

139 Flächenrippenkonstruktion
140 vorderer Holm
141 Vorderkantenkonstruktion
142 Lande- und Rollscheinwerfer
143 Luftführung für Enteisung
144 Kruegerklappensegmente
145 Landescheinwerfer
146 Hauptfahrwerkbein
147 Doppelfahrwerk
148 Flächenversteiferkonstruktion
149 inneres Querruder für hohe Geschwindigkeiten
150 Querrudertrimmklappe
151 Landeklappen
152 äussere Störklappen
153 Integraltreibstofftank Nr. 1, Gesamtkapazität 30'984 l
154 Betankungsstutzen
155 Vorderkantengrenzschichtzaun
156 Vorflügelsegmente
157 Hydraulikzylnder Vorflügel
158 Vorflügelführungsmechan.
159 äussere Spaltlandeklappe
160 Klappenführungsverkleid.
161 Klappenführungsmechan.
162 Querruderausgleichstrimmblech
163 äusseres Querruder für niedrige Geschwindigkeiten
164 Querrudersteuerzylinder
165 Ventil Treibstoffüberlauftank
166 Backbordnavigationslichter
167 Statikentlader
168 Treibstoffschnellablassrohr

124 Abzapfluftleitungen
125 Pratt-&-Whitney-JT8D-9A-Turbofantriebwerk
126 Motorhaubenverkleidungen
127 Rumpfeingangsleiter
128 Triebwerklufteinlass
129 Servicetür/Notausgang
130 Rahmenkonstruktion für unteren Rumpfbuckel
131 Flächenwurzelrippe
132 innere Landeklappen
133 Landeklappenführungsverkl.
134 Landeklappenführungsmech.
135 innere Störklappen
136 Wellenzapfen für Hauptfahrwerkbein
137 Einfahrmechanismus
138 hinterer Holm

75 innere Spaltlandeklappen
76 Konstr. Rumpfmittelstück
77 Fussboden der Druckkabine
78 Hilfsaggregat
79 Hauptfahrwerkschacht
80 Touristenklasse
103 Statikentlader
104 Höhenruder, steuerbord
105 Höhenrudertrimmklappe
106 Flossenendspitzenverkleidung
107 UKW-Auslegerantenne
108 Steuerzylinder Höhenruder

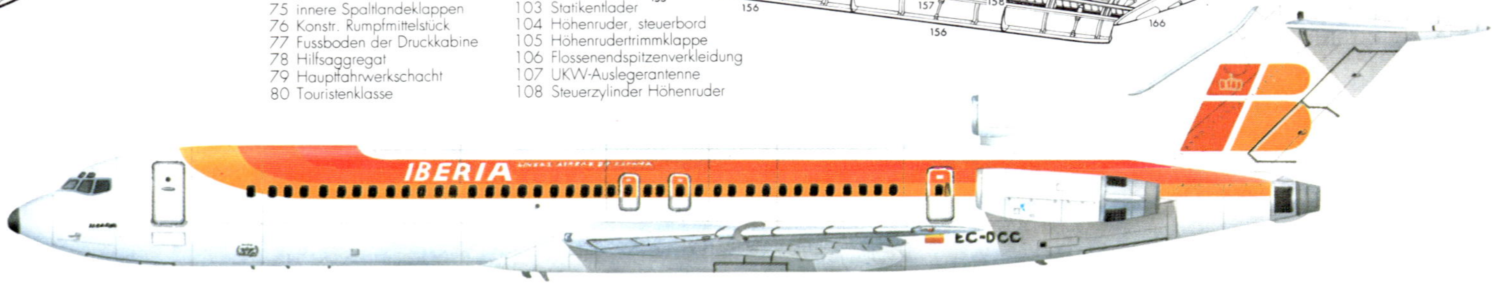

Oben: Spaniens Iberia ist eine der mehr als 100 Gesellschaften, die die Boeing 727 während der 20jährigen Produktionszeit kauften.

Links: United Air Lines war eine der zwei amerikanischen Fluggesellschaften, deren Festbestellungen im Dezember 1960 das Entwicklungsprogramm der Boeing 727 in die Produktion überführten. 1986 waren mehr als 150 in der Flotte von United, einschliesslich der kurzrümpfigen 727-22, der 727-222 und, wie hier in der revidierten United-Bemalung gezeigt, der Advanced 727-222 mit verbesserter Innenausstattung.

BOEING 737-200 USA

Das Modell 737 ist das «Baby» der Boeing-Düsenflugzeugfamilie und das dritte in der Serie der zivilen Düsentransportflugzeuge. Die Absicht, einen zweimotorigen Jet mit 80 bis 100 Sitzen zu entwickeln, kündigte Boeing im November 1964 an, zu einer Zeit, als zwei andere neue Typen in vergleichbarer Kategorie, die BAC One-Eleven und die Douglas DC-90, bereits weit fortgeschritten waren. Im Gegensatz zu den Wettbewerbern mit zwei am Rumpfende angebrachten Triebwerken zeichnete sich der Boeing-Entwurf durch eine konventionellere Auslegung mit unter den Flächen angebrachten Triebwerken und einem tief angesetzten Leitwerk aus. Zur Übereinstimmung mit den Modellen 707 und 727 beschloss Boeing, auch denselben Basiskabinenquerschnitt (vom Fussboden aufwärts) zu benutzen, um dadurch bequeme Sechsersitzanordnung und Austauschbarkeit der Passagiereinrichtungen, Küchenausrüstung und so weiter für jene Fluggesellschaften zu ermöglichen, die mehr als einen der Boeing-Flugzeugtypen einsetzen. Mit dem Modellnamen 737 wurde die Bezeichnung der Boeing-Familie fortgesetzt, die mit dem Modell 707 begonnen hatte. Mit einem Entwicklungsauftrag vom 19. Februar 1965 war Lufthansa die erste Fluggesellschaft ausserhalb der USA, die ein neues amerikanisches Flugzeug bestellte, das noch nicht in der Produktion für einen grösseren US-Betreiber war. Gemäss dem Entwicklungsprogramm wurde das Modell 737 für 100 Passagiere zugeschnitten und mit Pratt-&-Whitney-JT8D-1-Triebwerken mit 6'350 kp Schub ausgerüstet. Der erste Flug wurde mit einem gesellschaftseigenen Prototyp am 9. April 1967 durchgeführt.

Varianten

Von der ursprünglichen 737-100-Konfiguration wurden nur 50 Flugzeuge gebaut, da diese Version schnell durch das Modell 737-200 mit einer Rumpfstreckung von 1,82 m verdrängt wurde, was eine grundlegende Unterbringung von 119 Passagieren und letztendlich ein Maximum von 130 ermöglichte. United Air Lines hat als erste diese Variante bestellt, und das fünfte Baumuster des Modells 737, das am 8. August 1967 flog, war das erste gestreckte Modell 737-200. Eine umrüstbare Passagier-/Frachtversion mit einer vorderen Seitentür, ähnlich der des Modells 727-210, wurde im August 1968 geflogen und als Modell 737-210 bezeichnet. Ab der Produktionsnummer 135 erhielten die Flugzeuge eine Serie von Modifikationen an den Schubumkehrern (Target-Typ anstelle des Clamshell Typs) und den Flügelklappen, und eine andere Serie von Abänderungen an den Vorflügel- und Landeklappenvorrichtungen, Motorgondelaufhängungen und anderen Teilen brachte die Einführung der Advanced 737, deren erster Flug am 15. April 1971 durchgeführt wurde. Das Modell 737-200 hatte zuerst ein maximales Startgewicht von 43'999 kg, dieses wurde aber nach und nach erhöht. Als die Lärmvorschriften für die Flughäfen strenger wurden, führte Boeing 1973 eine lärmgedämpfte Motorgondel ein. Mehrere Entwürfe für die Streckung der Boeing 737 wurden Ende des Jahres 1977 untersucht, die schliesslich zur Entwicklung des Modells 737-300 führten.

Indienststellung

Die Boeing 737-100 wurde am 15. Dezember 1967 zugelassen und am 10. Februar 1968 bei Lufthansa in Dienst gestellt. Die Typengenehmigung für das Modell 737-200 folgte am 21. Dezember 1967, und United führte die ersten Einsätze am 28. April 1968 durch. Wien Consolidated war der erste Betreiber des Modells 737-200C gegen Ende des Jahres 1968, nach der Zulassung im Oktober des gleichen Jahres. Die Advanced 737-200 erlangte die Typengenehmigung am 3. Mai 1971, wodurch All Nippon Airways der erste Betreiber dieses Modells im Juni 1971 wurde. Das erste Muster mit einem «Grossraum»-Inneren wurde von Air Algeria im Januar 1972 betrieben. Zu Anfang des Jahres 1987 hatte Boeing 1'746 Stücke aller Varianten der 737 verkauft, einschliesslich 30 -100 und 1'101 -200, die sich aus 978 Passagierflugzeugen und 104 200C, umrüstbar für zivile und nichtzivile Betreiber, plus 19 T-43A Navigationsübungsflugzeugen zusammensetzen. Der Preis für eine neue Boeing 737-200 beläuft sich im Moment auf mehr als 20 Millionen Dollar.

Antrieb: Zwei Pratt-&-Whitney-JT8D-Turbofantriebwerke mit je 6'350 kp (-7) oder 6'577 kp (-9) oder 7'031 kp (-15/15A) oder 7'258 kp (-17/17A) oder 7'439 kp (-17R) plus 454 kp mit automatischer Schubreserve. Standardtreibstoffkapazität 19'532 l in Flächenintegraltanks und Rumpfmittelstück; die Versionen mit höheren Gewichten haben auf Wunsch Kapazitäten von 21'009 l oder 22'598 l mit Zusatztank im hinteren Unterflurfrachtabteil.
Leistung: Max. Betriebsgeschw. 649 km/h angezeigte Eigengeschw. oder 0,84 Mach; max. Reisegeschw. 905 km/h in 7'620 m Höhe; Langstreckenreisegeschw. 779 km/h in 10'670 m Höhe; Sicherheitsstartlänge (FAR) 1'830 m; Sicherheitslandestrecke (FAR) 1'350 m; Reichw. mit Standardtreibstoff und 115 Passagieren 3'439 km; Reichweite Hochgewichtversion (58'106 kg) mit 115 Pass. 4'690 km.
Gewicht: Betriebsleergewicht 27'310 kg; maximale Nutzlast 15'781 kg; max. Startgewicht, Standardflugzeug 52'391 kg; max. Startgewicht bei angeforderten Hochgewichtversionen 53'071 kg oder 56'473 kg oder 58'106 kg; max. Landegewicht, Standardflugzeug 46'720 kg; maximales Landegewicht, mit angeforderten Hochgesamtgewichtversionen 47'627 kg oder 48'534 kg; max. Leertankgewicht 43'091 kg; max. Leertankgewicht auf Anforderung (nur die -200) 44'906 kg.
Abmessungen: Spannweite 28,35 m; Länge 30,53 m; Höhe 11,28 m; Pfeilung 25° an Viertelprofilsehne; Flügelfläche 102 m².
Kabine: Länge 20,88 m, Breite 3,53 m, Höhe 2,13 m. Basisanordnungen bieten Sitze für 115 Passagiere in Sechserreihen mit einem Sitzabstand von 86 cm oder 130 Passagiere mit einem Sitzabstand von 76 cm. Volumen der Unterflurfracht- und Gepäckräume 24,78 m³. Zwei-Mann-Cockpitbesatzung.

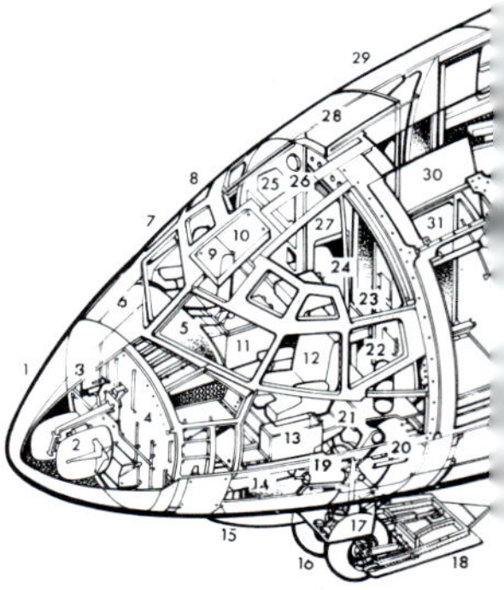

Rechts: Boeing 737-200 mit einigen wahlweisen Kennzeichen wie z. B. Kies- oder Schotterablenker am Bugfahrwerk und Wirbelableiter unter den Triebwerklufteinlässen.

Unten: Die Boeing 737 ist bei verschiedenen Fluggesellschaften im Einsatz, einige haben Flotten von mehr als 100 dieses Typs, während andere, wie z. B. Air Pacific, nur ein einziges Muster in Betrieb haben.

Links: Boeing 737 werden von zwei Gesellschaften mit demselben Namen, Southwest Air Lines, eingesetzt, eine davon in den USA mit Basis in Texas, die andere in Japan. Hier eine Advanced-Boeing 737-203 der letzteren.

Rechts: Eine Boeing 737-200, die meistproduzierte Variante des kleinsten Boeing-Jetliners. Von der 737-100 wurden nur 30 Stück gebaut. Die -300- und -400-Versionen lassen sich jetzt besser verkaufen als die -200.

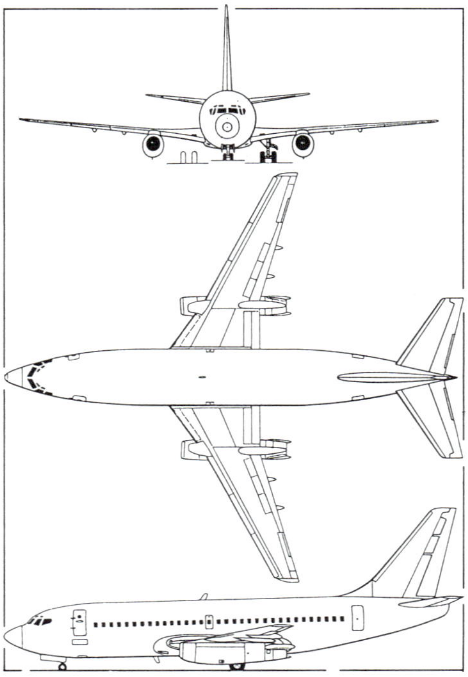

Oben: Der sog. Superjet-Look im Inneren der Advanced 737-200. Mit derselben Breite wie die Original 707 hat die 737 bis zu 130 Passagiersitze in Sechserreihen.

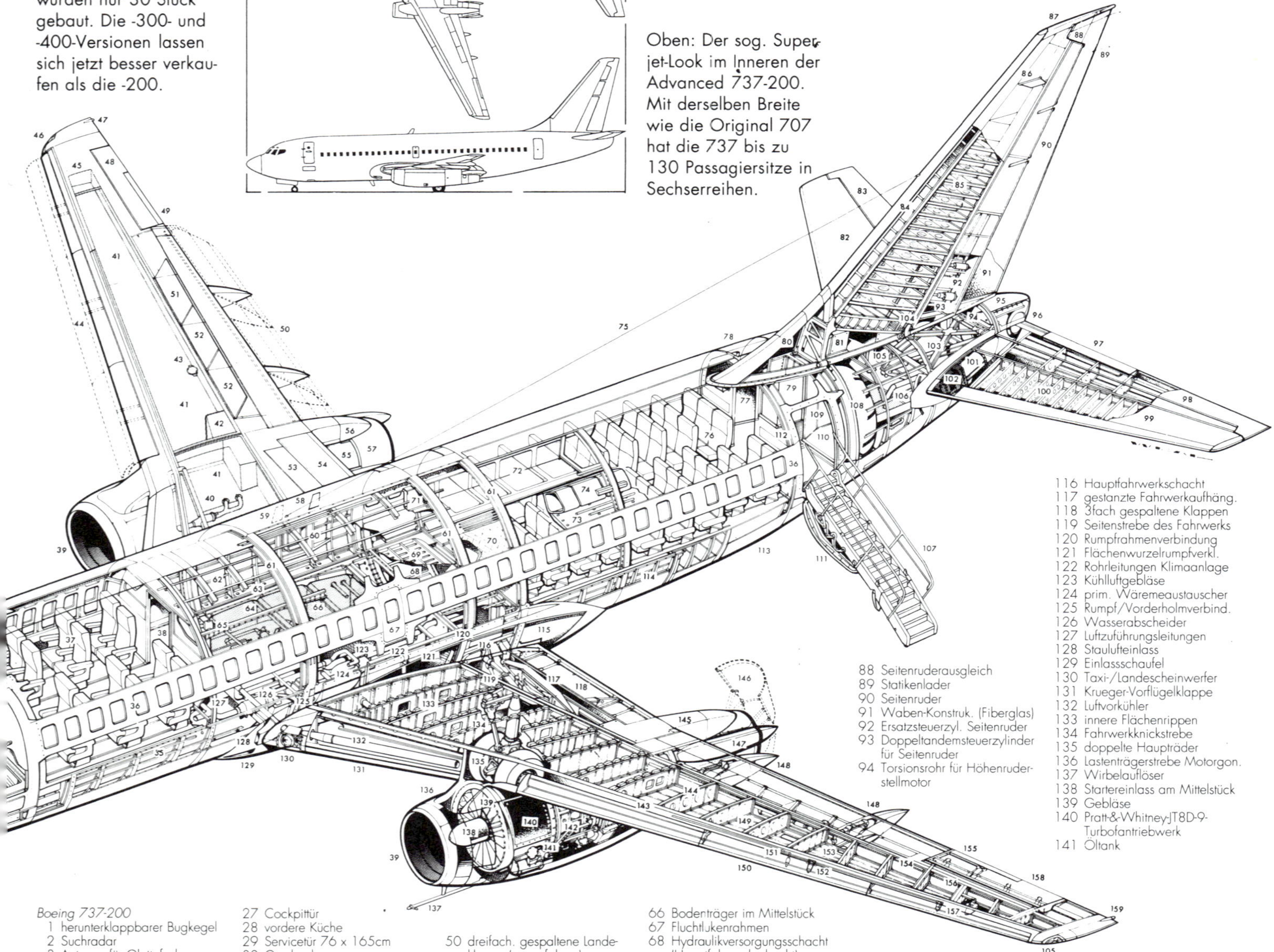

Boeing 737-200
1 herunterklappbarer Bugkegel
2 Suchradar
3 Antenne für Gleitpfad
4 vorderers Druckschott
5 Instrumentenbrettabdeckung
6 Windschutzscheibensektionen
7 seitliche Schiebefenster
8 Stirnfenster
9 Copilotensitz
10 Überkopfpanel
11 Mittelkonsole
12 Kapitänsitz
13 Stauraum für Flugunterlagen
14 Panel für Sicherungen
15 Unterbring. Bugradschutzschild
16 doppeltes Bugrad
17 Bugradtüren
18 Schotter oder Kiesschutzschild
19 Steuerzylinder
20 Verriegelung
21 Zugstrebe
22 feste Seitenfenster
23 Sitz für zweiten Beobacher
24 Sitz für den ersten Beobachter
25 Wandpanel für Sicherungen
26 Deckenlicht
27 Cockpittür
28 vordere Küche
29 Servicetür 76 x 165cm
30 Garderobe
31 vordere Toilette
32 Eingangstür 86 x 183 cm
33 Stauraum für Treppe
34 Schacht für elektrische und elektronische Ausrüstung
35 vorderer Unterflurfrachtraum
36 Kabinenfenster
37 Kabinenkonfiguration mit 14 Erste-Klasse-Sitzen
38 Klassentrennwand
39 Triebwerklufteinlässe
40 Klimaanlage-Vorkühler
41 Integraltreibstofftank Nr. 2
42 Trockenschacht
43 Tankverschluss auf Flächenoberseite
44 Vorflügel (ausgefahren)
45 Ventil vom Überlauftank
46 Navigationslicht (Blitzlicht)
47 Navigationslicht, weiss
48 Steuerbordquerruder
49 Querruderausgleichstrimmklappe
50 dreifach, gespaltene Landeklappe (ausgefahren)
51 Bodenstörklappe/Auftriebsvernichter (aussen)
52 Flächenstörklappen (2 Segm.)
53 Bodenstörklappe/Auftriebsvernichter (innen)
54 dreifach gespaltene Landeklappe (innere Sektion)
55 Schubdüsenabdeckung
56 Flächengondelverkleidung
57 Schubumkehrtüren
58 UKW-Kommunikationsantenne
59 Kurzwellenkommunikationsantenne (auf Anforderung)
60 Rahmenumfassung Fluchtluke
61 Rumpfhauptrahmen aus Schmiedelegierung
62 Zwischenrahmen mit Schichtlegierung
63 Fussbodenhöhe (Düsen der Klimaanlage)
64 flexible Treibstoffzellen im Mittelstück (drei)
65 Treibstoffpumpe
66 Bodenträger im Mittelstück
67 Fluchtlukenrahmen
68 Hydraulikversorgungsschacht (Hauptfahrwerkschacht)
69 Bodenstruktur d. Druckkabine
70 Isolierplatten
71 Luftzuteilungsführung
72 Sektionen mit abgeflachter Kabinendecke
73 Zuleitungen und Düsen der Passagierklimaanlage
74 Staubehälter für Handgepäck
75 Antenne
76 Kabinenkonfiguration für 88 Sitze in der Touristenklasse
77 hintere Trennwand
78 Servicetür, 76 x 165cm
79 hintere Küche
80 Flossenholm/Druckschottverb.
81 Notlandungs-Bake
82 Steuerbordhöhenleitwerk
83 Steuerbordhöhenruder
84 vorderer Flossenholm
85 Flossenstruktur
86 Flossenbespannung
87 Antenne UKW-Kursfunkfeuer/Instrumentenlandesystem
88 Seitenruderausgleich
89 Statikenlader
90 Seitenruder
91 Waben-Konstruk. (Fiberglas)
92 Ersatzsteuerzyl. Seitenruder
93 Doppeltandemsteuerzylinder für Seitenruder
94 Torsionsrohr für Höhenruderstellmotor
95 Rumpfkegel
96 Auspuff Hilfsaggregat
97 Höhenrudertrimmklappe
98 Höhenruder, backbord
99 Höhenleitwerk, backbord
100 Leitwerkrippen
101 Auspuffrohr Hilfsaggregat
102 Hilfsaggregat-Gerätesatz
103 geschmiedeter Leitwerkträger
104 Endhalterungen Flossenholm
105 Spindelzylinder-Ausrüstung für variablen Anstellwinkel
106 Klimaanlage
107 zusammenfaltbare Treppe
108 hinteres Kuppeldruckschott
109 hintere Küche
110 hintere Toilette
111 hintere Eingangstür
112 Türeinfassungsrahmen
113 Rumpfbespannung
114 hinterer Unterflurfrachtraum
115 Flächenwurzelauskehlung
116 Hauptfahrwerkschacht
117 gestanzte Fahrwerkaufhäng.
118 3fach gespaltene Klappen
119 Seitenstrebe des Fahrwerks
120 Rumpfrahmenverbindung
121 Flächenwurzelrumpfverkl.
122 Rohrleitungen Klimaanlage
123 Kühlluftgebläse
124 prim. Wäremeaustauscher
125 Rumpf/Vorderholmverbind.
126 Wasserabscheider
127 Luftzuführungsleitungen
128 Staulufteinlass
129 Einlassschaufel
130 Taxi-/Landescheinwerfer
131 Krueger-Vorflügelklappe
132 Luftvorkühler
133 innere Flächenrippen
134 Fahrwerkknickstrebe
135 doppelte Haupträder
136 Lastenträgerstrebe Motorgon.
137 Wirbelauflöser
138 Startereinlass am Mittelstück
139 Gebläse
140 Pratt-&-Whitney-JT8D-9-Turbofantriebwerk
141 Öltank
142 Hochdrucksektion
143 Flächenkastenholm
144 äussere Flächenrippen
145 Flächen-/Gondelverkleidung
146 Umkehrschubtüren
147 Verkleideidung Umkehrschubsteuerzylinder
148 Klappenführungen
149 Integraltreibstofftank Nr. 1
150 Vorflügel
151 Röhren für Kruegerklappenenteisung (teleskopisch)
152 hydraulische Klappenhochdruckkolben
153 Taxi-/Landescheinwerfer
154 Trimmfläche für Querruder
155 Querruder-Ausgleichsklappe
156 Ventil des Überlauftanks
157 Treibstoffentgasungsstutzen
158 Querruder, backbord
159 Navigationslicht (weiss)
160 Navigationslicht (Blitzlicht)

Antrieb: Zwei CFM-International-CFM56-3B1-Turbofantriebwerke mit je einer Leistung von 9'072 kp oder CFM56-3B-Turbofantriebwerke, mit je einer Standschubleistung von 9'980 kp für den Start. Treibstoff 20'104 l in Integraltreibstofftanks in Flächen und Mittelstück, auf Antrag 3'066 l in Tanks im hinteren Unterflurfrachtraum.
Leistung: Max. Betriebsgeschwindigkeit 630 km/h angez. Eigengeschw. oder 0,82 Mach; max. Reisegeschw. 908 km/h in 7'925 m Höhe; Langstreckenreisegeschw. 794 km/h in 10'670 m Höhe; Sicherheitsstartstrecke (FAR) 1'940 m; Sicherheitslandestrecke (FAR) 1'395 m; Reichweite mit max. Nutzlast 1'760 km; Reichweite mit 141 Passagieren, Standardtreibstoff und US-Inlandreserven 2'570 km; Reichweite mit 141 Passagieren, max. Treibstoff und US-Inlandreserven 4'353 km.
Gewicht: Betriebsgewicht 31'561 kg; max. Nutzlast 16'067 kg; max. Startgewicht, Basisflugzeug 56'473 kg; max. Startgewicht, wahlweise 61'235 kg; max. Landegewicht 51'710 kg; max. Leertankgewicht (für zwei angegebene Startgewichte) 47'628 kg und 48'308 kg.
Abmessungen: Spannweite 28,88 m; Länge 33,4 m; Höhe 11,13 m; Pfeilung 25 Grad bei Viertelprofilsehne; Flügelfläche 105,4 m².
Kabine: Länge 23,52 m, Breite 3,45 m, Höhe 2,13 m. Gemischtklassenauslegung für acht Passagiere in Viererreihen und 120 Touristen in Sechserreihen, oder Ein-Klassen-Auslegung für 141 oder 149 Passagiere in Sechserreihen. Unterflurgepäck-/Frachtvolumen 3'024 m³. Zwei-Mann-Cockpit-Besatzung.

Die Entwicklung einer gestreckten Version der Boeing 737 begann 1979, als Marktstudien die Notwendigkeit für das aufzeigten, was Boeing später folgendermassen beschrieb: «Eine längerrümpfige Version des beliebten, zweimotorigen 737-Jet mit dem Ziel, weniger Treibstoff pro Passagier zu verbrauchen und reduzierte Lärmpegel für die Kurzstreckenmärkte von 1985 und darüber hinaus sicherzustellen». Wie bei vielen Programmen blieb das genaue Mass der gewünschten Streckung eine Zeit lang eine offene Frage, da die Reaktionen der Verkehrsgesellschaften untersucht und Kunden für das Entwicklungsprogramm gesucht wurden. Anfang 1980 war die Modellbezeichnung 737-300 für den Vorschlag angenommen worden, und bei den von Boeing an der Farnbourough Air Show gegen Ende desselben Jahres publizierten Einzelheiten wurde eine Streckung von 2,13 m angegeben, im Gegensatz zu früheren Studien, die eine Streckung von nur 1,02 m vorsahen. Um wieviel auch immer das Flugzeug gestreckt wurde, fortschrittlichere und leistungsstärkere Triebwerke als die im Modell 737-200 angebrachten JT8D waren von Nöten, um eine Treibstoffersparnis und einen niedrigeren Lärmpegel zu erreichen. Sobald die Pläne für das Modell 737-300 festgelegt waren, wurde klar, dass die Triebwerkwahl zwischen dem CFM56 in einer Version von passendem Schub und dem RJ500 lag, einem geplanten neuen Triebwerk von Rolls-Royce und JAE, das auf dem früheren Rolls-Royce RB.432 basierte. Als das RJ500 durch das bei JAE entwickelte V2500-Turbofan verdrängt wurde, blieb das CFM56 als einziges Treibwerk, das für das Modell 737-300 in dem geplanten Zeitraum zur Verfügung stand. Auf der Basis der Entwicklungsaufträge, die im März 1981 durch US Air und Southwest Airlines bekanntgegeben wurden, war dieses mit der Indienststellung für Ende 1984 festgelegt worden. Bei Beginn des Entwicklungsprogramms war der Rumpf um weitere 0,51 m gewachsen, mit einer Baugruppe von 1,12 m vor der Fläche und einer Baugruppe von 1,52 m hinter der Fläche. Dies ermöglichte eine maximale Sitzanzahl von 149 und gab dem Modell 737-300 in einer vergleichbaren Nur-Touristen-Auslegung ungefähr 21 Sitze mehr als dem Modell 737-200. Ausser (und in gewisser Hinsicht wegen) der höheren Gewichte, mit denen das Modell 737-300 eingesetzt werden sollte, wurden einige Modifikationen an der Zelle vorgenommen, einschliesslich einer Verlängerung der Flächenenden von je 23 cm, einiger Änderungen an den Vorflügeln, revidierter «Paddel»-Landeklappen, Klappenführungsverkleidungen, einer Vergrösserung des Rückenflossenteils und eines verlängerten Bugradbeins. Um die CFM56-Triebwerke mit ihrem grösseren Durchmesser unter den Flächen anbringen zu können, wurden die Geräteantriebe seitlich an den Triebwerken angebracht, wodurch eine ungewöhnliche, unten abgeflachte Gondelform entstand. Das erste Modell 737-300, das für die Auslieferung an US Air bestimmt war, flog in Seattle am 24. Februar 1984.

Varianten

Das Modell 737-300 steht mit zwei maximalen Gewichten zur Verfügung, wobei das höhere Gewicht durch Treibstofftanks im hinteren Frachtraum erreicht wird. Verstärkte CFM56-3B2-Triebwerke stehen zur Verfügung für den Einsatz bei «heissen und hohen» Bedingungen. Firmen-/Geschäftsreiseversionen des Flugzeugs tragen die Bezeichnung 77-33. Seit der Entwicklung des Modells 737-300 hat Boeing zahlreiche Möglichkeiten zur Erweiterung des Marktes für das Modell 737 in Erwägung gezogen, einschliesslich weiterer Streckungen des Rumpfes. Im Projektstadium umfassten diese Überlegungen ein Modell 737-500 (auch als Modell 737-300L bekannt) mit einer zusätzlichen Rumpflänge mit Sitzen für weitere 17 Passagiere und ein Modell 737-400 (auch als Modell 737-100L bekannt), eine verkürzte Version mit CFM56-3B4-Triebwerken. Das letztere Modell war insbesondere auf die Erfordernisse von US Air abgestimmt, und als diese Gesellschaft Fokker 100 bestellte, wurde das 737-400-Projekt auf eine verlängerte Variante geändert, für die ein Entwicklungsauftrag von Piedmont Airlines am 4. Juni 1986 hereingeholt wurde. Das Modell 737-400 hat in seiner endgültigen Fassung eine Rumpfverlängerung von 2,9 m und bietet in der Economy-Anordung Platz für 156 Passagiere. Mit den 9'979 kp starken CFM56-3B2-Triebwerken hat das Modell 737-400 ein Gesamtfluggewicht von 68'040 kg, und andere Abänderungen umfassen unter dem Rumpfende eine nach hinten gerichtete Randleiste, neue Kruegerklappen aussenbords der Triebwerkverkleidungen, zusätzliche Notausgänge und einige Änderungen in der Küchenauslegung. Das Datum für den Erstflug des Modells 737-400 wurde auf Januar 1988 und der Beginn der Auslieferungen an Piedmont für September 1988 festgelegt.

Oben: Im Cockpit der Boeing 737-300 werden die Technologie der 80er Jahre und Erfahrungen bei der Entwicklung der 757 und 767 mit Zwei-Mann-Cockpit-Besatzung genutzt. Ein voll integriertes Flugführungssystem ist eingebaut.

Indienststellung

Die FAA-Zulassung des Modells 737-300 wurde am 14. November 1984 eingeholt, und Boeing begann mit der Auslieferung der neuen Variante am 28. desselben Monates an die US Air und zwei Tage später an Southwest Airlines. Die erste Auslieferung an einen Kunden ausserhalb der USA ging an Orion Airways (Grossbritannien) am 29. Januar 1985 (Ersteinsatz: 22. Februar); Pakistan Airlines übernahm das erste Modell 737-300 mit den verstärkten -3B2-Triebwerken am 31. Mai 1985 für den Ersteinsatz am 1. Juli. Zu Beginn des Jahres 1987 hatte Boeing 549 737-300 an 36 Kunden verkauft. Die Gesamtverkäufe der 737-400 beliefen sich auf 66. Der Preis liegt zwischen 25 und 30 Millionen Dollar.

Rechts: Die 737-300 unterscheidet sich von der 737-200 durch einen verlängerten Rumpf und stärkere Triebwerke.

Unten: Southwest Airlines mit Basis in Texas begann mit dem Flugbetrieb im Jahre 1971 mit Boeing Advanced 737-200. Seitdem ist die Flotte der -200 auf 46 angewachsen, vor kurzem sind mehr als 30 -300 dazugekommen.

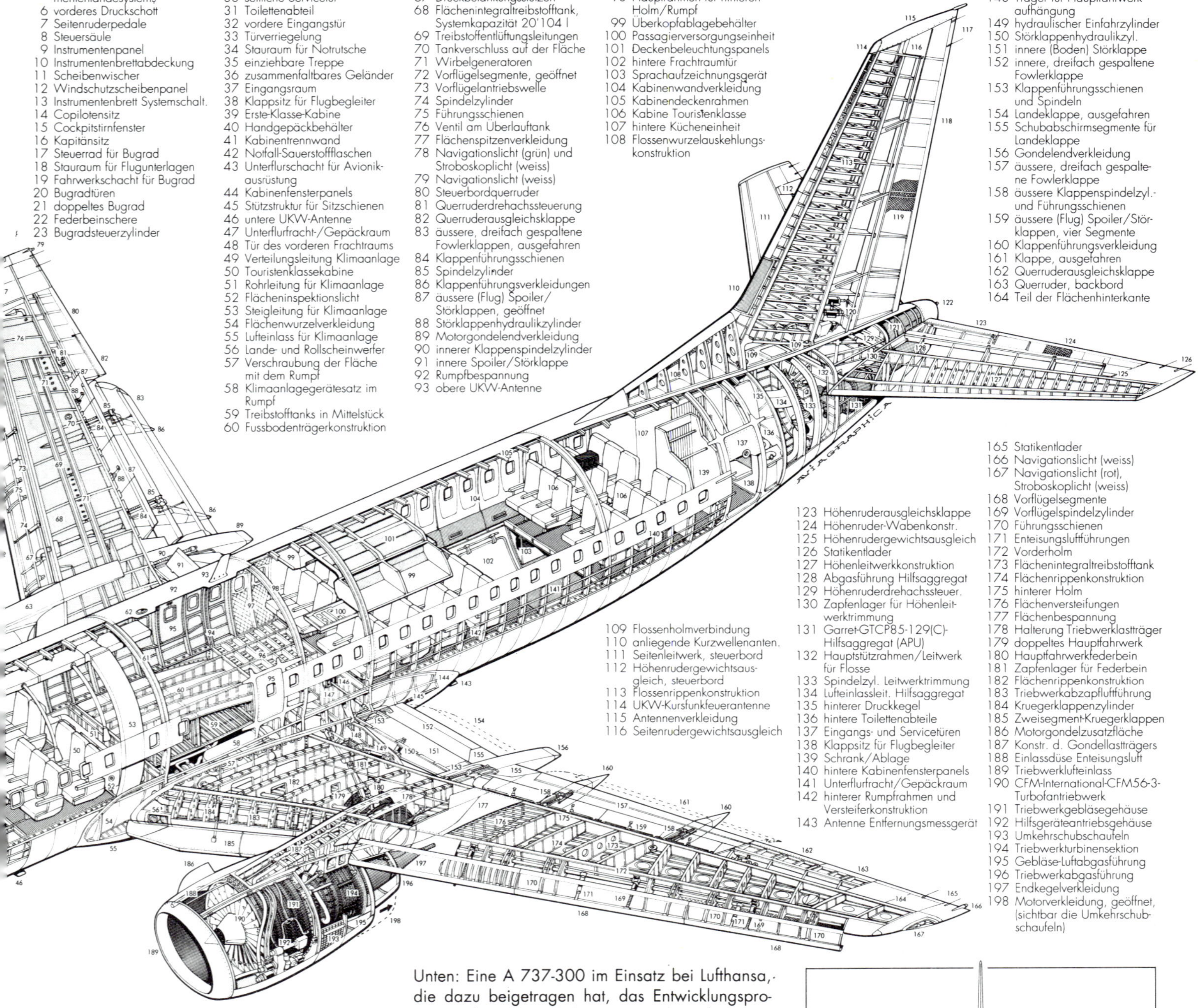

Boeing 737-300
1 Radom
2 Wetterradarabtaster
3 Abtasterführungsmechanismus
4 Blitzableiterstreifen
5 Gleitpfadantenne des Instrumentenlandesystems
6 vorderes Druckschott
7 Seitenruderpedale
8 Steuersäule
9 Instrumentenpanel
10 Instrumentenbrettabdeckung
11 Scheibenwischer
12 Windschutzscheibenpanel
13 Instrumentenbrett Systemschalt.
14 Copilotensitz
15 Cockpitstirnfenster
16 Kapitänsitz
17 Steuerrad für Bugrad
18 Stauraum für Flugunterlagen
19 Fahrwerkschacht für Bugrad
20 Bugradtüren
21 doppeltes Bugrad
22 Federbeinschere
23 Bugradsteuerzylinder
24 Bugradzapfenlager
25 Pitotröhre (zwei)
26 Schrank für Besatzung
27 Klappsitz für Beobachter
28 Cockpittür
29 vordere Kücheneinheit
30 seitliche Servicetür
31 Toilettenabteil
32 vordere Eingangstür
33 Türverriegelung
34 Stauraum für Notrutsche
35 einziehbare Treppe
36 zusammenfaltbares Geländer
37 Eingangsraum
38 Klappsitz für Flugbegleiter
39 Erste-Klasse-Kabine
40 Handgepäckbehälter
41 Kabinentrennwand
42 Notfall-Sauerstoffflaschen
43 Unterflurschacht für Avionikausrüstung
44 Kabinenfensterpanels
45 Stützstruktur für Sitzschienen
46 untere UKW-Antenne
47 Unterflurfracht-/Gepäckraum
48 Tür des vorderen Frachtraums
49 Verteilungsleitung Klimaanlage
50 Touristenklassekabine
51 Rohrleitung für Klimaanlage
52 Flächeninspektionslicht
53 Steigleitung für Klimaanlage
54 Flächenwurzelverkleidung
55 Lufteinlass für Klimaanlage
56 Lande- und Rollscheinwerfer
57 Verschraubung der Fläche mit dem Rumpf
58 Klimaanlagegerätesatz im Rumpf
59 Treibstofftanks im Mittelstück
60 Fussbodenträgerkonstruktion
61 Vorderholm-/Rumpfhauptrahm.
62 Antikollisionslicht
63 Motorgondelträger, steuerbord
64 Motorgondel, steuerbord
65 Triebwerklufteinlass
66 Motorverkleidung
67 Druckbetankungsstutzen
68 Flächenintegraltreibstofftank, Systemkapazität 20'104 l
69 Treibstoffentlüftungsleitungen
70 Tankverschluss auf der Fläche
71 Wirbelgeneratoren
72 Vorflügelsegmente, geöffnet
73 Vorflügelantriebswelle
74 Spindelzylinder
75 Führungsschienen
76 Ventil am Überlauftank
77 Flächenspitzenverkleidung
78 Navigationslicht (grün) und Stroboskoplicht (weiss)
79 Navigationslicht (weiss)
80 Steuerbordquerruder
81 Querruderdrehachssteuerung
82 Querruderausgleichsklappe
83 äussere, dreifach gespaltene Fowlerklappen, ausgefahren
84 Klappenführungsschienen
85 Spindelzylinder
86 Klappenführungsverkleidungen
87 äussere (Flug) Spoiler/Störklappen, geöffnet
88 Störklappenhydraulikzylinder
89 Motorgondelendverkleidung
90 innerer Klappenspindelzylinder
91 innere Spoiler/Störklappe
92 Rumpfbespannung
93 obere UKW-Antenne
94 Rumpfmittelstückrahmen und Versteiferkonstruktion
95 Notausgangsluke
96 Druckkabinenboden über Steuerbordfahrwerkschacht
97 Kabinenverkleidung
98 Hauptrahmen für hinteren Holm/Rumpf
99 Überkopfablagebehälter
100 Passagierversorgungseinheit
101 Deckenbeleuchtungspanels
102 hintere Frachtraumtür
103 Sprachaufzeichnungsgerät
104 Kabinenwandverkleidung
105 Kabinendeckenrahmen
106 Kabine Touristenklasse
107 hintere Kücheneinheit
108 Flossenwurzelauskehlungskonstruktion
109 Flossenholmverbindung
110 anliegende Kurzwellenanten.
111 Seitenleitwerk, steuerbord
112 Höhenrudergewichtsausgleich, steuerbord
113 Flossenrippenkonstruktion
114 UKW-Kursfunkfeuerantenne
115 Antennenverkleidung
116 Seitenrudergewichtsausgleich
117 Statikentlader
118 Seitenruder
119 Ruderpanel-Wabenkonstr.
120 Seitenruderhydrauliksteuerzyl.
121 Rumpfendkegel
122 hinteres Positionslicht (weiss)
123 Höhenruderausgleichsklappe
124 Höhenruder-Wabenkonstr.
125 Höhenrudergewichtsausgleich
126 Statikentlader
127 Höhenleitwerkkonstruktion
128 Abgasführung Hilfsaggregat
129 Höhenruderdrehachssteuer.
130 Zapfenlager für Höhenleitwerktrimmung
131 Garret-GTCP85-129(C)-Hilfsaggregat (APU)
132 Hauptstützrahmen/Leitwerk für Flosse
133 Spindelzyl. Leitwerktrimmung
134 Lufteinlassleit. Hilfsaggregat
135 hinterer Druckkegel
136 hintere Toilettenabteile
137 Eingangs- und Servicetüren
138 Klappsitz für Flugbegleiter
139 Schrank/Ablage
140 hintere Kabinenfensterpanels
141 Unterflurfracht/Gepäckraum
142 hinterer Rumpfrahmen und Versteiferkonstruktion
143 Antenne Entfernungsmessgerät
144 Auskehlung an Flächenwurzel-Hinterkante
145 Seitenbestimmungsantenne
146 hydraulischer Antriebsmotor für Flächenmittelstück
147 Hauptfahrwerkschacht
148 Träger für Hauptfahrwerkaufhängung
149 hydraulischer Einfahrzylinder
150 Störklappenhydraulikzyl.
151 innere (Boden) Störklappe
152 innere, dreifach gespaltene Fowlerklappe
153 Klappenführungsschienen und Spindeln
154 Landeklappe, ausgefahren
155 Schubabschirmsegmente für Landeklappe
156 Gondelendverkleidung
157 äussere, dreifach gespaltene Fowlerklappe
158 äussere Klappenspindelzyl.- und Führungsschienen
159 äussere (Flug) Spoiler/Störklappen, vier Segmente
160 Klappenführungsverkleidung
161 Klappe, ausgefahren
162 Querruderausgleichsklappe
163 Querruder, backbord
164 Teil der Flächenhinterkante
165 Statikentlader
166 Navigationslicht (weiss)
167 Navigationslicht (rot), Stroboskoplicht (weiss)
168 Vorflügelsegmente
169 Vorflügelspindelzylinder
170 Führungsschienen
171 Enteisungsluftführungen
172 Vorderholm
173 Flächenintegraltreibstofftank
174 Flächenrippenkonstruktion
175 hinterer Holm
176 Flächenversteifungen
177 Flächenbespannung
178 Halterung Triebwerklastträger
179 doppeltes Hauptfahrwerk
180 Hauptfahrwerkfederbein
181 Zapfenlager für Federbein
182 Flächenrippenkonstruktion
183 Triebwerkabzapfluftführung
184 Kruegerklappenzylinder
185 Zweisegment-Kruegerklappen
186 Motorgondelzusatzfläche
187 Konstr. d. Gondellastträgers
188 Einlassdüse Enteisungsluft
189 Triebwerklufteinlass
190 CFM-International-CFM56-3-Turbofantriebwerk
191 Triebwerkgebläsegehäuse
192 Hilfsgeräteantriebsgehäuse
193 Umkehrschubschaufeln
194 Triebwerkturbinensektion
195 Gebläse-Luftabgasführung
196 Triebwerkabgasführung
197 Endkegelverkleidung
198 Motorverkleidung, geöffnet, (sichtbar die Umkehrschubschaufeln)

Unten: Eine A 737-300 im Einsatz bei Lufthansa, die dazu beigetragen hat, das Entwicklungsprogramm der ursprünglichen Boeing 737 aufzulegen. Rechts: Dreisichtzeichnung der 737-300.

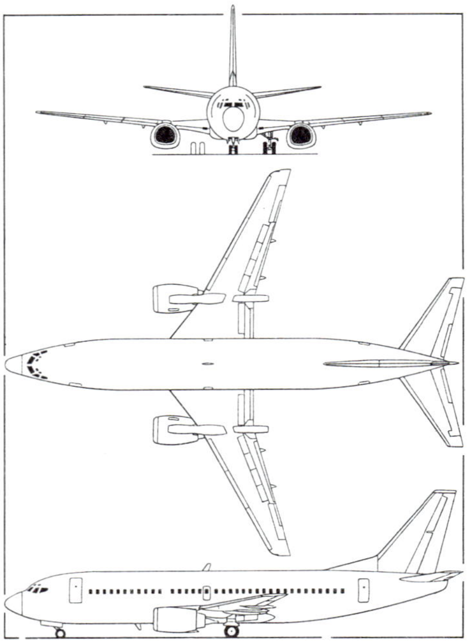

Die Entwicklung des bis heute grössten jemals gebauten Düsenflugzeugs begann Anfang des Jahres 1960 in Hinsicht auf ein grosses militärisches Logistiktransportflugzeug, die CH-X. Als Lockheed der militärische Auftrag mit der C-5A Galaxy zugeschlagen wurde, untersuchte Boeing zivile Alternativen des militärischen Projektes mit «Doppel-Libellen»-Rumpfarrangements und einer Mitteldeckauslegung, entschied sich jedoch letztlich für eine orthodoxere Konfiguration. Der Entwurf, aus dem das Modell 747 entstand, entwickelte sich um das Konzept eines einzelnen Hauptdecks, breit genug für Zehner-Sitzreihen mit zwei Gängen über fast die gesamte Länge, mit dem Cockpit und einer kleinen Passagierkabine auf einer höheren Ebene, erreichbar über eine Wendeltreppe. 1965 war das Basiskonzept dieses sehr grossen Düsenverkehrsflugzeuges mit bis zu 500 Passagieren festgelegt und die völlig neuen Pratt-&-Whitney-JT9D-Turbofantriebwerke zum Antrieb ausgesucht worden. Der Entwicklungsauftrag kam von Pan American am 14. April 1966, und nachdem Aufträge von Lufthansa und JAL plaziert worden waren, startete der Produktionsbeginn im Juli danach. Der Erstflug wurde am 9. Februar 1969 in Everett, Washington, durchgeführt, wo Boeing eine vollkommen neue Produktionsstrasse für das massive neue Transportflugzeug errichtete, das bald unter dem Namen Jumbo Jet bekannt wurde. Die anschliessende Entwicklung des Entwurfs hat eine Anzahl von Varianten produziert, von denen die meisten die Abmessungen und Formgebungen des Originals beibehalten haben. Das Modell 747-300 mit einem längeren Oberdeck, das Modell 747-400 mit demselben Oberdeck und einer verlängerten Fläche und Flächenzäunen.

Varianten

Die ursprüngliche Boeing 747 wurde eingeführt mit JT9D-1- oder -3-Triebwerken mit einem Standschub von je 19'732 kp und einem zugelassenen Gesamtgewicht von 322'050 kg. Andere eingesetzte Triebwerke waren das JT9D-3A, -3W, -7 und -7W. Aus all diesen frühen Varianten entstand das Modell 747-100, während die Bezeichnung 747-200 für eine Version verwendet wurde, die am 11. Oktober 1970 als Boeing 747B ihren Erstflug hatte, mit erhöhtem Gewicht, mehr Treibstoff und leistungsstärkeren Triebwerken. Eine Version mit reduziertem Gesamtgewicht, kürzerer Reichweite, eingeführt im Jahre 1973 als Modell 747SR, wurde später 747-100B genannt und wird vornehmlich in Japan eingesetzt. Versionen des Modells 747-200 wurden als reine Frachter (Modell 747F) oder umrüstbare Passagier/Frachter (Modell 747C) mit nach oben aufklappbarer Nase für direkte Frachtbeladung entwickelt; das erste Modell 747F flog am 30. November 1971 und das erste Modell 747C am 23. März 1973. Eine Version mit einer grossen seitlichen Frachtladetür hinter der Fläche erschien 1974 als Modell 747M-Combi, manchmal in Kombination mit der Nasenladetür. Alle vorausgehenden 747-Modellvarianten sind abmessungsmässig gleich, aber das Modell 747SP (Special Performance, Sonderausführung), Erstflug am 4. Juli 1975, hat einen um 14,6 m gekürzten Rumpf für eine typische Gemischtklassenunterbringung von 288 Passagieren und grössere Seitenflossen und ein grösseres Seitenruder zusammen mit anderen, weniger auffallenden Abänderungen. Da das Modell 747SP die volle Tankanlage des Basisflugzeuges behält, erreicht es eine Reichweite von 10'660 km mit voller Nutzlast. Andere geeignete Triebwerkvarianten sind: JT9D-7J, -7Q, -7AW und -7O, CF6-50D, -50E und C-45AZ und RB.211-524B2 und -524C2.

Indienststellung

Das Modell 747 wurde erstmals am 30. Dezember 1969 zugelassen, und Pan American stellte den «Jumbo» am 21. Januar 1970 über dem Nordatlantik in Dienst. Das Modell 747-200 wurde am 23. Dezember 1970 zugelassen und bei KLM Anfang des Jahres 1971 eingesetzt. Die Typengenehmigung des Modells 747F wurde am 7. März 1972 eingeholt, und die Indienststellung begann am 19. April 1972 bei Lufthansa; und das Modell 747C mit Nasenladetür wurde bei World Airways nach der Zulassung am 24. April 1973 eingesetzt, während Sabena als erste das Modell 747M-Combi im Jahre 1974 betrieb. Das «Leichtgewicht»-Modell 747SR trat den Dienst bei Japan Air Lines am 9. Oktober 1973 und das kurzrümpfige Modell 747SP bei Pan American im Mai 1976 an. Bis Anfang 1987 beliefen sich die Verkäufe dieser Varianten auf insgesamt 635, darunter 176 -100/-100B, 27 -100SR, 243 -200, 13 -200C, 58 -200F, 74 -200M und 44 747SP.

Antrieb: Vier Pratt-&-Whitney-JT9D-7R4G2-Turbofantriebwerke mit je einer Standschubleistung von 24'835 kp oder General Electric CF-6-50E2-Turbofantriebwerke mit je einer Standschubleistung von 23'814 kp oder Rolls-Royce-RB-211-524D4-Turbofantriebwerke mit je einer Standschubleistung von 24'091 kp. Treibstoff 198'390 l in Integraltanks in Flächen und Mittelstück plus 5'966 l in zwei äusseren Reservetanks plus 6'511 l in anforderbaren Rumpftanks.
Leistung: Max. Betriebsgeschw. 695 km/h angezeigte Eigengeschw. oder 0,92 Mach; max. Reisegeschw. 940 km/h in 10'670 m Höhe; Langstreckenreisegeschw. 897 km/h in 10'670 m Höhe; Dienstgipfelhöhe 13'715 m; Sicherheitsstartstrecke (FAR) 3'170 m; Sicherheitslandestrecke (FAR) 2'120 m; Reichweite mit voller Passagiernutzlast 11'402 km; Reichweite mit max. Treibstoffzuladung 13'163 km.
Gewicht: Betriebsgew. 170'180 kg; max. Treibstoffzuladung 160'463 kg; max. Nutzlast 68'719 kg; max. Startgewicht Basisflugzeug 362'875 kg; max. Startgewicht auf Anforderung 371'945 kg oder 377'840 kg; max. Landegew. für angegebene Startgewichte 255'825 kg oder 265'350 kg oder 285'765 kg; max. Leertankgew. bei allen Ausführungen 238'815 kg.
Abmessungen: Spannweite 59,64 m; Länge 70,66 m; Höhe 19,33 m; Pfeilung 37° 30 Min. (Viertelprofilsehne); Flügelfl. 510,95 m².
Kabine: Länge 57,0 m, Breite 6,13 m, Höhe 2,54 m. Basisauslegung 32 Sitze in der Ersten Klasse und 420 in der Economy-Klasse; Ein-Klassen-Auslegungen für 447 oder 516 Passagiere. Unterflurgepäck-/Frachtvol. 146,96 m³. Drei-Mann-Cockpit-Besatzung.

Unten: Air Canada ist eine der ungefähr 70 Fluggesellschaften, die jetzt die Boeing 747 betreiben.

Links: Japan stellt für Boeing einen grossen Markt dar. Hier die erste 747-200, die von All Nippon Airways erworben wurde, die bereits 20 747-100 und Frachter in Dienst gestellt hatte.

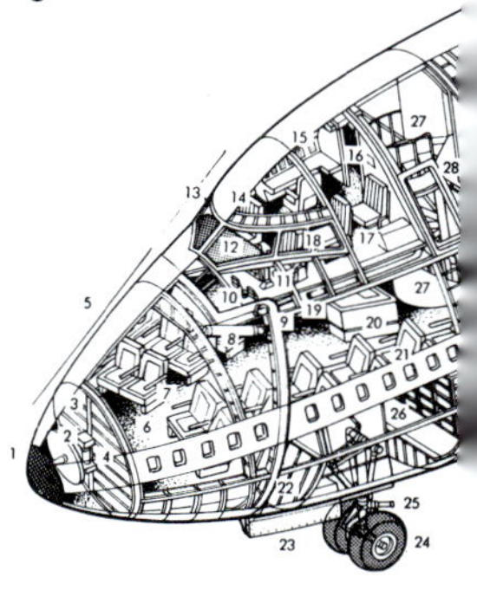

Links: Ungefähr fünf Prozent aller bisher gebauten 747 sind SP-Versionen (Special Performance) mit einem kürzeren Rumpf als die Standard-Varianten. Hier eine der vier SP, die von China Civil Aviation Administration im Jahre 1980 erworben wurden. Eine ähnlich gekürzte Version der Advanced 747-400 wurde bei Boeing 1987 als Konkurrent zur McDonnell Douglas MD-11 geplant.

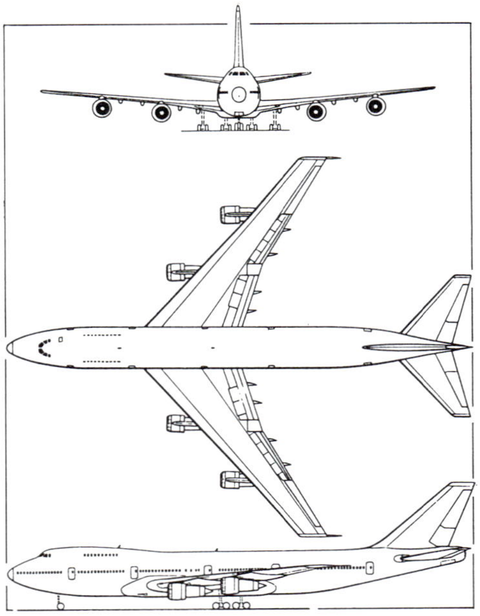

Rechts: Die Boeing 747-200. Die -100-Varianten sind äusserlich gleich, und die SP hat dieselbe Fläche.

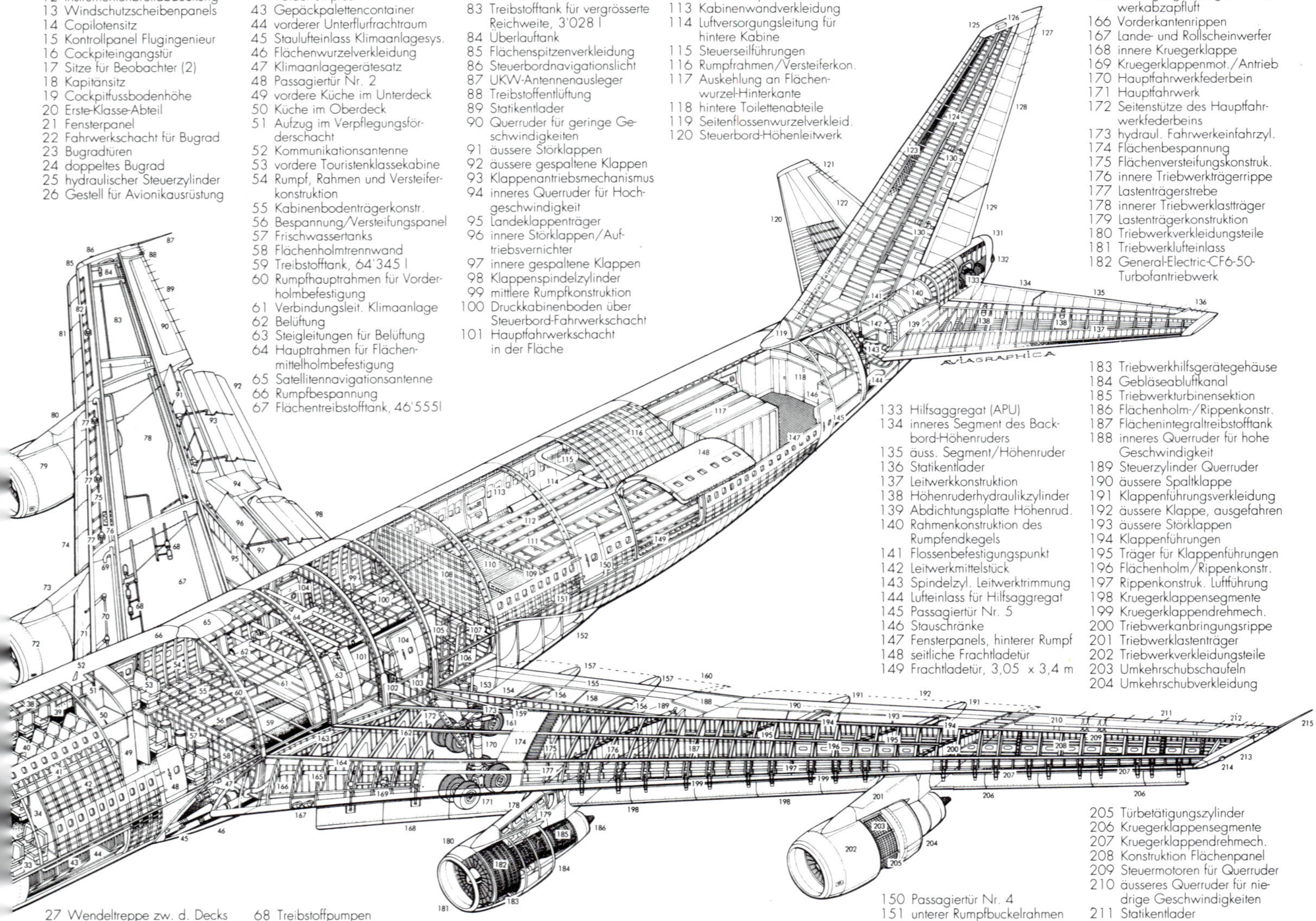

747-200 Combi

1 Radom
2 Wetterradarabtaster
3 vorderes Druckschott
4 Radarabtasteraufhängung
5 Nasenvisier/Frachttür
6 Erste-Klasse-Passagierkabine
7 vordere Kabine
8 Hydraulikzyl./Nasenvisier
9 Frachttür-Scharnier
10 Ruderpedale
11 Steuersäule
12 Instrumentenbrettabdeckung
13 Windschutzscheibenpanels
14 Copilotensitz
15 Kontrollpanel Flugingenieur
16 Cockpiteingangstür
17 Sitze für Beobachter (2)
18 Kapitänsitz
19 Cockpitfussbodenhöhe
20 Erste-Klasse-Abteil
21 Fensterpanel
22 Fahrwerkschacht für Bugrad
23 Bugradtüren
24 doppeltes Bugrad
25 hydraulischer Steuerzylinder
26 Gestell für Avionikausrüstung
27 Wendeltreppe zw. d. Decks
28 Oberdeckbesatzungstür
29 Cockpitklimaanlage
30 Erste-Klasse-Küche
31 Erste-Klasse-Toilette
32 vordere Kabinentür, Nr. 1
33 Sitzanordnung Erste Klasse
34 Kabinentrennwand
35 Fensterpanel im Oberdeck
36 Toilette im Oberdeck
37 Antikollisionslicht
38 Kabinendeckenkonstruktion
39 Küche im Oberdeck
40 Passagierssitzanordnung im Oberdeck, bis zu 32 Sitze
41 Versorgungsleit. Klimaanlage
42 Rahmenkonstruktion des Vorderrumpfes
43 Gepäckpalettencontainer
44 vorderer Unterflurfrachtraum
45 Staulufteinlass Klimaanlagesys.
46 Flächenwurzelverkleidung
47 Klimaanlagegerätesatz
48 Passagiertür Nr. 2
49 vordere Küche im Unterdeck
50 Küche im Oberdeck
51 Aufzug im Verpflegungsförderschacht
52 Kommunikationsantenne
53 vordere Touristenklassekabine
54 Rumpf, Rahmen und Versteiferkonstruktion
55 Kabinenbodenträgerkonstr.
56 Bespannung/Versteifungspanel
57 Frischwassertanks
58 Flächenholmtrennwand
59 Treibstofftank, 64'345 l
60 Rumpfhauptrahmen für Vorderholmbefestigung
61 Verbindungsleit. Klimaanlage
62 Belüftung
63 Steigleitungen für Belüftung
64 Hauptrahmen für Flächenmittelholmbefestigung
65 Satellitennavigationsantenne
66 Rumpfbespannung
67 Flächentreibstofftank, 46'555l
68 Treibstoffpumpen
69 Versorgungsleitung für Triebwerkabzapfluft
70 Kruegerklappenbetätigungszylinder
71 innere Kruegerklappe
72 innere Motorgondel
73 innerer Triebwerkträger
74 Kruegervorklappensegmente
75 Antriebswelle Kruegerklappe
76 Rumpfbetankungspanel
77 Kruegerklappenmotoren
78 Flächentreibstofftank 16'730l
79 äussere Triebwerkgondel
80 äusserer Triebwerkträger
81 äuss. Kruegerklappensegm.
82 Kruegerklappenantriebsmechanismus
83 Treibstofftank für vergrösserte Reichweite, 3'028 l
84 Überlauftank
85 Flächenspitzenverkleidung
86 Steuerbordnavigationslicht
87 UKW-Antennenausleger
88 Treibstoffentlüftung
89 Statikentlader
90 Querruder für geringe Geschwindigkeiten
91 äussere Störklappen
92 äussere gespaltene Klappen
93 Klappenantriebsmechanismus
94 inneres Querruder für Hochgeschwindigkeit
95 Landeklappenträger
96 innere Störklappen/Auftriebsvernichter
97 innere gespaltene Klappen
98 Klappenspindelzylinder
99 mittlere Rumpfkonstruktion
100 Druckkabinenboden über Steuerbord-Fahrwerkschacht
101 Hauptfahrwerkschacht in der Fläche
102 Antriebsmotoren Klappenmittelstück
103 Träger Fahrwerkmontierung
104 Passagiertür Nr. 3
105 Hauptfahrwerkschacht
106 hydraulischer Einfahrzylinder
107 Druckschott am Fahrwerkschacht
108 Frachtnetz
109 hinterer Unterflurfrachtraum
110 Fracht- und Gepäckcontainer
111 Frachtladedeck
112 Rollentransportband
113 Kabinenwandverkleidung
114 Luftversorgungsleitung für hintere Kabine
115 Steuerseilführungen
116 Rumpfrahmen/Versteiferkon.
117 Auskehlung an Flächenwurzel-Hinterkante
118 hintere Toilettenabteile
119 Seitenflossenwurzelverkleid.
120 Steuerbord-Höhenleitwerk
121 Statikentlader
122 Steuerbordhöhenruder
123 Konstr. Flossenvorderkante
124 Flossenholmkonstruktion
125 Flossenspitzenverkleidung
126 UKW-Kursfunkfeuerantenne
127 Statikentlader
128 oberes Rudersegment
129 unteres Rudersegment
130 Hydraulikzylinder für Ruder
131 Rumpfendkegelverkleidung
132 Hilfsaggregat-Auspuff
133 Hilfsaggregat (APU)
134 inneres Segment des Backbord-Höhenruders
135 äuss. Segment/Höhenruder
136 Statikentlader
137 Leitwerkkonstruktion
138 Höhenruderhydraulikzylinder
139 Abdichtungsplatte Höhenrud.
140 Rahmenkonstruktion des Rumpfendkegels
141 Flossenbefestigungspunkt
142 Leitwerkmittelstück
143 Spindelzyl. Leitwerktrimmung
144 Lufteinlass für Hilfsaggregat
145 Passagiertür Nr. 5
146 Stauschränke
147 Fensterpanels, hinterer Rumpf
148 seitliche Frachtladetür
149 Frachtladetür, 3,05 x 3,4 m
150 Passagiertür Nr. 4
151 unterer Rumpfbuckelrahmen und Versteiferkonstruktion
152 Auskehlung an Flächenwurzel-Hinterkante
153 Hauptfahrwerk-Zapflager
154 Landeklappenträger
155 innere gespaltene Klappen
156 Klappenführungen
157 Klappenführungsverkleidung
158 innere Störklappen/Auftriebsvernichter
159 Klappenantriebswelle
160 Klappe, ausgefahren
161 Hauptfahrwerk
162 Flächenholm, Rippenkonstr.
163 Flächenwurzelverbindung
164 Vorderholm
165 Versorgungsleitung für Triebwerkabzapfluft
166 Vorderkantenrippen
167 Lande- und Rollscheinwerfer
168 innere Kruegerklappe
169 Kruegerklappenmot./Antrieb
170 Hauptfahrwerkfederbein
171 Hauptfahrwerk
172 Seitenstütze des Hauptfahrwerkfederbeins
173 hydraul. Fahrwerkeinfahrzyl.
174 Flächenbespannung
175 Flächenversteifungskonstruk.
176 innere Triebwerkträgerrippe
177 Lastenträgerstrebe
178 innerer Triebwerklastträger
179 Lastenträgerkonstruktion
180 Triebwerkverkleidungsteile
181 Triebwerklufteinlass
182 General-Electric-CF6-50-Turbofantriebwerk
183 Triebwerkhilfsgerätegehäuse
184 Gebläseabluftkanal
185 Triebwerkturbinensektion
186 Flächenholm-/Rippenkonstr.
187 Flächenintegraltreibstofftank
188 inneres Querruder für hohe Geschwindigkeit
189 Steuerzylinder Querruder
190 äussere Spaltklappe
191 Klappenführungsverkleidung
192 äussere Klappe, ausgefahren
193 äussere Störklappen
194 Klappenführungen
195 Träger für Klappenführungen
196 Flächenholm/Rippenkonstr.
197 Rippenkonstruk. Luftführung
198 Kruegerklappensegmente
199 Kruegerklappendrehmech.
200 Triebwerkanbringungsrippe
201 Triebwerklastenträger
202 Triebwerkverkleidungsteile
203 Umkehrschubschaufeln
204 Umkehrschubverkleidung
205 Türbetätigungszylinder
206 Kruegerklappensegmente
207 Kruegerklappendrehmech.
208 Konstruktion Flächenpanel
209 Steuermotoren für Querruder
210 äusseres Querruder für niedrige Geschwindigkeiten
211 Statikentlader
212 Treibstoffentlüftung
213 Flächenspitzenverkleidung
214 Backbord-Navigationslicht
215 UKW-Auslegerantenne

BOEING 747-300 USA

Nachdem das Entwicklungsprogramm für das Modell 747 im Jahre 1966 aufgelegt worden war, ersann Boeing schon bald verschiedene Möglichkeiten, das Basisflugzeug zu strecken. Zwei mögliche «Streckungen» wurden während des Jahres 1970 studiert: Zum einen durch Hinzufügen von Rumpfmodulen vor und hinter der Fläche, um die Sitzkapazität auf bis zu 600 zu erhöhen, zum anderen durch Erstellen eines Oberdecks über die gesamte Rumpflänge, um bis zu 1000 Passagiere zu transportieren. Im Verlauf des Konjunkturrückgangs im Luftverkehrsmarkt zu Beginn des Jahres 1980 erschienen beide Vorschläge zwangsläufig als überoptimistisch, und ein bescheidener Streckungsvorschlag tauchte im Jahre 1980 auf, in dem das obere Passagierdeck hinter dem Cockpit um 7,11 m gestreckt und die obere Sitzfläche verdoppelt wurde. Diese vorgeschlagene neue Variante wurde zunächst als Modell 747SUD (stretched upper deck = gestrecktes Oberdeck) bezeichnet, später als Modell 747EUD (extended upper deck = erweitertes Oberdeck) und endlich als Modell 747-300. Die Erstzulassung des Modells 747 war mit der Auflage verbunden, lediglich acht zahlende Passagiere in dieser Kabine zu befördern. Zunächst erhöhte eine Rauchtrennwand die Begrenzung auf 16 Passagiere; dann ermöglichte eine gerade Treppe anstelle der ursprünglichen Wendeltreppe die Sitzplatzerhöhung auf 24; danach schaffte eine zusätzliche Art Notausgangstür die Möglichkeit, 32 Passagiere (spezielle Treppe) oder 45 Passagiere (gerade Treppe) unterzubringen, und die Ausdehnung der Oberdeckverkleidung nach hinten machte schliesslich die Kabine gross genug für 69 Sitze im Modell 747-300 und in späteren Modellen. Boeing startete das Entwicklungsprogramm des Modells 747-300 offiziell auf der Basis einer Festbestellung von Swissair, die sowohl eine reine Passagier- als auch eine -300M-Combi-Version umfasste, die letztere mit seitlicher Frachtladetür. Die erste -300 flog am 5. Oktober 1982 mit JT9D-7R4G2-Triebwerken und die zweite am 10. Dezember 1982 mit CF6-50E2-Triebwerken.

Varianten

Das Modell 747-300 steht mit Triebwerk- und Gesamtgewicht-Wahlmöglichkeiten zur Verfügung, die denen des Modells 747-200, wie oben dargelegt, ähnlich sind. Das Modell 747-300M Combi hat eine hintere seitliche Frachttür und Vorkehrungen für gemischte Passagier-/Fracht-Aufnahme, und das Modell 747-300SR ist eine Kurzstreckenvariante und wie die SR-Version des Modells 747-100 dafür vorgesehen, mit niedrigeren Gewichten zu operieren, um ein höheres Verhältnis von Flügen zu Flugstunden zu erreichen. Zumindest ein Modell 747-300 ist in VIP-Konfiguration für ein Staatsoberhaupt des Nahen Ostens hergerichtet worden und trägt die Modellbezeichnung 77-43 in Übereinstimmung mit der bei Boeing angewandten Geschäftsflugzeugbezeichnung. Auf der Basis einer von Northwest Airlines plazierten Bestellung von zehn Flugzeugen begann Boeing das Entwicklungsprogramm des Modells 747-400 im Oktober 1985. Diese weitere Entwicklung des Flugzeugs mit gestrecktem Oberdeck hat erweiterte Flügelenden mit Flügelzäunen, die die gesamte Spannweite auf 64,67 m erhöhen, fortschrittliche Technologie und Triebwerke mit geringem Kraftstoffverbrauch, wie zum Beispiel das PW4056-Triebwerk, das CF6-80C2 und das 211-524D4D. Das erste Modell 747-400 soll im November 1988 in Dienst gestellt werden. Das Modell 747-500 ist eine projektierte Weiterentwicklung mit einem gestreckten Rumpf, verlängertem Oberdeck, UDF-Triebwerken (nichtummantelte Gebläsetriebwerke mit Untersetzungsgetriebe) und mit der Möglichkeit, 500 Passagiere (in Gemischtklassenauslegung) über Reichweiten von bis zu 14'500 km zu fliegen.

Indienststellung

Das Modell 747-300 wurde am 7. März 1983 zugelassen und am 28. März mit JT9D-Triebwerken bei Swissair in Dienst gestellt. Der erste Betreiber mit CF6-50E2-Triebwerken war UTA, der am 1. April 1983 mit der Indienststellung begann, und Qantas war die erste Fluggesellschaft mit RB.211-524D4-Triebwerken, die am 25. November 1984 erstmals eingesetzt wurden. Zu Beginn des Jahres 1987 hatten 15 Fluggesellschaften 67 der -300-Varianten bestellt, einschliesslich 15 Combi und zwei SR-Flugzeugen, und acht Fluggesellschaften hatten 59 Varianten des Modells 747-400 bestellt.

Antrieb: Vier Pratt-&-Whitney-JT9D-7R4G2-Turbofantriebwerke mit je 24'834 kp Standschub, oder General-Electric-CF6-50E2-Turbofantriebwerke mit je 23'814 kp Standschub, oder CF6-80C2-Turbofantriebwerke mit je 26'772 kp Standschub, oder Rolls-Royce-RB.211-524D4-Turbofantriebwerke mit je 24'090 kp Standschub. Treibstoff 198'390 l in Integraltanks in den Flächen und im Mittelstück plus 5'966 l in zwei äusseren Reservetanks (auf Anforderung) plus 6'511 l im Rumpftank (auf Anforderung).
Leistung: Max. Betriebsgeschwindigkeit 695 km/h angez. Eigengeschwindigkeit oder 0,92 Mach; max. Reisegeschwindigkeit 940 km/h in 10'670 m Höhe; Langstreckenreisegeschwindigkeit 908 km/h in 10'670 m Höhe; Dienstgipfelhöhe 13'715 m; Sicherheitsstartstrecke (FAR) 3'185 m; Sicherheitslandestrecke (FAR) 2'110 m; Reichweite 10'475 km.
Gewicht: Betriebsgewicht 174'400 kg; max. Treibstoffgewicht 160'463 kg; max. Passagierzuladung 68'492 kg; max. Nutzlast 747-300M Combi 82'100 kg; max. Startgewicht Basisflugzeug 362'875 kg; max. Startgewicht 371'945 kg oder 377'840 kg; max. Landegewicht für oben aufgeführte Startgewichte 260'360 kg oder 263'350 kg oder 285'765 kg; max. Leertankgewicht Passagierflugzeug 242'670 kg (747-300M Combi: 256'280 kg).
Abmessungen: Spannweite 59,64 m; Länge 70,66 m; Höhe 19,33 m; Pfeilung 37° 30 Min. (Viertelprofilsehne); Flügelfl. 510,95 m².
Kabine: Länge 57 m, Breite 6,13 m, Höhe 2,54 m. 18 Erste-Klasse-Sitze mit einem Sitzabstand von 1,57 m, 52 Business-Klasse-Sitze, Sitzabstand 91 cm, 397 Economy-Klasse-Sitze, Sitzabstand 86 cm im Hauptdeck plus 69 Economy-Klasse-Sitze oder 42 Business-Klasse-Sitze oder 38/26 Erste-Klasse-Sitze im erweiterten Oberdeck. Passagierkapazität 624 in -300SR-Kurzstreckenversion. Unterflurgepäck/Frachtvolumen 147 m³. Drei-Mann-Cockpit-Besatzung.

Links: Die Treppen zum Oberdeck befinden sich neben den Passagiertüren vor der Fläche.

Unten: 747-300, Basisversion. Die Combi-Variante hat eine Ladetür an der hinteren Backbordseite.

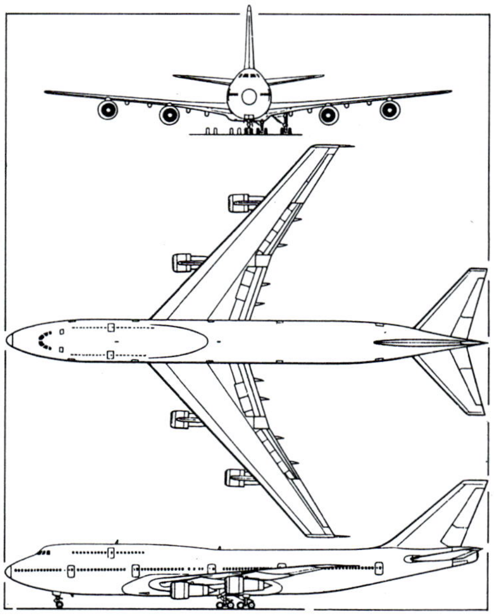

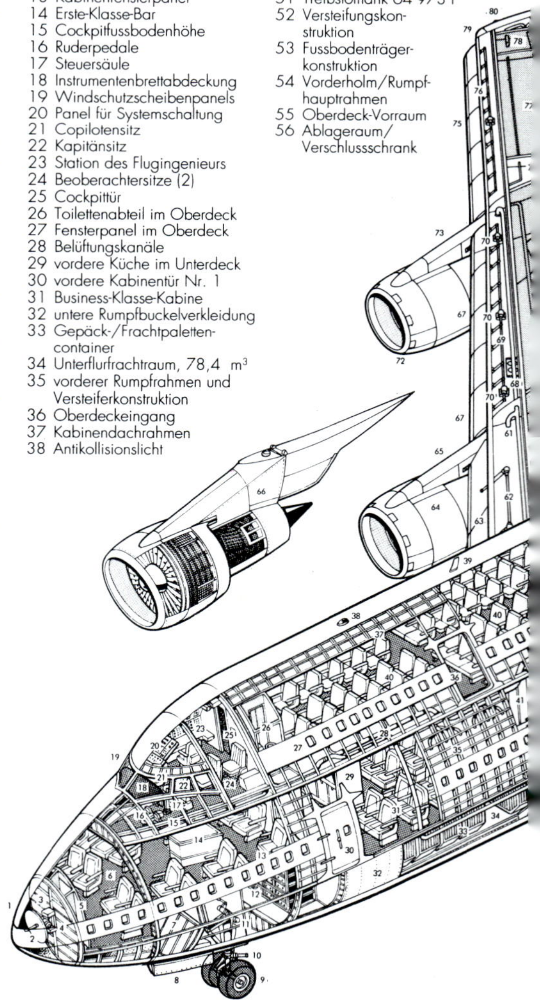

Boeing 747-300
1 Radom
2 Wetterradarabtaster
3 vorderes Druckschott
4 Abtasterführungsmechanismus
5 Schrank
6 Erste-Klasse-Kabine
7 Bugradschacht
8 Bugradtüren
9 doppeltes Bugrad
10 hydraulische Steuerzylinder
11 Bugradzapfenlager
12 Regale für Avionikausrüstung
13 Kabinenfensterpanel
14 Erste-Klasse-Bar
15 Cockpitfussbodenhöhe
16 Ruderpedale
17 Steuersäule
18 Instrumentenbrettabdeckung
19 Windschutzscheibenpanels
20 Panel für Systemschaltung
21 Copilotensitz
22 Kapitänsitz
23 Station des Flugingenieurs
24 Beoberachtersitze (2)
25 Cockpittür
26 Toilettenabteil im Oberdeck
27 Fensterpanel im Oberdeck
28 Belüftungskanäle
29 vordere Küche im Unterdeck
30 vordere Kabinentür Nr. 1
31 Business-Klasse-Kabine
32 untere Rumpfbuckelverkleidung
33 Gepäck-/Frachtpaletten-container
34 Unterflurfrachtraum, 78,4 m³
35 vorderer Rumpfrahmen und Versteiferkonstruktion
36 Oberdeckeingang
37 Kabinendachrahmen
38 Antikollisionslicht
39 UHF-Antenne Nr. 1
40 Economy-Klasse-Kabine
41 Toilettenabteile im Unterdeck
42 Passagiertür Nr. 2
43 Einlasskanal Klimaanlagesys.
44 rumpfbündige Lufteinlässe
45 Flächenwurzelvorderkantenauskehlung
46 Klimaanlagegerätesätze
47 Flächenholmtrennwand
48 Economy-Klasse
49 Treppe zum Oberdeck
50 Frischwassertanks
51 Treibstofftank 64'973 l
52 Versteifungskonstruktion
53 Fussbodenträgerkonstruktion
54 Vorderholm/Rumpfhauptrahmen
55 Oberdeck-Vorraum
56 Ablageraum/Verschlussschrank

Links: Swissair war der Entwicklungskunde für die Boeing 747-300, deren gestrecktes Oberdeck hier deutlich zu sehen ist.

Unten: KLM war ein früher Besteller von drei 747-300-Combi-Versionen mit CF6-50E2-Triebwerken.

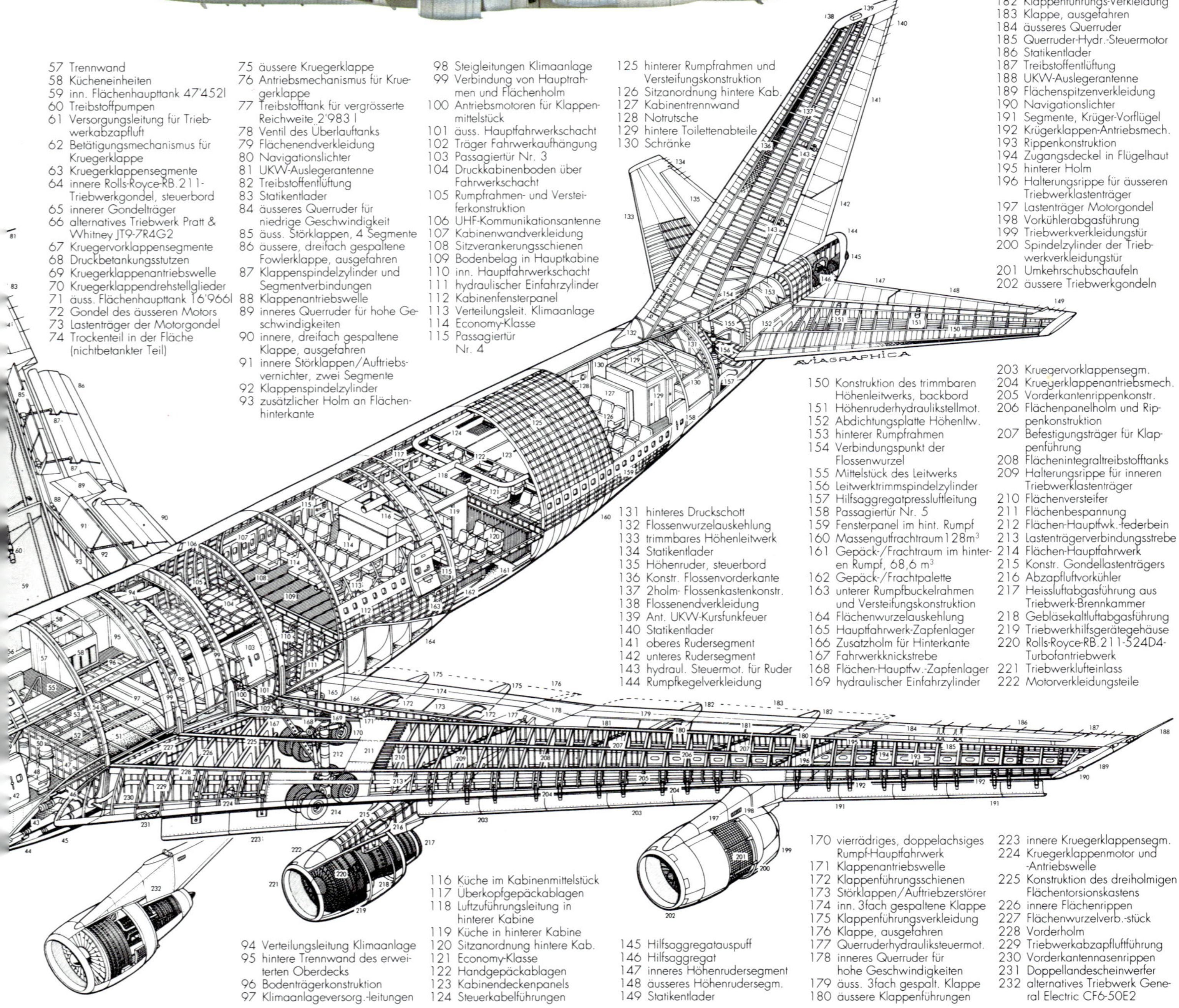

57 Trennwand
58 Kücheneinheiten
59 inn. Flächenhaupttank 47'452 l
60 Treibstoffpumpen
61 Versorgungsleitung für Triebwerkabzapfluft
62 Betätigungsmechanismus für Kruegerklappe
63 Kruegerklappensegmente
64 innere Rolls-Royce-RB.211-Triebwerkgondel, steuerbord
65 innerer Gondelträger
66 alternatives Triebwerk Pratt & Whitney JT9-7R4G2
67 Kruegervorklappensegmente
68 Druckbetankungsstutzen
69 Kruegerklappenantriebswelle
70 Kruegerklappendrehstellglieder
71 äuss. Flächenhaupttank 16'966 l
72 Gondel des äusseren Motors
73 Lastenträger der Motorgondel
74 Trockenteil in der Fläche (nichtbetankter Teil)
75 äussere Kruegerklappe
76 Antriebsmechanismus für Kruegerklappe
77 Treibstofftank für vergrösserte Reichweite 2'983 l
78 Ventil des Überlauftanks
79 Flächenendverkleidung
80 Navigationslichter
81 UKW-Auslegerantenne
82 Treibstoffentlüftung
83 Statikentlader
84 äusseres Querruder für niedrige Geschwindigkeit
85 äuss. Störklappen, 4 Segmente
86 äussere, dreifach gespaltene Fowlerklappe, ausgefahren
87 Klappenspindelzylinder und Segmentverbindungen
88 Klappenantriebswelle
89 inneres Querruder für hohe Geschwindigkeiten
90 innere, dreifach gespaltene Klappe, ausgefahren
91 innere Störklappen/Auftriebsvernichter, zwei Segmente
92 Klappenspindelzylinder
93 zusätzlicher Holm an Flächenhinterkante
94 Verteilungsleitung Klimaanlage
95 hintere Trennwand des erweiterten Oberdecks
96 Bodenträgerkonstruktion
97 Klimaanlageversorg.-leitungen
98 Steigleitungen Klimaanlage
99 Verbindung von Hauptrahmen und Flächenholm
100 Antriebsmotoren für Klappenmittelstück
101 äuss. Hauptfahrwerkschacht
102 Träger Fahrwerkaufhängung
103 Passagiertür Nr. 3
104 Druckkabinenboden über Fahrwerkschacht
105 Rumpfrahmen- und Versteiferkonstruktion
106 UHF-Kommunikationsantenne
107 Kabinenwandverkleidung
108 Sitzverankerungsschienen
109 Bodenbelag in Hauptkabine
110 inn. Hauptfahrwerkschacht
111 hydraulischer Einfahrzylinder
112 Kabinenfensterpanel
113 Verteilungsleit. Klimaanlage
114 Economy-Klasse
115 Passagiertür Nr. 4
116 Küche im Kabinenmittelstück
117 Überkopfgepäckablagen
118 Luftzuführungsleitung in hinterer Kabine
119 Küche in hinterer Kabine
120 Sitzanordnung hintere Kab.
121 Economy-Klasse
122 Handgepäckablagen
123 Kabinendeckenpanels
124 Steuerkabelführungen
125 hinterer Rumpfrahmen und Versteifungskonstruktion
126 Sitzanordnung hintere Kab.
127 Kabinentrennwand
128 Notrutsche
129 hintere Toilettenabteile
130 Schränke
131 hinteres Druckschott
132 Flossenwurzelauskehlung
133 trimmbares Höhenleitwerk
134 Statikentlader
135 Höhenruder, steuerbord
136 Konstr. Flossenvorderkante
137 2holm- Flossenkastenkonstr.
138 Flossenendverkleidung
139 Ant. UKW-Kursfunkfeuer
140 Statikentlader
141 oberes Rudersegment
142 unteres Rudersegment
143 hydraul. Steuermot. für Ruder
144 Rumpfkegelverkleidung
145 Hilfsaggregatauspuff
146 Hilfsaggregat
147 inneres Höhenrudersegment
148 äusseres Höhenrudersegm.
149 Statikentlader
150 Konstruktion des trimmbaren Höhenleitwerks, backbord
151 Höhenruderhydraulikstellmot.
152 Abdichtungsplatte Höhenltw.
153 hinterer Rumpfrahmen
154 Verbindungspunkt der Flossenwurzel
155 Mittelstück des Leitwerks
156 Leitwerktrimmspindelzylinder
157 Hilfsaggregatpressluftleitung
158 Passagiertür Nr. 5
159 Fensterpanel im hint. Rumpf
160 Massengutfrachtraum 12,8 m³
161 Gepäck-/Frachtraum im hinteren Rumpf, 68,6 m³
162 Gepäck-/Frachtpalette
163 unterer Rumpfbuckelrahmen und Versteifungskonstruktion
164 Flächenwurzelauskehlung
165 Hauptfahrwerk-Zapfenlager
166 Zusatzholm für Hinterkante
167 Fahrwerkknickstrebe
168 Flächen-Hauptfw.-Zapfenlager
169 hydraulischer Einfahrzylinder
170 vierrädriges, doppelachsiges Rumpf-Hauptfahrwerk
171 Klappenantriebswelle
172 Klappenführungsschienen
173 Störklappen/Auftriebzerstörer
174 inn. 3fach gespaltene Klappe
175 Klappenführungsverkleidung
176 Klappe, ausgefahren
177 Querruderhydrauliksteuermot.
178 inneres Querruder für hohe Geschwindigkeiten
179 äuss. 3fach gespalt. Klappe
180 äussere Klappenführungen
181 äussere Störklappen
182 Klappenführungs-Verkleidung
183 Klappe, ausgefahren
184 äusseres Querruder
185 Querruder-Hydr.-Steuermotor
186 Statikentlader
187 Treibstoffentlüftung
188 UKW-Auslegerantenne
189 Flächenspitzenverkleidung
190 Navigationslichter
191 Segmente, Krüger-Vorflügel
192 Krügerklappen-Antriebsmech.
193 Rippenkonstruktion
194 Zugangsdeckel in Flügelhaut
195 hinterer Holm
196 Halterungsrippe für äusseren Triebwerklastenträger
197 Lastenträger Motorgondel
198 Vorkühlerabgasführung
199 Triebwerkverkleidungstür
200 Spindelzylinder der Triebwerkverkleidungstür
201 Umkehrschubschaufeln
202 äussere Triebwerkgondeln
203 Kruegervorklappensegm.
204 Kruegerklappenantriebsmech.
205 Vorderkantenrippenkonstr.
206 Flächenpanelholm und Rippenkonstruktion
207 Befestigungsträger für Klappenführung
208 Flächenintegraltreibstofftanks
209 Halterungsrippe für inneren Triebwerklastenträger
210 Flächenversteifer
211 Flächenbespannung
212 Flächen-Hauptfwk.-federbein
213 Lastenträgerverbindungsstrebe
214 Flächen-Hauptfahrwerk
215 Konstr. Gondellastenträgers
216 Abzapfluftvorkühler
217 Heissluftabgasführung aus Triebwerk-Brennkammer
218 Gebläsekaltluftabgasführung
219 Triebwerkhilfsgerätegehäuse
220 Rolls-Royce-RB.211-524D4-Turbofantriebwerk
221 Triebwerklufteinlass
222 Motorverkleidungsteile
223 innere Kruegerklappensegm.
224 Kruegerklappenmotor und -Antriebswelle
225 Konstruktion des dreiholmigen Flächentorsionskastens
226 innere Flächenrippen
227 Flächenwurzelverb.-stück
228 Vorderholm
229 Triebwerkabzapfluftführung
230 Vorderkantennasenrippen
231 Doppellandescheinwerfer
232 alternatives Triebwerk General Electric CF6-50E2

Antrieb: Zwei Rolls-Royce-RB.211-535C oder RB.211-535E4-Turbofantriebwerke, je 16'965 kp bzw. 18'189 kp Standschub für den Start, oder zwei Pratt-&-Whitney-PW2037-Turbofantriebwerke, je 17'328 kp Standschub für den Start. Treibstoff 42'597 l.
Leistung: Max. Betriebsgeschw. 649 km/h angezeigte Eigengeschw. oder 0,86 Mach; max. Reisegeschw. 936 km/h in 9'450 m Höhe; Langstreckenreisegeschw. 851 km/h in einer Höhe von 11'885 m; anfängl. Reisehöhe ca. 11'580 m, entsprechend dem Triebwerk; Sicherheitsstartlänge (FAR) 1'640 bis 1'815 m, entsprechend dem Triebwerk bei max. Standard-Startgew., 1'950 bis 2'365 m gemäss Triebwerk mit höchstem max. Startgewicht; Landedistanz (FAR) 1'400 m bei max. Landegewicht; Reichweite mit max. Nutzlast 5'898 km mit 535E4-Triebwerken bei max. angefordertem Startgewicht; Reichweite mit max. Treibstoffvorrat 8'475 km mit 17'200 kg Nutzlast.
Gewicht: Betriebsleergew. 57'267 kg; max. Nutzlast 26'096 kg; max. Standard-Startgewicht 99'792 kg; angeforderte mittlere Reichweite und max. Startgewichte 104'328 und 108'864 kg; max. Landegewicht 89'813 kg; maximales Leertankgewicht 83'462 kg.
Abmessungen: Spannweite 38,05 m; Länge 47,32 m; Höhe 13,56 m; Pfeilung 25 Grad bei Viertelprofilsehne; Flügelfläche 185,25 m².
Kabine: Länge 36,09 m, Breite 3,53 m, Höhe 2,13 m. Standardauslegungen 178 bis 239 Passagiersitze (16 Erste-Klasse-Sitze in Viererreihen mit einem Sitzabstand von 96,5 cm plus 170 Touristen-Klasse-Sitze in Sechserreihen oder 239 Sitze in Sechserreihen). Zwei-Mann-Cockpit-Besatzung, fünf bis sieben Flugbegleiter.

Die Boeing 757, deren Entwicklungsprogramm Mitte 1978 aufgelegt wurde, ist im wesentlichen ein «grosser Bruder» des Modells 727. Dem Studium von möglichen Streckungen des Modells 727 widmete Boeing viel Zeit und Anstrengung, aber am Ende tauchte das Modell 757 als ein völlig neuer Entwurf auf. Obwohl versucht wurde, eine möglichst grosse Übereinstimmung mit dem Modell 727 aufrecht zu erhalten, ging man von drei am Rumpfende montierten Triebwerken zu einem Triebwerkspaar in unter der Fläche angebrachten Gondeln über, und mit einer neuen Fläche und einem niedrig montierten Leitwerk behielt das Modell 757 ausser demselben Basisrumpfquerschnitt nur wenig vom Modell 727. Selbst die ursprüngliche Absicht, das Cockpit nach 727-Standard zu bauen, wurde schliesslich zugunsten einer bestmöglichen Übereinstimmung mit der Boeing 767 aufgegeben, und die endgültige Bauart des Modells 757 hat mehr gemeinsam mit dem letzteren als mit dem vorhergehenden Modell, so dass die Piloten mit dem Erwerb einer einzigen Musterberechtigung sowohl das Modell 757 als auch das Modell 767 fliegen dürfen. Von mehreren in Entwicklung befindlichen fortschrittlichen Turbofantriebwerken mit hohem Nebenstromverhältnis wurde das RB.211-535-Triebwerk als das für das Modell 757 am besten geeignete ausgesucht, wobei das General-Electric-Triebwerk CF6-52C1 mit einer Standschubleistung von 16'566 kp als Alternative gilt. Bis zu Beginn des Entwicklungsprogrammes des neuen Flugzeuges am 31. August 1978 waren zwei alternative Rumpflängen im Angebot, als Modell 757-100 und Modell 757-200; die beiden Kunden für das Entwicklungsprogramm, British Airways und Eastern Airways, wählten die -200 mit Rolls-Royce-Triebwerken, und die -100 wurde schliesslich als Wahlmöglichkeit fallengelassen. Durch die Entscheidung von General Electric, die Entwicklung nicht mehr fortzusetzen, wurde auch die Wahlmöglichkeit des CF6-32-Triebwerks fallengelassen, nachdem Pratt & Whitney mit der PW2000-Familie auf dem Markt aufgetreten war. Eine Version des letztgenannten ist nun die Alternative zum RB.211-Triebwerk im Modell 757. Die Flugerprobung begann am 19. Februar 1982 im Boeing-Werk bei Renton. Der erste Flug mit PW2037-Triebwerken wurde am 14. März 1984 durchgeführt.

Varianten

Wie oben angegeben, ist das Modell 757 mit drei verschiedenen Gesamtfluggewichten und mit drei verschiedenen Triebwerken verfügbar. Im Jahre 1986 wurde die erste Frachtversion mit der Modellbezeichnung 757PF (Package freighter), einer grossen Frachttür an der vorderen Backbordrumpfseite, einer einzigen Besatzungseingangstür und ohne Kabinenfenster verkauft. Dieselbe Ladetür hat das Modell 757 Combi, das im Jahre 1986 eingeführt wurde und für gemischte Unterbringung von Fracht/Passagierzuladungen in wechselnden Kombinationen eingesetzt werden kann. Die Modellbezeichnung 77-200 ist für Geschäftsreiseversionen der 757 gebräuchlich.

Indienststellung

Nach der Zulassung durch FAA am 21. Dezember 1982 und CAA (in Grossbritannien) am 14. Januar 1983 begann Boeing mit den Auslieferungen an Eastern Airlines am 22. Dezember 1982 und an British Airways am 25. Januar 1983. Das Modell 757 mit PW2037-Triebwerken wurde im Oktober 1984 zugelassen, die Auslieferungen an Delta Air Lines begannen am 5. November desselben Jahres, und der erste Dienst wurde am 28. November geflogen. Das erste Modell 757 mit verstärkten RB211-535E4-Triebwerken wurde an Eastern am 10. Oktober 1984 ausgeliefert. Bis zu Beginn des Jahres 1987 waren insgesamt 204 Boeing 757 von 18 Luftverkehrsgesellschaften bestellt worden. Der Preis für eine Boeing 757 bewegt sich um 45 Millionen Dollar.

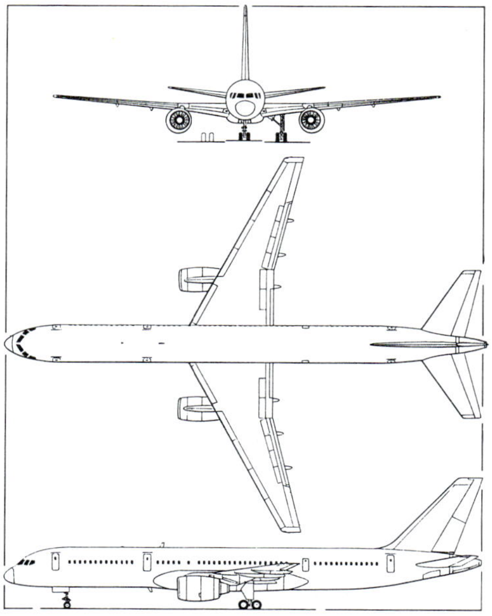

Oben: Dreisichtzeichnung der Boeing 757-200. Die Bezeichnung leitet sich von der ursprünglich projektierten Rumpflänge ab.

Unten: Schnittzeichnung der Boeing 757-200 in der Standardform mit Rolls-Royce-RB-211-535-Triebwerken, die für mehr als die Hälfte aller bis Ende 1986 bestellten 757 festgelegt wurden. Andere haben PW2037-Turbofantriebwerke.

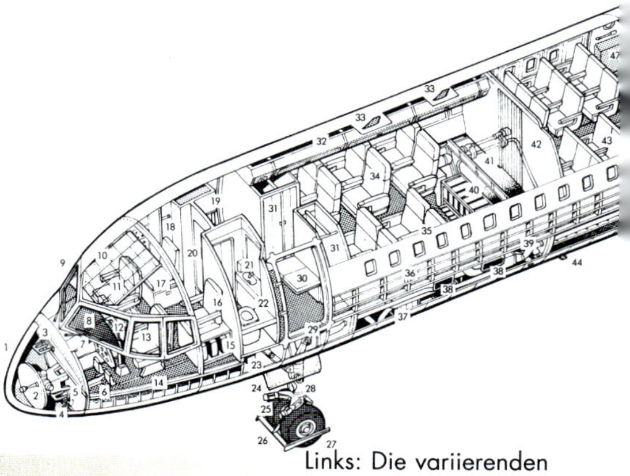

Links: Die variierenden Sitzbezüge in dieser Boeing 757 dienen zur Auflockerung der «langen dünnen Röhre».

Unten: Singapore Airlines, einer der 13 Betreiber der 757 im Jahre 1986, benutzt Pratt-&-Whitney-PW2037-Triebwerke.

Boeing 757-200
1 Radom
2 Wetterradarabtaster
3 Antenne für UKW-Kursfunkfeuer und Landekurssender
4 Antennen für Gleitpfad des Instrumentenlandesystems
5 vorderes Druckschott
6 Ruderpedale
7 Scheibenwischer
8 Instrumentenbrettabdeckung
9 Windschutzscheibenpanels
10 Cockpitdeckenpanels für Systemkontrolle
11 Copilotensitz
12 Mittelkonsole
13 Kapitänsitz
14 Höhe des Cockpitbodens
15 Schrank für Besatzungsgep.
16 Beobachtersitz
17 zweiter Beobachtersitz (auf Anforderung)
18 Mantelschrank
19 vordere Küche
20 Cockpittür
21 Waschbecken
22 vorderes Toilettenabteil
23 Bugradschacht
24 Türen für Bugradbein
25 Steuerzylinder
26 Sprühablenkungsklappe
27 doppeltes Bugrad
28 Taxi- und Landebahnabrollscheinwerfer
29 vordere Eingangstür
30 Klappsitze für Flugbegleiter
31 Abstellräume
32 Überkopfgepäckablagen
33 DABS-Antennen
34 Sitzanordnung in der Ersten Klasse, Viererreihe, 16 Sitze
35 Kabinenfensterpanels
36 Rumpfrahmen und Versteifungskonstruktion
37 Radio- und -Elektronikabteil
38 Unterdruckausgleichsventile
39 Kühlluftführung für elektronische Geräte
40 Radioregale
41 vordere Frachttür
42 Kabinentrennwand
43 Touristenklasse, Sechserreihe, 162 Sitze
44 UKW-Rumpfantenne
45 Unterflurfrachtraum
46 Passagiereingangstür
47 in Tür eingebaute Notrutschen
48 obere UKW-Antenne
49 Überkopfverteilungsleitung für Klimaanlage
50 LD-W-Frachtcontainer
51 Flügelwurzelauskehlung aus Graphitverbundwerkstoff
52 Landescheinwerfer
53 Umluftgebläse für Luftsystem
54 Luftzuleitungsverteiler
55 Steigleitungen für Klimaanlage
56 durchgeh. Holm im Mittelstück
57 Vorderholm/Rumpfhauptrahm.
58 Klimaanlagegerätesatz im Rumpf
59 Treibstofftank im Mittelstück
60 Bodenträgerkonstruktion
61 Mittelrumpfkonstruktion
62 Steuerbordflächenintegraltreibstofftank, Systemkap. 41'185l
63 Trockenraum (nichtbetankter Flächenraum)
64 Vorkühler für Triebwerkabzapfluftsystem
65 Umkehrschubschaufeln
66 Steuerbordmotorgondel
67 Motorgondellastenträger
68 Treibstoffentlüftungsleitungen
69 Treibstoffsystemröhren
70 Druckbetankungsstutzen
71 Vorflügelsegmente, geöffnet
72 Vorflügelantriebswelle
73 Führungsschienen
74 Tankverschluss auf der Fläche
75 Ventil des Überlauftanks
76 Steuerbordnavigationslicht (grün) und Stroboskoplicht (weiss)
77 Navigationsstroboskoplicht (weiss) an Flächenhinterkante
78 Steuerbordquerruder
79 Querruderhydraulikzylinder
80 Störklappensteuermechanismus
81 äussere, doppeltgespaltene Klappe, ausgefahren
82 Klappenführungsschienen
83 Spindelzylinder
84 äussere Störklappen, offen
85 Störklappenhydraulikzylinder
86 äusseres, einfach gespaltenes Segment der inneren Klappen
87 innere Störklappen
88 Montageträger für Steuerbordhauptfahrwerk
89 Kabinenwandverkleidungen
90 hint. Holm/Rumpfhauptrahmen
91 Klappenantriebshydraulikmotor (elektrischer Ersatzmotor)
92 Hauptfahrwerkschacht
93 Druckkabinenboden über Fahrwerkschacht
94 Peilrahmenantennen
95 Deckenbeleuchtungspanels
96 Gepäckablagen, darunter Passagierserviceeinheiten
97 Toilettenabteile
98 Notausgangstüren
99 hintere Frachttür
100 Batterie und Steuerungen für Hilfsaggregat
101 Sitzanordnung hintere Kabine
102 Überkopfgepäckablagen
103 hintere Kücheneinheit
104 Flossenwurzelauskehlung
105 Flossenkonstruktion
106 Flossen-«Logo»-Scheinwerfer
107 Leitwerk, steuerbord
108 Höhenruder, steuerbord
109 Kurzwellenantennenkoppler
110 Kurzwellenantenne
111 Flossenspitzenantennenverkl.
112 Leitwerkantennen für UKW-Kursfunkfeuer
113 Statikentlader
114 Seitenruder
115 Seitenruderhydraulikzylinder
116 Ruderpanel-Wabenkonstruktion
117 Hilfsaggregat-Einlass
118 Rumpfendkegel
119 Hilfsaggregatauspuff
120 AiResearch-GTCP-331-200-Hilfsaggregatgerätesatz (APU)
121 Höhenruder, backbord
122 Höhenruderhydraulikzylind.
123 Panel-Wabenkonstruktion
124 Statikentlader
125 Leitwerkkonstruktion
126 Flossen-«Logo»-Scheinwerfer
127 Leitwerkabdichtungsplatte
128 Flossenstützrahmen
129 Leitwerkmittelstück
130 Trimmsteuerzyl. Leitwerk
131 hinteres Druckschott
132 hintere Küche
133 hintere Eingangstür
134 Unterflurfrachtraum
135 LD-W-Frachtcontainer
136 Rumpf-UKW-Antenne
137 Frachtladeboden mit Rollenträgern
138 Flossenwurzelauskehlung aus Graphitverbundwerkstoff
139 doppelt gespaltene innere Klappen, backbord
140 Aufhängeträger Hauptfwk.
141 Hauptfahrwerkfederbeinseitenstrebe
142 hydraulischer Einfahrzylinder
143 innere Störklappen
144 Klappendrehgestänge
145 einfach gespaltenes Segment der inneren Klappe
146 Klappen, ausgefahren
147 Klappenführungsverkleid.
148 äussere, doppelt gespaltene Klappe
149 äussere Störklappen
150 Querruderhydraulikzylinder
151 Querruder-Wabenkonstr.
152 Navigationsstroboskoplicht
153 Navigationslicht (rot) und Stroboskoplicht (weiss)
154 Überlauftank-Ventil
155 Vorflügelsegmente, backbord
156 Vorflügelführungsschienen
157 Antriebswelle
158 Flächentrockenraum
159 Rumpfzugangspanels
160 Flächenintegraltreibstofftank
161 Flächenrippenkonstruktion
162 Flächenversteifer
163 Flächenhautbeplankung
164 Hauptfahrwerk
165 Strebe Hauptfwk.-federbein
166 innere Flächenrippen
167 Abzapfluftführungen
168 innerer Vorflügel
169 Träger Triebwerkaufhäng.
170 Motorverkleidungen
171 Triebwerklufteinlass
172 Einlass-Enteisungsluftführung
173 Rolls-Royce-RB.211-535C-Turbofantriebwerk (wahlw. PW2037-Turbofantriebwerk)
174 Triebwerkhilfsgerätegehäuse
175 Ölkühler
176 Gebläseabgasführung
177 Heissluftstromabgasdüse

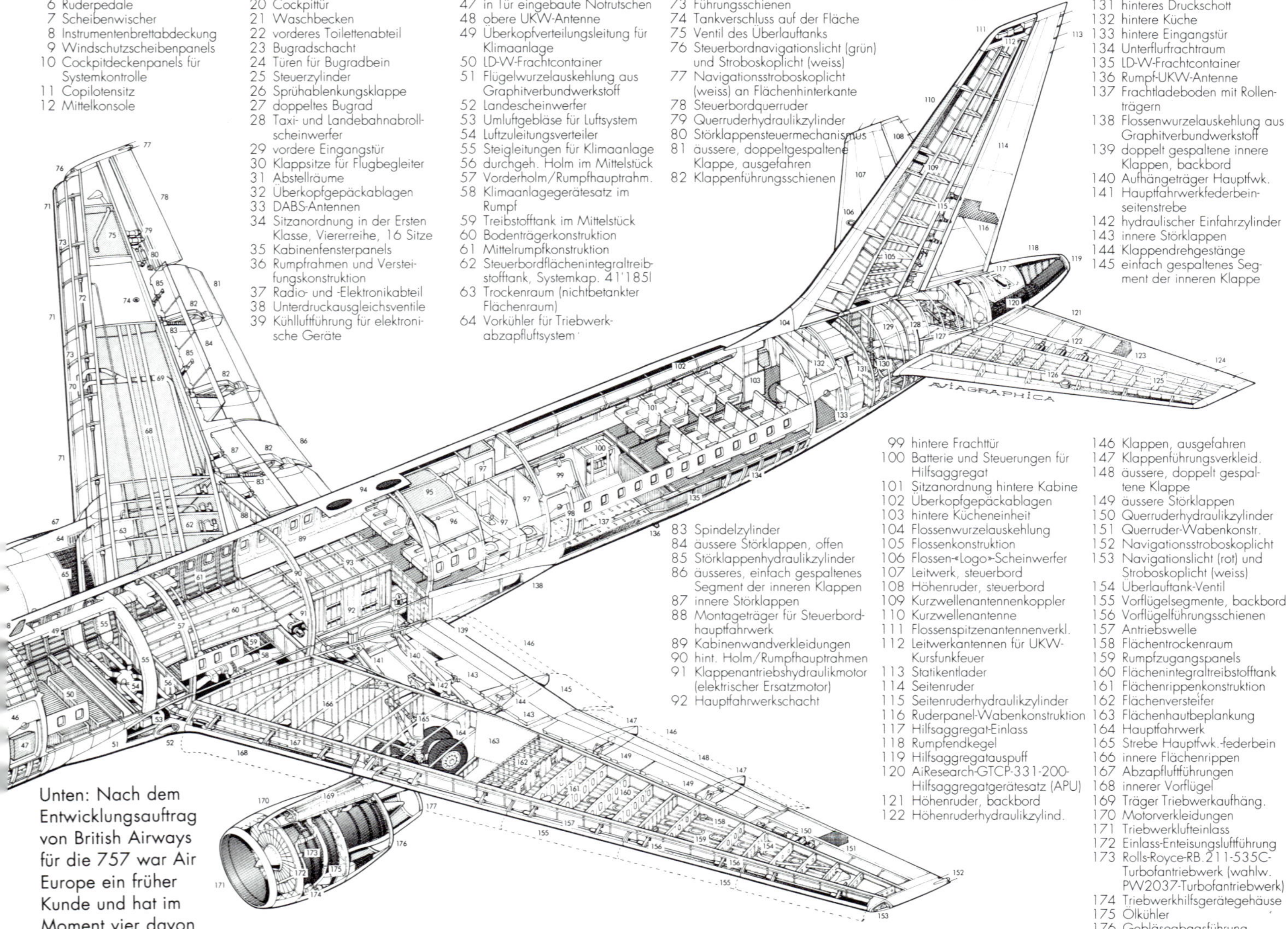

Unten: Nach dem Entwicklungsauftrag von British Airways für die 757 war Air Europe ein früher Kunde und hat im Moment vier davon im Einsatz.

Von Anfang bis Mitte der 70er Jahre führte Boeing viele Studien für ein neues Mittelstreckenflugzeug von grosser Kapazität durch, um seine Wettbewerbsposition gegenüber Airbus Industrie, die zu derselben Zeit ein Flugzeug ähnlicher Grösse projektierten, aufrecht erhalten zu können. Während längerer Zeit war dieses Projekt als 7X7 bekannt, und seine genaue Grösse und Gesamtkonfiguration blieben bis zu den ersten Bestellungseingängen von Luftverkehrsgesellschaften unklar. Das endgültig festgelegte Entwicklungsprogramm für die Boeing 767 sah ein Flugzeug mit zwei Gängen und einem um 1,24 m breiteren Rumpf als dem von Boeing für die Schmalrumpfserie der 707/727/737/757 angewandten konstanten Kabinenquerschnitt vor. Dies ermöglichte eine Achtersitzreihen-Anordnung mit zwei Gängen (2+4+2), so dass kein Passagier mehr als einen Sitz weit vom Gang weg war. Anfänglich plante Boeing ein Drei-Mann-Cockpit mit einer Zwei-Piloten-Anordnung als spätere Option, aber die Präferenzen möglicher Kunden führten zur Entscheidung für ein Zwei-Mann-Standardcockpit, bevor die Auslieferungen begannen, obwohl das eine Abänderung einer Anzahl bereits fertiggestellter Flugzeuge notwendig machte. Als 767-100 und 767-200 wurden zuerst zwei Varianten des Basisflugzeuges mit unterschiedlichen Rumpflängen geplant, aber alle frühen Bestellungen bezogen sich auf die Version mit der grösseren Kapazität, und die 767-100 ist nicht weitergeführt worden. Der Boeing-eigene 767-200-Prototyp machte seinen Erstflug in Everett, Washington, am 26. September 1981 mit Pratt-&-Whitney-Triebwerken, ihm folgten drei in United-Airlines-Konfiguration am 4. November, 28. Dezember und 30. Dezember 1982. Das fünfte Flugzeug, das erste mit General-Electric-Triebwerken in Delta-Air-Lines-Konfiguration, wurde am 19. Februar 1982 geflogen. Der erste Prototyp wurde für Erprobungsflüge eines US-Army-Messystems eingesetzt.

Antrieb: Zwei Pratt-&-Whitney-JT9D-7R4D oder General-Electric-CF6-80A-Turbofantriebwerke, je 21'770 kp Standschub. Treibstoff 63'216 l.
Leistung: (A330) Max. Betriebsgeschwindigkeit 667 km/h angezeigte Eigengeschwindigkeit oder 0,86 Mach; max. Reisegeschwindigkeit 897 km/h in einer Höhe von 11'887 m; Langstreckenreisegeschwindigkeit 850 km/h in einer Höhe von 11'887 m = Mach 0,8 mit einem Gewicht von 117'935 kg; Sicherheitsstartlänge (FAR) 1'720 m; Sicherheitslandestrecke (FAR) 1'450 m; Reichweite mit maximaler Nutzlast 4'620 km; Reichweite mit vollen Tanks 11'500 km mit 5'230 kg Nutzlast.
Gewicht: Standardflugzeug-Betriebsleergewicht 79'923 kg; max. Treibstoff 51'131 kg; max. Nutzlast 32'570 kg; max. Startgewicht, Basisflugzeug, 136'078 kg; max. Startgewicht, Mittelstreckenflugzeug, 127'913 kg; max. Startgewicht, wahlweise 142'881 kg; max. Landegewicht (für drei max. Startgewichte) 122'470 kg, 116'573 kg, 123'377 kg; maximales Leertankgewicht (für drei maximale Startgewichte) 112'491 kg, 109'769 kg, 113'398 kg.
Abmessungen: Spannweite 47,57 m; Gesamtlänge 48,51 m; Gesamthöhe 15,85 m; Pfeilung 31,5 Grad bei Viertelprofilsehne; Flügelfläche 283,3 m^3.
Kabine: Länge 33,93 m; max. Breite 4,72 m, max. lichte Höhe 2,87 m. Basisunterbringung für 220 Passagiere umfasst 18 Sitze in Sechserreihen (Sitzabstand 96,5 cm) und 202 in Siebenerreihen (Sitzabstand 84 cm); max. Ein-Klassen-Sitzanordnung in Siebenerreihen 255 oder 290 in Achterreihe mit zusätzlich angebrachten Notausgängen. Gesamtunterflurgepäck/Frachtvolumen 111,3 m^3. Zwei-Mann-Cockpitbesatzung mit wahlweise einer dritten Position im Cockpit.

Varianten

Die Basis-Variante ist die 767-200 mit einem maximalen Startgewicht von 136'097 kg; eine sogenannte Mittelstreckenvariante operiert mit einem Gewicht von 127'915 kg mit einer reduzierten maximalen Treibstoffkapazität, und eine hohe Gesamtgewichtvariante führt zusätzlichen Treibstoff im Mittelstück mit und hat ein maximales Gewicht von 142'880 kg. Eine Version mit der Bezeichnung 767-200ER führt weitere 14'195 l in einem zweiten Mittelstücktank mit und steht zur Verfügung mit einem maximalen Gewicht von 156'489 kg oder 159'211 kg. Alle Varianten werden mit folgenden Triebwerken angeboten: JT9D-7R4D 21'680 kp Standschub, CF6-80A 21'730 kp Standschub, JT9D-7R4E 22'680 kp Standschub oder E4 oder CF6-80AZ. Eine Geschäftsreiseversion der 767 trägt die Bezeichnung Boeing 77-62.

Indienststellung

Die Erstzulassung der 767-200 durch die FAA wurde am 30. Juli 1982 (mit CF6-80A-Triebwerken) erlangt. Die erste Auslieferung mit CF6-80A erfolgte an Delta am 25. Oktober 1982. Die erste 767-200ER mit JT9D-7RE4-Triebwerken wurde an Ethiopian Airlines am 18. Mai 1984 ausgeliefert und am 6. Juni in Dienst gestellt. Die erste Auslieferung mit JT9D-7R4E4-Triebwerken (-200ER) erfolgte an CAAC am 8. Oktober 1985. Die bestätigten Verkäufe betrugen insgesamt bis Ende 1986 220 an 22 Kunden weltweit.

Boeing 767-200
1 Radom
2 Parabolreflektor für Radarabtaster
3 Antenne für UKW-Kursfunkfeuer und Landekurssender
4 vorderes Druckschott
5 Antennen für Gleitpfad des Instrumentenlandesystems
6 Scheibenwischer
7 Windschutzscheibenpanels
8 Instrumentenpanelabdeckung
9 Ruderpedale
10 Bugradschacht
11 Leitung Klimaanlage Cockpit
12 Kapitänsitz
13 Cockpitseitenfenster
14 Mittelkonsole
15 Copilotensitz
16 Systemkontrollpanels an Cockpitdecke
17 Flugingenieurstation
18 Beobachtersitz
19 Pitotröhren
20 Messfühler für Anstellwinkel
21 Steuerzylinder für Bugrad
22 Doppelbugrad
23 Bugradtüren
24 Vakuumbehälter Abfallsystem
25 vorderes Toilettenabteil
26 Schrank für Besatzung
27 vordere Küche
28 nach oben gleitende Schiebetür, steuerbord
29 Vorraum
30 Kabinentrennwand
31 Eintrittstür, backbord
32 Türkontrollgriff
33 Notrutschenverstauung
34 Unterflurregale für Elektronik
35 Luftkühlungssystem für Elektronikgeräte
36 Wärmeaustauscher an Rumpfbeplankung
37 Rumpf-, Rahmen- und Versteifungskonstruktion
38 Kabinenfensterpanel
39 Sitzanordnung Erste Klasse, Sechserreihen
40 Überkopfgepäckablagen
41 Kabinentrennwand
42 Seitenwandverkleidungen
43 Unterdruckausgleichsventile
44 vordere Frachttür
45 vorderer Unterflurfrachtraum
46 LD-2-Frachtcontainer, zwölf im vorderen Frachtraum
47 Regal für Elektronikausrüstung im Mittelstück
48 Antikollisionslicht
49 Kabinendachrahmen
50 UKW-Antenne
51 Touristenklasse, Siebenerreihe
52 Steigleitung für Klimaanlage
53 Verteiler Klimaanlageleitungen
54 durchgehender Flächenholm
55 Bodenträgerkonstruktion
56 Überkopfleitungen Klimaanl.
57 Vorderholm/Rumpfhauptrahm.
58 Notausgangsfenster
59 Flächenintegraltreibstofftank
60 Tür für Umkehrschubschaufel
61 Motorgondel, steuerbord
62 Motorgondellastenträger
63 feststehender Teil Vorderkante
64 Vorflügelsegmente, geöffnet
65 Vorflügelantriebswelle
66 Drehstellglieder
67 Rohrleitung Treibstoffsystem
68 Treibstoffentlüftungsleitungen
69 Überlauftank-Ventil
70 Steuerbord-Navigationslicht
71 Antikollisionslicht (rot)
72 Navigationsstroboskoplicht (weiss) an Flächenhinterkante
73 Statikentlader
74 äusseres Querruder
75 Querruderhydraulikzyl.
76 äussere, einfach gesp. Klappe, ausgefahren
77 Klappendrehachsenverkleidung

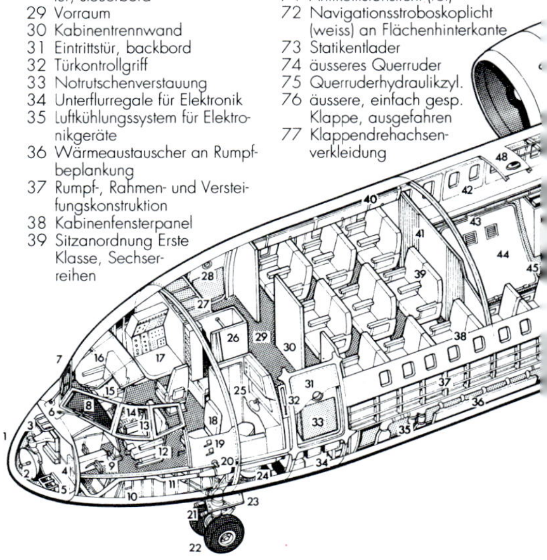

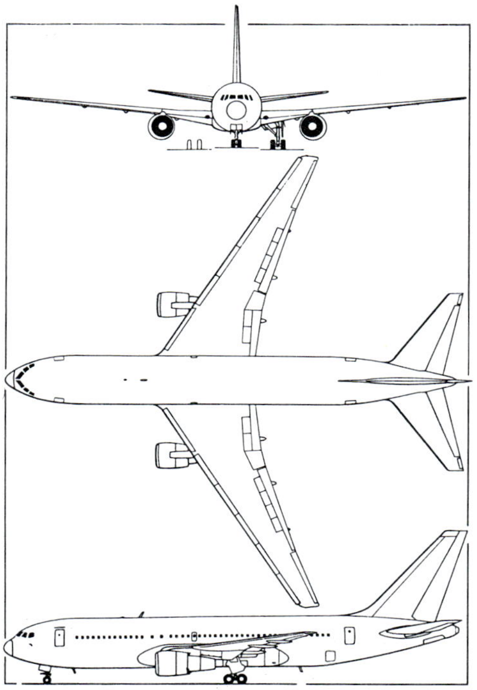

Oben: Dreisichtzeichnung der Boeing 767-200, der Basis-220-Passagier-Konfiguration dieser Flugzeugserie. Sie kann leicht von dem neueren 300er Serienflugzeug unterschieden werden, das einen um 6,4 m längeren Rumpf zur Unterbringung weiterer 49 Passagiersitze hat.

Links: Dieses Cockpit, das die Boeing 757 und 767 gemeinsam haben, entspricht den Anforderungen der Flugbesatzungen bis zum Jahre 2000. Bedeutend sind Triebwerksanzeige und Besatzungswarnsysteme (EICAS = Engine Indication and Crew Alerting Systems), das Fluglageanzeige- und Steuerbefehlsgerät (ADI = Attitude Director Indicator) oben links und rechts und der Horizontal-Situationsanzeiger (HSI = Horizontal Situation Indicator) unter den ADI-Bildschirmen.

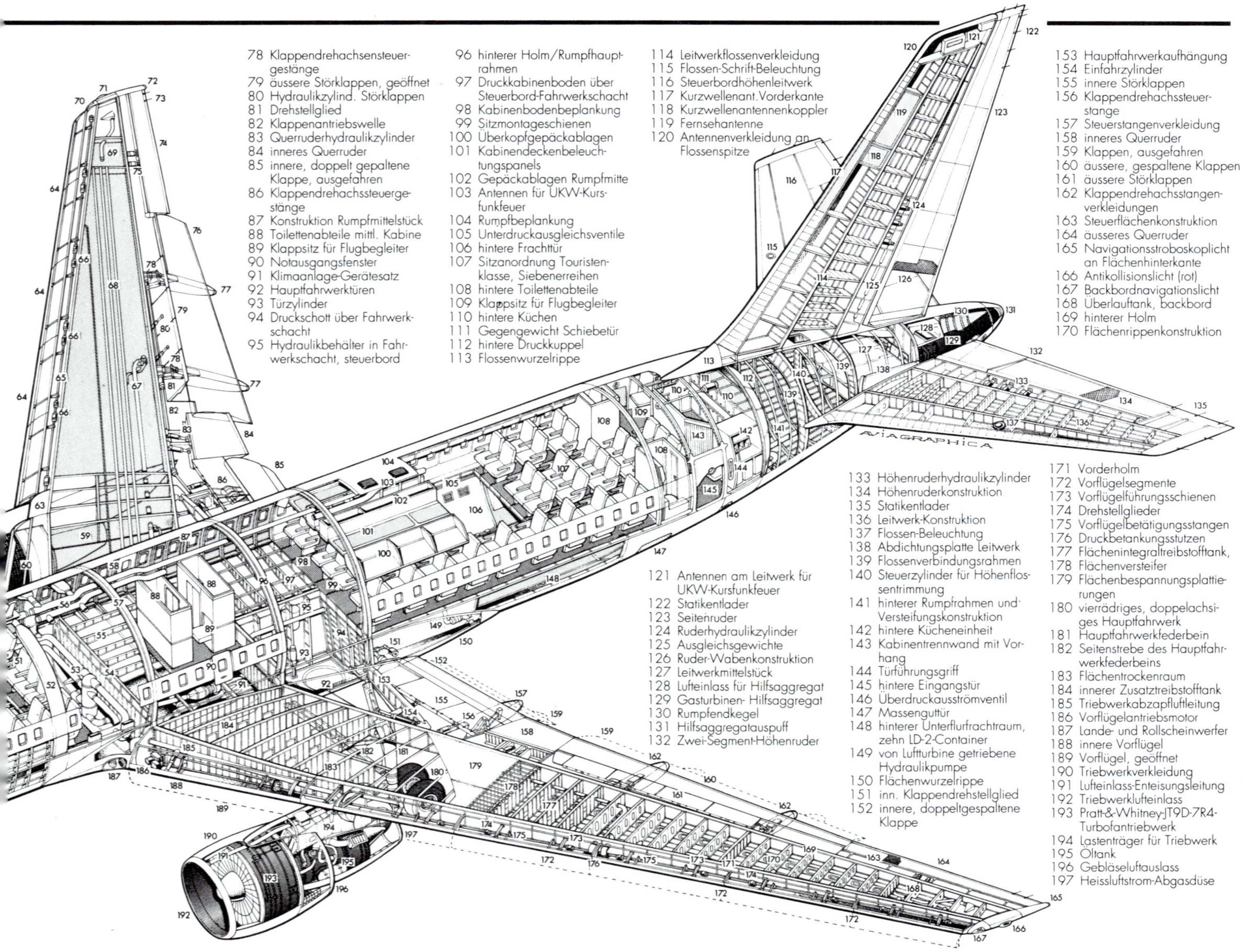

78 Klappendrehachsensteuergestänge
79 äussere Störklappen, geöffnet
80 Hydraulikzylind. Störklappen
81 Drehstellglied
82 Klappenantriebswelle
83 Querruderhydraulikzylinder
84 inneres Querruder
85 innere, doppelt gepaltene Klappe, ausgefahren
86 Klappendrehachssteuergestänge
87 Konstruktion Rumpfmittelstück
88 Toilettenabteile mittl. Kabine
89 Klappsitz für Flugbegleiter
90 Notausgangsfenster
91 Klimaanlage-Gerätesatz
92 Hauptfahrwerktüren
93 Türzylinder
94 Druckschott über Fahrwerkschacht
95 Hydraulikbehälter in Fahrwerkschacht, steuerbord
96 hinterer Holm/Rumpfhauptrahmen
97 Druckkabinenboden über Steuerbord-Fahrwerkschacht
98 Kabinenbodenbeplankung
99 Sitzmontageschienen
100 Überkopfgepäckablagen
101 Kabinendeckenbeleuchtungspanels
102 Gepäckablagen Rumpfmitte
103 Antennen für UKW-Kursfunkfeuer
104 Rumpfbeplankung
105 Unterdruckausgleichsventile
106 hintere Frachttür
107 Sitzanordnung Touristenklasse, Siebenerreihen
108 hintere Toilettenabteile
109 Klappsitz für Flugbegleiter
110 hintere Küchen
111 Gegengewicht Schiebetür
112 hintere Druckkuppel
113 Flossenwurzelrippe
114 Leitwerkflossenverkleidung
115 Flossen-Schrift-Beleuchtung
116 Steuerbordhöhenleitwerk
117 Kurzwellenant. Vorderkante
118 Kurzwellenantennenkoppler
119 Fernsehantenne
120 Antennenverkleidung an Flossenspitze
121 Antennen am Leitwerk für UKW-Kursfunkfeuer
122 Statikentlader
123 Seitenruder
124 Ruderhydraulikzylinder
125 Ausgleichsgewichte
126 Ruder-Wabenkonstruktion
127 Leitwerkmittelstück
128 Lufteinlass für Hilfsaggregat
129 Gasturbinen- Hilfsaggregat
130 Rumpfendkegel
131 Hilfsaggregatauspuff
132 Zwei-Segment-Höhenruder
133 Höhenruderhydraulikzylinder
134 Höhenruderkonstruktion
135 Statikentlader
136 Leitwerk-Konstruktion
137 Flossen-Beleuchtung
138 Abdichtungsplatte Leitwerk
139 Flossenverbindungsrahmen
140 Steuerzylinder für Höhenflossentrimmung
141 hinterer Rumpfrahmen und Versteifungskonstruktion
142 hintere Kücheneinheit
143 Kabinentrennwand mit Vorhang
144 Türführungsgriff
145 hintere Eingangstür
146 Überdruckausströmventil
147 Massenguttür
148 hinterer Unterflurfrachtraum, zehn LD-2-Container
149 von Luftturbine getriebene Hydraulikpumpe
150 Flächenwurzelrippe
151 inn. Klappendrehstellglied
152 innere, doppeltgespaltene Klappe
153 Hauptfahrwerkaufhängung
154 Einfahrzylinder
155 innere Störklappen
156 Klappendrehachssteuerstange
157 Steuerstangenverkleidung
158 inneres Querruder
159 Klappen, ausgefahren
160 äussere, gespaltene Klappen
161 äussere Störklappen
162 Klappendrehachsstangenverkleidungen
163 Steuerflächenkonstruktion
164 äusseres Querruder
165 Navigationsstroboskoplicht an Flächenhinterkante
166 Antikollisionslicht (rot)
167 Backbordnavigationslicht
168 Überlauftank, backbord
169 hinterer Holm
170 Flächenrippenkonstruktion
171 Vorderholm
172 Vorflügelsegmente
173 Vorflügelführungsschienen
174 Drehstellglieder
175 Vorflügelbetätigungsstangen
176 Druckbetankungsstutzen
177 Flächenintegraltreibstofftank,
178 Flächenversteifer
179 Flächenbespannungsplattierungen
180 vierrädriges, doppelachsiges Hauptfahrwerk
181 Hauptfahrwerkfederbein
182 Seitenstrebe des Hauptfahrwerkfederbeins
183 Flächentrockenraum
184 innerer Zusatztreibstofftank
185 Triebwerkabzapfluftleitung
186 Vorflügelantriebsmotor
187 Lande- und Rollscheinwerfer
188 innere Vorflügel
189 Vorflügel, geöffnet
190 Triebwerkverkleidung
191 Lufteinlass-Enteisungsleitung
192 Triebwerklufteinlass
193 Pratt-&-Whitney-JT9D-7R4-Turbofantriebwerk
194 Lastenträger für Triebwerk
195 Öltank
196 Gebläseluftauslass
197 Heissluftstrom-Abgasdüse

Links: Die zwölfte 767-200 für die Delta Air Lines beendet die Testflüge vor der Auslieferung. Delta hat 24 Bestellungen für die 767 mit General-Electric-CF6-80A-Turbofantriebwerken plaziert.

Unten: Britannia Airways, eine der grössten unabhängigen Luftverkehrsgesellschaften in Grossbritannien.

BOEING 767-300 USA

Antrieb: 2 Pratt-&-Whitney-JT9D-7R4E- od. General-Electric-CF6-80A2-Turbofantriebwerke, je 22'680 kp Standschub. Treibstoff 63'216 l.
Leistung: Maximale Betriebsgeschwindigkeit 667 km/h angezeigte Eigengeschwindigkeit oder 0,86 Mach; maximale Reisegeschwindigkeit 897 km/h in einer Höhe von 11'885 m; Langstreckenreisegeschwindigkeit 850 km/h in einer Höhe von 11'885 m (= 0,8 Mach) mit einem Gewicht von 117'936 kg; Sicherheitsstartlänge (FAR) 2'410 m; Sicherheitslandestrecke (FAR) 1'705 m; Reichweite mit maximaler Nutzlast 5'220 km; Reichweite mit vollen Tanks und 9'720 kg Nutzlast 9'670 km.
Gewicht: Standardbetriebsleergew. 85'630 kg; max. Treibstoffgewicht 51'131 kg; max. Nutzlast 40'460 kg; max. Startgewicht, Basisflugzeug, 156'489 kg; max. Startgewicht, wahlweise, 159'755 kg; maximales Landegewicht (für jedes aufgeführte Startgewicht) 136'078 kg; maximales Leertankgewicht (für jedes aufgelistete Startgewicht) 126'098 kg.
Abmessungen: Spannweite 47,57 m; Gesamtlänge 54,94 m; Gesamthöhe 15,85 m; Pfeilung 31,5 Grad bei Viertelprofilsehne; Flügelfläche 283,3 m².
Kabine: Länge 40,36 m, max. Breite 4,72 m, max. lichte Höhe 2,87 m. Standardunterbringung 269 Passagiere in Gemischtklassenauslegung; max. 290 Passagiere (Siebenerreihen) oder 330 Passagiere (zus. Notausgänge). Gesamtunterflurgep.-/Frachtvol. 147 m³.

Rechts: Japan Air Lines war die erste Fluggesellschaft, die die verlängerte -300-Version der Boeing 767 bestellte und diesen Typ im regelmässigen Einsatz hat. In den USA begann Delta Air Lines mit dem Einsatz der 767-300 am 1. Dezember 1986, in diesem Fall mit CF6-Triebwerken.

BOEING 7J7 USA

Ein Anfang der 80er Jahre sich entwickelnder Markt für Kurz-/Mittelstreckenflugzeuge in der 150-Sitze-Kategorie erregte die Aufmerksamkeit der «grossen drei» Flugzeughersteller. Airbus Industrie, die noch keinen Typ in dieser Grösse in der Produktion hatte, konnte diesem Erfordernis nur durch einen neuen Entwurf gerecht werden: die A320. Sowohl Boeing wie McDonnell Douglas waren für die Reaktion auf das Marktbedürfnis besser gerüstet, auf kurze Sicht mit der Entwicklung einer neuen Variante der Boeing 737 beziehungsweise der McDonnell Douglas MD80, während in Hinblick auf die 90er Jahre neue Flugzeugprojekte vorbereitet und untersucht wurden. Als die grossen Triebwerkhersteller den Zeitplan für die Einführung von Triebwerken mit ultrahohen Nebenstromverhältnissen (UHB) oder Propfan-Triebwerken mit dramatischer Reduzierung des spezifischen Treibstoffverbrauchs bekanntgaben, hatte keiner der US-Flugzeughersteller ein eindeutiges Stadium bei der Planung eines 150sitzigen Flugzeuges neuer Technologie erreicht.
Um diese Triebwerke mit neuer Technologie und eine Anzahl weiterer, Anfang der 90er Jahre zu erwartender neuer Technologien ausnützen zu können, entschloss sich Boeing während des Jahres 1985, die zu diesem Zeitpunkt im Untersuchungsstadium befindlichen, turbofangetriebenen 150-Sitzer-Projekte beiseite zu legen und den vorläufigen Bedarf mit bestehenden oder abgeleiteten Typen zu decken. McDonnell Douglas nahm einen ähnlichen Standpunkt ein, obwohl sie den Produktionsbeginn für ein völlig neues UHB-Flugzeug zwei Jahre später ansetzen als Boeing, wobei die Treibstoffpreise einen entscheidenden Einfluss auf das Timing haben werden.
Boeing sieht die Einführung seines neuen Flugzeuges, während der Entwicklungsphase als Modell 7J7 bekannt, für das Jahr 1992 vor. Diese Entscheidung beruht zum Teil auf Marktbeurteilungen, zum Teil auf technologischer Opportunität. Soweit Marktbedingungen in Betracht gezogen werden, stellt Boeing fest, dass zur Zeit das Modell 727-200 das dominierende 150sitzige Flugzeug ist. Von ihm waren im Jahre 1986 um die 1'200 im Einsatz, und viele werden Anfang der 90er Jahre ersetzt werden müssen, aber die Fluggesellschaften wollen davon überzeugt werden, dass Preis, wirtschaftlicher Betrieb und Marktvorteile eines alternativen, brandneuen Flugzeuges zwingende Gründe für seinen Ankauf sind. Der Entwurf des Modells 7J7 soll den Fluggesellschaften genau eine solche Kombination von Vorzügen anbieten, die den Vorteil der im Jahre 1992 zur Verfügung stehenden neuen Technologien ausnutzt. Diese Fortschritte beziehen sich nicht nur auf die Strukturen und Flugzeug-Systeme, sondern auch auf die Entwurfs- und Fertigungsmethoden.
Der Vortrieb bietet die beste Möglichkeit, grössere Verbesserungen für das Modell 7J7 zu erreichen. Bis Ende 1986 sah Boeing für das Modell 7J7 zwei am Rumpfende eines Tiefdeckers mit T-Leitwerk montierte UHB-Triebwerke vor. Von diesen Triebwerken wurde erwartet, dass sie gegenüber den modernsten, bis 1992 verfügbaren Turbofan-Triebwerken eine Kraftstoffreduzierung von ungefähr 25 Prozent aufweisen und zudem den US- und ICAO-Lärmvorschriften ent-

Rechts: Die Boeing 7J7 in ihrer Projektierung von 1986. 1987 hatte Boeing einen ähnlichen Entwurf mit IAE-Superfans unter den Flächen untersucht.
Unten: Nach mehreren Jahren Ungewissheit bestätigte Boeing 1987, dass man sich auf ein Design mit zwei Gängen bei der 7J7 konzentriert, die hier mit 2 Gen.- Electric-UDF-Triebwerken gezeigt wird.

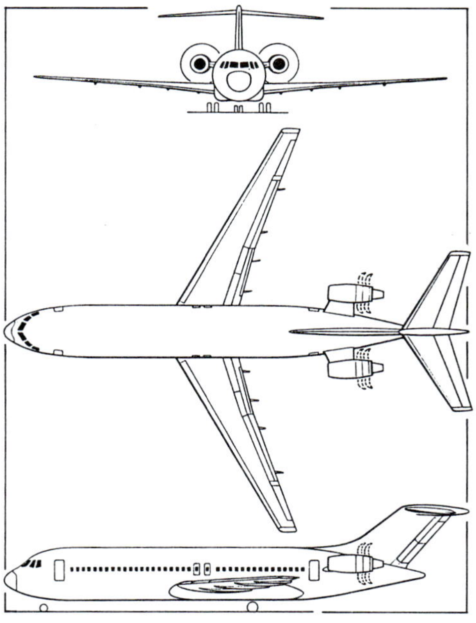

Die Boeing 767-300 wurde im Februar 1983 als Ergänzung zur 767-Modellfamilie angekündigt. Bei demselben Rumpfquerschnitt wie das Modell 767-200ER hat das Modell 767-300 zusätzliche Rumpfbauteile vor (3,07 m) und hinter (3,35 m) der Fläche, verstärkte Haupt- und Bugradfederbeine und etwas dickere Flächenbeplankungen. Das Modell 767-300 machte seinen ersten Flug am 30. Januar 1986, angetrieben von JT9D-7R4D-Triebwerken, jedes mit einem Standschub von 21'773 kp. Das zweite Flugzeug mit CF6-80A2-Turbofantriebwerken schloss sich dem Programm im März 1986 an.

Varianten

Das Basismodell 767-300 wird mit derselben Treibstoffkapazität wie das Basismodell 767-200 und mit denselben Triebwerkwahlmöglichkeiten angeboten. Es hat dasselbe maximale Startgewicht wie das Modell 767-200 mit einem wahlweise höheren Gesamtgewicht von 159'755 kg. Die Langstreckenversion 767-300ER hat mit zusätzlichen Treibstofftanks im Mittelstück eine Kapazität von 9'139 l und eine weitere Gewichtserhöhung auf zunächst 172'365 kg und später auf 181'440 kg. Zur Aufrechterhaltung des Flugplatzleistungsbereiches und des wirtschaftlichen Betriebs bei diesen höheren Gewichten umfassen die Triebwerkwahlmöglichkeiten für das Modell 767-300ER das 26'762 kp schubstarke General Electric CF6-80C2 und das Pratt-&-Whitney-Triebwerk PW4059 von der gleichen Leistung. Im Jahre 1986 arbeitete Boeing an einer weiteren Streckung des Modells 767, dem Modell 767-400, das zwei weitere Rumpfbauteile haben würde, eines von 3,35 m vor der Fläche und eines von 3,07 m hinter der Fläche. Dies würde die Basis-Gemischtklassensitzkapazität auf ungefähr 300 erhöhen und die maximale Ein-Klassen-Unterbringung auf ungefähr 370. Es hätte diesselben Startgewichte wie das Basismodell 767-300ER und dieselben Triebwerkwahlmöglichkeiten. Höhere Gewichte als ungefähr 172'365 kg wären wegen der Begrenzung des Flugzeugrotationswinkels beim Start als Ergebnis der erweiterten Rumpflänge hinter dem Hauptfahrwerk nicht akzeptabel.

Indienststellung

Das Modell 767-300 wurde zuerst durch Japan Air Lines am 29. September 1983 mit JT9D-7R4D-Triebwerken bestellt. Nach der Zulassung am 22. September, die auf dem Flugprogramm durch die ersten zwei Flugzeuge beruhte, übernahm die Fluggesellschaft die Auslieferung ihres ersten gestreckten Modells 767 am 25. September 1986; dieses Flugzeug war das dritte aus der Produktionskette. Weitere Auslieferungen im Oktober und im Dezember 1986 und im Juni 1987 komplettierten den Erstauftrag von JAL für vier Flugzeuge, und der Ersteinsatz wurde auf Inlandstrecken in Japan am 20. Oktober feierlich eröffnet, wofür die Flugzeuge mit 16 Erste-Klasse-Supersitzen und 254 Economy-Klasse-Sitzen ausgestattet wurden. Weitere Aufträge kamen von Delta Air Lines für neun Flugzeuge mit CF6-80A2-Triebwerken und von All Nippon Airways für 15 Flugzeuge.

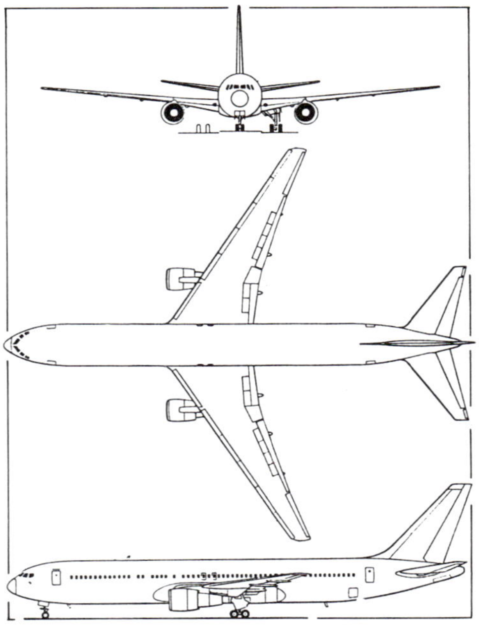

Oben: Die Boeing 767-300 unterscheidet sich von den Basis-200-Varianten äusserlich nur durch die um 6,42 m erweiterte Gesamtlänge.

Links: Das Cockpit der 767-300 unterscheidet sich kaum von dem der früheren Boeing-767-Varianten und zeichnet sich durch elektronische Bildschirme für Flug- und Navigationsinformationen aus.

sprechen. Eines dieser Triebwerke ist das GE-36 ohne Getriebe, mit dem innerhalb eines General-Electric/Boeing-Gemeinschaftsprogramms am 20. August 1986 der erste Flug durchgeführt wurde, wobei das Triebwerk an der hinteren Backbordseite einer Boeing 727-100 montiert war. Ein Pratt & Whitney/Allison 528-DX-Triebwerk sollte gleichermassen an der Boeing 727 während des Jahres 1987 erprobt werden, aber im Januar desselben Jahres gab Boeing bekannt, dass das General Electric UDF «einer der führenden Wettbewerber für den Antrieb der 7J7» sei. Dies wurde insofern im Februar 1987 bestätigt, als Boeing sich für die 11'340 kp schubstarke GE36-B22A-Version des General-Electric-UDF-Triebwerks entschied, nachdem auch der IAE-Superfan mit Montage unter den Flächen in Betracht gezogen worden war. Ein anderes Gebiet neuer Technologie ist die Anwendung von leichtgewichtigen Strukturmaterialien zur Verbesserung des wirtschaftlichen Treibstoffverbrauchs. Aluminium-Lithium-Legierungen schaffen die Möglichkeit, gegenüber konventionellen Legierungen ungefähr acht Prozent an Gewicht einzusparen, und Verbundwerkstoffe, wie zum Beispiel Graphit/Epoxydharz haben bei den Sekundärstrukturen bereits Einsparungen bis zu 25 Prozent demonstriert. Das Cockpit des Modells 7J7 wird anstelle der heute gebräuchlichen Bildschirme mehrfarbige, flache Bildschirme erhalten, die weniger Raum, Gewicht und Energie benötigen und eine bessere Zuverlässigkeit bieten. Ein neues Datenübertragungsverfahren zur Aufschaltung von Flugzeugsystemen und Weitergabe notwendiger Daten stellt Boeings Digital Autonomous Terminal Access Communications System (DATAC) dar.

Boeings Zeitplan für das Modell 7J7 basiert auf dem Ziel, den Fluggesellschaften eine Basisspezifikation anzubieten mit einer Mitte 1988 zu erwartenden Produktionsverpflichtung und einer Erstauslieferung eines zugelassenen Flugzeuges Anfang des Jahres 1992. Neben dem Ausgangsmodell 7J7-150 wurde Ende des Jahres 1986 ein kleineres, 100/110sitziges Modell 7J7-110 in Betracht gezogen, aber zu Beginn des Jahres 1987 hatte Boeing sich wiederum dazu entschieden, sich auf die 150-sitzige 7J7 zu konzentrieren, während neue Versionen der 737 auf dem Markt für 100-Sitzer angeboten wurden. Die 7J7 mit zwei Gängen hat einen Aussenrumpfdurchmesser von 4,78 m. Je nach Triebwerkwahl und -Anbringung beträgt die Gesamtlänge 42,62 m oder 36,73 m und die Flügelspannweite 36,58 m.

Ende 1950 begann Avro Company, die Chancen ziviler Flugzeugmuster zu erforschen, um ihre Produktelinie zu diversifizieren. Die Bemühungen kurz nach dem zweiten Weltkrieg, mit der Tudor in den zivilen Flugzeugmarkt einzudringen, waren nicht sehr erfolgreich, und Mitte der 50er Jahre bezog sich die gesamte Avro-Entwurfs- und Produktionsaktivität auf Verteidigungsverträge. Nach der 1957er Entscheidung, wieder auf dem zivilen Markt aufzutreten, konzentrierte sich die Aufmerksamkeit auf kleine Kurzstrecken-Turboprop-Flugzeuge als Ersatz für zweimotorige Flugzeuge mit Kolbentriebwerken, wie zum Beispiel die Douglas DC-3 und Vickers Viking, und als Konkurrent für die damals bereits in der Flugerprobung befindliche Fokker F27. Die Anfangsstudien unter der Bezeichnung Avro 748 waren auf ein 20sitziges, zweimotoriges Schulterdeckerflugzeug mit einem Gesamtgewicht von nur 8'165 kg ausgerichtet, aber die Reaktionen von Fluggesellschaften auf diesen Vorschlag und Marktforschungen führten zu der Entwicklung eines neuen Tiefdeckermodells mit einem Gesamtgewicht von 14'968 kg, zwei Rolls-Royce-Dart-Triebwerken und 36 Sitzen. Die besonderen Merkmale dieses im Januar 1959 aufgelegten Entwurfs für eine Prototyp-Konstruktion waren eine Fläche mit einer höheren Streckung und eine neuartige, einfach gespaltene Klappe zur Erhöhung der Einsatzleistung und die Anwendung von betriebssicheren Prinzipien (fail safe) beim Strukturentwurf. Dieses Flugzeug war zuerst als Avro 748 bekannt, nachdem Avro in die Hawker-Siddeley-Gruppe aufgenommen wurde als H.S. 748 und nach der Verstaatlichung von HSA als British Aerospace 748. Die 748 blieb in der Produktion von 1961 bis 1968 und diente dann als Basis für die Entwicklung der British Aerospace ATP. Die zwei Prototypen begannen mit der Flugerprobung am 24. Juni 1960 bzw. am 10. April 1961.

Varianten

Der Prototyp und das erste Produktionspaket mit Serie-1-Standard hatte Rolls-Royce-RDa6-Dart-Mk-514-Triebwerke mit 1'402 kW. Die Sre 2, die zum ersten Mal am 6. November 1961 geflogen wurde, führte die RDa7-Dart-Mk-531-Triebwerke mit einer Leistung von 1'570 kW ein, wurde aber im Verkauf verdrängt, und zwar im Jahre 1977 durch die Sre 2A mit verstärkten Darts, gewöhnlich das Mk-535-2-Triebwerk mit 1'700 kW (ursprünglich als Mk 532-2S bezeichnet), aber einige mit Mk 534-2 (ursprünglich Mk 532-2l) und neun Flugzeuge für besonderen Einsatz mit RDa-Varianten. Die Sre 2C, zum ersten Mal am 31. Dezember 1971 geflogen, war eine Srs 2A mit einer grossen Frachttür an der hinteren Backbordrumpfseite. Die Sre 2B führte eine Anzahl Verbesserungen ein, einschliesslich einer um 1,22 m vergrösserten Spannweite mit neuen Flächenenden, modifizierten Leitwerksteuerflächen und Dart-Mk-536-2-Triebwerken, auf Anforderung mit Schalldämpfer; die erste Sre-2B-Produktion flog am 22. Juni 1979. Die endgültige Variante war die BAe Super 748, ähnlich der Sre 2B, aber mit einem neuen Cockpit, Dart-Mk-552-Triebwerken mit Schalldämpfern und, auf Anforderung, automatischer Wasser-Methanol-Einspritzung, neuer Kabinenauslegung und anderen Verbesserungen. Die Super 748 flog zum ersten Mal am 30. Juli 1984.

British Aerospace HS.748 Serie 2

1 Radom
2 Radarabtaster
3 elektrische Ausrüstung
4 Triebwerklufteinlass
5 vord. Trennwand
6 Nasenstruktur
7 Windschutzscheiben
8 Instrumentenbrettabdeck.
9 Instrumentenpanel
10 Kontrollsäule
11 Ruderpedale
12 Struktur des Bugfahrwerkschachts
13 Luftführung
14 Bugradtür
15 Doppelbugrad
16 Kapitänsitz
17 Copilotensitz
18 Struktur des Kabinendaches
19 Regal für Radio
20 vorderer Frachtraum
21 vierblättrige Dowty-Rotol-Luftschraube
22 Luftschraubennabe
23 Triebwerkverkleidung
24 Vorderkanten-Enteisungssektionen
25 Flächentreibstofftank
26 Tankstutzen
27 Flächenversteifer
28 Flächenspitze, steuerbord
29 Steuerbord-Querruder
30 Querruderausgleichsklappe
31 Klappe, steuerbord
32 Klappenverkleidungen
33 Rumpfrahmen
34 Überkopfgepäckablagen
35 Passagierserviceeinheiten
36 Tür für Fracht und Besatzung
37 Türgriff
38 Wärmeaustauscher für Klimaanlage
39 Kabinenbodenstruktur
40 Kabinenfenster
41 Fensterblenden
42 Passagiersitze
43 Bodenschienen
44 Kabinenverkleidungen
45 Belüftungsklappen
46 Rumpfmittelstück
47 Flügelholmträgerrahmen
48 Flossenwurzelverkleidung
49 Höhenleitwerk, steuerbord
50 Flossenkonstruktion
51 Flossenvorderkantenenteis.
52 Antikollisionslicht
53 Ruderkonstruktion
54 Ruderausgleichsklappe
55 Steuerstange für Ruderausgleichsklappe
56 Navigationslicht

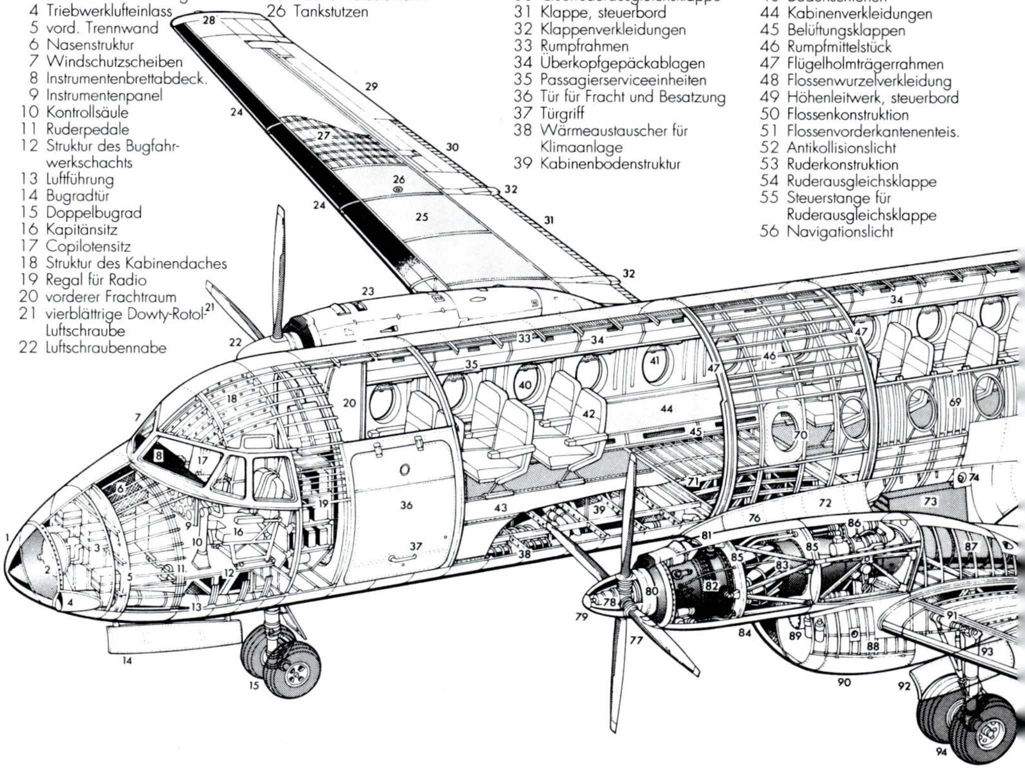

Super 748

Antrieb: 2 Rolls-Royce-Dart-Mk-552-(RDa7)-Turboprops, je 1'700 kW Startleistung, mit vierblättrigen Dowty-Rotol-Propellern, konstante Drehzahl und Segelstellung, ø 3,66 m. Treibstoff 6'500 l in Flächenintegraltanks.
Leistung: Reisegeschwindigkeit mit einem Gesamtgewicht von 17'236 kg 454 km/h; anfängliche Steigrate 7,2 m/sec; Dienstgipfelhöhe 7'620 m; Sicherheitsstartstrecke (BCAR) 1'380 m; Landestrecke 1'025 m; Reichweite mit max. Nutzlast und typischen Reserven 1'865 km; Reichweite mit max. Treibstoff und 3'593 kg Nutzlast 3'055 km; Reichweite bei Überführungsflug 3'528 km.
Gewicht: Max. Betriebsleergewicht 12'274 kg; max. Treibstoffgewicht 5'225 kg; maximale Nutzlast 5'189 kg; max. Startgewicht 21'092 kg; max. Landegewicht 19'504 kg; maximales Leertankgewicht 17'463 kg.
Abmessungen: Spannweite 31,24 m, Gesamtlänge 20,42 m; Gesamthöhe 7,57 m; Pfeilung 2° 54 Min. bei Viertelprofilsehne; Flügelfläche 77 m².
Kabine: Länge 14,17 m, max. Breite 2,46 m, max. lichte Höhe 1,92 m, Standardauslegungen für 40 bis 58 Passagiere in Viererreihen mit Mittelgang. Fracht-/Gepäckvol. 8,95 m³. Zwei-Mann-Cockpit-Besatzung.

Indienststellung

Die 747 Sre 1 wurde am 7. Dezember 1961 zugelassen und bei Skyways im Jahre 1962 eingesetzt. Die Sre 2 wurde im Oktober 1962 zugelassen und bei BKS Air Transport in Dienst gestellt. Auslieferungen der Sre 2B begannen im Jahre 1980 an Air Madagascar. Auslieferungen der Super 748 begannen im Jahre 1984 an LIAT. Die Produktion der 748 belief sich bis zum Anfang des Jahres 1987 insgesamt auf 377. Diese Zahl schliesst zwei Prototypen und 18 der Serie 1s ein; 31 militärische Andover C.Mk 1 wurden für die RAF gebaut; ungefähr 52 Srs-2/2A-Flugzeuge wurden an militärische Betreiber verkauft, von denen 18 die seitliche Frachttür des Typs Sre 2B hatten; und 89 Komponentensätze wurden an Indien ausgeliefert, 72 davon für die indische Luftwaffe und 17 für indische Fluggesellschaften. Ungefähr 50 Fluggesellschaften, verteilt über die ganze Welt, betrieben bis 1987 insgesamt ungefähr 160 HS.748-Flugzeuge.

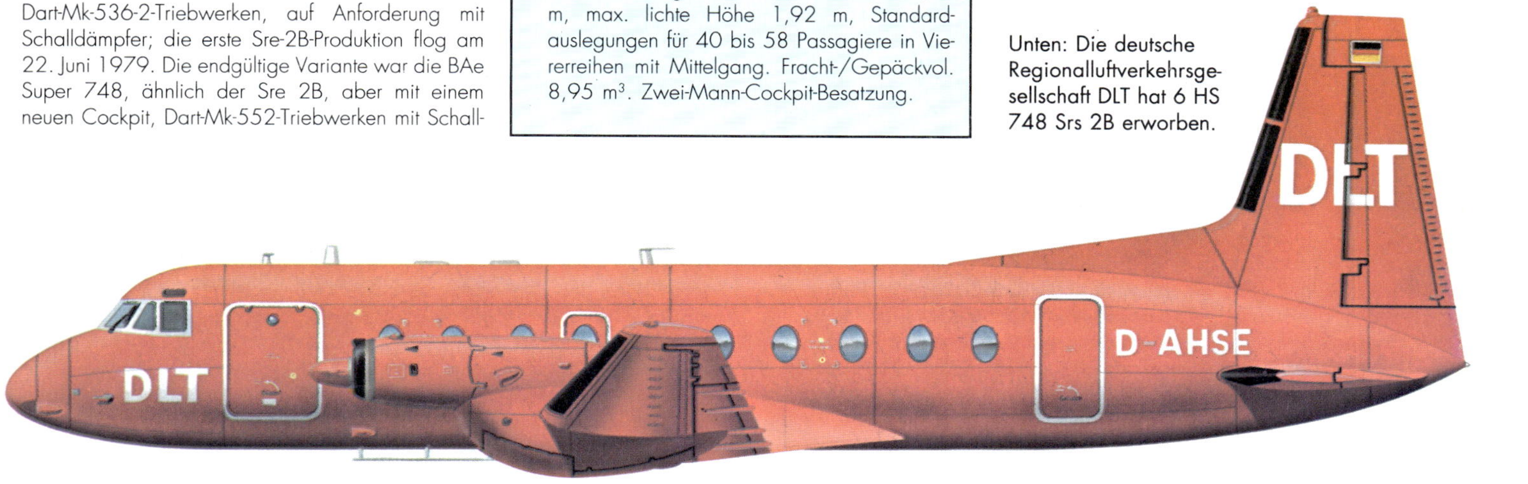

Unten: Die deutsche Regionalluftverkehrsgesellschaft DLT hat 6 HS 748 Srs 2B erworben.

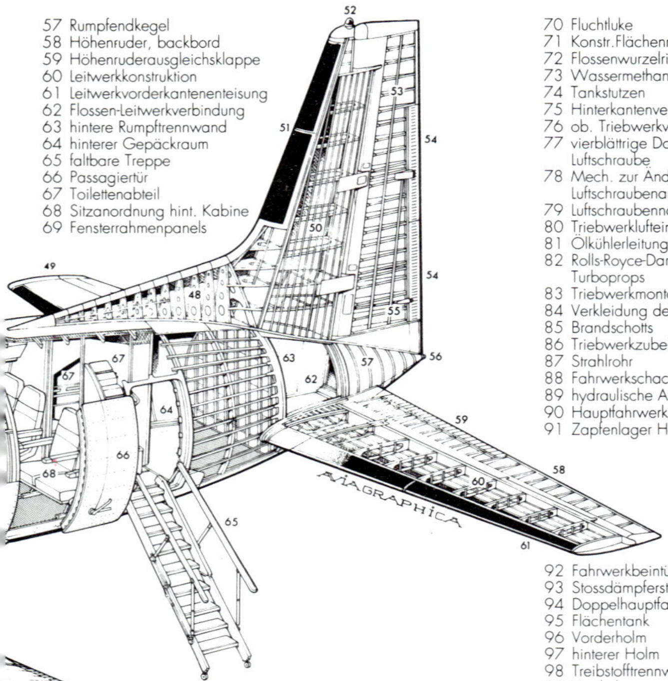

57 Rumpfendkegel
58 Höhenruder, backbord
59 Höhenruderausgleichsklappe
60 Leitwerkkonstruktion
61 Leitwerkvorderkantenenteisung
62 Flossen-Leitwerkverbindung
63 hintere Rumpftrennwand
64 hinterer Gepäckraum
65 faltbare Treppe
66 Passagiertür
67 Toilettenabteil
68 Sitzanordnung hint. Kabine
69 Fensterrahmenpanels
70 Fluchtluke
71 Konstr. Flächenmittelstück
72 Flossenwurzelrippe
73 Wassermethanoltank
74 Tankstutzen
75 Hinterkantenverkleidung
76 ob. Triebwerkverkleidung
77 vierblättrige Dowty-Rotol-Luftschraube
78 Mech. zur Änderung des Luftschraubenanstellwinkels
79 Luftschraubennabe
80 Triebwerklufteinlass
81 Ölkühlerleitung
82 Rolls-Royce-Dart-535-2-Turboprops
83 Triebwerkmontagerahmen
84 Verkleidung des Triebwerks
85 Brandschotts
86 Triebwerkzubehörausrüstung
87 Strahlrohr
88 Fahrwerkschacht
89 hydraulische Ausrüstung
90 Hauptfahrwerktüren
91 Zapfenlager Hauptfahrwerk

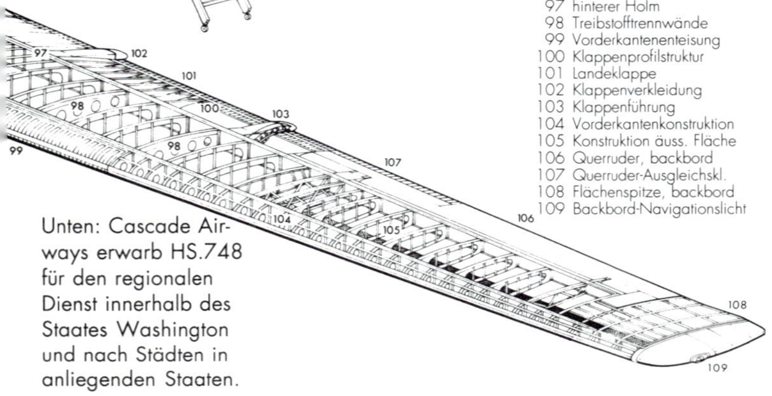

92 Fahrwerkbeintüren
93 Stossdämpferstrebe
94 Doppelhauptfahrwerk
95 Flächentank
96 Vorderholm
97 hinterer Holm
98 Treibstofftrennwände
99 Vorderkantenenteisung
100 Klappenprofilstruktur
101 Landeklappe
102 Klappenverkleidung
103 Klappenführung
104 Vorderkantenkonstruktion
105 Konstruktion äuss. Fläche
106 Querruder, backbord
107 Querruder-Ausgleichskl.
108 Flächenspitze, backbord
109 Backbord-Navigationslicht

Oben: Seit ihrer Einführung hat die HS.748 mehrere Verbesserungen von Systemen und Ausrüstung über sich ergehen lassen. Dieses Bild zeigt die Viererreihensitzanordnung in einem 48-Sitz-Layout.

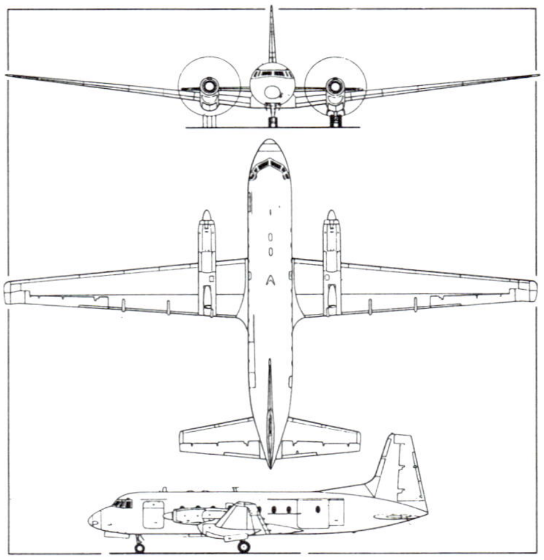

Rechts: Dreisichtzeichnung der British Aerospace 748 Srs 2B mit wahlweise einer Frachttür an der hinteren linken Backbordseite des Rumpfes.

Unten: Cascade Airways erwarb HS.748 für den regionalen Dienst innerhalb des Staates Washington und nach Städten in anliegenden Staaten.

Die Idee, das ursprüngliche Avro/Hawker-Siddeley-748-Zubringerflugzeug zu strecken, geht bis auf das Jahr 1961 zurück, als eine Avro 748E mit einer Rumpfstreckung von 1,83 m und den auf 1'790 kW verstärkten RDa10-Dart-Triebwerken projektiert wurde. Marktvorhersagen für dieses Projekt zeigten auf, dass dieses Flugzeug zu früh erschien. Tatsächlich mussten 20 Jahre vergehen, bis die Notwendigkeit einer vergrösserten Variante der 748 klar demonstriert werden konnte. Obwohl das neue Flugzeug im wesentlichen als eine gestreckte und modernisierte 748 entworfen wurde, wurde es unter der Bezeichnung Advanced Turboprop (ATP) bekannt, im Gegensatz zu der offiziellen Typenbezeichnung BAe 846 im Zeichenbüro. Mehrere mögliche Streckungen des 748-Rumpfes wurden in Betracht gezogen und verglichen mit einem völlig neuen Flugzeug ausgewertet, das dieselbe Kapazität von ungefähr 60 bis 65 Sitzen und einen vergleichbaren Nutzlast-/Reichweitenleistungsbereich anbot. Untersuchungen zu Beginn der 80er Jahre zeigten, dass die kostspielige Entwicklung eines völlig neuen Flugzeuges die Ressourcen von BAe strapazieren wüde, wenn die Ausgaben für den Airbus A320 anstiegen; andererseits trug eine einfache Streckung der 748 für weitere acht bis zwölf Passagiere wenig dazu bei, die Wirtschaftlichkeit oder die Begeisterung der Fluggesellschaften zu erhöhen. Der «Mittelkurs», der sich als gangbarer Weg erwies, war der, eine Kapazität von 60 bis 70 Sitzen anzustreben und die besten Merkmale der Super 748 mit neuen, treibstoffsparenden Triebwerken zu kombinieren. Hieraus ergab sich für BAe eine Chance, die Entwicklungskosten zu minimieren und ein Flugzeug anzubieten, das in Bezug auf den wirtschaftlichen Betrieb mit allen anderen auf dem Markt bekannten oder bis Ausgang der 80er und Anfang der 90er Jahre zu erwartenden Typen konkurrieren konnte. Das «Marktentwicklungsprogramm» wurde im September 1982 auf dieser Grundlage bekanntgegeben. Der ATP-Entwurf sah die Verwendung

Antrieb: 2 Pratt-&-Whitney-Canada-PW-124-Turboprops, je 1'604 kW Startleist., mit aut. Notreserve zur Leistungserhöhung auf 1'790 kW oder (PW125-Var.) 1'916 kW, 6-blättrige BAe/Hamilton-Standard-Luftschr., Durchmesser 4,19 m. Treibstoff 6'365 l (Flächenintegralt.).
Leistung: Maximale Betriebsgeschwindigkeit 417 km/h angezeigte Eigengeschwindigkeit; typische Reisegeschwindigkeit 491 km/h; Langstreckenreisegeschwindigkeit 440 km/h in 7'010 m Höhe; typische Steigrate 6,96 m/sec; max. Betriebshöhe 7'620 m; Reichweite mit max. Nutzlast 1'065 km; Reichweite mit 64 Passagieren 1'825 km; Reichweite mit max. Treibstoff und 3'629 kg Nutzlast 3'444 km.
Gewicht: Typ. Betriebsleergew. 13'594 kg; max. Treibstoffgew. 5'080 kg; max. Nutzlast 6'727 kg; max. Startgew. 22'453 kg; max. Landegew. 21'773 kg; Leertankgew. 20'094 kg.
Abmessungen: Spannweite 30,63 m; Gesamtlänge 26,01 m; Höhe 7,14 m; Pfeilung 2 Grad 54 Min. an Viertelprofilsehne; Flügelfläche 78,3 m².
Kabine: Länge 19,2 m, max. Breite 2,46 m, max. lichte Höhe 1,92 m. Standardkonfiguration bietet 64 Sitze in Viererreihen mit einem Sitzabstand von 79 cm; altern. Anordnung verfügbar für bis zu 72 Passagiere. Gepäck-/Frachtabteile vorne und hinten in der Kabine, Gesamtvolumen 11,04 m³. Zwei-Mann-Cockpit-Besatzung und zwei Flugbegleiter.

Unten: Der Prototyp der British Aeropace ATP machte seinen Erstflug in Manchester am 6. August 1986. Diese Fotografie zeigt die ATP auf ihrem Erstflug in einer BAe-Bemalung. British Midland war hier der auftraggebende Kunde.

British Aerospace ATP
1 Radom
2 Wetterradarabtaster
3 Abtastermontierung
4 Batterien
5 vorderes Druckschott
6 Statikdruckabnahme
7 Bugradschacht
8 Bugradtüren
9 Pitotröhre
10 Höhe des Cockpitbodens
11 Ruderpedale
12 Instrumentenbrett, elektr. Fluginstrumentenbildschirm
13 Instrumentenpanelabdeck.
14 Windschutzscheibenpanels
15 Scheibenwischer
16 Cockpitdachverrahmung
17 Überkopfpanel für Systemschaltung
18 Copilotensitz
19 Fenster für Direktsicht
20 Handrad an der Steuersäule
21 Antenne für UKW-Kursfunkfeuer/Instrumentenlandesyst.
22 Kartenkasten
23 Zapfenlager für Bugrad
24 Bugradfederbein
25 doppeltes Bugrad, nach vorne einziehbar
26 Bugradbeintüren
27 Gestell für Radio und Avionikausrüstung
28 Kapitänsitz
29 Cockpitstirnfenster
30 Panel für elektr. Versorgung
31 seitliche Gepäcktür
32 Toilettenabteil
33 Haupteingangstür, geöffnet
34 Türriegel
35 einziehbare Treppe
36 zusammenfaltbares Geländer
37 Eingangsraum
38 Klappsitz für Flugbegleiter
39 seitl. vorderes Gepäckabteil
40 Stauraum für Treppe
41 Schrank, Handgepäckfächer für Passagiere
42 Steigleitungen Klimaanlage

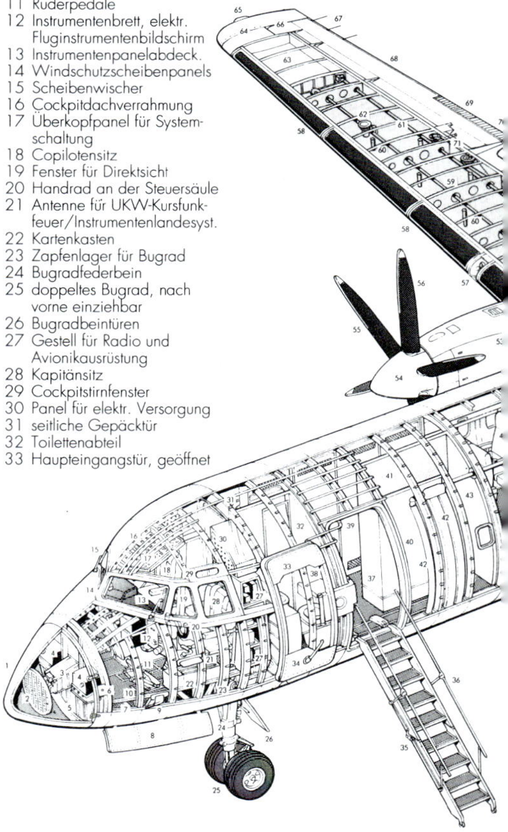

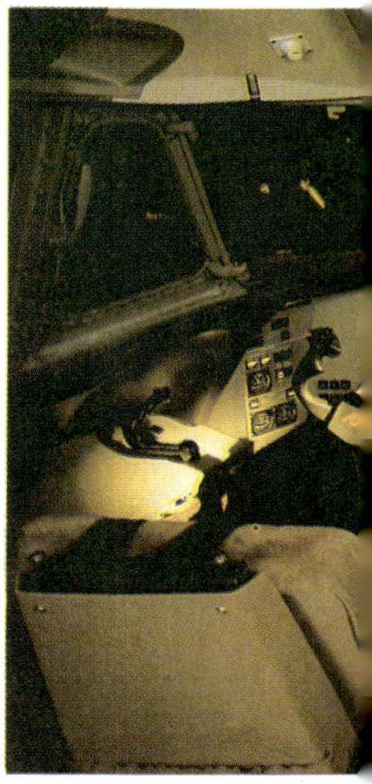

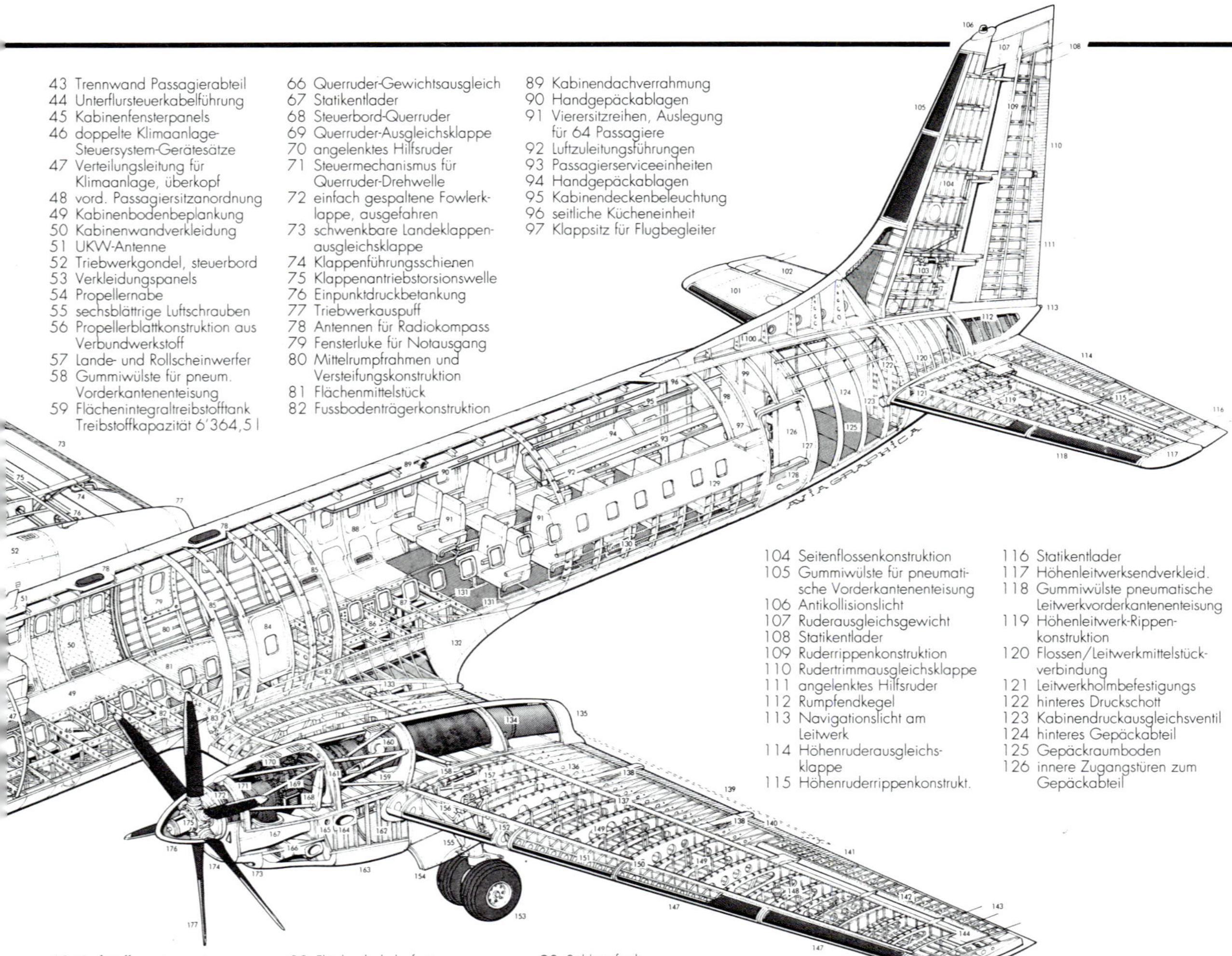

43 Trennwand Passagierabteil
44 Unterflursteuerkabelführung
45 Kabinenfensterpanels
46 doppelte Klimaanlage-Steuersystem-Gerätesätze
47 Verteilungsleitung für Klimaanlage, überkopf
48 vord. Passagiersitzanordnung
49 Kabinenbodenbeplankung
50 Kabinenwandverkleidung
51 UKW-Antenne
52 Triebwerkgondel, steuerbord
53 Verkleidungspanels
54 Propellernabe
55 sechsblättrige Luftschrauben
56 Propellerblattkonstruktion aus Verbundwerkstoff
57 Lande- und Rollscheinwerfer
58 Gummiwülste für pneum. Vorderkantenenteisung
59 Flächenintegraltreibstofftank Treibstoffkapazität 6'364,5 l
60 Kraftstoffvorratsanzeiger
61 Treibstoffleitungen
62 Betankungsstutzen
63 Trockenkasten im äusseren Flächenstück
64 Flächenendenverkleidung
65 Navigationslicht, steuerbord
66 Querruder-Gewichtsausgleich
67 Statikentlader
68 Steuerbord-Querruder
69 Querruder-Ausgleichsklappe
70 angelenktes Hilfsruder
71 Steuermechanismus für Querruder-Drehwelle
72 einfach gespaltene Fowlerklappe, ausgefahren
73 schwenkbare Landeklappen-ausgleichsklappe
74 Klappenführungsschienen
75 Klappenantriebstorsionswelle
76 Einpunktdruckbetankung
77 Triebwerkauspuff
78 Antennen für Radiokompass
79 Fensterluke für Notausgang
80 Mittelrumpfrahmen und Versteifungskonstruktion
81 Flächenmittelstück
82 Fussbodenträgerkonstruktion
83 Flächenholmbefestigung
84 Fensterluke für Notausgang
85 Hauptrahmen für Flächenholmrumpfverbindung
86 Unterfluraustüstungsschacht
87 Gestell für Avionikausrüst.
88 Kabinenwandverkleidung
89 Kabinendachverrahmung
90 Handgepäckablagen
91 Vierersitzreihen, Auslegung für 64 Passagiere
92 Luftzuleitungsführungen
93 Passagierserviceeinheiten
94 Handgepäckablagen
95 Kabinendeckenbeleuchtung
96 seitliche Kücheneinheit
97 Klappsitz für Flugbegleiter
98 Schliessfach
99 hintere Kabinentrennwand
100 Flossenwurzelrippe
101 Höhenleitwerk, steuerbord
102 Höhenruder, steuerbord
103 Hydraulikverstärker für Seitenrudersteuerung
104 Seitenflossenkonstruktion
105 Gummiwülste für pneumatische Vorderkantenenteisung
106 Antikollisionslicht
107 Ruderausgleichsgewicht
108 Statikentlader
109 Ruderrippenkonstruktion
110 Rudertrimmausgleichsklappe
111 angelenktes Hilfsruder
112 Rumpfendkegel
113 Navigationslicht am Leitwerk
114 Höhenruderausgleichsklappe
115 Höhenruderrippenkonstrukt.
116 Statikentlader
117 Höhenleitwerksendverkleid.
118 Gummiwülste pneumatische Leitwerkvorderkantenenteisung
119 Höhenleitwerk-Rippenkonstruktion
120 Flossen/Leitwerkmittelstückverbindung
121 Leitwerkholmbefestigungs
122 hinteres Druckschott
123 Kabinendruckausgleichsventil
124 hinteres Gepäckabteil
125 Gepäckraumboden
126 innere Zugangstüren zum Gepäckabteil
127 hintere Eingangstür
128 in Tür montierte Notrutsche
129 Fensterpanel
130 hinterer Rumpfrahmen und Versteifungskonstruktion
131 Sitzmontageschienen
132 Flächenwurzelrippe
133 Klappenmotor und Getriebe
134 Triebwerkabgasführung mit Hitzeabdeckung
135 Abgasdüse
136 Flächenabdeckungsrippen
137 hinterer Holm
138 Klappenführungsverkleid.
139 Landeklappen, ausgefahren
140 Scharnierausgleichsklappe
141 angelenktes Hilfsruder am Querruder
142 Querruderrippenkonstruktion
143 Statikentlader
144 Querrudergewichtsausgleich
145 Navigationslicht, backbord
146 Sender für Fernkompass
147 Gummiwülste für Vorderkantenenteisung
148 Flächenrippenkonstruktion
149 Flächenintegraltreibstofftank
150 Vorderholm
151 Vorderkantennasenrippen
152 Lande-/Rollscheinwerfer
153 Doppelhauptfahrwerk, nach vorne einziehbar
154 Hauptfahrwerkbeintüren
155 Hauptfahrwerkfederbein
156 Zapfenlager für Hauptfahrwerkfederbein
157 Treibstofftank-Endrippe
158 hydraulischer Hauptfahrwerkeinfahrzylinder
159 Triebwerktragstreben
160 Abzapfluftvorkühler
161 Hauptrahmen für Triebwerkaufhängung
162 Hauptfahrwerkschacht
163 Hauptfahrwerktüren
164 Rücklaufführung Fremdkörperabscheider
165 Flächeninspektionslampe
166 Ölkühler
167 Fremdkörperabscheider im Lufteinlass
168 elektr. Triebwerkssteuereinheit
169 Pratt-&-Whitney-Canada-PW124-Turboprop
170 Triebwerkhilfsgerätegehäuse
171 Aufhängerahmen Getriebe
172 Getriebe für Luftschraubendrehzahlreduzierung
173 Lufteinlass für Ölkühler
174 Triebwerklufteinlass
175 Anstellwinkel-Veränderungsmechanik in der Propellernabe
176 Propellernabenhaube
177 BAe-Dynamics/Hamilton-Standard-Propeller

Oben: Ansicht des ATP-Cockpits bei Nacht mit den vier Kathodenstrahlröhrenbildschirmen und dem fünften Zentralbildschirm für das MFD.

Links: LIAT, Nachfolger von Leeward Islands Air Transport, einer der ersten ATP-Besteller.

Rechts: Dreisichtzeichnung der ATP, die sowohl die Ähnlichkeiten mit als auch die Unterschiede zu der British Aerospace 748 zeigt. Der Rumpf mit demselben Querschnitt ist etwa 5,4 m länger, und die Flosse und das Ruder sind nach hinten gepfeilt, um das Erscheinungsbild zu verbessern.

von PW124-Triebwerken an der Basisfläche vor, mit einer verlängerten 748-Rumpfversion (unter Beibehaltung desselben Rumpfquerschnitts) und einer Flossen- und Ruderpfeilung, um dem Flugzeug ein moderneres Erscheinungsbild zu geben. Als am 1. März 1984 die endgültige Entscheidung für das Entwicklungsprogramm gefällt wurde, war das ursprüngliche Konzept einer «minimalen Veränderung» der 748 auf eine «maximale Änderung» modifiziert worden, um den Betreibern die modernsten Systeme und Ausrüstungen anbieten zu können. So hat die ATP heute ein völlig neues Wechselstromsystem mit veränderlicher Frequenz, ein neues Klimaregelsystem, Kohlenstoffbremsen, eine völlig neue Avionikausrüstung, die auf einem digitalen Datenbus basiert, und ein fortschrittliches Cockpit. Das letztere enthält ein elektronisches Fluginstrumentensystem (EFIS) von Smith mit vier Kathodenstrahlbildschirmen (zwei für jeden Flugzeugführer) und einen multi-funktionalen Bildschirm von Bendix. Die Bildschirme sind identisch; normalerweise ist je Pilot ein Bildschirm für die Hauptsteuerung und einer für die Navigation vorgesehen, mit der Möglichkeit, diese bei Ausfällen umzuschalten.

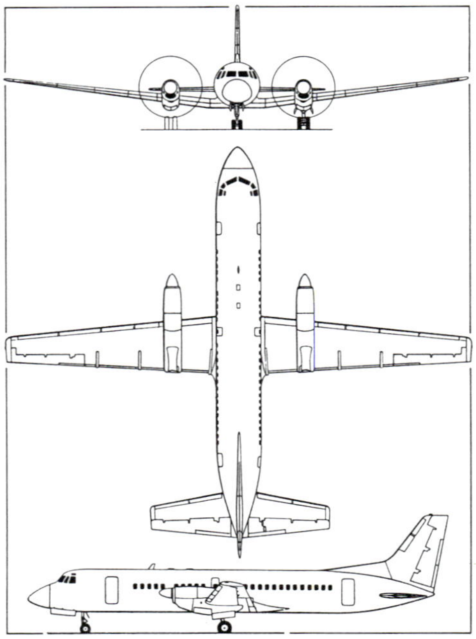

Varianten

Die Basis-ATP ist zugelassen in Übereinstimmung mit den US-FAR-Pt25-Vorschriften und den entsprechenden Lufttauglichkeitserfordernissen (JAR25) in Europa. Letztere gestattet eine höhere Triebwerkbetriebstemperatur im Notleistungsreservefall, als es die FAR Pt25 getattet. Als Konsequenz haben die Flugzeuge mit einer JAR25-Zulassung PW125-Triebwerke und 313 kW Leistungsreserve, die automatisch zur Verfügung steht, wenn ein Motor während des Startvorgangs ausfällt. Die PW124-Triebwerke, angebracht in Flugzeugen, die unter FAR-Pt25-Zulassung operieren, haben 186,4 kW Leistungsreserve.

Indienststellung

Die Flugerprobung der ATP begann in Woodford am 6. August 1986. Die ersten Bestellungen sind für den Betrieb bei British Midland selbst und bei zweien seiner assoziierten Kunden, Manx Airlines und Loganair, vorgesehen. Der zweite Kunde, LIAT Caribbean Airlines, wird zwei ATP im Jahre 1988 übernehmen.

Oben: Die Royal West Airlines wurde 1986 in Las Vegas gegründet, um Dienste an der US-Westküste zu versehen.

British Aerospace 146-100
1 Radom
2 Wetterradarabtaster
3 Radarmontierung
4 Antennen für Instrumentenlandesystem
5 Sauerstoffflasche, 1'812 l
6 schrägabfallendes vorderes Druckschott
7 bündig anliegende Antenne für UKW-Kursfunkfeuer
8 Bugradschacht
9 Bugradfederbein
10 doppeltes Bugrad
11 Pitotrohr
12 Ruderpedale
13 Instrumentenbrett

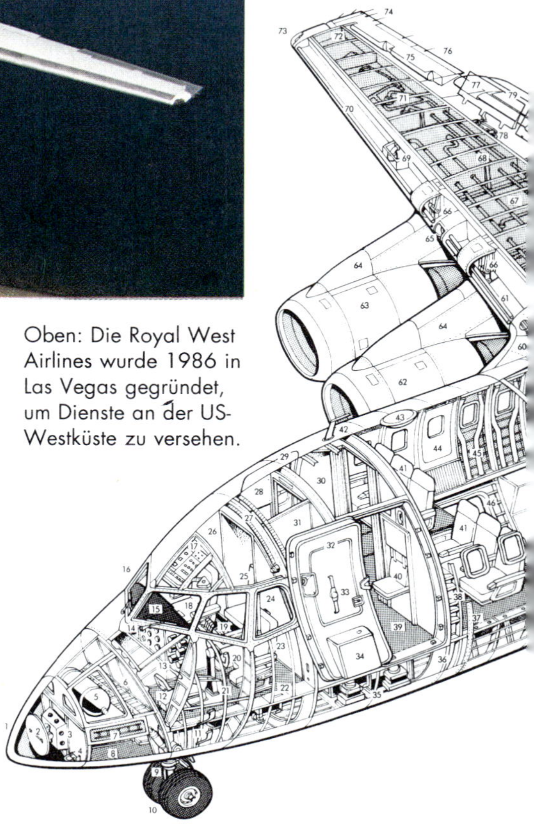

Die Geschichte der British Aerospace 146 geht zurück bis in die 60er Jahre und basiert auf Entwurfstudien, die durch die damals unabhängige de Havilland Aircraft Company für ein kleines Turbo-Zubringerflugzeug mit der Bezeichnung D.H.123 eingeleitet wurden. Dies war ein zweimotoriger Schulterdeckerentwurf, aber weitere Studien, die in Hatfield nach der Übernahme von de Havilland durch die Hawker Siddeley Aviation Company weitergeführt wurden, favorisierten Tiefdeckerauslegungen mit am hinteren Rumpf montierten Turbofantriebwerken. Diese Studien gipfelten im H.S.144-Projekt, aber das Fehlen eines passenden Triebwerks liess die Designer im April 1971 auf einen Schulterdecker mit vier kleineren Turbofans, wie zum Beispiel den Avco Lycoming ALF 502, zurückkommen. In dieser Formgebung wurde, in Partnerschaft mit der britischen Regierung, unter der Bezeichnung H.S.146 formell am 29. August 1973 das Entwicklungsprogramm beschlossen. Aber die wirtschaftliche Rezession von 1974/75 führte zur Beendigung des Programms im Oktober 1974, und die H.S.146 ging wieder auf das Projektentwurfsstadium zurück. In im wesentlichen derselben Formgebung wie ursprünglich geplant, wurde am 10. Juli 1978 durch British Aerospace das Entwicklungsprogramm neu aufgelegt. Bereits bei Entwicklungsbeginn wurden zwei Rumpflängen für die Modelle mit der Bezeichnung Sre 100 und Sre 200 geplant und Konstruktion, Entwicklung und Flugerprobung gingen parallel weiter. Die erste Sre 100 flog am 3. September 1981, ihr folgte eine zweite und dritte am 25. Januar und 2. April 1982, und die erste Sre 200 (die vierte gefertigte Zelle) flog am 1. August 1982. Die Produktion der BAe 146 ist auf die BAe-Fabriken und auch international verteilt worden. Insbesondere produziert Avco Aerostructures in den USA den Hauptflächentorsionskasten (das Flächenmittelstück im Rumpf), und Saab Scania in Schweden ist verantwortlich für das Leitwerk und alle beweglichen Steuerflächen. Die Gondeln für die ALF-502-Turbofantriebwerke werden in Nordirland bei Short Brothers produziert. Die gesamte Endmontage findet in Hatfield statt.

BAe 146-200
Antrieb: Vier Avco-Lycoming-ALF-502R-5-Turbofans, je 3'162 kp Standschub für den Start. Treibstoff 11'728 l in Flächenintegraltanks und im Flächenmittelstück; wahlweise zusätzliche 1'173 l in den Flächenwurzelverkleidungen.
Leistung: Max. Betriebsgeschwindigk. 547 km/h angezeigte Eigengeschwindigkeit oder 0,7 Mach; max. Reisegeschwindigkeit 784 km/h in einer Höhe von 7'315 m; wirtschaftliche Reisegeschwindigkeit 706 km/h in einer Höhe von 9'450 m; Sicherheitsstartlänge (FAR) 1'510 m; Sicherheitslandestrecke (FAR) 1'155 m; Reichweite mit max. Nutzlast und typischen Reserven 2'179 km; Reichweite mit max. Treibstoff und Zuladung von 6'575 kg 2'733 km.
Gewicht: Betriebsleergewicht 22'861 kg; Standardtreibstoffgewicht 9'362 kg; max. Treibstoffgewicht 10'298 kg; max. Nutzlast 10'478 kg; max. Startgewicht 42'184 kg; max. Landegewicht 36'741 kg; max. Leertankgewicht 33'339 kg.
Abmessungen: Spannweite 26,34 m; Gesamtlänge 28,6 m; Gesamthöhe 8,61 m; Pfeilung 15 Grad bei Viertelprofilsehne; Flügelfläche 77,3 m².
Kabine: Länge 15,42 m, max. Breite 3,38 m, max. lichte Höhe 2,02 m. Typische Einklassen-Unterbringung für 96 Passagiere in Sechserreihen mit Sitzabstand von 84 cm oder max. 109 in Sechserreihen (Sitzabstand 74 cm). Unterflurgepäck-/Frachtraumvolumen 18,3 m³. Zwei-Mann-Cockpit-Besatzung und zwei oder drei Flugbegleiter.

Varianten

Die Erstvariante ist die BAe 146-100 mit einer Gesamtlänge von 26,19 m, die für 82 Passagiere mit einem Sitzabstand von 84 cm oder maximal 93 Passagiere Platz bietet. Sie hat dieselben Triebwerke wie die im Datenkasten aufgeführte 146-200, aber ein maximales Startgewicht von 38'102 kg. Die mit der 146-100 parallel entwickelte 146-200 unterscheidet sich nur in der Rumpflänge und den Betriebsgewichten mit den damit verbundenen Struktur- und Systemabänderungen. Eine Frachtversion der 146-200 ist entwickelt worden, mit einer nach oben klappbaren Tür an der hinteren Backbordrumpfseite. Gemäss einem Abkommen mit BAe aus dem Jahre 1986 ist die Dothan Division of Hayes International Corporation in den USA verantwortlich für Detailentwurf, Herstellung und Installation der Frachttür und des Frachtabfertigungs-Equipments und für die notwendigen Strukturveränderungen an den Flugzeugen. Der 146-200-Frachter, der zum ersten Mal am 21. August 1986 geflogen ist, kann sechs Standard-LD3-Frachtcontainer unterbringen und eine Nutzladung von 9'980 kg transportieren. Militärische Versionen der BAe 146 werden ebenfalls in Verbindung mit Lockheed-Georgia Company untersucht. Im September 1984 kündigte BAe ein Entwicklungsprogramm für eine 146-300 an, gekennzeichnet durch eine weitere Streckung des Rumpfes, um die Standardsitzkapazität auf 122 mit einem Sitzabstand von 81 cm oder 130 mit einem Sitzabstand von 74 cm zu erhöhen. Im Jahre 1986 wurde dieser Plan aufgegeben und entschieden, mit der Umwandlung des ursprünglichen Sre-100-Prototyps auf den Sre-300-Standard fortzufahren, mit einer «Streckung» von 2,38 m auf die Sre-200-Länge und einem Gesamtgewicht von 48'184 kg unter Benutzung derselben ALF-502R-5-Triebwerke wie bei der Sre 200. In dieser Form wird die Sre 300 bequeme Sitze in Fünferreihen für 100 Passagiere zur Verfügung stellen und einen wirtschaftlichen Betrieb bieten.

Indienststellung

Die Zulassung der BAe 146-100 wurde am 20. Mai 1983 erworben, und Dan-Air setzte diesen Typ zum ersten Mal am 27. Mai ein. Die Sre 200 wurde im Juni 1983 in Grossbritannien und USA zugelassen, wodurch Air Wisconsin am 27. Juni der Erstbetreiber des Typs wurde. Die Kunden für die Sre 100 waren AirPac of Alaska, Aspen Airways, British Caribbean Airways, CAAC in China, Dan-Air, die Regierung von Mali, Royal West Airlines, TABA in Brasilien und The Queen's Flight im Vereinigten Königreich. Die Sre 200 ist bestellt worden von Air Wisconsin, AirCal, Ansett, Hawaiian Airlines, Pacific Southwest Airlines, TNT und Pelita.

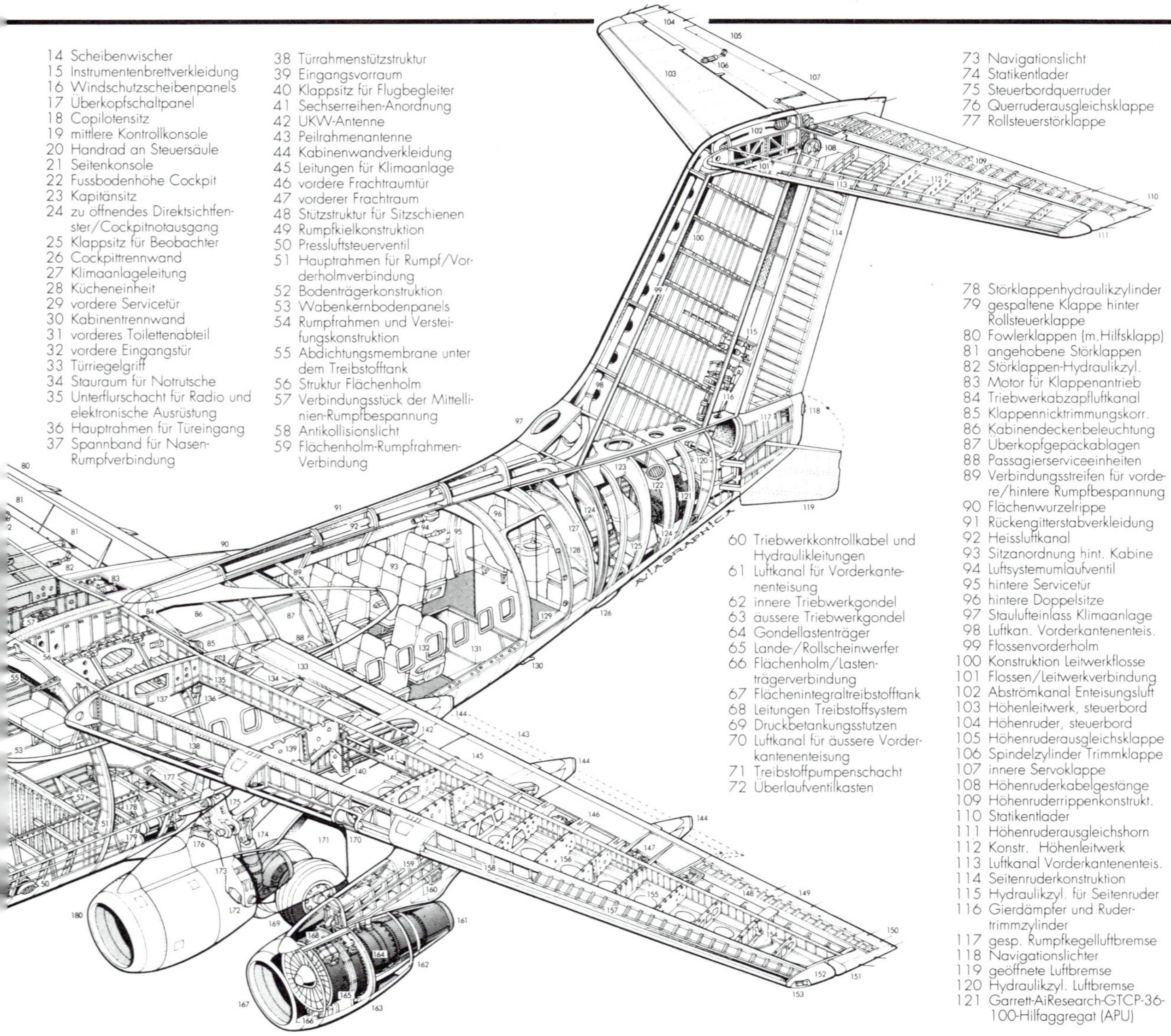

14 Scheibenwischer
15 Instrumentenbrettverkleidung
16 Windschutzscheibenpanels
17 Überkopfschaltpanel
18 Copilotensitz
19 mittlere Kontrollkonsole
20 Handrad an Steuersäule
21 Seitenkonsole
22 Fussbodenhöhe Cockpit
23 Kapitänsitz
24 zu öffnendes Direktsichtfenster/Cockpitnotausgang
25 Klappsitz für Beobachter
26 Cockpittrennwand
27 Klimaanlageleitung
28 Kücheneinheit
29 vordere Servicetür
30 Kabinentrennwand
31 vorderes Toilettenabteil
32 vordere Eingangstür
33 Türriegelgriff
34 Stauraum für Notrutsche
35 Unterflurschacht für Radio und elektronische Ausrüstung
36 Hauptrahmen für Türeingang
37 Spannband für Nasen-Rumpfverbindung
38 Türrahmenstützstruktur
39 Eingangsvorraum
40 Klappsitz für Flugbegleiter
41 Sechserreihen-Anordnung
42 UKW-Antenne
43 Peilrahmenantenne
44 Kabinenwandverkleidung
45 Leitungen für Klimaanlage
46 vordere Frachtraumtür
47 vorderer Frachtraum
48 Stützstruktur für Sitzschienen
49 Rumpfkielkonstruktion
50 Pressluftsteuerventil
51 Hauptrahmen für Rumpf/Vorderholmverbindung
52 Bodenträgerkonstruktion
53 Wabenkernbodenpanels
54 Rumpfrahmen und Versteifungskonstruktion
55 Abdichtungsmembrane unter dem Treibstofftank
56 Struktur Flächenholm
57 Verbindungsstück der Mittellinien-Rumpfbespannung
58 Antikollisionslicht
59 Flächenholm-Rumpfrahmen-Verbindung
60 Triebwerkkontrollkabel und Hydraulikleitungen
61 Luftkanal für Vorderkantenenteisung
62 innere Triebwerkgondel
63 äussere Triebwerkgondel
64 Gondellastenträger
65 Lande-/Rollscheinwerfer
66 Flächenholm/Lastenträgerverbindung
67 Flächenintegraltreibstofftank
68 Leitungen Treibstoffsystem
69 Druckbetankungsstutzen
70 Luftkanal für äussere Vorderkantenenteisung
71 Treibstoffpumpenschacht
72 Überlaufventilkasten
73 Navigationslicht
74 Statikentlader
75 Steuerbordquerruder
76 Querruderausgleichsklappe
77 Rollsteuerstörklappe
78 Störklappenhydraulikzylinder
79 gespaltene Klappe hinter Rollsteuerklappe
80 Fowlerklappen (m.Hilfsklapp)
81 angehobene Störklappen
82 Störklappen-Hydraulikzyl.
83 Motor für Klappenantrieb
84 Triebwerkabzapfluftkanal
85 Klappennicktrimmungskorr.
86 Kabinendeckenbeleuchtung
87 Überkopfgepäckablagen
88 Passagierserviceeinheiten
89 Verbindungsstreifen für vordere/hintere Rumpfbespannung
90 Flächenwurzelrippe
91 Rückengitterstabverkleidung
92 Heissluftkanal
93 Sitzanordnung hint. Kabine
94 Luftsystemumlaufventil
95 hintere Servicetür
96 hintere Doppelsitze
97 Staulufteinlass Klimaanlage
98 Luftkan. Vorderkantenenteis.
99 Flossenvorderholm
100 Konstruktion Leitwerkflosse
101 Flossen/Leitwerkverbindung
102 Abströmkanal Enteisungsluft
103 Höhenleitwerk, steuerbord
104 Höhenruder, steuerbord
105 Höhenruderausgleichsklappe
106 Spindelzylinder Trimmklappe
107 innere Servoklappe
108 Höhenruderkabelgestänge
109 Höhenruderrippenkonstrukt.
110 Statikentlader
111 Höhenruderausgleichshorn
112 Konstr. Höhenleitwerk
113 Luftkanal Vorderkantenenteis.
114 Seitenruderkonstruktion
115 Hydraulikzyl. für Seitenruder
116 Gierdämpfer und Rudertrimmzylinder
117 gesp. Rumpfkegelluftbremse
118 Navigationslichter
119 geöffnete Luftbremse
120 Hydraulikzyl. Luftbremse
121 Garrett-AiResearch-GTCP-36-100-Hilfaggregat (APU)
122 Lufteinlass für Hilfsaggregat
123 Flossenwurzelholmkasten
124 Schrägrahmen für Flossenmontage
125 Klimaanlagegerätesätze
126 Leitwerkstossdämpfer
127 hinteres Druckschott
128 hinteres Toilettenabteil
129 hintere Eingangstür
130 Langwellenantenne
131 hinterer Unterflurfrachtraum
132 Kabinenfensterpanels
133 Fowlerklappen (m.Hilfsklapp)
134 Klappenabdeckungsrippen
135 hinterer Holm
136 Hinterhommontage
137 Flächenwurzelrippe
138 Vorderholm
139 Rippe für Triebwerklastenträgeraufhängung, innen
140 Spindelzylinder für Klappenkettenantrieb
141 Klappenantriebswelle
142 Klappenführungsschlitten
143 Backbordklappe, ausgef.
144 Klappenführungsverkleid.
145 Auftriebsstörklappe
146 Steuerstörklappe
147 Drehgestänge für Querruder.
148 Querruderkonstruktion
149 Querruderausgleichsklappen
150 Statikentlader
151 Querruderausgleichshorn
152 Flächenendverkleidung
153 Navigationslicht, backbord
154 Lufteinl. Flächentankentlüft.
155 Flächenintegraltreibstofftank
156 Flächenrippenkonstruktion
157 Vorderkantennasenrippen
158 Luftkan. Vorderkantenenteis.
159 KonstruktionTriebwerkträgers
160 Vorkühl Triebwerkabzapfluft
161 Auspuff Triebwerkgas (heiss)
162 Auspuff Gebläseluft (kalt)
163 Triebwerkverkleidungen
164 Avco-Lycoming-ALF-502R3-Turbofantriebwerk
165 Öltank
166 Triebwerkzubehörgetriebe
167 Lufteinlass
168 Haupttriebwerkaufhängung
169 doppeltes Fahrwerk
170 Landerollscheinwerfer
171 Hauptfahrwerktür
172 verzapfter Achskörper
173 Hauptfahrwerk Federbein
174 Stossdämpferstrebe
175 Fahrwerkzapfen
176 Seitenbruchstrebe
177 hydraulischer Einfahrzylinder
178 Unterflurschacht Hydraulik
179 Hydraulikgenerator
180 innere Motorgondel

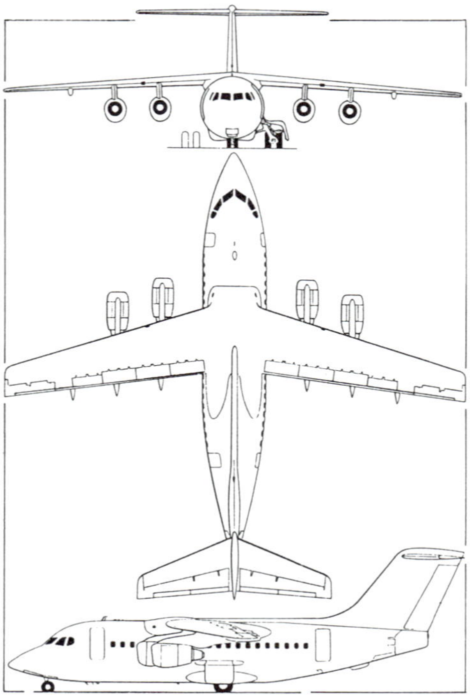

Links: Obwohl die BAe-146-Kabine breit genug ist, Sechsersitzreihen zu ermöglichen, bevorzugen die meisten Betreiber Fünferreihen wie in dieser Attrappe gezeigt. Die Srs 300 kann in dieser Anordnung 100 Passagiere mit gleicher Wirtschaftlichkeit wie die der Srs 200 befördern. Der Sitzabstand beträgt normalerweise 84 cm.

Links: Die British Aerospace 146 in ihrer ursprünglichen Sre-100-Version. Die Sre 200 und Sre 300 haben dieselbe Fläche und dieselben Triebwerke und Rumpfstreckungen.

Unten: Erste Fluggesellschaft, die auf einem Eröffnungsflug Passagiere in der BAe 146 beförderte, war der britische unabhängige Betreiber Dan-Air.

Das Entwicklungsprogramm für die Jetstream wurde im Jahre 1965 durch die Handley Page Ltd mit der Bezeichnung HP.137 aufgelegt und war das letzte von dieser Gesellschaft produzierte Flugzeugmuster vor deren Auflösung im Jahre 1969. Die Jetstream war als Geschäftsreiseflugzeug für die Anwendung auf dem Lufttaxi-, Zubringer- und militärischen Markt vorgesehen. Trotz einiger Wechselfälle hat sich die Jetstream auf allen diesen Gebieten gut bewährt und seit Wiederaufnahme des Entwicklungsprogramms durch British Aerospace als Jetstream 31 stetige Verkaufserfolge als Zubringerflugzeug erzielt, besonders in den USA. Handley Page flog den ersten von mehreren Jetstream-Prototypen am 18. August 1967. Zu dieser Zeit waren die Freiwellen-Turbomeca-Astazou XIV-Turboprop die bevorzugten Triebwerke. Spätere Prototypen waren die Jetstream Mk 2 mit Astazou XVI und die Jetstream Mk 3 mit Garrett-TPE331-Triebwerken, die durch die USAF bei der Bestellung von 11 Jetstream 3M als C-10A bezeichnet worden waren. Fünf Prototypen und 35 Serienjetstream (mit Astazou-Triebwerken) waren gefertigt worden, als die gesamte Arbeit in Radlett am 27. Februar 1970 aufgegeben wurde, und weitere vier wurden aus den vorhandenen Komponenten durch Terravia Trading Service Ltd zusammengestellt. In der Folge wurden die Rechte an der Jetstream durch Scottish Aviation erworben, die 26 davon als Navigationstrainingsflugzeuge für die RAF baute. In den USA wurden einige der ursprünglichen Handley-Page-Jetstream durch Riley Company modifiziert und mit Pratt-&-Whitney-Canada-PT6A-41-Triebwerken ausgerüstet; andere wurden auf den Jetstream-200-Standard mit Astazou XVI gebracht; und noch mehr wurden als Century III-Jetstream durch Volpar mit TPE331-Triebwerken für Apollo Airways ausgerüstet. Nachdem Scottish Aviation bei der Gründung von British Aerospace von der letzteren «aufgesogen» worden war, wurde die Jetstream in die zivile Flugzeugproduktionspalette von BAe aufgenommen, aber erst im Dezember 1978 wurde ein Entwicklungsprogramm einer modernisierten Version angekündigt. Die Wiederentstehung der Jetstream wurde im Januar 1981 mit einer vollen Produktionsverpflichtung abgesichert, und das Flugzeug war nun als Jetstream 31 ein naher Verwandter der Mk 3, die Handley Page mit Garrett-TPE331-Triebwerken gebaut hatte. Diese Triebwerke und einige Strukturveränderungen ermöglichten ein anfängliches Gesamtgewicht der Jetstream 31 von 6'577 kg, verglichen mit 5'670 kg der früheren Version. British Aerospace führte Luftschrauben mit fortgeschrittener Technologie ein, ein elektrisches System mit Gleichstrom (anstatt Wechselstrom), ein revidiertes Klimaanlagesystem, eine geänderte Hydraulikpumpe, ein total revidiertes Cockpit-Layout und eine Reihe neuer Innenausstattungswünsche. Keine signifikanten Änderungen wurden an dem äusseren Erscheinungsbild oder der Struktur der Jetstream 31 vorgenommen, deren Prototyp (modifiziert aus einer Mk 1) am 28. März 1980 in Prestwick flog.

Antrieb: Zwei Garrett-TPE331-10UF-Turboprops, je 701 kW Startleistung, mit vierblättrigen Dowly-Rotol-Luftschrauben mit veränderbarem Anstellwinkel, Umkehrschub und voller Segelstellung. Treibstoff 1'718 l in Flächenintegraltanks.
Leistung: Max. Betriebsgeschwindigkeit 413 km/h angezeigte Eigengeschwindigkeit, max. Reisegeschwindigkeit 488 km/h in 4'570 m Höhe; wirtsch. Reisegeschwindigkeit 426 km/h in 7'620 m Höhe; anfängliche Steigrate 10,6 m/sec; zugelassene Dienstgipfelhöhe 7'620 m; Sicherheitsstartstrecke (FAR) 975 m; Sicherheitslandestrecke (FAR) 1'165 m; Reichweite mit 18 Passagieren und Instrumentenflugreserven 1'250 km; Reichweite mit 9 Passagieren und Instrumentenflugreserven 1'975 km.
Gewicht: Betriebsleergewicht 4'341 kg; max. Treibstoffgew. 1'372 kg; max. Nutzlast 1'805 kg; max. Startgewicht 6'900 kg; max. Landegew. 6'600 kg; max. Leertankgew. 6'300 kg.
Abmessungen: Spannweite 15,85 m; Gesamtlänge 14,37 m; Gesamthöhe 5,32 m; Pfeilung 0 Grad 34 Min. bei Viertelprofilsehne; Flügelfläche 25,2 m^2.
Kabine: Länge 7,39 m, max. Breite 1,85 m, max. lichte Höhe 1,8 m. Standardzubringerauslegung 18 bis 19 Sitze in Dreierreihen mit seitl. Gang (Sitzabstand 76 bis 79 cm); auf Anforderung zwölfsitziger Geschäftsreiseshuttle. Zwei-Mann-Cockpit-Besatzung.

Varianten

Die Jetstream 31 hat im Verlauf der Produktion einige kleine Erhöhungen des Betriebsgewichtes erfahren, aber bei den etwa hundert bis 1987 produzierten Flugzeugen gab es keine wichtigen Variationen im Produktionsstandard. Unterschiede beschränken sich auf die Innenausstattung, die den Anforderungen der Regionalluftverkehrsgesellschaften oder des Firmeneigners angepasst wird. Für den letzteren gibt es eine Geschäfts-Shuttle-Innenausstattung, die die Jetstream 31 besonders für regelmässige Personal-Transportflüge zwischen gesellschaftseigenen Standorten geeignet macht. Die Jetstream 31 EZ hat eine 360-Grad-Radarabtasteinrichtung und ist für Küsten- und Überwachungsflüge geeignet. Weitere Varianten wurden im Jahre 1986 untersucht: eine Jetstream 31 mit einer kleinen Rumpfstreckung, um eine vordere Eingangstür zu ermöglichen, und eine Jetstream 41 mit einer grösseren Rumpfverlängerung zur Unterbringung von 26 bis 28 Sitzen.

Indienststellung

Die Jetstream 31 wurde in Grossbritanien am 29. Juni 1982 zugelassen unter Verwendung des Prototyps und der ersten Serienmaschine, die am 18. März 1982 geflogen worden war. Die US-Zulassung wurde am 30. November 1982 erlangt. Die erste Auslieferung an einen Kunden wurde am 15. Dezember 1982 an Contactair in Stuttgart durchgeführt. Zusammen mit 32 weiteren Optionen beliefen sich die Verkäufe der Jetstream 31 auf insgesamt auf 148.

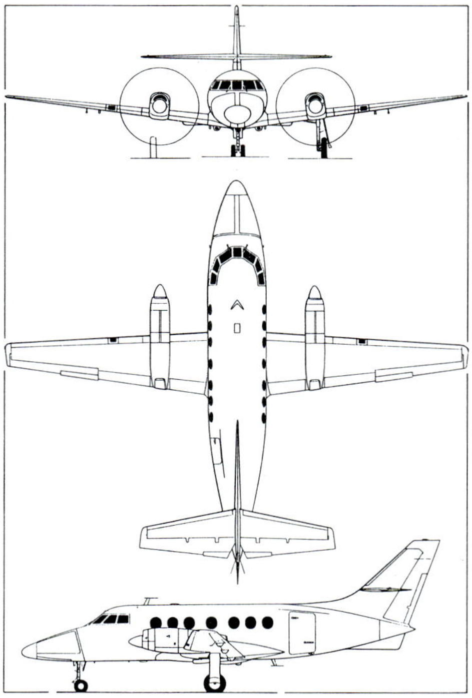

Oben: Dreisichtzeichnung der Jetstream 31, die dieselben Gesamtabmessungen wie das Original-Handley-Page-Flugzeug aufweist.

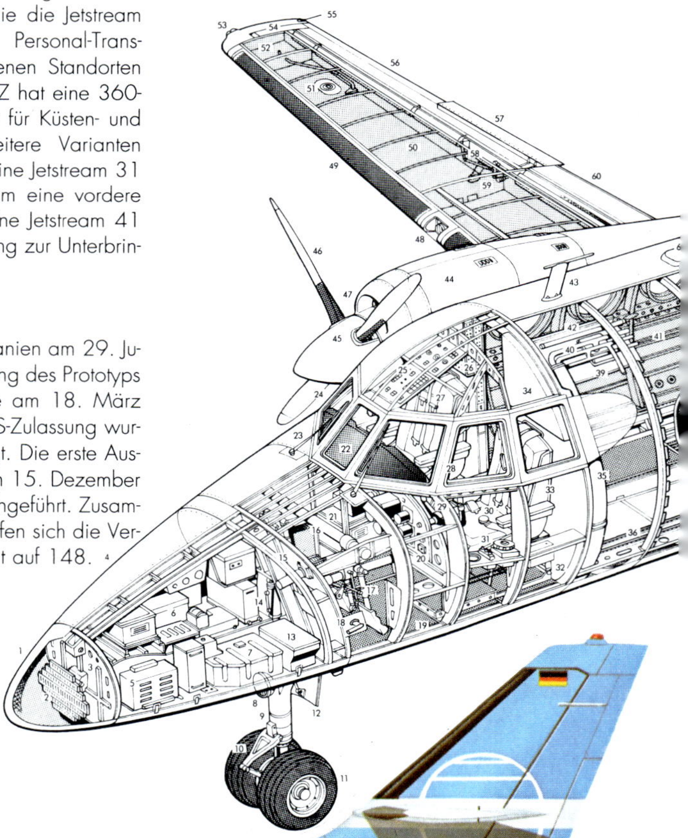

Unten: Schnittzeichnung der British Aerospace Jetstream 31, die beachtliche Verkaufserfolge bei US-Zubringergesellschaften erzielt hat.

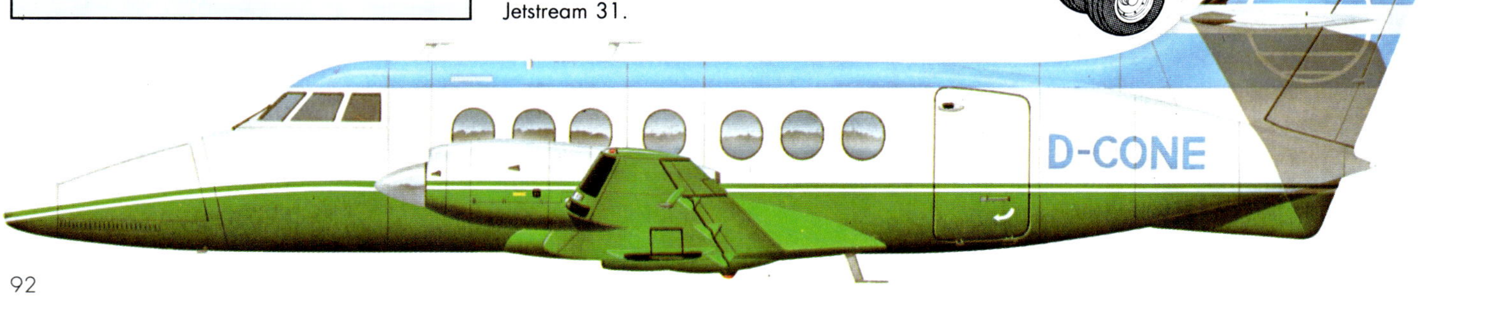

Unten: Der deutsche Betreiber Contactair Flugdienst in Stuttgart, gegründet im Jahre 1972, war einer der ersten Besteller der Jetstream 31.

Oben: Die Jetstream 31 mit Dreiersitzanordnung und seitlich versetztem Gang. Mit 19 Sitzen bleibt Raum für ein Buffet und eine Trinkbar in der hinteren Kabine. Umfassendere Küchendienste können mit einer Sitzanzahl-Reduktion geboten werden.

Oben: Obwohl die meisten Jetstream 31 bis 1987 an US-Zubringerfluggesellschaften verkauft wurden, haben sie auch Betreiber in Europa, dem Nahen Osten, dem Fernen Osten, Australien und den Inselländern beschafft. Gezeigt wird eine der drei Jetstream 31 der Australian Airlines.

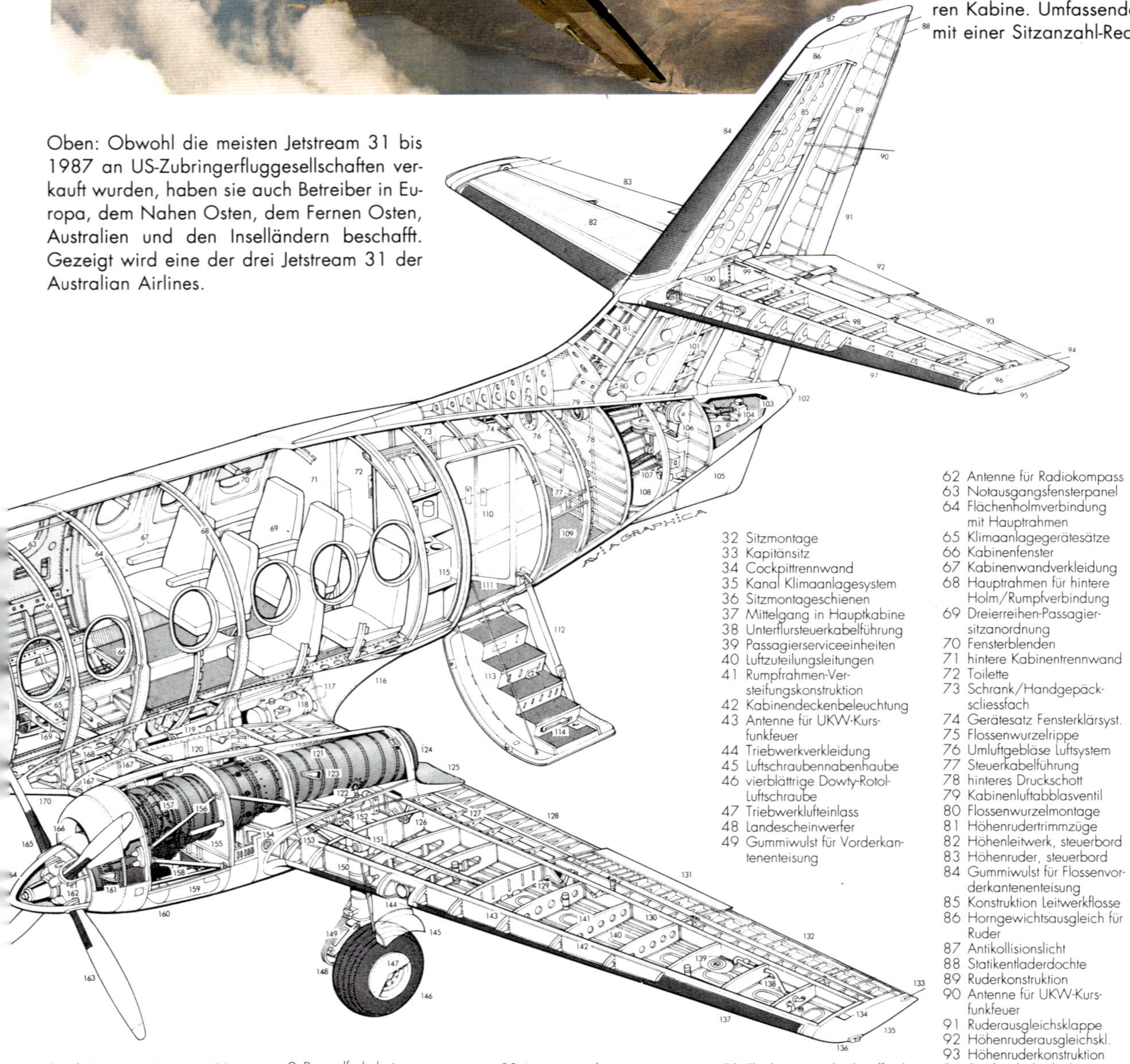

British Aerospace Jetstream 31
1 Radom
2 Wetterradarabtaster
3 Trennwand für Radaraufhängung
4 Zugangsverkleidung Nase
5 Verteilerkasten für elektrisches System
6 Schacht für Radio und elektronische Ausrüstung
7 Gleichstrom-Generator-Gerätesatz
8 Rollscheinwerfer
9 Bugradfederbein
10 Federbeinschere
11 doppeltes Bugrad
12 Bugradbeintür
13 Batterie
14 Bugradhydraulikzylinder
15 abgeflachtes vorderes Druckschott
16 Querstrebe für Steuersystemaufhängung
17 Ruderpedale
18 Pitotrohr
19 Höhe des Cockpitbodens
20 Instrumentenbrett
21 Wetterradarbildschirm
22 Instrumentenbrettabdeck.
23 Scheibenwischer
24 Windschutzscheibenpanels
25 Panel für Systemschaltung
26 Sicherungspanel für elektrisches System
27 Copilotensitz
28 Seitenfensterpanel
29 Handrad an Steuersäule
30 Sicherheitsgurte
31 Bugradsteuerungskontrolle
32 Sitzmontage
33 Kapitänsitz
34 Cockpittrennwand
35 Kanal Klimaanlagesystem
36 Sitzmontageschienen
37 Mittelgang in Hauptkabine
38 Unterflursteuerkabelführung
39 Passagierserviceeinheiten
40 Luftzuteilungsleitungen
41 Rumpfrahmen-Versteifungskonstruktion
42 Kabinendeckenbeleuchtung
43 Antenne für UKW-Kursfunkfeuer
44 Triebwerkverkleidung
45 Luftschraubennabenhaube
46 vierblättrige Dowty-Rotol-Luftschraube
47 Triebwerklufteinlass
48 Landescheinwerfer
49 Gummiwulst für Vorderkantenenteisung
50 Flächenintegraltreibstofftank
51 Tankfüllstutzen
52 Kraftstoffentlüftungstank
53 Navigationslicht, steuerbord
54 Querruder-Gewichtsausgleich
55 Statikentladerdocht
56 Steuerbord-Querruder
57 Querruderausgleichsklappe
58 Gestänge für Querruderdrehachsensteuerung
59 Massenausgleichsgewicht
60 doppelt gespaltene Klappe
61 Triebwerkabgasdüse
62 Antenne für Radiokompass
63 Notausgangsfensterpanel
64 Flächenholmverbindung mit Hauptrahmen
65 Klimaanlagegerätesätze
66 Kabinenfenster
67 Kabinenwandverkleidung
68 Hauptrahmen für hintere Holm/Rumpfverbindung
69 Dreierreihen-Passagiersitzanordnung
70 Fensterblenden
71 hintere Kabinentrennwand
72 Toilette
73 Schrank/Handgepäckschliessfach
74 Gerätesatz Fensterklärsyst.
75 Flossenwurzelrippe
76 Umluftgebläse Luftsystem
77 Steuerkabelführung
78 hinteres Druckschott
79 Kabinenluftabblasventil
80 Flossenwurzelmontage
81 Höhenrudertrimmzüge
82 Höhenleitwerk, steuerbord
83 Höhenruder, steuerbord
84 Gummiwulst für Flossenvorderkantenenteisung
85 Konstruktion Leitwerkflosse
86 Horngewichtsausgleich für Ruder
87 Antikollisionslicht
88 Statikentladerdochte
89 Ruderkonstruktion
90 Antenne für UKW-Kursfunkfeuer
91 Ruderausgleichsklappe
92 Höhenruderausgleichskl.
93 Höhenruderkonstruktion
94 Statikentladerdochte
95 Wirbelgenerator an Leitwerkspitze
96 Höhenruderausgleichshorn
97 Gummiwulst für Vorderkantenenteisung
98 Leitwerkkonstruktion
99 Höhenrudertorsionswelle
100 Höhenrudermontage
101 Höhenruder-Steuerstange
102 Navigationslicht Leitwerk
103 Rumpfendkegel
104 Ruder-Autopilot-Servo
105 Rumpfflosse
106 Leitwerksteuerkabelmech.
107 Höhenruder-Autopilot-Servo
108 Rumpfzugangsluke
109 Gepäckabteil
110 Gepäcktüren
111 Haupteingang
112 Türstrebe
113 Passagiertürtreppe
114 Türluke
115 Buffet/Getränkeeinheit
116 Flächenwurzelhinterkantenrippe
117 Hydraulikakkumulator
118 Hydraulikdruckspeicher
119 Hydraulikzylinder für Klappenmittelstück
120 Hauptfahrwerkschacht
121 Triebwerkstrahlrohr
122 Strahlrohrmontage
123 Kaltluftschaufel
124 Abgasdüse
125 Abgasdüsenverkleidung
126 Drehgestänge für Klappenmittelstück
127 Klappenverkleidung
128 Rippenkonstruktion, doppelt gespaltene Klappe
129 Drehgestänge äuss. Klappe
130 hinterer Holm
131 Querruder-Ausgleichsklappe
132 Querruderkonstruktion
133 Statikentladerdochte
134 Querruder-Ausgleichsgewicht
135 Flächenspitzenverkleidung
136 Backbord-Navigationslichter
137 Gummiwulst für Vorderkantenenteisung
138 Entlüftungsleit. Treibstoffsyst.
139 Tankfüllstutzen
140 Zugangsklappen an unterer Flächenbespannung
141 Flächenrippenkonstruktion
142 Vorderholm
143 Vorderkantennasenrippen
144 Landescheinwerfer
145 Hauptfahrwerkbeintür
146 Hauptfahrwerk, backbord
147 Radverkleidungsscheibe
148 Leitungen Hydraulikbremse
149 Federbeinschere
150 Hauptfahrwerkfederbein
151 Mittelstück-Holmausleger
152 Hauptfahrwerk Zapfenlager
153 hydraulische Einfahrzylinder
154 Flächeninspektionslicht
155 Triebwerkbrandschott
156 Triebwerkmontagestreben
157 Garrett-TPE331-10-Turboproptriebwerk
158 Triebwerkzubehörausrüstung
159 Öltank
160 Triebwerkverkleidung
161 Getriebe für Propellerdrehzahlreduzierung
162 Anstellwinkel-Änderungsmechanismus Propellernabe
163 vierblättrige Luftschraube
164 Propellernabenhaube
165 Propellerblattwurzelenteisung
166 Triebwerklufteinlass
167 Flächenholmverbindung
168 Wasserabscheider Klimaanl.
169 Flächenholmmittelstück
170 Flächenwurzelverkleidung

BRITISH AEROSPACE TRIDENT GROSSBRITANNIEN

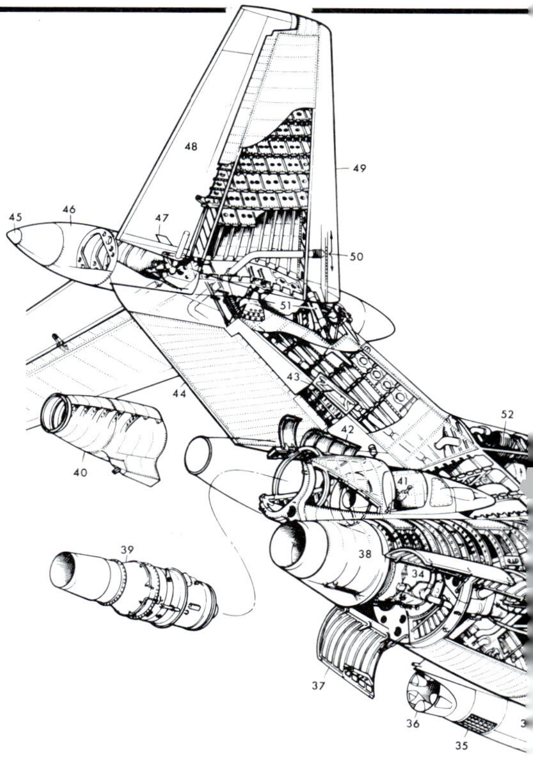

Die Trident verdankt ihre Entwicklung einer Anforderung von British European Airways vom Juli 1956 für ein Flugzeug, das auf Strecken bis maximal 1'610 km eingesetzt werden soll. Bei BEA war es das erste reine Düsenverkehrsflugzeug, es ersetzte die damals eingesetzten Vickers Viscount und Vanguard und bezog sich auf Vorschläge von Avro (Typ 540), Bristol (Typ 200) und de Havilland. Unter Berücksichtigung politischer Erfordernisse ging de Havilland mit Hunting und Fairey eine Vereinbarung zur Gründung des Airco-Konsortiums ein, und dem letzteren gelang es, einen vorläufigen Auftrag für 24 D.H.121 im Februar 1958 zu erzielen. Wie daraufhin angeordnet, wurde die D.H.121 von drei 6'255-kp-Rolls-Royce-RB-141/3-Medway-Turbofantriebwerken angetrieben, hatte 111 Sitze und eine maximale Reichweite von 3'337 km. BEA änderte jedoch seine Spezifizierung, und gegen 1959 war das neue Transportflugzeug mit drei RB.163-Spey-Triebwerken von 4'468 kp für den Transport von 97 bis 103 Passagieren über eine Reichweite von nur 1'500 km neu entworfen worden. Das machte, obwohl BEA damit zufriedengestellt war, die D.H.121 für andere Fluggesellschaften beträchtlich weniger attraktiv. Die Produktion der D.H.121 wurde unter der Leitung von Hawker Siddeley weitergeführt, nachdem das Airco-Konsortium aufgelöst und D.H. von Hawker-Siddeley erworben worden war. Die D.H.121, mit richtigem Namen Trident, wurde für drei am Rumpfende montierte Triebwerke entworfen und richtete sich nach der damaligen Mode für Flugzeuge mit einem T-Leitwerk, am hinteren Rumpf angebrachten Triebwerken und einer 35-Grad-Pfeilung. Die Konfiguration entsprach fast derjenigen der Boeing 727, deren Entwicklungsprogramm einige Monate später anlief, die aber durch die viel grössere Treibstoffkapazität den Bedürfnissen von vielen Luftverkehrsgesellschaften besser entsprach. Die Flugerprobung der Trident begann in Hatfield am 9. Januar 1962 mit Serienflugzeugen; Prototypen wurden nicht gebaut.

Varianten

Die erste Variante für BEA war die Trident 1 mit Spey-Mk-505-Triebwerken und einem Gesamtgewicht von 52'165 kg; 24 wurden für die Staatslinie gebaut. Sechs andere Fluggesellschaften kauften 15 Trident 1E, die 5'171 kp schubstarke Spey-Mk-511-Triebwerke, ein auf 58'060 kg erhöhtes Gesamtgewicht und eine von 27,41 m auf 28,95 m verlängerte Spannweite hatten. Die maximale Unterbringung wurde auf 140 Sitze in Sechserreihen erhöht. Die Produktion für BEA wurde mit der Trident Two (bekannt als Trident 2E to HSA) fortgeführt, die eine weitere kleine Vergrösserung der Spannweite auf 29,9 m, eine erhöhte Treibstoffkapazität, 5'425 kp standschubstarke Spey-Mk-511-5W-Triebwerke und höhere Gewichte (siehe Datentafel) hatte; die maximale Sitzunterbringung erhöhte sich auf 149. Die erste Trident 2E flog am 27. Juli 1967, und Verkäufe dieser Variante wurden an Cyprus Airways und CAAC in China als auch an BEA getätigt. Die Gesamtzahl der erstellten Trident 2E beträgt 50 Stück. Die letzte Variante war die Trident Three (Herstellerbezeichnung Trident 3B) mit einem um 5 m verlängerten Rumpf zur Erhöhung der Passagierunterbringung auf 180 für den Einsatz bei BEA auf kurzen Strecken mit hohem Passagieraufkommen. Um das Maximalgewicht auf 68'040 kg erhöhen zu können, wurde ein viertes, 2'381 kp standschubstarkes Triebwerk an der unteren Flosse oberhalb des Rumpfendes hinzugefügt. Die erste Trident 3 flog am 11. Dezember 1969. Die zwei Super Trident 3B, gebaut für CAAC, unterschieden sich durch erhöhte Gewichte, einschliesslich eines Startgewichtes von 71'667 kg, grössere Treibstoffkapazität und veränderte Kabinenauslegungen. Die erste flog am 9. Juli 1975. Während ihres Einsatzes bei BEA wurde bei den Trident Two und Three die Flügelspannweite um 91 cm reduziert, um die Biegemomente zu reduzieren und der Materialermüdung entgegenzutreten, dies weil Ermüdungsrisse an mehreren Tridents in der BEA-Flotte entdeckt wurden.

Indienststellung

Die Trident 1 wurde bei BEA am 11. März 1964 in Dienst gestellt, die Trident Two am 18. April 1968 und die Trident Three am 1. April 1971. Im Mai 1973 begann BEA mit dem Einsatz ihrer Trident Three bei Cat-IIIA-Standardbedingungen unter Anwendung der automatischen Landeausrüstung von Smith bei einer Landebahnsicht von 270 m bei einer Entscheidungshöhe von 3,66 m. Alle Trident-Einsätze bei British Airways endeten am 31. Dezember 1985. Die Gesamtzahl von 117 gebauten Tridents umfasste 24 Sre 1, 15 Sre 1E, 50 Sre 2E, 26 Sre 3 und zwei Super-3B-Flugzeuge.

Unten links: Das Cockpit der Trident 2E, wie für die CAAC ausgelegt.

Unten rechts: Air Charter Service in Zaire und Civil Aviation Administration (CAAC) in China sind die einzigen Gesellschaften, die die HSA (BAe) Trident noch einsetzen.

Trident 2E

Antrieb: Drei Rolls-Royce-RB-163-25-Spey-Mk-512-5W-Turbofantriebwerke, je 5'425 kp Standschubleistung für den Start. Treibstoff 29'094 l in Flächenintegraltanks und im Rumpfmittelstück.

Leistung: Typische max. Reisegeschwindigkeit 972 km/h in 8'230 m Höhe; wirtschaftliche Reisegeschwindigkeit 959 km/h in 9'145 m Höhe; Startlänge mit 9'697 kg Nutzlast 1'950 m; Reichweite mit typischer Nutzlast 3'965 km; Reichweite mit max. Treibstoff und 7'493 kg Nutzlast 4'025 km.

Gewicht: Betriebsleergewicht 33'203 kg; max. Nutzlast 12'156 kg; max. Startgewicht 65'315 kg; maximales Landegewicht 51'261 kg; maximales Tankleergewicht 45'359 kg.

Abmessungen: Spannweite 29,87 m; Gesamtlänge 34,97 m; Gesamthöhe 8,23 m; Pfeilung 35 Grad bei Viertelprofilsehne; Flügelfläche 135,82 m^2.

Kabine: Länge 20,46 m, maximale Breite 3,44 m, maximale lichte Höhe 2,02 m. Typische Gemischtklassenauslegung bietet zwölf Erste-Klasse-Sitze in Viererreihen und 79 Touristenklasse-Sitze in Sechserreihen; die Nur-Touristenklasse-Auslegung bietet 97 Sitze und max. Dicht-bei-Dicht-Auslegung 132 Sitze. Vordere und hintere Unterflurfrachträume 21,53 m^3. Drei-Mann-Cockpit-Besatzung.

British Aerospace Trident 3B
1 Kapitänsitz
2 Copilotensitz
3 Sitz für das dritte Cockpitmitglied
4 Klappsitz für ein zusätzliches Besatzungsmitglied
5 Mittelkonsole
6 Steuersäule
7 Ruderpedale
8 Bugradsteuerung
9 Passagierfenster
10 vordere Kabinenservicetür
11 Aufklärungsradar
12 klappbares Radom
13 Pitotröhren
14 versetztes Bugrad
15 druckloser Bugradschacht
16 Schacht für Radioeinheiten
17 Statikdruckabnahmen
18 vordere Frachttür
19 vorderer Frachtraum
20 Sitzmontageschiene
21 Gepäckablagen
22 Notausgangsklappen
23 Klimaanlageleitung
24 Vorderkantenkruegerklappe
25 Passagiertür im Mittelstück
26 Türen für Hauptfahrwerk
27 Hauptfahrwerk(zum Einfahren um 90° gedreht)
28 Hauptfahrwerk, backbord
29 mittlerer Torsionskasten
30 hinterer Frachtraum
31 hintere Frachttür
32 hintere Druckkuppel
33 Zugangstür für Ausrüstungsschacht, mit integralen Stufen und Rumpfstossdämpfer
34 Rolls-Royce-Spey-Triebwerk
35 Umkehrschubschaufeln (nur äussere Triebwerke)
36 Auspuffschalldämpfer (nur äussere Triebwerke)
37 Zugangstüren für mittleren Motor
38 Verkleidung der Strahlröhre des mittleren Triebwerks, an Triebwerk fest angesetzt
39 Rolls-Royce-RB-162-Verstärkertriebwerk
40 RB.162-Strahlrohrverkleidung
41 Lufteinlasstüren für RB-162-Triebwerk
42 Zugangsklappen für RB.162-Triebwerk
43 Zugangstüren zum Ruder
44 Ruder aus einem Stück
45 Navigationsscheinwerfer
46 abnehmbarer Rumpfkegel
47 UKW-Antennen
48 Höhenruder
49 Höhenleitwerk mit verstellbarem Anstellwinkel
50 Leitung für Leitwerkenteisung
51 Leitwerksteuerzylinder
52 AiResearch-Hilfsaggregat
53 Lufteinlass für APU (Hilfsaggregat)
54 Lufteinlass für mittleres Spey-Triebwerk
55 feststehender Teil der Gondelverkleidung
56 hintere Toilette
57 Versorgung hintere Toilette
58 hintere Kabinenservicetür
59 doppelt gespaltene Klappe, 2 Segmente auf jeder Seite
60 Auftriebzerstörer, zwei Sektionen auf jeder Seite
61 Schächte für Hauptfahrwerk
62 Zugangstüren unter den Flächen
63 Klappenführungen (zwei pro Klappe)
64 Luftbremse/Störklappe (eine auf jeder Seite)
65 Treibstofftank Nr. 1
66 Treibstofftank Nr. 2
67 Querruder
68 einfahrb.Landescheinwerfer
69 Kuchemann-Flächenspitze
70 vierteiliger Vorflügel
71 Vorflügelführungen
72 Vorflügelspindelzylinder
73 ausfahrbare Versorgungsröhre für Vorflügelenteisung
74 Vorflügeldrehstab
75 Leitungen für Vorderkantenenteisung

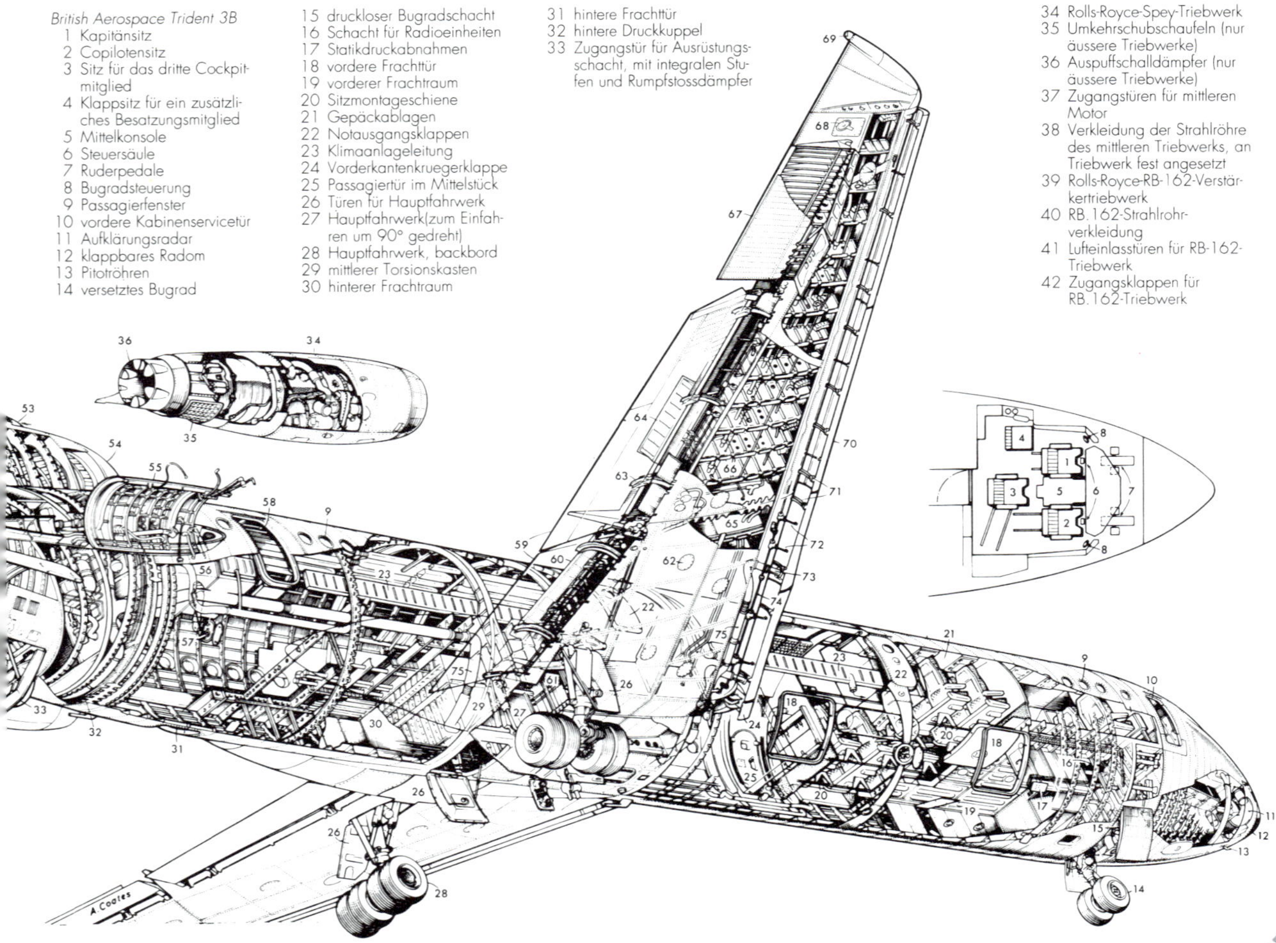

Rechts: Diese Sre 2E von CAAC zeigt einen ursprünglichen Drei-Ziffern-Code, aber mehrere tragen heute Vier-Ziffern-Codes.

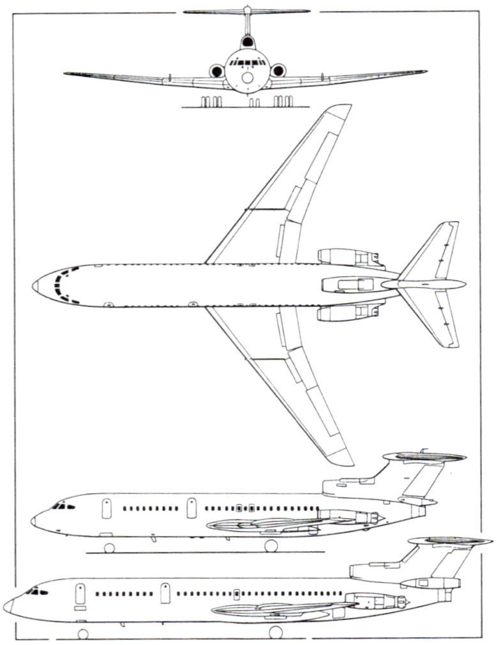

Oben: Dreisichtzeichnung der Trident 2E, die heute am meisten eingesetzte Variante, mit einer Seitenansicht (zuunterst) der Trident 3B, die einen verlängerten Rumpf und ein zusätzliches kleines Triebwerk zur Verbesserung der Startleistung hat.

Oben: British Airways war 1987 mit fünf Sre 400 und 18 Sre 500 einer der grössten Betreiber.

Die One-Eleven, heute nur in Rumänien produziert, hat ihren Ursprung im Projekt Hunting H.107, entworfen Mitte der 50er von Hunting Aircraft Ltd für ein 48sitziges Kurzstreckendüsenflugzeug. Während der Windkanalversuche und der Attrappenkonstruktion von 1956 bis 1959 wurde als Triebwerk der Bristol-Siddeley-Orpheus-Turbojet, der BS.61- oder der BS.75-Turbofan vorgeschlagen, aber nachdem Hunting von British Aircraft Corporation (BAC) im Jahre 1960 aufgekauft worden war, wurde der Entwurf auf ungefähr 65 Passagiersitze in Fünferreihen erweitert, und man entschied sich für Rolls-Royce-Spey-Triebwerke. In dieser Formgebung nannte man das Flugzeug BAC One-Eleven, und die Entscheidung, die Produktion dieses Typs aufzunehmen, wurde im März 1961 gefällt. Ein Demonstrations-Prototyp flog zum ersten Mal am 20. August 1963 mit Spey-Mk-505-Triebwerken, 33'340 kg Gesamtgewicht und mit 79 Sitzen. Der One-Eleven-Entwurf folgte der Mode jener Tage, die darin bestand, am Rumpfende montierte Triebwerke und ein T-Leitwerk zu haben, eine Konfiguration, die zum Verlust des Prototyps am 22. Oktober 1963 führte, nachdem er bei der Erprobung eines hohen Anstellwinkels in einen vollen Strömungsabriss geraten war. Dies legte eine bis dahin unvermutete Charakteristik des Entwurfs dar, die die Entwicklung von Schutz- oder Abwehrsystemen erforderte und eine Verzögerung bei der Zulassung und Produktion verursachte. Nach der Fertigstellung von mehr als 200 One-Eleven schloss British Aerospace im Jahre 1979 eine Übereinkunft mit dem CNIAR mit dem Ziel, in Rumänien eine One-Eleven-Fertigungsstrasse zu errichten. Dieses Abkommen verpflichtete BAe zur Lieferung von drei kompletten Flugzeugen und 22 Bauteil-Sätzen für die Fertigungsstrasse in Bukarest. Das erste dort zusammengesetzte Flugzeug flog in Bukarest am 18. September 1982, und die Zulieferungen von Bauteilen von Grossbritannien gemäss Abkommen endeten im Jahre 1986.

Varianten

Die erste Serienproduktion der One-Eleven wurde als Sre 200 bezeichnet und hatte RB.168-25-Spey-Mk-506-Triebwerke mit 4'686 kp Standschub und ein maximales Gewicht von 35'833 kg. Die Sre 300 war im allgemeinen gleich, hatte aber 5'171 kp schubstarke Spey-Mk-511-Triebwerke, eine erhöhte Treibstoffmenge im Flächenmittelstück und eine Strukturmodifikation für ein Gesamtgewicht von 39'462 kg. Die Sre 400, Erstflug am 13. Juli 1965, basierte auf der Sre 300, wurde aber für US-Betreiber optimiert. Eine gestreckte Version, die Sre 500, wurde entsprechend den BEA-Anforderungen entwickelt unter Verwendung der Srs-300/400-Zelle mit einem um 4,1 m verlängerten Rumpf und einer um 1,52 m erweiterten Spannweite. Stärkere Triebwerke entsprachen den höheren Gewichten dieser Version. Der Sre-500-Prototyp (eine umgewandelte Srs 400) flog am 30. Juni 1967, und die erste Serienmaschine für BEA flog am 7. Februar 1968, anfänglich mit Spey-Mk-511-Triebwerken und einem Gesamtgewicht von 41'950 kg. Zur Bereitstellung eines Flugzeuges mit verbesserter Einsatzleistung und der Fähigkeit, von unpräparierten Oberflächen aus zu operieren, wurden die Flächen und die Triebwerke der Sre 500 mit dem Rumpf der Sre 400 kombiniert. Das Ergebnis, die Sre 475, flog als Prototyp am 27. August 1970 und in Serienproduktionsausführung am 5. April 1971. Die Sre 670 flog nur als Prototyp. Die rumänischen Versionen der Sre 475 und 500 wurden als Sre 495 beziehungsweise 560 bezeichnet. Eine vordere seitliche Frachtladetür wurde für das Sre-475-Flugzeug für militärischen Einsatz entwickelt. 1986 gab die amerikanische Gesellschaft Dee Howard Pläne bekannt, in einer One-Eleven Rolls-Royce-Tay-Turbofantriebwerke anstatt der Speys anzubringen, und diese nach der Zulassung als Umrüstung anzubieten, passend für die Sre 200, 400 und 500.

Indienststellung

Die One-Eleven 200 wurde am 6. April 1965 zugelassen und bei British United als erstem Kunden am 9. April in Dienst gestellt. Ihr folgten am 25. April die ersten Einsätze bei Braniff in den USA, wo die FAA-Zulassung am 20. April erteilt wurde. Die Sre 400 wurde in den USA am 22. November 1965 und durch ARB am 10. Dezember 1965 zugelassen, und American Airlines war der erste Betreiber. Die Sre 500 wurde mit dem anfänglichen BEA-Gesamtgewicht am 18. August 1968 zugelassen und machte den Eröffnungseinsatz am 17. November. Die Sre 475 wurde im Juli 1975 zugelassen, und das erste Muster wurde an Faucett in Peru während desselben Monats ausgeliefert. Die Produktion der One-Eleven beläuft sich auf insgesamt 230 in Grossbrittannien, und diese Zahl setzt sich aus 56 Sre 200, neun Sre 300, 69 Sre 400, neun Sre 475 und 87 Sre 500 zusammen.

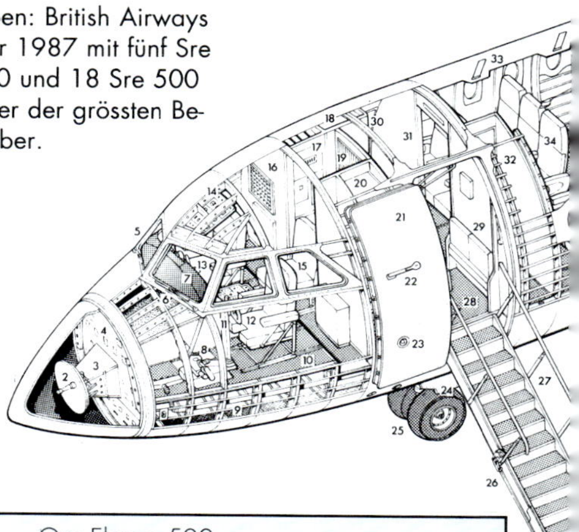

One-Eleven 500

Antrieb: Zwei Rolls-Royce-Spey-Mk-512DW-Turbofantriebwerke, je 5'692 kp Standschub für den Start. Treibstoff 14'024 l in Flächenintegral- und Flächenmittelstücktanks; Unterflurtanks auf Wunsch mit 1'591 l oder 3'182 l.

Leistung: Max. Betriebsgeschwindigkeit 623 km/h angezeigte Eigengeschwindigkeit oder 0,78 Mach; maximale Reisegeschwindigkeit 871 km/h in einer Höhe von 6'400 m; Reisegeschwindigkeit mit bester Wirtschaftlichkeit 742 km/h in 7'620 m Höhe; anfängliche Steigrate 11,6 m/sec; maximale Dienstgipfelhöhe 10'670 m; Startstrecke 2'225 m; Reichweite mit typischer Nutzlast 2'744 km; Reichweite mit maximalem Treibstoff 3'484 km.

Gewicht: Betriebsleergewicht 24'758 kg; maximale Nutzlast 11'983 kg; maximales Startgewicht 47'400 kg; maximales Landegewicht 39'462 kg; maximales Leertankgewicht 36'741 kg.

Abmessungen: Spannweite 28,5 m; Gesamtlänge 32,61 m; Gesamthöhe 7,47 m; Pfeilung 20 Grad bei Viertelprofilsehne; Flügelfläche 95,78 m^2.

Kabine: Länge 21,44 m, maximale Breite 3,16 m, maximale lichte Höhe 1,98 m. Standardauslegung bis zu 119 Sitze in Einklassenversion, Fünferreihe, Sitzabstand 74 cm. Vordere und hintere Unterflurgepäck-/Frachträume 14,44 m^3. Zwei-Mann-Cockpit-Besatzung.

BAC One-Eleven 670
1 Radom
2 Wetterradarabtaster
3 Radarabtastermontierung
4 Druckschott
5 Windschutzscheibenpanels
6 Scheibenwischer
7 Instrumentenbrettabdeckung
8 Ruderpedale
9 Ausrüstungsschacht
10 Cockpitbodenhöhe
11 Steuersäule
12 Kapitänsitz
13 Copilotensitz
14 Cockpitdeckenkonstruktion
15 zusätzlicher Besatzungssitz
16 Cockpittrennwand
17 Radiogestell
18 Küche, steuerbord
19 Cockpittür
20 Küche, backbord
21 vordere Eingangstür
22 Eingangstürgriff
23 Kontr.licht Flächenvereisung
24 Bugradtüren
25 doppeltes Bugrad
26 einziehbare Treppe
27 faltbares Geländer
28 Eingangsvorraum
29 Klappsitz für Flugbegleiter
30 Steuerbordservicetür
31 Kabinentrennwand
32 Schrank
33 Kommunikationsantenne
34 vord. Kabinensitzanordnung
35 dopp. Fensterpanelverkleid.
36 Frachtraumtür
37 vorderer Frachtraum
38 Rumpfrahmen- und Versteifkonstruktion
39 Peilantennen Radiokompass
40 Fussbodenträgerstützstruktur
41 Verteilungsleitung für Klimaanlage
42 vorderer zentraler Rumpfverbindungsrahmen
43 Hauptrahmen an vorderem Flächenholm
44 Klimaanlagegerätesatz
45 Backbordnotausgang
46 Treibstofftank
47 Stützträger für Sitzschienen
48 Notausgangsfenster
49 Rumpfbespannung
50 Flächenzaun
51 Luftkanal für Vorderkantenenteisung
52 Flächentreibstofftanks
53 Navigationslicht, steuerbord
54 gestreckte Flügelspitze
55 Statikentlader
56 Steuerbordquerruder
57 Querruderausgleichsklappe
58 Querruderdrehachssteuermechanismus
59 Störklappen, offen
60 Störklappenzylinder
61 Klappenspindelzylinder und Getriebe
62 Klappenführungsverkleidung
63 äussere, gespaltene Klappen
64 Antennenkabel
65 Kabinenfensterverkleidung
66 Hauptrahmen an hinterem Flächenholm
67 Bodenbeplankungen
68 Verbindungsrahmen
69 Passagiersitze, Dreierreihe
70 Überkopfgepäckablage
71 Passagierversorgungseinheit
72 Frischluftzulieferleitung
73 Schienenantenne
74 Triebwerkgondel
75 hintere Kabinentrennwand
76 Toilette, steuerbord
77 hintere Eingangstür
78 hinteres Druckschott
79 Auspuffverkleidung
80 achtbuckelige Auspuffdüse
81 Flossenvorderkantenenteisung
82 Flossenkonstruktion
83 Ant. / UKW-Kursfunkfeuer
84 doppelte Pitotröhren
85 Höhenleitwerkwulstverkleid.
86 Höhenleitwerktrimmspindelzylinder
87 Steuerbord-Höhenflosse
88 Statikentlader
89 Höhenruderausgleichsklappe
90 Höhenruder, steuerbord
91 Kommunikationsantenne
92 Höhenrudersteuerstangen
93 Leitwerknavigationslicht
94 Backbordquerruderzylinder
95 Backbordquerruderkonstrukt.
96 Enteisungsluftauslass
97 Leitwerkkonstruktion
98 Vorderkantenenteisung
99 oberes Rudergestänge
100 Ruderkonstruktion
101 hydraulische Ruderzylinder
102 Hilfsaggregat-Auspuff
103 Hilfsaggregat (APU)
104 Brandschott
105 Rahmen für Flossenmontage
106 Motorgondellastenträger
107 Auspuffverkleidung, offen
108 Verkleidungsspindelzylinder
109 achtbuckelige Auspuffdüse
110 Umkehrschubschaufeln
111 Umkehrschubbetätigungszyl.
112 hintere Rumpftreppe
113 abnehmb. Motorverkleidung
114 Triebwerkabzapfluft-Leitung
115 Rolls-Royce-Spey-25 Mk-512-14DW-Turbofantriebw.
116 Triebwerkzubehörteile
117 Triebwerkmontagerahmen
118 Feuerlöschflaschen
119 Waschbecken
120 Toilette, backbord
121 Triebwerklufteinlass
122 Zweierreihen Passagiersitze
123 Fensterpanels
124 hinterer Frachtraum
125 Hinterkantenwurzelrippe
126 Hydraulikreservoir
127 Klappenführungsmotor
128 Hauptfahrwerkschacht
129 Drehgestänge für Fahrwerk
130 Hauptfahrwerkzapfenlager
131 autom. Bodenstörklappe
132 innere, gespaltene Klappe
133 Klappenführungsverkleid.
134 Klappen, ausgefahren
135 Klappenabdeckungskonstrukt
136 äussere Flugstörklappen
137 Klappenführungsschienen
138 Querruderdrehkontrollmech.
139 Querruderausgleichsklappe
140 Backbord-Querruder
141 Statikentlader
142 Konstruktion Flächenspitze
143 Backbordnavigationslichter
144 Vorderkantenkonstruktion
145 vorderer Holm
146 Kraftstoffleitungen
147 Mittelholm
148 Flächenintegraltreibstofftank
149 hinterer Holm
150 Flächenzaun
151 Flächenverkleidung
152 Hauptfahrwerkfederbein
153 automatische Radbremsen
154 Doppelhauptfahrwerk
155 Kanal Vorderkantenenteis.
156 Verbindungsstreifen
157 Flächenwurzelrumpfverkleid.

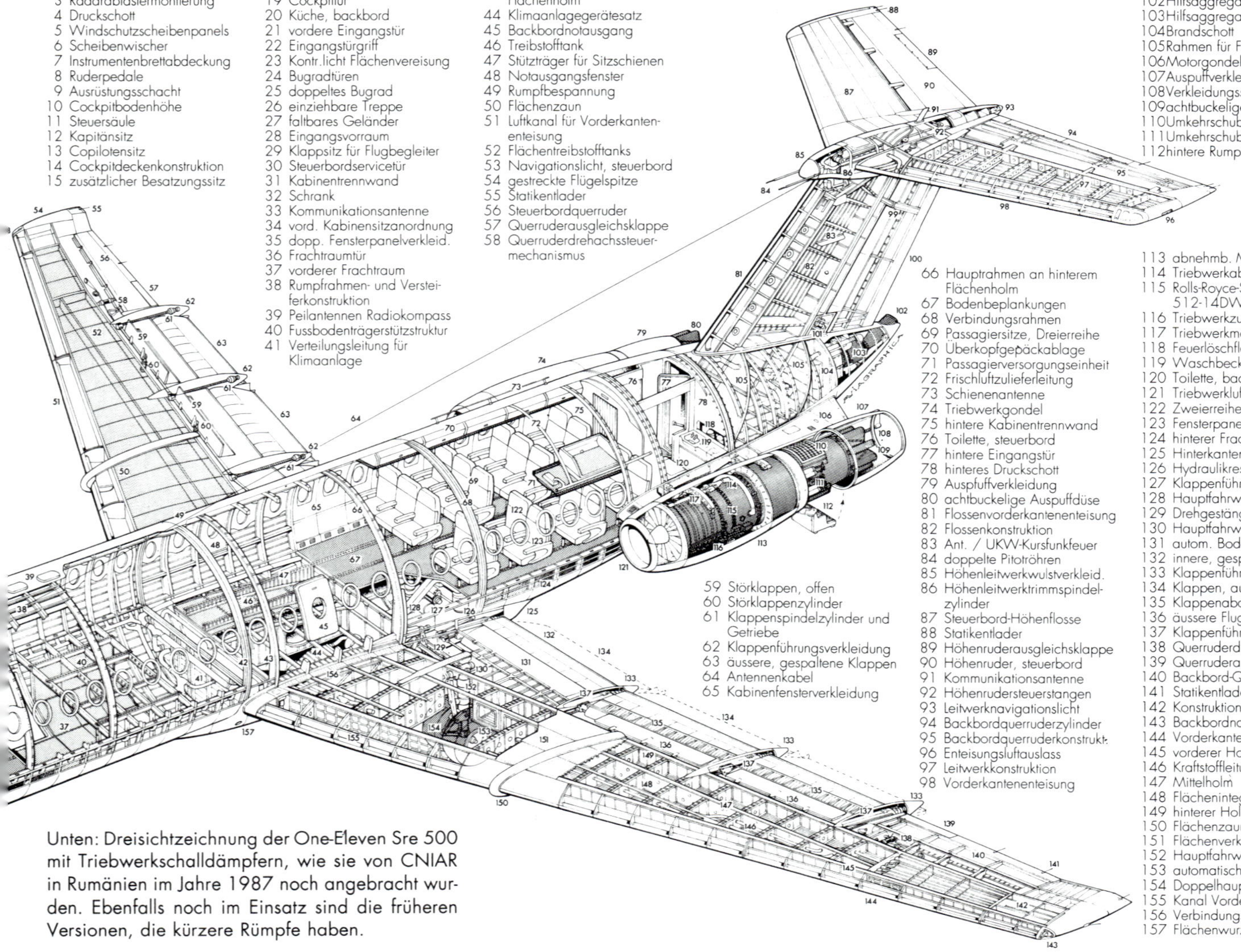

Unten: Dreisichtzeichnung der One-Eleven Sre 500 mit Triebwerkschalldämpfern, wie sie von CNIAR in Rumänien im Jahre 1987 noch angebracht wurden. Ebenfalls noch im Einsatz sind die früheren Versionen, die kürzere Rümpfe haben.

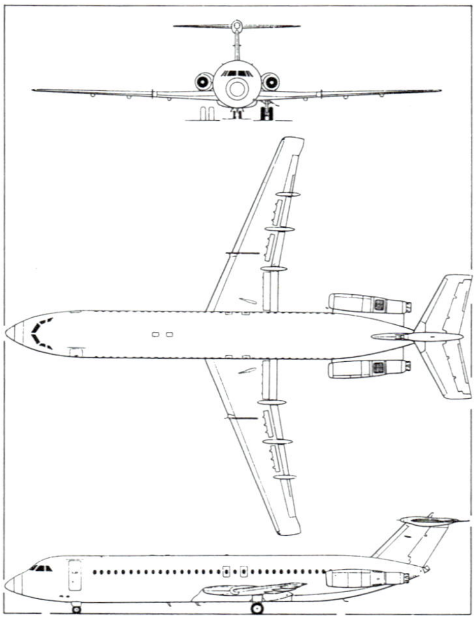

Links: Typische Fünferreihenauslegung in einer BAC One-Eleven 500. Die One-Eleven 500 kann in dieser Konfiguration bis zu 119 Passagiere befördern.

Unten: Die YR-BCK-Registrierung identifiziert dieses Flugzeug als eine der BAC One-Eleven 525, die von Grossbritannien an die rumänische Luftverkehrsgesellschaft TAROM im Jahre 1977 ausgeliefert wurden. Ähnliche Sre 561 sind ab 1982 von CNIAR an TAROM ausgeliefert worden.

Die Entwicklung der C-212 begann Ende der 60er Jahre unter Berücksichtigung der Auflagen der spanischen Luftwaffe für ein kleines Transport- und Mehrzweckflugzeug. Auslegung und Konstruktion entsprachen konventioneller Praxis für ein Flugzeug dieses Typs, mit Schulterdeckerfläche, starrem Fahrwerk an beiden Seiten des Rumpfes mit kastenartiger Verkleidung der Aufhängung und einer hinteren Laderampe. Prototypen wurden am 26. März und 23. Oktober 1971 geflogen, und mit Aufträgen der spanischen Luftwaffe wurde die Aviocar in Produktion genommen, deren erstes Serienmuster am 17. November 1972 flog. Wie beabsichtigt, war die Aviocar in der Lage, in mehreren Funktionen Dienst zu tun. Sie hat die im spanischen Dienst befindlichen, von CASA gebauten Junkers Ju 52/3m, Douglas DC-3 und CASA 207 Azor ersetzt und operierte als Personen- und Frachttransport-, Ambulanz- und Fotoaufklärungsflugzeug. In der Folge wurde die C-212 für zivilen Einsatz als 19sitziges Zubringerflugzeug entwickelt und erstmals an Pertamina in Indonesien verkauft. Anschliessend wurde ein Vertrag mit P T Nurtanio (jetzt IPTN) für die Lizenzfertigung in Indonesien abgeschlossen, mit der Absicht, Zugang zu diesem Markt im pazifischen Becken zu schaffen.

C-212 Serie 200

Antrieb: 2 Garrett-TPE331-10R-511C-Turboprops, je 671 kW Startleistung, mit vierblättrigen Dowty-Rotol-R-313-Propellern mit konstanter Drehzahl, Segelstellung und Umkehrschub, Durchmesser 2,74 m. Treibstoff 2'040 l, Integraltanks in den äusseren Flächen.

Leistung: Maximale Betriebsgeschwindigkeit 374 km/h angezeigte Eigengeschwindigkeit; max. Reisegeschwindigkeit 365 km/h in 3'050 m Höhe; wirtschaftliche Reisegeschwindigkeit 346 km/h in 3'050 m Höhe; anfängliche Steigrate 7,9 m/sec; Sicherheitsstartlänge (FAR Pt 25) 610 m; Landedistanz (FAR Pt 25) 550 m; Reichweite mit max. Nutzlast 408 km; Reichweite mit max. Treibstoff 1'760 km.

Gewicht: Leergewicht 3'780 kg; max. Treibstoffgew. 1'600 kg; max. Nutzlast 2'770 kg; max. Startgew. 7'450 kg; max. Landegewicht 7'350 kg; max. Leertankgewicht 7'050 kg.

Abmessungen: Spannweite 19 m; Gesamtlänge 15,16 m; Gesamthöhe 6,3 m; keine Pfeilung; Flügelfläche 40 m^2.

Kabine: Länge 6,5 m, max. Breite 2,1 m, lichte Höhe 1,8 m. Standardauslegung 28 Sitze in Viererreihen, Sitzabstand 72 cm; Vorrichtung für gemischte Passagier-/Frachtarrangements mit Schnellwechselmöglichkeit. Gepäckabteil 2,9 m^3; Zwei-Mann-Cockpitbesatzung.

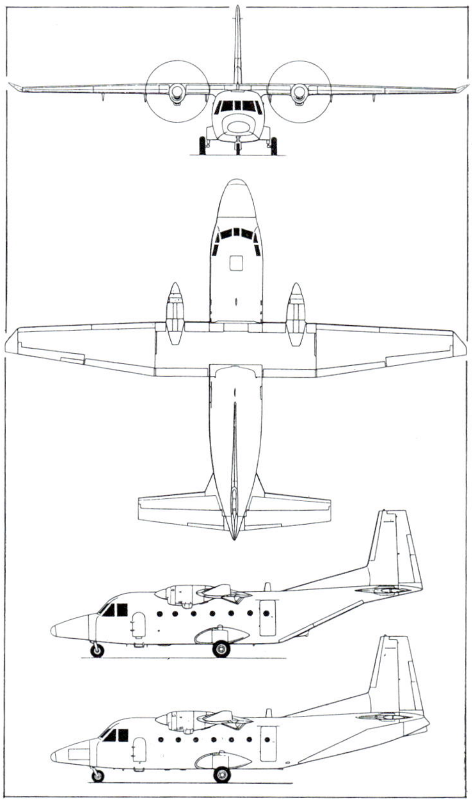

Oben: Dreisichtzeichnung der CASA C-212M mit hinterer Laderampe; Seitenansicht (zuunterst) der zivilen C-212 Sre 300.

Varianten

Das ursprüngliche Serienflugzeug wurde angetrieben durch den 579 kW starken TPE331-5-251C-Motor und hatte ein Gesamtgewicht von 5'675 kg in der ersten zivilen C-212CA-Variante, erhöht auf 6'300 kg bei der C-212CB. Im Jahre 1977 wurde das Gesamtgewicht nochmals auf 6'500 kg erhöht, und ein Jahr später führte CASA das stärkere TPE331-10-501C-Triebwerk ein, das eine weitere Erhöhung des Gesamtgewichtes auf 7'450 kg ermöglichte. In diesem Stadium wurde das Flugzeug mit den unterschiedlichen Triebwerkversionen als C-212-5 beziehungsweise C-212-10 bezeichnet, aber diese Namensgebung wurde schnell in C-212 Sre 100 und C-212 Srs 200 abgeändert. Die ersten Flugzeuge mit -10-Triebwerken, die als Prototypen der Sre 200 dienten, waren die 138. und 139. Aviocar-Fertigung und machten ihre Erstflüge am 30. April beziehungsweise am 20. Juni 1978. Im Jahre 1984 meldete CASA die Verfügbarkeit der C-212 Srs 300 mit 6'170 kW starken TPE331-10R-512C-Triebwerken und Dowty-Rotol-Luftschrauben eines moderneren Typs als jene, die die Hartzellpropeller beim Sre-200-Flugzeug im Juli 1983 ersetzt hatten. Die Sre 300 hat neu entworfene Flächenenden, eine modifizierte Nase mit grösserem Gepäckraum und ein Gesamtgewicht von 7'700 kg. Sie hat auch, als Option, eine hintere Rumpfverkleidung anstelle der Laderampe, wodurch der Transport von 28 Passagieren mit erhöhtem Sitzabstand von 75 cm ermöglicht wird. Die neuen Flächenspitzen erweitern die Spannweite auf 20,4 m und ergeben eine Flügelfläche von 41 m^2.

Indienststellung

Bis Ende 1986 waren über 400 Aviocar verkauft worden, von denen die Hälfte für zivilen Einsatz vorgesehen war. Die Betreiber in Indonesien bilden die grösste Gruppe von Luftverkehrsgesellschaften, die die C-212C in der Sre-100- und Sre-200-Formgebung fliegen. Die Sre 300 wurde 1985 zugelassen.

Links: Der Prototyp C-212 Sre 300 bei der Vorführung in Farnborough. Zu beachten sind die nach oben gebogenen Flächenenden und die hintere Unterrumpfverkleidung.

CASA 212 Aviocar
1 Gleitpfad-Antenne (Instrumentenlandesystem)
2 Lande-/Rollscheinwerfer
3 steuerbares Bugrad (mechanisch/hydraulisch)
4 Bugradfederbein
5 klappbarer Nasenkegel (Zugang zu Hydraulik und elektrischen Leitungen)
6 Bremsregelventil
7 vordere Versteifer
8 Instrumentenbrett
9 Ruderpedale
10 Steuersäule

Links: Die CASA C-212 bietet eine Vierersitzanordnung für bis zu 28 Passagiere in der zivilen Standard-Version. Zur modernen Innenausstattung gehören zuklappbare Überkopf-Handgepäckablagen. Gemischte Passagier-/Frachtarrangements sind entwickelt worden unter Ausnutzung des Vorteils der hinteren Laderampe.

Oben: Diese C-212 Srs 200 bildete die ganze Flotte des argentinischen Betreibers SEAL Lineas Aereas im Jahre 1986. Ungefähr 200 dieses leichten zweimotorigen Transportflugzeuges waren für den Einsatz bis Anfang 1987 gebaut worden, ein beträchtlicher Teil wurde durch IPTN in Indonesien für den Einsatz im eigenen Lande endgefertigt.

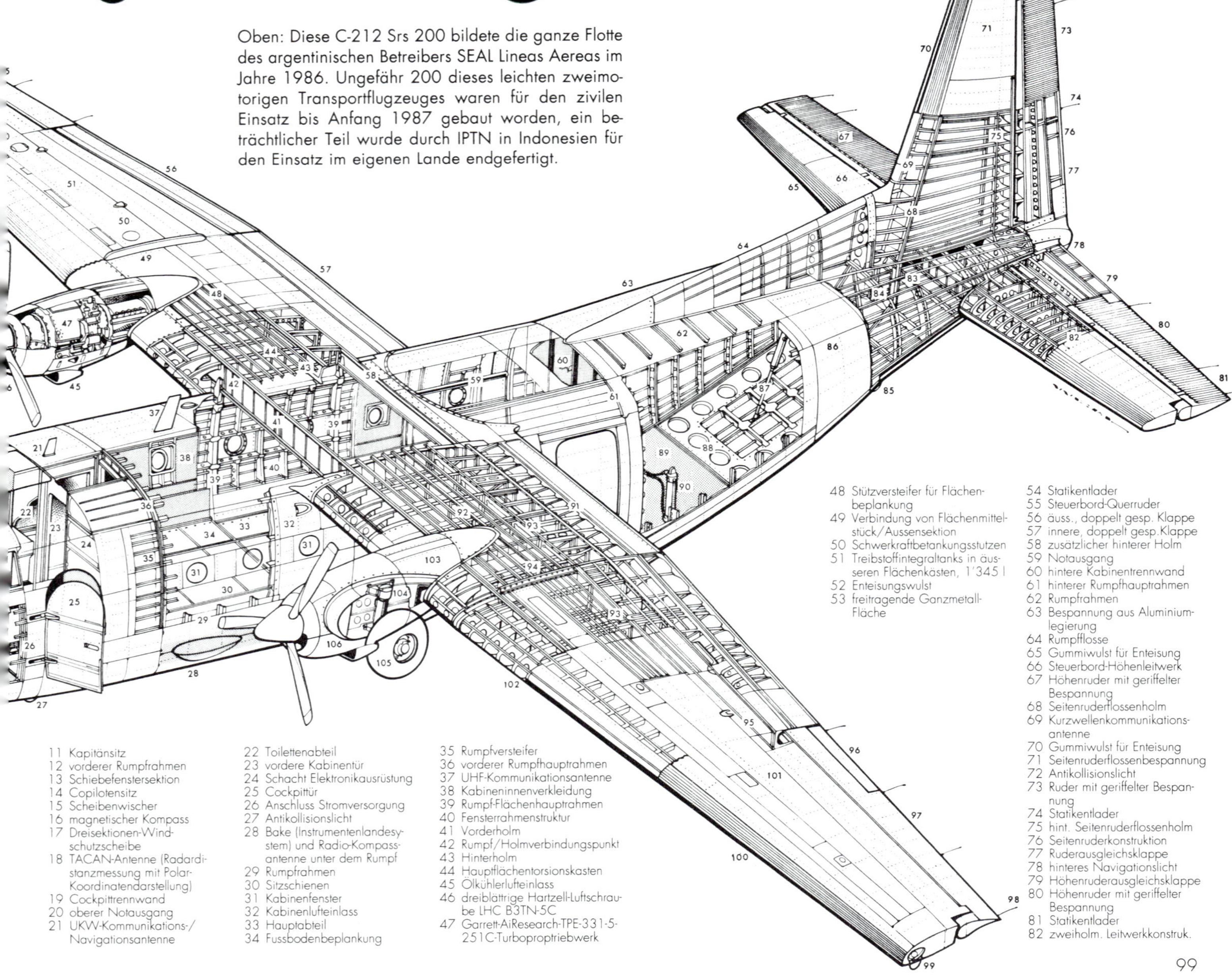

11 Kapitänsitz
12 vorderer Rumpfrahmen
13 Schiebefenstersektion
14 Copilotensitz
15 Scheibenwischer
16 magnetischer Kompass
17 Dreisektionen-Windschutzscheibe
18 TACAN-Antenne (Radardistanzmessung mit Polar-Koordinatendarstellung)
19 Cockpittrennwand
20 oberer Notausgang
21 UKW-Kommunikations-/Navigationsantenne
22 Toilettenabteil
23 vordere Kabinentür
24 Schacht Elektronikausrüstung
25 Cockpittür
26 Anschluss Stromversorgung
27 Antikollisionslicht
28 Bake (Instrumentenlandesystem) und Radio-Kompassantenne unter dem Rumpf
29 Rumpfrahmen
30 Sitzschienen
31 Kabinenfenster
32 Kabinenlufteinlass
33 Hauptabteil
34 Fussbodenbeplankung
35 Rumpfversteifer
36 vorderer Rumpfhauptrahmen
37 UHF-Kommunikationsantenne
38 Kabineninnenverkleidung
39 Rumpf-Flächenhauptrahmen
40 Fensterrahmenstruktur
41 Vorderholm
42 Rumpf/Holmverbindungspunkt
43 Hinterholm
44 Hauptflächentorsionskasten
45 Ölkühlerlufteinlass
46 dreiblättrige Hartzell-Luftschraube LHC B3TN-5C
47 Garrett-AiResearch-TPE-331-5-251C-Turboproptriebwerk
48 Stützversteifer für Flächenbeplankung
49 Verbindung von Flächenmittelstück/Aussensektion
50 Schwerkraftbetankungsstutzen
51 Treibstoffintegraltanks in äusseren Flächenkästen, 1'345 l
52 Enteisungswulst
53 freitragende Ganzmetall-Fläche
54 Statikentlader
55 Steuerbord-Querruder
56 äuss., doppelt gesp. Klappe
57 innere, doppelt gesp. Klappe
58 zusätzlicher hinterer Holm
59 Notausgang
60 hintere Kabinentrennwand
61 hinterer Rumpfhauptrahmen
62 Rumpfrahmen
63 Bespannung aus Aluminiumlegierung
64 Rumpfflosse
65 Gummiwulst für Enteisung
66 Steuerbord-Höhenleitwerk
67 Höhenruder mit geriffelter Bespannung
68 Seitenruderflossenholm
69 Kurzwellenkommunikationsantenne
70 Gummiwulst für Enteisung
71 Seitenruderflossenbespannung
72 Antikollisionslicht
73 Ruder mit geriffelter Bespannung
74 Statikentlader
75 hint. Seitenruderflossenholm
76 Seitenruderkonstruktion
77 Ruderausgleichsklappe
78 hinteres Navigationslicht
79 Höhenruderausgleichsklappe
80 Höhenruder mit geriffelter Bespannung
81 Statikentlader
82 zweiholm. Leitwerkkonstruk.

CONVAIR 240, 340 UND 440 USA

Links: Die ansprechende Bemalung dieser Convair 440-75 ist irreführend, denn sie wird nicht durch Metropolitan betrieben, sondern von einer Organisation norwegischer Enthusiasten, dem «Metropolitan Klubb», der es sich zur Aufgabe gemacht hat, ein lufttaugliches Muster der Convair mit Kolbentriebwerken zu erhalten. In der Tat flogen 1987 noch mehrere Dutzend Convairliner in der 240-, 340- und 440-Version bei kleinen Fluggesellschaften.

Convair, der Nachfolger der Consolidated-Vultee company, die während des Zweiten Weltkriegs für den B-24-Liberator-Bomber und das PBY-Catalina-Flugboot verantwortlich gewesen war, war eine von mehreren Gesellschaften, die Anfang 1955 ein mittelgrosses Flugzeug mit zwei Motoren und einer Reichweite von ungefähr 1'600 km entwickelten. Dieser neue Typ, vorgesehen als ein «DC-3-Ersatz», wurde von American Airlines als Ergänzung zu den weiterreichenden Typen mit vier Triebwerken, die zu dieser Zeit von Boeing, Lockheed und Douglas verfügbar wurden, gewünscht. Ermutigt durch Diskussionen mit American, produzierte Convair einen Prototyp seines 30sitzigen Modells 110, der zum ersten Mal am 8. Juli 1946 flog. American hatte sich jedoch zu dieser Zeit für ein grösseres zweimotoriges Flugzeug entschieden und einen Auftrag bei Convair für 75 Modell 240, das auf dem Modell 110 basierte, aber gross genug für 40 Sitze sein sollte, plaziert. Die Convair 240, bald bekannt als Convairliner, flog zum ersten Mal in San Diego am 16. März 1947 und war ein Tiefdecker mit hoher Flügelstreckung. Der Convairliner (ein Name, der auch für die Modelle 340 und 440 angewandt wurde, wie unter Varianten beschrieben) erwies sich als ein effektives Transportflugzeug und bis zum Erscheinen der Turbopropgeneration sicherlich auch als der erfolgreichste «DC-3-Ersatz». Er erwies sich auch als geeignet zur Modifizierung mit Turboprops.

Varianten

Auf die Convair 240 folgte im Jahre 1951 das Modell 340, Erstflug am 5. Oktober dieses Jahres in San

CONVAIR 580, 600 UND 640 USA

Während der 50er und frühen 60er Jahre wurden ungefähr 175 der zweimotorigen Verkehrsflugzeuge Convair 240, 340 und 440 in mehreren Programmen auf Turboproptriebwerke umgerüstet. Das erste Programm, das auf die Verwendung bei Luftverkehrsgesellschaften ausgerichtet war, wurde durch die Napier Engine Company in Grossbritannien im Jahre 1954 eingeleitet, und eine Convair 340 mit 2'288 kW starken Eland-NEl.1-Turboprops flog am 9. Februar 1955. Sechs weitere dieser Umbauten wurden hergestellt und im Juli 1959 eingesetzt; zusätzlich baute Canadair in Kanada zehn neue Zellen mit Eland-Triebwerken für den militärischen Einsatz. Das zweite Turbopropumrüstungsprogramm wurde durch Allison Company aufgestellt und durch Pacific Airmotive durchgeführt. Sowohl das Modell 340 als auch das Modell 440 konnte mit diesem System zur Convair 580 oder Super-Convair mit Allison-501-D13-Triebwerken umgerüstet werden. Die erste Umrüstung wurde am 19. Januar 1960 geflogen, und diese erwies sich als die erfolgreichste der drei Turboprop-Convair-Programme mit 130 umgerüsteten Flugzeugen, die Mehrzahl für den Einsatz bei Luftverkehrsgesellschaften. Die höhere Leistung der Turboproptriebwerke machte eine Erhöhung der Flügelspannweite, der Leitwerksflächen, der Höhe und Fläche der Flosse erforderlich. Der Rumpf und die Fläche blieben im wesentlichen unverändert, abgesehen von der Triebwerksinstallation, aber beträchtliche Änderungen betrafen die Treibstoff-, Hydraulik-, Klimaanlage-, Druck-, Elektrik-, Anlass-, Feuerlösch- und Enteisungssysteme. Das Cockpit wurde modernisiert und die Schalldämpfer in der Kabine verbessert. Das dritte und letzte Turboprop-Umrüstungs-Programm wurde durch die Convair Division of General Dynamics durchgeführt. Dieses System führte Rolls-Royce-RDa-10-Dart-Mk-542-4-Triebwerke mit vierblättrigen Rotol-Luftschrauben mit einem Durchmesser von 3,96 m ein und war bei allen Modellen anwendbar. Durch die Modifizierung wurde aus dem Modell 240 das Modell 600 (zuerst Modell 240D), während die Modelle 340 und 440 als Modell 640 mit Dart-Triebwerken bekannt wurden (nachdem sie ursprünglich als Modelle 340D beziehungsweise 440D bezeichnet worden waren). Das erste Modell 600 flog in San Diego am 20. Mai 1965 und das erste Modell 640 etwas später im selben Jahr.

Convair 580

Antrieb: 2 Allison-501-D13H-Turboprops, je 2'796 kW Startleistung, mit vierblättrigen Aeroproducts-Luftschrauben, Durchmesser 4,11 m, konstante Drehzahl, Segelstellung und Umkehrschub. Treibstoff 6'546 l oder 7'874 l mit modifizierten Flächenintegraltanks plus 3'027 l auf Anforderung in zusätzlichen inneren Tanks.
Leistung: Reisegeschwindigkeit 550 km/h in einer Höhe von 6'095 m; anfängliche Steigrate mehr als 11,2 m/sec; Sicherheitsstartstrecke (CAR) 1'435 m; Landestrecke 1'270 m; Reichweite mit 2'270 kg Nutzlast 3'650 km; Reichweite mit maximalem Treibstoff 4'773 km.
Gewicht: Betriebsleergewicht 13'732 kg; max. Treibstoffgewicht 6'299 kg; maximale Nutzlast 4'023 kg; max. Startgewicht normal 24'130 kg; max. Startgewicht auf Anforderung 26'371 kg; max. Landegewicht 22'985 kg.
Abmessungen: Spannweite 32,12 m; Gesamtlänge 24,84 m; Gesamthöhe 8,89 m; Flügelfläche 85,5 m².
Kabine: Länge 11,1 m, max. Breite 2,87 m, max. lichte Höhe 2 m. Ein-Klassen-Auslegung für 52 Sitze (Sitzabstand 89 cm) oder 56 Sitze (Sitzabstand 81 cm), Viererreihen mit Mittelgang, zwei Überboden-Frachträume, Volumen 12,35 m³, ein Unterflurfrachtraum, Volumen 2,21 m³. Zwei-Mann-Cockpit-Besatzung.

Varianten

Zusätzlich zu den oben beschriebenen Turboprop-Umrüstungs-Programmen wurde Anfang der 80er Jahre die Super 580 Aircraft Company als eine Untergruppe der Flight Trails Inc. gegründet, um eine verbesserte Version der mit Allison-Triebwerken ausgerüsteten Convair 580 zu entwickeln. Als Super 580 hatte diese anstelle der älteren -D13-Motoren 2'983-kW-Allison-501-D22G-Turboproptriebwerke mit Ha-

Diego. Es hatte eine Rumpfstreckung von 1,38 m und einen revidierten Flügel von grösserer Spannweite und Oberfläche. Der neue Rumpf konnte bei maximalem Sitzabstand vier Passagiere mehr unterbringen, und viele Muster wurden später mit bis zu 52 Sitzen geflogen. Am 6. Oktober 1955 flog das erste Modell 440, bei einigen europäischen Betreibern bekannt als Metropolitan. Es hatte dieselben Abmessungen wie das Modell 340, aber neu entworfene Motorgondeln und eine Anzahl von anderen Verbesserungen zur Erhöhung des Leistungsbereiches und Passagierkomforts. Die meisten Modelle 440 waren mit Wetterradar ausgestattet, was eine zusätzliche Streckung des Vorderrumpfes um 70 cm erforderte. Neben den Verkäufen an Luftverkehrsgesellschaften hatten die Modelle 240, 340 und 440 auch einen beträchtlichen Erfolg in militärischen Verwendungen, einschliesslich Schulung sowie Fracht- und Personentransport, einige mit entsprechend vergrösserten Seitenfrachttüren.

Indienststellung

Die Convair 240 wurde bei American Airlines am 1. Juni 1948 in Dienst gestellt. Die Convair 340 nahm ihren Dienst am 28. März 1950 auf, und Continental Airlines setzte die Convair 440 im Februar 1956 erstmals ein. Die Produktion für Luftverkehrsgesellschaften belief sich auf insgesamt 176 CV-240, 212 CV-340 und 153 CV-440; zusätzlich wurden 520 für militärischen Einsatz gebaut. Viele von diesen (sowohl zivile wie militärische Modelle) wurden, wie unten beschrieben, auf Turboproptriebwerke umgerüstet. Zu Beginn des Jahres 1987 waren höchstens noch 50 zweimotorige Convair mit Kolbentriebwerken im Einsatz bei Fluggesellschaften.

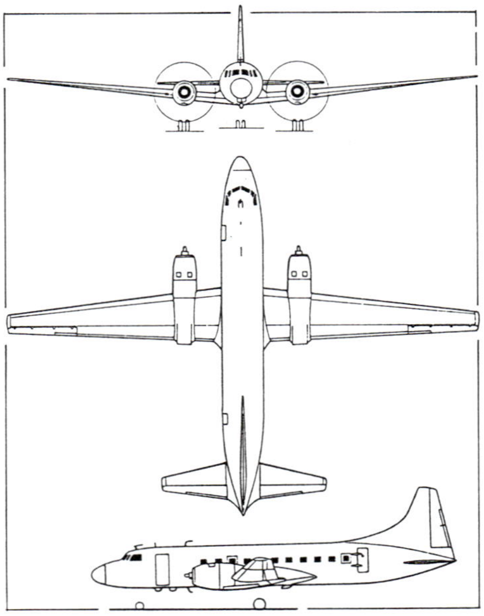

Oben: Dreisichtzeichnung der Convair 440 Metropolitan, das letzte Flugzeug mit Kolbentriebwerken, das von der Convair Company produziert wurde. Die Konfiguration der CV-240, CV-340 und CV-440 war gleich, aber die Original-Convair 240 von 1948 war um 1,83 m kürzer und hatte eine um 4,15 m geringere Flügelspannweite. Auffällig war die längere Nase der CV-440 (und CV-340), die ein Wetterradar enthielt. Die hohe Flügelstreckung war lange Zeit ein besonderes Merkmal der Convair-Entwürfe.

Convair 440

Antrieb: Zwei zweireihige 18-Zylinder-Stern-Motoren Pratt & Whitney R-2800-CB27, je 1'864 kW Startleistung, mit dreiblättrigen Hamilton-Standard- oder Curtiss-Electric-Luftschrauben, Durchmesser 4,15 m, Segelstellung, Umkehrschub und konstante Drehzahl. Treibstoff 6'546 l in Flächen und Flächenmittelstück.

Leistung: Maximale Betriebsgeschwindigkeit 481 km/h angezeigte Eigengeschwindigkeit bis auf 3'720 m; max. Reisegeschwindigkeit 483 km/h in 3'960 m Höhe; beste wirtschaftliche Reisegeschwindigkeit 465 km/h in einer Höhe von 6'095 m; anfängliche Steigrate 6,4 m/sec; Dienstgipfelhöhe 7'590 m; Reichweite, max. Nutzlast 459 km; Reichweite mit max. Treibstoff und 2'368 kg Nutzlast 3'106 km.

Gewicht: Typ. Betriebsleergewicht 15'110 kg; max. Treibstoffgewicht 4'708 kg; max. Nutzlast 5'820 kg; max. Startgewicht 22'544 kg; max. Landegewicht 21'614 kg; maximales Leertankgewicht 21'320 kg.

Abmessungen: Spannweite 32,12 m; Gesamtlänge 24,84 m; Gesamthöhe 8,59 m; keine Pfeilung; Flügelfläche 85,5 m².

Kabine: Länge 11,1 m, max. Breite 2,87 m, max. lichte Höhe 2 m. Typische Auslegungen bieten 44 Sitze (Sitzabstand 97 cm) oder 52 Sitze (Sitzabstand 89 cm) oder 56 Sitze (Sitzabstand 81 cm), alle in Viererreihen mit Mittelgang. Zwei Über-Fussboden-Frachträume, Gesamtvolumen 12,35 m³, ein Unterflurraum, 2,21 m³. Zwei-Mann-Cockpit-Besatzung.

Links: Air Ontario ist der Nachfolger von Great Lakes Airlines, und operiert in Kanadas «goldenem Dreieck» auf den Strecken, die Montreal, Quebec und Toronto miteinander verbinden. Ihre Flotte umfasste 1986 elf Convair 580.

Rechts: Dreisichtzeichnung der Convair 580 mit den charakteristischen Gondeln, in denen die Allison-501-D13A-Turboprops untergebracht sind. Die Rolls-Royce-Dart-Installation in der Convair 600 und 640 ist mehr stromlinienförmig, aber die CV-580 hat grösseren Erfolg erzielt.

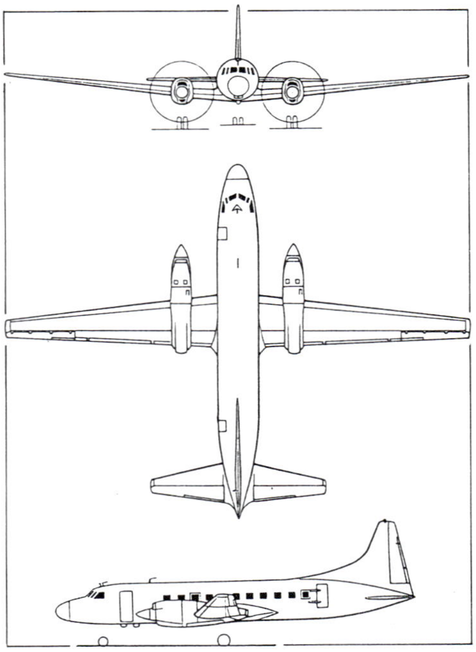

milton-Standard-Luftschrauben und einer Anzahl von zusätzlichen Systemveränderungen, einschliesslich eines Garrett-Hilfsaggregats und eines neu entworfenen Cockpits. Sowohl die Modelle 340 und 440 mit Kolbentriebwerken als auch das Modell 580 mit Turboproptriebwerken konnten umgerüstet werden. Eine Prototyp-Super-580-Umrüstung von Hamilton Aviation flog am 21. März 1984, und eine ähnliche Umrüstung durch Super 580 Aircraft Company flog am 20. November 1984. Eine Version mit einem im Rumpf installierten Westinghouse-APG-66S-Radar war als Super 580 Falcon für Rauschgiftschmuggel-Überwachung gedacht. Eine andere Umrüstung wurde von der Allison Company selbst vorgeschlagen als Turboflaggschiff ATF mit einer Rumpfstreckung von 4,34 m zur Erhöhung der Kapazität auf 72 bis 78 Passagiere oder mit einer hinteren Frachttür für neun bis zwölf Standard-LD3-Container. Mit 3'207 kW starken 501-D22G-Srs-3-Triebwerken sollte diese Umrüstung, bekannt als Convair 580S, ein Gesamtgewicht von 28'580 kg haben.

Indienststellung

Die Convair 580 wurde durch FAA am 21. April 1960 zugelassen und bei Frontier Airlines im Juni 1964 in Dienst gestellt, frühere Auslieferungen gingen an Firmeneigner. Die Convair 600 wurde am 18. Nov. 1965 zugelassen und am 30. Nov. bei Central Airlines in Dienst gestellt. Die Convair 640 wurde am 7. Dez. 1965 zugelassen und bei Caribair am 22. Dez. in Dienst gestellt. Anfang 1987 verblieben ca. 75 bis 80 Convair 580 und 30 Convair 600 und 640 im Einsatz bei Luftverkehrsgesellschaften, fast alle in Nord- und Südamerika.

DASSAULT-BREGUET MERCURE FRANKREICH

Die Mercure ist das grösste von Dassault produzierte Flugzeug und deren einziger Versuch, den Verkehrsflugzeugmarkt zu betreten. Der Versuch war nicht erfolgreich, und nur zwölf Muster der Mercure, einschliesslich der zwei Prototypen, wurden gebaut. Technisch gesehen war das Flugzeug in Ordnung, und es hat sich im Einsatz gut bewährt, aber seine Nutzlast-/Reichweitencharakteristik scheint die Luftverkehrsgesellschaften nicht besonders begeistert zu haben, und Dassault wurde wegen ihres Mangels an Erfahrung beim Bau und Unterhalt eines zivilen Verkehrsflugzeuges mit einigem Misstrauen angesehen. In Wirklichkeit ist Dassaults geschäftlicher Erfolg immer von der militärischen Flugzeugproduktion abhängig gewesen, aber seit 1962 ist die Gesellschaft auch für die Entwicklung, den Entwurf, die Herstellung und den Unterhalt einer beliebten Serie von Geschäftsjetflugzeugen verantwortlich: die Mystere/Falcon 10, 20, 50 und 900.

Dass sich Dassault Ende 1960 auf die Mercure eingelassen hat, war ein Versuch, diesen zivilen Geschäftszweig der Gesellschaft zu erweitern. Eine längere Serie von Marktanalysen führte unter dem Titel Mystere 30 oder Mercure zu mehreren Projekten von 30 bis 150 Sitzen. Diese Marktstudien wiesen ein Verkaufspotential von bis zu 1500 Kurzstreckenflugzeugen mit grosser Kapazität in der Periode von 1973 bis 1989 aus, und ein Entwurf der Mercure wurde für 150 Sitze und eine Reichweite von bis zu 1'500 km optimiert. Dies brachte die Mercure in dieselbe Klasse wie die Boeing 737, obwohl sie auf beträchtlich kürzere Strecken als das amerikanische Flugzeug beschränkt war; auch in der Konfiguration war das Dassault-Flugzeug mit dem Modell 737 mit der tief angesetzten Fläche (Tiefdecker), der 25-Grad-Pfeilung und den dicht unter den Flächen angebrachten JT8D-Turbofantriebwerken vergleichbar. Bei der Suche nach einem Erstbesteller der Mercure erhielt Dassault Rückendeckung von der französischen Regierung in Form einer Anleihe, die 56 Prozent der Programmentwicklungskosten deckte (rückzahlbar mit Verkaufserlös), und weitere 30 Prozent wurden hereingeholt mit Risikobeteiligungsabkommen mit Aeritalia, CASA, SABCA, F + W und Canadair. Dassault, die selbst für 14 Prozent der Entwicklungskosten verantwortlich war, baute neue, grosse Produktions- und Fertigungsstrassen und übertrug die Konstruktion zweier Prototypen den gesellschaftseigenen Bordeaux-Werken. Dort wurde der Erstflug am 28. Mai 1971 mit 6'804-kp-JT8D-11-Triebwerken durchgeführt. Die endgültigen JT8D-15-Triebwerke wurden zum ersten Mal beim 21. Flug am 7. September 1971 eingesetzt, und das zur besseren Handhabung eingeführte V-förmige Leitwerk flog zum ersten Mal am 18. November. Der zweite Prototyp flog am 7. September 1972 mit neuen Vorflügeln.

Varianten

Der kurze Produktionsverlauf der Mercure umfasste keine Varianten; die Flugerprobung der Prototypen hatte bereits zu der Einführung von kleinen Innovationen wie der V-Winkelstellung des Leitwerks und den Vorflügeln geführt.

Indienststellung

Die französische Inlandfluggesellschaft Air Inter plazierte eine Bestellung für zehn Mercure am 29. Januar 1972, und die Produktion wurde auf der Basis dieses einzigen Auftrages eingeleitet; keine weiteren Verkäufe wurden getätigt. Die erste Serien-Mercure flog in Istres am 17. Juli 1973, und die französische Zulassung wurde am 12. Februar 1974 erteilt, basierend auf Kategorie-II-Anflügen. Die Auslieferung der ersten zwei Flugzeuge an Air Inter fand am 16. Mai und am 11. Juni 1974 statt, und der erste zivile Einsatz wurde am 4. Juni geflogen. Mit einem Bendix-Autopiloten und Thomson-CSF-Frontscheibenanzeige wurde die Mercure am 30. September 1974 für Kategorie-III-Anflüge zugelassen.

Antrieb: Zwei Pratt-&-Whitney-JT8D-15-Turbofantriebwerke, je 7'030 kp Standschub für den Start. Treibstoff 18'400 l.

Leistung: Maximale Betriebsgeschw. 704 km/h berichtigte Eigengeschw. oder 0,85 Mach; max. Reisegeschwindigkeit 926 km/h in einer Höhe von 6'095 m; wirtschaftlichste Reisegeschw. 858 km/h in einer Höhe von 9'145 m; anfängl. Steigrate 16,7 m/sec in einer Höhe von 2'135 m mit einem Gewicht von 45'360 kg; Sicherheitsstartlänge (FAR), 2'715 m; Landedistanz (FAR) 1'845 m; Reichweite mit max. Nutzlast 1'110 km; Reichw. mit 150 Passagieren bei 0,78 Mach in 10'060 m 2'070 km; Reichweite mit max. Treibstoff 3'240 km.

Gewicht: Betriebsleergewicht 31'800 kg; max. Treibstoffgewicht 14'750 kg; maximale Nutzlast 16'200 kg; maximales Startgewicht 56'500 kg; maximales Landegewicht 52'000 kg; maximales Leertankgewicht 48'000 kg.

Abmessungen: Spannweite 30,55 m; Gesamtlänge 34,84 m; Gesamthöhe 11,36 m; Pfeilung 25 Grad bei Viertelprofilsehne; Flügelfläche 116 m^2.

Kabine: Länge 25,5 m, max. Breite 3,66 m, max. lichte Höhe 2,2 m. Typische Gemischtklassenauslegung für zwölf Erste-Klasse-Passagiere in Viererreihen (Sitzabstand 96,5 cm) und 108 Touristen-Klasse-Passagiere in Sechserreihen (Sitzabstand 86,5 cm); alternative Ein-Klassen-Auslegungen für 135 Sitze (Abstand 86,5 cm) oder 150 Sitze (Abstand 81,5 cm) in Sechserreihen. Frachtunterflurräume 34 m^3. Zwei-Mann-Cockpit-Besatzung.

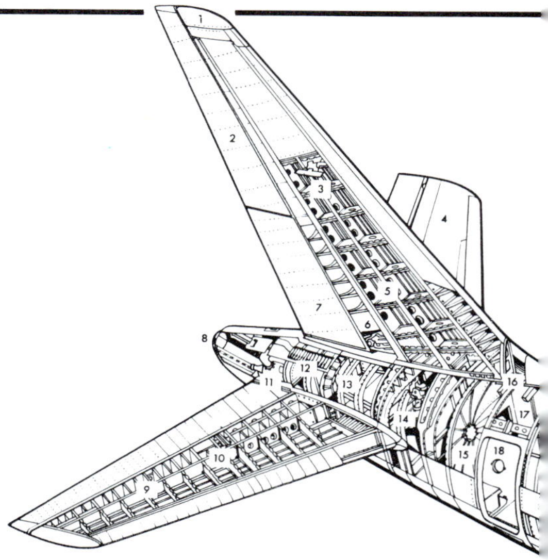

Dassault-Breguet Mercure
1 abnehmbare Flossenspitze
2 oberes Ruder
3 UKW-Antenne
4 Backbord-Höhenleitwerk
5 zwei/drei-holmige Flossenkastenstruktur
6 hydraulisches Ruderservo
7 unteres Ruder
8 Hilfsaggregatauspuff
9 zweiholmiges Leitwerk
10 Hydraulikservoeinheit
11 Garrett-GTCP-85-Hilfsaggregate in Rumpfkegel
12 Lufteinlass für Hilfsaggregat
13 Zapfenrahmen für Leitwerkwinkelstellung
14 Trimmotor und Spindelzylinder für Höhenleitwerk
15 hintere Druckkuppel
16 Drehmomentstückgabel für vorderen Flossenholm
17 zwei hintere Toiletten
18 Kabinen- und Servicetüren
19 Kabineneingangsvorraum
20 Tür zum Gepäckabteil
21 hintere Sitzreihen, versetzt angeordnet
22 Steigleitungen für Kabinenventilation
23 Rahmenkonstruktion mit eingekerbter konstanter Neigung (bruchsicher)
24 Klimaanlageluftdüsen
25 polarisierte Fenster
26 hintere Frachtraumtür
27 Sitzführungsschiene
28 Kabinenboden
29 drei Rumpf-/Flügelholmmontagerahmen
30 Ventilationsauslassgitter
31 Fussbodenverstrebung
32 Fensterumgebungspanel
33 Fahrwerk-/Hydraulikschacht
34 zentraler Flächenkasten
35 über der Fläche längs angebrachte Boden-Stützrahmen
36 Klimaanlageschacht
37 Hauptluftzuleitungen
38 Luftmischkammer
39 Luftzuteilungskanal (Decke)
40 Klappenführungsschienen aus Titan
41 Flächenstörklappen
42 dreifach gespaltene Klappen
43 Backbord-Querruder
44 vord. und hint. Backbord-Flächenspitzennavigationslicht

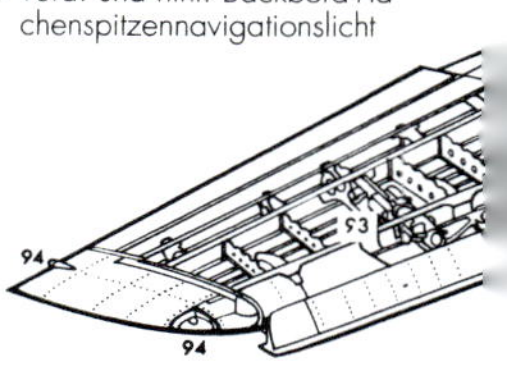

Unten: Das Cockpit der Dassault Breguet Mercure, die von zwei Piloten geflogen wird. Die Mercure, eines der ersten Verkehrsflugzeuge mit Frontscheibenanzeige, wurde für den Einsatz bei Kategorie-III-Wetterbedingungen (Sicht weniger als 150 m) zugelassen.

Rechts: Die Dassault Breguet Mercure wird von der französischen Inlandgesellschaft Air Inter auf Inlandrouten eingesetzt.

45 Flächenvorflügel
46 Heissluftenteisungsleitungen und Teleskopgelenke
47 Hauptheissluftleitungen vom Triebwerk
48 Triebwerkstützträger
49 verstellbare Zusatzeinlässe
50 Triebwerklufteinlass
51 Handgepäckablagen
52 Passagiersitzanordnung
53 vordere Küche (steuerbord)
54 vordere Toilette (backbord)
55 Unterflur-Avionikeinheit
56 Kabinen- und Servicetüren
57 Cockpiteingang
58 Zwei-Mann-Cockpit
59 Windschutzscheibenpanels
60 Instrumentepan.-Mittelkonsole
61 vorderes Druckschott
62 Nasenkegel
63 Wetterradar- und ILS-Antenne
64 druckloser Bugradschacht
65 Ruderpedale
66 Steuersäule
67 nach hinten gleitende Klarsichtpanels
68 Elektronikschacht
69 Bugradeinziehmechanismus
70 vorderes, einziehbares doppeltes Messier-Bugrad
71 vordere Frachtraumtür
72 Rumpfrahmen
73 Staulufteinlässe für Klimaanlage an Flächenwurzel
74 verschraubte Flächen-/Rumpfverbindung
75 hydraulische Spindelzylinder für Klappenantrieb
76 Flächenstörklappenstruktur
77 hinterer Druckplatten- und in Winkelform angebrachter Flächenholm
78 vorderer Druckplatten- und in Winkelform angebrachter Flächenholm
79 Struktur der Vorflügel
80 Heissluftleitungen für Enteisung und Teleskopgelenke
81 Dämpfungsglied für Triebwerkantivibrationsaufhängung
82 Pratt-&-Whitney-JT8D-15-Triebwerk
83 Triebwerkverkleidung
84 doppeltes Hauptfahrwerk
85 Umkehrschubschaufeln
86 Umkehrschubkegel
87 Hauptfahrwerkeinfahrzylinder
88 Flächenrippen
89 hydraulische Störklappenstellmotoren
90 hydr. Stellmotor Vorklappen
91 Flächenbespannungspanels
92 Querruderkabel zum Servo
93 doppelte hydraulische Querruderservo
94 vorderes und hinteres Steuerbord-Flächenspitzennavigationslicht

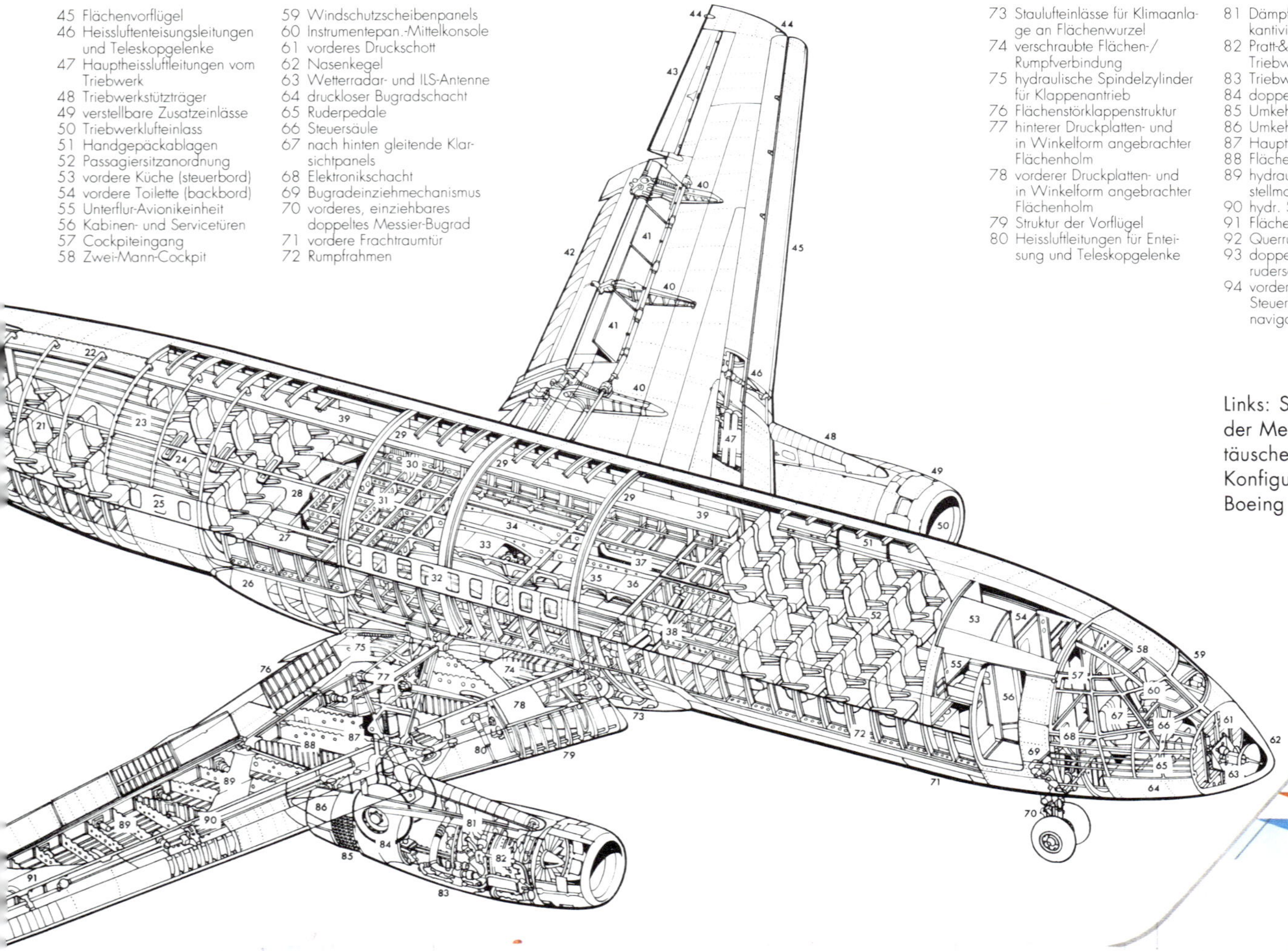

Links: Schnittzeichnung der Mercure, die eine täuschend ähnliche Konfiguration wie die Boeing 737 hat.

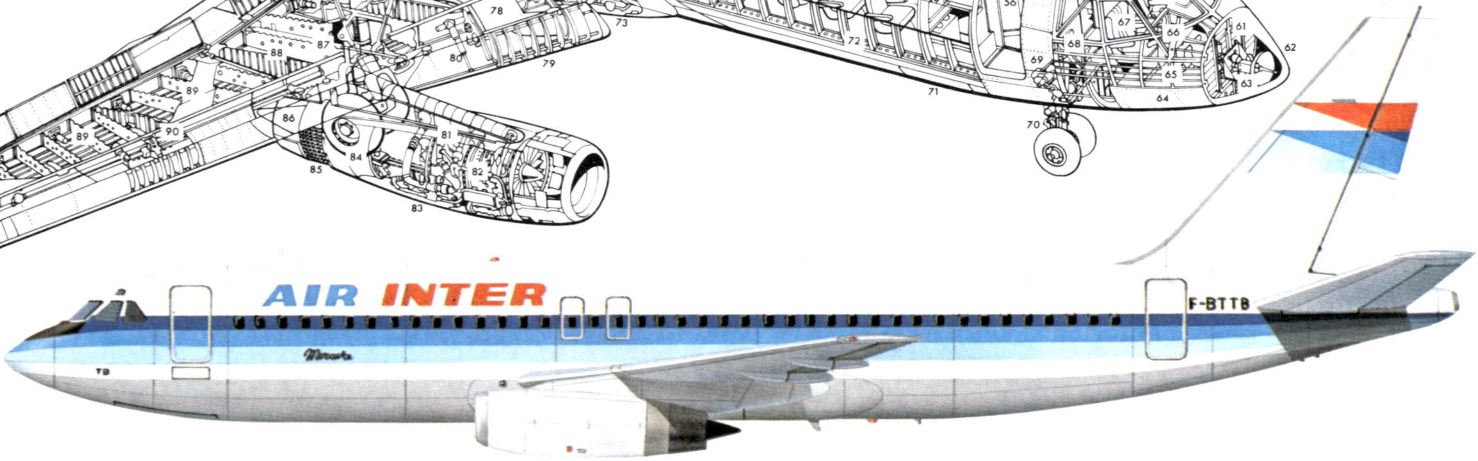

Oben: Die zweite Mercure-Produktion in der Air-Inter-Bemalung.

Unten: Dreisichtzeichnung der Mercure in ihrer einzigen Produktionsversion, der erste Prototyp hatte keine Vorflügel an der Fläche.

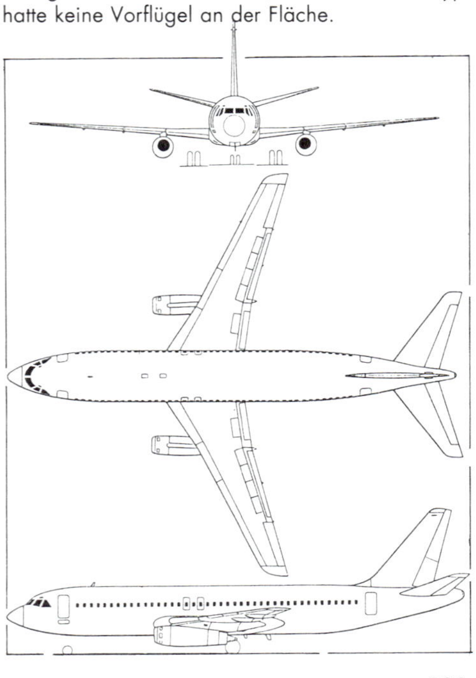

DE HAVILLAND CANADA TWIN OTTER KANADA

Die de Havilland Aircraft of Canada Ltd hat seit ihrer Gründung im Jahre 1928 als Tochtergesellschaft der damals unabhängigen de Havilland Aircraft Company in Grossbritannien eine Reihe von Eigentümern gehabt. Letztere wurde schliesslich Teil der Hawker-Siddeley-Gruppe, die ihre Eigentumsrechte an der kanadischen Tochtergesellschaft im Jahre 1974 auf die kanadische Regierung übertrug. Ende des Jahres 1986 wurde DHC, wie die kanadische Gesellschaft heute genannt wird, von der Boeing Company erworben und arbeitet jetzt als Tochtergesellschaft der Boeing of Canada Ltd. Nach der erfolgreichen Entwicklung der einmotorigen DHC-2 Beaver für «Buscheinsätze» und der grossen, aber im allgemeinen gleichen DHC-3 Otter gewann die Gesellschaft Zweimotor-Erfahrung mit der DHC-4 Caribou und der DHC-5 Buffalo. Da diese beiden ursprünglich für den militärischen Einsatz vorgesehen waren, konnte DHC ihre Erfahrung bezüglich der Bedürfnisse kleinerer ziviler Betreiber mit den STOL-Eigenschaften zweimotoriger Transportflugzeuge kombinieren. Im Januar 1964 begann DHC mit dem Entwurf eines zweimotorigen Abkömmlings der Otter. Unter dem Namen Twin Otter war dieses DHC-6-Projekt speziell für zivile Betreiber vorgesehen, besonders als Zubringerflugzeug mit Einsatzmöglichkeiten auf kurzen Startbahnen. Das Planungsziel war, möglichst viel von der Otter anzuwenden, und so erschien die DHC-6 mit demselben Basisrumpfquerschnitt wie ihr einmotoriger Vorgänger und mit zwar grösserer Spannweite, aber mit demselben Flügelquerschnitt. Die Kabinenlänge wurde ausgedehnt, und neue Nasen- und Leitwerkbaugruppen wurden eingeführt. Man entschloss sich für ein dreifaches, starres Landefahrwerk, und unter Anwendung der mit der Caribou und Buffalo gemachten Erfahrung wurden die STOL-Eigenschaften einzig und allein durch aerodynamische Mittel erreicht, indem über die gesamte Flügelspanne doppelt gespaltene Landeklappen angebracht wurden, von denen die äusseren Teile unterschiedlich als Querruder arbeiteten. 1964 begann DHC mit der Produktion eines ersten Pakets von fünf Twin Otter, von denen die erste in Downsview, Ontario, am 20. Mai 1965 flog.

Twin Otter Serie 300
Antrieb: Zwei Pratt-&-Whitney-Canada-PT6A-27-Turboprops, je 462 kW Startleistung, mit dreiblättriger Hartzelluftschraube für Revers und Segelstellung, ø 2,59 m. Treibstoff 1'446 l in 2 Unterflurtanks, auf Wunsch zusätzlich 337 l.
Leistung: Maximale Betriebsgeschwindigkeit 315 km/h angezeigte Eigengeschwindigkeit; maximale Reisegeschwindigkeit 338 km/h in 3'050 m Höhe; Langstreckenreisegeschwindigkeit 269 km/h in 3'050 m Höhe; anfängliche Steigrate 8,13 m/sec; Dienstgipfelhöhe 8'140 m; Sicherheitsstartlänge (CAR) 455 m; Sicherheitslandestrecke (CAR) 590 m; Reichweite mit 1'134 kg Nutzlast 1'297 km.
Gewicht: Typisches Betriebsleergewicht 3'363 kg; max. Treibstoffgewicht 1'171 kg; max. Nutzlast 1'941 kg; max. Startgewicht 5'670 kg; maximales Landegewicht 5'579 kg (Land), 5'670 kg (Wasser); maximales Leertankgewicht 5'670 kg.
Abmessungen: Spannweite 19,81 m; Gesamtlänge 15,77 m; Gesamthöhe 5,94 m; keine Pfeilung; Flügelfläche 39,02 m².
Kabine: Länge 5,64 m, max. Breite 1,61 m, max. lichte Höhe 1,5 m. Standardunterbringung bis 20 Sitze in Dreierreihe, mit versetztem Gang und einem Sitzabstand von 76 cm. Gepäckabteile in der Nase und in hinterer Kabine 4,37 m³. Zwei-Mann-Cockpit-Besatzung.

Varianten

Die ersten drei Twin Otter wurden von den 432 kW starken TP6A-6-Turboprops angetrieben, danach wechselte man auf die vergleichbar starken, aber verbesserten PT6A-20-Triebwerke. Diese Anfangs-Produktions-Version, als Twin Otter Sre 100 bekannt, wurde nach 115 gebauten Flugzeugen durch die Twin Otter Sre 200 ausgebootet. Diese hatte eine verlängerte Nasenverkleidung und eine vergrösserte Gepäckraumkapazität. Auch von der Sre 200 wurden insgesamt 115 produziert, und ihr folgte die Twin Otter Sre 300 mit verstärkten PT6A-27-Triebwerken, einem um 418 kg erhöhten Startgewicht und mit entsprechendem Vorteil im Nutzlast-/Reichweitenleistungsbereich. Während des Jahres 1974 wurden von Air Canada sechs Flugzeuge mit der Bezeichnung Twin Otter Sre 300S bei einem für die kanadische Regierung durchgeführten Airtransitversuch eingesetzt. Dieser prüfte die Einsatzmöglichkeiten entsprechend ausgerüsteter Flugzeuge auf im Stadtzentrum gelegenen STOL-Flugplätzen, die im vorliegenden Fall in Montreal und Ottawa aus 610 m langen und 30 m breiten Landebahnen bestanden. Um Anflüge mit steilem Anflugwinkel zu ermöglichen, war die elfsitzige Twin Otter Sre 300S mit Störklappen auf der Flächenoberseite, Hochleistungsbremsen mit Antiblockiersystem und Notbremsen, verbesserter Feuerverhütung für die Triebwerke, einer modernen Avionikausrüstung und anderen Änderungen ausgerüstet. Militärische Varianten des Basistyps werden als DHC-6-300M oder -300MR bezeichnet.

Indienststellung

Die Twin Otter wurde zum ersten Mal (gemäss FAR-23-Pt135-Standards) im Mai 1966 zugelassen, wodurch die Auslieferung an die Kunden im Juli beginnen konnte. Die Auslieferungen der Sre 200 begannen im April 1968 und die der Sre 300 im Frühjahr 1969. Einschliesslich 115 Sre 100 und 115 Sre 200 beliefen sich die Verkäufe auf mehr als 820. Die meisten Varianten sind als Verkehrsflugzeuge der Dritten Ebene für den zivilen Einsatz ausgeliefert worden, jedoch ungefähr 70 wurden in einem Dutzend Länder für militärischen Einsatz verkauft, und andere sind für Spezialaufgaben ausgerüstet worden, wie zum Beispiel fotografische und geologische Forschungsflüge, Feuerbekämpfung und Ölverschmutzung. Der Preis für ein Standardflugzeug betrug im Jahre 1986 etwas über zwei Millionen US-Dollar.

Unten: NorOntair operiert mit neun Twin Otter 300 in einem Streckennetz nördlich von Ontario.

Oben: Die nationale Gesellschaft der Republik Mali hat diese Twin Otter eingesetzt.

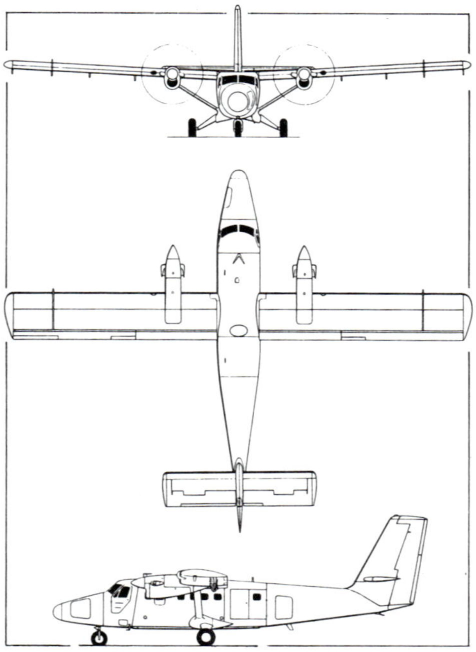

Oben: Dreisichtzeichnung der de Havilland Canada Twin Otter 300. Die Sre 200 ist äusserlich identisch, und die Srs 100 hatte eine kürzere Nase.

Oben: Ein Blick in die Twin Otter zeigt eine Dreiersitz-Anordnung. Diese Auslegung bietet 20 Sitze, aber die meisten Twin Otter im Zubringerflugdienst operieren mit nur 19 Sitzen oder weniger.

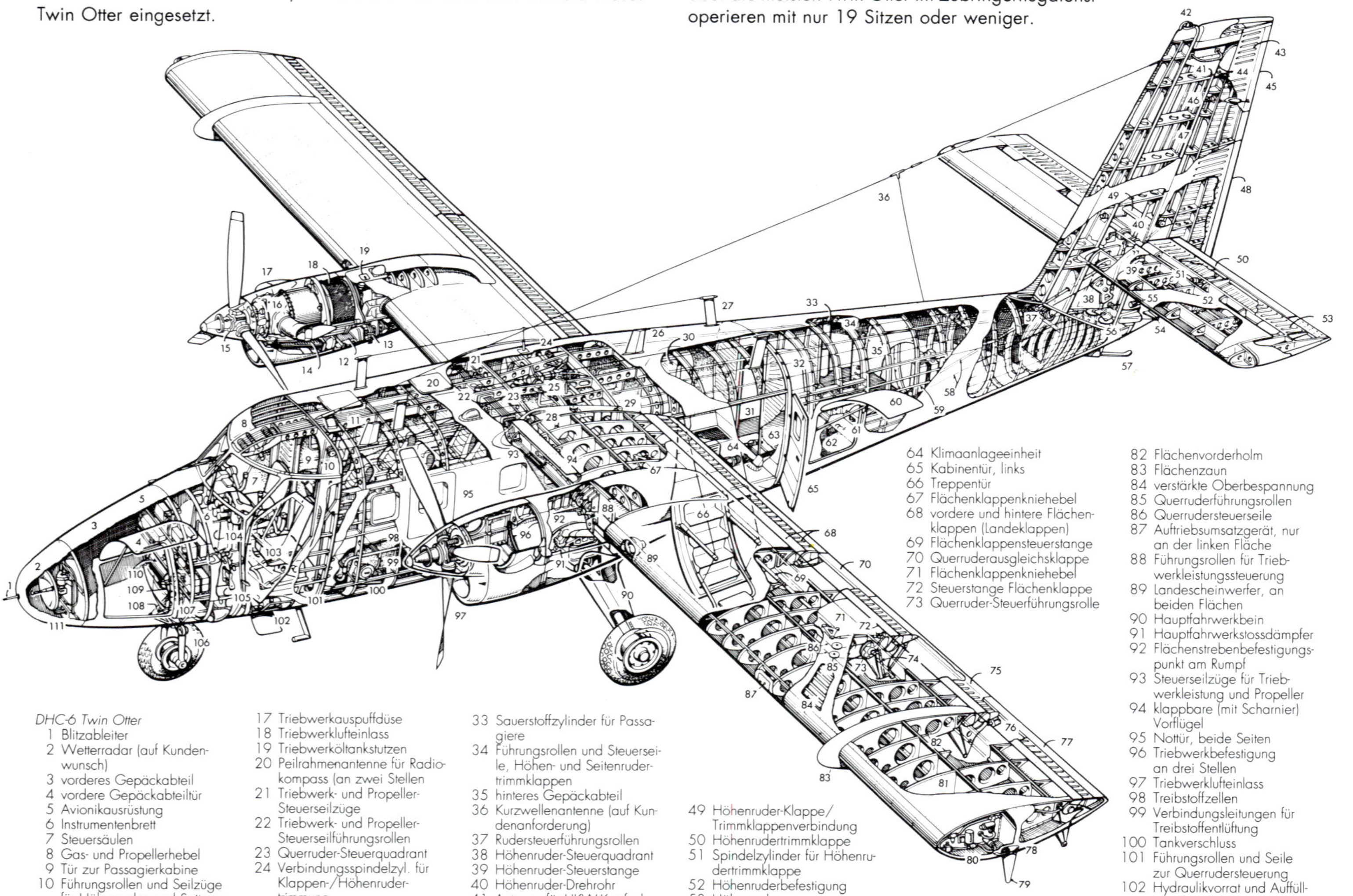

DHC-6 Twin Otter

1 Blitzableiter
2 Wetterradar (auf Kundenwunsch)
3 vorderes Gepäckabteil
4 vordere Gepäckabteiltür
5 Avionikausrüstung
6 Instrumentenbrett
7 Steuersäulen
8 Gas- und Propellerhebel
9 Tür zur Passagierkabine
10 Führungsrollen und Seilzüge für Höhenruder- und Seitenruder-Ausgleichsklappen
11 Triebwerk- und Propeller-Steuerseilzüge
12 Luftstromführung
13 Ölkühler
14 Lufteinlassleitblech
15 Hartzell-Luftschraube mit konstanter Drehzahl, Umkehrschub und voller Segelstellung
16 Pratt-&-Whitney-Canada-PT6A-27-Turboproptriebwerk
17 Triebwerkauspuffdüse
18 Triebwerklufteinlass
19 Triebwerköltankstutzen
20 Peilrahmenantenne für Radiokompass (an zwei Stellen
21 Triebwerk- und Propeller-Steuerseilzüge
22 Triebwerk- und Propeller-Steuerseilführungsrollen
23 Querruder-Steuerquadrant
24 Verbindungsspindelzyl. für Klappen-/Höhenrudertrimmung
25 Flächenklappen-Steuerzylinder und -Steuerquadranten
26 UKW-Antennen (an zwei Stellen, auf Kundenanforderung)
27 Hilfsantenne zur Seitenbestimmung für Radiokompass (an zwei Stellen)
28 Flächen-/Rumpfverbindung
29 Flächen-/Rumpfverbindung
30 Kabinentür, rechts
31 Tür zum Gepäckabteil
32 hinteres Gepäckabteil
33 Sauerstoffzylinder für Passagiere
34 Führungsrollen und Steuerseile, Höhen- und Seitenrudertrimmklappen
35 hinteres Gepäckabteil
36 Kurzwellenantenne (auf Kundenanforderung)
37 Rudersteuerführungsrollen
38 Höhenruder-Steuerquadrant
39 Höhenruder-Steuerstange
40 Höhenruder-Drehrohr
41 Antenne für UKW-Kursfunkfeuer/Instrumentenlandesystem
42 Antikollisionslicht und Blitzschutzhorn
43 Seitenruder
44 Seitenruderbefestigung
45 Seitenrudertrimmklappe
46 Seitenruderspindelzylinder für Trimmklappe
47 Seitenrudertrimmseilzüge
48 gesteuerte Seitenrudertrimmklappe
49 Höhenruder-Klappe/Trimmklappenverbindung
50 Höhenrudertrimmklappe
51 Spindelzylinder für Höhenrudertrimmklappe
52 Höhenruderbefestigung
53 Höhenruder
54 Ruderhebel
55 Getriebe für gesteuerte Ruderausgleichsklappe
56 Rudersteuerführungsrollen
57 Stossdämpfer am Rumpfende
58 Seiten-/Höhenruderseilzüge
59 Statikinverter Nr. 1 und 2
60 hintere Gepäckraumtür
61 Sauerstoffaufladepunkt
62 Seiten- und Höhenruderführungsrollen
63 28-Volt-Batterie
64 Klimaanlageeinheit
65 Kabinentür, links
66 Treppentür
67 Flächenklappenkniehebel
68 vordere und hintere Flächenklappen (Landeklappen)
69 Flächenklappensteuerstange
70 Querruderausgleichsklappe
71 Flächenklappenkniehebel
72 Steuerstange Flächenklappe
73 Querruder-Steuerführungsrolle
74 Querruder-Steuerstange
75 Querruder
76 Steuerzylinder für Querrudertrimmklappe
77 Querrudertrimmklappe, nur auf der linken Fläche
78 Positionslicht / Blitzschutzhorn
79 Sichtanzeiger Positionslicht
80 Langstreckentreibstoffdruckpumpe und Umschaltventil
81 Langstreckentreibstofftank
82 Flächenvorderholm
83 Flächenzaun
84 verstärkte Oberbespannung
85 Querruderführungsrollen
86 Querrudersteuerseile
87 Auftriebsumsatzgerät, nur an der linken Fläche
88 Führungsrollen für Triebwerkleistungssteuerung
89 Landescheinwerfer, an beiden Flächen
90 Hauptfahrwerkbein
91 Hauptfahrwerksstossdämpfer
92 Flächenstrebenbefestigungspunkt am Rumpf
93 Steuerseilzüge für Triebwerkleistung und Propeller
94 klappbare (mit Scharnier) Vorflügel
95 Nottür, beide Seiten
96 Triebwerkbefestigung an drei Stellen
97 Triebwerklufteinlass
98 Treibstoffzellen
99 Verbindungsleitungen für Treibstoffentlüftung
100 Tankverschluss
101 Führungsrollen und Seile zur Querrudersteuerung
102 Hydraulikvorrat und Auffüllpanel
103 Querruder-Trimmkonsole
104 mittlere Konsole
105 Ruderpedale
106 Rollscheinwerfer (auf Kundenanforderung)
107 Bugradbein
108 Bugrad-Federbeinschere
109 Bugrad-Steuerzylinder
110 Sauerstoffflasche für Besatzung
111 Gleitpfadantenne (auf Kundenanforderung)

In Weiterverfolgung ihrer Produkte-Politik der kleinen/mittelgrossen Verkehrsflugzeuge mit STOL-Eigenschaften führte de Havilland Aircraft of Canada Anfang der 70er Jahre breitangelegte Marktforschungen bezüglich der Erfordernisse von Kurzstreckenverkehrsflugzeugen durch. Auf der Basis dieser Untersuchungsergebnisse wurde die Entwurfsdefinition endgültig für ein STOL-Flugzeug in der 50-Sitze-Kategorie festgelegt, und mit Unterstützung der kanadischen Regierung wurde mit der Prototypkonstruktion Ende 1972 begonnen. Die DHC-7, bald als DASH 7 bekannt, war de Havillands erstes viermotoriges Flugzeug, aber seine Konfiguration als Schulterdecker mit einem T-Leitwerk und einem aerodynamischen Hochauftriebssystem entsprach früherer Praxis. Doppelt gespaltene Klappen sind über ungefähr 80 Prozent der Flügelspannweite angebracht und arbeiten im Luftstrahl der Propeller (Slipstream). Die Klappen werden beim Start mechanisch und bei der Landung hydraulisch betätigt und sind durch zwei äussere Störklappen ergänzt, die symmetrisch oder zur Unterstützung der Querruder gegensätzlich betätigt werden können. Pratt & Whitney Canada arbeitete mit DHC bei der Entwicklung einer neuen Variante des PT6A-Turboproptriebwerks zusammen, das zur Erreichung eines niedrigen Lärmpegels mit neuen, langsam drehenden fünfblättrigen Luftschrauben ausgerüstet war. Beachtung wurde den Lärmcharakteristika und der Lärm-«Schleppe» gewidmet, da zu erwarten war, dass der Typ bei den geplanten Intercity-Diensten auf stadtnahen Flughäfen oder STOL-Flugplätzen eingesetzt werden würde. Solche Operationen haben sich jedoch weniger rapide entwickelt als angenommen, und so haben die Verkäufe der Dash 7 darunter gelitten. Das Dash-7-Entwicklungsprogramm benutzte vier Zellen: eine für Statikdrucküberprüfung, eine für Ermüdungsteste und zwei für Flugerprobung und Zulassung. Die Erstflüge fanden am 27. März beziehungsweise am 26. Juni 1975 statt.

Varianten

Das Basisserienmodell ist die Dash 7 Sre 100, wie in der Datentafel beschrieben. Eine Nur-Fracht- oder Gemischt-Passagier-/Frachtvariante wird als Dash 7 Sre 101 bezeichnet und hat eine grosse Frachttür an der vorderen Backbordseite des Rumpfes. Die Dash 7 Sre 150 hat ein erhöhtes Startgewicht von 21'319 kg, das maximale Landegewicht beträgt 20'411 kg, und eine Vorrichtung für zusätzliche 4'145 l Treibstoff in den Flächen ist angebracht, die die maximale Treibstoffzuladung auf 7'938 kg erhöht. Mit diesem zusätzlichen Treibstoff erweitert sich die maximale Reichweite der Sre 150 auf 4'679 km. Die Nur-Fracht- oder gemischte Passagier-/Frachtversion der Sre 150 wird als Dash 7 Sre 151 bezeichnet und kann, wie die Sre 101, bis zu fünf Standardpaletten mitführen. Projektierte Typen waren die Dash 7 Sre 200 mit 918 kW schubstarken PT6A-55-Triebwerken und denselben Gewichten wie die Sre 150 und die Dash 7 Sre 300 mit einem gestreckten Rumpf zur Erhöhung der Sitzkapazität auf ca. 70. Das Erscheinen solcher Flugzeuge wie die British Aerospace ATP und die ATR-72 und der verminderte Bedarf für STOL-Operationen brachten DHC 1980 jedoch dazu, die Entwicklung dieser Projekte zu suspendieren, und nachdem die Gesellschaft 1986 von Boeing erworben worden war, konzentrierte sich die Aufmerksamkeit auf gestreckte Versionen der Dash 8.

Indienststellung

Die Dash 7 erhielt die kanadische Zulassung (gemäss FAR Pt25-Standards) am 2. Mai 1977, basierend auf der Flugerprobung der zwei Prototypen. Das erste Serienflugzeug flog am 30. Mai 1977, das zweite wurde am 3. Februar 1978 bei Rocky Mountain Airways in den USA in Dienst gestellt. Die Sre-150-Flugzeuge wurden im Jahre 1986 für den zivilen Einsatz verfügbar, nachdem das erste für das kanadische Umweltministerium als Dash 7 IR mit Spezialausrüstungen für Eiserkundungsflüge fertiggestellt worden war. Bis Anfang 1987 wurden 108 Dash 7 verkauft. Der Preis betrug etwa neun Millionen US-Dollar.

Dash 7 Serie 100

Antrieb: Vier Pratt-&-Whitney-PT6A-50-Turboprops, je 835 kW Startleistung mit vierblättrigen Hamilton-Standard-Luftschrauben, konstante Drehzahl, Segelstellung und Umkehrschub, Durchmesser 3,43 m. Treibstoff 5'602 l.

Leistung: Max. Betriebsgeschwindigkeit 427 km/h angezeigte Eigengeschwindigkeit; max. Reisegeschwindigkeit 420 km/h in einer Höhe von 4'575 m; Langstreckenreisegeschwindigkeit 399 km/h in einer Höhe von 6'095 m; Reiseflugsteigrate 6,2 m/sec; Dienstgipfelhöhe 6'400 m; Startstrecke 685 m; Landestrecke 660 m; Reichweite mit 50 Passagieren 1'279 km; max. Reichweite mit 2'948 kg Nutzlast 2'168 km.

Gewicht: Betriebsleergewicht 12'560 kg; max. Treibstoffgewicht 4'563 kg; max. Nutzlast 5'130 kg; max. Startgewicht 19'958 kg; max. Landegewicht 19'958 kg; max. Leertankgewicht 17'690 kg.

Abmessungen: Spannweite 28,35 m; Gesamtlänge 24,54 m; Gesamthöhe 7,98 m; Pfeilung 3,2 Grad bei Viertelprofilsehne; Flügelfläche 79,9 m^2.

Kabine: Länge 12,04 m, max. Breite 2,6 m, max. lichte Höhe 1,94 m. Standardauslegung 50 Sitze in Viererreihen mit Mittelgang (Sitzabstand 81 cm); max. Sitzanordnung 54 (Sitzabstand 74 cm). Frachtraum im hinteren Rumpf 6,8 m^3. Zwei-Mann-Cockpit-Besatzung.

Links: Als kleineres viermotoriges Flugzeug hat die Dash 7 notwendigerweise ein sehr angefülltes Cockpit. Primäre Flug- und Triebwerküberwachungsinstrumente sind konventionell plaziert, die Navigations- und Kommunikationskonsole zwischen den zwei Piloten.

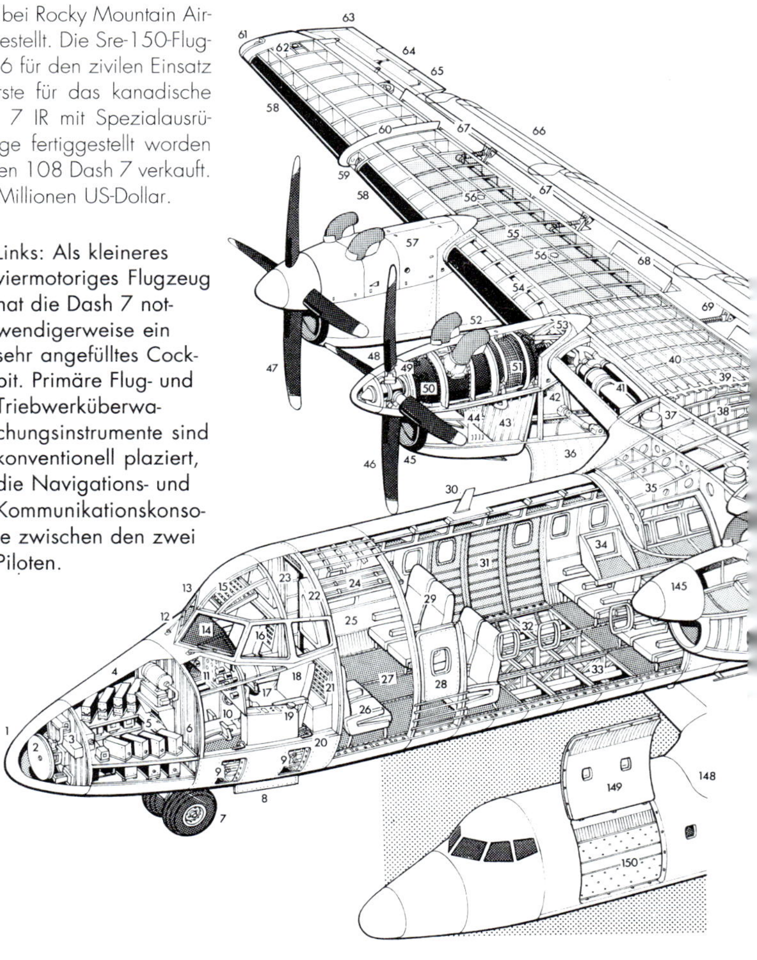

De Havilland Canada Dash 7
1 Radom
2 Wetterradarabtaster
3 Radarsender- und Empfängereinheiten
4 Nasenabteil für die elektronische Einrichtung
5 Radio, Elektronikausrüstung
6 vorderes Druckschott
7 doppeltes Bugrad
8 Bugradtüren
9 Steuerführungen im Cockpitboden
10 Ruderpedale
11 Instrumentenbrett
12 Scheibenwischer
13 Windschutzscheibenpanels
14 Instrumentenbrettabdeckung
15 Überkopf-Schaltpanel
16 Copilotensitz
17 Handrad an Steuersäule
18 Kapitänsitz
19 Bugradsteuerkontrolle
20 Pitotröhren

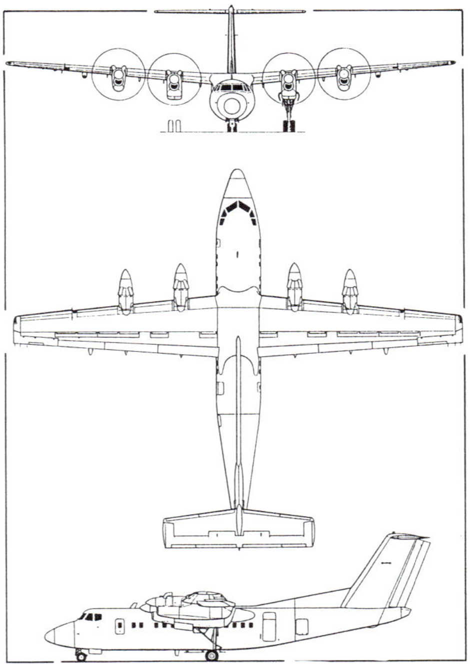

Oben: Mit mehr als 50 Jahren ist Wideroe Flyveselskap die älteste norwegische Fluggesellschaft. Sie betreibt ein ausgedehntes, planmässiges Streckennetz von Inlandrouten, auf denen sie eine ausschliesslich aus de-Havilland-Canada-Maschinen bestehende Flotte einsetzt.

Oben: Dreisichtzeichnung der Dash 7 in ihrer ursprünglichen Sre-100-Formgebung.

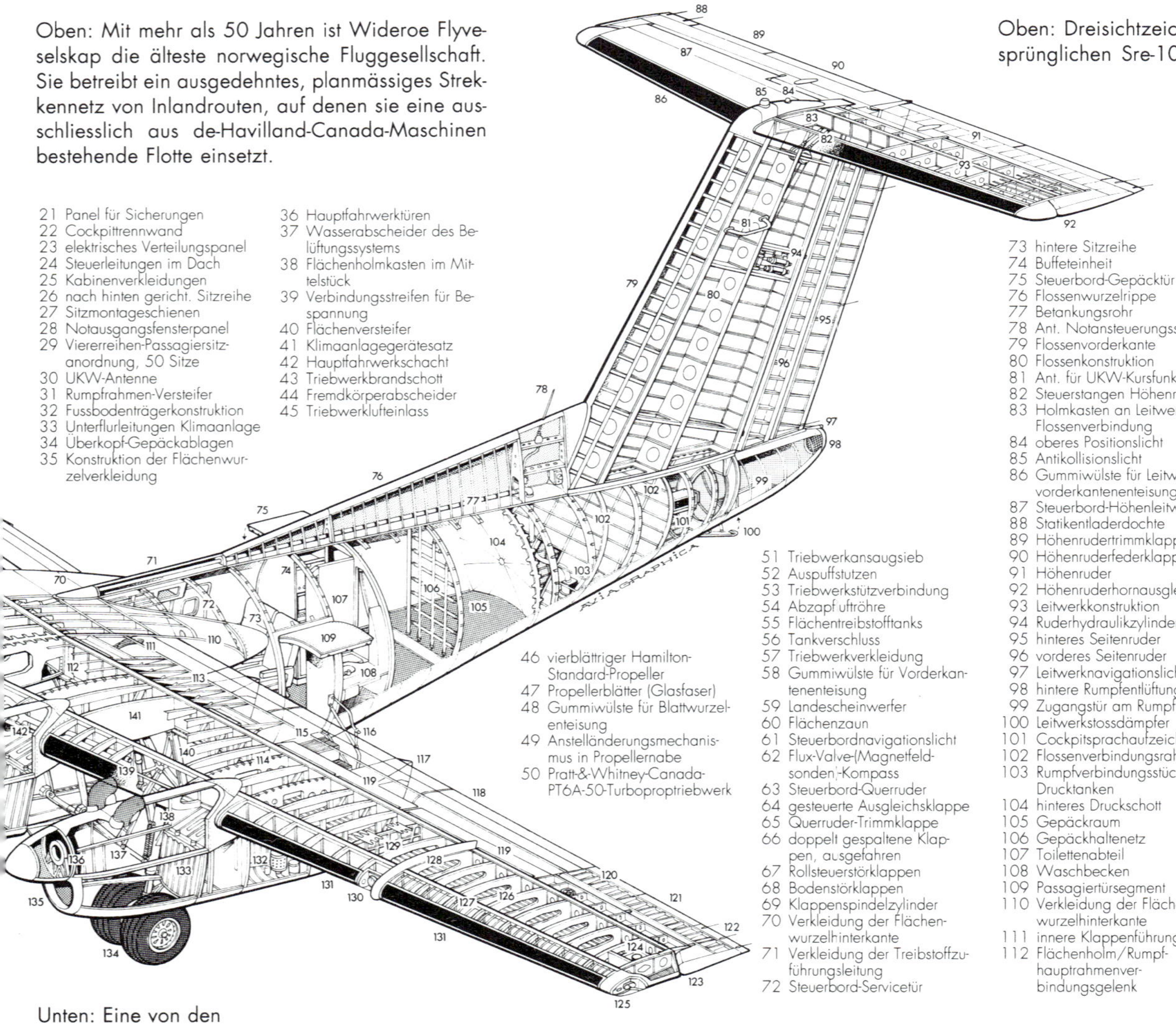

21 Panel für Sicherungen
22 Cockpittrennwand
23 elektrisches Verteilungspanel
24 Steuerleitungen im Dach
25 Kabinenverkleidungen
26 nach hinten gericht. Sitzreihe
27 Sitzmontageschienen
28 Notausgangsfensterpanel
29 Viererreihen-Passagiersitzanordnung, 50 Sitze
30 UKW-Antenne
31 Rumpfrahmen-Versteifer
32 Fussbodenträgerkonstruktion
33 Unterflurleitungen Klimaanlage
34 Überkopf-Gepäckablagen
35 Konstruktion der Flächenwurzelverkleidung
36 Hauptfahrwerktüren
37 Wasserabscheider des Belüftungssystems
38 Flächenholmkasten im Mittelstück
39 Verbindungsstreifen für Bespannung
40 Flächenversteifer
41 Klimaanlagegerätesatz
42 Hauptfahrwerkschacht
43 Triebwerkbrandschott
44 Fremdkörperabscheider
45 Triebwerklufteinlass
46 vierblättriger Hamilton-Standard-Propeller
47 Propellerblätter (Glasfaser)
48 Gummiwülste für Blattwurzelenteisung
49 Anstelländerungsmechanismus in Propellernabe
50 Pratt-&-Whitney-Canada-PT6A-50-Turboproptriebwerk
51 Triebwerkansaugsieb
52 Auspuffstutzen
53 Triebwerkstützverbindung
54 Abzapfluftröhre
55 Flächentreibstofftanks
56 Tankverschluss
57 Triebwerkverkleidung
58 Gummiwülste für Vorderkantenenteisung
59 Landescheinwerfer
60 Flächenzaun
61 Steuerbordnavigationslicht
62 Flux-Valve-(Magnetfeldsonden)-Kompass
63 Steuerbord-Querruder
64 gesteuerte Ausgleichsklappe
65 Querruder-Trimmklappe
66 doppelt gespaltene Klappen, ausgefahren
67 Rollsteuerstörklappen
68 Bodenstörklappen
69 Klappenspindelzylinder
70 Verkleidung der Flächenwurzelhinterkante
71 Verkleidung der Treibstoffzuführungsleitung
72 Steuerbord-Servicetür
73 hintere Sitzreihe
74 Buffeteinheit
75 Steuerbord-Gepäcktür
76 Flossenwurzelrippe
77 Betankungsrohr
78 Ant. Notansteuerungssender
79 Flossenvorderkante
80 Flossenkonstruktion
81 Ant. für UKW-Kursfunkfeuer
82 Steuerstangen Höhenruder
83 Holmkasten an Leitwerk/Flossenverbindung
84 oberes Positionslicht
85 Antikollisionslicht
86 Gummiwülste für Leitwerkvorderkantenenteisung
87 Steuerbord-Höhenleitwerk
88 Statikentladerdochte
89 Höhenrudertrimmklappen
90 Höhenruderfederklappe
91 Höhenruder
92 Höhenruderhornausgleich
93 Leitwerkkonstruktion
94 Ruderhydraulikzylinder
95 hinteres Seitenruder
96 vorderes Seitenruder
97 Leitwerknavigationslicht
98 hintere Rumpfentlüftung
99 Zugangstür am Rumpfkegel
100 Leitwerkstossdämpfer
101 Cockpitsprachaufzeichner
102 Flossenverbindungsrahmen
103 Rumpfverbindungsstück für Drucktanken
104 hinteres Druckschott
105 Gepäckraum
106 Gepäckhaltenetz
107 Toilettenabteil
108 Waschbecken
109 Passagiertürsegment
110 Verkleidung der Flächenwurzelhinterkante
111 innere Klappenführungen
112 Flächenholm/Rumpfhauptrahmenverbindungsgelenk
113 Klappenabdeckungsrippen
114 Zellen im Integraltreibstofftank backbord
115 Passagiertürsegment
116 Geländer
117 Gondel-Endverkleidung
118 dopp. gespaltene Klappen
119 Rollsteuerstörklappen
120 Querruderkonstruktion
121 Ausgleichskl. /Querruder
122 Statikentladerzöpfe
123 Querruder-Ausgleichshorn
124 Flux-Valve-(Magnetfeldsonden)-Kompass
125 Backbordnavigationslicht
126 Flächenrippenkonstruktion
127 Vorderkantennasenrippen
128 Flächenzaun
129 Endrippe äuss. Flächentank
130 Landescheinwerfer
131 Wulste für Vorderkantenenteisung
132 HydraulikzelleMotorgondel
133 Motorgondelkonstruktion
134 doppeltes Hauptfahrwerk
135 Triebwerklufteinlass
136 Aufhängung vord. Motorteil
137 Hauptfahrwerkknickstrebe
138 Hauptfahrwerkfederbein
139 hydraul. Einfahrzylinder
140 Rahmen für Hauptfahrwerk Zapfenlafette
141 Endrippe inn. Flächentank
142 Rohrleitung für Abzapfluft
143 Klimagerätesatz, backbord
144 Konstruktion der inneren Motorgondel, backbord
145 Propellernabenhaube
146 Ölkühler
147 Kurzwellenantennenschiene
148 Passagier-/Frachtschnellwechselversion Srs 101
149 Frachttür
150 «Ballmat»-Frachtraumboden

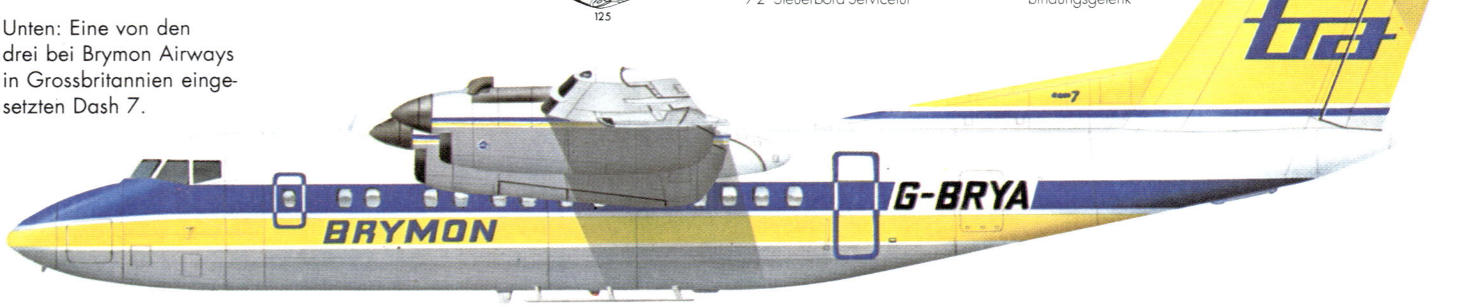

Unten: Eine von den drei bei Brymon Airways in Grossbritannien eingesetzten Dash 7.

DE HAVILLAND CANADA DASH 8 KANADA

Als Ende der 70er Jahre das Interesse an Zubringerflugzeugen mit 30 bis 40 Sitzen grösser wurde, wählte de Havilland Aircraft of Canada diesen Teil des Flugzeugmarkts für das Nachfolgeprojekt der Dash 7. Die DHC-8 oder Dash 8, die aus dieser Entscheidung hervorging, füllte genau die Lücke zwischen der 19sitzigen Twin Otter und der 50 sitzigen Dash 7, aber sie trat auch in Konkurrenz mit den neuen Flugzeugen vergleichbarer Kapazität, die in einem ähnlichen Zeitplan von CASA/Nurtanio, Embraer, Shorts und Saab-Fairchild entwickelt wurden. Ihre Konfiguration entsprach einer verkleinerten Dash 7 mit einer hochangesetzten Fläche (Schulterdecker), einem T-Leitwerk, einem Zwei-Elementen-Seitenruder und leistungsstarken, einfach gespaltenen, von Rollsteuerstörklappen unterstützten Landeklappen. Und wiederum vermieden die Designer bei der Dash 8 die Anwendung von beweglichen Vorderklappen, in dem Glauben, dass solche Vorrichtungen bei der Art der Einsätze, für die das Flugzeug entworfen wurde, schadensanfällig sein würden. Für den Antrieb der Dash 8 wählte die Gesellschaft den neuesten von Pratt & Whitney Canada angebotenen Triebwerktyp aus, einen Turboprop, entwickelt unter der Bezeichnung PT7-, aber in Produktion gesetzt als PW100-Familie. In einem neuen P&W-Bezeichnungsverfahren wurden die Varianten dieses Basistriebwerks bezüglich ihrer Leistung durch die letzten zwei Ziffern in der Bezeichnung identifiziert: Damit wurde aus dem 1'491 kW schubstarken Modell für die anfängliche Produktionsversion der Dash 8 das PW120-Triebwerk, und das modernisierte und stärkere Triebwerk für spätere Varianten war das PW123. Als die Entscheidung für das Entwicklungsprogramm der Dash 8 während des Jahres 1980 gefällt worden war, ging die Gesellschaft mit finanzieller Hilfe der Regierung daran, ein Produktionsprogramm festzulegen, das auf Biegen und Brechen die Produktion von bis zu acht Flugzeugen im Monat ermöglichen sollte. Eine Entscheidung, die nicht nur das Vertrauen in den Entwurf reflektierte, sondern auch durch die Wettbewerbssituation auf dem 30/40-Sitzermarkt beeinflusst war, die es lebensnotwendig machte, das Flugzeug so schnell wie jedes der alternativen Typen zur Verfügung zu haben. Vier Vorserienflugzeuge wurden für das Flugerprobungs- und Zulassungsprogramm bestimmt, das erste flog am 20. Juni 1983, das zweite am 26. Oktober 1983, das dritte im November 1983 und das vierte (mit den endgültigen PW120-Triebwerken) Anfang 1984.

Oben: De Havilland Canada hat einen leichten und geräumigen Eindruck im Inneren der Dash 8 erreicht. Der Sitzabstand in dieser Srs 100 mit 36 Sitzen beträgt 79 cm, was für die normalerweise geflogenen Strecken ganz angemessen ist.

De Havilland Canada Dash 8
1 Radom
2 Wetterradarabtaster
3 Radar an Trennwand montiert
4 Antenne für Gleitpfad des Instrumentenlandesystems
5 Zugangstüren für Nasenraum
6 Rollscheinwerfer
7 Radar/Sender-Empfänger
8 Umformer/Gleichrichter einheiten
9 Sauerstoffflasche
10 elektrische Verteilbox
11 Batterie
12 Bugradschacht
13 Bugradbeintüren
14 Bugradgabeln
15 doppeltes Bugrad
16 Steckdose für Aussenaggregat

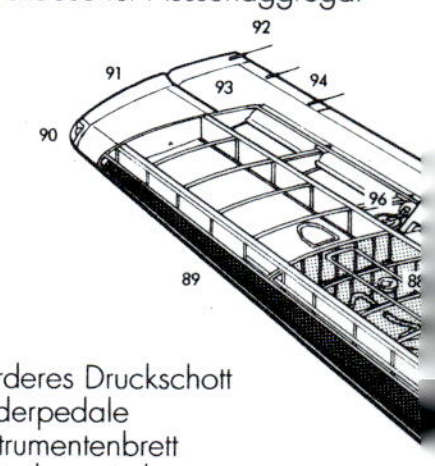

17 vorderes Druckschott
18 Ruderpedale
19 Instrumentenbrett
20 Scheibenwischer
21 Instrumentenbrettabdeckung
22 Windschutzscheibenpanels
23 Überkopfschaltpanel
24 Copilotensitz
25 Klappsitz für Beobachter
26 Handrad an Steuersäule
27 Kapitänsitz
28 Anschnallgurte
29 Dokumentenkasten
30 Cockpitfussbodenhöhe
31 Unterflursteuerführungen und Klimaanlageleitungen
32 Zugangsklapp. Steuersystem
33 Pitotröhre
34 Sicherungspanel
35 Cockpitseitenfensterpanels
36 Feuerlöscher
37 hintere Cockpittrennwand
38 Steuerkabelführungen

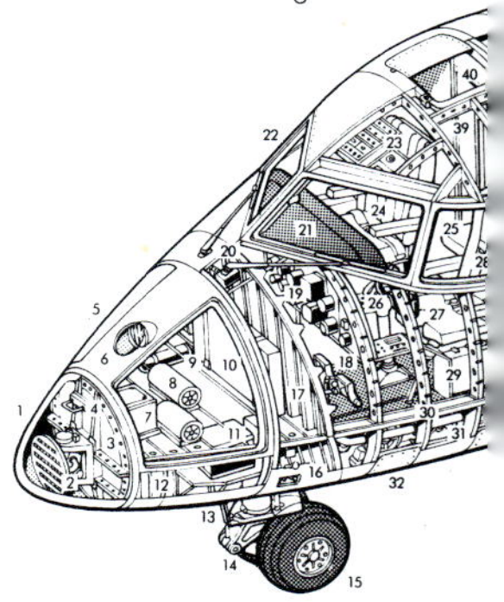

Varianten

Die Basisproduktion ist die Dash 8 Sre 100. Sie steht als 36sitziges Regionalverkehrsflugzeug oder Geschäftsversion für 17 bis 24 Passagiere zur Verfügung, auf Wunsch mit einer zusätzlichen Tankanlage, die die Gesamtkapazität auf 4'709 l erhöht und eine Flugstrecke von 3'706 km mit einer Nutzlast von 544 kg ermöglicht. Eine projektierte Sre 200 mit höheren Betriebsgewichten wurde durch die Dash 8 Sre 300 im Verkauf übertroffen, deren Entwicklung 1965 aufgelegt und weitergeführt wurde, nachdem Boeing DHC im Januar 1986 erworben hatte. Die Sre 300 hat eine Rumpf-«Streckung» von 3,43 m, die Spannweite ist um 1,52 m erweitert, und 56 Passagiere können bei einem Sitzabstand von 74 cm untergebracht werden. Mit 1'776 kW schubstarken PW-123-Turboprops hat die Dash 8-300 dieselbe Treibstoffkapazität wie die -100 und ein maximales Startgewicht von 18'598 kg. Militärische Versionen des Basisflugzeuges werden als Dash 8M bezeichnet.

Indienststellung

Die Dash 8 wurde in Kanada gemäss Standardbestimmungen von FAR Pt25 und 36 und SFAR Nr. 27 am 28. September 1984 zugelassen, kurz darauf folgte die FAA-Zulassung in den USA. Die Auslieferungen begannen am 23. Oktober 1984, und das zweite Flugzeug aus der Produktion ging an NorOntair, die den Typ zum ersten Mal am 19. Dezember 1984 einsetzte. Anfang 1987 beliefen sich die Verkäufe der Dash 8 auf 109 Sre 100 und 23 Sre 300 mit 48 weiteren Optionen. Der Basispreis war dannzumal im Bereich von sechs Millionen US-Dollar.

Dash 8 Serie 100

Antrieb: Zwei Pratt-&-Whitney-Canada-PW-120A-Turboprops, je 1'432 kW Startleistung, 149 kW automatische Leistungsreserve, vierblättrige Hamilton-Standard-Propeller, konstante Drehzahl, Segelstellung und Umkehrschub, Durchmesser 3,96 m. Treibstoff 3'160 l in Flächenintegraltanks, auf Anforderung zusätzlich 2'496 l.

Leistung: Max. Betriebsgeschwindigk. 454 km/h angez. Eigengeschwindigkeit; max. Reisegeschwindigkeit 554 km/h in 7'620 m Höhe; Langstreckenreisegeschwindigkeit 439 km/h in 7'620 m Höhe; anfängliche Steigrate 10,5 m/sec; Sicherheitsstartlänge 950 m; Sicherheitslandestrecke 960 m; Reichweite mit max. Passagiernutzlast 2'130 km; Reichweite mit max. Frachtnutzlast 2'780 km.

Gewicht: Betriebsleergewicht 9'793 kg; Standardtreibstoffgewicht 2'576 kg; max. Treibstoffgew. 4'609 kg; max. Passagiernutzlast 3'549 kg; max. Frachtnutzlast 4'268 kg; max. Startgew. 15'649 kg; max. Landegew. 14'923 kg; max. Leertankgewicht 14'062 kg.

Abmessungen: Spannweite 25,91 m; Gesamtlänge 22,25 m; Gesamthöhe 7,49 m; Pfeilung 3,03 Grad bei Viertelprofilsehne; Flügelfläche 54,4 m².

Kabine: Länge 9,19 m, max. Breite 2,49 m, max. lichte Höhe 1,88 m. Standardauslegung für 36 Passagiere in Viererreihe mit Mittelgang (Sitzabstand 79 cm), oder bis zu 40 Passagiere. Gepäckraum 8,5 m³. Zwei-Mann-Cockpit-Besatzung und ein Flugbegleiter.

Unten: City-Express, eine der neueren Fluggesellschaften Kanadas.

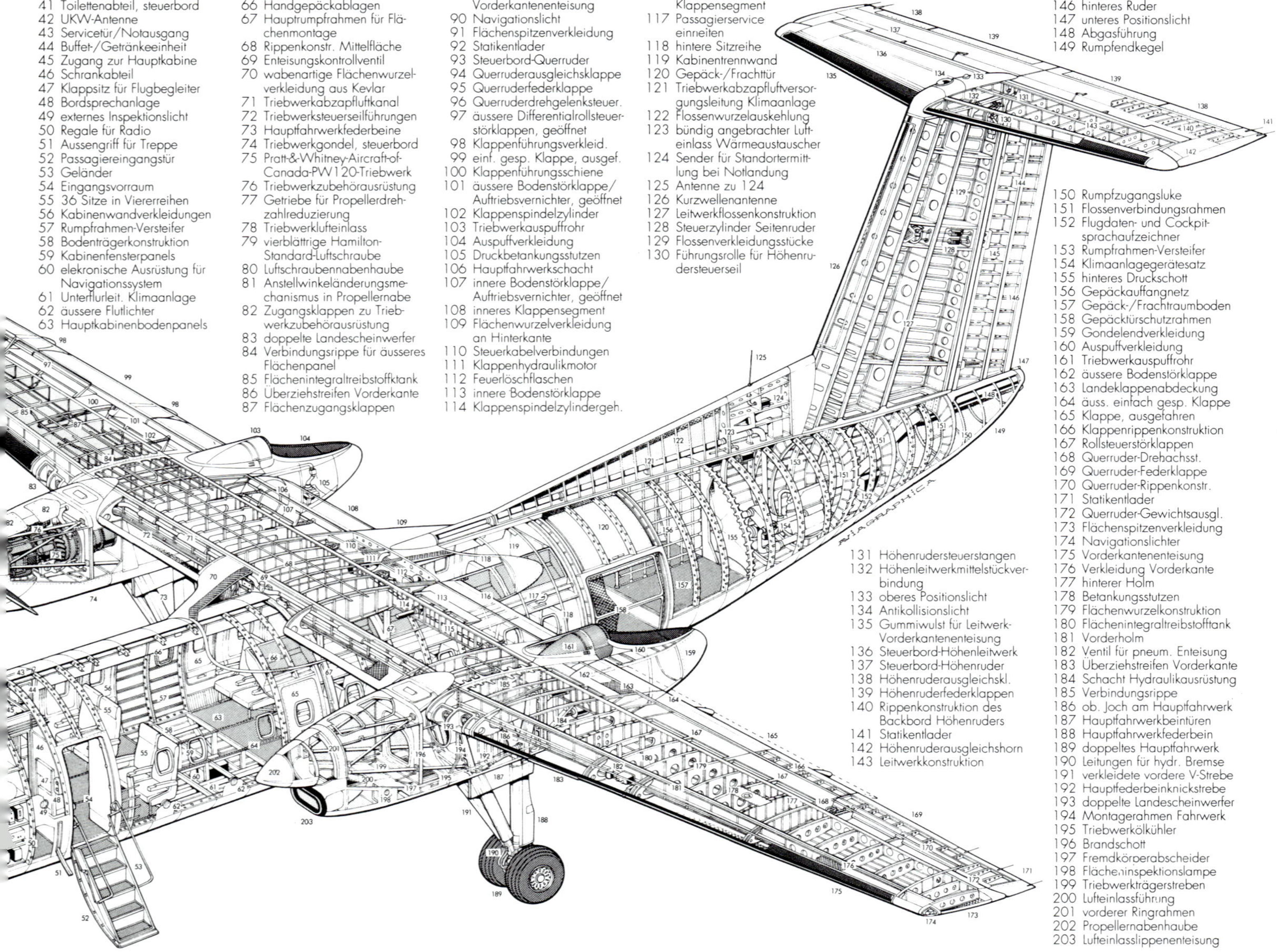

39 elektr. Verteilungsschalttafel
40 Fluchtluke im Cockpitdach
41 Toilettenabteil, steuerbord
42 UKW-Antenne
43 Servicetür/Notausgang
44 Buffet-/Getränkeeinheit
45 Zugang zur Hauptkabine
46 Schrankabteil
47 Klappsitz für Flugbegleiter
48 Bordsprechanlage
49 externes Inspektionslicht
50 Regale für Radio
51 Aussengriff für Treppe
52 Passagiereingangstür
53 Geländer
54 Eingangsvorraum
55 36 Sitze in Viererreihen
56 Kabinenwandverkleidungen
57 Rumpfrahmen-Versteifer
58 Bodenträgerkonstruktion
59 Kabinenfensterpanels
60 elekronische Ausrüstung für Navigationssystem
61 Unterflurleit. Klimaanlage
62 äussere Flutlichter
63 Hauptkabinenbodenpanels
64 Sitzmontageschienen
65 Notausgangfensterpanels
66 Handgepäckablagen
67 Hauptrumpfrahmen für Flächenmontage
68 Rippenkonstr. Mittelfläche
69 Enteisungskontrollventil
70 wabenartige Flächenwurzelverkleidung aus Kevlar
71 Triebwerkabzapfluftkanal
72 Triebwerksteuerseilführungen
73 Hauptfahrwerkfederbeine
74 Triebwerkgondel, steuerbord
75 Pratt-&-Whitney-Aircraft-of-Canada-PW120-Triebwerk
76 Triebwerkzubehörausrüstung
77 Getriebe für Propellerdrehzahlreduzierung
78 Triebwerklufteinlass
79 vierblättrige Hamilton-Standard-Luftschraube
80 Luftschraubennabenhaube
81 Anstellwinkeländerungsmechanismus in Propellernabe
82 Zugangsklappen zu Triebwerkzubehörausrüstung
83 doppelte Landescheinwerfer
84 Verbindungsrippe für äusseres Flächenpanel
85 Flächenintegraltreibstofftank
86 Überziehstreifen Vorderkante
87 Flächenzugangsklappen
88 Treibstofftankstutzen
89 Gummiwulst pneumatische Vorderkantenenteisung
90 Navigationslicht
91 Flächenspitzenverkleidung
92 Statikentlader
93 Steuerbord-Querruder
94 Querruderausgleichsklappe
95 Querruderfederklappe
96 Querruderdrehgelenksteuer.
97 äussere Differentialrollsteuerstörklappen, geöffnet
98 Klappenführungsverkleid.
99 einf. gesp. Klappe, ausgef.
100 Klappenführungsschiene
101 äussere Bodenstörklappe/Auftriebsvernichter, geöffnet
102 Klappenspindelzylinder
103 Triebwerkauspuffrohr
104 Auspuffverkleidung
105 Druckbetankungsstutzen
106 Hauptfahrwerkschacht
107 innere Bodenstörklappe/Auftriebsvernichter, geöffnet
108 inneres Klappensegment
109 Flächenwurzelverkleidung an Hinterkante
110 Steuerkabelverbindungen
111 Klappenhydraulikmotor
112 Feuerlöschflaschen
113 innere Bodenstörklappe
114 Klappenspindelzylindergeh.
115 Klappenantriebswelle
116 inneres, einfach gespalt. Klappensegment
117 Passagierservice einreiten
118 hintere Sitzreihe
119 Kabinentrennwand
120 Gepäck-/Frachttür
121 Triebwerkabzapfluftversorgungsleitung Klimaanlage
122 Flossenwurzelauskehlung
123 bündig angebrachter Lufteinlass Wärmeaustauscher
124 Sender für Standortermittlung bei Notlandung
125 Antenne zu 124
126 Kurzwellenantenne
127 Leitwerkflossenkonstruktion
128 Steuerzylinder Seitenruder
129 Flossenverkleidungsstücke
130 Führungsrolle für Höhenrudersteuerseil
131 Höhenrudersteuerstangen
132 Höhenleitwerkmittelstückverbindung
133 oberes Positionslicht
134 Antikollisionslicht
135 Gummiwulst für Leitwerk-Vorderkantenenteisung
136 Steuerbord-Höhenleitwerk
137 Steuerbord-Höhenruder
138 Höhenruderausgleichskl.
139 Höhenruderfederklappen
140 Rippenkonstruktion des Backbord Höhenruders
141 Statikentlader
142 Höhenruderausgleichshorn
143 Leitwerkkonstruktion
144 Zwei-Segment-Ruderkonst.
145 vorderes Ruder
146 hinteres Ruder
147 unteres Positionslicht
148 Abgasführung
149 Rumpfendkegel
150 Rumpfzugangsluke
151 Flossenverbindungsrahmen
152 Flugdaten- und Cockpitsprachaufzeichner
153 Rumpfrahmen-Versteifer
154 Klimaanlagegerätesatz
155 hinteres Druckschott
156 Gepäckauffangnetz
157 Gepäck-/Frachtraumboden
158 Gepäcktürschutzrahmen
159 Gondelendverkleidung
160 Auspuffverkleidung
161 Triebwerkauspuffrohr
162 äussere Bodenstörklappe
163 Landeklappenabdeckung
164 äuss. einfach gesp. Klappe
165 Klappe, ausgefahren
166 Klappenrippenkonstruktion
167 Rollsteuerstörklappen
168 Querruder-Drehachsst.
169 Querruder-Federklappe
170 Querruder-Rippenkonstr.
171 Statikentlader
172 Querruder-Gewichtsausgl.
173 Flächenspitzenverkleidung
174 Navigationslichter
175 Vorderkantenenteisung
176 Verkleidung Vorderkante
177 hinterer Holm
178 Betankungsstutzen
179 Flächenwurzelkonstruktion
180 Flächenintegraltreibstofftank
181 Vorderholm
182 Ventil für pneum. Enteisung
183 Überziehstreifen Vorderkante
184 Schacht Hydraulikausrüstung
185 Verbindungsrippe
186 ob. Joch am Hauptfahrwerk
187 Hauptfahrwerkbeintüren
188 Hauptfahrwerkfederbein
189 doppeltes Hauptfahrwerk
190 Leitungen für hydr. Bremse
191 verkleidete vordere V-Strebe
192 Hauptfederbeinknickstrebe
193 doppelte Landescheinwerfer
194 Montagerahmen Fahrwerk
195 Triebwerkölkühler
196 Brandschott
197 Fremdkörperabscheider
198 Flächeninspektionslampe
199 Triebwerkträgerstreben
200 Lufteinlassführung
201 vorderer Ringrahmen
202 Propellernabenhaube
203 Lufteinlasslippenenteisung

Links: Eastern Metro Express, eine Tochtergesellschaft von Metro Airlines of Houston, setzt Dash-8-Flugzeuge (zusammen mit Twin Otter und Jetstream 31) ein für Zubringerflüge zur Eastern Airlines-Zentrale in Atlanta, Georgia.

Rechts: Dreisichtzeichnung der de Havilland Canada Dash 8 in der ursprünglichen Serie-100-Version, von der bis Anfang 1987 mehr als hundert verkauft worden waren. Die unterste Seitenansicht zeigt die Serie 300, die eine Rumpfstreckung von 3,43 m und stärkere Triebwerke hat. In Zukunft wird die Dash 8 Serie 300 ein Maximum von 56 Passagieren mitführen können.

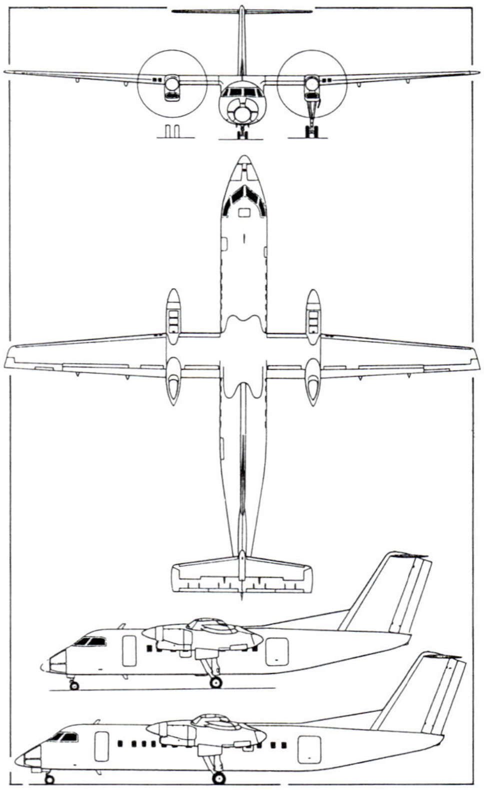

Die Entwicklung der Dornier 228 begann mit der Arbeit an einem von der Regierung finanzierten Forschungsauftrag für einen Tragflügel neuer Technologie TNT. Ein Prototyp dieser Fläche mit dem superkritischen Teil der Do A-5 und einer ungewöhnlichen Formgebung mit geneigten Flügelenden flog an einer umgerüsteten Do 28D-2 Skyservant zum ersten Mal am 14. Juni 1979. Gemeinsam mit der TNT-Fläche wurden neue Triebwerke angebracht, zwei Garret-TPE331-5-Turboproptriebwerke in herkömmlichen Flächengondeln anstelle der bei der Skyservant mittels Fachwerkträger montierten Kolbentriebwerke. Um die Vorteile der TNT-Fläche voll ausnutzen zu können, entwarf Dornier einen neuen Rumpf für ein Flugzeug, das eine Reihe von Aufgaben erfüllen kann, mit Hauptgewicht auf Passagierzubringerdienste. Obwohl einige Struktur-Grundsätze von der Skyservant übernommen wurden, handelte es sich um ein vollkommen neues Flugzeug. Als im Jahre 1980 Dornier die Palette der leichten Transportflugzeuge neu bezeichnete, bekam der neue Typ, damals noch in der Entwicklungsphase, die Bezeichnung Dornier 228. Zwei Versionen mit unterschiedlichen Rumpflängen zum Transport von 15 beziehungsweise 19 Passagieren wurden als Dornier 228-100 und 228-200 bezeichnet. Der kürzere der zwei neuen Rümpfe war ungefähr 3,5 m länger als derjenige der Dornier 128-2 (die frühere Do 28D-2), während der Rumpf der 228-200 1,52 m länger war als derjenige der 228-100. Die Prototypen machten ihren ersten Flug am 28. März beziehungsweise 9. Mai 1981. Am 29. November 1983 schloss Dornier einen Lizenzvertrag mit Hindustan Aeronautics Ltd ab, der die Herstellung von bis zu 150 Dornier 228 in Indien zur Erfüllung lokaler militärischer und ziviler Bedürfnisse vorsah, und das erste in Indien zusammengesetzte Flugzeug (mit von Dornier zugelieferten Bauteilen) wurde in Kanpur am 31. Januar 1986 geflogen.

Dornier 228-200

Antrieb: Zwei Garrett-TPE331-5-252D-Turboprops, je 533 kW Standschubleistung für den Start, mit vierblättrigen Hartzellpropellern, Durchmesser 2,73 m, konstante Drehzahl, Segelstellung und Umkehrschub. Treibstoff 2'386 l in Integraltanks im Flächenkasten.

Leistung: Maximale Reisegeschwindigkeit 428 km/h in einer Höhe von 3'050 m und 370 km/h in Meereshöhe; anfängliche Steigrate 10,3 m/sec; Dienstgipfelhöhe 9'020 m; Startstrecke auf 15 m Höhe 590 m; Landedistanz aus 15 m Höhe 600 m; Reichweite mit maximaler Passagiernutzlast 600 km; Reichweite mit maximalem Treibstoff 2'704 km.

Gewicht: Betriebsleergewicht 3'547 kg; maximale Nutzlast 1'993 kg; maximales Startgewicht 5'700 kg; maximales Landegewicht 5'700 kg; max. Leertankgewicht 5'400 kg.

Abmessungen: Spannweite 16,97 m; Gesamtlänge 16,55 m; Gesamthöhe 4,86 m; keine Pfeilung; Flügelfläche 32 m².

Kabine: Länge 7,08 m, max. Breite 1,35 m, max. lichte Höhe 1,55 m. Standardauslegung bietet 19 Einzelsitze mit Mittelgang, Sitzabstand 76 cm. Gepäckabteile in der Nase und in der hinteren Kabine 3,48 m³.

Varianten

Die Dornier 228-100 und 228-200 unterscheiden sich durch die Rumpflänge, wie bereits beschrieben. Die Dornier 228-100 hat dasselbe Start- und Landegewicht wie die 228-200, kann aber ungefähr 136 kg mehr Nutzlast mitführen und hat mit maximaler Passagiernutzlast eine mehr als doppelt so grosse Reichweite. Im Jahre 1984 führte Dornier neue Versionen ein mit der Bezeichnung Dornier 228-101 und 228-202 mit einem maximalen Startgewicht von 5'980 kg und Reichweiten von 1'740 km respektive 1'000 km mit maximaler Nutzlast. Bei der Auslieferung ab Herbst 1987 hatte die Dornier 228-202 ein maximales Startgewicht von 6'200 kg, ein maximales Landegewicht von 6'100 kg, eine erhöhte maximale Reisegeschwindigkeit und einen verbesserten Leistungsbereich bei Start- und Steigflug. Ende des Jahres 1986 wurde die Entwicklung der Dornier 328 für 30 Passagiere beschlossen. Mehrere militärische Konfigurationen sind entwickelt worden für Aufgaben wie zum Beispiel Seeüberwachung und Such- und Rettungseinsätze aber auch für grundsätzliche Personen- und Frachttransporte.

Indienststellung

Die Dornier 228-100 wurde in Westdeutschland in Übereinstimmung mit den FAR-Pt23-Erfordernissen am 18. Dezember 1981 zugelassen, und im Februar 1982 begannen die Auslieferungen an Norving Flyservice in Norwegen, dem ersten zivilen Betreiber. Die 228-200 wurde am 6. September 1982 zugelassen. Die britische und US-Zulassung wurde am 17. April beziehungsweise am 11. Mai 1984 eingeholt. Die Auslieferung von der Hindustan-Aeronautics-Fertigungsstrasse in Kanpur begann am 22. März 1986 an die indische Inlandfluggesellschaft Vayudoot. Bis zum Januar 1987 beliefen sich die Verkäufe der Dornier 228 in allen Versionen auf insgesamt 110, und die Preise für die kurz- und langrümpfige Version betrugen dannzumal zu dieser Zeit zwei Millionen beziehungsweise 2,5 Millionen US-Dollar.

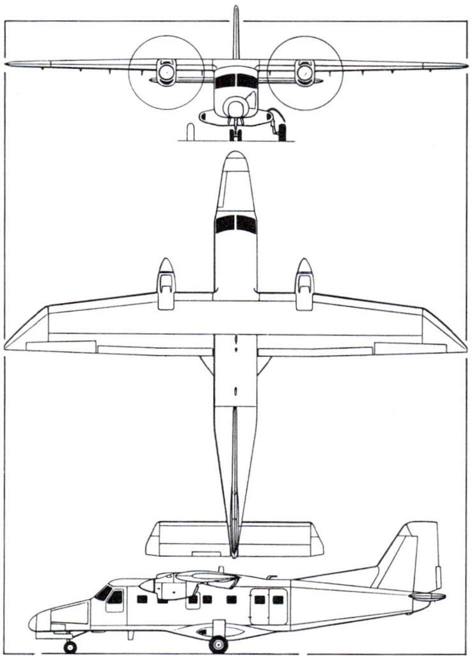

Oben: Dreisichtzeichnung der Kurzrumpf-Serie-100-Version der Dornier 228. Abgesehen von der Rumpflänge ist die 228-200 identisch.

Rechts: Die Registrierung dieser Dornier 228-201 gibt den einzigen Hinweis auf den Eigentümer, den Zubringerbetreiber Fischer Brothers Aviation.

Links: Die Dornier 228 bietet einen hohen Passagier-Komfort auf den relativ kurzen Flügen, wie sie typisch sind für Zubringergesellschaften. 15 bis 19 Einzelsitze mit 76 cm Sitzabstand, je nach Variante. Die -200 ist 1,52 m länger als die -100.

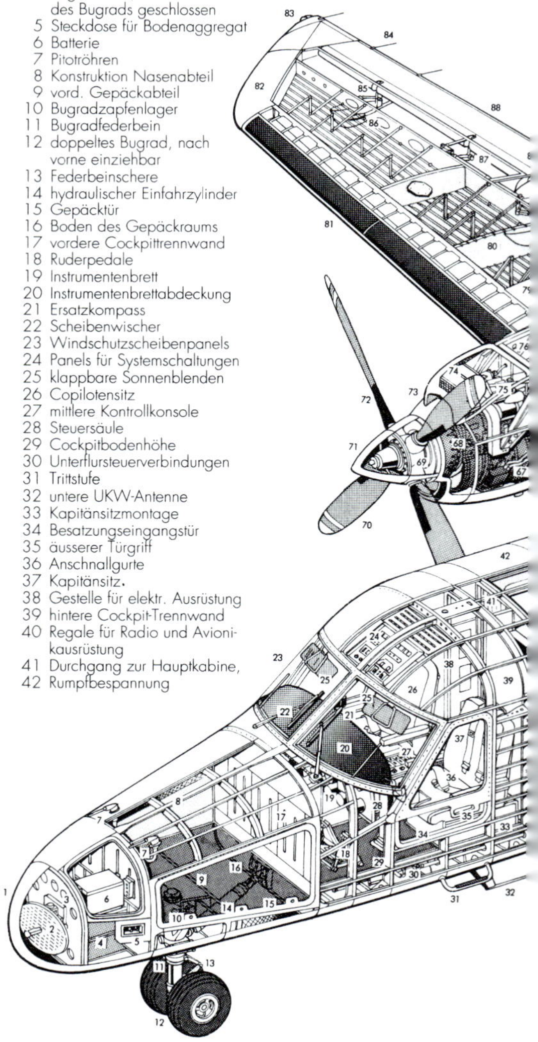

Dornier 228-200
1 Glasfaserradom
2 Wetterradarabtaster
3 Trennwand Radarmontage
4 Bugradtüren, nach Einfahren des Bugrads geschlossen
5 Steckdose für Bodenaggregat
6 Batterie
7 Pitotröhren
8 Konstruktion Nasenabteil
9 vord. Gepäckabteil
10 Bugradzapfenlager
11 Bugradfederbein
12 doppeltes Bugrad, nach vorne einziehbar
13 Federbeinschere
14 hydraulischer Einfahrzylinder
15 Gepäcktür
16 Boden des Gepäckraums
17 vordere Cockpittrennwand
18 Ruderpedale
19 Instrumentenbrett
20 Instrumentenbrettabdeckung
21 Ersatzkompass
22 Scheibenwischer
23 Windschutzscheibenpanels
24 Panels für Systemschaltungen
25 klappbare Sonnenblenden
26 Copilotensitz
27 mittlere Kontrollkonsole
28 Steuersäule
29 Cockpitbodenhöhe
30 Unterflursteuerverbindungen
31 Trittstufe
32 untere UKW-Antenne
33 Kapitänsitzmontage
34 Besatzungseingangstür
35 äusserer Türgriff
36 Anschnallgurte
37 Kapitänsitz.
38 Gestelle für elektr. Ausrüstung
39 hintere Cockpit-Trennwand
40 Regale für Radio und Avionikausrüstung
41 Durchgang zur Hauptkabine,
42 Rumpfbespannung
43 Kabinenwandbespannung
44 Kabinendeckenrahmen
45 vordere Passagiersitze, 19-Sitz-Auslegung

Links: Ende des Jahres 1986 hatte Dornier 110 Exemplare des Modells 228 in allen Varianten verkauft, nicht eingerechnet die geplante Lizenz-Produktion in Indien. Die ersten 100 Auslieferungen haben die Dornier 228 in viele Teile der Welt gebracht. Als typischer Betreiber hat Japan Air Commuter in den Amami-Inseln zwei 228-200 im Einsatz.

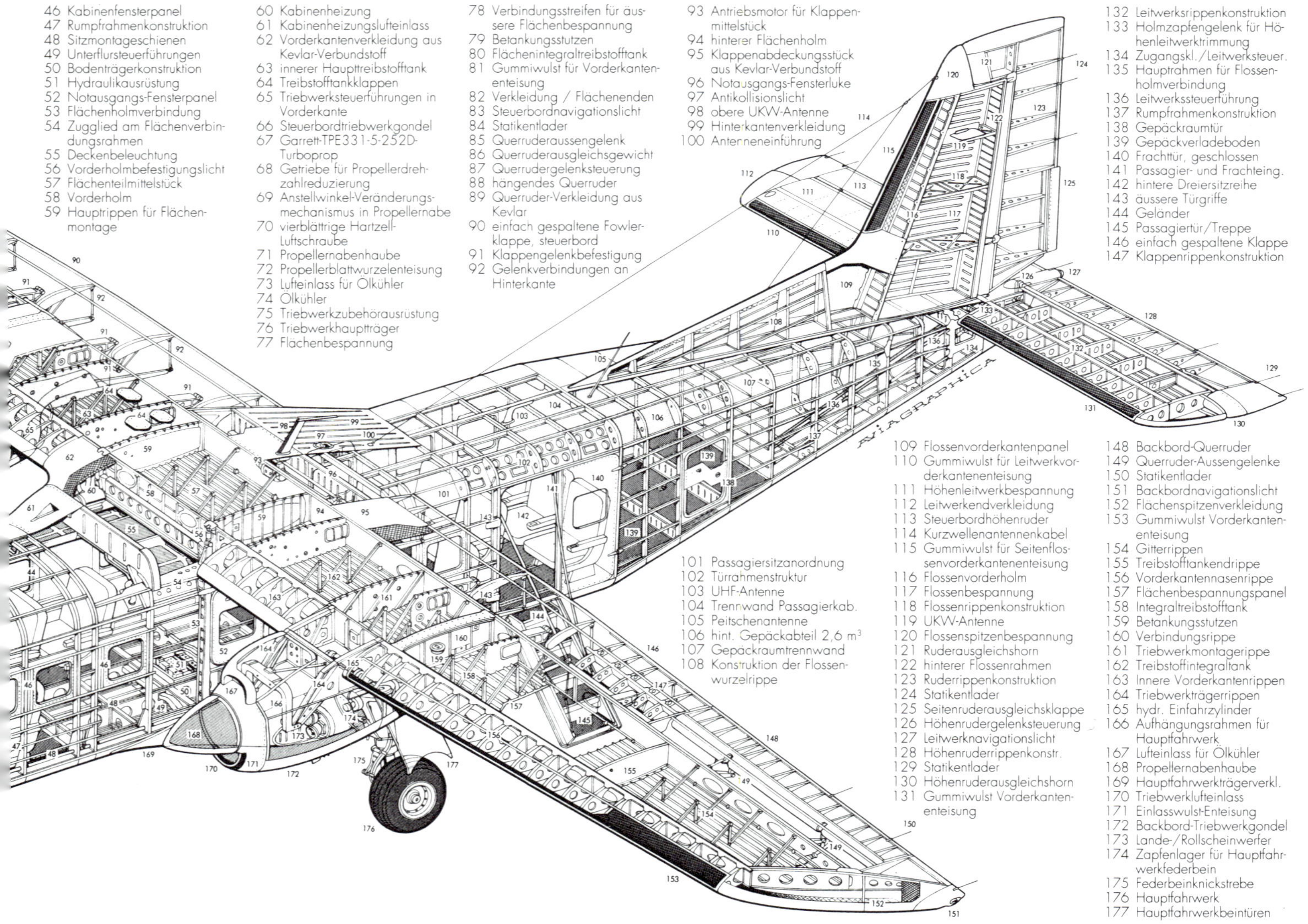

46 Kabinenfensterpanel
47 Rumpfrahmenkonstruktion
48 Sitzmontageschienen
49 Unterflursteuerführungen
50 Bodenträgerkonstruktion
51 Hydraulikausrüstung
52 Notausgangs-Fensterpanel
53 Flächenholmverbindung
54 Zugglied am Flächenverbindungsrahmen
55 Deckenbeleuchtung
56 Vorderholmbefestigungslicht
57 Flächenteilmittelstück
58 Vorderholm
59 Hauptrippen für Flächenmontage
60 Kabinenheizung
61 Kabinenheizungslufteinlass
62 Vorderkantenverkleidung aus Kevlar-Verbundstoff
63 innerer Haupttreibstofftank
64 Treibstofftankklappen
65 Triebwerkssteuerführungen in Vorderkante
66 Steuerbordtriebwerkgondel
67 Garrett-TPE331-5-252D-Turboprop
68 Getriebe für Propellerdrehzahlreduzierung
69 Anstellwinkel-Veränderungsmechanismus in Propellernabe
70 vierblättrige Hartzell-Luftschraube
71 Propellernabenhaube
72 Propellerblattwurzelenteisung
73 Lufteinlass für Ölkühler
74 Ölkühler
75 Triebwerkzubehörausrüstung
76 Triebwerkhauptträger
77 Flächenbespannung
78 Verbindungsstreifen für äussere Flächenbespannung
79 Betankungsstutzen
80 Flächenintegraltreibstofftank
81 Gummiwulst für Vorderkantenenteisung
82 Verkleidung / Flächenenden
83 Steuerbordnavigationslicht
84 Statikentlader
85 Querruderaussengelenk
86 Querruderausgleichsgewicht
87 Querrudergelenksteuerung
88 hängendes Querruder
89 Querruder-Verkleidung aus Kevlar
90 einfach gespaltene Fowler-klappe, steuerbord
91 Klappengelenkbefestigung
92 Gelenkverbindungen an Hinterkante
93 Antriebsmotor für Klappenmittelstück
94 hinterer Flächenholm
95 Klappenabdeckungsstück aus Kevlar-Verbundstoff
96 Notausgangs-Fensterluke
97 Antikollisionslicht
98 obere UKW-Antenne
99 Hinterkantenverkleidung
100 Antenneneinführung
101 Passagiersitzanordnung
102 Türrahmenstruktur
103 UHF-Antenne
104 Trennwand Passagierkab.
105 Peitschenantenne
106 hint. Gepäckabteil 2,6 m³
107 Gepäckraumtrennwand
108 Konstruktion der Flossenwurzelrippe
109 Flossenvorderkantenpanel
110 Gummiwulst für Leitwerkvorderkantenenteisung
111 Höhenleitwerkbespannung
112 Leitwerkendverkleidung
113 Steuerbordhöhenruder
114 Kurzwellenantennenkabel
115 Gummiwulst für Seitenflossenvorderkantenenteisung
116 Flossenvorderholm
117 Flossenbespannung
118 Flossenrippenkonstruktion
119 UKW-Antenne
120 Flossenspitzenbespannung
121 Ruderausgleichshorn
122 hinterer Flossenrahmen
123 Ruderrippenkonstruktion
124 Statikentlader
125 Seitenruderausgleichsklappe
126 Höhenrudergelenksteuerung
127 Leitwerknavigationslicht
128 Höhenruderrippenkonstr.
129 Statikentlader
130 Höhenruderausgleichshorn
131 Gummiwulst Vorderkantenenteisung
132 Leitwerksrippenkonstruktion
133 Holmzapfengelenk für Höhenleitwerktrimmung
134 Zugangskl./Leitwerksteuer.
135 Hauptrahmen für Flossenholmverbindung
136 Leitwerkssteuerführung
137 Rumpfrahmenkonstruktion
138 Gepäckraumtür
139 Gepäckverladeboden
140 Frachttür, geschlossen
141 Passagier- und Frachteing.
142 hintere Dreiersitzreihe
143 äussere Türgriffe
144 Geländer
145 Passagiertür/Treppe
146 einfach gespaltene Klappe
147 Klappenrippenkonstruktion
148 Backbord-Querruder
149 Querruder-Aussengelenke
150 Statikentlader
151 Backbordnavigationslicht
152 Flächenspitzenverkleidung
153 Gummiwulst Vorderkantenenteisung
154 Gitterrippen
155 Treibstofftankendrippe
156 Vorderkantennasenrippe
157 Flächenbespannungspanel
158 Integraltreibstofftank
159 Betankungsstutzen
160 Verbindungsrippe
161 Triebwerkmontagerippe
162 Treibstoffintegraltank
163 Innere Vorderkantenrippen
164 Triebwerkträgerrippen
165 hydr. Einfahrzylinder
166 Aufhängungsrahmen für Hauptfahrwerk
167 Lufteinlass für Ölkühler
168 Propellernabenhaube
169 Hauptfahrwerkträgerverkl.
170 Triebwerklufteinlass
171 Einlasswulst-Enteisung
172 Backbord-Triebwerkgondel
173 Lande-/Rollscheinwerfer
174 Zapfenlager für Hauptfahrwerkfederbein
175 Federbeinknickstrebe
176 Hauptfahrwerk
177 Hauptfahrwerkbeintüren

DORNIER DO 128 BUNDESREPUBLIK DEUTSCHLAND

Die Ursprünge der Do 128 gehen bis 1959 zurück, als die von Mitgliedern der berühmten Vorkriegsfamilie des Claudius Dornier in Westdeutschland neugegründete Gesellschaft die Do 28 als eine zweimotorige Version der Do 27 entwickelte. Die letztere selbst war ein Abkömmling der einmotorigen Do 25, des ersten Nachkriegsmodells, für das Dornier verantwortlich war, obwohl die Herstellung in Spanien (bei CASA, wie die C-127) durchgeführt wurde. Zwischen 1956 und 1966 baute Dornier in seinen Münchener Werkhallen 571 Do 27 und entwickelte die Do 28, die im Grunde genommen denselben Rumpf mit einer neuen Nasenverkleidung und eine gleiche hochmontierte Fläche (Schulterdecker) hatte, aber eine vergrösserte Spannweite und zwei Kolbentriebwerke, die in Gondeln an den Enden von freitragenden Stummelflächen zu beiden Seiten des Rumpfes getragen wurden. Zwischen 1961 und 1971 baute Dornier je 60 Do-28- und Do-28B-Versionen dieses Musters. Im Jahre 1965 legte dann Dornier mit finanzieller Hilfe des Bundesministeriums für Forschung und Technik eine weitere Version «auf Stapel», die unter der Bezeichnung P350 projektiert worden war, aber mit Beginn der tatsächlichen Entwicklung zur Do 28D wurde. Die Zielsetzung der P350 war ein Flugzeug mit der gleichen Konfiguration, aber mit grösserer Kapazität und umfassenderer Anwendungsmöglichkeit. Dies wurde durch stärkere Triebwerke und einen neuen, eckigeren Rumpf mit grösserem Rumpfquerschnitt erreicht, der gross genug war für die Unterbringung von 13 Passagieren. Die 283 kW starken Lycoming-IGSO-540-Triebwerke wurden wie bei der älteren Do 28 an den Enden von Stummeltragflächen montiert, Grösse und Struktur der Fläche blieben wenig verändert, aber der Rest der Do 28D war fast

Rechts unten: Dreisichtzeichnung der Do 128-2.

Unten: Die Dornier Do 28 Skymaster ist hier in der Turboprop-Version 128-6 zu sehen, die im Jahre 1980 eingeführt wurde.

DOUGLAS DC-6 UND DC-7 USA

Trotz der Behinderung durch die Kriegserfordernisse liess sich Douglas Anfang der 40er Jahre auf den Entwurf eines vergrösserten Nachfolgers des ersten viermotorigen Verkehrsflugzeuges, der DC-4 ein. Zukünftige militärische Anforderungen wie auch der voraussichtliche zivile Luftverkehrsbedarf wurden berücksichtigt, und die Entwicklung einer Prototyp-Konstruktion wurde auf der Basis eines Auftrages der US-Luftwaffe für ein einzelnes Muster mit der Bezeichnung XC-112 aufgelegt. Die zivile Version, bekannt als DC-6, hatte im wesentlichen dieselbe Fläche wie die DC-4 und einen um 2,06 m verlängerten Rumpf zur Erhöhung der Passagierkapazität auf 52. Der Rumpf war druckbelüftet, und leistungsstärkere Triebwerke sowie verbesserte Systeme wurden eingeführt. Die XC-112 flog zum ersten Mal am 15. Februar 1946, führte aber nur zur Produktion einer einzigen Präsidialtransportmaschine, der C-118 Independence. Aufträge von American Airlines und United Airlines etablierten die DC-6 als das erste bedeutende zivile Verkehrsflugzeug der Douglas Company nach dem Kriege; bis 1951 wurden insgesamt 174 gebaut. Nachfolgende Entwicklungen des Typs brachten eine weitere Verlängerung des Rumpfes bei der Produktion der Nur-Fracht-DC-6A (74 Stück) und der Passagiertransportmaschine DC-6B (288 Stück). Mit der Einführung von Wright-R-3350-Cyclone-Triebwerken anstelle der DC-6B-Pratt-&-Whitney-Double-Wasp-Triebwerke wurde ein weiterer Neuentwurf des Rumpfes unternommen, was zur DC-7 führte. Bis im Dezember 1955 die DC-7 mit Flächenwurzelausdehnungen und einer um 3,05 m vergrösserten Spannweite er-

DC-6B

Antrieb: Vier 18-zylindrige, zweireihige, luftgekühlte Pratt-&-Whitney-R-2800-CB17-Double-Wasp-Sternmotoren, je 1'864 kW Startleistung, mit dreiblättrigen Hamilton-Standard-Hydromatic-Propellern, Durchmesser 4,11 m, konstante Drehzahl und Regelstellung. 20'820 l Treibstoff in den Flächen und im Rumpf.

Leistung: Max. (nie überschreitbare) Geschwindigkeit 578 km/h angezeigte Eigengeschwindigkeit; max. Reisegeschwindigkeit 509 km/h; typ. Reisegeschwindigkeit 435 km/h in 6'095 m Höhe; anfängliche Steigrate 6,2 m/sec; Startlänge 1'875 m; Landedist. 1'525 m; Reichweite mit max. Nutzlast 3'058 km; Reichweite mit max. Treibstoff 4'300 km.

Gewicht: Betriebsleergewicht ca. 28'123 kg; max. Treibstoffgewicht 14'946 kg; maximale Nutzlast 11'143 kg; max. Startgewicht 48'534 kg; maximales Landegewicht 40'000 kg; maximales Leertankgewicht 37'740 kg.

Abmessungen: Spannweite 35,81 m; Gesamtlänge 32,18 m; Gesamthöhe 8,92 m; Flügelfläche 135,9 m^2.

Kabine: Länge 20,96 m, max. Breite 2,76 m, max. lichte Höhe 2,36 m. Typische Ein-Klassen-Auslegung für 82 Passagiere in Fünferreihen (Sitzabstand 86 cm); max. Dicht-bei-Dicht-Unterbringung 102 Passagiere. Gepäckraum oberhalb und unterhalb des Bodens 25,1 m^3. Vier-Mann-Cockpit-Besatzung.

Unten rechts: Diese Douglas DC-6A ohne Firmenbezeichnung war bei Seagreen Air Transport in Antigua im Einsatz.

Unten: Dreisichtzeichnung der Douglas DC-6B, von der noch ungefähr 60 im Einsatz sind, vornehmlich in Mittel- und Südamerika.

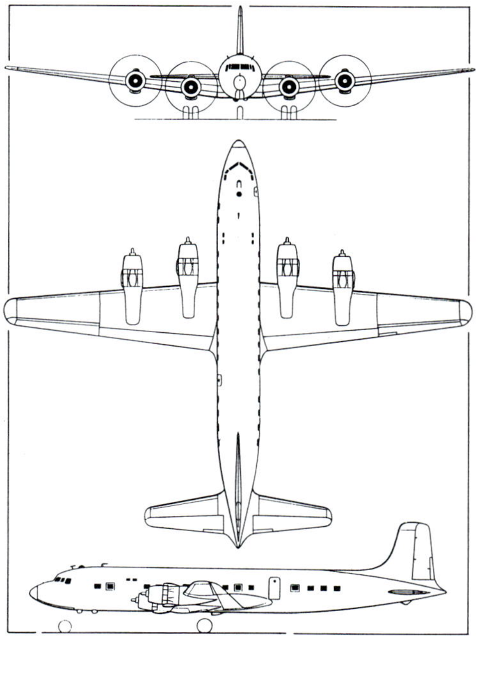

völlig neu. Unter dem Namen Skyservant machte die Do 28D ihren ersten Flug am 23. Februar 1966 und erhielt die Zulassung am 24. Februar 1967. Weiteren sechs Do 28D folgte die Do 28D-1, die eine kleine Vergrösserung der Flügelspannweite hatte. Ab dem 50. Flugzeug wurde die 28D-2 das Standard-Skyservant-Serienmodell mit erhöhtem Gesamtgewicht, innerem Neuentwurf zur Verlängerung der Kabine um 15 cm, vergrösserter Treibstoffkapazität, aerodynamischen Veränderungen an der Fläche und

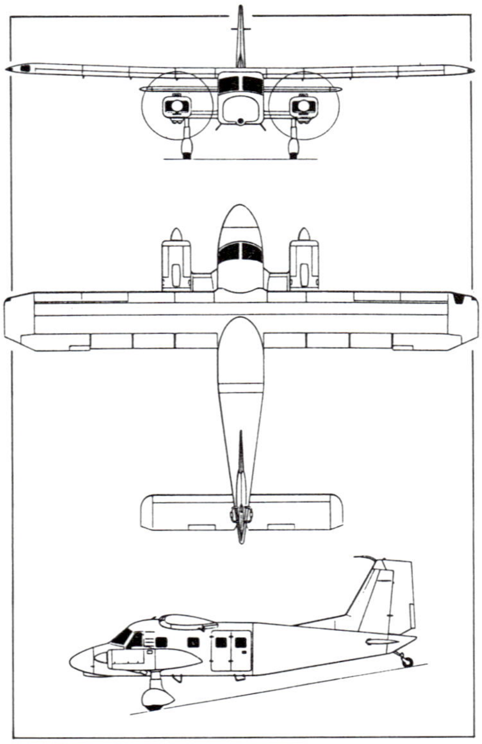

am Leitwerk und zahlreichen anderen kleinen Abänderungen. In der zivilen Ausführung transportierte die Do 28D-2 Skyservant normalerweise zehn Passagiere mit zwei Piloten, wobei zahlreiche Innen-Ausrüstungen für besondere Aufgaben möglich waren. Von den mehr als 260 gebauten Exemplaren waren jedoch weniger als die Hälfte für den zivilen Einsatz bestimmt, und nur ein kleiner Teil von diesen wurde im Luftverkehrsbetrieb eingesetzt. Eine Do 28D-3 mit Dreibeinfahrwerk anstelle des Spornrads gelangte nicht über das Entwurfstadium hinaus, genausowenig wie die Do 28D-4, ein Entwurf gemäss einer Auflage der portugiesischen Luftwaffe mit Allison-250-Turboprops. Der letztere Entwurf war jedoch nur eine von mehreren Studien zum Ersetzen der Lycoming Kolbentriebwerke durch Turboprops, und am 9. April 1978 flog Dornier den Prototyp der Do 28D-5-TurboSky, eine mit Avco-Lycoming-LTP101-600-Turboprop ausgestattete ursprüngliche Do 28. Das Ersetzen der Kolbentriebwerke durch Turboprops war dank der unabhängigen Gondeln an den Enden der Stummeltragflächen relativ einfach. Als sich die Flugerprobung und der Markterfolg der Do 28-5X als enttäuschend erwiesen, machte Dornier weiter mit der Do 28D-6-Version mit PT6A-110-Turboprops anstelle der LTP101. Der Prototyp, die Do-28-5X mit neuen Triebwerken, flog zum ersten Mal am 4. März 1980. Die Bezeichnung für das Serienflugzeug wurde in Do 128-6 abgeändert, als das Entwicklungsprogramm für die 228 aufgelegt wurde.

Varianten

Die Do 128-6 wurde nur in einer Basisversion hergestellt, wobei die Kundenwünsche in der zivilen Fassung auf Kabinenauslegungen beschränkt blieben. Als Alternativen zu der Basis-Auslegung für 10 Passagiere konnte das Flugzeug für den Transport von fünf Tragbahren mit fünf Passagiersitzen oder, unter Verzicht auf Passagiertransport, für Frachtbeförderung umgerüstet werden. Eine militärische Variante hatte unter der Nase ein Marec-Radar für Patrouilleneinsätze über See, und ein Muster der Do 128-6 mit kombiniertem Rad-/Skilandefahrwerk, Wetterradar und Spezialausrüstung nahm an der deutschen Antarktikexpedition in den Jahren 1983 bis 1984 teil.

Indienststellung

Die Do 128-6 wurde in Deutschland im März 1981 zugelassen. Die Produktion endete im Jahre 1985.

Antrieb: Zwei Pratt-&-Whitney-Canada-PT6A-110-Turboprops, je 298 kW Standschubleistung für den Start, mit dreiblättrigen Hartzell-Luftschrauben, Durchmesser 2,36 m, konstante Drehzahl und Segelstellung. Treibstoff 893 l in den Triebwerkgondeln.
Leistung: Max. Geschwindigkeit 339 km/h; max. Reisegeschwindigkeit 330 km/h in einer Höhe von 3'050 m; Reisegeschwindigkeit für max. Reichweite 259 km/h in 3'050 m Höhe; anfängliche Steigrate 6,4 m/sec; Dienstgipfelhöhe 9'935 m; Startdistanz auf 15 m Höhe 555 m; Landedistanz aus 15 m Höhe 505 m; Reichweite mit maximalem Treibstoff 1'825 km; Reichweite mit 805 kg Nutzlast 1'460 km.
Gewicht: Leergewicht 2'540 kg; maximale Nutzlast 1'273 kg; maximales Startgewicht 4'350 kg; maximales Landegewicht 4'140 kg.
Abmessungen: Spannweite 15,85 m; Gesamtlänge 11,41 m; Gesamthöhe 3,9 m; keine Pfeilung; Flügelfläche 29 m².
Kabine: Länge 3,97 m, maximale Breite 1,37 m, maximale lichte Höhe 1,52 m. Standard-Kabinenauslegung bietet zehn Einzelsitze mit Mittelgang. Gepäckraum 0,9 m³. Zwei-Mann-Cockpit-Besatzung.

schien, blieb die wenig geänderte Fläche der DC-4 in Anwendung. Die Produktion aller DC-7-Varianten belief sich auf insgesamt 336.

Varianten

Die DC-6 hatte eine Rumpflänge von 30,53 m; sowohl die DC-6A und die DC-6B hatten eine «Streckung» von 1,52 m. Die Bezeichnung DC-6C bezog sich auf eine DC-6A-Variante mit einer umrüstbaren Passagier-/Frachtinnenausrüstung. Ein paar Muster der DC-6B wurden später für Frachtdienste mit seitlichen Ladetüren nach DC-6A-Art umgerüstet, und einige wurden (durch Sabena) auf Frachter mit schwenkbarem Rumpfende modifiziert. Die DC-7 tauchte mit einer Rumpflänge von 33,22 m auf, und die DC-7B war ähnlich, fasste aber mehr Treibstoff. Die DC-7C hatte eine Rumpflänge von 34,29 m und eine Spannweite von 38,86 m.

Indienststellung

Eine zivile DC-6 flog zum ersten Mal im Juni 1946, und die Auslieferungen begannen im November 1946 an American und United. Der erste Einsatz wurde am 27. April 1947 geflogen, und die DC-6 wurde in grossem Umfang auf den US-Hauptstrecken und bei ausländischen Gesellschaften weltweit auf Regionalstrecken eingesetzt. Nachfolgende Varianten mit grösserer Passagierkapazität und Reichweite verstärkten den Status der Douglas-Transportflugzeuge, vor allem die DC-7 mit Transatlantik-Fähigkeit. Die DC-7 wurde aufgrund ihrer Triebwerksleistungen schneller vom Einsatz abgezogen, so dass 1986 kaum noch eine im Luftverkehr eingesetzt war.

Unten: Die Frachtchartergesellschaft Bayu Indonesia Air PT hatte 1986 noch zwei DC-6A im Einsatz.

DOUGLAS DC-3 USA

Als Produkt der 30er-Jahre ist die DC-3 nach über fünfzig Jahren immer noch weltweit im Einsatz bei zivilen und militärischen Betreibern. Die Entwicklung dieses beinahe allgegenwärtigen zweimotorigen Flugzeuges begann im Jahre 1932. Unter dem entscheidenden Einfluss des Firmengründers, Donald Douglas Senior, produzierte Douglas die DC-1, einen zweimotorigen Tiefdecker von ähnlicher Konfiguration wie die Boeing 247 mit einziehbarem Fahrwerk und einer Anzahl technischer Innovationen. Sie wurde am 1. Juli 1933 zum ersten Mal geflogen. Eine Weiterentwicklung kam als DC-2 in die Produktion und wurde zum ersten Mal am 11. Mai 1934 geflogen. Die erfolgreichen Operationen mit der DC-2 bewogen American Airlines dazu, Douglas um die Produktion einer weiterentwickelten und grösseren Version zu bitten. Dies führte zur DC-3 (oder DST, für Douglas Sleeper Transport = Douglas Transportflugzeug mit Schlafgelegenheit), die erstmals am 7. Dezember 1935 flog, dem 27. Jahrestag des ersten erfolgreichen Motorflugs der Gebrüder Wright. Im Vergleich mit der DC-2 hatte die DC-3 einen weiteren Rumpf, grössere Flügel- und Leitwerkflächen, eine erhöhte Triebwerksleistung sowie höhere Gewichte. Sie war für 24 Passagiersitze oder 16 Schlafkojen vorgesehen, daher die DST-Bezeichnung. Bis zu der Zeit, als die USA in den Zweiten Weltkrieg verwickelt wurden, waren ungefähr 430 Muster der DC-3 für zivilen Einsatz gebaut worden, davon fast 100 für den Export. Nach Beendigung des Krieges im Jahre 1945 wurden weitere 28 für den zivilen Markt geliefert. Der Krieg erforderte jedoch die Produktion von ungefähr 10'200 zweimotorigen Douglas-Transportflugzeugen für militärischen Einsatz, meistens unter der Bezeichnung C-47 Skytrain (USAAF) oder Dakota (RAF). Nach dem Krieg diente eine wesentliche Anzahl dieser ehemals militärischen Flugzeuge bei Luftverkehrsgesellschaften, meistens unter der Bezeichnung C-47 oder Dakota. In der Tat wurden diese Flugzeuge in der Periode von 1945 bis Mitte der 60er Jahre zu wirklichen Arbeitspferden der weltweiten Luftverkehrsindustrie.

Antrieb: Zwei zweireihige luftgekühlte 14-Zylinder Sternmotoren Pratt & Whitney R-1830-92 Twin Wasp, je 895 kW Startleistung, mit dreiblättrigen Hamilton-Standard-Hydromatic-Luftschrauben, Durchmesser 3,5 m, konstante Drehzahl und Segelstellung. Treibstoff 3'046 l in Zellentanks in der Fläche und im Mittelstück.
Leistung: Max. (niemals zu überschreitende) Geschwindigkeit 381 km/h angezeigte Eigengeschwindigkeit; max. Geschwindigkeit 346 km/h; Reisegeschwindigkeit 312 km/h in 1'525 m Höhe; wirtschaftliche Reisegeschwindigkeit 266 km/h in 1'830 m Höhe; anfängliche Steigrate 5,04 m/sec; Dienstgipfelhöhe 6'675 m; Reichw. mit max. Nutzlast 563 km; Reichweite mit max. Treibstoff 2'430 km.
Gewicht: Betriebsleergew. 8'030 kg; max. Treibstoffgew. 2'186 kg; max. Nutzlast 2'994 kg; max. Startgewicht 11'430 kg; max. Startgewicht (British C of A, Frachter) 12'700 kg.
Abmessungen: Spannw. 28,96 m; Länge 19,66 m; Höhe 5,16 m; Flügelfläche 91,7 m².
Kabine: Länge 9,14 m, maxi. Breite 2,34 m, max. lichte Höhe 2 m. Auslegung für 28 oder 32 Passagiere in Viererreihen mit Mittelgang, Sitzabstand 97 cm. Gepäckabteil über Kabinenboden 3,48 m³. Zwei-Mann-Cockpit-Bes.

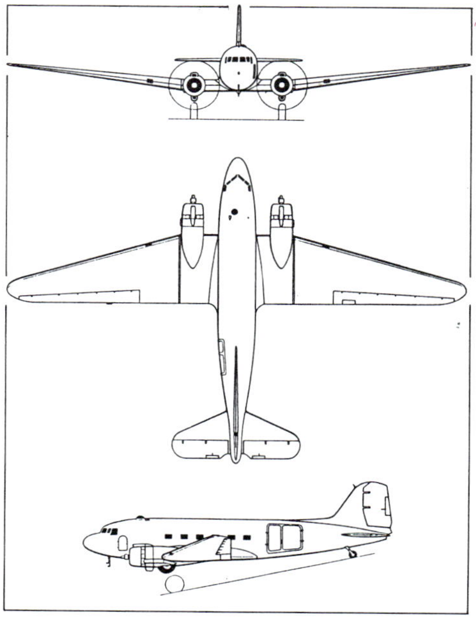

Oben links: Dreisichtzeichnung der Douglas DC-3 mit militärischer Doppeltür.

Oben: Das Cockpit der Douglas DC-3 war «klassisch funktional».

Varianten

Die ursprüngliche Serienversion der DC-3 wurde durch die 686-kW-Triebwerke Wright-GR-1820-G5 Cyclone angetrieben, aber bald wurden die 746 kW starken Pratt & Whitney R-1830 Twin Wasp als Alternative in der DST-A und DC-3A angeboten, während die DC-3B durch das 820 kW starke Wright Cyclone G-102 angetrieben wurde. Die Produktion für militärische Einsätze erklärt die Vielzahl weiterer Varianten (und unterschiedlicher Bezeichnungen wie C-53, C117 und R4D). Nach dem Zweiten Weltkrieg wurden von Douglas und anderen Gesellschaften mehrere Systeme für die Verbesserung des Leistungsbereiches und des Passagierkomforts entwickelt. Dies führte zu modifizierten Zellen in Super-DC-3-Aufmachung. Andere Projekte sahen den Austausch der ursprünglichen Kolbentriebwerke mit Turboprops verschiedener Typen vor, einschliesslich einer Drei-Motoren-Variante. In der Sowjetunion wurde die DC-3 gemäss eines Vorkriegslizenzabkommens unter der Bezeichnung Lisunov Li-2 gebaut; diese hatte Shvetsov-M-62IR- oder M-36R-Triebwerke und zahlreiche Unterschiede zur US-Version.

Indienststellung

Die DC-3 erhielt ihre erste zivile Lufttauglichkeitszulassung am 21. Mai 1936 und wurde bei American Airlines am 25. Juni 1936 in Dienst gestellt. Von den insgesamt 10'926 (ohne sowjetische Versionen) produzierten DC-3 waren seit 1945 mehrere tausend im Einsatz bei Luftverkehrsgesellschaften. Während des Jahres 1986 waren noch ungefähr 350 im Einsatz bei Luftverkehrsgesellschaften.

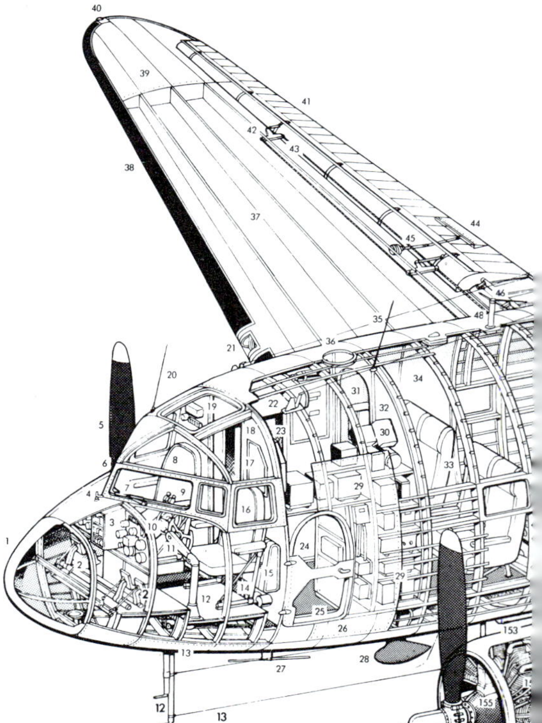

Unten: Die in Coventry beheimatete Air Atlantique hatte 1966 für Ad-hoc-Fracht- und -Passagieroperationen fünf DC-3 im Einsatz.

Oben: Mehr als 50 Jahre sind vergangen, seit Douglas den Prototyp der DC-3 fertiggestellt hat, zur Zeit des Erstfluges als DST (Douglas Sleeper Transport) bekannt, da er dafür vorgesehen war, die Passagiere in Schlafkojen bei Nachtflügen über den USA zu transportieren. Niemand konnte sich 1935 vorstellen, dass in den folgenden Jahren mehr als 10'000 Stück gebaut werden würden.

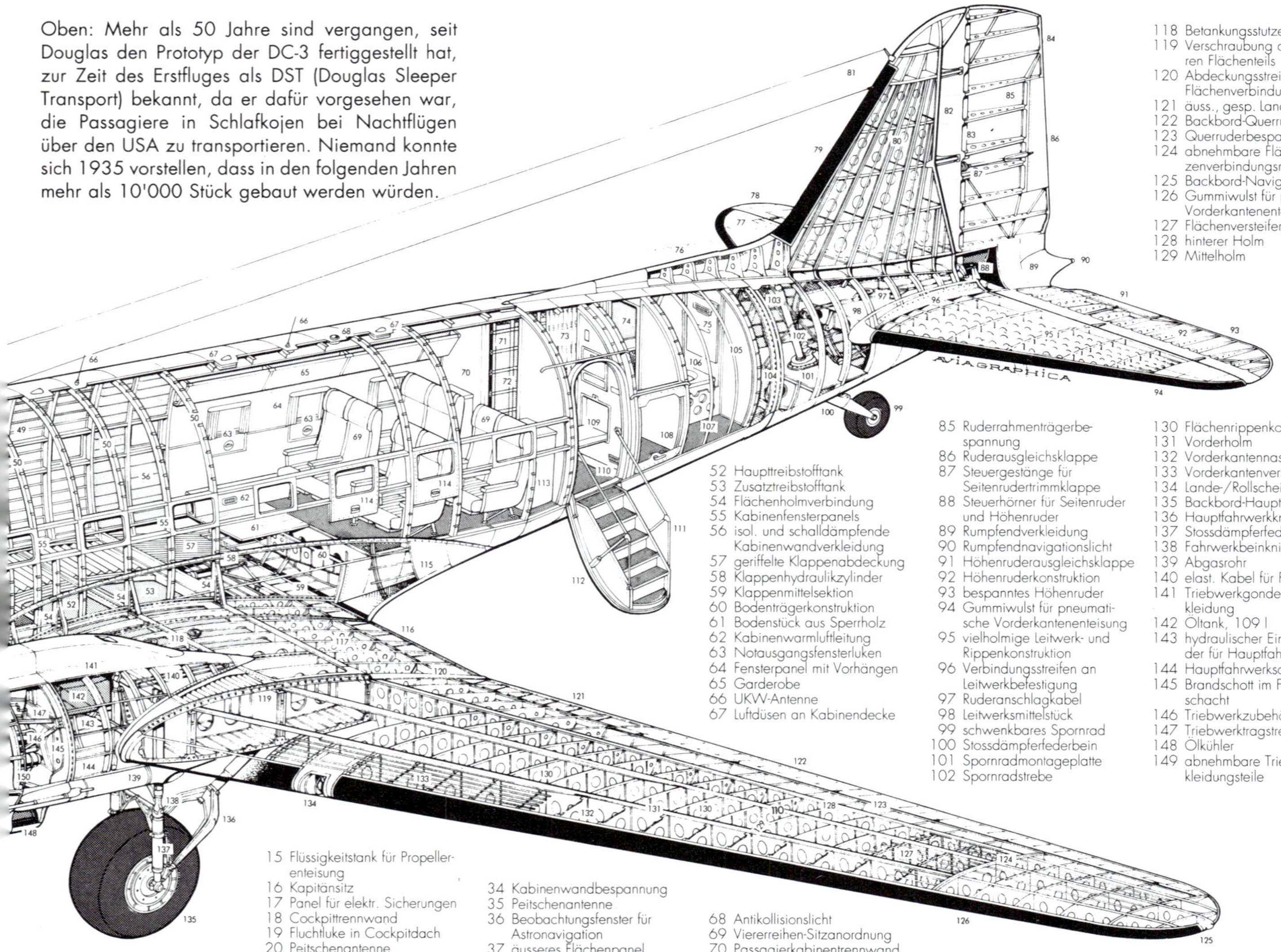

Douglas DC-3

1 klappbare Nasenkappe
2 Ruderpedale
3 Instrumentenbretter
4 Windschutzscheibenenteisung
5 Steuerbordpropeller
6 Windschutzscheibenpanels
7 Scheibenwischer
8 Copilotensitz
9 Triebwerk-Gashebel
10 Handrad für Trimmsteuerung
11 Steuersäule
12 Cockpitbodenhöhe
13 Zugangsklappen zu Steuerseilführungen
14 einstellbare Sitzmontierung
15 Flüssigkeitstank für Propellerenteisung
16 Kapitänsitz
17 Panel für elektr. Sicherungen
18 Cockpittrennwand
19 Fluchtluke in Cockpitdach
20 Peitschenantenne
21 Lande-/Rollscheinwerfer
22 Flüssigkeitstank für Windschutzscheiben- und Vergaserenteisung
23 Gepäck-, Frachtabteil
24 Eingangsraum
25 Besatzungseingangstür
26 Rumpfdoppelbespannung in Propellerebene
27 Dipol-Antenne
28 Peilant. des Kurskompasses
29 Regale für Radio und elektronische Ausrüstung
30 Stauraum Schwimmwesten
31 Kabinenhaupteingang
32 Kabinen-Trennwand
33 vordere Passagiersitzreihe
34 Kabinenwandbespannung
35 Peitschenantenne
36 Beobachtungsfenster für Astronavigation
37 äusseres Flächenpanel
38 Gummiwulst für pneumatische Vorderkantenenteisung
39 Flächenbespannungsteil
40 Steuerbordnavigationslicht
41 Steuerbord-Querruder
42 Steuergelenkverbindung
43 Querruderzugkabel
44 Querruderausgleichsklappe
45 Steuerzylinder Trimmklappe
46 Klappentorsionswelle
47 äuss., gesp. Landeklappen
48 Instrumentenlandesystemantenne
49 Rumpfrahmenversteifer
50 Mittelrumpf-Hauptrahmen
51 Innenbespannung des Flächenmittelstücks
52 Haupttreibstofftank
53 Zusatztreibstofftank
54 Flächenholmverbindung
55 Kabinenfensterpanels
56 isol. und schalldämpfende Kabinenwandverkleidung
57 geriffelte Klappenabdeckung
58 Klappenhydraulikzylinder
59 Klappenmittelsektion
60 Bodenträgerkonstruktion
61 Bodenstück aus Sperrholz
62 Kabinenwarmluftleitung
63 Notausgangsfensterluken
64 Fensterpanel mit Vorhängen
65 Garderobe
66 UKW-Antenne
67 Luftdüsen an Kabinendecke
68 Antikollisionslicht
69 Viererreihen-Sitzanordnung
70 Passagierkabinentrennwand
71 seitlicher Gepäckraum
72 Gepäckhaltenetz
73 Gepäckraumvorhang
74 Toilettenabteil am Eingang
75 Zugangstür zum hinteren Flugzeugteil
76 Konstruktion der Flossenwurzelrippe
77 Höhenleitwerk, steuerbord
78 Höhenruder, steuerbord
79 Gummiwulst für Flossenvorderkantenenteisung
80 Seitenruderflossenkonstr.
81 Kurzwellenantennenkabel
82 aerodyn. Ruderausgleich
83 Drehgelenknachführung
84 Ruderrippenkonstruktion
85 Ruderrahmenträgerbespannung
86 Ruderausgleichsklappe
87 Steuergestänge für Seitenrudertrimmklappe
88 Steuerhörner für Seitenruder und Höhenruder
89 Rumpfendverkleidung
90 Rumpfendnavigationslicht
91 Höhenruderausgleichsklappe
92 Höhenruderkonstruktion
93 bespanntes Höhenruder
94 Gummiwulst für pneumatische Vorderkantenenteisung
95 vielholmige Leitwerk- und Rippenkonstruktion
96 Verbindungsstreifen an Leitwerkbefestigung
97 Ruderanschlagkabel
98 Leitwerksmittelstück
99 schwenkbares Spornrad
100 Stossdämpferfederbein
101 Spornradmontageplatte
102 Spornradstrebe
103 Seiten- und Höhenrudersteuerseile
104 Rumpfverbindungsrahmen
105 hintere Kabinentrennwand
106 Toilettenabteil
107 Backbord-Gepäckraum
108 Gepäckladetür
109 Klappsitz für Flugbegleiter
110 hinterer Eingangsraum
111 Geländer
112 Passagiereingangstür
113 Ablagen
114 Notausgangsfensterluken
115 Flächenversteifungsrippe
116 innere, gesp. Landeklappe
117 Klappenabdeckungskonstruktion
118 Betankungsstutzen
119 Verschraubung des äusseren Flächenteils
120 Abdeckungsstreifen des Flächenverbindungsstücks
121 äuss., gesp. Landeklappe
122 Backbord-Querruder
123 Querruderbespannung
124 abnehmbare Flächenspitzenverbindungsrippe
125 Backbord-Navigationslicht
126 Gummiwulst für pneum. Vorderkantenenteisung
127 Flächenversteifer
128 hinterer Holm
129 Mittelholm
130 Flächenrippenkonstruktion
131 Vorderholm
132 Vorderkantennasenrippen
133 Vorderkantenverstärker
134 Lande-/Rollscheinwerfer
135 Backbord-Hauptfahrwerk
136 Hauptfahrwerkknickstrebe
137 Stossdämpferfederbein
138 Fahrwerkbeinkniegelenk
139 Abgasrohr
140 elast. Kabel für Fahrwerk
141 Triebwerkgondelverkleidung
142 Öltank, 109 l
143 hydraulischer Einfahrzylinder für Hauptfahrwerk
144 Hauptfahrwerkschacht
145 Brandschott im Fahrwerkschacht
146 Triebwerkzubehörausrüst.
147 Triebwerktragstreben
148 Ölkühler
149 abnehmbare Triebwerkverkleidungsteile
150 Kühlluftablassklappen
151 Abgassammelrohr
152 Lufteinlass für Vergaser
153 Rumpfeinlassführung für Kabinenluft
154 zweireihiger, luftgekühlter 14-Zylinder-Sternmotor Pratt & Whitney R-1830-92
155 Getriebe für Propellerdrehzahlreduzierung
156 Kühllufteinlass an Verkleidungsnasenring
157 Anstellwinkelveränderungsmech. in Propellernabe
158 dreiblättrige Hamilton-Standard-Luftschraube für konstante Drehzahl

Die Entscheidung, die Entwicklung eines viermotorigen Düsenflugzeuges für Mittel-/Langstrecken aufzulegen, wurde von Douglas Aircraft Company im Juni 1955 gefällt, ungefähr ein Jahr nachdem Boeing seinen Prototyp Dash 80 geflogen hatte, von dem die Modellfamilie 707 ausging. Das neue Flugzeug, die DC-8, war das erste zivile Düsenflugzeug von Douglas und ein Nachfolger der DC-7C. Obwohl die Flächenpfeilung etwas geringer war, ähnelte sie in der Gesamtkonfiguration sehr stark der Boeing 707. Aufgrund der Erstbestellung durch Pan American vom 13. Oktober 1955 brachte die DC-8 schnell weitere Aufträge von US- und ausländischen Fluggesellschaften ein, und als der Prototyp den ersten Flug am 30. Mai 1958 absolvierte, lagen 142 Aufträge vor. Der Prototyp, angetrieben von JT3C-Turbojets, stellte die Mittel-/Langstreckenversion für Inlandflüge dar.

Varianten

Nach ihrer Einführung erhielt die ursprüngliche Version der DC-8 die Bezeichnung DC-8 Sre 10, wodurch sie sich von der Langstrecken-DC-8 Sre 30 mit JT4A-Triebwerken unterschied, die zum ersten Mal am 21. Februar 1959 flog. Für Fluggesellschaften, die einen verbesserten Startleistungsbereich bei der Domestic-Variante anforderten, bekam die DC-8 Sre 20 die JT4A-Triebwerke, wurde jedoch mit den niedrigeren Srs-10-Gewichten betrieben und hatte ihren ersten Flug am 29. November 1958. Als Alternative zu den Pratt-&-Whitney-JT4A-Triebwerken bot Douglas die Rolls-Royce Conways bei der DC-8 Srs 40 an, die ihren Erstflug am 23. Juli 1959 hatte. Während der Produktionszeit der DC-8 wurden mehrere unterschiedliche Versionen des JT4A-Triebwerks verwendet, mit Leistungen im Bereich von 7'167 kp bis 7'945 kp, und das besondere Merkmal der interkontinentalen Sre 30 und Sre 40 waren verlängerte Flächenspitzen und die sogenannte «Vier-Prozent»-Fläche, wobei die Vorderkante zur Vergrösserung der Profilsehne um dieses Mass modifiziert wurde. Eine Modifikation des JT-3C zum JT-3D führte zur DC-8 Sre 50, die zum ersten Mal am 20. Dezember 1960

DC-8 Serie 73

Antrieb: Vier CFM-International-CFM56-2-C5-Turbofantriebwerke, je 9'980 kp oder 10'886 kp Standschubleistung für den Start. Treibstoff 91'890 l in Integraltanks in den Flächen und im Mittelstück; zusätzliche Tanks in den Unterflurgepäckräumen.

Leistung: Maximale Betriebsgeschwindigkeit 652 km/h angezeigte Eigengeschwindigkeit oder Mach 0,88; max. Reisegeschwindigkeit 887 km/h bei mittlerem Reisegewicht und einer Höhe von 11'890 m; wirtschaftliche Reisegeschwindigkeit 850 km/h bei mittlerem Reisegewicht in einer Höhe von 11'890 m; Startstrecke 3'050 m; Landestrecke 1'980 m; anfängliche Reisehöhe 10'000 m; Reichweite mit maximaler Passagierzuladung 8'950 km.

Gewicht: Betriebsleergewicht 75'500 kg; max. Treibstoffgewicht 73'773 kg; max. Nutzlast 29'257 kg; max. Startgewicht 161'025 kg; maximales Landegewicht 117'000 kg; maximales Leertankgewicht 104'780 kg.

Abmessungen: Spannweite 45,2 m; Gesamtlänge 57,12 m; Gesamthöhe 13,11 m; Pfeilung 30,6 Grad bei Viertelprofilsehne; Flügelfläche 271,9 m²

Kabine: Länge 42,29 m; max. Breite 3,5 m; max. lichte Höhe 2,21 m. Standardunterbringung bis 269 Passagiere (Sechserreihen, Mittelgang, 76 cm Sitzabst.). Unterflurgepäckräume 70,8 m³. Drei-Mann-Cockpit-Besatzung.

Rechts: Schnittzeichnung der DC-8 Sre 71. Die Zelle ist gegenüber der Sre 61 fast unverändert.

Unten: Die hier gezeigte DC-8 Sre 71 mit United-Airlines-Bemalung ist eine Umrüstung der langrümpfigen Sre 61 mit CFM56-2-Turbofantriebwerken. Von den insgesamt 110 ungerüsteten DC-8 setzte United 29 Sre 71 ein.

McDonnell Douglas/Cammacorp DC-8-Super 71

1 Radom
2 Wetterradarabtaster
3 Staulufteinlass für Klimaanl.
4 Pitotröhren
5 Klimaanlagegerätesätze
6 vorderes Druckschott
7 Ruderpedale
8 Instrumentenbrett
9 Luftdüsen für Regenzerstäubung auf Windschutzscheibe
10 Windschutzscheibenpanels
11 -Panels für Systemschaltungen
12 Copilotensitz
13 Cockpitstirnfenster
14 Kapitänsitz
15 Cockpitfussbodenhöhe
16 Wärmeaustauscherauslässe für Klimaanlage
17 Bugradtüren, nach Einfahren des Bugrads geschlossen
18 Lande-/Rollscheinwerfer
19 Steuerzylinder für Bugrad
20 doppeltes Bugrad
21 Bugradbein-Tür
22 Zapfenbefestigung des Bugradfederbeins
23 Arbeitsplatz des Navigators
24 zusätzlicher Besatzungssitz
25 Arbeitsplatz Flugingenieur
26 Instrumentenpanels des Flugingenieurs
27 Cockpittrennwand
28 Regale für Avionikausrüstung
29 vordere Eingangstür, geöffnet
30 Klappsitz für Flugbegleiter
31 Toilettenabteile (2)
32 Schränke (2)
33 Kabinensitzanordnung
34 Kücheneinheit
35 UKW-Antenne
36 Servicetür/Notausgang
37 Frachttür
38 Kabinenfensterpanels
39 Rahmenkonstruktion des unteren Rumpfbuckels
40 Unterflurfrachtabteil
41 Bodenträgerkonstruktion
42 seitliche Frachttür
43 Kabinenwandbespannung
44 Sitzmontageschienen
45 Kabinenfussbodenbeplankung
46 Sechserreihen-Passagiersitzanordnung, 251 Sitze
47 Kabinennotausgangstüren
48 Verteilungsleitung für Kabinenbelüftung
49 Massengutfrachtraumtür
50 schalldichte Verkleidung
51 Hilfsaggregat (APU)
52 Rumpfverkleidung
53 Rumpfrahmen-Versteifungskonstruktion
54 Flächeninspektionslicht
55 Auspuff des Hilfsaggregats
56 Landebahnabrollampen
57 Druckschott Frachtraum
58 Kabinenumluftleitung
59 Hauptrumpfrahmen für Flächenverbindung
60 Verbindungsstreifen an Flächenwurzel
61 Notausgangsluken
62 Konstruktion Flächenmittelstück
63 Fussboden der Druckkabine über durchgehender Fläche
64 Konstruktion Rumpfmittelstück
65 Rohrleitung Treibstoffsystem
66 Betätigungsmech. der variablen Vorderkantenklappen
67 Flächenintegraltreibstofftanks
68 Druckbetankungsstutzen

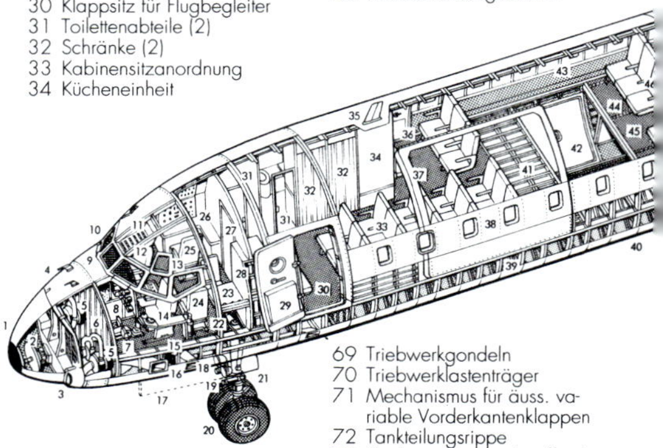

69 Triebwerkgondeln
70 Triebwerklastenträger
71 Mechanismus für äuss. variable Vorderkantenklappen
72 Tankteilungsrippe
73 Flächenintegraltreibstofftank
74 Treibstoffentlüftungsrohr
75 Entlüftungstank Flächenende
76 Navigationslichter
77 Flächenspitzenverkleidung
78 Statikentlader
79 feststehend. Teil Hinterkante

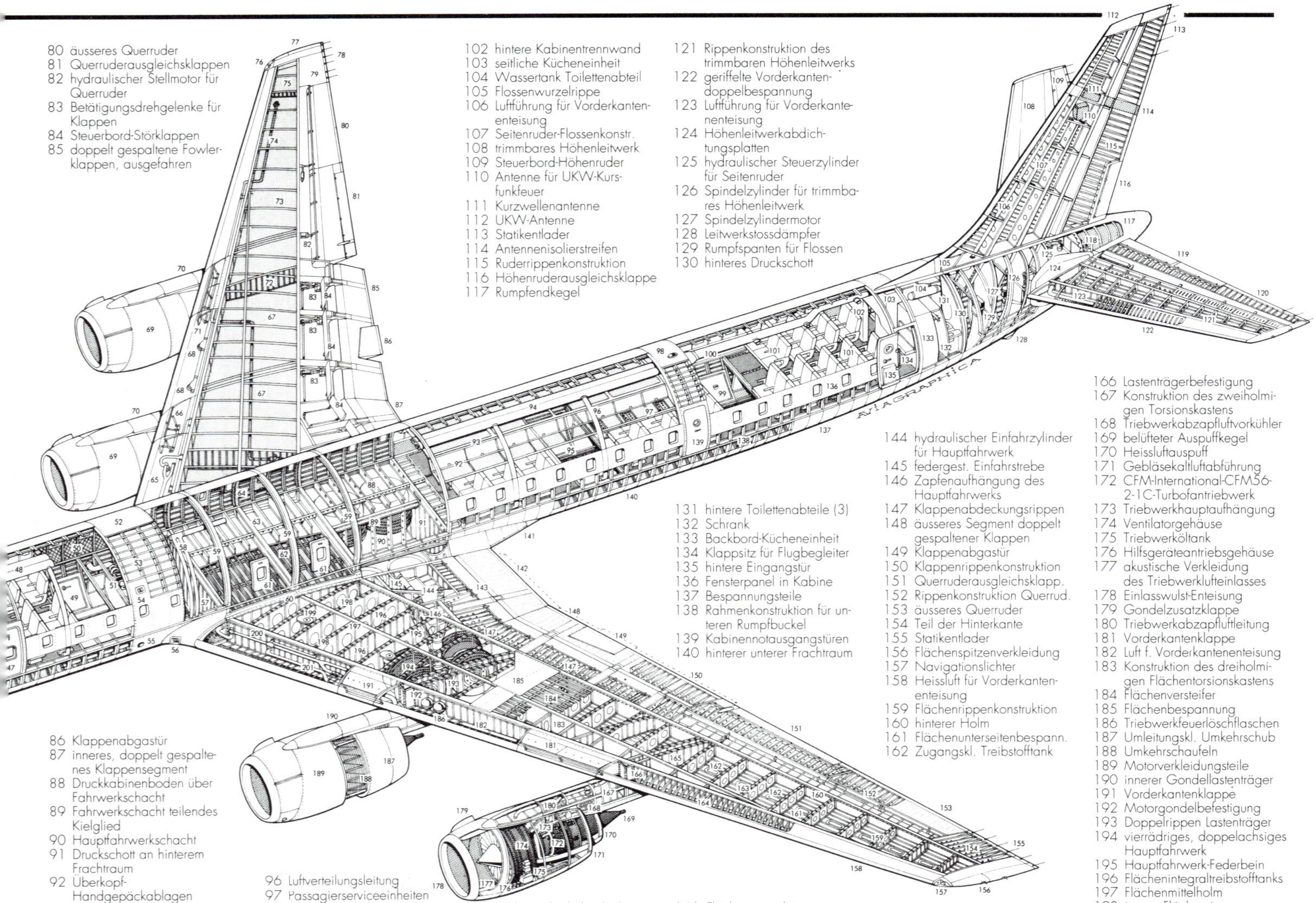

80 äusseres Querruder
81 Querruderausgleichsklappen
82 hydraulischer Stellmotor für Querruder
83 Betätigungsdrehgelenke für Klappen
84 Steuerbord-Störklappen
85 doppelt gespaltene Fowlerklappen, ausgefahren
86 Klappenabgastür
87 inneres, doppelt gespaltenes Klappensegment
88 Druckkabinenboden über Fahrwerkschacht
89 Fahrwerkschacht teilendes Kielglied
90 Hauptfahrwerkschacht
91 Druckschott an hinterem Frachtraum
92 Überkopf-Handgepäckablagen
93 Kabinendeckenbeleuchtung
94 Verteilungsleitung für Kabinenbelüftung
95 hintere Frachtraumtür
96 Luftverteilungsleitung
97 Passagierserviceeinheiten
98 Antikollisionslicht
99 hintere Massengutfrachtür
100 Luftführung hintere Kabine
101 Sitzanordnung hint. Kabine
102 hintere Kabinentrennwand
103 seitliche Kücheneinheit
104 Wassertank Toilettenabteil
105 Flossenwurzelrippe
106 Luftführung für Vorderkantenenteisung
107 Seitenruder-Flossenkonstr.
108 trimmbares Höhenleitwerk
109 Steuerbord-Höhenruder
110 Antenne für UKW-Kursfunkfeuer
111 Kurzwellenantenne
112 UKW-Antenne
113 Statikentlader
114 Antennenisolierstreifen
115 Ruderrippenkonstruktion
116 Höhenruderausgleichsklappe
117 Rumpfendkegel
118 Höhenruderdrehgelenksteuerung
119 Höhenruderausgleichsklappen
120 Höhenruderrippenkonstrukt.
121 Rippenkonstruktion des trimmbaren Höhenleitwerks
122 geriffelte Vorderkantendoppelbespannung
123 Luftführung für Vorderkantenenteisung
124 Höhenleitwerkabdichtungsplatten
125 hydraulischer Steuerzylinder für Seitenruder
126 Spindelzylinder für trimmbares Höhenleitwerk
127 Spindelzylindermotor
128 Leitwerkstossdämpfer
129 Rumpfspanten für Flossen
130 hinteres Druckschott
131 hintere Toilettenabteile (3)
132 Schrank
133 Backbord-Kücheneinheit
134 Klappsitz für Flugbegleiter
135 hintere Eingangstür
136 Fensterpanel in Kabine
137 Bespannungsteile
138 Rahmenkonstruktion für unteren Rumpfbuckel
139 Kabinennotausgangstüren
140 hinterer unterer Frachtraum
141 Flächenwurzelrippe
142 inneres Segment doppelt gespaltener Klappen
143 innere Störklappen
144 hydraulischer Einfahrzylinder für Hauptfahrwerk
145 federgest. Einfahrstrebe
146 Zapfenaufhängung des Hauptfahrwerks
147 Klappenabdeckungsrippen
148 äusseres Segment doppelt gespaltener Klappen
149 Klappenabgastür
150 Klappenrippenkonstruktion
151 Querruderausgleichsklapp.
152 Rippenkonstruktion Querrud.
153 äusseres Querruder
154 Teil der Hinterkante
155 Statikentlader
156 Flächenspitzenverkleidung
157 Navigationslichter
158 Heissluft für Vorderkantenenteisung
159 Flächenrippenkonstruktion
160 hinterer Holm
161 Flächenunterseitenbespann.
162 Zugangskl. Treibstofftank
163 Flächenintegraltreibstofftank
164 Vorderkantennasenrippen
165 Lastenträgeraufhängung
166 Lastenträgerbefestigung
167 Konstruktion des zweiholmigen Torsionskastens
168 Triebwerkabzapfluftvorkühler
169 belüfteter Auspuffkegel
170 Heissluftauspuff
171 Gebläsekaltluftabführung
172 CFM-International-CFM56-2-1C-Turbofantriebwerk
173 Triebwerkhauptaufhängung
174 Ventilatorgehäuse
175 Triebwerköltank
176 Hilfsgeräteantriebsgehäuse
177 akustische Verkleidung des Triebwerklufteinlasses
178 Einlasswulst-Enteisung
179 Gondelzusatzklappe
180 Triebwerkabzapfluftleitung
181 Vorderkantenklappe
182 Luft f. Vorderkantenenteisung
183 Konstruktion des dreiholmigen Flächentorsionskastens
184 Flächenversteifer
185 Flächenbespannung
186 Triebwerkfeuerlöschflaschen
187 Umleitungskl. Umkehrschub
188 Umkehrschaufeln
189 Motorverkleidungsteile
190 innerer Gondellastenträger
191 Vorderkantenklappe
192 Motorgondelbefestigung
193 Doppelrippen Lastenträger
194 vierrädriges, doppelachsiges Hauptfahrwerk
195 Hauptfahrwerk-Federbein
196 Flächenintegraltreibstofftanks
197 Flächenmittelholm
198 innere Flächenrippen
199 Betankungsstutzen
200 Vorderholm
201 Treibstoffleitungen

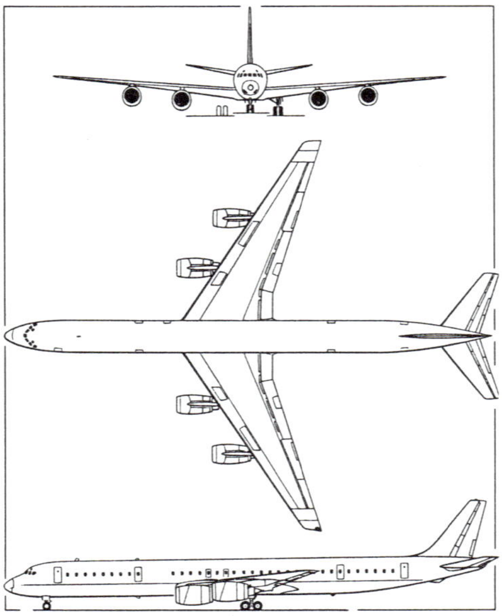

Oben: Dreisichtzeichnung der DC-8 Sre 73.

Unten: Diese DC-8 Sre 63 der Quebecair zeigt die Original-P-&-W-JT3D-Triebwerkanbringung.

geflogen wurde; sie bildete die Basis für den Jet Trader (DC-8 Sre 55) mit einer seitlichen Frachtladetür, verstärktem Fussboden und Frachtabfertigungseinrichtungen, der zum ersten Mal am 29. Oktober 1962 flog. Bis zu diesem Zeitpunkt hatten alle DC-8-Varianten dieselbe Rumpflänge, aber im April 1955 wurde das Entwicklungsprogramm für drei neue Varianten aufgelegt, die zwei neue Rumpflängen einführten. Diese, allgemein als Sixty Series (60er Serie) bekannt, umfassten die DC-8 Sre 61, die DC-8 Sre 63, mit derselben Rumpfstreckung von 11,18 m und einer Anzahl von aerodynamischen Verbesserungen und die DC-8 Sre 62 mit einer Streckung von nur 2,03 m, aber mit denselben aerodynamischen Veränderungen, einschliesslich einer Vergrösserung der Flächenspannweite um 1,83 m. Die Erstflüge der Sre 61, 62 und 63 fanden am 14. März 1966, 29. August 1966 beziehungsweise 10. April 1967 statt, umrüstbare (CF) und Nur-Fracht- (all-freight AF)-Versionen von allen drei wurden später angeboten. Im Jahre 1979 war Cammacorp der Erstkunde für ein Umrüstungsprogramm mit CFM56-Turbofantriebwerken an den Flugzeugen der 60er Serie, die wesentliche wirtschaftliche Erfolge brachten. Das erste umgerüstete Flugzeug flog am 15. August 1981, und die Bezeichnungen DC-8 Sre 71, 72 und 73 wurden für die umgerüsteten Flugzeuge eingeführt.

Indienststellung

Die DC-8 Sre 10 wurde am 31. August 1959 zugelassen, und United Airlines und Delta Airlines flogen die ersten flugplanmässigen Dienste am 18. September. Die DC-8 Sre 30 wurde am 1. Februar 1960 zugelassen und bei KLM und Pan American für Transatlantik-Dienste im April eingesetzt. Die Zulassung der DC-8 Sre 40 vom 24. März 1960 gab TCA (jetzt Air Canada) die Möglichkeit, mit dieser Version im April den Betrieb aufzunehmen. Die DC-8 Sre 50 wurde am 10. Oktober zugelassen und die DC-8 Sre 55 Jet Trader am 29. Januar 1963. Zulassungsdaten für die 60er Serie (Sixty Series) waren der 2. September 1966, 27. April 1967 und 30. Juni 1967. Die DC-8 Super 71, 72 und 73 wurden im April, Juni und September 1982 zugelassen. Die Produktion der DC-8 belief sich insgesamt auf 556 und endete im Mai 1972, einschliesslich 263 der Super-Sixty-Serie, von denen 110 zur Super-Seventy-Serie umgerüstet worden waren, als das Cammacorp-Programm im März 1986 beendet wurde. Ungefähr 230 DC-8 der Sre-50-, 60- und 70-Versionen waren Anfang 1987 noch im Einsatz.

EMBRAER EMB-110 BANDEIRANTE BRASILIEN

Die EMB-110 Bandeirante (Pionier) der Embraer (Empresa Brasileira de Aeronautica) hat bei der erfolgreichen Gründung einer brasilianischen Luftfahrtindustrie mit internationalem Status eine Schlüsselrolle gespielt. Die Entwicklung der Bandeirante begann Ausgang der 60er Jahre im Institut für Forschung und Entwicklung unter der Leitung des französischen Ingenieurs Max Holste zur Erfüllung einer spezifischen Auflage der brasilianischen Luftwaffe für ein vielseitig verwendbares Transport-/Schulungsflugzeug. Drei Prototypen wurden von IRD (Institute for Research and Development) gebaut, die ihre ersten Flüge am 26. Oktober 1968, 19. Oktober 1969 beziehungsweise 26. Juni 1970 absolvierten; sie waren etwas kleiner als die spätere Serienproduktion und hatten runde, bullaugenförmige Fenster und PT5A-20-Triebwerke. Um die Flugzeugproduktion in den Griff zu bekommen, im Anfang vornehmlich für die brasilianische Luftwaffe, wurde Embraer im August 1969 gegründet, und von den neuen Anlagen in Sao Paulo flog die erste Serien-Bandeirante am 9. August 1972 mit PT6A-27-Triebwerken, leicht verlängertem Rumpf, viereckigen Fenstern und neu entworfenen Motorgondeln. Ein Inlandbedarf für eine zivile Bandeirante-Version ergab sich schnell, und Embraer schickte sich an, dieses Erfordernis zu befriedigen, sobald der erste Bedarf der Luftwaffe erfüllt war. Das gab der Gesellschaft, die ausserhalb Brasiliens immer noch weitgehend unbekannt war, die Gelegenheit, Erfahrung und Selbstvertrauen aufzubauen, um in das Exportgeschäft einzusteigen. Die 200. Bandeirante wurde am 18. Dezember 1978 und die 400. am 23. April 1982 ausgeliefert. Ungefähr ein Drittel der Produktion ging an militärische Betreiber, der Rest an zivile Betreiber in mehr als 30 Ländern.

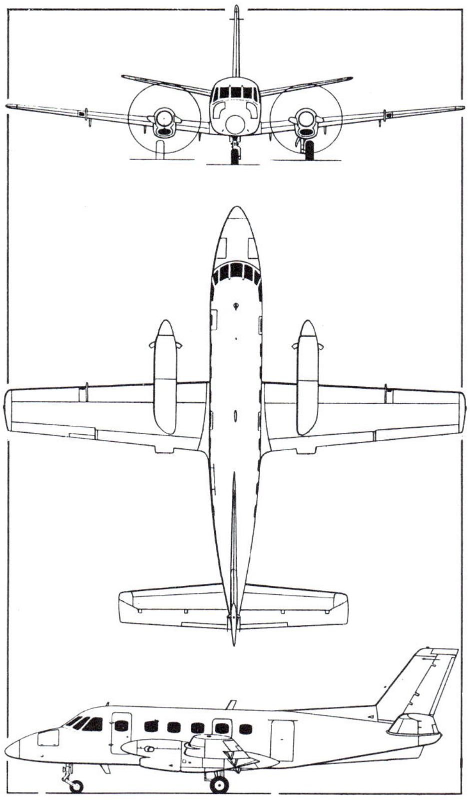

Oben: Dreisichtzeichnung der EMB 110P1A; kennzeichnend die V-Stellung des Leitwerks.

EMB-110 P1/41

Antrieb: 2 Pratt-&-Whitney-Canada-PT6A-34-Turboprops, je 559 kW Startleistung, mit dreiblättrigen Hartzell-Luftschrauben, Durchmesser 2,36 m, konstante Drehzahl, Segelstellung und Umkehrschub. Treibstoff 1'720 l in Flächenintegraltanks.

Leistung: Max. Betriebsgeschwindigkeit 426 km/h angez. Eigengeschw.; max. Reisegeschwindigkeit 410 km/h in 3'050 m Höhe; Langstreckenreisegeschwindigkeit 356 km/h in 3'050 m Höhe; anfängliche Steigrate 8,3 m/sec; Dienstgipfelhöhe 6'555 m; Startlänge 1'220 m; Landedistanz 1'340 m; Reichweite mit maximalem Treibstoff 1'964 km.

Gewicht: Betriebsleergewicht 3'855 kg; max. Treibstoffgewicht 1'308 kg; max. Passagiernutzlast 1'561 kg; Frachtnutzlast 1'712 kg; max. Startgewicht 5'900 kg; max. Landegewicht 5'700 kg; max. Leertankgew. 5'450 kg.

Abmessungen: Spannweite 15,33 m; Gesamtlänge 15,1 m; Gesamthöhe 4,92 m; Pfeilung 0 Grad 19,5 Sekunden bei Viertelprofilsehne; Flügelfläche 29,1 m^2.

Kabine: Länge 9,53 m; max. Breite 1,6 m; max. lichte Höhe 1,6 m. Unterbringung bis zu 18 Passagiere (Dreierreihen, versetzter Gang, Sitzabstand 79 cm). Gepäckabteil in hint. Kabine 2 m^3. Zwei-Mann-Besatzung.

Unten: Die Air Ecosse in Aberdeen, Schottland, war eine von mehreren Gesellschaften, die für das Postministerium nächtliche Postverteilungsdienste unterhielten.

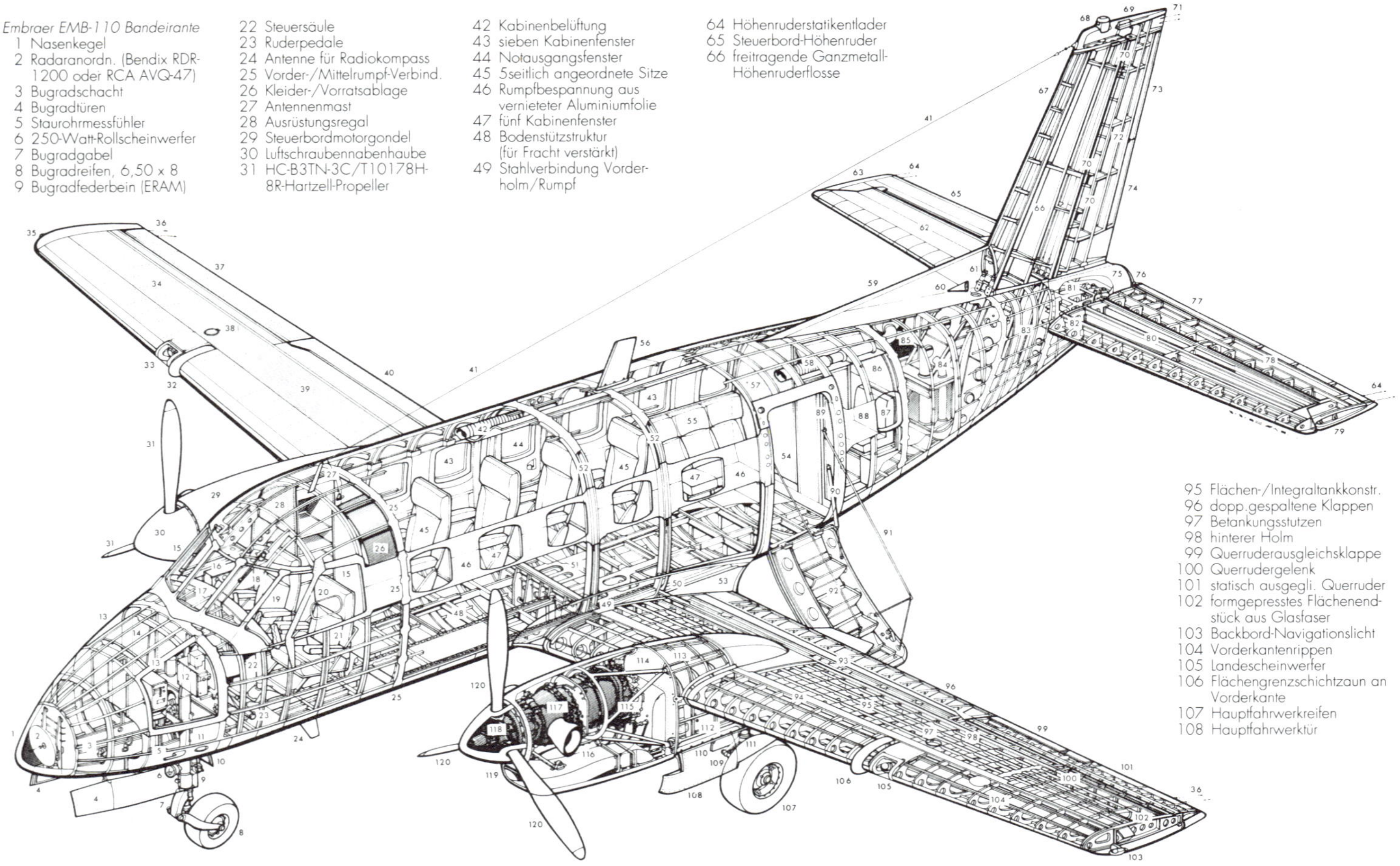

Embraer EMB-110 Bandeirante
1 Nasenkegel
2 Radaranordn. (Bendix RDR-1200 oder RCA AVQ-47)
3 Bugradschacht
4 Bugradtüren
5 Staurohrmessfühler
6 250-Watt-Rollscheinwerfer
7 Bugradgabel
8 Bugradreifen, 6,50 x 8
9 Bugradfederbein (ERAM)
10 Bugradfederbeinklappe
11 Steckdose Aussenaggregat
12 Schacht Avionikausrüstung
13 Zugangstüren für Avionikschacht
14 Trennwand
15 Seitenteile der Windschutzscheibe aus Plexiglas
16 Mittelteile der Windschutzscheibe, Acryl
17 Instrumentenbrettabdeckung
18 Scheibenwischer
19 Copilotensitz
20 Klarsichtpanel
21 verstellbarer Kapitänsitz
22 Steuersäule
23 Ruderpedale
24 Antenne für Radiokompass
25 Vorder-/Mittelrumpf-Verbind.
26 Kleider-/Vorratsablage
27 Antennenmast
28 Ausrüstungsregal
29 Steuerbordmotorgondel
30 Luftschraubennabenhaube
31 HC-B3TN-3C/T10178H-8R-Hartzell-Propeller
32 Flächenzaun Vorderkante
33 450-Watt-Landescheinwerfer mit Blendscheibe
34 Flächenbespannung aus vernieteter Aluminiumfolie
35 Steuerbord-Navigationslicht
36 Statikentlader am Querruder
37 statisch ausgeglichenes Querruder, steuerbord
38 Betankungsstutzen
39 zwei Flächen-Integral-Treibstofftanks auf jeder Seite (Gesamtkapazität 1'690 l)
40 doppelt gespaltene Klappe
41 Antenne
42 Kabinenbelüftung
43 sieben Kabinenfenster
44 Notausgangsfenster
45 5seitlich angeordnete Sitze
46 Rumpfbespannung aus vernieteter Aluminiumfolie
47 fünf Kabinenfenster
48 Bodenstützstruktur (für Fracht verstärkt)
49 Stahlverbindung Vorderholm/Rumpf
50 Stahlverbind. Holm/Rumpf
51 Mittelkastenstruktur
52 Hauptrumpfrahmen
53 Flächenwurzelverkleidung
54 Eingangstür mit Treppe
55 Bank mit drei Sitzplätzen
56 Rückenflossenantenne
57 hintere Kabinentrennwand
58 Kabinenbelüftung
59 Flossenverkleidung
60 Kabinenlufteinlass
61 vordere Flossenholm/Rumpfverbindung
62 Steuerbord-Höhenleitwerk
63 Höhenruderausgleichsgew.
64 Höhenruderstatikentlader
65 Steuerbord-Höhenruder
66 freitragende Ganzmetall-Höhenruderflosse
67 Flossenvorderkante
68 Antikollisionslicht
69 Ruderausgleich
70 Rudergelenke
71 Ruderstatikentlader
72 Ruderstruktur
73 ob. Ruderausgleichsklappe
74 unt. Ruderausgleichsklappe
75 Rumpfendkegel
76 hinteres Navigationslicht
77 Höhenruderausgleichsklappe
78 Backbord-Höhenruder
79 Höhenruderausgleichsgew.
80 freitragendes Ganzmetall-höhenleitwerk
81 Mittelstückstruktur Leitwerk
82 Leitwerk-/Rumpfverbindung
83 abgewinkelte Rumpfrahmen
84 Luftführung
85 Umluftgerätesatz Klimaanl.
86 hintere Kabinentrennwand
87 hinteres Fenster
88 hinterer Einzelsitz (C-95: auf Anforderung Frachtraum)
89 Eingangstürrahmen
90 Türsteuerzylinder
91 Handgeländer
92 Eingangstür
93 Klappengelenke
94 Vorderholm
95 Flächen-/Integraltankkonstr.
96 dopp.gespaltene Klappen
97 Betankungsstutzen
98 hinterer Holm
99 Querruderausgleichsklappe
100 Querrudergelenk
101 statisch ausgegli. Querruder
102 formgepresstes Flächenendstück aus Glasfaser
103 Backbord-Navigationslicht
104 Vorderkantenrippen
105 Landescheinwerfer
106 Flächengrenzschichtzaun an Vorderkante
107 Hauptfahrwerkreifen
108 Hauptfahrwerktür
109 Hauptfahrwerkgabel
110 Klappe Hauptfahrwerk
111 Hauptfahrwerkfederbein
112 Hauptfahrwerksschacht
113 Gondelstruktur
114 Brandschott
115 Triebwerkträger
116 Abgasführung
117 Pratt-&-Whitney-(Canada)-PT6A-27-Turboproptriebwerk
118 Propeller (automatische Segelstellung-Anstellwinkel)
119 Lufteinlass
120 dreiblättrige Hartzell-Luftschraube

Links: Skypower Express Airways, eine neu gegründete Gesellschaft in Nigeria, erwarb 1986 fünf EMB-110P1A-Versionen der Bandeirante zur Bereitstellung von Postdiensten. Nigeria ist eines von 34 Ländern, in denen der Typ operiert.

Unten: Die Bandeirante bietet, wie es für ein Flugzeug dieser Grösse und Klasse typisch ist, eine Dreierreihensitzanordnung mit einem seitlich versetzten Gang.

Varianten

Die erste speziell für den zivilen Einsatz entwickelte Version der Bandeirante, die EMB-110C, wurde als 15-Sitzer-Zubringerflugzeug durch brasilianische Gesellschaften der dritten Ebene betrieben. Ihr folgte die speziell für den Exportmarkt für bis zu 18 Passagiere entwickelte EMB-110P mit PT6A-27-Triebwerken; das maximale Gewicht dieser Version betrug 5'600 kg. Nachdem eine um 0,85 m verlängerte Version der Bandeirante für militärischen Einsatz als Frachtflugzeug (EMB-110K1) mit nach oben klappbarer Frachtladetür entwickelt worden war, wurde dieser längere Rumpf bei den zivilen Versionen EMB-110P1 und EMB-110P2 angebracht; erstere Version für gemischte oder Nur-Fracht-Einsätze mit derselben Tür wie bei der K1 und Schnellwechseleinrichtung, die letztere mit bis zu 21 Sitzen als Verkehrsflugzeug. Die EMB-110P2 flog zum ersten Mal am 3. Mai 1979, ihr schloss sich im Jahre 1981 die EMB-110P2/41 an, die in Übereinstimmung mit den Paragraphen der US-SFAR-Pt-41-Vorschriften mit einem maximalen Startgewicht von 5'900 kg zugelassen wurde. Die EMB-110P1/41 war die entsprechende Schnellwechselversion. Nach der Auslieferung von 438 Bandeirante wurde im Jahre 1983 eine Reihe von Änderungen zur Erhöhung des Passagierkomforts und zur Verbesserung der Handhabung eingeführt; die auffälligste äussere Veränderung war eine 10-Prozent-V-Stellung des Leitwerks. Die vorher beschriebenen zivilen Versionen wurden mit diesen neuen Merkmalen als EMB-110P1A, EMB-110P2A und EMB-110P2A-41 bezeichnet. Die EMB-110E(J) war eine 7sitzige Geschäftsversion der Bandeirante, und die EMB-110S1 war für geophysikalische Vermessungen mit einer Vorrichtung für Flächenendtanks ausgerüstet, wie sie für die Seeüberwachungsversion EMB-111 entwickelt wurden.

Eine Anfang der 80er Jahre projektierte EMB-110P3 mit Druckkabine, 875-kW-PT6A-65-Triebwerken, einem T-Leitwerk für 19 Passagiere und einem maximalen Startgewicht von 7'000 kg wurde aufgegeben, bevor ein Prototyp geflogen war.

Indienststellung

Die ursprüngliche Militärtransportversion EMB-110 wurde gemäss FAR-Pt-23-Standardvorschriften zugelassen und bildete die Basis für die nachfolgenden Zulassungen der einzelnen Varianten. Die zivile EMB-110C wurde bei Transbrasil am 16. April 1973 und die EMB-110P Anfang 1976 bei TABA, beide in Brasilien, in Dienst gestellt. Die erste EMB-110P1/41 wurde im Frühjahr 1981 an Province-town-Boston Airlines in den USA ausgeliefert, und dieser Betreiber erhielt auch als erster die EMB-110P1A-Variante im Dezember 1983. Die Gesamtverkäufe der Bandeirante beliefen sich Anfang 1987 auf gegen 500, und der Preis eines neuen Flugzeugs betrug etwas unter zwei Millionen US-Dollar.

EMBRAER EMB-120 BRASILIA BRASILIEN

Bald nach dem Produktionsbeginn der Bandeirante durch die neugegründete Embraer-Organisation entstand aus dem Wunsch, eine Version der Bandeirante mit Druckkabine zu produzieren, eine Serie verwandter Projekte unter der Bezeichnung EMB-12X. Drei Projekte hatten einen gemeinsamen Rumpfquerschnitt, aber unterschiedliche Längen; die kleinste war die EMB-121 Xingu, die die Fläche der Bandeirante (mit leicht reduzierter Spannweite) verwendete und als Geschäftsreiseflugzeug vorgesehen war. Die Produktion der Xingu wurde schliesslich aufgenommen (ungefähr 100 wurden gebaut), aber weder die EMB-120 Araguaia noch die EMB-123 Tapajos wurde in der 1975 projektierten Form mit 20 beziehungsweise 10 Sitzen, einem «Xingu-Rumpfquerschnitt» und einer neuen superkritischen Fläche mit Flächenendtanks entwickelt. Das Konzept eines Flugzeuges für den Regionalluftverkehr, grösser als die Bandeirante und mit Druckkabine, interessierte jedoch weiterhin das brasilianische Planungsteam, und gegen 1979 hatten Marktforschungen die Gesellschaft davon überzeugt, dass ihre nächste Entwicklung ein Regionalverkehrsflugzeug in der 30-Sitze-Kategorie sein müsse. Mit der Entwicklung wurde offiziell im September 1979 begonnen, und ein Zielsetzungsdatum für den Erstflug wurde auf den Juli 1983 festgelegt. Die EMB-120-Bezeichnung wurde für das neue Projekt aufrecht erhalten, das zu gegebener Zeit Brasilia genannt wurde und dieselbe Gesamtkonfiguration der früheren Araguaja beibehielt: also ein zweimotoriger Tiefdecker mit einem runden Rumpfteil und einem T-Leitwerk. Für den Antrieb der Brasilia wandte sich Embraer wiederum an Pratt & Whitney in Kanada und wählte den neuen Turboprop dieser Gesellschaft, der damals unter der Bezeichnung PT7A-1 in Entwicklung war und als PW100-Serie in Produktion ging. In der ursprünglich für die Brasilia ausgewählten 1'119 kW starken Version wurde dieses Triebwerk als PW115 bezeichnet, und die Flugerprobung begann am 27. Februar 1982 in der Nase eines Pratt-&-Whitney-Vickers-Viscount-Prüfstandes in einer symbolischen Brasilia-Triebwerkgondel. Da zu dem Zeitpunkt, als die erste Brasilia flugbereit war, bereits etwa 100 Flugzeuge bestellt waren, errichte-

Oben: Die deutsche Regionalluftverkehrsgesellschaft DLT war der erste Betreiber in Europa, der die EMB-120 ab Januar 1986 in Dienst stellte.

Links: Wie die kleinere Bandeirante, hat die Brasilia eine Dreierreihen-Sitzanordnung, ist aber 50 cm breiter; ihr Gang ist breit genug für einen Speisen- und Getränke-Wagen.

Antrieb: Zwei Pratt-&-Whitney-Canada-PW-118-Turboprops, je 1'343 kW Start-Nennleistung, mit vierblättrigen Hamilton-Standard-Luftschrauben, Durchmesser 3,2 m, konstante Drehzahl, Segelstellung und Umkehrschub. Treibstoff 3'340 l in integralen Flächentanks.
Leistung: Maximale Betriebsgeschwindigkeit 500 km/h angezeigte Eigenschwindigkeit; maximale Reisegeschwindigkeit 556 km/h in einer Höhe von 6'705 m; Langstreckenreisegeschwindigkeit 482 km/h in einer Höhe von 7'620 m; anfängliche Steigrate 10,8 m/sec; Dienstgipfelhöhe 9'085 m; Sicherheitsstartstrecke (FAR) 1'420 m; Sicherheitslandestrecke (FAR) 1'370 m; Reichweite mit 30 Pass. 1'750 km; Reichweite mit max. Treibstoff 2'982 km.
Gewicht: Betriebsleergewicht 6'878 kg; maximales Treibstoffgewicht 2'500 kg; maximale Zuladung 3'470 kg; maximales Startgewicht 11'500 kg; maximales Landegewicht 11'250 kg; maximales Leertankgewicht 10'500 kg.
Abmessungen: Spannweite 19,78 m; Gesamtlänge 20 m; Gesamthöhe 6,35 m; keine Pfeilung; Flügelfläche 39,43 m².
Kabine: Länge 9,35 m; max. Breite 2,1 m; max. lichte Höhe 1,76 m. Standardunterbringung für 30 Passagiere (Dreierreihe, versetzter Gang, Sitzabstand 79 cm). Gepäckraum hint. Kabine 6,4 m³. Zwei-Mann-Cockpit-Besatzung.

Embraer EMB-120 Brasilia

1 Radom
2 Wetterradarabtaster
3 Gleitpfadantenne für Instrumentenlandesystem
4 Trennwand Radarmontierung
5 Konstruktion Nasenabteil
6 Schacht Avionik-Ausrüstung
7 Zugangstüren vom Fahrwerkschacht aus
8 Bugradschacht
9 Kühlluftschaufel
10 Regale für Radio und Elektronikausrüstung
11 hydraulischer Einfahrzylinder für Bugrad
12 Bugradbeintüren
13 Bugradfederbein
14 doppeltes Bugrad
15 Federbeinschere
16 hydraulische Steuerzylinder
17 Rollscheinwerfer (2)
18 Batterie
19 Netz am Kühlluftauslass
20 vorderes Druckschott
21 Scheibenwischer
22 Windschutzscheibenpanels
23 Instrumentenbrettabdeckung
24 Bildschirmeinheiten (mit Kathodenstrahlröhren) am Instrumentenbrett
25 Anstellwinkelströmungssonde
26 Ruderpedale
27 Steckdose Bodenaggregat
28 Pitotrohr
29 Temperaturfühler
30 Unterflur-Steuergestänge
31 Cockpitbodenhöhe
32 Bugradsteuerkontrolle
33 «Widderhorn»-Steuersäule
34 Copilotensitz
35 Panel für Systemschaltung
36 Cockpitdachverrahmung
37 Cockpit-/Passagierkabineneingang
38 hintere Cockpittrennwand
39 Kapitänsitz
40 Anschnallgurte
41 Seitenfensterpanel
42 Klappsitz für Flugbegleiter
43 Eingangsvorraum
44 Haupteingangstür (geöffnet)
45 Treppe
46 Geländer
47 Rumpfrahmen-Versteifung
48 Rumpfbespannung
49 Kabinenfensterpanels
50 vord. Kabinensitzanordnung
51 UKW-Antenne
52 Steuerbord-Triebwerkgondel
53 Motorverkleidung
54 Propeller
55 Propellerblattwurzelenteisung

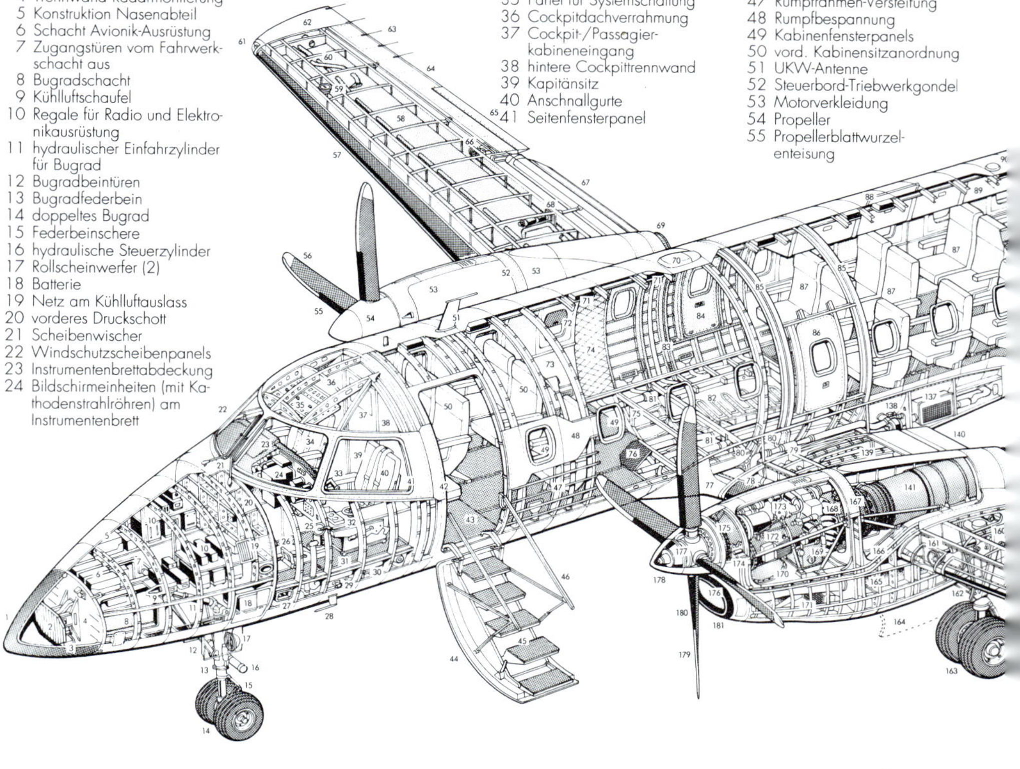

te Embraer gleich zu Beginn der Produktion eine Fertigungsstrasse in den Fabrikanlagen in Sao Jose dos Campos in der Nähe von Sao Paulo. Dort wurde im August die endgültige Zusammensetzung der Hauptkomponenten vorgenommen. Sechs Zellen wurden für die Entwicklung, Überprüfung und Zulassung der Brasilia bestimmt, eine davon für statische Überprüfungsversuche und eine andere für Ermüdungsversuche der Zelle; die sechste war ein Vorführflugzeug, und drei waren fliegende Prototypen. Die Erstflüge dieser drei Flugzeuge wuden am 27. Juli 1983, 21. Dezember 1983 und am 9. Mai 1984 durchgeführt.

Varianten

Die ursprüngliche Brasilia ist ein 30sitziges Regionalluftverkehrsflugzeug, aber Fracht- und Gemischtverkehrsversionen sind zu erwarten. Geschäfts- und militärische Innenausstattungen sind ebenfalls entworfen worden, und die brasilianische Luftwaffe gehört zu den Kunden der Brasilia. Ein Garrett-Hilfsaggregat im Rumpfkegel wird auf Anforderung installiert. Die ersten Serienflugzeuge hatten PW115-Triebwerke und ein maximales Startgewicht von 10'800 kg, aber im Jahre 1986 wurde zur Verbesserung des Leistungsbereiches für die damals eingeführten höheren Gewichte das stärkere PW118-Triebwerk eingeführt.

Indienststellung

Die Brasilia wurde durch die brasilianische CTA am 16. Mai 1985 zugelassen, ihr folgte die FAA-Genehmigung (gemäss FAR Pt25) am 9. Juli. Die britische Zulassung wurde im April 1986 bestätigt. Der zweite Prototyp war Gegenstand einer förmlichen Übergabe an den Erstkunden, Atlantic Southeast Airlines of Atlanta, Georgia, am 1. Juni 1985 während der Paris Air Show, aber nur für Schulungszwecke; das erste Serienflugzeug für ASA wurde im August 1985 ausgeliefert. Zwei Flugzeuge mit «Anfangsstandard» wurden an DLT in Deutschland im Oktober 1985 ausgeliefert, und im Jahre 1986 wurde die erste 18sitzige Geschäftsversion der Brasilia an United Technologies Corporation übergeben. Von insgesamt 89 Festbestellungen mit weiteren 115 Optionen hatte Embraer Anfang 1987 28 Flugzeuge ausgeliefert. Der Basispreis wird auf ungefähr 5,5 Millionen US-Dollar angesetzt.

Oben: Die erste der zehn Embraer-Brasilia, die durch Atlantic Southeast Airlines in Georgia erworben wurde.

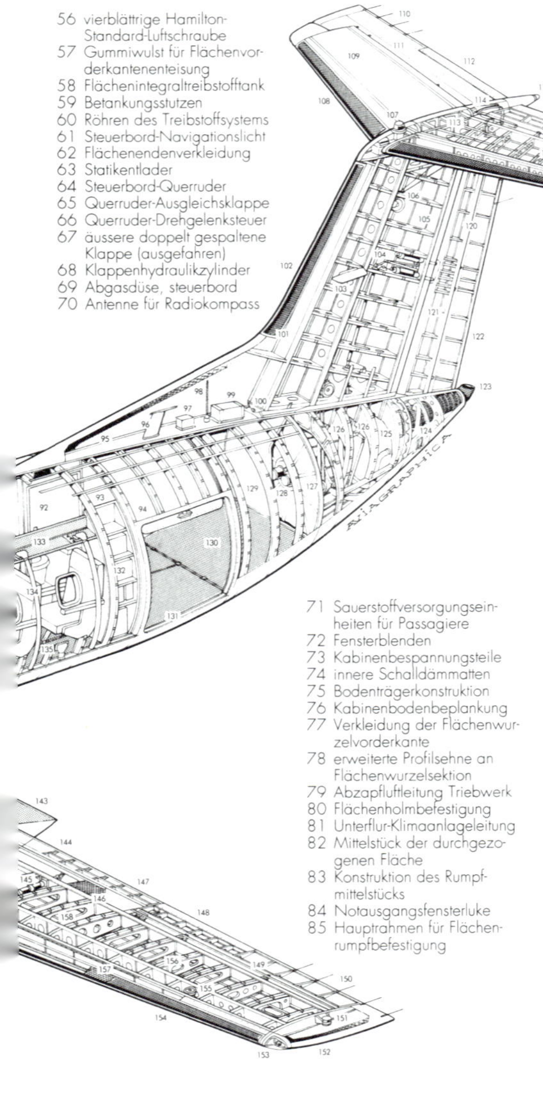

56 vierblättrige Hamilton-Standard-Luftschraube
57 Gummiwulst für Flächenvorderkantenenteisung
58 Flächenintegraltreibstofftank
59 Betankungsstutzen
60 Röhren des Treibstoffsystems
61 Steuerbord-Navigationslicht
62 Flächenendenverkleidung
63 Statikentlader
64 Steuerbord-Querruder
65 Querruder-Ausgleichsklappe
66 Querruder-Drehgelenksteuer
67 äussere doppelt gespaltene Klappe (ausgefahren)
68 Klappenhydraulikzylinder
69 Abgasdüse, steuerbord
70 Antenne für Radiokompass
71 Sauerstoffversorgungseinheiten für Passagiere
72 Fensterblenden
73 Kabinenbespannungsteile
74 innere Schalldämmatten
75 Bodenträgerkonstruktion
76 Kabinenbodenbeplankung
77 Verkleidung der Flächenwurzelvorderkante
78 erweiterte Profilsehne an Flächenwurzelsektion
79 Abzapfluftleitung Triebwerk
80 Flächenholmbefestigung
81 Unterflur-Klimaanlageleitung
82 Mittelstück der durchgezogenen Fläche
83 Konstruktion des Rumpfmittelstücks
84 Notausgangsfensterluke
85 Hauptrahmen für Flächenrumpfbefestigung
86 Notausgangsfensterluke
87 Passagiersitzanordnung in Dreierreihe
88 Notausgangstür
89 Überkopf-Gepäckablagen
90 Omega-Antenne (für Langstreckennavigation)
91 Sitzanordnung hint. Kabine
92 Toilettenabteil
93 hintere Kabinentrennwand
94 Gepäckraumtür (geöffnet)
95 Flossenwurzelrippe aus Glasfiber
96 UKW-Antenne
97 Sender für Standortbestimmung in Notsituationen
98 Antenne für 97
99 Kurzwellenantennenkuppler
100 Flossenholmbefestigung
101 Kurzwellenantenne
102 Flossenvorderkantenenteis.
103 UKW-Antenne
104 hydr. Stellmotoren für Ruder
105 Seitenflossenkonstruktion
106 Steuerseilführung Höhenrud.
107 Antikollisionslicht
108 Höhenleitwerkvorderkantenenteisungsgummiwulst
109 Steuerbord-Höhenleitwerk
110 Statikentlader
111 Steuerbord-Höhenruder
112 Höhenruderausgleichskl.
113 Flossen-/Leitwerkbefestigung
114 Höhenruderdrehachssteuer.
115 Leitwerknavigationslicht
116 Höhenrudertrimmklappe
117 Höhenruderkonstruktion
118 Hornausgleichsgewicht am Höhenruder
119 Höhenleitwerkkonstruktion
120 Zweisegment-Ruderkonstr.
121 vorderes Ruder
122 hinteres Ruder/Trimmung
123 Hilfsaggregat-Auspuff
124 Garrett-GTCP36-150(A)-Hilfsaggregat (APU)
125 Hilfsaggregatsschacht-Brandschott
126 Rahmen Flossenbefestigung
127 hinteres Druckschott
128 Kabinenabluft
129 Gepäckabteil
130 Gepäckladefläche
131 Gepäckraumtür
132 Kücheneinheit
133 Passagierserviceeinheiten
134 Verteilungsleit. Klimaanlage
135 Belüftungsdüsen
136 Hinterkantenwurzelrippe
137 Wärmeaustauscher
138 Gerätesatz für Klimaanlage
139 Flächenintegraltreibstofftank
140 inn., dopp. gespalt. Klappe
141 Strahlrohr
142 Abgasdüse
143 Gondel «Flapette»
144 äuss. doppelt gesp. Klappe
145 Hydraulikzylinder für Klappe
146 Klappenabdeckungspanel
147 Klappenrippenkonstruktion
148 Querruder-Ausgleichsklappe
149 Querruder-Rippenkonstr.
150 Statikentlader
151 Magnetfeldsondenkompass
152 Flächenspitzenverkleidung
153 Backbord-Navigationslicht
154 Gummiwulst für Vorderkantenenteisung
155 Betankungsstutzen
156 Flächenrippenkonstruktion
157 Wabenkonstruktion Vorderk.
158 Flächenintegraltreibstofftank
159 Flächentorsionskastens
160 Hauptfahrwerkzapfenlager
161 Landescheinwerfer
162 Hauptfahrwerkfederbein
163 Doppelhauptfahrwerk
164 Hauptfahrwerktüren
165 Hauptfahrwerkschacht
166 Triebwerkgondelkonstruktion
167 Hauptringrahmen für Triebwerkaufhängung
168 Pratt-&-Whitney-Canada-PW115-Turboprop
169 Triebwerkintegralöltank
170 Partikelabscheider
171 Ölkühler
172 Triebwerkssteuereinheiten
173 Triebwerkzubehörausrüstung
174 Getriebeaufhängung
175 Getriebe für Propellerdrehzahlreduzierung
176 Triebwerklufteinlass
177 Mech. für Anstellwinkelveränderung in Propellernabe
178 Propellernabenhaube
179 vierblättrige Hamilton-Standard-Luftschraube
180 Propellerblattwurzelenteisung
181 Lufteinlasslippen-Enteisung

Unten: Dreisichtzeichnung der EMB-120 Brasilia, die bis Anfang 1987 nur in der Basisversion erschienen ist, wenn auch mit einigen Triebwerkwahlmöglichkeiten.

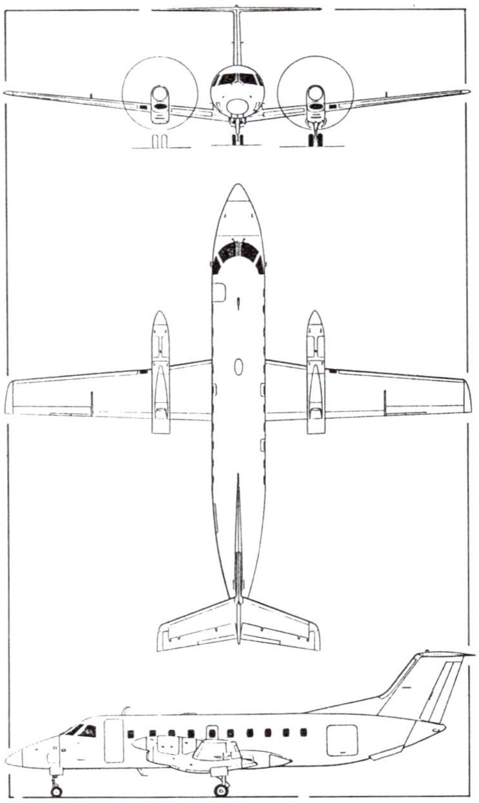

Die Metro hat ihren Ursprung in der von Ed Swearingen gebildeten Gesellschaft, die auf der Grundlage der Beechcraft Queen Air eine Familie von Geschäftsflugzeugen, bekannt als Merlin I, II und IIB, entwickelte. Durch fortwährende Verfeinerung und Entwicklung entstand die Metro, ein 19sitziges Zubringertransportflugzeug mit einer parallelen Version für den Geschäftsreisemarkt, bekannt als Merlin III. Die Metro flog zum ersten Mal am 26. August 1969, und als die Swearingen-Gesellschaft im November 1971 von Fairchild Industries Corporation übernommen wurde, war die Produktion gut angelaufen. Als Fairchild Swearingen setzte die Gesellschaft die Produktion der Metro und die Entwicklung neuer Varianten in ihrem Werk in San Antonio fort. Der Name Swearingen wurde später fallengelassen, und die texanische Tochtergesellschaft von Fairchild Industries wurde zur Fairchild Aircraft Corporation. Bis Ende 1986 wurden mehr als 350 Metro ausgeliefert, womit sich dieses 19sitzige Regionalflugzeug als sehr erfolgreich erwiesen hat.

Varianten

Der ursprünglichen Metro folgte im Jahre 1974 die Metro II mit einigen internen Änderungen, viereckigen Kabinenfenstern und auf Anforderung mit einer kleinen Raketeneinheit im Leitwerk zur Verbesserung des Startleistungsbereiches. Wie das ursprüngliche Modell war auch die Metro II auf ein Gesamtgewicht von 5'670 kg limitiert, um den US-Vorschriften für Zubringerflugzeuge zu entsprechen. Als diese Einschränkung durch die Special Federal Aviation Regu-

Metro III

Antrieb: 2 Garrett-PTE331-11U-611G-Turboprops, je 746 kW Startleistung, oder 820 kW unter Benutzung von Wassereinspritzung, mit vierblättrigen Dowty-Rotol-Luftschrauben für konstante Drehzahl, volle Segelstellung und Umkehrschub. Treibstoff 2'452 l in Integraltanks.

Leistung: Maximale Betriebsgeschwindigkeit 459 km/h kalibrierte Luftgeschwindigkeit oder 0,52 Mach; max. Reisegeschwindigkeit 515 km/h in 3'810 m Höhe; Langstreckenreisegeschwindigkeit 475 km/h in 7'620 m Höhe; anfängliche Steigrate 11,9 m/sec; Dienstgipfelhöhe 8'380 m; Startstrecke 990 m; Landestrecke 855 m; Reichweite mit maximaler Passagiernutzladung 1'610 km.

Gewicht: Betriebsleergewicht 3'963 kg; max. Treibstoffgew. 1'969 kg; max. Nutzlast 2'214 kg; max. Startgewicht 6'577 kg; max. Landegew. 6'350 kg; max. Leertankgew. 5'670 kg.

Abmessungen: Spannweite 17,37 m; Gesamtlänge 18,09 m; Gesamthöhe 5,08 m; Pfeilung 0 Grad 54 Minuten bei Viertelprofilsehne; Flügelfläche 28,71 m².

Kabine: Länge 7,75 m; max. Breite 1,57 m; max. lichte Höhe 1,45 m. Standardauslegung bietet 19 oder 20 Sitze mit Mittelgang und 76 cm Sitzabstand. Gepäckabteil, Gesamtvolumen 5,12 m³. Zwei-Mann-Cockpit-Besatzung und ein Flugbegleiter.

Oben: Die Passagiere sitzen auf Einzelsitzen beidseits des Mittelgangs, was ein optimales Serviceangebot ermöglicht.

Oben: DHL Airlines fliegt von Cincinatti und Salt Lake City aus Expressfracht und Dokumentenkurierdienste. Sie setzt ein Dutzend Frachttransportversionen Metro Expediter ein.

Fairchild Metro II
1 Radom
2 Wetterradarabtaster
3 Sauerstoffflasche
4 Radio und elektronische Ausrüstung
5 Bugradtür
6 Gepäckhaltenetz
7 Gepäcktüren
8 Rumpfnasenkonstruktion
9 Nasengepäckraum
10 Lande- und Rollscheinwerfer
11 Bugradbein
12 doppeltes Bugrad
13 Federbeinschere
14 Pitotrohr
15 Cockpitdruckschott
16 Windschutzscheibenpanels
17 Instrumentenbrettabdeckung
18 gebogenes Mittelpanel
19 Scheibenwischer
20 Ruderpedale
21 Steuersäule
22 Copilotensitz
23 Cockpitdachkonstruktion
24 Cockpittrennwand
25 Elektrikpanels
26 Kapitänsitz
27 Kapitänseitenkontrollpanel
28 Passagiertür
29 Treppe
30 Geländer
31 Eingangstür
32 Kabinenmittelgang
33 Klimaanlagedüsen
34 Konstruktion des vorderen Rumpfrahmens
35 Motorverkleidungen
36 Triebwerklufteinlass
37 dreiblättrige Hartzell-Luftschraube mit konstanter Drehzahl
38 Wulst für Propellerenteisung
39 Vorderkantenenteisung
40 Flächentreibstofftank
41 Steuerbord-Navigationslicht
42 Betankungsstutzen
43 Steuerbord-Querruder
44 Statikentlader
45 Steuerbordklappe
46 Triebwerkauspuff
47 Rumpfrahmen
48 Kabineninnenbespannung
49 Passagiersitze
50 Fensterseitenpanel
51 Kabinenbodenkonstruktion

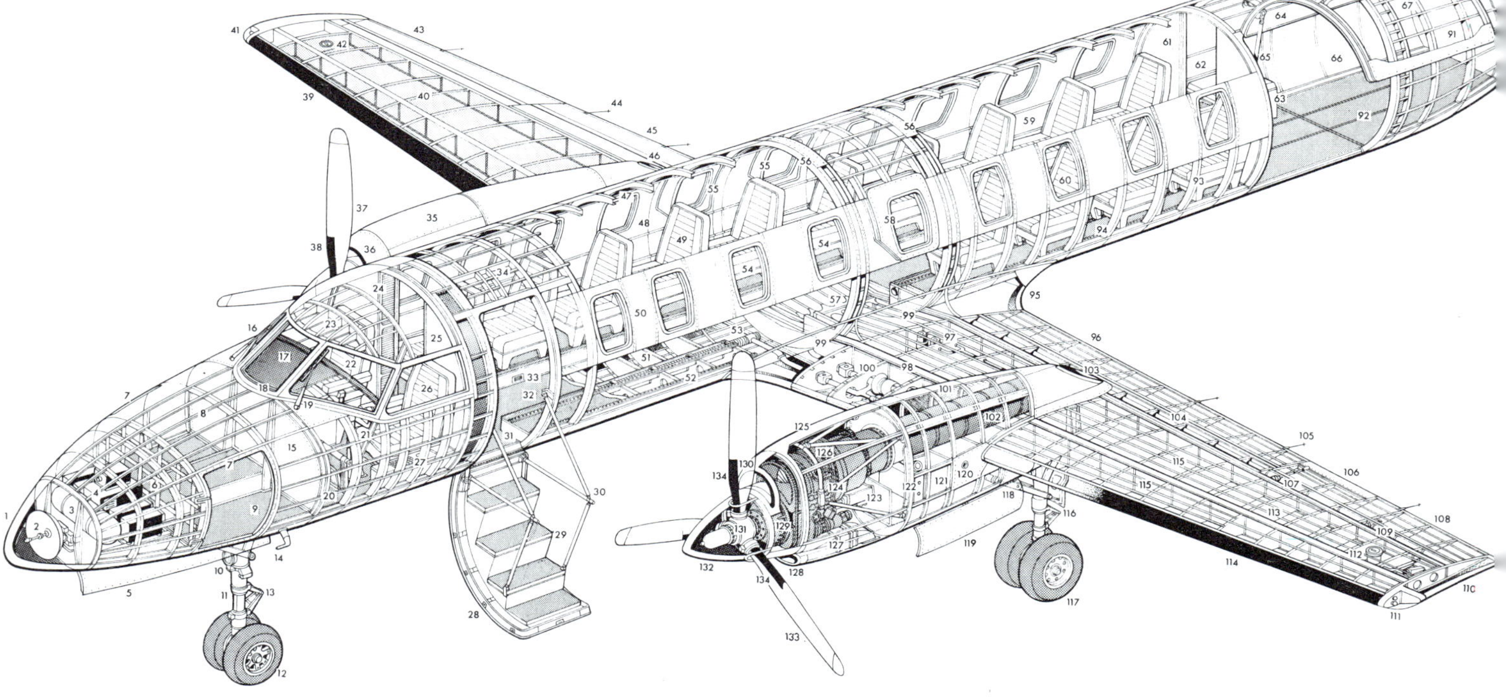

Oben: Pioneer Airlines, genannt Aptly, nahm im Januar 1977 den Betrieb auf, um Städte in den Staaten Montana, Wyoming, Idaho, North Dakota, South Dakota und Colorado zu bedienen. Die Gesellschaft fliegt jetzt als Continental-Commuter-Gesellschaft Zubringerdienste für die Hauptgesellschaft in Houston an Zentralen in Denver und betreibt eine Flotte von zehn Fairchild Metro III.

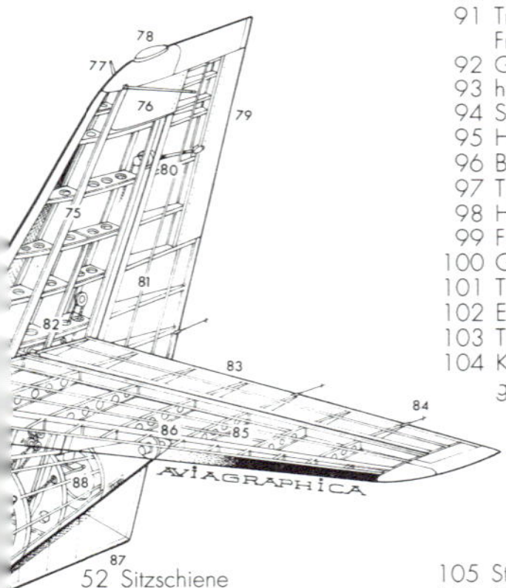

52 Sitzschiene
53 Luftleitung
54 Kabinenfenster
55 Fluchtluken, steuerbord
56 Hauptrumpfrahmen
57 Konstruktion Mittelkasten
58 Fluchtluke, backbord
59 Steuerbord-Sitzanordnung, 10 Passagiere
60 Backbord-Sitzanordnung, 9 Passagiere
61 hintere Kabinentrennwand
62 Toilettenabteiltür
63 Toilette
64 hintere Frachttür
65 Türsteuermotor
66 Fracht- und Gepäckabteil
67 Rumpfrahmen-Versteifung
68 Flossenwurzelrippe
69 elektrische Trimmzylinder für Höhenleitwerk
70 Steuerbord-Höhenleitwerk
71 Vorderkantenenteisung
72 Höhenruderausgleichshorn
73 Steuerbord-Höhenruder
74 Statikentlader
75 Flossenkonstruktion
76 Ruderausgleich
77 Antenne
78 Antikollisionslicht
79 Ruderausgleichstrimmklappe
80 Trimmklappen-Steuerzylinder
81 Ruderkonstruktion
82 Höhenruderdrehgelenksteuerung
83 Backbord Höhenruder
84 Statikentlader
85 Konstruktion Höhenleitwerk
86 Leitwerknavigationslicht
87 Rumpfflosse
88 Ruderdrehgelenksteuerung
89 Steuerseile für Leitwerk
90 Flossenbefestigungsrahmen
91 Trennwand an hinterem Frachtraum
92 Gepäck-/Frachtraumtür
93 hintere Rumpfrahmen
94 Sitzbefestigungsschienen
95 Hinterkantenwurzelrippe
96 Backbordklappe
97 Treibstoffpumpen
98 Hauptflächenholm
99 Flächenholmbefestigung
100 Gerätesatz für Klimaanlage
101 Triebwerkverkleidung
102 Endrohr
103 Triebwerkauspuff
104 Konstruktion der doppelt gespaltenen Klappe
105 Statikentlader
106 Querruderausgleichsklappe
107 Drehgelenksteuerung für Ausgleichsklappe
108 Backbord-Querruder
109 Querruder-Drehgelenksteuerung
110 Backbord-Flächenspitze
111 Backbord-Navigationslicht
112 Betankungsstutzen
113 Flächenrippenkonstruktion
114 Vorderkantenenteisung
115 Flächentreibstofftank
116 Hauptfahrwerkfederbein
117 Doppelhauptfahrwerk
118 Einziehstrebe
119 Hauptfahrwerktür
120 Inspektionslicht für Vorderkantenvereisung
121 Hauptfahrwerkschacht
122 Reservoir Hydrauliksystem
123 Triebwerköltank, 15 l
124 Triebwerkträger
125 Triebwerkverkleidungen
126 Garrett-AiResearch-TPE331-3UW-303G-Turbopropriebwerk
127 Ölkühler
128 Lufteinlass für Ölkühler
129 Propellergetriebe
130 Triebwerklufteinlass
131 Propellernabenmechanismus für Umkehrschub und Segelstellung
132 Propellernabenhaube
133 dreiblättrige Hartzell-Luftschraube
134 Gummiwülste für Propellerblattenteisung

lation (SFAR) 41 aufgehoben wurde, führte Fairchild im Jahre 1980 die Metro IIA mit einem Gesamtgewicht von 5'941 kg ein, ihr folgte die Metro III mit weiteren Verbesserungen bei einem Gewicht von 6'350 kg. Strukturelle Änderungen und verstärkte Triebwerke ermöglichten diese erhöhten Betriebsgewichte, und das Standardflugzeug wurde anschliessend für 6'577 kg mit einer Option von 7'257 kg zugelassen. Weitere Änderungen, die die Metro III von der Metro II unterschieden, umfassten eine um 3,05 m erweiterete Flügelspannweite mit konisch gewölbten Flügelenden zur Widerstandsreduzierung, neue Fahrwerktüren, windschnittigere Gondelverkleidungen und vierblättrige Dowty-Rotol-Luftschrauben. Grosse Ladetüren am hinteren Rumpfende, einen verstärkten Kabinenboden, reduziertes Betriebsleergewicht und hohes Gesamtgewicht hatte eine Nur-Cargo-Version der Metro, bekannt als Expediter, für die Beförderung einer Frachtnutzlast von 2'268 kg. Diese Version bietet auch die Basis für projektierte quasi-militärische Varianten mit dem Namen Air Sentry, die ein Aufklärungsradar und andere Fühler für Seeüberwachung, U-Boot-Kontrolle und ähnliche Aufgaben mit sich führen. Für Betreiber, die die Standardausrüstung mit Pratt-&-Whitney-PT6A-Triebwerken wünschen, hat Fairchild die Metro IIIA mit 746 kW schubstarken PT6A-45R ausgestattet, die zum ersten Mal am 31. Dezember 1981 flog.

Indienststellung

Die Metro wurde Anfang des Jahres 1971 in Dienst gestellt, und zwar bei Air Wisconsin, dem ersten grösseren Zubringerdienstbetreiber. Die Metro III wurde gemäss SFAR 41-Standardvorschriften am 23. Juni 1980 zugelassen (die erste, die durch FAA zugelassen wurde). Die Expediter wurde zuerst durch SAT-AIR im Auftrage von United Parcel Service eingesetzt. Eine am 27. Dezember 1984 ausgelieferte Metro III war das 600. von Fairchild gebaute Transportflugzeug, und die Gesamtauslieferungen der Metro-Serie beliefen sich im Jahre 1986 auf über 350 bei einer Produktion von vier Flugzeugen pro Monat.

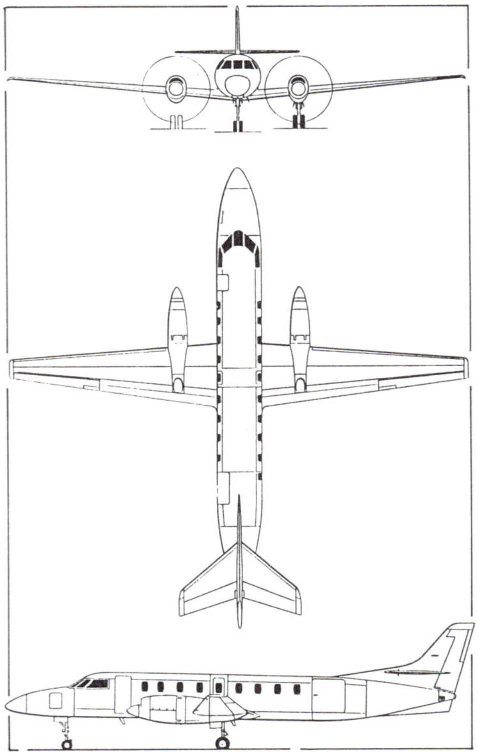

Unten: Dreisichtzeichnung der Fairchild Metro III, mit der grossen Tür, die ein Merkmal der Passagier- und der Frachtversion Expediter ist.

Die F27, Fokkers erstes ziviles Nachkriegsflugzeug und Europas Turboproptransportflugzeug mit dem besten Verkaufserfolg, wurde zu Beginn der 50er Jahre entworfen, um die Luftverkehrsgesellschaften mit einem «DC-3-Ersatz» zu versorgen. Die Projektstudie P.275 vom August 1950 wurde weiter entwickelt und nahm Ende 1952 Gestalt an als ein Schulterdecker mit einer Druckkabine für bis zu 40 Passagiere im mittleren Rumpfteil und zwei Rolls-Royce-Dart-Turboprops. Die Reichweite bei voller Nutzlast sollte nur 482 km betragen und das Flugzeug auf den Kurzstreckenmarkt beschränken, wobei besonderer Wert auf gute Einsatzleistungen gelegt wurde. Mit Unterstützung der niederländischen Regierung wurde 1953 mit dem Entwicklungsprogramm von zwei Prototypen der F27, wie das Projekt jetzt bezeichnet wurde, begonnen, und diese machten ihre Erstflüge am 24. November 1955 beziehungsweise am 29. Januar 1957. Der zweite Prototyp hatte einen verlängerten Rumpf zur Erhöhung des Sitzangebotes von 32 auf 36. Die Produktion der F27, erst später wurde der Name Friendship eingeführt, wurde gleichzeitig von Fokker und mit Lizenzvertrag von Fairchild in den USA aufgenommen. Das erste Serienflugzeug flog in Schiphol am 23. März 1958 und in Hagerstown, Md, am 12. April 1958.

Varianten

Die erste Fokker-Produktions-Variante war die F27 Mk 100 mit Dart-Mk-511-(RDa6)-Triebwerken, genau wie die Fairchild F27. Die am 20. September 1962 erstmals geflogene F27 Mk 200 und die F27A führten verstärkte Dart-RDa7-Triebwerke in ver-

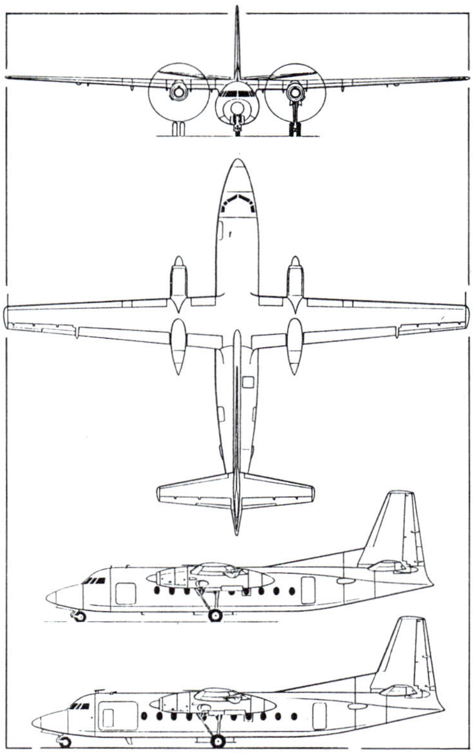

Oben: Dreisichtzeichnung der F27 Mk 200 und Seitenansicht (zuunterst) der längeren F27 Mk 500 mit einer grösseren Tür an der vorderen Backbordseite.

Fokker F27 Friendship Mk 500
1 Radom
2 Wetterradar
3 Gleitpfadantenne
4 Bugradtüren
5 Rollscheinwerfer
6 Bugradgabeln
7 steuerbares Bugrad
8 Zapfenlager des Bugrads
9 Bugradschacht
10 Radarsender-empfänger
11 Einfahrzylinder für Bugrad
12 Bremsreservoir
13 vorderes Druckschott
14 Scheibenwischer
15 Windschutzscheibenpanels
16 Instrumentenbrettabdeckung
17 Überkopf-Schaltpanel
18 Copilotensitz
19 Schaltpanel für elektrische Ausrüstung
20 Instrumentenbrett
21 Ruderpedale
22 Cockpitbodenhöhe
23 seitliches Konsolpanel
24 Steuersäulenhandrad
25 Kapitänsitz
26 Feuerlöscher
27 Cockpittrennwand
28 Regal für Radio und elektronische Ausrüstung
29 Steuerführungen
30 Kurzwellenantennenkabel
31 Antenneneinführung
32 Steuerseilführung
33 Betätigungszylind. Frachttür
34 Druckluftflaschen für pneumatisches System
35 Besatzungseingangstür
36 Frachtstauraum, backbord
37 Frachtstauraum, steuerbord
38 Fracht-/Gepäckhaltenetz
39 Hauptkabinentrennwand
40 Türverschlussriegel
41 Frachttür, 234 x 183 cm
42 vordere Rumpfrahmen
43 UHF-Antenne
44 Steuerkabelführung unter Rumpfbespannung
45 innere Druckbespannung
46 Kabinenfensterpanel
47 Kabinenwandbespannung
48 Hauptkabinenbodenbeplankung
49 Türumgebungsstruktur
50 doppelte Kielbalken (Holm)
51 Bodenträgerkonstruktion
52 Kabinenfensterpanels
53 Viererreihen-Sitzanordnung
54 Versteifungsstrebe für Flächenrumpfverbindung
55 Flächenholm-/Rumpfverb.
56 Mittelstückholm
57 Flächenwurzelverkleidung aus Glasfaser
58 Flächenzellentanks
59 Gummiwulst für innere Vorderkantenenteisung
60 Leckbehälter Treibstoffsystem
61 Triebwerkfeuerlöschflaschen
62 Hauptfahrwerk-Frontstrebe
63 Triebwerkverkleidungspanels
64 Propellernabenhaube
65 vierblättriger Dowty-Rotol-Propeller mit verstellbarem Anstellwinkel
66 Lufteinlass für Ölkühler
67 Ölkühlerabgasführung
68 geriffelte Bespannung des inneren Flächenmittelstücks
69 Verschraubung des äusseren Flächenpanels
70 Flächenversteifer

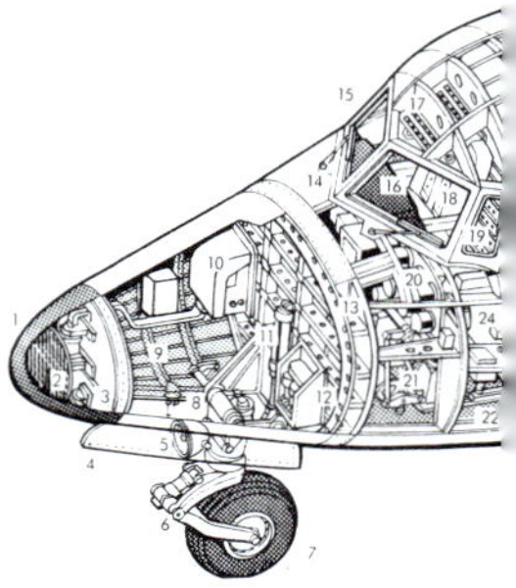

Links: Eine F27 Mk 500 im Einsatz bei Air Wisconsin, die zwischen 1983 und 1986 zwölf langrümpfige Varianten der Friendship erwarb.

Rechts: Innenansicht der letzten Fokker F27-Produktion mit modernisierter Kabinenausstattung, einschliesslich der zuklappbaren Überkopfgepäckablagen.

Unten: NLM Cityhopper, eine KLM-Tochtergesellschaft, setzt F 27 Mk 200, 400 und 500 ein.

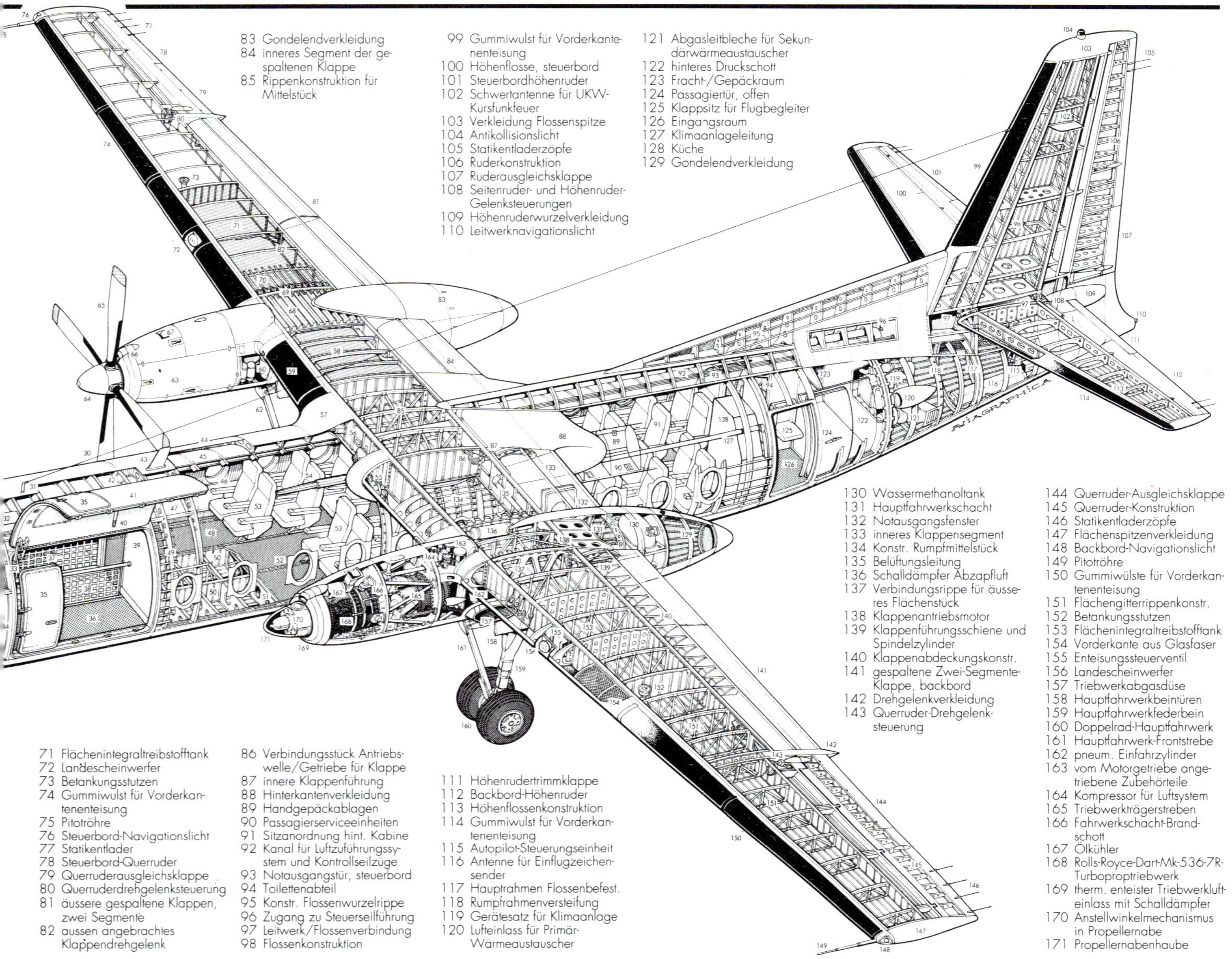

71 Flächenintegraltreibstofftank
72 Landescheinwerfer
73 Betankungsstutzen
74 Gummiwulst für Vorderkantenenteisung
75 Pitotröhre
76 Steuerbord-Navigationslicht
77 Statikentlader
78 Steuerbord-Querruder
79 Querruderausgleichsklappe
80 Querruderdrehgelenksteuerung
81 äussere gespaltene Klappen, zwei Segmente
82 aussen angebrachtes Klappendrehgelenk
83 Gondelendverkleidung
84 inneres Segment der gespaltenen Klappe
85 Rippenkonstruktion für Mittelstück
86 Verbindungsstück Antriebswelle/Getriebe für Klappe
87 innere Klappenführung
88 Hinterkantenverkleidung
89 Handgepäckablagen
90 Passagierserviceeinheiten
91 Sitzanordnung hint. Kabine
92 Kanal für Luftzuführungssystem und Kontrollseilzüge
93 Notausgangstür, steuerbord
94 Toilettenabteil
95 Konstr. Flossenwurzelrippe
96 Zugang zu Steuerseilführung
97 Leitwerk/Flossenverbindung
98 Flossenkonstruktion
99 Gummiwulst für Vorderkantenenteisung
100 Höhenflosse, steuerbord
101 Steuerbordhöhenruder
102 Schwertantenne für UKW-Kursfunkfeuer
103 Verkleidung Flossenspitze
104 Antikollisionslicht
105 Statikentladerzöpfe
106 Ruderkonstruktion
107 Ruderausgleichsklappe
108 Seitenruder- und Höhenruder-Gelenksteuerungen
109 Höhenruderwurzelverkleidung
110 Leitwerknavigationslicht
111 Höhenrudertrimmklappe
112 Backbord-Höhenruder
113 Höhenflossenkonstruktion
114 Gummiwulst für Vorderkantenenteisung
115 Autopilot-Steuerungseinheit
116 Antenne für Einflugzeichensender
117 Hauptrahmen Flossenbefest.
118 Rumpfrahmenversteifung
119 Gerätesatz für Klimaanlage
120 Lufteinlass für Primär-Wärmeaustauscher
121 Abgasleitbleche für Sekundärwärmeaustauscher
122 hinteres Druckschott
123 Fracht-/Gepäckraum
124 Passagiertür, offen
125 Klappsitz für Flugbegleiter
126 Eingangsraum
127 Klimaanlageleitung
128 Küche
129 Gondelendverkleidung
130 Wassermethanoltank
131 Hauptfahrwerkschacht
132 Notausgangsfenster
133 inneres Klappensegment
134 Konstr. Rumpfmittelstück
135 Belüftungsleitung
136 Schalldämpfer Abzapfluft
137 Verbindungsrippe für äusseres Flächenstück
138 Klappenantriebsmotor
139 Klappenführungsschiene und Spindelzylinder
140 Klappenabdeckungskonstr.
141 gespaltene Zwei-Segmente-Klappe, backbord
142 Drehgelenkverkleidung
143 Querruder-Drehgelenksteuerung
144 Querruder-Ausgleichsklappe
145 Querruder-Konstruktion
146 Statikentladerzöpfe
147 Flächenspitzenverkleidung
148 Backbord-Navigationslicht
149 Pitotröhre
150 Gummiwülste für Vorderkantenenteisung
151 Flächengitterrippenkonstr.
152 Betankungsstutzen
153 Flächenintegraltreibstofftank
154 Vorderkante aus Glasfaser
155 Enteisungssteuerventil
156 Landescheinwerfer
157 Triebwerkabgasdüse
158 Hauptfahrwerkbeintüren
159 Hauptfahrwerkfederbein
160 Doppelrad-Hauptfahrwerk
161 Hauptfahrwerk-Frontstrebe
162 pneum. Einfahrzylinder
163 vom Motorgetriebe angetriebene Zubehörteile
164 Kompressor für Luftsystem
165 Triebwerkträgerstreben
166 Fahrwerkschacht-Brandschott
167 Ölkühler
168 Rolls-Royce-Dart-Mk-536-7R-Turbopropriebwerk
169 therm. enteister Triebwerkslufteinlass mit Schalldämpfer
170 Anstellwinkelmechanismus in Propellernabe
171 Propellernabenhaube

schiedenen Untervarianten ein, einschliesslich der Mk-528-, -532- und -552-Turboprops, die fortschreitende Erhöhungen des Gesamtgewichts erlaubten. Die F27 Mk 300 Combiplane und die F27B hatten RDa6-Triebwerke und eine seitliche Frachtladetür am vorderen Rumpf für gemischte Passagier-/Frachteinsätze. Die F27 Mk 400 (und die ähnliche F27M Troopship), die zum ersten Mal am 24. April 1965 geflogen wurde, kombinierte die Frachttür und den Frachtboden mit RDa7-Triebwerken, während die Mk 600, die am 28. November 1968 geflogen wurde, zwar ähnlich war, aber nicht den wasserdichten Ganzmetall-Frachtboden hatte. Fairchilds F27F war eine F27A mit Dart-Mk-529-Triebwerken für Firmenbetreiber, während die F27J und die F27M Dart Mk 532-7 beziehungsweise Mk-532-7N-Triebwerke hatten. Alles in allem baute Fairchild 128 der F27-Varianten und entwickelte auch eine um 1,83 m gestreckte Variante, die FH-227. Die erste FH-227 flog am 27. Januar 1966, und die Produktion belief sich auf insgesamt 79 Stück. Fokkers gestreckte F27 Mk 500, mehrere Jahre lediglich im Projektstadium, flog am 15. November 1967 und blieb zusammen mit der F27 Mk 200 bis Ende 1986 in Produktion. Als die Produktion dieser Varianten zugunsten der Fokker 50 eingestellt wurde, beliefen sich die Gesamtverkäufe der Fokker 27 auf 579 in der niederländischen Fertigungsstrasse, einschliesslich 85 F27 Mk 100 und 13 F27 Mk 300/300M. Die letzte F27 wurde Anfang 1987 ausgeliefert.

Indienststellung

Die Fairchild F27 wurde am 16. Juli 1958 zugelassen und am 27. November 1958 bei West Coast Airlines in Dienst gestellt. Die erste von Fokker gebaute F27 begann den Einsatz bei Air Lingus im Dezember 1958. Die Fairchild F27B wurde am 25. Oktober 1958 zugelassen und zum ersten Mal bei Northern Consolidated in Dienst gestellt. Die F27F wurde am 24. Februar 1961, die F27J am 3. August 1965 und die F27M am 2. Juni 1969 zugelassen.

F27 Friendship Mk 200

Antrieb: 2 Rolls-Royce-RDa7-Dart-Mk-522-Turboprops, je 1'700 kW Startleistung, mit vierblättrigen Dowty-Rotol-Luftschrauben, Durchmesser 3,5 m, konst. Drehzahl und volle Segelstellung. Treibstoff 15'136 l in Flächenintegraltanks, auf Anforderung 2'289 l in Flächenzellentanks.

Leistung: Maximale Betriebsgeschwindigkeit 419 km/h angezeigte Eigengeschwindigkeit; Reisegeschwindigkeit bei einem Gewicht von 17'237 kg 480 km/h in einer Höhe von 6'095 m; anfängl. Steigrate 7,5 m/sec bei einem Gewicht von 18'143 kg; Dienstgipfelhöhe 8'990 m; Startlänge 990 m bei einem Gewicht von 18'143 kg; Landestrecke 1'005 m bei einem Gewicht von 16'329 kg; Reichweite mit max. Nutzlast 2'070 km; Reichweite mit max. Treibstoff 2'211 km.

Gewicht: Leergewicht 10'295 kg; Betriebsleergewicht 11'159 kg; max. Nutzlast 4'690 kg; max. Startgew. 20'410 kg; max. Landegew. 18'600 kg; max. Leertankgew. 17'917 kg.

Abmessungen: Spannweite 29 m; Gesamtlänge 23,56 m; Gesamthöhe 8,51 m; keine Pfeilung; Flügelfläche 70 m^2.

Kabine: Länge 14,46 m; max. Breite 2,49 m; max. lichte Höhe 1,93 m. Standardauslegung bietet 44 Sitze in Viererreihen mit Sitzabstand 76 cm. Gepäckraum 8,5 m^3. Zwei-Mann-Cockpit-Besatzung und ein Flugbegleiter.

Pläne zur Entwicklung eines Kurz-/Mittelstrecken-düsentransportflugzeugs wurden bei Fokker Anfang der 60er Jahre geschmiedet, und die ersten Einzelheiten dieser F28 Fellowship wurden im April 1962 veröffentlicht. Mit der Zielsetzung, ungefähr 50 Passagiere über eine Strecke von 1'650 km zu transportieren, liefen die ersten Versuche bei der F28 mit Bristol-Siddeley-BS.75-Triebwerken, aber schliesslich wurde eine leichtere und vereinfachte Version der Rolls-Royce Spey, zunächst unter der Bezeichnung Spey Junior bekannt, ausgewählt. Mit mässiger Pfeilung, an beiden Seiten des Rumpfendes montierten Triebwerken und einem T-Leitwerk glich die F28 der BAC One-Eleven und der Douglas DC-9, aber sie war kleiner. Für die Produktion der F28 schloss Fokker mit mehreren Gesellschaften Risikobeteiligungsabkommen ab, darunter Shorts in den USA (für die Flächen) und HFB und VFW (jetzt MBB) in Deutschland für Rumpfteilfertigungen. Drei Prototypen flogen am 9. Mai, 3. August und 20. Oktober 1967, die Produktion wurde im November 1965 aufgrund eines Erstauftrages von LTU aufgenommen. Die erste Serien-F28 flog am 21. Mai 1968.

Varianten

Die ursprüngliche Serienproduktionsversion der F28 wurde bekannt als F28 Mk 1000, und 1970 wurde eine Variante mit gestrecktem Rumpf als F28 Mk 2000 eingeführt. Das Gesamtgewicht der Mk 1000, ursprünglich ein Ein-Klassen-Flugzeug mit 65 Sitzen, betrug anfänglich 28'123 kg, wurde jedoch nach und nach erhöht. Mit seitlicher Frachtladetür und Vorrichtung für gemischte Passagier-/Frachtzuladungen lautet die Bezeichnung F28 Mk 1000-C. Die F28 Mk 2000 hat einen um 2,21 m längeren Rumpf und bei einem Ein-Klassen-Arrangement bis zu 79 Sitze. Sie flog zum ersten Mal am 28. April 1971. 1972 führte Fokker die F28 Mk 5000 (kurzer Rumpf) und die F28 Mk 6000 (langer Rumpf) ein, beide mit einer Erhöhung der Flächenspannweite um 1,57 m mit angefügten Vorflügeln und verbesserten Spey-Mk-555-15H-Triebwerken mit zusätzlichen Lärmdämpfungsvorrichtungen. Ein Mk-6000-Prototyp flog am 27. September 1973, aber der den Klappen zugeschriebene Leistungsbereich erwies sich als ein unerwünschter Luxus, und die F28 Mk 3000 (kurzer Rumpf) und die F28 Mk 4000 (langer Rumpf) wurden die vorgezogenen Versionen, mit der zusätzlichen Spannweite und den neuen Triebwerken. Die Innenraumumgestaltung erlaubte eine Kapazität von 85 Sitzen in der Mk 4000, die zum ersten Mal am 20. Oktober 1976 flog. Die Mk 3000 und 4000 blieben 1986 als einzige in der Produktion.

Indienststellung

Die F28 Mk 1000 wurde durch die niederländischen Behörden am 24. Februar 1969 zugelassen und sofort danach bei LTU in Dienst gestellt. Zwei Monate nach der Zulassung ging die erste F28 Mk 2000 im Oktober 1972 an Nigeria Airways. Die F28 Mk 6000 wurde am 27. September 1973 zugelassen, wurde aber nicht produziert. Die F28 Mk 4000 wurde Ende des Jahres 1966 bei Linjeflyg of Sweden in Dienst gestellt, und der erste Betreiber der F 28 Mk 3000 war Garuda in Indonesien. Bei Beendigung der Produktion Ende 1986 beliefen sich die Verkäufe der F28 insgesamt auf 241.

Unten: Dreisichtzeichnung Fokker F28 Mk 4000, die letzte produzierte Version im Jahre 1986.

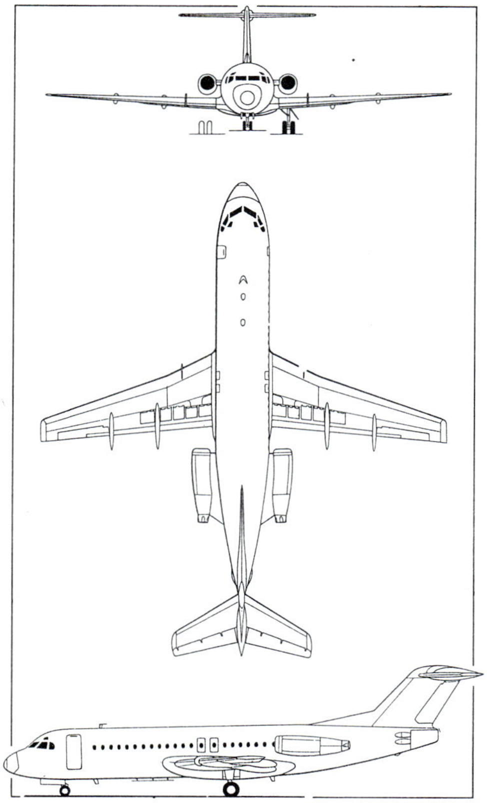

F28 Fellowship Mk 4000

Antrieb: Zwei Rolls-Royce-RB-183-2-Spey-Mk-555-15P-Turbofans, je 4'490 kp Startleistung, kein Umkehrschub. Treibstoff 9'740 l in Integralflächentanks plus auf Anforderung 3'300 l in Zellentanks im Flächenmittelstück.

Leistung: Max. Betriebsgeschwindigkeit 612 km/h EAS oder 0,75 Mach; max. Reisegeschwindigkeit 808 km/h in einer Höhe von 10'060 m; Langstreckenreisegeschwindigkeit 656 km/h in einer Höhe von 9'145 m; max. Reisehöhe 10'675 m; Sicherheitsstartstrecke (FAR) 1'585 m; Sicherheitslandestrecke 1'065 m; Reichweite mit 85 Passagieren 2'085 km.

Gewicht: Betriebsleergewicht 17'645 kg; Standardtreibstoffgewicht 7'820 kg; maximales Treibstoffgewicht 10'469 kg; maximale Nutzlast 10'478 kg; maximales Startgewicht 33'113 kg; maximales Landegewicht 31'525 kg; maximales Leertankgewicht 28'123 kg.

Abmessungen: Spannweite 25,07 m; Gesamtlänge 29,61 m; Gesamthöhe 8,47 m; Pfeilung 16 Grad bei Viertelprofilsehne; Flügelfläche 79 m^2.

Kabine: Länge 15,31 m, maximale Breite 3,1 m; maximale lichte Höhe 2,02 m. Bis zu 85 Passagiere in Fünferreihen mit einem Sitzabstand von 74 cm. Unterflurfrachträume 13,54 m^3. Zwei-Mann-Cockpit-Besatzung.

Fokker F28 Fellowship Mk 4000

1 Radom
2 Wetterradarabtaster
3 vorderes Druckschott
4 Radarmontage
5 Scheibenwischer
6 Windschutzscheibenrahmen
7 Instrumentenbrettabdeckung
8 Rückseite Instrumentenbrett
9 Ruderpedale
10 Staulufteinlass
11 Kontrollpanel an Cockpitdecke
12 Überkopf-Fenster
13 Copilotensitz
14 Kapitänsitz
15 Steuersäule
16 Kapitänseitenkonsole
17 Gerätesatz für Klimaanlage
18 Bugradtüren
19 Bugradfederbein
20 doppeltes Bugrad
21 Konstr. des Cockpitdaches
22 Regal für Radio und Elektronikausrüstung
23 Leitung Radioregalkühlung
24 Küche
25 Stewardessensitz
26 Durchgang Passagierkabine
27 Geländer
28 Eingangsvorraum
29 Einstiegstreppe
30 UKW-Antenne
31 Hauptpassagiertür
32 obere UKW-Antenne
33 Klimaanlageleitung
34 Passagiersitzanordnung
35 Sitzschienen
36 Fracht- und Gepäckraumtür
37 Peilantennen für Radiokompass
38 Rumpfrahmenversteifung
39 Schalldämpferpanels
40 Unterflur-Gepäckraum
41 Fensterpanels
42 Kabinenbodenkonstruktion
43 Heissluftleitung
44 Vorderrahmen des Flächenmittelstücks
45 Kurzwellenantenne
46 Grenzschichtzaun an Vorderkante
47 Flächenintegraltreibstofftank
48 Betankungsstutzen
49 Steuerbord-Navigationslicht
50 Statikentladerzöpfe
51 Steuerbord-Querruder
52 Querruder-Ausgleichsklappe
53 Klappenmechanismusverkleidung
54 äussere Klappen
55 äussere Störklappen
56 innere Klappen, steuerbord
57 innere Störklappen
58 Hauptrumpfrahmen im Mittelstück
59 Luftverteilungskanal
60 Konstr. Flächenmittelstück
61 Notausgangsfenster

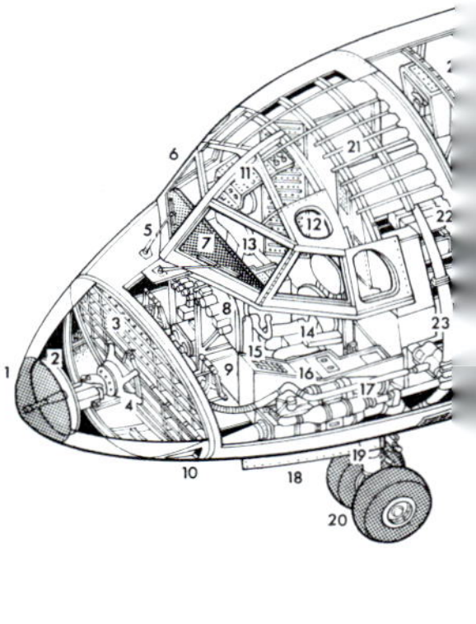

Unten links: F28 Mk 4000 im Dienst bei Empire Airlines, die mit 17 F28 der grösste Betreiber des Typs in den USA ist. Empire wurde von Piedmont Airlines Anfang 1986 erworben, und die Flugzeuge werden schrittweise in die Piedmont-Flotte integriert. Beachten Sie die geöffneten Luftbremsen.

Unten: Eine von drei F28 Mk 1000, die für Inland- und Regionalflugdienste bei Aero Peru (peruanische Staatsgesellschaft) eingesetzt werden.

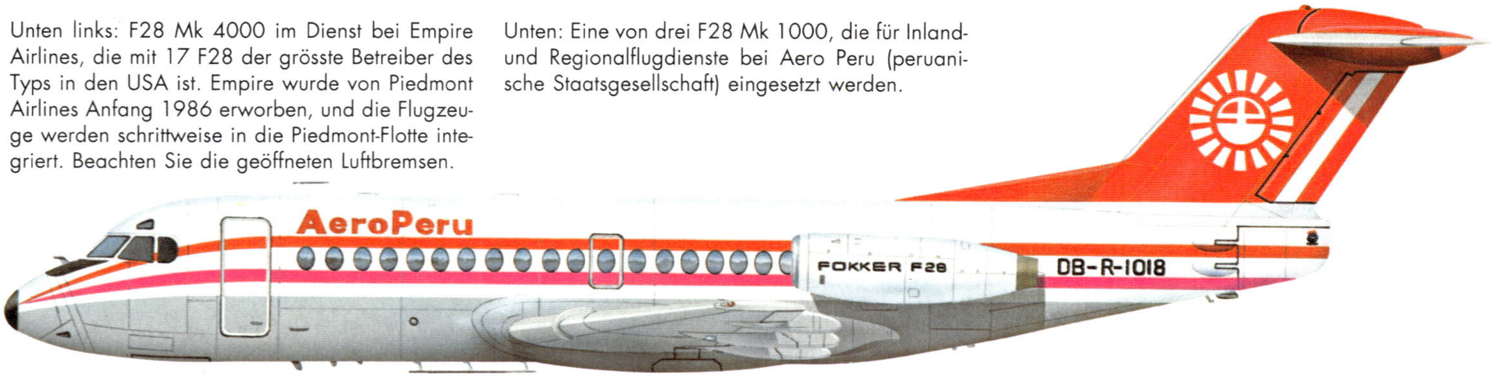

Oben: Das Cockpit der F28 zeigt die damals übliche Anordnung mit Navigations- und Kommunikations-Systemen zwischen den Piloten und den Überkopf-Kontrollsystemen.

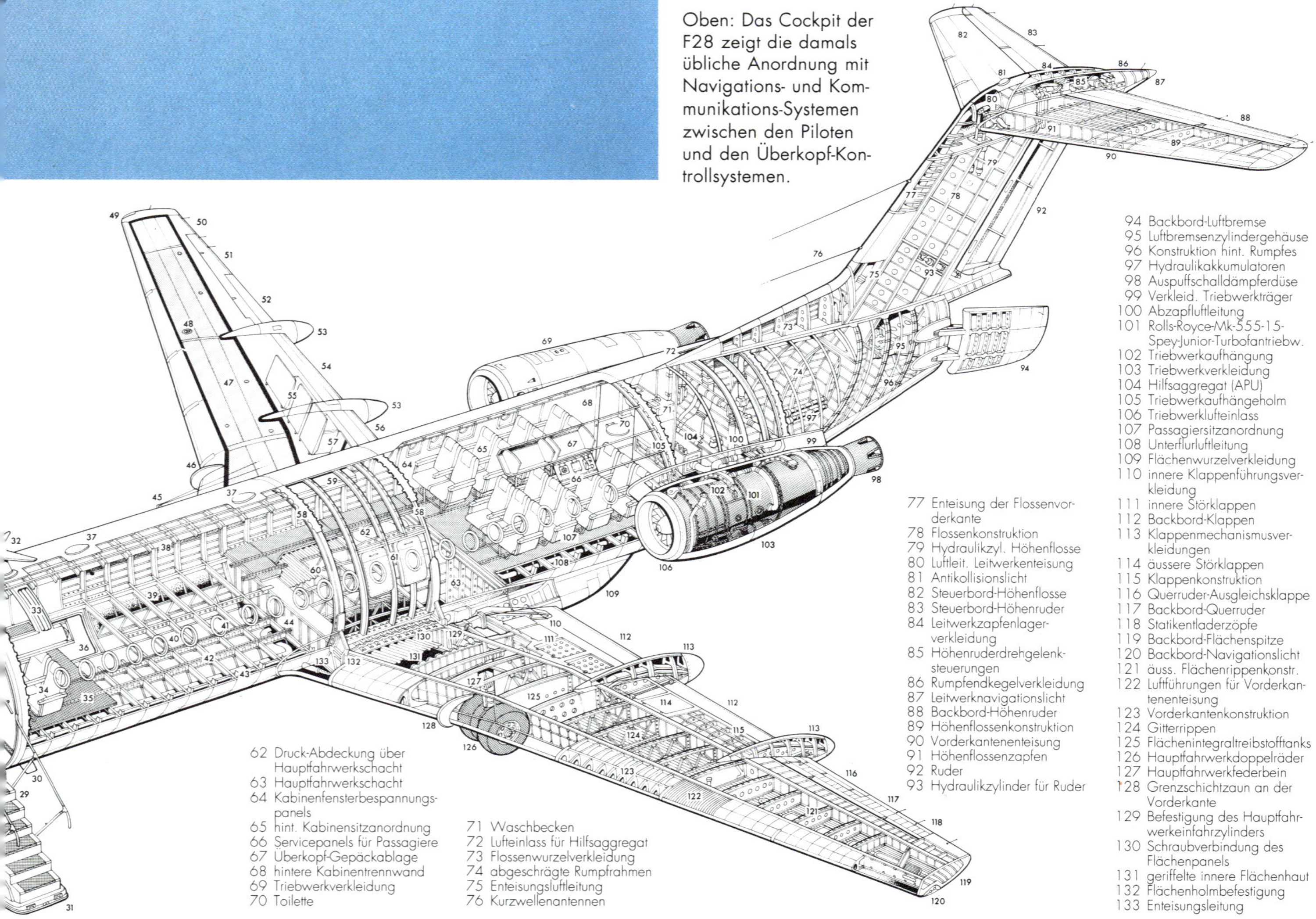

62 Druck-Abdeckung über Hauptfahrwerkschacht
63 Hauptfahrwerkschacht
64 Kabinenfensterbespannungspanels
65 hint. Kabinensitzanordnung
66 Servicepanels für Passagiere
67 Überkopf-Gepäckablage
68 hintere Kabinentrennwand
69 Triebwerkverkleidung
70 Toilette
71 Waschbecken
72 Lufteinlass für Hilfsaggregat
73 Flossenwurzelverkleidung
74 abgeschrägte Rumpfrahmen
75 Enteisungsluftleitung
76 Kurzwellenantennen
77 Enteisung der Flossenvorderkante
78 Flossenkonstruktion
79 Hydraulikzyl. Höhenflosse
80 Luftleit. Leitwerkenteisung
81 Antikollisionslicht
82 Steuerbord-Höhenflosse
83 Steuerbord-Höhenruder
84 Leitwerkzapfenlagerverkleidung
85 Höhenruderdrehgelenksteuerungen
86 Rumpfendkegelverkleidung
87 Leitwerknavigationslicht
88 Backbord-Höhenruder
89 Höhenflossenkonstruktion
90 Vorderkantenenteisung
91 Höhenflossenzapfen
92 Ruder
93 Hydraulikzylinder für Ruder
94 Backbord-Luftbremse
95 Luftbremsenzylindergehäuse
96 Konstruktion hint. Rumpfes
97 Hydraulikakkumulatoren
98 Auspuffschalldämpferdüse
99 Verkleid. Triebwerkträger
100 Abzapfluftleitung
101 Rolls-Royce-Mk-555-15-Spey-Junior-Turbofantriebw.
102 Triebwerkaufhängung
103 Triebwerkverkleidung
104 Hilfsaggregat (APU)
105 Triebwerkaufhängeholm
106 Triebwerklufteinlass
107 Passagiersitzanordnung
108 Unterflurluftleitung
109 Flächenwurzelverkleidung
110 innere Klappenführungsverkleidung
111 innere Störklappen
112 Backbord-Klappen
113 Klappenmechanismusverkleidungen
114 äussere Störklappen
115 Klappenkonstruktion
116 Querruder-Ausgleichsklappe
117 Backbord-Querruder
118 Statikentladerzöpfe
119 Backbord-Flächenspitze
120 Backbord-Navigationslicht
121 äuss. Flächenrippenkonstr.
122 Luftführungen für Vorderkantenenteisung
123 Vorderkantenkonstruktion
124 Gitterrippen
125 Flächenintegraltreibstofftanks
126 Hauptfahrwerkdoppelräder
127 Hauptfahrwerkfederbein
128 Grenzschichtzaun an der Vorderkante
129 Befestigung des Hauptfahrwerkeinfahrzylinders
130 Schraubverbindung des Flächenpanels
131 geriffelte innere Flächenhaut
132 Flächenholmbefestigung
133 Enteisungsleitung

FOKKER 50 NIEDERLANDE

Anlässlich der Feier des 25. Jahrestages des Einsatzes der F27 Friendship kündigte Fokker im November 1983 in Amsterdam die Fokker 50 an. Nach ausgedehnten Untersuchungen von möglichen gestreckten Abkömmlingen der F27 beschloss Fokker, dass die Grösse des Flugzeuges gerade richtig sei für den Teil des regionalen Luftverkehrsmarktes, den es auszufüllen versuchte. Trotz eines laufenden Produkteverbesserungsprogramms gab es viel Raum zur Einführung neuer Technologie in der Struktur und im System des Basisflugzeugs, und dies ist Fokkers Leitgedanke für den Entwurf der Fokker 50. Die auffälligste Änderung betrifft die Triebwerke, wo ein Wechsel von der Rolls-Royce-Dart-F27-Familie auf die moderneren Pratt & Whitney Canada PW124 eine bedeutende Verbesserung der Treibstoffwirtschaftlichkeit ergab. Weniger auffällige, aber intensive Änderungen sind unter der Haut vorgenommen worden: 80 Prozent der Fokker-50-Bauteile sind neu oder modifiziert. Abgesehen von den Triebwerken mit den neuen Gondeln und sechsblättrigen Luftschrauben, hat die Fokker 50 ein hydraulisches System für Landefahrwerk und Klappenbetätigung, ein neues Hamilton-Standard-Klimaanlagesystem mit einem digitalen Garrett-Kabinendrucksteuerungssystem und integrierte Lichtmaschinenantriebe an beiden Triebwerken zur Versorgung des elektrischen Systems. Die bei den Passagieren beliebten grossen Kabinenfenster der F27 haben einer grösseren Anzahl von kleineren Fenstern im Interesse einer grösseren Flexibilität der Kabinenauslegung Platz gemacht, und die Kabine selbst ist völlig neu entworfen worden. Die Passagiereingangstür ist vorne anstatt hinten, wobei die vordere Gepäck-/Frachtladetür der F27 verschwunden ist. Auch das Cockpit ist weitgehend neu entworfen worden mit einer vollkommen neuen Avionikausrüstung, einschliesslich eines elektronischen Fluginstrumentensystems (EFIS). Eine kleine Zellenveränderung stellt die Anbringung von Flächenendscheiben oder «Foklets» dar (eine Variation der grösseren Flächenendzäune, die demselben Zweck dienen), und Kohlenfaser-, Aramid- und Glasfaserverbundwerkstoffe sind über die gesamte Zelle angewendet worden. Die Flugerprobung der Fokker 50 begann am 28. Dezember 1985 unter Benutzung einer F27-Zelle mit den neuen Triebwerksanlagen; ein zweiter Prototyp, der am 30. April 1986 geflogen wurde, hatte repräsentativere Fokker-50-Systeme. Beide Flugzeuge benutzten F27-Rümpfe, und die erste wirkliche Fokker 50 wurde am 13. Februar 1987 geflogen.

Varianten

Die Fokker 50 wird mit zwei Gesamtgewichten angeboten. Fokker hat auch eine mögliche spätere Entwicklung mit einem gestreckten Rumpf für bis zu 66 Passagiere (Sitzabstand 81 cm) angekündigt.

FOKKER 100 NIEDERLANDE

Auf der Suche nach einem Programm zur Aufrechterhaltung des Anteils am regionalen Flugzeugmarkt für die 90er Jahre arbeitete Fokker einige von der F28 abgeleitete Projekte aus. Diese umfassten die Super F28, die F29 und (in Zusammenarbeit mit McDonnell Douglas) die MDF-100. Schliesslich verkündete die Gesellschaft im November 1983, dass mit Unterstützung der niederländischen Regierung die Fokker 100 weiterentwickelt würde; die Bezeichnung reflektiert die vorgesehene Sitzkapazität. Zur Gestaltung der Fokker 100 wurde der ursprüngliche F28-Mk-4000-Rump durch zwei Bauteile um 5,74 m erweitert und so ein Flugzeug geschaffen, das den Ansprüchen der Regionalfluggesellschaften gut entsprechen würde und auch gut zu den Rolls-Royce-Tay-Triebwerken passte. Obwohl Fokker in Windkanalversuchen vollkommen neue Tragflächenprofilteile studierte, fiel die endgültige Entscheidung zugunsten des unveränderten Flächenkastens der F28. Die aerodynamische Effizienz wurde jedoch durch Veränderungen an den Vorder- und Hinterkanten verbessert, speziell mit einer erhöhten Profilsehne an der Vorderkante, die praktisch zur Eliminierung des bekannten Knicks an der Vorderkante der F28 führte. Diese Profilveränderungen brachten laut Fokker eine 30prozentige Verbesserung der aerodynamischen Effizienz, eine Anhebung der Limitierung beim Hochgeschwindigkeitsschütteln und eine Reduzierung des Widerstandes sowohl bei hohen wie bei niedrigen Geschwindigkeiten. Neue Landeklappen wurden angebracht, und das Fahrwerk wurde für die höheren Betriebsgewichte verstärkt. Die Flächenspannweite wurde an den Enden um 3,0 m verlängert und die der Höhenflosse um 1,4 m. Bei der Struktur wurden Verbundwerkstoffe angewendet, wie zum Beispiel für den Nasenkegel, die Flächen-/Rumpfverkleidungen, die Kabinenbodenbeplankung usw. Der Kabinenneuentwurf verleiht der Fokker 100 ein neues Aussehen, und im Cockpit wurde ein elektronisches Fluginstrumentensystem mit vier Bildschirmen (EFIS) eingeführt. Das digitale automatische Flugsteuersystem führt Operationen nach Kategorie II durch, wobei die Betreiber die Wahlmöglichkeit haben, auf Kategorie III nachzurüsten, wenn ein Autothrottle-System (automati-

Antrieb: Zwei Rolls-Royce-Tay-Mk-620-15-Turbofantriebwerke, je 6'042 kp Startleistung, mit Umkehrschub. Treibstoff 13'040 l in Flächenintegraltanks.
Leistung: Max. Betriebsgeschwindigkeit 592 km/h angezeigte Eigengeschwindigkeit oder 0,75 Mach; max. Reisegeschwindigkeit 800 km/h in einer Höhe von 10'670 m; Langstreckenreisegeschwindigk. 747 km/h in einer Höhe von 10'670 m; max. Reisehöhe 10'670 m; Startstrecke 1'820 m; Landestrecke 1'350 m; Reichw. (volle Passagiernutzlast) 2'224 km.
Gewicht: Betriebsleergewicht 23'250 kg; maximales Treibstoffgewicht 10'460 kg; maximale Nutzlast 11'500 kg; maximales Startgewicht 41'500 kg; maximales Landegewicht 38'330 kg; max. Tankleergewicht 34'700 kg.
Abmessungen: Spannweite 28,08 m; Gesamtlänge 35,31 m; Gesamthöhe 8,5 m; Pfeilung 17 Grad 45 Minuten bei Viertelprofilsehne; Flügelfläche 94,3 m^2.
Kabine: Länge 21,19 m; max. Breite 2,97 m; max. lichte Höhe 2,01 m. Standardauslegung bietet 107 Sitze (Fünferreihen mit seitlich versetztem Gang, Sitzabstand 82 cm); alternative Auslegungen für 12 Erste-Klasse-Passagiere (Viererreihen, Sitzabstand 91 cm) und 85 Touristen-Klasse-Passagiere, Sitzabstand 82 cm) oder 55 Business-Klasse-Passagiere (Fünferreihen, Sitzabstand 86 cm) und 50 Economy-Klasse-Passagiere (Sitzabstand 81 cm) oder 119 Ein-Klassen-Passagiere (Sitzabstand 74 cm). Unterflurgepäck-/Frachtabteile (2) 17,52 m^3. Zwei-Mann-Cockpit-Besatzung, drei Flugbegleiter.

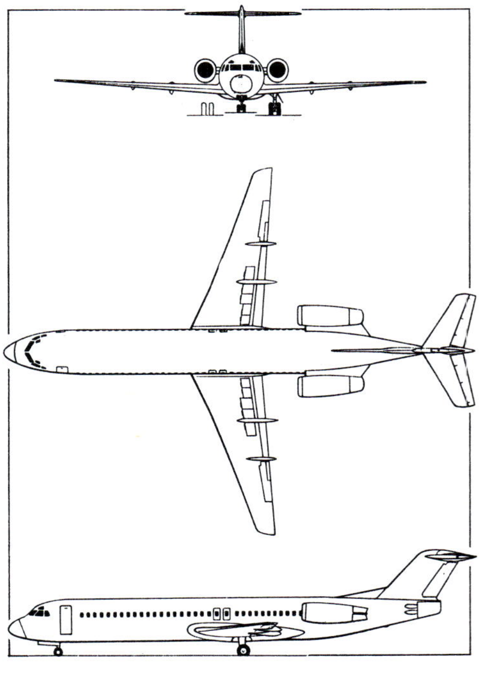

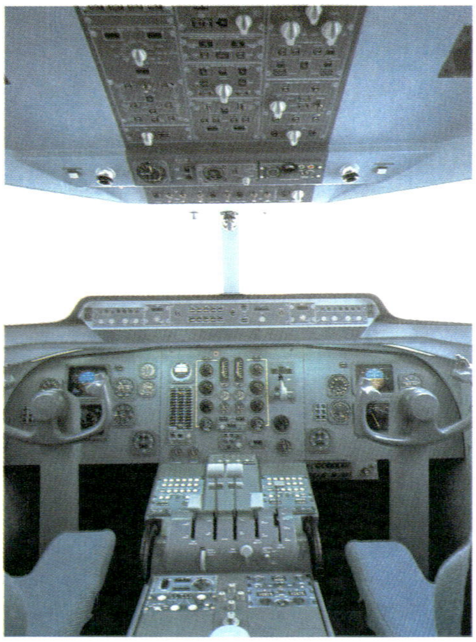

Oben: Das Cockpit der Fokker 50 zeigt die zwei Bildschirmsysteme für das elektronische-Sperry-Fluginstrumentensystem (EFIS). Platz für einen multifunktionalen Bildschirm zwischen den beiden Piloten ist vor der Gashebelkonsole vorgesehen.

Oben links: Die Registrierung PH-OSO kennzeichnet diesen ersten der zwei Prototypen der Fokker 50. Die beiden waren mit dem neuen Pratt-&-Whitney-PW124-Turboprop ausgerüstet.

Antrieb: Zwei Pratt-&-Whitney-Canada-PW-124-Turboprops, je 1'603 kW Startleistung, mit sechsblättrigen Dowty-Rotol-Propellern mit konstanter Drehzahl, Segelstellung und Umkehrschub, Durchmesser 3,66 m; Treibstoff 5'136 l in Flächenintegraltanks.
Leistung: Maximale Betriebsgeschwindigkeit 419 km/h angezeigte Eigengeschwindigkeit oder 0,507 Mach; maximale Reisegeschwindigkeit 515 km/h in einer Höhe von 6'400 m; Langstreckenreisegeschwindigkeit 454 km/h in einer Höhe von 7'620 m; maximale Betriebshöhe 7'620 m; Startlänge 1'760 m; Landestrecke 1'065 m; Reichweite mit 50 Passagieren bei Standardgewicht 1'390 km; Reichweite mit 50 Passagieren bei angefordertem hohem Gesamtgewicht 2'983 km.
Gewicht: Betriebsleergewicht 12'633 kg; max. Treibstoffgewicht 4'123 kg; max. Nutzlast 5'760 kg; max. Startgewicht, Standard 18'990 kg, auf Wunsch 20'820 kg; max. Landegewicht Standard 18'990 kg, auf Wunsch 19'731 kg; max. Leertankgewicht 18'303 kg.
Abmessungen: Spannweite 29 m; Gesamtlänge 25,25 m; Gesamthöhe 8,6 m; keine Pfeilung; Flügelfläche 70 m^2.
Kabine: Länge 15,96 m; max. Breite 2,49 m; maximale lichte Höhe 1,96 m. Standardauslegung für 50 Passagiere (Viererreihen, Sitzabstand 81 cm); alternativ 46 Business-Klasse-Passagiere (Sitzabstand 86 cm) oder ein Maximum von 58 Passagieren (Sitzabstand 76 cm). Gepäckvolumen 8,78 m^3 im Hauptabteil plus 0,82 m^3 im Ablageabteil. Zwei-Mann-Cockpit-Besatzung und zwei Flugbegleiter.

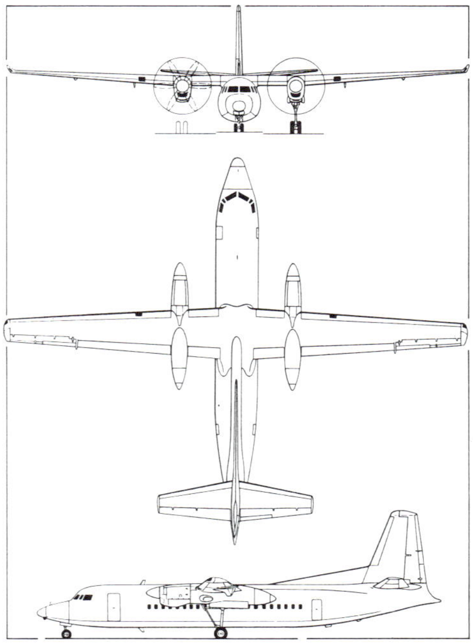

Oben: Dreisichtzeichnung der Fokker 50.

Indienststellung

Die Erstbestellung über 15 Fokker 50 wurde von Ansett Transport Industries plaziert. Nachfolgende Bestellungen wurden von DLT, Busy Bee, Corsair und Austrian Airlines plaziert, und Maersk Air of Denmark brachte die Gesamtzahl der bestellten Flugzeuge auf 39 mit 12 Optionen zu Beginn des Jahres 1987.

scher Vortriebsregler) eingebaut ist. Die Herstellung der Fokker 100 ist, ähnlich wie bei der F28, europaweit verteilt. Die erste F100 flog am 30. November 1986.

Varianten

Mit der Ankündigung der F 100, gab Fokker bekannt, dass eine Wahlmöglichkeit für eine höhere Gewichtsversion mit einem Startgewicht von 43'090 kg untersucht würde. Das grosse Interesse der Luftverkehrsgesellschaften führte zur Produktion dieser Variante. Aus dieser Gewichtserhöhung resultiert eine Reichweite von ungefähr 2'414 km. Die schwerere Variante wurde durch US Air zusammen mit anderen Änderungen spezifiziert und verzögerte den Erstflug der Fokker 100 um ungefähr fünf Monate über den ursprünglich als Zielsetzungsdatum festgelegten Juli 1986 hinaus.

Indienststellung

Erstbesteller Swissair hat die Fokker 100 im April 1988 in Dienst gestellt. Andere Bestellungen wurden von KLM und US Air plaziert, im letzteren Fall ein bedeutender Sieg für die niederländische Gesellschaft gegenüber Boeing, die eine Leichtgewichtversion des Modells 737 anbot. Festbestellungen beliefen sich Anfang 1987 auf insgesamt 88 (mit 91 weiteren Optionen).

Oben: Das Innere der Fokker 100, in einer Attrappe gezeigt, mit Sitzanordnung für 107 Passagiere in Fünferreihen in einer Ein-Klassen-Kabine.

Links: Dreisichtzeichnung der Fokker 100, die eine verlängerte Version des F28-Rumpfes und die neuen Rolls-Royce-Tay-Triebwerke hat.

Rechts: Die Flugerprobung der Fokker 100 begann in Amsterdam am 30. November 1986 unter Verwendung dieses Prototyps.

Die Entwicklung eines kleinen, für militärische und zivile Aufgaben geeigneten Mehrzwecktransportflugzeuges begann in den Flugzeugfabriken der australischen Regierung (GAF) Mitte der 60er Jahre. Unter der Bezeichnung N2 nahm dieses Projekt Gestalt an als ein verstrebter Hochdecker mit abgeflachten Rumpfseiten, einem fast quadratischen Rumpfquerschnitt, grossen Seitenladetüren und einem einziehbaren Fahrwerk. Prototypen dieses N2-Entwurfs flogen am 23. Juli beziehungsweise am 5. Dezember 1971. Unter dem Namen Nomad wurden bis Ende 1984 mehrere Varianten produziert, insgesamt 170 Flugzeuge, von denen 20 bis 25 bis zu diesem Zeitpunkt nicht verkauft worden waren.

Varianten

Die Nomad ging in Produktion unter der Bezeichnung N22 mit einem Gesamtgewicht von 3'629 kg. Dieses wurde später auf 3'855 kg bei der N22B erhöht, die kurzrümpfige Standard-Variante für zivilen Einsatz mit bis zu 12 Passagieren. GAF hatte inzwischen den Rumpf der Nomad um 1,14 m gestreckt, um im Jahre 1976 die N24 mit einer Sitzkapazität von 17 zu produzieren. Mit derselben Triebwerksanlage wie die N22 wurde die N24 mit einem Gesamtgewicht von 3'855 kg eingeführt, dieses Gewicht wurde jedoch bei der endgültigen N24A auf 4'263 kg erhöht. Die langrümpfige Version machte ungefähr ein Drittel der Gesamt-Nomad-Produktion aus. Im Mai 1985 erhielt GAF die Zulassung der N22B mit einem erhöhten Gesamtgewicht von 4'060 kg unter der Bezeichnung N22C; diese Version hatte als besonderes Kennzeichen auch ein Druckbeölungsfiltersystem. 1979 wurde eine N22B-Version als Wasserflugzeug zugelassen, die mit Aluminiumschwimmern ausgerüstet war, und im folgenden Jahr wurde eine Amphibien-Version mit einer einziehbaren Schwimmer/Räder-Installation zugelassen. Ungefähr die Hälfte der produzierten Nomad waren militärische Versionen der kurzrümpfigen N22 in den drei Kategorien Missionmaster, Searchmaster B und Searchmaster L. Missionmaster ist ein Mehrzweckflugzeug mit verstärktem Rumpfvorderteil, lastentragenden Falltüren im Kabinenboden, vier an den Flächen angebrachten Befestigungspunkten für Lastenträger, militärischen Avioniksystemen und einer Spezialaufgabenausrüstung. Searchmaster B ist eine Küstenpatrouille- und küstennahe Überwachungsvariante mit Bendix-Aufklärungsradar in der Nase und

Oben: Wie es typisch ist für ein Flugzeug dieser Grösse und Klasse, bietet die Nomad Einzelsitze mit einem Mittelgang. Die Kabinenabmessungen der Nomad erlauben eine Anbringung gebräuchlicher Handgepäckablagen oder Fächer nicht.

Government Aircraft Factories N24A Nomad

1 Nasenkegel
2 Wetterradar, auf Wunsch
3 Radarsender/-empfänger
4 Nasenverkleidung
5 vorderer Gepäckraum
6 Gepäcktür
7 Lande-/Rollscheinwerfer
8 Bugrad
9 Bugradfederbein
10 vordere Trennwand
11 Windschutzscheibenpanels
12 Scheibenwischer
13 Instrumentenbrettabdeckung
14 Ruderpedale
15 Rumpflängsstrebe
16 Steuersystemverbindungen
17 Fusstritte
18 Regale für Radio und Elektronikausrüstung
19 Cockpitboden
20 Cockpiteingangstür
21 Handrad an Steuersäule
22 Kapitänsitz
23 Anschnallgurte
24 Schiebefensterpanel
25 Kontrollhebel für Triebwerke und Propeller
26 Copilotensitz
27 Treibstoffhahnkontrollen
28 Cockpitdeckenpanel
29 Schiebetür zur Hauptkabine
30 hintere Cockpittrennwand
31 Kabinenfensterpanel
32 Heizungsdüsen
33 Bodenträgerkonstruktion
34 Kabinenboden (Sitzmontageschienen)
35 bis 16 Passagiersitze in Zubringerversion
36 Frischluftverteilung
37 vord. Notausgangsfenster
38 Rumpfrahmen-Versteifung
39 Flächenholmwurzelverb.
40 Doppelrahmen für Flächenrumpfmontage
41 Kommunikationsantenne
42 Enteisungswulst
43 hochklappbare Vorklappensektion (Zugang zu Triebwerksteuerung)
44 Flächentankanlage
45 Betankungsstutzen
46 Ölkühler
47 Allison-250-B-17B-Wellenleistungsturbine
48 Abgasrohr
49 Triebwerklufteinlass
50 Propelleranstellwinkel-Steuermech. Propellernabe
51 dreiblättrige Hartzelluftschraube mit veränderlichem Anstellwinkel
52 Propellerblattwurzelenteisung
53 Triebwerköltank 8,6 l
54 Flächenstützstrebe
55 Strömungsabrissstreifen an Vorflügel
56 Sender für Strömungsabrisswarnung
57 Gummiwulst für Vorderkantenenteisung
58 Vorderkanten-Nasenrippen
59 Flächenverstärkung
60 Flächenhautbeplankung
61 Treibstofftank
62 Navigationslicht
63 Schlitzkanten-Querruder
64 äussere, doppelt gespaltene Klappensektion (als Querruder bei eingefahrenen Klappen gebraucht)
65 Klappengelenklager
66 innere, doppelt gespaltene Klappensektion
67 Klappenverkleidungsbespannung
68 el. Motor und Steuerungswelle für Klappenbetätigung
69 Peilrahmenantenne
70 hinteres Notausgangsfenster
71 Kabinendachrahmen
72 hinterer Rumpfverbindungsrahmen
73 Gepäckhaltenetz
74 hinteres Gepäckabteil
75 Steuerseilführungen
76 Konstruktion der Seitenflossenwurzel
77 Seitenflossenmassenausgleichsgewicht
78 Antennenkabel
79 N22B Floatmaster
80 zusätzliche Rumpfflosse
81 Höhenflosse
82 Ruderflossenkonstruktion
83 Seitenruderausgleichshorn
84 Antikollisionslicht
85 Ruderbespannung
86 Ruderausgleichsklappe
87 Leitwerkklappe
88 Höhenflossenkonstruktion
89 Leitwerksteuermechanismus
90 N22B Searchmaster L
91 Arbeitsplatz des Funkers
92 Arbeitsplatz des taktischen Navigators
93 Beobachtersitz
94 Bodenluke
95 Schlauchbootstauraum
96 Ofen und Lebensmittelschliessfach
97 zusätzliche Innenraumtankanlage, auf Anforderung
98 Toilette
99 Radom für Litton APS-504
100 Beobachtungskuppelfenster
101 hintere Gepäcktür
102 hintere Passagiersitzanordnung
103 hint. Fracht-/Passagiertür
104 oberes Segment der nach vorne zu öffnenden Tür
105 vord. Fracht-/Passagiertür
106 Flächentreibstofftank
107 Klappenabdeckungsbespannung
108 innere, doppelt gespaltene Klappe
109 Klappen-/Querruder-Mischverbindung
110 hinterer Holm
111 Flächenrippenkonstruktion
112 Querruder-Steuergelenke
113 Schlitzkantenquerruder
114 äuss., dopp. gesp. Klappe
115 Massengewichtsausgleich
116 Flächenspitzenverkleidung
117 Navigationslicht
118 Tank für Langstrecken
119 Hauptholm
120 Vorderkantennasenrippen
121 Strömungsabrisswarnung
122 Gummiwülste für Vorderkantenenteisung
123 äussere Holmverbindung
124 Strebenbefestigung
125 Flächenstützstrebe
126 doppelrädr. Hauptfahrwerk
127 Hauptfahrwerkschacht
128 Batterie
129 Fahrwerkgondel
130 Stummelflächenverlängerung
131 elektr. Fahrwerkzylinder
132 Motorgondel
133 Triebwerklufteinlass
134 Lufteinlass für Ölkühler
135 Luftleitung für Vorderkantenenteisung

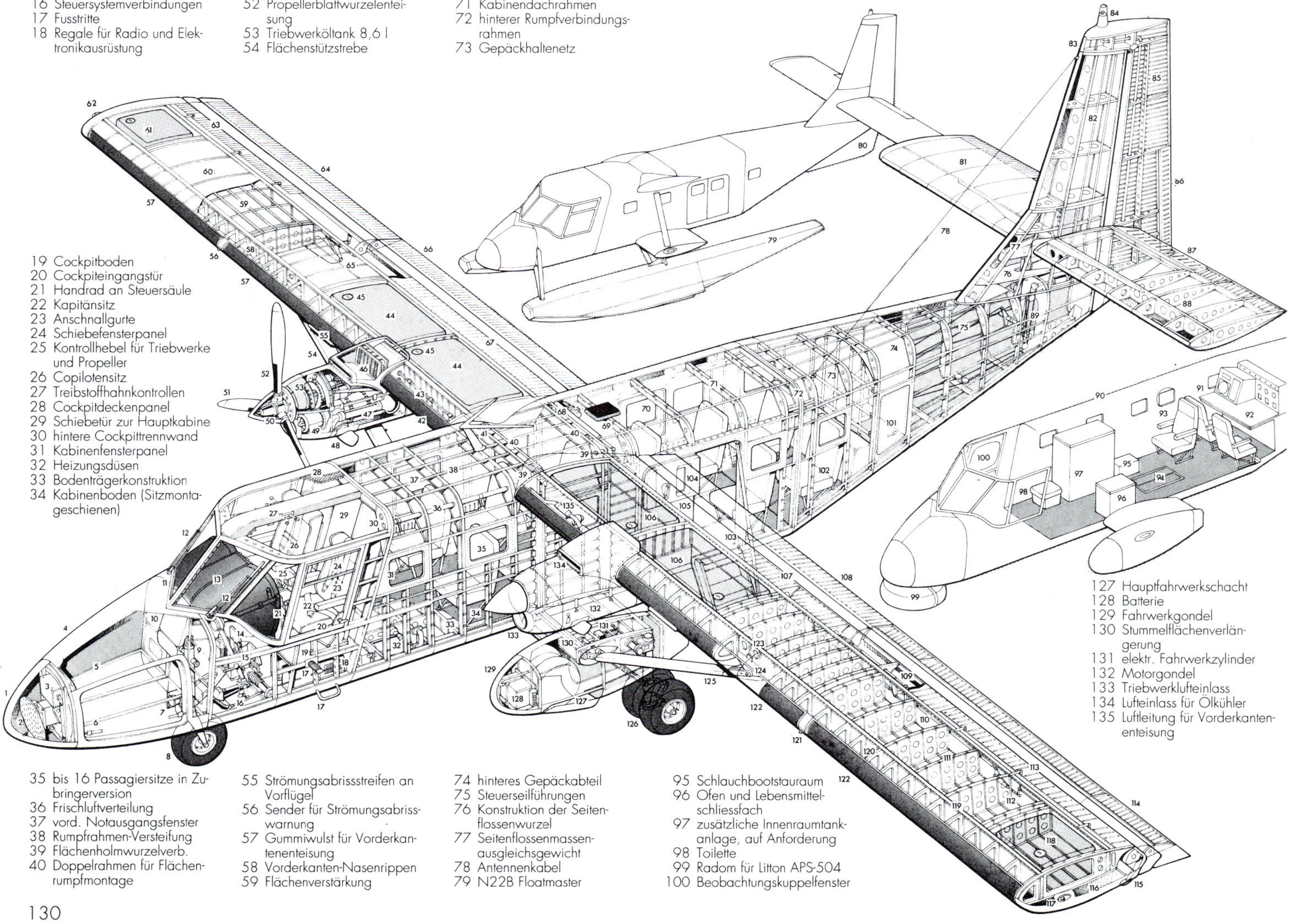

Nomad N22B
Antrieb: Zwei Allison-250-B17C-Turboprops, je 313 kW Startleistung, mit dreiblättrigen Hartzelluftschrauben mit konstanter Drehzahl, voller Segelstellung und Umkehrschub. Treibstoff 1'018 l in flexiblen Tankzellen, auf Wunsch Integraltanks in den Flächenspitzen für 670 l.
Leistung: Maximale Betriebsgeschwindigkeit 313 km/h; normale Reisegeschwindigkeit 311 km/h in einer Höhe von 3'050 m; Langstreckenreisegeschwindigkeit 260 km/h in einer Höhe von 3'050 m; anfängliche Steigrate 7,4 m/sec; Dienstgipfelhöhe 6'400 m; Startdistanz (FAR Pt 23) 360 m; Landedistanz (FAR Pt 23) 410 m; maximale Reichweite 1'074 km.
Gewicht: Betriebsleergewicht 2'446 kg; Standardtreibstoffgewicht 803 kg; maximales Treibstoffgewicht 1'066 kg; maximale Nutzlast 1'685 kg; maximales Startgewicht 3'855 kg; maximales Landegewicht 3'855 kg; maximales Leertankgewicht 3'742 kg.
Abmessungen: Spannweite 16,51 m; Gesamtlänge 12,57 m; Gesamthöhe 15,54 m; keine Pfeilung; Flügelfläche 30,1 m².
Kabine: Länge 5,33 m; maximale Breite 1,3 m; maximale lichte Höhe 1,58 m. Bis zu 12 Einzelsitze mit Mittelgang, Sitzabstand 74 cm. Gepäckraum in der Rumpfnase 0,76 m³. Zwei-Mann-Cockpit-Besatzung, jedoch zugelassen für Einmann-Betrieb.

wird von vier Besatzungsmitgliedern geflogen. Einige zivile Betreiber, wie Queensland Air and Northern Territory Air Work, haben diese Version erworben. Searchmaster L hat für spezifische Armee- und Regierungsaufgaben ein Litton-APS-504(V)-Aufklärungsradar für 360-Grad-Abtastung in einem Radom unter der Nase und eine Fünf-Mann-Besatzung und auf Wunsch unter der Fläche angebrachte Lastenträger wie bei der Missionmaster.

Indienststellung

GAF erhielt die folgenden Zulassungen: N2 am 11. August 1972, N22 am 29. April 1975, N22B im August 1975 (US FAR Pt 135 im Dezember 1978), N22C im Mai 1985, N24 im Oktober 1977, N24A im Mai 1978, (FAR Pt 135 im Dezember 1978).

Links: Dreisichtzeichnung der GAF Nomad 22, der ursprünglichen Version des australischen Zubringerflugzeuges. Die zusätzliche Seitenansicht (zuunterst) zeigt die verlängerte N24A.

Unten: Alaska Central war einer der Erstbetreiber der GAF Nomad N24A.

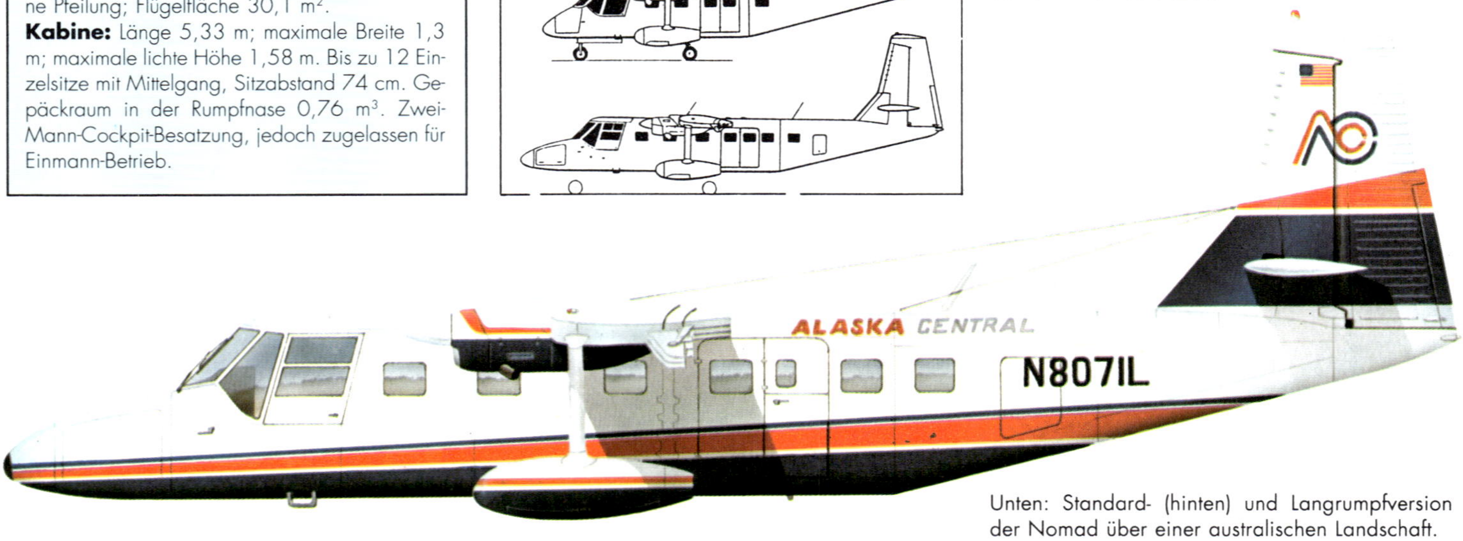

Unten: Standard- (hinten) und Langrumpfversion der Nomad über einer australischen Landschaft.

HANDLEY PAGE HERALD GROSSBRITANNIEN

Links: Die Handley Page Herald war eines der ersten Turboprop-Zubringerflugzeuge, die im Jahre 1960 eingesetzt wurden, aber die langsame Entwicklung des Marktes für diesen Typ Flugzeug und finanzielle Schwierigkeiten des Herstellers führten zu einem vorzeitigen Ende der Produktion.

Die Planung eines mittelgrossen Kurzstrecken-Zubringerflugzeuges mit Druckkabine wurde Anfang der 50er Jahre bei Handley Page begonnen, und für den Entwurf wurde die in Reading ansässige Tochtergesellschaft von Handley Page (die frühere Miles Aircraft) verantwortlich gemacht. Das neue Flugzeug unter der Bezeichnung HPR 3 war ein Schulterdecker herkömmlichen Entwurfs, angetrieben von vier Alvis-Leonides-Major-Sternmotoren. Zwei Prototypen in dieser Konfiguration machten ihren ersten Flug am 25. August 1955, aber erste Kaufverträge über etwa 29 Flugzeuge wurden nicht eingehalten, und es wurde Handley Page klar, dass die HPR 3 sich gegenüber den neuen Turboprops nicht würde behaupten können. Konsequenterweise gab die Gesellschaft im Mai 1957 bekannt, dass die Herald mit zwei Darts anstelle der vier Sternmotoren angeboten würde. Beide Prototypen wurden auf Dart-RDa.7-Triebwerke umgerüstet und flogen zum ersten Mal in dieser Form am 11. März beziehungsweise am 17. Dezember 1958. Die erste HPR 7 Herald flog am 30. Oktober 1959, und drei andere folgten demselben Standard, bevor man die Produktion auf das etwas verlängerte, endgültige Modell umstellte. Während der 60er Jahre lief die Produktion der Herald mit einer niedrigen Rate weiter, bis Handley Page Ltd im Jahre 1968 in Konkurs ging.

Varianten

Die erste Serienproduktion war die Herald Sre 100 mit einer Rumpflänge von 21,92 m und einem maximalen Startgewicht von 17'690 kg. Von vier gebauten wurden drei an British European Airways für den Einsatz im schottischen Hochland und den Inselstrecken ausgeliefert. Das besondere Kennzeichen

HARBIN Y-12 VOLKSREPUBLIK CHINA

Rechts: Die Harbin Y-12 hat die typische Konfiguration eines kleinen, zweimotorigen Zubringer-Turbopropflugzeuges und ist insofern bemerkenswert, als es das erste zivile Flugzeug rein chinesischer Planung und Konstruktion ist, das Massenproduktion erreichen soll. In kleinem Umfang hat die Y-12-2 Ende 1986 den Dienst angetreten.

Links: Das Cockpit der Harbin Y-12, das mit zwei vollen Steuerungsmöglichkeiten für beide Piloten und einem herkömmlichen Arrangement der Fluginstrumente ausgerüstet ist. Radio-, Navigations- und Triebwerküberwachungsinstrumente mit chinesischer Beschriftung befinden sich in der Mitte des vorderen Instrumentenbrettes.

Die Y-12 (Y für «Yunshuji», d.h Transportflugzeug, manchmal auch Yun-12) ist ein Produkt der Harbin-Flugzeugfabrik in der Provinz Heilongjiang, eines der zehn bekannten Hauptzentren der chinesischen Luftfahrtindustrie. Die Harbin Aircraft Manufacturing Corporation wurde im Jahre 1972 gegründet und war sechs Jahre lang nur mit Flugzeugreparaturen beschäftigt. Sie ging dann über zur Lizenzproduktion von sowjetischen Flugzeugen und baute ungefähr 1000 Mil-Mi-4-Hubschrauber (unter der Bezeichnung Z-5) sowie ungefähr 500 leichte Bomber Ilyushin Il-28 (unter der Bezeichnung H-5). Der erste eigene Entwurf war im Jahr 1975 die Y-11, ein Schulterdecker-Mehrzweck-Transportflugzeug mit zwei Kolbentriebwerken in derselben Kategorie wie die Britten-Norman Islander. Obwohl die Bezeichnung vorgibt, dass dies der elfte Entwurf einer Serie ist, war die Y-11 eines der ersten modernen Flugzeuge rein chinesischen Entwurfs. Angetrieben von zwei im Inland hergestellten Neun-Zylinder-Sternmotoren HS-6A mit 213 kW, eine Weiterentwicklung des sowjetischen Ivchenko AI-14RF, wurde die siebensitzige Y-11 1981 zugelassen, und 40 Stück wurden gebaut. Die Y-12 hat ausser der Konfiguration nur we-

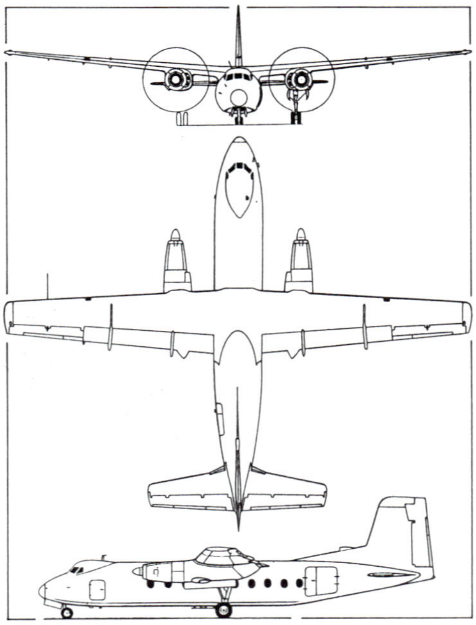

Links: Dreisichtzeichnung der Herald Serie 200, die am meisten produzierte Variante. Die Serie 100 hatte einen kürzeren Rumpf, aber nur vier wurden gebaut.

der Herald Sre 200 war eine Rumpfverlängerung von 1,09 m für zwei weitere Sitzreihen und höhere Gewichte. Nachdem der zweite Prototyp HPR 7 in Sre-200-Konfiguration am 8. April 1961 geflogen war, flog das erste Serienmuster am 13. Dezember 1961, und 36 dieser Varianten wurden ausgeliefert. Zusätzlich baute die Gesellschaft acht Herald Sre 400 als militärische Transportmaschinen für die Royal Malaysian Air Force. Die Herald Sre 300 war eine Sre 200 mit geringen Modifikationen zur Erfüllung der US-Zulassungserfordernisse. Nicht ausgeführte Projekte waren die Sre 500, eine militärische Transportflugzeugvariante, ähnlich der Sre 400, und die Sre 600 mit einer Rumpfverlängerung von 1,5 m für 68 Passagiere, mit 1'832-kW-Dart.9-Triebwerken, mehr Treibstoff und höheren Gewichten; ferner die Sre 700, die die Rumpflänge der Sre 200 mit den besonderen Merkmalen der Sre 600 kombinierte und endlich die Sre 800, die die Sre-400-Militärrumpfausführung mit den Merkmalen der Srs 600 kombinierte.

Indienststellung

Die Herald Sre 100 erhielt die britische Zulassung am 25. November 1959 und wurde bei BEA Anfang 1960 in Dienst gestellt. Die Sre 200 wurde am 1. Juni 1961 zugelassen und erstmals bei Jersey Airlines Anfang 1962 eingesetzt. Die Gesamtproduktion belief sich auf vier Sre 100, 36 Sre 200 und acht Sre 400 plus zwei Prototypen. Ungefähr ein Dutzend war 1987 noch im Einsatz, meistens bei europäischen Betreibern.

Harald Serie 200

Antrieb: Zwei Rolls-Royce-Dart-Mk-527-(RDa.7)-Turboprops, je 1'570 kW Startleistung, mit vierblättriger Rotol-Luftschraube, Durchmesser 3,81 m, konstante Drehzahl und volle Segelstellung. Treibstoff 4'910 l in Integral- und flexiblen Tanks in den Flächen.

Leistung: Max. Reisegeschwindigkeit 443 km/h in einer Höhe von 4'575 m; beste wirtschaftliche Reisegeschwindigkeit 426 km/h in einer Höhe von 7'010 m; anfängliche Steigrate 9,2 m/sec; Dienstgipfelhöhe 8'505 m; Startstrecke auf 10,7 m Höhe 823 m; Landedist. aus 15,2 m Höhe 580 m; Reichweite mit max. Nutzlast 1'127 km; Reichweite mit max. Treibstoff 2'830 km.

Gewicht: Leerrüstgewicht 11'703 kg; maximale Nutzlast 5'307 kg; maximales Startgewicht 19'505 kg; maximales Landegewicht 17'915 kg; maximales Leertankgewicht 17'010 kg.

Abmessungen: Spannweite 28,88 m; Gesamtlänge 23,01 m; Gesamthöhe 7,34 m; Pfeilung 0,38 Grad bei Viertelprofilsehne; Flügelfläche 82,31 m^2.

Kabine: Länge 16,46 m; max. Breite 2,65 m; max. lichte Höhe 1,93 m. Standard-Ein-Klassen-Auslegung für 50 Passagiere (Viererreihe, Mittelgang, Sitzabstand 91 cm), oder Maximum von 56 Passagieren (Sitzabstand 86 cm). Zwei Gepäckräume oberhalb des Bodens, Gesamtvolumen 8,07 m^3. Zwei-Mann-Cockpit-Besatzung.

nig Gemeinsames mit der Y-11. Der erste von drei Prototypen flog am 14. Juli 1982. Nebst der Wahl des Pratt & Whitney PT6A zum Antrieb der Y-12 verwendete Harbin auch neue Technologien wie eine superkritische NASA-GAW-Flächenprofilsektion, Verbundbauweise anstelle von Nieten und Integraltanks anstelle von Treibstoffzellen. Zwei Prototypen Y-12-1 und einer Zelle für Druckerprobungen folgten drei Entwicklungsflugzeuge Y-12-2, die zur Erlangung der Zulassung gemäss US FAR Pt 23 und Pt 135 eingesetzt wurden. Die erste Y-12-2 flog im Jahre 1983. Hong Kong Aircraft Engineering Co. (HAECO) installierte westliche Avionikinstrumente und Inneneinrichtungen in der sechsten Y-12, um das Flugzeug exportfähig zu machen, und Lockheed versprach Flugerprobungsunterstützung für die Y-12-Zulassung. Die chinesische Regierung hat auch mit Pratt & Whitney ein Abkommen geschlossen, um die PT6A-Triebwerke in China fertigen zu können.

Varianten

Die Serien-Version Y-12-2 führte PT6A-27-Triebwerke ein, nachdem schwächere PT6A-11 in den zwei Prototypen Y-12-1 angebracht waren.
Nach der Beendigung der Flugerprobungen wurden die zwei Prototypen für geologische Vermessungsarbeiten ausgerüstet.

Indienststellung

Die Y-12-2 wurde in China im Dezember 1985 zugelassen. Volle internationale Zulassung soll 1988 erlangt werden. Ungefähr ein Dutzend Y-12 waren bis Ende 1986 fertiggestellt.

Y-12-2

Antrieb: Zwei Pratt-&-Whitney-Canada-PT6A-27-Turboprops, je 462 kW Startleistung, mit dreiblättriger Hartzell-Luftschraube mit verstellbarem Anstellwinkel für volle Segelstellung und Umkehrschub. Treibstoff 1'600 l l im Flächentorsionskasten.

Leistung: Maximale Geschwindigkeit 302 km/h in einer Höhe von 3'000 m; Reisegeschwindigkeit 240 km/h in einer Höhe von 3'000 m; anfängliche Steigrate 8 m/sec; normale Reisehöhe 3'000 m; Dienstgipfelhöhe 7'000 m; Sicherheitsstartstrecke (FAR Pt 23) 425 m; Sicherheitslandestrecke (FAR Pt 23) 650 m; Reichweite mit 17 Passagieren 410 km.

Gewicht: (Y-12-1) Betriebsleergewicht 3'000 kg; maximales Treibstoffgewicht 1'200 kg; maximale Nutzlast 1'700 kg; maximales Startgewicht 5'300 kg; maximales Landegewicht 5'000 kg; maximales Leertankgewicht 4'700 kg.

Abmessungen: Spannweite 17,24 m; Gesamtlänge 14,86 m; Gesamthöhe 5,27 m; keine Pfeilung; Flügelfläche 34,27 m^2.

Kabine: Länge 4,9 m; Gesamtbreite 1,46 m; gesamte lichte Höhe 1,7 m. Standardunterbringung bis 17 Passagiere in Dreierreihen, Sitzabstand 80 cm. Gepäckabteile in der Nase und hinten, Gesamtvolumen 2,66 m^3. Zwei-Mann-

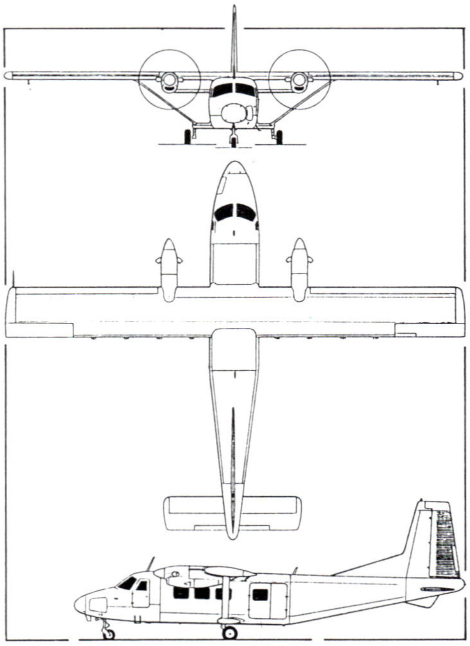

Oben: Dreisichtzeichnung der Harbin Y-12-2 in der endgültigen Produktionsform, mit einer grösseren Rumpfflosse als bei den ersten Prototypen.

Links: Obwohl die Harbin Y-12 nur geringfügig breiter als die GAF Nomad ist, bietet sie Dreiersitzreihen für 17 Passagiere mit einem engen, seitlich versetzten Gang.

IAI ARAVA ISRAEL

Israels einheimische Flugzeugindustrie hat ihren Ursprung in der 1953 gegründeten Bedek Aircraft Company. Diese Gesellschaft, die ihren Namen 1967 in Israel Aircraft Industries umänderte, war anfangs ausschliesslich mit Wartungsaufgaben und technischer Beratung für die israelische Luftwaffe beschäftigt. Produktionsarbeiten nahm sie Ausgang der 50er Jahre auf, zunächst mit dem Lizenzbau der Fouga CM-170 Magister, und ungefähr zur selben Zeit begann die Planungsarbeit für ein Flugzeug rein israelischen Ursprungs. Der erste IAI-Entwurf, ein neunsitziger Firmen-Jet, und auch ein zweiter für einen sechssitzigen Firmen-Jet wurden aufgegeben, als IAI die Entwurfs- und Herstellungsrechte für den Rockwell Jet Commander erwarb, dessen Entwicklung und Produktion sie unter der Bezeichnung Westwind weiterführte. Das Entwurfsbüro widmete dann seine Aufmerksamkeit einem leichten STOL-Turboprop-Transportflugzeug. Die Planungsarbeit begann 1965 und führte zum Projekt eines zweimotorigen, mit Turboprop ausgerüsteten Schulterdeckertransportflugzeuges mit STOL-Eigenschaften. Das ungewöhnlichste Kennzeichen des Entwurfs waren die Doppelausleger, kombiniert mit einem kreisförmigen Rumpfquerschnitt und einem klappbaren hinteren Rumpfkegel für direktes Beladen von Fahrzeugen oder Fracht. Wie die meisten Flugzeuge dieser Klasse, wurde das neue Transportflugzeug IAI-101 zur Erfüllung der amerikanischen FAR-Pt-23-Vorschriften für ein maximales Startgewicht von 5'670 kg für zivile Einsätze entworfen. Der erste Prototyp flog am 27. November 1969 und der zweite am 8. Mai 1971, aber danach verlagerte sich die Produktion und Entwicklung auf die schwerere militärische Variante IAI-201. Der Name Arava wird für die zivilen und militärischen Typen verwendet.

Varianten

Die ursprüngliche Arava wurde mit Turbomeca-Astazou-Turboprop-Triebwerken geplant, aber die Prototypen wurden mit PT6A-27 ausgerüstet, und für die Serienproduktion, später als IAI-102 bezeichnet, verwendete man den 584 kW starken PT6A-34-Motor. Die militärische Version IAI-201 hatte ein maximales Gewicht von 6'804 kg. Die aktuelle zivile Version IAI-101B hat PT6A-63-Triebwerke und einen verbesserten Leistungsbereich in heissen und hohen Bedingungen nebst einer besseren Kabineninnenausstattung. Eine Nur-Fracht-Version mit einer Nutzlast von 2'360 kg ist in den USA unter der Bezeichnung Cargo Commuterliner bekannt. Die IAI-202 ist eine modifizierte Version mit PT6A-36-Triebwerken, Flügelendscheiben und einem verlängerten Rumpf.

Indienststellung

Die IAI-101 wurde mit PT6A-27-Triebwerken im April 1972 und die IAI-101A mit PT6A-34-Triebwerken im August 1973 zugelassen. Die im April 1972 durch die israelischen Behörden zugelassene IAI-102 war die erste zivile Version, die in Dienst gestellt wurde. Die FAA-Zulassung der IAI-101B wurde gemäss SFAR-Pt-41-Vorschrift am 17. November 1980 und gemäss SFAR-Pt-41C-Vorschrift im Oktober 1982 erteilt. Von den etwa 80 bis heute gebauten Aravas waren ungefähr 20 für zivile Betreiber.

IAI-101B

Antrieb: Zwei Pratt-&-Whitney-Canada-PT6A-36-Turboprops, je 559 kW Startleistung, mit dreiblättrigen Hartzell-Luftschrauben mit variablem Anstellwinkel für volle Segelstellung und Umkehrschub. Treibstoff 1'663 l in Flächenintegraltanks.

Leistung: Maximale Betriebsgeschwindigkeit 315 km/h angezeigte Eigengeschwindigkeit; maximale Reisegeschwindigkeit 308 km/h in einer Höhe von 3'050 m; Langstreckenreisegeschwindigkeit 259 km/h in einer Höhe von 3'050 m; anfängliche Steigrate 6,5 m/sec; Dienstgipfelhöhe 7'620 m; Startdistanz bis 15 m Höhe 745 m; Landedistanz aus 15 m Höhe 655 m; Reichweite mit maximaler Nutzlast 440 km; Reichweite mit max. Treibstoff 1'370 km.

Gewicht: Betriebsleergewicht 4'000 kg; maximale Nutzlast 2'350 kg; maximales Startgewicht 6'804 kg; maximales Landegewicht 6'804 kg; maximales Leertankgewicht 6'350 kg.

Abmessungen: Spannweite 20,96 m; Gesamtlänge 13,05 m; Gesamthöhe 5,21 m; keine Pfeilung; Flügelfläche 43,7 m².

Kabine: Länge 3,87 m; maximale Breite 2,33 m; maximale lichte Höhe 1,75 m. 19 Sitze in Viererreihen mit einem Mittelgang und 76 cm Sitzabstand. Gepäckabteil 2,6 m³ plus 3,2 m³ im Rumpfendkegel. Zwei-Mann-Cockpit-Besatzung, Vorrichtung für Betrieb mit nur einem Piloten.

ILYUSHIN IL-18 SOWJETUNION

IL-18D

Antrieb: Vier Ivchenko-AI-20M-Turboprops, je 3'169 kW Startleistung, mit vierblättrigen AV-68I-Propellern für konstante Drehzahl, Segelstellung und Umkehrschub. Treibstoff 30'000 l in Integraltanks in den Flächen und zellenartigen Tanks in den Flächen und im Mittelstück.

Leistung: Maximale Reisegeschwindigkeit (bei maximalem Startgewicht) 675 km/h; wirtschaftliche Reisegeschwindigkeit 625 km/h; normale Betriebshöhe 8'000 bis 10'000 m; Startstrecke 1'300 m; Landestrecke 850 m; Reichweite mit maximaler Nutzlast und einer Stunde Treibstoffreserve 3'700 km; Reichweite mit maximalem Treibstoff und einer Stunde Treibstoffreserve 6'500 km.

Gewicht: Leer, ausgerüstet (90 Sitze) 35'000 kg, maximale Nutzlast 13'500 kg; maximales Startgewicht 64'000 kg.

Abmessungen: Spannweite 37,4 m; Gesamtlänge 35,9 m; Gesamthöhe 10,17 m; keine Pfeilung; Flügelfläche 140 m².

Kabine: Länge 24 m; maximale Breite 3,23 m; maximale lichte Höhe 2 m. Standardauslegung bietet 110 Sitze in vorderer, Haupt- und hinterer Kabine in Sechserreihen; maximale Kapazität 122; alternative Auslegungen 90 Sitze in Fünferreihen oder 65 Sitze in gemischter Viererreihe-/ Fünferreihe-Anordnung. Fünf-Mann-Cockpit-Besatzung, zwei Flugzeugführer, Flugingenieur, Navigator und Funker.

Die Il-18 flog zum ersten Mal im Juli 1957. Dem Prototyp mit der Bezeichnung Moskva folgten zwei Vorserienflugzeuge und 20 Flugzeuge für Einsatzversuche, einige mit Kuznetsov-NK-4-, andere mit AI-20-Triebwerken. Letzteres wurde aufgrund der Einsatzresultate als Standard-Triebwerk bestimmt, und die erste grössere Serienproduktion war die Il-18B mit einem von 57'200 kg auf 59'200 kg erhöhten maximalen Startgewicht und 84 Sitzen. Die Il-18 wurde bald Aeroflots «Arbeitspferd» und unterstützte den zweimotorigen Tupolev Tu-104, der auf Prestigestrecken sowohl im Inland wie im Ausland eingesetzt wurde. Sobald der Anfangsbedarf von Aeroflot gedeckt war, wurde die Il-18 in grosser Zahl an zivile Betreiber in den Ländern innerhalb der sowjetischen Einflusssphäre exportiert. Man nimmt an, dass 700 bis 800 Il-18 gebaut worden sind, einschliesslich einiger für militärischen Einsatz, vor allem als Personal- und VIP-Transporter. Der Entwurf lieferte auch die Basis für die Entwicklung des Il-38-U-Boot-Abwehr-/Seepatrouillenflugzeuges, und Elint-Versionen (elektronische Aufklärung) wurden wahrscheinlich aus ausgemusterten zivilen Zellen mo-

Rechts: Die Ilyushin Il-18, eines der ersten in der Sowjetunion entwickelten Turboprop-Flugzeuge, das auch im Export erfolgreich war. Einige Muster fliegen noch in den Flotten von vielen Fluggesellschaften, die in der sowjetischen Einflusssphäre sind, unter ihnen, wie gezeigt, Kubana.

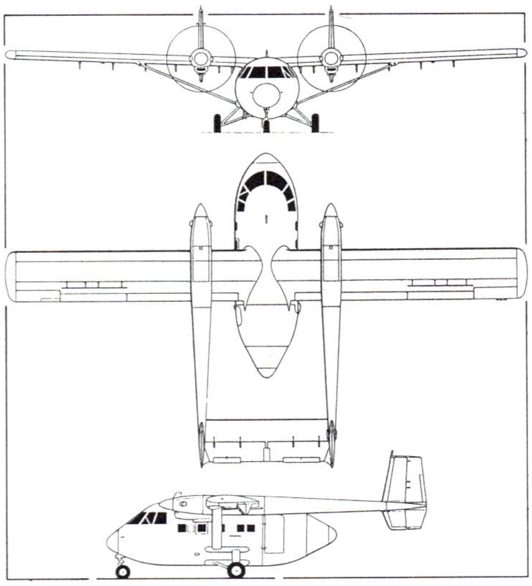

Oben: Die charakteristische Auslegung der IAI Arava mit aufklappbarem hinterem Rumpfkegel ist in dieser Dreisichtzeichnung der Basis-Variante-IAI-201 zu sehen. Die IAI-202 mit verlängertem Rumpf, Flächenendscheiben und anderen Veränderungen flog nur als Prototyp.

Links: Die in Israel entwickelte Arava wurde häufiger für militärische als für zivile Aufgaben eingesetzt, zum Teil dank ihrer guten Einsatzleistung, die hier demonstriert wird. Etwa 20 Arava sind von kleinen Zubringergesellschaften, vor allem in den USA und in Israel, gekauft worden.

difiziert. Die Il-18 ist bekannt unter dem NATO-Codenamen «Cub».

Varianten

Der Serienversion Il-18B folgte in der Produktion im Jahre 1961 die Il-18V mit AI-20K-Triebwerken, je 2'983 kW Nennleistung, mit einer Treibstoffkapazität von 23'700 l und einer Standardauslegung für 90 oder 110 Passagiere. 1964 wurde das stärkere AI-20M-Triebwerk eingeführt (siehe Datentafel). Die Auflösung des hinteren Frachtraums zugunsten einer Ausdehnung der Druckkabine ermöglichte eine Unterbringung von 110 Passagieren bzw. 122 durch Fortfall der Mantelablage während des Sommers. Mit diesen Veränderungen wurde die Bezeichnung in Il-18E umgewandelt, aber ihr folgte schnell die Il-18D, bei der durch zusätzliche Zellentanks im Mittelstück die Treibstoffkapazität um fast 27 Prozent erhöht wurde. Einige Il-18 wurden mit einer grossen Frachttür an der hinteren Rumpfseite als Frachtflugzeuge modifiziert, nachdem sie aus dem Passagierdienst abgezogen worden waren.

Indienststellung

Die Il-18 wurde am 20. April 1959 bei Aeroflot in Dienst gestellt, ihr folgte die Il-18V im Jahre 1961 und die Il-18D und Il-18E im Jahre 1965. 1986 waren noch zwischen 150 und 200 im Dienst bei Aeroflot, Air Guinea, Air Mali, Balkan Bulgarian, CAAC, Choson Minhang, CSA, Cubana, Interflug, Hang Khong Vietnam, LOT, Malev und Tarom.

Oben: Das Cockpit der Ilyushin Il-18 ist überhäuft und kompliziert im Vergleich mit westlicher Praxis, geht aber auf die Mitte der 50er Jahre zurück. Dieses Muster ist eines von mehreren Il-18, die für Antarktis-Einsätze bestimmt und mit einem Wetterradar-Scope eingerichtet sind.

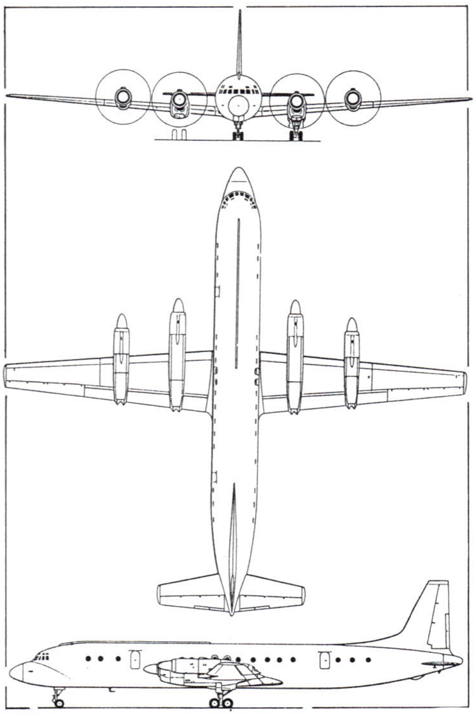

Rechts: Dreisichtzeichnung der Il-18. Diese Zeichnung stellt die verschiedenen Produktionsvarianten dar, die äusserlich alle gleich sind.

ILYUSHIN IL-62 SOWJETUNION

Die Il-62 machte ihren ersten Flug im Januar 1963. Sie wurde für Aeroflot als Langstrecken-Düsentransportflugzeug mit einem dem westlichen Standard vergleichbaren Komfort und Leistungsbereich entwickelt. Die sowjetischen Planungsbüros orientierten sich bei den meisten Flugzeugkategorien an westlichen Produkten, mit der bemerkenswerten Ausnahme eines viermotorigen Jetentwurfs des Ilyushin-Büros mit am Rumpfende angebrachten Triebwerken und einer hoch angesetzten Höhenflosse. Genau wie bei westlichen Entwürfen ähnlicher Auslegung, waren bei der Il-62 längere Flugerprobungen nötig, um die Tendenz dieses Typs, in einen totalen Strömungsabriss zu gelangen, zu überwinden. Eine zusätzliche Komplikation ergab sich aus der verzögerten Entwicklung eines passenden Triebwerks. Die ersten Muster der Il-62 flogen mit 7'500 kp starken Lyulka-AL-7-Turbojets; die 10'500 kp starken Kuznetsov-NK-8-4-Turbofan-Triebwerke wurden erst später in das Programm eingeführt, das zwei Prototypen und drei Vorserienflugzeuge einbezog. Die Il-62 hat den NATO-Code «Classic».

Varianten

Die Produktion der Il-62 für 168 Passagiere in Ein-Klassen-Auslegung wurde mit NK-8-4-Turbofan-Triebwerken begonnen. Diese Version hatte kaskadenartige Schubumkehrer, aber nur an den äusseren Triebwerken. Um das Jahr 1971 wurde die Il-62M produziert, bei der Soloviev-D-30KU-Triebwerke die Kuznetsov-Triebwerke ersetzten. Der verbesserte spezifische Treibstoffverbrauch dieses neuen Triebwerks, kombiniert mit einer vergrösserten Treibstoffkapazität, verhalf der Il-62M zu einem erheblich besseren Nutzlast-/Reichweitenleistungsbereich. Weitere Veränderungen betrafen das Cockpit, neue Avionikinstrumente, um Cat-II-Bedingungen zu ermöglichen (mit der Möglichkeit auf Cat III auszudehnen), und eine Änderung im Flächenstörklappen-Steuersystem, um den gegenläufigen Gebrauch für eine bessere Rollsteuerung zu ermöglichen. Eine weitere Variante erschien

ILYUSHIN IL-86 SOWJETUNION

Verantwortlich für fast alle nichtmilitärischen Flugdienste der Sowjetunion, fördert die Aeroflot die Entwicklung verschiedenster Flugzeugtypen, von landwirtschaftlichen Doppeldeckern über Hubschrauber und Nachschubflugzeuge bis zu Turboprop- und Turbojet-/Turbofan-Flugzeugen. Das Spitzenmodell aller Aeroflot-Flugzeuge ist im Moment die Il-86, ein Produkt des Ilyushin-Planungsbüros. Sie ist nicht nur das grösste sowjetische Flugzeug, sondern auch das erste mit einer Grossraum-Kabine und das erste, das die Motoren in an den Flächen montierten Gondeln hat, obwohl die erste publizierte Darstellung des Il-86-Entwurfs eine Konfiguration mit hinten angebrachten Triebwerken zeigt. Der Il-86-Entwurf datiert Anfang der 70er Jahre, und der erste von zwei Prototypen hat den Erstflug am 22. Dezember 1976 durchgeführt. Für den Antrieb des «Sowjet-Airbus» entwickelte das Kuznetsov-Büro ein neues Triebwerk, das NK-86, obwohl man annimmt, dass Soloviev-Turbofantriebwerke, wie sie jetzt bei der Il-96 verwendet werden, von Anfang an in Betracht gezogen wurden. Die Flugerprobung der Il-86 scheint sich relativ reibungslos abgewickelt zu haben, und das erste Serienproduktionsmuster flog am 24. Oktober 1977 in Voronezh, wo sich die Endfertigungsstrasse befindet. Einen wesentlichen Beitrag zur Il-86-Produktion leistet die polnische Flugzeugindustrie, die die Flosse und das Leitwerk, die Triebwerkträger und die Flügelvorklappen im PZL-Mielec-Werk herstellt. Da auf vielen von Aeroflot bedienten Flughäfen nur mangelhafte Hilfseinrichtungen vorhanden sind, reichen die in die Türen eingebauten Treppen von der Rumpfunterseite bis zum Boden. Von den unteren Garderoben/Vorräumen führen Treppen nach oben in die Hauptkabine. Der Typ hat den NATO-Codenamen «Camber».

Varianten

Seit Produktionsbeginn hat die Il-86 verschiedene Verbesserungen und Modernisierungen erfahren, in deren Verlauf das Gesamtgewicht auf ein erlaubtes Maximum von 208'000 kg erhöht worden ist. Bereits 1981 tauchten Berichte auf über eine Weiterent-

Links: CSA, die staatliche Luftverkehrsgesellschaft der Tschechoslowakei, setzt 10 Ilyushin Il-62 und Il-62M ein.
Unten: Dreisichtzeichnung der Ilyushin Il-62M, der hauptsächlichen Version dieses in den 70er Jahren produzierten viermotorigen Jetflugzeugs.

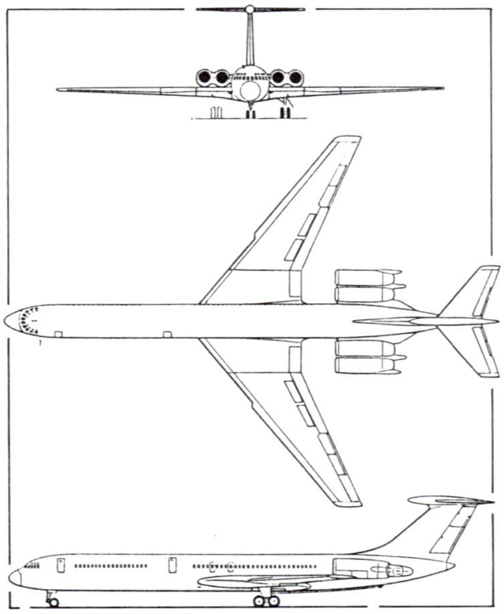

Il-62M

Antrieb: 4 Soloviev-D-30KU-Turbofantriebwerke, je 11'000 kp für Start, mit Umkehrschub (nur äussere Triebwerke). Treibstoff 103'500 l in Integraltanks in Fläche, Mittelstück und Flosse.
Leistung: Max. Reisegeschwindigkeit 920 km/h in einer Höhe von 8'000 m; Langstreckenreisegeschwindigkeit 820 km/h in einer Höhe von 11'000 m; Startstrecke 3'300 m; Landestrecke 2'500 m; Reichweite mit max. Nutzlast 7'800 km; Reichweite mit 10'000 kg Nutzlast 10'000 km.
Gewicht: Betriebsleergewicht 71'600 kg; maximale Nutzlast 23'000 kg; maximales Startgewicht 165'000 kg; maximales Landegewicht 105'000 kg; max. Leertankgewicht 94'600 kg.
Abmessungen: Spannweite 43,2 m; Gesamtlänge 53,12 m; Gesamthöhe 12,35 m; Pfeilung 32 Grad 30 Minuten bei Viertelprofilsehne; Flügelfläche 279,55 m².
Kabine: Max. Höhe 2,12 m; maximale Breite 3,49 m. Standard-Auslegung 186 Passagiere (Sechserreihen, 86 cm Sitzabstand); Gemischt-Klassen-Anordnungen (Vierer- und Fünfer-Sitzreihen). Vier Frachträume, Gesamtvolumen 48 m³. Fünf-Mann-Cockpit-Besatzung, zwei Flugzeugführer, Navigator, Funker und Flugingenieur.

1978 als Il-62MK mit denselben Triebwerken wie die Il-62M, aber mit Änderungen der Struktur, des Fahrwerks und des Steuersystems, um den Flugbetrieb bei höheren Start- und Landegewichten von 167'000 kg beziehungsweise 110'000 kg zu gestatten. Ein Neuentwurf der Innenausstattung mit Überkopf-Handgepäckfächern erhöhte die maximale Unterbringung auf 195 Passagiere. Zweischalige Schubumkehrer wurden bei den D-30KU-Triebwerken angewendet.

Indienststellung

Nach verschiedenen Einsätzen innerhalb der Sowjetunion wurde die Il-62 bei Aeroflot am 15. September 1967 für die Strecke Moskau–Montreal in Dienst gestellt. Ab Juli 1968 ersetzte sie die Tu-114 auf der Strecke Moskau–New York und wurde nach und nach zum Standardmuster auf den meisten Aeroflot-Langstrecken-Routen, international wie im Inland. Die Il-62M wurde erstmals 1974 auf der Strecke Moskau–Havanna eingesetzt. Man glaubt, dass mehr als 200 Il-62 in allen Versionen produziert worden sind, ungefähr 50 für die Aeroflot, der Rest für den Einsatz in Nationen im sowjetischen Einflussbereich, wie zum Beispiel bei CAAC (China), Interflug (Ostdeutschland), Balkan Bulgarian, LOT (Polen), Tarom (Rumänien), CSA (Tschechoslowakei), Kubana, LA Mozambique und Choson Minhang (Nordvietnam).

Antrieb: Vier Kuznetsov-NK-86-Turbofantriebwerke, je 13'000 kp für den Start, mit Umkehrschub. Treibstoffkapazität zwischen 70'000 und 80'000 l in Integraltanks.
Leistung: Maximale Reisegeschwindigkeit 950 km/h; Langstreckenreisegeschwindigkeit 900 km/h; normale Betriebshöhe 9'000 bis 11'000 m; Startstrecke bis zu 2'600 m; Reichweite mit 40'000 kg Nutzlast 3'600 km; Reichweite mit maximalem Treibstoff 4'600 km.
Gewicht: Maximale Nutzlast 42'000 kg; maximales Treibstoffgewicht 86'000 kg; maximales Startgewicht auf Unterstandard-Startbahnen 190'000 kg; alternatives maximales Startgewicht auf Startbahnen ohne Beschränkung 206'000 kg; max. Landegewicht 175'000 kg.
Abmessungen: Spannweite 48,06 m; Gesamtlänge 59,54 m; Gesamthöhe 15,81 m; Pfeilung 35 Grad bei Viertelprofilsehne; Flügelfläche 320 m².
Kabine: Max. Kabinenbreite 5,7 m; max. lichte Höhe 2,61 m. Basis-Kabinen-Auslegung bis zu 350 Sitze in Neunerreihen mit zwei Gängen; gemischte Klassenauslegung 28 Sitze in Sechserreihen in vorderer Kabine und 206 Sitze in Achterreihen in mittlerer und hinterer Kabine. Zugang über Treppen zum Unterdeck mit Stauraum für Handgepäck und Mäntel, Frachträume bis zu 16 Standard-LDS-Container. Drei-Mann-Cockpit-Besatzung plus Einrichtung für einen Navigator.

Links: Die Ilyushin Il-86 erschien Ausgang der 70er Jahre als das erste «Grossraumflugzeug» der Sowjetunion mit grosser Sitzkapazität. Nur die Aeroflot setzt die Il-86 ein, aber CSA und LOT dürften später einige Muster erwerben.

Rechts: Eine «Fischaugen» -Aufnahme der Neunersitzreihen-Anordnung in der Hauptkabine der Il-86 mit zwei Gängen.

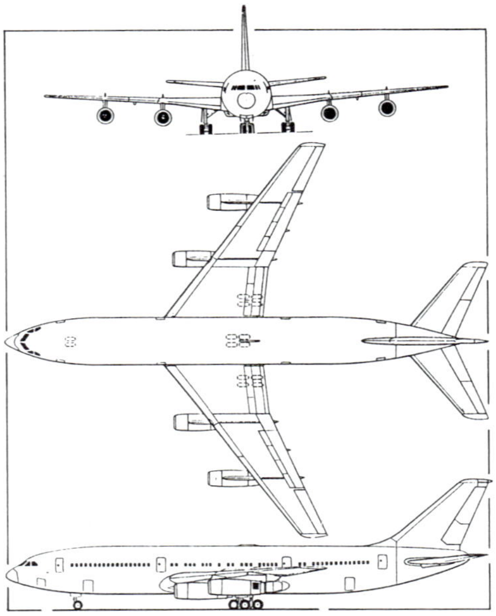

wicklung der Il-86 mit einer grösseren Reichweite, und 1986 wurde diese Variante als Il-96 bekannt (in der Sowjetpresse auch als Il-96-300 zitiert, siehe nächste Doppelseite).

Indienststellung

Die Il-86 wurde am 26. Dezember 1980 zwischen Moskau und Tashkent in Dienst gestellt. Viele weitere Inland-Zielhäfen wurden 1981 in das Il-86-Streckennetz eingegliedert, und der erste internationale Dienst wurde am 3. Juli 1981 zwischen Moskau und Ost-Berlin geflogen. Man nimmt an, dass bis Anfang 1987 zwischen 50 und 80 Il-86 an Aeroflot ausgeliefert worden sind, obwohl polnische Quellen behaupten, dass Mielec bis Mitte 1985 130 Bauteil-Sätze geliefert habe.

Links: Dreisichtzeichnung der Il-86, von der bis jetzt nur eine Version erschienen ist.

ILYUSHIN IL-96 SOWJETUNION

Antrieb: Vier Turbofantriebwerke unbekannten Typs (wahrscheinlich Soloviev) mit hohem Nebenstromverhältnis, je 16'000 kp für den Start, mit Umkehrschub.
Leistung: Maximale Reisegeschwindigkeit 900 km/h in einer Höhe von 12'000 m; wirtschaftliche Reisegeschwindigkeit 850 km/h; Startstrecke 3'200 m; maximale Betriebshöhe 13'000 m; Reichweite 9'000 km mit 30'000 kg Nutzlast, 7'500 km mit 15'000 kg Nutzlast.
Gewicht: Rüstleergewicht 117'000 kg; maximale Nutzlast 40'000 kg; maximales Startgewicht 230'000 kg.
Abmessungen: Spannweite (ohne Flächenendscheiben) 57,66 m; Gesamtlänge 55,35 m; Gesamthöhe 17,57 m; Pfeilung 30 Grad bei Viertelprofilsehne; Flügelfläche 350 m²).
Kabine: Max. Kabinenbreite 5,66 m; max. lichte Höhe 2,6 m. Typische Gemischtklassenauslegung für 22 Erste-Klasse-Passagiere, 40 Business-Klasse- und 173 Touristen-Klasse-Passagiere mit einem Sitzabstand von 102 cm bis 87 cm; maximale Ein-Klassen-Anordnung für 300 Passagiere, grundsätzlich in Neunerreihen zu je drei Sitzen mit zwei Gängen. Unterflurgepäckraum für 15 Standard-750-kg-Container. Drei-Mann-Cockpit-Besatzung.

Die Il-96 (auch bekannt unter der Bezeichnung Il-96-300 in der ursprünglichen 300-Sitze-Auslegung) ist offensichtlich eine Weiterentwicklung der Il-86, obwohl sie als ein völlig neuer Entwurf beschrieben wird. Im Vergleich zu ihrem Vorgänger hat die Il-96 einen kürzeren Rumpf, jedoch denselben Rumpfquerschnitt, eine grössere Flächenspannweite und Flügelfläche mit grossen Flächenendzäunen, aber eine reduzierte Pfeilung (ungefähr 30 Grad). Die Änderungen an der Fläche bewirken eine Vergrösserung der Querruder-Spannweite. Neue Triebwerke, zur Zeit noch unbekannten Ursprungs, werden einen um mehr als 27 Prozent reduzierten Treibstoffverbrauch im Vergleich zur Il-86 bieten. Bei der Struktur der Il-96 wurde zur Gewichtsreduzierung von neueren Materialien Gebrauch gemacht, und mit der Einführung eines «Glas»-Cockpits mit sechs Bildschirmen (drei für jeden Piloten) zur Darstellung aller Leistungs- und Systemzustandsinformationen sind die Systeme modernisiert worden. Die Ausrüstung ermöglicht den Flugbetrieb unter Cat-III-Wetterbedingungen, aber die Modernisierung ist noch nicht so weit fortgeschritten, um einen Flugbetrieb mit Zwei-Mann-Cockpit durchzuführen, und die Position für einen Flugingenieur ist beibehalten worden.

Varianten

Zur Zeit der Niederschrift waren keine Varianten des Basisentwurfs bekannt.

Indienststellung

Man erwartet, dass die Flugerprobung der Il-96 im Jahre 1990 beginnt.

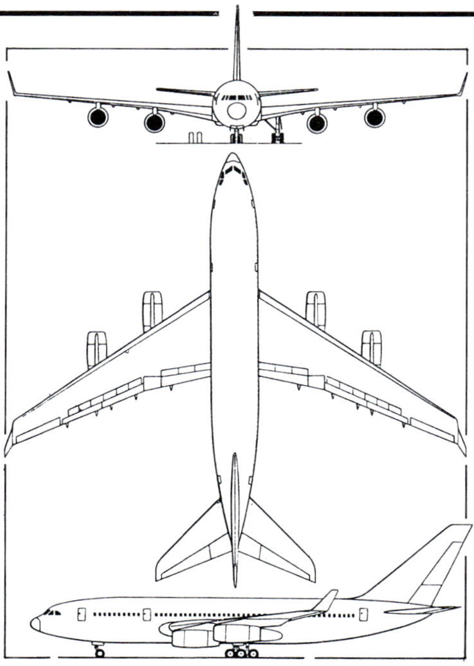

Oben: Diese Dreisichtzeichnung der Il-96-300 zeigt sowohl die Ähnlichkeiten als auch die Unterschiede zur Il-86.

Links: Ein Eindruck der Ilyushin Il-96-300, von der erwartet wird, dass sie Anfang der 90er Jahre bei Aeroflot in Dienst gestellt wird.

LET L-410 TURBOLET TSCHECHOSLOWAKEI

Die staatliche Flugzeugindustrie der Tschechoslowakei umfasst drei Hauptfabriken, die sich zwischen den beiden Weltkriegen als private Gesellschaften einen guten Ruf aufgebaut haben. Nach einigen Jahren Lizenzbau sowjetischer Typen begannen die Let-Werke in Kunovice im Jahre 1966 mit dem Entwurf und der Entwicklung eines kleinen, zweimotorigen, leichten Transportflugzeuges. Als Schulterdecker mit herkömmlichem Erscheinungsbild machte dieses Flugzeug als XL-410 seinen ersten Flug am 16. April 1969. Da die bei Motorlet in den Walter-Werken in Entwicklung befindlichen neuen Turboproptriebwerke nicht fertig waren, wurden die Prototypen und die Flugzeuge der ersten Serienproduktion mit importierten Pratt-&-Whitney-Triebwerken ausgerüstet. Mitte der 80er Jahre bewegte sich die Produktion der L-410 mit einer Rate von acht bis zehn pro Monat, und es wurde erwartet, dass der Gesamtbedarf 1000 Flugzeuge übersteigen würde, einschliesslich mehrerer hundert für den Einsatz in der Sowjetunion.

Varianten

Von der ersten Serienproduktionsversion L-410A Turbolet mit 533 kW starken PT6A-27-Triebwerken wurden 31 gebaut, einschliesslich vier Prototypen, von denen einer später zur L-410AB wurde, mit vierblättrigen anstelle der ursprünglich dreiblättrigen Luftschrauben. Eine L-410AF wurde für Ungarn mit einer verglasten Nase für Gebietsvermessungen ausgerüstet. Die L-410AS bekam einen sowjetischen Avioniksatz. Im Jahre 1973 wurde das Motorlet-Triebwerk verfügbar,

ILYUSHIN IL-114 SOWJETUNION

Als Nachfolger der Antonov An-24 für Aeroflot-Strecken bis zu 1'000 km entworfen, ist die Il-114 eines der drei sowjetischen Flugzeuge, von denen berichtet wird, sie seien in Entwicklung zur Einführung während der 90er Jahre. Die Bezeichnung dieses neuen zweimotorigen Turbopropflugzeuges könnte mit der Il-14 mit Kolbentriebwerken in Verbindung gebracht werden, obwohl es keine Verwandtschaft zwischen den beiden Typen gibt. Il-114 könnte aber auch eine fortlaufende Nummer des Planungsbüros sein. Die Il-114 ist für den Flugbetrieb bei ICAO-Cat-II-Wetterbedingungen ausgerüstet und wendet in beträchtlichem Umfang Verbundwerkstoffe und fortschrittliche Metallegierungen für die Struktur an. Bezüglich Konfiguration, Grösse und Leistungsbereich hat sie eine verblüffende Ähnlichkeit mit der British Aerospace ATP, für deren Ankauf und/oder Lizenzbau die sowjetischen Behörden Mitte der 80er Jahre einiges Interesse gezeigt hatten. Die Triebwerke, deren Bezeichnung und Konstruktionsbüro bis zur Zeit der Niederschrift dieses Buches ein Geheimnis blieben, sind sehr wahrscheinlich fortschrittliche Turboprops mit einem günstigeren Treibstoffverbrauch als die vorherigen sowjetischen Triebwerke, und es ist bekannt, dass bei PZL-Okecie in Polen Luftschrauben moderner Technologie mit mindestens sechs Blättern für die Il-114 in Entwicklung sind. Die polnischen PZL-Krosno-Werke werden das Fahrwerk für die Il-114 liefern.

Indienststellung

Die Il-114 wird wahrscheinlich im Jahre 1990 in die Flugerprobung gehen.

Links: Eine auf Erstinformation basierende Zeichnung der IL-114. Dieses neue Produkt des Iljushin-Konstruktionsbüros soll vor Ende 1990 den Erstflug machen und 1991/92 bei Aeroflot in Dienst gestellt werden. Bei erfolgreicher Entwurfszielsetzung wird sie einen guten Exportmarkt haben.

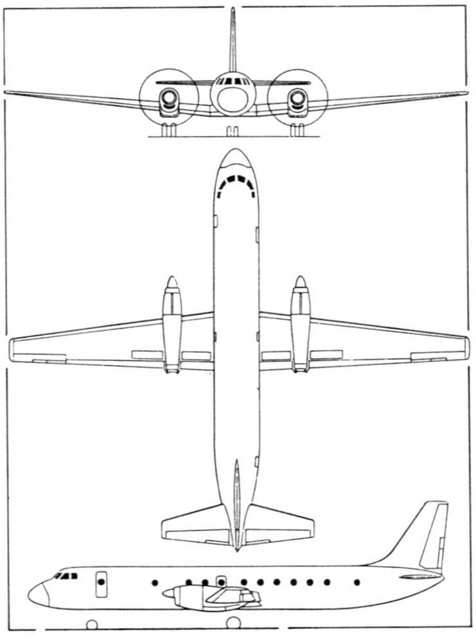

Rechts: Diese mutmassliche Dreisichtzeichnung der Ilyushin Il-114 basiert auf Informationen, die 1986 in der Sowjetunion veröffentlicht worden sind. Sie zeigt eine äusserliche Ähnlichkeit mit der britischen Aerospace ATP.

Antrieb: Zwei Turboprops unbekannten Typs, je 1'840 kW für den Start, mit sechs- oder achtblättrigen Luftschrauben fortschrittlicher Technologie, mit konstanter Drehzahl, Segelstellung und Umkehrschub, Durchmesser 3,6 m.
Leistung: Max. Reisegeschwindigkeit 500 km/h in einer Höhe von 7'500 m; Betriebshöhe 6'000 bis 8'000 m; Startstrecke 1'400 m (betonierte Bahn) oder 1'650 m (unbefestigte Oberfläche); Reichw. 1'000 km mit 5'400 kg Nutzlast oder 2'850 km mit 3'500 kg Nutzlast.
Gewicht: Rüstleergewicht 13'000 kg; max. Nutzlast 6'000 kg; max. Startgew. 22'250 kg.
Abmessungen: Spannweite 30 m; Gesamtlänge 25,46 m; Gesamthöhe 8,6 m; keine Pfeilung; Flügelfläche 74 m².
Kabine: Rumpfaussendurchmesser 2,86 m. Standardauslegung bietet 60 Sitze (Viererreihen mit Mittelgang, Sitzabstand 75 cm). Gepäckraum vorne und hinten, in der Druckkabine; keine Unterflurabteile. Zwei-Mann-Cockpit-Besatzung und ein Flugbegleiter.

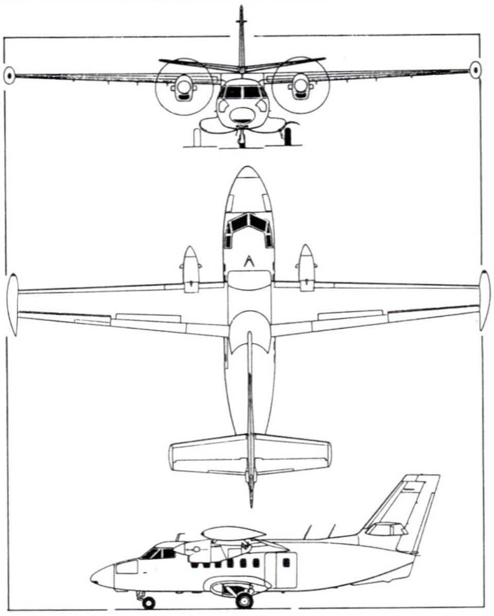

Oben links: Ein frühes Muster der L-410 Turbolet mit Pratt-&-Whitney-PT6A-27-Triebwerken.
Der grösste Teil des Produktionsausstosses aller Varianten hat das im Inland entwickelte Motorlet-M601-Triebwerk erhalten.

Oben: Die 1986er Serienproduktion der Turbolet war die L-410UVP-E. Die auffälligsten äusseren Kennzeichen dieser Variante sind die Flächenendtanks.

und die L-410M ging in Produktion mit dem 410 kW starken M 601A wurde jedoch bald durch die L-410MA mit dem leistungsfähigeren M 601B verdrängt. Die L-410 MU bekam durch Aeroflot spezifizierte Ausrüstungen. Die Produktion aller «M»-Varianten belief sich insgesamt auf 110. Um der sowjetischen Kritik bezüglich der Bedienungseigentümlichkeiten zu begegnen, führte die L-410UVP, Erstflug am 1. November 1977, eine vergrösserte Spannweite und vertikale Leitwerksfläche, eine V-förmige Höhenflosse, Störklappen, automatische Querachssteuerklappen und zahlreiche andere System- und Ausrüstungsänderungen ein. Die sowjetische Zulassung der L-410UVP wurde im Jahre 1980 erteilt. Die L-410UVB-E flog zum ersten Mal Ende 1984 mit fünfblättrigen Luftschrauben, Flächenendtanks und leistungsstärkeren Triebwerken.

Indienststellung

Die L-410A wurde Ende 1971 auf tschechischen Inlandrouten der Slov-Air eingesetzt. Die Auslieferung der L-410 begann 1976, ihr folgte die L-410UVP nach der Zulassung im Jahre 1979. Aeroflot übernahm die 500ste L-410 im März 1985. Ungefähr 80 bis 100 weitere waren für andere Betreiber gebaut worden, einschliesslich einiger militärischer Transportversionen für die Luftwaffen der Tschechoslowakei und Ostdeutschland. Eine Gebietsvermessungsversion ist ebenfalls entwickelt woraen.

L-410UVP
Antrieb: Zwei Motorlet-(Walter)-M601B-Turboprops, je 554 kW für den Start, mit dreiblättrigen Avia-V-508-Propellern, Durchmesser 2,5 m, mit konstanter Drehzahl, Segelstellung und Umkehrschub. Treibstoff 1'290 l in Zellentanks in den Flächen.
Leistung: Maximale Reisegeschwindigkeit 365 km/h in einer Höhe von 3'000 m; wirtschaftliche Reisegeschwindigkeit 300 km/h; anfängliche Steigrate 7,75 m/sec; maximale Betriebshöhe 6'000 m; Startdistanz (Soviet-NLGS-2-Zulassung) 950 m; Landestrecke aus 9 m Höhe 810 m; Reichweite mit maximaler Nutzlast und 30 Min. Treibstoffreserve 390 km; Reichweite mit max. Treibstoff, 875 kg Nutzlast und 30 Minuten Treibstoffreserve 1'040 km.
Gewicht: Leergewicht, ausgerüstet 3'800 kg; maximales Treibstoffgewicht 1'000 kg; maximale Nutzlast 1'310 kg; maximales Startgewicht 5'800 kg; maximales Landegewicht 5'500 kg; max. Leertankgewicht 5'170 kg.
Abmessungen: Spannweite 19,48 m; Gesamtlänge 14,47 m; Gesamthöhe 5,83 m; keine Pfeil. am Vorderholm; Flügelfläche 35,2 m².
Kabine: Länge 6,34 m; max. Breite 1,95 m; max. lichte Höhe 1,66 m. Standardauslegung bietet 15 Sitze in Dreierreihen (2+1) mit einem Sitzabstand von 76 cm. Hinteres Gepäckabteil 0,77 m³. Zwei-Mann-Cockpit-Besatzung, Vorrichtung für Betrieb mit einem Flugzeugführer.

LET L-610 TSCHECHOSLOWAKEI

Let begann mit der Entwicklung der L-610 Mitte der 80er Jahre, aufgrund einer sowjetischen Spezifizierung für ein Regionalflugzeug mit ungefähr 40 Sitzen zum Einsatz auf Streckenlängen bis 600 km. Obwohl die L-610 wie eine vergrösserte L-410 aussieht, ist sie in der Tat ein völlig neuer Entwurf, für den Vlastimil Mertl in seiner Eigenschaft als Chefplaner in Kunovice verantwortlich ist. Neben leistungsstärkeren Triebwerken von den Motorlet-Werken in Prag hat die L-610 eine Druckkabine, um in Höhen bis 7'200 m operieren zu können. Für den Bodenbetrieb der Systeme ist im Rumpfende ein Hilfsaggregat für hydraulische und elektrische Energie installiert worden. In die zweiholmige Schultertragfläche sind Integraltanks eingebaut, und die dreiholmige Höhenflosse mit festem Einstellwinkel sitzt hoch an der Seitenflosse, die mit dem drucklosen hinteren Rumpfteil aus einem Stück gearbeitet ist. Die Flugzeugsteuerung wird konventionell, ohne Kraftverstärkung über Steuerstangen betätigt, das Ruder ist federbelastet, und Doppelausgleichsklappen sind in den Höhenrudern eingearbeitet. Die einfach gespaltenen Klappen und Störklappen der Tragfläche werden beim Ausrollen auch als Auftriebsvernichter benutzt und bei manueller Übersteuerung automatisch aktiviert. Das zweifach ausgelegte Hydrauliksystem betätigt die Landeklappen und die Störklappen, das Fahrwerk und die Bremsen, die Bugradsteuerung und die Scheibenwischer. Fläche-, Leitwerk- und Triebwerklufteinlass werden pneumatisch enteist, die Windschutzscheibe, das Pitotrohr und die Luftschrauben elektrisch. Die L-610 ist für den Flugbetrieb bei Cat-I-Wetterbedingungen ausgerüstet, Zulassung für Cat II und ein neues, elektronisches Fluginstrumentensystem (EFIS) sind vorgesehen. Das neue M-602-Triebwerk der L-610 hat drei Wellen, einen zweistufigen Axialverdichter und eine zweistufige, freie Turbine. In einer Reisehöhe von 7'200 m hat das M-602-Triebwerk eine Leistung von 700 kW und einen spezifischen Treibstoffverbrauch von 0,33 kg/kW.

Indienststellung

Der Erstflug des L-610-Prototyps ist für Anfang1988 geplant. Bei einer zweijährigen Entwicklungs- und Zulassungsperiode sollte die Indienstsetzung im Jahre 1990 erfolgen. Es wird erwartet, dass der Ersteinsatz von der Aeroflot durchgeführt wird. Auch die tschechoslowakische Staatslinie CSA und ihr inländischer Teilhaber Slov-Air werden die L-610 wahrscheinlich einsetzen, und Fluggesellschaften im osteuropäischen Block sind für weitere Exportverkäufe vorgesehen.

Antrieb: Zwei Motorlet-(Walter)-M602-Turboprops, je 1'360 kW für den Start und 1'200 kW Reiseflughöchstleistung, mit fünfblättrigen Avia-V5-18-Propellern, Durchm. 3,5 m, konstante Drehzahl, Segelstellung und Umkehrschub. Treibstoff 3'500 l, Integraltanks in den Flächen.
Leistung: Maximale Reisegeschwindigkeit 490 km/h wirtschaftliche Reisegeschwindigkeit 400 km/h; Reisehöhe 7'200 m; Startstrecke 875 m von betonierter Startbahn oder 1030 m von Grasstartbahn; Reichweite mit max. Passagiernutzlast und 45 Min. Treibstoffreserve 1'216 km; Reichweite mit max. Treibstoff 2'400 km.
Gewicht: Betriebsleergewicht 9'000 kg; max. Treibstoffgewicht 2'650 kg; max. Nutzlast 3'600 bis 3'800 kg; max. Startgewicht 14'000 kg; maximales Landegewicht 13'500 kg; maximales Leertankgewicht 12'800 kg.
Abmessungen: Spannweite 25,6 m; Gesamtlänge 21,4 m; Gesamthöhe 7,6 m; keine Pfeilung; Flügelfläche 56 m^2.
Kabine: Breite 2,02 m; lichte Höhe 1,83 m. Standardauslegung, 40 Sitze in Viererreihen mit Mittelgang, Sitzabstand 75 cm; auf Wunsch gemischte Fracht/Passagier- oder Nur-Fracht-Anordnung möglich. Gepäckabteil 4,3 m^3 Zwei-Mann-Cockpit-Besatzung.

LOCKHEED ELECTRA USA

Dieser Entwurf von Lockheed in Burbank, Kalifornien, basiert auf einer American-Airlines-Spezifizierung im Jahre 1954 für ein Kurz-/Mittelstreckenflugzeug für Routen innerhalb der USA. Aus der Spezifizierung war deutlich zu erkennen, dass Turboproptriebwerken der Vorzug gegeben würde, und die Passagierkapazität sollte grösser sein als jene der Vickers Viscount, der Welt erstes Turboprop-Transportflugzeug. Die ersten Versuche waren wenig erfolgreich und befriedigten American Airlines nicht, aber eine Änderung der Auflage im Jahre 1955 gab Lockheed die Möglichkeit, das L-188-Projekt zu korrigieren, und im Juni desselben Jahres gingen von American Airlines und Eastern Airlines Erstbestellungen für insges. 75 Flugzeuge ein. Der Entwurf sah einen 100-Sitzer mit einer Reichweite von ungefähr 3'700 km und einem Gesamtgewicht von ungefähr 49'900 kg vor. Es war das erste amerikanische Flugzeug mit Turboprop-Triebwerken und sollte auch das einzige Flugzeug dieser Art bleiben, das in den USA in Produktion ging. Der erste der vier Electra-Prototypen begann mit der Flugerprobung am 6. Dezember 1957, und der Ersteinsatz bei einer Fluggesellschaft flog am 19. Mai 1958. In der Zeit zwischen der Erstbestellung und der Produktionsaufnahme häuften sich die Bestellungen für die Electra, da zu dieser Zeit das Turboprop-Triebwerk für Mittelstrecken noch deutliche Vorteile gegenüber dem Turbojet bot. Aber die Erfahrung sollte bald zeigen, dass Turbojet-Typen auch auf diesen Streckenlängen konkurrieren konnten, und der Markt verflüchtigte sich sowohl für das Lockheed-Produkt als auch für den Hauptkonkurrenten, die Vickers Vanguard. Das Vertrauen in die Electra wurde innerhalb der ersten fünf Monate des Luftverkehrseinsatzes durch zwei verhängnisvolle Unfälle erschüttert, die sich unter ähnlichen Umständen ereigneten und die nach sorgfältiger Untersuchung einer Strukturbeschädigung zuzuschreiben waren, die durch eine Kettenreaktion an der Triebwerkaufhängung auftrat, die zum Beispiel durch eine harte Landung ausgelöst wurde. Nachdem alle Electra im März 1960 einer strikten Fluglimitierung durch die

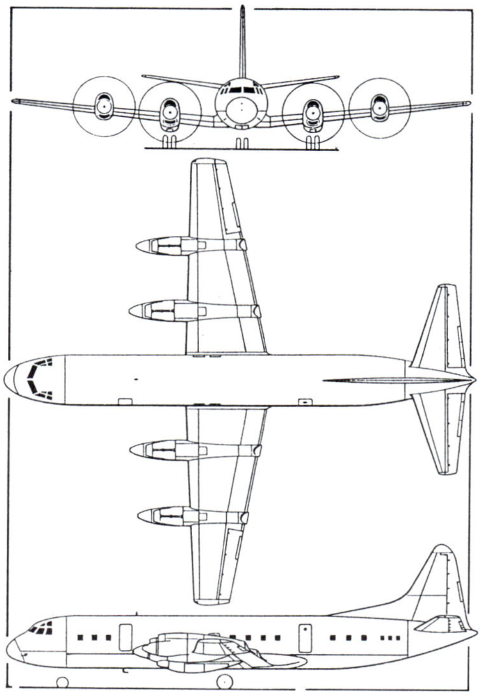

Oben: Bezüglich des äusseren Erscheinungsbildes erschien die Lockheed Electra in nur einer Version. Einige Flugzeuge haben heute eine Frachttür.

Rechts: Der kanadische Betreiber Nordair hat in seiner Flotte zwei Electra, die unter Regierungsvertrag Eiserkundungs-Patrouillenflüge durchführen.

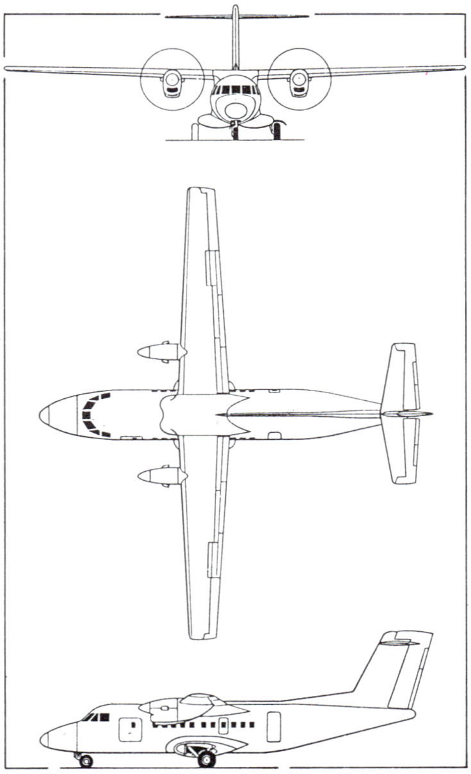

Oben: Aufbauend auf dem mit der L-410 erreichten Erfolg entwickelt LET in Kunovice die grössere L-610, die ihren Erstflug Anfang 1988 machen soll. Dieses Kunstbild zeigt, dass die L-610 dieselbe Gesamtkonfiguration wie die L-410 hat, sie ist jedoch grösser und hat eine maximale Sitzkapazität für 40 Passagiere.

Rechts: Die Dreisichtzeichnung der L-610 zeigt, dass die Hauptmerkmale der L-410 in den neuen Entwurf übertragen worden sind mit Ausnahme der Höhenflosse, die hoch oben an der Seitenflosse der L-610 montiert worden ist. Die Tragfläche hat einfach gespaltene Landeklappen, aber keine Vorflügel.

Links: Viele Electra sind mit einer grossen seitlichen Ladetür und einem verstärkten Fussboden für den Frachttransport modifiziert worden.

FAA unterworfen worden waren, setzte Lockheed ein grösseres Strukturänderungsprogramm an. Ein modifiziertes Flugzeug erhielt im Januar 1961 von der FAA eine uneingeschränkte Lufttüchtigkeitszulassung.

Varianten

Die ursprüngliche serienproduzierte Electra war die oben beschriebene L-188A. Für Kunden, die eine grössere Reichweite forderten (zunächst Northwest und Western), wurde die L-188C mit zusätzlicher Treibstoffkapazität und höheren Gewichten angeboten. Eine Frachttür vor der Fläche, zusammen mit Frachttragevorrichtungen in der Kabine, wurde als Modifikation angeboten. Bei diesem Umbau wurde das max. Leertankgewicht auf 40'823 kg erhöht.

Indienststellung

Die L-188A erhielt die FAA-Zulassung am 22. August 1958 und wurde bei Eastern Airlines am 12. Januar 1959 in Dienst gestellt, anschliessend bei American Airlines am 23. Januar 1959. Ansett-ANA in Australien setzte als erste Fluggesellschaft ausserhalb der USA diesen Typ im März 1959 ein. Die Produktion endete 1962 mit insgesamt 170, von denen 55 L-188C-Varianten waren. 1987 waren weniger als 80 im Einsatz, die meisten in Nord- und Südamerika, und viele für Frachtflugeinsatz.

L-188A Electra
Antrieb: Vier Allison-501D-13-Turboprops, je 2'800 kW für den Start, oder 501D-15-Turboprops, je 3'022 kW für den Start, mit vierblättrigen Aeroproducts- oder Hamilton-Standard-Luftschrauben, Durchmesser 4,11 m, mit Umkehrschub und Segelstellung. Treibstoffkapazität 20'895 l in Flächenintegraltanks; Vorrichtung für zusätzliche 3'785 l bei der L-188C.
Leistung: Max. Betriebsgeschwindigkeit 600 km/h angezeigte Eigengeschwindigkeit oder 0,615 Mach; max. Reisegeschwindigkeit 652 km/h in einer Höhe von 6'700 m bei einem durchschnittlichen Gewicht; beste wirtschaftliche Reisegeschwindigkeit 602 km/h; anfängliche Steigrate 8,5 m/sec; Dienstgipfelhöhe 8'230 m; Startstrecke 1'440 m; Landestrecke 1'310 m; Reichweite mit max. Nutzlast 3'540 km; Reichweite mit max. Treibstoff 4'040 km.
Gewicht: Typ. Betriebsleergewicht 27'895 kg; maximales Treibstoffgewicht 17'010 kg; maximale Nutzlast 12'020 kg; maximales Startgewicht 52'664 kg; maximales Landegewicht, 43'385 kg; max. Leertankgewicht 39'010 kg.
Abmessungen: Spannweite 30,18 m; Gesamtlänge 31,81 m; Gesamthöhe 10 m; keine Pfeilung; Flügelfläche 120,8 m^2
Kabine: Länge 23,29 m; max. Breite 3,2 m; max. lichte Höhe 2,15 m. Gemischtklassenauslegung 16 Erste-Klasse-Sitze in Viererreihen und 51 Touristen-Klasse-Sitze in Fünferreihen, Sitzabstand 96,5 cm; alternative Ein-Klassen-Auslegungen 85 Sitzplätze in Fünferreihen oder 98 in Sechserreihen, Sitzabst. 96,5 cm. Unterflurräume 15 m^3. Drei-Mann-Cockpit-Besatzung.

L-1011-500

Antrieb: Drei Rolls-Royce RB.211-524B4-Turbofantriebwerke, je 22'680 kp für den Start, mit Umkehrschub. Treibstoff 119'774 l in Flächenintegraltanks und Mittelstücktanks.

Leistung: Maximale Betriebsgeschwindigkeit 695 km/h angezeigte Eigengeschwindigkeit oder 0,9 Mach; max. Reisegeschwindigkeit 959 km/h bei mittlerem Reisegewicht in einer Höhe von 10'060 m; wirtschaftliche Reisegeschwindigkeit 895 km/h bei mittlerem Gewicht in einer Höhe von 10'060 m; anfängl. Steigrate 14,3 m/sec; Dienstgipfelhöhe 13'100 m; Startstrecke 2'800 m; Landestrecke 2'065 m; Reichweite mit max. Passagierzuladung 9'905 km; Reichweite mit max. Treibstoff 11'286 km.

Gewicht: Betriebsleergewicht 111'312 kg; max. Nutzlast 41'845 kg; max. Startgewicht 231'330 kg; max. Landegewicht 166'920 kg; maximales Leertankgewicht 153'315 kg.

Abmessungen: Spannweite 50,09 m; Gesamtlänge 50,05 m; Gesamthöhe 16,87 m; Pfeilung 35 Grad bei Viertelprofilsehne; Flügelfläche 329 m².

Kabine: Länge 37,31 m; max. Breite 5,77 m; max. lichte Höhe 2,41 m. Gemischtklassen-Auslegung für 24 Erste-Klasse-Sitze (Sechserreihen) und 222 Touristen-Klasse-Sitze (Neunerreihen); maximal 330 Passagiere (Zehnerreihen, Sitzabstand 76/83 cm). Frachtunterflurräume 118,9 m³. Drei-Mann-Cockpit-Besatzung.

Wie die Electra, so verdankt auch die TriStar ihre Entstehung einer American-Airlines-Spezifizierung. Um diese Anforderung aus dem Jahre 1966 für ein Kurz-/Mittelstrecken-Transportflugzeug mit grosser Kapazität zu erfüllen, erarbeiteten Lockheed und Douglas sehr ähnliche Projektentwürfe mit zwei in Gondeln an der Fläche angebrachten Triebwerken und einem dritten am Rumpfende. Nachdem American Airlines eine Option für die Douglas-Konkurrenz plaziert hatte, erhielt Lockheed für seinen L-1011-Entwurf am 29. März 1968 Erstbestellungen von TWA und Eastern Airlines. Von den von Pratt & Whitney, General Electric und Rolls-Royce angebotenen neuen Turbofantriebwerken wählte Lockheed mit voller Zustimmung des ersten Kunden das RB-211-Triebwerk, eine Entscheidung, die Rolls-Royce zu einem Entwicklungsprogramm und einer Produktion verpflichtete, die im Februar 1971 zum Konkurs führte und nicht nur die TriStar-Produktion, sondern die gesamte Lockheed-Gesellschaft in Verlegenheit brachte. Inzwischen hatte die erste L-1011 am 17. November 1970 den Erstflug absolviert, und vier weitere, die für das Zulassungsprogramm erforderlich waren, folgten am 2. Dezember 1971. Dank der durch die Verstaatlichung abgesicherten Zukunft von Rolls-Royce konnte Lockheed mit der TriStar weitermachen und das RB-211-22-Triebwerk mit der ursprünglichen Leistung von 19'050 kp anbringen, und der erste Flug mit Triebwerken dieses Standards wurde am 8. September 1971 durchgeführt. Produktion und Entwicklung dauerten während der gesamten 70er Jahre an, aber die Verkäufe entsprachen nicht den Marktzielsetzungen, und Lockheed beendete die Produktion 1984.

Varianten

Die ursprüngliche TriStar war die L-1011-1 mit bis zu 400 Sitzen, einer Rumpflänge von 54,17 m und einem Gesamtgewicht von 195'045 kg. Ihr folgte 1974 die L-1011-200 mit RB.211-524-Triebwerken mit 21'772 bis 22'680 kp und einem maximalen Landegewicht von bis zu 216'363 kg. Mit denselben Betriebsgewichten und Treibstoffkapazitäten, aber den gedrosselten -22B-Triebwerken hatte das Flugzeug die Bezeichnung L-1011-100. Der erste Flug einer TriStar mit 524-Triebwerken wurde am 12. August 1976 durchgeführt. Für sehr grosse Reichweiten legte Lockheed 1976 das Entwicklungsprogramm für die L-1011-500 auf, die höhere Gewichte und bei einem kürzeren Rumpf eine vergrösserte Treibstoffkapazität hatte. Fortschrittliche aerodynamische Merkmale wurden ebenfalls bei der L-1011-500 eingeführt, einschliesslich aktiver Steuerflächen, was zu einer Vergrösserung der Flächenspannweite um 2,74 m und einer Reduzierung der Leitwerkoberfläche führte. Die erste L-1011-500 flog im Oktober 1978 mit 22'700 kp schubstarken -524B-Triebwerken, aber ohne erweiterte Flächenspitzen, mit denen zum ersten Mal im November 1979 geflogen wurde. Die L-1011-250 ist eine mit -524B4-Triebwerken modifizierte L-1011-1 mit einem erhöhten max. Startgewicht von 224'985 kg. Der Umbau von sechs L-1011-1 auf -250-Standard für Delta Airlines begann im Jahre 1986.

Indienststellung

Die L-1011-1 wurde am 14. April 1972 zugelassen, und Eastern Airlines flog den ersten Einsatz am 26. April und TWA am 25. Juni 1972. Die L-1011-200 wurde am 26. April 1977 zugelassen und bei Saudia in Dienst gestellt. Die L-1011-500 wurde bei British Airways am 7. Mai 1979 in Dienst gestellt und mit erweiterten Flächen und aktiven Steuerflächen bei Pan American im Jahre 1980 eingeführt. Die Produktion der TriStar belief sich auf insgesamt 250, und 1986 waren noch ungefähr 230 im Einsatz.

Lockheed TriStar 500
1 Radom
2 UKW-Kursfunkfeuer-Antenne
3 Parabolantenne des Radarabtasters
4 Antenne für Gleitpfad des Instrumentenlandesystems
5 vorderes Druckschott
6 Windschutzscheibenpanels
7 Scheibenwischer
8 Instrumentenbrettabdeckung
9 Ruderpedale
10 Cockpit-Fussbodenhöhe
11 Zugangstür am Rumpf
12 Unterflurschacht für Radio und Elektronikausrüstung
13 Pitotröhren
14 Beobachtersitz
15 Kapitänsitz
16 Copilotensitz
17 Überkopf-Instrumentenbrett
18 Arbeitsplatz Flugingenieur
19 Fluchtluken
20 Klimaanlageleitungen
21 vordere Kücheneinheiten
22 Steuerbord-Servicetür
23 vordere Toilettenabteile
24 Kabinentrennwand
25 Schrank
26 vordere Passagiertür
27 Klappsitz für Flugbegleiter
28 Bugfahrwerkschacht
29 Staulufteinlass
30 Wärmeaustauscher
31 Bugradschacht
32 doppeltes Bugrad
33 Steuerzylinder
34 Bugradtüren
35 Klimaanlagegerätesatz
36 Kabinenfensterpanel
37 22 Erste-Klasse-Sitze
38 vord. Unterflur-Frachtraum
39 vordere Frachttür
40 UKW-Antenne
41 Kabinentrennwand
42 Überkopf-Gepäckablage
43 222 Touristenklasse-Sitze
44 12 LD3-Container, vorne
45 Rumpfrahmen-Versteifung
46 Flächenwurzelrippe
47 Rollscheinwerfer
48 Triebwerkabzapfluftleitung
49 Stauraum Notrutschen/Schlauchboot
50 Eingangstür für Mittelsektion
51 Kücheneinheiten
52 Konstruktion des Rumpfmittelstücks
53 Struktur des durchgehenden Flächenmittelstücks
54 Trockenschacht
55 Treibstofftanks im Mittelstück
56 Fussbodenträgerkonstruktion
57 Rumpf-/Vorderholmbefestigungshauptrahmen
58 Antikollisionslichter
59 innerer Treibstofftank
60 Umkehrschubkaskade
61 Triebwerkgondel
62 Gondelträger
63 Teil der Vorderkante
64 Treibstoffansaugkammer/Verstärkerpumpenreservoir
65 Treibstoffleitungen
66 äusserer Treibstofftank
67 Druckbetankungsstutzen
68 Antriebswelle Spindelzylind.
69 Vorderklappenspindelzylinder
70 Vorderklappensegmente
71 Verkleidung der verlängerten Flächenspitze
72 Steuerbord-Navigationslicht
73 Stroboskoplicht
74 Statikentlader
75 «Aktivsteuer» Querruder
76 Querruder-Hydraulikzylinder
77 Treibstoffschnellablassrohr
78 äussere Störklappen
79 Störklappen/Luftbremsen
80 Klappenspindelzylinder
81 Verkleid. Klappenführung
82 äuss. dopp. gesp. Klappe
83 inneres Querruder
84 doppelt gesp. Klappe
85 Klappenabdeckung
86 innere Störklappen/Geschwindigkeitsbremsen
87 Hauptrahmen Rumpf-/Hinterholmbefestig.

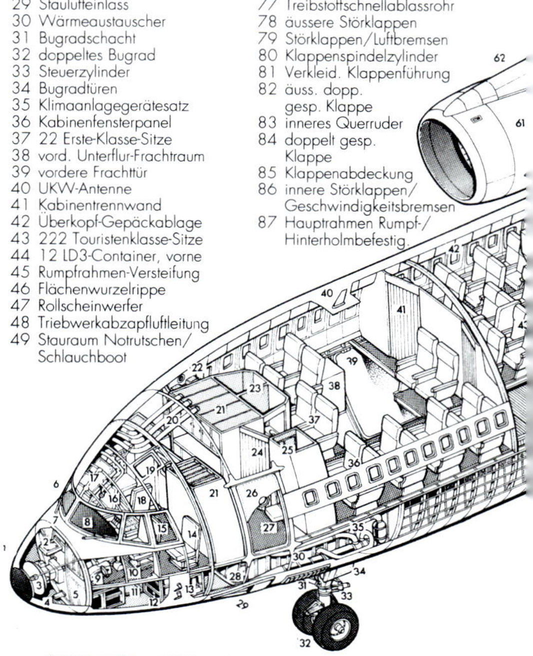

Rechts: Gulf Air, im Gemeinschaftsbesitz der Staaten Bahrain, Qatar, Oman und der Vereinigten Arabischen Emirate, war seit 1973 ein TriStar-Betreiber und hatte in ihrer Flotte neben den L-1011-1 und L-1011-100 auch, wie hier gezeigt, acht L-1011-200.

Oben: Die Lockheed TriStar war eines der ersten «Grossraum»-Flugzeuge und bot bei ihrer Einführung einige innovative Kabinenideen.

Unten: Als einer der letzten Besteller hatte TAP Air Portugal 1986 fünf Langstrecken-Versionen L-1011-500 im Einsatz.

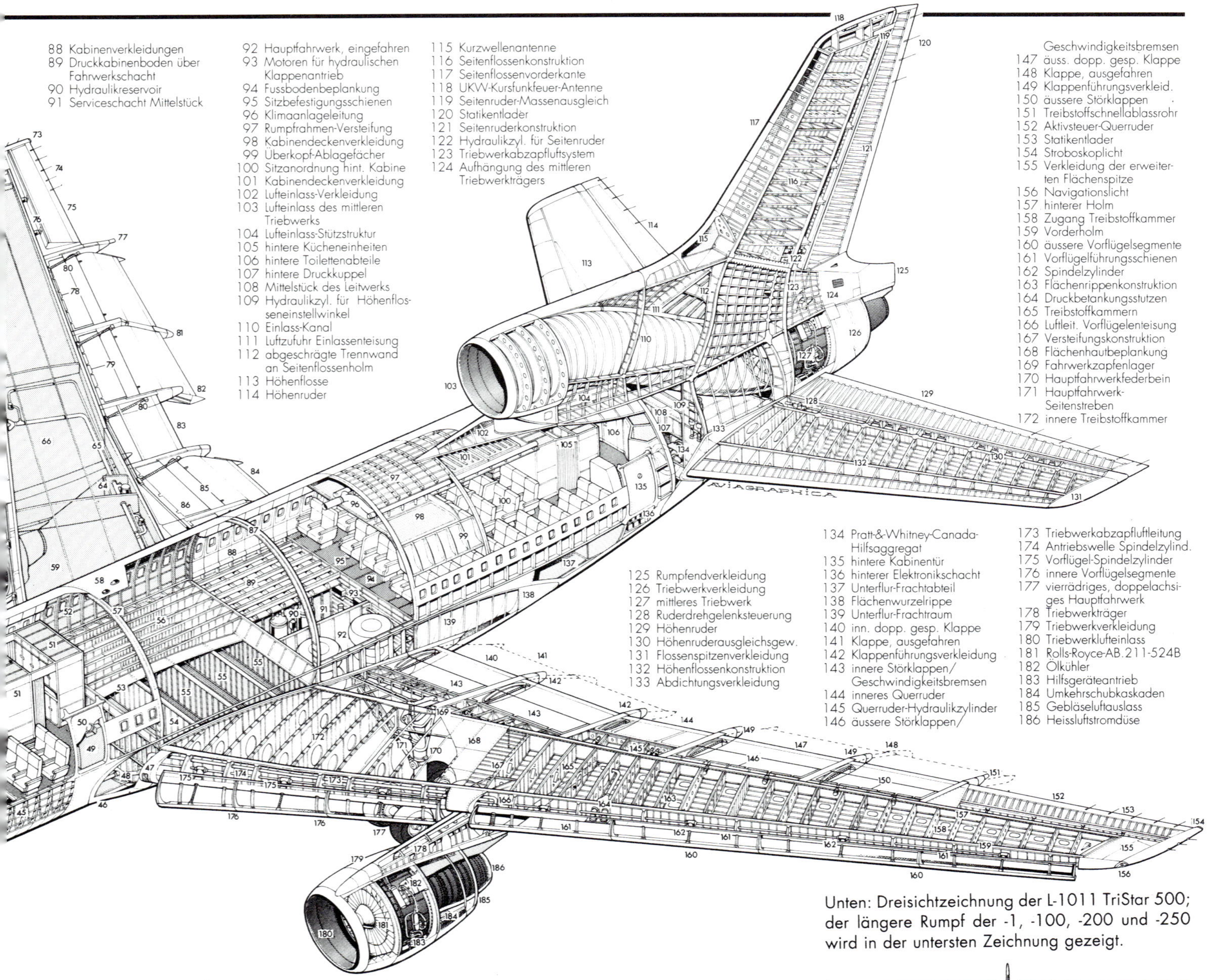

88 Kabinenverkleidungen
89 Druckkabinenboden über Fahrwerkschacht
90 Hydraulikreservoir
91 Serviceschacht Mittelstück
92 Hauptfahrwerk, eingefahren
93 Motoren für hydraulischen Klappenantrieb
94 Fussbodenbeplankung
95 Sitzbefestigungsschienen
96 Klimaanlageleitung
97 Rumpfrahmen-Versteifung
98 Kabinendeckenverkleidung
99 Überkopf-Ablagefächer
100 Sitzanordnung hint. Kabine
101 Kabinendeckenverkleidung
102 Lufteinlass-Verkleidung
103 Lufteinlass des mittleren Triebwerks
104 Lufteinlass-Stützstruktur
105 hintere Kücheneinheiten
106 hintere Toilettenabteile
107 hintere Druckkuppel
108 Mittelstück des Leitwerks
109 Hydraulikzyl. für Höhenflosseneinstellwinkel
110 Einlass-Kanal
111 Luftzufuhr Einlassenteisung
112 abgeschrägte Trennwand an Seitenflossenholm
113 Höhenflosse
114 Höhenruder
115 Kurzwellenantenne
116 Seitenflossenkonstruktion
117 Seitenflossenvorderkante
118 UKW-Kursfunkfeuer-Antenne
119 Seitenruder-Massenausgleich
120 Statikentlader
121 Seitenruderkonstruktion
122 Hydraulikzyl. für Seitenruder
123 Triebwerkabzapfluftsystem
124 Aufhängung des mittleren Triebwerkträgers
125 Rumpfendverkleidung
126 Triebwerkverkleidung
127 mittleres Triebwerk
128 Ruderdrehgelenksteuerung
129 Höhenruder
130 Höhenruderausgleichsgew.
131 Flossenspitzenverkleidung
132 Höhenflossenkonstruktion
133 Abdichtungsverkleidung
134 Pratt-&-Whitney-Canada-Hilfsaggregat
135 hintere Kabinentür
136 hinterer Elektronikschacht
137 Unterflur-Frachtabteil
138 Flächenwurzelrippe
139 Unterflur-Frachtraum
140 inn. dopp. gesp. Klappe
141 Klappe, ausgefahren
142 Klappenführungsverkleidung
143 innere Störklappen/ Geschwindigkeitsbremsen
144 inneres Querruder
145 Querruder-Hydraulikzylinder
146 äussere Störklappen/ Geschwindigkeitsbremsen
147 äuss. dopp. gesp. Klappe
148 Klappe, ausgefahren
149 Klappenführungsverkleid.
150 äussere Störklappen
151 Treibstoffschnellablassrohr
152 Aktivsteuer-Querruder
153 Statikentlader
154 Stroboskoplicht
155 Verkleidung der erweiterten Flächenspitze
156 Navigationslicht
157 hinterer Holm
158 Zugang Treibstoffkammer
159 Vorderholm
160 äussere Vorflügelsegmente
161 Vorflügelführungsschienen
162 Spindelzylinder
163 Flächenrippenkonstruktion
164 Druckbetankungsstutzen
165 Treibstoffkammern
166 Luftleit. Vorflügelenteisung
167 Versteifungskonstruktion
168 Flächenhautbeplankung
169 Fahrwerkzapfenlager
170 Hauptfahrwerkfederbein
171 Hauptfahrwerk-Seitenstreben
172 innere Treibstoffkammer
173 Triebwerkabzapfluftleitung
174 Antriebswelle Spindelzylind.
175 Vorflügel-Spindelzylinder
176 innere Vorflügelsegmente
177 vierrädriges, doppelachsiges Hauptfahrwerk
178 Triebwerkträger
179 Triebwerkverkleidung
180 Triebwerklufteinlass
181 Rolls-Royce AB.211-524B
182 Ölkühler
183 Hilfsgeräteantrieb
184 Umkehrschubkaskaden
185 Gebläseluftauslass
186 Heissluftstromdüse

Unten: Dreisichtzeichnung der L-1011 TriStar 500; der längere Rumpf der -1, -100, -200 und -250 wird in der untersten Zeichnung gezeigt.

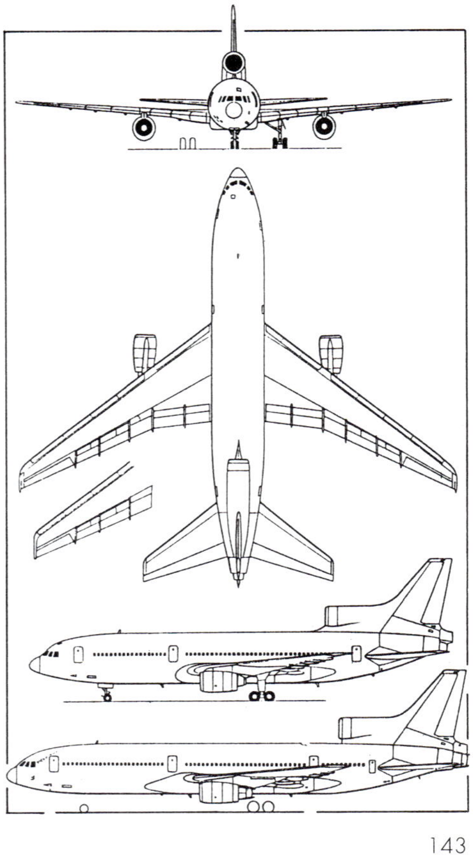

MARTIN 4-0-4 USA

Antrieb: Zwei luftgekühlte Zweireihensternmotoren Pratt & Whitney R-2800-CB-16 Double Wasp mit je 1'791 kW für den Start, mit dreiblättrigen Hamilton-Standard-Hydromatic-Luftschrauben, Durchmesser 3,99 m, mit Segelstellung, Umkehrschub und konst. Geschwindigk. Treibstoff 5'091 l in Zellentanks zwischen den Holmen in den äusseren Flächenstücken.
Leistung: Max. Reisegeschwindigkeit 502 km/h in einer Höhe von 4'420 m; typ. Reisegeschwindigkeit 444 km/h in einer Höhe von 4'877 m; anfängliche Steigrate 9,6 m/sec; Dienstgipfelhöhe 8'845 m; Sicherheitsstartstrecke 1'330 m; Sicherheitslandestrecke 1'250 m; Reichweite mit max. Nutzlast und repräsentativen Reserven 499 km; Reichweite mit max. Treibstoff 1'722 km.
Gewicht: Betriebsleergew. 14'107 kg; Treibstoffgew. 3'660 kg; max. Nutzlast 4'491 kg; max. Startgew. 20'385 kg; max. Landegew. 19'522 kg; max. Leertankgew. 18'598 kg.
Abmessungen: Spannweite 28,44 m; Gesamtlänge 22,75 m; Gesamthöhe 8,61 m; keine Pfeilung; Flügelfläche 79,89 m^2.
Kabine: Länge 11,56 m; max. Breite 2,79 m; max. lichte Höhe 1,97 m. Typ. Auslegung für 40 Passagiere in Viererreihen mit Mittelgang und Sitzabstand von 102 cm, oder 48 oder 52 Passagiere in «gedrängten» Auslegungen. Unterflurgepäckraum plus 2 Gepäckräume oberhalb des Kabinenbodens, zusammen 6,7 m^3. Zwei- oder Drei-Mann-Cockpit-Besatzung.

Um sich von ihren militärischen Aktivitäten im Zweiten Weltkrieg abzuwenden und ihren Vorkriegsruf als Hersteller ziviler Flugzeuge wieder aufzubauen, gab Martin im November 1945 den Entwurf eines zweimotorigen, vierzigsitzigen Transportflugzeuges bekannt, das einen wesentlichen Leistungsvorteil gegenüber den Vorkriegstypen wie die Douglas DC-3 und Curtiss CW-20 (C-46) bieten sollte. Ein schneller Erfolg auf dem US-Inlandverkehrsmarkt schien erreicht, als Martin Bestellungen für sein Modell 2-0-2 von Eastern Airlines (50), Northwest (40), Pen-Central (35), Colonial (20), TWA (12) und mehreren kleineren Betreibern erhielt. Die erste 2-0-2 flog mit 1'790-kW-Double-Wasp-R-2800-CA18-Triebwerken am 23. November 1946 als konventioneller Tiefdecker mit tragender Leichtmetallkonstruktion, einem drucklosen Rumpf, einem Dreibein-Fahrwerk und einer Fläche mit relativ hoher Flügelstreckung (10 : 1), bemerkenswert wegen ihrer beachtlichen Flächenwinkelstellung und der grossen, doppeltgespaltenen Klappen. Die 2-0-2 führte mehrere Entwurfsinnovationen ein, die auf die Bedürfnisse der Fluggesellschaften mit kurzen Streckenlängen und schnellen Zwischenaufenthalten ausgerichtet waren. Insbesondere ging der Passagierzutritt zur Kabine über eine Rumpftreppe unter dem Leitwerk, so dass bei kurzen Zwischenhalten die Triebwerke im Leerlauf weiterdrehen konnten; eine Tür am vorderen Seitenrumpf war für Küchen- und Kabinen-Versorgung gedacht, aber nicht für die Passagiere. Die Indienststellung begann schon ein Jahr nach dem Erstflug, aber der Ruf der 2-0-2 erlitt im Jahre 1948 einen Rückschlag, als ein Unfall strukturellen Fehlern in der Fläche zugeschrieben wurde und der Typ zwecks Fehlerbeseitigung Flugverbot erhielt und erst im Jahre 1950 mit einer Modifizierung zur 2-0-2A den Dienst wieder aufnahm.

Varianten

Die Martin 2-0-2A führte zusätzlich zu den notwendigen Strukturverstärkungen zur Wiedererlangung der Zulassung nach der Sperrung der 2-0-2 im Jahre 1948 eine Anzahl weiterer Verbesserungen ein und flog zum ersten Mal im Juli 1950. Am 20. Juni 1947 flog ein 3-0-3-Prototyp, der in Wirklichkeit eine Version der 2-0-2 mit Druckkabine war, aber die Probleme mit der 2-0-2 führten zur Stornierung der Produktionspläne für die 3-0-3. Stattdessen ging Martin an die Entwicklung einer stärker modifizierten und verbesserten Variante unter der Bezeichnung 4-0-4, deren Erstflug am 21. Oktober 1950 durchgeführt wurde. Die Martin 4-0-4, die ein bisschen grösser war als die 2-0-2, wurde von Eastern und TWA bestellt, und von etwas über hundert gebauten Exemplaren verblieb eine Handvoll im Einsatz bis 1987.

Indienststellung

Die Martin 2-0-2 erhielt den US-Musterprüfungsschein (ATC Nr. 795) am 13. August 1947, neun Monate nach dem Erstflug, und flog im Oktober 1947 bei LAN Chile den ersten Einsatz; der erste US-Betreiber, Northwest, folgte im November. TWA stellte die 2-0-2A am 1. September 1950 und die 4-0-4 am 5. Oktober 1951 in Dienst. Martin baute 43 Modelle 2-0-2 und 103 Modelle 4-0-4. Ungefähr ein Dutzend des letzteren waren im Jahre 1987 noch im Luftfahrtgeschäft.

McDONNELL DOUGLAS DC-9 USA

Douglas-Projektstudien Anfang der 50er Jahre für eine verkleinerte Mittelstrecken-Version der DC-8, deren Entwicklung gerade beschlossen worden war, wurden nach intensiven Marktstudien zugunsten eines völlig neuen Originalentwurfs abgebrochen. Das Entwicklungsprogramm für die DC-9 begann formell am 8. April 1963 für ein Kurz-/Mittelstreckenflugzeug mit ungefähr 75 Sitzen in typischer Gemischtklassenanordnung. Mit am Rumpfende montierten Triebwerken und einem T-Leitwerk ähnelte die DC-9 in der Konfiguration sehr stark der BAC One-Eleven. Delta Air Lines war der Erstbesteller mit 15 Flugzeugen, und das erste von fünf Flugzeugen für das Zulassungsprogramm flog am 25. Februar 1965. Von Anfang an plante Douglas, verschiedene Rumpflängen und Treibstoffkapazitäten mit entsprechenden Triebwerksleistungen und Betriebsgewichten anzubieten. Diese Politik hat dazu beigetragen, die DC-9 länger als 22 Jahre in der Produktion zu halten, wobei die allerletzten Varianten als MD-80-Serie bezeichnet werden. Weitere Varianten stehen mit der MD-90-Serie in Aussicht.

Varianten

Ausgerüstet mit 5'443-kp-Pratt-&-Whitney-JT8D-5-Triebwerken hatte die DC-9 Sre 10 eine Gesamtlänge von 31,82 m und bis zu 90 Sitze. Die DC-9 Sre 20 war ähnlich, hatte jedoch leistungsstärkere JT8D-9- oder -11-Triebwerke und die erweiterte Flügelspannweite der Sre 30 mit Vorklappen über die gesamte Flügelspannweite für den «heissen und hohen» Leistungsbereich. Sie flog zum ersten Mal am 18. September 1968, ihr vorausgegangen war die erste DC-9 Sre 30 am 1. August 1966 mit einem um 4,6 m verlängerten Rumpf für bis zu 115 Passagiere. Um den Bedürfnissen der SAS zu entsprechen, wurde die Sre 30 Mitte der 60er Jahre zur DC-9 Sre 40 mit einer weiteren Streckung von 1,87 m für bis zu 125 Sitze weiterentwickelt. Diese Version flog zum ersten Mal am 28. November 1967. Eine weitere Rumpfstreckung wurde im Juli 1973 angekündigt, als Swissair die DC-9 Sre 50 bestellte, die mit einer Gesamtlänge von 40,72 m um 1,87 m länger als die Sre 40 war. Die bei der Sre 50 verwendeten stärkeren -15- oder -17-Versionen des JT8D-Triebwerks und mehrere technische Verbesserungen wurden Wahlmöglichkeiten für die Srs 30 und 40. Umrüstbare (C) oder Nur-Fracht-(F)-Versionen der DC-9 Sre 10 und Sre 30 mit einer vorderen seitlichen Frachtladetür wurden ebenfalls ausgeliefert. Die letzte DC-9-Variante tauchte im Jahre 1979 als Super 80 auf und wurde anschliessend in McDonnell Douglas MD-80 umbenannt.

Indienststellung

Die DC-9 Sre 10 wurde von FAA am 23. November 1965 zugelassen und bei Delta Air Lines am 8. Dezember in Dienst gestellt. Die DC-9 Sre 30 wurde am 19. Dezember 1966 zugelassen und bei Eastern Airlines zu Beginn des Jahres 1967 in Dienst gestellt. Die DC-9 Sre 20 wurde nur von SAS am 27. Januar 1969 in Dienst gestellt. SAS war auch die erste Gesellschaft, die die DC-9 Sre 40 einsetzte, zum ersten Mal am 12. März 1968 nach der Zulasslung am 27. Februar. Die DC-9 Sre 50 erhielt die FAA-Zulassung im Jahre 1975 und wurde bei Swissair am 24. August desselben Jahres in Dienst gestellt. Continental Airlines war die erste Fluggesellschaft, die die umrüstbare DC-9C Sre 10 am 7. März 1966 erhielt. Overseas National erhielt die erste umrüstbare Srs 30 im Oktober 1967, und Alitalia übernahm die erste Nur-Fracht-DC-9 Sre 30 am 13. Mai 1968. Die Produktion aller DC-9-Varianten, bis und mit Sre 50, belief sich auf insgesamt 976, von diesen waren 1987 nur noch ungefähr 100 im Einsatz.

Oben: 1986 konnten die Betreiber der wenigen verbliebenen Martin 4-0-4 mit Kolbentriebwerken an den Fingern einer Hand gezählt werden. Sie sind alle in Nord- und Südamerika beheimatet. Diese Flugzeuge wechselten häufig ihren Besitzer.

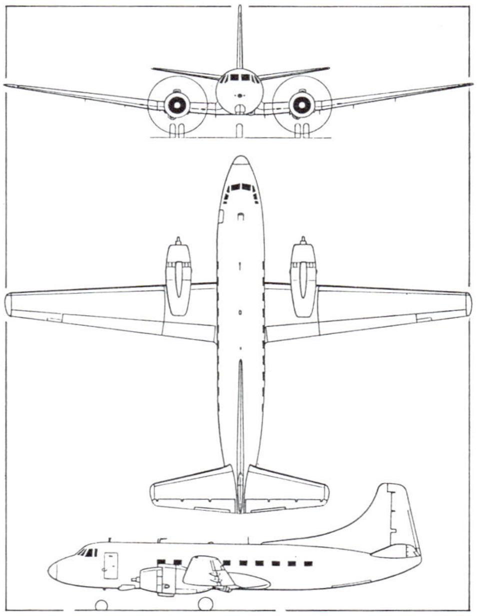

Oben: Dreisichtzeichnung der Martin 4-0-4, die nur in einer einzigen Version gebaut wurde. Die 4-0-4 war das letzte von Martin entworfene und gebaute Flugzeug.

Links: Die längste DC-9 ist die Sre 50.

Unten: Dreisichtzeichnung der DC-9 Sre 50, die bei der Swissair 1975 in Dienst gestellt wurde. Die verschiedenen Entwicklungsschritte werden unten rechts dargelegt. Von oben nach unten: Sre 10 und 20, Sre 30, Sre 30CF und militärische C-9A mit Frachttür, Sre 40, Sre 50, Sre 80, jetzt MD-80 (siehe folgende Seiten).

Links: Das Cockpit der DC-9 Sre 50. Cockpitentwurf und Cockpitausrüstung wurden bei den DC-9-Varianten immer auf dem letzten technischen Entwicklungsstand gehalten, aber wie dieses Foto zeigt, war die Sre 50 noch auf «Uhren»-Instrumente für die Darstellung von Flug-, Triebwerk- und Systeminformationen angewiesen. Bildschirme und «Glascockpits» erschienen mit der MD-80.

DC-9 Sre 30

Antrieb: Zwei Turbofantriebwerke Pratt & Whitney JT8D-9, -11, -15 oder -17, je mit 6'580 kp, 6'800 kp, 7'030 kp oder 7'257 kp für den Start, mit Target-Typ-Umkehrschub. Treibstoff 13'925 l in Flächenintegraltanks.

Leistung: Maximale Betriebsgeschwindigkeit 648 km/h angezeigte Eigengeschwindigkeit oder 0,84 Mach; maximale Reisegeschwindigkeit 907 km/h in einer Höhe von 7'620 m; Langstreckenreisegeschwindigkeit 798 km/h in einer Höhe von 10'670 m; anfängliche Steigrate 14,7 m/sec; Startstrecke 1'685 m; Landestrecke 1'310 m; Reichweite mit 80 Passagieren 3'095 km in einer Höhe von 9'145 m.

Gewicht: Betriebsleergewicht 25'940 kg; max. Nutzlast 14'060 kg; max. Startgewicht 54'885 kg; maximales Landegewicht 49'895 kg; maximales Leertankgewicht 44'678 kg.

Abmessungen: Spannweite 28,47 m; Gesamtlänge 36,37 m; Gesamthöhe 8,38 m; Pfeilung 24 Grad bei Viertelprofilsehne; Flügelfläche 92,97 m².

Kabine: Breite 3,07 m; maximale lichte Höhe 2,06 m. Max. Sitzanordnung für 115 Passagiere in Fünferreihen mit versetztem Gang, Sitzabstand 81 cm. Unterflur-Frachträume 25,3 m³. Zwei-Mann-Cockpitbesatzung.

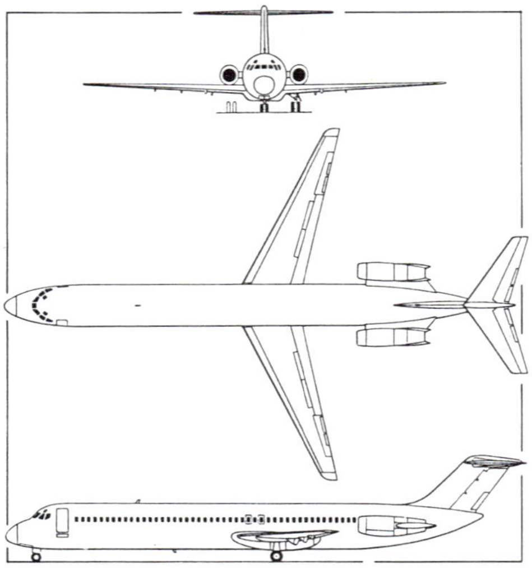

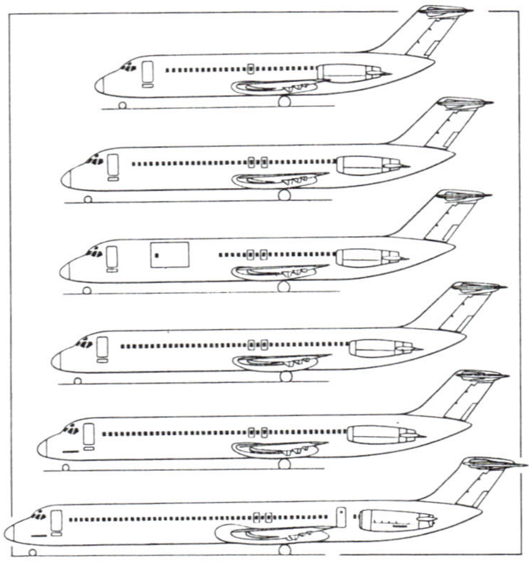

McDONNELL DOUGLAS MD-80 USA

MD-81
Antrieb: Zwei Pratt-&-Whitney-JT8D-Turbofantriebwerke, je 8'391 kp für den Start plus 340 kp Not-Schubreserve. Treibstoff 21'876 l in Flächenintegraltanks.
Leistung: Maximale Betriebsgeschwindigkeit 630 km/h angezeigte Eigengeschwindigkeit oder 0,84 Mach; maximale Reisegeschwindigkeit 924 km/h in einer Höhe von 8'230 m; Langstreckenreisegeschwindigkeit 813 km/h in einer Höhe von 10'670 m; Startstrecke 2'195 m; Landestrecke 1'480 m; Reichweite mit 155 Passagieren 2'896 km.
Gewicht: Betriebsleergewicht 35'570 kg; max. Treibstoffgewicht 17'748 kg; max. Nutzlast 17'953 kg; max. Startgewicht 63'503 kg; maximales Landegewicht 58'060 kg; maximales Leertankgewicht 53'524 kg.
Abmessungen: Spannw. 32,87 m; Länge 45,06 m; Gesamthöhe 9,04 m; Pfeilung 24,5° bei Viertelprofilsehne; Flügelfläche 118 m².
Kabine: Länge 30,78 m; max. Breite 3,09 m; max. lichte Höhe 2,06 m. Bis zu 172 Passagiere in Fünferreihen mit einem Sitzabstand von 78 cm. Unterflurgepäck-/frachträume 35,48 m³. Zwei-Mann-Cockpit-Besatzung.

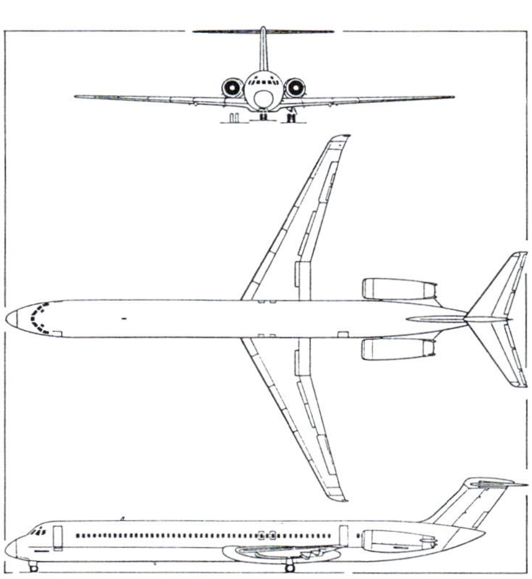

Oben: Diese Dreisichtzeichnung ist repräsentativ für die McDonnell Douglas MD-81, MD-82, MD-83 und MD-88. Alle haben dieselben Gesamtabmessungen und unterscheiden sich hauptsächlich durch ihre Treibstoffkapazitäten, Gewichte, Triebwerke und Cockpit-Ausrüstung. Spätere Flugzeuge haben einen abgeänderten Rumpfendkegel.

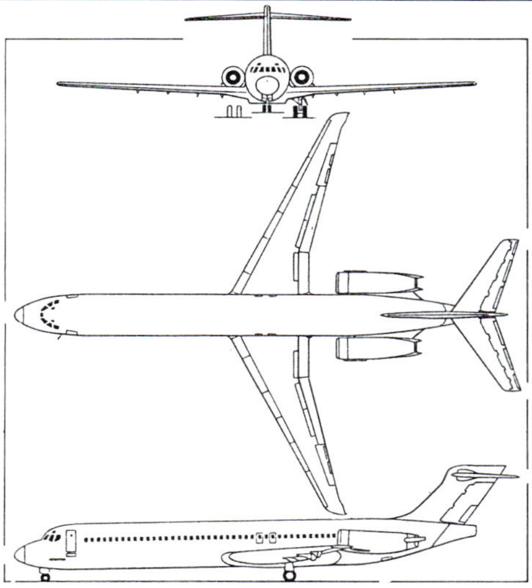

Oben: Die MD-87, Erstflug im Dezember 1986 in Long Beach, Kalifornien, ist das erste Mitglied der MD-80-Familie, die sich in der Grösse unterscheidet. Sie entspricht der Anforderung verschiedener Fluggesellschaften für ein MD-80-Flugzeug kleinerer Kapazität und hat einen Rumpf von derselben Länge wie die DC-9 Sre 50.

Von 1975 an studierte Douglas Aircraft Company (eine Tochtergesellschaft von McDonnell Douglas) eine Anzahl möglicher Weiterentwicklungen der DC-9 für die Anwendung der mit einem neuen Fan versehenen Pratt-&-Whitney-JT8D-Triebwerke. Eine frühe Ausführung dieses Triebwerks wurde an einer DC-9 am 9. Januar 1975 geflogen, um Daten für das neue Triebwerk zu erhalten, das als JT8D-209 in die Produktion ging. Die DC-9-Varianten Sre 50RS, Sre 60, Sre 50-17R und DC-9SC wurden mit diesen oder anderen Triebwerken und einem superkritischen Flügel und Rumpfverlängerungen untersucht. Marktforschungen führten im Oktober 1977 zum Entwicklungsprogramm, der DC-9 Super 80 mit einem um 4,34 m längeren Rumpf als dem der Sre 50, mit JT8D-209-Triebwerken und anderen neuen Merkmalen. Swissair, Austrian Airlines und Southern Airways waren die Erstbesteller dieses Flugzeuges, das sich als das erfolgreichste aller DC-9-Varianten erweisen sollte.

Varianten

Drei Subvarianten der Super 80 wurden angeboten, alle mit denselben Gesamtabmessungen, aber mit unterschiedlichen Triebwerksleistungen, Treibstoffkapazitäten und Betriebsgewichten. Die DC-9 Sre 81 wie ursprünglich entwickelt, die DC-9 Sre 82 mit 9'072-kp-JT8D-217-Triebwerken (plus Notumkehrschub) und derselben Treibstoffkapazität wie die Sre 82 und die DC-9 Sre 83 mit 9'526-kp-JT8D-219-Triebwerken und zusätzlichen 4'390 l Treibstoff in Frachtraumtanks. 1984 wurde die Bezeichnung DC-9 Super 80 in MD-80 abgeändert, und die drei Varianten der Serienproduktion hiessen nun MD-81, MD-82 und MD-83. Die MD-82 flog erstmals am 8. Januar 1981 und die MD-83 am 17. Dezember 1984. Im Jahre 1985 wurde die MD-87 angekündigt, die eine um 5 m reduzierte Rumpflänge, 9'072-kp-JT8D-217B-Triebwerke und eine Standardtreibstoffkapazität von 22'106 l plus Zusatztanks auf Wunsch hatte. Eine Ausdehnung der Höhenflosse um 25,4 cm über der Seitenflosse diente dem Ausgleich des kürzeren Hebelarms. Die MD-87 wurde zuerst durch Finnair und Austrian Airlines bestellt und machte ihren ersten Flug am 4. Dezember 1986. Das Entwicklungsprogramm für die MD-88, eine nahe Verwandte der MD-82 mit JT8D-217C-Triebwerken, einem Gesamtgewicht von 72'575 kg und einer Anzahl von System- und Ausrüstungsverfeinerungen, wurde Anfang 1986 aufgrund einer Bestellung von Delta Airlines beschlossen. Ende 1987 wurde die MD-88 mit elektronischem Fluginstrumentensystem der Firma Sperry (EFIS), einem Flugführungssystem (Flight-Management-System) und einem Trägheitsnavigationssystem (Inertial-Reference-System) ausgeliefert. Beim Entwurf der MD-88 ist an eine eventuelle Umrüstung auf Propfantriebwerke gedacht worden. Weitere von Douglas untersuchte Triebwerk-Wahlmöglichkeiten umfassen das CFM56-5 und das IAE V25,00 welche bei der MD-89 oder MD-90 mit einer zusätzlichen Streckung zur Erhöhung der Sitzkapazität auf 173 oder 180 angebracht werden könnten.

Oben: Um mit den Innovationen im Kabinendesign und der Anwendung neuer Materialien Schritt zu halten, entwarf Douglas das Innere der MD-80 neu und führte vergrösserte Gepäckablagen und eine vereinfachte Decke ein.

Indienststellung

Die MD-81 erhielt die FAA-Zulassung am 26. August 1980 und wurde bei Swissair am 5. Oktober 1980 in Dienst gestellt. Die MD-82, zugelassen am 30. Juli 1981, wurde bei Republic Airlines im August in Dienst gestellt, ihr folgte im Jahre 1982 eine Modifikation mit 67'812 kg Gesamtgewicht und JT8D-217A-Triebwerken zur Erhöhung der Reichweite mit maximaler Nutzlast. Die MD-83 wurde Ende 1985 zugelassen und bei Finnair in Dienst gestellt. Anfang 1987 vermeldete McDonnell Douglas 555 Festbestellungen und 275 bedingte Bestellungen und Optionen für die MD-80-Familie.

McDonnell Douglas MD-81
1 Radom
2 Wetterradarabtaster
3 vorderes Druckschott
4 Pitotrohr
5 Schacht für Radio und Elektronikausrüstung
6 Bugradschacht
7 doppeltes Bugrad
8 Ruderpedale
9 Instrumentenbrett
10 Instrumentenbrettabdeckung
11 Scheibenwischer
12 Windschutzscheibenpanels
13 Stirnfenster im Cockpit
14 Copilotensitz
15 Überkopf-Schaltpanel
16 Kapitänsitz
17 Bugradsteuerung
18 Unterflurschacht für elektrische Ausrüstung
19 Nasenflügel
20 einziehbare Treppen
21 an Tür montierte Notrutsche
22 vordere Passagiertür
23 Eingangsraum
24 Servicetür
25 vordere Küche
26 Toilettenabteil
27 Handwaschbecken
28 Erste-Klasse-Abteil
29 Peilantennen
30 Kurzwellenantenne
31 Kabinentrennwand
32 Kabinenfensterpanel
33 Zylinder für Druckkabine
34 Rahmenkonstruktion für unteren Rumpfbuckel
35 Schrank
36 Touristenklasse
37 Überkopf-Ablagefächer
38 Kabinendachrahmen
39 Klimaanlagekanal
40 Kabinendeckenverkleidung
41 Bodenträgerkonstruktion
42 vorderer Frachtraum,
43 hintere Tür des vorderen Frachtraums

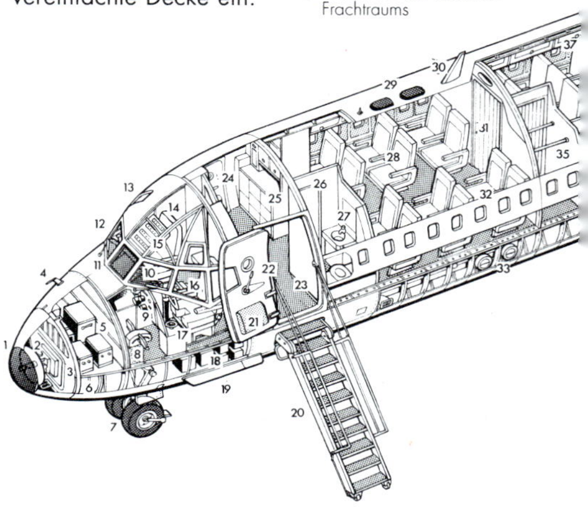

Oben: Eine MD-82 der italienischen Staatslinie Alitalia.

44 Überkopf-Gepäckablage
45 Rumpfrahmen-Versteifung
46 hydraulische Steuerung für Vorflügel
47 Flächenbeplankungsverbind.
48 Bodenträgerkonstruktion
49 Konstruktion Rumpfmittelstück
50 Seilzüge zu den Vorflügeln
51 Flächenintegraltreibstofftank
52 Treibstoffleitungen
53 Flächengrenzschichtzaun (Vortilon)
54 Druckbetankungsstutzen
55 Vorflügelsegmente
56 Betankungsstutzen
57 Navigationslichter
58 erweiterte Flächenspitze
59 Navigations- und Stroboskoplichter
60 Statikentlader
61 Querruder
62 Querruderausgleichsklappen
63 äussere, doppelt gespaltene Klappe, ausgefahren
64 Klappenhydraulikzylinder
65 Klappendrehgelenkklammern
66 äussere Störklappen
67 innere, doppelt gespaltene Klappe, ausgefahren
68 innere Störklappe
69 Notausgangsfenster
70 Druckkabinenboden über Fahrwerkschacht
71 Notausgangsfenster
72 Hydraulikreservoir
73 Hauptfahrwerkschacht
74 Touristen-Klasse-Sitze
75 Klappsitz für Flugbegleiter
76 hintere Servicetür/Notausgang
77 Unterflur-Frachtraumtür
78 Kabinenwandverkleidung
79 Überkopf-Ablagefächer
80 Triebwerklufteinlass
81 Triebwerkverkleidung
82 hintere Kabinentrennwand
83 hintere Küchen
84 Toiletten
85 hinteres Druckschott
86 hintere Eingangstür
87 Triebwerksschubumkehrer
88 Flossenwurzel
89 Staulufteinlass Klimaanlage
90 Seitenflossenkonstruktion
91 UKW-Antennen
92 Ruderdruckfühler
93 Höhenflossen-Trimmzylinder
94 Höhenflosse
95 Höhenruder-Ausgleichshorn
96 Höhenruder
97 Höhenruder-Ausgleichsklapp.
98 Leitwerkwulstverkleidung
99 Höhenruder-Drehgelenksteuerungen
100 Höhenflossen-Zapfen
101 Höhenruder
102 Höhenflossenkonstruktion
103 Seitenruderkonstruktion
104 Seitenruderausgleichsklappe
105 Statikentlader
106 Rumpfendkegel
107 Klimaanlageschlitze
108 Flossenbefestigungsrahmen
109 Luftleitung Leitwerkenteisung
110 hinterer Eingangstunnel
111 Klimaanlagegerätesatz
112 Triebwerkträger
113 Triebwerksschubumkehrer
114 Triebwerkschalldämpfer
115 Gondelflügel
116 Triebwerkabzapfluftleitung
117 Pratt-&-Whitney-JT8D-209-Turbofantriebwerk
118 Triebwerkhilfsgeräte-Getriebe
119 Triebwerklufteinlass
120 hinteres Unterflur-Frachtabteil
121 Flächenwurzelrippe
122 inn. dopp. gesp. Klappe
123 Klappenrippenkonstruktion
124 Klappenabdeckung
125 Hauptfahrwerkbefestigung
126 Hauptfahrwerkfederbein
127 innere Störklappe
128 Klappe, ausgefahren
129 äuss., dopp. gesp. Klappen
130 äussere Störklappen
131 Querruder-Ausgleichskl.
132 Querruder
133 Teil der Hinterkante
134 Statikentlader
135 Navigationslichter
136 Landescheinwerfer
137 Navigationslichter
138 Vorflügelsegmente
139 Vorflügelführungsschienen
140 Vorderholm
141 Flächenrippenkonstruktion
142 Flächenintegraltreibstofftank
143 hinterer Holm
144 Flächenversteifer
145 Flächengrenzschichtzaun
146 Flächenhautbeplankung
147 Doppelfahrwerk
148 Luftführung Vorflügelenteisung
149 Luftzuführleitung
150 Flächenwurzelrippe
151 Rollscheinwerfer

Unten: Swissair ist eine der drei Fluggesellschaften, aufgrund deren Bestellungen im Oktober 1977 McDonnell Douglas das Entwicklungsprogramm der MD-80 (damals DC-9 Super 80) begann. Die Schweizer Luftverkehrsgesellschaft kaufte die MD-81.

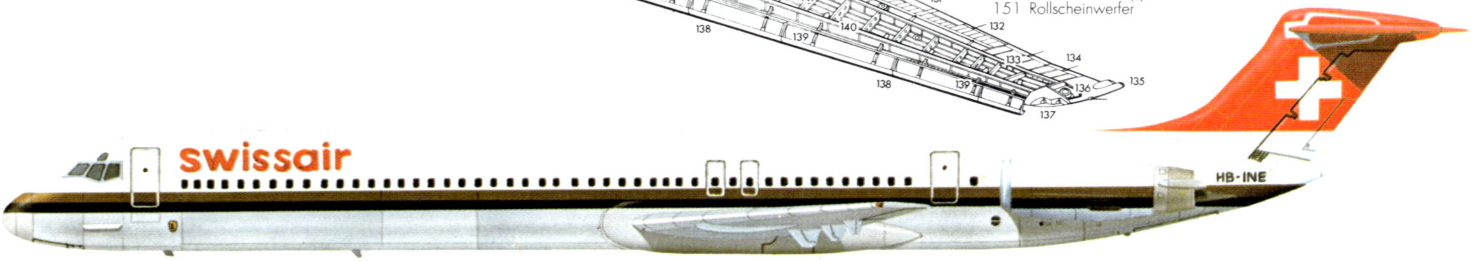

Oben: Malaysian Airlines System (MAS), die nationale Fluggesellschaft von Malaysia, hatte im Jahre 1986 drei DC-10 Sre 30 in ihrer Flotte. Wie die meisten DC-10-Betreiber hat MAS CF6-50-Triebwerke gewählt.

DC-10 Serie 30

Antrieb: Drei General-Electric-CF6-50A-Turbofantriebwerke, je 22'226 kp für den Start, oder CF6-50C-Turbofantriebwerke, je 23'134 kp, oder CF6-50C1 oder CF6-50C2-Turbofantriebwerke, je 23'814 kp, oder CF6-50C2B-Turbofantriebwerke, je 24'494 kp. Treibstoff 138'294 l in vier Flächenintegraltanks und Mittelstücktank, wahlweise 5'807 l oder 12'556 l in zusätzlichen Tanks im hinteren Frachtraum.

Leistung: Max. Betriebsgeschwindigkeit 659 km/h angezeigte Eigengeschwindigkeit oder 0,88 Mach; maximale Reisegeschwindigkeit 908 km/h in einer Höhe von 9'145 m; Langstreckenreisegeschwindigkeit 880 km/h in einer Höhe von 9'450 m; anfängliche Steigrate 8,84 m/sec; Dienstgipfelhöhe 10'180 m bei einem Gewicht von 249'475 kg; Startlänge 2'995 m; Landestrecke 1'820 m; Reichweite mit max. Nutzlast und typ. Reserven 7'413 km; Reichweite mit max. Treibstoff 12'055 km.

Gewicht: Betriebsleergewicht 121'198 kg; Treibstoffgewicht (Standard) 111'387 kg; Treibstoffgewicht (maximal) 121'467 kg; maximale Nutzlast 48'330 kg; max. Startgewicht 259'450 kg; wahlweises hohes Startgewicht 263'085 kg; max. Landegewicht 182'766 kg; max. Leertankgewicht 166'922 kg.

Abmessungen: Spannweite 50,4 m; Gesamtlänge 55,5 m; Höhe 17,7 m; Pfeilung 35° bei Viertelprofilsehne; Flügelfläche 367,7 m².

Kabine: Länge 41,45 m; max. Breite 5,72 m; max. lichte Höhe 2,41 m. Auslegung für 255 bis 270 Passagiere in Gemischtklassenauslegung oder Maximum von 380 Passagieren in Zehnerreihen mit zwei Gängen (Sitzabstand 81 cm). 3 Unterflurgepäckräume, Gesamtvolumen 104,66 m³. Drei-Mann-Cockpit-Besatzung.

Im März 1966 widmete Douglas Aircraft Company (damals noch nicht mit McDonnell verschmolzen) seine Aufmerksamkeit einer American-Airlines-Spezifizierung für einen sogenannten «Zweimotor-Jumbo». Anschliessende Diskussionen mit der Fluggesellschaft und eine Abschätzung des Marktbedarfs führten zu dem endgültigen Vorschlag für ein dreimotoriges Grossraumflugzeug mit grösserer Kapazität als zuerst geplant. Daraus entstand die DC-10, wie sie von American Airlines am 19. Februar 1968 bestellt wurde. In Konfiguration und Grösse glich sie der TriStar, hatte aber das hintere Triebwerk in einer besonderen Gondel über dem Rumpf an einem kurzen Lastenträger, wobei die Seitenflosse oberhalb dieser Gondel angebracht war. Alle frühen Versionen der DC-10 wurden von General-Electric-CF6-50-Triebwerken angetrieben, das Pratt & Whitney JT9D wurde später als Wahlmöglichkeit angeboten, und das Flugerprobungsprogramm begann am 29. August 1970.

Varianten

Die Erstbestellungsversion der DC-10 war für US-transkontinental-nonstop-Flüge vorgesehen, und nach der Einführung von Versionen mit grösserer Reichweite wurde dieses Anfangsmodell unter der Bezeichnung DC-10 Serie 10 bekannt. Es hatte CF6-6D- oder -6D1-Triebwerke mit einem Standschub von 18'144 kp oder 18'598 kp und ein Gesamtgewicht von 185'976 kg oder später 206'388 kg. Die DC-10 Sre 15 hatte CF6-50C-2F-Triebwerke mit einer Standschubleistung von 21'092 kp für den Betrieb bei hohen Temperaturen und auf hochgelegenen Flugplätzen und flog zum ersten Mal am 8. Januar 1981. Beide Varianten hatten die ursprüngliche DC-10-Fläche mit einer Spannweite von 47,35 m. Für Langstreckeneinsätze entwickelte Douglas Mittelstück- und Rumpf-(Unterflur)-Treibstofftanks, eine um 3,05 m grössere Flächenspannweite und ein drittes Hauptfahrwerkbein an der Rumpfmittellinie, um Einsätze mit höheren Gewichten zu ermöglichen. Diese Variante mit CF6-50-Triebwerken war die DC-10 Sre 30, die am 21. Juni 1972 zum ersten Mal flog. Mit JT9D-20-Triebwerken war sie zuerst die DC-10 Sre 20 und wurde später in DC-10 Sre 40 mit JT9D-59-Triebwerken umgeändert. Sobald die Sre 30 und 40 in der Produktion waren, wurden schrittweise die zugelassenen Gewichte und Treibstoffkapazitäten erhöht, und im Jahre 1980 wurde die Bezeichnung DC-10 Sre 30ER für die Varianten mit vergrösserter Reichweite festgelegt. Eine umrüstbare Frachtversion mit einer vorderen seitlichen Frachttür und einem maximalen Startgewicht von 267'620 kg wurde als DC-10 Sre 30CF eingeführt und flog zum ersten Mal am 28. Februar 1973. Auch einige DC-10 Sre 10CF wurden gebaut. Ein fensterloser Nur-Frachter für bis zu 36 Standardcontainer, die DC-10 Sre 30F, erschien im Jahre 1985, um den Auflagen von Federal Express zu entsprechen. Varianten mit gestrecktem Rumpf wurden sowohl unter den Bezeichnungen Sre 50 und 60 als auch MD-100 untersucht, die schliesslich zur MD-11 führten.

Indienststellung

Die DC-10 Sre 10 wurde am 29. Juli 1971 zugelassen und am 15. August 1971 bei American Airlines in Dienst gestellt. Die Sre 15 wurde am 12. Juni 1981 für den Einsatz bei Mexicana und Aero Mexico zugelassen. Die Sre 30 wurde am 21. November 1972 zugelassen, und die ersten Auslieferungen gingen an KLM und Swissair. Die erste Sre 30ER wurde an Swissair und die erste Sre 30ER mit maximaler zusätzlicher Tankanlage an Finnair geliefert. Die Sre 40 wurde am 20. Oktober 1972 zugelassen und erstmals an Northwest Orient Airlines ausgeliefert. Die Srs 30CF wurde an TIA am 19. April und an ONA am 21. April 1973 ausgeliefert. Die erste Sre 30F wurde an Federal Express am 24. Januar 1986 ausgeliefert. Die Produktion der DC-10 erreichte Anfang des Jahres 1987 442 Stück, einschliesslich 60 KC-10A-Tankertransportflugzeuge für die US-Luftwaffe.

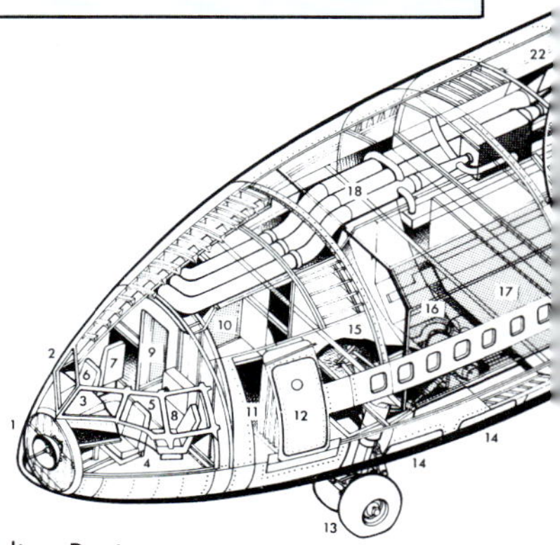

Unten: Canadian Pacific, gegründet im Jahre 1942 als Tochtergesellschaft der Canadian Pacific Railway und eine Zeitlang als CP Air bekannt, wurde 1986 von Pacific Western übernommen, wodurch die zweitgrösste kanadische Fluggesellschaft gegründet wurde.

McDonnell Douglas DC-10 Serie 30CF

1 Wetterradar
2 Windschutzscheibe
3 Instrumentenkonsole
4 Cockpit
5 Kapitänsitz
6 Copilotensitz
7 Arbeitsplatz Flugingenieur
8 zusätzlicher Sitz
9 Cockpittür
10 vordere Steuerbordtoilette
11 vordere Backbordtoilette
12 vordere Crew-Passagier-Eingangstür
13 doppeltes Bugrad
14 Zugangstüren Klimaanlage
15 vordere Frachttrennwand
16 Schacht für Klimaanlage
17 vordere untere Küchenfläche (für in Containern verpackte Fracht genutzt)
18 Rohrleitung für Klimaanlage
19 seitliche Verladefläche auf dem Frachtdeck
20 Paletten-Schienenführungen auf Frachtdeck (Rollen)
21 Hauptfrachttür
22 UKW-Antenne
23 Rumpfrahmen-Versteifung
24 Hauptfrachtdeck
25 Passagiertür
26 vorderer unterer Frachtraum
27 Rumpfhauptrahmen
28 Vorderholm-Mittelstück
29 Bodenstrebe über dem Treibstofftank
30 Trennwand für Fracht-/Passagierabteile
31 Triebwerkgondel
32 Triebwerklufteinlass
33 Gondelträger
34 Vorderklappen
35 Flächenintegraltreibstofftank
36 Navigationslichter
37 äusseres Querruder für niedrige Geschwindigkeiten
38 Treibstoffentlüftungsrohr
39 Flächenstörklappen/Auftriebsvernichter
40 doppelt gesp. Klappen
41 gewölbtes, inn. Querruder
42 Passagiertüren
43 Rumpfhauptrahmen
44 Kabinenluftführungen
45 mittlerer Fahrwerkschacht
46 Kielkastenstruktur
47 Befestigung Rumpf/Fläche
48 Konstruktion des Flächentorsionskastens
49 Vorderkantenstruktur
50 Gondelträger
51 Triebwerklufteinlass
52 General-Electric-CF6-50-Turbofantriebwerk
53 Abgasauslass
54 vierrädriges Hauptfahrwerk
55 Vorflügel
56 äussere Vorflügel
57 Navigationslichter
58 äusseres Querruder für niedrige Geschwindigkeiten
59 Treibstoff-Entlüftungsrohr
60 Verkleidung der äusseren Klappendrehgelenke
61 Treibstoffrohre
62 gewölbtes, inneres Querruder
63 Drehgelenkstellmotor und Verkleidung innere Klappe
64 Fahrwerkstützstruktur
65 Klappenkonstruktion
66 Flächenwurzelverkleidung
67 Klappenführung
68 mittleres Frachtabteil
69 Kabinenbodenabstützung
70 Handgepäckschliessfächer
71 Coach-Klasse 147 Sitze in Achterreihen
72 Gepäckcontainer
73 Tür für Massengutfrachtraum
74 hintere Passagiertür
75 hintere Toilette
76 drei Toiletten/Waschräume
77 Unterflur-Massengutfrachtraum, 22,79 m^3
78 hinteres Druckschott
79 Leitwerkmittelstück
80 Höhenflossenvorderkante
81 Höhenflossenkonstruktion
82 Höhenrudersteuerzylinder
83 doppelte Höhenruder
84 Rumpfendkegel
85 Abgasauslass
86 General-Electric-CF6-50-Turbofantriebwerk
87 Lufteinlassrohr
88 Heissluftleitung
89 Triebwerklufteinlass
90 Höhenflosse
91 doppelte Höhenruder
92 Seitenflossenvorderkante
93 Seitenruder-Steuerzylinder
94 Konstruktion des Seitenflossentorsionskastens
95 UKW-Antenne
96 obere Seitenrudersektionen (Aerfer Subcontract)
97 untere Rudersektion
98 Lastenträger am Rumpfende

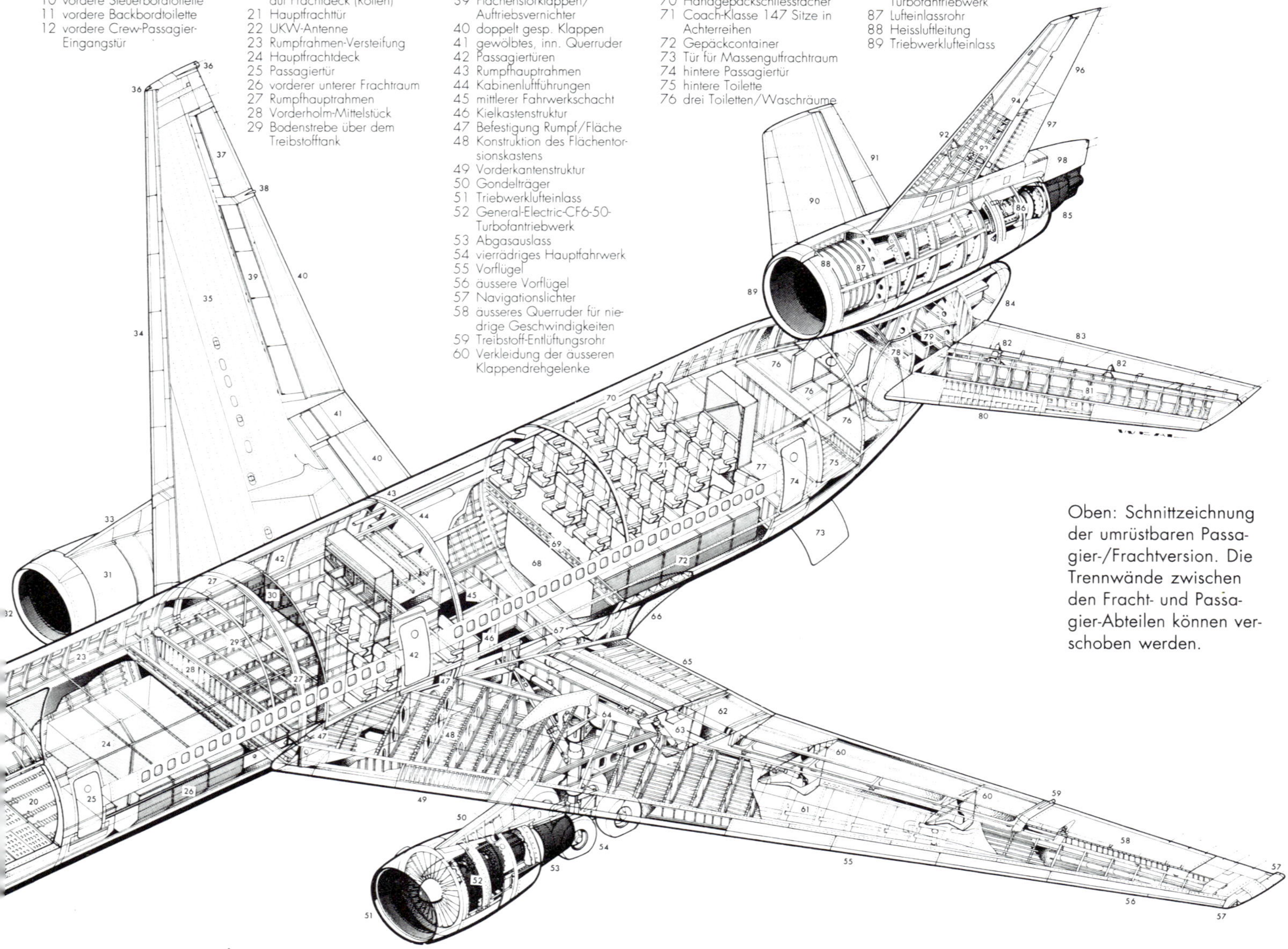

Oben: Schnittzeichnung der umrüstbaren Passagier-/Frachtversion. Die Trennwände zwischen den Fracht- und Passagier-Abteilen können verschoben werden.

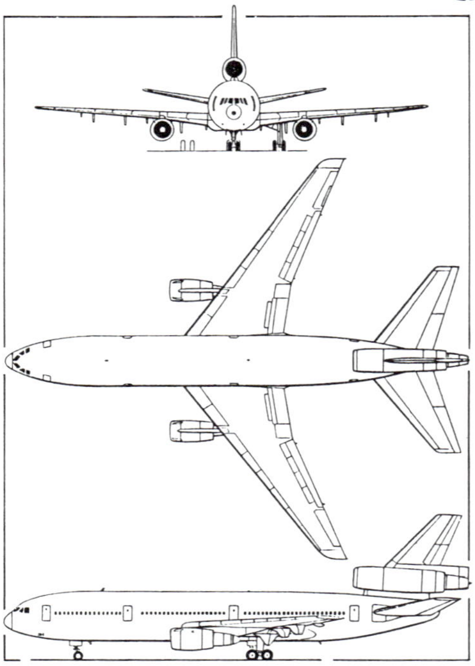

Links: Dreisichtzeichn. der meistverkauften Variante DC-10 Serie 30.

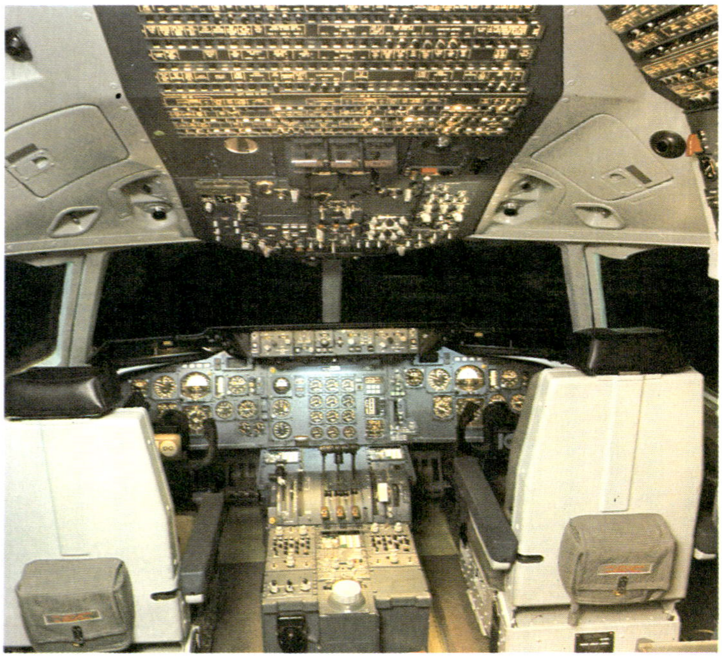

Rechts: Das Cockpit der DC-10 war von Anfang an für eine Drei-Mann-Cockpit-Besatzung ausgelegt mit einem nach steuerbord ausgerichteten Flugingenieursitz hinter dem Copiloten. Die Basisfluginstrumente für die zwei Piloten sind konventionellen mechanischen Typs und in orthodoxer Art arrangiert. Für die aus der DC-10 entwickelte MD-11 ist ein Zwei-Mann-«Glascockpit» entworfen worden.

McDONNELL DOUGLAS MD-11 USA

Während der letzten 15 Jahre hat Douglas Aircraft Company einige gestreckte oder verkürzte Versionen der DC-10 unter verschiedenen Bezeichnungen untersucht, während die DC-10 in nur drei Hauptserien weiterproduziert wurde, die im Grunde genommen alle dieselbe Rumpflänge hatten und sich vor allem durch die Gewichte, Treibstoffkapazitäten, Triebwerke und Leistungen unterschieden. Schon kurz nach Entwurfsbeginn wurden jedoch mögliche Versionen mit gestrecktem Rumpf in Betracht gezogen, und Anfang der 70er Jahre wurde eine Verlängerung um 12,8 m für möglich gehalten, wordurch die DC-10 365 Passagiere über eine Strecke von 6'680 km mitführen könnte. Zur selben Zeit wurde eine zweimotorige DC-10 untersucht, bei der das Triebwerk am Rumpfende entfernt und der Rumpf um 3,05 m gekürzt war. Im Verlauf der 70er Jahre wurden gestreckte Versionen der Srs 10, Srs 30 und Srs 40 unter den Bezeichnungen Srs 61, Srs 62 und Srs 63 untersucht, mit Streckungen von 7,9 m oder 12,2 m und unterschiedlichen Gewichten. Für diese Projekte war jedoch kein Markt vorhanden, und Anfang der 80er Jahre folgte der Vorschlag für die DC-10 Super 10 mit der Srs-30-Tragfläche, einem unwesentlich verkürzten Srs-10-Rumpf. Neue Triebwerke, wie zum Beispiel das RB.211-535 und das PW2037 und Zwei-Mann-Cockpits mit digitalen Instrumenten und Bildschirmdarstellungen wurden einer Prüfung unterzogen. Als McDonnell Douglas Ende 1982 die berühmte «DC»-Serienbezeichnung durch die neue «MD»-Bezeichnung ersetzte, wurde dieses Projekt mit MD-100 bezeichnet. Nach einer Suspendierung der

Antrieb: Drei Pratt-&-Whitney-PW4358-Turbofantriebwerke, je 26'310 kp für den Start, oder drei General-Electric-CF6-80C2-Turbofantriebwerke, je 27'310 kp für den Start, mit Umkehrschub. Treibstoff 146'300 l in Flächenintegral- und im Höhenflossentrimmtank.
Leistung: Maximale Betriebsgeschwindigkeit 676 km/h angezeigte Eigengeschwindigkeit oder 0,87 Mach; max. Reisegeschwindigkeit 946 km/h in einer Höhe von 9'450 m; Langstreckenreisegeschwindigk. 898 km/h in einer Höhe von 9'450 m; Startstrecke (FAR) 3'080 m; Landestrecke (FAR) 1'970 m; Reichweite, max. Nutzlast, keine Reserve 9'260 km.
Gewicht: Betriebsleergewicht 125'646 kg; Treibstoffgewicht ungefähr 117'936 kg; maximale Nutzlast 55'792 kg; max. Startgewicht 273'300 kg; max. Landegewicht 195'047 kg; maximales Leertankgewicht 181'439 kg.
Abmessungen: Spannweite 51,7 m; Länge 60,5 m; Höhe 17,6 m; Pfeilung 35° bei Viertelprofilsehne; Flügelfläche 341,3 m².
Kabine: Länge ca. 47,2 m; max. Breite 5,72 m; Höhe 2,41 m. Basisflugzeug für Zwei-Klassen-Unterbringung (34 Passagiere, Sechserreihen, Sitzabstand 107/104 cm und 287 Passagiere, Neunerreihen, Sitzabstand 86/84 cm mit zwei Gängen) oder ein Maximum von 405 Passagieren in Zehnerreihen, Sitzabstand 86/81cm. Drei Unterflur-Gepäckräume 194 m³. 2-Mann-Cockpit-Besatzung.

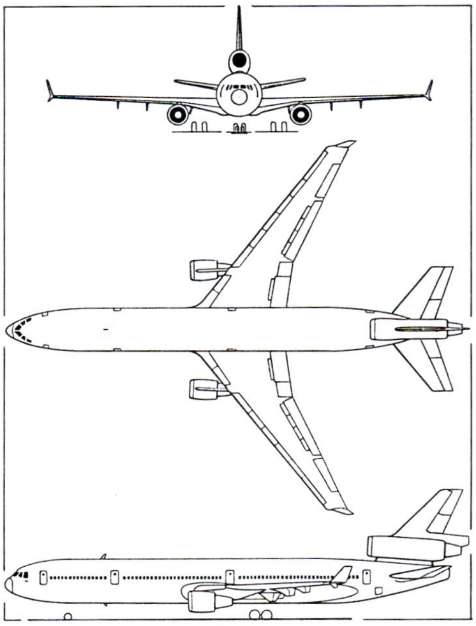

Oben: Wie diese Zeichnung zeigt, steht die MD-11 in enger Beziehung zur DC-10. Ein längerer Rumpf und Flügelendscheiben kennzeichnen die MD-11.

Oben rechts: Ein Eindruck der MD-11, für die bereits mehrere Aufträge plaziert sind.

Links: Das Cockpit der MD-11 ist für Zwei-Mann-Betrieb ausgelegt und ist eines der fortschrittlichsten Cockpits.

McDONNELL DOUGLAS MD-91/94 USA

MD-91 und MD-94 kennzeichnen eine Serie von Projekten, die im Jahre 1986 bei Douglas Aircraft Company im Untersuchungsstadium waren und die auf der Anwendung der bevorstehenden ultrahohen Nebenstrom- oder Propfantriebwerke beruhen. Bis zur Drucklegung dieses Buches war die Gesellschaft keine Verpflichtung für die Entwicklung eines dieser Projekte eingegangen. Vor irgendeiner Entscheidung will die Gesellschaft Daten über UHB-Triebwerke in einem Erprobungsprogramm an einem MD-80-Erprobungsflugzeug (als DC-9 Super Eighty gebaut) sammeln. Die Bezeichnung UHB (ultrahohes Nebenstromverhältnis) wird von McDonnell Douglas für die neue Familie von Triebwerken verwendet, die General Electric als UDF (nichtummanteltes Gebläsetriebwerk) bezeichnet. Im April 1985 bildete Douglas mit einer Gruppe von Ingenieuren ein UHB-Technology-Readiness-Programm. Gemäss eines Abkommens zwischen McDonnell Douglas und General Electric sollte ein GE-36-Triebwerk an der Backbordseite des fliegenden Prüfstandes der MD-80 anstelle des JT8D-Triebwerkes installiert werden, und zwar für ein drei- bis viermonatiges Flugerprobungsprogramm mit der Basis in Mojave, wo General Electric das Flugerprobungszentrum hat. Dieses zweite GE-36-Flugerprobungstriebwerk unterscheidet sich von dem ersten (welches zuerst an einem fliegenden Prüfstand der Boeing 727-100 im August 1986 flog) dadurch, dass es in der vorderen Reihe statt acht zehn Blätter hat, abgesehen von einigen weiteren Abänderungen zur Lärmreduzierung. Das Erprobungsprogramm sollte im April 1987 beginnen, und das GE-36-Triebwerk sollte Ende des Jahres durch ein Pratt-&-Whitney/Allison-578-DX-Propfan für ein ähnliches Erprobungsprogramm ersetzt werden. Beide Triebwerke haben vier Blätter mit einem Durchmesser von ungefähr 3,5 m, das GE-36 hat aber im Gegensatz zum 578-DX kein Getriebe.

Varianten

Untersuchungen durch die UHB-Technology-Readiness-Programm-Gruppe führten zu der Schlussfolgerung, dass die UHB-Triebwerke eher an einer Variante der bestehenden MD-80-Zelle als an einem völlig neuen Entwurf angewendet werden sollten. Da Marktforschungen den Bedarf für ein Flugzeug mit ungefähr 100 Sitzen und einer Reichweite von bis zu 2'780 km anzeigten, wurde die MD-91X als eine «geschrumpfte» MD-80 mit einem um 8,69 m gekürzten Rumpf projektiert. Die Flügelspannweite soll auf die Original-Sre-30-Abmessungen reduziert werden, das Leitwerk wird dem der MD-87 ähneln, mit einer Streckung von 25,4 cm über der Höhenflosse, und der neu entworfene Rumpfendkegel wird ebenfalls verwendet.
Die MD-91X, deren Einsatzbereitstellung für 1991 geplant ist, soll bezüglich Strukturmaterialien, Ausstattung, Ausrüstung und Avionik genauso fortschrittlich sein wie die modernste MD-80. Ein niedriges Betriebsleergewicht und der reduzierte spezifische Treibstoffverbrauch der neuen Triebwerke sollen die Treibstoffkosten auf einer typischen 648-km-Strecke mit voller Nutzlast im Vergleich mit einer DC-9 Sre 30 um gut 50 Prozent reduzieren. Gleichzeitig oder ein wenig später soll die MD-92X angeboten werden, die einen längeren Rumpf und eine Kabine mit 155

MD-91
Antrieb: Zwei Triebwerke mit ultrahohem Nebenstromverhältnis, wie zum Beispiel General Electric GE36, Pratt & Whitney/Allison 578 oder andere Propfantypen mit je 6'350 bis 6'800 kp für den Start.
Leistung: Typische Reisegeschwindigkeit 830 km/h in einer Höhe von 9'145 m; Reichweite des Entwurfs 2'780 km.
Gewicht: Betriebsleergewicht 29'030 kg; maximales Treibstoffgewicht 45'360 kg.
Abmessungen: Spannweite 28,5 m; Gesamtlänge 36,37 m; Gesamthöhe 9,3 m; Pfeilung 24° 30 Sekunden bei Viertelprofilsehne.
Kabine: Länge ungefähr 22,1 m; maximale Breite 3,07 m; maximale lichte Höhe 2,06 m. Typische Unterbringung für 100 Passagiere in Fünferreihen mit einem Sitzabstand von 78 cm. Zwei-Mann-Cockpit-Besatzung.

gesamten Projekt-Arbeit durch die Muttergesellschaft im November 1983 wurde 1984 die Arbeit an einer gestreckten Weiterentwicklung der DC-10 mit der Bezeichnung MD-11 mit hoher Priorität wieder aufgenommen, und am 29. Dezember 1986 wurde sie in der hier gezeigten Form in die Produktion aufgenommen.

Varianten

Aufgrund eingehender Marktstudien entwickelte sich die MD-11 zwischen 1984 und 1986 zu einem Flugzeug mit riesiger Kapazität und sehr grosser Reichweite, unter Anwendung des ursprünglichen DC-10-Rumpfquerschnitts mit einer Streckung von 5,66 m. Die Fläche hat eine um 3,05 m erhöhte Spannweite und nach aussen geneigte Flächenendscheiben vergrössern die Spannweite um zusätzliche 1,32 m. Weitere neue Merkmale sind: eine kleinere Höhenflosse, die Treibstoff enthält und zur Trimmunterstützung benutzt werden kann, Kohlenstoffbremsen, ein abgeänderter Rumpfendkegel, Anwendung von Verbundwerkstoffen und fortschrittlichen Metallegierungen, ein Zwei-Mann-Cockpit mit digitalen FMS (Flight Management System) und EFIS (Electrical Flight Instrumten System). Die Basisversion bietet bis zu 405 Sitzplätze. Weiterentwicklungen werden Nur-Fracht- und Combi-Versionen einschliessen, die erstere mit einer Frachtnutzlast von 81'650 kg und die letztere zum Beispiel für sechs Paletten plus 214 Passagiere. Ein weiterer Vorschlag ist die MD-11M, eine Leichtgewichtsversion mit reduzierter Treibstoffkapazität und ohne mittlerem Hauptfahrwerk, die mit leistungsmässig angepassten Triebwerken mit derselben Passagierzahl auf kürzeren Strecken mit verbesserter Wirtschaftlichkeit fliegen könnte. Eine MD-11ER könnte einen kürzeren Rumpf haben und mit weniger Passagieren noch grössere Reichweiten erreichen, und für die Zukunft ist eine MD-11ADV (Advanced) in Aussicht, mit einem grösseren Rumpf, neuer Fläche, modernisierten Systemen und Triebwerken neuer Technologie, wie zum Beispiel dem Rolls-Royce Contrafan oder nichtummantelten UHB (Triebwerk mit ultrahohem Nebenstromverhältnis).

Indienststellung

Die Verpflichtung zur Entwicklung der MD-11 wurde am 29. Dezember 1986 eingegangen, als zwölf Gesellschaften Festbestellungen für 52 Flugzeuge mit 40 weiteren Optionen plaziert hatten. Unter den ersten Kunden ist British Caledonian, von der erwartet wird, dass sie die MD-11 nach ihrem Erstflug in Dienst stellt. Weitere Kunden sind: SAS, Swissair, Alitalia, Varig, Thai Aiways, Korean Air, Federal Express, JAT und Dragonair.

Sitzen vorsieht. Aus der Sicht von Douglas scheint eine MD-80 mit UHB-Triebwerken für die Fluggesellschaften attraktiver zu sein als ein völlig neues Flugzeug, es sei denn, die Treibstoffkosten würden erheblich über die Höhe von 1986 ansteigen. Inzwischen liefen die Projektstudien aber gerade für ein solches, völlig neues Flugzeug in der 150-Sitze-Kategorie unter der Bezeichnung MD-94X weiter. Dieses Projekt hat eine ähnliche Gesamtkonfiguration wie die MD-80, mit einer superkritischen Fläche von sehr hoher Flügelstreckung, Canard Noseplanes (Entennasensteuerflächen), laminarer und turbulenter Grenzschichtkontrolle, Glasfaseroptik im Flugsteuerungssystem, seitlichen Steuerhandgriffen, aktiver Stabilitätserhöhung der Flugsteuerung und Aluminium-Lithium-Werkstoffen in der Struktur.

Indienststellung

Noch keine Kaufverpflichtung für irgendeine Variante der MD-90. Die Bezeichnung durch den Hersteller soll das erwartete Jahr der Indienststellung anzeigen, das heisst MD-91X verfügbar im Jahre 1991.

Links: Ein Modell der MD-94X, eines der Projekte, die McDonnell Douglas im Jahre 1987 untersuchte, um die Vorteile der kommenden Propfantriebwerke auszunutzen. Die MD-94X, von ähnlicher Auslegung wie die MD-80, würde 150 Sitze haben.

Rechts: Die MD-91X ist eine vorgeschlagene Variante der MD-80 von ähnlicher Grösse wie die Original-DC-9 Sre 30, aber mit zwei General-Electric- oder Pratt-&-Whitney/Allison-Propfantriebwerken.

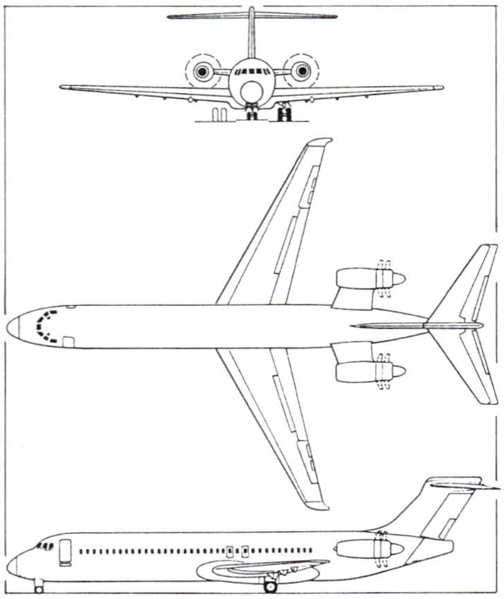

NAMC YS-11 JAPAN

Ermutigt durch das Ministerium für Internationalen Handel und Industrie begannen im Jahre 1956 sechs japanische Gesellschaften (Mitsubishi, Kawasaki, Fuji, Shin Meiwa, Showa und Japan Aircraft Manufacturing) mit dem Modellentwurf eines zivilen Kurz-/Mittelstrecken-Flugzeuges, um Erfordernisse der japanischen Inlandfluggesellschaften zu erfüllen. Für die Konstruktion des relativ grossen, zweimotorigen Turbopropflugzeuges bildeten die sechs Gesellschaften im Mai 1957 die Nihon Aircraft Manufacturing Co Ltd (NAMC). Das Entwicklungsprogramm umfasste vier Flugzeugzellen, zwei fliegende Prototypen und zwei Exemplare für Strukturüberprüfungen. Die ersten Flüge wurden am 30. August beziehungsweise am 28. Dezember 1962 durchgeführt.

Varianten

Nach der Produktion von 48 YS-11, von denen die erste am 23. Oktober 1964 flog, entwickelte NAMC die YS-11A mit höheren Betriebsgewichten und erhöhter Nutzlast, die zum ersten Mal am 27. November 1967 flog und in drei Versionen unter den Bezeichnungen Sre 200, 300 und 400 angeboten wurde, während die ursprüngliche YS-11 als Sre 100 bezeichnet wurde. Die YS-11A-200, von der 92 gebaut wurden, war das Basisflugzeug für 60 Passagiere mit einer Erhöhung der Nutzlast um 1'350 kg gegenüber der Serie 100. Die YS-11A-300, eine Gemischtverkehrsversion mit dem besonderen Kennzeichen einer Frachtladetür an der vorderen Rumpfseite, hatte dieselben Gewichte und war in der Lage, neben 46 Passagieren 15,3 m3 Fracht mitzunehmen. Die YS-11A-400, die zum ersten Mal am

Rechts: Die NAMC YS-11, ursprünglich für japanische Inland-Gesellschaften entwickelt, ist ein zweimotoriges Turbopropflugzeug und war 1986 in Japan noch in einer grossen Zahl im Einsatz. Ausserhalb Japans ist Mid Pacific Air in Hawaii der grösste Betreiber. Die abgebildete YS-11 verbindet die Hawaiianischen Inseln. Mid Pacific Air setzt die YS-11 nicht nur auf ihren eigenen Strecken ein, sondern vermietet einige aus ihrer Flotte an andere Fluggesellschaften.

PILATUS BRITTEN-NORMAN ISLANDER GROSSBRITANNIEN

BN-2T Turbine Islander

Antrieb: Zwei Allison-250-B17C-Turboprops, je 298 kW Wärmekapazität und 238 kW Nennleistung, mit dreiblättriger Hartzell-Luftschraube, Durchmesser 2,03 m, konstante Drehzahl und Segelstellung. Treibstoff 492 l.

Leistung: Maximale Betriebsgeschwindigkeit 285 km/h angezeigte Eigengeschwindigkeit; maximale Reisegeschwindigkeit 315 km/h in einer Höhe von 3'050 m und 285 km/h in Meereshöhe; Reisegeschwindigkeit mit 72 Prozent Leistung 278 km/h in einer Höhe von 3'050 m und 263 km/h in einer Höhe von 1'525 m; anfängliche Steigrate 5,3 m/sec; Dienstgipfelhöhe 7'620 m; Startstrecke auf 15,2 m Höhe 380 m; Landedistanz aus 15,2 m Höhe 340 m; Reichweite mit max. Nutzlast, keinen Reserven 261 km; Reichweite mit max. Treibstoff, Instrumentenflugreserven 1'092 km.

Gewicht: Rüstleergewicht 1'832 kg; maximale Nutzlast 1'113 kg; Nutzlast mit maximalem Treibstoff 608 kg; maximales Startgewicht 3'175 kg; maximales Landegewicht 3'084 kg; maximales Leertankgewicht 2'857 kg.

Abmessungen: Spannweite 14,94 m, mit erweiterten Flügelspitzen 16,15 m; Länge 10,87 m, mit Wetterradarnase 11,07 m; Höhe 4,18 m; keine Pfeilung; Flügelfläche 30,19 m^2, mit erweiterten Flügelspitzen 31,31 m^2.

Kabine: Länge 3,05 m; max. Breite 1,09 m; max. lichte Höhe 1,27 m. Neun Passagiere plus Pilot auf zwei Einzelsitzen und vier bankartigen Sitzen, kein Gang, Zugang durch Einzeltüren. Bis 1,39 m^3 Gepäckvolumen, plus wahlweise Nasenraum mit 0,62 m^3; max. Kabinenfrachtkapazität (keine Passagiersitze) 4,7 m^3.

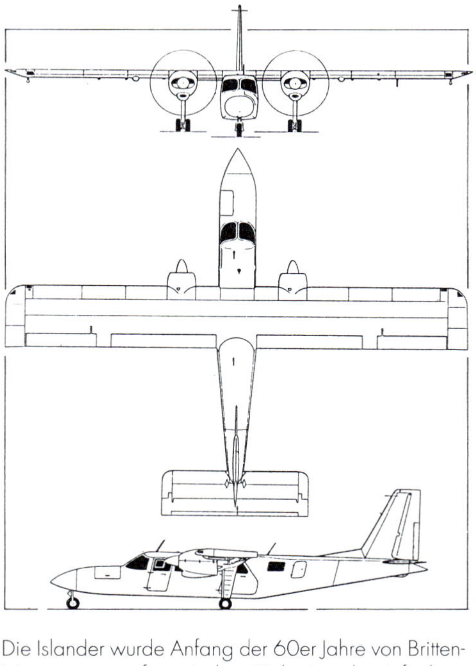

Links: Dreisichtzeichnung der Islander BN-2B mit Kolbentriebwerken, mit der wahlweisen langen Nase für zusätzlichen Gepäckraum und Standard-Flügelenden.

Rechts: Dieses Muster zeigt die Standard-Nase und die erweiterten, treibstofftragenden Flügelenden. Die Registrierung G-TWOB basiert auf der BN-2B-Bezeichnung der Islander und ist ein Beispiel für die jetzt praktizierten «personalisierten» Registrierungen bei einigen britischen Flugzeugen.

Die Islander wurde Anfang der 60er Jahre von Britten-Norman entworfen mit dem Ziel, ein sehr einfaches, leichtes, zweimotoriges Transportflugzeug für Fluggesellschaften der Dritten Ebene und Zubringer-Gesellschaften zu produzieren. Britten-Norman war mit 25 Prozent an der Cameroon Air Transport beteiligt, und die BN-2, wie die neue Zweimotorige bezeichnet wurde, war spezifisch für die Bedürfnisse dieser Gesellschaft ausgelegt. Ein Schulterdecker mit sechs Sitzen, gutem Startleistungsbereich, niedrigen Anschaffungskosten, niedrigen Betriebskosten und leichter Wartung. Der BN-2-Prototyp hatte als besonderes Merkmal unverjüngte und abgestützte Flächen, ein starres Fahrwerk und ungewöhnliche «Wand-zu-Wand»-Sitze mit drei Zugangstüren. Er wurde von zwei Continental-IO-360B-Triebwerken mit je 157 kW angetrieben und flog am 13. Juni 1965 mit einer Spannweite von 13,7 m und einem Gesamtgewicht von 2'150 kg. Am 17. Dezember 1965 flog er mit 194 kW starken Lycoming-O-540-E-Triebwerken, einer Spannweite von 14,9 m und einem Gesamtgewicht von 2'585 kg. Ein Serien-Produktions-Prototyp mit ähnlicher Spezifikation flog am 20. August 1966. Nachdem sich die Gesellschaft im Jahre 1972 grossen finanziellen Schwierigkeiten gegenüber sah, wurde Britten-Norman von der Fairey-Gruppe erworben, die jedoch ihrerseits in fremden Besitz überging, wonach Britten-Norman durch Pilatus, eine Tochtergesellschaft der Schweizer Oerlikon-Bührle-Gruppe, erworben wurde.

17. September 1969 flog, war eine Nur-Fracht-Variante mit einer grösseren Frachttür und stellte ein Frachtvolumen von 81 m^3 zur Verfügung. Die neun gebauten YS-11A-400 waren alle für militärischen Einsatz in Japan bestimmt. Abgesehen von einer Erhöhung des max. Startgewichtes um 500 kg auf 25'000 kg waren die YS-11A-500, -600 und -700 einander beziehungsweise den Serien 200, 300 und 400 ähnlich. Mit der Produktion von vier Flugzeugen der Serie 500 und fünf der Serie 600 ging das YS-11A-Programm zu Ende.

Indienststellung

Die japanische Zulassung der YS-11 wurde am 25. August 1964 erteilt, ihr folgte die FAA-Typenberechtigung am 7. September 1965. Die Auslieferungen der YS-11 begannen im März 1965, und das erste Flugzeug ging an Japan Civil Aviation Bureau. Der Passagierdienst begann im April 1965 bei Toa Airways (jetzt TDA), ihr folgten im Mai Japan Domestic Airlines (JDA) und im Juli All Nippon Airlines. Die YS-11A wurde von der JLAB im Januar 1968 und von der FAA am 3. April 1968 zugelassen, worauf die Auslieferungen an Piedmont Aviation in den USA begannen. Nach der Auslieferung der letzten YS-11 im Jahre 1973 wurde NAMC schrittweise aufgelöst, und die Verantwortung für Ersatzteilproduktion und Kundenbetreuung wurde allmählich auf die Teilhabergesellschaften übertragen. Mitsubishi, jetzt hauptsächlich verantwortlich für die Kundenbetreuung, gab bekannt, dass von 182 produzierten Modellen Mitte 1986 noch 159 YS-11 im Einsatz waren (67 bei japanischen, 51 bei ausländischen Fluggesellschaften und 41 bei Regierungsagenturen).

YS-11A-200

Antrieb: Zwei Turboprop Rolls-Royce Dart Mk 542-10K (RDa.10/1), je 2'284 kW für den Start, mit vierblättrigen Rotol-Luftschrauben, Durchmesser 4,42 m, konstante Drehzahl, Segelstellung und Umkehrschub. Treibstoff 7'270 l in Integraltanks in äusseren Flächenteilen und Zellentanks in den inneren Flächenteilen.
Leistung: Maximale Reisegeschwindigkeit 469 km/h in einer Höhe von 4'575 m; wirtschaftliche Reisegeschwindigkeit 452 km/h in einer Höhe von 6'095 m; anfängliche Steigrate 6,2 m/sec; Dienstgipfelhöhe 6'980 m; Startlänge (SR422B) 1'110 m; Landestrecke (SR422B) 660 m; Reichweite (keine Reserven) mit maximaler Nutzlast 1'090 km; Reichweite mit maximalem Treibstoff 3,215 km.
Gewicht: Betriebsleergewicht 15'419 kg; maximale Nutzlast 6'581 kg; maximales Startgewicht 24'500 kg; max. Landegewicht 24'000 kg; maximales Leertankgewicht 22'000 kg.
Abmessungen: Spannweite 32 m; Gesamtlänge 26,3 m; Gesamthöhe 8,98 m; Pfeilung 3 Grad 11 Minuten bei Viertelprofilsehne; Flügelfläche 94,8 m^2.
Kabine: Länge 13,44 m; maximale Breite 2,7 m; maximale lichte Höhe 1,99 m. Standard-Ein-Klassen-Auslegung bietet 60 Sitze in Viererreihen mit Mittelgang und einem Sitzabstand von 86 cm. Unterflur-Gepäckraum 1,98 m^3 und Überboden-Gepäckräume 8,69 m^3.

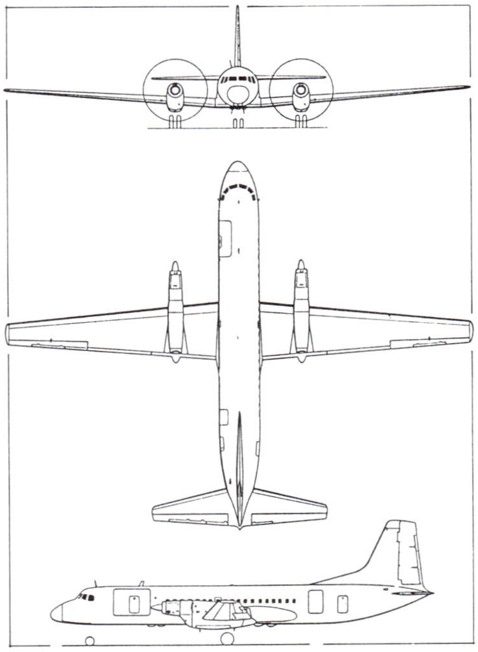

Oben: Dreisichtzeichnung der NAMC YS-11 mit Frachttür, ein besonderes Kennzeichen der Serie 300 und 600, die meistens für militärischen Einsatz gebaut wurden. Die Passagierflugzeuge der Serien 100, 200 und 500 waren äusserlich gleich, hatten aber keine Frachttür. Die Unterschiede zwischen den Varianten bezogen sich in der Hauptsache auf die Betriebsgewichte.

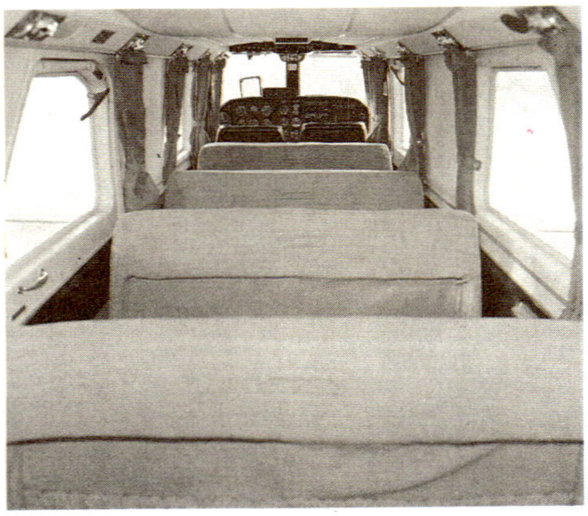

Oben: Die Innenausstattung der Islander ist notwendigerweise einfach, jedoch angemessen für die kurzen Reisen, wie sie typisch für diese Flugzeuge sind. Wie hier gezeigt, gibt es vier bankartige Sitze mit Einzeltüren (alternierend zwei backbord, eine steuerbord).

Varianten

Die erste Serien-Islander mit der Bezeichnung BN-2 flog am 24. April 1967. Im Juni 1969 wurde die Serienproduktion nach einigen Verbesserungen in BN-2A umbenannt, und mit einem höheren Landegewicht und verbesserter Innenausstattung wurde sie 1978 als BN-2B bezeichnet. Sowohl die BN-2A als auch die BN-2B standen in einer Anzahl von Subvarianten mit den folgenden Wahlmöglichkeiten zur Verfügung: 224-kW-Lycoming-IO-540-K1B5-Triebwerke anstatt O-540-E4C5 (Erstflug am 30. April 1970), Riley-Rajay-Kompressoren an den O-540-Triebwerken, eine vergrösserte Spannweite durch Flächenspitzen mit einer zusätzlichen Tankanlage, eine «langnasige» BN-2S mit zwei zusätzlichen Sitzen an Stelle des Gepäckraums, der stattdessen in der Nase untergebracht wurde (Erstflug am 22. August 1972). An die BN-2A- und BN-2B-Bezeichnungen angefügte Zahlen zeigten diese und andere Wahlmöglichkeiten an, wie zum Beispiel revidierte Flügelvorderkantenwölbungen für die US-Zulassungsbestimmungen, gewölbte Klappen für einen besseren Steigflug mit einem Motor oder ein höheres Gesamtgewicht. Am 6. April 1977 flog der BN-2A-40-Prototyp mit 448 kW starken Lycoming-LTP101-Turboprops, aber für die Produktion der BN-2T Turbine Islander wurde ein Wechsel auf die Allison-250-Triebwerke vorgenommen. Der BN-2T-Prototyp flog zum ersten Mal am 2. August 1950, und viele der vorher beschriebenen Wahlmöglichkeiten stehen auch für dieses Modell zur Verfügung. Spezielle militärische Versionen sind als Defender bekannt.

Indienststellung

Die BN-2 Islander erhielt die britische Zulassung am 10. August 1967, und die ersten Auslieferungen wurden am 13. August an Glosair beziehungsweise am 15. August an Loganair durchgeführt. Der FAA-Zulassung am 19. Dezember 1967 folgten die ersten Auslieferungen in die USA im Januar 1968. Die BN-2T Turbine Islander erhielt die Zulassung in Grossbritannien im Mai 1981 und die US-Genehmigung (gemäss FAR Pt23) am 15. Juli 1982. Die Gesamtproduktion aller Islander-Varianten näherte sich 1987 der Zahl 1'100.

PILATUS BRITTEN-NORMAN TRISLANDER GROSSBRITANNIEN/USA

Die einzigartige Form der Trislander ergab sich aus den Bemühungen im Jahre 1968, die Islander für den Transport von zusätzlichen Passagieren zu «strecken». Das erste Ergebnis war eine langrümpfige Islander (umgerüstet von der Original-BN-2-Serienproduktion), die zum ersten Mal am 14. Juli 1968 flog. Die Flugerprobung zeigte, dass zusätzliche Triebwerksleistung benötigt wurde, um den höheren Betriebsgewichten gerecht zu werden, die das gestreckte Flugzeug mit sich brachte. Anstelle eines Neuentwurfs der Fläche zur Aufnahme von Triebwerken mit grösserer Leistung entschieden sich die Designer für ein drittes Triebwerk in einer Gondel am oberen Ende der Seitenflosse. Das Leitwerk wurde neu entworfen, vergrössert und auf den Propeller des dritten Triebwerks abgestimmt. Der Rumpfquerschnitt blieb unverändert, genauso wie die Flächengeometrie, jedoch war wegen der höheren Gewichte eine geringe Verstärkung erforderlich. Diese dreimotorige Weiterentwicklung der Islander, bekannt unter der Bezeichnung BN-2A Mk III, wurde Trislander genannt und machte den Erstflug in Bembridge am 11. September 1970. Die Flugerprobung hatte einige Änderungen an der Form und Oberfläche des Leitwerkes zur Folge (der obere Teil der Seitenflosse war zur Zeit des Erstfluges noch nicht angebracht).

Die Produktion der Trislander wurde im Jahre 1970 von Britten-Norman eingeleitet und von den neuen Besitzern Fairey und anschliessend Pilatus fortgesetzt. Am 5. Juni 1982 erwarb International Aviation Corporation in Florida eine Produktionslizenz für die Trislander unter dem Namen Tri-Commutair. Nach der Endmontage eines ersten Paketes von zwölf Flugzeugen durch IAC mit britischen Bauteilen musste Pilatus/Britten-Norman die notwendigen Produktionsanlagen liefern.

Varianten

Die BN-2A Mk III ging mit einem Gesamtgewicht von 4'245 kg in die Produktion. Dieses Gewicht wurde bei der BN-2A Mk III-1 auf 4'540 kg erhöht. Eine weitere Änderung war die Anbringung der langen Nase (mit zusätzlichem Gepäckraum), die für die BN-2S Islander entwickelt worden war. Die Trislander mit der langen Nase flog zum ersten Mal am 18. August 1974 und erhielt die Bezeichnung BN-2A Mk III-2. Die Einführung eines automatischen Segelstellungssystems, das die Luftschraube bei einem Trieb-

Oben: Aurigny Air Services setzt eine Flotte dieser buntbemalten Trislander ein.

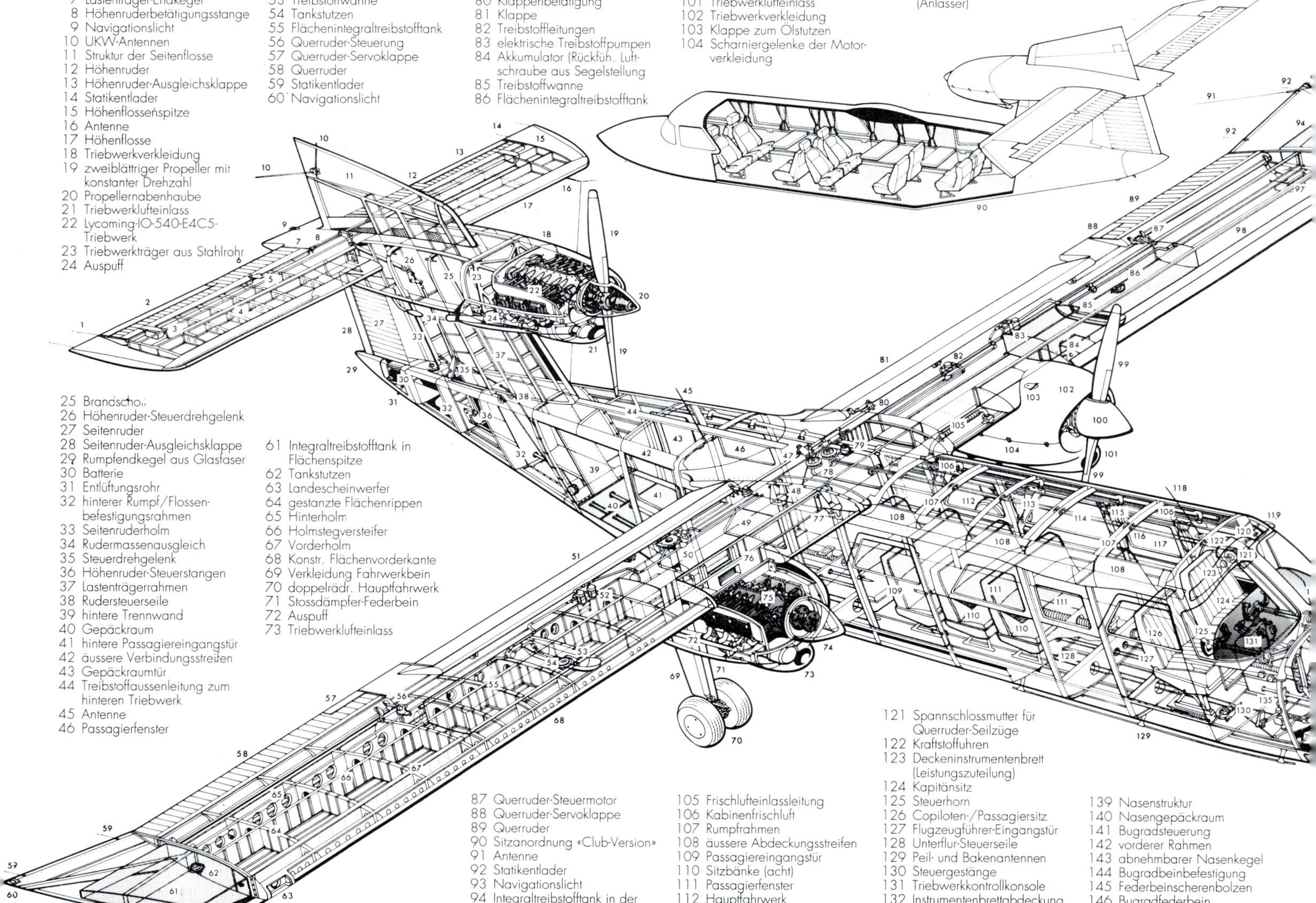

Pilatus Britten-Norman Trislander
1 Statikentlader
2 Höhenruder-Trimmklappe
3 Massenausgleichsgewicht
4 Struktur der Höhenflosse
5 Höhenruder-Drehgelenk
6 Höhenruder
7 Lastenträger-Endkegel
8 Höhenruderbetätigungsstange
9 Navigationslicht
10 UKW-Antennen
11 Struktur der Seitenflosse
12 Höhenruder
13 Höhenruder-Ausgleichsklappe
14 Statikentlader
15 Höhenflossenspitze
16 Antenne
17 Höhenflosse
18 Triebwerkverkleidung
19 zweiblättriger Propeller mit konstanter Drehzahl
20 Propellernabenhaube
21 Triebwerklufteinlass
22 Lycoming-IO-540-E4C5-Triebwerk
23 Triebwerkträger aus Stahlrohr
24 Auspuff
25 Brandschott
26 Höhenruder-Steuerdrehgelenk
27 Seitenruder
28 Seitenruder-Ausgleichsklappe
29 Rumpfendkegel aus Glasfaser
30 Batterie
31 Entlüftungsrohr
32 hinterer Rumpf/Flossenbefestigungsrahmen
33 Seitenruderholm
34 Rudermassenausgleich
35 Steuerdrehgelenk
36 Höhenruder-Steuerstangen
37 Lastenträgerrahmen
38 Rudersteuerseile
39 hintere Trennwand
40 Gepäckraum
41 hintere Passagiereingangstür
42 äussere Verbindungsstreifen
43 Gepäckraumtür
44 Treibstoffaussenleitung zum hinteren Triebwerk
45 Antenne
46 Passagierfenster
47 Klappendrehgelenk
48 Befest. Rumpf/Hinterholm
49 Passagierfenster
50 obere Befestigung des Hauptfahrwerkbeins
51 Klappe
52 elektrische Treibstoffpumpe
53 Treibstoffwanne
54 Tankstutzen
55 Flächenintegraltreibstofftank
56 Querruder-Steuerung
57 Querruder-Servoklappe
58 Querruder
59 Statikentlader
60 Navigationslicht
61 Integraltreibstofftank in Flächenspitze
62 Tankstutzen
63 Landescheinwerfer
64 gestanzte Flächenrippen
65 Hinterholm
66 Holmstegversteifer
67 Vorderholm
68 Konstr. Flächenvorderkante
69 Verkleidung Fahrwerkbein
70 doppelrädr. Hauptfahrwerk
71 Stossdämpfer-Federbein
72 Auspuff
73 Triebwerklufteinlass
74 Propellernabenhaube
75 Lycoming-IO-540-E4C5-Triebwerk
76 Gondel/Holmverbindung
77 Rumpf/Vorderholmverbind.
78 Querruder-Steuerseile
79 Antikollisionslicht
80 Klappenbetätigung
81 Klappe
82 Treibstoffleitungen
83 elektrische Treibstoffpumpen
84 Akkumulator (Rückfüh. Luftschraube aus Segelstellung
85 Treibstoffwanne
86 Flächenintegraltreibstofftank
87 Querruder-Steuermotor
88 Querruder-Servoklappe
89 Querruder
90 Sitzanordnung «Club-Version»
91 Antenne
92 Statikentlader
93 Navigationslicht
94 Integraltreibstofftank in der Flächenspitze
95 Tankstutzen
96 Landescheinwerfer
97 Magnesyn-Kompass
98 Konstr. zweiholmige Fläche
99 zweiblättriger Propeller mit konstanter Drehzahl
100 Propellernabenhaube
101 Triebwerklufteinlass
102 Triebwerkverkleidung
103 Klappe zum Ölstutzen
104 Scharniergelenke der Motorverkleidung
105 Frischlufteinlassleitung
106 Kabinenfrischluft
107 Rumpfrahmen
108 äussere Abdeckungsstreifen
109 Passagiereingangstür
110 Sitzbänke (acht)
111 Passagierfenster
112 Hauptfahrwerk
113 Fenstervorhänge
114 Passagiereingangstür
115 Einzelbeleuchtung
116 Querruder-Steuerseile
117 Passagierfenster
118 Antenne
119 Rückspiegel (nur backbord)
120 Deckeninstrumentenbrett (Anlasser)
121 Spannschlossmutter für Querruder-Seilzüge
122 Kraftstoffuhren
123 Deckeninstrumentenbrett (Leistungszuteilung)
124 Kapitänsitz
125 Steuerhorn
126 Copiloten-/Passagiersitz
127 Flugzeugführer-Eingangstür
128 Unterflur-Steuerseile
129 Peil- und Bakenantennen
130 Steuergestänge
131 Triebwerkkontrollkonsole
132 Instrumentenbrettabdeckung
133 Windschutzscheibe
134 Trennwand
135 Ruderpedale
136 Heizung- und Gebläse
137 Radioregal
138 Nasengepäckraumtür
139 Nasenstruktur
140 Nasengepäckraum
141 Bugradsteuerung
142 vorderer Rahmen
143 abnehmbarer Nasenkegel
144 Bugradbeinbefestigung
145 Federbeinscherenbolzen
146 Bugradfederbein
147 selbstzentrierendes Bugrad

werkausfall um 90 Grad in die Segelstellung dreht, ohne dass der Pilot eingreifen muss, brachte die Bezeichnung BN-2A Mk III-3 mit sich.

Indienststellung

Die erste Serien-Trislander flog am 6. März 1971 und erhielt die britische Zulassung am 14. Mai und die US-Typenberechtigung (gemäss FAR Pt 23) am 4. August desselben Jahres. Aurigny Air Services auf den Kanalinseln übernahm das erste Kundenflugzeug am 29. Juni 1971. 73 Trislander wurden produziert. Acht fertiggestellte Flugzeuge und Bauteile für weitere zwölf Flugzeuge wurden für die Endmontage an IAC geliefert. Eine weitere Produktion ist nicht geplant.

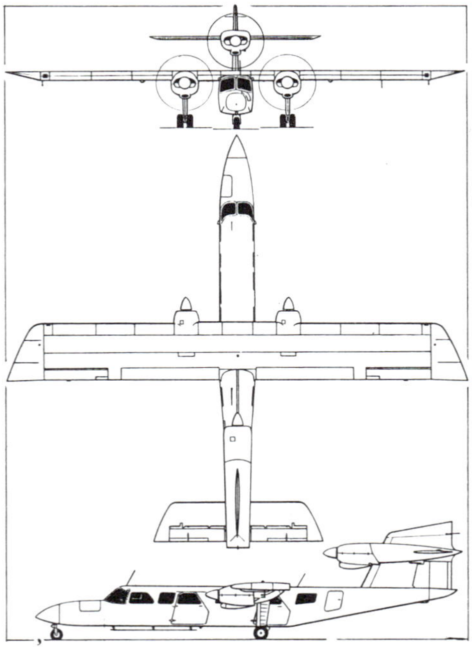

Oben: Dreisichtzeichnung der BN-2A Mk III Trislander. Die Fläche, der Rumpfquerschnitt und die lange Nase sind gleich wie bei der Islander.

Links: Das Cockpit der Trislander erforderte eine beachtliche Erfindungsgabe, um allle Instrumente in einem Panel unterzubringen, das dieselbe Breite wie das der zweimotorigen BN-2 Islander hat. Der Copilot hat volle Doppelsteuerung, aber keine Fluginstrumente.

Antrieb: Drei Sechszylinder-Boxer-Motoren Avco Lycoming O-540-E4C5, je 194 kW für den Start, mit zweiblättrigen Hartzell-Luftschrauben, Durchmesser 2,03 m, konstante Drehzahl und Segelstellung. Treibstoff 746 l in Integraltanks zwischen den Holmen und in Tanks in den Flächenspitzen.
Leistung: Maximale Betriebsgeschwindigkeit 265 km/h angezeigte Eigengeschwindigkeit; max. Geschwindigkeit 290 km/h in Meereshöhe; Reisegeschwindigkeit 267 km/h mit 75 Prozent Triebwerksleistung in einer Höhe von 1'980 m oder 256 km/h mit 67 Prozent Triebwerksleistung in einer Höhe von 2'470 m oder 241 km/h mit 59 Prozent Triebwerksleistung in einer Höhe von 3'960 m; anfängliche Steigrate 4,97 m/sec; Dienstgipfelhöhe 4'010 m; Startstrecke auf 15,2 m Höhe 595 m; Landestrecke aus 15,2 m Höhe 440 m; max. Reichweite mit 241 km/h Reisegeschwindigkeit 1'610 km; Reichweite mit max. Nutzlast (keine Reserven) 241 km.
Gewicht: Rüstleergewicht 2'650 kg; maximale Nutzlast 1'610 kg; maximales Startgewicht 4'540 kg; maximales Landegewicht 4'540 kg; max. Leertankgewicht 4'400 kg.
Abmessungen: Spannweite 16,15 m; Gesamtlänge 15,01 m; Gesamthöhe 4,32 m; keine Pfeilung; Flügelfläche 31,31 m^2.
Kabine: Länge (einschl. hinteres Gepäckabteil) 8,24 m, max. Breite 1,09 m, max. lichte Höhe 1,27 m. 17 Passagiere plus Pilot, auf 2 Einzelsitzen und acht Bänken, ohne Gang, Sitzabstand 74 cm. Volumen des hinteren Gepäckraums 0,71 m^3; wahlweise Nasengepäckraum 0,62 m^3.

Rechts: Die einzigartige Form der Trislander ist auf dieser Fotografie gut zu sehen. Die Anordnung eines dritten Triebwerks in einer Gondel in der Mitte der Seitenflosse bewährte sich. Nach der Einführung von 19-sitzigen, zweimotorigen Turbopropflugzeugen schwand der Markt für Flugzeuge dieser Grösse mit Kolbentriebwerken, und die Produktion der Trislander wurde in Grossbritannien im Jahre 1982 beendet.

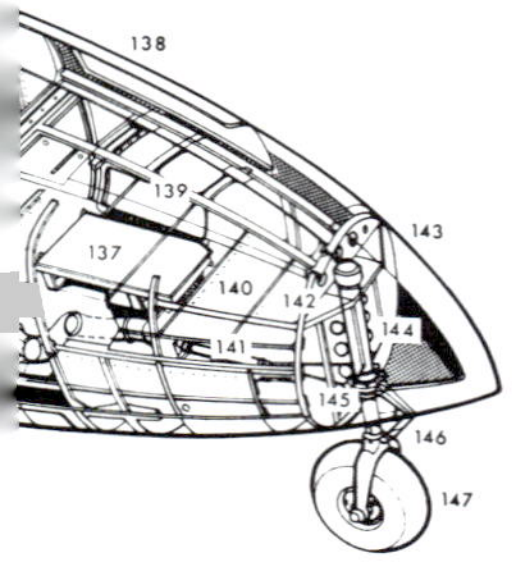

Die leichten, zweimotorigen Piper der PA-31-Familie können auf die ursprüngliche Navajo zurückgeführt werden, die zum ersten Mal am 30. September 1964 als ein Sechs-/Achtsitzer mit zwei 224 kW starken Lycoming-IO-540-MIA5-Triebwerken flog. Die Varianten der nächsten 10 Jahre umfassten eine Version mit Turbolademotor, die Turbo Navajo, mit 231 kW starken TIO-540A-Triebwerken, die PA-31P Navajo mit Druckkabine und 315 kW starken TGO-540-E1A-Triebwerken und die PA-31-325 Turbo Navajo CR mit 243 kW starken TIO-540-F2BD-Triebwerken und gegenläufigen Propellern. Alle diese Varianten fanden im Air-Taxi-Geschäft Verwendung, aber von spezifischerem Interesse war die PA-31-350 Navajo Chieftain, die im Sept. 1972 als verlängerte Version der Navajo-CR-Version angekündigt wurde, ausgerüstet mit 261 kW starken gegenläufigen TIO-540-J2BD-Triebwerken. Eine Verlängerung des Rumpfes um 61 cm erlaubte der Chieftain neun Passagiere unterzubringen; Nur-Fracht-Versionen wurden entwickelt. Nahezu 2000 Chieftain waren bis 1986 verkauft worden, und der Erfolg ermutigte Piper dazu, spezifisch für den Einsatz im Luftverkehr zugeschnittene PA-31-Varianten zu entwickeln.

Varianten

Die PA-31-350 oder T-1020, Erstflug am 25. September 1981, ist eine Chieftain mit spezieller Innenausrüstung und strukturellen Modifikationen für den Kurzstreckenbetrieb von Zubringergesellschaften mit einem hohen Verhältnis von Landungen zu Flugstunden. Bis zu zehn Passagiere können untergebracht werden, und das maximale Startgewicht beträgt 3'175 kg. Parallel zu der T-1020 entwickelte Piper die T-1040, ein Flugzeug von vergleichbarer Kapazität, aber mit den Vorteilen des Turboprop-Antriebs. Zur Entwicklungsbeschleunigung und Minimierung der Kosten wurden für die T-1040 weitgehend vorhandene Bauteile verwendet, und zwar der Rumpf der T-1020, PT6A-11-Triebwerke der Cheyenne I (PA-31T-1), die Flächen und das Fahrwerk der Cheyenne IIXL (PA-31T-2) und die Triebwerkgondeln mit Gepäckschliessfächern der grösseren Cheyenne IIIA (PA-42). Kleine Verbesserungen wurden speziell an den Triebwerkeinlässen vorgenommen, und die erste Vorserien-T-1040 flog am 17. Juni 1981. Die Bezeichnung für dieses Mitglied der Navajo/Cheyenne-Familie ist PA-31T-3. Nachdem die Auslieferungen begonnen hatten, erhielt Piper die Zulassung eines Flächenspitzentanks, der die Reichweite um ungefähr 555 km vergrösserte, eine andere Wahlmöglichkeit ist eine Frachtgondel mit 0,85 m³, die unter dem Rumpf angebracht wird. Die Nur-Fracht-Variante bietet ein Volumen von 7 m³ und eine Frachtnutzlast von etwa 1'300 kg. Die T-1040 hat eine «Dutch»-Tür, deren obere Hälfte nach oben und die untere Hälfte (mit eingearbeiteten Stufen) nach unten geklappt wird. Daran anschliessend befindet sich ein nach oben aufklappbarer Zugang zum hinteren Gepäckraum. Piper hat eine gestreckte Version der T-1040 als T-1050 untersucht, aber bis Ende 1986 war noch keine Entscheidung gefallen.

T-1040

Antrieb: 2 Pratt-&-Whitney-Canada PT6A-11-Turboprop-Triebwerke, je 373 kW für den Start, mit dreiblättrigen Luftschrauben, Durchmesser 2,36 m, mit konstanter Drehzahl und voller Segelstellung. Treibstoff 1'135 l in Flächentreibstoffzellen plus 250 l in wahlweisen Flächenspitzentanks.

Leistung: Maximale Betriebsgeschwindigkeit 421 km/h angezeigte Eigengeschwindigkeit; max. Reisegeschwindigkeit 437 km/h in 3'355 m Höhe; Langstreckenreisegeschwindigkeit 330 km/h in 3'050 m Höhe; anfängliche Steigrate 8,2 m/sec; Dienstgipfelhöhe 7'315 m; Startdistanz auf 15,2 m Höhe 810 m; Landestrecke aus 15,2 m Höhe 640 m; Reichweite mit max. Nutzlast 1'093 km; Reichweite mit max. internen Treibstoff 1'241 km.

Gewicht: Betriebsleergewicht 2'097 kg; Treibstoffgewicht 912 kg; maximale Nutzlast 1'350 kg; maximales Startgewicht 4'082 kg; maximales Landegewicht 4'082 kg; maximales Leertankgewicht 3'447 kg.

Abmessungen: Spannweite 12,52 m; Gesamtlänge 11,18 m; Gesamthöhe 3,96 m; keine Pfeilung; Flügelfläche 21,27 m².

Kabine: Länge (einschl. Cockpit) 3,84 m; max. Breite 1,27 m; max. Höhe 1,31 m. Bis zu neun Passagiere in Dichtauslegung, zusätzlich zwei Piloten (oder ein Pilot und ein Passagier) auf Einzelsitzen. Nasengepäckraum 0,71 m³, Gondel-Gepäckschliessfächer je 0,25 m³.

Indienststellung

Seit Produktionsbeginn sind ungefähr 500 Chieftain speziell für den Einsatz bei Zubringerfluggesellschaften ausgeliefert worden. Die T-1020 wurde gemäss FAR-Pt-23-Vorschriften während des Jahres 1982 zugelassen, 22 wurden gebaut. Die T-1040 erhielt die FAA-Typenberechtigung gemäss CAR Pt 3, FAR Pt 23, FAR Pt 36 und SFAR Pt 27 am 25. Februar 1982, und die Auslieferung begann im Mai 1982. Piper hat 23 T-1040 gebaut, bevor ihre Produktion und die der T-1020 beendet wurde.

Oben: Aus der PA-31 Navajo entwickelte Piper die PA-31-350 Navajo Chieftain, die eine Verlängerung des Rumpfes hatte, um bis zu zehn Leute mitnehmen zu können. Heute ist sie unter dem Namen Chieftain bekannt. Zahlreiche Muster sind bei Flug- und Lufttaxi-Gesellschaften im Einsatz.

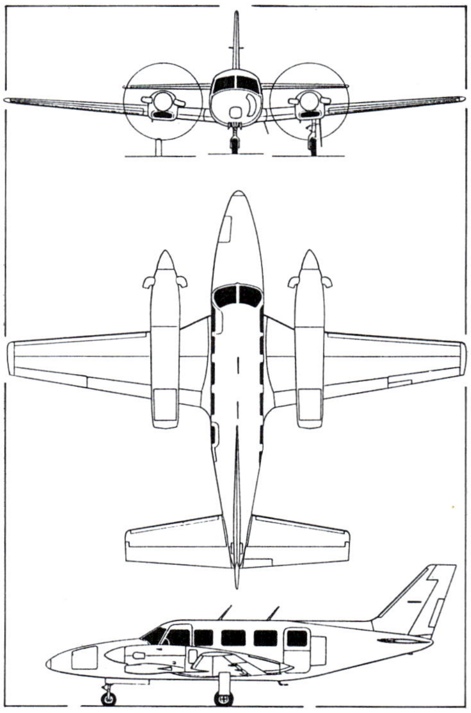

Unten: Die Piper T-1040 oder PA-31T-3, die endgültige Version der PA-31. Sie unterscheidet sich von der Chieftain und den früheren PA-31-Versionen durch die Pratt-&-Whitney-Canada-Turboprop-Triebwerke.

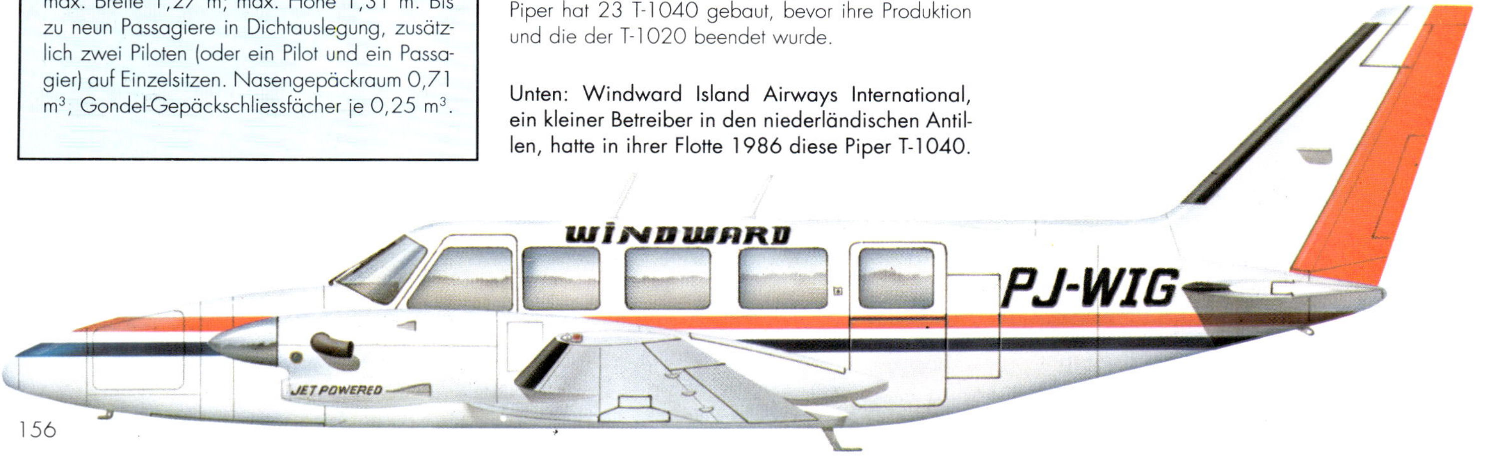

Unten: Windward Island Airways International, ein kleiner Betreiber in den niederländischen Antillen, hatte in ihrer Flotte 1986 diese Piper T-1040.

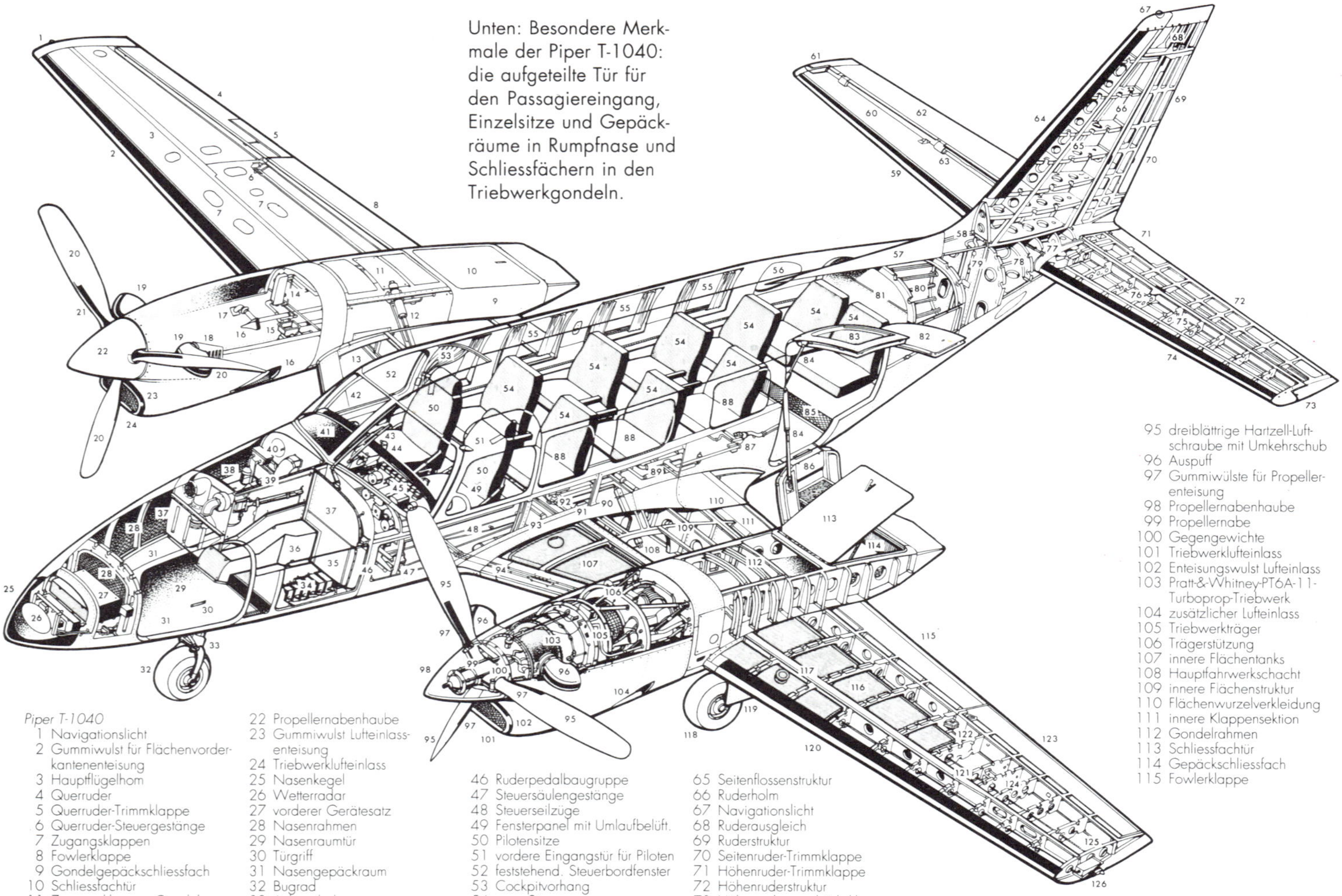

Unten: Besondere Merkmale der Piper T-1040: die aufgeteilte Tür für den Passagiereingang, Einzelsitze und Gepäckräume in Rumpfnase und Schliessfächern in den Triebwerkgondeln.

Piper T-1040

1 Navigationslicht
2 Gummiwulst für Flächenvorderkantenenteisung
3 Hauptflügelhom
4 Querruder
5 Querruder-Trimmklappe
6 Querruder-Steuergestänge
7 Zugangsklappen
8 Fowlerklappe
9 Gondelgepäckschliessfach
10 Schliessfachtür
11 Zugangsklappen Gondelsys.
12 Steuerzyl. für Hauptfahrwerk
13 innere Flächensektion
14 Zwischenkühlerbaugruppe
15 Hydraulikgetriebe
16 Zusatzlufteinlässe
17 Triebwerkabzapfluft
18 Leitbleche
19 Auspuff
20 dreiblättrige Hartzell-Luftschraube mit Umkehrschub
21 Gummiwülste für Propellerenteisung
22 Propellernabenhaube
23 Gummiwulst Lufteinlassenteisung
24 Triebwerklufteinlass
25 Nasenkegel
26 Wetterradar
27 vorderer Gerätesatz
28 Nasenrahmen
29 Nasenraumtür
30 Türgriff
31 Nasengepäckraum
32 Bugrad
33 Achsgabel
34 elektronische Gerätesätze
35 Zugangsluke
36 Bugfahrwerkschacht
37 Trennwände
38 Enteiserinstallation
39 Baugruppe f. Druckgerätesatz
40 Hydraulikdrucksystem
41 Instrumentenbrettverkleidung
42 Windschutzscheibe
43 Scheibenwischer
44 doppelte Steuersäulen
45 Instrumente
46 Ruderpedalbaugruppe
47 Steuersäulengestänge
48 Steuerseilzüge
49 Fensterpanel mit Umlaufbelüft.
50 Pilotensitze
51 vordere Eingangstür für Piloten
52 feststehend. Steuerbordfenster
53 Cockpitvorhang
54 neun Sitze
55 Kabinenfenster mit Vorhängen
56 hinteres Fenster (steuerbord)
57 Seitenflossenwurzelrippe
58 vordere Holmbefestigung
59 Gummiwulst für Höhenflossenenteisung
60 Höhenflosse
61 Höhenruder-Ausgleichsklappe
62 Höhenruder
63 Höhenruder-Drehgelenk
64 Gummiwulst für Seitenflossenenteisung
65 Seitenflossenstruktur
66 Ruderholm
67 Navigationslicht
68 Ruderausgleich
69 Ruderstruktur
70 Seitenruder-Trimmklappe
71 Höhenruder-Trimmklappe
72 Höhenruderstruktur
73 Höhenruderausgleichsklappe
74 Gummiwulst für Höhenflossenenteisung
75 Höhenflossenstruktur
76 Höhenflossenholm/Höhenruderdrehgelenk
77 Höhenflossenbefestigung
78 hintere Rumpfrahmen
79 Druckluftleitungen
80 hintere Rumpfstruktur
81 Gepäckraum
82 Gepäcktür
83 oberer Türteil
84 Türzylinder
85 Stufe im hinteren Rumpf
86 unterer Türteil mit Stufen
87 Enteisungsluftaustritt
88 Kabinenfenster
89 Druckregler und Ventil
90 Steuerzylinder für Fahrwerktür
91 Flächenhauptholmbefestigung
92 Luftdruckschalter
93 Flächenwurzelrippe
94 Gurtverbindung für Triebwerkseisschutz
95 dreiblättrige Hartzell-Luftschraube mit Umkehrschub
96 Auspuff
97 Gummiwülste für Propellerenteisung
98 Propellernabenhaube
99 Propellernabe
100 Gegengewichte
101 Triebwerklufteinlass
102 Enteisungswulst Lufteinlass
103 Pratt-&-Whitney-PT6A-11-Turboprop-Triebwerk
104 zusätzlicher Lufteinlass
105 Triebwerkträger
106 Trägerstützung
107 innere Flächentanks
108 Hauptfahrwerkschacht
109 innere Flächenstruktur
110 Flächenwurzelverkleidung
111 innere Klappensektion
112 Gondelrahmen
113 Schliessfachtür
114 Gepäckschliessfach
115 Fowlerklappe
116 äussere Flächentanks
117 Hauptholm
118 Fahrwerkschacht
119 Hauptfahrwerktür
120 Gummiwulst für Flächenvorderkantenenteisung
121 Flächenstruktur
122 Querruder-Steuergestänge
123 Querruder
124 Flächenrippen
125 Flächenspitze
126 Navigationslicht

Für die Projektdefinition eines Regionalflugzeuges mit der Bezeichnung SF-340 schloss die schwedische Saab-Scania mit Fairchild Industries in den USA ein Abkommen, das erste seiner Art zwischen einer europäischen und einer amerikanischen Gesellschaft. Jede Gesellschaft sollte für den Entwurf und die Produktion eines Teiles der Zelle verantwortlich sein, und die Verkaufsaktivitäten sollten gemeinsam durchgeführt werden. Die Endmontage aller Flugzeuge war in Schweden vorgesehen, aber Fairchild sollte die für die nordamerikanischen Kunden bestimmten Flugzeuge ausrüsten. Die Projektdefinition wurde 1980 als zweimotoriger Tiefdecker für 34 Passagiere beendet, und im September desselben Jahres kamen die beiden Gesellschaften überein, das Entwicklungsprogramm für die SF-340 ohne Einschränkung aufzulegen. Zu den besonderen Merkmalen des Entwurfes gehörten ein kreisrunder, druckbelüfteter Rumpf, eine Fläche mit hoher Flügelstreckung und einfach gespaltenen Klappen über einen grossen Teil der Spannweite, breite Anwendung von Verbundwerkstoffen und Klebstoff-Verbindungen in der Struktur. Drei Flugzeuge wurden für Flugerprobung und Zulassung benutzt und zum ersten Mal am 25. Januar, 11. Mai beziehungsweise 25. August 1983 geflogen. Das erste Serienflugzeug flog am 5. März 1984. Am 1. November 1985 übernahm Saab-Scania das SF-340-Programm, nachdem Fairchild die Beteiligung aufgab, jedoch als Subunternehmer unter Vertrag blieb, verantwortlich für einen Teil der Zellenproduktion. Nach dem Bau neuer Produktionsstätten im Linkoping-Werk in Schweden übernahm Saab 1987 auch diese Arbeit.

Varianten

Alle SF-340-Flugzeuge haben dieselbe äussere Konfiguration, obwohl der erste Prototyp während des Erprobungsprogramms zeitweilig mit Flächenendscheiben geflogen wurde. Die Flugzeuge der Anfangsproduktion hatten starke CT7-5A-Triebwerke mit kleineren Propellerdurchmessern und ein Gesamtgewicht von 11'794 kg. Eine Geschäftsversion hat eine typische 12sitzige Innenausstattung und CT7-7E-Triebwerke, die einen besseren Reiseflugleistungsbereich in grösseren Höhen bieten. Eine Frachtversion hat eine Frachttür hinter der Fläche und eine Passagiertür vor der Fläche für gemischten Betrieb. Gestreckte Varianten, wie die 44sitzige SF-440, wurden ab 1985 untersucht, aber ein Entwicklungsprogramm war bis 1987 noch nicht aufgelegt.

Indienststellung

Die in Schweden am 30. Mai 1984 erteilte Typenzulassung wurde in USA von FAA und von neun anderen europäischen Behörden (Mitglieder der JAR) am 29. Juni 1984 ratifiziert. Die australische Zulassung wurde im Oktober 1984 erworben. Der Passagiereinsatz begann am 15. Juni 1984 bei Crossair, Schweiz. Weitere frühe Betreiber waren Comair of Cinicinnati in den USA im Oktober 1984 und Kendall Airlines of Australia im März 1985. Im Januar 1987 waren ungefähr 70 SF-340 bei 15 Gesellschaften auf drei Kontinenten im Einsatz und Bestellungen für 98 plaziert.

Antrieb: 2 General-Electric-CT7-5A2-Turboproptriebwerke mit vierblättrigen Dowty-Rotol-Luftschrauben, ø 3,35 m. Treibstoff 3'220 l.
Leistung: Max. Reisegeschw. 463 km/h equivalente Eigengeschw. oder 0,50 Mach; max. Reisegeschw. 508 km/h in 4'575 m Höhe bei einem Gewicht von 11'657 kg; wirtschaftliche Reisegeschw. 467 km/h in 7'620 m Höhe; Dienstgipfelhöhe 7'620 m; Sicherheitsstartstrecke (FAR 25) 1'220 m; Sicherheitslandestrecke (FAR 25) 1'220 m; Reichweite mit 35 Passieren 1'500 km.
Gewicht: Betriebsleergewicht 7'808 kg; Treibstoff 2'581 kg; max. Nutzlast 3'531 kg; max. Startgew. 12'371 kg; max. Landegew. 12'020 kg; max. Leertankgew. 11'340 kg.
Abmessungen: Spannweite 21,44 m; Länge 19,72 m; Höhe 6,87 m; Rumpfdurchmesser 2,31 m; Pfeilung 3 Grad bei Viertelprofilsehne; Flügelfläche 41,81 m².
Kabine: Länge 10,57 m; Breite 2,16 m; Höhe 1,83 m. Standardunterbringung für 35 Passagiere in Zweier- und Einer-Sitzanordnung. Gepäckabteil hinter der Hauptkabine 6,4 m³. Zwei-Mann-Cockpit-Besatzung, Möglichkeit für einen Beobachter; ein Flugbegleiter.

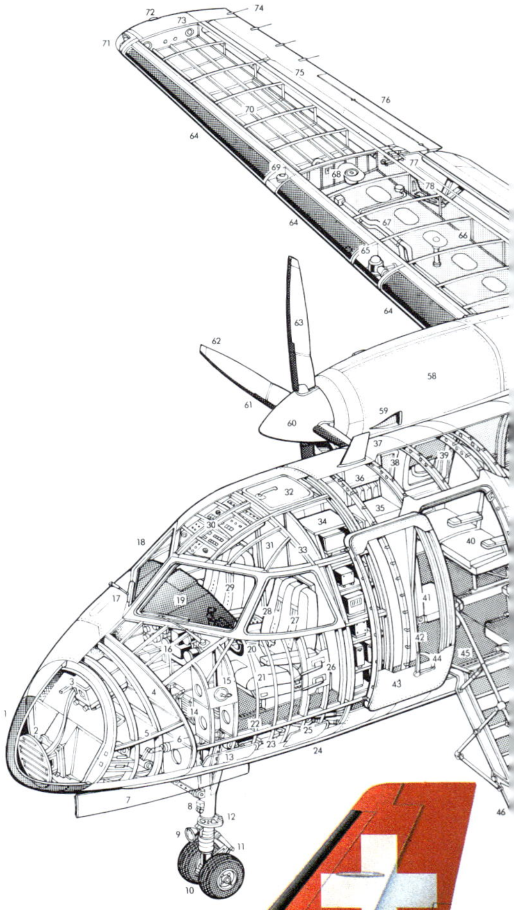

Unten: Eine Saab SF-340 der Schweizer Fluggesellschaft Crossair, dem Erstbesteller dieses Flugzeuges. Die SF-340 wurde am 15. Juni 1984 in Dienst gestellt für Strecken innerhalb Europas von den Basen Zürich, Genf und Basel aus. Die im Jahre 1975 gegründete Crossair ist eine relativ junge Gesellschaft mit einer modernen Flotte, die auch Swearingen Metro III umfasst.

Oben: Eine SF-340 vor der Auslieferung an Norving, die drei dieser Flugzeuge in einer gemischten Flotte für den Charterdienst hat.

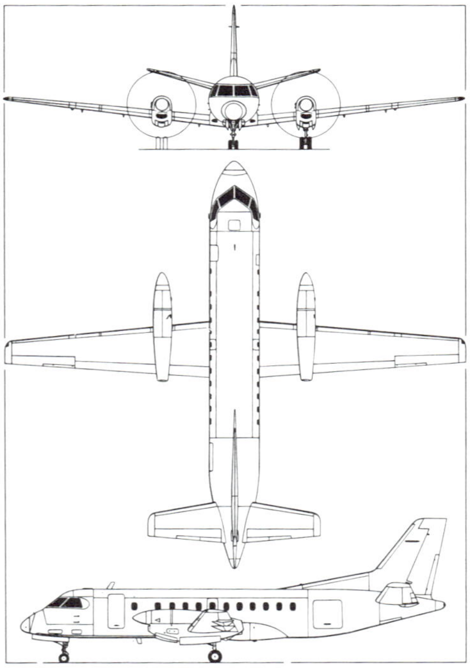

Oben: Dreisichtzeichnung der SF-340 in der einzigen bisher entwickelten Konfiguration. Die tief angesetzte Fläche bietet eine Gewichtsreduzierung und einen leichten Zugang zu den Triebwerken für Routinearbeiten.

Oben: Die Innenausstattung der Geschäfts-Version einer SF-340.

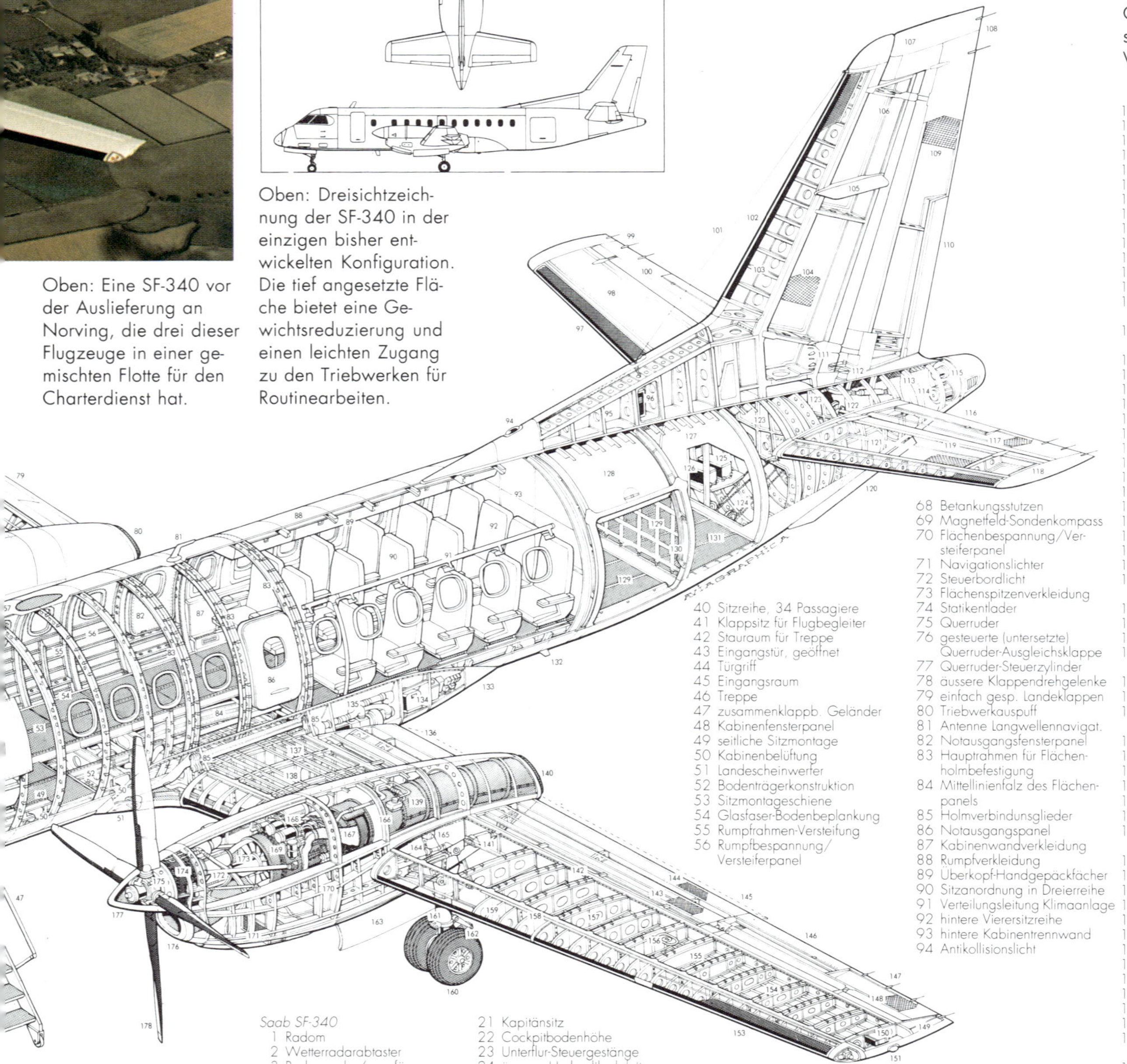

Oben: Schnittzeichnung der SF-340

Saab SF-340

1 Radom
2 Wetterradarabtaster
3 Radarsender/-empfänger
4 vorderes Druckschott
5 Bugradschacht
6 hydraulischer Einfahrzylinder
7 Bugradtüren
8 Bugradfederbein
9 Rollscheinwerfer
10 doppeltes Bugrad
11 Federbeinschere
12 Steuerkontrollgelenk
13 Bugradzapfenlager
14 Ruderpedale
15 Sender für Anstellwinkel
16 Instrumentenbrett
17 Scheibenwischer
18 Windschutzscheibenpanels
19 Instrumentenbrettabdeckung
20 Handrad an Steuersäule
21 Kapitänsitz
22 Cockpitbodenhöhe
23 Unterflur-Steuergestänge
24 aussere Hydraulikrohrleitung
25 Zugangsklappen zum Steuermechanismus
26 Pitotröhren
27 Anschnallgurte
28 mittlere Kontrollkonsole
29 Copilotensitz
30 Instrumentenbrett
31 Toiletten
32 Notausgang
33 hintere Cockpittrennwand
34 Regal für Radio und Elektronikausrüstung
35 Küchen-/Abstelleinheit
36 Schrank
37 UKW-Antenne
38 Notausgang
39 Fensterblenden
40 Sitzreihe, 34 Passagiere
41 Klappsitz für Flugbegleiter
42 Stauraum für Treppe
43 Eingangstür, geöffnet
44 Türgriff
45 Eingangsraum
46 Treppe
47 zusammenklappb. Geländer
48 Kabinenfensterpanel
49 seitliche Sitzmontage
50 Kabinenbelüftung
51 Landescheinwerfer
52 Bodenträgerkonstruktion
53 Sitzmontageschiene
54 Glasfaser-Bodenbeplankung
55 Rumpfrahmen-Versteifung
56 Rumpfbespannung/Versteiferpanel
57 Antenne für autom. Peilung
58 Motorverkleidung
59 Kühllufteinlass
60 Propellernabenhaube
61 Gummiwülste für Propellerblattenteisung
62 vierblättrige Dowty-Rotol-Luftschraube mit var. Anstellwinkel für konstante Geschwindigkeit, Segelstellung, Umkehrschub
63 Propellerblätter Verbundwkst.
64 Gummiwülste für Flächenvorderkantenenteisung
65 Druckbetankungsstutzen
66 Flächenintegraltreibstofftank
67 Treibstoffleitungen
68 Betankungsstutzen
69 Magnetfeld-Sondenkompass
70 Flächenbespannung/Versteiferpanel
71 Navigationslichter
72 Steuerbordlicht
73 Flächenspitzenverkleidung
74 Statikentlader
75 Querruder
76 gesteuerte (untersetzte) Querruder-Ausgleichsklappe
77 Querruder-Steuerzylinder
78 äussere Klappendrehgelenke
79 einfach gesp. Landeklappen
80 Triebwerkauspuff
81 Antenne Langwellennavigat.
82 Notausgangsfensterpanel
83 Hauptrahmen für Flächenholmbefestigung
84 Mittellinienfalz des Flächenpanels
85 Holmverbindungsglieder
86 Notausgangspanel
87 Kabinenwandverkleidung
88 Rumpfverkleidung
89 Überkopf-Handgepäckfächer
90 Sitzanordnung in Dreierreihe
91 Verteilungsleitung Klimaanlage
92 hintere Vierersitzreihe
93 hintere Kabinentrennwand
94 Antikollisionslicht
95 Konstr. Seitenflossenrippe
96 Kurzwellen-Antennenkuppler
97 Gummiwulst für Höhenflossen-Vorderkantenenteisung
98 Höhenflosse
99 Statikentlader
100 Höhenruder
101 Kurzwellen-Antennenkabel
102 Gummiwulst für Flossen-Vorderkantenenteisung
103 Vorderkantenrippen
104 Leitwerkbespannung
105 Kurzwellenantenne
106 Seitenflossenkonstruktion
107 Seitenruderhornausgleich
108 Statikentlader
109 Seitenruderkonstruktion
110 Ruderausgleichsklappe
111 Wirbelerzeuger
112 Steuermech. Ruderdrehgelenk
113 Rumpfendkegel
114 Druckkabinenventile
115 hinteres Druckschott
116 Höhenruder-Ausgleichsklappe
117 Konstruktion d. Höhenruders
118 Höhenleitwerk-Endverkleidung
119 Höhenflossenkonstruktion
120 Rumpfzusatzflächen
121 Zugangsluke Rumpfendstück
122 Höhenruder-Drehgelenksteuerung
123 Hauptrahmen für Flossen-/Leitwerkbefestigung
124 Leitwerksteuerzüge
125 Sprachaufzeichnungsgerät
126 Datenaufzeichnungsgerät
127 Gepäckraum-Trennwand
128 Gepäckraumtür
129 Gepäckhaltenetz
130 Türführungsschienen
131 Gepäckladetür
132 Antenne Entfernungsmessung
133 Flächenwurzelrippe
134 Batterie
135 Klimaanlage-Gerätesatz
136 innere Klappensektion
137 Flächenversteifer
138 Flächenintegraltreibstofftank
139 Hitzehülle am Triebwerksauspuffrohr
140 Auspuffdüse
141 Klappenhydraulikzylinder
142 hinterer Holm
143 Klappenabdeckungskonstruktion aus Verbundwerkstoff
144 Klappenkonstruktion
145 einfach gesp. Landeklappe
146 gesteuerte (untersetzte) Querruder-Ausgleichsklappe
147 Statikentlader
148 Konstruktion des Querruders
149 Flächenspitzenverkleidung
150 Stromversorgung Beleuchtung
151 Stroboskoplicht
152 Navigationslicht
153 Gummiwulst für Flächenvorderkantenenteisung
154 Flächenrippenkonstruktion
155 Treibstofftankkammer-Endrippe
156 Betankungsstutzen auf Fläche
157 äusserer Integraltreibstofftank
158 Vorderholm
159 Vorderkanten-Nasenrippen
160 zweirädriges Hauptfahrwerk
161 Hauptfahrwerkfederbein
162 Federbeinschere
163 Hauptfahrwerktüren
164 hydraulische Einfahrzylinder
165 Zapfenlager Hauptfahrwerk
166 Brandschott an Triebwerkschacht
167 Partikelabscheider an Triebwerklufteinlass
168 Hilfsgeräte-Antriebsgehäuse
169 General-Electric-CT7-5A-Wellenleistungsturbinen-Triebwerk
170 Triebwerkgondelkonstruktion
171 Ölkühler
172 Getriebemontagestrebe
173 Triebwerkantriebswelle
174 Getriebe für Propellerdrehzahlreduzierung
175 Anstellwinkel-Veränderungsmechanismus in Propellernabe
176 Triebwerklufteinlass
177 Propellernabenhaube
178 vierblättrige Dowty-Rotol-Luftschraube aus Verbundwkst.

Auf die Erfahrung mit dem Skyvan aufbauend, studierte Shorts Anfang 1970 die Entwicklung eines grösseren Zubringer-Flugzeuges in der 30-Sitze-Kategorie, für das es damals offensichtlich einen Markt gab. Da sich Shorts das Ziel setzte, ein Flugzeug zu produzieren, dessen Anschaffungskosten nicht höher als eine Million US-Dollar (gemäss 1973er Wechselkursen) sein sollten, war der Entwurf eines völlig neuen Typs von vorneherein ausgeschlossen. Statt dessen teilte das Flugzeug, anfänglich unter der Bezeichnung SD3-30 bekannt, einige kennzeichnende Merkmale mit der Skyvan: Es verwendete auf einem längeren Flächenmittelstück dieselben äusseren Flächenteile, hatte denselben, jedoch um 3,78 m längeren, quadratischen Rumpf-Querschnitt und brachte ein vergrössertes Leitwerk in Ansatz. Eine längere Nase und eine längere Rumpfoberseitenverkleidung, die sich vom Cockpit bis zum Leitwerk erstreckte, verbesserten das Erscheinungsbild der SD3-30. Weitere Veränderungen waren die Einführung eines Einziehfahrwerks und ein Wechsel von den Garrett-Triebwerken auf Pratt-&-Whitney-Canada-PT6A-Triebwerke, die den Leistungsanforderungen des vergrösserten Flugzeuges besser entsprachen, da entsprechend aufgerüstete PT6A-45-Triebwerke bereits in der Entwicklung für die de Havilland Canada Dash 7 waren. Dank einer Bürgschaft der britischen Regierung war Shorts in der Lage, am 23. Mai 1973 ein formelles Entwicklungsprogramm für die SD3-30 bekannt zu geben, und die Konstruktion der Prototypen und der Vorserienflugzeuge wurde der Fabrik auf Queen's Island, Belfast, Nordirland, übertragen. Das erste und das zweite Flugzeug machten dort ihre Erstflüge am 22. August 1974 bzw. 8. Juli 1975. Das am 15. Dez. 1975 geflogene erste Serienflugzeug wurde für die letzten Zulassungsprüfungen eingesetzt.

Varianten

Die SD3-30, kurz nach der Indienststellung als Shorts 330 bezeichnet, wurde anfänglich von 862 kW starken PT6A-45A-Triebwerken angetrieben. Nach Auslieferung von 26 Flugzeugen mit diesen Triebwerken führte Shorts für die nächsten 40 Flugzeuge die leicht abgewandelten PT6A-45P-Triebwerke ein. Danach wurde das PT6A-45R mit einer etwas höheren Nennleistung und einem Leistungsreservesystem verwendet und einige vorher wahlweise erhältliche Ausrüstungsteile wurden zum Standard. Die Triebwerkleistungssteigerung ermöglichte eine Erhöhung des ursprünglichen Zulassungsgewichtes von 10'292 kg um bis zu 95,3 kg, und die Treibstoffkapazität der Shorts 330 von ursprünglich 2'182 l wurde im Januar 1985 vergrössert. Danach wurde das Flugzeug unter der Bezeichnung Shorts 330-200 bekannt. Obwohl in erster Linie ein Regionalflugzeug, ist die Shorts 330 jederzeit als Nur-Frachter oder für militärische Transportaufgaben anwendbar. Insbesondere für den militärischen Einsatz hat die Shorts 330-UTT (Utility Tactical Transport) einen verstärkten Boden, nach innen öffnende Türen im hinteren Kabinenbereich für Fallschirmabwürfe und eine Strukturverstärkung für ein maximales Startgewicht von 11'158 kg. Für militärischen oder kommerziellen Einsatz hat die C-23A Sherpa eine über die gesamte Breite gehende hintere Frachtrampe/Tür und einen verstärkten Boden mit Rollwegsystem. Die erste Sherpa flog am 23. Dezember 1982 und war eine von 18 an die US-Luftwaffe verkauften Maschinen.

Indienststellung

Die SD3-30 erzielte die britische Zulassung in der Transportkategorie am 18. Februar 1976 und erhielt die FAA-Typengenehmigung am 18. Juni 1976. Die Auslieferungen begannen in demselben Monat. Der Einsatz wurde bei Time Air in den USA am 24. August 1976 aufgenommen. Die Verkäufe beliefen sich Anfang 1987 auf 123.

Unten links: Shorts 330 mit Dreiersitzreihen und Überkopf-Handgepäck-Schliessfächern.

Unten rechts: Dreisichtzeichnung der Shorts 330, die die Ähnlichkeit mit der kleineren Skyvan zeigt.

Shorts 330-200

Antrieb: Zwei Pratt-&-Whitney-Canada-PT6A-45R-Turboprops, je 893 kW Startleistung, mit fünfblättrigen Hartzell-Luftschrauben für konstante Drehzahl, Segelstellung und Umkehrschub. Treibstoff 2'546 l im Flächenmittelstück und oberer Rumpfverkleidung.

Leistung: Maximale Betriebsgeschwindigkeit 361 km/h angezeigte Eigengeschwindigkeit; max. Reisegeschw. 352 km/h in 3'050 m Höhe; Langstreckenreisegeschw. 294 km/h in 3'050 m Höhe; anfängl. Steigrate 6 m/sec; Sicherheitsstartstrecke (FAR) 1'040 m; Sicherheitslandestrecke (FAR) 1'030 m; Reichweite mit max. Nutzlast, keinen Reserven 876 km; Reichweite mit max. Treibstoff 1'966 kg Nutzlast, keinen Reserven 1'695 km.

Gewicht: Betriebsleergew. 6'680 kg; Treibstoffgew. 2'032 kg; max. Passagiernutzlast 2'653 kg; max. Frachtnutzlast 3'400 kg; max. Startgew. 10'387 kg, Landegew. 10'251 kg.

Abmessungen: Spannweite 22,76 m; Gesamtlänge 17,69 m; Gesamthöhe 4,95 m; keine Pfeilung; Flügelfläche 42,1 m^2.

Kabine: Länge 9,47 m; Breite 1,93 m; Höhe 1,93 m. Standardauslegung bietet 30 Sitze in 2+1-Anordnung mit versetztem Gang. Zwei Gepäckabteile auf Kabinenboden 4,11 m^3. Zwei-Mann-Cockpit-Besatzung.

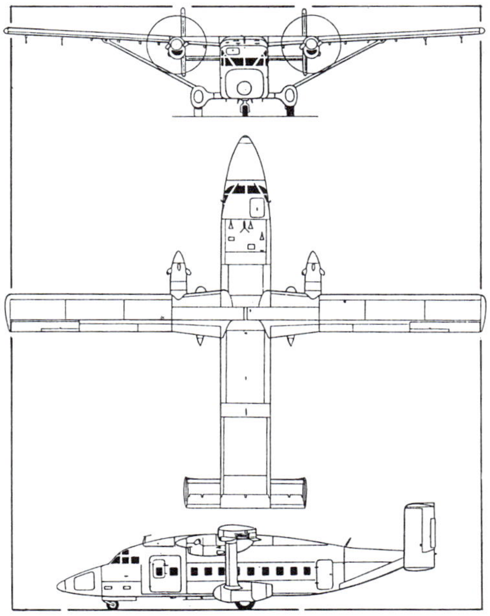

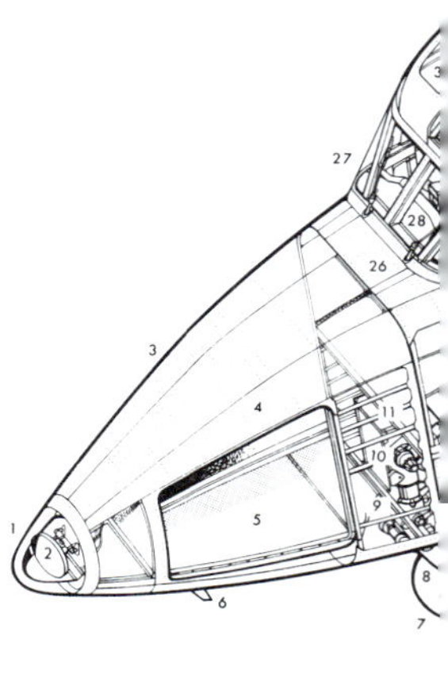

Oben: Thai Airways, eine Luftverkehrsgesellschaft in Regierungsbesitz für Inland- und Regionaldienste in Thailand, hatte 1987 diese Shorts 330-200, zusammen mit einem Paar der verwandten Shorts 360, im Einsatz.

Shorts 330

1 Glasfaser-Nasenkegel
2 Wetterradar-Installation
3 Nasenbespannung
4 vorderes Gepäckabteil, 1,27 m^3, 181 kg maximal
5 klappbare Gepäcktür
6 UKW2-Antenne
7 hydraul. steuerbares Bugrad
8 Bugradgabel
9 Bugradfederbein
10 Bugradzapfenlagerung
11 Bugradschacht
12 Bugradeinfahrmechanismus und -zylinder
13 Notbetätigungsakkumulator für Bugrad
14 Hydraulikschacht
15 Ruderschaltsteuergestänge
16 Schacht für Avionikausrüstung
17 Batterien
18 Sitzeinstellhebel
19 Sitzgurt
20 beheiztes Pitotrohr
21 Unterflur-Avionikausrüstung
22 Höhenruder-Schaltgestänge
23 Steuersäule
24 Kapitänsitz
25 Ruderpedale
26 Scheibenwischer
27 Windschutzscheibenpanels (elektrisch beheizt)
28 Instrumentenbrett-Kantenabdeckung
29 Steuerkonsole (Trimmräder)
30 Copilotensitz
31 Überkopfpanel (Wechselstrom/Gleichstrom-Energieversorgung)
32 Treibstoffhähne
33 Notausgangs-/Wasserlandungsluke für Besatzung
34 Schiebetür Cockpit/Kabine
35 Querruder-Schaltgestänge
36 Steuerseilführung (Seiten- und Höhenruder-Trimmschaltungen)
37 Cockpitluftzuführung für Klimaanlage/Heizung und Scheibenklarsicht
38 Umgebungslufteinlass
39 Antennen für UKW-Kursfunkfeuer/Kurssender/Instrumentenlandesystem-Gleitpfad
40 Anblastür (Bodenbetrieb)
41 Lufteinlass für Turbinenlader
42 Wärmeaustauscher
43 Luftumschichtungsinstallation
44 Triebwerkabzapfluftleitung
45 Vorkühler
46 Lufteinlass für Vorkühler
47 Frischluftzufuhr Klimaanlage
48 Doppelbeplankung
49 vordere Kabinennotausgänge
50 vordere Frachttür
51 Frachttür-Scharniere
52 Bodenbeplankung
53 Innenbeplankung
54 Kabinenluftverteilungsleitung
55 Sitzmontageschienen
56 Ruderschaltung
57 automatische Seitenbestimmungsantennen
58 Rahmen in rechteckiger Rumpfsektion
59 Fensterpanel
60 Seitenfenster
61 30 Sitze, Einzelsitz backbord, Doppelsitz steuerbord
62 Zuführungsleitung für Triebwerkabzapfluft
63 Treibstofftankbefestigung
64 vord. Treibstofftank (Zelle 1)
65 Tanktrennwand
66 Betankungsstutzen
67 vord. Treibstofftank (Zelle 2)
68 Tanktrennwand
69 vord. Treibstofftank (Zelle 3)
70 abgedichteter Sicherheitsraum (Sickertank)
71 Tank-/Rumpfbefestigung
72 Flächenwurzelverkleidung
73 Steuerseilführungen zu Triebwerk und Luftschraube
74 Hydraulikreservoir
75 Flächenmittelstück
76 Mittelstückbespannung
77 Antikollisionslicht auf Rumpfrücken
78 Vorderholm-Mittelstück
79 Zugangsklappen zu Vorderkante
80 Ölkühler
81 Triebwerkbrandschott
82 Triebwerkmontagering
83 Abgasrohr
84 Lufteinlass mit Fremdkörperausscheider
85 Luftschrauben-Anstellwinkel-Veränderungsmechanismus
86 fünfblättrige Hartzell-Luftschraube, ø 2,75 m mit automatischer Segelstellung
87 Gummiwülste für Propellerenteisung
88 Pratt-&-Whitney-Canada-PT6A-45-Turboproptriebwerk
89 Ölfilterstutzen
90 Verbindung äussere/innere Fläche
91 äusserer Vorderholm
92 Stützstreben für äussere Fläche
93 Lande-/Rollscheinwerfer
94 Stützstreben-Verbindungspunkte
95 Abstützblock Strebenbefest.
96 Vorderkantenenteisung (Tank und Pumpen für Enteisungsflüssigkeit hinter dem Steuerbord-Hauptfahrwerkschacht)
97 Navigationslicht
98 Flächenspitzenverkleidung aus Glasfaser
99 Querruder
100 Querruder-Ausgleichsklappe
101 Querruder-Drehgelenkrippe
102 Stützstrebenkasten
103 Klappendrehgelenkrippen
104 äussere Klappensektion
105 mittlere Klappensektion
106 Mittelstück-Endrippe
107 innere Klappensektion
108 Stangenmechanismus für Klappenbetätigung (auf Holm montiert)
109 Wassermethanoltank und Pumpe
110 Betankungsstutzen
111 hint. Treibstofftank (Zelle 4)
112 abgedichtete Sicherheitskammer (Sickertank)
113 Tank-/Rumpfbefestigung
114 Höhenruderschaltung
115 indirekte Kabinenbeleuchtung
116 Rumpfoberseitenverkleidungen (abnehmbar)
117 Überkopf-Passagierhandgepäck-Schliessfächer
118 Servicetür/Notausgang
119 Buffet und Vorratsabteil
120 Profil Kabinenauskleidung
121 Garderobe
122 Toilette
123 UKW-Antenne
124 äussere Bespannung
125 innere Bespannung
126 Kurzwellen-Seitenbestimmungs-Antenne
127 Seitenruder-/Höhenruderschaltungen
128 Antenne Notlandungsortung
129 hinterer Rahmen in rechteckiger Sektion
130 Verbindungsstreifen für Höhenleitwerkholm
131 Höhenflossenstruktur
132 Höhenruderbetätigungshebel
133 Höhenruder-Ausgleichsklappen-Zylinder
134 Leitungen für Vorderkanten-Enteisungsflüssigkeit
135 Seitenflossen-Bespannungsteile
136 aerodynam. Ruderausgleich
137 Verkleidung der Seitenflossenverlängerung
138 Statikentlader
139 Ruderausgleichsklappe
140 Seitenruder
141 Betätigungsstange für Trimmklappe
142 hinteres Navigationslicht (nur an unterer Steuerbord-Flosse)
143 Höhenruderausgleichsklappe
144 Betätigungsstange für Trimmklappe
145 Höhenruder
146 Höhenruder-Betätigungsquadrant
147 Rudersteuergestänge
148 Höhenruder-Federstrebe
149 Trimmseilrollen
150 Leitwerkholm-Verbindung
151 Vorderkantenenteisung
152 Flossenkonstruktion
153 aerodynam. Ruderausgleich
154 Verkleid. Ruderverlängerung
155 Ruder
156 Ruderausgleichsklappe
157 Verkleidung des Ruderbetätigungshebels
158 Zugangsklappen für Flossenbefestigung
159 untere Flossensektion
160 Zugang zum Enteisungssystem
161 Vorderkantenenteisung
162 hintere Rumpfstruktur
163 hintere Gepäckraumtür
164 Gepäckraumtür (offen)
165 Gepäckhaltenetz
166 abgestuftes, hinteres Gepäckabteil, 2,83 m^3
167 Trennwand
168 türumgebende doppelte Beplankung
169 Passagiereingangstür
170 Panel für Kabinenbeleuchtung und Verständigung
171 Buffeteinheit
172 klappbarer Flugbegleitersitz
173 innere Fensterumrandung
174 Sitzanordnung in der hintersten Reihe (Backbordsitz entfällt)
175 Ruder-Drehgestänge
176 Dampfungsstrebe
177 Klappenbetätigungsstange
178 Rippen mittlere Sektion
179 Vorderholm-Mittelstück
180 Brandschott/Trennwand
181 Triebwerksstützstruktur
182 Triebwerkmontagering (federnd)
183 Abgasrohr
184 Luftschrauben-Nabenhaube
185 Lufteinlasslippe, elektr. enteist
186 Lufteinlassleitblech Ölkühler
187 Integralöltank hint. Getriebe
188 Rumpfhauptrahmen (Flächen-/Hauptfahrwerkträger)
189 Ruderschaltung
190 Vorder- und Hinterholm der Stummelfläche
191 Fahrwerkmontageholm
192 Fahrwerkeinfahrzylinder
193 Flächenstützstrebenbefestig.
194 Fahrwerkzapfenlager
195 Schwenkhebelfahrwerk
196 Hauptfahrwerkverkleidung
197 einziehbares Hauptfahrwerk
198 Federbein
199 Flächenstützstrebe
200 Lande-/Rollscheinwerfer
201 Panel für Hydraulik-Bodenservice (klappbar)
202 äusserer Vorderholm
203 Endrippen
204 Verbindung der äusseren und inneren Fläche
205 innere Klappensektion
206 Klappendrehgestänge
207 Querruder-Trimmklappenzüge
208 mittlere Klappensektion
209 Zugangsklappen Vorderkante
210 äussere Klappensektion
211 Querruder-Steuerstangen
212 Stützstrebenkasten
213 Diffusionsbauteile in vielwinkliger Sektion
214 gepresste Rippen
215 innere Beplankungsteile
216 Querruder-Betätigungsstange
217 Trimmklappenzylinder
218 Trimmklappenbetätigungsstange
219 Querruder-Ausgleichsklappe
220 Querruder
221 äuss. Sektion d. Hinterholms
222 Querruder-Massenausgleichsgewichte
223 äussere Flächenbespannung
224 Vorderholm in äuss. Sektion
225 Vorderkantenholm in äusserem Flächenstück
226 Endrippenstruktur/Flächenspitzenbefestigung
227 Flächenspitzenverkleidung aus Glasfaser
228 Navigationslicht

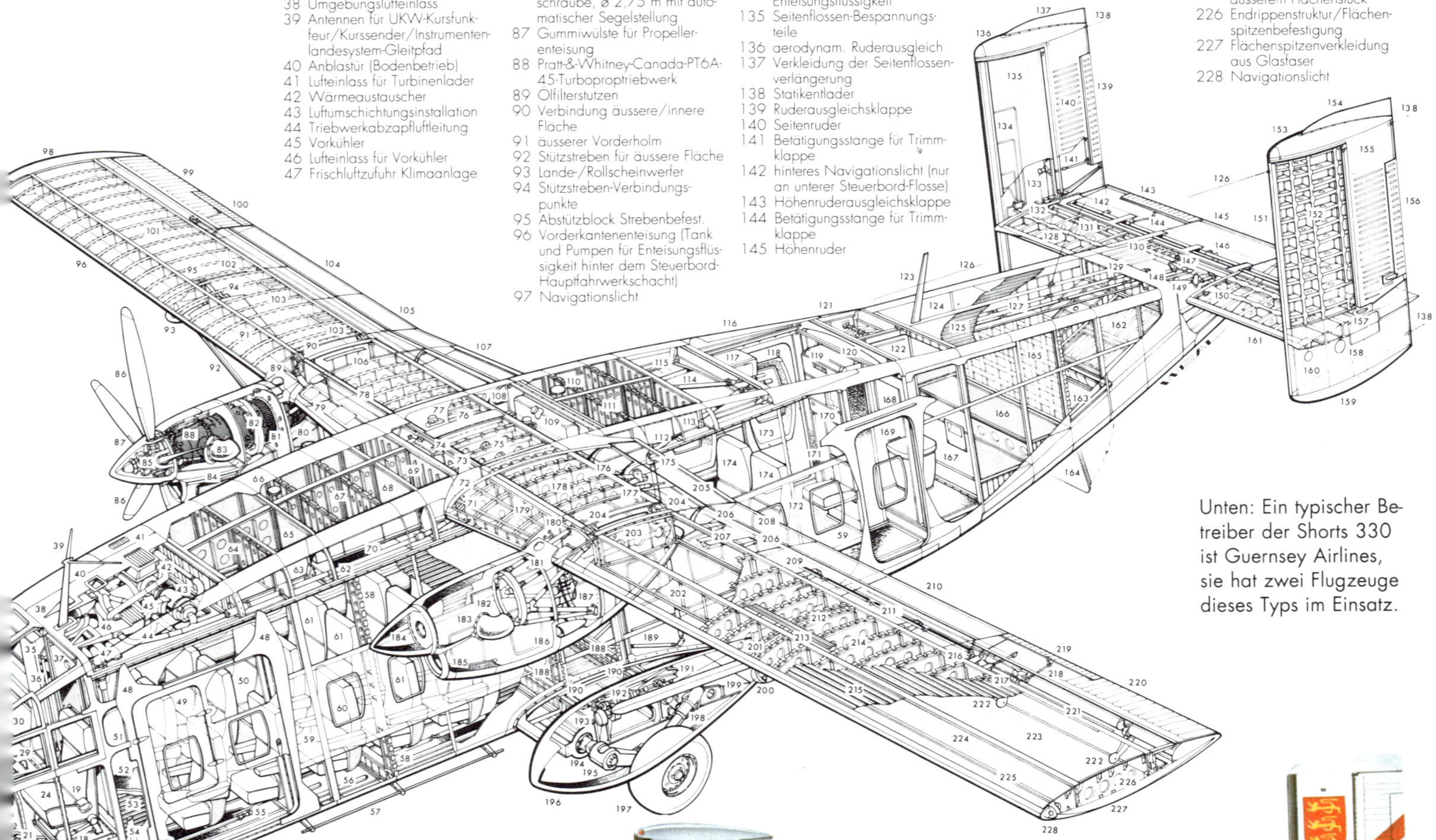

Unten: Ein typischer Betreiber der Shorts 330 ist Guernsey Airlines, sie hat zwei Flugzeuge dieses Typs im Einsatz.

Lange Zeit durften Zubringer-Gesellschaften in den USA gemäss Vorschriften der Luftfahrtbehörde nur Flugzeuge mit bis zu 30 Passagiersitzen betreiben. Grössere Typen erforderten eine Genehmigung mit einer wesentlich strengeren Auflage von Betriebsvorschriften, deren Befolgung zusätzliche Kosten verursachte, die auf den Gast übertragen werden mussten und so dazu beitrugen, dass die Anzahl der Passagiere zurückging. Die Deregulation der US-Luftfahrtindustrie im Jahre 1978 brachte eine Lockerung dieser Vorschriften und ermöglichte vielen Gesellschaften der Dritten Ebene eine vorher nicht für möglich gehaltene Expansion. Dies wiederum war eine günstige Voraussetzung für einen Markt für Flugzeuge mit einer Kapazität von mehr als 30 Sitzen. Bereits Ausgang der 70er Jahre hatte Shorts mehrere Möglichkeiten zur Verbesserung der Shorts 330 ohne Kapazitätserhöhung untersucht. Als die Begrenzung der Kapazität an Wichtigkeit verlor, wurde es möglich, die neuen PT6A-65-Triebwerke mit einem neuen oder abgeänderten Rumpf zu kombinieren. Zuerst wurde eine «Streckung» auf bescheidene sechs Sitze vorgesehen, wobei besonderer Wert auf die Verbesserung des hinteren Rumpfprofils zur Reduzierung des Widerstandes gelegt wurde, um den wirtschaftlichen Betrieb zu verbessern. Windkanalversuche umfassten unter anderem eine T-Leitwerkauslegung, aber schliesslich kam man wieder zurück auf ein herkömmliches, tief angebrachtes Leitwerk mit Einzelflosse und Ruder, verbunden mit einem etwas verlängerten hinteren Rumpf mit verbesserter aerodynamischer Formgebung. Dieser Neuentwurf ermöglichte eine zusätzliche Sitzreihe (drei Passagiere) am hinteren Ende der Kabine, und ein 91,5 cm langes Einbauteil vor der Fläche erbrachte eine weitere zusätzliche Sitzreihe. Der Rest der Zelle wurde kaum geändert, ausser eines Dowty- anstelle des Menasco-Fahrwerks und verbesserter Hartzell-Luftschrauben. Das neue Triebwerk verfügte über eine Notreserve für den Fall eines Triebwerkausfalls während der kritischen Phasen des Startvorgangs. Analog zur Shorts-330-Bezeichnung wurde das neue 36-Sitzer-Projekt als Shorts 336 bekannt, aber diese Bezeichnung wurde aus Marketing- oder Vertriebsgründen in Shorts 360 umgeändert. Der Startschuss für die Produktion der Shorts 360 wurde im Jahre 1981 gegeben. Der Erstflug am 1. Juni desselben Jahres bewies die Anwendbarkeit der Standardbauteile der Shorts 330 bei dem neuen Flugzeug, einschliesslich der PT6A-45R-Triebwerke, mit denen der Prototyp während der ersten sechs Monate der Flugerprobung ausgerüstet war; die endgültigen PT6A-65R wurden zum ersten Mal im Januar 1982 geflogen.

Oben: Die Shorts 360 ist ein naher Verwandter der 330, wobei die Einzelflosse das auffälligste Erkennungsmerkmal ist. Die kanadische Luftfahrtgesellschaft Time Air fliegt zwei von ihnen auf planmässigen Strecken in der Provinz Alberta. Ende 1986 waren ungefähr 100 Shorts 360 bei 28 Fluggesellschaften im Einsatz.

Varianten

Zwischen dem Erstflug des Prototyps und der Seriendefinition wurden einige kleine Änderungen im Steuerungssystem der Shorts 360 vorgenommen, einschliesslich des Fortfalls einer der beiden Trimmausgleichsklappen an den Höhenrudern. Das erste Produktionspaket hatte PT6A-65R-Triebwerke, jedes mit 875 kW maximale Dauerleistung bzw. 990 kW mit Notfallreserve für den Start. 1986 wurden bei der Shorts 360 Advanced die leistungsstärkeren PT6A-65AR-Triebwerke eingeführt.

Indienststellung

Die erste serienproduzierte Shorts 360 flog am 19. August 1982, und die britische Zulassung wurde am 3. September desselben Jahres erteilt; im November folgte die FAA-Zulassung gemäss FAR Pt 25 und 36. Die erste Auslieferung ging am 11. November 1982 an Suburban Airlines of Reading, Pennsylvania, und der Diensteinsatz begann am 1. Dezember. Die ersten Shorts 360 Advanced gingen Anfang 1986 an Thai Airways. Ende des Jahres 1986 beliefen sich die Gesamtverkäufe auf 120 Flugzeuge.

Rechts: Schnittzeichnung der Shorts 360 in der Standard-Konfiguration.

Rechts unten: British Midland beschloss diese Neubemalung für ihre Shorts 360 im Jahre 1986.

Shorts 360 Advanced

Antrieb: Zwei Pratt-&-Whitney PT6A-65AR-Turboproptriebwerke, je 1'063 kW Startleistung, mit fünfblättrigen Hartzell-Luftschrauben, mit konstanter Drehzahl, Segelstellung und Revers, Durchmesser 2,82 m. Treibstoff 2'182 l in oberer Rumpfverkleidung.

Leistung: Maximale Betriebsgeschwindigkeit 400 km/h angezeigte Eigengeschwindigkeit; max. Reisegeschwindigkeit 393 km/h in 3'050 m Höhe; Langstreckenreisegeschwind. 333 km/h in 3'050 m Höhe; Startstrecke 1'280 m; Landestrecke 1'225 m; Reichweite mit max. Nutzlast, keinen Reserven 417 km; Reichweite mit 2'569 kg Nutzlast 1'595 km.

Gewicht: Betriebsleergewicht 7'689 kg; Treibstoffgewicht 1'741 kg; maximale Passagiernutzlast 3'184 kg; maximale Frachtnutzlast 3'765 kg; maximales Startgewicht 11'793 kg; maximales Landegewicht 11'657 kg.

Abmessungen: Spannweite 22,81 m; Gesamtlänge 21,59 m; Gesamthöhe 7,21 m; keine Pfeilung; Flügelfläche 42,1 m^2.

Kabine: Länge 11,02 m; Breite 1,93 m; Höhe 1,93 m. Standardauslegung bietet 36 Sitze in einer 2+1-Anordnung mit seitlich versetztem Gang und einem Sitzabstand von 76 cm. Zwei Gepäckabteile im Hauptkabinendeck 6,08 m^3. Zwei-Mann-Cockpit-Besatzung.

Shorts 360
1 Radom
2 Wetterradarabtaster
3 Nasenbeplankung
4 Nasenkonstruktion
5 Türscharniere
6 vorderes Gepäckabteil
7 Gepäckladefläche
8 Gepäcktür
9 einziehbares Bugrad
10 Bugradachsgabel
11 Nothydraulikakkumulator
12 Statikdruckabnahme
13 Bugradzapfenlager
14 hydraulischer Einfahrzylinder
15 Ruderpedale
16 Steuersäule
17 Instrumentenbrett
18 Scheibenwischer
19 elektrisch beheizte Windschutzscheibenpanels
20 Reservekompass
21 Instrumentenbrettabdeckung
22 Copilotensitz
23 zentrale Kontrollkonsole
24 Kapitänsitz
25 Sitzeinstellgriff
26 Pitotrohr
27 Zugangsklappen Unterflurraum
28 Regale für Avionikausrüstung
29 Cockpitbodenhöhe
30 Cockpittrennwand
31 Rumpfrahmen-Versteifung
32 Seitenfensterpanels
33 Panels für Systemschaltung
34 Notausgang/Wasserlandungsluke
35 Steuerführung an Trennwandrückseite
36 Schiebetür zur Hauptkabine
37 Luftzufuhrleitung Cockpit
38 Luftzufuhrleitung Hauptkabine
39 Lufteinlass Klimaanlagesystem
40 Lufteinlass für Vorkühler
41 Wärmeaustauscher
42 Lufteinlass für Bodenbetrieb
43 Umlufteinheit für Klimaanlage
44 Kabinendeckenbespannung
45 obere Kabinenverkleidung
46 innere Bespannung
47 Frischlufteinlass
48 Doppelbespannung
49 Frachttür
50 vordere Notausgangsluke
51 Frachttürscharniere
52 Luftleitung für Kabine
53 Cockpit/Mittelrumpfverbindung
54 Frachttürkonstruktion
55 Passagierkabinenbodenhöhe
56 Sitzmontageschienen
57 36 Passagiersitze Dreierreihen
58 Verbindungsstreifen Rumpfbespannung
59 Bodenbeplankung
60 Bodenträgerkonstruktion
61 Kabinenfensterpanels
62 Passagier-Serviceeinheiten
63 Frischluftversorgungsleitungen zu Einzeldüsen
64 Überkopf-Ablagefächer
65 innere Bespannung
66 Rumpfbespannung
67 Flächenholm/Rumpfbefestig.
68 Triebwerkabzapfluftleitung zum Klimaanlagesystem
69 abgedichteter Sicherheitsraum (Sickertank)
70 Treibstofftankbefestigung
71 dreizelliger vorderer Treibstofftank
72 Treibstofftank-Trennwände
73 Betankungsstutzen
74 Hydraulikreservoire
75 Vorderholm des Flächenmittelstückes
76 Zugangsklappen zu Vorderkanten, Triebwerksteuerführungen
77 Brandschott Triebwerkschacht

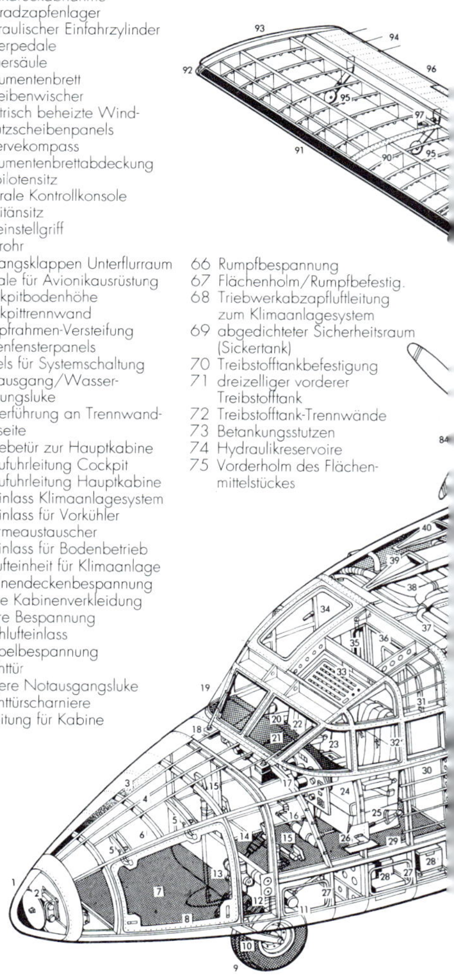

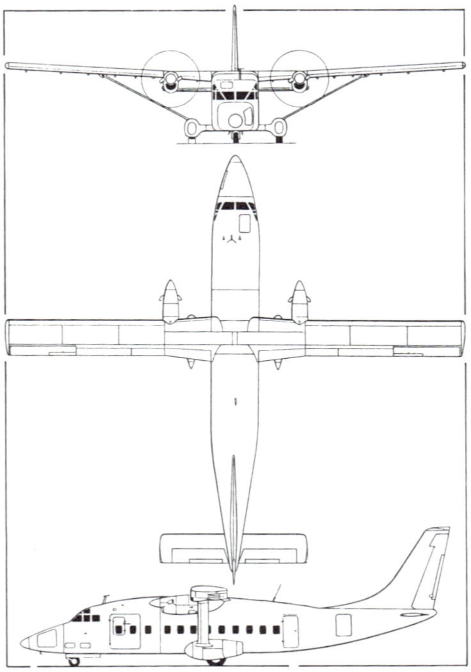

Links: Dreisichtzeichnung der Shorts 360. Sie hat die gleiche Fläche und den gleichen Vorderrumpf wie die Shorts 330, aber einen verlängerten hinteren Rumpf und ein völlig neues Leitwerk.

Oben: Das Cockpit der Shorts 360 hat die traditionelle T-Anordnung der Basisfluginstrumente in der Mitte vor jedem Pilotensitz.

78 runder Triebwerkeinlass
79 Rahmen Triebwerkaufhängung
80 Auspuffrohr
81 Pratt-&-Whitney-Canada-PT6A-65R-Turboproptriebwerk
82 Triebwerklufteinlass
83 Anstellwinkel-Veränderungsmechanismus in Propellernabe
84 Propellernabenhaube
85 fünfblättrige Hartzell-Luftschraube mit konstanter Drehzahl, voller Segelstellung und Revers
86 Triebwerkverkleidung
87 Flächenstrebe
88 Lande-/Rollscheinwerfer
89 Strebenbefestigung
90 äusseres Flächenteil
91 Gummiwulst für pneumatische Vorderkantenenteisung
92 Navigationslicht
93 Glasfaser-Flächenspitzenverkleidung mit Zusatzfläche
94 Statikentlader
95 Querruder-Massenausgleichsgewichte
96 Querruder
97 Querruder-Gelenksteuerung
98 Querruder-Ausgleichsklappe
99 äuss. Fowlerklappensegmente
100 Klappendrehgelenke
101 Klappenhydraulikzylinder
102 Verbindung äusseres/mittleres Flächenstück
103 inn. Fowlerklappensegment
104 Klappendämpferstrebe
105 hinterer Holm
106 Rippenkonstruktion des Flächenmittelstücks
107 Antikollisionslicht
108 Mittellinienverbindung der Flächenbespannung
109 Wassermethanoltank
110 Betankungsstutzen
111 hinterer Treibstofftank
112 Treibstofftanktrennwände
113 abgedichteter Sicherheitsraum (Sickertank)
114 Kabinendeckenverkleidung und indirekte Beleuchtung
115 Steuerstangen für Leitwerk
116 UKW-Antenne
117 Verkleidung am hint. Rumpf
118 Überkopf-Ablagefächer
119 Verbindungsrahmen Rumpfmittelstück/Rumpfendkegel
120 Toiletten
121 Peitschenantenne
122 Rumpfendkegelrahmen und Versteifung
123 Flossenwurzelrippe
124 Kurzwellenantennenkabel
125 Höhenflosse
126 Gummiwulst für pneumatische Vorderkantenenteisung
127 Höhenruder
128 Flossenvorderkante
129 Flossenkonstruktion
130 Gummiwulst für Flossenvorderkantenenteisung
131 Flossenspitzenverkleidung
132 Statikentlader
133 Ruderausgleichsgewicht
134 Rudertrimmklappe
135 Seitenruderkonstruktion
136 Seitenruderdrehgelenke
137 Rumpfendkegel
138 Leitwerknavigationslicht
139 Höhenruderausgleichsklappe
140 Konstruktion d. Höhenruders
141 Höhenflossen-Spitzenverkleid. aus Glasfaser m. Zusatzfläche
142 Höhenflossen-Rippenkonstr.
143 Konstruktion des dreiholmigen Leitwerktorsionskastens
144 Seitenruder- und Höhenruder-Drehgelenksteuerung
145 Leitwerk/Rumpfbefestigung
146 Trennwand Seitenflossenbef.
147 Luftventil für Leitwerkenteisung
148 hintere Gepäcktür
149 Gepäckhaltenetz
150 hinteres Gepäckabteil
151 Gepäckladefläche
152 Batterieabteil
153 Kücheneinheit
154 Klappsitz für Flugbegleiter
155 Bordsprechanlage
156 hintere Kabinensitzreihe
157 Passagiertür, Notausgang
158 Kabinenfensterverkleidungen
159 Fowlerklappen
160 hinterer Holm
161 Klappendrehgelenke
162 Klappenhydraulikzylinder
163 Klappenabdeckungsrippen, aufklappb. Zugangspanel
164 Klappenrippenkonstruktion
165 Querruder-Ausgleichsklappe
166 Querruder-Rippenkonstr.
167 Statikentlader
168 Glasfaser-Flächenspitzenverkleidung mit Zusatzfläche
169 Navigationslicht
170 Gummiwulst für Vorderkantenenteisung
171 Flächenbeplankung
172 Querruder-Massenausgleichsgewichte
173 innere Verkleidung
174 Rippenkonstr. Flächenstück
175 Vorderholm
176 Spannungsglied Strebenverb.
177 Lande-/Rollscheinwerfer
178 Flächenstrebe
179 Bedienung für Hydrauliksystem, Druckbetankung an Steuerbordseite
180 Vorderkantenblindholm
181 Vorderkantennasenrippen
182 Verbind. äuss. Flächenteil
183 Triebwerkträgerstreben
184 Ölkühler
185 Rahmen Triebwerkaufhäng.
186 Triebwerkverkleidung
187 Propellernabenhaube
188 Triebwerklufteinlasskanal
189 Auspuffrohr
190 Partikelabscheider
191 Ölkühler-Luftschaufel
192 Rumpfrahmen für Flächen- und Fahrwerkbefestigung
193 Verkleid. Hauptfahrwerkträger
194 hydraulischer Einfahrzylinder
195 Federbein
196 Zapfenlager Hauptfahrwerk
197 hinterer Achskörper
198 Hauptfahrwerkverkleidung
199 Hauptfahrwerk

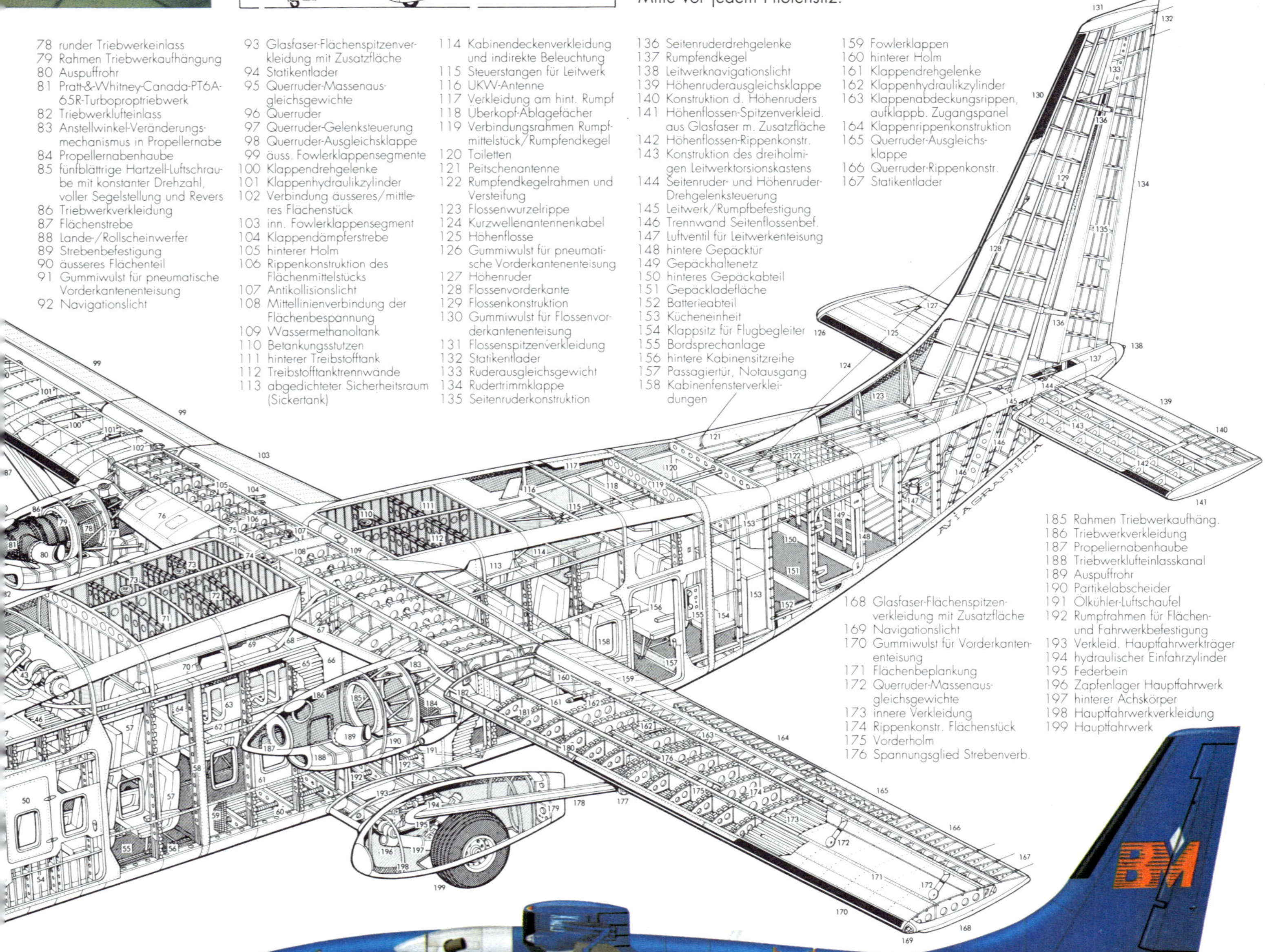

SHORTS SKYVAN GROSSBRITANNIEN

Die Idee zur Entwicklung eines kleinen Transportflugzeugs für den Frachtmarkt entstand bei Short Bros and Harland in den 50er Jahren. Die in Belfast beheimatete Gesellschaft war am zivilen wie auch am militärischen Markt interessiert und baute nicht nur den Skyvan, am unteren Ende der Grössen-Skala, sondern auch den Belfast, den grössten in Grossbritannien für die RAF gebauten Frachter. In der zweiten Hälfte der 50er Jahre erhielt Shorts von F G Miles Ltd das Angebot einer möglichen Zusammenarbeit für die Entwicklung des leichten Frachtflugzeuges HDM 106 Caravan, eine Weiterentwicklung des leichten Frachters Miles Aerovan mit Gondel und Doppel-Leitwerkträger in Kombination mit der Hurel-Dubois-Fläche mit hoher Flügelstreckung. Shorts kaufte den vorläufigen Caravan-Entwurf von Miles und fuhr mit der Untersuchung eines Flugzeuges derselben Konfiguration fort, was schliesslich zu der Schlussfolgerung führte, dass Gondel- und Doppelleitwerkträger-Auslegungen weniger zufriedenstellend sind als ein eher konventioneller Rumpf mit 1,98 m Durchmesser und einer Länge von 4,9 m. Eine verstrebte, unverjüngte Hochdeckerfläche mit hoher Flügelstreckung sowie ein starres Landefahrwerk wurden ebenso als wünschenswerte Merkmale für den Mini-Frachter empfunden, der in Belfast als PD.36-Projektentwurf Gestalt annahm und 1959 als Prototyp die Nummer SC-7 erhielt. In der Annahme, dass kleine Turboprops noch nicht genügend entwickelt seien, entschied Shorts, den Mini-Frachter mit zwei 390 PS (291 kW) starken Conti-

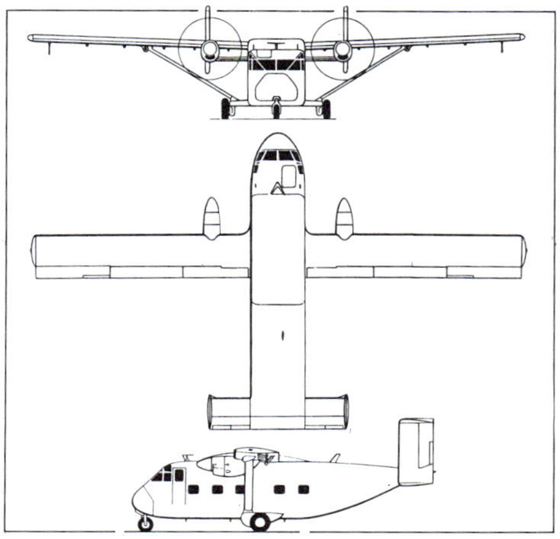

Oben: Dreisichtzeichnung der Skyvan Srs 3, die seit 1967 die Standardversion ist.
Links: Aero Services Barbados setzt die Skyvan 3 für Flüge zwischen den Karibischen Inseln ein.

TUPOLEV TU-134 SOWJETUNION

Das Tupolev-Konstruktionsbüro begann mit der Entwicklung dieses zweimotorigen Kurz-/Mittelstrecken-Düsenflugzeugs zu Beginn der 60er Jahre, um Aeroflot mit einem Flugzeug von besserem Leistungsbereich als dem der Tu-124 auszustatten, die erst kurz zuvor in Dienst gestellt worden war. Die Tu-124 war eine verkleinerte Weiterentwicklung des ersten sowjetischen Düsentransportflugzeuges Tu-104, dem einige Einrichtungen fehlten, die von Passagieren im Westen bereits als selbstverständlich empfunden wurden. Die Tu-134 tauchte im September 1964 auf, nachdem ein Prototyp bereits mehr als hundert Flugerprobungsstunden hinter sich gebracht haben soll, und glich äusserlich der BAC-One-Eleven und der Douglas-DC-9, beide in einer vergleichbaren Kategorie mit der Tu-134. Das sowjetische Flugzeug hatte jedoch eine stärkere Flächenpfeilung und ein verstärktes Fahrwerk, um gemäss Aeroflot-Erfordernissen den Flugbetrieb auf kurzen und unbefestigten Landeflächen zu ermöglichen. Wie die Tu-104 und -124 sowie die militärischen Tu-16 und -28 hatte sie die charakteristischen Tupolev-Verkleidungen an der Flächenhinterkante zur Unterbringung des Fahrwerks. Das Tupolev-Konstruktionsbüro folgte der Boeing-Praxis und benannte ihre Jetflugzeuge nach numerischen Serien (104, 114, 124, 134 usw.). Die Tu-134 erhielt den NATO-Codenamen «Crusty».

Varianten

Sechs Prototypen oder Vorserienflugzeuge sollen für die Entwicklung der Tu-134 eingesetzt gewesen sein, deren Produktion 1964 in Kharkhov begann. Dem Erstproduktionspaket folgte in der zweiten Hälfte der 70er Jahre die Tu-134A mit einer Rumpfstreckung von 2,1 m, die acht zusätzliche Passagiersitze ermöglichte, und Soloviev-D-30-Srs-II-Triebwerken. Ab Herbst 1981 erschienen weitere Versionen, wahrscheinlich als Ergebnis von Umrüstungsprogrammen, denn die Produktion war damals wahrscheinlich bereits beendet. Eine dieser Varianten, die Tu-134B, hatte nach vorne gerichtete Besatzungssitze, Triebwerkkontroll- und Navigationsinstrumente an der Mittelkonsole und einen Klappsitz (zwischen den beiden Piloten) für den Navigator/Flugingenieur. Die Tu-134B-1 konnte bei einer geringfügigen Verkleinerung der Toiletten 84 Passagiere mitführen oder 90 Passagiere bei Wegfall der Kücheneinrichtungen. Bei der Tu-134B-3 er-

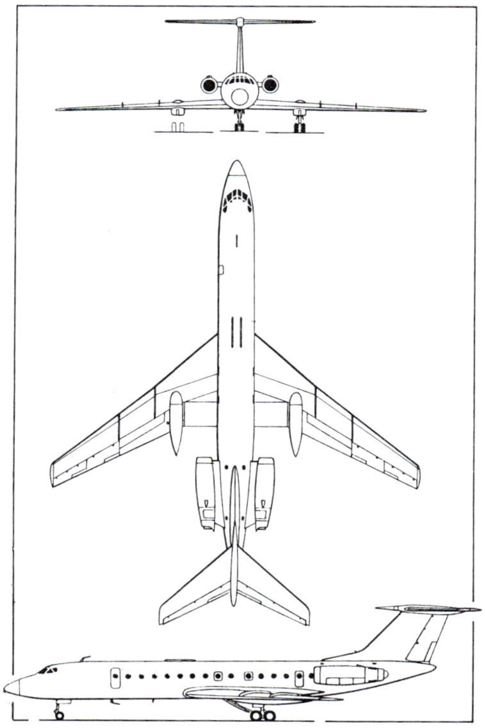

Links: Dreisichtzeichnung der Tupolev Tu-134A mit verlängerter, radarbestückter Nase.

Tu-134A

Antrieb: Zwei Soloviev-D-30-Srs-II-Turbofans, je 6'800 kp Startleistung, ausgerüstet mit Umkehrschub. Treibstoff 16'600 l in Flächenintegraltanks, auf Wunsch zusätzliche 1'400 l.
Leistung: Maximale Betriebsgeschwindigkeit 603 km/h angezeigte Eigengeschwindigkeit oder 0,82 Mach; maximale Reisegeschwindigkeit 898 km/h in einer Höhe von 8'500 m; Langstreckenreisegeschwindigkeit 750 km/h in einer Höhe von 11'000 m; Dienstgipfelhöhe 11'900 m; Sicherheitsstartstrecke (BCAR) 2'400 m; Sicherheitslandestrecke (BCAR) 2'200 m; Reichweite mit maximaler Nutzlast bei einer Reisegeschwindigkeit von 800 km/h in 11'000 m Höhe 1'890 km; Reichweite mit 5'000 kg Nutzlast 3'020 km.
Gewicht: Betriebsleergewicht 29'050 kg; Treibstoffgew. 14'400 kg; Nutzlast 8'200 kg; Startgewicht 47'000 kg; max. Landegewicht 43'000 kg; max. Leertankgewicht 37'250 kg.
Abmessungen: Spannweite 29 m; Länge 37,05 m; Höhe 9,14 m; Pfeilung 35 Grad bei Viertelprofilsehne; Flügelfläche 127,3 m².
Kabine: Länge (nur Sitzbereich) 15,93 m; Breite 2,71 m; Höhe 1,96 m. Standardauslegung bietet 48 Sitze in Vorderkabine und 28 Sitze in der hinteren Kabine, Viererreihen mit Mittelgang; alternativ 12 Erste-Klasse-Sitze in der Vorderkabine, 54 in der mittleren und hinteren Kabine; max. 84 Passagiere in Ein-Klassen-Auslegung. 2 Unterflur-Gepäckabteile ca. 14 m³. Drei-Mann-Cockpit-Besatzung.

nental-GTSIO-520-Kolbentriebwerken anzutreiben. Mit diesen Triebwerken flog der SC-7-Prototyp am 17. Januar 1963. Seine Konstruktion war nur langsam vorangekommen, während versucht wurde, Regierungsunterstützung für den Bau einer Fertigungsstrasse zu erhalten. Lange bevor diese Zustimmung schliesslich im Jahre 1964 gegeben wurde, war klar geworden, dass Turboprops die Kolbentriebwerke ersetzen würden; also entschied Shorts während des Jahres 1962, die SC-7 Skyvan mit Turbomeca-Astazou-II-Turboproptriebwerken mit je 398 kW auszurüsten. Nach insgesamt 25 Stunden mit Kolbentriebwerken wurde der Prototyp mit Astazous ausgestattet und flog als Skyvan IA am 2. Oktober 1963.

Oben: Bis zu 22 Sitze können in der Skyvan zur Verfügung gestellt werden, die in ihrer zivilen Passagierbeförderungs-Version auch als Skyliner bekannt ist.

Skyvan Serie 3

Antrieb: Zwei Garrett-TPE331-2-201A-Turboproptriebwerke, je 533 kW Startleistung, mit dreiblättrigen Hartzell-Luftschrauben, Durchmesser 2,59 m, mit veränderlichem Anstellwinkel. Treibstoff 1'332 l in Tanks in der Verkleidung des Flächenmittelstücks oberhalb des Rumpfes, 441 l in Tanks in den Rumpfseiten.
Leistung: Maximale Reisegeschwindigkeit 324 km/h in 3'050 m Höhe; wirtschaftliche Reisegeschwindigkeit 278 km/h in 3'050 m Höhe; anfängl. Steigrate 8,3 m/sec; Dienstgipfelhöhe 6'860 m; Sicherheitsstartstrecke bis auf 15 m Höhe (FAR Pt 23) 490 m; Sicherheitslandestrecke aus 15 m Höhe (FAR Pt 23) 450 m; Reichweite mit max. Treibstoff bei bester Reichweitengeschw. 1'115 km; Reichweite mit 1'815 kg Frachtnutzlast 300 km.
Gewicht: Betriebsleergewicht, Passagierversion 3'674 kg, Frachter 3'447 kg; Treibstoffgewicht, Standard 1'052 kg; Treibstoffgewicht, maximal 1'415 kg; maximale Nutzlast 2'086 kg; maximales Startgewicht 5'670 kg; maximales Landegewicht 5'670 kg.
Abmessungen: Spannweite 19,79 m; Gesamtlänge ohne Nasenradar 12,21 m, mit Nasenradar 12,6 m; Gesamthöhe 4,6 m; keine Pfeilung; Flügelfläche 35,12 m².
Kabine: Länge 5,67 m; Breite 1,98 m; Höhe 1,98 m. Vorgesehen für bis zu 19 Passagiere in einer 2+1-Anordnung mit versetztem Gang. Ein- oder Zwei-Mann-Cockpit-Besatzung.

Varianten

Ein Erstproduktionspaket von 19 Skyvan Sre II wurde mit 545 kW starken Astazou-XII-Triebwerken gebaut; der Erstflug fand am 29. Oktober 1965 statt. Der Typ konnte 19 Passagiere oder eine Fracht von 1'815 kg mitführen und wurde bei mehreren zivilen Betreibern eingesetzt. Mit Garrett-TPE331-201-Triebwerken wurde die endgültige Version, die Skyvan Sre 3 ausgerüstet, die zum ersten Mal am 15. Dezember 1967 flog. Einige der Serie-2-Flugzeuge wurden auf Garrett-Triebwerke umgerüstet, und einige Flugzeuge wurden als Skyvan IIIA mit einem Gesamtgewicht von 6'215 kg produziert. Die Skyvan Sre 3 wurde als Skyliner-Version auf einen höheren Standard für den Einsatz bei Luftverkehrsgesellschaften ausgestattet und konnte bis zu 22 Passagiere befördern. Mehrere militärische Varianten wurden unter der Bezeichnung Skyvan Sre 3M und Skyvan 3M-200 entwickelt, die letztere mit der Betriebserlaubnis bis zu 6'804 kg.

Indienststellung

Die Skyvan Sre 2 mit Astazou-Triebwerken wurde 1966 zugelassen, und Auslieferungen begannen zur gleichen Zeit. Die Skyvan Sre 3 wurde 1968 in Dienst gestellt und 1970 gemäss der zivilen Lufttauglichkeitsvorschriften in Grossbritannien für STOL-Betrieb zugelassen. Ca. 150 Skyvan waren bis Ende 1986 verkauft, ca. 90 an zivile Betreiber oder Regierungsagenturen, der Rest an militärische Nutzer.

möglichten neue, leichtgewichtige Sitze eine Sitzanordnung für 96 Passagiere in Fünferreihen mit Aufrechterhaltung der vollen Toiletten- und Kücheneinrichtungen; ebenso wurden verbesserte D-30-III-Triebwerke eingeführt.

Unten: Eine Tupolev Tu-134A im Einsatz bei der tschechischen Gesellschaft CSA, die 1986 13 dieser zweimotorigen Düsenflugzeuge betrieb.

Indienststellung

Dem ersten Einsatz im Sept. 1967 gingen Erprobungsflüge auf den Aeroflot-Strecken zwischen Moskau und Stockholm voraus. Die Tu-134A wurde in der zweiten Hälfte der 70er Jahre in Dienst gestellt. Die Produktion aller Versionen wird auf mehr als 700 geschätzt, von denen bis zu 100 für den Einsatz bei osteuropäischen Fluggesellschaften, bei Syrian Air und bei Hang Khong Vietnam exportiert wurden.

TUPOLEV TU-154 SOWJETUNION

Die Tu-154, sowjetischer Gegenspieler zur Boeing 727-200 und HSA Trident, wurde zum ersten Mal 1966 publiziert und machte ihren Erstflug am 4. Oktober 1968. Nach der Einführung der ersten Generation von Turbojet- und Turboprop-Flugzeugen sollte die Tu-154 die Modernisierung der Aeroflot fortsetzen. Sie hatte dieselbe Gesamtform wie ihre westlichen «Zeitgenossen», aber auch einige Unterschiede, die den operationellen Bedürfnissen des sowjetischen Lufttransportes entsprechen. Insbesondere ist das Leistungs-/Gewichtsverhältnis erheblich höher, was den Einsatz auf relativ kurzen und mit schlechten Oberflächen ausgestatteten Flugplätzen der Klasse 2 in vielen sowjetischen Städten ermöglicht. Die Flächengondeln für das Landefahrwerk sind ein besonderes Tupolev-Kennzeichen. Die Flugerprobung benutzte sechs Prototypen und drei Vorserienflugzeuge, und seit Indienststellung bei Aeroflot hat dieser Typ eine beachtliche Entwicklung durchgemacht. Der NATO-Code für alle Versionen ist «Careless».

Varianten

Die erste Produktions-Serie, schlicht als Tu-145 bezeichnet, hatte 9'500 kp starke Kuznetsov-NK-8-2-Triebwerke und verschiedene Innenauslegungen von 128 bis 167 Sitzen. Die Economy-Auslegung hatte 160 Sitze, und eine typische Gemischt-Klassen-Anordnung bot 24 Erste-Klasse-Sitze in der vorderen Kabine anstelle der 54 Economy-Sitze. Die Tu-154A erschien als erste verbesserte Version im Jahre 1973 mit verstärkten NK-8-2-U-Triebwerken und einem von 90'000 kg auf 94'000 kg erhöhten maximalen Startgewicht. Dies erlaubte das Miführen von zusätzlichen

Rechts: Drei-Mann-Cockpit einer frühen Serienproduktion der Tupolev Tu-154.

Oben: Diese Tupolev Tu-154 der ungarischen Luftverkehrsgesellschaft Malev zeigt beim Anflug deutlich die grossflächigen Landeklappen. Diese Klappen und das hohe Leistungs-/Gewichtsverhältnis geben der Tu-154 eine aussergewöhnliche Leistungsfähigkeit sowohl beim Start wie bei der Landung.

TUPOLEV TU-204 SOWJETUNION

Links: Diese künstlerische Darstellung der Tupolev Tu-204 zeigt, dass das Konstruktionsbüro beim Entwurf Neuland betrat. Einzelheiten zufolge, die während des Jahres 1986 veröffentlicht wurden, ist die Tu-204 wahrscheinlich Aeroflots fortschrittlichstes Jet- und Turboflugzeug der neuen Generation, wenn es Anfang der 90er Jahre in Dienst gestellt wird.

Die Tu-102, eines von drei neuen Flugzeugen, deren Entwicklung für die Indienststellung bei Aeroflot in den 90er Jahren, 1986 bekannt gemacht wurde, ist als sowjetische Boeing 757 beschrieben worden. Die Tu-204 hat die gleichen Abmessungen, aber eine etwas geringere Pfeilung als die zweimotorige Boeing, und wird ebenfalls von zwei fortschrittlichen Turbofans mit hohem Nebenstromverhältnis angetrieben, wahrscheinlich ein Produkt des Soloviev-Konstruktionsbüros. Wie bei den anderen in der Entwicklung befindlichen Flugzeugen in der Sowjetunion werden bei der Tu-204 neue Materialien wie Verbundwerkstoffe zur Erreichung eines niedrigen spezifischen Strukturgewichtes angewendet. Mit den neuen Triebwerken soll der Treibstoffverbrauch bei 0,02 kg pro Passagierkilometer liegen, der erheblich besser wäre als bei der Boeing 757. Die Fläche der Tu-204 hat eine superkritische Profilsektion, eine relativ hohe Flügelstreckung, mässige Pfeilung (ungefähr 20 bis 22 Grad bei Viertelprofilsehne) und Flügelendscheiben. Die Struktur ist für eine Lebensdauer von 45'000 Flugstunden und 30'000 Landungen entworfen worden. Die Tu-204 hat genau wie die Il-96 fortschrittliche Systeme, die ein Fly-by-Wire-System einschliessen könn-

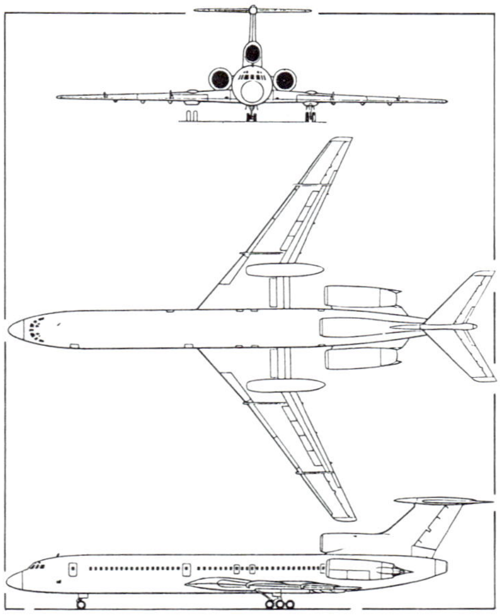

Links: Dreisichtzeichnung der Tupolev 154M, die letzte Produktionsversion der dreimotorigen Tupolev. Ein Wechsel von Kuznetsov- auf Soloviev-Triebwerke ergibt eine Verbesserung des Gesamtleistungsbereichs. Die Gondeln an den Flächen sind vornehmlich für das Verstauen des Landefahrwerks.

6'600 kg Treibstoff in einem Mittelstücktank, der nicht mit dem Haupttreibstoffsystem des Flugzeuges verbunden war, dessen Inhalt aber auf den Zielhäfen in die Haupttanks umgefüllt werden konnte. Zahlreiche Verbesserungen wurden bei den Avionik- und anderen Systemen und bei der Kabinenausstattung vorgenommen. Die Tu-154B verdrängte die Tu-154A im Jahre 1977, und ihr folgte die etwas ausgefeiltere Tu-154B-2. Diese führte ein Thomson-CSF/SFIM-Flugsteuerungs- und Navigationssystem für Landungen nach Cat II ein und hatte höhere Betriebsgewichte, zusammen mit einer neuen Kabinenauslegung, die die max. Sitzkapazität auf 180 erhöhte. Der Zusatztank der Tupolev 154A wurde ebenfalls verwendet.

Eine Variante ist der Nur-Frachter Tu-154C mit einer seitlichen Ladetür vor der Fläche und 2'900 km Reichweite bei einer Nutzlast von 20'000 kg.
Als letzte Entwicklung erschien 1982 die Tu-154M mit Soloviev-D-30KU-154-II-Triebwerken mit einer Leistung von 10'500 kp. Die Gesamtabmessungen sind unverändert, aber das Leitwerk ist neu entworfen, die Flächenvorflügel und Störklappen sind modifiziert.

Indienststellung

Aeroflot führte mit der Tu-154 Anfang 1971 Erprobungsflüge durch und begann mit der Indienststellung am 9. Februar 1982 auf der Route Moskau–Mineralnye-Vady. Die ersten internationalen Einsätze begannen auf der Strecke Moskau–Prag am 1. August 1972. Die Tu-154A wurde im April 1974 in Dienst gestellt, die Tu-154B im Jahre 1977 und die Tu-154M zu Beginn des Jahres 1985. Man nimmt an, dass die Produktion der Tu-154 in allen Versionen 400 Stück übersteigt, und dieser Flugzeugtyp ist in grosser Zahl bei den meisten osteuropäischen Fluggesellschaften und bei Syrian Air, Alyemda, Guyana Airways, Choson Minhang, Cubana und CAAC eingesetzt worden.

Tu-154B

Antrieb: 3 Kuznetsov-NK-8-2U-Turbofantriebwerke, je 10'500 kp Startleistung, Umkehrschub an den seitlichen Triebwerken. Treibstoff 41'140 l in Flächenintegraltanks, plus 5'683 l zusätzlicher Treibstoff.

Leistung: Maximale Betriebsgeschwindigkeit 573 km/h angezeigte Eigengeschwindigkeit oder 0,9 Mach; maximale Reisegeschwindigkeit 898 km/h in einer Höhe von 8'500 m; Langstreckenreisegeschwindigkeit 749 km/h in 11'000 m Höhe; Startstrecke 2'100 m; Landestrecke 2'060 m; Reichweite mit max. Nutzlast 2'750 km; Reichweite mit 120 Passagieren 4'000 km; Reichweite mit max. Treibstoff und 12'000 kg Nutzlast 5'200 km.

Gewicht: Basisbetriebsgewicht 50'775 kg; max. Treibstoffgewicht 39'750 kg; maximale Nutzlast 19'000 kg; maximales Startgewicht 98'000 kg; maximales Landegewicht 80'000 kg; maximales Leertankgewicht 74'000 kg.

Abmessungen: Spannweite 37,55 m; Gesamtlänge 47,9 m; Gesamthöhe 11,4 m; Pfeilung 35 Grad bei Viertelprofilsehne; Flügelfläche 201,45 m².

Kabine: Breite 3,58 m; lichte Höhe 2,02 m. Typische Ein-Klassen-Auslegung für 169 Passagiere in zwei Kabinen, Sechserreihen mit Mittelgang. Die Gemischtklassenauslegung hat 24 Sitze in Viererreihen und 130 Sitze in der Touristenklasse. Maximale dichte Anordnung für 180 Passagiere. Drei Unterflur-Gepäck-/Frachträume 43 m³. Drei-Mann-Cockpit-Besatzung plus (auf Anforderung) vierte Position für Navigator.

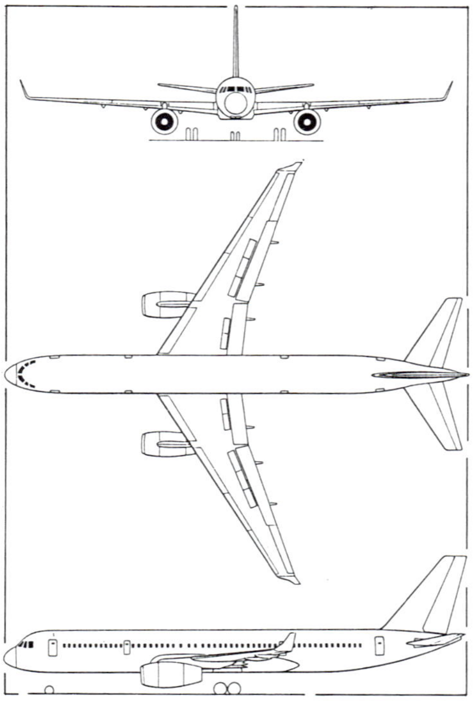

Links: Die Zeichnung der Tupolev Tu-204 zeigt, dass sie der Boeing 757 ähnlich ist, mit bis zu 219 Sitzen in einer Ein-Klassen-Auslegung. Abgesehen von der erfolglosen Überschall-Tu-144 hatten alle vorherigen Tupolev-Flugzeuge Flächengondeln, in die das Hauptfahrwerk eingezogen wird.

ten. Eine Fotografie der Cockpit-Attrappe zeigt die Steuerstäbe mit zwei Handgriffen für die Benutzung durch beide Piloten, aber in der Mitte auf dem Instrumentenbrett anstatt auf dem Boden montiert, eine Alternative zu den seitlichen Kontrollgriffen, wie sie in solchen Flugzeugtypen wie dem Airbus A320 angewandt werden. Zwei grosse «Glasbildschirme» für jeden Piloten bilden ein vierröhriges EFIS-Bildschirmsystem, und zwei weitere Bildschirmpanele befinden sich in der Mitte der Konsole für Systeminformationen. Dreifache Trägheitsnavigationssysteme (INS) sind eingebaut, und der Ausrüstungsstandard ermöglicht den Flugbetrieb bei ICAO-Cat-III-Wetterbedingungen.

Varianten

Ausser alternativen Kabinenauslegungen sind noch keine Varianten des Basisentwurfs aufgetaucht. Die Tu-204-Bezeichnung scheint eine Fortsetzung des von diesem Konstruktionsbüro angewendeten Serienbezeichnungs-Systems zu sein. Der erste Tupolev-Jetliner (Aeroflots erstes Düsenverkehrsflugzeug), war die Tu-104, eine hastig angepasste Passagierbeförderungsversion des zweimotorigen Düsenbombers Tu-16. Der viermotorige Turbopropbomber Tu-20 stellte in ähnlicher Weise die Basis für die Tu-114 dar, und die Tu-124 war eine geringfügig kleinere, verfeinerte Version der Tu-104. Tupolev begab sich auf Neuland mit der Tu-134, einem zweimotorigen Jet mit T-Leitwerk, der die Basis für die grössere T-154 bildete. Die Tu-144 war ein teurer, erfolgloser Versuch, ein Überschallflugzeug zu entwickeln, und die Tu-164 ist besser unter der Bezeichnung Tu-154M bekannt. Nichts ist bekannt über die Tu-174-, 184- oder 194-Entwürfe, und es ist möglich, dass diese Nummern übergangen worden sind, um der Tu-204 den Duft des «21. Jahrhunderts» zu geben.

Indienststellung

Die Einführung in die Dienste der Aeroflot wird für den Anfang der 90er Jahre erwartet.

Antrieb: Zwei Turbofans mit hohem Nebenstromverhältnis nicht genau angegebenen Typs (wahrscheinlich Soloviev), je 16'000 kp Startleistung mit Umkehrschub.

Leistung: Maximale Reisegeschwindigkeit 850 km/h in einer Höhe von 12'000 m; wirtschaftliche Reisegeschwindigkeit 810 km/h in 11'000 m Höhe; max. Reisehöhe 12'200 m; Startstrecke 2'500 m; Reichweite mit max. Treibstoff und 13'000 kg Nutzlast 4'700 km; Reichweite mit max. Nutzlast 2'400 km.

Gewicht: Rüstleergewicht 56'600 kg; maximale Nutzlast 22'000 kg; maximales Startgewicht 94'000 kg.

Abmessungen: Spannweite 42 m; Gesamtlänge 45 m.

Kabine: Länge ca. 34,8 m; Breite ca. 3,65 m; Höhe ca. 2,44 m. Basisflugzeugauslegung bietet 214 Sitze in Sechserreihen mit Mittelgang; maximale Ein-Klassen-Sitzanordnung 219. Typische Drei-Klassen-Anordnung bietet zwölf Erste-Klasse-Sitze in Viererreihen, 11 bis 47 Klub-Klasse-Sitze in Sechserreihen, 111 Touristen-Klasse-Sitze in Sechserreihen. Unterflur-Frachträume. Zwei-Mann-Cockpit-Besatzung, auf Wunsch mit einem dritten Sitz.

Die Viscount tauchte im Jahre 1948 als erstes Verkehrsflugzeug der Welt mit Turboproptriebwerken auf und wurde zum erfolgreichsten zivilen Flugzeugproduktionsprogramm in Grossbritannien. Unter der Bezeichnung VC2 war die Viscount, angetrieben von frühen Versionen des Rolls-Royce-Dart-Triebwerks, zuerst für den Transport von 24 Passagieren über eine Strecke von 1'610 km entworfen worden. Mit Unterstützung der Regierung baute Vickers im März 1946 zwei Prototypen (Vickers 630). Der erste flog am 16. Juli 1948 mit Dart-RDa.1-Triebwerken. Für die Produktion als Vickers 700 wurden Rumpflänge und Flügelspannweite vergrössert und leistungsstärkere Dart-RDa.3-Triebwerke angebracht. Ein Prototyp dieser auf 40 Passagiere vergrösserten Version flog am 19. April 1950 und bildete die Basis für einen Produktionsauftrag von British European Airways, wodurch Vickers in die Lage versetzt wurde, ein festes Programm aufzulegen und einen Marketingfeldzug zu entwickeln. Exportaufträge folgten bald, die zu der Entwicklung weiterer Varianten führten.

Varianten

Die erste Serienproduktion wurde als Viscount 700 definiert, mit Dart-Mk-505-Triebwerken, einem Bruttogewicht von 24'040 kg und 47 Sitzen in Fünferreihen. Individuelle Typennummern bezogen sich auf die jeweilige Kundenvariante und begannen mit 701 für BEA. Der Typ 724 für TCA (jetzt Air Canada) erhielt ein neues Treibstoffsystem, ein Zwei-Mann-Cockpit nach US-Vorbild und ein Gesamtgewicht von 27'215 kg. Der Typ 745 für Capital Airlines hatte RDa.6-Mk-510-Triebwerke und ein Gesamtgewicht von 29'256 kg. Mitte der 50er Jahre streckte Vickers den Rumpf der Viscount um 1,17 m und versetzte die hintere Kabinentrennwand nach hinten, um genügend Raum für insgesamt 71 Passagiere zu bekommen. Mit RDa.6-Triebwerken und 29'256 kg Gesamtgewicht war dies die Viscount 800, die zum ersten Mal am 27. Juli 1956 flog und mit leistungsstärkeren RDa.7-Mk-520-Triebwerken war es der Typ 806, eine Spezialanfertigung für BEA. Der Prototyp der Version 806A flog zum ersten Mal am 9. August 1957. Aufbauend auf dem Typ 806 kombinierte die Viscount-810-Serie RDa.7/1-Triebwerke mit strukturellen Modifikationen und ermöglichte so die Anhebung des maximalen Startgewichtes auf 32'885 kg. Ein Prototyp der Viscount 810 flog am 23. Dezember 1957, und die meisten der folgenden Produktionsblöcke für mehrere Überseebetreiber waren von diesem Typ. Alle Viscount hatten auffällige elliptische Kabinenfenster, und bei der 700er Serie hatten auch die Kabinentüren diese Form. Die Produktion der Viscount endete im Jahre 1964, nachdem insgesamt 444 gebaut worden waren.

Indienststellung

Die Viscount 700 erhielt die britische Lufttauglichkeitsbescheinigung am 17. April 1953, und tags darauf stellte BEA den Typ zwischen London und Zypern in Dienst. Einige vorausgegangene Passagierbeförderungs-Erprobungsflüge waren weltweit die erste Inbetriebnahme eines Turbopropflugzeuges. In den USA wurde der Typ 745 für Capital Airlines am 7. November 1955 zugelassen. Auslieferungen des Typs 802 begannen (an BEA) am 11. Januar 1957 und die des Typs 806 (auch an BEA) am 1. Januar 1958. Continental Airlines erhielt die erste der 810-Serie (Typ 812) im Mai 1958, und der Einsatz begann am 28. Mai. Bis 1987 waren viele Viscount nach langjährigem Dienst aus dem Verkehr gezogen worden. Ungefähr 40 sind im regelmässigen Luftverkehrseinsatz verblieben.

Viscount 800

Antrieb: 4 Rolls-Royce-Dart-Mk 510 (RDa.6)-Turboproptriebwerke, je 1'300 kW für den Start, mit vierblättrigen Rotol-Luftschrauben, Durchmesser 3,05 m, konstante Drehzahl und volle Segelstellung. Treibstoff 8'842 l in Tanks in den inneren und äusseren Flächen.

Leistung: max. Reisegeschwindigkeit 523 km/h in einer Höhe von 6'095 m; wirtschaftliche Reisegeschwindigkeit 500 km/h in einer Höhe von 6'095 m; Dienstgipfelhöhe 7'620 m; Startstrecke 1'620 m; Landestrecke 1'510 m; Reichweite mit maximaler Nutzlast 1'050 km; Reichweite mit maximalem Treibstoff und 28 Passagieren 1'900 km.

Gewicht: Betriebsleergewicht 18'600 kg; Treibstoffgewicht 7'144 kg; maximale Nutzlast 6'000 kg; maximales Startgewicht 29'260 kg; maximales Landegewicht 26'535 kg; maximales Leertankgewicht 24'494 kg.

Abmessungen: Spannweite 28,55 m; Gesamtlänge 26,11 m; Gesamthöhe 8,15 m; keine Pfeilung; Flügelfläche 89,42 m².

Kabine: Länge 16,46 m; Breite 3 m; Höhe 1,96 m. Gemischt-Klassen-Auslegung 47 Touristen-Sitze in Fünferreihen und zwölf Erste-Klasse-Sitze in Viererreihen. Max. Sitzanordnung für 71 Passagiere in Fünferreihen. Gepäck-/Frachtraum 7,08 m³, plus 3,4 m³ auf Kabinenfussboden. 3-Mann-Cockpit-Besatzung.

Vickers Viscount Serie 810/840

1 Radom
2 Wetterradarabtaster
3 Radarführungsmechanismus
4 vorderes Druckschott
5 Radomscharnierpanel
6 Nasenkonstruktion
7 Überdruckventil
8 Steuersystem-Drehgestänge
9 Ruderpedale
10 Pressluftflasche für Pneumatiksystem
11 Bugradtüren
12 doppeltes Bugrad
13 Bugradsteuerzylinder
14 Pitotrohr
15 Cockpitbodenhöhe
16 Sitzmontageschienen
17 Verteilungsleitung für Klimaanlage
18 Bugradsteuerung
19 Steuersäulenhandrad
20 Instrumentenpanel
21 Wetterradarbildschirm
22 Instrumentenbrettabdeckung
23 Scheibenwischer
24 Windschutzscheibenpanels
25 Panel für Systemschaltung
26 Copilotensitz
27 Seitenfenster zum Öffnen
28 Kapitänsitz
29 hintere Cockpittrennwand
30 Cockpitdruckkuppel
31 Klappsitz für Beobachter
32 Cockpittür
33 Windschutzscheiben-Enteisungsflüssigkeit
34 Scheinwerfer für Flächen- und Triebwerk-Inspektion
35 Regale für Radio u. Elektronik
36 Unterflur-Autopilot-Steuerführungen
37 Rahmenkonstruktion der Cockpitsektion
38 faltbare Treppe
39 Handgeländer
40 Eingangsraum
41 vorderer Eingang
42 seitliches Gepäckabteil
43 Kurzwellen-Antennenmast
44 Hydraulikausrüstung
45 vordere Kabinentrennwand
46 hintere Verkleidung der Cockpitdruckkuppel
47 vorderes Passagierabteil
48 Passagiersitze, Viererreihen
49 vordere Eingangstür, geöffnet
50 Türgriff
51 Türscharnier
52 vordere, herausziehbare Notausgangsfenster
53 Unterflur-Frachtraum, 7,08m³
54 Toiletten
55 Tür des Rumpffrachtraums
56 Toilettentüren
57 Regal
58 UKW-Antenne
59 Triebwerkgondeln
60 Triebwerkverkleidung
61 Propellernabenhaube
62 vierblättrige Rotol-Propeller mit konstanter Drehzahl
63 Luftschrauben-Blattwurzel-Enteisung
64 Treibstoffzellen im Flächenmittelstück
65 Kraftstoffleitungen
66 äussere Treibstoffzellen
67 Betankungsstutzen auf der Fläche
68 Leitschaufeln für Enteisungsluftauslass
69 einziehbare Lande-/Rollscheinwerfer
70 Vorderkantenheissluftenteisung
71 Navigationslicht
72 Flügelspitzenverkleidung
73 Statikentlader

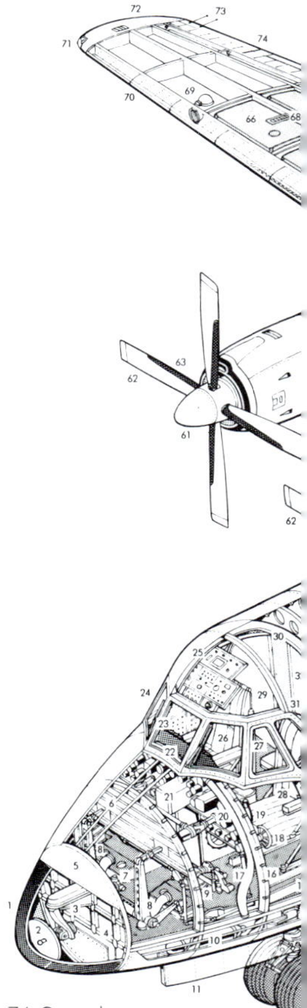

74 Querruder
75 Querruder-Ausgleichsklappe
76 doppelt gespaltene Fowler-klappe, ausgefahren
77 Klappenführungsschienen
78 Torsionswelle und Kettengetriebe für Klappenbetätigung
79 Peilantennen
80 Rumpfrahmen-Versteifung
81 Bodenträgerkonstruktion
82 Sitzanordnung Hauptkabine
83 Steuerstangenführungen
84 Hauptrahmen für Befestigung des vorderen Hilfsholms
85 Notausgangsfenster
86 Mittelstück des durchgehenden Hauptholms
87 verschraubte Holmauslegerverbindung
88 schalldichte Kabinenwandverkleidung
89 statische Wechselrichter des elektrischen Systems
90 Antriebsmotor für Klappenmittelstück

Unten: Die Vickers Viscount wurde für einen Zwei-Piloten-Flugbetrieb entworfen (ein zusätzlicher Sitz für ein drittes Besatzungsmitglied war vorhanden).

Ganz unten: Virgin Atlantic Airways, bekannt durch ihren Nordatlantikverkehr mit Boeing 747, setzt diese Viscount 802 im Zubringerdienst für die Gatwick-Verbindungen ein.

91 Doppelrahmen für Hauptholm-Befestigung
92 Kabinenbespannung
93 UKW-Antenne
94 Klimaanlage-Kanal
95 Hauptrahmen für Befestigung des hinteren Hilfsholms
96 Kabinenfensterpanels
97 Hauptkabine
98 Frischluftleitung
99 Passagierserviceeinheiten
100 Überkopf-Gepäckablage
101 hintere Kabinentrennwand
102 Konstruktion der Flossenwurzelrippe
103 Höhenleitwerk
104 Kurzwellen-Antennenkabel
105 Höhenruder
106 Höhenruder-Ausgleichsklappe
107 Flossenrippenkonstruktion
108 Enteisungsluftführung für Vorderkante
109 Antenne UKW-Kursfunkfeuer/Instrumentenlandesystem
110 Flossenspitzenverkleidung
111 Ruderausgleichsklappe
112 Ruderkonstruktion
113 Rumpfendkegel
114 Leitwerknavigationslicht
115 federbelastete Klappe
116 Ausgleichsgegenklappe
117 Statikentlader
118 Konstruktion des Ruders
119 Leitwerkrippenkonstruktion
120 Luftführung für Vorderkantenenteisung
121 Hauptrahmen für Leitwerkbefestigung
122 Steuerdrehgestänge für Seiten- und Höhenruder
123 hinteres Druckschott
124 Schrank
125 Vorraum
126 Buffet-/Kücheneinheiten
127 hintere Eingangs-/Servicetür, geöffnet
128 Klappsitz für Flugbegleiter
129 Eingangs-/Servicetür
130 Rumpfbespannung
131 Kabinenbodenbeplankung
132 Gerätesatz für Klimaanlage
133 Wurzelrippe an Flächenhinterkante
134 Klappenrippenkonstruktion
135 Klappenabdeckungsrippen
136 doppelt gespaltene Fowlerklappe
137 Klappe
138 Treibstoff-Schnellablassrohr
139 Querruder-Rippenkonstruktion
140 Querruder-Drehgelenksteuerung
141 Querruder-Ausgleichsklappe
142 Statikentlader
143 Flächenspitzenverkleidung
144 Navigationslicht
145 Rippenkonstruktion des äusseren Flächenteils
146 Lande-/Rollscheinwerfer
147 Heissluftführung für Vorderkantenenteisung
148 Doppelbespannung der Vorderkante
149 Treibstofftankkammern im äusseren Flächenteil
150 hinterer Hilfsholm
151 Hauptholm
152 Verbindung des äusseren Flächenteils
153 Triebwerkverkleidung
154 Triebwerkträgerstreben
155 Hauptringrahmen für Triebwerkaufhängung
156 runder Triebwerklufteinlass
157 Propellernabenhaube
158 Lufteinlass-Enteisung
159 Lufteinlass für Ölkühler
160 doppeltes Hauptfahrwerk
161 Hauptfahrwerkfederbein
162 Hauptfahrwerkstrebe
163 Treibstofftankkammern
164 Konstruktion der inneren Flächenrippen
165 hydraulischer Einfahrzylinder für Hauptfahrwerk
166 Hauptfahrwerkdrehgelenk
167 Hauptrippe für Triebwerkgondelmontage
168 Drehgelenk für Hauptfahrwerktür
169 Triebwerkfeuerlöschflasche
170 Hauptfahrwerkschacht
171 Luftleitungen für Klimaanlagesystem
172 innere Treibstoffzellen
173 Wasser-/Methanoltank
174 Luftleitung in Vorderkante
175 Luftsystemgebläse
176 Hilfsgerätegetriebe
177 Schnellablassrohr
178 Triebwerkträgerstützen
179 Brandschott
180 Antriebswelle für Hilfsgerätegetriebe
181 Triebwerkflammrohre
182 Ölkühler
183 Rolls-Royce-Dart-R.Da7/1-(Mk 525)-Turboproptriebwk.
184 Anstellwinkelveränderungsmech. in Propellernabe
185 vierblättrige Rotol-Luftschraube mit konstanter Drehzahl

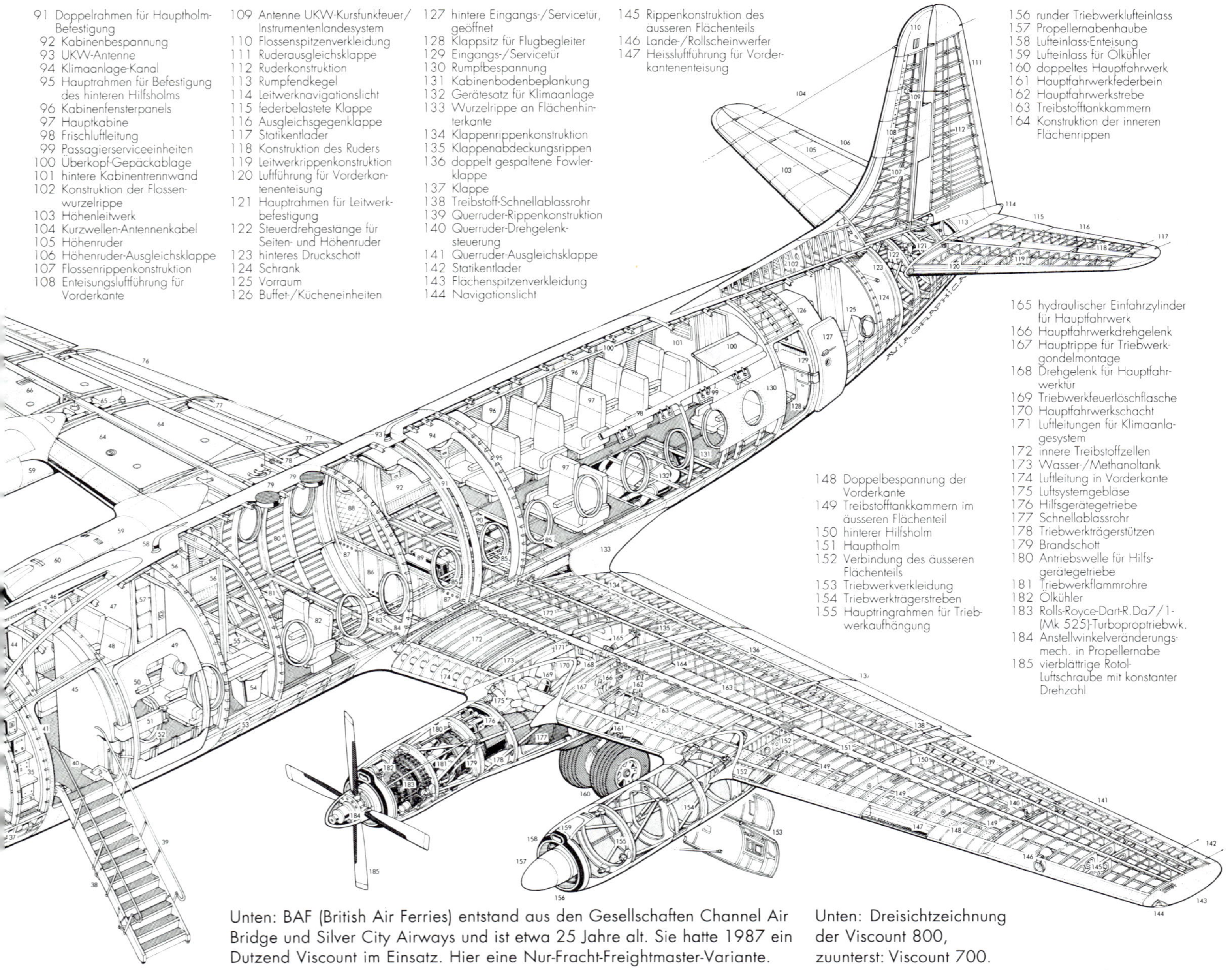

Unten: BAF (British Air Ferries) entstand aus den Gesellschaften Channel Air Bridge und Silver City Airways und ist etwa 25 Jahre alt. Sie hatte 1987 ein Dutzend Viscount im Einsatz. Hier eine Nur-Fracht-Freightmaster-Variante.

Unten: Dreisichtzeichnung der Viscount 800, zuunterst: Viscount 700.

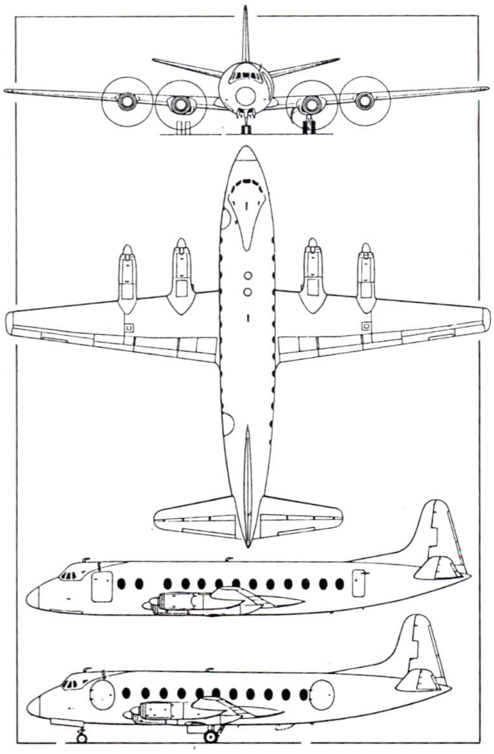

YAKOVLEV YAK-40 SOWJETUNION

Das Yakovlev-Konstruktionsbüro, bestens bekannt durch seine Jagdflugzeuge, einschliesslich der ersten sowjetischen Senkrechtstarter, widmete Anfang der 60er Jahre seine Aufmerksamkeit der kleineren Klasse von Verkehrsflugzeugen. Yakovlev hatte während der 40er Jahre mehrere leichte Transportflugzeuge entworfen, aber mit der Yak-40 als Ersatz für die vielen Lisunov Li-2 (Lizenzbau DC-3) wurde Neuland betreten. Gemäss einer Aeroflot-Auflage musste das neue Flugzeug von Flugplätzen der Kategorie 5 ohne befestigte Startbahnen operieren können, eine Auflage, die die besonderen Bedürfnisse der Sowjetunion widerspiegelt und bei jedem zeitgenössischen Flugzeug westlichen Ursprungs ihresgleichen sucht. Das Yakovlev-Planungsteam wählte eine dreimotorige Auslegung für das Flugzeug, da besonderer Wert auf eine gute Einsatzfähigkeit gelegt wurde. Das bedeutet, dass bei der Kalkulation der Startgewichte und Startbahnlängen nur mit dem Verlust von einem Drittel der Triebwerksleistung bei einem Triebwerkausfall gerechnet werden muss. Am Rumpfende angebrachte Triebwerke neigen ausserdem weniger dazu, beim Betrieb auf Gras und steinigen Landestreifen Fremdkörper anzusaugen. Wie die meisten anderen sowjetischen Düsentransportflugzeuge war die Yak-40 mit einem relativ hohen Schub-zu-Gewicht-Verhältnis entworfen worden, und das wiederum zugunsten einer grossen Einsatzleistung, wenn auch mit einigem Verlust bezüglich der Betriebswirtschaftlichkeit. Um das Flugzeug mit der von Yakovlev geplanten Leistung auszustatten, waren Turbofans von ungefähr 1'360 bis 1'600 kp erforderlich, und das Ivchenko-Büro entwickelte das speziell für diesen Zweck zugeschnittene Zwei-Wellen-Turbofan-Triebwerk AI-25. Für den Einsatz auf schlecht ausgerüsteten Flugplätzen wurde die Yak-40 zum Anlassen der Triebwerke mit einem Hilfsaggregat ausgerüstet, und eine Treppe am Rumpfende bildete den Zugang zur Kabine. Fünf Prototypen wurden für die Entwicklung der Yak-40 eingesetzt. Sie flog zum ersten Mal am 21. Oktober 1966. NATO-Codenamen: «Codling».

Varianten

Modifizierungen an der ursprünglichen Yak-40 im Zuge des Produktionsverlaufes umfassten die Einführung eines zweischaligen Umkehrschubs am Mittel-

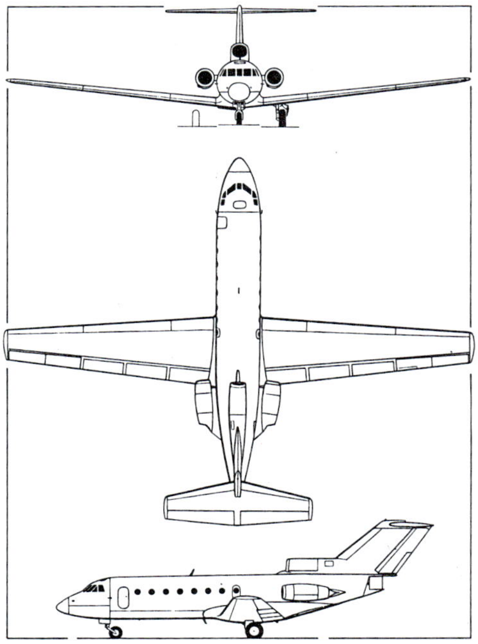

Rechts: Dreisichtzeichnung der Yakovlev Yak-40, der erste zivile Entwurf dieses Büros. Die dreimotorige Auslegung gleicht mehreren westlichen und sowjetischen «zeitgenössischen» Flugzeugen und erhöhte die Flugplatzeinsatzleistung.

Antrieb: Drei Ivchenko-AI-25-Turbofantriebwerke, je 1'500 kp Startleistung, mit Umkehrschub nur am mittleren Motor. Treibstoff 3'910 l in Integraltanks zwischen den Flächenholmen.
Leistung: Max. Reisegeschw. 550 km/h in 7'000 m Höhe; anfängl. Steigrate 8 m/sec; Startstrecke 700 m; Landestrecke 360 m; Reichweite mit max. Treibstoff 1'800 km.
Gewicht: Leergewicht, 27 Sitze 9'400 kg; Treibstoffgewicht 4'685 kg; max. Nutzlast 2'720 kg; max. Startgewicht 16'000 kg.
Abmessungen: Spannweite 25 m; Gesamtlänge 20,36 m; Gesamthöhe 6,5 m; keine Pfeilung; Flügelfläche 70 m².
Kabine: Länge 7,07 m; Breite 2,15 m; Höhe 1,85 m; Standardkabinenauslegung hat 27 Sitze in 2+1-Anordnung mit versetztem Gang. Alternative dicht gedrängte Auslegung hat 32 Sitze in Viererreihen mit einem Mittelgang, gemischte Klassenauslegung hat 18 bis 20 Sitze, mit vier bis sechs Passagieren in einer Art vorderer Club-Lounge-Auslegung und 14 in Viererreihen in der hinteren Kabine. Geschäfts-/VIP-Anordnungen haben sieben Sitze im vorderen Abteil und sechs Sitze in Dreierreihen in der hinteren Kabine. Kein Unterflur-Gepäckraum. Zwei-Mann-Cockpit-Besatzung mit einem zusätzlichen Sitz.

YAKOVLEV YAK-42 SOWJETUNION

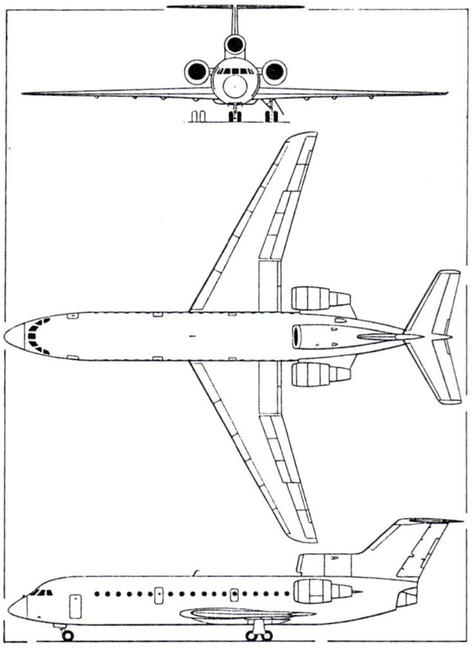

Die Yak-42 wurde als Kurzstreckenflugzeug mit mittlerer Sitzkapazität für Aeroflot entwickelt, um die Tu-134, Il-18 und An-24 zu ersetzen, die auf den Inlandrouten der Sowjetunion eingesetzt waren. Die Entwurfsarbeiten begannen Anfang der 70er Jahre. Eine Attrappe wurde in Moskau Mitte 1973 ausgestellt. Die Gesamtkonfiguration ähnelte sehr stark der der Yak-40, einschliesslich der dreimotorigen Auslegung und der Kabineneingangstreppe am hinteren Rumpfende. Eine Hauptauflage für den Entwurf der Yak-42 war die Fähigkeit, in unterschiedlichen klimatischen Verhältnissen und mit einem Minimum an Bodenunterstützung und Wartungseinrichtung zuverlässig zu operieren. Im Projektstadium hatte das Planungsbüro Schwierigkeiten bei der Beurteilung unterschiedlicher Pfeilungswinkel. Deshalb wurden Prototypen für Vergleichstests mit 11- und 23-Grad-Pfeilung gebaut. Die 23-Grad-Version wurde als überlegen befunden, und der dritte Prototyp wurde in derselben Standardausführung fertiggestellt. Bei den ersten Serienflugzeugen wurden die doppelrädrigen Hauptfahrwerke durch vierrädrige, doppelachsige Einheiten ersetzt.

Oben: Dreisichtzeichnung der Yak-42 in ihrer ursprünglichen Produktionsform mit 23-Grad-Flächenpfeilung und doppelrädrigem Hauptfahrwerk. Die Yak-42M hat einen um 4,5 m längeren Rumpf und neue Triebwerke.

Oben links: Die Yak-42, Erstflug im Jahre 1975, ist der Form nach eine vergrösserte Yak-40. Bis jetzt hat sie den Erfolg der Vorläuferin nicht erreicht; nach Indienststellung bei Aeroflot musste sie einem Modifikationsprogramm unterzogen werden.

Oben: Die Yak-40 ist in beachtlichem Umfang für Aeroflot gebaut worden, aber ein Export-Schlager wurde sie nicht.

Links: Das Zwei-Mann-Cockpit der Yak-40 spiegelt den Ursprung der frühen 60er Jahre wider.

triebwerk und den Fortfall einer Eichelverkleidung am Verbindungspunkt der Seiten-/Höhenflossenvorderkante. Mehrere alternative Innenauslegungen standen zur Verfügung, und Fracht- und Krankentransport-Versionen wurden ebenfalls produziert. 1970 wurde eine Yak-40M mit einem verlängerten Rumpf für 40 Passagiere projektiert, ging aber nicht in die Produktion über.

Die Yak-40V-Bezeichnung wurde für eine Exportvariante benutzt, die mit AI-25T-Triebwerken von je 1'750 kp ausgerüstet war und ein erhöhtes maximales Startgewicht von 16'500 kg hatte. Die Yak-40 erreichte beachtlichen Exporterfolg, und Anfang der 80er Jahre wurden Pläne für eine «amerikanisierte» Version geschmiedet, die von ICX Aviation in Washington entwickelt und auf den Markt gebracht werden sollte. Diese Version wurde unter der Bezeichnung X-Avia bekannt und sollte mit Garrett-TFE731-2-Turbofans ausgerüstet werden. Das Programm wurde jedoch nicht weitergeführt.

Indienststellung

Die Produktion der Yak-40 wurde 1967 in Saratov aufgenommen, und die Auslieferungen an Aeroflot begannen im Jahre 1968, wobei der erste Passagierflug am 30. September desselben Jahres durchgeführt wurde. Die Produktion endete im Jahre 1978 nach ungefähr 1000 Flugzeugen. Die meisten wurden bei Aeroflot in Dienst gestellt, ein Teil wurde exportiert nach Afghanistan, Bulgarien, Tschechoslowakei, Frankreich, Westdeutschland, Italien, Polen und Jugoslawien.

Varianten

Die erste Serienproduktion der Yak-42 hatte eine Flächenspannweite von 34,02 m und ein Gesamtgewicht von 53'500 kg. Das doppelachsige Hauptfahrwerk wurde zum Standard, und alternative Inneneinrichtungen waren für 120 Passagiere in einer Ein-Klassen-Auslegung oder 104 Passagiere in einer Zwei-Klassen-Auslegung erhältlich. Eine vergrösserte Ladetür an der vorderen Rumpfbackbordseite ergab die Möglichkeit für den umrüstbaren Passagier-/Frachteinsatz. 1983 führte ein Modifizierungsprogramm zur Überwindung der zu Beginn des Einsatzes bei Aeroflot aufgetretenen Abfertigungsschwierigkeiten zu einer geringfügigen Vergrösserung der Flügelfläche. 1985 bekam die Yak-42 ein höheres maximales Startgewicht. Die Yak-42M ist eine gestreckte Variante mit 7'500 kp starken Lotarev-D-436-Turbofantriebwerken und einer um 4,5 m auf 40,88 m vergrösserten Rumpflänge, wodurch eine Erhöhung der Sitzkapazität auf 156 bis 168 ermöglicht wird und das Gesamtgewicht auf 66'000 kg steigt. Geschätzte Leistungsbereichsdaten für die Yak-42M umfassen eine Startstrecke von 2'300 m und Reichweiten von 4'000 km mit maximalem Treibstoff, 3'750 km mit einer Nutzlast von 10'000 kg und 2'500 km mit einer Nutzlast von 16'000 kg. Der Leistungsbereich der frühen Yak-42 wurde im Jahre 1981 demonstriert, als ein Flug von Moskau nach Khabarovsk über eine Distanz von 6'145 km mit einer Zuladung von 20'186 kg in einer Höhe von 2'000 m durchgeführt wurde, wodurch ein Klassenrekord in Übereinstimmung mit FAI-Vorschriften aufgestellt wurde.

Indienststellung

Die ersten Passagier-Flüge mit der Yak-42 wurden Ende 1980 auf der Strecke Moskau–Krasnodar durchgeführt, und ungefähr 20 bis 30 Flugzeuge wurden bis Ende 1981 an Aeroflot ausgeliefert. Nach einem Unfall im Jahre 1982 ist die Yak-42 offensichtlich aus dem Einsatz gezogen worden, und modifizierte Flugzeuge wurden ab Oktober 1984 wieder in Betrieb genommen, anfänglich auf den Strecken Saratov–Leningrad und Moskau–Pykovo.

Unten: Das lange, enge Aussehen einer Yak-42-Kabine wird auf dieser Fotografie besonders unterstrichen. Sie zeigt die Sitzanordnung in Sechserreihen für 120 Passagiere mit einem einzigen Gang und offenen Überkopf-Gepäckablagen.

Antrieb: Drei Lotarev-D-36-Turbofantriebwerke, je 6'500 kp Startleistung, ohne Umkehrschub. Treibstoff ungefähr 22'730 l in integralen Flächen- und Mittelstücktanks.
Leistung: Maximale Betriebsgeschwindigkeit 660 km/h angezeigte Eigengeschwindigkeit oder 0,75 Mach; maximale Reisegeschwindigkeit 810 km/h in einer Höhe von 7'620 m; Langstreckenreisegeschwindigkeit 750 km/h in einer Höhe von 7'620 m; max. Betriebshöhe 9'100 m; Startstrecke in Meereshöhe bei einer Temperatur von 30 Grad C 1'800 m; Landestrecke aus 15 m Höhe 1'100 m; Reichweite mit einer Nutzlast von 120 Passagieren 1'740 km; Reichweite mit max. Treibstoff 3'800 km.
Gewicht: Rüstleergewicht 32'500 kg; Treibstoffzuladung 18'500 kg; maximale Nutzlast 14'000 kg; maximales Startgewicht 54'000 kg; maximales Landegewicht 50'000 kg; maximales Leertankgewicht 44'400 kg.
Abmessungen: Spannweite 34,88 m; Länge 36,38 m; Höhe 9,83 m; Pfeilung 23 Grad bei Viertelprofilsehne; Flügelfläche 150 m^2.
Kabine: Länge 19,89 m; Breite 3,6 m; Höhe 2,08 m. Max. 120 Sitze in Sechserreihen mit Mittelgang; altern. Gemischtklassen-Auslegung bietet acht Erste-Klasse-Sitze und 96 Touristen-Klasse-Sitze. 2 Unterflur-Gepäck-/Frachträume 29,3 m^3. Drei-Mann-Cockpit-Besatzung.

Die kleinen Flugzeuge und Frachter

Die folgenden Seiten präsentieren, in einer etwas konzentrierteren Form als im Hauptteil des Buches, zwei Kategorien von Flugzeugen, die im Lufttransportgeschäft eine Rolle spielen. Da gibt es zunächst eine Gruppe von «kleineren Typen» – Flugzeuge, die im regelmässigen Passagiertransporteinsatz stehen, die aber aus mehreren Gründen nur in einer kleinen Anzahl eingesetzt werden. Einige sind etwas ältlich, einige waren nicht sehr erfolgreich, einige waren anfänglich nicht für den Einsatz bei einer Luftverkehrsgesellschaft gedacht und ein oder zwei müssen sich erst noch bewähren.

Es gibt noch viele andere Flugzeuge, deren Erwähnung in diesem Teil gerechtfertigt wäre. Über die ganze Welt verteilt setzen kleine Verkehrsgesellschaften und Lufttaxi-Betreiber leichte, zweimotorige Flugzeuge ein, Überbleibsel früherer Zeiten und andere ausgesuchte Typen. Alle von ihnen einzubeziehen würde jedoch den Umfang dieses Bandes in nicht akzeptierbarer Weise ausdehnen.

In einer zweiten Kategorie sind da die Frachter – Flugzeuge, die nur oder hauptsächlich zum Transport von Fracht und übergrossen Frachtgütern eingesetzt werden. Diese Typen sind fast ausnahmslos für militärischen Einsatz entworfen worden, jedoch können auch hier wieder Muster älterer Passagierflugzeuge gefunden werden, die ihre Tage als Frachter beenden.

AEROSPATIALE CORVETTE FRANKREICH

Antrieb: 2 Pratt-&-Whitney-Canada-JT15D-4-Turbofantriebwerke, je 1'134 kp Startleistung. Treibstoff 1'660 l in Flächenintegraltanks und Vorrichtung f. 700 l in 2 Flächenspitzentanks.
Leistung: Maximale Reisegeschwindigkeit 760 km/h in einer Höhe von 9'000 m; wirtschaftliche Reisegeschwindigkeit 566 km/h in einer Höhe von 11'900 m; anfängliche Steigrate 13,7 m/sec; Dienstgipfelhöhe 12'500 m; Sicherheitsstartstrecke (FAR Pt 25) 1'390 m; Landestrecke 755 m; maximale Reichweite 1'555 km mit zwölf Passagieren oder 2'555 km mit Zusatztanks.
Gewicht: Leergewicht 3'510 kg; maximale Nutzlast 1'020 kg; maximales Startgewicht 6'600 kg; maximales Landegewicht 5'700 kg; maximales Leertankgewicht 5'600 kg.
Abmessungen: Spannweite 12,87 m; Gesamtlänge 13,83 m; Gesamthöhe 4,23 m; Pfeilung 22 Grad 32 Minuten bei Viertelprofilsehne; Flügelfläche 22 m^2.
Kabine: Länge 5,73 m, Breite 1,56 m; Höhe 1,52 m. Normale Sitzanordnung für bis zu 14 Passagiere in Einzelsitzen mit Mittelgang. Cockpit-Besatzung ein oder zwei Piloten.

SN 600 war ein gemeinsames Projekt der zwei staatlichen Gesellschaften Sud und Nord kurz vor deren Fusion zur Aerospatiale. Ein kleines Jetflugzeug für den Einsatz auf Zubringerstrecken und solchen der Dritten Ebene als auch für Geschäftsflüge. Der Prototyp SN 600 flog zum ersten Mal am 16. Juli 1970,

ging jedoch während der Flugerprobung verlustig. Beim Bau von zwei weiteren Prototypen wurden kleinere Veränderungen vorgenommen und die Bezeichnung auf SN 601 geändert. Das erste Serien-Flugzeug flog am 9. November 1973 und wurde am 28. Mai 1974 zugelassen. Die ersten zwei Corvette 100 wurden bei Air Alpes im September 1974 in Dienst gestellt, während der nächsten zwei Jahre wurde eine Anzahl weiterer Flugzeuge in der gedachten Rolle als Zubringerflugzeuge in Betrieb genommen. Der Markt für die Corvette war jedoch kleiner als erhofft, und die Produktion wurde nach 40 Stück beendet. Die mit einer Rumpfstreckung von 2 m für bis zu 18 Passagiere projektierte Corvette 200 wurde nicht gebaut. Einige Corvette waren Mitte der 80er Jahre noch im Luftverkehrseinsatz der Dritten Ebene.

Links: Corvette 100 der dänischen Sterling Airways und der schwedischen Baltic Aviation (Vorfeld des Flughafens Guernsey).
Unten: Die Aerospatiale Corvette aus dem Jahre 1970 war ein typischer Geschäftsjet. Einige sind noch bei Firmen im Einsatz.

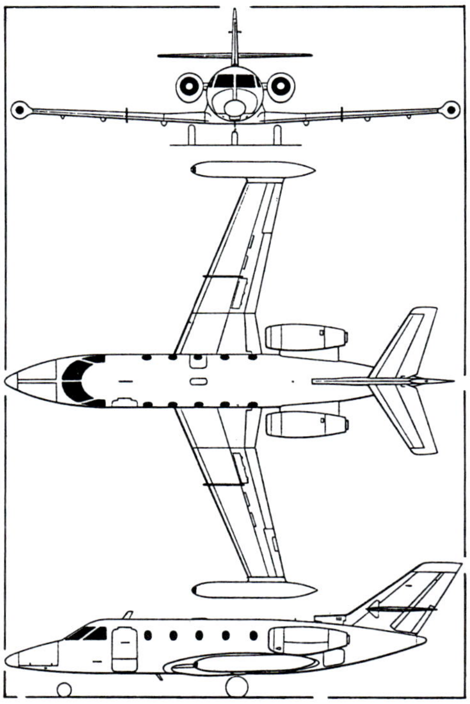

BEECHCRAFT KING AIR USA

Links: Die Serie der zweimotorigen King-Air-Transportflugzeuge umfasst mehrere Grössen und Konfigurationen. Dies ist eine Super King Air 300.
Unten: Die King Air 100 und die kleineren Varianten haben die hier gezeigte Auslegung.

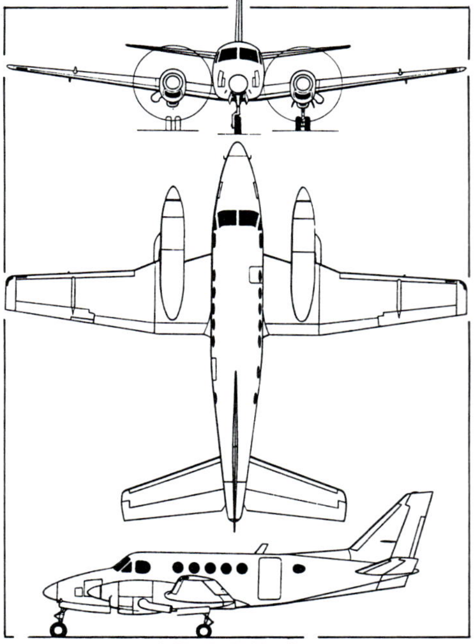

King Air C90A
Antrieb: 2 Pratt-&-Whitney-Canada-PT6A-21-Turboprops, je 410 kW Startleistung, mit dreiblättrigen Hartzell-Propellern, Durchmesser 2,36 m, konstante Drehzahl und volle Segelstellung. Treibstoff 1'454 l in Aussenflächen- und Gondeltanks.
Leistung: Maximale Reisegeschwindigkeit 448 km/h in 3'660 m Höhe und 450 km/h in 6'400 m Höhe; anfängliche Steigrate 10,9 m/sec; Dienstgipfelhöhe 8'565 m; Startstrekke auf 15 m Höhe 690 m; Landestrecke aus 15 m Höhe 615 m; max. Reichweite 2'437 km in einer Höhe von 6'400 m.
Gewicht: Leergewicht 2'615 kg; max. Startgew. 4'377 kg; max. Landegew. 4'159 kg.
Abmessungen: Spannweite 15,32 m; Gesamtlänge 10,82 m; Gesamthöhe 4,34 m; keine Pfeilung; Flügelfläche 27,31 m^2.
Kabine: Länge 3,94 m; maximale Breite 1,37 m; maximale lichte Höhe 1,45 m. Bis zu acht Passagiersitze und zwei Besatzungsmitglieder. Gepäck-Abteil 1,51 m^3

Die King Air wurde von der Queen Air abgeleitet, die im Jahre 1958 als grösstes zweimotoriges Beechcraft-Flugzeug in Produktion gegangen war. Varianten der King Air werden als Verkehrsflugzeuge der Dritten Ebene und als Lufttaxis von einer Anzahl von Betreibern in verschiedenen Teilen der Welt eingesetzt. Die Entwicklung der King Air begann mit der Installation der PT6A-Turboprops in einer Queen Air, und ein Prototyp flog zum ersten Mal am 20. Januar 1964. Auslieferungen des Modells 90 mit PT6A-6-Triebwerken begannen 1964, wobei dieses Modell durch die A90 und B90 mit etwas stärkeren PT6A-20-Triebwerken und durch die C90 und C90-1 mit PT6A-21-Triebwerken und Verbesserungen in der Kabine verdrängt wurde. 1986 erhielt die C90A «Pitot»-Motorverkleidungen mit reduziertem Lufteinlassquerschnitt zur Erhöhung des Stauluftflusses zu den Triebwerken. Die 1969 eingeführte King Air 100 hatte stärkere PT6A-28-Triebwerke, eine verlängerte Kabine mit bis zu 13 Sitzen in der Zubringer-Konfiguration und eine reduzierte Spannweite. Die A100 hatte eine Serie von Verfeinerungen, und die B100 erhielt 536 kW starke Garrett-TPE331-6-252B-Triebwerke. Die E90 kombinierte die Zelle der C90 mit PT6A-28-Triebwerken der A100, und die F90, die im Jahre 1979 erschien, kombinierte den Rumpf des Basismodells 90 mit den Flügeln kurzer Spannweite des Modells 100 und dem T-Leitwerk der Super King Air 200. Die F90-1 hat PT6A-135A-Triebwerke und den «Pitot»-Lufteinlass. Über 1300 Flugzeuge des Modells 90 King Air sind für Zubringer-Fluggesellschaften produziert worden.

CESSNA TWINS USA

Jahrelang hat Cessna eine Serie von zweimotorigen leichten Tranportflugzeugen produziert, hauptsächlich für den Geschäftsflugeinsatz. Die Serie 300 mit Kolbentriebwerken umfasst das Originalmodell 310, das zum ersten Mal 1953 flog, das Modell 340, das erste Geschäftsflugzeug mit Druckkabine, und das Modell 303 Crusader. Das für Luftverkehrsbetreiber interessantere Modell 402 wurde Mitte der 60er Jahre produziert und hatte eine umrüstbare Innenausstattung für Passagiere oder Fracht, einen verstärkten Kabinenboden und, auf Anforderung, eine Frachttür. Über 1'500 sind in Mehrzweck- und Geschäftsflugzeug-Varianten produziert worden. Dem Modell 411, Anfang der 60er Jahre als Cessnas grösstes zweimotoriges Flugzeug erschienen, folgte das Modell 421 Golden Eagle mit Druckkabine, von dem mehr als 1'900 hergestellt wurden. Ein anderes zweimotoriges Flugzeug mit Kolbentriebwerken war das Modell 404 Titan mit bis zu zehn Sitzen in der Zubringerauslegung. Turboprop-Triebwerke wurden beim Modell 441 eingeführt, das zum ersten Mal am 26. August 1975 flog und zu der Produktion der Conquest II mit Garrett-TPE331-Triebwerken mit bis zu zehn Sitzen und der Conquest I mit PT6A-112-Triebwerken und bis zu acht Sitzen führte. Das Flugzeug mit der grössten Reichweite ist die Reims-Cessna F406 Caravan II ohne Druckkabine, die zusammen mit Cessnas europäischem Lizenzinhaber als leichtes Mehrzwecktransportflugzeug entwickelt wurde. Die Caravan II, erstmals am 22. Sept. 1983 geflogen, wird durch 373 kW starke PT6A-112-Triebwerke angetrieben und bietet bis zu zehn Sitze in einem verstärkten Rumpf des Modells 404 Titan.

Modell 402C Mehrzweckflugzeug

Antrieb: Zwei luftgekühlte sechszylindrige Boxermotoren Continental TS10-520-VB mit Turbosuperlader, je 242 kW Startleistung, mit dreiblättrigen McCouley-Luftschrauben, ø 1,94 m, mit konstanter Drehzahl und voller Segelstellung. Treibstoff 808 l in Flächenintegraltanks.
Leistung: Maximale Reisegeschwindigkeit 394 km/h in einer Höhe von 6'095 m; wirtschaftliche Reisegeschwindigkeit 263 km/h in einer Höhe von 3'050 m; anfängl. Steigrate 7,4 m/sec; Dienstgipfelhöhe 8'200 m; Startdistanz bis auf 15 m Höhe 670 m; Landestrecke aus 15 m Höhe 755 m; Reichweite mit max. Treibstoff 2'359 km in 3'050 m Höhe.
Gewicht: Typisches Leergewicht 1'872 kg; maximales Startgewicht 3'107 kg; maximales Landegewicht 3'107 kg; maximales Leertankgewicht 2'955 kg.
Abmessungen: Spannweite 13,45 m; Gesamtlänge 11,09 m; Gesamthöhe 3,49 m; keine Pfeilung; Flügelfläche 20,98 m².
Kabine: Länge 4,83 m; Breite 1,42 m; maximale lichte Höhe 1,3 m. Bis zu acht Passagiere in vier Einzelsitzen und zwei Doppelsitzen und zwei Piloten oder ein Pilot plus Passagier. Gepäck im Nasenraum, in der hinteren Kabine und in Flächenschliessfächern am Motorgondelende, Gesamtkapazität 680 kg.

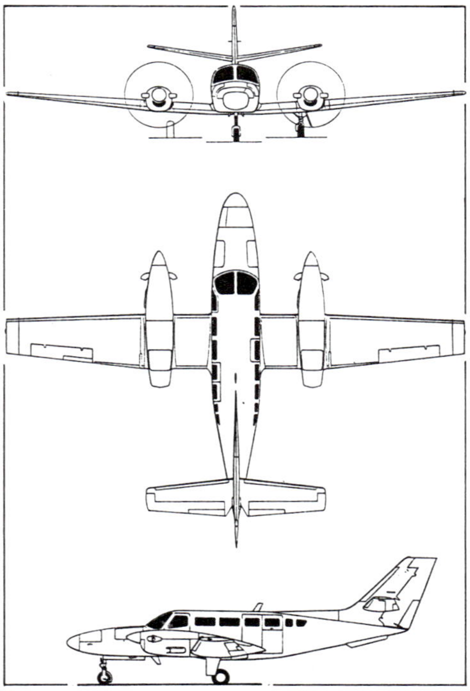

Oben: Die in Frankreich gebaute Caravan II in ihrer Serienauslegung.

Links: Die Caravan II, gebaut bei Reims Aviation in Frankreich, erschien im Jahre 1983. Die Flächen werden von Cessna geliefert.

EMBRAER EMB-123 BRASILIEN

Nachdem Embraer ihre Position auf dem Zubringerflugzeugmarkt mit der EMB-110 Bandeirante und der EMB-120 Brasilia etabliert hatte, untersuchte sie Ausgang der 70er und Anfang der 80er Jahre eine Anzahl von Projekten, um ihre Stellung mit der Einführung eines neuen Typs zur rechten Zeit aufrechtzuerhalten. Mit Shorts wurde 1984 ein Vertrag unterzeichnet für die gemeinsame Entwicklung eines neuen Zubringerflugzeuges, aber bis heute ist aus diesem Abkommen jedoch nichts entstanden. In der Zwischenzeit hatte Embraer ein kleines zweimotoriges Turboprop-Zubringerflugzeug mit Druckkabine in der Ersatzkategorie für die Bandeirante entworfen und mit Fabrica Militar de Aviones (FMA) in Argentinien über eine Beteiligung von 30 bis 50 Prozent verhandelt. Der neue Entwurf wurde mit EMB-123 bezeichnet und liess ein Projekt, das der Entwicklung der Brasilia vorausging, wieder aufleben. Von dieser bezog die EMB-123 den um 3,05 m gekürzten Rumpf und ein T-Leitwerk. Vollkommen neu ist die superkritische Fläche mit einer sehr hohen Flügelstreckung (12:1) und die Anordnung der beiden Turboprop-Triebwerke am Rumpfende. Die Vorteile dieses Layouts sind eine saubere Fläche für optimale Treibstoffeffizienz und Leistungsbereich, ein sanfter Flug und eine ruhige Kabinenumgebung. Es wird erwartet, dass die Auslieferungen im Jahre 1990 beginnen werden.

Antrieb: Zwei vom Pratt&Withney-Canada-PT6A-67 abgeleitete Turboprop-Triebwerke, je 896 kW Startleistung, sechsblättrige Luftschrauben fortschrittlicher Technologie mit konstanter Drehzahl und Segelstellung. Treibstoff 1'250 l.
Leistung: Maximale Reisegeschwindigkeit 630 km/h in 9'150 m Höhe mit 95 % des maximalen Startgewichtes; anfängliche Steigrate 12,7 m/sec; Betriebsgipfelhöhe 12'190 m; Startstrecke 1'200 m; Landestrecke 1'200 m; Reichweite 1'200 km mit 19 Passagieren.
Gewicht: Betriebsleergewicht 4'900 kg; Treibstoffgewicht 980 kg; maximale Nutzlast 2'000 kg; max. Startgewicht 7'700 kg; max. Landegewicht 7'550 kg; maximales Leertankgewicht 6'900 kg.
Abmessungen: Spannweite 16,46 m; Gesamtlänge 17,19 m; Gesamthöhe 5,61 m; Pfeilung 8 Grad bei Viertelprofilsehne; Flügelfläche 22 m².
Kabine: Länge ungefähr 6,25 m; maximale Breite 2,1 m; maximale lichte Höhe 1,76 m. Basisauslegung bietet 19 Sitze in Dreierreihen mit versetztem Gang und einem Sitzabstand von 79 cm. Gepäckabteil in der Nase und im hinteren Rumpfende für 450 kg. Zwei-Mann-Cockpit-Besatzung und ein Flugbegleiter.

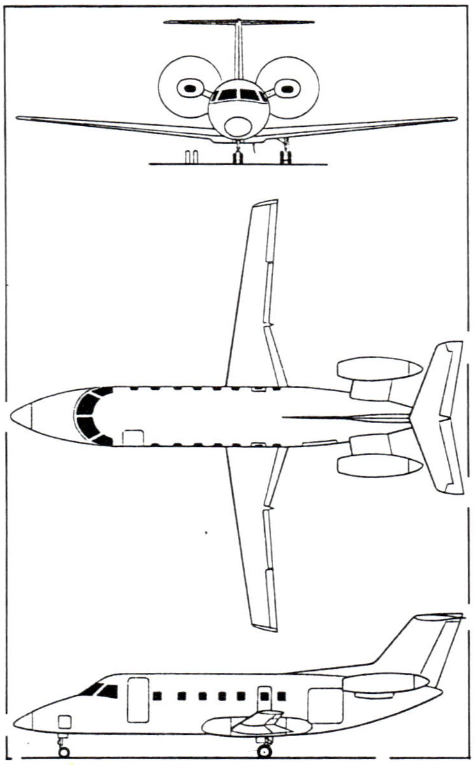

Links: Eine vorläufige Dreisichtzeichnung des EMB-123-Projektes.

Unten: Am Rumpfende montierte Turboprops sind ein besonderes Merkmal der EMB-123.

GRUMMAN ALBATROSS USA

G-111 Albatross
Antrieb: 2 luftgekühlte Sternmotoren Wright R-1820-982C9HE3, je 1'100 kW Startleistung, mit dreiblättrigen Hamilton-Standard-Luftschrauben mit konstanter Drehzahl, Segelstellung und Umkehrschub. Treibstoff 2'550 l in Tanks in den inneren Flächen. Vorrichtung für 756 l in den Flächenspitzenschwimmern.
Leistung: Normale Betriebsgeschwindigkeit 382 km/h; wirtschaftliche Reisegeschwindigkeit 300 km/h in einer Höhe von 1'525 m; anfängliche Steigrate 6,35 m/sec; maximale Betriebsgipfelhöhe 2'440 m; Startstrecke bis auf 15 m Höhe 1'340 m vom Land, 1'350 m vom Wasser aus; Landestrecke aus 15 m Höhe 925 m auf Land, 965 m auf Wasser; Reichweite mit 28 Passagieren 506 km vom Land, 750 km vom Wasser aus; maximale Überführungsreichweite, keine Reserven 2'742 km.
Gewicht: Betriebsleergewicht 10'659 kg; maximale Nutzlast (Fracht) mehr als 3'630 kg; Treibstoffzuladung 2'920 kg; maximales Startgewicht 13'970 kg vom Land oder 14'129 kg vom Wasser aus; max. Landegewicht 13'226 kg auf Land oder 14'129 kg auf Wasser.
Abmessungen: Spannweite 29,46 m; Gesamtlänge 18,67 m; Gesamthöhe an Land 7,87 m; keine Pfeilung; Flügelfläche 96,2 m^2.
Kabine: Länge 7,95 m; Breite 2,26 m; Höhe 1,88 m. Standard-Inneneinrichtung bietet 28 Einzelsitze in der Kabine mit Mittelgang. Gepäckabteil 7,93 m^3. Zwei-Mann-Cockpit-Besatzung und ein Flugbegleiter.

Die G-111 hat ihren Ursprung in der Grumman G-64 Albatross, die am 24. Oktober 1947 zum ersten Mal als XJR2F-1-Mehrzweck-Amphibien-Transportflugzeug für die US-Navy geflogen wurde. Spätere Produktionspakete für die US-Luftwaffe als Amphibienflugzeug für Such- und Rettungsdienst wurden als SA-16 bezeichnet, und alle nachfolgenden Varianten erhielten die Bezeichnung HU-16. Als die Albatross-Amphibien-Flugzeuge Ausgang der 70er Jahre bei der US-Luftwaffe und US-Navy aus dem Verkehr gezogen wurden, entwickelte Grumman zusammen mit Resorts International ein Umrüstungsprogramm für die Albatross als Zubringerflugzeug. Mit der Identifikation G-111 machte ein Prototyp dieser zivilen Umrüstung den Erstflug am 13. Februar 1979 und erhielt die FAA-Typenzulassung am 29. April 1980. Die Umrüstung umfasste eine volle Inspektion und Reparatur, die Überholung der Triebwerke, Modernisierung des Cockpits, Installation von Passagiersitzen in der Kabine und Anbringung von geeigneten Zugangstüren und Notausgängen und Einbau eines leichtgewichtigen Avionik-Gesamtsystems in Solid-State-Bauweise. Wenigstens zwölf dieser G-111-Umrüstungen waren bis zum Jahre 1986 an Resorts International ausgeliefert worden, einige von ihnen wurden bei Chalks International, einer Tochtergesellschaft von Resorts, in Dienst gestellt, und andere standen für den Verkauf zur Verfügung.
Eine Variante mit Garret-TPE331-15UAR-Turboprop-triebwerken und vierblättrigen Dowty-Rotol-Luftschrauben ist ebenfalls von Grumman und Resorts International untersucht worden.

Oben: Der Prototyp der umgerüsteten G-111 Grumman Albatross. Sechs von diesen mit Kolbenmotoren angetriebenen Amphibienflugzeugen waren 1986 bei Chalks International im Einsatz.

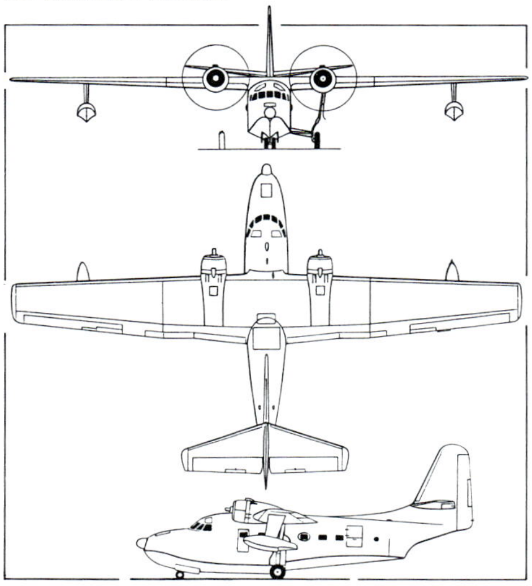

Rechts: Dreisichtzeichnung der G-111, die äusserlich nur schwer von der militärischen Variante der Grumman Albatross zu unterscheiden ist.

GRUMMAN GOOSE UND TURBO-GOOSE USA

G-21A Goose, Modell vor dem Zweiten Weltkrieg
Antrieb: Zwei luftgekühlte Sternmotoren Pratt & Whitney R 985 SB Wasp Junior, mit je 299 kW Startleistung, zweiblättrige Hamilton-Standard-Luftschrauben mit veränderl. Anstellwinkel oder konstanter Drehzahl. Treibstoff 833 l.
Leistung: Max. Geschwindigkeit 323 km/h in 1'525 m Höhe; Reisegeschwindigkeit, 75 Prozent Leistung, 306 km/h in 3'925 m Höhe; anfängl. Steigrate 6,6 m/sec; Dienstgipfelhöhe 6'705 m; Reichweite 1'258 km.
Gewicht: Leergewicht 2'472 kg; Zuladung 1'157 kg; Nutzlast mit maximalem Treibstoff 353 kg; maximales Startgewicht 3'629 kg.
Abmessungen: Spannweite 14,94 m; Länge 11,68 m; Gesamthöhe (auf Rädern) 3,71 m; keine Pfeilung; Flügelfläche 34,84 m^2.
Kabine: Zwei Piloten oder ein Pilot plus Passagier im Cockpit und vier Passagiere in der Kabine. Gepäckraum in der hinteren Kabine.

McKinnon G-21G Turbo-Goose
Antrieb: (A330) Zwei Pratt-&-Whitney-Canada-PT6A-27-Turboprops, je 507 kW Startleistung, mit dreiblättrigen Hartzell-Luftschrauben mit konstanter Drehzahl, Segelstellung und Umkehrschub. Treibstoff 2'218 l.
Leistung: (A330) Max. Betriebsgeschwindigkeit 391 km/h; Reisegeschwindigkeit 330 km/h; Dienstgipfelhöhe 6'095 m; Reichweite mit maximalem Treibstoff 2'575 km.
Gewicht: Rüstleergewicht ungef. 3'040 kg; maximales Startgewicht 5'670 kg.
Abmessungen: Spannweite (Flächenendschwimmer eingefahren) 15,49 m; Länge 12,7 m; keine Pfeilung; Flügelfläche 35 m^2.
Kabine: Pilot und bis zu elf Passiere in Haupt- u. hinterer Kabine. Gepäckkapazität 136 kg.

Das Goose-Amphibien-Flugzeug, das als vier-/sechssitziges Geschäfts-Amphibien-Flugzeug entwickelt wurde, flog zum ersten Mal im Juni 1937 und erhielt die US-Typenzulassung am 29. September desselben Jahres in der urspünglichen G-21-Formgebung und am 5. Februar 1938 in der verbesserten G-21A-Formgebung. Von den Goose-Amphibien-Flugzeugen, die während des Krieges für die US-Luftwaffe und US-Navy produziert wurden, fand eine Anzahl Verwendung im Luftverkehrsbetrieb, besonders in Ländern mit ausgedehnten Küsten und Seen wie zum Beispiel Alaska, Kanada, Neuseeland und Skandinavien. Die McKinnon-Gesellschaft begann 1958 in den USA und später in Kanada mit der Entwicklung einer Anzahl von Goos-Umrüstungen, einige davon waren im Jahre 1986 noch im zivilen Einsatz. Die G-21C und die G-21D hatten vier 254 kW starke Lycoming-Triebwerke anstatt der Wasp Junior und einen verlängerten Rumpf. Die G-21E führte die 432 kW starken Pratt-&-Whitney-Canada-PT6A-20-Turboprop-triebwerke ein, und die G-21G hatte 534 kW starke PT6A-27-Triebwerke, einziehbare Flächenspitzenschwimmer und eine vergrösserte Kabine.

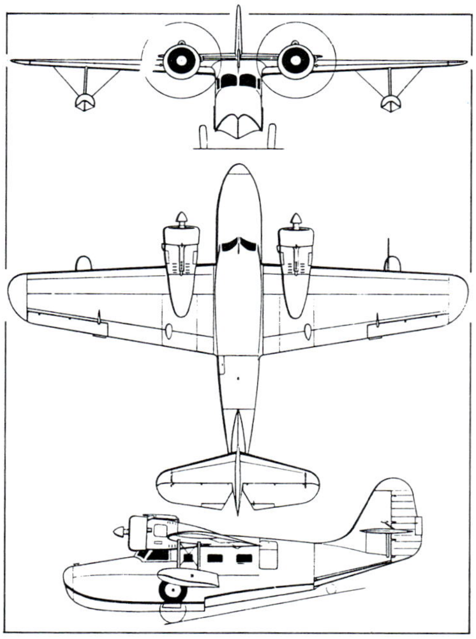

Oben rechts: Grumman Goose in ihrer ursprünglichen Version mit Kolbentriebwerken.

Rechts: Catalina Seaplanes, die zwischen Long Beach, Kalifornien, und Catalina Island fliegt, setzt seit langer Zeit Grumman-Flugzeuge ein, seit 1986 auch zwei Goose-Amphibien-Flugzeuge.

GRUMMAN GULFSTREAM I UND I-C USA

Gulfstream I
Antrieb: Zwei Turboprop-Triebwerke Rolls-Royce Dart 529-8X oder 529-8E (RDa.7/2), je 1'484 kW Startleistung, mit vierblättrigen Rotol-Luftschrauben, ø 3,51 m, konstante Drehzahl. Treibstoff 5'865 l in Integraltanks.
Leistung: Maximale Reisegeschwindigkeit 560 km/h in 7'620 m Höhe; wirtschaftliche Reisegeschwindigkeit 463 km/h in 7'620 m Höhe; anfängliche Steigrate 9,7 m/sec; Dienstgipfelhöhe 10'240 m; Startstrecke auf 15 m Höhe 875 m; Landestrecke aus 15 m Höhe 650 m; Reichweite mit maximalem Treibstoff und 1'243 kg Nutzlast 4'088 km.
Gewicht: Rüstleergewicht 9'933 kg; maximale Nutzlast 1'937 kg; maximales Startgewicht 15'920 kg; maximales Landegewicht 15'240 kg; max. Leertankgewicht 11'870 kg.
Abmessungen: Spannweite 23,92 m; Gesamtlänge 19,43 m; Gesamthöhe 6,94 m; keine Pfeilung; Flügelfläche 56,7 m².
Kabine: Länge 10,06 m, Breite 2,32 m; Höhe 1,85 m. Hochdichte Sitzanordnung für 24 Passagiere in Einzelsitzen mit Mittelgang. Gepäckraum 2,83 m³.

Gulfstream I-C
Antrieb: Wie Gulfstream I
Leistung: Maximale Betriebsgeschwindigkeit 571 km/h; anfängliche Steigrate 9,7 m/sec; maximale zugelassene Höhe 9'145 m; Startstrecke 1'480 m; Landestrecke 845 m; Reichweite mit maximaler Nutzlast 804 km; Reichweite mit maximalem Treibstoff 4'023 km.
Gewicht: Rüstleergewicht 10'747 kg; Treibstoffgewicht 4'744 kg; maximale Nutzlast 3'356 kg; maximales Startgewicht 16'329 kg; maximales Landegewicht 15'551 kg; maximales Leertankgewicht 14'628 kg.
Abmessungen: Spannweite 23,88 m; Gesamtlänge 22,96 m; Gesamthöhe 7,01 m; keine Pfeilung; Flügelfläche 56,7 m².
Kabine: Länge 13,21 m; maximale Breite 2,24 m; maximale lichte Höhe 1,85 m. Bis zu 37 Sitze in Dreierreihen mit versetztem Gang. Vordere und hintere Gepäckräume 7,11 m³. Zwei-Mann-Cockpit-Crew, ein Flugbegleiter.

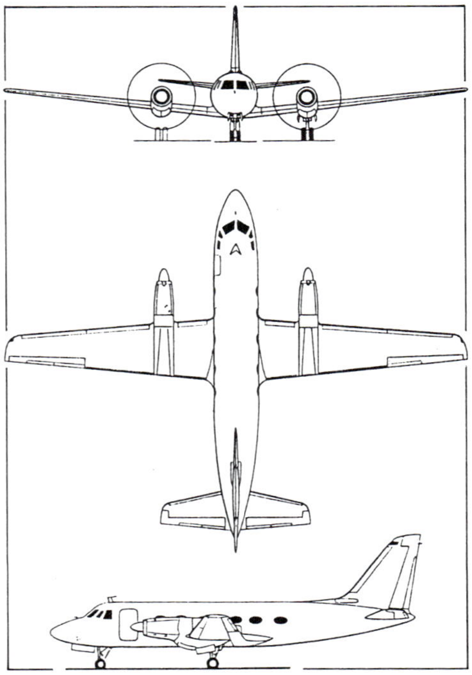

Die Grumman G-159 Gulfstream I flog erstmals am 14. August 1958 als Langstrecken-Geschäftsflugzeug mit bis zu 19 Sitzen. Die Gesamtproduktion belief sich auf 200, und ungefähr 20 bis 30 davon, mit bis zu 24 Sitzen, wurden Mitte der 80er Jahre für den Einsatz bei Luftverkehrsgesellschaften erworben, so zum Beispiel von Brown Air Services und Peregrine Air Services in Grossbritannien, Air South, Royal Airlines und Orion Air in den USA. Die G-IC flog zum ersten Mal am 25. Oktober 1979 und war eine Gulfstream-I-Umrüstung mit gestrecktem Rumpf. Fünf wurden für Gulfstream American hergestellt.

Oben: Die Gulfstream I in ihrer ursprünglichen Form. Fünf G-1C-Umrüstungen durch Gulfstream American haben einen längeren Rumpf.

Links: Die Gulfstream I, als Geschäftsflugzeug entworfen, hat neuerdings für den Luftverkehrseinsatz Anklang gefunden, z. B. bei Birmingham Executive.

GRUMMAN MALLARD UND TURBO-MALLARD USA

Die G-73 Mallard wurde von Grumman nach dem Zweiten Weltkrieg als Amphibien-Transport-Flugzeug für Firmen und Private entworfen. Sie flog zum ersten Mal am 30. April 1946 und war mit zwei luftgekühlten 448-kW-Sternmotoren Pratt & Whitney R-1340-8WH1 Wasp ausgerüstet. Mit einem Gesamtgewicht von 5'670 kg hatte die Mallard eine Reisegeschwindigkeit von 257 km/h in einer Höhe von 2'440 m und eine Reichweite von 1'800 km. Die Gesamtproduktion endete 1951 bei 61 Stück. Die meisten Mallard wurden von privaten Eigentümern gekauft, aber einige waren in den 60er und 70er Jahren im Luftverkehrsgeschäft eingesetzt, vornehmlich in Kanada, Alaska und der Karibik. 1964 wurde eine von Northern Consolidated Airways in Alaska betriebene Mallard mit einem PT6A-9-Turboprop-Triebwerk an der Steuerbordfläche (an der Backbordfläche blieb das R-1340-Triebwerk) ausgerüstet und für einen 15stündigen Versuchsflug eingesetzt. Nach Wiederumrüstung auf die Standardausführung kehrte dieses Flugzeug in die Dienste von NCA zurück, wurde jedoch 1969 von Frakes Aviation Inc. in Texas gekauft und auf volle Turbo-Mallard-Konfiguration, wie in der Datentafel angegeben, modifiziert. In dieser Ausführung flog das Flugzeug zum ersten Mal im September 1969, und nach der FAA-Typenzulassung im Oktober 1970 wurden noch mehrere ähnliche Umrüstungen von Frakes (für den Flugbetrieb bei Chalks International Airline) vorgenommen.

Turbo-Mallard
Antrieb: Zwei Turboprop-Triebwerke Pratt & Whitney Canada PT6A-27 oder PT6A-34, je 534 kW Nennleistung für den Start, mit dreiblättrigen Luftschrauben mit konstanter Drehzahl und automatischer Segelstellung. Treibstoff 719 l in Hauptflächentanks und 189 l in den Flächenspitzenschwimmern, plus zwei 314-l-Tanks in den Flächen (auf Anforderung).
Leistung: Max. Reisegeschw. 354 km/h in Meereshöhe; wirtschaftl. Reisegeschwindigkeit 348 km/h in 4'265 m Höhe; anfängliche Steigrate 6,9 m/sec; Dienstgipfelhöhe 7'470 m; Startstrecke bis auf 15 m Höhe 1'130 m vom Land (1'495 m vom Wasser); Landedistanz aus 15 m Höhe 1'325 m auf Land (1'370 m auf Wasser); Reichweite mit max. Nutzlast, keine Reserven, 1'388 km; Reichw. mit max. Treibstoff, keine Reserven, 2'594 km.
Gewicht: Rüstleergewicht 3'969 kg; maximales Startgewicht 6'350 kg; maximales Landegewicht 6'124 kg.
Abmessungen: Spannweite 20,32 m; Länge 14,73 m; Gesamthöhe (auf Rädern) 5,72 m; keine Pfeilung; Flügelfläche 41,25 m².
Kabine: Zehn Passagiere und zwei Piloten. Gepäckräume (Nase/hint. Kab.) für 318 kg.

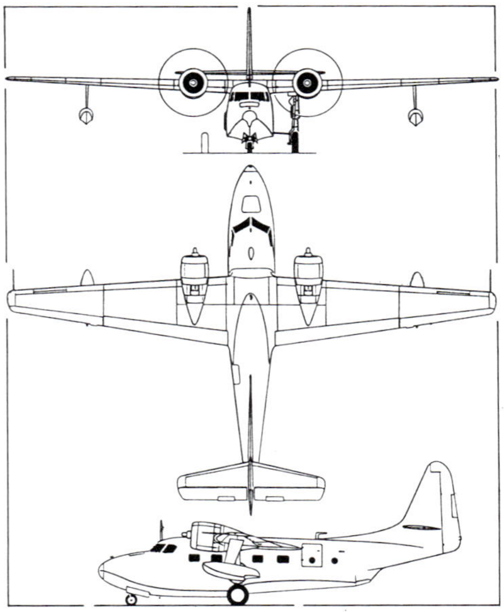

Oben rechts: Grumman Mallard in der ursprünglichen Produktionsform.

Rechts: Die kanadische Air BC, jetzt eine Tochtergesellschaft von Air Canada, betreibt diesen Turbo-Mallard in einer gemischten Flotte von See- und Amphibienflugzeugen.

ILYUSHIN IL-14 SOWJETUNION

Die Il-14 war eine Weiterentwicklung der Il-12, dem ersten Produkt des Ilyushin-Konstruktionsbüros nach dem Zweiten Weltkrieg, ursprünglich als Ersatz für die Li-2 in der Rolle eines militärischen taktischen Transportflugzeuges entworfen. Die Il-14, deren Prototyp im Jahre 1952 flog, unterschied sich von der Il-12 durch eine verfeinerte Struktur, einige aerodynamische Verbesserungen und modernere, stärkere Triebwerke. Wie die Il-12 wurde die Il-14 sowohl für militärischen als auch «zivilen» Einsatz gebaut. Die zivile Ausführung für 18 bis 26 Passagiere für die Aeroflot wurde als Il-14P bezeichnet. 1956 erschien eine leicht gestreckte Version, die Il-14M, mit einer 1 m langen eingesetzten Sektion im vorderen Rumpf, für maximal 36 Passagiere. Später wurde eine beachtliche Anzahl von Ilyushin 14P und -M für den Einsatz bei Aeroflot als Frachter unter der Bezeichnung Il-14T angepasst. Bis zu 3'500 Exemplare der Il-14 sollen in der Sowjetunion gebaut worden sein, und VEB-Flugzeugwerke baute 80 in Ostdeutschland. Genau wie die Avia 14 wurde auch dieser Typ in grossen Mengen in der Tschechoslowakei in mehreren unterschiedlichen Versionen gebaut. Diese Flugzeuge wurden sowohl in ziviler wie militärischer Aufmachung von Betreibern in Ostdeutschland und in der Tschechoslowakei eingesetzt und in andere Länder der sowjetischen Einflusssphäre wie Rumänien, Bulgarien, Kuba und China exportiert. Bis 1987 waren fast alle verschwunden, aber man glaubt, dass die Aeroflot noch zwischen 100 und 200 im Einsatz hat.

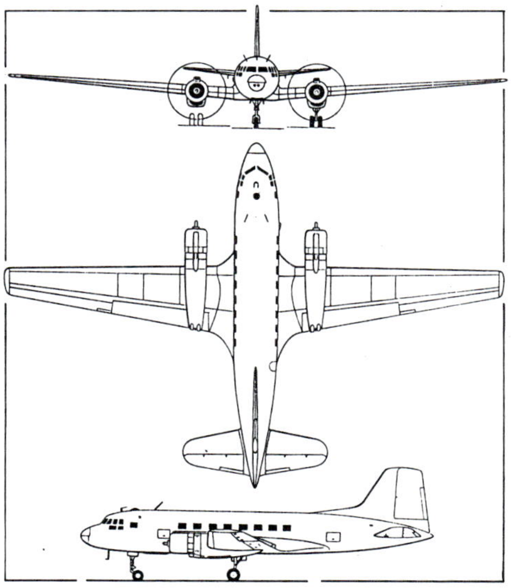

Links: Die Ilyushin Il-14, die beinahe das Einsatzalter der berühmten Douglas DC-3 erreichte, gleicht dieser sehr in Gesamtkonfiguration, Grösse und Leistungsbereich.
Unten links: Von der Il-14, von der mehrere tausend Exemplare gebaut worden sind, verblieben 1986 nur ein- oder zweihundert im Einsatz.

Il-14M
Antrieb: Zwei luftgekühlte Doppelsternmotoren Shvetsov ASh-821-7, mit je 1'440 kW Startleistung, mit vierblättrigen AV-50-Luftschrauben mit Segelstellung. Treibstoff 3'500 l in Flächentanks.
Leistung: Maximale Horizontalfluggeschwindigkeit 417 km/h; maximale Reisegeschwindigkeit 385 km/h; wirtschaftliche Reisegeschwindigkeit 311 km/h in einer Höhe von 2'135 m; anfängliche Steigrate 6,2 m/sec; Dienstgipfelhöhe 6'705 m; Reichweite mit maximaler Nutzlast 1'034 km; Reichweite mit maximalem Treibstoff 3'202 km.
Gewicht: Betriebsleergewicht 12'600 kg; maximales Startgewicht 18'000 kg; maximales Landegewicht 17'250 kg.
Abmessungen: Spannweite 31,69 m; Gesamtlänge 22,3 m; Gesamthöhe 7,9 m; keine Pfeilung; Flügelfläche 99,7 m2.
Kabine: Länge 10,97 m; Breite 2,77 m; Höhe 2,03 m. Typische Auslegung bietet bis zu 36 Sitze in Viererreihen mit Mittelgang. Drei- oder Vier-Mann-Cockpit-Besatzung.

SAUNDERS ST-27 KANADA

Die Saunders ST-27 ist eine Abwandlung der de Havilland Heron, einer viermotorigen leichten Transportmaschine, die zum ersten Mal am 10. Mai 1950 als ein «grosser Bruder» der zweimotorigen Dove geflogen ist, mit der sie denselben Rumpfquerschnitt gemeinsam hat. Die Produktion der Heron belief sich insgesamt auf 148 Stück der Serie 1 (starres Landefahrwerk) und der Serie 2 (einziehbares Fahrwerk), und einige davon waren noch Mitte der 80er Jahre im Flugbetrieb. Einige Muster für Luftverkehrsgesellschaften waren unter der Bezeichnung Riley Heron ursprünglich mit Gipsy-Queen-Kolbentriebwerken ausgerüstet, die durch Lycoming-Sechszylinder-Boxermotoren ersetzt wurden. Ein Umrüstungsprogramm wurde 1968 von Saunders Aircraft Corporation als ST-27 aufgelegt. Es bewirkte eine Neuherstellung der Heron mit verlängertem Rumpf, neuem Hauptholm zur Flächenverstärkung und zwei PT6A-27-Turboprop-Triebwerken. Ein Prototyp flog am 28. Mai 1969; die britische Zulassung wurde im September 1970, die kanadische im Mai 1971 erteilt. Insgesamt wurden 13 Heron von Saunders umstrukturiert, diese ST-27 waren bei mehreren Luftverkehrsgesellschaften in Kanada und Südamerika im Einsatz. Hauptbetreiber im Jahre 1987 war City Express, ein Nachfolger von Air Otonabee, die zuvor fast alle übriggebliebenen ST-27 aufgekauft hatte. Die ST-28, eine modifizierte Variante der ST-27 zur Übereinstimmung mit den FAR-Part-25-Vorschriften, flog zum ersten Mal am 12. Dezember 1975, aber die Pläne zur Herstellung von ST-28 mit vollkommen neuen Zellen reiften nicht aus.

Antrieb: Zwei Pratt-&-Whitney-Canada-PT6A-34-Turboprops, je 560 kW Startleistung, mit dreiblättrigen Hartzell-Luftschrauben, ⌀ 2,29 m, verstellbarer Anstellwinkel für konstante Drehzahl, Segelstellung und Umkehrschub. Treibstoff 1'455 l in Flächenzellentanks.
Leistung: Maximale Reisegeschwindigkeit 370 km/h in einer Höhe von 2'135 m; wirtschaftliche Reisegeschwindigkeit 338 km/h in einer Höhe von 2'135 m; anfängliche Steigrate 8,1 m/sec; Dienstgipfelhöhe 7'620 m; Startstrecke auf 15 m Höhe, 715 m; Landestrecke aus 15 m Höhe 350 m; Reichweite mit maximaler Nutzlast 185 km; Reichweite mit maximalem Treibstoff 1'315 km.
Gewicht: Betriebsleergewicht 3'583 kg; maximales Startgewicht 6'124 kg; maximales Landegewicht 5'965 kg; maximales Leertankgewicht 5'828 kg.
Abmessungen: Spannweite 21,79 m; Gesamtlänge 17,98 m; Gesamthöhe 4,75 m; keine Pfeilung; Flügelfläche 46,36 m^2.
Kabine: Länge 9,6 m; maximale Breite 1,37 m; maximale lichte Höhe 1,75 m. Typische Auslegung bietet 19 oder 20 Einzelsitze mit einem Mittelgang. Vordere und hintere Gepäckabteile 3,37 m^3. Zwei-Mann-Cockpit-Besatzung und ein Flugbegleiter.

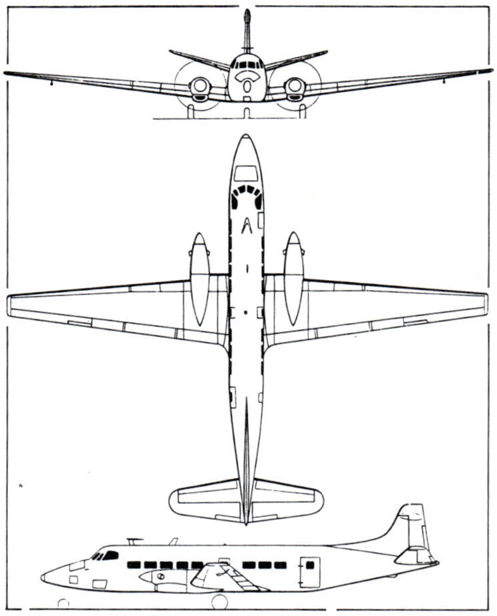

Oben: Diese Saunders ST-27 zeigt deutlich die Herkunft des Flugzeuges, mit einer De-Havilland-Fläche und einem Rumpf von der Heron.

Links: Die bunte Bemalung von City Express an den meisten Saunders ST-27, die 1987 noch im Einsatz waren. Beachten Sie die französische Namensgebung der Gesellschaft.

SIAI-MARCHETTI SF. 600TP CANGURO ITALIEN

Obwohl die italienische Flugzeugindustrie an internationalen Produktionen beteiligt ist, hat sie sich nur geringe Mühe zur Produktion von Flugzeugen völlig nationaler Projektierung genommen. Ein bescheidener

Antrieb: Zwei Allison-250-B17C-Turboprop-Triebwerke, je 313 kW Startleistung, mit dreiblättrigen Hartzell-Luftschrauben, Durchmesser 2,03 m, mit konstanter Drehzahl, voller Segelstellung und Umkehrschub. Treibstoff 1'100 l in Tanks in den äusseren Flächenteilen.
Leistung: Maximale Reisegeschwindigkeit 306 km/h in einer Höhe von 1'525 m; Reisegeschwindigkeit mit 75 Prozent Leistung 287 km/h in einer Höhe von 3'050 m; anfängliche Steigrate 7,7 m/sec; Dienstgipfelhöhe 7'315 m; Startstrecke auf 15 m Höhe 390 m; Landestrecke aus 15 m Höhe 300 m; Reichweite mit maximaler Nutzlast (Fracht) 600 km; Reichweite mit maximalem Treibstoff 1'580 km.
Gewicht: Rüstleergewicht (Frachtversion) 1'800 kg; Betriebsleergewicht (Passagiere) 1'947 kg; maximale Nutzlast (Fracht) 1'050 kg; maximales Startgewicht 3300 kg.
Abmessungen: Spannweite 15 m; Gesamtlänge 12,15 m; Gesamthöhe 4,6 m; keine Pfeilung; Flügelfläche 24 m².
Kabine: Länge 5,05 m; Breite 1,23 m; lichte Höhe 1,27 m. Bis zu neun Passagiere, mit hinterem bankartigem Sitz und sechs Einzelsitzen, plus zehnter Passagier anstelle eines zweiten Piloten. Seitliche Ladetür hinter der Fläche für Fracht, wahlweise mit klappbarem Rumpfende bei Nur-Fracht-Versionen. Gesamtkabinenvolumen 7,9 m³. Ein oder zwei Piloten.

Versuch zur Behebung dieser Situation begann vor zehn Jahren und führte zu der Konstruktion eines Prototyps der F600 Canguro im Jahre 1978. Dieser Prototyp, ausgestattet mit zwei Lycoming-TIO-540-J-Sechszylinder-Boxermotoren und einem starren Dreifach-Landefahrwerk, machte seinen Erstflug am 30. Dezember 1978 und wurde von General Avia unter der technischen Leitung von Dr. Stelio Frati gebaut. Der dritte Prototyp hatte die endgültige Form mit Turboprop-Triebwerken und wahlweisem einziehbarem Landefahrwerk. Die Canguro, die zur Abdeckung eines breiten Spektrums operationeller Bedürfnisse entworfen wurde, kann mit einem seitlich aufklappbaren Rumpfende produziert werden, und Flächen-Befestigungspunkte für die Aufhängung von Aussenbehältern bis zu einem Gewicht von 800 kg sind erhältlich. SIAI-Marchetti (ein Mitglied der Agusta-Gruppe), die die Entwurfsrechte von General Avia erworben hatte, kündete 1986 ein Paket von neun Canguro-Flugzeugen zu Demonstrationszwecken an.

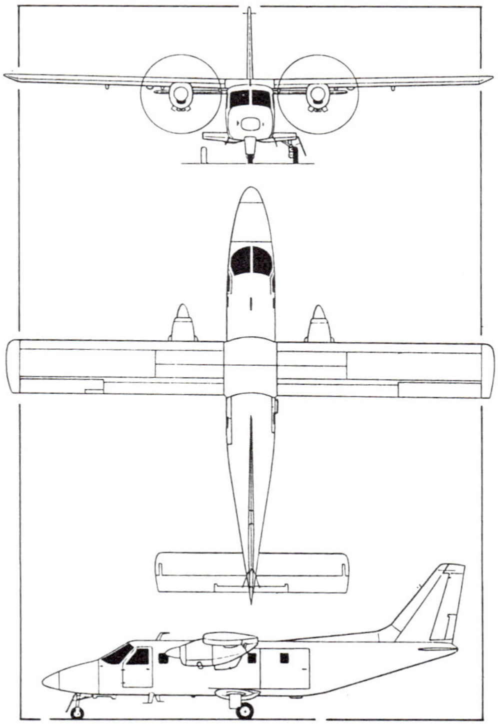

Oben: Die Dreisichtzeichnung zeigt die SF.600TP mit einem einziehbaren Landefahrwerk. Andere Wahlmöglichkeiten sind zum Beispiel ein starres Fahrwerk, ein aufklappbares Rumpfende und Ausstattungen für militärischen Einsatz.

Links: Ein Prototyp der SIAI-Marchetti SF.600TP Canguro in der Flugerprobung im Jahre 1986.

TRANSALL C-160 INTERNATIONAL

Antrieb: Zwei Rolls-Royce-Tyne-RTy.20-Mk 22-Turboprop-Triebwerke mit je 4'550 kW Nennleistung für den Start, mit vierblättrigen (von Ratier Forest gebauten) BAe-Dynamics-Luftschrauben, Durchmesser 5,49 m, mit konstanter Drehzahl, voller Segelstellung und Umkehrschub. Treibstoff 19'050 l in vier Flächenintegraltanks und Vorrichtung für 9'000 l in Mittelstücktanks (auf Anforderung).
Leistung: Maximale Geschwindigkeit 513 km/h in einer Höhe von 4'875 m; anfängliche Steigrate 6,6 m/sec; Dienstgipfelhöhe 8'230 m; Startstrecke auf 10 m Höhe 990 m; Landestrecke aus 15 m Höhe 870 m; Reichweite 5'095 km mit einer Nutzlast von 8'000 kg und 1'853 km mit einer Nutzlast von 16'000 kg.
Gewicht: Typisches Betriebsleergewicht 29'000 kg; maximale Nutzlast 16'000 kg; maximales Startgewicht 51'000 kg; maximales Landegewicht 47'000 kg; maximales Leertankgewicht 45'000 kg.
Abmessungen: Spannweite 40 m; Gesamtlänge 32,4 m; Gesamthöhe 11,65 m; keine Pfeilung; Flügelfläche 160 m².
Kabine: Länge 13,51 m; Breite 3,15 m; maximale lichte Höhe 2,98 m. Kabinenvolumen (einschl. Rampenfläche) 139,9 m³ in Frachtausführung. Drei-Mann-Cockpit-Besatzung.

Die Transall C-160 wurde ursprünglich für die französischen und deutschen Luftstreitkräfte entwickelt und unter der Leitung der Transall AG zu gleichen Teilen in Frankreich und Deutschland produziert. Der erste der drei Prototypen flog am 25. Feb. 1963. Nach sechs Vorserienmustern wurden 110 C-160D für die Luftwaffe, 50 C-160F für die Armée de l'Air und neun C-160Z für die südafrikanische Luftwaffe gebaut. Die Produktion endete 1970, und 1973 wurden vier C-160F für den Einsatz (als C-130P) bei Air France für regelmässige Nachtpostdienste zwischen Paris und Bastia umgerüstet. 1977 begann die Produktion eines zweiten Pakets von Transall, und das erste dieser verbesserten Flugzeuge flog am 9. April 1981. Die Armée de l'Air kaufte 29 C-160 der zweiten Serie, und sechs weitere wurden von der indonesischen Regierung bestellt. Diese werden von Pelita Air Service bei den Auswanderungsdiensten zur Überführung von Einwohnern von Java zu weniger dicht bevölkerten Inseln von Indonesien eingesetzt.

Unten: Obwohl die Transall für militärischen Einsatz entworfen und produziert worden ist, wird die hier gezeigte als eine der sechs in Indonesien bei einem ehrgeizigen Umsiedlungsprogramm der Regierung eingesetzten Transall zu Recht als «Verkehrsflugzeug» bezeichnet.

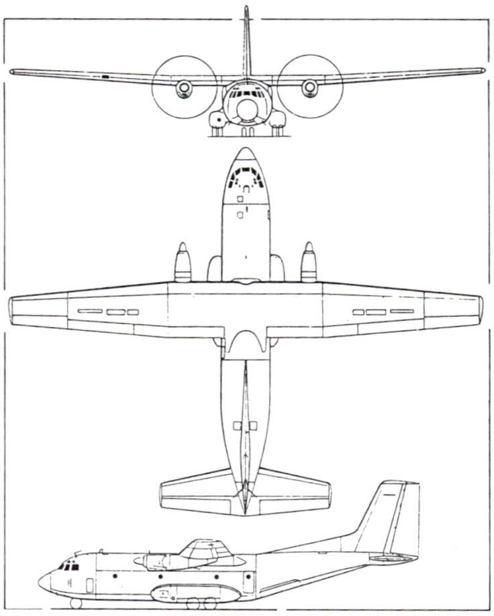

Oben: Die Konfiguration der C-160 Transall ist klassisch für einen Frachter: ein Schulterdecker mit niedriger Bodenhöhe zur Vereinfachung der Frachtverladung. Die 1987 in Frankreich und Indonesien im Einsatz befindlichen zivilen Varianten haben keine äusserlichen Unterschiede.

AERO SPACELINES GUPPY 201 USA UND FRANKREICH

Die Guppy-Serie der Transportflugzeuge mit Übergrösse entsprang einer Idee des Gründers der Aero-Spacelines-Gesellschaft, John M. Conroy (jetzt Teil der Tracor-Gruppe), zur Modifizierung eines Boeing Stratocruiser, der einen verlängerten Rumpf mit einer neuen oberen Kuppel mit vergrössertem Rumpfquerschnitt haben sollte. Dieser Prototyp, bekannt als «schwangere Guppy», flog zum ersten Mal am 19. September 1962. Zwei weitere Entwicklungen, ursprünglich für den Transport von Stufen der Saturn-Raketen-Abschussrampe, waren die noch grösseren Super-Guppy mit Pratt-&-Whitney-T34-Turboprops und die Mini-Guppy mit Kolbentriebwerken und einem schwenkbaren Rumpfende. Eine Variante der Mini-Guppy mit Allison-501-Turboprop-Triebwerken flog am 13. März 1970, ging aber zwei Monate später vor Indienststellung verlustig. Schliesslich produzierte Aero Spacelines zwei Super-Guppy 201 mit den Allison-Triebwerken und derselben Rumpfübergrösse wie beim früheren Super-Guppy-Prototyp. Diese beiden Flugzeuge, Erstflug am 24. August 1970 und am 24. August 1971, wurden von Airbus Industries erworben und nach der Zulassung vom 26. August 1971 im Oktober in Dienst gestellt, um die Hauptrumpfkomponenten und Flächen der A300/A310-Familie von deren Produktionszentren zur Endfertigungsstrasse in Toulouse zu überführen. Zwei weitere Flugzeuge von ähnlicher Spezifikation wurden den anschliessend von UTA in Frankreich für Airbus umgerüstet und machten ihre Erstflüge am 11. Juni 1982 und am 2. August 1983. Alle vier sind heute im Einsatz bei Aeromaritime.

Antrieb: Vier Allison-501-D22C-Turboprop-Triebwerke, je 3'666 kW Startleistung, mit vierblättrigen Hamilton-Standard-Luftschrauben mit einem Durchmesser von 4,11 m und konstanter Drehzahl. Treibstoff 28'700 l in Flächen- und Mittelstücktanks.
Leistung: Maximale Betriebsgeschwindigkeit 390 km/h angezeigte Eigengeschwindigkeit unter 4'510 m oder Mach 0,413 angezeigte Eigengeschwindigkeit; maximale Reisegeschwindigkeit 463 km/h in 6'095 m Höhe; wirtschaftl. Reisegeschwindigkeit 407 km/h in 6'095 m Höhe; anfängliche Steigrate 7,62 m/sec; zugelassene Gipfelhöhe 7'620 m; Startstrecke auf 15 m Höhe (FAA) 2'560 m; Landestrecke aus 15 m Höhe (FAA) 2'055 m; Reichweite mit max. Nutzlast 813 km; Reichweite mit max. Treibstoff 4'700 km.
Gewicht: Rüstleergewicht 45'360 kg; maximale Nutzlast 24'494 kg; maximales Startgewicht 77'100 kg; maximales Landegewicht 72'570 kg; max. Leertankgewicht 69'854 kg.
Abmessungen: Spannweite 47,62 m; Gesamtlänge 43,84 m; Gesamthöhe 14,78 m; keine Pfeilung; Flügelfläche 182,52 m².
Kabine: Länge 33,99 m; Breite 7,65 m; Höhe 7,77 m. Kabinenvolumen 1'104 m³. Seitlich klappbare Nase für Direktbeladung. Vier-Mann-Cockpit-Besatzung.

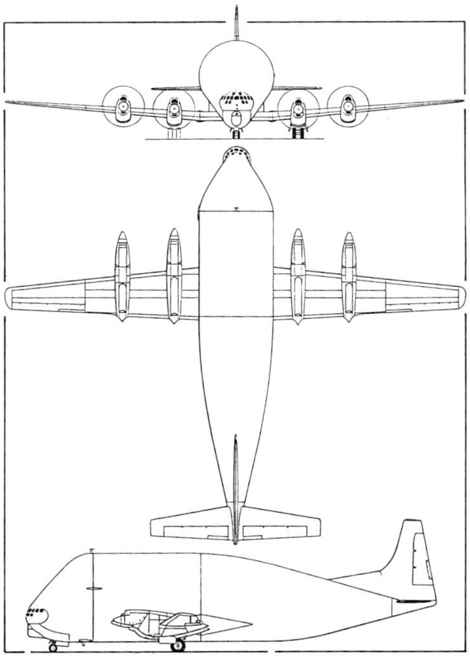

Oben: An der Guppy ist ausser der Fläche nicht mehr viel von der ursprünglichen Boeing KC-97 erkennbar.

Links: Guppy, die zur Unterstützung des Airbus-Programms eingesetzt werden, sind nicht nur an ihrer Form, sondern auch an den Airbus-Farben erkennbar.

ANTONOV AN-12 SOWJETUNION

Der An-12-Frachter hat seinen Ursprung in der An-10, die 1957 als eines der ersten Turboprop-Transportflugzeuge der Aeroflot erschien, in einer 84sitzigen Form in Dienst gestellt und zur 100sitzigen An-10A weiterentwickelt wurde. Die An-12 erschien im Jahre 1959 als kleiner Frachter und wurde sowohl bei Aeroflot als auch bei den sowjetischen Streitkräften in Dienst gestellt. Ihre militärische Bedeutung beweist die Zwillings-MG-Kanzel am Rumpfende, die (natürlich ohne Waffen) bei den Flugzeugen beibehalten wurde, die von Aeroflot auf Frachtflügen und Nachschubeinsätzen ausserhalb der Sowjetunion weiterhin in grossem Umfang eingesetzt werden. Dieser Typ ist auch an mehrere Luftwaffen im Sowjetblock und an Luftverkehrsgesellschaften einiger Länder in der sowjetischen Einflusssphäre exportiert worden, einschliesslich Bulgarien, China, Kuba, Irak, Polen und Guinea. Eine der sowjetischen An-12BP-Serienproduktion ähnliche Version ist in China als Hanzhong Y-8 hergestellt worden, mit in China gebauten Wojiang-WJ-6-Turboprop-Triebwerken. Die NATO-Codebezeichnung für die An-12 ist «Cub».

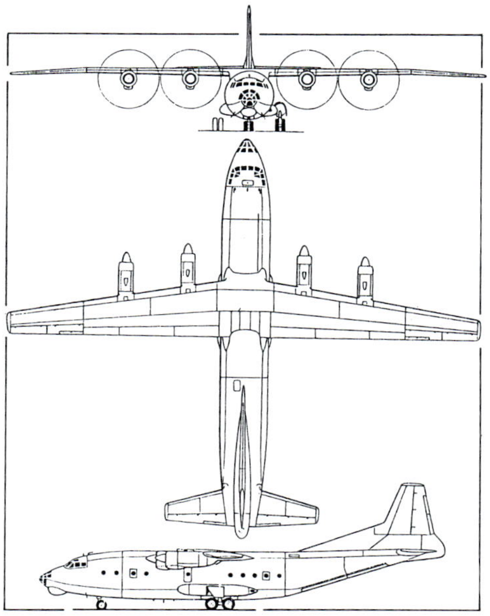

Links: In dieser Zeichnung der An-12 ist die MG-Kanzel am Rumpfende abgedeckt. Oft kann man auf zivilen Flughäfen Exemplare mit Kanzel sehen.

Antrieb: Vier Ivchenko-Al-20K-Turboprop-Triebwerke, je 2'983 kW Nennleistung für den Start, mit vierblättrigen AV-68-Luftschrauben, Durchmesser 4,5 m, mit konstanter Drehzahl, Segelstellung und Umkehrschub. Treibstoff 13'900 l in Zellentanks in den Flächen, plus Vorrichtung für 4'200 l in Zusatztanks.
Leistung: Maximale Geschwindigkeit 777 km/h; maximale Reisegeschwindigkeit 670 km/h; wirtschaftliche Reisegeschwindigkeit 550 km/h in einer Höhe von 7'500 m; anfängliche Steigrate 10 m/sec; Dienstgipfelhöhe 10'200 m; Startstrecke 700 m; Landestrecke 500 m; Reichweite mit maximaler Nutzlast 3'600 km; Reichweite mit maximalem Treibstoff 5'700 km.
Gewicht: Rüstleergewicht 28'000 kg; maximale Nutzlast 20'000 kg; norm. Startgewicht 55'100 kg; max. Startgewicht 61'000 kg.
Abmessungen: Spannweite 38 m; Gesamtlänge 33,1 m; Gesamthöhe 10,53 m; keine Pfeilung; Flügelfläche 121,7 m².
Kabine: Länge 13,5 m; Breite 3,5 m; Höhe 2,6 m. Hintere Rampentür im Rumpfende für Direktbeladung, verstärkter Fussboden u. Frachtabfertigungsvorrichtung. Truppen-Transport-Versionen können 100 Fallschirmjäger transportieren. Totales Kabinenvolumen 97,2 m³. Fünf-Mann-Cockpit-Besatzung.

Rechts: Die An-12 wurde aus der An-10-Passagiertransportmaschine für den Einsatz als Frachter entwickelt, in erster Linie für die sowjetischen Streitkräfte. Viele operieren unter zivilen Bezeichnungen, aber für Regierungs- oder quasimilitärische Zwecke.

ANTONOV AN-22 ANTEI SOWJETUNION

Die An-22 wurde zum ersten Mal am 27. Februar 1965 als der Welt grösstes Transportflugzeug geflogen, wurde jedoch anschliessend durch die Boeing 747 und die Lockheed C-5A Galaxy übertroffen, welche ihrerseits wieder durch die separat beschriebene Antonov An-124 übertroffen wurden. Zwei von fünf Prototypen für die Flugerprobung der An-22 wurden 1977 versuchsweise bei Aeroflot in Betrieb genommen. Die An-22, auch als Antei bekannt, wurde in erster Linie als Luftbrücke für die sowjetischen Streitkräfte entworfen (besonders für den Lufttransport von Panzern und übergrossen Armeefahrzeugen). Ihr geräumiger Frachtraum war ebenso wertvoll für die Bewegung zivilen technischen Materials von Industriezentren zu entlegeneren Fabriken in Russland und zur Überführung von Nachschub als militärische oder allgemeine Hilfe an andere Nationen in der ganzen Welt. Als Konsequenz sind An-22 oft sowohl innerhalb als auch ausserhalb der Sowjetunion mit Aeroflot-Bemalung und zivilen Bezeichnungen gesehen worden. Man nimmt an, dass die Produktion nach 80 An-22 1974 endete und dass ungefähr 50 von ihnen im Jahre 1986 im Einsatz verblieben sind, hauptsächlich für militärische Nachschubaufgaben. NATO-Codebezeichnung für die An-22 ist «Cock».

Antrieb: 4 Kuznetsov-NK-12MA-Turboprop-Triebwerke, je 11'186 kW Startleistung, mit achtblättrigen gegenläufigen Propellern, Durchmesser 6,2 m.
Leistung: maximale Geschwindigkeit 740 km/h; Startstrecke 1'300 m; Landestrecke 800 m; Reichweite mit maximaler Nutzlast 5'000 km; Reichweite mit maximalem Treibstoff 10'950 km mit einer Nutzlast von 45'000 kg.
Gewicht: Rüstleergewicht 114'000 kg; maximale Nutzlast 80'000 kg; Treibstoffgewicht 43'000 kg; max. Startgewicht 250'000 kg.
Abmessungen: Spannweite 64,4 m; Gesamtlänge ungefähr 58 m; Höhe 12,53 m; keine Pfeilung; Flügelfläche 345 m^2.
Kabine: Länge 33 m; maximale Breite 4,4 m; maximale lichte Höhe 4,4 m. Hintere Laderampe/Tür, Hauptkabine mit verstärktem Frachtboden, verankerte Halterungen, eingebaute Winden, auf Schienen montierte Krangerüste. Vorderes Passagierabteil mit 28 bis 29 Sitzen unmittelbar hinter dem Cockpit. Fünf- oder Sechs-Mann-Cockpit-Besatzung.

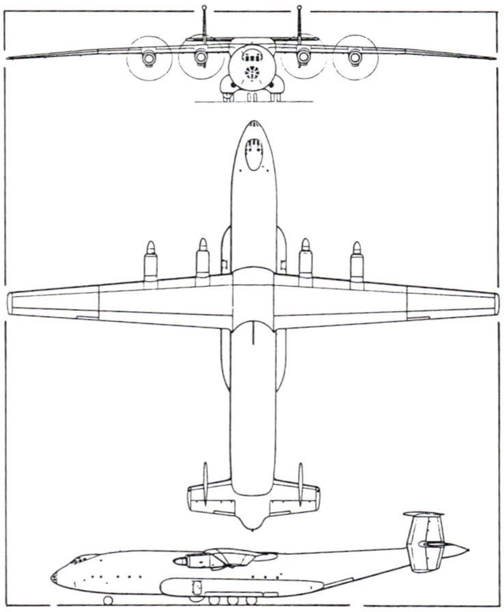

Rechts: Die An-22 ist das grösste mit Turboprop-Triebwerken gebaute Flugzeug. Sie wurde nur von der Aeroflot und dem sowjet. Militär betrieben.

Unten: Der militärische Ursprung der Antonov An-22 wird durch ihre Konfiguration kaschiert.

ANTONOV AN-124 SOWJETUNION

Antrieb: Vier Lotarev-D-18T-Turbofans, je 23'430 kp Startschub, mit Umkehrschub. Treibstoff in Flächenintegraltanks.
Leistung: Maximale Reisegeschwindigkeit 865 km/h; normale Reisegeschwindigkeit 800 bis 850 km/h in einer Höhe von 10'000 bis 12'000 m; Startstrecke 3'000 m; Landestrecke mit maximalem Landegewicht 800 m; Reichweite mit max. Nutzlast 4'500 km; Reichweite mit maximalem Treibstoff 16'500 km.
Gewicht: Maximale Nutzlast 150'000 kg; maximales Startgewicht 405'000 kg.
Abmessungen: Spannweite 73,3 m; Gesamtlänge 69,5 m; Gesamthöhe 22 m.
Kabine: Frachtraumlänge 36 m; Breite 6,4 m; Höhe 4,4 m. Oberdeck-Kabine hinter dem Cockpit mit 28 Sitzen. Zugang zum Hauptfrachtraum durch nach oben klappbare Nase (mit knieendem Bugradfederbein) und hintere Ladetür/Rampe. Verstärkter Boden mit Frachtverzurrpunkten und fahrbaren Kränen an der Decke. Sechs-Mann-Cockpit-Besatzung.

Oben: Die Antonov An-124 ist ein militärisches Transportflugzeug, das erwähnt wird, weil man es manchmal in Aeroflot-Bemalung fliegen sieht.

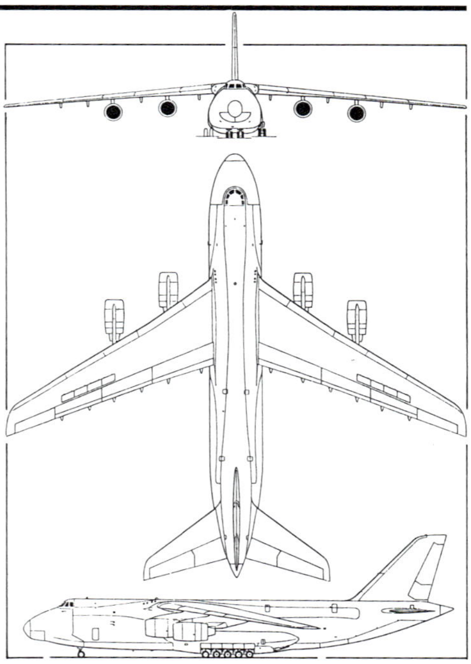

Rechts: Konventioneller Entwurf für eine Transportmaschine der 80er Jahre. Einiges an fortschrittlicher Technologie ist eingearbeitet.

Ende der 70er Jahre wurde zum ersten Mal von der An-124 berichtet. Zuerst wurde als Bezeichnung An-40, später An-400 vermutet. Die wirkliche Bezeichnung An-124 tauchte erst im Mai 1985 auf, als ein Baumuster dieses sehr grossen Transportflugzeugs auf der Pariser Luftschau seine Aufwartung machte. Der Erstflug des Prototyps war am 26. Dezember 1982 durchgeführt worden, und Flugzeuge der Serienproduktion sollen Anfang 1986 in Dienst gestellt worden sein. Die einzigen An-124, die bis zur Niederschrift dieses Buches ausserhalb der Sowjetunion gesehen worden sind, haben in Aeroflot-Bemalung und mit zivilen Registrierungen operiert, aber es liegt auf der Hand, dass ein so grosses Flugzeug soviel militärische Verwendungen wie zivile hat. Die von der An-124 transportierten Zuladungen reichen vom grössten sowjetischen Panzer bis zu kompletten SS-20-Atomraketen-Systemen und von Baggern bis zur Ölbohrausrüstung. Die An-124 ist von herkömmlichem aerodynamischem Entwurf, wendet aber in ihrer Struktur in grossem Masse Verbundwerkstoffe an, die ungefähr 1'500 m^2 ihrer Oberfläche darstellen und ein Gewicht von 1'800 kg einsparen. Der Hauptfrachtraumboden ist aus Titan gefertigt, und das Flugsteuersystem ist ein komplettes Fly-by-Wire-System. Ein 24rädriges Landefahrwerk (zehn Haupträder auf jeder Seite des Rumpfes und vier Bugräder) fängt das Gewicht der An-124 auf und ermöglicht diesem schwersten Flugzeug der Welt von nicht ausgebauten Flughäfen, verharschtem Schnee und eisbedeckten Sumpflandschaften aus zu operieren, obwohl nicht notwendigerweise mit dem grössten Gewicht. Der NATO-Codename ist «Condor».

CANADAIR CL-44 KANADA

Canadair CL-44D-4

Antrieb: Vier Rolls-Royce-Tyne-RTy-12-Mk-515/10-Turboprop-Triebwerke, je 4'276 kW Startleistung, mit vierblättrigen HSD-Hydromatic-Luftschrauben, Durchmesser 4,88 m, konstante Drehzahl, Segelstellung und Umkehrschub. Treibstoff 46'180 l in Flächen- und Mittelstücktanks.

Leistung: Maximale Betriebsgeschwindigkeit 463 km/h angezeigte Eigengeschwindigkeit bis auf 7'620 m Höhe oder 0,63 Mach; typische Hochleistungs-Reisegeschwindigkeit 647 km/h in einer Höhe von 6'400 m; Langstrecken-Reisegeschwindigkeit 600 km/h in einer Höhe von 7'620 m; Startstrecke 2'255 m; Landestrecke 1'900 m; Reichweite mit max. Nutzlast 5'300 km; Reichweite mit max. Treibstoff und 16'132 kg Nutzlast 8'985 km.

Gewicht: Betriebsleergewicht 40'348 kg; max. Treibstoffgewicht 36'944 kg; max. Nutzlast 29'959 kg; max. Frachtnutzlast 28'725 kg; max. Startgew. 95'250 kg; max. Landegew. 74'843 kg; Leertankgew. 70'307 kg.

Abmessungen: Spannweite 43,37 m; Länge 41,7 m; Höhe 11,8 m; Pfeilung 7 Grad bei Viertelprofilsehne; Flügelfläche 192,76 m^2.

Kabine: Länge 29,9 m; Fussbodenbreite 3,35 m; Höhe 2,05 m. Benutzbares Kabinenvolumen 178,2 m^3; zwei Unterflur-Frachträume 31,4 m^3. Rumpfende (einschliesslich Leitwerk) nach steuerbord aufklappbar. Drei- oder Vier-Mann-Cockpit-Besatzung.

Die CL-44 wurde von der Bristol Britannia abgeleitet, ursprünglich als Langstrecken-Truppen- und Frachttransport-Flugzeug für die kanadische Luftwaffe. Die hauptsächlichen Veränderungen waren eine Verlängerung des Rumpfes, eine Erhöhung der Flächenspannweite und der Ersatz der Bristol Proteus durch Rolls-Royce-Tyne-Triebwerke. Die erste von zwölf CL-44D Yukon für die kanadische Luftwaffe flog am 15. November 1959. Die CL-44D-4, Erstflug am 16. November 1960, wurde als ziviles Frachtflugzeug mit einem schwenkbaren Rumpfende, und 27 wurden gebaut. Loftleidir erwarb vier für den Einsatz als Passagier-Transport-Flugzeuge, und für diese Gesellschaft entwickelte Canadair die CL-44J mit einer Rumpfstreckung von 4,6 m zur Erhöhung der Sitzkapazität von 178 auf 214. Vier Flugzeuge wurden auf CL-44J-Standard umgerüstet (Erstflug am 8. November 1965) und von Loftleidir als Canadair 400 eingesetzt. Eine einzige CL-44D-4 wurde von Conroy Aircraft auf eine «Guppy»-Formgebung umgeändert mit einem oberen Rumpfbuckel mit vergrössertem Durchmesser, Erstflug (als CL-44-O) am 26. November 1969. Nach der Ausmusterung im Jahre 1973 wurden die meisten Yukon der kanadischen Luftwaffe für zivilen Einsatz verkauft, aber ohne schwenkbares Rumpfende. Ungefähr ein Dutzend CL-44 waren 1987 noch im Frachteinsatz.

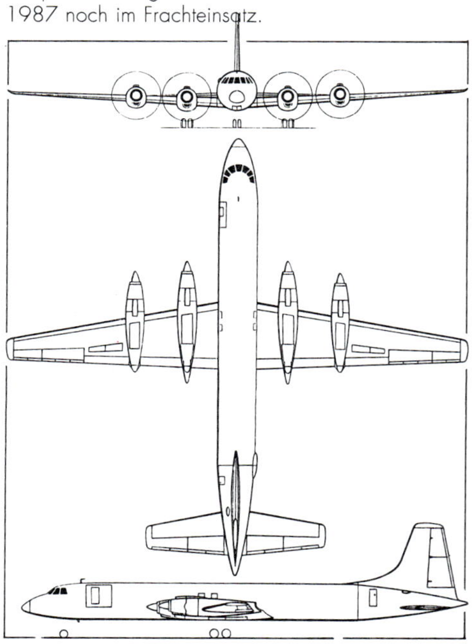

Rechts: Der Ursprung der Canadair CL-44 in der Bristol Britannia ist augenfällig.

Unten: Bei ihrer Einführung im Jahre 1961 war das schwenkbare Rumpfende der Canadair CL-44 noch ungewöhnlich.

CESSNA CARAVAN I USA

Das Modell 208 war im Jahre 1981 ein brandneuer Entwurf für ein leichtes allgemeines Mehrzweckflugzeug für Passagiere oder Frachtbeförderung. Laut Cessna soll es für eine Vielzahl von Aufgaben geeignet sein: Fallschirmabwurf von Nachschub oder Personal, Feuerbekämpfung, fotografische Unternehmungen, landwirtschaftliche Sprühflüge, Notevakuierung, Grenzkontrolle und so weiter. Der Prototyp des Modells 208 flog unter der Bezeichnung Caravan I zum ersten Mal am 9. Dezember 1982, und der «Roll-out» des ersten Serienflugzeuges war im August 1984. Die FAA-Typengenehmigung wurde am 23. Oktober 1984 erteilt, und Mitte 1985 wurde die Zulassung einer mit Wipline-Schwimmern ausgerüsteten Version vervollständigt. Inzwischen hatte Cessna im Dezember 1983 von Federal Express eine Festbestellung von 30 Caravan I erhalten, die für Nachtzustelldienste kleinerer Frachtstücke eingesetzt werden sollten. Anfang 1985 begannen die Auslieferungen des Federal-Express-Modells 208A mit folgenden besonderen Merkmalen: ein fensterloser Rumpf, ein Lastenabsetzkorb unter dem Rumpf, eine um 15,2 cm nach oben verlängerte Seitenflosse und einige Ausrüstungsänderungen. Federal Express kaufte zehn weitere Modelle 208A (mit Optionen für weitere 90) und bestellte dann 70 des verlängerten Modells 208B. Das Modell 208B, Erstflug am 3. März 1986, hat eine Rumpfstreckung von 1,22 m und operiert mit höheren Gewichten. Das erste Modell 208B wurde an Federal Express am 31. Oktober 1986 ausgeliefert (nach der FAA-Typenzulassung am 9. Oktober), Anfang 1987 waren ungefähr 100 Caravan I aller Versionen im Einsatz.

Antrieb: Ein Pratt-&-Whitney-PT6A-114-Turboprop-Triebwerk mit 447 kW Nennleistung bis auf 3'800 m Höhe, mit einer dreiblättrigen Hartzell-Luftschraube, ⌀ 2,54 m, konstante Drehzahl, Segelstellung und Umkehrschub. Treibstoff 1'268 l in Flächenintegraltanks.

Leistung: Maximale Betriebsgeschwindigkeit 325 km/h angezeigte Eigengeschwindigkeit; max. Reisegeschwindigkeit 341 km/h in einer Höhe von 3'050 m; anfängliche Steigrate 6,2 m/sec; Dienstgipfelhöhe 8'410 m; Startstrecke auf 15 m Höhe 505 m; Landestrecke aus 15 m Höhe 470 m; Reichweite mit maximalem Treibstoff 2'539 km in einer Höhe von 6'096 m.

Gewicht: Leergewicht 1'724 kg; Treibstoffgewicht 1'009 kg; maximale Nutzlast 1'361 kg; maximales Startgewicht 3'311 kg; maximales Landegewicht 3'311 kg.

Abmessungen: Spannweite 15,88 m; Gesamtlänge 11,46 m; Gesamthöhe 4,32 m; keine Pfeilung; Flügelfläche 25,95 m^2.

Kabine: Länge (ohne Gepäckraum) 4,57 m; maximale Breite 1,57 m; maximale lichte Höhe 1,3 m. Bis zu neun Sitze plus Piloten in Zweier- oder Dreierreihen mit Gang. Totales Kabinenvolumen 9,66 m^3

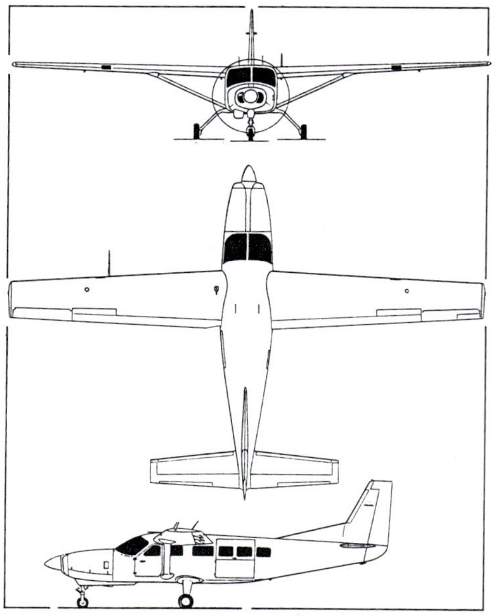

Oben: Viele Jahre an Erfahrung beim Entwurf und bei der Produktion einmotoriger Flugzeuge liegen hinter der Cessna Caravan I.

Links: Die Caravan I, in diesem Teil des Buches ein Winzling unter Giganten, ist ein spezielles Mehrzweckflugzeug. Es wird bei Federal Express umfassend eingesetzt.

CURTISS C-46 USA

Antrieb: Zwei luftgekühlte Vier-Zylinder-Zweireihen-Motoren Pratt & Whitney R-2800-34, je 1'496 kW Startleistung, mit dreiblättrigen Hamilton-Standard-Hydromatic-Luftschrauben, Durchmesser 4,42 m, konstante Drehzahl und volle Segelstellung. Treibstoff 5'305 l in Tanks in den äusseren Flächenteilen.
Leistung: Normale Betriebsgeschwindigkeit 354 km/h; norm. Reisegeschw. 354 km/h; norm. Reisegeschwindigkeit 301 km/h in 2'135 m Höhe; anfängliche Steigrate 6,6 m/sec; Dienstgipfelhöhe 8'410 m; Reichweite mit max. Nutzlast 117 km; Reichweite mit max. Treibstoff und 2'585 kg Nutzlast 1'880 km .
Gewicht: Rüstleergewicht 14'970 kg; Treibstoffgewicht 3'810 kg; maximale Nutzlast 5'265 kg; maximales Startgewicht 21'772 kg; maximales Landegewicht 21'228 kg; maximales Leertankgewicht 20'488 kg.
Abmessungen: Spannweite 32,92 m; Gesamtlänge 23,27 m; Gesamthöhe 6,6 m; Flügelfläche 126,15 m².
Kabine: Länge 14,63 m; Breite 2,99 m; Höhe 2,03 m. Kabine ursprünglich für bis zu 62 Sitze in Fünferreihen; Kabinenvolumen 65,13 m³. Zusätzlich Unterflur-Frachtraum 12,9 m³. Zwei-Mann-Cockpit-Besatzung.

Links: Die Curtiss C-46 ist leicht zu erkennen, aber heutzutage selten im Einsatz zu sehen.
Unten: Die Curtiss C-46, als Passagier-Transportflugzeug entworfen, wurde an der Erfüllung ihrer Aufgabe durch die Anforderungen des Zweiten Weltkriegs gehindert. Heute sind einige noch als Frachtflugzeuge im Einsatz.

Die C-46 ist das zweitälteste der Flugzeuge, die bei den Luftverkehrsgesellschaften im Jahre 1987 im Einsatz waren nur die Douglas DC-3 ist bereits früher geflogen. Das Curtiss-Transportflugzeug, von ähnlicher Konfiguration wie der berühmte Douglas-Typ, wurde 1937 als CW-20 entworfen. Sie war beachtlich grösser als die DC-3 und hatte einen Doppelblasen-Rumpfquerschnitt. Der Prototyp der CW-20, zum ersten Mal am 26. März 1940 geflogen, wurde für den militärischen Einsatz bei der US-Luftwaffe beschlagnahmt und nach Grossbritannien überführt, wo er während des Krieges in der BOAC-Flotte diente. Curtiss baute für die US-Luftwaffe 3'141 CW-20 in militärischer Ausführung unter der Bezeichnung C-46 und dem Namen Commando. Nach dem Zweiten Weltkrieg wurden Hunderte dieser Flugzeuge von zivilen Betreibern erworben, zunächst für den Passagiereinsatz, aber nach und nach (und im besonderen) als Frachtflugzeuge, wofür die militärischen Frachtladetüren sie besonders geeignet machten. Die C-46 wurden als «Vagabunden der Luft» zahlreich in den USA und Zentral- und Südamerika eingesetzt, und zwei oder drei Dutzend können noch im Jahre 1987 im Flugdienst gefunden werden, weit weg von den grossen Strecken.

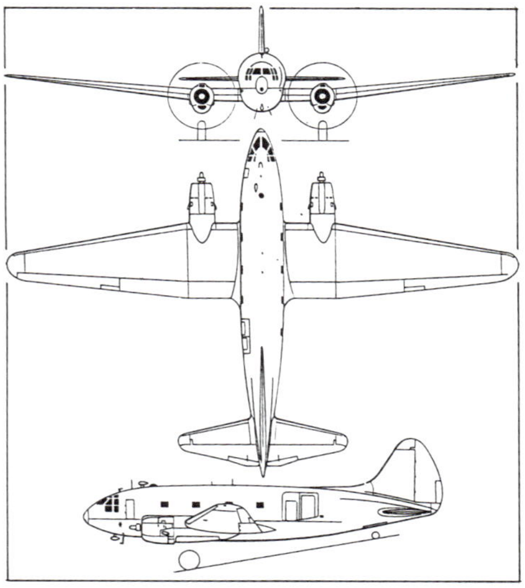

HAWKER SIDDELEY ARGOSY GROSSBRITANNIEN

Die Argosy ist besser bekannt in ihrer militärischen Rolle durch den Einsatz von 56 Exemplaren bei der RAF, war jedoch für das zivile Luftfrachtgeschäft entworfen worden. Der Prototyp flog als AW650 zum ersten Mal am 8. Januar 1959, aber da die Verkäufe nicht der Erwartung entsprachen, wurden nur 17 für den zivilen Einsatz gebaut. Diese Gesamtzahl umfasste zehn Flugzeuge der Serie 100 (für Riddle Airlines in den USA und BEA), einen Prototyp der Serie 200 (Erstflug am 11. März 1964) mit stärkeren Triebwerken und höheren Betriebsgewichten und fünf der Serie 220 für BEA, die sie im Februar 1965 in Dienst stellte. Nach dem Verkauf durch die Erstbetreiber verblieben die Argosy weiterhin im Einsatz bei mehreren kleineren Fluggesellschaften, und ein paar von beiden Serien flogen noch im Jahre 1987 in verschiedenen Teilen der Welt.

Argosy Serie 200
Antrieb: Vier Rolls-Royce-Dart-Mk-532/1-Turboprop-Triebwerke, je 1'663 kW Startleistung, mit vierblättrigen Dowtly-Rotol-Luftschrauben, Durchmesser 3,66 m, konstante Drehzahl, Segelstellung u. Umkehrschub. Treibstoff 5'454 l.
Leistung: Normale Betriebsgeschwindigkeit 435 km/h equivalente Eigengeschwindigkeit; maximale Reisegeschwindigkeit 447 km/h in einer Höhe von 3'050 m; wirtschaftliche Reisegeschwindigkeit 419 km/h in einer Höhe von 6'095 m; anfängliche Steigrate 4,6 m/sec; Dienstgipfelhöhe 6'400 m; Startstrecke 1'570 m; Landestrecke 1'535 m; Reichweite mit maximaler Nutzlast 780 km; Reichweite mit max. Treibstoff und 7'710 kg Nutzlast 2'835 km.
Gewicht: Betriebsleergewicht 22'186 kg; Treibstoffgewicht 12'338 kg; maximale Nutzlast 14'095 kg; maximales Startgewicht 42'185 kg; maximales Landegewicht 40'143 kg; maximales Leertankgewicht 36'288 kg.
Abmessungen: Spannweite 35,05 m; Gesamtlänge 26,44 m; Gesamthöhe 8,91 m; keine Pfeilung; Flügelfläche 135,45 m².
Kabine: Länge 14,3 m; Breite 3,05 m; lichte Höhe 2,64 m. Totales Frachtvolumen 108,31 m³ mit Nasen- und Rumpfendladetüren und Bodenverschnürungspunkten. Auf Anforderung Vorrichtung für bis zu 89 Passagiere. Zwei-Mann-Cockpit-Besatzung.

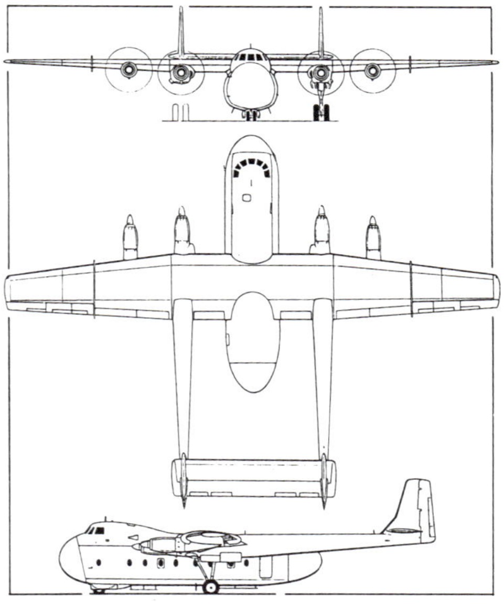

Rechts: Die Argosy, ein Schulterdecker mit Doppel-Ausleger, hat eine charakteristische Erscheinung. Die Auslegung ermöglicht eine Direktbeladung durch die hinteren, zweischaligen Türen. Die Nase kann ebenfalls geöffnet werden.

Unten: Der Argosy war auf dem zivilen Frachtmarkt nur ein begrenzter Erfolg beschert, und am Ende war der grössere Teil der Produktion für das Militär.

ILYUSHIN IL-76 SOWJETUNION

Ilyushin Il-76T
Antrieb: 4 Soloviev-D-30KP-Turbofan-Triebwerke, je 12'000 kp Startleistung, mit Umkehrschub. Treibstoff ungefähr 81'830 l in Flächenintegraltanks.
Leistung: Maximale Geschwindigkeit 850 km/h; max. Reisegeschwindigkeit 800 km/h; wirtschaftliche Reisegeschwindigkeit 750 km/h; typische Reisehöhe 10'700 m; absolute Gipfelhöhe 15'500 m; Startstrecke 850 m; Landestrecke 450 m; Reichweite mit max. Nutzlast ca. 5'000 km; Reichweite 6'700 km.
Gewicht: Maximale Nutzlast 40'000 kg; maximales Startgewicht 170'000 kg.
Abmessungen: Spannweite 50,5 m; Gesamtlänge 46,59 m; Gesamthöhe 14,76 m; Pfeilung 25 Grad bei Viertelprofilsehne; Flügelfläche 300 m².
Kabine: Länge (ohne Rampe) 20 m; Breite 3,4 m; Höhe 3,46 m. Druckkabine, Gesamtvolumen 235 m³, mit Frachtabfertigungsvorrichtungen, hintere Türen und Rampe, eingebaute Rollen, Deckenkräne und Winden. Drei Schnell-Einbaumodule mit je 30 Passagiersitzen. Fünf-Mann-Cockpit-Besatzung.

Der Entwurf der Il-76 begann Ausgang der 60er Jahre für ein schweres Transportflugzeug sowohl für militärischen als auch zivilen Einsatz, vornehmlich als Ersatz für die Antonov An-12. Gemäss Entwurfsauflagen sollte sie militärische Ausrüstungsgegenstände und zivile technische Hardware transportieren können und von unbearbeiteten Bodenflächen und in extremen klimatischen Bedingungen, wie sie in Sibirien und anderswo angetroffen werden, operieren können. Der Prototyp der Il-76 flog zum ersten Mal am 25. März 1971, und die Baumuster der militärischen Version (wie die An-12 mit einer am Leitwerk angebrachten Kanzel für ein Zwillings-MG) waren im Jahre 1974 in der Auswertung. Der ursprünglichen, unbewaffneten Il-76 folgte die Il-76T mit einer erhöhten Treibstoffmenge im Flächenmittelstück und höheren Betriebsgewichten, danach kam die Il-76TD mit verbesserten D-30KP-1-Triebwerken und weiteren Vergrösserungen der Treibstoffkapazität und der Gewichte. Diese Versionen waren unbewaffnet, wohingegen die Il-76M und die Il-76MD die Leitwerkkanzel und andere militärische Einrichtungen hatten. Baumuster sowohl der militärischen als auch der zivilen Il-76-Varianten sind an Irak, Libyen, Syrien, Kuba und Indien ausgeliefert worden. Die NATO-Codebezeichnung für die Il-76 ist «Candid».

Links: Die stark gepfeilte Schulterdeckerfläche und das hoch angesetzte Höhenleitwerk machen die Il-76 leicht erkennbar. Zivile und militärische Versionen sind äusserlich gleich.
Unten: Die Il-76 in der militärischen Ausführung mit einer Leitwerkkanzel. Einige Baumuster mit ziviler Registrierung haben eine verkleidete Kanzel.

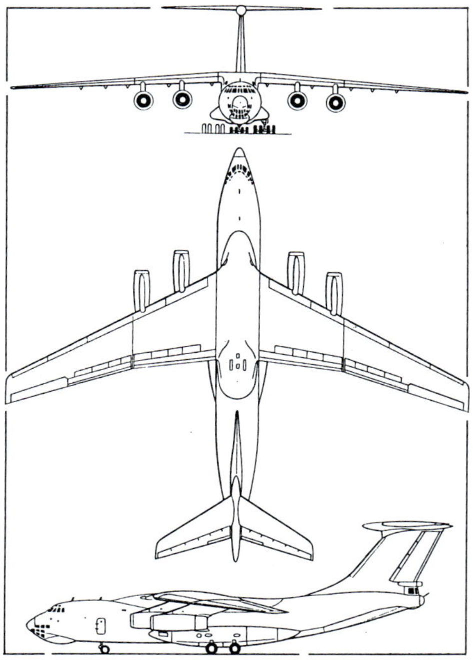

LOCKHEED L-100 HERCULES USA

Die zivile L-100 stammt vom militärisch/taktischen Transportflugzeug C-130 Hercules ab und flog als Modell 382 zum ersten Mal am 21. April 1964 als eine Art Demonstrationsflugzeug. Die FAA-Typengenehmigung wurde am 16. Februar 1965 erteilt, und eine kleine Anzahl 382B Hercules (einige davon auch bekannt als L-100) wurden ab 1965 für den zivilen Einsatz gebaut. Diese frühen Modelle hatten dieselbe Gesamtlänge von 29,79 m wie das Basismodell C-130B. Der projektierten L-100-10 mit D-22A-Triebwerken, die die 3'022 kW starken 501-D22 ersetzten, folgte die L-100-20 mit denselben verstärkten Motoren und einer Rumpfverlängerung von 2,54 m. Das ursprüngliche Vorführmuster wurde auf das Modell 382E (L-100-20) umgerüstet, flog zum ersten Mal am 19. April 1968 und erhielt die Typengenehmigung am 4. Oktober desselben Jahres. Die L-100-30 hatte eine weitere Rumpfstreckung von 2,03 m und flog zum ersten Mal am 14. August 1970, die Typengenehmigung wurde am 7. Oktober erteilt. Insgesamt sind etwas über 100 zivile Hercules ausgeliefert worden, die meisten für den Nur-Fracht-Einsatz. Sechs L-100-30 wurden von Pelita Air Services in Indonesien für Umsiedlungsflüge eingesetzt und transportierten bis 128 Passagiere. Andere können mit Modulen für Passagiertransporte ausgerüstet werden.

Lockheed L-100-30
Antrieb: Vier Allison-501-D22A-Turboprop-Triebwerke, je 3'490 kW Nennleistung für den Start, mit vierblättrigen Hamilton-Standard-Luftschrauben, Durchmesser 4,11 m, konstante Drehzahl, Segelstellung und Umkehrschub. Treibstoff 37'770 l in Flächenintegral- und Flächenmittelstücktanks und zwei unter der Fläche angebrachten Tanks.
Leistung: Maximale Reisegeschwindigkeit 583 km/h in einer Höhe von 6'095 m mit einem Gewicht von 54'430 kg; wirtschaftliche Reisegeschwindigkeit 556 km/h bei einem Gewicht von 68'040 kg; anfängliche Steigrate 8,64 m/sec; Sicherheitsstartstrecke (FAR) 1'890 m; Sicherheitslandestr. (FAR) 1'480 m; Reichw. mit max. Nutzlast 2'526 km; Reichw. mit max. Treibstoff (keine Nutzlast) 9'227 km.
Gewicht: Betriebsleergewicht 35'235 kg; Treibstoffgewicht 29'418 kg; max. Nutzlast 23'183 kg; maximales Startgewicht 70'308 kg; maximales Landegewicht 61'235 kg; maximales Leertankgewicht 58'420 kg.
Abmessungen: Spannweite 40,41 m; Gesamtlänge 34,37 m; Gesamthöhe 11,66 m; keine Pfeilung; Flügelfläche 162,12 m².
Kabine: Länge (ohne Rampe) 17,07 m; Breite 3,12 m; Höhe 2,74 m. Kabinen-Gesamtvolumen 171,5 m³. Vier-Mann-Cockpit-Besatzung.

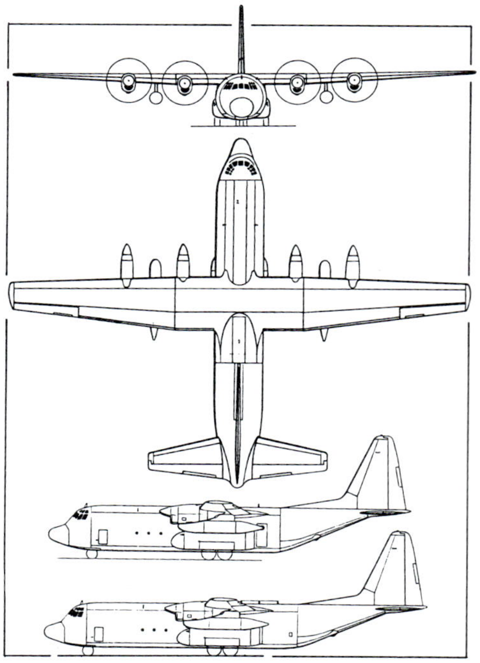

Rechts: Dreisichtzeichnung der L-100-20 Hercules und Seitenansicht der L-100-30 (zuunterst).

Unten: Einige zivile L-100 Hercules sind Passagier-Transporter, wie diese L-100-30 der Pelita.

SHORTS BELFAST GROSSBRITANNIEN

Antrieb: Vier Rolls-Royce-Tyne-RTy.-12-Turboprop-Triebwerke, je 4'276 kW Startleistung, mit vierblättrigen Hawker-Siddeley-(DH)-Luftschrauben, Durchmesser 4,88 m, konstante Drehzahl, Segelstellung und Umkehrschub. Treibstoff 48'822 l in Flächenintegraltanks.
Leistung: Reisegeschwindigkeit 510 km/h; Startstrecke 2'500 m; Landestrecke 2'075 m; Reichweite mit maximaler Nutzlast 1'575 km; Reichweite mit 10'000 kg Nutzlast 6'200 km.
Gewicht: Betriebsleergewicht 58'967 kg; Treibstoffgewicht 37'376 kg; maximale Nutzlast 34'000 kg; max. Startgewicht 104'325 kg; maximales Landegewicht 97'520 kg; maximales Leertankgewicht 92'986 kg.
Abmessungen: Spannweite 48,41 m; Gesamtlänge 41,58 m; Gesamthöhe 14,33 m; Pfeilung 7,05 Grad bei Viertelprofilsehne; Flügelfläche 229,09 m^2.
Kabine: Länge (einschliesslich Rampe) 25,7 m; maximale Breite 4,9 m; maximale lichte Höhe 4,06 m. Gesamtkabinenvolumen 321,4 m^3, einschliesslich des Raumes über der hinteren Laderampe, mit Frachtabfertigungssystem und eingebauten Bodenrollen. Drei- oder Vier-Mann-Cockpit-Besatzung, bis zu 19 Passagiere im Oberdeck.

Die Belfast wurde als schwerer strategischer Frachter für die RAF entwickelt und flog erstmals am 5. Januar 1964. Die Auslieferungen begannen am 20. Januar 1966, und alle zehn Flugzeuge wurden vom 53. Geschwader betrieben, bis sie im September 1976 aus dem Dienst gezogen wurden. Fünf der ehemaligen RAF-Flugzeuge wurden dann zu zivilen Nur-Fracht-Flugzeugen für den Transport übergrosser Frachtstücke umgerüstet. Umrüstungsentwurf, Technik und Zulassung wurden von Marshall of Cambridge (Engineering) durchgeführt und betrafen Änderungen bei der Selbststeueranlage (Autopilot), der Avionik, den Triebwerken und den Flugsteuerungssystemen, um den zivilen Zulassungs-Standard-Bestimmungen zu entsprechen. Die CAA-Genehmigung wurde am 6. März 1980 erteilt, und der zivile Betrieb der Belfast begann einige Tage später bei Heavylift. Drei Belfast sind bei Heavylift im Jahre 1987 noch in vollem Einsatz gewesen und haben ihre Fähigkeit demonstriert, unterschiedlichste Arten von schweren und übergrossen Gütern in viele verschiedene Teile der Welt zu transportieren. Zwei weitere stehen für eine Umrüstung noch zur Verfügung.

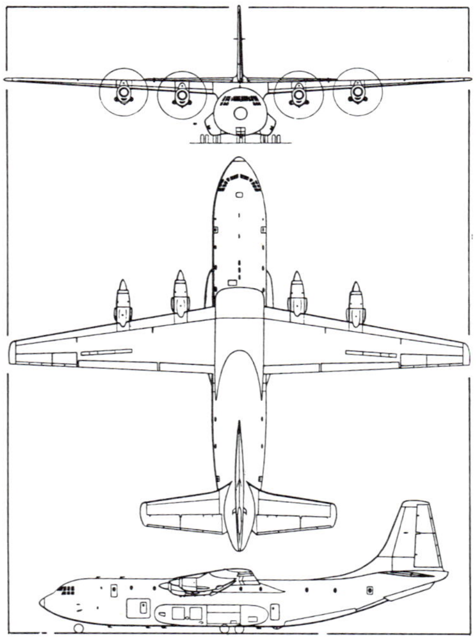

Oben: Shorts Belfast gehörte zu den grössten militärischen Frachtern. Der Entwurf hatte seinen Ursprung in der Bristol Britannia, aber wie die Zeichnung zeigt ist vom Original wenig übriggeblieben.

Links: Obwohl nur drei Shorts Belfast im regelmässigen Einsatz sind, spielt dieses übergrosse Transportflugzeug in vielen Teilen der Welt eine nützliche Rolle, da nur wenige andere Transportflugzeuge sich mit ihrer Geräumigkeit messen können.

VICKERS VANGUARD GROSSBRITANNIEN

Antrieb: Vier Rolls-Royce-Tyne-RTy-11-Mk-512-Turboprops, je 3'769 kW Startleistung, mit vierblättrigen De-Havilland-Luftschrauben, Durchmesser 4,42 m, konstante Drehzahl, Segelstellung und Umkehrschub. Treibstoff 23'320 l in Flächenintegraltanks.
Leistung: Maximale Reisegeschwindigkeit 684 km/h in einer Höhe von 6'095 m; wirtschaftliche Reisegeschwindigkeit 676 km/h in einer Höhe von 7'620 m; anfängliche Steigrate 13,7 m/sec; Dienstgipfelhöhe 9'145 m; Startstrecke bis 11 m Höhe 2'000 m; Landedistanz aus 15 m Höhe 1'950 m; Reichweite mit max. Nutzlast 2'945 km; Reichweite mit max. Treibstoff 4'990 km in 7'620 m Höhe.
Gewicht: Betriebsleergewicht 37'422 kg; Treibstoffgewicht 18'600 kg; maximale Nutzlast 16'783 kg; maximales Startgewicht 66'448 kg; maximales Landegewicht 61'238 kg; maximales Leertankgewicht 55'564 kg.
Abmessungen: Spannweite 36,15 m; Gesamtlänge 37,45 m; Gesamthöhe 10,64 m; keine Pfeilung; Flügelfläche 142 m^2.
Kabine: Länge 27,43 m; Breite 3,26 m; maximale lichte Höhe 2,21 m. Typische Gemischtklassen-Sitzanordnung 42 in Viererreihen und 55 in Sechserreihen. Maximal für 139 Passagiere in Sechserreihen. Volumen der Unterflur-Frachträume 38,5 m^3. Zwei-Mann-Cockpit-Besatzung.

Vickers entwarf die Vanguard als «grossen Bruder» der Viscount, die als der Welt erstes Turboprop-Flugzeug sich eines beachtlichen Erfolges erfreute. Wegen der rapiden Entwicklung der Turbojet-Triebwerke blieben die Verkäufe der Vanguard weit hinter den hochgesteckten Hoffnungen zurück, die den Typ zur Zeit des Erstfluges am 20. Januar 1959 getragen hatten. Sechs Maschinen der Serie 951 (Erstflug am 22. April 1959) und 14 Maschinen des Typs 953 mit erhöhtem Gesamtgewicht (Erstflug am 1. Mai 1961) wurden an BEA verkauft und 23 Maschinen des Typs 952 (Erstflug am 21. Mai 1960) an TCA. 1974 hatte TCA (jetzt Air Canada) alle Vanguard aus dem Verkehr gezogen, und zwei Jahre später hatte British Airways nur noch fünf im Einsatz, von denen alle auf Merchantman-Standard umgerüstet worden waren; dies ist die Bezeichnung für das auf Nur-Fracht-Konfiguration umgerüstete Passagierflugzeug. Die erste Merchantman-Umrüstung von Aviation Traders flog in Southend am 10. Oktober 1969 und hatte eine vordere Seitenfrachttür und ein Rollensystem am Fussboden; insgesamt wurden zwölf für BEA umgerüstet, die den letzten im Jahre 1980 aus dem Verkehr zog. Mehrere kleinere Betreiber haben auf dem Gebrauchtmarkt erworbene Vanguard und Merchantman eingesetzt, die meisten für den Frachtverkehr.

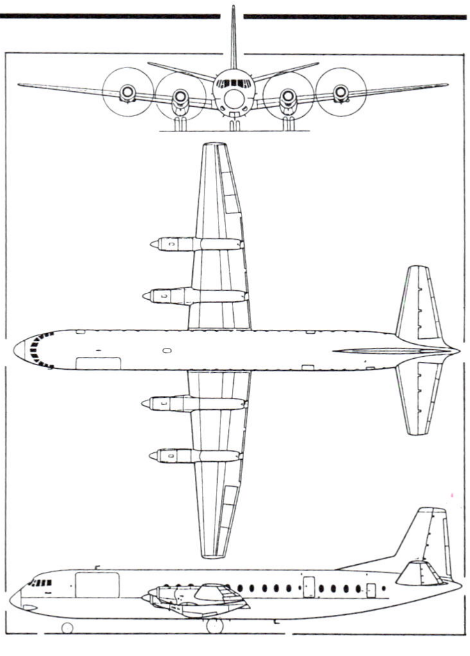

Oben: Die Zeichnung zeigt, dass die Vanguard für den Passagiertransport entworfen worden ist. Die seitliche Frachttür war eine spätere Modifizierung.

Links: Europe Aero Service, einer der letzten Vanguard-Betreiber, übergab 1987 ihr Flugzeug der französischen Tochtergesellschaft Intercargo Service.

SAS
OY-KGT

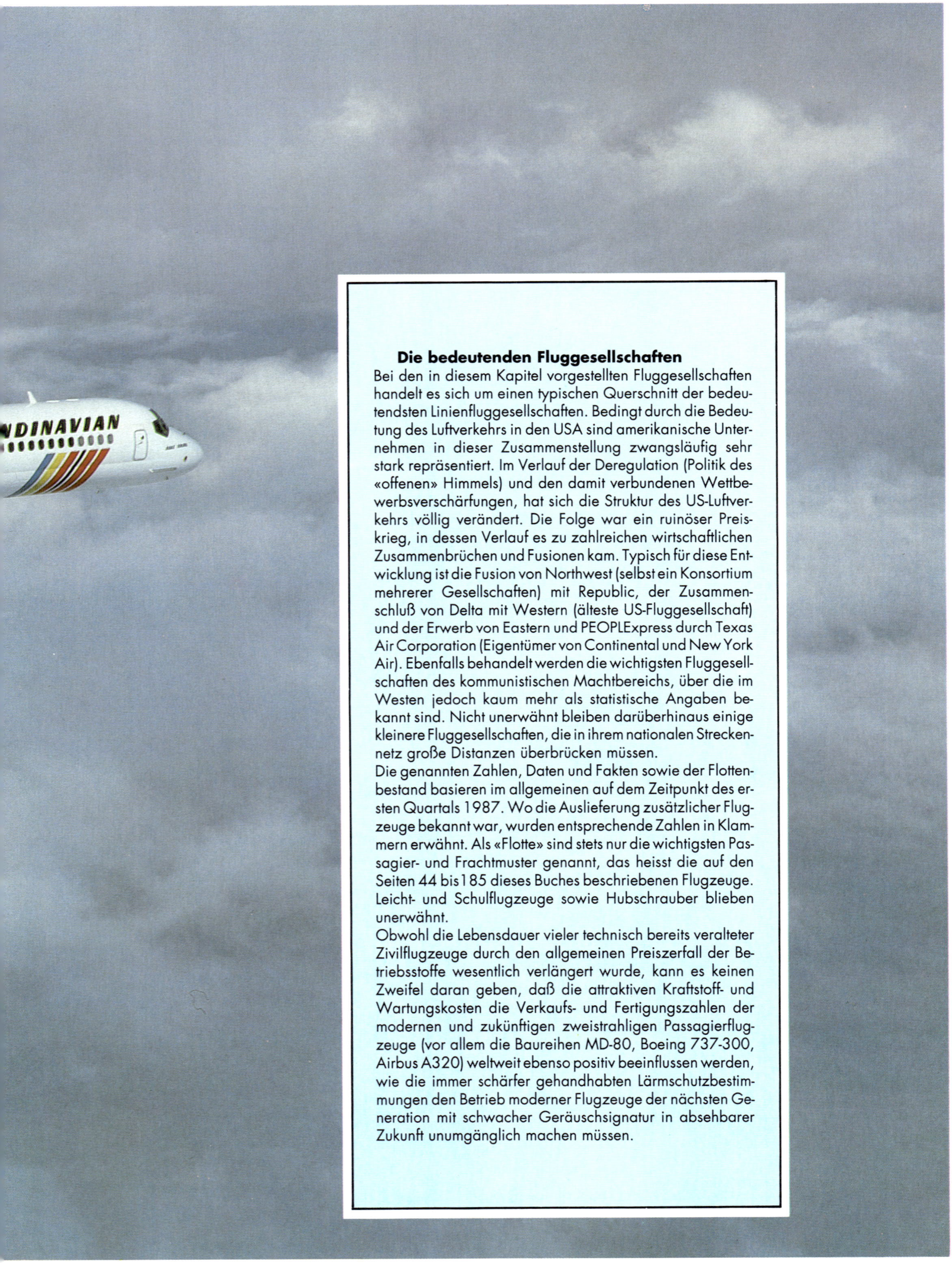

Die bedeutenden Fluggesellschaften

Bei den in diesem Kapitel vorgestellten Fluggesellschaften handelt es sich um einen typischen Querschnitt der bedeutendsten Linienfluggesellschaften. Bedingt durch die Bedeutung des Luftverkehrs in den USA sind amerikanische Unternehmen in dieser Zusammenstellung zwangsläufig sehr stark repräsentiert. Im Verlauf der Deregulation (Politik des «offenen» Himmels) und den damit verbundenen Wettbewerbsverschärfungen, hat sich die Struktur des US-Luftverkehrs völlig verändert. Die Folge war ein ruinöser Preiskrieg, in dessen Verlauf es zu zahlreichen wirtschaftlichen Zusammenbrüchen und Fusionen kam. Typisch für diese Entwicklung ist die Fusion von Northwest (selbst ein Konsortium mehrerer Gesellschaften) mit Republic, der Zusammenschluß von Delta mit Western (älteste US-Fluggesellschaft) und der Erwerb von Eastern und PEOPLExpress durch Texas Air Corporation (Eigentümer von Continental und New York Air). Ebenfalls behandelt werden die wichtigsten Fluggesellschaften des kommunistischen Machtbereichs, über die im Westen jedoch kaum mehr als statistische Angaben bekannt sind. Nicht unerwähnt bleiben darüberhinaus einige kleinere Fluggesellschaften, die in ihrem nationalen Streckennetz große Distanzen überbrücken müssen.

Die genannten Zahlen, Daten und Fakten sowie der Flottenbestand basieren im allgemeinen auf dem Zeitpunkt des ersten Quartals 1987. Wo die Auslieferung zusätzlicher Flugzeuge bekannt war, wurden entsprechende Zahlen in Klammern erwähnt. Als «Flotte» sind stets nur die wichtigsten Passagier- und Frachtmuster genannt, das heisst die auf den Seiten 44 bis 185 dieses Buches beschriebenen Flugzeuge. Leicht- und Schulflugzeuge sowie Hubschrauber blieben unerwähnt.

Obwohl die Lebensdauer vieler technisch bereits veralteter Zivilflugzeuge durch den allgemeinen Preiszerfall der Betriebsstoffe wesentlich verlängert wurde, kann es keinen Zweifel daran geben, daß die attraktiven Kraftstoff- und Wartungskosten die Verkaufs- und Fertigungszahlen der modernen und zukünftigen zweistrahligen Passagierflugzeuge (vor allem die Baureihen MD-80, Boeing 737-300, Airbus A320) weltweit ebenso positiv beeinflussen werden, wie die immer schärfer gehandhabten Lärmschutzbestimmungen den Betrieb moderner Flugzeuge der nächsten Generation mit schwacher Geräuschsignatur in absehbarer Zukunft unumgänglich machen müssen.

AER LINGUS

Aer Lingus ist der Firmenname, unter dem sich die beiden irischen Unternehmen Aer Lingus Teoranta und Aerlinte Eireann zusammengeschlossen haben. Aer Lingus Teoranta wurde am 22. Mai 1936 als nationale Fluggesellschaft der Irischen Republik für den planmässigen inländischen und europäischen Flugverkehr gegründet. Als erste nicht-britische Fluggesellschaft bestellte Aer Lingus die Viscount und als erster europäischer Betreiber die Fokker F.27 Friendship. Im Mai 1965 wird der Einsatz von strahlgetriebenen Flugzeugen (BAC 1-11 One-Eleven) auf Kurzstrecken aufgenommen. Aerlinte Eireann wurde am 26. Februar 1947 ins Leben gerufen und sollte ausschließlich Routen nach Nordamerika bedienen. Veränderte verkehrspolitische Interessen verzögerten die Aufnahme der geplanten Dienste (anfänglich nach Boston und New York). Schliesslich eröffnete Aer Lingus ihren Transatlantikverkehr am 28. April 1958 auf der Route Dublin - Shannon - New York. Bedient wurde die Strecke mit Super Constellation, die von Seaboard gemietet waren. Mit der Auslieferung von drei Boeing 720-048 begann auf dieser Route im Dezember 1960 auch für Aer Lingus das Düsenzeitalter. Mittlerweile betreiben beide Gesellschaften ab Dublin, Shannon und Cork 29 internationale/regionale Passagier- und Frachtdienste nach London und anderen Destinationen in Grossbritannien, Routen zu 14 europäischen Städten sowie nach New York und Boston. Das Aktienkapital befindet sich mehrheitlich im Besitz des Finanzministeriums der irischen Regierung; Mitglieder der Unternehmensleitung halten eine kleine Anzahl von Vorzugsaktien. Aer Lingus beschäftigt derzeit 5600 Personen und beförderte im Geschäftsjahr 1986 insgesamt 2'267'145 Passagiere. Aer Lingus Commuter ist 100%ige Tochtergesellschaft.
Flotte: 3 Boeing 747-100, (2) 737-300, 11 737-200, 4 BAe (BAC) One-Eleven 200, 4 Shorts 360.

Oben: Iljuschin Il-86

Oben: Shorts 360; rechts: Fokker F28-1000

AEROFLOT

Die sowjetische Staatslinie ist die größte Fluggesellschaft der Welt. Die Zahl ihrer Mitarbeiter wird auf 400'000 bis 500'000 Personen geschätzt. Gegründet wurde die Gesellschaft im März 1923 als Dobrolet. Sie beflog planmässige Dienste von Moskau nach Odessa, Georgien und ins zentral-asiatische Russland. 1929 wurde Dobrolet mit den ukrainischen (Ukrwosduchputch) und kaukasischen (Sakavia) Luftverkehrsgesellschaften verschmolzen. Es entstand die Allunionsvertretung der Zivilluftfahrt (WOGWF), die 1932 in Hauptverwaltung der Zivilluftfahrt (GUGWF) und schließlich in Aeroflot umbenannt wurde. Es dauerte jedoch noch fast dreissig Jahre, bis mit der in den arktischen Gebieten operierenden Polar-Flug auch die letzte sowjetische Fluggesellschaft von der Aeroflot übernommen werden konnte. In den 30er Jahren waren die Sowjets hauptsächlich um den Aufbau eines inländischen Streckennetzes bemüht; Dienste zu ausländischen Zielen wurden damals nur sehr selten betrieben. Am 15. September 1956 setzte Aeroflot auf der Strecke Moskau-Irkutsk mit einer Tupolew Tu-104 die erste Düsenmaschine ein. Der zügige Aufbau eines internationalen Streckennetzes begann 1958, und zwar anfänglich zu westeuropäischen Städten und hernach zu Ländern der Dritten Welt in Afrika und Asien. Ihren ersten Transatlantikflug führte die Aeroflot am 7. Januar 1963 durch.
Zur Zeit bedient Aeroflot etwa 3600 inländische Ziele und fliegt in 97 Ländern (Europa, Afrika, Asien, Nord- und Südamerika) 122 Flugplätze an. Ihre internationalen Dienste betreibt Aeroflot ab Moskau (Scheremetjewo) und 12 anderen internationalen Flugplätzen, einschliesslich Leningrad (Pulkowo), Kiew, Taschkent und Chabarowsk. Mittlerweile umfasst das Streckennetz mehr als 1 Million Kilometer, von denen rund 700'000 km auf internationale Strecken entfallen.
1985 beförderte Aeroflot etwa 112 Millionen Passagiere, von denen 3 Millionen auf internationalen Diensten flogen. Im gleichen Zeitraum wurden 3 Millionen Tonnen Fracht und Post befördert.
Flotte (geschätzt; offizielle Daten sind nicht erhältlich): 3000 Antonow An-2, 150 An-12, 700 An-24/26/30, 60 Iljuschin Il-18, 170 Il-62M, 100 Il-76T/TD, 80 Il-86, 400 Let L-310/410UVP, 450 Tupolew Tu-134, 500 Tu-154, 350-450 Jakowlew Jak-40, 100 Jak-42, mehr als 2000 Hubschrauber, einschl. Mi-8, Mi-6, Mi-10K, Kamow Ka-24, Ka-32 und Mi-2.

AEROLINEAS ARGENTINAS

Am 14. Mai 1949 als eine staatliche Körperschaft gegründet, verdrängte Aerolineas Argentinas vier unabhängige Fluggesellschaften: Flota Aerea Mercante Argentina (FAMA), Aviacion del Litoral Fluvial Argentino (ALFA), Zonas Oeste y Norte de Aerolineas Argentinas (ZONDA) und Aeroposta Argentina. Ältestes dieser Unternehmen war Aeroposta Argentina, die ihren Flugbetrieb Ende 1928 aufgenommen hatte. ALFA hat 1938 als Corporacion Sudamericana de Servicios Aereos Flugbootdienste eröffnet, während ZONDA (gegründet 1946) mit DC-3 inländische und regionale Routen betrieben hatte. FAMA (grösste der vier Gesellschaften) war am 8. Februar 1946 ins Leben gerufen und als nationale argentinische Fluggesellschaft etabliert worden. Im September 1946 eröffnete FAMA mit DC-4 Dienste nach London. Am 31. Dezember 1949 stellten die vier Gesellschaften den Betrieb ein und verschmolzen zur Aerolineas Argentinas. Dienste zwischen Buenos Aires und New York wurden im März 1950 aufgenommen und das inländische Streckennetz erweitert. Nach der Einführung von Comet 4 im Mai 1959 wurden die Strecken nach Europa mit Düsenflugzeugen betrieben. Auf inländischen und regionalen Diensten begann das Düsenzeitalter 1962 mit der Caravelle VI-R. Aerolineas Argentinas beschäftigt zur Zeit 9822 Personen. Ihr Streckennetz umfaßt Passagier- und Frachtdienste nach Nord-, Mittel- und Südamerika sowie nach Europa.
Flotte: 6 Boeing 747-200, 1 747SP, 1 707-320B, 8 727-200, 12 737-200; 1 Fokker F.28-4000, 3 F.28-1000

Rechts: Boeing 747-259B Combi, von Avianca auf Langstrecken eingesetzt.
Unten: McDonnell Douglas DC-10-30

AEROMEXICO

Aeromexico, Mexikos nationale Fluggesellschaft, wurde am 1. September 1934 als Aeronaves de Mexico gegründet. Der inländische Flugbetrieb wurde auf der Strecke zwischen Mexico City und Acapulco eröffnet. Aeronaves übernahm zwischen 1952 und 1962 Lineas Aereas Mexicanas SA (LAMSA), Aerovias Reforma SA, Aerolineas Mexicanas SA und Guest Aerovias Mexico (die Transatlantikdienste betrieben hatte). Im Juli 1959 wurde Aeronaves verstaatlicht und von der mexikanischen Regierung eine pan-amerikanische Dachgesellschaft erworben. Die erste bedeutende internationale Strecke von Mexico City nach New York wurde im Dezember 1957 eröffnet und mit Britannia 302 betrieben; später flogen DC-8. Auf Regierungsbeschluss wurden die Inlandfluggesellschaften zu einem integrierten System zusammengefasst. Es bestand aus acht kleineren Betreibern unter der Führung von Aeronaves de Mexico, die ihren Namen im Februar 1972 in Aeromexico änderte.
Aeromexico beschäftigt derzeit 10'350 Personen, fliegt 35 mexikanische Ziele an und verbindet Mexico City mit Passagier- und Frachtdiensten nach Panama City, Caracas, Bogota, Los Angeles, Tucson, Houston, Miami, New York, Toronto, Madrid und Paris.
Flotte: 3 DC-10-30, 2 DC-10-15, 5 DC-8-50, 9 MD-80, 16 DC-9-30, 8 DC-9-10.

AEROVIAS NACIONALES DE COLOMBIA (AVIANCA)

Avianca ist nicht nur die älteste Fluggesellschaft auf dem amerikanischen Kontinent, sondern hält auch den Rekord über den längsten ununterbrochenen planmässigen Liniendienst der Welt. Von einer Gruppe deutscher und kolumbianischer Geschäftsleute am 5. Dezember 1919 gegründet, operierte die Gesellschaft unter dem Firmennamen Sociedad Colombo-Alemana de Transportes Aereos (SCADTA). Liniendienste wurden im September 1921 mit Junkers-Wasserflugzeugen F 13 zwischen der Hauptstadt Bogota und der nördlich gelegenen Hafenstadt Branquilla aufgenommen. 1931 erwarb Pan American 80% des Aktienkapitals. Im Juni 1940 fusionierte SCADTA mit der 1933 gegründeten kleinen Inlandfluggesellschaft Servicio Aereo Colombiano und trägt seitdem den Namen Avianca. Zwischen 1941 und 1952 «schluckte» Avianca weitere einheimische Konkurrenten, so zum Beispiel im September 1951 auch Lineas Aereas Nacionales (LANSA), die alle wichtigen Destinationen in Kolumbien und sogar Caracas bedient hatte.
Das Düsenzeitalter begann für Avianca im Oktober 1960, als mit einigen bei Pan American gemieteten Boeing 707-121 die Liniendienste nach Miami und New York eröffnet wurden. Firmeneigene Boeing 720B konnten erst später eingesetzt werden. 1978 erwarb Avianca die letzten noch im Besitz der Pan American befindlichen Aktien. Mit etwa 6400 Mitarbeitern betreibt Avianca von Bogota aus ein grosses inländisches Streckennetz und unterhält internationale Dienste nach Europa (Frankfurt, Paris), Nordamerika (Los Angeles, Miami, New York) und wichtigen Destinationen in Mittel- und Südamerika. Die Liniengesellschaft Sociedad Aeronautica de Medellin Consolidad SA (SAM) und Helicopteros Nacionales de Colombia SA (Helicol) sind 100%ige Tochterfirmen.
Flotte: 1 Boeing 747-200, 2 747-100, 4 707-320B, (3) 767-200, 7 727-200, 11 727-100.

AIR AFRIQUE

Gegründet wurde die Air Afrique (Société Aérienne Africaine Multinationale) durch die Unterzeichnung des Vertrages von Jaunde/Kamerun am 28. März 1961. Väter der Gesellschaft waren die Air France, die unabhängige französische Fluggesellschaft UAT (heute: UTA) und die elf zur Französischen Union gehörenden afrikanischen Staaten Benin (damals: Dahomey), Burkina Faso (Obervolta), Elfenbeinküste, Gabun, Kamerun, Kongo-Brazzaville, Mauretanien, Niger, Senegal, Tschad und die Zentralafrikanische Republik. 1965 trat Togo dem Gemeinschaftsunterneh-

Unten: Mc Donnell Douglas DC-10-30

men bei, während Kamerun im September 1971 und Gabun 1977 ausschieden, um eigene nationale Fluggesellschaften zu bilden. Jeder Mitgliedsstaat übernahm einen Anteil von 6% am Gründungskapital und die Verpflichtung, sich in dieser Höhe auch an Verlusten bzw. Investitionen zu beteiligen. Den restlichen Kapitalanteil trug die Société pour le Développement du Transport Aérien en Afrique (SODETRAF). Air Afrique begann den Flugbetrieb am 19. August 1961. Sie beflog das Streckennetz von Air France und UAT in Französisch-Afrika und operierte mit Boeing 707 und DC-8, die bei diesen Gesellschaften gemietet worden waren.
Als grösste Fluggesellschaft Schwarzafrikas beschäftigt Air Afrique zur Zeit etwa 5200 Personen und verbindet 22 afrikanische Staaten mit Paris, Bordeaux, Nizza, Genf, Zürich, Rom, Las Palmas, New York und Djidda.
Flotte: 3 DC-10-30, 1 DC-8-63CF, 1 DC-8F-50, 3 Airbus A300B4, 2 Boeing 727-200 (gemietet).

AIR ALGÉRIE

Die Gesellschaft entstand durch den Zusammenschluss der ursprünglich unabhängigen Air Algérie (gegründet 1947) und dem französischen Unternehmen Compagnie Air Transport im Juni 1953. Nationale Fluggesellschaft wurde Air Algérie 1963 und war bis 1972 völlig in staatliche Hände übergegangen. Air Algérie hat heute rund 6300 Mitarbeiter. Ihre Passagier- und Frachtdienste umfassen 34 Flughäfen in Westafrika, Ägypten, Belgien, Bulgarien, Bundesrepublik Deutschland, Frankreich, Griechenland, Grossbritannien, Italien, Jugoslawien, Libyen, Österreich, Rumänien, Schweiz, Spanien, Tschechoslowakei, UdSSR und Nahost. Darüberhinaus unterhält Air Algérie ein ausgedehntes inländisches Streckennetz.
Flotte: 2 Airbus A310-200, 11 Boeing 727-200, 16 737-200, 3 Lockheed L-100-30, 8 Fokker F.27. Darüberhinaus wird eine Anzahl kleinerer Flugzeuge betrieben, z. B. Grumman Ag-Cat und Beechcraft Queen Air.

AIRCAL

AirCal wurde 1966 als innerkalifornische Linienfluggesellschaft gegründet. Sie begann am 16. Januar 1967 den Flugbetrieb mit L-188 Electra zwischen Santa Ana und San Francisco. Bis 1981 als Air California bekannt, eröffnete die Gesellschaft den Düsen-

verkehr mit gemieteten DC-9, die ab 1968 durch die erste von anfänglich sechs gekauften Boeing 737 abgelöst wurden. Nach dem Bankrott des Eigentümers (Westgate-California Corporation) wurde AirCal von 1972 bis 1981 treuhänderisch geleitet. Derzeit betreibt die Gesellschaft Liniendienste zwischen Orange County, Seattle/Tacoma, San Jose, San Francisco, Oakland, Portland, Sacramento, Reno, Lake Tahoe, Burbank, Los An-

Oben: Boeing 737-3A4

geles, San Diego, Ontario, Palm Springs, Chicago, Vancouver (Kanada) und Anchorage (Alaska). AirCal beschäftigt etwa 3100 Personen und wurde Ende 1986 von American Airlines erworben.
Flotte: 8 Boeing 737-300, 23 737-200, 2 737-100, 6 BAe 146-200.

AIR CANADA

Am 10. April 1937 wurde Air Canada von der kanadischen Regierung als Trans-Canada Air Lines (TCA) als Tochtergesellschaft der Nationalen Kanadischen Eisenbahn-Gesellschaft gegründet. Ihre Liniendienste begann die Luftverkehrsgesellschaft am 1. September desselben Jahres mit regelmässigen Passagier- und Luftpostdiensten zwischen Vancouver und Seattle (USA). Ein transkontinentaler Passagierdienst wurde am 1. April 1939 von Vancouver nach Montreal und eine Transatlantikverbindung zur Unterstützung der kanadischen Truppen in Übersee am 22. Juli 1943 zwischen Montreal und Prestwick (Grossbritannien) eingerichtet. Der kommerzielle Nordatlantikverkehr wurde am 7. Mai 1947 mit Canadair DC-4M North Star aufgenommen. Mit Einführung der Viscount 724 zwischen Montreal und Winnipeg am 1. April 1955 wurde die TCA zum ersten Betreiber von turbopropgetriebenen Flugzeugen auf dem amerikanischen Kontinent. Insgesamt betrieb die Gesellschaft schliesslich 51 Viscount. Das Düsenzeitalter begann bei TCA, als am 1. April 1960 auf der Strecke Montreal-Toronto-Vancouver die erste DC-8-41 eingesetzt wurde. Seinen heutigen Namen trägt das Unternehmen seit dem 1. Januar 1965. Am 1. November 1966 nahm sie als erste nordamerikanische Gesellschaft den Flugbetrieb in die UdSSR auf.
Seit Februar 1978 gilt die staatliche kanadische Fluggesellschaft als «Crown Corporation», ist jedoch in allen Entscheidungsbereichen ein selbständiges Unternehmen. Heute bedient Air Canada 29 inländische Destinationen und betreibt internationale Dienste nach Europa, USA, Karibik, Bermuda und Fernost. Weltweit fliegt Air Canada insgesamt 62 Flughäfen an. Die Gesellschaft beschäftigt 22'100 Mitarbeiter und beförderte 1985 11'200'000 Passagiere.
Flotte: 2 Boeing 747-200, 3 747-100, 8 L-1011 TriStar 1/100, 6 L-1011 TriStar 500, 7 DC-8-73F, 14 767-200, 36 727-200, 35 DC-9-30.

Unten: Boeing 767-233

AIR FRANCE

Gegründet wurde das Unternehmen am 30. August 1933, als die Société Centrale pour l'Exploitation de Lignes Aériennes (am 17. Mai 1933 durch den Zusammenschluss von

Boeing 737-228 Advanced

vier französischen Gesellschaften entstanden) die bankrotte Compagnie Générale Aéropostiale erwarb. Die durch diese Verbindung entstandene Flotte umfasste 259 Flugzeuge mit 35 verschiedenen Typen. Nach dem Ende des 2. Weltkrieges wurden die französischen Fluggesellschaften verstaatlicht. Am 1. Januar 1946 wurde die Société Nationale Air France gegründet, jedoch am 16. Juni 1948 durch Regierungsbeschluss in Compagnie Nationale Air France umbenannt. Am 26. August 1953 setzte Air France die Comet 1A erstmals auf der Route Paris-Rom-Beirut ein. Viscount 708 operierten erstmals zwischen Paris und London am 15. September 1953. Zur Zeit hält die französische Regierung 99,38% des Aktienkapitals der Gesellschaft.
Das derzeitige Streckennetz der Air France umfasst europäische, nordafrikanische und nahöstliche Mittelstreckendienste sowie Langstrecken nach Nord- und Südamerika, den karibischen Inseln, Afrika, Madagaskar und dem Indischen Ozean, China, Japan und andere fernöstliche Ziele. Darüberhinaus betreibt Air France einen sehr ertragreichen innerfranzösischen Nachtpostdienst (Postale de Nuit) mit Fokker F.27 Friendship und Transall C-160. Insgesamt fliegt Air France heute mehr als 140 Flughäfen in mehr als 70 Ländern an und beschäftigt etwa 35000 Mitarbeiter.
Beginnend mit der Route Paris-London am 23. Mai 1974 führten die Franzosen als erste Fluggesellschaft die A300 Airbus ein und eröffneten (gemeinsam mit British Airways) am 21. Januar 1976 mit der Concorde den zivilen Überschallpassagierverkehr.
Flotte: 17 (+1) Boeing 747-200, 15 747-100, 13 Airbus A300B4, 4 A300B2, 6 A310-200, 8 Concorde, 29 727-200, (25) A320, 14 737-200, 2 Transall C-160, 15 Fokker F.27.

AIR-INDIA

Air-India wurde am 8. März 1948 als Air-India International von Air-India Ltd. (hält 51% des Aktienkapitals) und der indischen Regierung (hält 49% des Aktienkapitals) zur Betreibung eines internationalen Flugverkehrs gegründet. Air-India Ltd. hat den Flugbetrieb als Tata Sons Ltd. am 15. Oktober 1932 begonnen und mit de Havilland Puss Moth Post auf der Strecke Karachi-Ahmedabad-Bombay-Bellary-Madras befördert. Im Januar 1938 wurde der Firmenname in Tata Airlines umbenannt. Am 29. Juli 1946 in ein ziviles Unternehmen umgewandelt, erhielt die Gesellschaft den Namen Air-India Ltd. 1947 wurden Vickers Viking beschafft und mit der indischen Regierung Gespräche zur Schaffung der Air-India International aufgenommen. Der erste Langstreckendienst wurde am 8. Juni 1948 mit Lockheed Constellation zwischen Bombay und London mit Zwischenlandungen in Kairo und Genf eröffnet. Nachdem die indische Regierung im März 1953 mit dem «Air Corporations Act» die Fusion von acht Inlandfluglinien beschlossen hatte, wurde Air-India International am 1. August des gleichen Jahres verstaatlicht. (Air-India Ltd. verschmolz mit Indian Airlines Corporation.)
Das Jetzeitalter begann für Air-India International mit Boeing 707-437 am 19. April 1960 auf der Route Bombay-London, und ihr Name wurde am 8. Juni 1962 offiziell in Air-India verkürzt. Air-India unterhält planmässige Passagier- und Frachtdienste von Bombay, Kalkutta, Delhi, Hyderabad, Madras und Trivandrum zu Zielen im Nahen Osten, Europa, Afrika, Australien, USA und Kanada. Zur Zeit beschäftigt Air-India 17'000 Mitarbeiter.
Air-India Charters (gegründet im September 1971) und Hotel Corporation of India sind 100%ige Tochtergesellschaften.
Flotte: 9 Boeing 747-200, 1 DC-8-73F (gemietet), 1 DC-8-63F (gemietet), 3 Airbus A300B4, 6 A310-300.

AIR INTER

Air Inter (Lignes Aériennes Intérieures) wurde am 12. November 1954 für den innerfranzösischen Flugverkehr gegründet. Ein Probebetrieb mit gemietetem Fluggerät begann 1958 (erster Dienst: Paris-Strasbourg, eröffnet: 17. März), erwies sich jedoch schon sehr bald als Fehlschlag und musste nach wenigen Monaten eingestellt werden. Erst im Juni 1960 konnte der reguläre Liniendienst mit gemietetem

Oben: Airbus A310-304 mit den typischen Grenzschichtzäunen an den Flügelspitzen.

Gerät beginnen. Fünf Jahre später erwarb Air Inter die ersten eigenen Flugzeuge, und zwar fünf Viscount von der Air France. Die ersten eigenen Düsenflugzeuge Caravelle III wurden im März 1967 in Dienst gestellt. Ebenfalls 1967 wurde die Stellung der Gesellschaft im innerfranzösischen Flugverkehr durch einen Staatsvertrag geregelt und die Anwendungsmodalitäten bzw. die Aktivitäten im französischen Binnenmarkt mit Air France und UTA abgestimmt. Als der französische Staat 1972 seine Subventionen einstellte, stand Air Inter auch finanziell auf «eigenen Beinen». Air Inter ist die einzige Fluggesellschaft weltweit, die jemals Dassault-Breguet Mercure 100 gekauft und am 4. Juni 1974 erstmals zwischen Paris und Lyon eingesetzt hat. 1977 zog sich Air Inter aus dem Charterverkehr zurück und überliess dieses Geschäft der Air France. Als Gegenleistung erhielt Air Inter eine 20%ige Beteiligung an Air Charter International, einer 1966 gegründeten 100%igen Air-France-Tochter.
Air Inter unterhält ein umfangreiches Passa-

gier- und Frachtstreckennetz und bedient von Paris aus etwa 30 Destinationen in Frankreich und auf Korsika. Die Hauptverwaltung der Gesellschaft befindet sind in Paris-Orly. Air Inter beschäftigt etwa 7'000 Mitarbeiter. Flotte: 1 Airbus A300B4, 14 (+3) A3C0B2, (12) A320, 11 Mercure 100, 12 Caravelle 12/III, 7 Fokker F.27.

AIR LANKA

Air Lanka wurde am 10. Januar 1979 als nationale Fluggesellschaft von Sri Lanka gegründet. Sie ist die Nachfolgerin der Air Ceylon, die ihren Flugbetrieb am 31. März 1978 eingestellt hatte. Regelmässige Passagier- und Frachtdienste mit Boeing 707 wurden mit administrativer und technischer Hilfe der Singapore Airlines am 1. September 1979 ab Co-

Oben: Airbus A300B2-1C

lombo aufgenommen. 60% des Aktienkapitals hält die Regierung, die restlichen 40% befinden sich in privater Hand.
Air Lanka unterhält zur Zeit Liniendienste nach Bangkok, Hong Kong, Kuala Lumpur, Tokio, Tiruchirapalli, Trivandrum, Madras, Bombay, Male, Karachi, Dubai, Bahrain, Abu Dhabi, Doha, Muscat, Dhahran, Kuwait, Kopenhagen, Rom, Wien, Zürich, Paris, Frankfurt, Amsterdam und London. Die Gesellschaft beschäftigt 3'589 Mitarbeiter.
Flotte: 2 Boeing 747-200B, 2 L-1011 TriStar, 1 Boeing 737-200.

AIR NEW ZEALAND

Gegründet wurde Air New Zealand 1939 als Tasman Empire Airways Ltd (TEAL). Ihr Aktienkapital war im Besitz der neuseeländischen Regierung (50%), Australiens (30%) und Grossbritanniens (20%). Nachdem zwei Flugboote S30 der Empire-Klasse eingetroffen waren, wurde am 30. April 1940 zwischen Auckland und Sydney der Flugverkehr aufgenommen. Nachdem die britische Regierung

Unten: Lockheed L-1011-500 TriStar

1953 beschlossen hatte, ihre Beteiligung aufzugeben, verblieben nur noch Neuseeland und Australien als Aktionäre; jede Regierung mit 50%. Im Juli 1961 ging TEAL in den alleinigen Besitz Neuseelands über. Als Gegenleistung erhielt Quantas Flugrechte auf den transtasmanischen Routen. Zum 1. April 1965 wurde TEAL in Air New Zealand umbenannt. Ihr erstes Düsenflugzeug – eine DC-8-52 – nahm am 3. Oktober 1965 auf der Strecke Christchurch-Sydney seinen Dienst auf.
1977 beschloss die neuseeländische Regierung, die ANZ mit der anderen, ebenfalls in staatlichem Besitz befindlichen Fluggesellschaft New Zealand National Airways Corporation (NZNAC) zu verbinden. Am 1. April 1978 wurde die Fusion rechtskräftig. NZNAC war durch einen Act of Parliament im November 1945 durch den Zusammenschluss von drei privaten Gesellschaften (Union Airways of New Zealand, Cook Strait Airways und Air

Oben: Fokker F.27-500

Travel) als staatliche Inlandfluggesellschaft begründet worden. Das inländische Streckennetz der Air New Zealand umfasst heute 24 Flughäfen. Über Auckland und Christchurch verbindet sie ihre Heimat mit 18 Destinationen in Australasien, dem Pazifik, dem Fernen Osten, Nordamerika und Europa. ANZ beschäftigt etwa 7000 Mitarbeiter. Zu ihren Tochtergesellschaften gehören die eigenständige Frachtgesellschaft Safe Air und das Reservierungssystem Instant Freeline Reservations (Flug, Hotel, Mietwagen).
Flotte: 6 Boeing 747-200, 3 767-200ER, 1 DC-8F-50, 10 737-200, 15 Fokker F.27.

AIR PORTUGAL-TAP

Von der portugiesischen Regierung wurde die Air Portugal 1944 als Tochtergesellschaft der Civil Aeronautics gegründet. Sie erhielt den Namen Transportes Aereos Portugueses SARL. Regelmässige Liniendienste wurden am 19. September 1946 zwischen Lissabon und Madrid und später nach Luanda (Angola) und Lourenço Marques (Moçambique) und Paris aufgenommen. Betrieben wurden diese Routen mit DC-3 und später mit DC-4. Mit dem Dienst Lissabon-Oporto wurde 1947 die erste Inlandstrecke eröffnet. Sechs Jahre später schied die Regierung als TAP-Aktionär aus und verkaufte ihren Anteil hauptsächlich an ein privates Konsortium, und TAP wurde eine Aktiengesellschaft. Ab Juli 1955 wurden Super-Constellation in Dienst gestellt und das Streckennetz von 1959 an um afrikanische Destinationen erweitert. In Verbindung mit Panair do Brasil (heute: Varig) wurden 1960 mit Panair-DC-7C-Flugzeugen Routen nach Rio de Janeiro, mit Zwischenlandungen auf Ilha do Sal und in Recife, eröffnet. Von Juli 1962 an liefen der TAP die ersten Caravelle VI-R zu. Das Düsenzeitalter hatte jedoch schon früher begonnen, und zwar (in Zusammenarbeit mit BEA) mit dem Betrieb von Comet 4B. Nordatlantikdienste wurden ab Lissabon 1969 nach New York und 1971 nach Montreal aufgenommen. Nach einem erfolgreichen Umsturz wird TAP am 15. April 1975 erneut verstaatlicht; ihren heutigen Namen trägt sie seit 1979.
Das internationale Streckennetz der Air Portugal umfasst Ziele in Europa, auf den Kanarischen Inseln, in Afrika, Nord-, Mittel- und Südamerika. Ihre Inlandflüge verbinden Lissabon, Oporto, Faro, Madeira und die Azoren. Darüberhinaus ist TAP auch im Charterverkehr aktiv. TAP beschäftigt etwa 10'000 Mitarbeiter.
Flotte: 5 Lockheed L-1011 TriStar 500, 3 Boeing 707-320B, 3 707-320C, 4 727-200, 4 727-100, 7 737-200.

ALIA – THE ROYAL JORDANIAN AIRLINE

Alia wurde im Dezember 1963 als staatliche Fluggesellschaft gegründet. Sie ist die Nachfolgerin des alten nationalen Carriers Jordanian Airways. Im gleichen Monat wurde der Flugbetrieb in die Nachbarländer aufgenommen, und zwar mit einer gemieteten DC-7 und hernach mit zwei Handley Page Herald. Das Düsenzeitalter begann bei Alia mit der Indienststellung der ersten Caravelle 10R und der Eröffnung neuer Dienste nach Paris und

Oben: Boeing 727-282 Advanced

Rom im Juli 1965. Nach der Einführung von Boeing 747-2D3B im Juli 1977 konnte Alia als erste arabische Fluggesellschaft den Nahen Osten mit Nordamerika verbinden. Derzeit fliegt Alia ab Amman zu 38 Städten in Europa, dem Nahen und Fernen Osten, Nordamerika und Nordafrika. Sie beschäftigt 4'551 Mitarbeiter und unterhält die Tochtergesellschaften Arab Wings Company Ltd. (Lufttaxi, Sanitäts- und Charterdienste mit Strahlflugzeugen; gegründet 1975), Arab Air Services, Arab Air Cargo und hat zahlreiche Beteiligungen in der Hotel- und Touristikbranche.
Flotte: 2 Boeing 747-200, 8 Lockheed L-1011 TriStar 500, (6) Airbus A310-300, 3 707-320C, 4 727-200, (6) A320.

ALITALIA

Alitalia (Linee Aeree Italiane) wurde in ihrer ursprünglichen Form am 16. September 1946 als Alitalia-Aviolinee Italiane Internazionali gegründet. Es war eine Aktiengesellschaft. 47,5% ihres Kapitals wurden von der italienischen Regierung, 40% von BEA und der Rest von Privatleuten aufgebracht. Am 5. Mai 1947 konnte der Flugbetrieb mit einer Fiat G.12 (bei der ital. Luftwaffe gemietet) zwischen Turin, Rom und Catania aufgenommen

Unten: Lockheed L-1011-500 Tri-Star

werden. Von den vielen nach 1945 gegründeten italienischen Linienfluggesellschaften existierte zehn Jahre später neben Alitalia nur noch LAI (Linee Aeree Italiane). LAI war im selben Jahr wie Alitalia von der italienischen Regierung und TWA gegründet worden. Mit Ausnahme der Strecke Rom-Turin wurden alle Inlandstrecken von LAI betrieben. Mit Genehmigung ihrer Regierung durften beide Gesellschaften aber auch internationale Dienste unterhalten. Dies zwang Alitalia schliesslich zur Änderung ihres Firmennamens in Alitalia-Linee Aeree Italiane und 1957 zur Übernahme der LAI.
1960 führte Alitalia die ersten Düsenflugzeuge ein. Am 23. Mai nahmen Caravelle VI-N den Flugbetrieb zwischen Rom-London auf, während DC-8-43 am 1. Juni die Strecke Rom-New York eröffneten. Heute betreibt Alitalia ein umfassendes, weltweites Streckennetz. Sie fliegt Ziele in Europa, Afrika, in Nah- und Fernost, Australien sowie Nord- und Südamerika an und ist beteiligt an ATI-Aero Transporti Italiani (eine 1963 gegründete Chartergesellschaft). Im Jahre 1985 hat Alitalia 12'800'000 Passagiere befördert und beschäftigt derzeit 18'000 Mitarbeiter.
Flotte: 12 Boeing 747-200, 8 Airbus A300B4, 18 (+6) MD-80, 20 DC-9-30.

ALL NIPPON AIRWAYS

Betrachtet man ausschliesslich den Flottenbestand und die Anzahl der beförderten Passagiere, so hat sich ANA in weniger als drei Jahrzehnten zur grössten japanischen Fluggesellschaft entwickelt. 1952 als Japan Helicopter and Aeroplane Transport Company gegründet, eröffnete sie ihren Flugbetrieb mit de Havilland-«Dove»-Flugzeugen zwischen Tokio und Osaka im Dezember 1953. Vier Jahre später änderte sie ihren Namen in All Nippon Airways und fusionierte im März 1958 mit Kyokuto Airlines.

Oben: Airbus A300B4-203

Kyokuto Airlines war im März 1953 gegründet worden und hatte von Osaka aus Zielorte in Südjapan bedient. Obwohl ANA in Japan Air Lines und der japanischen Eisenbahn leistungsstarke Konkurrenten gegenüberstanden, gelang ANA eine stürmische Expansion. Im November 1963 konnte sie Fujita Airlines, 1965 Central Japan Airlines und 1967 Nagasaki Airways übernehmen.
Bereits im Mai 1964 war das erste Düsenverkehrsflugzeug – eine bei Boeing gemietete B 727 – auf der Route Tokio-Sapporo eingesetzt worden. Den Betrieb einiger Strecken überlässt ANA der Nihon Kinkyori Airways, einem drittklassigen Unternehmen, das im März 1974 von Japan Air Lines, ANA, Toa Domestic und anderen japanischen Fluggesellschaften zum Betrieb staatlich subventionierter Zubringerdienste zu abgelegenen Destinationen gegründet wurde.
Zur Zeit beschäftigt ANA 10'945 Mitarbeiter. Ihr Passagier- und Frachtstreckennetz bedient 71 Inland- und Regionalrouten. Sie bietet ausserdem regionale Charterflüge an, wie z. B. nach Peking, Hong Kong, Manila und Singapur, und eröffnete 1986 ihre ersten internationalen Liniendienste nach Los Angeles und Washington, DC.
Flotte: 3 Boeing 747-200, 17 747SR, 11 Lockheed TriStar 1, 25 767-200, (15) 767-300, (10) Airbus A320, 12 727-200, 14 737-200, 19 NAMC YS-11.

Oben: Boeing 767-281

AMERICAN AIRLINES

American Airlines entstand im Mai 1934 als Nachfolgeunternehmen der American Airways. Letztere war 1930 von der Aviation Corporation (AVCO) gegründet worden, um unter Führung der AVCO den Flugzeugpark und das Streckennetz von fünf Betreibern vereinigen zu können. Die nun von der AVCO einverleibten Gesellschaften hatten vorher ihrerseits eine Vielzahl von Fluglinien übernommen, deren Gründung bis 1926 zurückreich-

Unten: Boeing 767-223

te und die sich um die Entwicklung des Flugverkehrs in den USA verdient gemacht hatten. So repräsentierte American schliesslich ein Gemisch von ursprünglich 85 Firmen. Anfang der 30er Jahre war American hauptsächlich im Luftpostgeschäft tätig. Ihre Bemühungen um die Entwicklung des Passagierverkehrs führte zur Einführung der DC-3, die unter ihrer Mitarbeit entworfen worden war.

Seit dem Ende des 2. Weltkrieges hat American bei der Gestaltung einiger bedeutender Passagierflugzeuge mitgewirkt, so z. B. Convair 240 und 990, Douglas DC-7 und DC-10 sowie Lockheed Electra. Ab 1945 unterhielt American zum Anflug einiger europäischer Länder eine Tochtergesellschaft für Transatlantikdienste: American Overseas Airlines (AOA). Im September 1950 wurde AOA an Pan American verkauft.

Am 29. November 1953 eröffnete American als erste US-Gesellschaft mit DC-7 Nonstop-Verbindungen zwischen New York und Los Angeles. Auf derselben Route nahm am 25. Januar 1959 die erste von vielen Boeing 707 ihren Dienst auf.

Als American auf ihren Kurzstrecken im März 1966 One-Eleven-Flugzeuge einführte, wurde sie zum grössten BAC-Kunden. Die erste DC-10 wurde am 5. August 1971 zwischen Los Angeles und Chicago eingesetzt. Im selben Jahr kaufte American die Trans Caribbean Airways auf und begann mit dem Anflug karibischer Destinationen.

Als eine der grössten Fluggesellschaften der Welt betreibt American heute ein Streckennetz mit 137 Zielorten. Sie bedient Flughäfen in den USA, Kanada, Mexico und der Karibik. In Europa fliegt sie London, Manchester, Düsseldorf, München, Frankfurt und Paris an. Für 1987 ist der Anflug von Tokio, Zürich und Genf geplant. Als Ergänzung der inneramerikanischen Drehscheiben ihrer Dienste sind neue Knotenpunkte in Nashville, San Juan und Raleigh/Durham in Vorbereitung. 1985 beförderte American 41'000'000 Passagiere. Zur Zeit beschäftigt sie 50'000 Mitarbeiter. Ende 1986 wurde AirCal übernommen.

Flotte: 2 Boeing 747SP, 10 DC-10-30, 46 DC-10-10, 13 767-200, 9 (+8) 767-200ER, 125 727-200, 39 727-100, 83 (+37) MD-80.

AMERICA WEST AIRLINES

America West Airlines, eine regionale Billigfluggesellschaft mit Sitz in Phoenix, Arizona, wurde im September 1981 gegründet und begann den regelmässigen Flugverkehr am 1. August 1983 mit drei Boeing 737 und 280 Mitarbeitern. Nachdem sie anfänglich nur Colorado Springs, Kansas City (seitdem ununterbrochen), Los Angeles, Phoenix und Wichita bediente, hat sie mittlerweile Phoenix Sky Harbor International Airport zum Drehkreuz ihres Luftverkehrs gemacht. Zur Zeit fliegt sie 30 Städte in 12 US-Staaten und in Alberta/Kanada, an. Zum Ausbau ihres Flugbetriebes in Arizona beschaffte die Gesellschaft ab Frühjahr 1987 de-Havilland-«Dash 8»-Flugzeuge, um Zubringerdienste nach Yuma und Flagstaff durchführen zu können. Als zusätzlicher wichtiger Knotenpunkt ist Las Vegas vorgesehen. Nachtflugverbindungen sollen die Stadt mit sieben Zielorten verbinden. 1985 wurden 5'125'710 Passagiere befördert.

Flotte: 5 (+21) Boeing 737-300, 6 (+3) 757, 25 (+12) 737-200, 4 737-100, 3 Dash 8, (25) A300-600R, (15) 767-300ER.

ANSETT AIRLINES OF AUSTRALIA

Ursprünglich gegründet im Februar 1936 als Ansett Airways Ltd. Sie begann ihren Flugbetrieb mit einer Fokker Universal zwischen Melbourne und Hamilton. 1939 flog Ansett von Melbourne bereits Adelaide, Broken Hill und

Unten: Boeing 737-3G7

Sydney an. Ende 1945 kaufte Ansett drei C-47 und dehnte ihr Streckennetz nach Hobart und Brisbane aus. Sieben Jahre später wurde Barrier Reef Airways, die von Brisbane mit Wasserflugzeugen Sydney, Hayman Island und Townsville bediente, übernommen. Zusätzliche Verkehrsrechte wurden erworben,

Unten: Boeing 767-277; am 27. Juni 1983 bei Ansett eingeführt.

als 1953 die bankrotte Trans Oceanic Airways «geschluckt» werden konnte. Hernach wurden Convair 340 und 440 eingeführt, um Billigflüge zwischen den Hauptstädten der australischen Bundesländer anbieten und im Wettbewerb mit Trans-Australia Airlines (TAA) und Australian National Airways (ANA) bestehen zu können. Ansett ist eine «Tochter» von Ansett Transport Industries Ltd. (ATI). Nachdem ATI 1957 ANA erworben hatte, wurde im selben Jahr Ansett-ANA ins Leben gerufen. Nun erstreckten sich die ANA-Dienste über Sydney und Melbourne nach Tasmanien und über Westaustralien bis nach Perth. Als eine Folge weiterer Fusionen besitzt ATI heute viele «Töchter», dazu gehören Ansett WA (vormals MacRobertson Miller Airlines), Ansett NT und Air New South Wales. Am 10. März 1959 eröffnete Ansett mit Lockheed Electra Turboprop-Dienste zwischen Sydney und Melbourne. Das Düsenzeitalter begann am 2. November 1964 mit der Einführung von Boeing 727-77. Den heutigen Namen führt die Gesellschaft seit Ende 1968. Ihre Strecken bedienen alle australischen Bundesländer.

Flotte: 5 Boeing 767-200, 13 727-200, 12 737-300, (8) Airbus A320, 1 (+9) Fokker F. 50, 6 F.27.

ATI – AERO TRANSPORTI ITALIANI

ATI betreibt in Italien ein umfangreiches Passagier-Streckennetz. Im Dez. 1963 als Tochtergesellschaft der Alitalia gegründet, sollte ATI die bis zu diesem Zeitpunkt von Societa Aerea Mediterranea betriebenen Routen übernehmen. ATI nahm im Juni 1964 den Flugbetrieb auf und bedient zur Zeit Turin, Mailand, Venedig, Verona, Triest, Udine, Gorizia, Genua, Bologna, Pisa, Florenz, Rom, Neapel, Bari, Brindisi, Taranto, Lecce, Reggio Calabria, Messina, Catania, Palermo, Trapani, Siracusa, Marsala, Cagliari, Alghero, Sassari sowie die Inseln von Pantellaria und Lampedusa. Darüberhinaus führt eine speziell ausgestattete Fokker F.27 die Flugvermessung elektronischer Navigations- und Landehilfen durch. ATI beschäftigt etwa 1'920 Mitarbeiter.

Flotte: 12 MD-80, 24 DC-9-30, 5 (+1) ATR 42, 1 Fokker F.27.

AUSTRALIAN AIRLINES

Am 12. Februar 1946 erhielt die Australian Airlines Commission die Regierungsgenehmigung zur Betreibung von Inlandflügen. Die schliesslich geschaffene staatliche Gesellschaft operierte unter dem Namen Trans-Australia Airlines (TAA) und nahm am 9. September 1946 mit DC-3 zwischen Melbourne und Sydney den Flugbetrieb auf. Im Dezember bestanden bereits Verbindungen zu allen australischen Landeshauptstädten, und auf den wichtigsten Küstenstrecken hatte TAA den Wettbewerb mit Australian National Airways (mittler-

Unten: DC-9-32 der Aero Transporti Italiani; die Bemalung weist gezielt auf die «Verwandschaft» mit Alitalia hin.

Oben: Boeing 737-376

weile in Ansett aufgegangen) aufgenommen. 1949 beantragte und entwickelte TAA nach erfolgter Genehmigung zügig die von Quantas Empire Airways Ltd. (heute: Quantas) erschlossenen Routen in Queensland und übernahm auch deren «Flying Doctor Services». Auf Wunsch der australischen Regierung befliegt TAA seit 1960 die vormals von Quantas nach Papua-Neuguinea betriebenen Strecken. Sie übernahm damals auch die dort für Quantas operierenden sechs DC-3 und vier de Havilland Canada Otter.

Gleichzeitig mit ihrem stärksten Konkurrenten (Ansett-ANA) setzte TAA am 2. November 1964 mit einer Boeing 727-76 ihr erstes Düsenflugzeug ein. In Zusammenarbeit mit Ansett, Quantas und der australischen Regierung half TAA 1973 beim Aufbau der Air Niugini. Seit 1986 führt TAA den Firmennamen Australian Airlines.

Zur Zeit verbindet das Unternehmen 32 australische Städte und beschäftigt fast 8'000 Mitarbeiter.

Flotte: 4 Airbus A300B4, (9) A320-200, 12 Boeing 727-200, 1 727-100, 6 (+6) 737-300, 9 DC-9-30, 3 Fokker F.27, 3 BAe Jetstream 31.

AUSTRIAN AIRLINES

Austrian Airlines (Österreichische Luftverkehrs-AG) wurde am 30. September 1957 durch eine Fusion von Air Austria und Austrian Airways ins Leben gerufen, die zwar bereits gegründet worden waren, den Flugbetrieb aber noch nicht aufgenommen hatten. ÖLAG, die erste österreichische Linienfluggesellschaft, war 1938 von der Deutschen Lufthansa AG übernommen worden. Nach der Beendigung der Feindseligkeiten 1945 hoben die Alliierten das Luftfahrtverbot erst nach der Unterzeichnung des Staatsvertrages 1955 auf. Austrian Airlines eröffnete den regelmässigen

Oben: McDonnell Douglas MD-81

Flugverkehr mit gemieteten Viscount 779 am 31. März 1958 zwischen Wien und London. Mit der Einführung der Caravelle VI-R am 20. Februar 1963 begann für Austrian das Düsenzeitalter. Austrian benötigte die Strahlflugzeuge, um ihr schnell wachsendes europäisches Streckennetz wirtschaftlich betreiben zu können. Ihren ersten Inlanddienst eröffnete Austrian am 1. Mai 1963 mit DC-3.
Ab 19. Juni 1971 begann Austrian mit der schrittweisen Indienststellung von DC-9 und gehörte am 30. Oktober 1977 zu den ersten Auftraggebern der neuen MD-80, die im Oktober 1980 den Flugbetrieb aufnahmen. 99% des Aktienkapitals der Austrian befindet sich in staatlicher Hand. Derzeit betreibt die Gesellschaft ein Streckennetz von 46'519 km Länge und bedient 42 Städte in 30 europäischen, nordafrikanischen und nahöstlichen Staaten. 1985 beschäftigte Austrian 3'050 Mitarbeiter und beförderte 2'003'947 Fluggäste (einschl. 466'452 Charter-Passagiere).
Flotte: (2) Airbus A310-300, 13 (+4) MD-80, 4 DC-9-30, (2) Fokker F.50.

BALKAN BULGARIAN AIRLINES

Von ihrer Regierung ursprünglich als Bulgarshe Vazdusne Sobstenie gegründet, nahm die bulgarische Fluggesellschaft am 29. Juli 1947 den Inlandverkehr auf. 1949 nahm das Unternehmen unter sowjetischer Beteiligung 50% des Kapitals) den Namen TABSO an. Obwohl sich die Sowjets schon 1954 wieder

Unten: Tupolev Tu-154B-2

aus dem Geschäft zurückzogen und ihren Anteil an die bulgarische Regierung verkauften, operierte das Unternehmen noch bis 1968 als TABSO. Die Lisunow-Li-2-Flotte wurde durch Iljuschin Il-14 ergänzt und zahlreiche internationale Strecken zu europäischen Hauptstädten eröffnet. Die Einführung der Iljuschin Il-18 im Jahre 1962 ermöglichte den Bulgaren die Ausdehnung ihres Streckennetzes nach Algier und Tunis sowie die Aufnahme des Charterverkehrs zu den Urlaubszentren am Schwarzen Meer. 1968 wurde Bulair als Tochtergesellschaft ins Leben gerufen. Sie mietete Il-18 und An-12 von BALKAN Bulgarian und betrieb Passagier- und Frachtdienste; 1972 wurde Bulair in die Muttergesellschaft integriert. Mit der Einführung von Tupolew Tu-132 trat Balkan Bulgarian Airlines 1968 in das Düsenzeitalter ein. Zur Zeit erstreckt sich das Passagier- und Frachtstreckennetz auf 44 Zielorte in Europa, Afrika und Asien sowie 8 Inlandflughäfen. Das Unternehmen betreibt auch Landwirtschaftsflugzeuge und beschäftigt etwa 2'780 Mitarbeiter.
Flotte: 17 Tupolew Tu-154B, 3 Tu-154M, 17 Tu-134/134A/134B, 3 Antonow An-12, 7 Iljuschin Il-18, 1 An-30, 8 An-24, 12 Jakowlew Jak-40, 9 Mil Mi-8.

BANGLADESH BIMAN

Am 4. Januar 1972 wurde Bangladesh Biman als nationale Fluggesellschaft der Volksrepublik Bangladesch gegründet. Der Liniendienst auf Inlandstrecken begann am 4. Februar des gleichen Jahres. DC-3 bedienten Dacca, Chittagong, Sylhet und Jessore. Hernach wurden gemietete Fokker F.27 eingesetzt, während mit gemieteten Boeing 707 am 1. Januar 1973 ab Dacca eine Route nach London eröffnet wurde.
Derzeit beschäftigt Bangladesh Biman etwa 4'500 Mitarbeiter und fliegt im Inland sieben

Unten: McDonnell Douglas DC-10-30

Flughäfen an. Ihr internationales Streckennetz bedient Singapur, Kuala Lumpur, Bangkok, Rangun, Katmandu, Kalkutta, Bombay, Karachi, Dubai, Abu Dhabi, Kuwait, Muscat, Doha, Dhahran, Djidda, Tripolis, Athen, Rom, Amsterdam und London.
Flotte: 3 DC-10-30, 5 Boeing 707-320B/C, 2 Fokker F.28-4000, 3 F.27-600.

BRANIFF

Die in Dallas, Texas, beheimatete Linienfluggesellschaft ist die Nachfolgerin der früheren Braniff International, die 1928 von den Brüdern Tom und Paul Braniff gegründet wurde. 1929 wurde die Gesellschaft Teil der Aviation Corporation, aus der später American Airlines hervorging. Braniff wurde am 3. November 1930 als unabhängiges Unternehmen reorganisiert und verlängerte ihre bereits 1928 eröffnete alte Route Tulsa - Oklahoma City bis nach Wichita.
Der Anflug von Lima (Peru) wurde am 4. Juni 1948 von Houston über Havana (Kuba) aufgenommen und später nach Rio de Janeiro, Asuncion und Buenos Aires verlängert. Bis nach Denver, Colorado, baute Braniff in allen US-Staaten des mittleren Westens ein umfangreiches Streckennetz auf und übernahm am 15. August 1952 Mid-Continent Airlines. Eine Verbindung von Dallas/Fort Worth nach New York wurde im Februar 1956 eröffnet und am 20. Dezember 1959 mit Boeing 707-227 die ersten Düsenflugzeuge eingesetzt. Braniff war der erste Betreiber der BAC One-Eleven (Serie 203). In Dienst gestellt wurden die britischen Maschinen am 25. April 1965. Mit dem Erwerb von Pan American-Grace Airways (Panagra), am 1. Februar 1967, gewann Braniff zusätzliche Verkehrsrechte zu südamerikanischen Zielorten.
Am 12. Mai 1982 stellte Braniff International ihre Tätigkeit ein. Erst mit finanzieller Unterstützung der Hyatt, Inc. und in bedeutend kleinerem Umfang konnte sie im März 1984 erneut den Flugbetrieb aufnehmen. Von den Knotenpunkten Dallas/Fort Worth und Kansas City werden Boston, Chicago, Detroit, Las Vegas, Los Angeles, Miami, Fort Lauderdale, Newark, New York, Phoenix, San Diego, San Francisco, Seattle und Washington DC bedient. Ende 1986 wurden von San Antonio und Dallas Verbindungen nach Mexico City und Acapulco eröffnet. Braniff beschäftigt etwa 1'600 Mitarbeiter.
Flotte: 22 Boeing 727-200.

BRITISH AIRWAYS

British Airways entstand am 1. September 1972 auf der Basis des Civil Aviation Act von 1971 als Einheitsgesellschaft durch den Zusammenschluss von British Overseas Airways Corporation (BOAC), BOAC Associated Companies, BOAC Engine Overhauls, British European Airways Corporation (BEA), BEA Airtours, BEA Helicopters, Northeast Airlines, Cambrian Airways und International Aeradio. BEA war am 1. August 1946 als Staatsunternehmen gegründet worden. Sie übernahm die bisher von BOAC betriebenen Europastrecken und fusionierte mit einigen britischen Inlandfluggesellschaften. Am 18. April 1953 eröffnete BEA mit dem Einsatz der Viscount 701 zwischen London und Nicosia (Zypern) den ersten Turboprop-Dienst der Welt. Ihr Ein-

Oben: Boeing 727-227 Advanced

tritt ins Düsenzeitalter erfolgte im April 1960 mit einer Comet 4B. Gemäss Regierungsbeschluss entstand BOAC am 1. April 1940 durch den Zusammenschluss von Imperial Airways (gegründet am 31. März 1924) und British Airways (gegründet 1935). Am 30. Juli 1949 übernahm BOAC die British South American Airways und eröffnete durch den Einsatz der Comet 1 auf der Route London-Johannesburg am 2. Mai 1952 das Düsenzeitalter für den zivilen Flugverkehr.
Mit rund 520'900 km betreibt British Airways das längste Streckennetz aller zivilen Fluggesellschaften und bedient 145 Zielorte in 70 Ländern. Im Januar 1975 eröffnete «Shuttle»-Dienste verbinden London mit Glasgow, Edinburgh, Manchester und Belfast. Auf diesen Routen ist Check-In bis zehn Minuten vor Abflug möglich, und auch ohne vorherige Reservierung ist jedem Passagier ein Sitzplatz gewiss. Am 21. Januar 1986 konnte die Gesellschaft den zehnjährigen Einsatz ihrer Concorde-Flotte feiern. Überschall-Strecken werden zur Zeit von London aus nach New York, Washington DC (Dulles) und Miami betrieben. Den Charterverkehr wickelt die «Tochter» British Airtours ab.
British Airways Helicopters (1964 gegründet), British Airways Associated Companies Ltd (überwacht die Hotelbeteiligungen und die Investitionen bei Air Mauritius und GB Airways) und British Airways Engine Overhaul Ltd (Triebwerkwartung für das eigene und fremde Unternehmen) sind Tochtergesellschaften von British Airways. Im Geschäftsjahr 1985/86 beförderte British Airways 19'681'000 Linien- und Charterpassagiere und beschäftigte 38'939 Mitarbeiter.
Flotte: (16) Boeing 747-400, 15 (+1) 747-200, 16 747-100, 6 Lockheed TriStar 1, 3 TriStar 50, 8 TriStar 200, 2 TriStar 500, 7 Concorde, 24 (+2) 757-200, 43 737-200, 21 One-Eleven 500, 5 One-Eleven 400, 6 BAe (HS) 748.

Unten: Boeing 737-236 Advanced

BRITISH CALEDONIAN AIRWAYS

BCal wurde im November 1970 als Caledonian/BUA ins Leben gerufen, als Caledonian Airways die British United Airways (BUA) erwarb. Für die Wirtschaftspolitik der damaligen britischen Regierung kam das neue Unternehmen wie gerufen, da sie sich von der Existenz einer zweiten Fluggesellschaft in Grossbritannien eine Wettbewerbsbelebung versprach. BUA existierte damals schon seit mehr als einem Jahrzehnt. Sie war im Juli 1970 durch die Fusion von Airwork Group und Hunting-Clan Air Transport gebildet worden. BUA eröffnete Strecken zum europäischen Kontinent, übernahm die ehemaligen BOAC-Routen nach Südamerika und wurde einer der ersten Betreiber der BAC One-Eleven (Indienststellung April 1965). Caledonian Airways wurde im April 1961 als Chartergesellschaft gegründet. Den Flugbetrieb eröffnete sie mit gemieteten DC-7C.
Im Anschluss an die Fusion übernahm BCal die British-Airways-Dienste nach Bogota, Caracas, Lima und Lusaka, während sie diesen Unternehmen gleichzeitig ihre Strecken nach Ostafrika und den Seychellen überliess. BCal profitierte von der ständig wachsenden Anzahl der amerikanischen Gateway-Flughäfen (Öffnung des US-Marktes) und konnte ihr Langstreckennetz nach Nordamerika und Fernost ständig erweitern. Als Folge der Neustrukturierung des britischen Luftverkehrs und im Vorfeld der Privatisierung von British Airways musste BCal auf Regierungsbeschluss ihr Südamerikanetz an BA abtreten, während sie im Gegenzug deren Verkehrsrechte nach Saudi Arabien übernehmen konnte.
Das umfangreiche BCal-Streckennetz verbindet London (Gatwick) mit den USA, Europa, Nord-, Zentral- und Westafrika, dem Nahen und Fernen Osten. Darüberhinaus unterhält die Gesellschaft Inlanddienste nach Glasgow, Edinburgh, Manchester und Jersey, plant den Anflug von Kinshasa (Zaire) und eine Nonstop-Verbindung nach Tokio.
British Caledonian Flight Training und Caledonian Far East Airways sind 100%ige BCal-Töchter. Zum Konzern gehören noch viele andere Unternehmen. Er handelt mit Flugzeugen, Triebwerken und Ersatzteilen. Ansonsten fungiert die Gesellschaft als gleichberechtig-

Unten: McDonnell Douglas DC-10-30

ter Partner der Rank Organization von Cal Air International, einem der grössten britischen Reiseveranstalter. BCal, völlig im Besitz der Caledonian Aviation Group, hat 1985 2,3 Millionen Fluggäste befördert und beschäftigt zur Zeit etwa 7000 Mitarbeiter.
Flotte: 3 (+1) Boeing 747-200, (9) MD-11, 11 DC-10-30, (10) Airbus A320-200, 13 One-Eleven 500.

CAAC

CAAC (The Civil Administration of Civil Aviation of China) wurde 1962 geschaffen. Sie löste die ebenfalls als CAAC bekannte Civil Aviation Administration of China ab, die bereits 1949 nach der Gründung der Volksrepublik ins Leben gerufen worden war. Das Streckennetz der SKOGA (People's Aviation Corporation of China), eine als chinesisch-sowjetisches Gemeinschaftsunternehmen gebildete Fluglinie, ging – nachdem die UdSSR ihre Beteiligung zurückgezogen hatte – 1954 gänzlich in chinesische Hände über und wurde 1955 aufgelöst. CAAC flog keine sowjetischen Zielorte an, sondern bediente in erster Linie Inlandstrecken.
Die Indienststellung von vier Trident 1E der Pakistan International Airlines ermöglichte

1970 die Aufnahme des Düsenverkehrs. Ihre erste Boeing 707-3J6B erhielt CAAC im August 1973, so dass sie nach Erhalt von Il-62 auch den Betrieb internationaler Langstrecken aufnehmen konnte. Schon im September 1974 wurde Tokio und im Oktober desselben Jahres Paris angeflogen.
CAAC steuert den gesamten chinesischen Zivilluftverkehr. Sie bedient ein ausgedehntes inländisches Streckennetz, dessen 180 Routen alle chinesischen Regionen abdecken. Taiwan wird nicht angeflogen. Die internationalen CAAC-Dienste verbinden China mit 20 asiatischen, nahöstlichen, afrikanischen, europäischen und nordamerikanischen Ländern. In Verbindung mit den nationalen Bemühungen zur Förderung und Entwicklung von Industrie und Landwirtschaft ist CAAC nicht nur im Luftverkehr aktiv, sondern z. B. auch auf dem Gebiet der Luftbildvermessung, der Landwirtschaft und der Luftfahrtmedizin tätig.
Derzeit führt CAAC eine umfassende Reorganisation durch. Angestrebt wird eine Trennung der regionalen Funktionen und die Schaffung mehrerer Inlandfluggesellschaften.
Flotte: 2 (+4) Boeing 747-200, 4 747SP, 3 Airbus A310-200, 4 707-320B, 6 707-320C, 2 (+4) 767-200ER, 5 Iljuschin Il-62, 5 (+25) MD-80, 8 737-300, 15 737-200, 3 (+12) Tupolew Tu-154M, 19 Trident 2E, 10 BAe 146-200, 3 DHC-7, 7 Shorts 360, 5 DHC-6 Twin Otter.
(Darüberhinaus betreibt CAAC eine unbekannte Anzahl anderer sowjetischer Flugzeugtypen sowie eine Vielzahl von Hubschraubern und Leichtflugzeugen.)

CANADIAN PACIFIC AIR LINES

Am 16. Mai 1942 erwarb Canadian Pacific Railways zehn bis zu diesem Zeitpunkt unabhängige kleine Fluggesellschaften und begründete die Canadian Pacific Air Lines

Oben: Boeing 747-367

(CPAL). Die Routen der fusionierten Firmen berührten hauptsächlich abseits gelegene Siedlungen und reiche Minengebiete mit Eisenbahnanschlüssen. 1948 erhielt CPAL die Genehmigung zum Betrieb ihrer ersten internationalen Verbindung und eröffnete am 13. Juli 1949 ihren Dienst Vancouver-Sydney über Honolulu, Fidschi und Auckland mit DC-4M North Star. Fast genau zehn Jahre später sicherte sich die CPAL ihre erste Transkontinentalstrecke von Vancouver nach Montreal über Winnipeg und Toronto. Im harten Wettbewerb mit TCA (heute Air Canada) wurde die Route am 4. Mai 1959 mit Britannia-Maschinen eröffnet. Ab 1961 konnten DC-8-43 auf Lang- und Boeing 737-217 ab 1968 auf Inlandstrecken eingeführt werden.
CPAL, von 1968 bis Januar 1986 als CP Air bekannt, integrierte das Streckennetz der Eastern Provincial Airways im April 1983 und erwarb diese Firma am 31. August 1984. Ebenfalls in ihrer Hand sind 99% des Aktienkapitals der Nordair, deren Routen sie gänzlich in eigener Regie betreibt.
Sitz der CPAL ist Vancouver. Sie bedient mittlerweile mehr als 70 Zielorte in Kanada sowie 16 Flughäfen in Mittel- und Südamerika, Fernost und Europa. 1985 wurden mehr als 4'530'000 zahlende Passagiere befördert und etwa 10'000 Mitarbeiter beschäftigt. CPAL ist heute im Besitz der Pacific Western und wird demnächst als Canadian Airlines International operieren.
Flotte: 12 DC-10-30, 43 Boeing 737-200, 2 L-188 Electra, 5 Fairchild FH227, 4 BAe (HS) 748, (6) Boeing 767-300ER.

CATHAY PACIFIC AIRWAYS

Cathay Pacific wurde am 24. September 1946 gegründet. Anfänglich beförderte sie mit nur einer DC-3 Fracht und Passagiere zwischen Asien und Australien und betrieb Charterflüge nach Grossbritannien. 1948 ging ihr Aktienkapital grösstenteils in den Besitz des Swire-Konzerns über, dessen Geschäftsleitung auch die kaufmännische Leitung der Fluggesellschaft übernahm. Kleinere Anteile erwarb Australian National Airways (später von Ansett Airlines of Australia aufgekauft). Ende 1948 unterhielt Cathay Pacific bereits sieben DC-3 und zwei Catalina-Flugboote auf ihren Liniendiensten von Hong Kong nach Manila, Bangkok, Singapur und Rangun. Im darauffolgenden Jahr wurde eine DC-4 zum Einsatz auf der Singapur-Route und den neuen Diensten nach Saigon, Haiphong und Nordborneo eingeführt. Der Erwerb von Hong Kong Airways eröffnete 1959 Cathay den Weg nach Norden und folglich auch zum expandieren den japanischen Markt. Mit Auslieferung der ersten von insgesamt neun Convair 880-22M begann 1962 das Düsenzeitalter.

Unten: McDonnell Douglas DC-10-30

Cathay Pacific ist immer noch ein Privatunternehmen. 70% ihres Aktienkapitals hält Cathay Holding (eine 100%ige Tochter von Swire Pacific), der Rest befindet sich im Besitz der Hong Kong and Shanghai Banking Corporation. Ab Hong Kong wird ein umfangreiches Passagier- und Frachtstreckennetz nach Abu Dhabi, Bahrain, Bangkok, Bombay, Brisbane, Dhahran, Dubai, Frankfurt, Fukuoka, Jakarta, Kaohsiung, Kota Kinabalu, Kuala Lumpur, London (Gatwick), Manila, Melbourne, Osaka, Paris, Penang, Perth, Rom, Seoul, Shanghai, Singapur, Sydney, Taipei, Tokio und Vancouver betrieben. Neue Dienste nach Peking und San Francisco wurden 1986 eröffnet. Die Gesellschaft beschäftigt etwa 6'600 Mitarbeiter.
Flotte: (2) Boeing 747-400, 3 (+1) 747-300, 9 (+1) 747-200, 2 Lockheed TriStar 100, 7 TriStar 1.

Unten: Boeing 767-209

CESKOSLOVENSKE AEROLINIE

Ceskoslovenske Aerolinie (CSA), die nationale Fluggesellschaft der Tschechoslowakei, wurde am 29. Juli 1923 ursprünglich als Ceskoslovenske Statni Aerolinie gegründet. Ihr einheimischer Konkurrent war die 1927 ins Leben gerufene Ceskoslovenske Letecka Spolecnost (CLS). Im Verlauf der deutschen Besetzung wurden beide Unternehmen von der Deutschen Lufthansa übernommen. Die CSA entstand am 1. März 1946 und bediente ihr inländisches und internationales Streckennetz mit DC-3. Drei Jahre später wurde CSA von der kommunistischen Regierung verstaatlicht. Ihren ersten strahlgetriebenen Dienst eröffnete CSA am 9. Dezember 1957 mit Tupolew Tu-104A zwischen Prag und Moskau. Mit der Einrichtung einer Route nach Bombay (über Kairo und Bahrain) nahm CSA 1959 als erste kommunistische Fluggesellschaft eine internationale Strecke zu einer aussereuropäischen Destination auf. Ihre erste, bei Aeroflot gemietete Iljuschin Il-62 startete im Mai 1968. Sie sollte die Wartezeit bis zur Auslieferung eigener Il-62 überbrücken helfen. Am 4. Mai 1970 wurde die Strecke nach New York über Amsterdam und Montreal mit Il-62 eröffnet. Im Januar 1976 übernahm CSA die Inlandfluggesellschaft Slov-Air (1969 gegründet) und deren Streckennetz (regionaler Luftverkehr der dritten Ebene).
Zusätzlich zu ihren inländischen Diensten betreibt CSA ein umfangreiches internationales Streckennetz. Sie fliegt die meisten europäischen Hauptstädte und Zielorte im Nahen und Fernen Osten, Nord- und Westafrika sowie Nord- und Mittelamerika an. CSA beschäftigt etwa 5'500 Mitarbeiter.
Flotte: 6 Iljuschin Il-62M, 6 Il-62, 7 Tupolew Tu-154M, 13 Tu-134A, 2 Il-18, 5 Jakowlew Jak-40.

CHINA AIRLINES

China Airlines Ltd. (CAL) wurde am 19. Dezember 1959 von pensionierten Offizieren der nationalchinesischen Luftwaffe gegründet. Sie begann den Flugbetrieb mit zwei Flugbooten PBY Catalina. Später wurden Frachtdienste eingerichtet und andere Aktivitäten aufgenommen, so z. B. Fischereiüberwachung, luftgestützte Schädlingsbekämpfung und Luftbildwesen. 1962 wurde zwischen Taipei und Taichung der erste inländische Liniendienst eröffnet. Es folgten Verbindungen nach Hualien, Tainan, Makung und Kaohsiung. Der Regionalverkehr wurde mit DC-3, DC-4 und C-46 betrieben. 1965 wurde CAL zur nationalen Fluggesellschaft von Taiwan ernannt und eröffnete im darauffolgenden Jahr ihre erste internationale Strecke zwischen Taipei und Saigon (heute: Ho-Chi-Minh-Stadt). Mit Auslieferung der ersten Boeing 727-109 begann für CAL am 3. März 1967 das Düsenzeitalter. Nachdem Civil Air Transport (CAT) 1968 den Inlandverkehr gänzlich eingestellt hatte, erwarb CAL die Verkehrsrechte und baute ihr regionales Streckennetz aus. Für Kurzstrecken wurden 1970 turbopropgetriebene NAMC YS-11A in Dienst gestellt. Im Februar des gleichen Jahres eröffnete CAL mit Boeing 707-309C einen Dienst nach San Francisco über Tokio. Im April 1977 wurde der Nonstop-Verkehr in die USA mit Boeing 747SP-09 aufgenommen.
CAL bedient alle wichtigen Inlandflughäfen (zum Beispiel Chiayi, Hualien, Makung, Tainan, Taipei und Kaohsiung) und fliegt internationale Zielorte im südostasiatischen und pazifischen Raum, in Nordamerika, Nahost und Europa an. Sie war der erste asiatische Betreiber der Boeing 767 und beschäftigt etwa 5'900 Mitarbeiter.
Flotte: 6 Boeing 747-200, 4 747SP, 5 Airbus A300B4, 2 767-200, 2 737-200.

Unten: Tupolev Tu-134A

CONTINENTAL AIR LINES

Ihre Geschichte reicht zurück bis zu Varney Speed Lines (South West Division), die am 15. Juli 1934 mit Lockheed Vega zwischen El Paso und Pueblo einen Passagier- und Luftpostdienst eröffnete. Ihren heutigen Namen erhielt die Gesellschaft am 1. Juli 1937. Mit

Oben: McDonnell Douglas DC-10-30

dem Erwerb von Pioneer Airlines Ende 1954 erhielt Continental Zugang zu deren umfangreichem Streckennetz in Texas und New Mexico. Mit DC-7B wurde am 1. Mai 1957 die Verbindung zwischen Chicago und Los Angeles über Kansas City und Denver eröffnet, der erste Schritt des Unternehmens auf dem Weg zum Langstreckencarrier.
Viscount 812 wurden am 26. Mai 1958 zwischen Chicago und Los Angeles in Dienst gestellt. Das Düsenzeitalter begann für Continental mit der Einführung von Boeing 707-124 am 8. Juni 1959.
Im Oktober 1981 erwarb Texas Air Corp, «Mutter» von Texas International Airlines, die Aktienmehrheit bei Continental, verschmolz die Streckennetze der beiden Firmen und gründete am 31. Oktober 1982 die neue Fluggesellschaft «Continental». Andauernde finanzielle Schwierigkeiten zwangen Continental 1983-86 zur Reduzierung ihres Streckennetzes und zu drastischen Personaleinsparungen. Derzeit bedient Continental 57 Inlandflughäfen. Wichtigste Knotenpunkte ihres Luftverkehrs sind Denver und Houston. International werden 28 Zielorte in Europa, Kanada, Mexiko, Fernost und Australien bedient. 1987 wurden New York Air und PEOPLExpress mit Continental verschmolzen.
Flotte: 6 DC-10-30, 8 DC-10-10, 6 Airbus A300B4, 50 Boeing 727-200, 14 727-100, 16 DC-9-30, 11 DC-9-10, 23 (+ zusätzliche) 737-300, 15 MD-80.

CYPRUS AIRWAYS

Cyprus Airways, am 24. September 1974 durch BEA (heute Bestandteil von British Airways, 40% Beteiligung), die zyprische Regierung (40%) und private Geldgeber gegründet, nahm am 6. Oktober 1947 den Liniendienst zwischen Nikosia und Athen auf. Anfänglich wurde die Strecke mit BEA-Gerät betrieben. Mit eigenen Maschinen, drei DC-3, operierte die Gesellschaft erst ab April 1948. 1950 erwarb BOAC 23% des Aktienkapitals der Cyprus Airways, während BEA im Februar 1958 den Flugbetrieb übernahm. BOAC verkaufte ihre Anteile im Juni 1959 an die zyprische Regierung. Das Zeitalter der strahlgetriebenen Flugzeuge wurde auf Cyprus-Airways-Diensten am 4. Juli 1961 mit Comet 4B der BEA eröffnet. Ihre ersten eigenen Düsenmaschinen (zwei Trident 2E) erwarb Cyprus Airways am 19. Sept. 1969. Während der türkischen Invasion Zyperns im Juli 1974 stellte Cyprus Airways ihren Flugbetrieb ein. Er wurde erst 1975 wieder aufgenommen, mit gemietetem Gerät auf den Strecken Larnaca-Athen, Beirut und Tel Aviv. Heute fliegt Cyprus Airways 20 Zielorte in Europa und dem Nahen Osten an. Sie beschäftigt 1'100 Mitarbeiter. Aktionäre sind die zyprische Regierung und einheimische Geldgeber.
Flotte: 3 Airbus A310-200, 3 Boeing 707-120B, (4) A320-200, 3 One-Eleven 500.

Unten: Airbus A310-203

DAN-AIR

Dan-Air wurde 1953 als Tochter der Schiffsmakler Davies and Newman Ltd. gegründet. Aus den Initialen dieses Unternehmens wurde der Name «DAN» gebildet. Nachdem sie anfänglich nur Charterflüge abgewickelt hatte, eröffnete Dan-Air schliesslich auch Liniendienste zwischen Grossbritannien und Westeuropa. Im April 1972 wurde Skyways International erworben. Bei dieser Fluggesellschaft (im Februar 1971 gegründet) handelte es sich um die Nachfolgerin der Skyways Coach Air Ltd., die die sogenannten «Coach-Air-Services» zwischen Grossbritannien und Frankreich eingeführt hatte. Das Inlandstreckennetz der Dan-Air verbindet 14 Flughäfen. Zielorte in Westeuropa werden von London (Gatwick), Bristol, Cardiff, Manchester, Newcastle, Teesside, Cork und Berlin (West) angeflogen. Charterflüge in die europäischen Urlaubsgebiete werden von mehr als einem Dutzend Flughäfen in Grossbritannien und Berlin (West) betrieben. Darüberhinaus unterhält Dan-Air regelmässige Flugdienste für Ölgesellschaften, Passagier- und Fracht-Bedarfsflüge sowie Nachtpostdienste. 1985 beförderte Dan-Air mehr Passagiere als jede andere britische Fluggesellschaft und beschäftigte mehr als 3'600 Mitarbeiter.
Flotte: 1 Airbus A300B4, 6 Boeing 727-200, 4 727-100, 1 737-300, 6 737-200, 11 One-Eleven 500, 5 One-Eleven 200/300, 3 BAe 146-100, 11 BAe (HS) 748.

DELTA AIR LINES

1925 als Huff Daland Dusters gegründet, setzte Delta erstmals landwirtschaftliche Sprühflugzeuge zur Schädlingsbekämpfung ein. Mit der Fluggastbeförderung begann sie 1929 auf der Strecke Birmingham (Alabama)-Dallas, die später nach Atlanta verlängert wurde. Am 1. Mai 1953 wurde Chicago and Southern Air Lines (1933 gegründet) übernommen, und am 18. September 1959 eröffnete Delta mit DC-8 den Düsenverkehr. Sie war auch die Fluggesellschaft, die im Mai 1960 als erste die Convair 880 und im Dezember 1965 die DC-9 einsetzte. Per 1. April 1972 konnte Northeast Airlines erworben werden.
Basis des Delta-Streckennetzes ist Atlanta. Als zweitrangige Knotenpunkte werden Dallas/Fort Worth und Cincinnati entwickelt. Das Streckennetz umfasst 96 Zielorte in 35 US-Staaten, dem US-Bundesdistrikt Columbia, auf Puerto Rico, Bermuda und den Bahamas, in Kanada, Irland, Grossbritannien, Frankreich und in der Bundesrepublik Deutschland. Im Geschäftsjahr 1985/86 beförderte Delta 39'582'232 Fluggäste und beschäftigte 38'901 Mitarbeiter (einschliesslich 2'364 Teilzeitkräfte). Am 1. April 1987 ist Western Airlines von Delta «geschluckt» worden.
Flotte: 35 L-1011 TriStar 1/100/200/500, 13 DC-8-71, 15 Boeing 767-200, (9) 767-300, 19 (+41) 757-200, 102 727-200, 33 737-200.

Unten: British Aerospace 146-100

EASTERN AIR LINES

«Mutter» der Eastern Air Lines ist Pitcairn Aviation. Sie wurde 1927 ins Leben gerufen und eröffnete am 1. Mai 1928 einen Luftpostdienst mit PA-5-Pitcairn-Mailwing-Maschinen zwischen Brunswick (New Jersey) und Atlanta. North American Aviation Inc. kaufte das Unternehmen im Juli 1929 auf und gab ihm im Januar 1930 den Namen Eastern Air Transport. 1931 konnten die Verkehrsrechte der New York Airways zwischen New York und Atlantic City erworben und zwei Jahre danach auch Ludington Air Lines und deren Dienste zwischen New York, Philadelphia

Oben: Lockheed L-1011-500 Tristar, eine der Langstreckenversionen.

und Washington (DC) übernommen werden. Ihren heutigen Namen trägt die Gesellschaft seit 1934.
Mit der Übernahme der Colonial Airlines am 1. Juni 1956 konnte Eastern ihre Verbindungen nach Kanada, Bermuda sowie in den US-Staat New York und die Neuengland-Staaten ausdehnen. Der Einsatz strahlgetriebener Maschinen (DC-8-21) begann am 24. Januar 1960. Ihren inzwischen berühmten «Air Shuttle» zwischen Washington (DC), New York und Boston startete Eastern im April 1961. Die Boeing 727 feierte 1964 bei Eastern ihre Weltpremiere. Nachdem im Januar 1967 Mackey Airways erworben worden war, besass Eastern auch Verkehrsrechte nach Nassau und Freeport auf den Bahamas. Gemeinsam mit zwei anderen Unternehmen gehörte Eastern zu den ersten Auftraggebern der neuen Lockheed TriStar und führte diese

Oben: Airbus A300B4-103

Maschine am 26. April 1972 als erste Fluggesellschaft der Welt im Liniendienst ein. Eine bedeutende Erweiterung ihrer Routen nach Westindien gelang Eastern 1973 durch den Erwerb der Caribbean-Atlantic-Airlines (Caribair). Eastern bedient 110 US-Flughäfen und 34 internationale Zielorte in Mexiko, Kanada, auf den Bahamas, auf Bermuda, in der Karibik und in Südamerika. 1985 beförderte sie etwa 41,7 Millionen Fluggäste und beschäftigt rund 40'000 Mitarbeiter. Ende 1986 erhielt Eastern die Genehmigung zum Erwerb der Texas Air Corporation.
Flotte: 24 Lockheed TriStar 1, 32 Airbus A300B4, 2 A300B2, 22 (+5) Boeing 757-200, 95 727-200, 32 727-100, 21 DC-9-50, 58 DC-9-30.

EGYPT AIR

Ursprünglich wurde Egypt Air im Mai 1932 von der Misr Bank und der Airwork Ltd., London, als Misr Airwork gegründet. Im Juli 1933 eröffnete die Gesellschaft ihre ersten regionalen Routen mit D.H.84 Dragon zwischen Kairo, Alexandria und Mersa Matruk. Ende des Jahres umfasste das Streckennetz bereits Assiut, Luxor und Assuan. 1934 konnte der erste internationale Dienst nach Lydda und Haifa eröffnet werden. Verbindungen nach Baghdad und Zypern folgten 1936. Mit dem Ende des 2. Weltkrieges begann für Misrair eine Zeit stürmischer Expansion und eine rapide Erweiterung ihres Streckennetzes, hauptsächlich im Nahen Osten. 1949 ging die Gesellschaft völlig in ägyptischen Besitz über und wurde in Misrair SAE umbenannt. Als Folge der 1958 zwischen Ägypten und Syrien gebildeten politischen Union schloss Misrair SAE sich am 1. Januar 1961 mit Syrian Airways zur United Arab Airlines (UAA) zusammen. Nachdem dieses Vorhaben gescheitert war und Syrien sich 1961 aus der Union zurückgezogen hatte, erlangten auch die beiden Fluggesellschaften ihre Selbständigkeit zurück, obwohl die Ägypter vorerst noch den Namen UAA beibehielten. Die erste Düsenmaschine, eine Comet 4C, startete

Unten: Boeing 767-266ER

am 16. Juli 1960. Ihren heutigen Namen erhielt die Gesellschaft am 10. Oktober 1971, nachdem Ägypten offiziell in Arabische Republik Ägypten umbenannt worden war.
Neben sechs inländischen Zielorten unterhält Egypt Air internationale Liniendienste zu 30 Flughäfen im Nahen und Fernen Osten, nach Europa und Afrika. Egypt Air beschäftigt mehr als 9'000 Mitarbeiter.
Flotte: 1 (+2) Boeing 747-200, 8 Airbus A300B4, 6 707-320C, 3 767-200, 7 737-200.

EL AL ISRAEL AIRLINES

El Al wurde am 15. November 1948 als nationale israelische Fluggesellschaft gegründet. Den Flugverkehr eröffnete sie im September des gleichen Jahres zwischen Genf und Tel Aviv. Weitere Dienste nach Paris und Rom wurden im Juli 1949 mit C-46 und DC-4 aufgenommen. Johannesburg wird seit 1950 angeflogen. Ebenfalls 1950 wurden drei Constellation angeschafft und am 16. Mai 1951 die Strecke Tel Aviv–New York (über London) eröffnet. Ihr erstes eigenes strahlgetriebenes Flugzeug, eine Boeing 707-458, erhielt El Al 1961, nachdem sie bereits im Vorjahr eine Boeing 707 bei Varig gemietet hatte. Seit Juni 1961 wird New York ohne Zwischenlandung angeflogen. El Al unterhält ein regelmässiges Passagier- und Frachtstreckennetz von Tel Aviv nach Amsterdam, Athen, Boston, Brüssel, Bukarest, Chicago, Frankfurt, Genf, Istanbul, Johannesburg, Kairo, Köln, Kopenhagen, Lissabon, London, Los Angeles, Madrid, Marseilles, Miami, Montreal, München, New York, Paris, Rom, Wien und Zürich. Zu ihren Tochtergesellschaften gehören Sun D'Or (vormals El Al Charter Services), Teshet (Laromme Hotelbeteiligungen) und Tamam (Catering, Borddienst). El Al beschäftigt rund 3'600 Mitarbeiter.
Flotte: 7 Boeing 747-200, 1 747-100, 4 767-200, 5 707-320B/C, 2 737-200.

ETHIOPIAN AIRLINES

Die nationale äthiopische Fluggesellschaft wurde am 26. Dezember 1945 durch eine Proklamation des Kaisers Haile Sel'assie I. gegründet. Mit einer Flotte von anfangs fünf DC-3 wurde am 8. April 1946 der Linienverkehr aufgenommen. Bis 1970 war TWA auf technischem und kaufmännischem Sektor unterstützend und beratend tätig. Nachdem die

Unten: Boeing 747-258C

Verbindungen zu den afrikanischen Nachbarstaaten aufgebaut waren, wurde im Juni 1958 mit Frankfurt der erste europäische Zielort angeflogen. Mit Eröffnung der Route nach Shanghai über Bombay am 23. Februar 1973 nahm Ethiopian als erste afrikanische Fluggesellschaft den Linienverkehr mit der Volksrepublik China auf. Heute betreibt Ethiopian Airlines ein umfangreiches Netz von Liniendiensten mit mehr als 40 inländischen Destinationen und internationalen Verbindungen von Addis Abeba nach Abidjan, Abu Dhabi, Aden, Akkra, Arusha, Athen, Bombay, Bujumbura, Daressalam, Djidda, Dschibuti, Duala, Dubai, Entebbe, Frankfurt, Kairo, Khartum, Kigali, Kinshasa, Lagos, London, Nairobi, Paris, Peking und Rom. Sie beschäftigt etwa 2'900 Mitarbeiter.
Flotte: 2 Boeing 767-200ER, 2 707-320C, 3 720B, 3 727-200, 2 DHC-5A Buffalo, 9 DC-3, 6 DHC-6 Twin Otter.

Oben: Boeing 767-260 ER

FINNAIR

Finnair, die nationale finnische Fluggesellschaft, wurde am 1. November 1923 als Aero O/Y gegründet. Den Linienverkehr eröffnete sie am 24. November 1924 mit Junkers F-13 (Schwimmerflugzeuge) von Helsinki nach Reval (heute: Tallinn). Mit Fertigstellung der Flughäfen in Helsinki und Turku wurde der Verkehr mit Schwimmerflugzeugen 1936 eingestellt. Nach dem Ende der Feindseligkeiten mit der UdSSR 1944 konnte der finnische Luftverkehr nach halbjähriger Unterbrechung von Hyvinkaa (rund 48 km von Helsinki entfernt) aus aufgenommen werden. Gleichzeitig mit Einführung von neuen DC-3 wurde Helsinki 1947 wieder zum Zentrum des finnischen Luftverkehrs. Im April 1951 wurden Verbindungen nach Düsseldorf und Hamburg unter dem Namen Finnair aufgenommen, obwohl die Fluggesellschaft diese Bezeichnung offiziell erst seit Juli 1968 führt. Finnair erwarb als erste europäische Fluggesellschaft die Convair 340. Sie stellte den Typ 1953 in Dienst und eröffnete mit diesen Maschinen am 1. September 1954 einen Dienst nach London. 1955 erhielt Finnair als erste nicht-kommunistische Fluggesellschaft nach dem Ende des 2. Weltkrieges Verkehrsrechte nach Moskau. Strahlgetriebene Maschinen (Caravelle III) wurden am 1. April 1960 erstmals auf den Strecken nach Stockholm und Frankfurt eingesetzt. Mit der Einführung von acht Super Caravelle wurde Finnair 1964 zum ersten Betreiber dieser leistungsgesteigerten Version. Ihren Transatlantikverkehr eröffnete Finnair im Januar 1969 mit DC-8-62CF, und zwar von Helsinki über Kopenhagen und Amsterdam nach New York. Ursprünglich als privater Konzern gegründet, ist Finnair heute eine Aktiengesellschaft. 76,1% des Kapitals hält die finnische Regierung. Verglichen mit der dünnen Besiedlung betreibt Finnair mit 21 regionalen Zielorten eines der dichtesten Inlandstreckennetze der Welt. International bedient sie annähernd 40 Destinationen von Los Angeles, Seattle, New York und Montreal in Nordamerika bis Bangkok, Singapur und Tokio in Fernost. Area Travel Agency, Oy Finnmatkat, Finncharter, Nordic-Hotel Oy, Kesi-Herkkin Oy (Catering) und Aero O/Y sind 100%ige «Töchter». Darüberhinaus ist Finnair an Finnaviation (betreibt Linien- und Charterdienste) und Karair (hauptsächlich Charterdienste) beteiligt.
Finnair beschäftigt mehr als 5'000 Mitarbeiter und beförderte im Geschäftsjahr 1985/86 3'826'603 Fluggäste.
Flotte: 4 DC-10-30, 2 Airbus A300B4, 5 MD-80, 12 DC-9-50, (8) MD-87, (2) MD-11, 5 DC-9-40, 1 DC-9-10, 3 Fokker F.27, (5) ATR72, 5 ATR42-300.

Unten: McDonnell Douglas MD-82

GARUDA INDONESIA

Garuda wurde am 1. März 1950 als nationale indonesische Fluggesellschaft gegründet. «Väter» der Gesellschaft waren die indonesische Regierung und KLM, die auch je 50% der Aktien besassen. Garuda ist die Nachfolgerin einer seit 1947 von KLM betriebenen und in Südostasien operierenden Fluggesellschaft und der KNILM der Vorkriegszeit. Anfänglich umfasste die Garuda-Flotte zwan-

Oben: Boeing 747-2U3B

zig DC-3 und acht Catalina. 1954 wurde Garuda verstaatlicht und eröffnete im gleichen Jahr ihren ersten internationalen Dienst nach Singapur. Nach der Übergabe West-Neuguineas (früher Niederländisch-Neuguinea) wurde das Streckennetz der Inlandfluggesellschaft De Kroonduif am 1. Januar 1963 von Garuda übernommen.
Mit Einführung der Convair 990A erhielt Garuda im September 1963 ihre ersten strahlgetriebenen Flugzeuge und setzte sie auf den Strecken nach Manila und Tokio ein. Verbindungen nach Rom, Prag, Frankfurt und Amsterdam mit Zwischenlandungen in Bangkok, Bombay und Kairo wurden 1965 in Zusammenarbeit mit KLM aufgenommen. Ihre erste DC-8-55 übernahm Garuda im Juni 1966 und eröffnete mit diesem Typ die Verbindung nach Sydney über Bali. Auf inländischen und regionalen Routen wurden 1969 DC-9-32 und 1971 F.28 Fellowship 1000 eingeführt.
Im Oktober 1978 wurde Merpati Nusantara Airlines übernommen, die am 6. September 1962 von der indonesischen Regierung gegründet worden war. Merpati betrieb zahlreiche regionale Strecken sowie Verbindungen auf Borneo und in West-Neuguinea. Auch heute noch ist Merpati unter eigenem Namen am indonesischen Luftverkehr beteiligt.
Das Streckennetz der Garuda verbindet Jakarta mit 31 inländischen Flughäfen. Internationale Passage- und Frachtdienste betreibt sie nach Abu Dhabi, Amsterdam, Athen, Bangkok, Colombo, Djidda, Frankfurt, Hong Kong, Kuala Lumpur, London, Manila, Melbourne, Paris, Penang, Perth, Rom, Singapur, Sydney, Tokio und Zürich. Sie beschäftigt rund 7000 Mitarbeiter.
Flotte: 6 Boeing 747-200, 6 DC-10-30, 9 Airbus A300B4, 19 DC-9-30, 6 Fokker F.28-3000, 28 F.28-4000.

GHANA AIRWAYS

Ghana Airways wurde am 4. Juli als nationale Fluggesellschaft der ehemaligen britischen Besitzung Goldküste gegründet und übernahm das Streckennetz der früheren West African Airways Corporation. BOAC fungierte als Teilhaber, bis die Gesellschaft im Februar 1961 verstaatlicht wurde. Mit Boeing Stratocruiser der BOAC wurde am 16. Juli 1958

Oben: McDonnel Douglas DC-10-30

die Verbindung Akkra–London eröffnet. Als erste strahlgetriebene Maschine erhielt Ghana Airways 1965 eine VC-10. Später folgten DC-9-50 und Fokker F.28, die nach und nach auf regionalen und inländischen Diensten eingeführt wurden.
Derzeit betreibt Ghana Airways inländische Verbindungen zwischen Akkra, Kumasi, Sunyani und Tamale. Regional werden Abidjan, Banjul, Cotonou, Dakar, Freetown, Konakry, Lagos, Lome und Monrovia angeflogen, während international Düsseldorf, London und Rom bedient werden. Die Gesellschaft beschäftigt etwa 1'900 Mitarbeiter.
Flotte: 1 DC-10-30, 1 DC-9-50, 2 Fokker F.28-2000/4000.

GULF AIR

Von F. Bosworth am 24. März 1950 als Gulf Aviation Company Ltd. gegründet, hat Gulf Air sich aus bescheidenen Anfängen schnell zu einer internationalen Gesellschaft entwickelt. Heute gilt sie als die bedeutendste Fluggesellschaft am Arabischen Golf. Sie gehört den Regierungen von Bahrain, Katar, Oman und den Vereinigten Arabischen Emiraten (UAE). Sie nahm den Flugverkehr mit einer einzigen Avro Anson auf und verband schliesslich Bahrain, Doha, Dhahran und Sharja. Im Oktober wurde BOAC zum grössten Aktionär. Im folgenden Jahr wurden vier de Havilland Heron erworben und Verbindungen nach Abu Dhabi, Dubai, Kuwait und Muscat eröffnet. Zur Bewältigung des steigenden Fluggastaufkommens und des Charter- und Bedarfsverkehrs der Ölgesellschaften wurden vier DC-3 gekauft.
Das Düsenzeitalter begann für Gulf Air mit dem Einsatz einiger bei Kuwait Airways gemieteten Trident 1E. Das erste eigene strahlgetriebene Flugzeug, eine One-Eleven 432, wurde im Januar 1970 in Dienst gestellt. Seit Ende 1973 trägt die Gesellschaft ihren heutigen Namen und ist seit dem 1. April 1974 zu gleichen Teilen im Besitz von Bahrain, Oman und den UAE.
Ebenfalls 1974 wurde mit VC10-1101 der «Golden Falcon»-Dienst nach London eröffnet. 1985 stellte Gulf Air den Flugverkehr nach Dubai ein, nachdem diese Regierung ihre Beteiligung aufgegeben und im Mai die Emirate Airlines gegründet hatte.
Zur Zeit betreibt Gulf Air Passagier- und Frachtliniendienste und verbindet Bahrain mit Abu Dhabi, Amman, Athen, Baghdad, Bangkok, Beirut, Bombay, Colombo, Dacca, Delhi, Dhahran, Djidda, Doha, Hong Kong, Kairo, Karachi, Khartum, Kuwait, Larnaca, London, Muscat, Manila, Paris, Ras Al Khaimah, Salalah, Sanaa, Sharja, Shiraz, Teheran und Tunis. Gulf Air unterhält aber auch Charterdienste, und zu ihren «Töchtern» gehören Gulf Helicopters Ltd. sowie Beteiligun-

Oben: Lockheed L-1011-200 TriStar. Gulf Air betreibt acht Maschinen dieser Version; rechts: Airbus A300B2-1C

gen an Hotel- und Flughafengesellschaften. Gulf Air beschäftigt etwa 4'000 Mitarbeiter.
Flotte: 1 Boeing 747-200, 11 Lockheed TriStar 1/200/200, 8 737-200.

IBERIA

Iberia (Lineas Aéreas de España), Spaniens nationale Fluggesellschaft, wurde bereits 1927 gegründet und eröffnete ihren Liniendienst am 14. Dezember zwischen Madrid und Barcelona. Im Jahr darauf schloss sich Iberia mit CETA und Unión Aéreas Española zur CLASSA zusammen (Compania de Linea Aéreas Subvencionada SA) und eröffnete am

Oben: Die Boeing 747-256B «Tirso de Molina» der Iberia.

27. Mai 1929 mit Junkers-Flugzeugen die Strecke Madrid–Sevilla. Die erste internationale Route wurde am 19. August des gleichen Jahres von Madrid nach Biarritz aufgenommen. 1931 wurde die Gesellschaft in Lineas Aéreas Postales Españolas umbenannt und bediente 1933 bereits Bordeaux, Paris, Casablanca und Las Palmas. Ihren früheren Namen «Iberia» führt sie erst wieder seit 1937. Transatlantikverbindungen wurden am 22. September 1946 mit dem Anflug von Buenos Aires eröffnet. Die erste strahlgetriebene DC-8-52 wurde im Juli 1961 auf der Strecke Madrid–New York eingesetzt.
Über das Instituto des Industria kontrolliert der spanische Staat das Kapital der Iberia. Seit Januar 1972 ist Iberia Mitglied der ATLAS-Gruppe, in der sich Air France, Alitalia, Lufthansa und Sabena zwecks technischer Zusammenarbeit, Wartung ihrer Flotten usw. verbunden haben.
Neben einem umfangreichen inländischen und europäischen Streckennetz betreibt Iberia Langstreckendienste nach Nord-, Mittel- und Südamerika, Afrika sowie Nah- und Fernost. Insgesamt werden 93 Zielorte in 43 Ländern angeflogen. Im Jahr 1985 beschäftigte Iberia 22'335 Mitarbeiter und beförderte 13'160'775 Fluggäste. 1987 eröffnete Iberia eine Australien-Verbindung.
Flotte: 6 Boeing 747-200, 8 DC-10-30, 6 Airbus A300B4, 35 727-200, 30 DC-9-30.

INDIAN AIRLINES

Die Gründung der indischen Staatslinie am 28. Mai 1953 gemäss dem Air Corporation Act des gleichen Jahres bedeutete eine Straffung des indischen Luftverkehrs. Indian Airlines übernahm alle Rechte und Pflichten von

insgesamt acht grösseren einheimischen Fluggesellschaften und eröffnete das neue Streckennetz am 1. August 1953. Ihre Flotte bestand aus 99 propellergetriebenen Flugzeugen, wie z. B. DC-3, DC-4 und Viking. Ein Plan zur Modernisierung der Flotte war damals bereits vorhanden. 1957 wurden Viscount 768 eingeführt und am 10. Oktober in Dienst gestellt. Fokker F.27 Friendship 100 folgten im Mai 1961. Mit der Einführung ihrer ersten Caravelle VI-N begann bei Indian Airlines das Düsenzeitalter. Diese Maschinen bildeten das Rückgrat der Gesellschaft, bis im Juni 1967 die Auslieferung der bei Hindustan Aeronautics Ltd. in Kanpur lizenzgefertigten und endmontierten HS748 beginnen konnte.
Indian Airlines operiert als unabhängiges Unternehmen und unter administrativer Kontrolle durch das Ministerium für Tourismus und Zivilluftfahrt. Der inländische Flugbetrieb ist in die Regionen Bombay, Delhi, Kalkutta und Madras gegliedert. Derzeit bedient Indian Airlines 73 Zielorte, einschliesslich internationaler Flughäfen in Afghanistan, Bangladesch, auf den Malediven, in Nepal, Pakistan und Sri Lanka. Indian Airlines hat sich zu einer der grössten regionalen Fluggesellschaften der Welt entwickelt und befördert täglich mehr als 23'000 Passagiere. Neben ihren Linien- und Charterdiensten betreibt sie Nachtpostverbindungen zwischen den vier bedeutendsten indischen Grossstädten. Indian Airlines beschäftigt mehr als 19'000 Mitarbeiter.
Flotte: 2 Airbus A300B4, 8 A300B2, (19) A320-200, 25 Boeing 737-200, 11 BAe (HS) 748, 8 Fokker F.27.

INTERFLUG

Gesellschaft für Internationalen Flugverkehr mbH (Interflug) nennt sich die staatliche Fluggesellschaft der Deutschen Demokratischen Republik (DDR). Ursprünglich gegründet wurde sie im Mai 1954 als «Volkseigener Betrieb Deutsche Lufthansa». Den ersten Liniendienst eröffnete sie am 4. Februar 1956 mit einer Iljuschin Il-14 zwischen Berlin (Ost) und Warschau. Inländische Flüge wurden am 16. Juni 1957 von Berlin (Ost) nach Barth, Dresden, Erfurt und Leipzig aufgenommen. Speziell für Auslandsdienste gründete die Gesellschaft am 18. September des nächsten Jahres die «Tochter» Interflug GmbH. Dieser Name musste gemäss einer Entscheidung des Internationalen Gerichtshofes in Den Haag gewählt werden, um im internationalen Luftverkehr Verwechslungen mit der bundesdeutschen Lufthansa zu vermeiden. Geführt wird die Interflug von ihrer Muttergesellschaft und dem Deutschen Reisebüro der DDR. Ihr erster Dienst ins westliche Ausland wurde am 27. Februar 1959 während der Leipziger Frühjahrsmesse von Leipzig nach Kopenhagen eröffnet.
Turboprop-Maschinen vom Typ Il-18 wurden 1960 auf der Strecke Berlin (Ost)–Moskau eingeführt. Im September 1963 übernahm Interflug den gesamten Zivilluftverkehr der DDR. Mit Auslieferung der bereits 1967 bestellten Tupolew Tu-134 begann auch für Interflug das Düsenzeitalter. Il-62 wurden 1970 in Dienst gestellt und eröffneten 1974 die Route Berlin (Ost)–Havana über Gander. Interflug konnte ihr internationales Streckennetz ständig erweitern und Verbindungen nach Algier, Amsterdam, Bagdad, Damaskus, Helsinki, Istanbul, Kairo, Kopenhagen, Larnaca, Mailand und Stockholm sowie osteuropäischen Zielorten aufnehmen.
Mittlerweile betreibt Interflug Passagier- und Frachtliniendienste zu 50 Flughäfen in 36 Ländern. Neben dem Liniendienst führt sie auch Charterflüge durch und unterhält die «Betriebe» Agrarflug, Flughafen, Flugsicherung sowie Bild- und Industrieflug. Sie beschäftigt etwa 7'000 Mitarbeiter.
Flotte: 15 Iljuschin Il-62/62M, 14 Il-18, 36 Tupolew Tu-134/134A.

IRAN AIR

Iran Air (Fluggesellschaft der Islamischen Republik Iran) wurde ursprünglich im Februar 1962 als staatliche Fluggesellschaft gebildet, und zwar durch Fusion von Iranian Airways und Persian Air Services. Iranian Airways war im Dezember 1944 als private Gesellschaft gegründet worden. Den Flugbetrieb nahm sie am 31. Mai 1945 auf. Der erste Liniendienst wurde im Mai 1946 zwischen Teheran und Meshed eröffnet und nach und

Oben: Tupolev Tu-134A

nach ein Inlandstreckennetz entwickelt und mit DC-3 betrieben. Regionale Verbindungen nach Bagdad, Beirut und Kairo konnten Ende 1946 und eine internationale Route nach Paris im April 1947 aufgenommen werden.
Persian Air Services war 1954 gegründet worden und eröffnete im darauffolgenden Jahr einen Frachtdienst zwischen Teheran und Genf. Bedient wurde diese Strecke mit Avro York der Trans Mediterranean Airways. Da weitere regionale und internationale Dienste entwickelt werden konnten, musste 1960 zuerst eine DC-7 und später noch eine Boeing 707 von Sabena gemietet werden.
Ihr erstes strahlgetriebenes Flugzeug (Boeing 727-86) stellte Iran Air am 4. Juli 1965 in Dienst und erweiterte das Streckennetz nach London, Frankfurt und Moskau. Schon 1964 hatte Iran Air mit Pan American einen auf drei Jahre befristeten Kooperationsvertrag geschlossen. Als erstes Grossraumflugzeug traf im März 1976 eine Boeing 747SP-86 ein, um schon bald auf dem neuen New-York-Dienst eingesetzt zu werden.
Derzeit umfasst das Passagier- und Frachtstreckennetz 18 inländische Flughäfen sowie Abu Dhabi, Athen, Bombay, Dhahran, Doha, Dubai, Frankfurt, Genf, Istanbul, London, Paris, Peking, Rom, Sharja, Tokio und Wien. Iran Air führt auch Charterflüge durch. Die Revolution von 1976 und der Golfkrieg hatten negative Auswirkungen auf den iranischen Zivilluftverkehr. Iran Air beschäftigt rund 9'000 Mitarbeiter.
Flotte: 4 Boeing 747-200/200F, 1 747-100, 4 747SP, 4 707-320C, 6 Airbus A300B2, 5 727-200, 2 727-100, 4 737-200.

Unten: Airbus A300B2-203; rechts: Boeing 727-270 Advanced

IRAQI AIRWAYS

Iraqi Airways wurde im Dezember 1945 als «Tochter» der staatlichen Eisenbahngesellschaft ins Leben gerufen. Ihre erste Inlandstrecke konnte am 29. Januar 1946 mit de Havilland Rapide von Bagdad nach Basra eröffnet werden. Mit DC-3 betrieb die Gesellschaft bereits Ende 1946 internationale Dienste nach Beirut, Damaskus, Kairo und Lydda (heute Lod). Viscount 735 wurden 1955 eingeführt und am 1. November auf der Beirut-Strecke eingesetzt. Am 1. April 1960 befreite sich Iraqi aus der finanziellen Bevormundung der staatlichen Eisenbahn. In ihren Gründungsjahren (d. h. bis Januar 1960) leistete BOAC technische und personelle Hilfe.
Nach Auslieferung der ersten von drei Trident 1E konnte Iraqi den Dienst nach London mit strahlgetriebenem Gerät aufnehmen. Im Rahmen eines umfassenden Modernisierungsprogramms wurde die Flotte bis 1976 auf Boeing 707-370C, 727-270 (Advanced) und 737-270C (Advanced) umgerüstet. 1976 wurden auch die ersten Grossraumflugzeuge Boeing 747-270C (SCD) in Dienst gestellt. Neben ihrem inländischen Streckennetz bedient Iraqi heute zahlreiche Destinationen im Nahost, Europa, Asien und Nordafrika. Sie beschäftigt etwa 5'000 Mitarbeiter.
Flotte: 3 Boeing 747-200, 1 747SP*, 20 Iljuschin Il-76*, 2 707-320C, 6 727-200, 5 Antonow An-12*, 3 737-200, 2 Tupolew Tu-124*, 7 An-24. (Die mit * bezeichneten Flugzeuge werden für die irakische Regierung betrieben.)

JAPAN AIR LINES

JAL (Nihon Koku Kabushiki) wurde ursprünglich am 1. August 1951 als private Gesellschaft gegründet. Ihre Vorgängerin als nationale Fluggesellschaft (Greater Japan Airways) hatte den Betrieb 1945 einstellen müssen. Am 25. Oktober 1951 eröffnete JAL den Liniendienst zwischen Tokio und Osaka mit einer gemieteten Martin 202. Ein Jahr danach übernahm sie ihr erstes eigenes Flugzeug (DC-4) und bestellte, zum Einsatz auf internationalen Strecken, fünf DC-6A/B. Die mit dieser Bestellung verbundenen finanziellen Belastungen führten im August 1953 zur Auflösung des Unternehmens und zur Gründung einer staatli-

Oben: Boeing 747SR-46

chen Fluggesellschaft gleichen Namens. 50% des Aktienkapitals kontrollierte der Staat. Ihre erste DC-6B wurde am 15. September 1953 übernommen. Mit ihr eröffnete die neue JAL am 2. Oktober, nur einen Tag nach ihrer offiziellen Gründung, die Verbindung Tokio – Sapporo. Nachdem Testflüge auf der Route Tokio – San Francisco mit Zwischenlandungen auf Wake und in Honolulu zufriedenstellend verlaufen waren, wurde auf dieser Strecke am 2. Februar 1954 der erste internationale JAL-Liniendienst eröffnet. Nach und nach wurde das internationale Streckennetz erweitert. Als nächste Destination folgten Hong Kong, Bangkok und Singapur. Am 1. April 1960 wurde in Zusammenarbeit mit Air France die Polarroute Tokio – Paris mit Boeing 707-328 eröffnet. Den Flugbetrieb mit eigenem Strahlgerät startete die JAL am 12. August 1960, und zwar mit einer DC-8-32 auf der Strecke Tokio – San Francisco. Grossraumgerät (Boeing 747-146) wird seit dem 1. Juli 1970 auf den Pazifikrouten und 747SR-46 (Kurzstreckenversion) seit Oktober 1973 zwischen Tokio und Okinawa eingesetzt.
Heute beschäftigt JAL etwa 21'000 Mitarbeiter und betreibt ein umfangreiches Passagier- und Frachtstreckennetz. Sie bedient 57 Zielorte in Japan, Australien, Neuseeland, Asien, Nahost, Nord-, Mittel- und Südamerika sowie Europa.
Flotte: 5 (+4) Boeing 747-300, 32 747-200, 6 747-100, 11 747SR/100SR, 20 DC-10-40, 4 767-200, 2 (+8) 767-300, 5 DC-8-61, 4 DC-8-62, 2 727-100.

JUGOSLOVENSKI AERO-TRANSPORT

Jugoslovenski Aerotransport (JAT) wurde 1946 von der jugoslawischen Regierung als Liniengesellschaft gegründet und löste einen seit Ende 1945 unregelmässig betriebenen Luftverkehr mit Militärmaschinen ab. Das Inlandstreckennetz wurde 1947 mit Junkers Ju 52/3m eröffnet. Nach und nach wurden DC-3 in Dienst gestellt, und schon Ende 1947 verband JAT die Hauptstadt Belgrad mit den wichtigsten Inlandflughäfen und mehreren osteuropäischen Ländern, wie z. B. Rumänien, Ungarn und die CSSR. Durch den politischen und wirtschaftlichen Bruch mit der UdSSR musste der Flugbetrieb kurzfristig eingestellt werden, konnte im Inland jedoch bereits im Oktober und zu einigen ausländischen Zielorten im folgenden Jahr erneut aufgenommen werden. Nachdrücklich wurde nun der Aufbau neuer internationaler Strecken zu westeuropäischen Destinationen vorbereitet und 1953 zum Betrieb dieser Verbindungen Convair 340 erworben. Nach der Auslieferung der ersten Caravelle VI-N wurden mit diesem Typ neue Verbindungen nach Amsterdam, Berlin (Ost) und Moskau eröffnet.
Inzwischen bedient JAT sechzehn inländische Zielorte und betreibt regelmässige Passagier- und Frachtdienste zu 48 Städten in West-, Nord- und Osteuropa, Nordafrika, Nordamerika sowie Nah- und Fernost. JAT beschäftigt rund 7'000 Mitarbeiter. Um an einem sehr ausgeprägten ethnischen Reiseverkehr (viele Jugoslawen sind nach Australien und in die USA ausgewandert) partizipieren zu können, wurde Ende der 60er Jahre die Tochtergesellschaft Air Yugoslavia gegründet. Bei Bedarf mietet sie Fluggerät bei JAT.
Flotte: 3 DC-10-30, 4 Boeing 707-320C, 9 727-200, 7 737-300, 11 DC-9-30.

KENYA AIRWAYS

Nach der Auflösung von East African Airways (EAAC) wurde Kenya Airways am 22. Januar 1977 als nationale Fluggesellschaft von der kenianischen Regierung gegründet. Das Unternehmenskapital befindet sich zu gleichen Teilen im Besitz von Kenia, Tanzania und Uganda. Von Nairobi aus eröffnete Kenya Airways am 4. Februar 1977 mit gemieteten Boeing 707-321 ihren Flugbetrieb nach Mombasa und London. Allmählich übernahm sie zahlreiche inländische und regionale Dienste, die früher von EAAC beflogen worden waren und bediente diese Zielorte mit Fokker F.27-500 und DC-9-32 der ehemaligen EAAC-Flotte. Nach Europa wurde das Streckennetz

Oben: Boeing 727-2H9 Advanced

Oben: Airbus A310-304

mit drei von Northwest Orient erworbenen Boeing 707-351B ausgedehnt.
Zur Zeit ist Nairobi über regelmässige Passagierdienste mit inländischen (Mombasa, Malindi, Kisumu) und internationalen Zielorten (Athen, Rom, London, Frankfurt, Paris, Kairo, Khartum, Dubai, Djidda, Bombay, Addis Abeba, Mogadischo, Seychellen, Entebbe, Harare, Daressalam, Lusaka, Kigali, Bujumbura, Lilongwe und Sansibar) verbunden. Kenya Airways beschäftigt etwa 2'800 Mitarbeiter. Ihre Tochtergesellschaft Kenya Flamingo Airways führt mit gemietetem Fluggerät der «Mutter» Charterflüge durch.
Flotte: 2 Airbus A310-300, 3 Boeing 707-320B, 1 720B, 1 DC-9-30, 2 Fokker F.27.

KLM – ROYAL DUTCH AIRLINES

Die Koninklijke Luchtvaart Maatschappig NV (KLM) wurde am 7. Oktober 1919 gegründet. Als einzige Fluggesellschaft der Erde hat sie ihren Namen seitdem unverändert beibehalten können. Am 17. Mai 1920 eröffnete KLM ihre erste und heute älteste Flugverbindung zwischen Amsterdam und London mit einer gemieteten de Havilland D.H.16. In den folgenden Jahren konnte KLM ein europäisches Streckennetz aufbauen und mit verschiedenen Fokker-Modellen betreiben. Den ersten 1929 nach Ostindien durchgeführten Flügen folgte im Oktober 1931 die Eröffnung eines wöchentlichen Liniendienstes zwischen Amsterdam und Batavia (heute Djakarta). 1935 konnte KLM die DC-2 und 1937 als erste europäische Fluggesellschaft die DC-3 in Dienst stellen. Drehscheibe des Luftverkehrs in Westindien war Curaçao, von wo aus Routen nach Kolumbien, Venezuela, Barbados, Trinidad und Guyana eröffnet wurden. Diese Verbindungen konnten auch während des 2. Weltkrieges aufrechterhalten und hernach bis Kuba und Miami verlängert werden.
Mit der Eröffnung ihres New-York-Dienstes am 21. Mai 1946 nahm KLM als erste europäische Gesellschaft nach dem Ende des 2. Weltkrieges erneut den Transatlantikverkehr auf. Südamerika und Südafrika wurden 1946 bzw. 1947 ins Streckennetz eingebaut, während Australien seit 1951 bedient wird. Viscount 803 wurden 1957 hauptsächlich auf dem europäischen und Electra 1959 bevorzugt auf den nah- bzw. fernöstlichen Routen betrieben. Im April 1960 führte KLM als erste nicht-amerikanische Fluggesellschaft die DC-8 ein.
Von Amsterdam aus bedient KLM derzeit ein umfangreiches Passagier- und Frachtstreckennetz zu Zielorten in Europa, Nord- und Lateinamerika, Afrika, Nah- und Fernost sowie Australien. 54,9% ihres Aktienkapitals besitzt die niederländische Regierung, den Rest private Geldgeber. KLM beschäftigt etwa 19'000 Mitarbeiter.

Zum KLM-Konzern gehören einige Tochtergesellschaften, wie zum Beispiel «NLM City Hopper» (1966 gegründete Inlandfluggesellschaft, die ab Amsterdam die wichtigsten Handels- und Industriezentren anfliegt) und die im Oktober 1965 gegründete «KLM Noordzee Helikopters» für Spezialeinsätze (Flüge zu Öl-Bohrinseln, Such- und Rettungsoperationen usw.) und Charterdienste sowie «KLM Aerocarto» für Luftvermessungen.
Flotte: 6 Boeing 747-400, 19 747-200/300, 5 DC-10-30, 10 Airbus A310-200, 10 737-300, 18 DC-9-30, (10) Fokker 100, 1 DC-9-10.

KOREAN AIR

Korean Air, bis 1984 als Korean Air Lines bekannt, wurde im Juni 1962 als koreanische Staatslinie gebildet. Sie ist Nachfolgerin der Korean National Airlines, die 1945 von Captain Yong Wook Shinn (erster koreanischer Flugkapitän) gegründet wurde. 1948 erhielt Korean National Verkehrsrechte für Inlandliniendienste und begann nach Indienststellung der ersten Stinson-Flugzeuge von Seoul aus mit der Bedienung von Kusan, Kwangju, Pusan und Chunmunjin. DC-3 konnten im April 1950 erworben und internationale Verbindungen 1952 nach Tokio und 1954 nach Hong Kong aufgenommen werden.

Unten: Boeing 747-3B5B

Im Januar 1964 wurden F.27 Friendship 200 eingeführt. Routen nach Fukuoka und Osaka wurden aufgebaut und 1966 die Strecke nach Hong Kong wieder eröffnet. Mit Indienststellung einer DC-9-32 begann das Düsenzeitalter im Juli 1967. 1969 wurde die Flotte um zwei ehemalige Boeing 720-025 der Eastern Air Lines vergrössert. Grossraumgerät (Boeing 747-2B5B) wird seit Mai 1973 eingesetzt. Die erste DC-10-30 folgte im Februar 1978. Mit Übernahme einer A300B4-2C am 31. August 1978 zählt Korean zu den ersten Airbus-Betreibern.
Liniendienste werden zur Zeit von Seoul, Pusan und Cheju nach Tokio, Nagoja, Osaka, Fukuoka, Niigata, Taipei, Manila, Hong Kong, Honolulu, New York, Los Angeles, Bangkok, Singapur, Colombo, Bahrain, Dhahran, Baghdad, Djidda, Kuwait, Abu Dhabi, Tripolis, Zürich, Frankfurt, Amsterdam und Paris unterhalten. 1969 von Han Jin Transport Group erworben, beschäftigt Korean Air heute etwa 10'000 Mitarbeiter.
Flotte: (3) Boeing 747-400, 2 747-300, 12 747-200, 2 747SP, 4 DC-10-30, 2 (+1) Airbus A300-600, 10 A300B4/F4, 1 707-320B, 4 707-320C, 6 727-200, 6 MD-80, 2 Fokker F.28-4000, 1 Fokker F.27, 1 Falcon 20, 1 CASA 212, 1 Cessna 500.

KUWAIT AIRWAYS

Die Gesellschaft – Ende 1953 als Kuwait National Airways gegründet – nahm 1954 mit DC-3 ab Kuwait den Linienverkehr nach Basra und Beirut auf. Verbindungen nach Bahrain und Kairo folgten 1956. Im März des folgenden Jahres nahm das Unternehmen den Namen Kuwait Airways Corporation (KAC) an. Vom 1. Juni 1958 bis 31. Mai 1963 verwaltete BOAC die Gesellschaft. Im März 1959 hatte KAC die British International Airways – damals eine BOAC-«Tochter» für lokale Charterflüge – «geschluckt». Als Nachfolger für die DC-4 wurden 1958 von MEA gemietete Viscount 754 in Dienst gestellt. 1963 war die Gesellschaft gänzlich in

Unten: Boeing 747-206B SUD

Oben: British Aerospace 125-700

kuwaitischen Besitz übergegangen und führt seitdem ihren heutigen Firmennamen.
Am 18. Januar 1963 übernahm Kuwait Airways ihre erste Comet 4C und eröffnete mit diesem Typ im März 1964 einen Dienst nach London und übernahm im darauffolgenden Monat einen ihrer stärksten Konkurrenten seit 1959: Trans Arabia Airways. Letztere hatte eine Flotte von DC-6B im Nahen Osten unterhalten und Strecken nach London betrieben. Boeing 707-369C wurden 1968 in Dienst gestellt, das erste Grossraumflugzeug Boeing 747-269B folgte am 28. Juli, und Verbindungen nach New York und Manila konnten im Dezember 1980 eröffnet werden. Heute betreibt Kuwait Airways Passagier- und Frachtliniendienste zu 41 Zielorten in 38 Ländern im Nahen Osten, Europa, Afrika, Nordamerika und Asien. Sie beschäftigt etwa 6'500 Mitarbeiter.
Flotte: 4 Boeing 747-200, 3 Airbus A300C-600, 5 A310-200, 3 767-200ER, 4 727-200, 2 Gulfstream III, 2 BAe 125-700.

LAN-CHILE

LanChile (Linea Aérea Nacional de Chile) ist die zweitälteste Luftverkehrsgesellschaft Südamerikas. Gegründet wurde sie am 5. März 1929 von den chilenischen Heeresfliegern. Den Flugbetrieb eröffnete sie – ursprünglich als Linea Aeropostal Santiago-Arica bekannt – mit D.H.60G Gipsy Moth. 1932 in staatlichen Besitz übergegangen, führt die Gesellschaft seitdem ihren heutigen Namen. Nach der Indienststellung von Lockheed Lodestar eröffnete LanChile ihren ersten internationalen Dienst zwischen Santiago und Buenos Aires, der später bis Montevideo verlängert wurde. Ihre erste strahlgetriebene Maschine war eine Caravelle VI-R (ausgeliefert März 1964). Um eine Verbindung nach New York eröffnen zu können, kaufte sie von der Deutschen Lufthansa eine Boeing 707-330B und bediente mit diesem Typ hernach auch ihre erste Europa-Strecke. Der Passagierdienst zu den Osterinseln wurde am 3. April 1967 eröffnet. Als diese Verbindung später bis Papeete (Tahiti) verlängert wurde, bedeutete dies gleichzeitig die erste reguläre Flugverbindung zwischen Südamerika und Ozeanien. Mit Boeing 707 eröffnete LanChile 1974 die erste Transpolar-Route zwischen Punta Arenas und Sydney und war damit die erste Fluggesellschaft, die Südamerika über den Südpol mit Australien verband.
Derzeit verbindet das Inlandstreckennetz die Städte Santiago, Arica, Iquique, Puerto Montt und Punta Arenas. Internationale Dienste werden nach Buenos Aires, Mendoza, Montevideo, Caracas, Rio de Janeiro, Lima, La Paz, Panama, Miami, New York, Madrid, Osterinseln, Papeete und Nandi betrieben. LanChile beschäftigt etwa 1'400 Mitarbeiter.
Flotte: 2 Boeing 767-200ER, 3 707-320B, 1 707-320C, 3 737-200.

Unten: Boeing 767-216ER

LIBYAN ARAB AIRLINES

Libyan Arab Airlines, nationale Luftverkehrsgesellschaft der Sozialistischen Volksrepublik Libyen, war 1964 ursprünglich als Kingdom of Libya Airlines (KLA) ins Leben gerufen worden. Bei ihrer Gründung «schluckte» KLA die bereits existierenden Libiavia und United Libyan Airlines. Libiavia hatte schon im Juli 1958 Flugverbindungen zwischen Tripolis und Ankara errichtet. KLA begann den Flugbetrieb mit Caravelle VI-R. Sie eröffnete neue internationale Dienste, während Aero Trasporti Italiani (ATI) mit in Tripolis stationierten Fokker F.27 das inländische Streckennetz bediente. Unter dem heutigen Namen firmiert die Gesellschaft als Folge der Revolution seit dem 1. September 1969. Wenig später führte sie ihre erste Boeing 727-200 ein. Nach dem Erwerb einer F.27-Flotte übernahm sie die Inlandrouten in eigener Regie.

Oben: Fokker F.27-600

Neben einem umfangreichen inländischen Verkehrsnetz betreibt Libyan Arab Airlines Passagier- und Frachtliniendienste von Tripolis, Bengasi und Sebha nach Algier, Amman, Amsterdam, Athen, Belgrad, Bukarest, Casablanca, Damaskus, Djidda, Frankfurt, Istanbul, Karachi, Kuwait, Larnaca, London, Madrid, Mailand, Malta, Moskau, Paris, Rom, Sfax, Sofia, Tunis, Warschau, Wien und Zürich. Sie beschäftigt etwa 3600 Mitarbeiter.
Flotte: 2 Airbus A310-200, 4 Boeing 707-320B/C, 10 727-200, 3 Fokker F.28-4000, 18 F.27-400/500/600.

LOT

LOT (Polskie Linie Lotnicze) wurde am 1. Januar 1929 als nationale polnische Luftverkehrsgesellschaft gegründet. Sie übernahm die damals bereits operierenden beiden Privatunternehmen Aerotarg und Aerolot. Aerotarg war im Mai 1921 ins Leben gerufen worden und betrieb von Warschau aus ein Inlandstreckennetz. Aerolot, 1922 als Aerolloyd geschaffen, bediente inländische Zielorte mit Junkers F.13 und eröffnete 1925 die ersten internationalen Flugverbindungen nach Österreich und in die Tschechoslowakei. LOT expandierte rasch. 1939 flog sie Flughäfen in 13 Ländern an. Der schier aussichtslose Versuch, aus den Trümmern des Weltkrieges eine neue LOT aufzubauen, begann bereits Anfang 1945. Zuerst wurde ein inländisches Streckennetz aufgebaut und hernach internationale Verbindungen mit Li-2 (sowjetische DC-3) nach Berlin (Ost), Paris, Prag, Moskau und Stockholm eröffnet.
Das Düsenzeitalter begann für LOT mit dem Start ihrer ersten Tupolew Tu-134 im November 1968. Im Mai 1972 wurden mit Iljuschin Il-62 Routen nach London, Paris und Moskau aufgenommen. Verbindungen nach New York und Montreal folgten, und im September 1977 eröffnete LOT den Liniendienst nach Bangkok über Baghdad und Bombay. Mittlerweile fliegt LOT im Inland 11 Zielorte an. Ihre internationalen Routen bedienen 36 Destinationen in Europa, Nahost, Nordafrika, Nordamerika und Asien. Nebenbei führt sie umfangreiche Charterdienste durch. LOT beschäftigt rund 6'000 Mitarbeiter.
Flotte: 7 Iljuschin Il-62M, (10) Tupolew Tu-154M, 9 Il-18, 1 Antonow An-12, 7 Tu-134A, 16 An-24.

Oben: Airbus A310-200

Oben: Tupolew Tu-154B-2
(bei Aeroflot gemietet)

LUFTHANSA

Zur Vorbereitung eines neuen deutschen Luftverkehrs entstand 1953 die Aktiengesellschaft für Luftverkehr (Luftag). Ihre Vorläuferin, die «alte» Deutsche Luft Hansa Aktiengesellschaft, war am 6. Januar 1926 aus dem Zusammenschluss der Luftverkehrsgesellschaften Deutsche Aero Lloyd und Junkers Luftverkehr AG entstanden. Anfang Mai 1945 kam der Lufthansa-Flugdienst vollständig zum Erliegen. Später musste die Lufthansa in Liquidation treten. Die Wurzeln der Deutschen Luft Hansa reichen bis 1919 zurück, als die Deutsche Luft-Reederei einen regelmässigen Luftverkehr zwischen Berlin und Weimar betrieb.
Am 6. August 1954 änderte die Luftag ihren Firmennamen in Deutsche Lufthansa Aktiengesellschaft. Der Liniendienst zwischen den Flughäfen der Bundesrepublik Deutschland (Hamburg, Düsseldorf, Köln/Bonn, Frankfurt und München) wurde am 1. April 1955 aufgenommen. Kurze Zeit danach kamen europäische Ziele (London, Paris, Madrid) hinzu. Nach Einführung der Convair 440 (1957) und der Viscount (1958) konnte das Streckennetz systematisch erweitert werden. Die Eröffnung der Transatlantikdienste nach New York im März und nach San Francisco mit Boeing 707-430 im Mai 1960 war für Lufthansa gleichbedeutend mit dem Beginn des Düsenzeitalters.
Mit Einführung der Boeing 727 wurde das Unternehmen 1964 zum ersten europäischen Betreiber dieses Flugzeugmodells. Massgeblich war Lufthansa auch an der Gestaltung der Boeing 737 beteiligt. 1965 bestellte sie 21 Maschinen dieses Typs.
Gegenwärtig umfasst das Lufthansa-Streckennetz 167 Ziele in 83 Ländern. Ihre 125 Flugzeuge fliegen alle Kontinente an. Seit 1982 betreibt Lufthansa als erste Luftverkehrsgesellschaft einen Zug. Dieser «Airport Express» verkehrt ergänzend zum regulären Luftverkehr zwischen den Flughäfen Frankfurt und Düsseldorf mit Zwischenhalt in Bonn und Köln. 100%ige Tochtergesellschaften der Lufthansa sind u. a. die Condor Flugdienst GmbH (eine Chartergesellschaft) und German Cargo Services GmbH (Luftfracht). Die wichtigsten Aktionäre der «Mutter» sind die Bundesrepublik Deutschland (65,38%), die Bayerische Landesbank (4,09%), die Kreditanstalt für Wiederaufbau und das Land Nordrhein-Westfalen (je 2,25%), die Deutsche Bundespost (1,31%), die Deutsche Bundesbahn (0,64%) und private Geldgeber (24,08%). Lufthansa befördert jährlich fast 17 Millionen Fluggäste sowie 700'000 Tonnen Fracht und Post. Sie beschäftigt rund 38'000 Mitarbeiter.
Flotte: (10) Boeing 747-400, 24 747-200, 14 DC-10-30, 5 DC-8-73, 1 Airbus A300B4, 7 A300-600, 13 A310-200, 1 (+3) A310-300, (15) A320, (15) A340, 30 Boeing 727-200, 41 737-200, 2 737-200C, 15 737-300.

Oben: Boeing 747-3H6

MALAYSIAN AIRLINE SYSTEM

MAS (Sistem Penerbangan Malaysia Berhard) wurde im April 1971 von der malaiischen Regierung gegründet. Sie ist eine der Nachfolgegesellschaften der Malaysia-Singapore Airlines (MSA) und verdankt ihre Entstehung dem Beschluss der beteiligten Regierungen, einen eigenständigen Luftverkehr zu betreiben. Die Geschichte der Gesellschaft reicht bis 1947 zurück, als die Malayan Airways Ltd. (gebildet aus Straits Steamship Company, Ocean Steamship Company und Imperial Airways) registriert wurde. Im ersten Betriebsjahr (1947) wurden Inlandverbindungen zwischen Singapur, Kuala Lumpur, Ipoh, Penang, Kuantan und Kota Baru eröffnet. Nach Indienststellung ihrer ersten DC-3 konnte noch im selben Jahr auch der Regionalverkehr nach Djakarta, Palembang und Medan aufgenommen werden. Ebenfalls eröffnet wurde eine internationale Route nach Saigon. 1963 in Malaysian Airways Ltd. umbenannt, konnte zwei Jahre danach Borneo Airways «geschluckt» werden. Der Firmenname Malaysia-Singapore Airlines wurde übernommen, nachdem die Regierun-

gen von Malaysia und Singapur 1966 die Aktienmehrheit erworben hatten.
Nachdem die beiden Länder 1971 das gemeinsame Unternehmen aufgelöst und unabhängige Luftverkehrsgesellschaften gegründet hatten, übernahm MAS zum 1. Oktober 1972 das ehemalige MSA-Streckennetz auf der malaiischen Halbinsel, in Sabah und Sarawak. Drehscheibe ihres Luftverkehrs ist Subang International Airport, Kuala Lumpur. Von dort bedient MAS mittlerweile 22 internationale Zielorte in Europa, Asien und Australien sowie 36 inländische Destinationen. Sie beschäftigt etwa 10'500 Mitarbeiter.
Flotte: 1 Boeing 747-300, 2 747-200, 3 DC-10-30, 4 Airbus A300B4, 12 737-200, 11 Fokker F.27, 4 DHC-6 Twin Otter.

Oben: Tupolew Tu-154B-2

MALEV (MAGYAR LÉGIKÖZLEKEDÉSI VALLALAT)

Malev, die ungarische Staatslinie, entstand 1946 als ungarisch-sowjetisches Gemeinschaftsunternehmen Maszovlet (Magyar Szovjet Polgari Legiforgalmi Társaság). Maszovlet eröffnete ihren Flugbetrieb am 15. Oktober 1946 mit Lisunow Li-2 und Polikarpow Po-2 auf den Inlanddiensten zwischen Budapest, Debrecen und Nyireghaza. Nachdem die ungarische Regierung die sowjetische Kapitalbeteiligung übernommen hatte, erhielt die Gesellschaft am 25. November 1954 ihren heutigen Namen. Zwischen 1958 und 1960 wurde ihr europäisches Verkehrsnetz um mehrere westeuropäische Zielorte erweitert. Im Mai 1960 wurde mit der Iljuschin Il-18 die erste Turboprop-Maschine in Dienst gestellt, und mit der Tupolew Tu-134 im Dezember 1968 das erste strahlgetriebene Flugzeug eingeführt.
Heute betreibt Malev ein Netz inländischer und internationaler Strecken zu mehr als 30 Zielorten in Europa, Nordafrika und Nahost. Etwa 3'600 Mitarbeiter sind bei Malev beschäftigt.
Flotte: 10 Tupolew Tu-154B, 10 Tu-134 134A, 4 Iljuschin Il-18.

MEXICANA

Mexicana (Compañia Mexicana de Aviación) ist die viertälteste Luftverkehrsgesellschaft der Welt und die zweitälteste in Lateinamerika. Sie begann ihre Tätigkeit am 12. Juli 1921 als Compañia Mexicana de Transportes Aeros (CTMA). Ihre ersten Strecken von Mexico City nach Tuxpan und Tampico wurden mit Lincoln Standard bedient. Im September 1924 wurde CTMA von der am 20. August 1924 gegründeten Compañia Mexicana de Aviación (Mexicana) übernommen. Da bewaffnete Banden die Strassen unsicher machten, beförderte Mexicana anfangs hauptsächlich Lohngelder zu entlegenen Ölfeldern. Am 16. August 1926 erhielt das Unternehmen die Genehmigung zur Postbeförderung von Mexico City nach Tampico. Auf derselben Route konnte am 15. April 1928 mit Fairchild 71 ein Liniendienst errichtet werden. Obwohl Pan American im Rahmen ihrer Bestrebungen nach grösserem Einfluss in Lateinamerika im Januar 1929 Mexicana erwarb, behielt das Unternehmen seine Identität. Im Januar 1936 eröffnete Mexicana ihre erste internationale Langstrecke mit Lockheed 10 Electra von Mexico City nach Los Angeles. 1960 wurde die erste strahlgetriebene Maschine, eine Comet 4C, geliefert und mit diesem Typ schon am 4. Juli des gleichen Jahres eine Verbindung nach Chicago aufgenommen. Ebenfalls 1960 erwarb Mexicana die Verkehrsrechte der ATSA und TAMSA, wodurch sie ihre Dienste nach Yucatan und Texas ausdehen bzw. erweitern konnte. Im Januar 1968 schied Pan American als Teilhaber aus. Nun konnte Mexicana ihr internationales Streckennetz nach und nach ausbauen: 1972 Dallas, 1973 St. Louis, 1974 Kansas City, 1977 Costa Rica, 1978 San Francisco, 1979 Seattle. Gegenwärtig bedient Mexicana 27 Destinationen in Mexiko, 9 Flughäfen in den USA und San José. Mexicana beschäftigt 12'600 Menschen. 58% ihres Kapitals sind im Besitz der mexikanischen Regierung, der Rest ist in den Händen der Aufsichtsratsmitglieder und der Mitarbeiter.
Flotte: 5 DC-10-15, 40 Boeing 727-200.

Unten: McDonnell Douglas DC-10-15

MIDDLE EAST AIRLINES

MEA (Middle East Airlines Liban) wurde im Mai 1945 als private Gesellschaft gegründet. Middle East Airlines Company SA, wie

Oben: Boeing 720-023B

sie damals genannt wurde, eröffnete den Regionalverkehr ab Beirut im Januar 1946 mit drei de Havilland Rapide. Im darauffolgenden Jahr wurden DC-3 eingeführt und das Streckennetz um Ankara und Istanbul und 1948 um Kuwait, Bahrain und Dhahran erweitert. Nach Verhandlungen mit Pan American wurde MEA 1949 in eine Aktiengesellschaft umgewandelt. Als Gegenleistung für eine 36%ige Kapitalbeteiligung stellte die US-Gesellschaft der MEA drei zusätzliche DC-3 zur Verfügung. Im Januar 1955 endete die Zusammenarbeit mit Pan Am. Stattdessen erwarb BOAC im März desselben Jahres 38,74% des Aktienkapitals. Diese Regelung ermöglichte MEA den Erwerb einer Viscount-754-Flotte, die am 2. Oktober 1955 den Liniendienst aufnehmen konnte. In den folgenden sechs Jahren konnte MEA ihr Verkehrsnetz erfolgreich erweitern. Neue Zielorte waren London, Rom, Genf, Athen, Frankfurt und Wien in Europa sowie einige nahöstliche Destinationen. Das Düsenzeitalter begann bei MEA am 6. Januar 1961 mit bei BOAC gemieteten Comet 4C. Vier von MEA schon 1960 bestellte Maschinen dieses Typs waren bereits 1960 von MEA bestellt worden, trafen jedoch erst später im Libanon ein. Da die Vereinbarungen mit BOAC im August 1961 endeten, verkauften die Briten ihre Anteile an libanesische Geldgeber.

Am 7. Juni 1963 schloss MEA sich mit Air Libanon, einer anderen führenden libanesischen Luftverkehrsgesellschaft, zusammen, die Liniendienste nach Paris und Zielorten in Nord- und Westafrika betrieb. Durch ihre Verbindung mit Air Liban gingen 30% des MEA-Kapitals in den Besitz der Air France über. 1965 war die Fusion der beiden Unternehmen abgeschlossen. Seitdem firmiert die neue Gesellschaft unter ihrem heutigen Namen. Nachdem der grösste Teil der MEA-Flotte am 28. Dezember 1968 durch einen Angriff auf den Beiruter Flughafen zerstört worden war, sah sich die Gesellschaft gezwungen, den Flugbetrieb mit gemieteten Maschinen aufrecht zu erhalten, bis Convair 990A und Boeing 720-023B von American Airlines erworben werden konnten. Am 1. Juli 1969 «schluckte» MEA die Libanese International Airways (eine Liniengesellschaft, die ebenfalls europäische und nahöstliche Destinationen bediente).
Obwohl ein Ende des Krieges im Libanon nicht abzusehen ist, betreibt MEA einen reduzierten Liniendienst zu Zielorten in Nahost, Europa sowie Nord- und Westafrika. Sie beschäftigt etwa 5'500 Mitarbeiter.
Flotte: 8 Boeing 707-320C, 6 720B.

MIDWAY AIRLINES

Die im Oktober 1976 entstandene Midway Airlines betrieb anfangs hochfrequentierte und billigtarifierte Verbindungen. Den Flugbetrieb nahm sie 1979 mit gemieteten DC-9-10 auf. Drehscheibe ihrer Strecken war der Midway Airport von Chicago.
Gegenwärtig beschäftigt die Gesellschaft etwa 2000 Mitarbeiter und unterhält sogenannte Business-Class «Metrolink»-Dienste nach Boston, New York (Newark), White Plains, Philadelphia, Washington DC (National), Cleveland, Detroit, Indianapolis, Kansas City, Minneapolis/St. Paul, Dallas/Fort Worth, New Orleans, Fort Myer, Fort Lauderdale, Miami, Orlando, Tampa, West Palm Beach, St. Croix und St. Thomas. Am 24. Juli 1985 übernahm Midway die Air Florida und schuf die «Tochter» Midway Express, deren Routen in das Streckennetz der «Mutter» integriert wurden.
Flotte: 7 Boeing 737-200, 11 DC-9-30, 9 DC-9-10.

Unten: Boeing 737-3T0

Unten: Boeing 737-2T4 Advanced

NEW YORK AIR

New York Air, eine 100%ige Tochter der Texas Air Corporation betrieb regelmässige Passagierdienste in 13 US-Bundesstaaten an der Ostküste. Ihr Flugbetrieb begann am 19. Dezember 1980. Nachdem anfangs La Guardia (New York) als Drehscheibe ihres Luftverkehrs gedient hatte, wurde später Dulles International Airport (Washington) zum primären und Newark (US-Staat New York) zum sekundären Knotenpunkt ausgebaut.
New York Air bediente Boston, Charleston, Cleveland, Detroit, Ft. Lauderdale, Greensville/Spartanburg, Hartford, Jacksonville, Knoxville, Martha's Vineyard, Nantucket, Newark, New Orleans, New York (JFK, La Guardia, MacArthur, White Plains), Orlando, Philadelphia, Raleigh/Durham, Rochester, Tampa, Washington DC (National und Dulles) und West Palm Beach.
Darüberhinaus unterhielt sie im Einstundentakt Zubringerdienste von Newark nach Boston und Washington-National. 1985 beförderte New York Air 3,5 Millionen Fluggäste und beschäftigte etwa 2'000 Mitarbeiter. Inzwischen hat sich New York Air mit Continental Air Lines zusammengeschlossen.
Flotte: 9 (+zusätzliche) Boeing 737-300, 6 MD-80, 19 DC-9-30.

NIGERIA AIRWAYS

Nigeria Airways entstand 1958 aus der WAAC (Nigeria) Ltd. Sie übernahm die Inlanddienste der West African Airways Corporation (WAAC) in Nigeria und eröffnete ihren Flugbetrieb am 1. Oktober 1958. WAAC hatte in den ehemaligen britischen Kolonien in Westafrika ein Streckennetz aufgebaut. In ihrem Auftrag unterhielt BOAC Verbindungen nach Dakar und London. Im März 1961 wurde die Gesellschaft verstaatlicht und Anfang 1963 Fokker F.27 Friendship 200 in Dienst gestellt.
Aus BOAC-Besitz wurde im September 1969 eine VC 10 Type 1101 erworben. Eine erste Boeing 707-3F9C konnte im Mai 1971 in Dienst gestellt werden. Ebenfalls seit

1971 führt die Gesellschaft ihren heutigen Namen. 1973 wurden F.28 Fellowship 2000 auf den Inlandstrecken eingeführt. Mit der Inbetriebnahme der ersten DC-10-30 am 14. Oktober 1976 begann auch bei Nigeria Airways der Einsatz von Grossraumgerät. Heute betreibt das Unternehmen ein umfangreiches Inlandnetz und unterhält von Lagos, Kano und Port Harcourt internationale Verbindungen nach Amsterdam, Frankfurt, London, Rom, Djidda, New York sowie zu Zielorten in Ost- und Westafrika. Nigeria Airways beschäftigt etwa 8'000 Mitarbeiter.
Flotte: 2 DC-10-30, 3 Boeing 707-320C, 4 Airbus A310-200, 8 737-200.

Unten: McDonnell Douglas DC-10-30

NORTHWEST AIRLINES

Northwest ist die zweitälteste Luftverkehrsgesellschaft der USA. Am 1. August 1926 als Northwest Airways entstanden, kann sie sich rühmen, bisher stets unabhängig geblieben zu sein. Zwei Monate später eröffnete sie zwischen Minneapolis/St. Paul und Chicago einen Luftpost- und im Juli des folgenden Jahres einen Passagierdienst. Zum 16. April 1933 wurde sie in Northwest Orient umbenannt und erwarb die Northern Air Transport. Mit der Erweiterung ihres Verkehrsnetzes von Minneapolis/St. Paul über Milwaukee und Detroit nach Newark und New York City, wurde Northwest zur vierten transkontinentalen US-Fluggesellschaft. Weitere Verbindungen wurden zu Zielorten in Kanada, Alaska und auf den Aleuten aufgenommen. Ihre erste Transpazifikroute über Anchorage nach Tokio, Seoul, Shanghai und Manila eröffnete Northwest am 15. Juli 1947 mit DC-4. Das Düsenzeitalter begann am 8. Juli 1960 mit der Inbetriebnahme von DC-8-32 auf den Fernostverbindungen.
Mit der Einführung ihres heutigen Firmennamens am 12. August 1986 und dem gleichzeitig erfolgenden Erwerb der Republic Airlines wurde Northwest zu einer der grössten US-Luftverkehrsgesellschaften. Heute betreibt Northwest ein umfangreiches Streckennetz. Basierend auf den Knotenpunkten Minneapolis/St. Paul, Detroit und Memphis bedient sie 110 US-Zielorte, vier Destinationen in Kanada, je zwei in Mexiko und auf den Cayman Inseln, zwölf in Fernost und acht in Europa. Northwest beschäftigt etwa 31'000 Mitarbeiter. Gemeinsam mit Republic Airlines konnten 1985 fast 32 Millionen Fluggäste befördert werden. Northwest hat als erste Fluggesellschaft die modernste Jumbo-Version Boeing 747-400 bestellt; im Dezember 1988 soll die erste Maschine dieses Typs in Dienst gestellt werden.
Flotte: (10) Boeing 747-400, 20 (+3) 747-200, 6 747-200F, 12 747-100, 20 DC-10-40, 23 (+10) 757-200, 74 727-200, (10) Airbus A320, 9 727-100, 8 MD-80, 28 DC-9-50, 64 DC-9-30, 34 DC-9-10, 13 Convair 580, (20) A340.

Unten: Boeing 757-251

OLYMPIC AIRWAYS

Der griechische Reeder Aristoteles Onassis gründete Olympic im Januar 1957 als Nachfolgerin der in finanziellen Schwierigkeiten befindlichen staatlichen TAE (Technical and Air Enterprise Company). Die Geschichte der TAE reicht bis 1935 zurück, als die Gesellschaft für allgemeine technische Dienstleistungen, Pilotenschulung und Lufttaxi-Charterflüge ins Leben gerufen wurde. Zur Verbesserung des Inlandluftverkehrs fusionierte TAE auf Anweisung der Regierung mit zwei anderen griechischen Luftverkehrsgesellschaften (ELL. A.S. und AME). Aber auch die neue TAE konnte die finanziellen und verkehrstechnischen Probleme nicht bewältigen und musste 1955 verstaatlicht werden. Da das Unternehmen auch unter staatlicher Regie nicht gesundete, musste Fremdkapital beschafft werden. Retter in der Not wurde Onassis. Er übernahm die Gesellschaft 1957, gab ihr eine Finanzspritze und erhielt dafür die Dauer von 50 Jahren das griechische Luftverkehrsmonopol. Mit einer Flotte von vierzehn DC-3 und einer DC-4 nahm die neue Firma Olympic Airways am 6. April 1957 den Betrieb auf. Um im Wettbewerb mit ausländischen Konkurrenten bestehen zu können, wurde die Zeit bis zur Einführung eigener DC-6B dadurch überbrückt, dass Maschinen dieses Typs von UAT (heute UTA) gemietet wurden. Mit DC-6B konnten am 2. Juni 1957 die ersten internationalen Verbindungen ab Athen nach Rom, Paris und London eröffnet werden. Im August des folgenden Jahres wurde das Streckennetz durch den Anflug von Zürich und Frankfurt nochmals erweitert.
Strahlgetriebene Comet nahmen im Mai 1960 die Dienste nach Tel Aviv, Nikosia, Beirut und Kairo auf.
Nachdem Onassis im Dezember 1974 auf seine Rechte verzichtet hatte, wurde Olympic im Januar 1975 verstaatlicht.
Gegenwärtig bedient Olympic 31 inländische und 39 internationale Zielorte in Europa, Afrika, Asien und Nordamerika. Sie beschäftigt rund 10'000 Mitarbeiter.
Flotte: 4 Boeing 747-200, 8 Airbus A300B4, 2 707-320B, 4 707-320C, 6 727-200, 11 737-200.

Unten: Shorts 330-100, bei Olympic Aviation im Regionalverkehr eingesetzt.

Oben: British Aerospace 146-200

PACIFIC SOUTHWEST AIRLINES

Pacific Southwest Airlines entstand als eine Abteilung der Friedkin Aeronautics, Inc., San Diego, zur Entwicklung eines regelmässigen Luftverkehrs in Kalifornien. Ihren Liniendienst eröffnete PSA im Mai 1949 mit einer gemieteten DC-3 zwischen San Diego und Oakland. Die schnelle Erweiterung ihrer Billigpreis-Routen führte zur Indienststellung von Boeing 727 und 737 im Juni 1965 bzw. September 1968.
Inzwischen ist PSA das bedeutendste Luftverkehrsunternehmen an der US-Westküste. Sie betreibt die grösste BAe-146-Flotte der Welt. Im Dezember 1986 gab US Air bekannt, PSA erwerben zu wollen. Heute operiert PSA als eine Tochter der US Air. Ihr Linienverkehr basiert auf den Drehscheiben Los Angeles und San Francisco. Das Streckennetz umfasst 29 Ziele in sieben US-Staaten und Los Cabos in Mexiko. «Töchter» sind Pacific Southwest Airmotive, Pacific Northwest Airlines, Pacific Southwest Exploration, Jetair Leasing und Airline Training School. PSA hat etwa 5'000 Mitarbeiter.
Flotte: 31 MD-80, 4 DC-9-30, 20 (+4) BAe 146-200.

PACIFIC WESTERN AIRLINES

Dieses Unternehmen, z. Z. die grösste kanadische Regionalfluggesellschaft, wurde ursprünglich am 1. Juli 1945 als Central British Columbia Airways für Charterflüge gegründet. Sie konnte viele kleinere Luftverkehrsunternehmen aufkaufen und führt seit dem 15. Mai 1953 ihren heutigen Namen. 1954 erwarb Pacific Western die Associated Airways (erfüllte wichtige Aufgaben beim Aufbau und Betrieb des Radarfrühwarnsystems der nordamerikanischen Luftraumverteidigung) und Queen Charlotte Airlines im Juli 1955. Nach Auslieferung ihrer ersten Boeing 737 im November 1968 setzte Pacific Western strahlgetriebene Maschinen auch auf Inlandstrecken ein. Je eine Boeing 707-138B und Lockheed L-100-382 Hercules waren bereits 1967 für den Passagier- und Frachtcharterbetrieb gekauft worden. Im August 1974 erwarb die Provinzregierung von Alberta 97% des Firmenkapitals. 1976 übernahm Pacific Western die BC Air Lines und erwarb im Mai 1977 72% des Kapitals der Transair (Sitz in Winnipeg). Hernach integrierten Pacific Western und Transair ihre Routen zu einem einzigen, zentral gelenkten Streckennetz. Pacific Western betreibt einen umfangreichen Liniendienst in British Columbia, Alberta, Saskatchewan, Manitoba, den Nordwest-Territorien und im Yukongebiet. Anfang 1987 wurde der Zusammenschluss

Unten: Boeing 737-275 Advanced

von Pacific Western und Canadian Pacific Air Lines bekanntgegeben; die neue Gesellschaft operiert seit dem 26. April 1987 als Canadian Airlines International.
Flotte: 24 Boeing 737-200.

PAKISTAN INTERNATIONAL AIRLINES

Als Linienfluggesellschaft wurde Pakistan International Airlines (PIA) offiziell am 11. März 1955 gegründet. Verbunden mit dieser Gründung war die Einverleibung von Orient Airways. Da sie im Rahmen des Verteidigungsministeriums ins Leben gerufen worden war, hatte PIA ihren Flugbetrieb jedoch schon am 7. Juni 1954 mit Super Constellation zwischen Karachi und Dacca aufnehmen können. Orient Airways entstand 1947. Sie übernahm die Routen der ehemals indischen Fluggesellschaften, die vor der Gründung der Republik Pakistan (15. Aug. 1947) in Ost- und Westpakistan operiert hatten. Ihren ersten internationalen Dienst eröffnete PIA am 1. Februar 1955 auf der Route Karachi – Kairo – London. Ihre erste von schliesslich fünf Viscount stellte PIA im Januar 1959 in Dienst. Das Düsenzeitalter begann für PIA am 7. März 1960, als sie eine bei Pan American gemietete Boeing 707-121 auf der London-Strecke einsetzte. Seit dem 5. Mai 1961 fliegt PIA New York an. Dann erwarb sie eigene Boeing 720-040B, deren erste im Februar 1962 in Dienst gestellt wurde. Verbindungen nach Kanton und Shanghai wurden am 29. April 1964 eröffnet. Die Abtrennung Ostpakistans als Folge des Krieges von 1971 und die daraus resultierende Gründung des unabhängigen Staates Bangladesch hatte gravierende Auswirkungen auf den PIA-Flugbetrieb. 1972 konnte New York wieder angeflogen werden, und im darauffolgenden Jahr eröffnete PIA als erste ausländische Luftverkehrsgesellschaft einen Dienst nach Peking. Gegenwärtig bedient PIA 29 inländische Flughäfen und betreibt Passagier-

Unten: Boeing 737-340

Oben: Airbus A300B4-203 (oben) und A310-222

und Frachtliniendienste zu 39 internationalen Destinationen in Nah- und Fernost, Nord- und Ostafrika, Europa und Nordamerika. Sie beschäftigt etwa 20'000 Mitarbeiter.
Flotte: 8 Boeing 747-200, 8 Airbus A300B4, 7 707-320B/C, 6 737-300, 9 Fokker F.27, 2 DHC-6 Twin Otter.

PAN AM - PAN AMERICAN WORLD AIRWAYS

Pan Am entstand am 14. März 1927. Sie begann den Luftverkehr mit einem Postdienst zwischen Key West (Florida) und Havanna am 28. Oktober mit Fokker F-7 und eröffnete einen Passagierdienst auf derselben Route am 16. Januar 1928. Unter der Leitung von Juan Trippe entwickelte sich Pan Am zur erfolgreichsten und bedeutendsten Fluglinie der Welt. Kräftige private und staatliche Finanzspritzen erleichterten den Aufbau eines umfangreichen Streckennetzes in Mittel- und Südamerika sowie in der Karibik. In den 30er und 40er Jahren erwarb Pan Am finanzielle Beteiligungen an vielen lateinamerikanischen Fluggesellschaften und erschloss Pazifik- und Atlantikrouten.
Am 25. September 1950 kaufte Pan Am von American Airlines die American Overseas Airlines (AOA) und firmiert seitdem als Pan American World Airways. AOA betrieb Liniendienste in die Bundesrepublik Deutschland, nach Skandinavien, Finnland und Island und besass Verkehrsrechte von Berlin (West) zu Zielorten in der Bundesrepublik. Im Oktober stellte die Gesellschaft Boeing 707 und Douglas DC-8 in Dienst und eröffnete den Düsenverkehr zwischen New York und Paris am 26. Oktober 1958 mit Boeing 707-121. Ein luftverkehrshistorisches Zeichen setzte Pan Am am 14. April 1966, als sie auf einen Schlag fünfundzwanzig Boeing 747 bestellte. Premiere für den Jumbo war am 22. Januar 1970 auf der Route New York-London. Durch die Fusion mit National Airlines wurde Pan Am am 7. Januar 1980 zur zweitgrössten US-Fluggesellschaft.
Ende 1985 hatte Pan Am ihre Verkehrsrechte im pazifischen Raum an United Airlines verkauft. Gegenwärtig ist sie bestrebt, ihre Transatlantik- und Südamerikadienste auszubauen. Heute bedient die Gesellschaft 26 Zielorte in den USA und 63 internationale Flughäfen. Zubringerdienste mit Sitzplatzgarantie ohne vorherige Reservierung werden – im Wettbewerb mit Eastern – zwischen Boston, New York/La Guardia und Washington (DC) betrieben. 1985 beförderte Pan Am 13,2 Millionen Fluggäste und beschäftigt z. Z. etwa 20'600 Mitarbeiter.
Flotte: 7 Boeing 747-200, 36 747-100, 12 Airbus A300B4, 7 A310-200, (12) A310-300, (16) A320-200, 38 727-200, 12 737-200.

PHILIPPINE AIRLINES

Philippine Airlines (PAL) wurde am 26. Februar 1941 durch eine Gruppe von Industriellen ins Leben gerufen. Bereits am 15. März konnte der Flugbetrieb zwischen Manila und Baguio mit einer Beech 18 eröffnet werden. Nach dem Ende des 2. Weltkrieges konnte PAL den Luftverkehr am 14. Februar 1946 auf der Route Manila-Legaspi mit DC-3 wieder eröffnen. Am 14. November des folgenden Jahres wurde PAL zur nationalen philippinischen Luftverkehrsgesellschaft ernannt und eröffnete am 3. Dezember mit DC-4 einen Dienst nach San Francisco. Am 3. Mai 1947 «schluckte» PAL ihren stärksten inländi-

Oben: Boeing 747-2F6B; die neue Bemalung basiert auf den Nationalfarben.

schen Konkurrenten, die Far Eastern Air Transport, Inc. (FEATI). DC-6 wurden im Mai 1948 erworben. Als im August desselben Jahres auch Commercial Air Lines, Inc. (CALI) aufgekauft werden konnte, war PAL die einzige philippinische Linienfluggesellschaft.
Mit bei Pan Am gemieteten Boeing 707 konnte am 11. Dezember 1961 der Düsenverkehr zwischen Manila und Hong Kong eröffnet werden. BAC One-Eleven 402 wurden im Mai 1966 auf den Inland- und Regionaldiensten eingeführt. Grossraumgerät (DC-10-30) fliegt seit Juli 1974 auf den Pazifikverbindungen.
Mittlerweile betreibt PAL auch eine Flotte von Boeing 747-2F6B und Airbus A300B4-103. Gegenwärtig verbindet PAL 41 philippinische Flughäfen und unterhält internationale Verbindungen zu 21 Destinationen in Fernost, Australasien, Ozeanien, Europa und Nordamerika. PAL beschäftigt 9'600 Mitarbeiter. Hauptaktionär ist die Regierung mit einem Anteil von 99,7%.
Flotte: 4 Boeing 747-200, 2 DC-10-30, 5 Airbus A300B4, 11 One-Eleven 500, 12 BAe (HS) 748, 4 Shorts 360.

PIEDMONT AIRLINES

Piedmont, mit Sitz in Winston-Salem (North Carolina), entstand am 1. Januar 1948 als eine Abteilung von Piedmont Aviation, einer am 2. Juli 1940 gegründeten Luftverkehrsgesellschaft für Charterflüge und allgemeinen Flugverkehr. Piedmont eröffnete ihre lokalen Dienste am 20. Februar 1948 zwischen Wilmington (North Carolina) und Cincinnati (Ohio). Auch bei ihrer späteren Entwicklung konzentrierte sich das Unternehmen auf die obigen Staaten sowie Kentucky, Tennessee, South Carolina, Virginia und West Virginia. Der Flugverkehr mit turbopropgetriebenen Maschinen wurde im November 1958 mit Fairchild F-27 eröffnet; FH-227B folgten 1966. Das Düsenzeitalter begann bei Piedmont im März 1967 mit gemieteten Boeing 727. Die erste von vielen eigenen Boeing 737 folgte im Mai 1968. Im Januar 1986 erwarb Piedmont die in Utica ansässige Regionalfluggesellschaft Empire Airlines. Durch

Unten: Boeing 737-301

diese Fusion wurde Piedmont zum grössten Betreiber von Fokker F.28. Gegenwärtig bedient sie mehr als 100 Städte in 24 US-Bundesstaaten und im District of Columbia. Als Drehscheiben ihres Luftverkehrs dienen Charlotte, Dayton und Baltimore/Washington International Airport. Piedmont beschäftigt rund 12'000 Mitarbeiter. Henson Airlines ist eine Tochtergesellschaft.

Am 9. März 1987 wurde Piedmont von US Air aufgekauft.
Flotte: 34 Boeing 727-200, 19 (+17) 737-300, 63 737-300, 45 Fokker F.28-1000 4000.

PLUNA (PRIMERAS LINEAS URUGUAYAS DE NAVEGACION AÉREA)

Pluna, die nationale uruguayische Fluggesellschaft, wurde im September 1935 von den Gebrüdern Marquez Vaeza gegründet. Mit dem Betrieb inländischer Flugverbindungen wurde am 15. November 1936 begonnen.

Oben: Boeing 737-2A3

Nachdem die Regierung ihre Subventionen eingestellt hatte, musste Pluna am 15. März 1943 den Betrieb einstellen. Erst als der Staat 83,3% ihrer Aktien erworben hatte, konnte sie am 15. September 1945 den Flugbetrieb erneut aufnehmen. Ihre erste internationale Verbindung eröffnete sie am 4. Mai 1948 nach Porto Alegre in Brasilien. Seit dem 12. November 1951 ist Pluna verstaatlicht. Zur Ergänzung ihrer DC-3-Flotte wurden D.H. Heron bestellt und im Mai 1958 die erste Viscount 769 in Dienst gestellt. Durch Erwerb der CAUSA (Compañia Aeronautica Uruguaya SA) konnte Pluna ihr Inlandstreckennetz erweitern. Mit der Auslieferung einer Boeing 737-2A3 begann auch bei Pluna das Düsenzeitalter. Seit 1973 ist die Transportabteilung der Luftstreitkräfte - TAMU - für den Inlandverkehr zuständig. Pluna betreibt nur noch ein internationales Streckennetz. Gegenwärtig bedient sie Porto Alegre, San Pablo, Rio de Janeiro, Asuncion, Buenos Aires, Punta del Este und Madrid. Sie beschäftigt rund 820 Mitarbeiter.
Flotte: 1 Boeing 707-320B, 3 737-200.

PRESIDENTIAL

Presidential Airways entstand im März 1985. Drehscheibe ihres Liniendienstes ist Washington-Dulles International Airport, wo auch ihre Hauptverwaltung angesiedelt ist. Presidential betreibt Passagierdienste zu niedrigen Tarifen mit dem üblichen Bordservice. Seinen Flugbetrieb begann das Unternehmen am 10. Oktober 1985. Von Dulles fliegt sie nach Boston (Massachusetts), Hartford, Connecticut), Indianapolis (Indiana), Miami/Fort Lauderdale, West Palm Beach, Orlando, Sarasota, Daytona Beach und Melbourne (Florida), Cleveland (Ohio), Savannah und Atlanta (Georgia), Hilton Head (South Carolina), Portland (Maine), Detroit (Michigan) und Montreal (Kanada). 1985 übernahm Presidential die in Las Vegas beheimatete Chartergesellschaft Key Airlines sowie die Zubringer-Gesellschaft Colgan Airways (Sitz in Manas-

Unten: BAe 146-200 in den 1987 eingeführten «Continental Express»-Farben.

sas, Virginia). Colgan wurde über Washington Air Corp., eine 100%ige Presidential-Tochter, erworben. 1987 hat Presidential sich der Continental Jet Express Organization angeschlossen und firmiert nun als «Continental Express».
Flotte: 8 Boeing 737-200, 6 (+9) BAe 146-200.

QANTAS AIRWAYS

Qantas wurde von zwei ehemaligen Offizieren der Australischen Luftwaffe, den Leutenants W. Hudson Fysh und P. J. McGinnes, am 16. November 1920 mit einem Startka-

Oben: Boeing 767-238ER

pital von 6037 £ gegründet. Qantas steht für The Queensland and Northern Territory Aerial Services Ltd. In den ersten beiden Jahren wurden je eine Avro 504K und Farnborough B.E.2E für Lufttaxi- und Rundflüge betrieben. Der erste Passagierliniendienst eröffnete am 1. November 1922 von Charleville nach Cloncurry in Queensland über Longreach, und zwar mit einer Armstrong Whitworth F.K.8. In den folgenden zwölf Jahren konnte in Queensland ein Streckennetz von 2375 km Länge errichtet werden. Ein wesentlicher Bestandteil des Flugbetriebes waren die sogenannten «Flying Doctor Services»; für die einsamen Farmen und entlegenen Siedlungen eine wahrhaft lebensnotwendige Einrichtung. Zum Betrieb der Teilstrecke Brisbane – Singapur der Route Grossbritannien – Australien schufen Qantas und Imperial Airways (Vorläuferin von BOAC) am 18. Januar 1934 die Qantas Empire Airways Ltd. Im Oktober 1946 wurden Constellation bestellt, und am 3. Juli des folgenden Jahres erwarb die australische Regierung (nachdem sie vorher ihre BOAC-Anteile abgestossen hatte) alle Qantas-Aktien, verstaatlichte das Unternehmen und betraute es mit dem Betrieb des internationalen australischen Luftverkehrs. Nachdem Qantas am 1. Dezember 1947 mit Constellation eine eigene Verbindung von Sydney nach London eröffnet hatte, folgten weitere Überseedienste in schneller Folge. In diesen Jahren erwarb Qantas Aktien der neuseeländischen Tasman Empire Airways Ltd. (TEAL), um den Luftverkehr zwischen diesen beiden Ländern aufbauen zu können. Die am 15. Mai 1947 eröffnete Transpazifikverbindung nach San Francisco wurde 1958 nach New York und London verlängert, wodurch Qantas als erste Fluggesellschaft einen Rund-um-die-Welt-Dienst betrieb.
Mit dem Erwerb von spezialangefertigten Boeing 707-138 brach für Qantas am 29. Juli 1959 auf den Nordamerikadiensten das Düsenzeitalter an. Im selben Jahr wurden auch Lockheed Electra eingeführt und ab 1961 zum Betrieb der Qantas-Verbindungen nach Neuseeland eingesetzt. Seit dem 1. August 1967 firmiert die Gesellschaft als Qantas Airways Ltd.
Gegenwärtig unterhält Qantas ab Perth, Darwin, Melbourne, Sydney, Brisbane, Adelaide, Port Hedland, Cairns, Townsville, Norfolk Island und Hobart ein Passagier- und Frachtstreckennetz nach Christchurch, Wellington, Auckland, Noumea, Fiji, Port Moresby, Honolulu, Los Angeles, San Francisco, Vancouver, Tokio, Hong Kong, Manila, Bali, Djakarta, Singapur, Bangkok, Bombay, Bahrain, Athen, Belgrad, Rom, Frankfurt, Amsterdam, London, Manchester und Harare. Qantas beschäftigt etwa 12'000 Mitarbeiter.
Flotte: 5 Boeing 747-300, 16 747-200, 2 747SP, (4) 747-400, 6 767-200ER.

ROYAL AIR MAROC

Die Royal Air Maroc (Compagnie Cherifienne de Transport Aérien) ist die nationale Königlich Marokkanische Luftverkehrsgesellschaft. Sie entstand am 28. Juni durch den Zusammenschluss von Société Air Atlas und

Oben: Boeing 727-2B6

Air Maroc. Bewerkstelligt wurde diese Fusion durch intensive Bemühungen der marokkanischen Regierung. Air Atlas (Compagnie Cherifienne d'Aviation) wurde 1946 zum Betrieb eines Inlandstreckennetzes sowie internationaler Verbindungen nach Algier und bedeutenden südfranzösischen Flughäfen (wie z. B. Lyon und Marseille) gegründet. Die 1947 entstandene Air Maroc (Société Avia Maroc Ligne Aérienne) wurde als Chartergesellschaft gegründet. Nach erfolgter Fusion widmete sich Air Maroc dem Ausbau ihres nationalen und internationalen Verkehrsnetzes. Verbindungen nach Dakar, Gibraltar, Madrid und Frankfurt wurden eröffnet und die Inlanddienste um Meknes, Oujda, Tetuan, Fez und Mellila-Nador erweitert.
1960 wurde die erste strahlgetriebene Caravelle III übernommen und am 20. Mai auf der Route Casablanca – Paris in Dienst gestellt. Grossraumflugzeuge betreibt Air Maroc seit dem 29. September 1978, als die erste von zwei Boeing 747-2B6B ausgeliefert wurde.

Unten: Airbus A310-222

Derzeit unterhält Air Maroc Liniendienste von Casablanca und Tanger zu inländischen Flughäfen und Zielorten in Nord- und Westafrika, Nahost, Europa sowie Nord- und Südamerika. Darüberhinaus werden auch Charterflüge durchgeführt. 92,7% des Aktienkapitals der Gesellschaft sind im Besitz der marokkanischen Regierung. Air Maroc beschäftigt etwa 4'500 Menschen. Seit 1970 führt Royal Air Inter ab Casablanca den Inlandverkehr durch.
Flotte: 1 Boeing 747-200, 1 747SP, 2 707-320C, 2 757-200, 8 727-200, 6 737-200.

SABENA BELGIAN WORLD AIRLINES

Sabena steht für Société Anonyme Belge d'Exploitation de la Navigation Aérienne. In das Handelsregister eingetragen wurde sie am 23. Mai 1923. Hauptaktionäre waren das Syndicat National pour l'Etude des Transports Aériennes (SNETA), die belgische Regierung und Belgisch-Kongo. SNETA – Vorläuferin der Sabena – war als Syndicat zur Entwicklung des Luftverkehrs sowohl in Europa als auch in der belgischen Kolonie Kongo (heute Zaire) gebildet worden. Ihre ersten Verbindungen knüpfte Sabena zwischen den Niederlanden und der Schweiz. Ein Frachtdienst wurde am 1. April 1924 auf der Route Rotterdam – Brüssel – Strasbourg eröffnet und am 10. Juni bis nach Basel verlängert. Nach Einführung von Handley Page W.8-Flugzeugen wurden auf dieser Strecke ab 14. Juli 1924 auch Fluggäste befördert. Neben der Errichtung eines europäischen Verkehrsnetzes war Sabena bestrebt, auch Belgisch-Kongo dem Luftverkehr zu erschliessen. Erste Verbindungen waren bereits durch die SNETA und deren Nachfolgerin LARA (König Albert Fluglinie) geschaffen worden. Während des 2. Weltkrieges hatte Sabena ihren Sitz nach Leopoldville (Kongo) verlagert. Mit DC-4 konnte schon am 4. Juni 1947 der Linienverkehr Brüssel – New York eröffnet werden. 1949 erhielt Sabena das Monopol für Liniendienste im Kongo und kaufte zwei lokale unabhängige Gesellschaften – Aeromas

Unten: Airbus A300-620

und Air Congo – auf. Nach der Unabhängigkeitserklärung des Kongo war Sabena im Juni 1961 massgeblich am Aufbau einer neuen Air Congo (heute Air Zaire) beteiligt. Das Düsenzeitalter begann für Sabena mit der Indienststellung ihrer ersten Boeing 707 auf der Route Brüssel – New York im Januar 1960.
Flotte: 1 Boeing 747-300, 2 747-100, 5 DC-10-30, 3 Airbus A310-200/300, 15 737-200.

SAUDIA

Saudia (Saudi Arabian Airlines) wurde 1945 von der saudischen Regierung als nationale Fluggesellschaft gegründet. Mit drei DC-3 konnte der inländische Luftverkehr am 14. März 1947 eröffnet werden. Von 1949 an wurde eine Flotte von Bristol Freighter 21 und DC-4 eingeführt, denen ab 1954 zehn Convair 340 folgten. Zur Erweiterung des Streckennetzes in der arabischen Welt und zur Verbesserung des Pilgerverkehrs wurden 1960 drei zusätzliche DC-6 eingeführt. Die Beschaffung von zwei Boeing 720-068B ermöglichten die Eröffnung des Düsenverkehrs im April 1962 und progressiv den Anflug von Amman, Beirut, Kairo, Istanbul, Bombay und Karachi mit strahlgetriebenem Fluggerät. 1963 verlieh König Feisal der Saudia den Status eines regierungsunabhängigen Unternehmens mit eigener Geschäftsleitung. Vier Jahre danach eröffnete die Gesellschaft ihre erste Europaverbindung nach Genf, Frankfurt und London sowie Dienste nach Tripolis, Tunis und Casablanca. Die Einführung von Boeing 707-368C ermöglichte 1968 die Einrichtung einer Non-stop-Route zwischen Djidda und London. Mit Lockheed TriStar 100 wurden 1975 die ersten Grossraumflugzeuge in Dienst gestellt. Als grösste nationale Luftverkehrsgesellschaft in Nahost bedient Saudia gegenwärtig 23 inländische Zielorte sowie Passagier- und Frachtdienste zu weiteren 44 Destinationen in Europa, Asien, Afrika, Nahost und Nordamerika. Sie beschäftigt rund 26'000 Mitarbeiter.
Flotte: 10 Boeing 747-300, 1 747-200, 8 747-100, 2 747SP, 17 TriStar 200, 11 Airbus A300-600, 5 707-320C, 19 737-200, 2 Fokker F.28-3000.

SCANDINAVIAN AIRLINES SYSTEM

SAS fungiert als nationale dänische, norwegische und schwedische Fluggesellschaft. Sie entstand am 1. August 1946 als ein multinationales Konsortium aus Det Danske Luftfartselskap (DDL), Det Norske Luftfartselskap (DNL) und AB Aerotransport (ABA), den führenden Luftverkehrsgesellschaften der obigen Länder. Einer der Gründe für die Fusion war das Streben nach einem effektiven internationalen Luftverkehrsnetz. Auf der Route Stockholm – Kopenhagen – New York konnte der Liniendienst am 17. September 1946 mit DC-4 eröffnet werden. Am 18. April 1948 verschmolzen die drei partnerschaftlich verbundenen Gesellschaften ihre ursprünglich getrennten Organisationen für Übersee und Europa zur SAS. Im Juli desselben Jahres fusionierte Svensk Interkontinental Lufttrafik (SILA), eine andere schwedische Gesellschaft, mit ABA. Am 8. Februar 1951 konnte der Zusammenschluss des gesamten SAS-Konsortiums unter zentraler Leitung vereinbart werden. Die drei beteiligten Unternehmen wurden in sogenannte Holding-Gesellschaften ohne eigenen Flugbetrieb umgewandelt. Das Aktienkapital des Konsortiums ist wie folgt verteilt: je 28,5% bei DDL und DNL, 43% bei ABA. Jedes dieser Unternehmen ist selbständig. Ihr Kapital befindet sich je zur Hälfte in der Hand privater Aktionäre bzw. im Besitz der jeweiligen Regierung.
SAS eröffnete am 29. Dezember 1946 eine Verbindung nach Buenos Aires und im Oktober 1949 nach Bangkok. Seit dem 15. November 1954 fliegt SAS mit DC-6B über die Polarroute von Kopenhagen nach Los Angeles. Das Düsenzeitalter begann für SAS am 26. April 1959, als zwischen Kopenhagen und Beirut erstmals eine Caravelle im Liniendienst eingesetzt wurde. DC-8-32 wurden am 1. Mai 1960 auf der New-York-Route eingeführt. DC-9-21 und DC-9-41 (beide Versionen wurden gemäss SAS-Spezifikationen entwickelt) führte SAS 1968 auf ihrem

Unten: McDonnell Douglas DC-10-30

inländischen und europäischen Streckennetz ein. Heute bedient SAS mehr als 100 Zielorte in Europa, Afrika, Nah- und Fernost sowie Nord-, Mittel- und Südamerika. Sie beschäftigt etwa 19'000 Mitarbeiter.
Flotte: 2 Boeing 747-200, (12) MD-11, 9 DC-10-30, 2 DC-8-63, 3 DC-8-62, 16 (+2) MD-80, 49 DC-9-41, 2 DC-9-30, 9 DC-9-21, 8 Fokker F.27. (Swedair, Busy Bee und Fred Olsen betreiben einige Flüge im Auftrage der SAS.)

SINGAPORE AIRLINES

Singapore Airlines (SIA) entstand am 24. Januar 1972. Die nationale, im staatlichen Besitz befindliche Gesellschaft ist die Nachfolgerin der Malaysia-Singapore Airlines (MSA). Sie verdankt ihre Existenz der gemeinsamen Entscheidung der Regierungen von Malaysia und Singapur vom Januar 1971, zukünftig unabhängige eigene Fluglinien zu betreiben. Am 1. Oktober 1972 eröffnete SIA den Flugbetrieb. Sie übernahm das frühere internationale MSA-Verkehrsnetz und betrieb die Dienste mit Boeing 737 und 707 der ehemaligen MSA-Flotte. Im darauffolgenden Jahr (2. April) wurden tägliche Verbindungen nach London eröffnet und die ersten beiden Boeing 747B in Dienst gestellt. Boeing 727-212 wurden erst im September 1977 eingeführt.
In Zusammenarbeit mit British Airways am 10. Dezember 1977 eröffnete Concorde-Verbindungen zwischen Singapur und London über Bahrain mussten schon nach kurzer Zeit wieder eingestellt werden, als Malaysia Überschallflüge über seinem Territorium verbot. Nachdem der Dienst im Januar 1979 dann dennoch genehmigt worden war, musste er im November 1980 endgültig eingestellt werden. Zur Zeit unterhält SIA Liniendienste nach Auckland, Adelaide, Brisbane, Melbourne, Perth, Sydney, Honolulu, Los Angeles, San Francisco, Osaka, Taipei, Hong Kong, Bandar Seri Begawan, Manila, Djakarta, Medan, Kuala Lumpur, Kuantan, Kaohsiung, Penang, Bangkok, Colombo, Karachi, Bombay, Madras, Mauritius, Dhahran, Dubai, Abu Dhabi, Bahrain, Athen, Malta, Wien, Amsterdam, Brüssel, Kopenhagen, Frankfurt, London, Paris, Rom und Zürich. SIA beschäftigt etwa 10'000 Menschen.
Flotte: (14) Boeing 747-400, 14 747-300, 9 747-200, 6 Airbus A310-200, 4 757-200.

Unten: Boeing 757-212

SOUTH AFRICAN AIRWAYS

SAA ist die nationale Fluggesellschaft der Republik Südafrika. Sie entstand am 1. Februar 1934. Damals übernahm die staatliche Eisenbahngesellschaft die Kontrolle über Union Airways. Union Airways war bereits 1929 als privates Unternehmen gegründet worden und betrieb Luftpostdienste von Port Elizabeth nach Johannesburg, Kapstadt und Durban. Am 1. Februar 1935 erwarb SAA die South West African Airways, die seit 1932 den Luftpostdienst Windhoek – Kimberley betrieb. Bei Ausbruch des 2. Weltkrieges unterhielt SAA ein reguläres Streckennetz in alle Nachbarstaaten. Eine Verbindung Johannesburg-London («Springbok»-Service) wurde am 10. November 1945 eröffnet. Ende 1947 war eine Flotte von 41 Flugzeugen (DC-3, DC-4, Viking, Lodestar, Dove) auf den inländischen, regionalen und internationalen Routen eingesetzt. Anfang der 50er Jahre wurden Constellation eingeführt und auf der «Springbok»-Strecke betrieben. Das Düsenzeitalter begann für SAA 1953 mit einer bei BOAC gemieteten Comet I. 1956 setzte SAA als erste Luftverkehrsgesellschaft ausserhalb der USA die DC-7B ein, und zwar auf der London-Route. Viscount 813 nahmen im November 1958 auf den wichtigsten Inland- und Regionalverbindungen den Betrieb auf. Nach Einführung ihrer ersten Boeing 707-344 konnte SAA am 1. Oktober 1960 den Düsenverkehr eröffnen. Neben ihrem inländischen Verkehrsnetz mit elf Flughäfen unterhält SAA gegenwärtig auch regionale Dienste in afrikanische Nachbarstaaten sowie interna-

Unten: Boeing 747-244B

tionale Verbindungen nach Rio de Janeiro, New York, Perth, Sydney, Hong Kong, Ilha do Sal, Lissabon, Taipei, Madrid, Rom, Athen, Wien, Zürich, Frankfurt, Paris, Brüssel, Amsterdam, London und Tel Aviv. SAA beschäftigt rund 11'700 Mitarbeiter.
Flotte: 2 Boeing 747-300, 7 747-200, 4 747SP, 7 Airbus A300B2/B4/C4, 15 737-200.

SOUTHWEST AIRLINES

Am 15. März 1967 als Air Southwest entstanden, betrieb die Gesellschaft in Texas niedrigtarifierte Passagierdienste. Unter seinem heutigen Namen firmiert das Unternehmen seit dem 29. März 1971. Den Flugbetrieb eröffnete Southwest am 18. Juni desselben Jahres mit drei Boeing 737-2H4 zwischen Houston, Dallas und San Antonio.
Nachdem sie im Dezember 1978 die Genehmigung zum Betrieb inneramerikanischer Flugverbindungen erhielt, unterhält sie von elf texanischen Flughäfen hochfrequentierte Billigpreis-Dienste nach Albuquerque, Chicago, Kansas City, Las Vegas, Little Rock, Los

Unten: Boeing 737-3H4

Oben: McDonnell Douglas DC-10-30

Angeles, New Orleans, Oklahoma City, Ontario, Phoenix, St. Louis, San Diego, San Francisco und Tulsa.
Muse Air wurde am 25. Juni 1985 «geschluckt». Seit dem 17. Februar 1986 operiert sie als «Tochter» unter dem Namen TranStar Airlines. TranStar betreibt DC-9-50 und MD-80. 1985 hat Southwest fast 11,6 Millionen Fluggäste befördert und 4'567 Mitarbeiter beschäftigt.
Flotte: 17 (+15) Boeing 737-300, 46 737-200.

SWISSAIR

Durch Fusion von Ad Astra Aero und Balair am 26. März 1931 gegründet, eröffnete Swissair (Schweizerische Luftverkehrs AG) im April 1932 mit einmotorigen Lockheed-Eindeckern Orion auf der Route Zürich – München – Wien den ersten regelmässigen europäischen Passagierdienst und setzte neue Standards im schnellen Luftverkehr. Mit Einführung der 16sitzigen Curtiss Condor stellte sie als erste europäische Gesellschaft Flugbegleiterinnen (Stewardessen) ein. Im Februar 1947 zur nationalen Luftverkehrsgesellschaft ernannt, führte Swissair am 2. Mai mit einer DC-4 ihren ersten Transatlantikflug Genf – New York durch. Ein Liniendienst nach Nordamerika konnte jedoch erst im April 1949 aufgenommen werden. Zwei Jahre darauf wurden DC-6B für Langstrecken in Dienst gestellt. Das Düsenzeitalter begann für Swissair mit der Inbetriebnahme einer DC-8 auf der New-York-Route am 30. Mai 1960. Noch im selben Jahr wurden Caravelle auf den Europastrecken eingeführt, während Convair 990 ab 1962 die Fernost- und Südamerikarouten bedienten. Nach Übernahme von zwei 747B wird New York seit April 1971 mit Grossraumgerät angeflogen. DC-9-51 und DC-9-81 (MD-81) wurden in enger Zusammenarbeit unter Berücksichtigung besonderer Swissair-Wünsche gestaltet und von den Schweizern in grösserer Anzahl bestellt. Die erste DC-9-81 der Swissair wurde am 5. Oktober 1980 auf Europadiensten eingesetzt. Gegenwärtig unterhält Swissair ein weltweites Streckennetz nach Europa, Nord- und Südamerika, Afrika, Nah- und Fernost. Die Anzahl ihrer Mitarbeiter stieg von 64 (1931) auf mehr als 16'500. Etwa 78% des Aktienkapitals ist in privater Hand, der Rest im Besitz öffentlicher Institutionen.
Flotte: 4 (+1) Boeing 747-357, 11 DC-10-30/30ER, 9 Airbus A310-221/322, 18 (+3) MD-80, (6) MD-11, 2 DC-9-51, 5 DC-9-32, (8) Fokker 100.

TAROM

Tarom (Transporturile Aeriene Romane) wurde von der rumänischen und sowjetischen Regierung ursprünglich 1946 als Transporturi Aeriene Romana Sovietica (TARS) ins Leben gerufen. Mit Bukarest als Drehscheibe ihres Luftverkehrs, betrieb TARS – Nachfolgerin der rumänischen Staatslinie der Vorkriegszeit LARES – ein inländisches und internationales Streckennetz. Verbindungen nach Prag, Budapest und Warschau wurden 1954 mit Li-2 eröffnet. Ihren heutigen Namen trägt TARS seit ihrer Verstaatlichung 1954. Durch die Indienststellung von Iljuschin Il-14 konnte Tarom ihr internationales Netz erweitern und u. a. neue Dienste nach Moskau, Wien, Zürich, Paris, Brüssel und Kopenhagen eröffnen. Turbopropgetriebene Il-18 wurden 1962 eingeführt und als neue Ziele Belgrad, Sofia, Athen und Frankfurt angeflogen.
Nachdem sie die ersten sechs Maschinen einer grösseren Flotte von One-Eleven 424 erhalten hatte, konnte Tarom am 14. Juni 1968 erstmals strahlgetriebene Flugzeuge auf ihren Europastrecken einsetzen. 1973 wurden Il-62 in Dienst gestellt und hauptsächlich für Charterflüge zu den rumänischen Touristikzentren am Schwarzen Meer eingesetzt. Zwei Jahre später gründete Tarom die Charter-«Tochter» Linile Aeriene Romane (LAR), die

Unten: Tupolew Tu-154B-2

ihren Flugbetrieb mit ehemaligen One-Eleven 424 aus der Flotte der «Mutter» eröffnete. Tarom hatte einige in Rumänien lizenzgefertigte One-Eleven 560 erworben.
Neben ihrem Inlandnetz betreibt Tarom internationale Passagier- und Frachtdienste in Europa und nach Tripolis, Algier, Casablanca, Amman, Baghdad, Beirut, Kairo, Damaskus, Istanbul, Kuwait, Abu Dhabi, Larnaca, Teheran, Tel Aviv, Karachi, Bangkok, Singapur, Peking und New York.
Flotte: 4 Boeing 707-320C, 5 Iljuschin Il-62/62M, 11 Tupolew Tu-154B, 8 Il-18, 13 One-Eleven 500, 5 One-Eleven 400/475, 9 Antonow An-26, 32 An-24.

THAI AIRWAYS INTERNATIONAL

Thai Airways International Ltd. (Thai International) ist die designierte thailändische Fluggesellschaft für den internationalen Linienverkehr. Gegründet wurde sie im August 1959 mit technischer Unterstützung der SAS. SAS besass 30% des Aktienkapitals, während die restlichen 70% im Besitz der staatlichen Inlandfluggesellschaft Thai Airways Company waren. Im Mai 1960 wurde der Flugbetrieb mit drei bei SAS gemieteten DC-6B auf regionalen Routen aufgenommen. Der schnelle Aufbau des internationalen Streckennetzes führte zur Eröffnung des «Royal Orchid»-Dienstes nach Kuala Lumpur, Singapur, Dja-

Unten: Airbus A300B4

karta, Rangun, Kalkutta, Saigon (heute: Ho-Chi-Minh-Stadt), Hong Kong, Taipei und Tokio. Mit zwei bei SAS gemieteten Convair 990A führte Thai International 1962 die ersten strahlgetriebenen Flugzeuge ein. Bevor die ersten eigenen Grossraumflugzeuge im März 1977 eintrafen, hatte Thai International bereits DC-10-30 bei SAS und UTA gemietet. Am 1. April des gleichen Jahres verkaufte SAS seinen verbliebenen Aktienanteil an Thai Airways Company Ltd.
Gegenwärtig umfasst das Passagier- und Frachtstreckennetz 41 Zielorte in Südostasien, Australien, Nahost, Europa und USA. Thai International beschäftigt etwa 10'500 Mitarbeiter.
Flotte: (2) Boeing 747-300, 6 747-200, 2 DC-10-30, (2) DC-10-30ER, 4 (+4) Airbus A300-600, 12 A300B4.

TOA DOMESTIC AIRLINES (TDA)

Im Mai 1971 schlossen sich Japan Domestic Airlines und Toa Airways zur TDA zusammen. Japan Domestic war selbst im April 1964 durch die Fusion dreier Inlandfluggesellschaften entstanden: Fuji Airlines (Tokio), Nitto Aviation (Osaka), North Japan Airlines (Sapporo). Toa Airways bestand seit dem 26. November 1953 und operierte im südwestlichen Japan. Am 15. Mai 1971 nahm TDA den Flugbetrieb auf. Heute ist sie mit mehr als 60 Inland- und Regionaldiensten Japans drittgrösste Luftverkehrsgesellschaft. Aktionäre der TDA sind Toa Airways, Japan Domestic, Japan Air Lines (9,1%), Tokyu Corp. (26,2%), FujiSash Industries (10,5%) und Kinki Nippon Railway (8,7%). TDA besitzt 60% des Aktienkapitals von Japan Air Commuter und beschäftigt etwa 3'600 Mitarbeiter.

Unten: Airbus A300B2K-3C

Flotte: 9 Airbus A300B2K/C4, 13 (+2) MD-80, (4) MD-87, 14 DC-9-41, 34 NAMC YS-11/11A.

TRANS WORLD AIRLINES

TWA kann ihre Geschichte bis zur Entstehung der Western Air Express (WAE) zurückverfolgen, die im April 1926 zwischen Los Angeles und Salt Lake City einen Luftpostdienst eröffnete. 1929 «schluckte» das Unternehmen die Standard Air Lines, fusionierte im Juli 1930 mit Transcontinental Air Transport, Inc. (TAT) und bildete die Transcontinental and Western Air (TWA). Vor dem Zusammenschluss hatte TAT die Maddua Airlines übernommen und dadurch Verkehrsrechte nach San Francisco und San Diego erworben. 1934 trennte sich die WAE von TWA und firmiert seitdem als Western Airlines.
Ihre erste internationale Route eröffnete TWA im Februar 1946 mit Constellation zwischen New York und Paris mit Zwischenlandungen in Gander und Shannon. Dies war gleichzeitig die erste zivile Flugverbindung zwischen den USA und Paris. Bedingt durch die Erweiterung ihres internationalen Verkehrsnetzes übernahm TWA 1950 den neuen Namen Trans World Airlines. Mit einer Boeing 707 startete sie am 20. März 1959 ins Düsenzeitalter. Grossraumflugzeuge Boeing 747-131 werden seit 1979 betrieben. Lockheed TriStar (TWA gehörte zu den ersten drei Betreibern) wurden im Juni 1972 in Dienst gestellt. Derzeit bedient TWA insges. 64 Flughäfen in den USA, in Europa und Nahost. Sie beschäftigt 27'000 Mitarbeiter. 1986 wurde Ozark Airlines erworben und als Tochterunternehmen weitergeführt. Seit dem 26. September 1985 ist der New Yorker Investor Carl Icahn mit 52% Hauptaktionär der TWA.
Flotte: 20 Boeing 747-100/200, 35 Lockheed TriStar 1/50/100, 10 767-200, 56 727-200, 26 727-100, 19 MD-80.

Unten: Lockheed L-1011-100 TriStar

TUNIS AIR

Als Gemeinschaftsunternehmen von Air France und der tunesischen Regierung entstand 1948 die Tunis Air (Société Tunisienne de l'Air). Später wurden die Kapitalanteile der Air France und verschiedener privater Geldgeber von Tunisien aufgekauft. Der Flugbetrieb wurde 1949 mit DC-3 eröffnet und anfänglich die traditionellen Verbindungen zwischen Tunesien, Frankreich und Algerien bedient. Nach Erringung der Unabhängigkeit übernahm die tunesische Regierung mit 51% (später 85%) des Aktienkapitals die Unternehmensführung; der Rest verblieb bei Air France. Mit einer Flotte von drei DC-3 und zwei DC-4 betrieb Tunis Air damals internationale Routen nach Paris, Marseille, Lyon, Rom, Köln/Bonn und Algier. Die Einführung ihrer ersten Caravelle III im September 1961 bedeutete einen grossen Fortschritt, und mit der Indienststellung zusätzlicher Caravelle konnte das Verkehrsnetz nach und nach erweitert und 1966 Amsterdam, Brüssel und Frankfurt, 1967 Zürich und 1968 Casablanca angeflogen werden. 1972 stellte Tunis Air ihre erste Boeing 727-2H3 ein und erweiterte ihr Streckennetz mit dem Anflug von Luxemburg und Djidda. Im folgenden Jahr wurde eine Verbindung nach London eröffnet.

Oben: Boeing 737-2H3 Advanced

Gegenwärtig betreibt Tunis Air Passagier- und Frachtliniendienste von Tunis, Djerba, Monastir, Tozeur und Sfax zu 24 Staaten in Afrika, Europa und Nahost. Sie beschäftigt ungefähr 4'700 Mitarbeiter.
Flotte: 1 Airbus A300B4, 8 Boeing 727-200, 4 737-200.

TÜRK HAVA YOLLARI

THY – die nationale türkische Luftverkehrsgesellschaft – wurde am 20. Mai 1933 im Rahmen des Verteidigungsministeriums als Türkiye Devlet Hava Yollari gegründet. 1935 ging die THY in den Verantwortungsbereich des Ministeriums für Öffentliche Bauten über. Die ersten Flugverbindungen wurden u. a. mit de Havilland D.H.86B Express und Rapide zwischen Ankara und Istanbul aufgenommen. Zum 3. Juni 1938 in Allgemeines Direktorium der staatlichen Luftverkehrslinie umbenannt, wurde die Gesellschaft dem Verkehrsministerium unterstellt. Nachdem das Unternehmen anfangs ausschliesslich Inlandstrecken betrieben hatte, wurde 1947 die erste Auslandsverbindung nach Athen eröffnet. DC-3 wurden in Dienst gestellt und im Februar 1955 die erste von insgesamt sieben de Havilland Heron eingeführt. Im Mai desselben Jahres bildete die türkische Regierung ein Luftverkehrskonsortium. Seit dem 1. März 1956 führt die THY ihren heutigen Namen. 51% ihres Kapitals war in der Hand der Türkei, 6,5% im Besitz der BOAC. Im Juli 1957 bestellte THY fünf Viscount 794.

Oben: Airbus A310-203

Das Düsenzeitalter begann für THY 1967 mit der Einführung einer bei Douglas gemieteten DC-9-15. Boeing 707-321 wurden 1971 von Pan Am übernommen. Grossraumgerät (DC-10-10) wurde im Dezember 1972 in Dienst gestellt.
Von Ankara, Istanbul, Antalya, Izmir und Adana bedient THY gegenwärtig elf andere Inlandziele und betreibt internationale Dienste nach Ägypten, Belgien, Dänemark, Bundesrepublik Deutschland, Frankreich, Griechenland, Grossbritannien, Irak, Irland, Italien, Libyen, Niederlande, Österreich, Pakistan, Saudi Arabien, Schweiz, Vereinigte Arabische Emirate und Zypern. 99% des THY-Kapitals sind im Staatsbesitz. THY beschäftigt 6'200 Mitarbeiter. Am 4. Dezember 1974 wurde die Kibris Türk Hava Yollari (Cyprus Turkish Airlines) gebildet, die von Ercan (Zypern) Liniendienste nach Adana, Ankara, Istanbul und Izmir unterhält.
Flotte: 2 DC-10-10, 7 Airbus A310-200, 2 Boeing 707-321C, 9 727-200, 9 DC-9-30, 3 DHC-7.

UNION DE TANSPORT AÉRIENS

UTA (grösste selbständige französische Luftverkehrsgesellschaft) entstand am 1. Oktober 1963 durch den Zusammenschluss von Union Aéromaritime de Transport (UAT) und Compagnie de Transports Aériens Intercontinentaux (TAI). UAT war 1949 mit Unterstützung der Reederei Compagnie Maritimes des Chargeurs Réunis als Nachfolgerin der Aéromaritime ins Leben gerufen worden. Letztere war 1935 von derselben Firma gegründet worden, um die Schiffahrtsrouten in Französisch-Westafrika durch Flugverbindungen zu ergänzen. 1950 eröffnete UAT ein Verkehrsnetz mit DC-4 zwischen Paris und Dakar, Point Noire und Saigon. Der Liniendienst mit strahlgetriebenen Maschinen wurde 1953 mit Comet IA nach Dakar eröffnet und nach und nach bis Brazzaville und Johannesburg verlängert. 1955 übernahm UAT die Société Agile Azur, die von Paris aus Brazzaville, Madagaskar, Saigon und Hanoi mit Boeing Stratoliner anflog. Mit Einführung der DC-8-32 konnte im September 1960 der Düsenverkehr wieder aufgenommen werden, und in Zusammenarbeit mit Air France leistete UAT Hilfe bei Gründung der Air Afrique, die ihr umfangreiches Streckennetz im ehemaligen Französisch-Afrika übernahm.

Unten: Boeing 747-2B3B

TAI war am 1. Juni 1946 als Nachfolgerin von Régie Air Afrique (entstanden 1934) gegründet worden. Ihren Flugbetrieb nach Nordafrika nahm TAI mit Junkers Ju 52/3m im Juli auf. Mit DC-3 wurden 1947 die Verbindungen von Paris nach Tananarive und Saigon eröffnet. Sechs Jahre später erwarb TAI DC-6 und Ende 1957 ihre erste DC-7C. Bei der Neustrukturierung der Flugverbindungen am 1. Januar 1956 konnte TAI ihre Saigon-Route nach Darwin und Noumea und am 4. Februar 1957 sogar bis Auckland verlängern. Die 1960 mit DC-7C eröffnete Strecke Paris – Tahiti – Honolulu – Los Angeles gilt als die längste Flugverbindung der Welt. Die Strecke findet in Los Angeles Anschluss an die Air-France-Route nach Paris über Montreal. DC-8 setzte TAI 1960 ein und eröffnete Nonstop-Dienste zwischen Los Angeles und Papeete. Das umfangreiche Passagier- und Frachtnetz der UTA verbindet Paris, Nizza, Marseille, Lyon und Bordeaux mit 24 Zielorten in Europa, Afrika, Südostasien, Nahost, Australasien, Ozeanien und Nordamerika. Chargeurs Réunis besitzt 62,5% des Firmenkapitals. UTA beschäftigt gegenwärtig fast 6'600 Mitarbeiter.
Flotte: (2) Boeing 747-400, 2 747-300, 3 747-200, 6 DC-10-30.

UNITED AIRLINES

United führt ihren Ursprung auf Varney Air Lines zurück, die am 6. April 1926 einen Luftpostdienst zwischen Pasco (Washington) und Elko (Nevada) eröffnete. Varney fusionierte später mit Pacific Air Transport und National Air Transport (beide ebenfalls Luftpostcarrier) und bildete Boeing Air Transport, die ihrerseits Bestandteil der United Aircraft and Transport Corporation war, zu der auch Boeing Airplane Company und der Motorenhersteller Pratt & Whitney gehörten. Zunächst war United ab 1. Juli 1931 als Holding-Gesellschaft ihrer vier Fluggesellschaften organisiert, die vorerst noch unter eigenen Namen operierten. Drei Jahre später musste der Konzern «entflochten» und die einzelnen «Töchter» verselbständigt werden. Bis 1947 war das Verkehrsnetz wesentlich erweitert worden und umfasste Boston, Denver, Washington (DC) und Hawaii. Am 18. September 1959 konnte mit DC-8 der Düsenverkehr aufgenommen werden.
United wuchs unaufhaltsam. Am 1. Juni 1961 übernahm sie Capitol Airlines (im Nov. 1936 als Pennsylvania Central Airlines entstanden). Sie erweiterte ihr Streckennetz um 11'600 km und wurde – gemessen an der Anzahl der jährlich beförderten Fluggäste und der geflogenen Passagierkilometer – zur grössten privaten Luftverkehrsgesellschaft der Welt. 1985 übernahm United die Verkehrs-

Oben: Boeing 767-222

rechte der Pan Am im Pazifikraum. Gegenwärtig umfasst das Passagier- und Frachtstreckennetz mehr als 160 Zielorte in den USA, in Kanada, auf den Bahamas, in Japan, Hong Kong und Mexiko. United beschäftigt rund 50'000 Menschen und betreibt eine Flotte von mehr als 360 Düsenflugzeugen.
Flotte: (6) Boeing 747-200, 13 747-100, 11 747SP, 7 DC-10-30, 44 DC-10-10, 6 L-1011 TriStar 500, 29 DC-8-71, 19 767-200, 104 727-200.

Oben: Boeing 737-2B7 Advanced

US AIR

US Air wurde am 5. März 1937 als All-American Aviation gegründet. Nach Inkrafttreten des neuen Zivilluftfahrtrechtes von 1938 erhielt sie als erste Gesellschaft ihre Verkehrsrechte von der US-Aufsichtsbehörde für Zivilluftfahrt. Sie eröffnete einen speziellen Luftpostdienst zu entlegenen Orten mit unzureichenden Flugplatzeinrichtungen. Seit Beginn der Passagierbeförderung firmiert die Gesellschaft als All-American Airways. Seit 1953 ist sie als Allegheny Airlines eingetragen. Sechs Jahre später dehnte sich ihr Streckennetz von Cleveland im Osten bis Detroit im Westen aus. 1963 verlagerte sie ihre Betriebs- und Wartungsbasis von Washington (DC) nach Pittsburgh.
Im Juli 1968 fusionierte Allegheny mit der in Indianapolis beheimateten Lake Central Airlines. Einen weiteren Fortschritt bedeutete der Erwerb von Mohawk Airlines im April 1972. Mohawk operierte in den US-Ostküstenstaaten und im östlichen Kanada. Mitte 1978 hatte die Gesellschaft ihre Flotte vollständig auf strahlgetriebene Maschinen umgerüstet. Ihren heutigen Namen trägt sie seit 1979. Gegenwärtig betreibt US Air ein Linienstreckennetz zu mehr als 100 Städten in über 30 US-Staaten und zwei kanadischen Provinzen. Sie beschäftigt etwa 15'000 Mitarbeiter und beförderte 1986 mehr als 21,7 Millionen Fluggäste. Im Rahmen des «Allegheny Commuter»-Programms bedient US Air immer noch kleine und mittlere Destinationen. Solche Zielorte werden hauptsächlich von ihren «Töchtern» Suburban Airlines und Pennsylvania Airlines angeflogen. Ebenfalls in US Air integriert wurde 1988 die Pacific Southwest Airlines.
Flotte: 10 Boeing 727-200, 21 (+27) 737-300, 23 737-200, 70 DC-9-30, (20) Fokker 100, 20 BAe (BAC) One-Eleven 200.

VARIG

Varig (Viação Aérea Rio Grandense), die nationale brasilianische Fluggesellschaft, entstand am 7. Mai 1927 mit technischer Unterstützung des Kondor-Syndikats in Berlin. Unternehmensziel war der Aufbau des Luftverkehrs im Staat Rio Grande do Sul. Ihre erste internationale Strecke eröffnete Varig im August 1942 nach Montevideo. 1943 wurden Lockheed 10A Electra beschafft, um die Route nach Rio de Janeiro über Florianopolis, Curitiba und São Paulo betreiben zu können. Nachdem sie 1951 die Aéro Geral erworben hatte, erhielt Varig erstmals Zugang zu den nördlich von Rio de Janeiro gelegenen Routen. Im darauffolgenden Jahr wurde Buenos Aires ins Streckennetz aufgenommen, und am 2. August 1955 eröffnete Varig mit ihrer ersten Super Constellation den Liniendienst nach New York.
Ab 19. Dezember 1959 konnte Varig ihre ersten Düsenflugzeuge (Caravelle III) auf der New-York-Route einsetzen. Im August 1961 übernahm Varig die Leitung des riesigen REAL-Konzerns. REAL – im Febr. 1946 gegründet – hatte sich durch eine Serie von Fusionen und Firmenübernahmen zum grössten südamerikanischen Luftverkehrsunternehmen entwickelt. Es unterhielt ein sehr umfangreiches Inlandnetz und betrieb darüberhinaus zahlreiche internationale Dienste. Streckennetz und Flotte wurden nach und nach bei Varig integriert. Ebenso geschah es mit dem «Nachlass» der 1965 in Konkurs gegangenen Panair do Brasil. Die sogenannte Mitarbeiterstiftung (Eigentümer der Varig, heute «Ruben Bertea»-Stiftung) übernahm im Mai 1975 die Leitung der Cruzeiro do Sul. Letztere fliegt zwar immer noch unter ihrem alten Namen, Varig hat jedoch alle doppelt bedienten Strecken und Wartungseinrichtungen gestrichen.
Neben einem Inlandnetz mit 34 Flughäfen, bedient Varig derzeit mehr als 60 Zielorte in Mittel- und Südamerika, USA, Europa, Afrika und Asien. Gegenwärtig beschäftigt sie fast 17'000 Mitarbeiter.
Flotte: 2 Boeing 747-300, 3 747-200, 12 DC-10-30, 2 Airbus A300B4, 1 (+5) 767-200ER, 12 707-320C, 10 727-100, 12 L-188 Electra, 12 737-200.

Unten: Boeing 727-41

VIASA

Viasa (Venezolana Internacional de Aviacion SA) wurde im Januar 1961 von Aerovias Venezolanos (Avensa) und Linea Aeropostal Venezolana (LAV) ins Leben gerufen. Das neue Unternehmen sollte die internationalen Verkehrsrechte beider Gesellschaften übernehmen und die Routen eigenverantwortlich betreiben. Avensa bestand seit 1943 und hatte inländische Passagierdienste 1944 und internationale Verbindungen im Juni 1955 eröffnet. LAV war 1933 entstanden, nachdem die Regierung beschlossen hatte, den seit 1929 in Venezuela operierenden Teil der französischen Compagnie Général Aéropostale zu verstaatlichen. Bedingt durch die mit der Beschaffung strahlgetriebener Flugzeuge verbundenen finanziellen Belastungen, ermutigte die venezolanische Regierung Avensa und LAV zur Gründung der Viasa. Avensa und LAV sollten 45% des Aktienkapitals besitzen.
Ihre ersten Super Constellation und DC-6B erwarb Viasa von ihren Muttergesellschaften. Den Düsenverkehr in die USA eröffnete sie am 8. August 1961 mit Convair 880, die ursprünglich von Avensa bestellt worden waren. Dank enger Geschäftsverbindungen zur KLM konnten DC-8 von der niederländischen Fluggesellschaft gemietet und der Düsenverkehr von Caracas nach Amsterdam über Paris und London am 6. April 1961 aufgenommen werden.
Gegenwärtig betreibt Viasa Passagierliniendienste von Caracas und Maracaibo nach Las Palmas, Lissabon, Madrid, Mailand, Rom, Paris, Frankfurt, London und Amsterdam sowie New York, Miami, Mexico City, San Jose, Panama City, Bogota, Cali, Quito, Lima, Rio de Janeiro, Buenos Aires, Curaçao, Santo Domingo, San Juan, Port of Spain und Barbados in Nord-, Mittel- und Südamerika und der Karibik. Viasa ist verstaatlicht und beschäftigt etwa 2'000 Mitarbeiter.
Flotte: 5 DC-10-30, 1 DC-8-63.

Unten: McDonnell Douglas DC-10-30;
Ganz unten: Boeing 737-247

WESTERN AIRLINES

Western Airlines (WAL) entstand am 13. Juli 1925 als Western Air Express (WAE) und ist die älteste US-Fluggesellschaft. Den Flugbetrieb eröffnete sie am 17. April 1926 mit Luftpostdiensten zwischen Los Angeles und Salt Lake City über Las Vegas. Betrieben wurden diese Verbindungen mit Douglas M-2. Als auf dieser Strecke ab 23. Mai auch Fluggäste befördert wurden, war dies der erste Passagierliniendienst in den USA. Bis Anfang 1930 hatte WAE die Colorado Airways, Pacific Marine Airways, West Coast Air Transport und Standard Airlines «geschluckt». Am 16. Juli desselben Jahres wurden WAE und Transcontinental Air Transport vom Postmaster General zur Fusion gezwungen. Sie schlossen sich zur TWA zusammen, um den Luftpostvertrag für die Teilstrecke Los Angeles – Kansas City der Transkontinentalstrecke abschliessen zu können, der vorher von beiden Unternehmen beflogen worden war. 1934 konnte WAE sich von der TWA trennen und firmierte eine Zeitlang als General Air Lines, bis sie sich am 17. April 1941 in Western Airlines umbenannte. Zu diesem Zeitpunkt waren Boeing 247-D und DC-3 eingeführt und National Parks Airways übernommen worden. 1944 konnte Western ihre alte Route Los Angeles – San Francisco wiedereröffnen und 1947 bis Portland und Seattle verlängern.
Im August 1959 nahm die erste von zwölf turbopropgetriebenen Lockheed Electra den Dienst zwischen Los Angeles und Seattle auf. Das Düsenzeitalter begann für Western am 1. Juni 1960 mit einer 707-139. Die Maschine war bei Boeing gemietet worden und sollte die Zeit bis zum Eintreffen eigener 720-047B im April 1961 überbrücken. Am 1. Juli 1967 wurde die in Seattle beheimatete Pacific Northern Airlines (PNA) übernommen. 1932 als Woodley Airways gegründet, verband PNA Destinationen im südlichen Alaska, in Washington und Oregon.
Am 9. September 1986 stimmte Western der Fusion mit Delta Airlines zu. Für eine Übergangszeit operiert Western als Tochtergesellschaft und wird nach und nach in die Delta-Organisation integriert. Western betreibt Passagier- und Frachtdienste in 67 US-Städte (einschl. Honolulu und Anchorage), in Kanada und Mexiko. Sie beschäftigt etwa 10'000 Mitarbeiter.
Flotte: 9 DC-10-10, 38 Boeing 727-200, 13 737-300, 28 (+14) 737-200.

ZAMBIA AIRWAYS

Zambia Airways, nationale Luftverkehrsgesellschaft von Zambia, entstand im April 1964 als «Tochter» der Central African Airways Corporation (CAAC). Am 1. Juli nahm sie mit DC-3- und Beaver-Flugzeugen den Flugbetrieb auf Inland- und Regionalstrecken auf. Nach dem Konkurs der CAAC wurde Zambia Airways zum 1. September 1967 verstaatlicht. Anfänglich gewährte Alitalia, hernach Aer Lingus (1974) und Ethiopian Airlines (März 1982) technische und organisatorische Entwicklungshilfe. Im Januar 1968 wurden BAC One-Eleven 207AJ in Dienst gestellt und am 1. November die neue Route Lusaka – London über Nairobi und Rom mit einer bei Alitalia gemieteten DC-8 eröffnet.
Zur Zeit unterhält Zambia Airways ein Inlandstreckennetz und betreibt internationale Verbindungen nach Nairobi, Daressalam, Harare, Johannesburg, Mauritius, London, Rom, Larnaca und Bombay. Sie beschäftigt fast 1'700 Mitarbeiter.
Flotte: 1 DC-10-30, 2 Boeing 707-320C, 1 737-200, 2 BAe (HS) 748.

Unten: McDonnell Douglas DC-10-30

VERZEICHNIS DER FLUGZEUGTYPEN

IN DER GLEICHEN AUSSTATTUNG SIND FOLGENDE FLUGZEUGBÜCHER ERSCHIENEN:

MODERNE KAMPFFLUGZEUGE

Technik, Taktik und Bewaffnung

Für die nächsten Jahrzehnte ist dieses Buch die spannendste Information über Kampfflugzeuge. Die fachmännische und dennoch allgemein verständliche Schilderung des modernen Luftkampfes erschliesst auch dem Laien die aufregende Welt der Luftkriegsführung. Es ist sicherlich ein sehr technisches Thema, das die ungeheuerlichen und ständigen Fortschritte auf dem Gebiet der Computer-, Elektronik-, Ausrüstungs- und Waffensysteme wiederspiegelt. Die technischen Besonderheiten sind dennoch verständlich erklärt und – was vielleicht noch hilfreicher ist – graphisch dargestellt worden. Dies ermöglicht es sowohl dem Laien als auch dem Geschwaderkommandeur, richtig abzuschätzen, was im Cockpit eines modernen Kampfflugzeuges geschieht; wie die Belastungen der Luftkämpfe auf Flugzeug und Pilot wirken und was getan wird, um ihre Leistungsfähigkeit zu verbessern; wie die heutigen Waffen sich unbarmherzig ihre Ziele suchen und wie elektronische Gegenmassnahmen die tödlichen Waffen und das Trägerflugzeug verwirren. Ferner prüft dieses Buch, wie die Konstruktion zukünftiger Kampfflugzeuge verbessert werden sollte oder könnte. Das Buch ist in drei Bereiche gegliedert: Die Technologie der Luftkriegführung; das Flugzeug und seine Bewaffnung; Luftkampftaktik. Mittelpunkt sind fast 100 Seiten mit fabelhaften farbigen Darstellungen der modernsten Jäger und Angriffsflugzeuge und ihrer Kampfmittel. Diese Waffen sind massstabgetreu abgebildet. Bisher hat noch kein Buch dieses Thema auf so verständliche Art und Weise dargestellt: Moderne Kampfflugzeuge sind schöne Maschinen, aber auch eine furchtbare Kombination von Geschwindigkeit und Zerstörungskraft.

Wie diese Kombination im Luftkampf wirksam wird, ist lebendig und verständlich dargestellt. Untersucht werden die Kampfkraft des Flugzeuges, seine Bedrohungen und Aufgaben, Methoden und Manöver, Aerodynamik und Grenzbereiche und – nicht zuletzt – der Pilot, seine Ausbildung und Ausrüstung. Fast 300 meist farbige, dramatische Photos, mehr als 120 erklärende Diagramme und mehr als 135 kommentierte Strichzeichnungen von Flugzeugen ergeben mit dem Text das belehrendste und faszinierendste Buch über den Luftkrieg in unserer hochtechnisierten Welt.

224 Seiten, durchgehend farbig,
Format 225 x 305 mm.

MILITÄRFLUGZEUGE 2000

«Heute schon das Flugzeug für morgen.» So bietet manches Unternehmen prahlerisch sein neuestes Kampfflugzeug an. Immer handelt es sich dabei jedoch um Flugzeuge, die heute schon fliegen und Käufer anlocken können. Man fragt sich aber wohl zu recht, wie das Militärflugzeug von morgen wirklich beschaffen sein wird. Werden seine Flügel nach vorwärts gepfeilt sein oder im Flug schräg gestellt werden? Wird es Triebwerke besitzen, deren Schub nach auf- und abwärts oder vorwärts (vielleicht auch nach rückwärts) gelenkt werden kann? Werden sie sich vor den feindlichen Sensoren verbergen können und mit Laserwaffen ausgerüstet sein? Wird es Kampfhubschrauber geben, die im Marschflug zu Starrflüglern werden? Wird man riesige Bomber- oder Spionageflugzeuge entwickeln, die auf der Erde starten und in den Weltraum eindringen oder innerhalb von 90 Minuten jeden Punkt unseres Planeten erreichen können? Schon heute beschäftigt sich die Forschung mit diesen und vielen anderen Fragen. Der international anerkannte Autor Bill Gunston hat eine brilliante Beurteilung der Probleme entwickelt. Er präsentiert die Fakten, erläutert sie fachmännisch und führt den Leser durch diese allgemein unbekannte Welt der Geheimhaltung und modernster Technik. Das Ergebnis ist ein Luftfahrtbuch, das für Dekaden aktuell und durch seine provozierenden Fragen jahrelang äusserst interessant bleiben wird.

Der Text ist mit technischen Daten angefüllt und liest sich trotzdem faszinierend. Das Buch ist wunderschön illustriert mit Zeichnungen von Flugzeugkonstrukteuren und Militärplanern der ganzen Welt und mit verschiedenen fast unbekannten und dramatischen Farbphotos zukünftiger Militärflugzeuge. Hinzu kommen fast einhundert exakte Strichzeichnungen und Diagramme. Sie verdeutlichen die verblüffenden Formen der modernsten Meisterwerke der Luft- und Raumfahrt, die in den kommenden Jahren die Konstruktionsbüros verlassen und in das nächste Jahrtausend fliegen werden.

208 Seiten, durchgehend farbig,
Format 225 x 305 mm.

DIE ILLUSTRIERTE ENZYKLOPÄDIE DER FLUGZEUGBEWAFFNUNG

Die Kampfflugzeuge der heutigen Generation gehören zu den grossartigsten technischen Schöpfungen der Menschheit. Bei aller Bewunderung sollte jedoch nicht übersehen werden, dass die faszinierenden Maschinen für den Kampf geschaffen worden sind; fast jedes Kampfflugzeug dient als Waffenplattform und soll Waffen zu einem Zielobjekt tragen und dieses zerstören. Wie seltsam es auch klingen mag: Ohne Bordwaffen gäbe es keine Kampfflugzeuge. Dieses Buch schliesst eine bedeutende Informationslücke, indem es dem Leser eine reich bebilderte Übersicht aller derzeit weltweit im Einsatz oder in der Entwicklung befindlichen luftgestützten Waffensysteme bietet. Seine ersten fünfzig Seiten sind der Entwicklung der Flugzeugbewaffnung von ihren Anfängen bis in unsere Tage gewidmet. Diese historische Übersicht führt den Leser von den Anfängen der Militärfliegerei und den ersten Versuchen, Luftfahrzeuge als Kampfmittel zu verwenden, über den 2. Weltkrieg und die in jenen Jahren zahlreich entwickelten Rohrwaffen, Waffentürme, Raketen und Bomben zu den Konflikten in Korea, Israel, Vietnam und schliesslich Afghanistan mit ihrer breiten Palette von Flugkörpern, Torpedos, Lenkbomben, Minen usw.

Der zweite und umfangreichste Teil des Buches besteht aus einer Übersicht aller modernen Bordwaffen für Flugzeuge oder Hubschrauber. Dieser Abschnitt ist wiederum nach Waffenarten gegliedert und in spezielle Kapitel über Luft-Luft-Flugkörper, ungelenkte Waffen (freifallende Bomben, Raketen, Kampfmittelbehältersysteme, Minen), Luft-Boden-Flugkörper, Torpedos und Rohrwaffen unterteilt. Alle Waffenarten werden umfassend beschrieben und ihre technischen Daten, ihre Entwicklungsgeschichte, ihre Kampfeinsätze und die spezifischen Einsatzprofile jeder einzelnen Waffe detailliert dargelegt. Die reichhaltige Illustration enthält eine faszinierende Auswahl farbiger und schwarzweisser Fotos und farbige Aufrisszeichnungen. Diagramme erläutern die operationellen Prinzipien und den taktischen Einsatz der jeweiligen Waffenart.

Kein anderes Buch bietet umfassendere Informationen und reichhaltigeres Bildmaterial zu diesem aufregenden Thema. Vieles spricht dafür, dass «Die illustrierte Enzyklopädie der Flugzeugbewaffnung» für viele Jahre das Nachschlagewerk für luftgestützte Waffensysteme bleiben wird.

208 Seiten, durchgehend farbig,
Format 225 x 305 mm.

MODERNE MILITÄRHUBSCHRAUBER

Die heutigen Militärhubschrauber sind erstaunlich vielseitige und kampfstarke Waffensysteme. Sie erfüllen entscheidende Aufgaben über den Gefechtsfeldern und auf See und mit zunehmender Leistungsfähigkeit ist auch der Umfang ihrer Kampfaufträge gewachsen: Panzerabwehr und Luftnahunterstützung, spähen und aufklären, Transport von Menschen und Material, Such- und Rettungsdienst, Verwundetentransport, U-Bootjagd und die Bekämpfung feindlicher Überwassereinheiten, Überhorizont-Zielanweisung für Flugkörper, fliegendes Frühwarnsystem, Führungs- und Kommandoaufgaben, ECM- und ELINT-Einsätze, Artillerie-Feuerleitung, Minenräumen. Die Aufzählung ist beeindruckend und belegt, welch wichtige Rolle der Hubschrauber in der modernen Kriegführung spielt.

In diesem aussergewöhnlich gut illustrierten Buch erläutern die Autoren die schwierigen technischen Probleme so anregend und interessant, dass sie auch für den Laien verständlich werden. Dargestellt sind alle heute im militärischen Einsatz oder in der Erprobung befindlichen Hubschrauber aus Ost und West. Das Buch ist in drei Abschnitte gegliedert. Im ersten wird die Technologie des Hubschraubers behandelt und detailliert erklärt, wie er konstruiert ist, wie er fliegt und wie seine verschiedenen Systeme funktionieren. Genau besprochen werden Zelle und Rotoren, Antrieb, Cockpit, Visionik und Sensoren, Bewaffnung und Einsatzausrüstung, Schutzvorrichtungen und zukünftige Entwicklungen.

Im zweiten Abschnitt werden Hubschrauber und ihre Waffen vorgestellt. Gemeinsam mit ihren Kampflasten werden insgesamt fünfundvierzig Maschinen auf je einer doppelseitigen, farbigen Zeichnung präsentiert. Es gibt kein anderes Buch, in dem Hubschrauber so faszinierend und so exakt abgebildet sind. Der begleitende Text liefert eine genaue Beschreibung eines jeden Hubschraubers und seiner Bewaffnung.

Wie Hubschrauber und Waffen eingesetzt werden, wird im abschliessenden Abschnitt «Einsatz und Taktik» beschrieben. Dieser Teil des Buches liefert eine umfassende Analyse der Kampfaufträge, die ein Hubschrauber erfüllen und welche Taktiken und Flugmanöver er beachten bzw. ausführen muss. Erklärt wird der erläuternde Text durch speziell erarbeitete Diagramme, Zeichnungen der verschiedenen Einsatzprofile und eine Auswahl dramatischer Farbphotos.

208 Seiten, durchgehend farbig,
Format 225 x 305 mm.

VERLAG STOCKER-SCHMID
MOTORBUCH-VERLAG

BILDNACHWEIS

Herausgeber und Verlag danken den nachstehenden Firmen und Institutionen für die Überlassung des in diesem Buch publizierten Bildmaterials:

Aérospatiale
Airbus Industrie
Air France
Air Inter
Avions Marcel Dassault
Avions de Transport Regional
C. Ballantyne
Beechcraft
Bell Textron
Boeing
Britannia Airways
British Aerospace
British Airways
A. Brown, Aviation Picture Library
CASA
Civil Aviation Authority, GB
CNAIEC
CSA
De Havilland Aircraft of Canada
Dornier
Embraer
Fairchild
Fokker
GAF
Heathrow Airport Ltd
IAI
Lockheed
Lufthansa
Malev
McDonnell Douglas
NAL
NASA
Piaggio
Pilatus Britten-Norman
Pilot Press
Piper Aircraft
Pratt & Withney
Quadrant Picture Library
Rolls-Royce
Saab Aircraft
SAS
Shorts
TAP
Tass
M. Wagner, Aviation Picture Library